中国林业和草原 2021 年鉴

China Forestry and Grassland YEARBOOK

国家林业和草原局 ◎ 编纂

中国林业出版社
·北京·

图书在版编目（CIP）数据

中国林业和草原年鉴.2021 / 国家林业和草原局编纂. -- 北京：中国林业出版社，2021.12
ISBN 978-7-5219-1437-5

Ⅰ.①中… Ⅱ.①国… Ⅲ.①林业－中国－2021－年鉴 Ⅳ.①F326.2-54

中国版本图书馆CIP数据核字(2021)第247374号

责任编辑： 何　蕊　许　凯　杨　洋
宣传营销： 蔡波妮
图片提供： 吴兆喆

出　版：	中国林业出版社（100009 北京市西城区德内大街刘海胡同7号）
网　址：	https://www.forestry.gov.cn/lycb.html
E-mail：	cfybook@163.com　　电　话：010-83143666
发　行：	中国林业出版社
印　刷：	北京中科印刷有限公司
版　次：	2021年12月第1版
印　次：	2021年12月第1次
开　本：	880mm×1230mm　1/16
印　张：	37
彩　插：	76P
字　数：	2000千字
定　价：	450.00元

中国林业和草原年鉴 2021 编辑委员会

主 任	谭光明	国家林业和草原局（国家公园管理局）党组成员、副局长、人事司司长
副主任	闫 振	国家林业和草原局（国家公园管理局）总工程师
	李金华	国家林业和草原局办公室主任
	黄采艺	国家林业和草原局宣传中心主任兼中国绿色时报社党委书记
	成 吉	中国林业出版社有限公司党委书记、董事长、法定代表人
委 员	张 炜	国家林业和草原局生态保护修复司（全国绿化委员会办公室）司长
	徐济德	国家林业和草原局森林资源管理司司长
	唐芳林	国家林业和草原局草原管理司司长
	吴志民	国家林业和草原局湿地管理司（中华人民共和国国际湿地公约履约办公室）司长
	孙国吉	国家林业和草原局荒漠化防治司（中华人民共和国联合国防治荒漠化公约履约办公室）司长
	张志忠	国家林业和草原局野生动植物保护司（中华人民共和国濒危物种进出口管理办公室）司长（常务副主任）
	王志高	国家林业和草原局自然保护地管理司司长
	刘树人	国家林业和草原局林业和草原改革发展司司长
	程 红	国家林业和草原局国有林场和种苗管理司司长
	周鸿升	国家林业和草原局森林草原防火司司长
	郝育军	国家林业和草原局科学技术司司长
	孟宪林	国家林业和草原局国际合作司（港澳台办公室）司长
	高红电	国家林业和草原局机关党委常务副书记
	薛全福	国家林业和草原局离退休干部局党委书记、局长
	周 瑄	国家林业和草原局机关服务中心党委书记、局长
	吕光辉	国家林业和草原局信息中心副主任
	丁晓华	国家林业和草原局林业工作站管理总站总站长

陈嘉文	国家林业和草原局规划财务司副司长、国家林业和草原局财会核算审计中心主任
金　旻	原国家林业和草原局天然林保护工程管理中心主任
冯德乾	国家林业和草原局西北华北东北防护林建设局党组书记、副局长
李世东	国家林业和草原局科学技术司一级巡视员、原国家林业和草原局退耕还林（草）工程管理中心主任
马国青	国家林业和草原局野生动物保护监测中心主任、原国家林业和草原局世界银行贷款项目管理中心主任
王永海	国家林业和草原局科技发展中心（植物新品种保护办公室）主任
李　冰	国家林业和草原局发展研究中心（法律事务中心）主任
田勇臣	国家林业和草原局国家公园（自然保护地）发展中心主任
樊　华	国家林业和草原局森林草原火灾预防监测中心主任、原国家林业和草原局人才开发交流中心主任
王春峰	国家林业和草原局国际合作交流中心常务副主任
刘世荣	中国林业科学研究院院长、分党组副书记
张煜星	国家林业和草原局林草调查规划院院长、党委副书记
唐景全	国家林业和草原局产业发展规划院党委书记、副院长
张利明	国家林业和草原局生态建设工程管理中心主任、国家林业和草原局管理干部学院原党委书记
张连友	中国绿色时报社社长、总编辑
费本华	国际竹藤中心常务副主任、党委副书记
夏　军	国家林业和草原局亚太森林网络管理中心主任
李国臣	国家林业和草原局驻内蒙古自治区森林资源监督专员办事处（中华人民共和国濒危物种进出口管理办公室内蒙古自治区办事处）党组书记、专员（主任）
赵　利	国家林业和草原局驻长春森林资源监督专员办事处（中华人民共和国濒危物种进出口管理办公室长春办事处、东北虎豹国家公园管理局）党组书记、专员（主任、局长）
沈庆宇	国家林业和草原局驻黑龙江省森林资源监督专员办事处（中华人民共和国濒危物种进出口管理办公室黑龙江省办事处）副专员（副主任）、党组成员
艾笃夼	国家林业和草原局驻大兴安岭林业集团公司森林资源监督专员办事处二级巡视员、党组成员
向可文	国家林业和草原局驻成都森林资源监督专员办事处（中华人民共和国濒危物种进出口管理办公室成都办事处、大熊猫国家公园管理局）党组书记、专员（主任、局长）
史永林	国家林业和草原局驻云南省森林资源监督专员办事处（中华人民共和国濒危物种进出口管理办公室云南省办事处）党组书记、专员（主任）

李彦华	国家林业和草原局驻福州森林资源监督专员办事处（中华人民共和国濒危物种进出口管理办公室福州办事处）党组成员、一级巡视员
王洪波	国家林业和草原局驻西安森林资源监督专员办事处（中华人民共和国濒危物种进出口管理办公室西安办事处、祁连山国家公园管理局）党组书记、专员（主任、局长）
周少舟	国家林业和草原局驻武汉森林资源监督专员办事处（中华人民共和国濒危物种进出口管理办公室武汉办事处）党组书记、专员（主任）
李天送	国家林业和草原局驻贵阳森林资源监督专员办事处（中华人民共和国濒危物种进出口管理办公室贵阳办事处）党组书记、专员（主任）
关进敏	国家林业和草原局驻广州森林资源监督专员办事处（中华人民共和国濒危物种进出口管理办公室广州办事处）党组书记、专员（主任）
李 军	国家林业和草原局驻合肥森林资源监督专员办事处（中华人民共和国濒危物种进出口管理办公室合肥办事处）党组书记、专员（主任）
郑 重	国家林业和草原局驻乌鲁木齐森林资源监督专员办事处（中华人民共和国濒危物种进出口管理办公室乌鲁木齐办事处）党组书记、专员（主任）
苏宗海	国家林业和草原局驻上海森林资源监督专员办事处（中华人民共和国濒危物种进出口管理办公室上海办事处）党组书记、专员（主任）
刘克勇	国家林业和草原局驻北京森林资源监督专员办事处（中华人民共和国濒危物种进出口管理办公室北京办事处）党组书记、专员（主任）
张克江	国家林业和草原局生物灾害防控中心党委书记、副主任
吴海平	国家林业和草原局华东调查规划院党委书记、院长
刘金富	国家林业和草原局中南调查规划院党委书记、副院长
李谭宝	国家林业和草原局西北调查规划院院长、党委副书记
周红斌	国家林业和草原局西南调查规划院党委书记、院长
路永斌	中国大熊猫保护研究中心党委书记、副主任
于志浩	大兴安岭林业集团公司党委常委、副总经理
陈 蓬	中国绿化基金会办公室主任
刘家顺	中国绿色碳汇基金会秘书长
尹刚强	中国生态文化协会秘书长（国际竹藤中心党委书记、副主任）
杨文斌	中国治沙暨沙业学会副会长、秘书长
曹 靖	中国林业文学艺术工作者联合会秘书长
管长岭	中国林业职工思想政治工作研究会常务副会长、秘书长

特约委员

陈幸良	中国林学会秘书长	黄金城	海南省林业局（海南热带雨林国家公园管理局）党组书记、局长
武明录	中国野生动物保护协会秘书长		
田 阳	中国林业教育学会常务副秘书长	沈晓钟	重庆市林业局党组书记、局长
张引潮	中国花卉协会秘书长	唐代旭	四川省林业和草原局副局长
王 满	中国林业产业联合会秘书长	向守都	贵州省林业局党组成员、副局长
李 鹏	中国林业工程建设协会监事长	万 勇	云南省林业和草原局党组书记、局长
丁立建	中国水土保持学会常务副秘书长	次成甲措	西藏自治区林业和草原局党组书记、副局长
邓乃平	北京市园林绿化局（首都绿化办）党组书记、局长（主任）		
		党双忍	陕西省林业局党组书记、局长
高明兴	天津市规划和自然资源局二级巡视员	郑克贤	甘肃省林业和草原局党组成员、副局长
刘凤庭	河北省林业和草原局党组书记、局长	李晓南	青海省林业和草原局党组书记、局长
袁同锁	山西省林业和草原局党组书记、局长	徐 忠	宁夏回族自治区林业和草原局党组成员、总工程师
郝 影	内蒙古自治区林业和草原局党组书记、局长		
		姜晓龙	新疆维吾尔自治区林业和草原局党委书记、副局长
金东海	辽宁省林业和草原局党组书记、局长		
祁永辉	吉林省林业和草原局副局长	陈佰山	中国内蒙古森林工业集团有限责任公司党委书记
王东旭	黑龙江省林业和草原局党组书记、局长		
邓建平	上海市绿化和市容管理局（市林业局）党组书记、局长	王树平	中国吉林森林工业集团有限责任公司党委书记、董事长
沈建辉	江苏省林业局党组书记、局长	丁 郁	中国龙江森林工业集团有限公司董事会秘书
胡 侠	浙江省林业局党组书记、局长		
牛向阳	安徽省林业局党组书记、局长	李忠培	黑龙江伊春森工集团有限责任公司党委书记、董事长
王智桢	福建省林业局党组书记、局长		
邱水文	江西省林业局党组书记、局长	黄 然	新疆生产建设兵团林业和草原局局长
宇向东	山东省自然资源厅（省林业局）党组书记、厅长（局长）	段兆刚	四川卧龙国家级自然保护区管理局党委书记（中国大熊猫保护研究中心主任、党委副书记）
原永胜	河南省林业局党组书记、局长	安黎哲	北京林业大学校长
刘新池	湖北省林业局党组书记、局长	李 斌	东北林业大学校长
胡长清	湖南省林业局党组书记、局长	王 浩	南京林业大学校长
王华接	广东省林业局党组成员、副局长	郭辉军	西南林业大学校长
黄显阳	广西壮族自治区林业局党组书记、局长	廖小平	中南林业科技大学校长

特约编辑

中国林业和草原年鉴 2021

国家林业和草原局办公室	张　禹
国家林业和草原局生态保护修复司（全国绿化委员会办公室）	彭继平
国家林业和草原局森林资源管理司	郑思洁
国家林业和草原局草原管理司	颜国强
国家林业和草原局湿地管理司（中华人民共和国国际湿地公约履约办公室）	俞　楠
国家林业和草原局荒漠化防治司（中华人民共和国联合国防治荒漠化公约履约办公室）	江天法
国家林业和草原局野生动植物保护司（中华人民共和国濒危物种进出口管理办公室）	罗春涛
国家林业和草原局自然保护地管理司	李兴军
国家林业和草原局林业和草原改革发展司	孙　友
国家林业和草原局国有林场和种苗管理司	李世峰
国家林业和草原局森林草原防火司	李新华
国家林业和草原局规划财务司	刘建杰
国家林业和草原局科学技术司	吴红军
国家林业和草原局国际合作司（港澳台办公室）	毛　锋
国家林业和草原局人事司	范晓棠
国家林业和草原局机关党委	张　华
国家林业和草原局机关服务中心	陈　鹏
国家林业和草原局信息中心	周庆宇
国家林业和草原局林业工作站管理总站	曹国强
国家林业和草原局财会核算审计中心	张雅鸽
国家林业和草原局宣传中心	李茜诺
原国家林业和草原局天然林保护工程管理中心	徐　鹏
国家林业和草原局西北华北东北防护林建设局	孙佰宏
原国家林业和草原局退耕还林（草）工程管理中心	曹海船
原国家林业和草原局世界银行贷款项目管理中心	徐建雄
国家林业和草原局科技发展中心（植物新品种保护办公室）	杨玉林
国家林业和草原局发展研究中心（法律事务中心）	王亚明
国家林业和草原局国家公园（自然保护地）发展中心	蔡敬林
原国家林业和草原局人才开发交流中心	姜　嫄
国家林业和草原局国际合作交流中心	汪国中
中国林业科学研究院	林泽攀
国家林业和草原局林草调查规划院	赵有贤
国家林业和草原局产业发展规划院	孙　靖
国家林业和草原局管理干部学院	李米龙
中国绿色时报社	吴兆喆
中国林业出版社	张　锴
国际竹藤中心	覃道春
国家林业和草原局驻内蒙古自治区专员办（濒管办）	金宇新
国家林业和草原局驻长春专员办（濒管办）	陈晓才
国家林业和草原局驻黑龙江省专员办（濒管办）	杨东霖
国家林业和草原局驻大兴安岭专员办	胡　军
国家林业和草原局驻成都专员办（濒管办）	曹小其

单位	姓名	单位	姓名
国家林业和草原局驻云南专员办（濒管办）	王子义	吉林省林业和草原局	耿伟刚
国家林业和草原局驻福州专员办（濒管办）	罗春茂	黑龙江省林业和草原局	李艳秀
国家林业和草原局驻西安专员办（濒管办）	朱志文	上海市绿化和市容管理局（市林业局）	王　辉
国家林业和草原局驻武汉专员办（濒管办）	李建军	江苏省林业局	仲志勤
国家林业和草原局驻贵阳专员办（濒管办）	陈学锋	浙江省林业局	沈国存
国家林业和草原局驻广州专员办（濒管办）	李金鑫	安徽省林业局	蔡文博
国家林业和草原局驻合肥专员办（濒管办）	夏　倩	福建省林业局	陈科灶
国家林业和草原局驻乌鲁木齐专员办（濒管办）	祁金山	江西省林业局　　　　　　张媛媛	饶利军
国家林业和草原局驻上海专员办（濒管办）	叶　英	山东省自然资源厅（省林业局）	张彩霞
国家林业和草原局驻北京专员办（濒管办）	于伯康	河南省林业局	李敏华
国家林业和草原局生物灾害防控中心	赵瑞兴	湖北省林业局	彭锦云
国家林业和草原局华东调查规划院	王　涛	湖南省林业局	马　磊
国家林业和草原局中南调查规划院	肖　微	广东省林业局	吴自华
国家林业和草原局西北调查规划院	王孝康	广西壮族自治区林业局	施福军
国家林业和草原局西南调查规划院	佘丽华	海南省林业局	王瑞琦
中国大熊猫保护研究中心	李德生	重庆市林业局	周　旭
大兴安岭林业集团公司	葛　娜	四川省林业和草原局	林荣岗
中国绿化基金会	张桂梅	贵州省林业局	吴晓悦
中国绿色碳汇基金会	何　宇	云南省林业和草原局	王亚辉
中国生态文化协会	付佳琳	西藏自治区林业和草原局	熊艳阳
中国治沙暨沙业学会	朱　斌	陕西省林业局	朱建军
中国林业文学艺术工作者联合会	侯克勤	甘肃省林业和草原局	甘在福
中国林业职工思想政治工作研究会	赵荣生	青海省林业和草原局	宋晓英
中国林学会	郭丽萍	宁夏回族自治区林业和草原局	马永福
中国野生动物保护协会	于永福	新疆维吾尔自治区林业和草原局	主海峰
中国林业教育学会	康　娟	中国内蒙古森林工业集团有限责任公司	杨建飞
中国花卉协会	马　虹	中国吉林森林工业集团有限责任公司	牟　宇
中国林业产业联合会	白会学	中国龙江森林工业集团有限公司	王庆江
中国林业工程建设协会	周　奇	黑龙江伊春森工集团有限责任公司	杨玉梅
中国水土保持学会	宋如华	新疆生产建设兵团林业和草原局	刘　景
北京市园林绿化局	齐庆栓	四川卧龙国家级自然保护区管理局	王　华
天津市规划和自然资源局	孙君普	北京林业大学	焦　隆
河北省林业和草原局	袁　媛	东北林业大学	徐志成
山西省林业和草原局　　　李翠红	李　颖	南京林业大学	黄　红
内蒙古自治区林业和草原局	迟晓旭	西南林业大学	王　欢
辽宁省林业和草原局	何东阳	中南林业科技大学	易　锦

编辑说明

一、《中国林业和草原年鉴》(原《中国林业年鉴》,自2019卷起更名)创刊于1986年,是一部综合反映中国林草业建设重要活动、发展水平、基本成就与经验教训的大型资料性工具书。每年出版一卷,反映上年度情况。2021卷为第三十五卷,收录限2020年的资料,宣传彩页部分收录2020年和2021年资料。

二、《中国林业和草原年鉴》的基本任务是为全国林草战线和有关部门的各级生产和管理人员、科技工作者、林业院校师生和广大社会读者全面、系统地提供中国森林资源消长、森林培育、森林资源保护、草原资源管理、生态建设、森林资源管理与监督、森林防火、林业产业、林业经济、科学技术、专业理论研究、院校教育以及体制改革等方面的年度信息和相关资料。

三、第三十五卷编纂内容设29个栏目。统计资料除另有说明外,均不含香港特别行政区、澳门特别行政区、台湾省数据。

四、年鉴编写实行条目化,条目标题力求简洁、规范。长条目设黑体和楷体两级层次标题。全卷编排按内容分类。条头设【】。按分类栏目设书眉。

五、年鉴撰稿及资料收集由国家林业和草原局机关各司(局)、各派出机构、各直属单位以及各省(区、市)林业(和草原)主管部门承担。

六、释文中的计量单位执行GB 3100—93《国际单位制及其应用》的规定。数字用法按GB/T 15835—2011《出版物上数字用法》的规定执行。

七、条目、文章一律署名。

中国林业和草原年鉴编辑部
2021年12月

↓ 2020年4月11日，共和国部长义务植树活动

宋峥 摄

→ 2020年8月19日，国家林业和草原局召开国家公园建设座谈会

宋峥 摄

↑ 2020年6月19日，国家林业和草原局召开禁食野生动物后续工作推进电视电话会议

宋峥 摄

↑ 洋口林场全国优良家系试验林杉木大径材

黄海 摄

→ 雅鲁藏布江防护林建设成效

西藏自治区林草局 供图

→ 中国大熊猫保护研究中心
2020年熊猫宝宝集体亮相
　　熊猫中心　供图

↓ 塞罕坝航拍景象
　　王龙　摄

↑ 武夷山国家公园森林景观
黄海 摄

2020年，穿山甲属所有种由国家二级重点保护野生动物调整为国家一级重点保护野生动物

动植物司　供图

2020年，神农架金丝猴种群数量增加到1471只

中国绿色时报社　供图

← 南昆山国家森林公园

广东省林业局　供图

↑ 世界海洋日：保护红树林　保护海洋生态
　中国绿色时报社　供图

← 全国三亿青少年进森林
　研学教育活动

← 生态护林员乡村疫情
　防控"最后一公里"
　　中国绿色时报社　供图

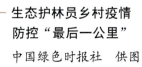

↓ 张家界国家森林公园

↓ 第十一届洞庭湖观鸟节
中国绿色时报社 供图

← 林草扶贫

中国绿色时报社　供图

↓ 2020年，我国成为全球世界遗产数增长最快的国家之一（图为中国南方喀斯特世界自然遗产地——广西桂林喀斯特）　中国绿色时报社　供图

↑ 三江源昂赛大峡谷

中国绿色时报社　供图

↑ 西藏防沙治沙

西藏自治区林草局　供图

← 湖北宜昌：网络直播助力春茶销售

中国绿色时报社　供图

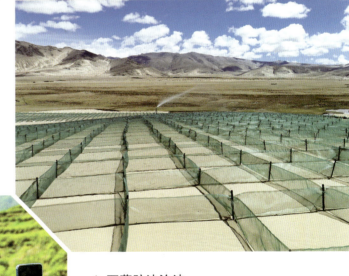

国际竹藤中心成立20周年纪念暨2021年工作会议顺利召开

2021年2月7日,国际竹藤中心成立20周年纪念暨2021年工作会议顺利召开。国际竹藤中心主任江泽慧、第十三届全国政协农业和农村委员会副主任张建龙、国家林业和草原局副局长彭有冬等出席会议,中心常务副主任费本华主持会议。

一年来,竹藤中心紧扣年初制订的目标任务,讲大局、讲团结、讲实干,始终做到干事业一条心,谋发展一股劲,抓工作一盘棋,带领全体竹藤人砥砺奋进,各项工作都取得了可喜成绩。2021年迎来中国共产党百年华诞,也是实施"十四五"的开局之年,中心将从坚持党建与业务深度融合,务实开展党建工作;积极稳妥应对国内外形势,扎实开展业务工作;围绕国家重大科技需求,做好科技攻坚和乡村振兴建设落实;统筹推进人才和平台建设,提升中心发展水平;继续推进国际交流合作,扩大竹藤外交影响五个方面部署工作。以构建竹藤科技创新格局为重点,以更加坚定的决心、更加执着的干劲和更加务实的作风,为建设国际一流科研院所、打造世界竹藤科学中心和创新高地谱写新章。

江泽慧在会议中强调,党的十九届五中全会,为中心谋划"十四五"乃至未来十到二十年发展目标,全面推动竹藤创新发展提供了根本遵循。今后一个时期我们的主要任务:一是抓好"十四五"竹藤科技规划顶层设计,以争创国家重点实验室为突破口,全面加强竹藤前瞻性基础研究,大力开展应用基础和

◆ 江泽慧出席会议并讲话

◆ 费本华主持会议

◆ 观看中心宣传片

高新技术研究。二是以高层次人才为重点，统筹推进人才队伍建设，创新完善人才评价、激励和保障机制，充分激发人才创新活力。三是促进"产学研"深度融合，进一步拓展竹材应用领域，打造竹种质资源创新链等八大竹产业创新链条，助力竹产业转型升级。四是进一步加大国际合作交流力度，突出重点，优势互补，大力争取和实施好国际项目，主动融入全球创新网络。五是力争在国家重点实验室、重大科技基础设施和产业技术创新中心、竹藤基础科学数据平台等建设上取得量级突破。六是提升拓展竹藤国际国内技术培训，合理布局、分类施策、创新模式、拓展空间，打造特色竹藤培训品牌。七是坚守职责定位，从科技、人才、项目、培训、平台保障等多方位提高服务国际竹藤组织能力，支持推动国际竹藤组织转型及持续健康发展。

会议要求，为实现"十四五"乃至2035年的发展目标，中心广大干部职工应充分认识、深刻领会习近平总书记关于科技创新重要论述，充分认识竹藤产业在新发展格局的地位和形势，充分认识科技创新中的几个具体问题，充分认识深入推进全面从严治党向纵深发展。统一思想、振奋精神、齐心协力、真抓实干。在习近平新时代中国特色社会主义思想指引下，按照党中央和局党组的决策部署，围绕服务竹藤事业国内国际发展大局，抢抓新机遇，实现新发展，为推动林草现代化建设和生态文明建设，助力构建人类命运共同体作出新的更大贡献。

◆ 张建龙与江泽慧为《中国竹类植物图鉴》专著揭幕

◆ 彭有冬出席会议并讲话

◆ 全体人员合影

立足新起点　谋求新发展　再创新辉煌

——国家林业和草原局生物灾害防控中心

◆国家林业和草原局生物灾害防控中心正式挂牌成立

◆党委书记张克江为全体干部职工上党课

国家林业和草原局生物灾害防控中心（以下简称防控中心）是国家林业和草原局直属正司局级公益一类事业单位。防控中心在局党组领导下，开展全国林业、草原有害生物防治和野生动物疫源疫病监测等生物灾害防控、生物安全等业务工作和技术指导，承担相关具体任务及实施，为机关履职提供支持保障。

近年来，防控中心党委认真贯彻落实局党组决策部署，团结带领全体干部职工，充分发扬"厚德、敬业、务实、担当"精神，紧紧围绕林业和草原改革发展大局，聚焦林草有害生物防治和野生动物疫源疫病监测工作热点、难点和重点，凝心聚力、砥砺奋进，不断创新发展理念、打造发展平台、开拓发展之路、奠定发展之基。

一是始终把推进党的建设作为长期首要任务，以党的建设统领事业发展，连续3年被国家林草局评为党建工作优秀单位，班子连续3年被评为"优秀班子"。

◆国家林业和草原局生物灾害防控中心全景图

二是森林和草原有害生物灾害监测预报预警中心、林业有害生物监测预警国家林业和草原局重点实验室、林业生物灾害监测预警国家创新联盟、野生动物疫源疫病监控国家创新联盟、松材线虫病等重大林业有害生物检测鉴定中心等平台陆续在防控中心设立。

三是卫星遥感监测技术应用获得重大突破，具备宏观大尺度准确监测灾情能力；采取明察暗访、包片蹲点方式，强化松材线虫病、草原蝗虫等重大林草有害生物常态化监管；有效应对非洲猪瘟、黄脊竹蝗、沙漠蝗等突发灾害。

春风又吹千山绿　百年盛世再出发

—— 国家林业和草原局华东调查规划设计院

国家林业和草原局华东调查规划设计院（简称华东院）坐落于杭州城东钱塘江畔，是国家林业和草原局直属正厅（局）级公益型事业单位，是新中国成立以来建立最早的国家级林业调查规划设计专业单位之一，加挂有华东森林资源监测中心、华东林业碳汇计量监测中心、华东生态监测评估中心、长三角现代林业评测协同创新中心、自然保护地评价中心等牌子，同时还是中国林业工程建设协会湿地保护和恢复专业委员会挂靠单位。2020年，荣获浙江省委、省政府授予的浙江省"文明单位"称号。

2020年6月，国家新闻出版署正式批复同意华东院更名创办我国自然保护地领域第一份自然科学类综合性学术期刊——《自然保护地》。期刊聚焦自然保护地建设发展进程，致力于打造学术研究高地、行业高端智库、综合性知识服务平台和学术传播、科研交流平台。

◆ 华东院办公大楼

"十三五"期间，华东院深入贯彻落实习近平生态文明思想，牢固树立"绿水青山就是金山银山"理念，全面落实国家林草局党组部署要求，牢记使命、围绕大局、攻坚克难、开拓创新，取得了各项事业全面发展的良好业绩。

"十四五"时期，华东院将继续围绕局党组各项安排部署，秉承以"忠诚使命、响应召唤、不畏艰辛、追求卓越"为核心的华东院精神，坚持"党建统院、文化立院、人才强院、创新兴院"，建设成为政治过硬、业务精良、人才集聚、治理高效、文化厚重、幸福和谐的高水平现代化强院，为林业、草原、国家公园融合发展新阶段提供有力支撑，助力林草事业和生态文明建设高质量发展。

◆《自然保护地》期刊　　◆ 华东院被授予浙江省"文明单位"称号

加强亚洲象科学研究 树立野生动植物保护典范

——国家林业和草原局昆明勘察设计院（国家林业和草原局亚洲象研究中心）

◆ 2021年8月8日，成功引导象群南返跨过元江

◆ 2021年6月12日，中宣部亚洲象北迁及生物多样性保护集中采访活动在昆明院举行

2019年12月19日，"国家林业和草原局亚洲象研究中心"在国家林业和草原局昆明勘察设计院正式揭牌。此后昆明院每日开展云南省亚洲象监测日报工作，配合各级部门开展亚洲象保护、人象冲突等调研和现场技术支持；组织召开亚洲象保护国际会议；积极开展脉冲电围栏等防象设施设备研发工作，为保障群众生命财产安全和野象安全提供保障。

2020年3月，16头野生亚洲象持续向北迁移，于2021年4月16日跨越红河进入玉溪市境内，同年6月2日进入昆明市辖区境内，引发全球关注，北移亚洲象群迁回行进1300余千米后南

◆ 2021年"8·12第十个世界大象日"活动

返。昆明院深度参与此次北移亚洲象群监测防范和安全保障工作。亚洲象研究中心的各位工作人员坚守一线开展监测和防范工作，为各地指挥部精准施策提供依据和技术支撑；通过参加省政府新闻发布会，接受各级采访，并在各主流媒体发表专业文章，积极引导国内国际舆论理性、科学报道象群北移情况，获得了业界高度好评。

（陈飞、佘丽华 供稿）

初心不改启新程　勇于担当开新篇

——大兴安岭林业集团公司全力筑牢祖国北方生态屏障

2020年4月2日，大兴安岭林业集团公司（以下简称大兴安岭集团）正式揭牌成立，结束长达32年由黑龙江省代管的历史，开启了新的征程。组建一年多来，大兴安岭集团坚决贯彻落实习近平生态文明思想，按照全国林业和草原工作会议精神，确定"强党建、优生态、促发展、惠民生"战略部署，全面实施"五大工程"，奋力答好"五张答卷"，各项工作取得较好成绩。2021年1～9月，实现林业产业总产值36.8亿元、营业收入13.48亿元、净利润8584万元。

抗洪抢险　2021年夏，大兴安岭林区400多条河流全流域超警戒水位，面对林区开发建设史上极为罕见的特大洪水，大兴安岭集团干部职工挺身而出、迎难而上，真正发挥主力军作用，累计出动兵力2.8万人次、车辆4110台次、飞机91架次，有力维护人民群众生命财产安全，彰显国企使命担当。

◆ 大兴安岭林业集团公司党委书记于辉在一线指挥抗洪抢险

森林防火　大兴安岭集团坚持把森林防火作为首要任务，坚决贯彻落实国家林草局森林防火决策部署，坚持"林地协同、联防联控、防扑一体"，狠抓森林防火责任、任务和措施落实，全力提升林火防扑能力，打赢平安清明、五月攻坚、六月决胜和金秋保卫"四大战役"，连续4年无人为火发生。森防感知系统平台初步搭建完成，林火遥感监测、北斗护林巡护等系统完成测试应用，实现智能化数据采集、自动化数据处理、智慧化业务应用，森林防火科技化水平进一步提升。

◆ 大兴安岭林业集团公司党委副书记、总经理李军深入基层看望瞭望员

生态修复　作为我国北方重要生态屏障，大兴安岭林区是黑龙江、嫩江、松花江的水源涵养地，抵御着吹往东北平原和呼伦贝尔大草原的西伯利亚寒流，肩负着维护国家生态安全、粮食安全的重任，生态地位特殊、生态意义重大。大兴安岭集团经营面积占林区总面积的95.57%，是大兴安岭生态文明建设的主体。自组建以来，大兴安岭集团自觉担负起筑牢祖国北方绿色生态屏障的重任，坚定不移走生态优先、绿色发展之路，全力守好这方碧绿、这片蔚蓝、这份纯净。2021年，大兴安岭集团活立木总蓄积量6.14亿立方米，森林面积688万公顷，森林覆盖率86.2%，较上年分别增长了0.12亿立方米、0.5万公顷、0.06个百分点，森林资源持续实

◆ 被救助的国家一级重点保护野生动物东方白鹳回归自然

◆ 南瓮河国家级自然保护区鸟瞰图

现"三增长"。委托中国林科院完成森林、湿地生态产品评估与绿色价值核算,大兴安岭集团生态系统服务功能总价值量为7828亿元。

野生动物保护 近年来,大兴安岭集团加大野生动植物保护宣传力度,持续开展系列保护野生动物资源专项行动,加强野生动物疫源疫病监测防控,全力保护生态系统的完整性、原真性,改善野生动物栖息地,野生动物物种及种群实现恢复性增长。现有国家重点保护陆生野生动物77种。其中,国家一级重点保护野生动物20种、国家二级重点保护野生动物57种。野外监测发现新分布鸟类23种和一度难见踪迹的貂熊、原麝、紫貂等国家一级重点保护野生动物活体。在林区公路穿行时,狍、野猪、花尾榛鸡、赤狐等野生动物时常可见。

湿地保护 大兴安岭湿地主要分布在嫩江源头区、黑龙江干流和呼玛河流域,是我国寒温带地区最大的森林沼泽分布区和重要水源涵养地,其中南瓮河湿地是亚洲最大的寒温带岛状林湿地。为保护好这片湿地,大兴安岭集团注重宣教引领,依托"世界湿地日"开展主题宣教活动,公益宣传片《在水一方》《鸟鸣山幽》网络访问量达百万次以上。持续开展湿地资源保护专项行动,对各类破坏湿地资源行为保持零容忍,确保湿地生态系统安全。截至2020年末,共建有各级各类湿地类型保护地27处,其中:湿地类型国家级自然保护区3处(含国际重要湿地1个),地级自然保护区、保护小区、保护地14处,湿地公园10个(国家湿地公园7个,国家湿地公园试点2个,地级湿地公园1个),湿地保护率为46.7%,基本形成覆盖大兴安岭湿地保护网络。

林业特色产业发展 大兴安岭集团深入践行习近平总书记"两山论",依托优越的生态环境和珍贵的林下资源,加快推进森林碳汇、旅游康养、食用菌、浆坚果、中药材(山野菜)、森林养殖、木建筑等特色产业发展,

◆ 收获的蘑菇、榛子和木耳

各林业局逐步形成重点产业优势突出、差异化产业特点鲜明的协调共进发展格局,10个林业局共确立主导产业28个、管护区特色主营业务项目289个。近年来,累计创建国家级林下经济示范基地2个、中国特色农产品优势区2个、国家林业龙头企业2个、国家级森林旅游康养基地(试点单位、康养人家)18个、国家级有机食品示范基地3个,从事林下经济经营企业64户,农民林业合作社138个。

持续加强栖息地保护管理
翻开"大熊猫+雪豹"研究新篇章

——四川卧龙国家级自然保护区管理局

卧龙位于大横断山脉中心区域,中国西南山地生物多样性热点区的核心地带,2020年通过DNA技术检测到野生大熊猫数量149只,是大熊猫科研的主要发源地。卧龙保护区建立于1963年,1983年成立卧龙特别行政区,是为保护而设立的特区,下辖卧龙、耿达两镇。

持续加强栖息地保护管理,扎实开展生态环境整治 坚持"保护第一",按法律法规加强日常管理。完成森林资源二类调查,摸清底数。组织开展反盗猎等系列专项行动,每年开展公路、近山、高远山巡护,持续对105个永久性森林动态监测样地、91条野外大熊猫固定样线进行巡护监测。

系统推动野外科研监测,努力打造"大熊猫+雪豹"双旗舰物种保护地 整合资源力量,编制科研规划,开发巡护监测平台和软件,加强与科研院所及高校合作。实施大熊猫野外调查,白色大熊猫、雪豹、栖息地环境监测等多领域科研项目。雪豹成为科考新亮点,在不到200平方千米范围内监测到26只以上的雪豹的活动轨迹,雪豹分布密度居全国前列。

◆ 2019年,卧龙保护区内安装的红外相机拍摄到野外大熊猫正在巡逻自己的领地,并对自己标注的嗅味树进行检查

◆ 2019年,卧龙保护区内安装的红外相机拍摄到雪豹影像

大力实施绿色生态发展战略,积极谋划社会民生高质量发展 2008年"5·12"特大地震灾后重建过程中,有计划地将高半山农户整体搬迁至山下聚居,扩大了野生动植物生存活动范围及栖息地保护空间,同时引导生产方式由农耕向生态旅游业转变。2017年,提出"保护优先、绿色发展、统筹协调"发展理念,将保护工作与民生绿色高质量发展深入融合。持续实施"天然林协议管护""退耕还林责任管护""以电代柴"等系列惠民政策,连年增加护林员、巡护员岗位,带动农民参与生态保护并获得稳定收入。结合乡村振兴,抓好生态环境整治,加强基础性、公益性服务设施建设,提升卧龙游憩康养的舒适度和体验度。积极争取各级投入,持续巩固脱贫攻坚成果,谋划和推动乡村振兴发展。

不断加强舆论引导,宣传科普国家公园和生物多样性保护 要求巡护科研队员记录工作场景,制作成专题短片。与央视联合拍摄的《自然传奇·雪豹小分队》纪录片于2018年国际雪豹日当天在央视纪录片频道播出,获央视年度纪录片创新奖。与央视多个栏目合作,以卧龙和大熊猫国家公园名义策划报送保护科研素材,科普野生动植物知识,宣传生物多样性保护,宣传大熊猫国家公园。还与英国广播公司、江苏卫视、湖南卫视等合作,联合拍摄了多部纪录片和专题片,在新华社、《人民日报》、央视等主流媒体进行发布。

美丽中国新地标

—— 东北虎豹国家公园

2021年10月12日下午,国家主席习近平以视频方式出席《生物多样性公约》第十五次缔约方大会领导人峰会并发表主旨讲话。中国正式设立三江源、大熊猫、东北虎豹、海南热带雨林、武夷山为第一批国家公园,保护面积达23万平方千米,涵盖近30%的陆域国家重点保护野生动植物种类。东北虎豹国家公园也因此成为由习近平总书记亲自部署推动、正式设立的第一个由中国政府直接管理的国家公园,肩负着保护以东北虎、东北豹为旗舰物种的生态系统,实现生态保护与经济社会协调发展,人与自然和谐共生的重要使命。

◆ 2018年10月5日监测到的东北虎(一大四小)

2017年8月,东北虎豹公园成立,承担"两项试点"体制改革。公园横跨吉林、黑龙江两省,规划面积14065平方千米,涵盖19个自然保护地,森林覆盖率97.74%,是我国东北虎、东北豹历史天然分布区和唯一具有野生定居种群与繁殖家族的地区。统计数据显示,截至2021年10月,野生东北虎、东北豹数量分别由试点之初的27只和42只增长至50只和60只,监测到新繁殖幼虎10只以上、幼豹7只以上,并呈现明显向中国内陆扩散的趋势。东北虎豹国家公园已成为我国仅有的野生东北虎豹稳定栖息地和扩散种源地。

试点以来,在国家林草局党组的坚强领导下,东北虎豹国家公园管理局(以下简称虎豹局)会同吉林、黑龙江两省政府,建立了央地协同工作机制,构建了试点工作保障体系,在推进山水林田湖草沙整体保护、统筹治理方面进行了有益探索。试点区生态系统得到整体保护、修复、治理,以虎豹为旗舰物种的生态系统呈现恢复向好态势,走出了一条跨省级行政区域的重要自然资源资产由中央直接行使事权的新路径。试点工作取得显著成效:

◆ 2018年11月12日,东北虎豹国家公园首次集中开展大规模清山清套行动

一是构建了"中央直管央地共建购买服务"管理体制,统一行使全民所有自然资源资产所有权,积极履行所有者职责。

二是搭建中央垂直管理体制机制,挂牌成立管理局和管理分局,初步构建中央垂直管理框架。组织编制制订生态修复等专项规划和方案10个、规章制度27项、标准规范体系8项。

三是全面加强生态保护。积极构建网格化包保体系,常态化开展全覆盖式巡护,与试点前相比,巡护里程增长24倍,猎套遇见率下降94.55%。扎实开展栖息地修复工作,生态修复总面积近4.3万公顷。制订野生动物损害补偿办法，创新引入商业保险机制开展生态补偿，构建野生动物救护体系，实现人虎两平安。采用"互联网+生态"信息化、智能化管理模式，基本建成领先国内外、覆盖近万平方千米的天地空一体化监测网络体系，初步实现"看得见虎豹、管得住人"的目标。

四是积极开展国际合作交流。落实中俄元首共识，与俄罗斯豹之乡国家公园建立沟通合作机制，签订3年行动计划，联合开展科研监测、森林生态治理、生态廊道建设等工作，打通了野生动物迁徙国际通道，扩大了虎豹栖息地，提升了种群稳定性，树立了野生动物跨国保护国际合作典范。

五是探索推进发展转型。统筹使用现有各类扶持政策，制订生态管护员和社会服务公益岗位管理办法，优先安排贫困户2090人从事森林管护，切实让改革惠及群众。配合地方政府发展壮大黄牛集中圈养等传统产业，木耳、桑黄、蓝莓加工等特色产业，生态旅游等新兴产业，当地群众对国家公园建设期望值明显提高。

六是注重宣传时效，营造社会氛围。各大媒体累计播发相关报道共计819万余条（含转载），与人民日报社、新华社、中央电视台等主流媒体合作发声，并通过主流媒体应用程序和国际频道平台直播等形式同步向世界传播东北虎豹国家公园建设理念和重大意义。联合各分局开展形式多样的"自然教育进校园"和"世界野生动植物日"等主题宣传活动，全面营造保护野生动物良好氛围。

正式设立后的东北虎豹国家公园，将继续坚持以习近平新时代中国特色社会主义思想为指导，深入贯彻习近平生态文明思想，认真落实党中央、国务院决策部署，牢固树立"绿水青山就是金山银山"理念，坚持山水林田湖草沙系统治理，坚持生态保护第一、国家代表性、全民公益性的国家公园理念，加强自然生态系统原真性、完整性保护，正确处理生态保护与居民生产生活的关系，维持人与自然和谐共生并永续发展，推动东北虎、东北豹跨境保护合作，强化监督管理，完善政策支撑，为构建中国特色的以国家公园为主体的自然保护地体系、推进美丽中国建设和实现人民幸福生活作出新的贡献。

◆ 2019年11月29日，东北虎豹国家公园管理局局长赵利（右）、吉林省林业和草原局副局长王伟（左）为虎豹局野生动物救护中心揭牌

◆ 黄牛圈养

◆ 实施野生动物迁徙廊道建设工程

打造美丽中国"生态之窗"

—— 三江源国家公园

◆ 黄河源湿地（李友崇 摄）

◆ 玉珠峰（贺西京 摄）

三江源地处世界"第三极"青藏高原腹地，被誉为"中华水塔"，是长江、黄河、澜沧江的发源地，素有"高寒生物自然种质资源库"之称，是国家重要生态安全屏障，生态系统服务功能、自然禀赋、生物多样性具有全国乃至全球意义的保护价值。

2016年，青海省肩负起国家生态文明改革先行先试的重要任务，在三江源地区大胆尝试、扎实前行，探路国家公园体制，组织实施了一系列原创性改革，探索走出了一条借鉴国际经验、符合中国国情、彰显三江源特点的国家公园体制创新之路，形成了"一面旗帜引领、一个部门管理、一种类型整合、一套制度治理、一户一岗管护、一体系统监测、一支队伍执法、一众力量推动、一种精神支撑"的三江源"九个一"管理模式。

体制试点5年来，青海举全省之力，集各方之智，经过艰苦实践和开拓创新，圆满完成了体制试点任务。

◆ 雪豹（鲍永清 摄）

三江源地区自然生态系统原真性、完整性得到充分保护，生态安全屏障进一步筑牢。2021年10月，三江源国家公园成为第一批正式设立的国家公园，目前，三江源国家公园生态保护和修复成效日益显现，生态环境状况持续向好。国家发展改革委生态成效阶段性综合评估报告显示：三江源区主要保护对象都得到了更好的保护和修复，生态环境质量得以提升，生态功能得以巩固，水源涵养量年均增幅6%以上，草地覆盖率、产草量分别比十年前提高了11%、30%以上。野生动物种群明显增多，藏羚羊由20世纪80年代的不足2万只恢复到2020年的7万多只。

◆ 藏羚羊（江永文保 摄）

做美绿水青山　做大金山银山
全力推动壮美林业高质量发展

—— 广西林业工作纪事

"十三五"期间，广西林业部门坚持以习近平新时代中国特色社会主义思想为指导，深入学习贯彻习近平生态文明思想和习近平总书记对广西工作系列重要指示精神，全力以赴决战决胜脱贫攻坚，与全国同步全面建成小康社会，特别是2020年，出台统筹疫情防控和服务经济稳增长23条措施、人工繁育野生动物处置指导意见，稳植树造林、稳产业发展、稳开放合作、稳要素保障，实现了"十三五"期间"一赶超两突破三争先四创新五提升"的发展目标。

◆ 广西中林生态城项目一期开工现场会

一个重大赶超

全区林业改革发展实现林业产业总产值跃升至全国第二位的"一个重大赶超"。大力实施油茶"双千"计划、高质量商品林"双千"基地建设、林下经济绿色富民工程、森林旅游"510"工程，扎实推进现代林业产业高质量发展三年行动计划，截至2020年底，全区林业产业总产值达7521亿元，年均增长11.8%。分别在第四届全国林业产业发展大会、全国林业和草原工作会议上介绍广西模式，在甩开追兵、赶超标兵中迈出坚实步伐。

◆ 广西八桂林木种苗股份有限公司台湾花卉园苗圃基地

◆ 广西森工集团人造板生产线

- 31 -

◆ 高峰森林公园是环绿城南宁森林旅游圈重要组成部分

◆ 广西国有大桂山林场林下灵芝基地

◆ 广西国有黄冕林场生态茶园

两个重大突破

实现林下经济、林业生态旅游晋升千亿元产业的"两个重大突破"。建设"定制药园",建基地、做品牌、开销路,林下经济产值达到1235亿元,同比增长7.9%,稳居全国前列;实施森林旅游"510工程",推进"环绿城南宁森林旅游圈"等重大项目建设,培育建设森林康养基地、森林人家等130多个森林旅游、森林康养示范基地,林业生态旅游产值达到1468亿元,比"十二五"期末增长6倍多。林下经济、林业生态旅游与木材加工业成为林业三大千亿元产业。

三个重大增长

实现森林覆盖率、森林蓄积量、森林生态价值的"三个重大增长"。大力实施林业"金山银山"工程、"绿美乡村"建设,深入开展森林城市系列创建活动,连续12年每年植树造林20万公顷、义务植树8000万株以上,全区森林覆盖率达到62.50%,居全国第三位;草原植被综合盖度达到82.76%。大力实施森林经营质量精准提升工程,全区森林蓄积量达到9.49亿立方米,年均增加3900万立方米。大力实施林业生态保护修复工程,加强自然保护地体系建设,全区森林生态系统服务功能总价值达到1.58万亿元,居全国第三位。

◆ 森林养生国家重点建设基地——派阳山国家森林公园

四个重大争先

实现油茶产业发展、林业脱贫攻坚、城乡绿化美化、人工繁育野生动物处置"四个重大争先"。大力建设油茶"高产高效"示范基地，集中打造"广西山茶油"区域公共品牌，油茶种植面积达到54.87万公顷，居全国第三位，连续两年在全国油茶产业发展现场会上介绍广西经验。54个贫困县林业产业总产值年均增长10%；选聘续聘生态护林员6.3万名，户均年增收8000元；创新建设乡村振兴林业示范村屯164个，林业生态扶贫、产业扶贫累计带动120万名贫困人口稳定脱贫，多次在全国、广西会议上介绍经验。10个设区市成功创建"国家森林城市"，566个单位成功创建广西森林城市系列称号；获评一批"全国绿化模范县""国家森林乡村""国家美丽乡村"；完成古树名木普查并挂牌保护14万多株，16万多个村屯实现绿化全覆盖，全国乡村绿化美化现场会在桂林召开。加强野生动物管控，提前完成人工繁育野生动物处置任务，推动蛇类药用转型，禁食后续工作居全国第一位，作为2020年全国林草重点工作表现突出单位，在全国林业和草原工作会议上通报表扬。

◆ 广西国控林业投资股份有限公司建设的油茶产业核心示范区

◆ 广西国有维都林场建设的雅江油茶小镇

五个重大创新

实现国有林场改革、林业绿色金融、林业信息科技、集体林权制度改革、森林资源监督管理"五个重大创新"。创新组建广西森工集团等重点企业，推动祥盛公司股改上市，创新实施"大场带小场"模式，改革后国有林场总资产增长36.2%；国家评定改革成果为优秀等次。创新推动金融信贷资金落地800多亿元，发起筹建10亿元广西工业高质量发展森工基金，搭建广西国控林投自有融资平台，完成全球首例清洁发展机制林业碳汇项目。深入实施科技创新支撑林业高质量发展三年行动计划，创新

◆ 广西林科院支持和指导企业建成香樟优良苗木基地，年产优质苗木1500多万株

实施区直国有林场场长科技助理等制度，林业科技进步贡献率达到55%；林业信息化建设进入全国前八，2020年被评为全国林业信息化工作突出单位第二位。成立林权收储担保股份有限公司，充分发挥林权收储

◆ 广西九万山国家级自然保护区

担保的托底收储、经营增值功能,切实降低银行机构林权抵押贷款风险。创新"政银担"合作模式,创新公益林预期收益权质押贷款,首创林权流转合同鉴证凭证贷款试点,林权抵押贷款余额达161亿元,政策性森林保险投保面积达966.67万公顷,专业合作社达1800多家,入社成员超过4.5万户。创新推进林长制改革试点;在全国率先建立"空天地网"一体化动态监管体系,形成精确最高的林地"一张图";争取国家备用林地定额2.9万公顷,居全国第一位,有力保障了重大项目建设。

六个重大提升

实现生态保护修复、森林经营质量、林产工业发展、林业开放合作、林业依法行政、林业管党治党"六个重大提升"。石漠化面积减少比例、治理成效稳居全国第一位;天然林全面停伐,公益林面积达到545.2万公顷。建立各类自然保护地223处,全球首次野化放归人工繁育黑叶猴、瑶山鳄蜥,生物多样性丰富度居全国第三位。主要造林树种林木良种使用率达80%以上,新造林中混交林比例提高到60%以上;人工林面积及国家储备林建设规模、建设质量居全国第一位。人造板年产量达到5034万立方米,年均增长7.2%,约占全国总量的1/6,居全国第一位;全区已建及在建重点林业产业园区39个,入园企业2400多家,产值超过600亿元;规模以上家具生产企业1730家,自治区级及以上林业产业重点龙头企业222家,木材加工和林浆纸产值2915亿元;南宁、贵港、玉林形成绿色家具产业集群,桂林、柳州、百色形成木竹制品产业集群,梧州、河池、防城港形成林产化工产业集群。成功举办首届广西"两山"发展论坛,打造广西花卉苗木交易会、广西家具家居博览会等新平台,连续举办十届中国—东盟林木展,成功举办2016年中国—东盟林业合作论坛,发布《中国—东盟林业合作南宁倡议》。自治区级审批事项减少10项;颁布实施《广西壮族自治区森林防火条例》《广西壮族自治区古树名木保护条例》《广西壮族自治区红树林资源保护条例》等法律法规;开展国有林地被侵占综合整治,深化林业扫黑除恶专项斗争,林区群众获得感、安全感、幸福感持续提升。扎实推进"不忘初心、牢记使命"主题教育,创新开展区直林业系统政治生态建设试点;推进机构改革,创建文明单位、模范机关,加强基层党组织建设,重启广西关注森林活动;力戒形式主义、官僚主义,区直林业系统实现巡察全覆盖;深入开展扶贫领域"系统抓、抓系统"专项整治,党风政风行风更加清朗。

◆ 广西大桂山鳄蜥国家级自然保护区内保护的鳄蜥,被称为"爬行界的大熊猫"

(张雷、冯伟 供稿)

◆ 广西山口红树林保护区内连片的红海榄纯林在中国极为罕见

甘肃省"十三五"林业草原建设成效

◆ 甘肃省委书记、省人大常委会主任尹弘（右二）参加义务植树

◆ 甘肃省林草局党组书记、局长宋尚有（左三）调研庆阳市林草工作

甘肃是国家西部重要的生态安全屏障。"十三五"期间，甘肃省林草局按照省委、省政府部署，坚持以习近平生态文明思想为指导，深入学习贯彻习近平总书记对甘肃重要讲话和指示精神，持续推进山水林田湖草沙系统治理，交出了一份合格的绿色答卷。

"十三五"期间，全省争取林草建设资金343.74亿元，造林173.67万公顷，治理退化草原524.87万公顷，治理沙化土地68.67万公顷，创建国家森林乡村159个、省级森林小镇19个，国际重要湿地增加到4处，全省森林覆盖率11.33%，草原植被盖度53.02%。八步沙林场"六老汉"三代人苦干40多年，治沙造林1.3万余公顷，成为全国防沙治沙的一面旗帜。

"十三五"期间，全省落实森林生态效益补偿820万公顷，草原禁牧666.67万公顷，草畜平衡940万公顷，办结涉林资源案件10524件，建成沙化土地封禁保护区21个。提升野生动植物保护监管水平，完成53.8万只（头）禁食野生动物后续处置。兑现6类助力脱贫攻坚的林草项目资金156.28亿元，年度选聘生态护林员66339人，精准带动29.21万贫困人口脱贫。

◆ 甘肃省林草局调研临夏回族自治州自然保护地优化整合工作

"十三五"期间，以祁连山生态环境问题整改为新的起点，拉开自然保护地体系建设序幕。全面完成祁连山、大熊猫两个国家公园体制试点任务，组建国家公园甘肃省管理局，下设4个分局和3个综合执法局。推进自然保护地优化调整。完成自然保护区"绿盾"专项行动，发现整改问题1824项。习近平总书记2019年视察祁连山地区时，给予"由乱到治、大见成效"的充分肯定。

展望"十四五"，奋进新征程。甘肃省林草局将始终牢记职责，积极担当作为，将国家西部的生态安全屏障建设得更加牢固，让陇原大地天更蓝、山更绿、水更清、生活更美好。

擘画生态蓝图 发展绿色经济
奋力开启龙江森工高质量发展新局面

——中国龙江森林工业集团有限公司

2020年，面对世界百年未有之大变局和世纪疫情交织叠加的严峻复杂形势，龙江森工集团以习近平新时代中国特色社会主义思想为指导，坚持生态优先、绿色发展，坚持改革创新系统思维，深入实施"1234567"发展方略，统筹抓好疫情防控和改革发展，全面履行大型国企社会责任，圆满完成"十三五"目标任务，为建设"生态强省""美丽中国"作出贡献。集团实现营业收入70.4亿元。

深化改革：重构公司治理新机制，发展活力不断增强

坚决贯彻中央和黑龙江省委、省政府部署要求，推进森工体制机制创新。森工体制性改革取得重大突破。实现了政企、政事、事企、管办"四分开"，彻底结束了森工70多年政企合一体制，改制成为大型国有公益性企业。集团公司化改革步伐加快。总部机构由原来的42个压缩至17个，人员由375人压缩至196人。推进"三项制度"改革，公开招录113名员工，实行"双合同制"管理，制订工资总额管理办法及薪酬管理办法。国企改革全面启动。完成23个林业局公司制改革，机构和人员缩减50%以上。推进二级子公司经理层人员任期制、契约化管理，众创集团等部分企业经理层成员全部竞聘上岗。

◆ 2020年7月12日，龙江森工集团董事长张旭东（左二）在苇河林业局有限公司调研

完成森工药业公司混合所有制改革。推进"压减"行动，减少企业法人19户。同时，加快推进城市院墙企业改革与转型发展，稳步推进事业单位改革。

聚焦主责：重塑生态建设新模式，绿色发展优势不断释放

深入贯彻习近平生态文明思想，把保护和发展森林资源作为首要职责，加快推进生态治理体系和治理能力建设。狠抓森林资源管理与保护。推进东北虎豹公园试点建设；加强林农交错和林缘地带的管护巡查，清理回收林地2733公顷；加强自然保护地建设，解决交叉重叠问题；森林防火取得实效，受到国务院防火督查组通报表扬；林业有害生物防治15.05万公顷。提升森林培育和经营质量。完成后备资源培育1.86万公顷、森林抚育31.47万公顷，完成人工红松林大径材培育试点0.55万公顷，大海林、林口、东方红、鹤北局公司被确立为全国森林经营试点单位。与"十二五"期末相比较，森林面积达557.73万公顷，增加5.4

◆ 桦南林业局有限公司下桦林场苗圃

◆ 迎春黑蜂产品公司

万公顷，提高了0.98%；森林总蓄积量达6.50亿立方米，增加1.47亿立方米，提高了29.22%；森林覆盖率达84.68%，提高了0.82个百分点；单位蓄积量达116.5立方米/公顷，每公顷增加了25.7立方米。

转型发展：重建林业产业新体系，加快探索"两山"转换机制

认真践行"两山"发展理念，依托资源优势、生态优势，着力打造生态产业体系，探索打通"两山"价值转换通道，加快把绿水青山变成"金山银山"。营林产业，营造红松经济林6933公顷；种植蓝莓、树莓1167公顷、沙棘6827公顷、榛子1347公顷。北药产业，中药材在田面积2.14万公顷，清河、桦南、东方红林业局被评为黑龙江省中药材基地建设示范局，穆棱林业局被评为黑龙江省中药材良种繁育基地建设局。种植业，以绿色有机为方向，调整种植结构，农业播种面积36.17万公顷，粮食总产量11.08亿千克。森林食品产业，构建"专业公司+基地+职工"合作模式和"统一大品牌、多元系列产品、集中大营销"产业体系。桦南局公司被评为"全国绿色食品原料标准化生产基地"，绥阳、清河、亚布力林业局公司被评为"全国有机食品原料标准化生产基地"。"黑森""迎春黑蜂"品牌获得"中国林草行业5A级诚信品牌"称号。旅游康养产业，发挥绿水青山和冰天雪地优势，促进森林旅游与森林康养、美食、北药、文化

◆ 大海林林业局有限公司施业区内的中国雪乡景区梦幻家园中的雪景

等产业融合发展。全年接待游客85.1万人次，实现收入9786.7万元。桦南蒸汽森林小火车旅游区晋升国家4A级景区。海林、清河、亚布力、兴隆、苇河、山河屯林业局公司被评为全国森林康养基地建设单位。

企业管理：基础管理总体建立，管理效能得到新提升

适应转企后发展的需要，围绕建立现代企业制度，加强管理体系建设。加强制度建设，坚持废改立，重新修订完善制度152项。加强信息化建设，编制《龙江森工集团"智慧森工"建设总体规划（2021—2025）》，OA系统、档案系统及财务系统、人力资源系统一期工程上线运行，集团总部文件流转、档案

管理、用印审批、用车审批、耗材申请等实现无纸化。加强财务管理，建立会计核算体系，15个账套整合为2个，11套报表合并为1套。强化资金管理，严格按照审批程序合规使用资金。加强人力资源管理，完成职工信息录入，进一步规范管理，有效控制成本。开展扭亏增盈专项行动，集团所属40户亏损企业中，10户扭亏，25户减亏，减亏3604万元。降本增效取得新突破，以585万元价格回购长城资产管理公司本息9359万元金融债务，减少集团债务8774万元。

◆ 龙江森工集团总经理张冠武（左三）在清河林业局有限公司调研森林食品精深加工项目

民生改善：共享改革发展成果，幸福指数持续增强

坚持以人民为中心思想，持续推进民生改善，职工获得感、幸福感、安全感持续增强。社会保障水平不断提高。完成65家事业单位养老保险清算补缴，支付清算费用24907.36万元，解决3800名退休职工养老后顾之忧。公积金实缴职工6.53万人，人均缴存基数较上年增加517元，同比增长29.57%。基础设施建设不断加强。争取中央资金3.73亿元，建设管护用房，改扩建医院、学校等项目。建设完成给排水、防火公路、林区道路等一批基础设施项目，林区生产生活条件持续改善。加大扶贫帮困力度。筹集送温暖资金814万元，拨付帮扶资金930.86万元，为林区困难职工群众送去温暖。对口帮扶绥棱县四井村179户贫困户全部脱贫。着力抓好疫情防控工作。配合地方政府，联合林业公安，协同推进林区疫情防控各项工作，投入疫情防控资金1.21亿元，减免中小微企业和个体工商户房屋租金1633.3万元。先后选派32名医护工作者参加援鄂医疗队驰援湖北，103名医护人员到黑河、东宁、望奎等地支援防疫工作，诠释了森工作为大型国企的使命担当。

"长风破浪会有时，直挂云帆济沧海。"站在"两个一百年"历史交汇点上，森工人深感肩负的使命之艰巨，任重而道远，将大力弘扬"特别讲政治、特别讲担当、特别讲奉献、特别能吃苦、特别能战斗、勇于去胜利"的森工精神，以坚定顽强的意志、昂扬向上的风貌、永不懈怠的干劲、拼搏进取的精神、攻坚克难的勇气，全力推进森工改革发展，奋力开创龙江森工高质量发展新局面！

◆ 东方红林业局茫茫林海

不负绿水青山　推进经济转型

——伊春森工集团加大生态保护与经济转型

黑龙江伊春森工集团有限责任公司（以下简称"伊春森工集团"），是全国六大国有森工集团之一，组建于2018年10月，林业施业区总面积351.24万公顷。组建以来，伊春森工集团坚持以习近平生态文明思想和"两山论"理念为指导，以习近平总书记提出的"让伊春老林区焕发青春活力"和"林区三问"为鞭策，以全面深化改革为动力，走出了一条生态优先、绿色转型发展的新路子。

◆ 伊春风景美如画（黄晓光 摄）

保护为先，生态修复取得新成绩

伊春森工集团坚持从单一保护林木林地为主，向山水林田湖草和野生动植物系统性保护转变。2019年，伊春森工集团在落实以往森林管护措施的基础上，率先在乌伊岭林业局公司开展企业内部"林长制"试点，逐步建立健全企业内部林长制体系。伊春森工集团重点培育国家战略储备林，全力抓好森林防灭火工作，连续17年无重大森林火灾；持续加强野生动植物保护、湿地保护和各类保护地建设，促进生物多样性和生态链自然平衡。研究推广轻基质网袋容器育苗造林技

◆ 辖区湿地内的东方白鹳（伊春森工集团 供图）

术，造林成活率超过95%，造林窗口期由20多天延长为6个月以上。森林质量和生态功能得到较大提高。创新"远封近分"管护方式，实行专业管护和个人承包相结合，实现森林管护全覆盖。持续推行森林防火"四网四化"，大力实施"农林联防"。加大硬件设施特别是高新技术和现代交通工具装备投入，加强"天眼""北斗定位"等新技术、新手段应用，设置远程视频监控31处。常态化开展"巡山清套清网"行动。在全市范围内实行为期10年的禁猎期制度，全部关停4个狩猎场，建设国家级野生动物疫源疫病监测

◆ 铁力日月峡国家森林公园（伊春森工集团 供图）

站8处,搭建陆生野生动物疫源疫病监测预警体系,建立黑龙江小兴安岭野生动物救护繁育研究中心。

发展为要,内生动力实现新跨越

伊春森工集团全面落实中央、黑龙江省和伊春市有关国有林区改革部署,如期编制和正确实施森林经营方案,扎实推进政企、政事、企事、管办"四分开",逐步建立健全现代企业制度和市场化经营机制,全面厘清重点国有林区森林资源管理、社会行政管理、企业经营管理各方面关系,增强了林区发展活力。积极引入市场化经营机制,先后在乌伊岭林业局公司和"南四局"公司进行组建森林经营公司试点,探索实施合同化管理。推进用工、人事、薪酬三项制度改革。开展清产核资和自然资源资产调查,全面摸清企业家底,制订严格的管理办法并采取市场化手段,盘活各类固定资产和多种经营用地等自然资源资产,提

◆ 红松林(伊春森工集团 供图)

◆ 红星大平台戏雪(伊春森工集团 供图)

高企业收益。为最大限度发挥红松资源的经济、社会效益,对原有承包方式进行突破和创新。采取网络竞价的方式,对14个林业局公司880个地块的红松果实采集权进行网络竞价承包。共成交地块820个,累计成交金额8399.27万元,承包金额比上一轮增加5099.98万元,承包收益大幅提高,成效显著,实现了红松果实承包收益的最大化,真正把资源优势转化为经济优势。

民生为要,转型发展彰显国企担当

坚持"生态立市、旅游强市"发展定位,大力发展森林生态旅游、森林食品、林都北药、木业加工、绿色矿业五大生态主导型产业。加强多种经营用地、红松果林、桦树汁采集等项目收费管理,千方百计为职工增资筹措资金,并先后在铁力、新青等林业局公司进行薪酬改革试点。坚持以人民为中心的发展思想,做好常态化疫情防控形势下的民生保障工作,落实企业防控责任,配合属地加强城镇防控,确保了集团管辖区域零感染。在做好疫情防控的同时,努力推进复工复

◆ 五营汽车营地(伊春森工集团 供图)

产,林区各项民生事业得到有效保障。为致敬伊春市援鄂医疗队员,伊春森工集团勇担社会责任,组织医疗队员赴"老钱柜抗联遗址"、溪水党员干部生态文明教育基地、五营国家森林公园、汤旺河林海奇石景区等地学习、参观、游览,到五营汽车营地、汤旺河汽车营地、汤旺河林居民宿进行康养体验。

(杨玉梅 供稿)

森林石景山　生态复兴城

——北京市石景山区国家森林城市建设

◆ 蓝天下的永定河引水渠

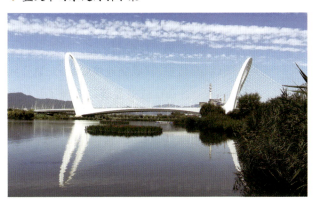

◆ 新首钢大桥

城市生态环境质量是衡量现代化生活水平的重要方面之一，石景山区将生态建设作为重要的民生工程来抓，2018年起，石景山区在北京中心城区中率先开展国家森林城市建设，让绿色成为城市发展中最耀眼的底色。

随着石景山区森林城市建设工作不断深入，全区绿色生态空间不断扩大。"十三五"期间，新建和改造大型城市公园25座、社区公园21处、口袋公园与小微绿地38个，新增绿化总面积285.48公顷，改造提升绿地面积130.44公顷。截至2021年底，全区森林覆盖率31.33%，人均公园绿地面积24.35平方米，全区城市绿化覆盖率达到52.42%，真正显现出"一半山水一半城"的美丽姿态。全区公园绿地500米服务半径覆盖率达到99.32%，位居全市第一，"出门见绿、开窗见景"在石景山正在变为现实，市民的绿色获得感、幸福感明显增强。

石景山区持续加快绿色生态建设，开展了新一轮百万亩造林绿化工程，打造西长安街城市

◆ 俯瞰石景山

◆ 一半山水一半城，晚霞掩映石景山

森林公园群，实施"留白增绿"和"战略留白"，建设大尺度森林公园，恢复湿地抚育山林，高水平建设首钢城市复兴新地标，谋划绿道建设，实现老旧小区绿化改造和"社区绿植补种增绿"等绿色惠民项目。如今千亩林海环绕石景山，荻花飘香、鸳飞鸟跃的湿地景象重现，春季山花烂漫，夏季郁郁葱葱，秋季层林尽染，冬季松柏苍翠，市民在城市中随处都能看得到绿荫，闻得到花香，听得到鸟鸣。

回眸过去，围绕"美丽中国"战略目标，得益于国家森林城市建设，石景山区的百姓享受到了更多的绿色福祉，石景山区绿色生态发展也由"园林绿化"向"生态建设"升级，从"快速扩容"向"大幅提质"迈进，并且更加契合新型城市生态建设管理发展脉搏，"秀水石景山"正在园林绿化领域率先实现"一枝独秀"。

◆ 西长安街文化艺术公园

◆ 法海寺树龄500余年的古白皮松

践行两山理论　筑造绿色传奇

—— 东台黄海海滨国家森林公园

东台黄海海滨国家森林公园坐落于世界自然遗产——盐城黄海湿地，前身为始建于1965年的国营东台林场，是国家沿海防护林重点建设基地和国家生态公益林保护基地。2015年12月成功创建国家级森林公园，2016年10月获评国家4A级旅游景区，2018年1月获批省级旅游度假区，2020年6月获批首批国家森林康养基地。黄海森林公园林场党总支于2021年6月和9月分别入选全国先进基层党组织、第三批践行习近平生态文明思想先进事迹名单。

◆ 森林公园正门（孙华金 摄）

森林公园交通便利，国道344、228穿境而过，毗邻省道352，公园内森林资源丰富、植被保护完好、生态环境优良，总面积4533公顷，森林覆盖率达90%，是全国沿海地区最大的平原森林，更是东亚—澳大利西亚重要的候鸟栖息地，森林里负氧离子含量平均达到4500个/立方厘米，$PM_{2.5}$常年在8微克/立方米以下，形成人与自然和谐共生的优良生态系统。

东台市林场半个多世纪以来持之以恒植树造林，一代代务林人在盐碱滩涂上造就了愚公移山式的绿色传奇。如今的东台林场华丽转型为黄海海滨国家森林公园，还是华东最大的人造生态林园，一座矗立于大海与绿地之间的绿色屏障，一个人与自然和谐相处的现实样版。

近年来，公园深入践行习近平生态文明思想，坚持"生态优先、利用与保护并重"的理念，围绕"绿色、生态、养生"主题，以森林生态、海滨风情为特色，发展科普教育、湿地观光、生态度假、养生康体、运动健身、商务会展等休闲度假产品。稳妥推进基础设施和景点建设，先后建成空中栈道、木工坊、智慧森林科普馆、温泉酒店、美居酒店、野奢杉墅、林隐微舍等一批特色景观和配套设施，强化品牌宣传和市场营销，2020年接待游客达240万人次，旅游经营收入达1.8亿元。

奋斗新时代，展现新作为。黄海海滨国家森林公园将始终坚定绿色发展理念，坚持不懈厚植生态底色，打好特色牌，做靓新旅游，在"绿水青山就是金山银山"发展之路上更加行稳致远。

◆ 森林乌托邦（张捷 摄）　　　　　　◆ 郁郁葱葱水杉林（孙华金 摄）

沐浴改革春风　谱写华丽篇章

—— 北大沟林场

◆ 林场俯视图

◆ 林场场部

北京市顺义区园林绿化局北大沟林场始建于1956年，位于顺义区龙湾屯镇大北坞村北。截至2020年底，林场经营总面积254.64公顷，林地面积254.62公顷，其中乔木林地211.92公顷，其他灌木林地39.42公顷，辅助生产林地3.30公顷。林场有活立木蓄积量7569.5立方米，其中乔木林蓄积量7569.5立方米；森林覆盖率83.2%，林木绿化率98.7%。林场内林木茂盛，环境优雅，多种野生药材和野生动物随处可见，夏日凉爽宜人，秋天满山红叶让人流连忘返。

近年来，北大沟林场团结协作、真抓实干、奋发向上，以"队伍军人化、管理军事化、工作规范化、生活制度化、防控科技化、建设长远化"为总体发展思路，积极实施建设工程、狠抓防火工作、开展森林抚育等工作，实现了队伍规范、林业产业突飞猛进、科技兴林初具成效、基础设施日新月异、林场稳步向前的总体目标。北大沟林场保持了20年没发生过森林火灾的优异成绩，林场曾获北京市森林防火工作先进集体、首都绿化美化先进单位、全国十佳林场等荣誉称号，成了首都北京的绿色屏障和天然"绿肺"。

下一阶段，北大沟林场将紧紧围绕国有林场改革的总体要求，秉承"绿水青山就是金山银山"的理念，继续高举生态文明建设这面大旗，以更加坚定的信念、更加振奋的精神、更加务实的作风，全心全意地干、争分夺秒地干、务求实效地干、撸起袖子加油干！解放思想求创新，实干进取促发展，奋力谱写北大沟林场新篇章！

◆ 林场消防队员扑救火灾现场

◆ 林场内消防水系

守护绿水青山　赋能产业振兴

—— 黑龙江省八面通林业局有限公司

八面通林业局有限公司隶属于中国龙江森林工业集团有限公司，始建于1963年，施业区总面积17.1万公顷。近年来，八面通林业局有限公司积极践行"绿水青山就是金山银山、冰天雪地也是金山银山"的发展理念，秉承"一场一品、一场多品、多场一品"的发展思路，结合超坡林地全面实施退耕还林的现实需要，以实施退耕还林和治理水土流失工程为载体，在树种选择上采取经济林优先的原则，发动职工群众将沙棘发展成为支柱产业，不断创新发展模式，形成了以沙棘、北药为主的新型林业产业，2021年全公司沙棘等北药产业已达6000多公顷。

● 沙棘果喜获丰收（图为八面通林业局有限公司党委书记、董事长朱革带领职工采收沙棘）

截至2021年8月，公司已打造三兴、红星、红房子等5个沙棘谷，已建设成为稳定的工业化冬果沙棘原料基地。公司被黑龙江省野生药材资源保护局授予"冬果沙棘规范化种植示范基地"称号，2017年注册成为国际沙棘协会理事会员，2018年获得国家农产品地理标志认证和有机产品认证，2019年完成ISO9001管理体系认证、HACCP认证、日本有机农产品认证、美国有机食品认证、欧盟有机食品认证。2020年公司所产沙棘被农业农村部授予"冬果沙棘地理标志认证产品"称号。

八面通林业局有限公司冬果沙棘产品质量管理体系的建立，为全国沙棘生产企业提供了可靠的原料保障。2021年，公司结合工作实际与黑龙江省良旭沙棘产业研发管理有限公司合作投资建设储备能力3万吨的冷库仓储物流项目，建设冬果沙棘制品加工厂，主要生产沙棘油、沙棘原浆、沙棘茶等系列产品，预计2023年投入生产。让沙棘产业真正成为国家的生态树、人民的健康树、企业的增收树、百姓的摇钱树、旅游的景观树。

以沙棘产业为北药发展基础，探索北药立体经营的新模式，逐渐形成了以林下参为主，黄芩、白鲜皮、赤芍等为辅的特色中药材种植发展方向。现阶段

● 公司所产优质沙棘果

● 黄芩植株

公司共培育林下参1800余公顷，床参、苍术、黄芩、射干、白鲜皮等几十种道地中药材500余公顷。2021年公司发展黄芩、赤芍、白鲜皮等道地药材800余公顷，道地药材产业发展走向规模化、产业化，已形成中药材种植方法精准、销售渠道畅通、品牌效应持久的局面。

吕梁山国有林管理局

吕梁山国有林管理局（以下简称吕梁林局）是山西省林业和草原局直属管理事业单位，属省直九大国有林区之一，总经营面积约25.33万公顷，经营范围跨涉吕梁市的中阳、交口、石楼3个县和临汾市的尧都、乡宁、吉县、蒲县、隰县、汾西、襄汾7个县（区）。绚丽的景色，丰富的资源，不仅是磅礴吕梁山的恩赐，更是吕梁林局70年的矢志坚守。全局有林单位主要分布于吕梁山主脊两侧的河流源头、水库周边等生态脆弱的地区和生态重点地区。

◆ 吕梁林局沿黄流域生态治理修复工程

近年来，吕梁林局始终坚持以习近平生态文明思想为指导，坚决贯彻落实省委、省政府"四为四高两同步"总体思路和要求，紧紧围绕"绿化彩化财化同向发力，增绿增景增效联动推进"的战略部署，按照省林草局党组赋予省直林局"155651"的精准定位和发展路径，强化党建引领，着力破解难题，努力把党建优势转化为林区发展优势，让党旗在保资源、促发展、强根基、惠民生的第一线高高飘扬、赋能加力，汇聚形成高举旗帜谋发展、凝心聚力创一流的强劲态势。

◆ 工程区党旗飘扬

作为生态建设的主力军，吕梁林局党委深刻领会习近平总书记关于黄河流域生态保护和高质量发展的重要指示精神，以山西省林草局"一局联三县"工作机制为重要抓手，全局上下合力攻坚，主动扛起黄河流域水土沙化严重地区的国土绿化使命，先后与运城市、临汾市和吕梁市3个沿黄地区的十多个县（区）展开了生态治理合作，精心打造母亲河绿色防护林带，把林区的改革发展融入区域生态建设大战略，实施全流域治理，分地类施策，走进了"造林禁区"，彰显了"吕梁风采"，发挥了"头雁作用"。2019年至2021年7月，吕梁林局与地方政府累计签订造林合作协议3.67万公顷，高质量完成国土绿化2.13万公顷，为全力推进林草融合高质量发展贡献了坚实力量。在工程建设中，吕梁林局紧紧围绕"绿化、彩化、财化"目标，坚持多树种配置、多模式开发、多景观展现、多功能发挥，针对当地沙化立地条件和夏季地温高的难题，积极采取容器苗木、径流集水整地、覆盖地膜等科技手段，有效确保成活率。同时，吕梁林局结合造林工作的布局特点，以"增绿、增景、增效"为导向，以改善黄河流域和吕梁山生态脆弱区大环境为目标，将造林工作与脱贫攻坚国家战略相结合。通过营造经济林、吸纳当地百姓参与到造林生产和造林后五年的管护等措施，有效提高当地百姓经济收入，为"在一个战场打赢两场战役"持续发力，努力实现"国土绿化、流域彩化、百姓财化"美好愿景。

◆ 吕梁林局沿黄流域生态治理修复工程

奋进中的山西省黑茶山国有林管理局

山西省黑茶山国有林管理局（以下简称黑茶林局）成立于1979年3月，是省林业和草原局直属的正处级公益一类事业单位，地处吕梁山脉中部北段。经营范围跨涉吕梁市岚县、兴县、方山县、临县，忻州市岢岚县，晋中市祁县，共3市6县。局机关驻地在岚县县城。全局经营面积9.33万公顷，其中有林地面积5.54万公顷，林木蓄积量440.43万立方米，森林覆盖率59.33%。黑茶林局下辖9个国有林场、1个林木良种繁育基地和4个业务保障单位，并代管山西黑茶山国家级自然保护区。区域内分布的植物有777种，主要乔木树种有油松、山杨、白桦、落叶松、云杉，灌木种类主要有沙棘、黄刺玫、绣线菊、小叶鼠李等，草本植物有薹草、苋草、蒿类等；野生动物有224种，其中国家一级重点保护野生动物有褐马鸡、金钱豹、黑鹳、金雕、麝等。

◆ 黑茶山林区落叶松林

近年来，黑茶林局认真贯彻落实党的十九大精神和习近平新时代中国特色社会主义思想，在山西省林草局党组的坚强领导下，以"建一流林局、带一流队伍、创一流业绩"为目标，造林营林齐抓并举、管林护林成效凸显、公益林托管创新模式、产业发展方兴未艾、党建工程与时俱进，林区改革发展开启了新征程，特别在"六个创新"方面取得了新成效。

创新造林机制 创新"购买式、托管式、扶贫式"造林机制，依托"灌木林改造、标准化造林、3+1+3抗旱造林"技术，近5年全局累计完成造林4万余公顷。贯彻"以林为本、结构为主、科学经营、生态优先"理念，高标准完成森林抚育2.89万公顷。2016年被省政府表彰为"山西省造林绿化先进局"。

创新管护模式 以"资产化管护、林长制探索、防灭一体化战略、智慧林草云平台"为抓手，9.33万公顷资源得到有效管护，形成"林有人护、地有人管、草有

◆ 县局合作造林工程俯瞰

◆ 防火实战演练

◆ 饮马池景区美景

人看、火有人防、责有人担"的保护新业态，构筑了晋西北重要生态屏障。

创新扶贫实践 以"能人领办实体、贫困户广泛参与、专业技术服务、合作建社增收"的生态扶贫新举措，帮助岚县在全省率先成立47支扶贫攻坚造林专业合作社，形成可复制、能推广的山西生态扶贫模式，得到党中央、国务院领导的高度评价。

创新产业路径 种苗发展形成以良繁基地为主体、保障苗圃为重点、山地苗圃为亮点、经营性苗圃闯市场的新格局；林下经济——林禽、林畜、林菌、林药、林蜂成为新产业；森旅康养——黑茶山森林公园基础设施逐步完善，省城及周边"一日游"线路日益形成；站围经济——黑茶山毛健茶、生态休闲驿站成为新亮点。

创新工作标杆 2017年黑茶林局圆满承办、协办了中国技能大赛——山西省直国有林场职业技能竞赛和全国国有林场职业技能竞赛，并获"团体一等奖"、选手"个人一等奖"和"特殊贡献奖"等殊荣，为山西赢得了荣誉，为大赛作出了山西贡献。

创新党建成效 局属14个党支部均被山西省林草局机关党委评定为"标准化党支

◆ 黑茶林局开展2021草原普法宣传月活动

部"；连续5年每年落实10项民生实事，连续举办5届"文化艺术节""职工运动会"，提高了职工的幸福指数，激发了职工干事创业的热情。

青山不老，绿水长流。黑茶林局将以全面深化改革为总抓手，以推动林草事业高质量发展为总要求，着力构建系统完备、科学规范、运行有效的林草制度体系，全面提升系统治理、依法治理、综合治理、源头治理的能力，奋力谱写黑茶山林区林草事业高质量发展的新篇章。

植绿护绿谋发展　实干担当谱新篇

—— 山西省中条山国有林管理局

山西省中条山国有林管理局（以下简称中条林局）深入贯彻习近平生态文明思想，认真践行绿色发展理念，把握新形势，聚焦新目标，对标新要求，奋力谱写林草事业高质量发展新篇章。

党建联合赋能新引擎　充分发挥基层党支部共建联合机制，积极开展庆祝建党100周年系列活动，创新拓展"智慧党建"平台功能，强化线上线下融合，促进党史学习教育走深走实。

资源保护跃上新水平　全面推行林长制和"卫片执法"，严厉打击各类涉林违法犯罪，"智慧林草"大数据中心扩容增能，着力构建森林资源立体化管控网络、巡护监测为一体的综合保护体系，筑牢晋南绿色生态屏障。

国土绿化彰显新作为　坚持围绕"任务定规模、成林定树种、品质定标准"，持续推进苗木供给侧结构调整，实现生态苗木"龄级保障、梯次循环"。充分发挥人才技术优势，探索实践"多树种、多模式、多景观、多功能"造林，壮大局县合作造林"朋友圈"，科学推动国土绿化，切实巩固造林成果。

森林经营取得新突破　依托中德合作项目，加快实现德国森林经营技术本土化，开展退化油松林改培试验点建设与监测研究，全力推进森林认证试点工作，打造森林可持续经营中条品牌。

中条林局将积极适应新形势、新要求，加快推进标准化林场（管护站）、森林康养基地建设及乡土阔叶良种繁育基地发展，稳步提升林草信息化、智能化水平，用实干担当描绘出一幅幅穿林海、搞建设、谋发展的美丽画卷。

◆ 山西省特色花海基地、山西省最美草原——历山舜王坪

◆ 局县合作造林，彰显国土绿化新担当

◆ 建设中的大河康养基地

万象山海　千年渔乡

——浙江象山县国家森林城市建设

浙江省宁波市象山县地处象山港与三门湾之间，三面环海、两港相拥，素有"海上仙子国，东方不老岛"之美誉，先后获得国家生态文明建设示范县、国家级海洋渔文化生态保护区、浙江省森林城市等荣誉称号。全县森林覆盖率56.3%，空气质量优良率96.4%，$PM_{2.5}$年平均浓度值18微克/立方厘米，环境空气质量全市第一。

象山县在2016年获得"浙江省森林城市"荣誉称号后，县委、县政府马上提出"争创国家级森林城市"的目标。2018年成功获得了国家林草局国家森林城市创建备案资格，2019年全面启动了国家森林城市创建工作。

注重生态文化宣传　广泛开展森林城市主题宣传，每年举办义务植树、森林防火等各类生态宣传活动，建成多处生态科普教育场所，每年举办各类创森志愿服务活动，不定期投放创森宣传广告，全方位开展国家森林城市宣传报道。

◆ 殷夫公园

城市面貌焕然一新　以迎亚运为契机，大力实施生态修复、城市修补，持之以恒推进象山森林生态建设。在全县范围内大力开展"国土绿化美化""三清三美"专项行动，大力实施生态休闲福利工程。

◆ 塔山公园

乡村环境日益改善　紧紧围绕乡村振兴实施战略，大力开展美丽集镇、美丽乡村建设，实施生态环境治理，乡村全域旅游全面铺开，建成了一大批旅游景区村庄和美丽乡村特色村。

森林网络构建完善　紧密结合"迎接亚运、城市双修"工作部署，以城市主干道、绿道网络等为重点，大力开展精品线打造和森林通道网络景观提升。

森林质量不断提升　紧密结合森林资源分布情况和特点，科学开展森林抚育培育经营，阔叶树资源增长迅速，森林资源总量明显增加，森林生态系统稳定性不断提升。

资源保护不断加强　开展清洁山体、矿产资源管理专项整治等行动，加强森林资源生态保护监管力度，加强野生动植物保护，严格禁止挖山采石、林木采伐等破坏林地行为。

◆ 东谷湖

林长制改革排头兵——旌德县

安徽省宣城市旌德县地处皖南山区,全县面积904.8平方千米,林地面积6.51万公顷,森林覆盖率69.2%,林木绿化率73.1%,素有"山区小县、林业大县"之美誉,是全国绿化模范县、全国林长制改革策源地、全国第一批"绿水青山就是金山银山"实践创新基地。

近年来,县委、县政府紧扣生态文明建设核心理念,在全省县级层面率先出台《关于全面推行林长制的意见》,推深做实林长制,大力实施乡村振兴,深入拓展丰富"两山"转化路径,实现"林长制林长治、变青山为金山"。改革经验在2021年4月9日国家林业和草原局召开的全面推行林长制工作视频会议上进行了交流。

在"十四五"开局之年,旌德县林业局找准定位,突出特色,坚持"五绿"并进,实施五大森林行动,继续奋力走在改革前列。一是机制聚

◆ 全国林长制改革策源地——华川村

合力。制定《深化新一轮林长制改革的意见》,构建以248名三级林长为主体、民间林长和生态护林员为补充的"两长一员"管理新模式。二是改革添动力。开展全国林业改革发展综合试点建设,8月10日,成立安徽省首家"两山银行"并全国首发《生态资源受益权证》。三是创建挖潜力。新创建省级森林村庄5个,积极争创国家森林城市。四是产业增实力。创建国家林下经济示范基地2个,林业新型经营主体达404家,林业产值达34.2亿元。聚焦林业碳汇交易,8月24日签下全省林业碳汇交易第一单,推动碳达峰、碳中和目标实现。

下一步,旌德务林人将砥砺前行,用智慧和汗水,以深化新一轮林长制改革为统领,为加快建设长三角休闲养生后花园,打造高质量绿色发展新旌德作出新的贡献!

◆ 2021年8月10日,旌德县旌阳镇柳溪村"两山银行"成立并发放全国首本《生态资源受益权证》

◆ 2021年8月24日,安徽省碳汇交易第一单在旌德签约

江西桃红岭梅花鹿国家级自然保护区

江西桃红岭梅花鹿国家级自然保护区位于长江中下游南岸的江西省彭泽县境内，位于神奇的北纬30度线上，地理坐标：东经116°32′～116°43′、北纬29°42′～29°53′，总面积12500公顷，是我国野生梅花鹿华南亚种的主要集中分布区，种群数量约400头，保护区所在地——江西省彭泽县被中国野生动物保护协会命名为"中国梅花鹿之乡"。

◆ 桃红岭梅花鹿保护区管理局

桃红岭自然保护区处于中亚热带过渡地带，日照充足，雨量充足，温暖湿润的季风气候为这里的野生动植物创造了优良适宜的生存环境，野生动植物资源和生物多样性十分丰富，其中国家一级重点保护野生动物有梅花鹿、金钱豹、大灵猫、小灵猫、白颈长尾雉等，国家二级重点保护野生动物有豹猫、鬣羚、勺鸡、白鹇、中华虎凤蝶等39种，国家一、二级重点保护野生植物有银杏、水松、水杉、厚朴、榉树、花榈木等16种。丰富的物种多样性，使保护区先后成为全国野生动物保护科普教育

◆ 桃红岭风光

基地、全国林草科普基地、江西省生态文明示范基地、江西省科普教育基地、江西青少年科技教育基地、江西省中小学生研学实践教育基地，是开展科学研究、科学普及和自然教育的理想场所。

保护区自1981年建立以来，紧紧围绕保护野生梅花鹿华南亚种及其栖息地为中心，建立了政府高度重视、社区广泛参与、共抓共管共建的保护体系。经过40年的建设发展，管理不断规范，基础设施逐步完善，保护成效显著、科研成果丰硕、科普宣教扎实有力、社区关系和谐稳定、生态环境日趋向好，成为众多野生动植物自由生息繁衍的乐园。

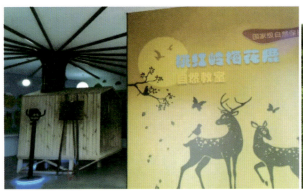
◆ 桃红岭梅花鹿保护区自然教室

◆ 梅花鹿华南亚种

发扬愚公精神　呵护黄河生态

——国有济源市南山林场

◆ 国有济源市南山林场办公楼

河南省国有济源市南山林场位于河南省济源市南部山区，北依太行，南邻黄河，为副处级生态公益性林场。截至2021年10月，林场有职工103人，下设6个科室、4个林区管理中心，以及河南黄河湿地国家级自然保护区济源管理局、济源市林木种子站和济源市林业科学研究所。林场辖区内还坐落着南山省级森林公园、河南省野生动物野外驯化基地、河南黄河小浪底地球关键带国家野外科学观测研究站。林场总经营面积0.93万公顷，湿地面积0.8万公顷。辖区林木葱郁，景色宜人，动植物种类繁多。植物种类达1500余种，珍稀植物有连香树、山白树等30余种。动物种类达200余种，其中国家一级重点保护野生动物有白鹳、黑鹳、玉带海雕等6种，国家二级重点保护野生动物有红腹锦鸡、大天鹅、小天鹅、勺鸡等21种。

南山林场紧邻小浪底水库、西霞院水库北岸，是这两个水库的生态涵养带。建场60年来，南山林场干部职工发扬愚公移山精神，贯彻落实科学造林理念，在砂页岩、石灰岩困难地，创造了"垒、借、铺、保、盖"（即垒鱼鳞坑、借土、铺地膜、用保水剂、覆薄膜）的"五步造林法"，使"年年造林不见林"的困难地，造林成活率达95%以上。截至2021年10月，林场已累计营造人工林1.3万余公顷，有力地保护了水库，涵养了水源，改善了生态环境。经过多年的建设，国有济源市南山林场先后荣获全国绿化模范单位、中国森林氧吧、国家森林康养示范基地、河南省省级森林公园、河南省科技先进单位、河南省科普教育基地等荣誉称号。

南山省级森林公园

公园总面积1267公顷，园内林木挺拔，郁郁葱葱，景色宜人，空气负氧离子含量最高达每立方厘米6300个，被誉为济源市的后花园，是市民游憩休闲的好地方，2015年被评为首批"中国森林氧吧"。

◆ 南山林海——三代务林人60年造林万余公顷

◆ 沿黄困难地造林

野生动物野外驯化基地

基地2018年由河南省野生动物救护中心在南山森林公园建设，占地130余公顷，60余只梅花鹿分布其中。

国家野外科学观测研究站

1998年，中国林业科学研究院依托南山林场建成了河南黄河小浪底森林生态系统国家定位观测研究站，2003年被列为陆地生态系统定位观测研究网络成员站，2021年晋升国家野外科学观测研究站，并更名为河南黄河小浪底地球关键带国家野外科学观测研究站。重点围绕地球关键带结构与功能及过程等科学主题，在黄河中游—太行山南麓交错带，开展数据观测、科学研究、技术示范、人才培养，以支撑山水林田湖草沙系统治理工程，服务"黄河流域生态保护和高质量发展"国家战略及国家"碳中和"目标。

济源黄河湿地

河南黄河湿地国家级自然保护区（济源段）是国有济源市南山林场的组成部分，2003年由国务院批准建立。济源黄河湿地保护区东西长65千米，总面积0.8万公顷，主要包括小浪底水库、西霞院水库库区。保护区内生物多样性丰富，是候鸟迁徙的重要停歇地、繁殖地和觅食地区，分布着黑鹳、白鹳、金雕、玉带海雕、大天鹅、小天鹅等国家重点保护鸟类36种。

◆ "五步造林法"造林成效

◆ 济源黄河湿地

信丰县金盆山林场

金盆山林场位于江西省赣州市信丰县东部,创建于1957年,下设金盆山分场和坪石分场,为生态公益型一类事业单位。林场2014年获批设立国家森林公园,2017年获批设立省级自然保护区,是国家木材战略储备基地和信丰县安全饮用水主要水源地,生态区位作用明显且重要。

2014~2021年,林场先后获江西省绿化模范先进单位、中国最美林场、全国林业系统先进集体、全国十佳林场、中国森林氧吧、全国自然教育学校(基地)、全国第三批践行习近平生态文明思想先进集体等称号。

林场现有职工375人,其中在职职工100人(财政拨款53人),离退休职工275人。森林面积1.05万公顷,森林蓄积量149.5万立方米,森林覆盖率97.1%,生物多样性丰富。

◆ 林场场部

林场辖区有维管束植物200科665属1246种,其中南方红豆杉、伯乐树、银杏、半枫荷、花榈木、黄檀、香樟等国家一级、二级保护树种29种,还存有江西省独有树种——金盆七瓣含笑群落。

林场辖区有陆生野生动物306种,其中白颈长尾雉、黑麂、中华鬣羚、水鹿、白鹇、斑林狸、豹猫等国家一级、二级重点保护野生动物20余种,还存有江西省境内首次被发现的锉灰蝶。

林场辖区保存完好的3500余公顷天然林,被誉为"森林保护的样板地""南方动植物基因库"和"中亚热带低海拔常绿阔叶林最后的绝唱"。

站在新的起点,林场将牢固树立"绿水青山就是金山银山"理念,认真贯彻新发展理念,转变发展方式,勇担使命,开拓创新,奋力书写践行"两山"理论的新时代答卷,为建设美丽林场作出新的更大的努力。

◆ 饮用水源地——龙井湖

◆ 低海拔常绿阔叶林(邱国伟 摄)

鲁西平原黄河故道上的"绿色丰碑"

——山东省冠县国有毛白杨林场

冠县国有毛白杨林场始建于1963年,位于鲁西平原黄河故道风沙区,总面积725.33公顷,拥有全国最大的毛白杨种质资源库。冠县国有毛白杨林场1982年被林业部和山东省政府确定为部省联建林木良种基地。1998年2月,时任中共中央政治局委员、国务院副总理姜春云为林场题写了"绿色丰碑"四个大字。

冠县国有毛白杨林场现有防风固沙林260余公顷,经济林140余公顷,每年繁育无絮毛白杨苗木100万株,林木蓄积量达2.3万立方米,森林覆盖率达57.9%。郁郁葱葱的林海,已铸成防风固沙的"钢铁屏障",忠实践行了"绿水青山就是金山银山"科学发展理念。冠县第十届人民代表大会决定把毛白杨定为"县树",冠县被誉为"毛白杨之乡"。

◆ 黄河故道上的"绿色丰碑"碑刻

冠县国有毛白杨林场和北京林业大学联合建立林木良种基地,基地成就了中国工程院院士1名,长江学者2名,万人计划领军人才1名,院士提名候选人1名,教授36名,全国百篇优秀论文获得者2名,培养硕士、博士研究生数百人。

冠县国有毛白杨林场先后被原林业部评为全国国营苗圃先进单位、全国林业企业整顿先进单位、全国特色种苗基地、全国林木良种基地十大标兵单位,2006年被山东省林业局评为全省十佳苗圃,2009年、2010年分别被国家林业局评为第一批国家杨树重点林木良种基地、全国林木种苗先进单位,2021年被中国林场协会评为"全国十佳林场"。

◆ 毛白杨种质资源库林下油用牡丹

◆ 林海中有氧健身

发扬新时代毛集林场精神
再创历史新辉煌

国有桐柏毛集林场成立于1960年4月，2016年5月2日，河南高乐山国家级自然保护区成立，其保护范围全部在林场范围内。保护区管理局和毛集林场两块牌子一套机构，均属正科级公益一类事业单位，编制74人。林场经营总面积1.38万公顷，保护区面积为10612公顷，森林覆盖率95.5%。

保护区的保护和建设成效显著 保护区主要保护对象是暖温带南缘、桐柏山北支的典型原生植被，林麝、榉树等珍稀濒危野生动植物及其栖息地，淮河源头区的水源涵养林。5年来，依法查处关闭违规开采矿厂48家，办理刑事案件50余起，刑事处罚60余人；办理行政案件50余起，行政处罚50余人；治理废弃矿点80余处，生态恢复面积460余公顷；成立国家级陆生野生动植物疫源疫病监测站，野生动植物得到有效保护。

◆ 林场办公楼

国家马尾松良种基地建设进一步加强 1984年，建立马尾松林木良种基地，总面积216.67公顷。培育的马尾松种子，2008年被河南省林木品种委员会审定为"毛集林场种子园种子"。2009年，基地被国家林业局批准为国家重点林木良种基地，是全国六个之一、河南唯一的国家级马尾松良种基地。2017年，新建二代马尾松种子园13.33公顷、麻栎种子园6.67公顷、木瓜种子园6.67公顷。新建管护房330平方米，硬化道路3.5千米，二代种子园初具规模。

林场精神发扬光大 风雨兼程六十年，铸就了新时代毛集林场精神——"顾全大局，甘于奉献的家国情怀；不计得失，团结协作的优良作风；求真务实，努力钻研的科学态度；耐得住寂寞，守得住清贫的君子风范"。未来征程中，林场将继续传承发扬这一精神，谱写更加出彩的绚丽篇章。

（付明常、李玉国、孙科　供稿）

◆ 高乐山国家级自然保护区生态修复一角

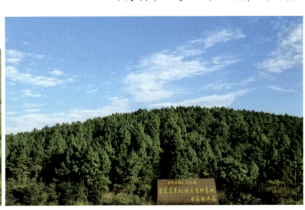
◆ 国家马尾松林木良种基地

"全国十佳林场"湖北谷城县国有薤山林场

薤山林场于1962年建场，总面积4533公顷，活立木蓄积量40万立方米，森林覆盖率达93.8%，是湖北襄阳市规模最大的林场，1994年10月被林业部批准设立国家森林公园。在林场党委书记、场长龙德书的带领下，薤山林场迎来了新的发展机遇，2000年，林场全面实行禁伐，转为森林资源管护为主。

林场转变发展思路，利用交通便利及良好的生态环境发展森林旅游，推动林场由经营林木向经营生态转变、由经营林场到经营旅游转变，林场职工也由过去的采伐工人向护林员、旅游从业者转变，实现了生

◆ 薤山林场俯瞰图

态效益、经济效益和社会效益的良性互动。2019年接待游客30万人次，实现经营收入4000多万元。

党的十八大以来，林场通过大力发展森林旅游带动产业发展，实现了林场高质量发展。林场创办自然教育基地，会同教育部门利用现有资源建设全县青少年校外活动中心，发挥林业科普作用，建设文化林场，被命名为中小学"研学旅游基地""综合实践基地"、湖北省"爱国教育基地"等，形成"走读谷城研学大薤山"印象，设计打造的全场7条精品线路和12项品牌课程，深得学生和旅游者的喜爱。林场为守住一片绿水青山，建设绿色

◆ 薤山林场内的薤山国家森林公园

和科技林场，先后实施中幼林抚育项目、国家长防林和战略储备林项目，科学编制《谷城县国有薤山林场经营方案》，提高森林管护科学化水平；林场为做强做大生态旅游产业，加强了森林公园基础设施建设，实现了管护棚与危旧房及水、电、路网的升级改造。

林场在改革"保生态、保民生"如期实现的基础上，立足新时代要求，乘势而上建设智慧和富美林场，推进绿色发展，做好生态旅游文章，成就建设生态文明的典型范例。2021年薤山林场被中国林场协会授予"全国十佳林场"称号，为林场行业树立了学习样板。

◆ 薤山林场负责人陪同上级领导检查森林防火工作

代代传承铸丰碑　　绿水青山显成效

—— 湖南省五盖山国有林场荣获"全国十佳林场"称号

2021年4月22日,"全国十佳林场"授牌仪式在郴州市宜章县隆重举行。五盖山国有林场凭借优良的生态环境、独特的森林资源、科学的经营管理以及浓厚的人文历史文化脱颖而出,获得"全国十佳林场"称号。

五盖山国有林场位于湖南省郴州市苏仙区东南部,骑田岭山脉北麓。最高海拔1619.9米,现有林地面积6423.3公顷,其中生态公益林6398.4公顷,活立木蓄积量46.51万立方米,森林覆盖率99.35%。林场属中亚热带常绿阔叶林区,有3300余公顷的原始次生林,130余种野生动物生活于此,其中国家二级重点保护野生动物有水鹿、穿山甲、果子狸、锦鸡等十余种;林场范围内有维管束植物172科562属1236种,其中国家一级重点保护野生植物有伯乐树、红豆杉、银杏、水杉,国家二级重点保护野生植物有香果树、篦子三尖杉、福建柏、观光木等。

◆ 林场春日山花烂漫

◆ 工作人员在林场进行林地测绘

近年来,林场突出"森林调优、生态培育、资源保护"中心工作,以"大地增绿、职工增收"为目标,以"加快林业发展、提高生态质量"为重点,坚持"生态保护与生态培育并举、森林经营与产业调优共赢",构建完善林业生态体系、林业产业体系和生态文化体系。林场转型发展迈出坚实步伐,森林资源总量持续增加,生态功能显著增强。林场实现了连续32年无山林火警火灾的好成绩。

林场有如今的成绩,凝聚了林场一代又一代人的辛勤汗水和智慧。林场涌现出了"全国五一劳动奖章"获得者、"湖南省先进工作者"段志华,"湖南省绿化先进个人"雷翔军,"全国绿化奖章"获得者邓子勤等一批先进典型,他们不仅充分展示了林业人的时代精神风貌,弘扬了勇于创新的精神,更坚定了林业干部职工的行业自信。

（李霞、曹义敏　供稿）

凝心聚力担使命　接续奋斗创新业

——奋发有为推进湘西世界地质公园高质量发展

湘西世界地质公园总面积2710平方千米，由南向北纵跨湘西土家族苗族自治州7个县（市），包括天星山、十八洞、矮寨、吕洞山、红石林、芙蓉镇、洛塔7个园区。公园以岩溶地貌景观为主体，完整记录了湘西地质历史演化过程。

近年来，湘西州委、州政府深入贯彻落实习近平生态文明思想，积极践行"绿水青山就是金山银山"理念，于2017年初高位启动了申报湘西世界地质公园工作，2020年7月7日，湘西地质公园正式获批为联合国教科文组织世界地质公园，成为中国第40个世界地质公园。2020年9月23日，湘西世界地质公园成功揭牌。

◆ 2020年9月23日，联合国教科文组织驻华代表处自然科学项目助理钱俊霖宣布湘西地质公园加入联合国教科文组织世界地质公园网络并授牌

加强项目建设，公共服务设施不断完善　坚持把完善公共服务设施作为湘西世界地质公园申报和发展的基础性、根本性、长期性工作，公园内公共服务设施不断完善，初步建立了统一的湘西世界地质公园品牌形象。

加强科普科研，科普教育水平不断提升　每年开展科普"六进"活动20余次，积极向社会各界宣传地学科普知识。2021年4月，湘西世界地质公园博物馆成功入选为湖南省青少年教育基地。积极推进与有关高校、科研机构合作，建立科研实习基地、科普教育基地等。

加强交流合作，国内外影响力不断扩大　先后与泰国沙墩世界地质公园和国内大别山、张掖、张家界等世界地质公园缔结为姊妹公园，开展多次互访交流活动。成功获得2021年中国世界地质公园年会举办权。

加强宣传营销，地质地学旅游不断升温　拍摄地质微电影《金钉子》，举办首届湘西世界地质公园抖音大赛、摄影大赛和"十大美景"评选活动，联合文旅部门举办系列旅游宣传营销活动，湘西世界地质公园知名度、影响力不断提升。

◆ 芙蓉镇　　　　　　　　　　　　　◆ 湘西世界地质公园博物馆

绿色坚守　敢为人先

——广东省云勇林场以改革转型促高质量发展

云勇林场是佛山唯一的市属国有林场，位于广东省佛山市西南部，始建于1958年。林场内有维管植物780多种、野生动物150多种，森林蓄积量达512万立方米，森林覆盖率达98.36%，生态效益达26亿元以上，成为佛山面积最大、森林生态系统最完整的"城市绿肺"，被《人民日报》等媒体誉为"珠三角的塞罕坝"。2020年12月11日，国家林业和草原局下发行政许可决定书，正式准予佛山市云勇林场设立"广东云勇国家森林公园"。

◆ 林场静谧的清晨（招力行 摄）

62年风雨兼程，62年春华秋实。几代云勇林场人守护着2000多公顷森林，缔造了"大城青山、大美云勇"，用心血和汗水凝结成"牢记使命、扎实苦干、改革创新、争创一流、久久为功、绿色发展"的"云勇精神"。这是"生态兴则文明兴"的真实写照，是"绿水青山就是金山银山"的有力印证，是佛山深入践行习近平生态文明思想、走好新时代一座工业城市的生态文明创新之路的生动实践，树立起佛山生态文明建设的一面旗帜、一个标杆。

通过生物防火林带建设、防火视频监控系统建设等有效措施，林场1978～2020年实现了42年"零山火"纪录。截至2020年底，林场具有大专及以上学历的职工38人，占编制总人数的95%，其中硕士研究生6人，占编制总人数的15%。

林场大力开展扩面提质工程，由佛山市财政出资通过租赁形式将林场附近农村约1000公顷纯桉树林纳入云勇林场管理，扩面提质至3333公顷，并统一实施森林景观改造提升。依托林场深厚的生态本底，促进周边林区的生态修复，提高区域森林生态功能和森林质效，2020年完成扩面一期造林149公顷，2021年计划完成扩面二期造林733公顷。

林场在2020年成功申报2项中央财政林业科技推广示范项目，并参与3项省林业科技创新项目和2项中央财政林业科技推广示范项目。与广东省林业科学研究院成为战略合作单位伙伴，积极探索产学研模式，提升森林经营创新能力，打造有影响力的全国森林经营试点单位。

◆ 落日余晖下的林场（谭颂江 摄）

◆ 林场林木苍翠（叶军林 摄）

守护绿水青山　铸就绿色丰碑

——深圳市宝安区罗田林场

罗田林场始建于1958年2月，位于深圳市宝安区燕罗街道，总面积833.33公顷，活立木总蓄积量约4.1万立方米，森林覆盖率达96.4%。林场内林木繁茂，动植物资源丰富，环境优美，致力打造"山秀山明·宝安绿肺"，年均超过60万市民走进森林，享受自然。

◆ 林场生态风景林

几代林场人满怀热血，接力奋斗，开垦荒山，植树造林，始终把保护培育森林资源作为首要任务，2018年5月，建成面积576.39公顷的森林公园并免费向市民开放，罗田林场由此顺利完成从封闭的经营性山林到开放性森林公园的转型。在政府部门的大力支持下，不断完善基础设施建设。办公用房、管护用房、职工宿舍、办公通讯设备齐全；建有瞭望塔3座，护林站3座，林区通讯共享基站18座，护林站全部实现通水、通电、通信号；建成车行道、游览路径、园区道路、防火通道等共计56千米道路，基本满足经营管护的需要。

◆ 林场场部

不忘绿色初心，罗田林场将继续坚持以"兴林、强场、扎根、传承"理念守护辖区内的绿水青山，巩固林场改革成果，努力使林场向绿色、文化、科技、智慧型林场发展；按照《罗田森林公园总体规划》，利用科技创新打造智慧公园，实现森林公园管理数字化和智能化、信息规范管理和共享利用，利用现有资源发挥林业科普教育功能，增设自然教育课堂，普及生态知识，传播生态文化。

◆ 森林公园生态环境监测站点

◆ 森林公园广场俯视图

桂东明珠　魅力桂山

——广西国有大桂山林场改革发展纪实

广西大桂山林场始建于1957年12月，是广西壮族自治区直属国有林场，公益二类事业单位，场内林地跨贺州、梧州两地，场外林地辐射贺州、梧州、柳州、来宾、桂林等地。林场经营总面积7.89万公顷（其中场内4.32万公顷，场外3.57万公顷），活立木总蓄积量633万立方米（其中场内390万立方米，场外243万立方米），林地利用率94%，森林生长率30立方米/公顷，森林覆盖率91.2%。

林场始终坚持"资源培育与保护利用并重、经济发展与民生改善同步"的办场方针，以"贵山、贵树、贵人"为核心价值观，把资源培育、生态建设作为最核心任务，抢抓机遇开辟新的经济增长点，全场呈现资源增长、产业发展、林区和谐、实力增强的良好局面。

● 大桂山林场林区

● 北娄分场风光

艰苦创业打下坚实基础　筚路蓝缕启山林，栉风沐雨砥砺行。从建场之初的32名创业元老壮大至1000多人的务林人队伍，从穷山恶水、寸草不生变成绿水青山、茫茫林海，从单一的植树造林演化到林板园区一体化、林工商贸齐争辉的发展方式，从零开始到拥有33.77亿元资产的积累，都离不开一代又一代创业者矢志不渝的拼搏和奉献。林场的绿水青山之中闪耀着每一个为之奋斗者的金色光辉，使一座座绿水青山变成"金山银山"。

科技兴林成果辉煌　建场初期至20世纪90年代末，林场以人工造林和飞播造林为主，树种以马尾松、杉木、乔灌木为主，生长周期长，经济效益不明显；2000年开始大力发展以桉树、杉树为主的速生丰产林，适度发展润楠、秋枫、油茶等珍贵乡土树种及经济果木林，实现林分多样化和生物多样性。进入21世纪以来，加大资金投入和科技支撑，营造混交林、复层林，实施林相改造、品质提升、测土配方施肥和良种壮苗等工程，并依托有关科研院所，开展桉树多代林免炼山造林养分综合管理栽培模式试验，以及广西闽楠标准化栽培示范区、马尾松组培无性化苗木应用与示范等项目建设，建立稳定的营林生产技术引进、实验、推广机制，促进在良种培育、森林经营、林业产业等领域拥有一批核心技术和关键技术。有5.55万公顷林地通过FSC森林体系管理认证审核，森林经营管理水平和林产品市场竞争力得到进一步提高。目前全场资源总量及年产商品木材位居广西国有林场前列。

林业附加值潜力凸显 充分挖掘林业附加值潜力，形成新的经济增长点。协助加强大桂山国家森林公园基础设施建设及林相改造，森林旅游人数逐年增加。投资开发建设200公顷工业园区，2016年底已经完成投资回收。与中国水电建设集团有限责任公司合作开发20万千瓦风电项目，将大桂山海拔高、风力大的特点转化为经济发展效益，项目计划总投资20亿元，已完成一期建设。充分利用林场自然景观丰富、地理交通便利等优势，引进客商在林场旧场部开发大桂山国际森林康养小镇项目。全面盘活林下资源，实施"一场一品"项目种植特色野生灵芝，大力发展林下经济，带动职工及林场周边林农走致富发展之路。

◆ 留羊顶日出

以人为本构建和谐林场 始终把保障和改善民生作为一切工作的出发点和落脚点，为职工缴存"五险两金"，组织职工体检。为分场及站（队）铺设引水管线，维修更换供电线路，开通移动通信，新建桥梁、水池、涵洞，更换添置生产用车、用船，硬化林区道路，增设文化娱乐设施。为工厂员工宿舍安装空调、热水器、移动网络。在市区新建700套职工小区住宅，兴建职工食堂、职工书屋及室内球馆。走访慰问高龄党员、特困党员及病困职工。举办文化艺术节和体育节，开展演讲、篮球等各类活动，营造向上向善浓厚氛围。同时，投入数千万元、安排专人帮扶隆林县革步乡等4个乡镇的贫困村，助力脱贫攻坚和乡村振兴，打响社会公益品牌。

◆ 清水分场风光

获奖荣誉见证奋斗成果 六十四载如白驹过隙，编织着林场创业的缤纷梦想，雕刻着耕云锄月的感人记忆，记录着拓域扩疆的英勇业绩。全国十佳林场、全国森林防火先进单位、全国模范职工之家、广西现代林业产业龙头企业、广西森林经营示范林场……120多项沉甸甸、响当当的荣誉和称号，闪耀着光荣，见证着梦想。同时，涌现出全国林业系统劳动模范、全国生态建设突出贡献奖先进个人、贺州市道德模范等先进人物，树立了林业标杆。

不忘初心谱写新的华章 展望"十四五"，林场将努力建设成为"生态建设和经济发展良性互动，物质文明和精神文明和谐共赢"的新型林场，力争到"十四五"期末林场达到经营面积8.73万公顷、森林蓄积量680万立方米、经营总收入38亿元、总产值50.06亿元的总目标。

悠悠岁月，雕刻了大桂山厚重的历史；长长记忆，勾画了林场壮丽的篇章；拼搏进取，诠释了一代又一代务林人的精神。作为林业建设的捍卫者、参与者，我们倍感光荣和自豪！我们将不忘初心，继续前行，驰而不息，久久为功，书写林业事业新奇迹，谱写林场发展新篇章！

◆ 北娄水库风光

护绿水青山　铸金山银山

——湖北省襄阳市国营林场刘志刚

湖北省襄阳市国营林场成立于1956年，经营总面积近2000公顷，森林覆盖率94%，是典型的城郊生态绿地、"城市绿肺"和天然氧吧。

刘志刚自2010年4月调任襄阳市国营林场场长、党支部书记以来，积极践行"绿水青山就是金山银山"理念，爱岗敬业、甘于奉献，谱写了富美林场新篇章。

刘志刚率先垂范，带领林场职工抢抓每年春季植树造林时节，挖窝整地，见空插绿，让林场树更多、山更美；林场建森林防火瞭望塔、检查站，打水井建蓄水池，购买森林消防器材及消防车和洒水车，配齐视频监控和无人机，提高风险防患能力。

◆ 刘志刚在办公

同时，刘志刚还十分重视森林病虫害防治，确保森林资源安全。刘志刚深入调研制订《襄阳市国营林场森林资源管理办法》，建立森林资源管护长效机制。为了守住林场阵地，他积极协调与林场相邻的62家单位，达成林地共建方案；为了盘活林场资源，他主动联系周边企业，将林场荒废多年的山洞租给当地知名酒厂作为原酒储藏酒窖，每年为林场增收3万多元；他兴办苗圃基地，发展绿色种苗，激发大家谋事创业热情；他积极探索林场经营管理模式，发展油茶产业，栽植香樟、杜英等绿化树种，增加林场有林地面积；他开展林下种植，在苗圃林下栽植油用牡丹，既增

◆ 襄阳市政协主席岳兴平（正中）在襄阳市国营林场检查工作

加苗圃育苗量又建设景观带；他积极争取地方资金投入，不断改善林场面貌；他把林场打造成国家级森林公园，建设科普长廊，变林场为市民休闲游玩、登山健身的重要场所；他研究制订《襄阳市国营林场改革方案》，林场改革经验被刊登在《中国改革报》和《湖北日报》上。

在刘志刚带领下，襄阳市国营林场连续多年被评为"襄阳市直林业系统先进单位""湖北省生态文明教育基地""全国林业科普基地"等。他本人也先后获得"襄阳市安全卫士""全国绿化模范城市先进个人""襄阳市优秀党务工作者"和"湖北省林业系统先进工作者"等荣誉称号。

◆ 襄阳市政府副市长张丛玉（右三）在襄阳市国营林场参加义务植树活动

树木树人　至真至善

—— 西南林业大学

西南林业大学是我国西部地区唯一独立设置的林业高校，以林学、林业工程、风景园林学为传统优势，生物学、环境科学与工程为特色，理、工、农、文、法、管等多学科门类协调发展，是国家卓越农林人才教育培养计划、卓越工程师教育培养计划高校、中西部高校基础能力建设工程支持院校。

师资队伍　截至2020年底，学校有在编教职工1283人，专业技术人员1091人，其中国家"百千万人才工程"一层次专家1人、国家高层次人才1人，中科院"百人计划"1人、教育部新世纪优秀人才3人、全国优秀教师3人、国务院突出贡献专家1人、享受国务院政府特殊津贴人员2人，全国林业和草原教学名师2人。

人才培养　学校有林学院、材料科学与工程学院等23个教学单位，全日制在校本科生22622人，硕士研究生2485人，博士研究生134人。有本科专业85个，获国家级教学成果二等奖1项，国家级精品课程1门，国家级精品资源共享课1门，全国高校黄大年式教师团队1个。学校是云南省高校毕业生创新创业典型经验高校、云南省第一届创新创业教育示范高校。

学科建设　学校具有博士学位授予权，有林学、林业工程、风景园林学3个博士后科研流动站，是推荐优秀应届本科毕业生免试攻读研究生高校。有一级学科博士点3个、一级学科硕士点13个，国家林业和草原局重点学科6个，省级重点学科5个。

科学研究　学校获批成立林业生物质资源高效利用技术国家地方联合工程研究中心、生物质材料国际联合研究中心、西南山地森林资源保育与利用教育部重点实验室等重要科研平台。有国家林业和草原长期科研基地2个，国家林业和草原局重点实验室3个。有院士工作站4个、专家工作站4个。有协同创新中心1个、国家地方联合工程中心1个。获国家科技进步奖二等奖2项。

学校坚持以党的政治建设为统领，落实立德树人的根本任务，以建设"特色鲜明、国际知名的高水平大学"为战略远景，未来将为云南争当全国生态文明建设排头兵、建设中国最美丽省份、实现高质量跨越式发展作出更大贡献。

◆ 第一教学楼

◆ 西林湖

◆ 秋海

东北林业大学
林业生物质资源高效利用创新团队

东北林业大学林业生物质资源高效利用创新团队是李坚院士依托世界一流"林业工程"国家重点一级学科缔造起来的，培养出以刘守新、谢延军、于海鹏等为代表的新一代中青年团队中坚力量。团队一直以国家战略需求为导向，致力于林木生物质资源高效利用原始创新，以基础前沿牵引技术研发，在国内同领域对生物质材料科学研究和传统林产工业技术升级与结构调整发挥着引领和推动作用，在行业和地方国民经济建设中作出了突出贡献，在国际生物质材料研究领域具有重要学术影响。一是在国际上首次提出木质材料智能仿生理念

◆ 李坚院士在木质新型材料教育部工程研究中心讲解生物质-聚合物异质复合材料

并率先成立"木材智能仿生研究中心"，开发出具有双疏转换、自清洁、储能等功能的木质新材料；二是提出了基于新型绿色溶剂的林木资源炼制新理论，建立高效纳米纤维素制备新方法，开发了系列纤维素基功能材料；三是创建了木材多尺度界面修饰的材性改良技术体系，提升低质人工林木材品质并赋予防腐阻燃等新功能；四是创新木质纤维与塑料、橡胶等多元异质复合新技术，开发出轻质高强功能材料并实现产业化应用。

团队近五年承担国家自然基金重大项目课题和杰出青年基金等国家级项目55项，省部级课题14项；获得国家科技进步奖二等奖1项，省部级科学技术奖一等奖6项，授权发明专利110余件，成果在近10家企业转化应用，获得新增销售额20多亿元。在本领域著名期刊发表论文400余篇，其中包括《Advanced Materials》等重要期刊论文168篇、ESI高被引论文14篇，是支撑学校材料、工程、化学学科相继进入ESI前1%的核心力量。贯彻落实立德树人根本任务和科技服务产业重大需求，锤炼出院士领军的一流队伍，新增长江学者和国家杰出青年科学基金获得者等国家级人才11人次，3人获颁"庆祝中华人民共和国成立70周年"纪念章。团队入选"首届黄大年式教师团队"并荣获"全国工人先锋号"称号。

◆ 刘守新教授在指导学生开展试验

◆ 谢延军教授在指导学生进行木材阻燃研究

南方重要经济林精准栽培创新团队

国家林业和草原局南方重要经济林精准栽培创新团队孕育于我国经济林学科专业创始单位——中南林业科技大学，依托南方林业生态应用技术国家工程实验室、经济林培育与保护教育部重点实验室、经济林育种与栽培国家林业和草原局重点实验室等平台，围绕南方重要经济林的专用良种精准配置、土肥水精准管理、花果树精准调控、林情智能精准监测和低产林精准分类改造等核心关键技术开展攻关，为南方经济林现代产业体系建设和乡村产业振兴提供强大科技支撑。

◆ 中南林业科技大学三代经济林人合影［学科创始人：胡芳名（前排左4），何方（前排左3）；二代带头人：谭晓风（2排右6）；团队负责人：李建安（2排右3）；团队骨干：袁德义（2排左1），王森（3排右3）］

团队率先开展了油茶、油桐、锥栗等树种组学研究，得到了世界第一个油桐、油茶基因组全序列，解析了油脂、淀粉、角鲨烯、茶皂素等重要成分的合成代谢途径；探明了油茶、油桐、锥栗、枣、梨、李等树种花芽分化、性别分化、花器官发育、自交不亲和性、枣吊木质化等重要性状的分子机制及调控途径；建立了主要经济林树种品种配置、精准施肥、树体调控、花果管理、生草栽培、生态经营和低产林分类改造等关键技术。近年来，承担国家级项目50多项，获国家科技进步奖二等奖1项，省部级科技进步奖一等奖4项、二等奖10项；发表论文500多篇，支撑了学校进入ESI《农业科学》（Agricultural Sciences）学科全球前1%；获国家发明专利20多项；制定技术标准十余项；培育林木良种22个，推广应用面积25万余公顷，新增产值50多亿元，谭晓风教授选育推广的"三华"系列油茶良种被誉为油茶中的"超级稻"，袁德义教授选育推广的"华栗"系列锥栗良种成为贫困山区的"致富果"，王森教授选育推广的"祁东酥脆枣"孵出县域支柱产业和地理标志产品。团队成果应用先后在中央电视台、人民网、中国新闻网、《中国科学报》《中国绿色时报》等众多媒体广泛报道。

◆ 谭晓风教授精心培育的'华硕'油茶良种

团队秉承"经世济用，传承创新"的学术传统，由第二代经济林学科带头人谭晓风教授悉心培育和接力传承。团队负责人李建安教授率先开辟了经济林生态经营新兴研究领域，建立了油茶高效生态经营和低产林生态化改造技术体系，推广应用面积超过6万公顷，践行了习近平总书记"绿水青山就是金山银山"发展理念和"产业生态化，生态产业化"生态文明思想。李建安教授2018年当选十三届全国人大代表，2019年获"中国林业产业突出贡献奖"。

石墨烯林业应用
国家林业和草原局重点实验室

石墨烯林业应用国家林业和草原局重点实验室依托山西大同大学和山西省杨树丰产林实验局于2020年获批建立。实验室主要围绕新型碳纳米材料——石墨烯在林业中应用所涉及的理论和技术方面的问题展开系统研究，为石墨烯应用于林木、花卉种苗繁育，困难立地条件下的植被恢复，林木、秸秆物质循环利用，食用菌人工栽培提质增效等领域提供理论和技术支撑。

近年来，重点实验室针对农林业使用石墨烯的特殊需求，实现了石墨烯绿色、低成本和规模化制备。所制的石墨烯可有效促进林木、花卉及食用菌的生长，促进林木、花卉

◆ 重点实验室负责人赵建国教授

种苗繁育及食用菌栽培提质增效；该石墨烯能提高土壤的持肥能力，改良土壤，促进植物根系生长并提高植物对逆境胁迫的耐受性，应用于盐碱、沙化、矿山等困难立地条件下的植被恢复领域，产生了较强的生态、经济和社会效益。重点实验室负责人赵建国教授分别于2018年和2020年荣获"全国五一劳动奖章"和"全国先进工作者"称号，重点实验室团队入选国家林草局第三批林业和草原科技创新团队。

◆ 重点实验室创新团队

◆ 重点实验室科研人员在大兴安岭林区考察

◆ 重点实验室研究人员在组培实验室工作

绘山清水秀城市丹青　　建绿树成荫生态家园

——国家林业和草原局森林城市监测评估中心

国家林业和草原局森林城市监测评估中心挂牌成立4年来，以习近平新时代中国特色社会主义思想为指导，认真践行习近平生态文明思想和新发展理念，致力于我国森林城市建设的推进和技术支撑服务工作，努力构建城市以森林和树木为主体、山水林田湖草相融共生的生态系统。为城市科学布局森林建设空间，合理安排森林网络、森林健康、生态福利、生态文化等重点建设任务做好技术服务和支撑。

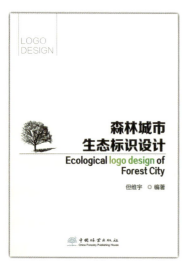  

◆ 由中心员工编写的关于森林城市建设的专业著作

按照国家林业和草原局工作部署，为规范国家森林城市建设总体规划工作，编制了《国家森林城市建设总体规划导则》。为着力改善城乡人居环境，不断满足人民日益增长的优美生态环境需要，积极为地方人民政府制订国家森林城市建设实施方案做好技术支撑服务，先后为贵州遵义、河南漯河、江西樟树、安徽池州、湖北荆门、湖南湘潭、海南海口等40余个授牌城市编制国家森林城市建设总体规划。为贵州省编制《贵州省省级森林城市建设标准》《贵州省县级森林城市建设标准》《贵州省森林乡镇建设标准》《贵州省森林人家建设标准》4个地方标准和《贵州省森林城市发展规划》。

完成的技术咨询服务成果荣获国家级、省部级优秀工程咨询成果奖20余项，其中广西南宁、江西抚州、湖南永州的国家森林城市总体规划以及贵州省森林城市发展规划、吉林通化国家森林城市总体规划、江西宜春国家森林城市总体规划分别荣获省部级成果一、二等奖。

◆ 荣誉证书

此外，通过不断总结经验，出版了《森林城市建设——理论、方法与关键技术》《森林城市生态标识设计》《森林城市发展规划研究》3部专著，发表与森林城市建设相关学术论文60余篇。

推深做实林长制改革
打造林业信息化管理

安徽省自2017年3月起，在全国率先探索实施林长制改革，创建了全国首个林长制改革示范区。建立省、市、县、乡、村五级林长体系，健全覆盖全面的护绿、增绿、管绿、用绿、活绿"五绿"任务体系，以林长制促进"林长治"。信息化在林业发展中的地位越来越重要，任务越来越重。安徽省以林长制为抓手推动林业信息化建设，以林业信息化建设促进安徽省林业管理水平提升，打造全国林业信息化管理的安徽样板。

由天立泰科技股份有限公司承接的"安徽省林业资源数据整合及林长制监测信息化建设"项目，重点规划建设了全省林业大数据共享服务平台，平台建立了全省森林生态资源"一张图"，并对接国家林草局资源司的数据资源，实现与国家林草局数据的对应同步。整合集林长信息采集、责任区划分、政策信息协同管理、林长专题展示、林长信息数据中心、考核评价等于一体的林长制林业数据管理服务平台，满足安徽省五级林长管理的信息化需求，形成一个"基层好用、领导好管、质量好控、数据好查"的全省林情展示信息平台。

◆ 安徽省林长制综合管理平台

林业信息平台的建成应用，打造了安徽省林业大数据新名片。统一的林业数据分类，提供空间数据发布，依据权限为全省林业部门提供数据共享与应用服务。真正做到"林有人管、事有人做、责有人担"，构建林业生态保护新机制，激发林业发展新活力，实现林业建设加速度。

天立泰科技股份有限公司作为全国专业从事林业生态信息化建设的拟上市企业，一直是林业大数据的探索者，在推进全国林长制信息化建设进程中贡献了一份力量。

◆ 安徽省林业数据共享服务平台

热带雨林生物多样性保护及恢复创新研究团队

热带雨林生物多样性保护及恢复团队成立于2013年，依托海南五指山森林生态系统国家定位观测研究站、热带林生态系统保护恢复国家创新联盟、海南大学热带特色林木花卉遗传与种质创新教育部重点实验室等平台，开展热带森林生物多样性维持机制研究、热带森林生物多样性恢复研究、热带雨林珍稀濒危动植物保育及恢复研究等。

团队开拓了我国热带云雾林生态学研究，向国际介绍了热带云雾林生物多样性分布、生物多样性维持机制等。2016~2019年，《海南日报》《南国都市报》、海南电视台、《中国国家地理》杂志、中央电视台等多家权威媒体先后对热带云雾林进行了报道。

◆ 团队成员在海南热带云雾林科考（程斌 摄）

团队开展了热带雨林旗舰物种海南长臂猿保护工作，充分利用遥感、红外相机、人工跟踪监测及地面固定样地等手段，对海南长臂猿种群行为、生活习性、肠道疾病、营养等进行监测，构建跨越种群、群落及景观尺度的海南长臂猿栖息地综合监测平台；通过比较海南长臂猿各个家族的分布区和潜在分布区的猿食植物资源状况以及猿食树种物候的差异，明确猿食植物分布状况和食物季节动态，提出海南长臂猿保护及管理建议，多次撰写海南长臂猿保护建议并获有关政府部门领导批示。

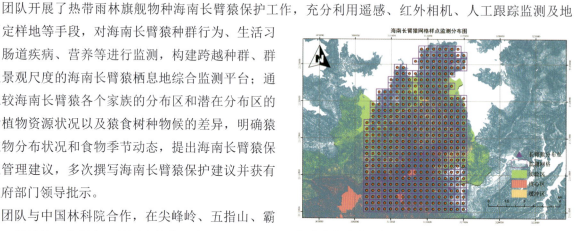
◆ 海南长臂猿栖息地网格监测样地

团队与中国林科院合作，在尖峰岭、五指山、霸王岭、铜鼓岭、黎母山、吊罗山等林区建设"大样地+公里网格样地+随机样地+卫星样地"四位一体生物多样性监测平台，样地面积在200公顷以上；结合森林生态站对热带雨林国家公园不同区域生境类型及优势群落类型的水、土、气、生等要素开展定位观测，阐明不同要素时空分布规律及耦合机制，揭示热带雨林的涵养水源、固碳释氧、净化空气等生态服务功能，为热带雨林生物多样性保护及生态系统服务功能评估提供支撑。

近5年，团队成员在《Science》《Journal of Vegetation Science》《Plant and Soil》《Functional Ecology》等期刊发表文章60余篇，授权国家发明专利5项，获批软件著作权5部，出版著作6部。

团队始终秉承"善作善为，久久为功"的宗旨，围绕热带雨林及海南长臂猿保护开展研究，服务海南热带雨林国家公园及海南生态文明区建设。

（龙文兴、肖楚楚　撰稿）

"森林之眼"——红外相机助力林草科研

近年来，随着林业信息化及生物多样性监测的不断推进，红外相机作为有关信息获取的终端，变得越来越重要。作为森林的"眼睛"，红外相机在国内批量使用始于2012年，有一个团队对其发展有着巨大的贡献——深圳市优威视讯科技股份有限公司（以下简称优威）。

◆ 优威视讯前台

◆ 红外相机与太阳能板

优威由留美、留德博士及多位资深工程师于2011年创立，是国内红外相机的鼻祖之一，是目前国内品牌中唯一一家完全自主研发、生产、销售红外相机的厂家。所有产品从规划、研发、测试，到生产、品控、销售，全流程严格按照ISO质量管理流程执行。多年专注，成就专业。

为更契合国内需求，优威发挥自主研发优势，对产品进行优化创新。优威最早推出4G高速实时回传相机，通过应用软件获取实时数据，方便管理，并支持现场直播和太阳能充电，实现一次安装永不维护。相机工作模式优化为录像与拍照同时完成，既保证了录像及拍照都能拍到动物，又大大缩短了每次相机工作的时长，从而降低了功耗。相机还能与手机应用软件直连，可同步手机时间、GPS、参数等信息，还可用手机直接观看相机画面，从而简化了安装。优威红外相机还支持定制及信息化对接，更好地满足客户需求。相机在全国范围内各种恶劣环境下均使用正常，超强的稳定性保证了科研数据的安全性。产品多年的积累逐渐转化为市场优势。

优威兼顾国内、国外市场，产品远销全球30多个国家和地区，国内合作的单位已超过200个，其中包括中国科学院动物研究所、中国林业科学研究院、生态环境部南京环境科学研究所、中国海南热带植物研究所、东北林业大学、北京大学等科研单位与院校。

作为林业系统中的一员，优威一直以实事求是、精益求精的精神努力塑造一双美丽动人的"森林之眼"。

北京创馨园林绿化有限公司

◆ 公司自行设计及施工建成的办公区（位于北京市房山区石楼镇吉羊村南六区甲1号）

◆ 公司团队

北京创馨园林绿化有限公司，成立于2000年1月，公司注册资金2000万元，2018年取得林业调查规划设计乙级资质，下设北京沐春园苗木有限公司等4家子公司。公司经营业务范围主要包括：园林景观施工、绿地养护、苗木种植和销售、林业调查规划设计、林木资源损失鉴定、劳务分包、立体绿化、园艺驿站建设和服务等。

公司成立以来，以"精于专业、工于质量、乐于服务、智于管理"的经营宗旨和"以质量求生存，用质量谋发展，向质量要效益"的服务理念打造了多项高品质园林绿化工程项目。

园林景观施工典型案例 北京市通州区凤岗河湿地公园、口袋公园、党建公园等公园建设项目；张家口市崇礼奥运廊道、中小学校园景观提升改造项目；北京市西三旗（金隅）科技园居住区、大宁山庄别墅区、公租房居住区等地产项目景观建设；北京市百万亩平原造林、留白增绿、重点区域造林项目的市政绿化建设。

林业调查规划设计业绩 国家高山滑雪中心、北京冬奥会延庆赛区及大兴国际机场安置房项目的使用林地可行性报告；河南伏牛山国家级自然保护区项目的初步设计；北京市房山区森林资源调查（二类调查）；北京市房山区浅山荒山、京津风沙源项目的森林资源调查（三类调查）；京沈高铁（怀柔段）的树木测绘；北京市丰台区凉水河道边森林资源损失鉴定等。

◆ 由公司施工完成的金隅·尚林家园展示中心景观

油茶园变"致富园"

—— 湖北黄袍山绿色产品有限公司助力脱贫攻坚

为了改变山区面貌、致富地方百姓,晏绿金于2007年8月投资创建湖北黄袍山绿色产品有限公司并担任公司董事长,通过"公司+农户+基地"的经营模式致力于油茶产业的发展,使多年以来没有收益的荒山荒坡变成了一片片的油茶林,通过建立油茶产业园,为当地老百姓建起"致富园"。

截至2020年底,公司发展油茶基地5333.33余公顷,安排2400户贫困户就业,使全县7600户农户家庭年均增收3600多元,为通城山区的精准扶贫工作开辟了一条新路子。经过十几年的发展,湖北黄袍山绿色产品有限公司已经发展成为国家林业重点龙头企业、全国放心粮油加工示范企业、湖北省农业产业化重点龙头企业,设立了湖北省企业技术中心、院士专家工作站。2021年,公司荣获全国脱贫攻坚先进集体荣誉称号,受到党中央、国务院的表彰。

◆ 公司董事长晏绿金(左五)与湖北省咸宁市人大常委会副主任、通城县委书记熊亚平(左六)等领导合影

2014年公司的"本草天香"商标被认定为中国驰名商标,"黄袍山油茶"被认定为地理标志商标,"上古之水"商标被认定为湖北省著名商标。公司拥有了"本草天香"品牌油茶籽油系列和"上古之水"品牌洗护用品系列30多种产品,产品享誉全国主流市场,2020年销售额突破3亿元,创利税3300万元。

公司董事长晏绿金多年来积极为通城县经济发展作贡献,受到社会各界充分肯定,数次获得省、市、县优秀企业家荣誉称号,2010年12月被湖北省人力资源协会、湖北省企业家协会授予"最具社会责任企业家"称号,同年被湖北省总工会授予"五一劳动奖章",2014年被国家林业局授予"中国林业产业发展突出贡献奖",2017年被咸宁市政府评为"精准扶贫优秀企业家",2018年被咸宁市政府评为"优秀民营企业家",2020年获得第八届"光彩事业国土绿化贡献奖"。

◆ 公司生产的"本草天香"牌油茶籽油

◆ 公司董事长晏绿金(左一)察看油茶果生长情况

'蓝美1号'：食药蓝莓助力乡村振兴

浙江蓝美技术股份有限公司（简称蓝美股份）成立于2010年，是一家集科技种业和食品营养化为一体的国家产业化农业龙头企业和大健康产业运营商。

风雨十年，蓝美股份在蓝莓种业创新上取得了突破，培育出了我国首个自主品牌的蓝莓新品种——'蓝美1号'，它不仅被认定为国家蓝莓林木良种，而且被评为国家林草局2021年重点推广林草科技成果。一般来说，外来蓝莓品种在国内种植的产量很难达到7500千克/公顷，而'蓝美1号'的最低产量为15000千克/公顷，最高可以突破37500千克/公顷。

● '蓝美1号'苗木及其林木良种证

与其他蓝莓品种相比，'蓝美1号'不仅高产，而且抗灾害气候能力强、适应范围广，具有易种、高产、品优、经济价值高等特点，并具有极高的药用价值，被专家誉为"中国蓝莓产业化栽培代表性新品种"及国际十大好吃蓝莓。其主要特点如下：

易种——抗逆性强、适应范围广、成本低、成活率高。

高产——生长期适宜、自花授粉能力强、挂果稳定、产量高。

品优——果实质优、成熟期集中、营养保健功能卓越。'蓝美1号'果实的花青素含量是普通蓝莓的8～10倍。

在大健康国家产业大潮中，蓝美股份抢先起跑。在形成多层次的产品服务和高层次的技术服务后，蓝美股份开发了提取高纯度药用花青素的关键核心技术，

● '蓝美1号'蓝莓结实情况　　● '蓝美1号'蓝莓粉产品

成功从'蓝美1号'中提取出含15种花色苷、纯度达40%的'蓝美1号'花青素，开发了系列产品并陆续上市，蓝莓花青素的产业化应用开始落地。

在此基础上，蓝美股份先后通过"五位一体"扶贫模式与"振兴万村"行动计划积极参与乡村振兴，截至2021年10月，已与9个省50多个县合作开展蓝莓产业乡村振兴，落地种植蓝莓约1.33万公顷，直接带动大量贫困户脱贫致富。因扶贫成绩突出，公司董事长杨曙方被评为"全国脱贫攻坚先进个人"。

蓝美股份用科技赋能农业，已拥有了品种研发、栽培技术改进、采摘设备研制、蓝莓花青素研制等环节的核心技术，开始创新蓝莓生产托管服务模式，实现企业平台化，让农业变得易投资、高回报，全力助推国家乡村振兴发展战略，真正实现"一颗蓝莓，健康一个中国"的企业梦想。

目 录

特 辑

领导专论 ... 2
认真践行习近平生态文明思想 高质量完成国家公园体制试点任务——在国家公园建设座谈会上的讲话 ... 2

重要法律和文件 ... 4
全国人民代表大会常务委员会关于全面禁止非法野生动物交易、革除滥食野生动物陋习、切实保障人民群众生命健康安全的决定 ... 4
2019年中国国土绿化状况公报 ... 5
国家林业和草原局关于积极应对新冠肺炎疫情有序推进2020年国土绿化工作的通知 ... 10
国家林业和草原局办公室 民政部办公厅 国家卫生健康委员会办公厅 国家中医药管理局办公室关于公布国家森林康养基地（第一批）名单的通知 ... 11
国家林业和草原局关于公布首批国家草原自然公园试点建设名单的通知 ... 14
国家林业和草原局关于统筹推进新冠肺炎疫情防控和经济社会发展做好建设项目使用林地工作的通知 ... 16
国家林业和草原局关于印发《草原征占用审核审批管理规范》的通知 ... 17

国家林业和草原局公告 ... 19
国家林业和草原局公告（2020年第1号） ... 19
国家林业和草原局公告（2020年第2号） ... 19
国家林业和草原局公告（2020年第3号） ... 19
市场监管总局 农业农村部 国家林草局关于禁止野生动物交易的公告（2020年第4号） ... 21
国家林业和草原局公告（2020年第5号） ... 21
国家林业和草原局公告（2020年第6号） ... 21
国家林业和草原局公告（2020年第7号） ... 23
国家林业和草原局 农业农村部公告（2020年第8号） ... 23
国家林业和草原局公告（2020年第9号） ... 23
国家林业和草原局公告（2020年第10号） ... 33
国家林业和草原局公告（2020年第11号） ... 33
国家林业和草原局公告（2020年第12号） ... 34
国家林业和草原局公告（2020年第13号） ... 34
国家林业和草原局 中华人民共和国濒危物种进出口管理办公室公告（2020年第14号） ... 44
国家林业和草原局公告（2020年第15号） ... 44
国家林业和草原局公告（2020年第16号） ... 44
国家林业和草原局公告（2020年第17号） ... 45
国家林业和草原局公告（2020年第18号） ... 46
国家林业和草原局公告（2020年第19号） ... 47
国家林业和草原局公告（2020年第20号） ... 48
国家林业和草原局公告（2020年第21号） ... 50
国家林业和草原局公告（2020年第22号） ... 51
国家林业和草原局公告（2020年第23号） ... 52
国家林业和草原局公告（2020年第24号） ... 68
国家林业和草原局公告（2020年第25号） ... 68

中国林业和草原概述

2020年的中国林业和草原 ... 72
综 述 ... 72
国土绿化 ... 72
自然保护地建设 ... 72
资源保护 ... 72
灾害防控 ... 73
林草脱贫攻坚 ... 73
林草改革 ... 73
林草投资 ... 73
林业产业 ... 73
林产品贸易 ... 73
生态公共服务 ... 73
政策法治 ... 73
流域和区域林草发展 ... 74
基础保障 ... 74
开放合作 ... 74

林草重点工程

天然林资源保护工程 ... 76
综 述 ... 76
落实《天然林保护修复制度方案》 ... 77
天然林保护管理机制创新 ... 77
逐步健全天然林保护修复管理制度 ... 77
创新推动天保核查高质量发展 ... 77

退耕还林还草工程 ... 78
综 述 ... 78
发布《中国退耕还林还草二十年（1999~2019）》白皮书 ... 78
签订《2020年度退耕还林还草责任书》 ... 78

通报2019年度新一轮退耕还林国家级检查验收
　　结果及责任书执行情况 …………………… 78
退耕还林还草发展战略研究 …………………… 78
编辑出版《退耕还林还草发展报告2020》等成果 … 78
退耕还林还草标识正式启用 …………………… 78
退耕还林还草高质量发展大讨论网络征文活动 …… 78
全国退耕还林还草高质量发展培训班 ………… 79
2020年度新一轮退耕还林国家级检查验收 …… 79
2020年度退耕还林国家级检查验收成果评审工作 …
　　…………………………………………………… 79
编制出台《全国退耕还林还草综合效益监测评价总体
　　方案》并组织开展综合效益监测 ……………… 79
修订出台《退耕还林工程建设效益监测评价》 …… 79

京津风沙源治理工程 ………………………… **79**
京津风沙源治理二期工程 ……………………… 79

三北防护林体系工程 ………………………… **80**
综　述 …………………………………………… 80
疫情防控工作 …………………………………… 81
三北工程水资源承载力与林草资源优化配置研究项
　　目验收评审会 …………………………………… 81
第51个"世界地球日"主题活动 ……………… 81
全面从严治党工作会议 ………………………… 81
三北工程规划编制技术手册培训班 …………… 81
《三北防护林退化林分修复技术规程》修订工作全面
　　启动 ……………………………………………… 81
接收新一代载人飞船空间科学实验搭载材料 …… 81
国家林草局专题研究指导三北工程建设 ……… 81
国家林草局调研内蒙古阿左旗飞播造林和封沙育林
　　工作 ……………………………………………… 81
与陕西省林业局合力打造新时代三北防护林"陕西
　　样板" …………………………………………… 81
国家林草局召开规避三北防护林衰退风险专家座谈会
　　…………………………………………………… 81
与科技司签订合作框架协议 …………………… 81

长江流域等防护林工程 ……………………… **82**
综　述 …………………………………………… 82
河北省张家口市及承德市坝上地区植树造林项目 … 82
重点生态修复工程建设与管理培训班 ………… 82

国家储备林基地建设工程 …………………… **82**
国家储备林基地建设 …………………………… 82
国家储备林制度建设 …………………………… 82

退牧还草工程 ………………………………… **83**
综　述 …………………………………………… 83

林业血防工程 ………………………………… **83**
林业血防建设 …………………………………… 83

石漠化治理工程 ……………………………… **83**
岩溶地区石漠化综合治理工程 ………………… 83

林草培育

林草种苗生产 ………………………………… **86**
综　述 …………………………………………… 86
《全国苗木供需分析报告》 ……………………… 86
《林草生产经营许可证电子证照》全国一体化在线
　　政务服务平台标准 ……………………………… 86
林草种苗质量监督指导 ………………………… 86
打击制售假劣种苗和保护植物新品种权工作 …… 86
林草种苗质量监管及统计预测网络课程培训 …… 86
国家草品种区域试验站 ………………………… 87
全国林草种质资源普查与收集 ………………… 87
国家林木种质资源设施保存库 ………………… 87
林木品种审定 …………………………………… 87
草品种审定 ……………………………………… 87
国家级草品种区域试验 ………………………… 87
国家重点林木良种基地专题调研 ……………… 87
良种基地技术协作组工作 ……………………… 87
全国林草种苗处(站)长培训班 ………………… 87
行政许可 ………………………………………… 88
林草种苗行政许可随机抽查 …………………… 88
林草种苗审批制度改革 ………………………… 88

森林培育 ……………………………………… **88**
综　述 …………………………………………… 88
推进防疫条件下造林绿化工作 ………………… 88
成立国土绿化和三北防护林衰退防治专班 …… 88
制订主要乡土树种名录 ………………………… 88
乡村绿化美化行动 ……………………………… 88
中央财政造林补助 ……………………………… 88
珍稀林木培育 …………………………………… 89

林业生物质能源 ……………………………… **89**
综　述 …………………………………………… 89
打造合作交流平台 ……………………………… 89
《林业生物质能源发展年度报告(2020)》 ……… 89
林业生物质能源专题调研 ……………………… 89
能源林培育技术规程 …………………………… 89

森林资源管理与监督

林长制改革 …………………………………… **92**
林长制改革基本情况 …………………………… 92
中共中央办公厅、国务院办公厅印发《关于全面
　　推行林长制的意见》 …………………………… 92
《关于全面推行林长制的意见》基本情况 ……… 92
林长制推行进展与成效 ………………………… 93

森林资源保护管理

综述 … 93
深化改革创新，推进重点任务落实 … 93
保护森林资源，提升综合治理效能 … 94
完善监管体制机制，支撑生态文明建设 … 95

森林资源监测

提升监测评价能力 … 95
提高国家级公益林监管水平 … 96
拓展国家森林资源智慧管理平台功能 … 96

森林经营

全国森林经营试点工作 … 96
全国森林经营方案制度体系建设 … 97
森林抚育成效监测评估 … 97
做好建设项目使用林地工作 … 97

采伐管理

全国"十三五"采伐限额执行情况 … 97
组织编制"十四五"期间年采伐限额 … 97
编制完成重点林区"十四五"采伐限额 … 98
重点林区林木采伐许可证核发及监管 … 98
采伐和运输系统正常稳定运行 … 98
完成采伐系统升级和垂警系统对接 … 98
制定林木采伐移植管理政策 … 98

林地管理

《关于统筹推进新冠肺炎疫情防控和经济社会发展做好建设项目使用林地工作的通知》 … 99
2020年度建设项目使用林地及在森林和野生动物类型国家级自然保护区建设行政许可被许可人监督检查 … 99
2020年全国建设项目使用林地审核审批情况 … 99

森林资源监督与执法

各派出机构案件督查督办 … 101
各派出机构创新监督机制 … 101
全国林业和草原行政案件统计分析情况 … 101
举报林业行政案件受理情况 … 101
森林督查及发现问题整改 … 101
破坏森林资源重大要案督查督办 … 102
专项整治重点领域违法问题 … 102

森林资源保护

林业有害生物防治

综述 … 104
松材线虫病防治 … 104
重大林业有害生物治理 … 104
科技支撑 … 104
检疫监管 … 104

野生动植物保护

综述 … 104
禁食野生动物后续工作相关政策 … 106
2020联合国第七个世界野生动植物日中国宣传活动 … 107
"爱鸟周"主题宣传活动 … 107
野生动物疫病与生物安全科普活动 … 107
继续严格禁止进口象牙及其制品 … 107
珍爱地球人与自然和谐共生——中国野生动物保护专题展 … 107
境外大熊猫产仔 … 107
应急处置能力建设视频培训会 … 107
全国抗击新冠肺炎疫情先进个人 … 107
全国野生兰科植物资源调查培训班 … 107
打击野生动植物非法贸易培训班 … 108
全国重点野生动物疫病主动预警技术培训班 … 108
全国第二次陆生野生动物资源调查管理培训班 … 108
主动预警总结会和趋势会商会 … 108
候鸟保护 … 108
全面禁止滥食野生动物 … 108
全国人大常委会开展野生动物"全覆盖"执法检查 … 108
打击整治破坏野生植物资源专项行动 … 109
互联网平台聚力阻击野生植物非法贸易 … 109
抵制野生动植物非法交易行业自律联盟 … 109
穿山甲升为国家一级保护动物 … 109
依法惩治非法交易野生动物犯罪 … 109
大熊猫人工繁育取得新进展 … 109
成立海南长臂猿保护研究中心 … 109
候鸟"护飞行动" … 109

草原资源管理

草原监测

综述 … 112
构建新时代草原监测评价体系 … 112
草原年度监测 … 112
提高草原监测评价工作支撑能力 … 112

草原资源保护

草原有害生物防治 … 112
草原鼠虫害绿色防控 … 112
应对沙漠蝗入侵灾害 … 112
国有草场试点建设 … 112
草原禁牧休牧 … 112

草原修复

综述 … 113
草原生态保护修复工程管理和评估 … 113
指导各地科学开展草原围栏建设 … 113
中央财政草原生态修复治理补助项目 … 113

草原法制建设 ... 113
综　述 ... 113
重点问题研究 ... 113
修改工作调研 ... 113
征集修法意见 ... 113

草原征占用审核审批 ... 113
综　述 ... 113
出台《草原征占用审核审批管理规范》 ... 114

湿地保护管理

湿地保护 ... 116
综　述 ... 116
湿地立法 ... 116
湿地调查监测 ... 116
中央预算内湿地保护修复重大工程建设 ... 116
湿地保护规划编制 ... 116
中央财政湿地保护修复项目 ... 116
国家湿地公园建设管理 ... 116
湿地保护监管 ... 116
《湿地公约》履约 ... 116
湿地国际合作与交流 ... 117
湿地保护宣传 ... 117

荒漠化防治

防沙治沙 ... 120
综　述 ... 120
省级政府防沙治沙目标责任制 ... 120
沙化土地封禁保护区试点建设 ... 120
第六次全国荒漠化和沙化监测 ... 120
沙尘暴灾害及应急处置 ... 120
防沙治沙科学研究 ... 121
荒漠化公约履约和国际合作 ... 121
荒漠化生态文化及宣传 ... 121

自然保护地管理

建设发展 ... 124
自然保护地建设重大工程 ... 124
全国自然保护地体系规划研究 ... 124
全国自然保护地规划编制 ... 124

立法监督 ... 124
国家级自然保护区专项检查 ... 124
"绿剑行动"整改验收 ... 124
自然保护地人类活动遥感监测 ... 124
自然保护地立法 ... 124
自然保护地违法违规问题督办 ... 125

生物多样性保护与监测 ... 125
自然保护地生物多样性保护和监测 ... 125
《生物多样性公约》第十五次缔约方大会（COP15）筹备 ... 125

合作交流 ... 125
全球环境基金海洋项目管理 ... 125
中德非三方绿色保护地合作 ... 125
中法自然保护领域合作谅解备忘录 ... 125

宣传教育 ... 126
《秘境之眼》节目 ... 126
"世界生物多样性日"主题宣传 ... 126
"文化和自然遗产日"主题宣传 ... 126
广西崇左白头叶猴国家级自然保护区被评选为践行"两山"理念宣传典型 ... 126

自然保护区管理 ... 126
全国自然保护地整合优化 ... 126
国家级自然保护区范围和功能区调整 ... 127
国家级自然保护区总体规划审查批复 ... 127
国家级自然保护区管理评估 ... 127

自然公园管理 ... 127
国家级自然公园评审 ... 127
自然公园管理制度梳理修编 ... 127
风景名胜区管理 ... 127
地质公园管理 ... 127
海洋公园管理 ... 127
国家沙漠（石漠）公园进展情况 ... 127

自然遗产/双遗产 ... 128
世界自然遗产申报 ... 128
世界遗产保护管理 ... 128
第44届世界遗产大会筹备 ... 128

世界地质公园 ... 128
世界地质公园申报 ... 128
世界地质公园再评估 ... 128
2020年度中国教科文组织世界地质公园年会 ... 128
世界地质公园国际合作交流 ... 128

国家公园体制试点 ... 128
综　述 ... 128
完成国家公园体制试点第三方评估验收 ... 128
创新工作联动机制 ... 129
科学系统布局国家公园 ... 129
统一规范国家公园管理机构设置 ... 129
加快推进立法进程，制定完善标准规划 ... 129
逐步完善资金保障机制 ... 129
宣传引导 ... 129

大事记 ………………………………………… 129

林业生态建设

国土绿化 ………………………………………… 132
　　综　述 ………………………………………… 132
　　防疫条件下造林绿化和义务植树工作 ………… 132
　　部门绿化 ……………………………………… 132
　　全民义务植树 ………………………………… 132
　　第四届中国绿化博览会 ……………………… 133
　　第五届中国绿化博览会筹备工作 …………… 133
　　《国土绿化》杂志管理工作 …………………… 133

古树名木保护 …………………………………… 133
　　综　述 ………………………………………… 133
　　古树名木保护立法工作 ……………………… 133
　　古树名木资源普查 …………………………… 133
　　古树名木抢救复壮 …………………………… 133
　　编制古树名木规划、技术标准等 …………… 134
　　全国古树名木保护管理业务培训班 ………… 134

森林公园建设与管理 …………………………… 134
　　综　述 ………………………………………… 134
　　国家级森林公园设立和改变经营范围审批 … 134
　　国家级森林公园总体规划 …………………… 134
　　森林公园整合优化 …………………………… 134
　　全国中小学生研学实践教育基地 …………… 134
　　森林公园自然教育培训班 …………………… 134
　　全国森林公园和森林旅游在线学习培训系统 … 134

森林城市建设 …………………………………… 135
　　综　述 ………………………………………… 135
　　森林城市建设 ………………………………… 135
　　森林城市群建设 ……………………………… 135
　　森林城市制度规范建设 ……………………… 135
　　森林城市监测评估 …………………………… 135

林业应对气候变化 ……………………………… 135
　　综　述 ………………………………………… 135
　　工作推进 ……………………………………… 135
　　增加生态碳汇 ………………………………… 135
　　减少碳排放 …………………………………… 135
　　研究和成果应用 ……………………………… 136
　　碳汇计量监测体系建设 ……………………… 136
　　人才培养 ……………………………………… 136
　　国际合作交流 ………………………………… 137
　　应对气候变化宣传 …………………………… 137

林草改革

重点国有林区改革 ……………………………… 140
　　综　述 ………………………………………… 140
　　国有林区各项改革任务圆满完成 …………… 140
　　国有林场和国有林区改革工作小组会议 …… 141
　　大兴安岭林业集团公司挂牌成立 …………… 141
　　宣布大兴安岭林业集团公司新班子视频会议 … 141
　　重点国有林区改革验收 ……………………… 141

国有林场改革 …………………………………… 141
　　综　述 ………………………………………… 141
　　反馈国有林场改革验收意见 ………………… 142
　　巩固和提升国有林场改革成效 ……………… 142
　　《国有林区(林场)管护用房建设试点方案(2020～
　　　2022年)》 ……………………………………… 142
　　国有林场改革满意度测评 …………………… 142
　　《国有林场职工绩效考核办法》 ……………… 142
　　国有林场GEF项目 …………………………… 143
　　国有林场GEF项目指导委员会视频会议 …… 143

集体林权制度改革 ……………………………… 143
　　综　述 ………………………………………… 143
　　集体林权管理 ………………………………… 143
　　集体林业综合改革试验 ……………………… 143
　　参与林业公共资源交易平台相关工作 ……… 143
　　深化集体林权制度改革研究 ………………… 143

草原改革 ………………………………………… 143
　　《关于加强草原保护修复的若干意见》报批工作 … 143
　　国有草原资源有偿使用制度改革工作 ……… 143

林草产业

林草产业发展 …………………………………… 146
　　综　述 ………………………………………… 146
　　新冠肺炎疫情防控和林业企业复工复产 …… 146
　　调整国家林业和草原局产业工作领导小组 … 146
　　第三批国家林业重点龙头企业运行监测 …… 146
　　第十三届中国义乌国际森林产品博览会 …… 146
　　林业资源综合利用典型案例 ………………… 147
　　四部门公布首批国家森林康养基地名单 …… 147
　　中国特色农产品优势区建设 ………………… 147
　　国家林下经济示范基地建设 ………………… 147
　　产销衔接 ……………………………………… 147
　　"全国采摘果园一张图" ……………………… 147
　　经济林节庆活动纳入中国农民丰收节 ……… 147
　　搭建国家林草局扶贫馆 ……………………… 148
　　木本粮油和林下经济高质量发展指导文件 … 148
　　油茶、仁用杏、榛子产业发展指南 ………… 148

森林旅游 ………………………………………… 148
　　综　述 ………………………………………… 148
　　国家林草局森林旅游工作领导小组会议 …… 148

成立国家林草局生态旅游工作领导小组	148
野外徒步情况和需求社会调查	148
全国林草系统生态旅游游客量数据采集和信息发布制度	148
国家林草局生态旅游标准化技术委员会	148
《贫困地区森林旅游扶贫成效、潜力评估及发展策略研究报告》	148
《全国森林旅游扶贫典型案例汇编》	148
全国森林旅游管理培训班	149
《2018~2019全国林草系统生态旅游发展报告》	149
森林旅游地户外体育运动情况摸底调查	149

草原旅游 149
首批国家草原自然公园试点建设名单公布 … 149

竹藤花卉产业 149
综　述 … 149
指导推进竹藤产业发展 … 149
指导推进花卉业发展 … 149

森林草原防火

森林草原防火 152
综　述 … 152
森林草原防火重要会议 … 153
森林草原防火重要活动 … 153
森林草原防火重要培训 … 154
森林草原防火重要文件 … 154
森林草原防火重要机构变化 … 154
森林草原防火重要协议 … 155
森林草原防火重要保障 … 155

林草法制建设

林草立法 158
《野生动物保护法》 … 158
《湿地保护法》 … 158
《国家公园法》 … 158
《草原法》 … 158
《森林法实施条例》 … 158
《自然保护区条例》 … 158

林草行政执法 158
林业草原行政复议案件情况 … 158
林业草原行政诉讼案件情况 … 158
规范性文件管理 … 159
林草普法 … 159
草原执法监督 … 159
2020年草原普法宣传月活动 … 159
业务培训 … 159
草原执法方式创新试点建设 … 159

林草行政审批改革 160
林草行政审批制度改革 … 160

林草科学技术

林草科技发展 162
林草科技综述 … 162
2项成果获得国家科技进步奖二等奖 … 162

林草创新发展 162
长期科研基地建设 … 162
设立研发单位自主研发项目 … 164
创新人才建设 … 164
科技协同创新中心建设 … 165
创新高地建设 … 165
生态站建设 … 165
林业和草原国家创新联盟建设 … 166
国家林业和草原局重点实验室建设 … 168

林草科技推广 168
林草科技成果 … 168
林业科技推广示范项目 … 168
林草科技扶贫 … 169
林草科技成果转化平台 … 169
体系建设 … 169
科技下乡服务 … 169
推广员典型宣传 … 169

林草科学普及 170
林草科普顶层设计 … 170
全国林草科技活动周 … 170

林草标准化和林产品质量 170
发布国家标准 … 170
发布行业标准 … 171
2020年全国林草标准化和食用林产品质量安全监管工作电视电话会 … 173
成立2个行业标准化技术委员会 … 174
2020年林产品质量监测 … 174
2020年林草领域标准化管理培训班 … 174
2020年林业质检机构培训班 … 174
取消7项行政许可事项 … 174
标准国际化工作 … 174

林草知识产权保护 174
编制《林业和草原知识产权"十四五"规划》 … 174
组织实施《关于强化知识产权保护的意见》林草推进计划 … 174
总结评估《"十三五"国家知识产权保护和运用规划》林草相关工作 … 174

实施《2020年加快建设知识产权强国林草推进计划》
………………………………………………………… 175
中国专利奖组织推荐工作 ……………………… 175
实施林业和草原知识产权转化运用项目 ……… 175
18项林业知识产权转化运用和试点示范项目通过
　验收 …………………………………………… 175
2020年全国林业和草原知识产权宣传周活动 … 176
林业和草原知识产权战略信息获表彰 ………… 176
出版《2019中国林业和草原知识产权年度报告》 … 176
出版《木质门专利分析报告》…………………… 176
出版《木浆行业专利分析报告》………………… 176
编印《林业知识产权动态》……………………… 177
全国林草知识产权保护与管理培训班 ………… 177

林草植物新品种保护 **177**
林草植物新品种申请和授权 …………………… 177
林草植物新品种惠农工作 ……………………… 177
全国植物新品种保护行政执法队伍建设情况摸底
　调查 …………………………………………… 177
国家林草局设立命名一批植物新品种测试站 … 178
林草植物新品种行政执法培训班 ……………… 178
制订《筹建国家林草植物新品种测试站暂行办法》
………………………………………………………… 178
组织植物新品种行政执法工作考核评分 ……… 178
完善林草植物新品种测试技术标准体系 ……… 178
出版两卷《中国林业植物授权新品种》………… 178
完善林草植物新品种保护制度与政策 ………… 178
协助申请人积极应对新冠肺炎疫情 …………… 178
林草植物新品种保护培训班 …………………… 178
第七批植物新品种保护名录公布 ……………… 179

林草生物安全管理 ……………………………… **179**
林木转基因工程活动 …………………………… 179
林木转基因安全性监测 ………………………… 179
防范外来物种入侵工作 ………………………… 179

林草遗传资源保护与管理 ……………………… **179**
《中国油茶遗传资源》出版 ……………………… 179
参加生物遗传资源利用与惠益分享实施情况调研
………………………………………………………… 179
林业遗传资源安全与保护高端论坛 …………… 179

森林认证 ………………………………………… **180**
森林认证制度建设 ……………………………… 180
森林认证试点示范 ……………………………… 180
森林认证能力建设 ……………………………… 180

林草智力引进 …………………………………… **180**
完善引智因公出国(境)培训管理制度 ………… 180
申报2020年度中国政府友谊奖 ………………… 180
开发引智因公出国(境)培训管理系统 ………… 180
组织引智培训成果报告评选 …………………… 180
创新外国专家引进工作模式 …………………… 180
引智管理工作业务培训班 ……………………… 180

林草对外开放

重要外事活动 …………………………………… **182**
越南CITES管理机构副主任来访 ……………… 182
约旦驻华大使胡萨姆·侯赛尼来访 …………… 182
关志鸥参加韩正与欧盟委员会第一副主席蒂默曼斯
　视频会见 ……………………………………… 182
乌兹别克斯坦公使衔参赞巴图尔·图尔苏诺夫来访
………………………………………………………… 182
推进湿地公约第十四届缔约方大会筹备工作 … 182

对外交流与合作 ………………………………… **182**
澜湄周林草活动 ………………………………… 182
中印尼人文交流发展专家视频研讨会 ………… 182
中蒙边联委会第三次会议 ……………………… 182
参加自然资源部与法国生态转型部联合指导委员会
　第一次会议(视频) …………………………… 182
中新碳汇交易技术研讨(线上)会议 …………… 182
中德林业工作组第六次会议 …………………… 182
中德自然保护地管理研讨会 …………………… 183
中法自然保护地国家战略制定线上研讨会 …… 183

重要国际会议 …………………………………… **183**
亚太经合组织(APEC)促进APEC地区合法采伐
　林产品贸易和流通研讨会 …………………… 183
APEC打击非法采伐及相关贸易专家组第17次会议
………………………………………………………… 183
联合国森林论坛第十五届会议 ………………… 183
《联合国气候变化框架公约》"六月造势"系列
　视频会议 ……………………………………… 183
APEC打击非法采伐及相关贸易专家组第18次会议
………………………………………………………… 183
联合国粮农组织林业委员会第二十五次会议 … 183
第23届东盟林业高官会 ………………………… 183
东北亚环境合作秘书处第24届高官会 ………… 183
《联合国气候变化框架公约》"奔向零排放世界对话"
　线上活动 ……………………………………… 183
国际热带木材组织(ITTO)第56次理事会会议 … 184
中国-中东欧国家林业合作协调机制联络小组
　第四次会议 …………………………………… 184
参加二十国集团领导人第十五次峰会下议题谈判
………………………………………………………… 184

国际合作项目 …………………………………… **184**
林草援外工作 …………………………………… 184
澜湄基金项目及亚洲区域专项资金项目 ……… 184
中日植树造林国际联合事业新造林项目 ……… 184

中德合作"山西森林可持续经营技术示范林场建设"
　项目 ……………………………………………… 184
国家林草局主管全球环境基金(GEF)项目 ……… 184
大熊猫保护研究国际合作项目 …………………… 184

外事管理 …………………………………………… **185**
印发规范线上外事活动的通知 …………………… 185
印发加强因公出国事中事后监督管理工作的通知
　………………………………………………………… 185
国家林业和草原局国际合作和外语应用能力第四期
　培训班 …………………………………………… 185
编印《林草国际合作协议汇编》《林草国际合作公约
　汇编》 …………………………………………… 185
林草国际合作能力提升培训班 …………………… 185

国际金融组织贷款项目 …………………………… **185**
世界银行和欧洲投资银行联合融资"长江经济带
　珍稀树种保护与发展项目" …………………… 185
亚洲基础设施投资银行贷款"西北三省(区)林业
　生态发展项目" ………………………………… 185
亚洲基础设施投资银行贷款"丝绸之路沿线地区
　生态治理与保护项目" ………………………… 185
欧洲投资银行贷款"珍稀优质用材林可持续经营
　项目" …………………………………………… 186
全球环境基金赠款"长江经济带生物多样性就地
　保护项目" ……………………………………… 186

民间国际合作与交流 ……………………………… **186**
综　述 ……………………………………………… 186
与非洲公园网络签署合作谅解备忘录 …………… 186
履行《联合国森林文书》示范单位建设项目(2019)
　年度评审 ………………………………………… 186
2020年国际森林日宣传活动 ……………………… 186
向有关境外非政府组织捐赠口罩 ………………… 187
《国家林业和草原局履行〈联合国森林文书〉示范
　单位项目资金管理办法》 ……………………… 187
联合国森林论坛第十五届会议决议 ……………… 187
《国家林业和草原局履行〈联合国森林文书〉示范
　单位管理办法》 ………………………………… 187
龙江森工集团山河屯林业局有限公司 …………… 187
履行《联合国森林文书》示范单位建设研修班 …… 187
联合国"森林：新冠疫情后绿色复苏的核心"研讨会
　………………………………………………………… 187
境外非政府组织林草合作培训班 ………………… 187
《国家林业和草原局关于业务主管及有关境外非政
　府组织在中国境内活动指南(试行)》专家评估
　论证会 …………………………………………… 187
新冠疫情对森林和林业部门影响评估报告 ……… 187
全球森林资金网络(GFFFN)办公室东道国协定
　第四轮谈判 ……………………………………… 187
日本驻华使馆经济部公使七泽淳访问北京昌平中日
　绿化合作纪念林 ………………………………… 187
日方驻华使馆官员赴山东和黑龙江考察中日植树
　造林国际联合项目 ……………………………… 187
履行《联合国森林文书》示范单位建设和项目督导
　调研工作有序开展 ……………………………… 188
履行《联合国森林文书》示范单位建设专家组年度
　会议 ……………………………………………… 188
国家林业和草原局与世界自然基金会等5家境外
　非政府组织2020年合作年会 ………………… 188
境外非政府组织相关研究 ………………………… 188
与德国复兴信贷银行签署绿色贷款技术援助基金
　对话项目协议 …………………………………… 188

林草科技国际合作交流与履约 …………………… **188**
参加2020年UPOV年度会议 …………………… 188
东亚植物新品种保护论坛 ………………………… 188
中欧植物新品种权实施与维权国际研讨会 ……… 188
编写《中国林木遗传资源状况报告(第二版)》 …… 188
参加UPOV技术工作组会议 …………………… 189
森林认证国际化 …………………………………… 189

国有林场与林业工作站建设

国有林场建设与管理 ……………………………… **192**
综　述 ……………………………………………… 192
《国有林场管理办法(修订草案)》 ………………… 192
《国有林场中长期发展规划(2020~2035年)》(送审稿)
　………………………………………………………… 192
编写《中国国有林场扶贫20年》 ………………… 192
国有林场场长素质能力提升培训班 ……………… 192
国有林场建设管理培训班 ………………………… 192

林业工作站建设 …………………………………… **192**
综　述 ……………………………………………… 192
国家林草局局领导深入乡镇林业站开展调研 …… 194
全国林业工作站基本情况 ………………………… 194
全国林业工作站本底调查关键数据更新 ………… 194
标准化林业工作站建设 …………………………… 195
乡镇林业工作站服务乡村振兴工作 ……………… 195
2020年乡镇林业工作站站长能力测试工作 ……… 195
"林业站学习"手机应用软件正式上线运行 ……… 195
生态护林员督查调研 ……………………………… 195
修订《建档立卡贫困人口生态护林员管理办法》 … 195
示范培训 …………………………………………… 196
定点县帮扶活动 …………………………………… 196
案件稽查 …………………………………………… 196
行政执法资格管理 ………………………………… 196
森林保险发展情况 ………………………………… 196
森林保险统计分析工作 …………………………… 196
指导开展草原保险试点 …………………………… 196
森林保险宣传培训工作 …………………………… 196

林草规划财务

全国林业和草原统计分析 ·········· **198**
国土绿化 ·· 198
林业草原投资 ···································· 198
林业草原产业 ···································· 198
主要林产品产量 ································ 198
林草系统在岗职工收入 ······················ 198

林业和草原规划 ··························· **198**
林草规划 ·· 198

林业和草原固定资产投资建设项目批复统计
 ·· **199**
林草基础设施建设项目批复 ·············· 199
林草建设项目管理 ···························· 199
林草行业推广北斗卫星导航系统应用 ······ 199

林业和草原基本建设投资 ············ **200**
林草基本建设投资情况 ······················ 200

林业和草原区域发展 ··················· **200**
林草援疆援藏 ···································· 200
西部大开发 ······································ 200
定点扶贫 ·· 201

林业和草原对外经济贸易合作 ····· **201**
林草对外贸易概况 ···························· 201
2020年林草对外经贸合作重点工作 ······ 201

林业和草原扶贫 ··························· **202**
林草扶贫 ·· 202

林业和草原财务会计 ··················· **203**
林草预算 ·· 203
林草金融 ·· 203
森林保险 ·· 204
政府采购 ·· 204
林草审计 ·· 204

林业和草原生产统计 ··················· **204**

固定资产投资统计 ······················· **217**

劳动工资统计 ······························· **225**

林草资金审计稽查

林草审计稽查 ······························· **228**
综　述 ··· 228
加强组织领导完善工作机制 ·············· 228
制度完善 ·· 228
局属单位审计监督 ···························· 228
行业资金监管 ···································· 228
配合完成有关专班工作 ······················ 228

贷款贴息与金融创新 ··················· **228**
贷款贴息统计和金融创新 ·················· 228

林草信息化

林草信息化建设 ··························· **230**
综　述 ··· 230

网站建设 ······································· **230**
网站改版 ·· 230
内容建设 ·· 230
互动交流 ·· 230
网站管理 ·· 230
评测评估 ·· 231

应用建设 ······································· **231**
政务服务平台优化 ···························· 231
"金林工程" ······································ 231
"互联网+监管" ································ 231

安全保障 ······································· **231**
网络和信息系统运维 ························ 231
网络安全管理 ···································· 231

科技合作 ······································· **232**
标准建设 ·· 232
标委会工作 ······································ 232
技术培训 ·· 232

办公自动化 ··································· **232**
局办公网 ·· 232
电子公文系统 ···································· 232
林信通 ··· 232

大数据 ··· **232**
《林业草原大数据资源目录》 ············ 232
林草大数据报告编制 ························ 232
《国家林业和草原局政务信息资源共享开放管理
　办法》（初稿） ······························ 233

林草教育与培训

林草教育与培训工作 ··················· **236**
完善培训制度建设 ···························· 236

重点培训 ……………………………………………… 236
公务员法定培训 …………………………………… 236
行业示范培训 ……………………………………… 236
干部培训教材建设 ………………………………… 236
远程教育 …………………………………………… 236
林草教育制度机制 ………………………………… 236
林草学科专业建设 ………………………………… 236
林草教育组织指导 ………………………………… 236
林草教育品牌活动 ………………………………… 237
林草教育宣传引导 ………………………………… 237

林草教材管理 ………………………………………… **237**
综述 ………………………………………………… 237
成立国家林业和草原局院校教材建设专家委员会
　专家库 …………………………………………… 237
教材建设培训班 …………………………………… 237

林草教育信息统计 …………………………………… **237**

北京林业大学 ………………………………………… **251**
概述 ………………………………………………… 251
年度重点工作 ……………………………………… 252
抗疫情况 …………………………………………… 252
与联合国粮食与农业组织签署合作备忘录 ……… 253
牵头组织编写《基层党组织书记工作案例（高校版）》
　…………………………………………………… 253
校史编撰工作启动 ………………………………… 253
"双一流"建设周期总结专家评议会 …………… 253
"林之心"景观改造项目竣工落成 ……………… 253
深入学习贯彻习近平总书记在黄河流域生态保护和
　高质量发展座谈会上的重要讲话精神座谈会 … 253
获首都高校第58届学生田径运动会最佳承办奖 … 253
北京地区高校实践育人工作联盟成立大会 ……… 253
中国"绿都"评价结果发布 ……………………… 254
录取通知书在国际设计大赛（亚太区）中获金奖 … 254
首期教工青年马克思主义者培训班 ……………… 254
校关工委获全国关心下一代工作先进集体称号 … 254
第八届教代会、第十六届工代会 ………………… 254
林学院"五分钟林思考"课程思政工作室成立 … 254
校友会第二届会员代表大会暨第一届理事会换届
　会议 ……………………………………………… 254
科技服务2022年北京冬奥会（张家口赛区）工作
　推进会 …………………………………………… 254
马克思主义学院获批"北京市第二批重点建设马克
　思主义学院" …………………………………… 254
2020年全国插花花艺职业技能竞赛总决赛 ……… 255
研究生教育工作会议暨研究生院成立20周年纪念
　大会 ……………………………………………… 255

东北林业大学 ………………………………………… **255**
概述 ………………………………………………… 255

党建与思想政治工作 ……………………………… 255
教育教学 …………………………………………… 256
学科建设 …………………………………………… 256
师资队伍建设 ……………………………………… 256
科学研究 …………………………………………… 256
国际国内交流合作 ………………………………… 256
定点扶贫工作 ……………………………………… 257
"十四五"规划 …………………………………… 257
教育评价改革 ……………………………………… 257
校园建设 …………………………………………… 257
创新创业教育 ……………………………………… 257
承办第十二届"挑战杯"竞赛 …………………… 257

南京林业大学 ………………………………………… **257**
概述 ………………………………………………… 257
江苏句容下蜀林场综合性国家长期科研基地获批
　…………………………………………………… 257
承办国际智慧康养家具设计与工程暑期学校 …… 258
江苏省研究生木质纤维生物质化学与材料学术创新
　论坛 ……………………………………………… 258
与南京市溧水区人民政府合作共建白马校区 …… 258
曹福亮等获新农科研究与改革实践项目 ………… 258
首期国家木竹产业技术创新战略联盟硕士班 …… 258
杨永任世界自然保护联盟新一届松柏类专家组主席
　…………………………………………………… 258
长江卫士实践调研项目组获全国优秀实践团体 … 258
首届国家林草科技创新百人论坛 ………………… 258
园林植物数字化应用与生态设计国家创新联盟成立
　大会 ……………………………………………… 259
林业遗产与森林环境史学术研讨会 ……………… 259
李延军当选竹质结构材料国家创新联盟理事长 … 259
温作民等获第八届高等学校科学研究优秀成果奖
　…………………………………………………… 259
孙建华等获江苏省第十六届哲学社会科学优秀
　成果奖 …………………………………………… 259

西南林业大学 ………………………………………… **260**
概述 ………………………………………………… 260
疫情防控 …………………………………………… 260
思政育人 …………………………………………… 260
人才培养 …………………………………………… 260
就业创业 …………………………………………… 260
学科建设 …………………………………………… 261
科研创新 …………………………………………… 261
对外交流合作 ……………………………………… 261
公共资源建设 ……………………………………… 261
社会捐助 …………………………………………… 261

中南林业科技大学 …………………………………… **261**
概述 ………………………………………………… 261
党建与思政工作 …………………………………… 262

驻村帮扶工作 ……………………………… 262
人才培养 …………………………………… 262
师资队伍建设 ……………………………… 262
学科建设与科研工作 ……………………… 262
招生就业工作 ……………………………… 262
国际教育与合作 …………………………… 262
管理与改革 ………………………………… 263

林草精神文明建设

国家林业和草原局直属机关党的建设 ……… 266
综　述 ……………………………………… 266

林草宣传 …………………………………… 267
综　述 ……………………………………… 267
习近平生态文明思想宣传 ………………… 267
主流舆论宣传 ……………………………… 268
典型选树宣传 ……………………………… 268
舆情监测与管理 …………………………… 268
媒体融合发展 ……………………………… 268
生态文化建设 ……………………………… 268
关注森林活动 ……………………………… 268

林草出版 …………………………………… 268
综　述 ……………………………………… 268
绿色脊梁上的坚守：新时代中国林草楷模先进事迹
　（上、下册）……………………………… 269
中国森林昆虫（第三版）…………………… 270
中国主要树种造林技术（第二版）………… 270
中国古典家具技艺全书（第一批）………… 270
新型城镇规划设计指南丛书 ……………… 270
中国防治荒漠化70年：1949~2019年 …… 270
中国石漠化治理丛书 ……………………… 270
中国桂花（第2版）………………………… 270
中国牡丹种质资源 ………………………… 270
中国芳香植物资源（全6卷）……………… 270
自然之赐：发现四川本来的样子 ………… 270
世界名贵木材鉴别图鉴 …………………… 271
中国撒艺 …………………………………… 271
鸟类学家郑作新（从博物少年到科学巨匠）… 271
家门口的湿地：阿哈湖湿地探索手册 …… 271
大学生创新创业基础（第2版）（国家林业和草原局
　"十三五"规划教材）…………………… 271
新时代林业和草原知识读本 ……………… 271

林草报刊 …………………………………… 271
综　述 ……………………………………… 271

各省、自治区、直辖市林（草）业

北京市林业 ………………………………… 274
概　述 ……………………………………… 274
党和国家领导人参加义务植树活动 ……… 274
全国政协领导义务植树活动 ……………… 274
中央军委领导参加义务植树活动 ………… 274
共和国部长义务植树活动 ………………… 274
全国人大常委会领导义务植树活动 ……… 274
第十二届月季文化节 ……………………… 274
园林绿化综合执法改革 …………………… 275
第十二届菊花文化节 ……………………… 275
新一轮百万亩造林绿化工程 ……………… 275
2022年北京冬季奥运会绿化建设 ………… 275
城市绿色空间拓展 ………………………… 275
推进建立林长制 …………………………… 275
森林资源管理制度建设 …………………… 275
2019年国家森林督查问题图斑整改 ……… 275
森林资源管理"一张图"年度更新 ………… 275
完成2020年国家森林督查问题图斑核查 … 275
园林绿化专业调查和与国土三调对接 …… 276
森林资源年度监测评价试点 ……………… 276
配合做好中央环保督察涉林工作 ………… 276
自然资源资产产权制度改革 ……………… 276
全市公园新冠肺炎疫情防控工作 ………… 276
文明游园专项整治行动 …………………… 276
疏解整治"留白增绿" ……………………… 276
城市副中心绿化建设 ……………………… 276
城市绿心绿化建设 ………………………… 276
永定河综合治理与生态修复 ……………… 276
京津风沙源治理二期工程 ………………… 277
太行山绿化工程 …………………………… 277
南苑森林湿地公园 ………………………… 277
湿地修复建设 ……………………………… 277
实施美丽乡村绿化美化 …………………… 277
国家森林城市创建 ………………………… 277
首都森林城镇创建 ………………………… 277
古树名木保护 ……………………………… 277
公园规划建设 ……………………………… 277
新型集体林场试点建设 …………………… 278
三个文化带绿化建设情况 ………………… 278
彩色树种造林工程 ………………………… 278
森林健康经营 ……………………………… 278
公路河道绿化工程 ………………………… 278
绿地认建认养及公园配套用房出租专项整治 … 278
退耕还林后续政策 ………………………… 278
集体林权制度改革不断深化 ……………… 278
野生动物保护管理 ………………………… 278
京津冀协同发展行动计划 ………………… 279
果树产业 …………………………………… 279
花卉产业 …………………………………… 279
种苗产业 …………………………………… 279
蜂产业 ……………………………………… 279
全市食用林产品安全管理 ………………… 279
新首钢行动计划 …………………………… 279

污染防治攻坚战	280
园林绿化科技创新	280
路县故城遗址公园	280
自然保护地管理	280
生态环境损害赔偿	280
森林防火	280
林业有害生物防控	280
森林公安转隶	281
经营类事业单位改革	281
绿化隔离地区"绿色项链环"建设	281
落实绿岗就业助力脱贫攻坚	281
健康步道建设	281
居住区绿化及背街小巷整治	281
国庆期间天安门花卉布置	281
城镇树木专项治理活动	281
群众性义务植树活动	281
首都绿化美化评比表彰	282
杨柳飞絮综合防治	282
松材线虫病防控	282
野生动物疫源疫病日常监测	282
新型冠状病毒肺炎疫情防控	282
林木病虫害监测	282
林木病虫害京津冀协同防控	282
成立北京冬奥会碳中和专项基金	282
创新森林文化活动形式	282
园林绿化行政审批	282
林木种苗和草种管理	283
大事记	283

天津市林业 … 285
概　述	285
绿色生态屏障建设	285
造林绿化	285
森林资源管理	285
湿地资源保护	286
自然保护地改革	286
林业有害生物防治	286
森林防火	286
野生动物保护	287
科技兴林	287
林业改革	287
林业生态建设	287
林业法治建设	287
大事记	288

河北省林草业 … 289
概　述	289
省委、省政府全面安排部署森林城市创建工作	290
《贯彻落实〈关于建立以国家公园为主体的自然保护地体系的指导意见〉的若干措施》印发	290
全省春季森林草原防灭火暨造林绿化电视电话会议	290
全省生态文明建设工作会议	290
《关于加强草原生态保护构筑生态安全屏障的意见》	290
森林草原防灭火责任制度	291
河北省立法治理和保护白洋淀生态环境	291
《河北省旅游景区森林草原防火工作办法》	291
野生动植物保护工作厅际联席会议	291
塞罕坝精神批示三周年纪念活动	292
国有林场改革工作领导小组会议	292
支持坝上地区植树造林	292
推进察汗淖尔生态保护和修复	292
河北实现森林草原防火视频监控全覆盖	292
8村入选2020年中国美丽休闲乡村	293
大事记	293

山西省林草业 … 293
概　述	293
省直林区建设	295
市县林草工作	296
全省林业和草原工作电视电话会议	296
林长制改革	296
第四届中国绿化博览会山西园建设	296
事业单位改革	296
大事记	296

内蒙古自治区林草业 … 300
概　述	300
全区林业和草原电视电话会议	301
党政军义务植树	301
乌兰察布火山地质公园获批国家地质公园	301
全区林草系统扫黑除恶专项斗争行业整治工作部署视频会议	301
中国内蒙古森林工业集团有限责任公司挂牌	301
草原生态保护补奖和草原保护修复专题调研	301
内蒙古大兴安岭重点国有林区改革通过国家验收	301
国家草原自然公园试点建设工作启动会	301
主要领导变更	301
事业单位改革	302
自然保护地整合优化	302
荣　誉	302
大事记	302

内蒙古森林工业集团 … 303
概　述	303
生态建设	303
大兴安岭航空护林局	303
内蒙古大兴安岭生态系统服务价值评估新闻发布会	304
国有林区改革	304

产业发展	304
民生改善	304
党的建设	304
大事记	305

辽宁省林草业 ... 305
概述	305
全省林业和草原工作会议	306
省领导参加义务植树活动	306
大事记	306

吉林省林草业 ... 307
概述	307
林业草原机构改革	307
林草改革	307
生态建设	307
资源管理	308
森林草原防火	308
林草有害生物防治	308
林政执法	308
野生动植物保护	308
湿地保护管理	308
自然保护地建设管理	308
林草重点生态工程	308
林草种苗	309
林草产业	309
生态扶贫	309
林草投资	309
林草经济	309
林草科研与技术推广	309
省领导参加义务植树活动	309
大事记	309

吉林森林工业集团 ... 310
概述	310
森林经营	310
司法重整	310
产业发展	311
深化改革	311
维稳扶贫	311
党建工作	311
疫情防控	311
大事记	312

黑龙江省林草业 ... 312
概述	312
林草改革	312
生态建设与修复	312
资源保护管理	313
野生动物管控	313
林草灾害防治	313
林草科技与对外合作	313
关注森林活动和自然教育	313
林草信息化	314
林业产业	314
生态扶贫	314
中央环保督察问题整改	314
"六稳""六保"助力	314
疫情防控	315
大事记	315

龙江森林工业集团 ... 315
概述	315
森工改革	315
生态建设	316
产业发展	316
企业管理	316
项目建设	316
党的建设	317
民生建设	317
大事记	317

大兴安岭林业集团公司 ... 318
概述	318
森林防火	318
森林资源管理	318
生态修复	319
天然林保护工程	319
国有林区改革	319
产业发展	319
林业计划统计	319
林业碳汇	320
森林资源动态监测	320
自然保护区管理	320
湿地资源保护	320
野生动植物保护	320
资金精细化管理	320
审计监督	321
市场营销	321
科技创新	321
人力资源	321
民生改善	321
安全生产	321
大兴安岭国家公园创建	321
国有资产管理	322
大事记	322

伊春森工集团 ... 322
概述	322
森林生态旅游产业	323
森林农业（食品）产业	323
中药材产业	323

非林替代产业	323
薪酬制度改革	323
富余职工就业	323
落实"省属市管"体制	323
继续推进"四分开"	323
建立健全现代企业制度和市场化经营机制	323
自然资源资产管理	323
伊林集团、伊旅集团改革发展	323
李忠培被补选为黑龙江省第十三届人民代表大会代表	323
集团党委全面深化改革委员会第一次(扩大)会议	324
工会召开第一次(届)会员(职工)代表大会	324
集团领导参加森林步道穿越活动	324
国家开发银行调研组到伊春市调研	324
大事记	324

上海市林业   324

概　述	324
生态环境建设	324
绿地建设	324
绿道建设	324
街心花园建设	325
绿化"四化"建设	325
郊野公园建设	325
林荫道创建	325
绿化特色道路	325
申城落叶景观道路	326
花卉景观布置	327
老公园改造	327
城市公园	327
公园延长开放	327
公园主题活动	327
国庆期间公园游客量	327
古树名木管理	327
树木工程中心建设	327
立体绿化建设	328
市民绿化节	328
森林资源管理	328
有害生物监控	328
"安全优质信得过果园"创建	328
湿地保护修复	328
常规专项监测	328
野生动植物进出口许可	328
野生动植物执法监督	328
大事记	328

江苏省林业   330

概　述	330
造林绿化	330
湿地资源保护	330
森林资源保护	330
自然保护地监管	330
林业有害生物防治	330
森林火灾预防	330
林业产业	330
野生动植物驯化养殖及加工经营	331
森林生态文化	331
省主要领导参加义务植树	331
江苏园精彩亮相第四届中国绿化博览会	331
绿美江苏生态旅游系列推介活动	331
大事记	331

浙江省林业   333

概　述	333
国土绿化美化行动	333
天然林、公益林保护管理	333
国有林场改革	333
古树名木保护	333
生态文化建设	333
林业产业	333
珍贵树种苗木保障	334
良种选育和种权保护	334
林业科技创新	334
林业龙头企业发展	334
"一亩山万元钱"科技富民行动	334
森林康养基地建设	334
林事活动	334
林业资源保护	334
林地林木保护管理	335
湿地保护管理	335
自然保护地管理	335
森林灾害防控	335
平安林区建设	335
野生动植物保护	335
野生动植物资源调查	335
野生动物抢救保护	336
珍稀野生植物保护管理	336
自然保护区与生物多样性保护	336
森林和野生动物类型保护区	336
海洋、地质遗迹、水生生物类型自然保护区	336
自然保护区建设	336
大事记	336

安徽省林业   338

概　述	338
林长制改革	338
营林生产	338
林业法治	338
生态资源保护	339
森林防火	339
林业有害生物防治	339

林业产业	339
林产品产量	339
林业科技	340
林业对外合作	340
林业生态扶贫	340
全省林业工作会议	340
省领导参加义务植树活动	340
大事记	340

福建省林业 341

概　述	341
疫情防控和复工复产	342
林业产业发展	342
花卉苗木全产业链总产值首次突破千亿元	343
武夷山国家公园体制试点	343
"洋林精神"选树"八闽楷模"	343
福建省森林公安局转隶	343
加挂执法监督处牌子	343
福建省种子条例出台	343
福建出台天然林保护修复实施方案	343
福建省林业局设立林长处	344
9项改革经验列入国家生态文明试验区建设典型经验向全国推广	344
南平市林业	344
三明市林业	345
龙岩市林业	345
大事记	346

江西省林业 347

概　述	347
首届江西林业产业博览会	351
禁食野生动物处置做到三个100%	352
完善天然林保护修复制度体系	352
全国率先出台《江西省林长巡林工作制度》	352
全国率先签发省级总林长令	352
江西、湖南共建千年鸟道护鸟红色联盟	352
森林质量提升	352
森林城乡创建	352
重点区域森林"四化"建设	352
自然保护地建设	352
大事记	353

山东省林业 355

概　述	355
国土绿化与生态修复	355
国有林场与集体林权制度改革	355
林草资源保护管理	355
森林防火	356
林业有害生物防控	356
湿地保护	356
林业产业管理	356
自然保护地管理	357
野生动植物保护	357
国家公园创建	357
第四届绿博会·山东展园	357
大事记	358

河南省林业 359

概　述	359
党的建设	359
黄河流域生态保护	359
助力乡村振兴战略和生态扶贫攻坚战	359
国土绿化	359
绿色富民	359
森林资源保护	359
林业改革	360
市场监督管理等五部门联手打击野生动物违规交易	360
省规划院与河南地质局签订战略合作框架协议	360
黄河流域森林特色小镇、森林乡村建设工作方案	360
《关于以食用为目的的陆生野生动物养殖企业(户)退出处置工作的指导意见》	360
全省沿黄干流森林特色小镇、森林乡村"示范村"建设工作会	360
全省林业有害生物防控现场观摩会	360
全国油茶产业发展现场会	360
河南省候鸟保护宣传暨三门峡市第七届"保护白天鹅宣传日"	360
蜡梅和构树国家创新联盟	361
河南省关注森林活动组委会全体会议暨省级森林城市授牌仪式	361
省委、省政府实施国土绿化提速行动建设森林河南推进会议	361
全省2020年冬季义务植树活动	361
原永胜调研指导第十届花博会河南园建设	361
全省湿地保护暨湿地公园建设管理推进会	361
河南省林业乡土专家座谈会	361
河南省中央财政林业科技推广项目通过验收	361
大事记	361

湖北省林业 363

概　述	363
精准灭荒工程	363
长江两岸造林绿化工程	363
人工造林与封山育林	363
义务植树	363
天然林保护工程	364
退耕还林工程	364
长江防护林工程	364
林业血防工程	364
石漠化综合治理工程	364

外资造林项目	364
国家储备林建设工程	364
森林防火	364
森林有害生物防治	365
自然保护地管理	365
湿地保护与管理	365
野生动物疫源疫病监测与防控	366
野生动植物保护与管理	366
森林公安队伍建设	366
森林采伐	366
林地与森林资源管理	366
林业工作站	366
林业勘察设计	366
林业法制建设	367
国有林场改革与建设	367
集体林权制度改革	367
林业放管服改革	367
林业科学研究	367
科技推广	368
林产工业	368
主要经济林产品	368
森林旅游和康养休闲	368
林业生态和产业扶贫	368
林下经济	368
林业贴息贷款与资金稽查管理	368
林木种苗管理	369
资金与计划管理	369
林业信息化建设	369
大事记	369

湖南省林业 … 370

概 述	370
湖南林业生态扶贫	371
湖南林业科技支撑	372
中国油茶科创谷建设	372
木本油料资源利用国家重点实验室建设	372
长株潭生态绿心地区林相改造	372
生态廊道建设	372
"互联网+全民义务植树"	372
湖南省人民政府评选公布第一批"湖南省森林城市"	372
认定省绿色村庄(森林乡村)12 361个	372
《湖南省天然林保护修复制度实施方案》正式出台	372
禁食野生动物后续工作	373
打击破坏野生动物资源犯罪专项行动	373
出台《关于建立以国家公园为主体的自然保护地体系的实施意见》	373
自然保护地整合优化前期工作	373
南山国家公园体制试点	373
洞庭湖湿地生态保护修复	373
自然保护地突出生态环境问题整改	373

启动林长制改革试点	374
林业行政执法监管	374
"放管服改革"	374
湿地保护修复	374
油茶产业	374
林业有害生物防控	374

广东省林业 … 374

概 述	374
国土绿化	374
森林资源管理	375
自然保护地建设管理	375
野生动植物保护	376
疫情防控	376
湿地资源保护	376
森林城市建设	376
林业改革	377
林业产业	377
森林灾害防治	377
林业科技和交流合作	378
森林生态文化建设	378
大事记	378

广西壮族自治区林业 … 379

概 述	379
生态建设	379
国土绿化	379
森林资源保护	380
国有林场	380
林业产业	381
深化林权制度改革	381
野生动植物保护	382
林业对外合作	382
森林防火	383
森林病虫害防治	383
林木种苗建设	383
助力脱贫攻坚	384
大事记	384

海南省林业 … 385

概 述	385
林业机构改革	386
海南热带雨林国家公园体制试点	386
天然林管护	386
公益林管护	386
苗木产业	387
国家储备林建设	387
湿地保护	387
自然保护地建设	387
造林绿化	387
森林城市建设	387

乡土珍稀树种 387
花卉产业 387
油茶产业 387
椰子产业 388
森林经营先行先试 388
木材经营加工 388
林下经济 388
森林旅游 388
林长制落实 388
野生动植物保护 388
野生动物人工繁育 388
野生动物疫源疫病监测 389
森林防火 389
林业有害生物防治 389
林业行政审批 389
集体林权制度改革 389
林业脱贫攻坚 389
林业会展 389

重庆市林业 390
概　述 390
国土绿化 390
"两岸青山·千里林带"建设 390
成渝地区双城经济圈建设 390
国家储备林建设 390
林地审批 390
林长制改革试点 390
林业改革创新 390
自然保护地人类活动问题整改 391
林业扶贫 391
森林草原资源保护管理 391
林业科技 391
森林火灾事故 391
林地、森林、湿地生态保护和修复 392
野生动植物保护 392
风景名胜区和世界自然遗产 392
大事记 392

四川省林草业 393
概　述 393
美丽四川建设 393
保护地体系建设 393
林草产业 393
林草生态扶贫 393
森林草原防火 393
禁食野生动物 393
林草资源保护 393
林草科技 394
林草重点改革 394
支撑保障 394
自身建设 394

首届数字熊猫节 394
大事记 394

贵州省林业 395
概　述 395
2020年省级领导义务植树活动 396
第四届中国绿化博览会 396
全面推行林长制 396
林下经济 396
特色林业产业 397
国家储备林建设 397
中央环保督察赤水问题整改 397
食用野生动物养殖退出补偿全面完成 397
森林督查和森林保护"六个严禁"执法专项行动 397
大事记 397

云南省林草业 398
概　述 398
2020年全省林业和草原工作会议 399
印发新冠疫情防控工作方案 399
野生动物疫源疫病监测防控 399
边境野生动物资源保护管理 399
阮成发签发2020年森林草原防火命令 399
徐彬到省林草局调研 400
全省森林草原防灭火工作电视电话会议 400
云南启动整治种茶毁林违法违规行为专项行动 400
全省黄脊竹蝗现有发生面积清零 400
2020云南森林生态产品助力脱贫攻坚上海专场推介会 400
全省国土绿化暨退耕还林现场培训 400
七彩云南上海物产节 400
"保护野生动物·构建美丽云南·助力COP15暨2020年云南省野生动物保护和秋冬季候鸟护飞接力宣传活动" 400
云南坚果原产地宣传推介与产销对接会 400
大事记 400

西藏自治区林草业 402
概　述 402
林草资源 402
国土绿化 402
林草资源监管 403
维护生物多样性 403
疫情灾害防控 403
林草精准扶贫 403
生态文化建设 403
林草高质量发展 404
党建工作 404
大事记 404

陕西省林业 404

概　述	404
国土绿化	404
生态富民	405
资源保护	405
保护地建设	405
生态修复	405
生态服务	405
支持保障机制	405
生态文化	405
从严治党	405
陕西省黄河流域生态空间治理十大行动	406
沿黄防护林提质增效和高质量发展工程	406
生态空间治理十大创新行动	406
大事记	406

甘肃省林草业 … **407**

概　述	407
森林城市和森林乡村创建	408
森林资源管理	408
湿地保护修复	408
野生动植物保护	408
退耕还林还草工程	408
天然林保护工程	409
三北防护林建设工程	409
退牧还草工程	409
防沙治沙	409
祁连山国家公园体制试点	409
大熊猫国家公园体制试点	409
完善集体林权制度	410
国有林场改革	410
林果产业	410
林下经济	410
草产业	410
森林旅游	410
种苗培育	410
林草生态扶贫	411
秦安县帮扶	411
林草科技创新	411
林草宣传	411
林草信息化建设	411
林草外事合作	412
林草"放管服"改革	412
林草法治建设	412
森林草原防火	412
林业草原有害生物防治	412
干部队伍建设	412
规划资金管理	412
表彰奖励	413
大事记	413

青海省林草业 … **413**

概　述	413
国家公园建设	413
国土绿化	414
重点生态工程	414
资源保护与管理	414
林草改革	415
林草产业发展	415
林草保障能力	415
生态扶贫	416
队伍建设	416
林草宣传	416
大事记	416

宁夏回族自治区林草业 … **417**

概　述	417
林业草原改革	417
资金规划	417
森林资源管理	417
生态修复	417
自然保护地建设	417
森林草原防火	418
科学技术	418
林业宣传	418
天保工程	418
退耕还林	418
三北防护林工程	418
草原建设	419
湿地保护	419
产业发展	419
枸杞产业	419
林业调查规划	419
林业技术推广	420
林业有害生物防治	420
外援项目管理	420
国有林场和林木种苗管理	420
全区国土绿化工作电视电话会议	421
义务植树宣传活动	421
组织完成《宁夏林业和草原发展"十四五"规划》	421
统筹疫情防控和林草产业发展	421
建立现代枸杞产业高质量发展包抓工作机制	421
关注森林活动组委会成立	421
宁夏林草系统助力打赢脱贫攻坚战	421
山水林田湖草沙综合治理	421
《宁夏建立以国家公园为主体的自然保护地体系实施意见》印发	421
《宁夏天然林保护修复制度实施方案》印发实施	421
林草信息化建设	421
大事记	421

新疆维吾尔自治区林草业 … **422**

概　述	422

生态建设 422
生态保护 423
资源管理 423
产业发展 423
林草改革 423
林草科技 423
林草扶贫 423
林草援疆 424
林草宣传 424
"访惠聚"驻村 424
民族团结 424
自身建设 425
大事记 425

新疆生产建设兵团林草业 425
概 述 425
林业草原承包管理改革 426
林业草原机构改革 426
行政事项承接 426
苗木生产情况 426
森林草原防火 426
野生动植物保护 426
自然保护地和湿地管理 426
林业草原有害生物防治 426
林业草原生态保护修复 426
林业草原征占用审批 427
中国绿化博览会参展 427

林业(和草原)人事劳动

国家林业和草原局(国家公园管理局)领导成员 430

新任局长 430

国家林业和草原局机关各司(局)负责人 430

国家林业和草原局派出机构负责人 431

国家林业和草原局直属单位负责人 432

各省(区、市)林业(和草原)主管部门负责人 434

干部人事工作 437
综 述 437

人才劳资 439
第七批"百千万人才工程"省部级人选 439
2020年国家百千万人才工程人选 439

2020年享受政府特殊津贴人员 439
印发《国家林业和草原局人事司关于完善事业单位高层次人才工资分配激励机制实施办法的通知》 439

国家林业和草原局直属单位

国家林业和草原局机关服务局 442
综 述 442
贯彻落实习近平总书记对制止餐饮浪费行为作出的重要指示精神 442
政务服务中心组建完成并正式运转 442
基础设施维修改造 443
改善机关职工住房条件 443
推进招待所改革 443
对口扶贫 443
建立完善机关事务管理制度 443
节约型机关建设 443
争创模范机关建设 443
安全生产工作 443
资产清查和所办企业股权清理 443

国家林业和草原局经济发展研究中心 443
综 述 443
国家林草局重点工作支撑保障 443
重大理论与政策问题研究 444
成果运用与品牌建设 445
党建与机关建设 446

国家林业和草原局人才开发交流中心 446
综 述 446
新时代林草系统人才服务体系与服务能力建设研究 447
林业工程专业技术资格评审条件修订 447
职称评定 447
公开招聘毕业生 447
毕业生接收 447
干部档案管理 448
人事代理 448
第五期市县林草局长培训示范班 448
2020年国家公派出国留学选派 448
林草行业职业技能鉴定 448
第十五届高技能人才评选推荐申报 448

中国林业科学研究院 448
综 述 448
2020年工作会议 449
森林草原防火电视电话会议 449
江西省副省长陈小平到中国林科院亚林中心调研 449
2020年意识形态工作领导小组会 449

新技术所与竹子中心签署战略合作框架协议 ……… 449
林木遗传育种国家重点实验室管理咨询委员会会议
　……………………………………………………… 450
大型科研仪器开放共享评估考核推进会 ………… 450
"一带一路"生态互联互惠和长江经济带生态保护
　科技协同创新中心工作座谈会 ………………… 450
安全生产工作专题部署会 ………………………… 450
粤港澳大湾区、长三角2个生态保护修复科技协同
　创新中心 ………………………………………… 450
林产化学工业研究所建所60周年纪念活动 ……… 450
国家林草种质资源设施保存库（主库）建设项目
　建议书专家论证会 ……………………………… 450
各实验中心"十四五"期间年森林采伐限额编制成果
　……………………………………………………… 450
2020年国际合作工作会议 ………………………… 450
对外开放系列科普活动 …………………………… 451
乌兰布和沙漠综合治理国家长期科研基地揭牌仪式
　……………………………………………………… 451
与荔波县人民政府签署战略合作协议 …………… 451
竹子中心援卢旺达项目成功入选联合国南南合作
　优秀案例 ………………………………………… 451
国家林草局粤港澳大湾区生态保护修复科技协同
　创新中心成立暨工作推进会 …………………… 451
计划财务管理实务培训班 ………………………… 451
2019~2020年度森林防火经验交流会暨业务培训班
　……………………………………………………… 451
国家林草局草原研究中心创新与发展研讨会 …… 451
与福建农林大学签署深化校校合作　服务林业
　高质量发展框架协议 …………………………… 452
林木遗传育种国家重点实验室第二届学术委员会
　第三次会议 ……………………………………… 452
与大兴安岭林业集团公司签署全面科技合作协议
　……………………………………………………… 452
黄河流域生态保护修复战略研讨会 ……………… 452
第五期青年科技骨干暨青年教师培训班 ………… 452
国家林草局"一带一路"生态互联互惠科技协同
　创新中心2020年度工作交流会 ………………… 452
宝天曼、小浪底2个生态站列入国家野外站择优
　建设名单 ………………………………………… 452
16个林木品种通过局林木良种审定 ……………… 452
26项成果入选国家林草局2020年重点推广林业和
　草原科技成果100项 …………………………… 452
18项成果获第11届梁希林业科学技术奖 ………… 453

国家林业和草原局调查规划设计院 ……… **453**
综　述 ……………………………………………… 453
2020年春季沙尘天气趋势会商 …………………… 454
首届全国生态大数据创新应用大赛 ……………… 454
四项百山祖国家公园设立标准试验成果通过专家
　评审 ……………………………………………… 454
东北监测区2020年森林督查暨森林资源管理
　"一张图"年度更新培训 ………………………… 454

草原调查监测体系构建研讨视频会议 …………… 454
防灾减灾科普宣传 ………………………………… 454
黄河流域平凉市林草生态扶贫建设项目 ………… 454
《全国种苗"十四五"发展规划》专家咨询会 ……… 455
"国家森林资源智慧管理信息支撑平台关键技术与
　应用"项目科技成果评价会 …………………… 455
草原标准初审会议 ………………………………… 455
"草地资源质量监测及专项调查技术标准研究"
　项目实施方案专家评审会 ……………………… 455
2020年春季沙尘天气总结分析会 ………………… 455
国内首次AisaIBIS超光谱仪机载系统挂飞综合试验
　……………………………………………………… 455
欧洲投资银行贷款"内蒙古通辽市科尔沁沙地综合
　治理"项目可行性研究报告获批复 …………… 455
《全国森林资源年度监测评价方案》专家论证会 … 455
"森林和草原火灾风险普查"工作汇报会 ………… 455
《宁夏回族自治区自然保护地整合优化预案》审议
　会议 ……………………………………………… 455
《全国"十四五"珍稀林木培育项目建设规划》和
　《全国珍稀树种培育指南（试行）》提纲专家
　咨询会 …………………………………………… 455
《2019年全国草原监测报告》会商会 ……………… 456
全国省级自然保护地整合优化预案审核工作全面
　启动 ……………………………………………… 456
与中铁二十三局集团有限公司签署战略合作框架协议
　……………………………………………………… 456
《钱江源国家公园综合监测体系专项规划》专家
　评审会 …………………………………………… 456
《全国森林防火规划（2016~2025年）》中期评估
　工作启动会 ……………………………………… 456
国家创新联盟成立大会 …………………………… 456
《林业应对气候变化长期目标和对策研究》专家
　评审会 …………………………………………… 456
获2020年国际风景园林师联合会亚非中东地区
　杰出奖 …………………………………………… 456
规划院与广西罗城教育党工委党建助学签约仪式
　……………………………………………………… 456
《中国森林可持续管理提高森林应对气候变化能力
　项目》监测评价系统建设验收会 ……………… 456
《重点林区"十四五"期间年采伐限额编制成果》
　专家论证会 ……………………………………… 456
2020年测绘科学技术一等奖 ……………………… 456
2020年度优秀地图作品裴秀奖金奖 ……………… 456
全国营造林标准化技术委员会2020年年会暨标准
　审定会 …………………………………………… 456
与黑龙江省林草局签署战略合作框架协议 ……… 456
四项国家森林城市建设总体规划通过评审 ……… 456
自然保护地整合优化省级预案审核成果第一轮会商
　……………………………………………………… 457
第二届全国湿地保护标准化技术委员会成立大会
　暨2020年年会 …………………………………… 457
《百山祖园区生态保护与修复专项规划（2020~

2025年)》专家评审会 ……………………… 457
获"我所经历的脱贫攻坚故事"二等奖 ………… 457
《三北工程总体规划(修编)》和《三北六期工程规划
　(2021~2035年)》专家咨询会 ……………… 457
草原标准化技术委员会2020年度工作会议暨草原
　标准审查会 …………………………………… 457
国家公园与自然遗产保护国际研讨会 ………… 457
新时代三北工程发展战略专家座谈会 ………… 457
中国林业工程建设协会工程标准化专业委员会年度
　工作会议暨团体标准研讨会 ………………… 457
全国自然保护地整合优化前期工作总结交流会 … 457

国家林业和草原局林产工业规划设计院 …… 458
综　述 …………………………………………… 458
打赢新冠疫情阻击战 …………………………… 458
经营业绩发展 …………………………………… 458
服务林业草原中心工作 ………………………… 458
创新咨询设计成果评优模式 …………………… 458
助力巩固脱贫成果 ……………………………… 458
设计院2019年度院领导班子年度考核大会 …… 458
设计院2020年度工作会议暨全面从严治党会议 … 458
《山西太宽河国家级自然保护区总体规划(2019~
　2028年)》获国家林草局批复 ………………… 459
2020年森林督查暨森林资源管理"一张图"年度
　更新工作线上技术培训 ……………………… 459
国家林业和草原局国家公园建设咨询研究中心
　正式获批成立 ………………………………… 459
参与编写的两部电子证照标准通过专家评审 … 459
设计院2020年保密工作会议 …………………… 459
国家级风景名胜区详规评审会 ………………… 459
设计院院长带队赴贵州荔波开展扶贫调研 …… 459
《林业产业发展"十四五"规划》编制情况汇报 … 459
通过2020年度"三标"管理体系审核 …………… 459
2020年度设计院优秀工程咨询设计成果评选 … 459
中国园林工程公司与高地建筑装饰工程公司完成
　合并 …………………………………………… 459
2020年设计院新一轮退耕还林工程国家级检查
　验收工作启动会暨工作培训会 ……………… 459
呼伦贝尔国家公园阶段性工作总结会 ………… 459
信息化协同管理平台建设沟通交流会 ………… 460
设计院2020年上半年经营分析通报会 ………… 460
宪法宣誓仪式 …………………………………… 460
赴西藏开展藏羚羊研究保护中心项目推进工作 … 460
中国林业工程建设协会专业委员会职务调整 … 460
与绥化市人民政府签订战略合作协议 ………… 460
青年员工在2020年全国林业和草原科普讲解大赛
　中获奖 ………………………………………… 460
喜获4项软件著作权证书 ……………………… 460
与中化明达控股集团有限公司签订战略合作协议
　 ………………………………………………… 460
参加国家草原自然公园试点建设工作研讨会 … 460
与蒙树生态建设集团有限公司签订战略合作协议
　 ………………………………………………… 460
参加林草改革发展政策培训班产业组研讨会 … 460
赴大兴安岭林业集团公司开展调研 …………… 460
编制的《国家公园监测指标与监测技术体系(试行)》
　正式发布 ……………………………………… 460
与成都市公园城市建设管理局召开合作座谈会 … 461
拉甲文化广场建设项目开工 …………………… 461
2020年前三季度经营分析会 …………………… 461
与中国绿化基金会召开合作座谈会 …………… 461
与河北承德市人民政府签订战略合作协议 …… 461
与北交所召开合作座谈会 ……………………… 461
《林产工业》期刊影响力提高 …………………… 461
2018~2019年度全国林业优秀工程勘察设计成果
　评审会 ………………………………………… 461
与黑龙江林草局签订战略合作协议 …………… 461
中国林产工业协会香精香料分会成立大会暨第一届
　香精香料产业链高峰论坛 …………………… 461
赴内蒙古二连浩特市开展林草工作调研 ……… 461
《林草产业发展"十四五"规划》项目专家咨询会 … 461
与新疆生产建设兵团第十三师签订战略合作协议
　 ………………………………………………… 462
2020年第三届中国(沭阳)无醛人造板及其制品产
　业发展高峰论坛 ……………………………… 462
赴河池开展林业发展"十四五"规划调研工作 … 462
与广西河池市人民政府签订战略合作框架协议 … 462
汇报监测区2020年森林督查暨森林资源管理"一
　张图"年度更新成果 ………………………… 462
编制的《森林洛阳生态建设规划(2018~2027年)》
　正式印发 ……………………………………… 462
大事记 …………………………………………… 462

国家林业和草原局管理干部学院 …………… 463
综　述 …………………………………………… 463
干部教育培训工作 ……………………………… 463
党校教育 ………………………………………… 463
研究咨询 ………………………………………… 463
精准扶贫 ………………………………………… 463
合作办学 ………………………………………… 463
人才队伍建设 …………………………………… 463
2020年学院工作会议 …………………………… 463
学院新冠肺炎疫情防控工作领导小组 ………… 464
学院新冠肺炎疫情常态化防控工作方案 ……… 464
学院干部职工大会 ……………………………… 464
国家林草局意识形态工作专题培训班 ………… 464
干部职工代表建言献策座谈会 ………………… 464
国家林草局2020年公务员在职培训班 ………… 464
国家林草局2020年年轻干部培训班 …………… 464
学院宪法宣誓仪式 ……………………………… 464
十九届五中全会精神专题辅导报告会 ………… 464
国家林草局第十一期司局级干部任职培训班 … 464
"生态文明大讲堂"第十七讲 …………………… 465
与黑龙江省林业和草原局签署战略合作协议 … 465

自然资源部司局级干部学习贯彻十九届五中全会
　　精神培训班(两期)⋯⋯⋯⋯⋯⋯⋯⋯⋯⋯ 465
全国森林草原防火规划和项目建设培训班⋯⋯⋯⋯ 465
国家林草原局党组第三巡视组巡视管理干部学院
　　党委工作动员会 ⋯⋯⋯⋯⋯⋯⋯⋯⋯⋯⋯⋯ 465
学院警示教育大会 ⋯⋯⋯⋯⋯⋯⋯⋯⋯⋯⋯⋯ 465

国际竹藤中心 ⋯⋯⋯⋯⋯⋯⋯⋯⋯⋯⋯⋯⋯ 465
综　述 ⋯⋯⋯⋯⋯⋯⋯⋯⋯⋯⋯⋯⋯⋯⋯⋯ 465
发布《竹林生产经营问答手册》《应对疫情竹材使用
　　技术》 ⋯⋯⋯⋯⋯⋯⋯⋯⋯⋯⋯⋯⋯⋯⋯⋯ 466
竹藤花卉航天育种试验顺利完成 ⋯⋯⋯⋯⋯⋯⋯ 466
竹产业专题纪录片《绿竹神气》《竹海金山》《竹林
　　新语》开播 ⋯⋯⋯⋯⋯⋯⋯⋯⋯⋯⋯⋯⋯⋯ 467
"竹资源高效培育关键技术"项目获得国家科技进步
　　奖二等奖 ⋯⋯⋯⋯⋯⋯⋯⋯⋯⋯⋯⋯⋯⋯⋯ 467
江泽慧实地调研 2021 年扬州世园会筹建工作 ⋯⋯ 467
科学研究与学术交流 ⋯⋯⋯⋯⋯⋯⋯⋯⋯⋯⋯ 467
中加竹藤科学与技术联合实验室首届学术交流会
　　⋯⋯⋯⋯⋯⋯⋯⋯⋯⋯⋯⋯⋯⋯⋯⋯⋯⋯⋯ 468
产业发展 ⋯⋯⋯⋯⋯⋯⋯⋯⋯⋯⋯⋯⋯⋯⋯⋯ 468
扶贫工作 ⋯⋯⋯⋯⋯⋯⋯⋯⋯⋯⋯⋯⋯⋯⋯⋯ 469
竹藤标准化 ⋯⋯⋯⋯⋯⋯⋯⋯⋯⋯⋯⋯⋯⋯⋯ 469
创新平台建设 ⋯⋯⋯⋯⋯⋯⋯⋯⋯⋯⋯⋯⋯⋯ 470
研究生教育 ⋯⋯⋯⋯⋯⋯⋯⋯⋯⋯⋯⋯⋯⋯⋯ 470
重要会议和活动 ⋯⋯⋯⋯⋯⋯⋯⋯⋯⋯⋯⋯⋯ 471
大事记 ⋯⋯⋯⋯⋯⋯⋯⋯⋯⋯⋯⋯⋯⋯⋯⋯⋯ 471

国家林业和草原局森林和草原病虫害防治总站
　　⋯⋯⋯⋯⋯⋯⋯⋯⋯⋯⋯⋯⋯⋯⋯⋯⋯⋯⋯ 472
综　述 ⋯⋯⋯⋯⋯⋯⋯⋯⋯⋯⋯⋯⋯⋯⋯⋯ 472
林业有害生物发生 ⋯⋯⋯⋯⋯⋯⋯⋯⋯⋯⋯⋯ 472
林业有害生物防治 ⋯⋯⋯⋯⋯⋯⋯⋯⋯⋯⋯⋯ 473
草原有害生物防治 ⋯⋯⋯⋯⋯⋯⋯⋯⋯⋯⋯⋯ 473
疫源疫病监测 ⋯⋯⋯⋯⋯⋯⋯⋯⋯⋯⋯⋯⋯⋯ 474
大事记 ⋯⋯⋯⋯⋯⋯⋯⋯⋯⋯⋯⋯⋯⋯⋯⋯⋯ 474

国家林业和草原局华东调查规划设计院 ⋯⋯⋯ 474
综　述 ⋯⋯⋯⋯⋯⋯⋯⋯⋯⋯⋯⋯⋯⋯⋯⋯ 474
资源监测 ⋯⋯⋯⋯⋯⋯⋯⋯⋯⋯⋯⋯⋯⋯⋯⋯ 474
特色业务品牌 ⋯⋯⋯⋯⋯⋯⋯⋯⋯⋯⋯⋯⋯⋯ 475
落实全面从严治党 ⋯⋯⋯⋯⋯⋯⋯⋯⋯⋯⋯⋯ 475
创建省级文明单位 ⋯⋯⋯⋯⋯⋯⋯⋯⋯⋯⋯⋯ 475
廉政作风建设 ⋯⋯⋯⋯⋯⋯⋯⋯⋯⋯⋯⋯⋯⋯ 476
疫情防控 ⋯⋯⋯⋯⋯⋯⋯⋯⋯⋯⋯⋯⋯⋯⋯⋯ 476
定点扶贫 ⋯⋯⋯⋯⋯⋯⋯⋯⋯⋯⋯⋯⋯⋯⋯⋯ 476
内控管理制度 ⋯⋯⋯⋯⋯⋯⋯⋯⋯⋯⋯⋯⋯⋯ 476
人才队伍建设 ⋯⋯⋯⋯⋯⋯⋯⋯⋯⋯⋯⋯⋯⋯ 476
对外合作 ⋯⋯⋯⋯⋯⋯⋯⋯⋯⋯⋯⋯⋯⋯⋯⋯ 476
成果资质管理 ⋯⋯⋯⋯⋯⋯⋯⋯⋯⋯⋯⋯⋯⋯ 476
后勤群团工作 ⋯⋯⋯⋯⋯⋯⋯⋯⋯⋯⋯⋯⋯⋯ 476
大事记 ⋯⋯⋯⋯⋯⋯⋯⋯⋯⋯⋯⋯⋯⋯⋯⋯⋯ 476

国家林业和草原局中南调查规划设计院 ⋯⋯⋯ 476
综　述 ⋯⋯⋯⋯⋯⋯⋯⋯⋯⋯⋯⋯⋯⋯⋯⋯ 476
资源监测 ⋯⋯⋯⋯⋯⋯⋯⋯⋯⋯⋯⋯⋯⋯⋯⋯ 476
服务地方林草建设 ⋯⋯⋯⋯⋯⋯⋯⋯⋯⋯⋯⋯ 477
技术创新与科技成果 ⋯⋯⋯⋯⋯⋯⋯⋯⋯⋯⋯ 477
政治思想和党风廉政建设 ⋯⋯⋯⋯⋯⋯⋯⋯⋯ 477
精神文明建设 ⋯⋯⋯⋯⋯⋯⋯⋯⋯⋯⋯⋯⋯⋯ 477
深化改革和人才队伍建设 ⋯⋯⋯⋯⋯⋯⋯⋯⋯ 478
对外交流与合作 ⋯⋯⋯⋯⋯⋯⋯⋯⋯⋯⋯⋯⋯ 478
内部管理和基础建设 ⋯⋯⋯⋯⋯⋯⋯⋯⋯⋯⋯ 478
抗击新冠肺炎疫情 ⋯⋯⋯⋯⋯⋯⋯⋯⋯⋯⋯⋯ 478
大事记 ⋯⋯⋯⋯⋯⋯⋯⋯⋯⋯⋯⋯⋯⋯⋯⋯⋯ 478

国家林业和草原局西北调查规划设计院 ⋯⋯⋯ 478
综　述 ⋯⋯⋯⋯⋯⋯⋯⋯⋯⋯⋯⋯⋯⋯⋯⋯ 478
资源监测 ⋯⋯⋯⋯⋯⋯⋯⋯⋯⋯⋯⋯⋯⋯⋯⋯ 478
服务地方林草建设 ⋯⋯⋯⋯⋯⋯⋯⋯⋯⋯⋯⋯ 479
党风廉政建设 ⋯⋯⋯⋯⋯⋯⋯⋯⋯⋯⋯⋯⋯⋯ 479
扶贫工作 ⋯⋯⋯⋯⋯⋯⋯⋯⋯⋯⋯⋯⋯⋯⋯⋯ 479
人才培养和队伍建设 ⋯⋯⋯⋯⋯⋯⋯⋯⋯⋯⋯ 479
获奖成果 ⋯⋯⋯⋯⋯⋯⋯⋯⋯⋯⋯⋯⋯⋯⋯⋯ 480
科技创新 ⋯⋯⋯⋯⋯⋯⋯⋯⋯⋯⋯⋯⋯⋯⋯⋯ 480
大事记 ⋯⋯⋯⋯⋯⋯⋯⋯⋯⋯⋯⋯⋯⋯⋯⋯⋯ 480

国家林业和草原局昆明勘察设计院 ⋯⋯⋯⋯⋯ 481
综　述 ⋯⋯⋯⋯⋯⋯⋯⋯⋯⋯⋯⋯⋯⋯⋯⋯ 481
森林资源管理 ⋯⋯⋯⋯⋯⋯⋯⋯⋯⋯⋯⋯⋯⋯ 481
森林资源监测(调查、验收、核查、检查) ⋯⋯⋯⋯ 481
国家公园规划与研究 ⋯⋯⋯⋯⋯⋯⋯⋯⋯⋯⋯ 481
亚洲象研究 ⋯⋯⋯⋯⋯⋯⋯⋯⋯⋯⋯⋯⋯⋯⋯ 482
草原监测体系构建及自然公园建设管理研究 ⋯⋯ 482
湿地监测与审核 ⋯⋯⋯⋯⋯⋯⋯⋯⋯⋯⋯⋯⋯ 482
林业工程标准编制 ⋯⋯⋯⋯⋯⋯⋯⋯⋯⋯⋯⋯ 482
《林业建设》期刊编辑出版发行 ⋯⋯⋯⋯⋯⋯⋯⋯ 482
服务林业生态建设 ⋯⋯⋯⋯⋯⋯⋯⋯⋯⋯⋯⋯ 482
服务社会 ⋯⋯⋯⋯⋯⋯⋯⋯⋯⋯⋯⋯⋯⋯⋯⋯ 482
职工队伍建设 ⋯⋯⋯⋯⋯⋯⋯⋯⋯⋯⋯⋯⋯⋯ 482
质量技术管理 ⋯⋯⋯⋯⋯⋯⋯⋯⋯⋯⋯⋯⋯⋯ 482
学术交流及科研 ⋯⋯⋯⋯⋯⋯⋯⋯⋯⋯⋯⋯⋯ 483
思想政治工作 ⋯⋯⋯⋯⋯⋯⋯⋯⋯⋯⋯⋯⋯⋯ 483
精神文明建设 ⋯⋯⋯⋯⋯⋯⋯⋯⋯⋯⋯⋯⋯⋯ 483
大事记 ⋯⋯⋯⋯⋯⋯⋯⋯⋯⋯⋯⋯⋯⋯⋯⋯⋯ 483

中国大熊猫保护研究中心 ⋯⋯⋯⋯⋯⋯⋯⋯⋯ 483
综　述 ⋯⋯⋯⋯⋯⋯⋯⋯⋯⋯⋯⋯⋯⋯⋯⋯ 483
干部大会 ⋯⋯⋯⋯⋯⋯⋯⋯⋯⋯⋯⋯⋯⋯⋯⋯ 484
各基地疫情期间限流开放 ⋯⋯⋯⋯⋯⋯⋯⋯⋯ 484
香港海洋公园两只大熊猫首次成功自然交配 ⋯⋯ 484
旅荷大熊猫"武雯"产仔 ⋯⋯⋯⋯⋯⋯⋯⋯⋯⋯ 484

荣　誉 484
岷山濒危野生动植物保护生物学国家长期科研基地挂牌 484
"大熊猫野化放归突破关键技术"入选2019年度中国生态环境十大科技进展 484
与阿坝州人民政府签订战略合作协议 484
2020年国内第一只熊猫幼仔诞生 484
庆祝建党99周年系列活动 484
第十四届大熊猫"团团""圆圆"故乡行启动仪式暨两岸粉丝共庆"圆仔"生日系列活动 484
旅韩大熊猫初产仔 484
抗击"8·17"山洪泥石流自然灾害 484
"熊猫课堂·开学第一课"开讲 485
2019级熊猫宝宝集体生日会 485
赴广西罗城县开展定点帮扶活动 485
健全制度建设 485
大熊猫"钢镚儿""田田"通过野化放归专家论证 485

四川卧龙国家级自然保护区管理局 485
综　述 485
生态建设 485
科学研究 485
生态旅游 486
疫情防控 486
宣传交流 486
脱贫攻坚 486
抗洪救灾 486
森林草原防灭火 487
大事记 487

国家林业和草原局驻各地森林资源监督专员办事处工作

内蒙古专员办(濒管办)工作 490
综　述 490
林草重点工作摸底调查 490
重点区域专项整治 490
案件督查督办 490
督办中央环保督察转交案件 490
森林督查 490
保护发展森林资源目标责任制建设和执行情况检查 490
林地监管 490
林木采伐监管 490
森林经营方案试点监管 490
退耕还林还草还湿试点工作监管 490
重点国有林区造林质量监管 490
参与"十四五"采伐限额编制 491
野生动植物监管 491
草原监管 491
自然保护地监管 491
湿地监管 491
森林草原防火督查 491
大事记 491

长春专员办(濒管办)工作 492
综　述 492
两项试点评估验收 492
健全完善工作机制 492
自然资源资产摸底调查 492
有偿使用和特许经营 492
生态系统保护 492
项目资金监管和规划编制 492
宣传交流 492
林草资源监督 493
濒危物种进出口管理 493
大事记 493

黑龙江专员办(濒管办)工作 495
综　述 495
督查督办毁林案件 495
森林资源监管 495
目标责任制监管 495
依法履约行政许可 495
机关作风建设 495
机关党的建设 495
大事记 495

大兴安岭专员办工作 496
综　述 496
林业案件督办 496
林地利用监管 496
森林资源督查 496
禁食野生动物督查 496
森林防火督查 496
森林培育监督 497
保护地监督 497
林木采伐许可 497
摸底调查 497
调查研究 497
建言献策 497
普法宣传 497
监督范围调整 497
新冠肺炎疫情防控 497
监督报告和通报 497
大事记 497

成都专员办(濒管办)工作 498
综　述 498
森林资源监督 498
濒危物种进出口管理 498
贯彻落实全国人大决定 498

大熊猫国家公园体制试点建设 …………… 498
大事记 …………………………………… 499

云南专员办（濒管办）工作 499
综　述 …………………………………… 499
督查督办涉林案件 ……………………… 499
完成森林资源监督报告 ………………… 500
占用征收林地行政许可检查 …………… 500
保护地检查 ……………………………… 500
森林草原防灭火督查 …………………… 500
与检察机关密切配合 …………………… 500
野生动物管控检查及禁食野生动物后续工作 …… 500
候鸟迁徙安全防控检查 ………………… 500
履行进出口行政许可职责 ……………… 500
进口种源野生动物检查 ………………… 500
国际履约宣传 …………………………… 500
督办猎捕野生动物和乱采滥挖炫耀销售兰花案件
　………………………………………… 500
配合云南省人民政府召开生物多样性日新闻发布会
　………………………………………… 501
新冠肺炎疫情常态化防控 ……………… 501
基层党建和机关建设 …………………… 501
大事记 …………………………………… 501

福州专员办（濒管办）工作 502
综　述 …………………………………… 502
督查督办涉林违法案件 ………………… 502
中央环保督察组转交信访件的核实和督办 … 502
建设项目使用林地行政许可监督检查 … 502
森林督查重点剖析检查 ………………… 502
监督区重点工作摸底调查 ……………… 502
重点区域松材线虫病蹲点暗访工作 …… 502
破解公益林保护与林农利益关系的矛盾 … 502
野生动物管控督导 ……………………… 502
禁食野生动物后续工作督导 …………… 502
服务地方进出口企业和产业复工复产 … 503
口岸安全风险联合防控工作 …………… 503
宣传培训工作 …………………………… 503
完善制度建设 …………………………… 503
大事记 …………………………………… 503

西安专员办（濒管办）工作 504
综　述 …………………………………… 504
祁连山国家公园试点 …………………… 504
林草资源监督 …………………………… 504
森林资源监督报告 ……………………… 504
野生动植物监管 ………………………… 505
林草防灭火督查 ………………………… 505
松材线虫病监测 ………………………… 505
重点工作调研 …………………………… 505
疫情防控 ………………………………… 505
脱贫攻坚 ………………………………… 505
大事记 …………………………………… 505

武汉专员办（濒管办）工作 505
综　述 …………………………………… 505
疫情防控 ………………………………… 505
案件督查督办 …………………………… 505
森林资源监督网格化管理 ……………… 505
专项检查 ………………………………… 506
专题调研 ………………………………… 506
森林督查 ………………………………… 506
编制森林资源监督报告 ………………… 506
濒危物种管理工作 ……………………… 506
森林防火督查 …………………………… 506
督导禁食野生动物 ……………………… 506
有害生物防治 …………………………… 506
宣传教育 ………………………………… 506
从严治党 ………………………………… 506
大事记 …………………………………… 506

贵阳专员办（濒管办）工作 507
综　述 …………………………………… 507
完成国家林业和草原局部署的重大工作事项 …… 507
2019年度森林资源监督报告和专报 …… 507
案件督查督办 …………………………… 507
森林督查 ………………………………… 507
专项督查检查 …………………………… 507
野生动物封控和退出转产后续工作 …… 508
改进物种管理工作 ……………………… 508
野生动植物保护监督 …………………… 508
资源保护宣传 …………………………… 508
连续6年被贵州省表彰为森林保护"六个严禁"执法
　专项行动优秀集体 …………………… 508
大事记 …………………………………… 509

广州专员办（濒管办）工作 509
综　述 …………………………………… 509
机关党建工作 …………………………… 509
野生动植物保护管理监督检查 ………… 509
森林督查 ………………………………… 509
涉林违法案件督查督办 ………………… 510
濒危物种进出口行政许可证书核发 …… 510
创新工作机制 …………………………… 510
工作调研 ………………………………… 510
大事记 …………………………………… 510

合肥专员办（濒管办）工作 511
综　述 …………………………………… 511
新冠肺炎疫情防控 ……………………… 511
森林资源监督管理 ……………………… 511
濒危物种进出口管理 …………………… 512

| 机关两建 | 512 |
| 大事记 | 512 |

乌鲁木齐专员办（濒管办）工作 513
综　述 513
机关党建 513
林草资源监督 513
野生动植物保护与履约 513
新冠肺炎疫情防控 514
驻村与民族团结 514
大事记 514

上海专员办（濒管办）工作 515
综　述 515
机关党的建设 515
森林资源监督管理 515
濒危物种进出口管理 515
大事记 515

北京专员办（濒管办）工作 516
综　述 516
督查督办林业案件 516
探索监督贯通协调机制 517
约谈问责 517
野生动物保护监督 517
濒危物种进出口管理 517
森林资源专项督查 517
森林资源摸底调查 517
林长制试点 517
机关党的建设 517
制度建设 517
干部队伍建设 518
大事记 518

林草社会团体

中国绿化基金会 520
综　述 520
募集医用物资 520
"生态中国湿地保护示范单位"活动 520
"一带一路"生态修复罗云熙基金专项 520
公益直播 520
"中国绿色版图工程"雄安公益植树活动 520
两岸共种同根树活动 520
中国绿化基金会成立35周年活动 521
幸福家园项目 521
"百万森林计划"项目 521
自然中国项目 521
"蚂蚁森林"公益造林项目 521
全民义务植树"蚂蚁森林"合作造林项目 521
"互联网+全民义务植树" 522
"一带一路"胡杨林生态修复计划 522
为生命呐喊——亚洲象保护行动 522
自然教育探访活动 522
武汉抗疫纪念林植树活动 522
参加联合国人权理事会"社会组织对国际发展事业
　的贡献"网络视频边会 522
国际合作——多哥生态校园项目 522

中国绿色碳汇基金会 522
综　述 522
疫情防控 522
筹资与项目实施 522
宣传与传播 523
党建及其他 523

中国生态文化协会 523
综　述 523
理论研究 523
品牌创建 524
自身建设 525
其他工作 525

中国治沙暨沙业学会 525
综　述 525
学会建设 525
学术交流 525
技术推广 526
科普宣传 526
抗击新冠肺炎疫情 526

中国林业文学艺术工作者联合会 526
综　述 526
制度建设 526
创作推出精品 526
开办网络栏目 526
争创文化品牌 527
提高《生态文化》杂志质量效益 527
中国林业生态作家协会文学创作成果 527

中国林业职工思想政治工作研究会 527
综　述 527

中国林学会 528
综　述 528
第十六届中国竹业学术大会 530
2020年全国桉树产业发展暨学术研讨会 530

中国野生动物保护协会 531
综　述 531
疫情防控工作 531
积极参与林业草原生态扶贫 531

2019~2020年全国越冬鹤类种群同步调查工作 …… 532
"世界野生动植物日"系列公益宣传活动 ………… 532
出版《让孩子体验自然之美——自然教育活动手册》
　………………………………………………………… 532
全国"爱鸟周"系列宣传活动 …………………… 532
2020年保护候鸟志愿者"护飞行动" …………… 532
中国野生动物保护专题展 ……………………… 532
播出《天是鹤家乡——中国九种鹤的影像志》 … 532
野生动物生物安全科普宣教活动 ……………… 532
麋鹿、普氏野马野化放归专项 ………………… 532
出版《美丽家乡——黄河口》和《我爱我家——白头
　叶猴在崇左》 …………………………………… 532
旅美大熊猫产仔 ………………………………… 533
勐海亚洲象隔离种群转移安置专项 …………… 533
"2020年全国科普日"系列活动 ………………… 533
自然体验培训师培训班 ………………………… 533
2020年中国鹤类及栖息地保护学术研讨会 …… 533
万类霜天竞自由——中国野生动物保护摄影展 … 533
打击网络野生动植物非法贸易互联网企业联盟
　2020交流活动 ………………………………… 533
"国际雪豹日"宣传活动 ………………………… 533
协会科学考察委员会第二届委员代表大会 …… 533
"保护野生动物宣传月"活动 …………………… 533
"2020野生动植物卫士行动暨第七届野生动植物
　卫士奖"颁奖典礼 ……………………………… 533
麝类保护繁育与利用国家创新联盟 …………… 534
与美国史密桑宁国家动物园及日本东京都开展
　大熊猫保护研究延期合作 …………………… 534
协会国家公园及自然保护地委员会2020年年会 … 534

中国林业教育学会 ……………………………… 534
综　述 …………………………………………… 534
组织工作 ………………………………………… 534
学术研究 ………………………………………… 534
第四届全国林业院校校长论坛 ………………… 534
"科技装扮绿水青山　创新助力乡村振兴"十校两院
　大学生科技调研活动 ………………………… 534
在线教学互学互鉴活动 ………………………… 534
"共读生态好书　同护绿水青山"大学生线上读书月
　活动 …………………………………………… 535
出版刊物 ………………………………………… 535
分会特色工作 …………………………………… 535

中国花卉协会 …………………………………… 535
综　述 …………………………………………… 535
《全国花卉业发展规划（2021—2035年）》编制基本
　完成 …………………………………………… 535
"中国花卉创新发展中心"正式成立 …………… 535
公布第二批国家花卉种质资源库名单 ………… 535
完成《2020全国花卉产销形势分析报告》编写工作
　………………………………………………… 536

完成《2019中国花卉产业发展报告》编制 ……… 536
完成《2019年我国花卉进出口数据分析报告》编制
　………………………………………………… 536
开展2019年全国花卉产业数据统计 …………… 536
出版《2019世界花艺大赛专辑》 ………………… 536
助力脱贫攻坚 …………………………………… 536
推进花卉标准工作 ……………………………… 536
树立典型示范 …………………………………… 536
筹备第十届中国花卉博览会 …………………… 536
筹备2021年扬州世界园艺博览会（B类） ……… 536
成功申办2024成都世界园艺博览会（B类） …… 536
筹备中国参展2022年荷兰阿尔梅勒世园会（A1类）
　………………………………………………… 536
举办第22届中国国际花卉园艺展览会 ………… 536
分支机构举办多项全国性专业展会 …………… 536
信息化建设 ……………………………………… 536
野生植物保护宣传工作 ………………………… 537
国际交流合作 …………………………………… 537
党建工作 ………………………………………… 537
推进协会脱钩 …………………………………… 537
加快会员发展进度 ……………………………… 537
完成分会换届工作 ……………………………… 537

中国林业产业联合会 …………………………… 537
综　述 …………………………………………… 537
第13届中国义乌国际森林产品博览会 ………… 539
第二届红木家具产业发展论坛 ………………… 540
第三届中国（东阳）香文化论坛 ………………… 540
第四届海南国际健康产业博览会暨第五届中国森林
　康养产业发展大会 …………………………… 540
中国林业产业联合会林下经济产业分会成立 … 540
首届全国林草健康产业高峰论坛 ……………… 540
中国林产工业协会第五届理事会第六次会议暨
　第四届中国林产工业创新大会 ……………… 541

中国林业工程建设协会 ………………………… 541
综　述 …………………………………………… 541
党建工作 ………………………………………… 541
抗击疫情 ………………………………………… 541
资质管理 ………………………………………… 541
提高行业工程建设质量，宣传行业优秀成果 … 541
管理人员和技术人员培训 ……………………… 541
专业委员会作用 ………………………………… 542

中国水土保持学会 ……………………………… 542
综　述 …………………………………………… 542
党建工作 ………………………………………… 542
学会建设 ………………………………………… 542
国际学术交流 …………………………………… 542
国内学术交流 …………………………………… 543
学术期刊 ………………………………………… 543

科普工作 … 543
服务创新型国家和社会建设 … 543
评优表彰与举荐人才 … 543
会员服务 … 543
继续教育培训 … 543

中国林场协会 … 544
综　述 … 544
抗击新冠肺炎疫情 … 544
2020年理事会 … 544
全国十佳林场推选 … 544
全国国有林场信息员培训班 … 544
片区年会 … 544
林场宣传 … 544
场级干部异地挂职锻炼 … 544
协会脱钩 … 544

林草大事记

2020年中国林草大事记 … 546

附　录

国家林业和草原局各司(局)和直属单位等
　全称简称对照 … 553

书中部分单位、词汇全称简称对照 … 554

书中部分国际组织中英文对照 … 554

附表索引

索　引

CONTENTS

Specials ... 1
Important Expositions of the Director of the National Forestry and Grassland Administration ... 2
Important Laws and Documents ... 4
Announcement of the National Forestry and Grassland Administration ... 19

Overview of China's Forestry and Grassland Sector ... 71
China's Forestry and Grassland Sector in 2020 ... 72

Key Forestry and Grassland Programs ... 75
The Natural Forest Resources Conservation Program ... 76
The Program for Conversion of Slope Farmland to Forests and Grasslands ... 78
The Program on Sandification Control for Areas in the Vicinity of Beijing and Tianjin ... 79
The Three Key North Shelterbelt Development Program ... 80
Shelterbelt Development Program in the Yangtze River Basin and Other River Basins ... 82
National Reserve Forest Base Construction Program ... 82
Returning Grazing to Grassland Program ... 83
Forestry Schistosomiasis Control Program ... 83
Rocky Desertification Control Program ... 83

Forest and Grassland Cultivation ... 85
Forest and Grassland Seed and Seedling Production ... 86
Forest Tending Work ... 88
Forestry Biomass Energy ... 89

Forest Resource Management and Supervision ... 91
Reform of Forest Chief Scheme ... 92
Forest Resource Protection Management ... 93
Forest Resource Monitoring ... 95
Forest Management ... 96
Forest Harvest Management ... 97
Forestland Management ... 99
Forest Resource Supervision and Administrative Enforcement ... 101

Forest Resource Conservation ... 103
Forest Pest Prevention and Treatment ... 104
Wildlife Conservation ... 104

Grassland Resource Management ... 111
Grassland Monitoring ... 112
Grassland Resource Protection ... 112
Grassland Restoration ... 113

Construction of Legal System in Grassland ································· 113
Review and Approval of Grassland Acquisition and Occupation ················· 113

Wetland Conservation and Management ································· 115
Wetland Conservation ·· 116

Desertification Prevention and Control ································· 119
Sandification Prevention and Control ·· 120

Nature Reserve Management ·· 123
Construction and Development ··· 124
Legislative Supervision ··· 124
Biodiversity Protection and Monitoring ···································· 125
Cooperation and Exchange ··· 125
Publicity and Education ·· 126
Management of Nature Reserves ·· 126
Management of Nature Parks ··· 127
World Natural Heritage / World Cultural and Natural Heritage ·············· 128
Global Geoparks ·· 128
Pilot Establishment of National Park System ······························ 128

Forestry Ecological Development ·· 131
Land Greening ·· 132
Protection of Ancient and Famous Trees ··································· 133
Construction and Management of Forest Parks ······························ 134
Forest City Construction ··· 135
Response of Forestry and Grassland to Climatic Change ···················· 135

Forestry and Grassland Reform ·· 139
Reform of Key State-owned Forest Regions ································· 140
Reform of State-owned Forest Farms ······································· 141
Collective Forest Tenure Reform ·· 143
Reform of Grassland ·· 143

Forestry and Grassland Industry ·· 145
Development of Forestry and Grassland Industry ··························· 146
Forest Tourism ··· 148
Grassland Tourism ·· 149
Bamboo, Rattan and Flower Industry ······································· 149

Forest and Grassland Fire Prevention ······································· 151
Forest and Grassland Fire Prevention Work ································ 152

Improvement of Forestry and Grassland Laws and Systems ····················· 157
Forestry and Grassland Legislation ······································· 158
Forestry and Grassland Law Enforcement ··································· 158
Reform of Forestry and Grassland Administrative Examination and Approval ···· 160

Forestry and Grassland Science and Technology ... 161
Forestry and Grassland Sci-tech Development ... 162
Forestry and Grassland Sci-tech Innovation ... 162
Forestry and Grassland Sci-tech Extension ... 168
Popularization of Forestry and Grassland Scientific Knowledge ... 170
Standardization of Forestry and Grassland ... 170
Forestry and Grassland Intellectual Property Protection ... 174
Protection of New Varieties of Plants ... 177
Forestry and Grassland Bio-safety Management ... 179
Protection and Management of Forestry and Grassland Genetic Resources ... 179
Forest Certification ... 180
Introduction of Forestry and Grassland Intelligence ... 180

Forestry and Grassland Opening-up ... 181
Important Foreign Affair Events ... 182
International Exchanges and Cooperation of Economy and Trade ... 182
Important International Conferences ... 183
International Cooperation Project ... 184
Foreign Affairs Management ... 185
Loan Programs from International Financial Organizations ... 185
Non-governmental International Cooperation and Exchanges ... 186
International Exchanges and Cooperation and Contractual Compliance ... 188

Development of State-owned Forest Farms and Forestry Workstations ... 191
Construction and Management of State-owned Forest Farms ... 192
Forestry Workstations Construction ... 192

Forestry and Grassland Planning and Finance ... 197
National Statistical Analysis in Forestry and Grassland Sector ... 198
Forestry and Grassland Planning ... 198
Statistics on Official Approval of Forestry and Grassland Fixed Assets Investment Construction Programs ... 199
Investment in Forestry and Grassland Basic Construction ... 200
Regional Forestry and Grassland Development ... 200
Forestry and Grassland Foreign Economic and Trade Cooperation ... 201
Forestry and Grassland for Poverty Alleviation ... 202
Forestry and Grassland Finance and Accounting Work ... 203
Statistics of Forestry and Grassland Production ... 204
Statistics of Fixed Assets Investment ... 217
Statistics of Labor Wages ... 225

Forestry and Grassland Funds Auditing ... 227
Forestry and Grassland Funds Auditing Work ... 228
Forestry and Grassland Discount Loan and Financial Innovation ... 228

Forestry and Grassland Informatization ... 229
Forestry and Grassland Informatization Building ... 230
Website Building ... 230

Operating System	231
Safety Assurance	231
Science and Technology Cooperation	232
Office Automation	232
Big Data	232

Forestry and Grassland Education and Training — 235

Forestry and Grassland Education and Training Work	236
Management of Forestry and Grassland Educational Materials	237
Statistic Information on Forestry and Grassland Education	237
Beijing Forestry University	251
Northeast Forestry University	255
Nanjing Forestry University	257
Southwest Forestry University	260
Central South University of Forestry and Technology	261

Forestry and Grassland Spiritual Civilization Improvement — 265

Construction of the CPC of the National Forestry and Grassland Administration	266
Forestry and Grassland Publicity	267
Forestry and Grassland Publications	268
Forestry and Grassland Newspaper and Magazines	271

Forestry and Grassland Development in Provinces, Autonomous Regions and Municipalities — 273

Beijing Municipality	274
Tianjin Municipality	285
Hebei Province	289
Shanxi Province	293
Inner Mongolia Autonomous Region	300
Inner Mongolia Forest Industry Group Corporation	303
Liaoning Province	305
Jilin Province	307
Jilin Forest Industry Group Corporation	310
Heilongjiang Province	312
Heilongjiang Forest Industry (Group) Corporation	315
Daxing'Anling Forestry Group Corporation	318
Yichun Forest Industry (Group) Corporation	322
Shanghai Municipality	324
Jiangsu Province	330
Zhejiang Province	333
Anhui Province	338
Fujian Province	341
Jiangxi Province	347
Shandong Province	355
Henan Province	359
Hubei Province	363
Hunan Province	370
Guangdong Province	374

Guangxi Zhuang Autonomous Region	379
Hainan Province	385
Chongqing Municipality	390
Sichuan Province	393
Guizhou Province	395
Yunnan Province	398
Tibet Autonomous Region	402
Shaanxi Province	404
Gansu Province	407
Qinghai Province	413
Ningxia Hui Autonomous Region	417
Xinjiang Uyghur Autonomous Region	422
Xinjiang Production and Construction Corps	425

Forestry and Grassland Human Resources ······ 429

Leadership Members of the National Forestry and Grassland Administration (National Park Administration)	430
New Director of the National Forestry and Grassland Administration	430
People in Charge of Departments (Bureaus) of the National Forestry and Grassland Administration	430
People in Charge of Dispatched Agencies of the National Forestry and Grassland Administration	431
People in Charge of Institutions Directly under the National Forestry and Grassland Administration	432
People in Charge of Forestry (and Grassland) Departments of Provinces, Autonomous Regions and Municipalities	434
Human Resource Work	437
Talent Labor	439

Institutions Directly under the National Forestry and Grassland Administration ······ 441

Bureau of Departments Service	442
Forestry Economics and Development Research Center	443
The Center for Talent Development and Exchange	446
Chinese Academy of Forestry	448
Academy of Forest Inventory and Planning	453
Planning and Design Institute of Forest Product Industry	458
State Academy of Forestry Administration	463
International Center for Bamboo and Rattan	465
General Station of Forest and Grassland Pests Management	472
Institute of Forest Inventory Planning and Design for East China	474
Institute of Forest Inventory Planning and Design for Central & South China	476
Institute of Forestry Inventory Planning and Design for Northwest China	478
China Forest Exploration & Design Institute in Kunming	481
China Conservation and Research Center for the Giant Panda	483
Sichuan Wolong National Nature Reserve Administration	485

Commissioner's Offices for Forest Resources Supervision of NFGA ······ 489

Commissioner's Office (Inner Mongolia Autonomous Region) for Forest Resources Supervision of NFGA	490
Commissioner's Office (Changchun) for Forest Resources Supervision of NFGA	492
Commissioner's Office (Heilongjiang) for Forest Resources Supervision of NFGA	495
Commissioner's Office (Daxing'anling) for Forest Resources Supervision of NFGA	496
Commissioner's Office (Chengdu) for Forest Resources Supervision of NFGA	498

Commissioner's Office (Yunnan) for Forest Resources Supervision of NFGA ……………………………… 499
Commissioner's Office (Fuzhou) for Forest Resources Supervision of NFGA ……………………………… 502
Commissioner's Office (Xi'an) for Forest Resources Supervision of NFGA ………………………………… 504
Commissioner's Office (Wuhan) for Forest Resources Supervision of NFGA ……………………………… 505
Commissioner's Office (Guiyang) for Forest Resources Supervision of NFGA ……………………………… 507
Commissioner's Office (Guangzhou) for Forest Resources Supervision of NFGA …………………………… 509
Commissioner's Office (Hefei) for Forest Resources Supervision of NFGA ………………………………… 511
Commissioner's Office (Urumqi) for Forest Resources Supervision of NFGA ……………………………… 513
Commissioner's Office (Shanghai) for Forest Resources Supervision of NFGA …………………………… 515
Commissioner's Office (Beijing) for Forest Resources Supervision of NFGA ……………………………… 516

Forestry and Grassland Social Organizations ……………………………………………………………… 519

China Green Foundation ……………………………………………………………………………………… 520
China Green Carbon Foundation ……………………………………………………………………………… 522
China Ecological Culture Association ………………………………………………………………………… 523
Chinese Society of Sand Control and Sand Industry ………………………………………………………… 525
Chinese Federation of Forestry Literary and Art Workers …………………………………………………… 526
Chinese Society of Ideological and Political Work of Forestry Workers …………………………………… 527
China Forestry Association …………………………………………………………………………………… 528
China Wildlife Conservation Association …………………………………………………………………… 531
China Education Association of Forestry …………………………………………………………………… 534
China Flower Association …………………………………………………………………………………… 535
China Forestry Industry Federation …………………………………………………………………………… 537
China Forestry Engineering Association ……………………………………………………………………… 541
Chinese Soil and Water Conservation Society ……………………………………………………………… 542
China National Forest Farm Association ……………………………………………………………………… 544

Forestry and Grassland Memorabilia and Important Meetings …………………………………………… 545

China Forestry and Grassland Memorabilia in 2020 ………………………………………………………… 546

Appendixes ……………………………………………………………………………………………………… 553

Full Names and Abbreviations Referred to the Departments (Bureaus) of the NFGA and to the Institutions Directly under the NFGA ……………………………………………………………………………………………… 553
Full Names and Abbreviations Referred to Some Institutions and Terms ………………………………… 554
Chinese and English Names Referred to Some International Organizations ……………………………… 554

Schedule Index ………………………………………………………………………………………………… 555

Index …… 556

特辑 01

领导专论

认真践行习近平生态文明思想
高质量完成国家公园体制试点任务
——在国家公园建设座谈会上的讲话

关志鸥

（2020年8月19日）

在习近平总书记提出绿水青山就是金山银山理念十五周年之际，我们又迎来了总书记为第一届国家公园论坛致贺信一周年。在这个特殊的日子里，我们召开国家公园建设座谈会，就是要深入学习领会习近平总书记关于建立国家公园体制的重要讲话批示指示精神，进一步了解国家公园体制试点的成效、经验和问题，共同研究如何高质量做好国家公园体制试点工作，共同谋划探讨正式设立国家公园、推动建立以国家公园为主体的自然保护地体系等重点工作。

刚才，我们观看了国家公园宣传片，10个国家公园管理局交流了试点工作情况，4位院士专家作了专业点评，中央编办、发改委、生态环境部等部门的同志讲了很好的意见。在此，我代表国家林业和草原局，对各位院士专家和中央各有关部门的同志表示诚挚的欢迎，对大家长期以来关心支持林草工作特别是国家公园体制试点工作表示衷心的感谢！

建立国家公园体制是以习近平同志为核心的党中央作出的重大战略决策，是生态文明领域的重大制度创新，更是林草部门必须认真完成的重大政治任务。下面，我结合深入学习领会贯彻习近平总书记系列重要讲话指示批示精神，就做好国家公园建设工作讲三点意见，与大家共勉。

一、深入学习领会贯彻习近平总书记关于建立国家公园体制的重要讲话指示批示精神

党的十八大以来，习近平总书记亲自谋划、亲自部署、亲自推动建立国家公园体制，多次主持召开会议研究部署国家公园体制试点工作，作出一系列重要讲话指示批示，提出一系列重大战略思想，为做好国家公园体制试点工作、推进生态文明和美丽中国建设提供了根本遵循。

2015年12月9日，中央全面深化改革领导小组第十九次会议审议三江源国家公园体制试点方案，会议指出，在青海三江源地区选择典型和代表区域开展国家公园体制试点，实现三江源地区重要自然资源国家所有、全民共享、世代传承，促进自然资源的持久保育和永续利用，具有十分重要的意义。要坚持保护优先、自然修复为主，突出保护修复生态，创新生态保护管理体制机制，建立资金保障长效机制，有序扩大社会参与；要着力对自然保护区进行优化重组，增强联通性、协调性、完整性，坚持生态保护与民生改善相协调。

2016年1月26日，在中央财经领导小组第十二次会议研究国家森林生态安全问题时，总书记作出"四个着力"的重要指示，其中明确要求，着力建设国家公园，保护自然生态系统的原真性和完整性，给子孙后代留下一些自然遗产；要整合设立国家公园，更好保护珍稀濒危动物。

2017年6月26日，中央全面深化改革领导小组第三十六次会议审议祁连山国家公园体制试点方案，会议强调，要抓住体制机制这个重点，突出生态系统整体保护和系统修复，以探索解决跨地区、跨部门体制性问题为着力点，按照山水林田湖是一个生态共同体理念，在系统保护和综合治理、生态保护和民生改善协调发展、健全资源开发管控和有序退出等方面积极作为，依法实行更加严厉的保护。

2017年7月19日，中央全面深化改革领导小组第三十七次会议审议《建立国家公园体制总体方案》，会议强调，建立国家公园体制，要在总结试点经验基础上，坚持生态保护第一、国家代表性、全民公益性的国家公园理念，坚持山水林田湖草是一个生命共同体，对相关自然保护地进行功能重组，理顺管理体制，创新运营机制，健全法律保障，强化监督管理，构建以国家公园为代表的自然保护地体系。

2019年1月23日，中央全面深化改革委员会第六次会议审议《关于建立以国家公园为主体的自然保护地体系的指导意见》，会议强调，要按照山水林田湖草是一个生命共同体的理念，创新自然保护地管理体制机制，实施自然保护地统一设置、分级管理、分区管控，把具有国家代表性的重要自然生态系统纳入国家公园体系，实行严格保护，形成以国家公园为主体、自然保护区为基础、各类自然公园为补充的自然保护地管理体系。

2019年8月19日，习近平总书记为第一届国家公园论坛致贺信，对建立国家公园体制进行了全面阐述，总书记强调，生态文明建设对人类文明发展进步具有十分重大的意义；中国坚持绿水青山就是金山银山的理念，坚持山水林田湖草系统治理，实行了国家公园体制；中国实行国家公园体制，目的是保持自然生态系统的原真性和完整性，保护生物多样性，保护生态安全屏障，给子孙后代留下珍贵的自然资产。这是中国推进自然生态保护、建设美丽中国、促进人与自然和谐共生的一项重要举措；中国加强生态文明建设，既要紧密结合中国国情，又要广泛借鉴国外成功经验；希望论坛围绕"建立以国家公园为主体的自然保护地体系"这一主题，深入研讨、集思广益，为携手创造世界生态文明的美好未来、推动构建人类命运共同体作出贡献。

习近平总书记这些重要讲话指示批示，内涵丰富、高屋建瓴、一脉相承，从维护生态安全、建设生态文明、实现中华民族永续发展的战略和全局高度，深刻阐述了建立国家公园体制的重大意义、重点任务、实现路径和具体要求，是习近平生态文明思想的重要组成部分。我们要增强"四个意识"，坚定"四个自信"，做到"两个维护"，认真学习领会，全面贯彻落实，准确把握国家公园体制试点的发展方向和总体要求，为建立健全国家公园体制提供有益借鉴，为完善生态文明制度体系、建设生态文明发挥更大作用。

通过学习，我们深深感到，建立国家公园体制是习近平生态文明思想的重要体现，是人与自然和谐共生、构建人类命运共同体理念的具体举措，是践行绿水青山就是金山银山、山水林田湖草系统治理理念的具体行动、生动实践，是按照"两统一"要求谋划自然资源资产管理、空间规划管制、生态保护修复的先手棋，也是推进林业、草原、国家公园三位一体相互融合的关键招，将在绿色中国、美丽中国大地上镶嵌一批耀眼夺目的自然生态系统明珠，将为子孙后代留下一笔珍贵的自然遗产。同时，我们也深深感到由于各方面原因，在工作进度上与党中央的要求存在差距，具体说就是慢了。为此，我们必须统一思想，提高认识，加快进度，以实际成果践行"两个维护"。

二、高质量做好国家公园体制试点工作

自 2015 年开展国家公园体制试点以来，在党中央的正确领导下，中央各有关部门和试点省份扎实推进试点工作，在顶层设计、管理体制、机制创新、资源保护、保障措施等方面进行了有益探索，取得了阶段性成效。目前，生态保护第一、国家代表性、全民公益性的国家公园理念深入人心，政府主导、各方共同参与的保护管理长效机制初步建立。政策、资金等支撑保障力度不断加大，森林、草原、湿地、野生动植物等自然资源得到有效保护，有力促进了生态改善和群众就业增收。同时，先后出台一系列文件，稳步推进国家公园立法，正在研究制定国家公园设立标准、空间布局、发展规划，顶层设计工作取得了初步成效。

虽然试点工作取得了一定成效，但在体制机制层面还有不小差距，也面临一些深层次矛盾和问题：一是大部分试点区自然保护地管理机构整合不到位，统一规范高效的国家公园管理体制尚未完全建立，跨省区协调联动工作机制的作用没有充分发挥。二是尚未建立稳定的投入渠道，资金归口管理有待明确，规模不能满足国家公园建设需求。三是大多数试点区普遍存在移民搬迁难、产业退出难等问题。四是国家层面立法仍然缺乏，标准规范、技术规程还不完善，执法主体缺失，执法难度较大。五是宣传引导不够，尚未形成科普知识家喻户晓、百姓普遍关注的氛围。

按照今年年底前要基本完成国家公园体制试点任务的工作要求，时间很紧，任务很重，必须进一步提高政治站位，增强责任感紧迫感，主动对标对习近平总书记重要讲话指示批示和中央决策部署，坚持问题导向，主动查漏补缺，加强协调沟通，完善政策措施，确保高质量完成试点工作任务。一是各试点区要积极配合我局组织第三方开展的评估验收工作，及时提供相关材料，并结合自查和评估验收结果，补短板、强弱项，全面完成各项试点任务。我局将会同相关部门，在评估验收的基础上，对试点工作进行全面总结，并向中央上报总结报告。二是认真落实即将出台的《关于统一规范国家公园管理机构设置的指导意见》，结合实际，充分调动地方积极性，按照"一园一报"的方式，抓紧研究提出各试点区管理机构设置及组建方案，并按程序报批。三是继续加强试点区生态保护，加大人类活动变化遥感监测实地核查及问题处理工作力度，及早发现、及时查处各类破坏生态资源的违法犯罪行为，保护好大熊猫、东北虎、东北豹、雪豹等珍稀濒危野生动物。四是完善并落实试点国家公园总体规划，明确"四至"范围，推进勘界立标，进一步完善功能分区和差别化管控措施。五是广泛开展宣传教育，加强与中央和地方主流媒体的合作，统筹用好各类新媒体，广泛宣传国家公园理念和知识、体制试点做法和成效，为全面推进国家公园建设营造良好氛围、凝聚更多力量。

三、强力推进以国家公园为主体的自然保护地体系建设

根据《关于建立以国家公园为主体的自然保护地体系的指导意见》，我国将构建以国家公园为主体、自然保护区为基础、各类自然公园为补充的自然保护地体系。在各类自然保护地中，国家公园的生态价值和保护强度最高，居主体地位。下一步，要始终坚持国家公园建设的科学理念和正确方向，强化顶层设计，在高质量做好试点工作的基础上，明确国家公园设立规范、设立程序和发布方式，坚持统筹布局、规划引领、严格把关，按照成熟一个设立一个的原则，提出第一批正式设立的国家公园建议名单和储备名单，强力推进以国家公园为主的自然保护地体系建设，切实保护好自然生态系统的原真性、完整性，给子孙后代留下珍贵的自然资产。

（一）着力创新体制机制。建立协调统一的管理机构、规范完善的管理体制和协同高效的运行机制，是国家公园建设的根本保障。一是从整合优化各类自然保护地和改革分头设置的体制入手，突出体制机制创新，解决国家公园管理机构的组织架构、人员编制等问题，建立符合我国国情的统一事权、分级管理体制。二是厘清中央与地方的关系，根据不同国家公园特点及管理实际，明确国家公园中央政府直接行使事权和中央政府委托相关省级政府代理行使事权两种管理模式。三是建立国家公园综合执法机构和队伍，按照职能优化配置、层次结构合理、效率不断提高的原则，构建统一的国家公园执法体系。四是持续深化自然资源资产产权制度改革，全面完成园区内自然资源资产统一确权登记，划清各类自然资源资产所有权、使用权边界，实现归属清晰、权责明确。五是完善协同管理机制，与地方政府充分衔接，坚决防止出现"两张皮"现象，推动形成分工合理、同向发力的工作格局。

（二）始终坚持保护优先。建立国家公园体制的核心目的是保护自然生态系统的原真性、完整性。要坚持山水林田湖草系统治理理念，对国家公园实行整体保护、系统修复、综合治理。一是发挥好规划的引领管控作用，按照国家公园设立规范，充分衔接"十四五"规划和《全国重要生态系统保护和修复重大工程总体规划（2021—2035年）》，科学编制国家公园空间布局方案和总体发展规划，合理确定国家公园区域分布和数量规模。二是把握建设重点，将"两屏三带"等国家生态安全屏障区的重要自然生态系统，优先纳入国家公园储备库。三是依据自然资源特征和管理目标，将国家公园科学划分为核心保护区和一般控制区，实行差别化保护管理措施。对于核心保护区，要积极争取各有关方面支持，有序推进生态移民和耕地还林还草还湖还湿，分类推动探矿采矿、水电开发、工业建设等项目逐步退出。四是完善监测巡护体系和管理队伍技术装备，提高保护管理的规范化、科学化、自动化水平。

（三）引导社会各界志愿参与国家公园建设。国家公园具有全民公益性，应积极引导社会各界志愿参与支持国家公园建设，实现共建共管共享。一是通过签订合作保护协议、设立生态公益岗位等多种方式，共同保护国家公园及周边生态资源。二是完善社会参与机制，鼓励、引导社区及周边群众通过志愿服务、短期义工等方式参与国家公园建设和管理。三是科学合理开展自然体验和游憩活动，推进国家公园建设与乡村振兴、生态旅游以及社会治理融合发展。

（四）不断强化支撑保障体系。一是加快推动国家公园立法，用法律形式确立国家公园的功能定位、保护目标、管理原则，明确界定中央与地方职责。二是研究制定国家公园特许经营、自然资源资产管理等制度办法，在国家公园规划、建设、监测、巡护、监管、科学研究、自然教育、成效评估等方面建立起一整套完善的制度体系。三是明确国家公园中央与地方事权，厘清财政支出责任，鼓励引导金融资本、社会资本投入，加快建立财政投入为主的多元化资金保障机制。同时，理顺中央和省级财政资金下拨渠道，扩大资金规模，规范资金使用管理，提高资金使用效益。四是搭建国家公园科研平台和基地，健全科学研究和技术支撑体系，实现科学建园、智慧管园、严格护园。

同志们，建立国家公园体制是党中央交给我们的一项重大政治任务，需要大家共同努力、持续发力。我们要以习近平总书记致贺信一周年为新的起点，认真践行习近平生态文明思想，进一步提高政治站位，强化责任担当，共同推动以国家公园为主体的自然保护地体系建设，为建设生态文明和美丽中国作出更大贡献。

重要法律和文件

全国人民代表大会常务委员会关于全面禁止非法野生动物交易、革除滥食野生动物陋习、切实保障人民群众生命健康安全的决定

（2020年2月24日第十三届全国人民代表大会常务委员会第十六次会议通过）

为了全面禁止和惩治非法野生动物交易行为，革除滥食野生动物的陋习，维护生物安全和生态安全，有效防范重大公共卫生风险，切实保障人民群众生命健康安全，加强生态文明建设，促进人与自然和谐共生，全国人民代表大会常务委员会作出如下决定：

一、凡《中华人民共和国野生动物保护法》和其他有关法律禁止猎捕、交易、运输、食用野生动物的，必须严格禁止。

对违反前款规定的行为，在现行法律规定基础上加重处罚。

二、全面禁止食用国家保护的"有重要生态、科学、社会价值的陆生野生动物"以及其他陆生野生动物，包括人工繁育、人工饲养的陆生野生动物。

全面禁止以食用为目的猎捕、交易、运输在野外环境自然生长繁殖的陆生野生动物。

对违反前两款规定的行为，参照适用现行法律有关规定处罚。

三、列入畜禽遗传资源目录的动物，属于家畜家

禽，适用《中华人民共和国畜牧法》的规定。

国务院畜牧兽医行政主管部门依法制定并公布畜禽遗传资源目录。

四、因科研、药用、展示等特殊情况，需要对野生动物进行非食用性利用的，应当按照国家有关规定实行严格审批和检疫检验。

国务院及其有关主管部门应当及时制定、完善野生动物非食用性利用的审批和检疫检验等规定，并严格执行。

五、各级人民政府和人民团体、社会组织、学校、新闻媒体等社会各方面，都应当积极开展生态环境保护和公共卫生安全的宣传教育和引导，全社会成员要自觉增强生态保护和公共卫生安全意识，移风易俗，革除滥食野生动物陋习，养成科学健康文明的生活方式。

六、各级人民政府及其有关部门应当健全执法管理体制，明确执法责任主体，落实执法管理责任，加强协调配合，加大监督检查和责任追究力度，严格查处违反本决定和有关法律法规的行为；对违法经营场所和违法经营者，依法予以取缔或者查封、关闭。

七、国务院及其有关部门和省、自治区、直辖市应当依据本决定和有关法律，制定、调整相关名录和配套规定。

国务院和地方人民政府应当采取必要措施，为本决定的实施提供相应保障。有关地方人民政府应当支持、指导、帮助受影响的农户调整、转变生产经营活动，根据实际情况给予一定补偿。

八、本决定自公布之日起施行。

2019年中国国土绿化状况公报

全国绿化委员会办公室

（2020年3月11日）

2019年是我国植树节设立40周年。各地、各部门（系统）深入贯彻习近平生态文明思想，认真落实党中央、国务院关于国土绿化工作的决策部署，坚持绿化为民、绿化惠民，坚持山水林田湖草系统治理，坚持走科学、生态、节俭的绿化发展之路，组织动员全社会力量推进大规模国土绿化行动，国土绿化事业取得了新成绩。全国共完成造林706.7万公顷、森林抚育773.3万公顷、种草改良草原314.7万公顷、防沙治沙226万公顷、保护修复湿地9.3万公顷，为维护国土生态安全、建设生态文明和美丽中国作出了新贡献。

一、全民义务植树深入开展

各级领导积极参加。4月8日，习近平等党和国家领导人同首都群众一起参加义务植树活动。习近平总书记在植树时强调，要全国动员、全民动手、全社会共同参与，各级领导干部要率先垂范，持之以恒开展义务植树。要践行绿水青山就是金山银山的理念，推动国土绿化高质量发展，统筹山水林田湖草系统治理，因地制宜深入推进大规模国土绿化行动，持续推进森林城市、森林乡村建设，着力改善人居环境，做到四季常绿、季季有花，发展绿色经济，加强森林管护，推动国土绿化不断取得实实在在的成效。全国人大、全国政协、中央军委组织开展了"全国人大机关义务植树""全国政协机关义务植树""百名将军义务植树"活动。全国绿化委员会等组织开展了以"绿化神州大地 建设美丽中国"为主题的共和国部长义务植树活动和以"加强生态教育 推进绿色发展"为主题的国际森林日植树纪念活动。地方各级党委、人大、政府、政协的领导在植树季节纷纷带头参加义务植树，为广大干部群众履行植树义务发挥了示范引领作用。

"互联网+全民义务植树"不断拓展。辽宁、湖南、广西、重庆、甘肃5省（区、市）成为第三批"互联网+全民义务植树"试点省份，全国试点省份达到15个。建立了26个首批国家"互联网+全民义务植树"基地。贵州省开展了"植树e时代 天天3.12——2019年e绿黔行"网络植树活动。湖北省武汉市建立了"互联网+全民义务植树"绿色大系统，建设绿色三维地图、绿色驿站、绿色科普平台。山西省太原市开发了所辖10个县（市、区）的全民义务植树网可视化平台。

尽责活动丰富多彩。全国绿化委员会办公室部署开展全民义务植树主题系列宣传活动，与中国邮政、中国铁建签署了战略合作协议，发行了首套中国植树节纪念邮票，联合工信部在植树节当天发送公益短信3亿余条。北京市组织"春植、夏认、秋抚、冬防"四季尽责活动678场次，开展"喜庆祖国70年 同心共植祝福树"系列义务植树活动。黑龙江省组织第11届"我为家乡种棵树"大型植树节活动，近4万人参加，植树近8万株。上海市举办第五届市民绿化节，推出家庭园艺、绿色展示等40余项活动。浙江省开展"绿色传递 为爱播种"1亿株珍贵树示范推广行动。福建省设立义务植树点212个、林木绿地认建认养点271个。四川省组织广大职工捐资1300余万元，植树400公顷。陕西省启动"关爱大美秦岭 共建绿色家园"义务植树护绿联动行动。海南省开展以"广植乡土珍稀树种 共创宝岛绿色辉煌"为主题的义务植树月活动。

二、大规模国土绿化行动积极推进

4月12日，全国绿化委员会全体会议在京召开，中共中央政治局常委、国务院副总理、全国绿化委员会主任韩正出席会议并讲话。会议审议通过了年度工作报告和新修订的《全国绿化委员会工作规则》，对2019年国土绿化工作作出安排部署。全国绿化委员会、国家林业和草原局印发了《关于切实做好2019年大规模国土绿化工作的通知》《2019年大规模国土绿化行动分工方案》。全国绿化委员会下发了《关于表彰全国绿化模范单位和全国绿化奖章的决定》，共表彰全国绿化模范单位410个、全国绿化奖章获得者946名。

各省（区、市）党委、政府以不同形式组织召开会议，下发通知和实施意见，出台相关政策，部署推进大规模国土绿化行动。河北省出台《关于加强张家口承德地区草原生态建设和保护的决定》。山西省印发《关于进一步加快我省国土绿化步伐的通知》。吉林省出台《关于积极推进全省大规模国土绿化行动的实施意见》。黑龙江省出台《关于积极推进全省大规模国土绿化行动的意见》。江苏省出台《长江（江苏段）两岸造林绿化工程总体规划》和《长江（江苏段）两岸造林绿化工作方案》。安徽省出台《创建全国林长制改革示范区实施方案》。山东省出台《关于全面建立林长制的实施意见》。河南省印发《关于河南省财政支持生态环境保护若干政策的通知》。重庆市印发《关于切实做好2019年国土绿化提升行动工作的通知》。陕西省发布《秦岭生态空间治理十大行动》。内蒙古森工集团出台《内蒙古大兴安岭重点国有林管理局国土绿化行动实施方案（2019—2021年）》。

社会公众参与国土绿化的热情高涨。全国绿化委员会办公室联合中国绿化基金会、蚂蚁金服集团开展的"蚂蚁森林"项目，社会公众参与超过5亿人次，植树造林3.9万公顷。中国绿化基金会联合腾讯、京东、苏宁等网络募捐平台，倡导绿色低碳理念，吸引超1亿人次关注参与"百万森林计划"等绿化行动，植树1300多万株。

三、林业生态工程稳步实施

国家重点林业生态工程扎实推进。天然林保护工程全年完成公益林建设24.4万公顷、中幼林抚育175.3万公顷、后备森林资源培育7.8万公顷，完成森林管护任务1.15亿公顷。中办、国办出台了《天然林保护修复制度方案》。全面停止天然林商业性采伐，国有天然商品林全部纳入停伐管护补助，实行天然林保护与公益林管理并轨，安排停伐补助的非国有天然商品林面积扩大到1446.7万公顷。国务院批准扩大贫困地区退耕还林还草规模138万公顷，2019年完成退耕还林还草任务80.3万公顷。"三北"工程完成营造林58.3万公顷，黄土高原综合治理建设项目稳步推进，新启动陕西子午岭和内蒙古呼伦贝尔沙地两个百万亩防护林基地建设，工程区基地建设数量达13个。长江、珠江、沿海和太行山绿化等重点防护林工程完成建设任务30万公顷。启动实施河北省张家口市及承德市坝上地区植树造林项目。完成冬奥会赛区周边及张家口全域绿化12.4万公顷。国家储备林完成建设任务62.1万公顷。

各地大力实施地方性造林绿化工程。北京市完成造林1.72万公顷，超额完成新一轮百万亩造林年度任务。河北省全力推进国土绿化三年行动，加快冬奥会赛区周边和雄安新区绿化，完成营造林68.4万公顷。山西省实施吕梁山生态脆弱区等"四大区域"造林绿化工程，完成造林5.2万公顷。内蒙古自治区重点区域绿化完成近5万公顷，占计划任务的124%。江苏省启动长江江苏段造林绿化行动，完成营造林1.08万公顷。安徽省开展"四旁四边四创"绿化提升行动，造林1.98万公顷。山东省推进"绿满齐鲁·美丽山东"国土绿化行动，完成人工造林11.8万公顷。湖南省启动长江岸线省级生态廊道建设试点工程，完成造林863.7公顷。广东省扎实推进绿美南粤行动，完成造林更新21.08万公顷。重庆市实行营造林绩效考核工作机制，完成营造林42.7万公顷。西藏自治区开展重点区域生态公益林工程，完成营造林4300公顷。宁夏回族自治区实施引黄灌区平原绿网造林绿化提升等四大工程，共完成营造林6.25万公顷。

四、部门绿化协同推进

住建系统完成城市建成区绿地219.7万公顷，城市建成区绿地率、绿化覆盖率分别达37.34%、41.11%，城市人均公园绿地面积达14.11平方米。以"300米见绿、500米见园"为目标，建设小微绿地、口袋公园等，均衡公园绿地布局，为公众提供更多的生态休闲空间。

全国公路交通运输系统全年投入75亿元，用于公路绿化，新增公路绿化里程20万公里。截至2019年底，公路绿化率达65.93%。其中，国道绿化率86.72%，省道绿化率82.77%，县道绿化率76.27%，乡道绿化率66.74%，村道绿化率57.26%。

水利系统全年共造林种草1360.3公顷，庭院养护面积588公顷，河渠湖库周边抚育面积4.3万公顷。组织水利系统直属单位干部职工参加义务植树活动230次，8000余人次参加，植树11万余株。

教育系统积极推进校园绿化改造提升工程，将科学知识、人文修养、生态关怀融入绿色校园建设。组织开展"挂牌、认养、认管"活动，提高师生识绿、爱绿、植绿、护绿意识。组织树木修剪、杂草剔除等体验式活动，搭建"以劳育人"的教育平台。

人力资源和社会保障部全年完成办公区绿化面积1.47万平方米，自管住宅小区完成绿化面积4500多平方米，建立义务植树责任区10余处。截至2019年底，共植树12万余株，抚育各类树木16万余株。

中央直属机关组织39个单位干部职工3598人次，分赴北京市海淀等9城区参加义务植树活动，新植树木7486株、抚育2.1万株。改造机关庭院绿地和草坪5.75万平方米，栽植灌木8.6万株。

中央国家机关组织80余个部门和单位9200余人次参加义务植树活动，通过多种尽责形式折合栽植养护各类乔灌木、花卉近12万株。编印《中央国家机关绿化乡土树种花草品种推荐目录》，推进节约型绿化美化单位建设。

中国气象局制作发布全国森林草原火险各类气象预警和预报476期。服务地方火场气象保障服务需求，制作火场气象服务专报182期。利用风云三号极轨气象卫星监测到我国境内火点约1万余个,制作卫星遥感火情监测分析报告90余期。全国开展飞机降雨作业1234架次,有效增加干旱林区、草原的土壤湿度。

全国总工会号召全国各级工会动员广大职工,踊跃参与"工会共建劳模林"活动,弘扬劳模精神,发挥劳模示范引领作用,为建设美丽中国作贡献。

共青团中央联合新浪微博开展"绿植领养"活动,动员青少年390余万人次参与增绿减霾,发放绿植100余万株。制作推广歌曲、游戏、网文、H5、绿色公开课等一系列青少年感兴趣、有互动、易传播的原创生态文化产品,累计宣传影响2700余万人次。

全国妇联指导各地妇联引领推动农村妇女积极植树护绿,开展净化绿化美化庭院活动。重庆市妇联组建"绿色生活"四级巾帼志愿服务队,全年动员妇女26万人次参与,植树32万余株。青海省妇联组织开展以"保护三江源·建设美丽家园——巾帼在行动"为主题的义务植树活动,全年动员妇女98.07万人次参与,完成植树近2400万株。

国铁集团全年栽植乔木202万株、灌木3274万株,新增铁路绿色通道1550公里。截至2019年底,绿化铁路达51252公里,铁路线路绿化率达86%。通过工程治沙、生物治沙,铁路线路沙害治理率提高到66%。

中国石油系统下发加强绿化工作指导意见,全面开展绿色油气田、绿色工厂建设。企业员工全年49.89万人次实地植树202.7万株,还有8.26万人次以其他方式尽责,折合植树19.08万株。支持地方绿化建设,绿化面积837.93万平方米,共植树54.34万株。2019年,集团公司新增绿地面积559.5万平方米,绿地总面积达2.86亿平方米。

中国石化系统全年累计义务植树146万株,在近万个加油站开展"履行植树义务,共建美丽中国"主题宣传活动,积极参与保护长江、沙漠植绿等国土绿化行动。与上海市绿化委员会联合组织11家驻沪企业开展"互联网+全民义务植树"活动,近1.2万名员工网上捐资96.3万元。

冶金系统企业广泛开展各类植树活动,全年参加义务植树人数392万人次,全行业绿化投资38亿元,新增绿地面积27.8公顷,新增复垦造林面积18.2万公顷。

中国邮政系统发布《中国邮政员工义务植树倡议书》,号召邮政企业、员工积极参与绿色邮政建设行动。各级省市分公司在邮政网点张贴义务植树宣传海报、播放宣传片,通过微信公众号图文推送、制作H5等宣传植树造林和国土绿化。

五、城乡绿化一体化步伐加快

2019森林城市建设座谈会在河南省信阳市召开,授予北京市延庆区等28个城市"国家森林城市"称号,全国国家森林城市达194个,有21个省份开展了省级森林城市创建活动,11个省份开展了森林城市群建设。发布《国家森林城市评价指标》国家标准。雄安新区全国森林城市示范区建设稳步推进,《长株潭国家森林城市群建设总体规划(2018—2030年)》启动实施,浙江省金义都市区被纳入国家森林城市群建设试点。福建省厦门市等8个城市被授予国家生态园林城市,河北省晋州市等39个城市被授予国家园林城市,河北省正定县等72个县被授予国家园林县城,浙江省泰顺县百丈镇等13个城镇被授予国家园林城镇。成功举办第十二届中国(南宁)国际园林博览会,吸引180万中外游客参观游览。第四届中国绿化博览会筹备工作全力推进,室外展园设计方案通过专家评审,绿博园建设全面开工。

认真落实《乡村振兴战略规划(2018—2022年)》和《农村人居环境整治村庄清洁行动方案》,积极推进乡村绿化美化工作。出台了《乡村绿化美化行动方案》《国家森林乡村评价认定办法(试行)》《村庄绿化状况调查技术方案》,首批认定国家森林乡村7586个。北京市全年创建首都森林城镇6个、绿色村庄50个、绿化美化花园式社区36个、花园式单位61个。天津市完成美丽村庄建设150个。河北省503个村被评为省级森林乡村。山西省完成绿色生态村庄建设721个。黑龙江省103个县(市、区)3744个行政村、6448个自然屯实施了村屯绿化。辽宁省出台《辽宁省"千村美丽、万村整洁"行动村庄绿化专项行动方案(2019—2020年)》。浙江省实施新"千万工程",打造乡村绿化美化升级版,公布"一村万树"示范村433个。广东省建成省级乡村绿化美化示范村773个,绿美古树乡村100个。山东省命名森林乡镇53个、森林村居530个。广西壮族自治区完成300个村屯绿化景观提升项目,累计种植各类苗木38万株。福建省完成村庄绿化近2000公顷,建成省级森林村庄300个。江苏省建设绿美村庄501个。安徽省创建省级森林城镇77个、森林村庄669个。

六、草原生态保护修复力度加大

国家林业和草原局在内蒙古自治区锡林浩特市召开全国草原工作会议,研究部署全面加强草原保护管理工作。稳步推进退牧还草工程,安排围栏建设60万公顷、退化草原改良51.3万公顷、人工种草22.1万公顷、黑土滩治理9.9万公顷、毒害草治理14.5万公顷。新一轮退耕还草安排任务3.4万公顷。京津风沙源草地治理安排人工种草1.7万公顷、围栏封育23.9万公顷、飞播牧草9300多公顷。下发《退化草原人工种草生态修复试点方案(2019—2020年)》,在8省(区)启动实施了13个试点项目。组织各地深入开展以"依法保护草原 建设美丽中国"为主题的草原普法宣传月活动,通过举办现场宣讲等活动,直接受宣群众达9万余人次。

七、湿地保护修复有效加强

全国湿地总面积稳定在0.53亿公顷,湿地保护率达52.19%,提前完成2020年湿地保护修复的目标任务。扎实推进湿地分级管理,国家林业和草原局印发了《国家重要湿地认定和名录发布规定》,组织申报和考察论证国家重要湿地127处。实施湿地工程和补助项目387个,开展湿地生态效益补偿补助30处,安排退耕还湿2万公顷,恢复退化湿地7.3万公顷。158处国家湿地公园通过试点验收，3处晋升为国家湿地公园，国家湿地公园总数达到899处。组织开展了56处国际重要湿地生态状况监测。强化湿地宣传教育，发布《西宁宣言》和《海口倡议》，推动长江流域重要湿地和滨海湿地保护和修复。

八、沙区生态状况持续改善

全国完成防沙治沙任务226万公顷，荒漠化土地面积连续净减少，成为全球防治荒漠化的典范。京津风沙源治理二期工程完成营造林20.8万公顷，石漠化综合治理工程完成营造林24.75万公顷。封禁保护区新增8个，封禁总面积累计达174万公顷。出台了《在国家沙化土地封禁保护区范围内进行修建铁路、公路等建设活动监督管理办法》，强化事中事后监管。国家沙漠（石漠）公园累计达120个。完成省级政府"十三五"防沙治沙目标责任中期督查。启动了第六次全国荒漠化和沙化监测。甘肃省八步沙林场"六老汉"三代人治沙造林先进群体入选中宣部"时代楷模"。

九、自然保护地体系建设和野生动植物保护持续加强

中办、国办印发《关于建立以国家公园为主体的自然保护地体系的指导意见》。海南热带雨林国家公园体制试点正式启动，三江源国家公园总体规划进入全面实施阶段，东北虎豹、祁连山、大熊猫、海南热带雨林等4个国家公园完成总体规划编制，东北虎豹、武夷山等5个国家公园体制试点区作为独立登记单元，初步完成了自然资源所有权边界划定和确权登记。新建国家地质公园8处，新入选世界自然遗产地1处、世界地质公园2处。新建国家森林公园11处，国家级森林公园累计达897处。国家级自然保护区达474处，风景名胜区达1051处，地质公园达613处，海洋特别保护区（海洋公园）达111处。世界自然遗产14项，自然和文化双遗产4项，世界地质公园达39处。

启动修订国家重点保护野生动植物名录。制定中国植物保护战略（2021—2030年）计划。开展第二次陆生野生动植物资源调查，完成43个项目49个动物物种和300多种植物的调查工作。大熊猫、雪豹、东北虎豹和朱鹮的监测进一步加强，大熊猫科研保护、繁育救护、野外放归等工作取得新进展，全国共繁殖大熊猫60只，存活57只，全球圈养大熊猫数量达到600只。开展跨部门的依法打击破坏野生动物资源违法犯罪专项行动和"蓝天2019"打击象牙等野生动植物走私专项攻坚战役。全面加强鸟类保护工作，保护候鸟迁飞，严厉打击破坏鸟类等野生动物资源违法犯罪活动。有序推进非洲猪瘟、禽流感、新城疫等重点野生动物疫病主动预警，科学应对野猪非洲猪瘟、岩羊小反刍兽疫等16起突发野生动物疫情。

十、绿色富民产业发展和生态扶贫成效显著

国家林业和草原局印发《关于促进林草产业高质量发展的指导意见》，大力发展生态旅游、森林康养、木本粮油、林下经济、花卉竹藤等绿色富民产业。召开了第四届全国林业产业大会，表彰了第四届林业产业突出贡献奖和创新奖。国家林业和草原局与阿里巴巴集团签署战略合作协议，加强林产品产销对接。举办了第十二届中国义乌国际森林产品博览会、第二届中国新疆特色林果产品博览会、2019中国·合肥苗木花卉交易大会、第十六届中国林产品交易会，成交总金额突破150亿元。141家林业企业被认定为第四批国家林业重点龙头企业，总数达519家。

国家林业和草原局、民政部、国家卫生健康委员会和国家中医药管理局联合出台了《关于促进森林康养产业发展的意见》。公布了第三批国家森林步道名单，推出3条国家森林步道示范段。公布了100家森林体验、森林养生国家重点建设基地。推出了10条特色森林旅游线路、15个新兴森林旅游地品牌、13个精品自然教育基地。举办了2019中国森林旅游节。全国森林旅游游客量约18亿人次，同比增长12.5%，创造社会综合产值约1.75万亿元。

成功举办首届中国（宜昌）国际竹产业发展峰会和2019国际（眉山）竹产业交易博览会，发布《2018年中国竹产业发展报告》。确定第二批国家花卉种质资源库，发布《2018年中国花卉产业发展报告》，成功举办第十九届中原花木博览会、2019中国花卉大赛、第二十一届中国国际花卉园艺展览会、2019中国（萧山）花木节、2019世界月季大会暨第九届中国月季展、2019世界牡丹大会、2019广州国际盆栽植物及花园花店用品展览会等系列展会活动，有力促进全国花卉园艺产业的发展。

中央选聘生态护林员补助资金增至60亿元，近100万建档立卡贫困人口被选聘为生态护林员，带动300万人稳定增收脱贫。出台了《建档立卡贫困人口生态护林员管理办法》，规范生态护林员选聘管理。发起"林业草原生态扶贫专项基金"，首批募集资金1656万元。国家林业和草原局加大对4个定点扶贫县帮扶力度，超额完成《2019年中央单位定点扶贫责任书》考核目标和任务，4个对口扶贫县县企合作产业项目加快落实，签订落地协议7家，贵州荔波和广西独山两县脱贫摘帽。

十一、森林草原资源保护管理全面加强

大力实施森林质量精准提升工程，全国共完成森林抚育773.3万公顷。启动退化林本底调查与动态评估，开展退化林修复试点建设，全国共完成退化林修复174.5万公顷。森林资源结构不断优化、质量不断提高、功能不断增强，混交林面积比率提高2.94个百分点，达到41.92%；乔木林每公顷蓄积增加5.04立方米，达到94.83立方米，森林植被总碳储量达到89.8亿吨，年涵养水源6289.5亿立方米，年固定土壤87.48亿吨。

进一步完善建设项目使用林地定额制度，确立了林地使用"总量控制、定额管理、节约用地、合理供地"的新机制。出台了建设项目使用林地审核审批管理办法等规范性文件，从严控制风电场、光伏电站、东北内蒙古重点国有林区矿产资源开发等建设项目使用林地。森林督查实现全覆盖，开展了"绿卫2019"森林草原执法

专项行动，查处破坏森林资源案件72 517宗，查处各类林业行政案件13.56万起。

中央编办批准国家林业和草原局成立森林草原防火司。各级林草部门强化灾前预防，提早安排部署，狠抓督查指导，严管严控火源，夯实基础能力。全年共发生森林火灾2345起，受害森林面积约1.35万公顷，与2018年比，分别下降5.4%和17.2%；发生草原火灾45起，受害草原面积约6.67万公顷，森林草原防火工作整体保持平稳。

林业有害生物防治面积1733.3万公顷。完成2015—2017年重大林业有害生物防控目标责任制考核，出台了《松材线虫病生态灾害督办追责办法》，强化地方政府防治目标责任制落实。开展了松材线虫病疫木检疫执法专项行动，进一步加强松材线虫病疫情源头管理。全年完成草原生物灾害防治任务926.7万公顷，减少牧草损失365万吨，相当于挽回牧草直接经济损失超过10亿元。严厉打击非法开垦草原行为，依法查处各类草原违法案件3800余起。

古树名木保护管理力度加大。组织完成全国古树名木资源普查，完成《全国古树名木普查结果报告》。完成山西、江苏、安徽、河南、广东、陕西六省的古树名木抢救复壮首批试点工作。古树名木保护法制建设不断推进，古树名木保护首次列入《森林法》专门条款，古树名木保护专项立法调研顺利开展。

林草种质资源管理不断强化。召开全国林草种苗工作会议，印发《国家林业和草原局关于推进种苗事业高质量发展的意见》，启动首次全国林草种质资源普查。公布第一批国家草品种区域试验站30处，审认定林木良种34个。林木种苗抽查的林木种苗生产经营单位持证率、标签使用率、建档率均达100%，档案齐全率90.1%，种苗自检率97.6%。严厉打击制售假冒伪劣林木种苗行为，全国查处违法生产经营林木种苗案件120余起，罚没金额50万元。全年生产林木草种3000多万公斤，生产可供造林苗木377亿株。

十二、林草治理体系和治理能力现代化建设加快推进

第十三届全国人大常委会第十五次会议表决通过了新修订的《森林法》，为做好国土绿化工作提供法治保障。自然保护地、国家公园、湿地保护立法及草原法修订工作稳步推进。认真做好自然保护地、国土空间规划、天然林保护等方面规范性文件合法性审查工作，对130余部涉及国土绿化的地方性法规、规章进行备案审查。林木采伐'放管服'改革进一步深化，实行告知承诺制和信用监管机制，大力推动网上办证、手机APP办证，林农林木采伐办证更加方便快捷。

林业草原建设投融资体制机制更加完善。2019年落实中央资金1371.3亿元，其中国家发展改革委安排中央预算内投资178亿元、财政部安排森林资源培育资金142.77亿元支持国土绿化相关工作。中国绿化基金会、中国绿色碳汇基金会募资超过3亿元。金融贷款、绿色债券和地方政府专项债券、森林保险等多种金融工具，广泛吸引社会资本投入林草事业。国家林业和草原局与国家开发银行加强合作，推进开发性金融支持长江经济带开展大规模国土绿化，实施重点生态保护修复工程。全国森林保险承保面积达到1.6亿公顷，保险金额1.43万亿元。建立了草原、湿地、荒漠生态保护以及野生动物肇事补偿机制。

国有林区等各项改革不断深化。中央组织部、中央编办出台了《关于健全重点国有林区森林资源管理体制有关事项的通知》，六大森工集团行政职能全部完成移交，大兴安岭林业集团公司启动直管改革。4855个国有林场改革任务全面完成并通过国家验收，国有林场事业编制数由40万精简到18.9万。集体林权制度改革进一步深化，新型经营主体达27.87万个。探索实施林长制改革的省份扩大到21个。

林草科技创新体系不断完善。成立第一批国家林业和草原长期科研基地50个，成立林业草原工程技术研究中心10个，成立第二批林业和草原国家创新联盟139个，新增陆地生态系统生态定位观测站12个。组织实施中央财政林业科技推广项目558项，重点推广科技成果100项，发布林业行业标准98项，授权植物新品种439件。建立树种高效培育模式69项，建成苗圃、良种繁育、实验、示范基地1090个。4项成果获国家科技进步二等奖。

十三、积极主动参与全球生态治理

成功举办2019年中国北京世界园艺博览会，是迄今展出规模最大、参展国家最多的一届世界园艺博览会。习近平总书记、李克强总理分别出席开幕式、闭幕式活动并作重要讲话。110个国家和国际组织，以及包括中国31个省（区、市）、港澳台地区在内的120余个非官方参展者参加，参观人数达934万人次，被国际展览局高度赞誉是园艺博览会历史上最好的一届盛会。

第七届库布其国际沙漠论坛在内蒙古自治区鄂尔多斯市举办。举办了《联合国防治荒漠化公约》第十三次缔约方大会第二次主席团会议、世界防治荒漠化与干旱日纪念大会暨荒漠化防治国际研讨会。中国以主席国身份参加《联合国防治荒漠化公约》第十四次缔约方大会，并于会间组织部长级边会。宁夏回族自治区林草局与联合国荒漠化公约秘书处签署合作备忘录，共同建立国际荒漠化防治知识管理中心。

大熊猫保护、自然保护地、虎豹跨境保护等内容纳入党和国家领导人外交活动及成果文件。召开了虎豹跨境保护国际研讨会，与俄罗斯、奥地利、丹麦启动了新的大熊猫保护合作研究项目。成功申请2021年在中国举办《湿地公约》缔约方大会。中国黄渤海候鸟栖息地一期列入世界自然遗产。推进国际湿地城市认证工作，新指定7处国际重要湿地，开展国际重要湿地生态状况监测并发布白皮书。《联合国森林文书》履约示范单位增加到14个。与42个国家开展林草高层对话，新签署6个双边合作协议、11个专项合作协议，举办了31期援外培训班。国际竹藤组织和亚太森林组织影响力持续提升。积极参与全球打击野生动植物非法贸易和打击木材非法采伐国际合作。

2019年国土绿化工作虽然取得了新进展新成效，但与高质量发展要求相比，还面临许多困难和挑战。各种生态资源总量不足、质量不高、功能不强，自然生态系统的多种效益没有充分发挥，人居环境亟待进一步改善，国土绿化工作仍需持续发力，补齐短板，不断提升绿化质量和水平。

2020年是全面建成小康社会和"十三五"规划圆满收官之年。国土绿化工作要以习近平新时代中国特色社会主义思想为指导，认真践行习近平生态文明思想，加快推进大规模国土绿化行动，不断提高生态治理体系和治理能力现代化水平，全力推动国土绿化事业高质量发展，为全面建成小康社会、实现第一个百年奋斗目标，建设生态文明和美丽中国作出更大的贡献。

备注：公报中涉及的全国性统计数据，均未包括香港特别行政区、澳门特别行政区和台湾省。

国家林业和草原局关于积极应对新冠肺炎疫情有序推进2020年国土绿化工作的通知

林生发〔2020〕25号

各省、自治区、直辖市林业和草原主管部门，内蒙古、大兴安岭森工（林业）集团公司，新疆生产建设兵团林业和草原主管部门，国家林业和草原局各司局、各派出机构、各直属单位：

为深入贯彻习近平总书记重要指示精神，认真落实中央关于统筹推进新冠肺炎疫情防控和经济社会发展工作的决策部署，一手抓疫情防控，一手抓2020年国土绿化谋划推进，现就有关事项通知如下：

一、分区施策推进春季造林

随着天气转暖，春季造林已由南向北渐次展开。各地要在确保疫情防控和满足复工复产相关要求的前提下，以县级为单位，因地制宜，有序开展春季造林绿化。疫情低风险地区要在安全可控前提下，抢抓当前造林黄金时节，全力推进造林绿化进度；中风险地区要坚持疫情防控优先，安全有序开展春季造林绿化，同时要提前谋划，待疫情结束后，加快推进造林绿化；高风险地区要把疫情防控作为最重要最紧迫的任务，及时调整工作节奏，尽可能地做好造林绿化各项前期谋划和准备工作，为疫情结束后及时开展造林绿化争取主动。各地要优先推进国家重点生态工程建设，确保年度计划任务保质保量完成。

二、全力做好雨季秋季造林准备

因疫情影响错过春季造林季节的南方地区，疫情结束后要及时组织开展整地、备苗等准备工作，加大秋季、冬季造林力度，尽可能降低疫情对造林绿化带来的影响。北方地区在大力推进春季造林的同时，要密切关注天气趋势预测，提前谋划，提前准备，加大雨季、秋季造林力度。各地要开展苗木调查摸底，加大容器苗生产培育力度，有条件的地方，可将苗龄小的裸根苗转为容器苗培育，以满足其他季节造林绿化用苗需求。要充分发挥机械设备在造林绿化生产中的重要作用，有条件的地方，要动员和组织有关专业化企业和经营主体，采用挖坑机等机具开展整地作业服务，提高劳动效率，加快造林进度。

三、积极做好内业准备工作

各地要抓紧部署指导造林绿化项目作业设计编制、审查、批复等工作。尚未完成作业设计编制的地方要加快工作进度。已经编制作业设计的地方，要按照疫情防控要求，创新作业设计审批形式，采用函评、视频会议、网上审批等非人员聚集方式进行评审批复，尽可能缩短项目审批时间，确保疫情防控期间项目推进不停摆。对于需要招投标的造林绿化项目，要积极协调相关部门，尽量简化流程、简化环节、压缩时限，采取简易招标方式，加快造林绿化项目实施进度。

四、有序组织造林绿化用工

各地要考虑受疫情管控影响，专业造林绿化企业复工慢、用工难、用工贵等问题，组织动员当地农民，特别是深度贫困地区建档立卡贫困人员，以及因疫情影响难以返城务工人员，采取线上培训、视频培训、编制简易技术手册等形式进行技术培训，就地就近承担造林绿化任务，缓解用工短缺难题，加快春季造林进度，同时为群众创造就业机会，增加劳务收入，助力脱贫攻坚。组织农民群众造林绿化，要注意合理有序安排，避免人员集聚，做好人员防护措施。

五、统筹安排造林绿化任务

各地要根据疫情，及时做好2020年度造林绿化任务时空安排、结构调整。尚未分解下达2020年造林计划任务的省（区、市），要充分考虑疫情影响，统筹安排好春季、雨季、秋冬季造林计划任务，与基层做好对接，及时分解落实到各市、县、区。已经分解下达造林计划任务的省（区、市），可根据疫情程度等实际情况，重新研究调整本地区造林计划任务安排，将受疫情影响难以完成的春季造林任务调整到雨季、秋冬季造林。充分考虑疫情造成用工短缺、人工造林受限等因素，及时调整造林结构，适当加大封山育林、飞播造林力度。各地林业和草原主管部门要与相关部门加强沟通协调，积极落实造林绿化用地，为全面完成造林绿化任务提供用地保障。

六、切实保障造林物资运输畅通

受疫情管控影响，一些地方道路还不通畅，对造林物资运输影响较大。各级林业和草原部门要统筹做好春季造林物资运输需求研判，加强与交通运输部门沟通协调，重点解决跨地区调运难、进村难等问题，切实保障苗木、种子、化肥、农药等造林物资运输畅通。

七、适时抓好松材线虫除治工作

各地要及时掌握春季疫木除治进度，分区施策、分类管理，加强指导，加快进度，力争按规定时限完成疫木除治任务，并严格按照有关要求进行疫木无害化处理。对确实无法在媒介昆虫羽化前完成疫木除治任务的，要及时调整除治方案，采取有针对性的补救措施，重点是全面加强疫区检疫封锁，防止疫木流失导致疫情传播；要加大媒介昆虫的防治力度，科学应用飞机防治和地面防治等多种方式，降低虫口密度。

八、积极推进草原保护修复

各地要认真组织实施退牧还草工程、退化草原人工种草生态修复试点项目，提前做好任务分解、实施方案编制等准备工作，加快工程实施进度。加快编制草原生态修复工程规划，加强草原禁牧、草畜平衡的监管，持续推进草原生态保护和修复。及时分析预判草原蝗灾等生物灾害发生趋势，提前做好灾害防控应急预案、物资储备等工作。

九、有效建立并完善国土绿化调度会商机制

各地要加强国土绿化进展情况调度，及时跟踪掌握面上造林绿化及天然林资源保护、退耕还林、京津风沙源治理、石漠化综合治理、三北等重点地区防护林体系建设、国家储备林、退牧还草、退化草原人工种草等重点生态工程进展，分析研判疫情影响，及时发现问题，研究对策，督促指导。实行调度工作月报制度，各省级林业和草原主管部门应于每月3日前将上月各项工程进展情况报送我局各相关司局、各重点工程管理办公室；我局各相关司局、各重点工程管理办公室应于每月5日前将各自管理的重点工程进展情况提交生态司汇总。

中国林科院组织有关专家针对疫情影响提出了若干主要树种造林技术措施建议（见附件），现一并下发，供各地参考。

特此通知。

附件：中国林科院组织有关专家针对疫情影响提出的若干主要树种造林技术措施建议（略）

国家林业和草原局
2020年2月28日

国家林业和草原局办公室　民政部办公厅 国家卫生健康委员会办公厅　国家中医药管理局办公室 关于公布国家森林康养基地（第一批）名单的通知

办改字〔2020〕53号

各省、自治区、直辖市林业和草原主管部门、民政厅（局）、卫生健康委、中医药局，内蒙古森工集团，新疆生产建设兵团林草局、民政局、卫生健康委，大兴安岭林业集团：

根据《国家林业和草原局办公室　民政部办公厅　国家卫生健康委员会办公厅　国家中医药管理局办公室关于开展国家森林康养基地建设工作的通知》（办改字〔2019〕121号，以下简称《通知》），经各省级林业和草原、民政、卫生健康、中医药等主管部门共同推荐，国家林业和草原局、民政部、国家卫生健康委员会、国家中医药管理局等四部门（以下简称"四部门"）组织专家评审、网上公示等程序，决定将内蒙古牙克石市、天津市九龙山森林康养基地等96家第一批国家森林康养基地予以公布（名单见附件）。现将有关事项通知如下：

一、进一步提高思想认识

发展森林康养是科学合理利用林草资源，践行绿水青山就是金山银山理念的有效途径，是实施健康中国和乡村振兴战略的重要措施。建设国家森林康养基地，是推进森林康养产业发展的具体举措，通过提供优美的康养环境、安全的森林食品和优质的康养服务，对促进国民健康、提升人民群众健康水平具有重要作用。要以习近平生态文明思想为指导，进一步提高思想认识，牢固树立新发展理念，着力推进森林康养发展，不断满足广大人民群众日益增长的美好生活需要。

二、进一步推进基地建设

各级主管部门要通力合作，充分发挥部门优势，建立联动机制，进一步推进森林康养基地建设。加大对国家森林康养基地的政策保障，优化森林康养环境，强化生态环境保护与监测，完善配套基础设施，促进服务质量提升，推动国家森林康养基地充分发挥引领带动作用，为人民群众提供更加优质的森林康养产品。

三、进一步强化基地管理

各级主管部门要根据《国家林业和草原局　民政部　国家卫生健康委员会　国家中医药管理局关于促进森林康养产业发展的意见》（林改发〔2019〕20号，以下简称《意见》），强化对基地的指导和监督。各国家森林康养基地要按照《意见》和《通知》的要求，进一步完善建设方案，加强生态环境保护，着力优化美化森林环境，完善服务设施，丰富森林康养产品，依法规范经营，提高森林康养服务水平。要按照生态优先、集约节约发展的原则，在严格保护生态环境、严格执行林地保护利用规划、严格遵守自然保护地各项规定的前提下，充分利用现有设施开展森林康养服务，严禁搞大拆大建和重复建设，坚决禁止违法建设别墅。

四部门将按照有关标准和要求，对国家森林康养基地开展动态管理，适时开展抽查检查和质量评定工作，对不符合条件、服务质量差、有违法违规等行为的，剔除出国家森林康养基地建设范围。

特此通知。

附件：国家森林康养基地(第一批)名单

国家林草局办公室
民政部办公厅
国家卫生健康委办公厅
国家中医药局办公室
2020年6月2日

附件

国家森林康养基地(第一批)名单

以县为单位的国家森林康养基地

序号	省份	基地名称
1	内蒙古	牙克石市
2	黑龙江	漠河市
3	福建	福州市晋安区
4	福建	武平县
5	福建	将乐县
6	福建	顺昌县
7	江西	婺源县
8	江西	大余县
9	江西	资溪县
10	河南	鄢陵县
11	广东	广宁县
12	广东	连山壮族瑶族自治县
13	广东	平远县
14	重庆	石柱土家族自治县
15	云南	墨江哈尼族自治县
16	云南	普洱市思茅区
17	云南	腾冲市

以经营主体为单位的国家森林康养基地

序号	省份	基地名称及建设主体
18	天津	九龙山森林康养基地——天津九龙山国家森林公园
19	河北	仙台山森林康养基地——石家庄万邦达旅游开发有限公司
20	河北	奥伦达部落·丰宁森林康养小镇——承德居易旅游开发有限公司
21	山西	历山森林康养基地——山西省中条山国有林管理局
22	山西	左权龙泉森林康养基地——左权龙泉国家森林公园(左权县万景旅游开发有限公司)
23	山西	太行洪谷森林康养基地——山西太行洪谷国家森林公园管理处
24	内蒙古	林胡古塞森林康养基地——内蒙古白桦林生态旅游有限公司
25	吉林	四平市云翠谷森林康养基地——四平市明银休闲度假村有限公司
26	吉林	长春莲花山森林康养基地——长春悦翊房地产开发有限公司
27	吉林	吉林森工仙人桥森林温泉康养基地——吉林森工森林康养发展集团有限责任公司
28	吉林	临江溪谷森林康养基地——临江溪谷森林公园旅游度假有限公司
29	黑龙江	伊春西岭森林医养度假基地——伊春市宝宇龙花酒店有限公司
30	黑龙江	绥阳双桥森林康养游基地——黑龙江省绥阳林业局有限公司
31	黑龙江	伊春桃山玉温泉森林康养基地——伊春沐心旅游发展有限责任公司
32	黑龙江	鹤北林业局森林康养基地——黑龙江省鹤北重点国有林管理局
33	江苏	东台黄海海滨国家森林公园——东台黄海海滨国家森林公园管理中心
34	江苏	云台山国家森林公园——云台山国家森林公园管委会
35	浙江	桐庐天子地森林康养基地——桐庐天子地旅游开发有限公司

(续表)

序号	省份	基地名称及建设主体
36	浙江	千岛湖龙川湾森林康养基地 ——浙江千岛湖西南景区旅游有限公司
37		丽水白云国家森林公园 ——丽水白云森林公园管理处
38		衢州柯城区灵鹫山森林康养基地 ——衢州市柯城区绿创森林运动有限责任公司
39	安徽	霍山县陡沙河温泉森林康养基地 ——华强大别山国际旅游度假区开发集团有限公司
40		天柱山森林康养基地 ——潜山市天柱山国家森林公园
41		石台西黄山富硒农旅度假区森林康养基地 ——石台县西黄山茶叶实业有限公司
42		金寨县茶西河谷森林康养基地 ——金寨县映山红农业发展有限公司
43	福建	梅花山森林康养基地 ——福建省梅花山旅游发展有限公司
44		邵武市二都森林康养基地 ——福建省邵武市国有林场二都场
45		三元格氏栲森林康养基地 ——三明市三元格氏栲森林旅游公司
46		岁昌森林康养基地 ——福建岁昌生态农业开发有限公司
47		匡山生态景区（一期项目建设工程） ——浦城县旅游投资开发有限公司
48	江西	萍乡市麓林湖养生公馆 ——萍乡市都市农庄生态园开发有限公司
49		新光山庄 ——江西省新光山水开发有限公司
50		南昌市茶园山生态实验林场森林康养基地 ——南昌市林业科学研究所
51	山东	桃花岗森林康养基地 ——泗水县泗张镇人民政府
52		寿光林发集团森林康养基地 ——寿光林业生态发展集团有限公司
53		牛郎山森林康养基地 ——山东牛郎山旅游开发有限公司
54		获鹿山谷 ——安丘峰山文化发展有限公司

(续表)

序号	省份	基地名称及建设主体
55	河南	竹林长寿山森林康养基地 ——河南竹林长寿山文旅集团有限公司
56		龙峪湾国家森林公园 ——洛阳龙峪湾森林养生避暑度假有限公司
57	湖北	五道峡景区横冲森林康养基地 ——湖北荆山楚源生态文化旅游开发有限公司
58		大口国家森林公园 ——钟祥市大口国家森林公园管理处
59		燕儿谷森林康养基地 ——湖北省罗田县燕儿谷生态观光农业有限公司
60		通城县药姑山森林康养基地 ——湖北省国有通城县岳姑林场
61	湖南	涟源龙山森林康养基地 ——湖南涟源龙山国家森林公园管理处
62		灰汤温泉森林康养基地 ——湖南省总工会灰汤温泉职工疗养院
63		方家桥森林康养基地 ——湖南天堂山国家森林公园管理处
64		幕阜山森林康养基地 ——湖南幕阜山国家森林公园管理处
65		九观湖森林康养基地 ——华夏湘江股份有限公司
66	广东	河源市野趣沟森林康养基地 ——河源市野趣沟旅游区有限公司
67		安墩水美森林康养基地 ——惠东县大川投资有限公司
68	广西	大明山森林康养基地 ——广西大明山国家级自然保护区管理局
69		六万大山森林康养基地 ——广西壮族自治区国有六万林场
70		东兰红水河森林公园 ——东兰县林业局
71	海南	乐东永涛花梨谷森林康养基地 ——乐东佳源农林发展有限公司
72		南岛森林康养基地 ——海南融盛置业有限公司
73		仁帝山雨林康养基地 ——五指山仁商基业有限公司
74		霸王岭森林康养基地 ——海南省霸王岭林业局

(续表)

序号	省份	基地名称及建设主体
75	重庆	武隆区仙女山森林康养基地 ——重庆市武隆喀斯特旅游产业（集团）有限公司
76		永川区茶山竹海森林康养基地 ——重庆茶山竹海旅游开发有限公司
77		巴南区彩色森林康养基地 ——重庆邦天农业发展有限公司
78	四川	洪雅县玉屏山森林康养基地 ——四川玉屏山旅游资源开发有限公司
79		南江县米仓山森林康养基地 ——南江县米仓山国家森林公园管理局
80		海螺沟森林康养基地 ——四川省甘孜藏族自治州海螺沟景区管理局
81		雅安市海子山森林康养基地 ——雅安世外乡村旅游开发有限责任公司
82	贵州	六盘水娘娘山森林康养基地 ——六盘水娘娘山国家湿地公园管理处
83		桃源河景区森林康养基地 ——贵阳旅文旅游产业发展股份有限公司
84		开阳县水东乡舍森林康养基地 ——贵州水东乡舍旅游发展有限公司
85		翠芽27度森林康养基地 ——贵州月出江南景区运营管理有限公司
86		麻江县蓝梦谷蓝莓森林康养基地 ——麻江县农业文化旅游园区管理委员会

(续表)

序号	省份	基地名称及建设主体
87	云南	龙韵养生谷 ——红河龙韵休闲旅游开发有限公司
88		昆明潘茂野趣庄园森林康养基地 ——云南德茂生物科技有限公司
89	陕西	黄陵国家森林公园森林康养基地 ——陕西黄陵国家森林公园有限公司
90		天竺山森林康养基地 ——山阳县天竺山国家森林公园管理委员会
91		黄龙山国有林管理局森林康养基地 ——延安市黄龙山国有林管理局
92		陕西省楼观台森林康养基地 ——陕西省楼观台国有生态实验林场
93	青海	互助县北山林场森林康养基地 ——互助土族自治县北山林场
94		莫河骆驼场森林康养基地 ——青海省柴达木农垦莫河骆驼场有限公司
95	新疆	阿勒泰市克兰河峡谷森林康养基地 ——新疆维吾尔自治区阿勒泰市人民政府
96		奇台江布拉克国家森林公园 ——新疆维吾尔自治区天山东部国有林管理局奇台分局

国家林业和草原局关于公布首批国家草原自然公园试点建设名单的通知

林草发〔2020〕85号

各省、自治区、直辖市林业和草原主管部门，内蒙古森工集团，新疆生产建设兵团林业和草原主管部门，国家林业和草原局各司局、各派出机构、各直属单位、大兴安岭林业集团：

为深入贯彻落实习近平生态文明思想，加强草原保护，规范草原合理利用，探索绿水青山就是金山银山的有效实现路径，按照《中共中央办公厅 国务院办公厅关于建立以国家公园为主体的自然保护地体系的指导意见》精神，我局开展了国家草原自然公园试点建设。根据各地推荐情况，经研究，我局确定在内蒙古敕勒川等39处草原开展国家草原自然公园试点建设。现将试点建设名单（见附件1）予以公布，并提出如下要求。

一、国家草原自然公园试点建设应坚持"生态优先、绿色发展、科学利用、高效管理"的原则，把生态保护放在第一位。

二、试点单位要研究编制国家草原自然公园试点建设方案（见附件2）及总体规划，组建管理机构，在严格保护好草原生态的前提下，逐步建立保护管理与合理利用的保障机制，维护相关利益者的权益，依法科学开展生态保护、科研监测、生态旅游和文化宣教等活动，总结试点经验，为全面推进国家草原自然公园建设打好基础。

三、有关林业和草原主管部门要切实加强领导，强化辖区内国家草原自然公园试点建设的指导和监管，高标准开展试点建设工作，坚决防止违法开发破坏草原行为。

特此通知。

附件：1. 国家草原自然公园试点建设名单
　　　2. 国家草原自然公园试点建设方案提纲

国家林业和草原局
2020年9月17日

附件1

国家草原自然公园试点建设名单

序号	名称	位置
1	内蒙古敕勒川国家草原自然公园	内蒙古自治区呼和浩特市新城区
2	内蒙古图牧吉国家草原自然公园	内蒙古自治区兴安盟扎赉特旗
3	内蒙古塔林花国家草原自然公园	内蒙古自治区赤峰市阿鲁科尔沁旗
4	内蒙古二连浩特国家草原自然公园	内蒙古自治区锡林郭勒盟二连浩特市
5	内蒙古白银库伦国家草原自然公园	内蒙古自治区锡林郭勒盟锡林浩特市
6	内蒙古毛登牧场国家草原自然公园	内蒙古自治区锡林郭勒盟锡林浩特市
7	内蒙古岗根锡力国家草原自然公园	内蒙古自治区锡林郭勒盟阿巴嘎旗
8	内蒙古东乌珠穆沁国家草原自然公园	内蒙古自治区锡林郭勒盟东乌珠穆沁旗
9	内蒙古贺兰草原国家草原自然公园	内蒙古自治区阿拉善盟阿拉善左旗
10	内蒙古沙尔沁国家草原自然公园	内蒙古自治区呼和浩特市土默特左旗
11	内蒙古宝日花国家草原自然公园	内蒙古自治区乌兰察布市四子王旗
12	内蒙古包日汗图国家草原自然公园	内蒙古自治区巴彦淖尔市乌拉特后旗
13	内蒙古乌拉盖国家草原自然公园	内蒙古自治区锡林郭勒盟乌拉盖管理区
14	内蒙古图布台国家草原自然公园	内蒙古自治区兴安盟科尔沁右翼前旗
15	河北黄土湾国家草原自然公园	河北省张家口市塞北管理区
16	河北察汗淖尔国家草原自然公园	河北省张家口市尚义县
17	山西花坡国家草原自然公园	山西省长治市沁源县
18	山西沁水示范牧场国家草原自然公园	山西省晋城市沁水县
19	吉林万宝山国家草原自然公园	吉林省白城市镇赉县
20	湖南南滩国家草原自然公园	湖南省张家界市桑植县
21	湖南燕子山国家草原自然公园	湖南省永州市江永县
22	四川格木国家草原自然公园	四川省甘孜藏族自治州巴塘县
23	四川藏坝国家草原自然公园	四川省甘孜藏族自治州理塘县
24	四川瓦切国家草原自然公园	四川省阿坝藏族羌族自治州红原县
25	云南香柏场国家草原自然公园	云南省保山市隆阳区
26	云南凤龙山国家草原自然公园	云南省昆明市寻甸县
27	西藏那孜国家草原自然公园	西藏自治区拉萨市当雄县
28	西藏哲古国家草原自然公园	西藏自治区山南市措美县
29	西藏凯玛国家草原自然公园	西藏自治区那曲市色尼区
30	甘肃阿万仓国家草原自然公园	甘肃省甘南藏族自治州玛曲县
31	甘肃美仁国家草原自然公园	甘肃省甘南藏族自治州合作市
32	青海苏吉湾国家草原自然公园	青海省海北藏族自治州门源县
33	青海蒙旗阿木赫国家草原自然公园	青海省黄南藏族自治州河南蒙古族自治县
34	青海措日更国家草原自然公园	青海省黄南藏族自治州泽库县
35	青海红军沟国家草原自然公园	青海省果洛藏族自治州班玛县

(续表)

序号	名称	位置
36	宁夏西华山国家草原自然公园	宁夏回族自治区中卫市海原县
37	宁夏香山寺国家草原自然公园	宁夏回族自治区中卫市沙坡头区
38	新疆生产建设兵团天牧草原国家草原自然公园	新疆生产建设兵团第十四师—牧场
39	黑龙江八五四农场国家草原自然公园	黑龙江省鸡西市虎林市

附件2

国家草原自然公园试点建设方案提纲

一、基本概况

草原类型、面积与分布，自然地理、人文历史、旅游、文化生物多样性及草原权属等基本情况。

二、管理体制建设

国家草原自然公园试点建设管理机构建立、管理人员确定和职责明确方案。

三、资金保障

（一）试点建设投资估算。

（二）资金保障机制。

四、运行机制

（一）日常管理

推进总体规划编制，并以总体规划为引导，明确空间布局，合理开展分区管理，明确生态保护、生态旅游、科研监测和文化宣教的功能定位。

（二）发展机制

1. 社区共建。试点区内及周边居民生产活动管理，参与国家草原自然公园试点建设、保护和利用等。

2. 社会参与。社会捐赠、志愿者参与、社会组织或个人合作及大专院校和科研机构参与等。

国家林业和草原局关于统筹推进新冠肺炎疫情防控和经济社会发展做好建设项目使用林地工作的通知

林资规〔2020〕1号

各省、自治区、直辖市林业和草原主管部门，内蒙古大兴安岭森工（林业）集团公司，新疆生产建设兵团林业和草原局：

为深入贯彻落实党中央统筹推进新冠肺炎疫情防控和经济社会发展工作部署，做好建设项目使用林地支持保障工作，现将有关事项通知如下：

一、确保疫情防控建设项目使用林地

因疫情防控急需使用林地的建设项目，可以根据需要先行使用林地，并在疫情结束后6个月内补办使用林地审核手续。属于临时占用林地的，疫情结束后应当恢复林业生产条件，交还原林地使用者，不再办理使用林地审批手续。

二、支持重点建设项目使用林地

为支持经济社会发展，确保国家、省（自治区、直辖市）重点建设项目顺利实施，对列入国家和省（自治区、直辖市）重点建设项目目录的公路、铁路等基础设施项目、民生项目，因疫情防控原因无法及时办理使用林地手续的，允许先行使用林地，项目在开工前应当向省级林业和草原主管部门报备。

三、保障脱贫攻坚项目使用林地

2020年是全面建成小康社会和"十三五"规划收官之年，为确保脱贫目标如期实现，对脱贫攻坚项目，可以根据需要先行使用林地。其中，因脱贫攻坚需要，在国家级自然保护区内实施的道路、桥梁维修改造项目，不新增占地的，不需要办理在国家级自然保护区修筑设施的行政许可，自然保护区管理机构应当加强指导和监督。

四、做好服务保障和监管工作

各级林业和草原主管部门要对疫情防控建设项目、重点建设项目、脱贫攻坚项目加强监管，坚持集约节约使用林地，严禁违规搭车。重点建设项目、脱贫攻坚项目，应当在开工后6个月内及时办理使用林地审核审批手续。

各级林业和草原主管部门要对上述项目靠前服务，及时解决问题，加快项目办理进度，切实保障林地定额，省级林地定额不足的，可以申请国家备用定额。疫情防控期间，在国家级自然保护区内建设的项目，我局不组织专家进行现场考察和评审。

本通知自发布之日起施行，有效期至2020年12月31日。

特此通知。

国家林业和草原局

2020年2月28日

国家林业和草原局关于印发《草原征占用审核审批管理规范》的通知

林草规〔2020〕2号

各省、自治区、直辖市林业和草原主管部门，内蒙古森工集团，新疆生产建设兵团林业和草原主管部门，国家林业和草原局各司局、各派出机构、各直属单位、大兴安岭林业集团：

为加强草原征占用的监督管理，规范草原征占用的审核审批，保护草原资源和生态环境，根据《中华人民共和国草原法》规定，我局研究制定了《草原征占用审核审批管理规范》（见附件）。现印发给你们，请遵照执行。

特此通知。

附件：草原征占用审核审批管理规范

国家林业和草原局
2020年6月19日

附件

草原征占用审核审批管理规范

第一条 为了加强草原征占用的监督管理，规范草原征占用的审核审批，保护草原资源和生态环境，维护农牧民的合法权益，根据《中华人民共和国草原法》的规定，制定本规范。

第二条 本规范适用于下列情形：

（一）矿藏开采和工程建设等需要征收、征用或者使用草原的审核；

（二）临时占用草原的审批；

（三）在草原上修建为草原保护和畜牧业生产服务的工程设施使用草原的审批。

第三条 县级以上林业和草原主管部门负责草原征占用的审核审批工作。

第四条 草原是重要的战略资源。国家保护草原资源，实行基本草原保护制度，严格控制草原转为其他用地。

第五条 矿藏开采、工程建设和修建工程设施应当不占或者少占草原。严格执行生态保护红线管理有关规定，原则上不得占用生态保护红线内的草原。

除国务院批准同意的建设项目，国务院有关部门、省级人民政府及其有关部门批准同意的基础设施、公共事业、民生建设项目和国防、外交建设项目外，不得占用基本草原。

第六条 矿藏开采和工程建设确需征收、征用或者使用草原的，依照下列规定的权限办理：

（一）征收、征用或者使用草原超过七十公顷的，由国家林业和草原局审核；

（二）征收、征用或者使用草原七十公顷及其以下的，由省级林业和草原主管部门审核。

第七条 工程建设、勘查、旅游等确需临时占用草原的，由县级以上地方林业和草原主管部门依据所在省、自治区、直辖市确定的权限分级审批。

临时占用草原的期限不得超过二年，并不得在临时占用的草原上修建永久性建筑物、构筑物；占用期满，使用草原的单位或者个人应当恢复草原植被并及时退还。

第八条 在草原上修建直接为草原保护和畜牧业生产服务的工程设施确需使用草原的，依照下列规定的权限办理：

（一）使用草原超过七十公顷的，由省级林业和草原主管部门审批；

（二）使用草原七十公顷及其以下的，由县级以上地方林业和草原主管部门依据所在省、自治区、直辖市确定的审批权限审批。修建其他工程，需要将草原转为非畜牧业生产用地的，应当依照本规范第六条的规定办理。

第一款所称直接为草原保护和畜牧业生产服务的工程设施，是指：

1. 生产、贮存草种和饲草饲料的设施；
2. 牲畜圈舍、配种点、剪毛点、药浴池、人畜饮水设施；
3. 科研、试验、示范基地；
4. 草原防火和灌溉设施等。

第九条 草原征占用应当符合下列条件：

（一）符合国家的产业政策，国家明令禁止的项目不得征占用草原；

（二）符合所在地县级草原保护建设利用规划，有明确的使用面积或者临时占用期限；

（三）对所在地生态环境、畜牧业生产和农牧民生活不会产生重大不利影响；

（四）征占用草原应当征得草原所有者或者使用者的同意；征占用已承包经营草原的，还应当与草原承包经营者达成补偿协议；

（五）临时占用草原的，应当具有恢复草原植被的方案；

（六）申请材料齐全、真实；

（七）法律、法规规定的其他条件。

第十条 草原征占用单位或者个人应当向具有审核审批权限的林业和草原主管部门提出草原征占用申请。

第十一条 征收、征用或者使用草原的单位或者个人,应当填写《草原征占用申请表》。

第十二条 林业和草原主管部门应当自受理申请之日起二十个工作日内完成审核或者审批工作。二十个工作日内不能完成的,经本部门负责人批准,可延长十个工作日,并告知申请人延长的理由。

第十三条 省级以上林业和草原主管部门可以根据需要组织开展现场查验工作。当地县级以上林业和草原主管部门应当将现场查验报告及时报送负责审核的林业和草原主管部门。

现场查验报告应当包括以下内容:拟征收、征用或者使用草原项目基本情况;拟征收、征用或者使用草原的权属、面积、类型、等级和相关草原所有权者、使用权者和承包经营权者数量和补偿情况;是否涉及生态保护红线、各类自然保护地内草原和未批先建等情况。

第十四条 矿藏开采和工程建设等确需征收、征用或者使用草原的单位或者个人应当一次申请。建设项目批准文件未明确分期或者分段建设的,严禁化整为零。

建设项目批准文件中明确分期或者分段建设的项目,可以根据分期或者分段实施安排,按照规定权限分次申请办理征收、征用或者使用草原审核手续。

采矿项目总体占地范围确定,采取滚动方式开发的,可以根据开发计划分阶段按照规定权限申请办理征收、征用或者使用草原审核手续。

国务院或者国务院有关部门批准的公路、铁路、油气管线、水利水电等建设项目中的桥梁、隧道、围堰、导流(渠)洞、进场道路和输电设施等控制性单体工程和配套工程,根据有关开展前期工作的批文,可以向省级林业和草原主管部门申请控制性单体工程和配套工程先行使用草原。整体项目申请时,应当附具单体工程和配套工程先行征收、征用或者使用草原的批文及其申请材料,按照规定权限一次申请办理征收、征用或者使用草原审核手续。

第十五条 组织开展矿藏开采和工程建设等征收、征用或者使用草原现场查验,人员应当不少于三人,其中应当包括两名以上具有中级以上职称的相关专业技术人员。被申请征收、征用或者使用草原的摄像或者照片资料和地上建筑、基础设施建设的视频资料,可以作为《征占用草原现场查验表》的附件。

第十六条 矿藏开采和工程建设等确需征收、征用或者使用草原的申请,经审核同意的,林业和草原主管部门应当按照《中华人民共和国草原法》的规定,向申请人收取草原植被恢复费,经审核不同意的,向申请人发放不予行政许可决定书,告知不予许可的理由。

申请人在获得准予行政许可决定书后,依法向自然资源主管部门申请办理建设用地审批手续。建设用地申请未获批准的,林业和草原主管部门退还申请人缴纳的草原植被恢复费。

第十七条 临时占用草原或者修建直接为草原保护和畜牧业生产服务的工程设施需要使用草原的申请,经审批同意的,林业和草原主管部门作出准予行政许可的书面决定。经审批不同意的,作出不予行政许可的书面决定。

第十八条 申请单位或者个人应当按照批准的面积征占用草原,不得擅自扩大面积。因建设项目设计变更确需扩大征占用草原面积的,应当依照规定权限办理征占用审核审批手续。减少征占用草原面积或者变更征占用位置的,向原审核审批机关申请办理变更手续。

第十九条 违反本规范规定,有下列情形之一的,依照《中华人民共和国草原法》的有关规定查处,构成犯罪的,依法追究刑事责任:

(一)无权批准征收、征用或者使用草原的单位或者个人非法批准征收、征用或者使用草原的;

(二)超越批准权限非法批准征收、征用或者使用草原的;

(三)违反规定程序批准征收、征用或者使用草原的;

(四)未经批准或者采取欺骗手段骗取批准,非法使用草原的;

(五)在临时占用的草原上修建永久性建筑物、构筑物的;

(六)临时占用草原,占用期届满,用地单位不予恢复草原植被的;

(七)其他违反法律法规规定征占用草原的。

第二十条 县级以上林业和草原主管部门应当建立征占用草原审核审批管理档案。

第二十一条 省、自治区、直辖市林业和草原主管部门应当在每年的第一季度将上年度本省、自治区、直辖市征占用草原的情况汇总报告国家林业和草原局。

第二十二条 《草原征占用申请表》《征占用草原现场查验表》式样由国家林业和草原局规定。

第二十三条 本规范自2020年7月31日起施行。

国家林业和草原局公告

国家林业和草原局公告
2020 年第 1 号

根据《植物检疫条例》和《全国检疫性林业有害生物疫区管理办法》(林造发〔2018〕64号)有关规定,现将我国 2020 年撤销的松材线虫病疫区公告如下:

辽宁省:丹东市振兴区。
福建省:厦门市海沧区。
重庆市:奉节县。
四川省:成都市天府新区成都直管区,绵阳市江油市。
贵州省:贵阳市息烽县,遵义市红花岗区。

特此公告。

国家林业和草原局
2020 年 2 月 24 日

国家林业和草原局公告
2020 年第 2 号

根据《植物检疫条例》和《全国检疫性林业有害生物疫区管理办法》(林造发〔2018〕64号)有关规定,现将我国 2020 年撤销的美国白蛾疫区公告如下:

安徽省:铜陵市枞阳县。

特此公告。

国家林业和草原局
2020 年 2 月 24 日

国家林业和草原局公告
2020 年第 3 号

根据《植物检疫条例》和《全国检疫性林业有害生物疫区管理办法》(林造发〔2018〕64号)有关规定,现将我国 2020 年美国白蛾疫区公告如下:

北京市:东城区、西城区、朝阳区、丰台区、石景山区、海淀区、门头沟区、房山区、通州区、顺义区、昌平区、大兴区、怀柔区、平谷区、密云区。

天津市:和平区、河东区、河西区、南开区、河北区、红桥区、东丽区、西青区、津南区、北辰区、武清区、宝坻区、滨海新区、宁河区、静海区、蓟州区。

河北省:石家庄市长安区、桥西区、新华区、裕华区、藁城区、鹿泉区、井陉县、正定县、行唐县、灵寿县、高邑县、深泽县、无极县、平山县、元氏县、新乐市,唐山市路南区、路北区、古冶区、开平区、丰南区、丰润区、曹妃甸区、滦南县、乐亭县、迁西县、玉田县、滦州市、遵化市、迁安市,秦皇岛市海港区、山海关区、北戴河区、抚宁区、青龙县、昌黎县、卢龙县,邯郸市邯山区、丛台区、复兴区、肥乡区、永年区、临漳县、成安县、大名县、邱县、广平县、馆陶县、魏县、曲周县、鸡泽县,邢台市桥东区、邢台县、临城县、柏乡县、隆尧县、任县、南和县、宁晋县、广宗县、平乡县、威县、清河县、临西县、内丘县、巨鹿县、南宫市、沙河市,保定市竞秀区、莲池区、满城区、清苑区、徐水区、涞水县、定兴县、唐县、高阳县、望都县、易县、曲阳县、蠡县、顺平县、博野县、涿州市、安国市、高碑店市,承德市鹰手营子矿区、兴隆县、宽城县、平泉市,沧州市新华区、运河区、沧县、青县、东光县、海兴县、盐山县、肃宁县、南皮县、吴桥县、献县、孟村县、泊头市、任丘市、黄骅市、河间市,廊坊市安次区、广阳区、固安县、永清县、香河县、大城县、文安县、大厂县、霸州市、三河市,衡水市桃城区、冀州区、枣强县、武邑县、武强县、饶阳县、安平县、故城县、景县、阜城县、深州市,定州市,辛集市,雄安新区容城县、安新县、雄县。

内蒙古自治区:通辽市科尔沁左翼后旗、科尔沁左翼中旗。

辽宁省:沈阳市苏家屯区、浑南区、沈北新区、于洪区、辽中区、康平县、法库县、新民市,大连市甘井子区、旅顺口区、金普新区、普兰店区、长海县、瓦房店市、庄河市,鞍山市千山区、台安县、岫岩县、海城市、抚顺市顺城区、抚顺县，本溪市平山区、溪湖区、明山区、南芬区、本溪县、桓仁县，丹东市元宝区、振兴区、振安区、合作区、宽甸县、东港市、凤城市，锦州市太和区、黑山县、义县、凌海市、北镇市，营口市鲅鱼圈区、老边区、盖州市、大石桥市，阜新市清河门区、细河区、阜新县、彰武县，辽阳市文圣区、宏伟区、弓长岭区、太子河区、辽阳县、灯塔市，盘锦市大洼区、盘山县，铁岭市银州区、清河区、铁岭县、西丰县、昌图县、调兵山市、开原市，葫芦岛市连山区、龙港区、南票区、绥中县、兴城市。

吉林省：长春市双阳区、长春经济技术开发区、长春汽车经济技术开发区、长春高新技术开发区，吉林市吉林经济技术开发区，四平市铁西区、梨树县、公主岭市、双辽市，辽源市龙山区、西安区、东丰县、东辽县，通化市梅河口市、集安市。

上海市：宝山区、嘉定区、浦东新区、金山区※（※表示 2019 年美国白蛾新发生县级行政区，下同）、松江区※、青浦区。

江苏省：南京市建邺区、鼓楼区、浦口区、栖霞区、江宁区、六合区，徐州市鼓楼区、云龙区、贾汪区、泉山区、铜山区、丰县、沛县、睢宁县、新沂市、邳州市，连云港市连云区、海州区、赣榆区、东海县、灌云县、灌南县，淮安市淮安区、淮阴区、清江浦区、洪泽区、涟水县、盱眙县、金湖县，盐城市亭湖区、盐都区、大丰区、响水县、滨海县、阜宁县、射阳县、建湖县、东台市，扬州市广陵区、邗江区、江都区、宝应县、仪征市、高邮市，泰州市姜堰区、兴化市，宿迁市宿城区、宿豫区、沭阳县、泗阳县、泗洪县。

安徽省：合肥市瑶海区、庐阳区、蜀山区、包河区、长丰县、肥东县、巢湖市，芜湖市鸠江区、三山区、繁昌县、无为市，蚌埠市龙子湖区、蚌山区、禹会区、淮上区、怀远县、五河县、固镇县，淮南市大通区、田家庵区、谢家集区、八公山区、潘集区、毛集区、凤台县、寿县，马鞍山市当涂县、含山县，淮北市杜集区、相山区、烈山区、濉溪县，铜陵市义安区、郊区，阜阳市颍州区、颍东区、颍泉区、临泉县、太和县、阜南县、颍上县、界首市，宿州市埇桥区、砀山县、萧县、灵璧县、泗县，滁州市南谯区、琅琊区、来安县、全椒县、定远县、凤阳县、天长市、明光市，六安市霍邱县，亳州市谯城区、涡阳县、蒙城县、利辛县，池州市贵池区。

山东省：济南市历下区、市中区、槐荫区、天桥区、历城区、长清区、章丘区、济阳区、莱芜区、钢城区、平阴县、商河县，青岛市市南区、市北区、西海岸新区、崂山区、李沧区、城阳区、即墨区、胶州市、平度市、莱西市，淄博市周村区、张店区、淄川区、博山区、临淄区、桓台县、高青县、沂源县，枣庄市市中区、薛城区、峄城区、台儿庄区、山亭区、滕州市，东营市东营区、河口区、垦利区、利津县、广饶县，烟台市芝罘区、福山区、牟平区、莱山区、长岛县、龙口市、莱阳市、莱州市、蓬莱市、招远市、栖霞市、海阳市，潍坊市潍城区、寒亭区、坊子区、奎文区、临朐县、昌乐县、青州市、诸城市、寿光市、安丘市、高密市、昌邑市，济宁市任城区、兖州区、微山县、鱼台县、金乡县、嘉祥县、汶上县、泗水县、梁山县、曲阜市、邹城市，泰安市泰山区、岱岳区、宁阳县、东平县、新泰市、肥城市，威海市环翠区、文登区、荣成市、乳山市，日照市东港区、岚山区、五莲县、莒县，临沂市兰山区、罗庄区、河东区、沂南县、郯城县、沂水县、兰陵县、费县、平邑县、莒南县、蒙阴县、临沭县，德州市德城区、陵城区、宁津县、庆云县、临邑县、齐河县、平原县、夏津县、武城县、乐陵市、禹城市，聊城市东昌府区、茌平区、阳谷县、莘县、东阿县、冠县、高唐县、临清市，滨州市滨城区、沾化区、惠民县、阳信县、无棣县、博兴县、邹平市，菏泽市牡丹区、定陶区、曹县、单县、成武县、巨野县、郓城县、鄄城县、东明县。

河南省：郑州市金水区、惠济区、郑东新区、中牟县，开封市龙亭区、顺河回族区、鼓楼区、祥符区、开封新区、通许县、尉氏县，安阳市文峰区、北关区、安阳县、汤阴县、内黄县，鹤壁市山城区、淇滨区、浚县、淇县，新乡市红旗区、卫滨区、新乡县、原阳县、延津县、封丘县、卫辉市，焦作市修武县、武陟县，濮阳市华龙区、濮阳经济技术开发区、清丰县、南乐县、范县、台前县、濮阳县，许昌市建安区、鄢陵县，漯河市源汇区、郾城区、召陵区、舞阳县、临颍县，商丘市梁园区、睢阳区、民权县、夏邑县、虞城县、睢县※，信阳市浉河区、平桥区、罗山县、光山县、潢川县、淮滨县、息县、商城县、新县※，周口市川汇区、扶沟县、西华县、商水县、沈丘县、郸城县、淮阳县、项城市，驻马店市驿城区、确山县、泌阳县、遂平县、西平县、上蔡县、汝南县、平舆县、正阳县、滑县、兰考县、长垣县、固始县、永城市、新蔡县。

湖北省：孝感市孝南区、云梦县、孝昌县、大悟县、应城市、安陆市，襄阳市襄州区、枣阳市，随州市随县、广水市，黄冈市红安县※。

陕西省：西安市西咸新区沣西新城、西咸新区沣东新城※、高新区、鄠邑区※。

特此公告。

国家林业和草原局
2020 年 2 月 24 日

市场监管总局　农业农村部　国家林草局
关于禁止野生动物交易的公告
2020年第4号

为严防新型冠状病毒感染的肺炎疫情，阻断可能的传染源和传播途径，市场监管总局、农业农村部、国家林草局决定，自本公告发布之日起至全国疫情解除期间，禁止野生动物交易活动。

一、各地饲养繁育野生动物场所实施隔离，严禁野生动物对外扩散和转运贩卖。

二、各地农(集)贸市场、超市、餐饮单位、电商平台等经营场所，严禁任何形式的野生动物交易活动。

三、社会各界发现违法违规交易野生动物的，可通过12315热线或平台举报。

四、各地各相关部门要加强检查，发现有违反本公告规定的，要依法依规严肃查处，对经营者、经营场所分别予以停业整顿、查封，涉嫌犯罪的，移送公安机关。

五、消费者要充分认识食用野生动物的健康风险，远离"野味"，健康饮食。

市场监管总局　农业农村部　国家林草局
2020年1月26日

国家林业和草原局公告
2020年第5号

为进一步落实国务院"放管服"改革要求，提高审批效率，现将在森林和野生动物类型国家级自然保护区实验区修筑设施审批事项中取消的部分申请材料予以公布。

对部门规章《在国家级自然保护区修筑设施审批管理暂行办法》（原国家林业局令第50号）第五条第一款第二项中"规划或者工程设计文件"申请材料，自公告之日起停止执行，部门规章按程序修改后另行发布。

对原国家林业局公告2016年第12号第27项子项2提交材料名称中涉及的"拟建立机构或修筑设施的单位或个人的申请文件""拟建机构或设施的规划或工程设计文件"和"保护、管理、补偿等协议"等申请材料，自公告之日起停止执行，原国家林业局公告2016年第12号按程序修改后另行发布。

特此公告。

国家林业和草原局
2020年3月23日

国家林业和草原局公告
2020年第6号

国家林业和草原局批准发布《林业和草原行政许可实施规范》等52项林业行业标准（见附件），自2020年10月1日起实施。

特此公告。

附件：《林业和草原行政许可实施规范》等52项林业行业标准目录

国家林业和草原局
2020年3月30日

附件

《林业和草原行政许可实施规范》等52项林业行业标准目录

(续表)

序号	标准编号	标准名称	代替标准号	序号	标准编号	标准名称	代替标准号
1	LY/T 3171—2020	林业和草原行政许可实施规范		3	LY/T 3173—2020	南方型黑杨速生丰产林培育技术规程	
2	LY/T 3172—2020	林业和草原行政许可评价规范		4	LY/T 3174—2020	木槿培育技术规程	

(续表)

序号	标准编号	标准名称	代替标准号
5	LY/T 3175—2020	接骨木培育技术规程	
6	LY/T 3176—2020	梅花培育技术规程	
7	LY/T 3177—2020	主要宿根花卉露地栽培技术规程	
8	LY/T 3178—2020	西北华北山地次生林经营技术规程	
9	LY/T 3179—2020	退化防护林修复技术规程	
10	LY/T 3180—2020	干旱干热河谷区退化林地土壤修复技术规程	
11	LY/T 3181—2020	森林生态旅游低碳化管理导则	
12	LY/T 3182—2020	森林生态旅游地木(竹)材产品使用技术要求	
13	LY/T 3183—2020	林分形高表编制技术规程	
14	LY/T 3184—2020	虚拟三维林相图制作技术规程	
15	LY/T 1990—2020	森林工程装备系统设计导则	LY/T 1990—2011 LY/T 1991—2011 LY/T 1992—2011 LY/T 1993—2011
16	LY/T 1840—2020	喀斯特地区植被恢复技术规程	LY/T 1840—2009
17	LY/T 3185—2020	极小种群野生植物野外回归技术规范	
18	LY/T 3186—2020	极小种群野生植物苗木繁育技术规程	
19	LY/T 3187—2020	极小种群野生植物种质资源保存技术规程	
20	LY/T 1829—2020	林业植物产地检疫技术规程	LY/T 1829—2009
21	LY/T 3188—2020	国家公园总体规划技术规范	
22	LY/T 3189—2020	国家公园资源调查与评价规范	
23	LY/T 3190—2020	国家公园勘界立标规范	
24	LY/T 2201—2020	榛培育技术规程	LY/T 2201—2013 LY/T 2205—2013

(续表)

序号	标准编号	标准名称	代替标准号
25	LY/T 3191—2020	林木DNA条形码构建技术规程	
26	LY/T 1057—2020	船用贴面刨花板	LY 1057.1~1057.3—91
27	LY/T 1364—2020	铁路客车用胶合板	LY/T 1364—2006
28	LY/T 1859—2020	仿古木质地板	LY/T 1859—2009
29	LY/T 1279—2020	聚氯乙烯薄膜饰面人造板	LY/T 1279—2008
30	LY/T 1738—2020	实木复合地板用胶合板	LY/T 1738—2008
31	LY/T 1659—2020	人造板工业粉尘防控技术规范	LY/T 1659—2006
32	LY/T 3192—2020	内置电热层电采暖木质地板	
33	LY/T 3193—2020	竹制工程材料术语	
34	LY/T 3194—2020	结构用重组竹	
35	LY/T 3195—2020	防腐竹材的质量要求	
36	LY/T 3196—2020	竹林碳计量规程	
37	LY/T 3197—2020	竹材制品碳计量规程	
38	LY/T 3198—2020	无胶竹砧板	
39	LY/T 3199—2020	铝合金增强竹塑复合型材	
40	LY/T 3200—2020	圆竹家具通用技术条件	
41	LY/T 3201—2020	展平竹地板	
42	LY/T 3202—2020	竹缠绕管廊	
43	LY/T 2222—2020	竹单板	LY/T 2222—2013
44	LY/T 3203—2020	竹炭远红外发射率测定方法	
45	LY/T 3204—2020	竹展平板	
46	LY/T 3205—2020	专用竹片炭	
47	LY/T 3206—2020	植物新品种特异性、一致性、稳定性测试指南 叶子花属	

（续表）

序号	标准编号	标准名称	代替标准号
48	LY/T 3207—2020	植物新品种特异性、一致性、稳定性测试指南 枫香属	
49	LY/T 3208—2020	植物新品种特异性、一致性、稳定性测试指南 山楂属	
50	LY/T 3209—2020	植物新品种特异性、一致性、稳定性测试指南 木槿和朱槿	

（续表）

序号	标准编号	标准名称	代替标准号
51	LY/T 3210—2020	植物新品种特异性、一致性、稳定性测试指南 欧李	
52	LY/T 3211—2020	植物新品种特异性、一致性、稳定性测试指南 扁桃	

国家林业和草原局公告

2020年第7号

经研究决定，自本公告发布之日起，继续严格禁止进口象牙及其制品。

特此公告。

国家林业和草原局

2020年4月15日

国家林业和草原局　农业农村部公告

2020年第8号

根据党和国家机构改革职能调整要求，国家林业和草原局与农业农村部对部分国家重点保护野生植物的监督管理职责进行了调整。现将有关具体调整内容公告如下：

自本公告发布之日起，按照《野生植物保护条例》规定，以下20个国家重点保护野生植物物种的调查、采集、出售、收购、进出口等监督管理工作由农业农村主管部门划转至林业和草原主管部门。

发菜、冬虫夏草、画笔菊、革苞菊、瓣鳞花、辐花、异颖草、毛披碱草、内蒙古大麦、三蕊草、线苞两型豆、红花绿绒蒿、胡黄连、山莨菪、沙芦草、短芒披碱草、无芒披碱草、四川狼尾草、华山新麦草、箭叶大油芒。

本公告发布前农业农村主管部门已受理的上述物种的行政许可事项和行政案件查处等事宜，仍由农业农村主管部门办理。

特此公告。

国家林业和草原局　农业农村部

2020年4月21日

国家林业和草原局公告

2020年第9号

根据《中华人民共和国种子法》第十九条的规定，现将由国家林业和草原局林木品种审定委员会审定通过的西北杨2号等32个品种和认定通过的小胡杨2号作为林木良种（详见附件）予以公告。

自公告发布之日起，上述品种在林业生产中可以作为林木良种使用，并在本公告规定的适宜种植范围内推广。

特此公告。

附件：林木良种名录

国家林业和草原局

2020年5月8日

附件

林木良种名录

审定通过品种

西北杨 2 号

树种：杨树

学名：*Populus alba* × *P. tomentosa* 'Xibeiyang 2'

类别：品种

通过类别：审定

编号：国 S-SV-PA-001-2019

申请人：西北农林科技大学

选育人：樊军锋、周永学、高建社、白小军、张锦梅、赵自玉、周玉泉、周飞梅、谢俊锋、柴传林、刘永红、郭树杰、贾小明

品种特性

雄性，树干通直圆满，树皮光滑，灰绿色。陕西周至 8 年生西北杨 2 号平均树高 17.09m、胸径 19.33cm、材积 0.2214m^3，材积生长量超过对照品种毛白杨 30 号（0.1127m^3）96.45%。基本密度为 0.352g/cm^3，顺纹抗压强度为 38.353Mpa，径向、弦向横纹抗压强度分别为 2.362Mpa、1.517Mpa，抗弯强度为 77.670Mpa，纤维长、宽、长宽比分别为 1204.28μm、28.16μm、43.95∶1。

主要用途

可作为用材林树种。

栽培技术要点

植苗造林使用 1～3 年生苗木，株行距（4.0～6.0）m×（4.0～6.0）m。栽植深度 40～60cm，起苗到栽植过程中防止苗木失水，栽时踩实，栽后立即浇水。栽植一年生苗要回剪苗梢 40～60cm，以提高成活率。

适宜种植范围

陕西、青海、山西杨树适宜栽培区域。

秦白杨 5 号

树种：杨树

学名：*Populus alba* × (*P. alba* × *P. glandulosa*) 'Qinbaiyang 5'

类别：品种

通过类别：审定

编号：国 S-SV-PA-002-2019

申请人：西北农林科技大学

选育人：樊军锋、高建社、周永学、白小军、张锦梅、赵自玉、周玉泉、周飞梅、谢俊锋、柴传林、刘永红、郭树杰、贾小明

品种特性

雄性，主干通直圆满，树皮光滑，青灰色，树冠宽卵形。陕西周至 8 年生秦白杨 5 号平均树高 18.33m、胸径 20.93cm、材积 0.2687m^3，材积生长量超过对照毛白杨 30 号（0.1127m^3）138.42%。基本密度为 0.313g/cm^3，顺纹抗压强度为 31.899Mpa，径向、弦向横纹抗压强度分别为 2.079Mpa、1.054Mpa，抗弯强度为 67.840Mpa；纤维长、宽、长宽比分别为 1243.47μm、29.26μm、43.60∶1。

主要用途

可作为用材林树种。

栽培技术要点

植苗造林多使用 1～3 年生苗木，株行距（4.0～6.0）m×（4.0～6.0）m。栽植深度 40～60cm，起苗到栽植过程中防止苗木失水，栽时踩实，栽后立即浇水。栽植一年生苗要回剪苗梢 40～60cm，以提高成活率。

适宜种植范围

陕西、青海、山西杨树适宜栽培区域。

'北林 5 号' 杨

树种：杨树

学名：*Populus* 'Beilin 5'

类别：品种

通过类别：审定

编号：国 S-SV-PB-003-2019

申请人：北京林业大学

选育人：康向阳、张平冬、李赟、樊明瑞、张有慧、宋连君、郭喜军、马晶、张锋、张亮、孙静、王振龙、田书勇、鲍正宗

品种特性

雌株，染色体数目为 $2n = 3x = 57$。树干通直，树皮灰绿色，光滑，分枝角小于或等于 45°。5 年生北林 5 号与对照毛白杨无性系 1319 相比，平均材积生长量 5.54m^3/亩，超过对照 171.6%，木材基本密度 355.9kg/m^3，比对照低 14.5%；纤维长度 0.929mm，超过对照 36.4%；综纤维素含量 82.61%，超过对照 1.7%；木质素含量 23.16%，比对照低 9.5%。

主要用途

可作为纸浆材树种。

栽培技术要点

春季造林为主，选择地势平坦、土层深厚的平川地，一般用当年生苗，起苗后重度修剪或截干；苗木长途运输时要蘸浆，并用毡布覆盖，以防止失水过多；造林前浸水 1～2 天，采用植穴造林，造林后及时浇水，第三年开始追肥，并修除粗大竞争枝；根据立地条件和轮伐期长短，造林密度一般为 500～1500 株/hm^2。

适宜种植范围

河北、山西中南部、山东西北部地区的平原和河谷川地栽培。

白桦草河口种源

树种：白桦

学名：*Betula platyphylla*

类别：种源

通过类别：审定

编号：国 S-SP-BP-004-2019

申请人：东北林业大学

选育人：杨传平、刘桂丰、赵曦阳、张利民、尚福强、李腾、高元科、张红光、姜静、李开隆、王秀伟、

李志新、王超、杨成君、陈波、马占元、徐成才、李旭辉、罗建新等
品种特性
树干通直。草河口种源在黑龙江帽儿山试验点的材积生长较种源群体均值高 32.82%，总碳储量较种源群体均值高 68.20%，在辽宁草河口试验点材积生长较种源群体均值高 24.29%；总碳储量较种源群体均值高 18.85%。不适合盐碱地造林。
主要用途
可用于营建速生丰产林或碳汇林。
栽培技术要点
选择阳缓坡（坡度 30°以下）、中坡位、土层 30cm 以上的立地造林。初植密度 2500 株/hm²。春季明穴造林为主，穴直径 30~60cm、深度 30~50cm 为宜。定植第 1 年抚育 2 次，第 2、3 年各抚育 1 次。
适宜种植范围
黑龙江、辽宁白桦适宜栽培区。

白桦小北湖种源
树种：白桦
学名：*Betula platyphylla*
类别：种源
通过类别：审定
编号：国 S-SP-BP-005-2019
申请人：东北林业大学
选育人：刘桂丰、杨传平、王秀伟、姜静、李开隆、张利民、尚福强、杨成君、王超、赵曦阳、李志新、李腾、高元科、张红光、陈波、马占元、徐成才、李旭辉、罗建新等
品种特性
树干通直，自然整枝能力强。在辽宁省草河口试验点，16 年生小北湖种源胸径达 10.01cm，14 年生小北湖种源地上总碳储量为 8.87kg，地下总碳储量达 1.86kg，分别较种源群体均值高 36.28%、58.37% 和 73.45%，遗传增益分别为 22.36%、46.70% 和 58.76%。不适合盐碱地造林。
主要用途
可作为速生丰产林及碳汇林树种。
栽培技术要点
选择阳缓坡（坡度 30°以下）、中坡位、土层 30cm 以上的立地造林。初植密度 2500 株/hm²。春季明穴造林为主，穴直径 30~60cm、深度 30~50cm 为宜。定植第 1 年抚育 2 次，第 2、3 年各抚育 1 次。
适宜种植范围
黑龙江、辽宁白桦适宜栽培区。

中山杉 118
树种：落羽杉
学名：((*Taxodium distichum* × *T. mucronatum*) × *T. mucronatum*) 'Zhongshanshan 118'
类别：品种
通过类别：审定
编号：国 S-SV-TD-006-2019
申请人：江苏省中国科学院植物研究所
选育人：殷云龙、陈永辉、於朝广、任凭、罗坤水
品种特性
半常绿，4~10 月叶色为青绿色，11~12 月叶色转变为黄色。树干通直圆满，树冠塔形。在水深为 1/4 树高情况下可正常生长，在 pH<8.5、含盐量<0.3% 时，叶色无黄化现象。在江苏如东县，24 年生中山杉 118 树高和胸径分别为 16.2m 和 37.8cm。
主要用途
可用于沿海滩涂盐碱地防护林、长江流域及湖泊低洼湿地造林、公路绿化及农田林网。
栽培技术要点
苗木移栽时随起随栽，缩剪过长根系，确保根系舒展，浇足定根水。绿化造林适度深栽，2.0m 以上大苗造林应适当疏枝。
适宜种植范围
江苏、重庆、江西落羽杉适宜栽培区。

'聊红'槐
树种：国槐
学名：*Sophora japonica* 'Liaohong'
类别：品种
通过类别：审定
编号：国 S-SV-SJ-007-2019
申请人：聊城大学
选育人：邱艳昌、张秀省、黄勇、于守超、高祥斌、王小雷
品种特性
花旗瓣边缘浅粉红色，翼瓣和龙骨瓣中下部淡堇紫色。北京地区花期为每年 7 月初到 9 月底。山东聊城地区每年胸径生长 2.0cm，当年嫁接苗高生长 3.0m 以上。
主要用途
可作为园林绿化树种。
栽培技术要点
采用全封闭包扎法进行嫁接繁殖。栽植选择较好的土壤条件，加强水肥管理，做好病虫害防治和抹芽工作，及时去除砧木上的萌生芽。
适宜种植范围
山东、河北、甘肃、陕西、天津、北京、河南国槐适宜栽培区。

'中研 73 号'马大相思
树种：相思
学名：*Acacia mangium* × *A. auriculiformis* 'Zhongyan 73'
类别：引种驯化品种
通过类别：审定
编号：国 S-EST-AM-008-2019
申请人：中国林业科学研究院林业研究所
选育人：宗亦臣、郑勇奇、陈国彪、许承荣、段福文、王维辉、黎君、施庭有、戴新华、王清广、陈晓祥、洪小龙、何德镇、王振元、林坤保、吴云中、柯文生、高文学、杨建新
品种特性
中国林业科学研究院林业研究所 2008 年由越南引

进。干型通直，冠幅小且紧凑，根系有大量根瘤菌。6年生中研73号平均树高13.2m，平均胸径13.3cm，平均单株材积0.09m³，平均蓄积量75.73m³/hm²，基本密度为0.411~0.507g/cm³。

主要用途

可作为用材林树种。

栽培技术要点

春季造林，选择海拔1000m以下的山地丘陵，酸性土壤，土层深厚，排水良好；造林苗木苗高20~30cm，地径≥0.3cm，株行距2.5m×3.0m。定植后的第一年分别在7~8月和11~12月进行2次抚育除杂。

适宜种植范围

福建、广西、云南等南亚热带气候地区。

西南桦广西凭祥种源

树种：西南桦

学名：*Betula alnoides*

类别：种源

通过类别：审定

编号：国S-SP-BA-09-2019

申请人：中国林业科学研究院热带林业研究所、中国林业科学研究院热带林业实验中心、福建省林业科学研究院、保山市林业和草原技术推广站、勐腊县林业和草原局

选育人：曾杰、郭俊杰、贾宏炎、陈碧华、黄佳聪、朱先成、赵志刚、王春胜、郭文福、杨晏平、方碧江、张劲松、李志真、陈伟、韩金发、王欢

品种特性

干形通直。在广西凭祥15年生平均胸径和树高分别可达16.92cm和14.64m，木材气干密度、顺纹抗压强度、抗弯强度、抗弯弹性模量、冲击韧性和硬度分别为0.599g/cm³、44.9MPa、102MPa、16910MPa、41kJ/m²和2790N。由湿材到全干和由湿材到气干的体积干缩率分别为11.9%和5.5%；由全干到湿材和由全干到气干体积湿胀率分别为14.0%和4.2%。

主要用途

可作为用材林树种。

栽培技术要点

在广东和福建南部以及广西中部和东部地区，宜春季造林、雨季补植；云南、广西西部应以雨季种植为主。造林地多采取全面清理方式，宜带垦和穴垦，带垦的宽度一般为0.6m~1.0m，穴垦穴径0.5m~0.7m，深0.3m~0.5m。造林前，施用过磷酸钙200~300g和氮磷钾复合肥100g做基肥；造林株行距2.0m×3.0m、3.0m×3.0m或2.0m×4.0m。造林后一般抚育3年，分别在雨季前和雨季后抚育两次。可与红锥、杉木等混交造林。

适宜种植范围

宜在广西大部、福建南部、云南西部年降雨量≥1000mm，冬季多雨，年均相对湿度≥80%，最适年均气温16℃~20℃的地区种植。

西南桦云南腾冲种源

树种：西南桦

学名：*Betula alnoides*

类别：种源

通过类别：审定

编号：国S-SP-BA-010-2019

申请人：中国林业科学研究院热带林业研究所、中国林业科学研究院热带林业实验中心、勐腊县林业和草原局、福建省林业科学研究院、保山市林业和草原技术推广站

选育人：曾杰、郭俊杰、贾宏炎、朱先成、陈碧华、黄佳聪、赵志刚、王春胜、陈国彪、张劲松、杨晏平、陈伟、李志真、韩金发、郭文福、王欢

品种特性

干形通直。在福建省漳州市14年生平均胸径和树高分别可达23.46cm和19.02m，木材气干密度、顺纹抗压强度、抗弯强度、抗弯弹性模量、冲击韧性和硬度分别为0.750g/cm³、52.6MPa、111.9MPa、17090MPa、89kJ/m²和4910N。由湿材到全干和由湿材到气干的体积干缩率分别为15.4%和7.6%；由全干到湿材和由全干到气干体积湿胀率分别为18.8%和5.3%。

主要用途

可作为用材林树种。

栽培技术要点

在广东和福建南部以及广西中部和东部地区，宜春季造林、雨季补植；云南、广西西部应以雨季种植为主。造林地多采取全面清理方式，宜带垦和穴垦，带垦的宽度一般为0.6m~1.0m，穴垦穴径0.5m~0.7m，深0.3m~0.5m。造林前，施用过磷酸钙200~300g和氮磷钾复合肥100g做基肥；造林株行距2.0m×3.0m、3.0m×3.0m或2.0m×4.0m。造林后一般抚育3年，分别在雨季前和雨季后抚育两次。可与红锥、杉木等混交造林。

适宜种植范围

宜在广西大部、福建南部、云南西部等年降水量≥1000mm，冬季多雨，年均相对湿度≥80%，最适年均气温16℃~20℃的地区种植。

'中林1号'楸树

树种：楸树

学名：*Catalpa bungei* 'Zhonglin 1'

类别：无性系

通过类别：审定

编号：国S-SC-CB-011-2019

申请人：中国林业科学研究院林业研究所

选育人：麻文俊、王军辉、杨桂娟、翟文继、赵鲲、贠慧玲、张江涛、赵天宇、卢楠

品种特性

落叶高大乔木，主干通直，树冠呈卵形。在甘肃天水10年生胸径和树高分别为12.12cm和11.23m，遗传增益分别为9.69%和6.04%。气干密度为0.395g/cm³，基本密度为0.367g/cm³；抗压强度、抗弯强度和抗弯弹性模量分别为17.3MPa、48.1MPa、4857.5MPa。

主要用途

可作为用材林树种。

栽培技术要点

一般于3月至4月上旬栽植。适宜土层深厚(50~

60cm以上)、湿润、肥沃、疏松的中性土、微酸性土和土层深厚的钙质土；栽植穴径50~60cm，深50cm；做到随起苗随栽，栽植前，根系应在水中浸泡1天。幼龄期需加强抹芽、截顶、定主干等以栽培优质主干，同时加强修枝和浇水施肥。

适宜种植范围

河南、甘肃楸树适宜栽培区。

'中林5号'楸树

树种：楸树

学名：*Catalpa bungei* 'Zhonglin 5'

类别：无性系

通过类别：审定

编号：国S-SC-CB-012-2019

申请人：中国林业科学研究院林业研究所

选育人：麻文俊、王军辉、杨桂娟、翟文继、赵鲲、贠慧玲、张江涛、赵天宇、卢楠

品种特性

落叶高大乔木，主干通直，树冠呈阔卵形。在甘肃天水10年生胸径和树高分别为13.38cm和11.83m，遗传增益分别为17.89%和8.80%。气干密度为0.435g/cm^3，基本密度为0.371g/cm^3；抗压强度、抗弯强度和抗弯弹性模量分别为16.4MPa、44.0MPa、4724.9MPa。

主要用途

可作为用材林树种。

栽培技术要点

一般于3月至4月上旬栽植。适宜土层深厚(50~60cm以上)、湿润、肥沃、疏松的中性土、微酸性土和土层深厚的钙质土；栽植穴径50~60cm，深50cm；做到随起苗随栽，栽植前，根系应在水中浸泡1天。幼龄期需加强抹芽、截顶、定主干等以栽培优质主干，同时加强修枝和浇水施肥。

适宜种植范围

河南、甘肃楸树适宜栽培区。

'燕杏'梅

树种：梅

学名：*Prunus mume* 'Yanxing'

类别：品种

通过类别：审定

编号：国S-SV-PM-013-2019

申请人：北京林业大学

选育人：张启翔、陈俊愉、陈瑞丹、李庆卫、马开峰、姜良宝、唐绂宸、王佳

品种特性

树冠长卵圆形。花态浅碗型至碟型，花朵单瓣，1~3朵生于短花枝、中花枝及束花枝上，少数生于长花枝上；花瓣5，花白色，花蕾淡水红色；花无香味。实验室内抗寒性测试中，半致死温度为-35℃。在北京地区，花期为3月底至4月初；在吉林公主岭地区，花期为4月底至5月初。

主要用途

可用作园林绿化树种。

栽培技术要点

选择3年生以上生长健壮大苗，春分前后栽植。3~5年生苗木，株行距2.0m×1.0m；5年以上大树，株行距4.0m×3.0m。种植前7~10天，需灌一次透水，种植后浇足定根水。浇水适度，忌积水，温差过大时，不宜喷水。

适宜种植范围

北京、吉林年平均气温4℃以上，年均降水量≥600mm，土壤类型为砂壤土、轻壤土到中壤土的地区。

'花蝴蝶'梅

树种：梅

学名：*Prunus mume* 'Huahudie'

类别：品种

通过类别：审定

编号：国S-SV-PM-014-2019

申请人：北京林业大学

选育人：张启翔、陈俊愉、陈瑞丹、李庆卫、马开峰、姜良宝、唐绂宸、王佳

品种特性

树冠疏落，半开张形树体较紧凑。着花中等，1~2朵于各类花枝上。花色近白，仅近瓣顶正反面略具极浅紫堇晕斑，有时晕斑缺失；花态浅碗型，花瓣5，罕6；萼片5，淡绛紫色。实验室内抗寒性测试中，半致死温度为-35℃。在北京地区，花期为3月底。

主要用途

可用作园林绿化树种。

栽培技术要点

选择3年生以上生长健壮大苗，春分前后栽植。3~5年生苗木，株行距2.0m×1.0m；5年以上大树，株行距4.0m×3.0m。种植前7~10天，需灌一次透水，种植后浇足定根水。浇水适度，忌积水，温差过大时，不宜喷水。

适宜种植范围

北京、吉林年平均气温4℃以上，年均降水量≥600mm，土壤类型为砂壤土、轻壤土到中壤土的地区。

'送春'梅

树种：梅

学名：*Prunus mume* 'Songchun'

类别：品种

通过类别：审定

编号：国S-SV-PM-015-2019

申请人：北京林业大学

选育人：陈俊愉、陈耀华、张启翔、陈瑞丹、李庆卫、马开峰、姜良宝、王佳

品种特性

树冠倒卵圆形。花色正反面均淡堇紫色，内浅外深颜色不均，无香；花繁密，1~2朵生于中花枝，少数生于长花枝和束花枝上。花蕾玫瑰粉红色，略扁球形，萼片5~6，多5；花重瓣3~4层，19~30瓣，浅碗型。在北京地区，花期为3月底至4月初。

主要用途

可用作园林绿化树种。

栽培技术要点

选择3年生以上生长健壮大苗，春分前后栽植。

3~5年生苗木，株行距2.0m×1.0m；5年以上大树，株行距4.0m×3.0m。种植前7~10天，需灌一次透水，种植后浇足定根水。浇水适度，忌积水，温差过大时，不宜喷水。

适宜种植范围

北京、吉林年平均气温4℃以上，年均降水量≥600mm，土壤类型为砂壤土、轻壤土到中壤土的地区。

'华仲12号'杜仲

树种：杜仲

学名：*Eucommia ulmoides* 'Huazhong 12'

类别：品种

通过类别：审定

编号：国S-SV-EU-016-2019

申请人：中国林业科学研究院经济林研究开发中心

选育人：杜红岩、王璐、杜庆鑫、刘攀峰、孙志强、杜兰英、岳慧、庆军、何凤

品种特性

树势中庸，树冠呈圆锥状，分枝角度35°~65°，树皮浅纵裂。叶长卵形，叶长11.8~17.5cm，叶宽6.5~10.6cm，叶基圆形；8年生地径8.0~10.4cm。1年生枝条呈浅红色至紫红色，节间长2.5~4.0cm；春季抽生嫩叶为浅红色，展叶后除叶背面和中脉为青绿色外，叶表面、侧脉以及枝条在生长季节逐步变成红色或紫红色。

主要用途

可作为园林绿化树种。

栽培技术要点

选用嫁接苗造林，作行道树种植株距为3.0~4.0m，园景树株间距离2.0~4.0m。幼树应促发萌条，修剪以短截为主，每年冬季将1年生枝条短截1/4~1/3。6龄以上的单株，对树冠内部萌发的徒长枝适当疏除。

适宜种植范围

河南、山东杜仲适宜栽培区。

'华仲13号'杜仲

树种：杜仲

学名：*Eucommia ulmoides* 'Huazhong 13'

类别：品种

通过类别：审定

编号：国S-SV-EU-017-2019

申请人：中国林业科学研究院经济林研究开发中心

选育人：杜红岩、杜庆鑫、杜兰英、刘攀峰、王璐、岳慧、何凤、朱利利

品种特性

树势中庸，树冠圆头形，分枝角25°~35°，树皮浅纵裂。8年生地径7.5~9.8cm。枝条粗壮呈棱形，枝条节间长1.5~2.5cm；叶片宽椭圆形，表面粗糙，锯齿深凹；叶色浅绿色或绿色，叶纸质，单叶厚0.25mm，叶长12.2~15.4cm，叶宽8.0~10.2cm，叶柄长1.5~2.5cm。

主要用途

可作为园林绿化树种。

栽培技术要点

选用嫁接苗造林，授粉品种是华仲1号和华仲5号，配置比例5%~10%。作行道树种植株距为3.0~4.0m，园景树株距2.0~4.0m，作为防护林可种植3~5行，栽植密度为2.0m×3.0m至3.0m×4.0m，每亩56~110株。幼树应促发萌条，修剪以短截为主，每年冬季将1年生枝条短截1/4~1/3。6龄以上的单株，对树冠内部萌发的徒长枝适当疏除。

适宜种植范围

河南、山东杜仲适宜栽培区。

'紫圆'枣

树种：枣

学名：*Ziziphus jujuba* 'Ziyuan'

类别：品种

通过类别：审定

编号：国S-SV-ZJ-018-2019

申请人：河北农业大学

选育人：毛永民、王晓玲、申连英、贺永汉、刘文田、贺振礼、贺永苏、宋智慧、赵海明、严金娥、王秀瑞、姜永为、褚新房、李艳辉、毛丽衡、胡亚岚、刘宏权

品种特性

树势中庸，树姿开张。果实扁圆形，果实成熟后紫红色，果皮光亮，平均单果重23.4g，鲜枣可食率96.0%，可溶性固形物含量26.5%，Vc含量340~380mg/100g，制干率62.7%，干枣含糖量77.6%。河北邢台9月下旬成熟。采前不落果，可在树上自然风干。一般年份裂果率<0.1%。平均株产14.3kg，盛果期亩产1100kg以上。

主要用途

可用于制干、加工。

栽培技术要点

栽植密度一般可采用2.0m×4.0m、2.0m×5.0m或3.0m×5.0m的株行距。树形可采用疏散分层形或小冠疏层形，树高控制在3.0m左右。夏季需要及时抹芽、摘心和拉枝等。病虫害主要防治枣锈病、绿盲蝽象、红蜘蛛等。施用有机肥或生物菌肥为主，有机肥以秋施最好，盛果期施有机肥2.0~4.0m³/亩，在果实膨大期可追施磷钾肥，施肥后及时灌水。

适宜种植范围

河北、陕西枣适宜栽培区。

'瑞都红玉'葡萄

树种：葡萄

学名：*Vitis vinifera* 'Ruiduhongyu'

类别：品种

通过类别：审定

编号：国S-SV-VV-019-2019

申请人：北京市林业果树科学研究院

选育人：徐海英、孙磊、闫爱玲、张国军、张瑛、龚林忠、鲁会玲、王慧玲、王晓玥、任建成、韩佳宇、刘勇、景秋菊、曹雄军、肖丽珍、覃杨、胡禧熙、杨瑞华、董畅、王柏林

品种特性

树势中庸或稍旺。果粉薄，果皮紫红或红紫色；果

粒长椭圆形或卵圆形，果肉颜色无或极浅，硬度中等，玫瑰香味淡或中等，平均单粒重5.5g。可溶性固形物含量18.2%，可滴定酸含量0.44%。果穗圆锥形，紧密度中或松，平均穗重404.71g。单株产量10~15kg，栽植第三年进入盛果期，亩产1500kg以上。在北京地区浆果始熟期7月中旬，成熟期8月6~12日，属早熟品种。

主要用途

鲜食。

栽培技术要点

篱架栽培时，应合理计划种植密度，大树成形后，及时间伐。冬剪以短梢和极短梢修剪为宜。花前轻摘心，同时去除卷须和副梢。在温室利用直立主干水平主蔓栽培时，将新梢与主蔓之间的角度控制在90°左右，在生产上应注意控制产量，每个枝条留1~2个花穗，开花前进行花穗整形，控制果穗大小在500g左右。注意提高结果部位，增加底部通风带。

适宜种植范围

广西、湖北、北京可露地或避雨设施栽植，黑龙江需要设施栽植。

'辽砧106'苹果

树种：苹果

学名：*Malus pumila*'Liaozhen106'

类别：品种

通过类别：审定

编号：国S-SV-MP-020-2019

申请人：辽宁省果树科学研究所、辽宁省林业科学研究院

选育人：杨锋、刘志、何明莉、闫忠业、姜孝军、金婧、张志涛、吕天星、王冬梅、黄金凤、王颖达、刘怡菲、汪成成、王潇仪、张宇明、宋占宝、张景娥、伊凯

品种特性

树势健壮，树姿半开张，萌芽力中等，四倍体，无融合生殖率93.5%。采种树定植3年即可采收少量种子，成龄单株采种量约7300粒，千粒重14.6g。嫁接'富士系'、'金冠'、'寒富'、'嘎拉'等品种建园成活率90%以上；嫁接树表现为半矮化性，成龄株高3.6m左右。

主要用途

可作为砧木品种。

栽培技术要点

适宜培育带分枝大苗建园，栽植穴80cm×80cm×80cm，或开深、宽各80cm的沟栽植，南北成行，株行距2.0m×4.0m。采用纺锤形整形修剪方法，以疏为主，疏缓结合，采取疏、刻、拉、割等措施，促发分枝，缓和树势。生长季行间生草、刈割埋压、树盘覆盖、及时疏松土壤，加强水肥管理。

适宜种植范围

辽宁沈阳康平、河北承德平泉以南苹果适宜栽培区。

'岳阳红'苹果

树种：苹果

学名：*Malus pumila*'Yueyanghong'

类别：品种

通过类别：审定

编号：国S-SV-MP-021-2019

申请人：辽宁省果树科学研究所、辽宁省林业科学研究院

选育人：刘志、闫忠业、黄金凤、姜孝军、王冬梅、金婧、张志涛、吕天星、张宇明、宋占宝、孟凡金、扈延伍、关丽霞、卜鹏图、杨锋、王颖达、何明莉、张景娥、伊凯

品种特性

树姿较开张，树冠圆锥形，树势中等。果实近圆形，平均单果重206g，果形指数0.85。果皮底色黄绿，近成熟时全面着鲜红色。果面光洁，果点小，果粉中等。果肉淡黄色，果肉去皮硬度10.1kg/cm^2，可溶性固形物含量15%，总糖含量11.4%，总酸含量4.61g/kg。在辽宁熊岳地区9月下旬果实成熟。在5年生寒富树上高接，3年生平均株产12~18kg，平均亩产660~990kg。较耐贮藏，恒温库可贮至翌年5月。

主要用途

鲜食。

栽培技术要点

栽植株行距乔砧树以3.0m×4.0m为宜、矮砧树以2.0m×4.0m为宜。宜选择背风向阳、肥水条件较好的平原地或坡度较小的坡地，土壤以沙壤土为宜。授粉品种可选用'金冠'、'藤牧1号'、'嘎拉'、'红王将'、'岳帅'、'首红'、'寒富'等。树形选用细长纺锤形。合理花果管理控制负载量，加强水肥管理及时防控病虫害。一般在果实成熟前12~15d摘袋，果实着色最佳。

适宜种植范围

辽宁沈阳康平、河北承德平泉以南苹果适宜栽培区。

'将军帽'柿

树种：柿

学名：*Diospyros kaki*'Jiangjunmao'

类别：品种

通过类别：审定

编号：国S-SV-DK-022-2019

申请人：洛阳农林科学院

选育人：梁臣、刘丹、王治军、黄建伟、丁成会、张军、畅凌冰、尹华、魏素玲、韩风

品种特性

树姿直立，生长势强。果实形似古代将军的帽子，呈圆锥形、果顶凸尖，缢痕深而明显，位于果腰中下部，将果分成上下两层，基部圆形。平均单果重221g，果实成熟时呈橙黄色。果皮细而光滑，果粉多。成熟果实可溶性固形物含量14.5%，单宁含量1.22×10^{3}mg/kg，蛋白质含量0.54g/100g，抗坏血酸含量11.5mg/100g，总酸含量1.10g/kg。嫁接苗定植后2年结果，4年单株产果量25.4kg，8年生树的单株产果量可达47.6kg。在河南洛阳地区11月上中旬成熟。

主要用途

鲜食及加工。

栽培技术要点

一般栽植株行距为3.0m×4.0m、3.0m×5.0m，树

形采用小冠疏层形；密植园可 2.0m×3.0m、2.0m×4.0m，宜采用纺锤形树形；降雨量大的年份，雨后喷施波尔多液防治炭疽病。

适宜种植范围

河南、山东柿树适宜栽培区。

'豫皂2号'皂荚

树种：皂荚

学名：*Gleditsia sinensis* 'Yuzao 2'

类别：品种

通过类别：审定

编号：国 S-SV-GS-023-2019

申请人：河南省林业科学研究院、博爱县怀德皂刺有限公司

选育人：范定臣、刘艳萍、高福玲、李保会、李耀学、杨伟敏、祝亚军、金钰、丁晓浩、魏娟、赵拓、张玲等

品种特性

树体生长旺盛，主干明显且通直。6 年生豫皂 2 号胸径为 7.25cm、树高为 5.84m。刺圆锥形、粗壮且下垂、下垂角度 30°～45°，主要生长在主干和主枝基部，结刺无大小年现象。嫁接第 2 年开始有一定产量，第 3～6 年单株平均刺产量 0.55kg、0.78kg、0.93kg、1.82kg（鲜重）；平均单刺长 27.50cm、平均单刺直径 8.61mm、单刺分刺数 18 个、平均单刺重 18.18g。刺中刺囊酸含量 69.93μg/g、槲皮素含量 193.45μg/g、总黄酮含量 58.08mg/g、总多酚含量 16.73mg/g。

主要用途

经济林品种，采收皂荚刺为主。

栽培技术要点

对土壤要求不严，栽植穴 50cm×50cm，栽植后立即浇透水；栽植密度为前五年按 2.0m×1.5m 的株行距进行定植，后期可进行移栽，株行距控制在 2.0m×3.0m 或 3.0m×4.0m 即可。每年浇水 3～5 次，施用复合肥（N：P：K=1：1：1）2～3 次，同时松土除草 2～3 次，并进行支撑、整形、修剪等栽培管理，培养主干形树型，以后每年结合采刺保持树型；每年 11 月采用采刺专用工具采收皂荚刺。注意防治蚜虫。

适宜种植范围

河南、安徽、山东、河北皂荚适宜栽培区。

'中宁异'核桃

树种：核桃

学名：*Juglans major*×*J. regia* 'Zhongningyi'

类别：品种

通过类别：审定

编号：国 S-SV-JM-024-2019

申请人：中国林业科学研究院林业研究所

选育人：张俊佩、裴东、奚声珂、孟丙南、徐虎智、郭志民、徐慧敏、许新桥

品种特性

核桃砧木品种，树势强健，顶端优势明显，干性通直。生长量超亲优势大于 29%，与核桃嫁接亲和力大于 95%。2 年生'清香'/'中宁异'组合幼树树高、地径、冠幅、一年生枝长度、坐果率分别为 176.5m、3.93cm、71.5cm、80.5cm、77.18%，单株产量为 241.0g，核仁脂肪含量 67.14%。木材的抗弯强度 116.8MPa，径面硬度 7120N，端面硬度 8030N，弦面硬度 7270N。

主要用途

可作为核桃砧木或用材林品种。

栽培技术要点

果园型用芽接法进行嫁接。营建纯园时，早实良种株行距（4.0～5.0）m×（5.0～6.0）m，晚实良种株行距（6.0～8.0）m×（10.0～12.0）m；营建间作园时，早实良种株行距（5.0～6.0）m×（6.0～8.0）m，晚实良种株行距：（6.0～8.0）m×（10.0～12.0）m。果材兼用可选 3 年以上无性系扦插苗砧木，高位嫁接（高度>1.5m），冬末春初进行定植，株行距（3.0～4.0）m×（6.0～8.0）m 为宜。园林绿化可片状绿化、行道树两行或四行的栽植密度（4.0～5.0）m×（5.0～6.0）m，土肥水管理参照核桃园。

适宜种植范围

河南、山东、陕西年平均气温 9～18℃核桃适宜栽植区。

'华仲11号'杜仲

树种：杜仲

学名：*Eucommia ulmoides* 'Huazhong 11'

类别：品种

通过类别：审定

编号：国 S-SV-EU-025-2019

申请人：中国林业科学研究院经济林研究开发中心

选育人：杜红岩、刘攀峰、王璐、杜庆鑫、杜兰英、岳慧、朱利利、庆军

品种特性

雄株，树皮浅纵裂型，冠形呈圆锥状。嫁接苗或高接换头后 2～3 年开花，4～5 年进入盛花期，雄花 6～11 枚簇生于当年生枝条基部，雄蕊长 0.8～1.2cm，每芽雄蕊 86～108 个，盛花期每亩可产鲜雄花 200～300kg；雄花氨基酸含量 17.76%。加工成雄花茶后，雄蕊坚挺不弯曲，茶体美观。在河南省，雄花期 3 月下旬至 4 月上旬。

主要用途

可用于营建杜仲雄花茶园。

栽培技术要点

栽植密度 2.0m×3.0m～4.0m×4.0m，每亩 42～110 株。春季采集雄花时，将开花枝留 3～8 个芽；夏季 5～6 月份，在当年生枝条基部进行环剥或环割，环剥宽度 0.3～1.0cm，留 0.2～0.5cm 的营养带。每 3～5 年将开花枝组逐步回缩短截一轮。5 月下旬～6 月下旬进行主干和主枝的环剥、环割。

适宜种植范围

河南、山东杜仲适宜栽培区。

'华仲14号'杜仲

树种：杜仲

学名：*Eucommia ulmoides* 'Huazhong 14'

类别：品种

通过类别：审定
编号：国 S-SV-EU-026-2019
申请人：中国林业科学研究院经济林研究开发中心
选育人：杜红岩、杜兰英、杜庆鑫、刘攀峰、王璐、岳慧、孙志强、朱利利

品种特性

果实椭圆形，果实长 4.32~5.38cm，宽 1.70~1.91cm；种仁长 1.45~1.97cm，宽 0.23~0.30cm，成熟果实千粒重 111.2g，为华仲 6 号的 1.56 倍。种仁粗脂肪含量 29%~32%，其中 α-亚麻酸含量 61%~65%。果实 9 月中旬至 10 月中旬成熟。河南灵宝地区盛产期单株平均产果量 3.62kg。果皮和种仁不易剥离。

主要用途

可用于营建杜仲果园。

栽培技术要点

适宜的授粉品种是'华仲 5 号'杜仲，配置比例 5%~10%。栽植密度 2.0m×3.0m~4.0m×4.0m，每亩 42~110 株。适宜的树形结构为自然开心形和两层疏散开心形。留主枝 3~4 个，主枝与主干垂直角度 50°~70°。5 月下旬至 6 月下旬对主干或主枝进行环剥，环剥宽度 1.0~1.5cm，上下留 1.0~2.0cm 宽的营养带。

适宜种植范围

河南、山东杜仲适宜栽培区。

'华仲 5 号'杜仲

树种：杜仲
学名：*Eucommia ulmoides* 'Huazhong 5'
类别：品种
通过类别：审定
编号：国 S-SV-EU-027-2019
申请人：中国林业科学研究院经济林研究开发中心
选育人：杜红岩、李芳东、傅建敏、杜兰英、乌云塔娜、朱景乐、郭书荣、刘智勇、李福海、彭兴龙

品种特性

主干通直，树冠成卵圆形。幼树皮光滑，成年树皮纵裂纹。嫁接苗建园第 18 年胸径 17.6cm，树皮含胶率 5.53%，树皮杜仲胶密度 14.37mg/cm^3。树皮松脂素二葡萄糖苷含量 0.18%~0.35%，'华仲 1 号'杜仲含量为 0.14%~0.29%。山西省闻喜县盛花期雄花单株平均产量 3.56kg(鲜重)。

主要用途

经济林品种。

栽培技术要点

栽植密度 2.0m×2.0m~3.0m×3.0m，每亩 75~167 株。应于每年苗木发芽前完成定植。田间管理需剥皮前 1 周将杜仲树浇透 1 次水，生长季节的 4~9 月可剥皮，而 5~6 月效果最好。注意剥皮方法和剥后保护，加强肥水管理及时防治病虫害。

适宜种植范围

河南、湖北、湖南、山西杜仲适生省区。

'华仲 6 号'杜仲

树种：杜仲
学名：*Eucommia ulmoides* 'Huazhong 6'
类别：品种
通过类别：审定
编号：国 S-SV-EU-028-2019
申请人：中国林业科学研究院经济林研究开发中心
选育人：杜红岩、李芳东、杜兰英、李福海、傅建敏、杨绍彬、朱景乐、李烽、彭兴龙、郭书荣、金世海、汪跃峰、刘智勇、马克义、李少娜

品种特性

花期 3 月中下旬至 4 月中旬。栽植后 3~4 年开花，第 5 年进入盛果期，山西闻喜县盛果期单株平均产果量 3.01kg(鲜重)，果实平均千粒质量 70.9g；湖南长沙县盛果期单株平均产果量 3.23kg(鲜重)，果实平均千粒质量 72.1g。

主要用途

适宜营建杜仲胶果园。

栽培技术要点

适宜的授粉品种是'华仲 1 号'和'华仲 5 号'杜仲，配置比例 5%~10%。栽植密度 2.0m×3.0m~4.0m×4.0m，每亩 42~110 株。适宜的树形结构为自然开心形和两层疏散开心形。留主枝 3~4 个，主枝与主干垂直角度 50°~70°。5 月下旬至 6 月下旬对主干或主枝进行环剥，环剥宽度 1.0~1.5cm，上下留 1.0~2.0cm 宽的营养带。

适宜种植范围

河南、陕西、湖南、山西杜仲适生省区。

'华仲 7 号'杜仲

树种：杜仲
学名：*Eucommia ulmoides* 'Huazhong 7'
类别：品种
通过类别：审定
编号：国 S-SV-EU-029-2019
申请人：中国林业科学研究院经济林研究开发中心
选育人：李芳东、杜红岩、李福海、杜兰英、傅建敏、段经华、朱景乐、刘攀峰、张悦、乌云塔娜、许殿锋、孟伟、张改香、王安军、赖正武

品种特性

花期 3 月中下旬至 4 月中旬。栽植后 3~4 年开花，第 5 年进入盛果期，山西闻喜县盛果期单株平均产果量 3.16kg(鲜重)，果实平均千粒质量 80.8g；湖南长沙县盛果期单株平均产果量 3.23kg(鲜重)，果实平均千粒质量 79.2g。

主要用途

适宜营建杜仲胶果园。

栽培技术要点

授粉品种是'华仲 1 号'杜仲，配置比例 5%~10%。栽植密度 2.0m×3.0 m~4.0m×4.0m，每亩 42~110 株。适宜的树形结构为自然开心形和两层疏散开心形。留主枝 3~4 个，主枝与主干垂直角度 50°~70°。5 月下旬至 6 月下旬对主干或主枝进行环剥，环剥宽度 1.0~1.5cm，上下留 1.0~2.0cm 宽的营养带。

适宜种植范围

河南、陕西、湖南、山西杜仲适生省区。

'华仲8号'杜仲

树种：杜仲

学名：*Eucommia ulmoides* 'Huazhong 8'

类别：品种

通过类别：审定

编号：国 S-SV-EU-030-2019

申请人：中国林业科学研究院经济林研究开发中心

选育人：李芳东、杜红岩、傅建敏、杨绍彬、杜兰英、周道顺、郭书荣、刘昌勇、郭玉生、薛建林、杜玉霞、王炜炜、邓小京、张朝晖、王海亮

品种特性

花期3月中下旬至4月中旬。栽植后3～4年开花，第5年进入盛果期，山西闻喜县盛果期单株平均产果量3.26kg(鲜重)，果实平均千粒质量76.8g；湖南长沙县盛果期单株平均产果量3.13kg(鲜重)，果实平均千粒质量82.2g。

主要用途

适宜营建杜仲胶果园。

栽培技术要点

授粉品种'华仲1号'杜仲，配置比例5%～10%。栽植密度2.0m×3.0m～4.0m×4.0m，每亩42～110株。适宜的树形结构为自然开心形和两层疏散开心形。留主枝3～4个，主枝与主干垂直角度50°～70°。5月下旬至6月下旬对主干或主枝进行环剥，环剥宽度1.0～1.5cm，上下留1.0～2.0cm宽的营养带。需加强水肥管理。

适宜种植范围

河南、陕西、湖南、山西杜仲适生省区。

'华仲9号'杜仲

树种：杜仲

学名：*Eucommia ulmoides* 'Huazhong 9'

类别：品种

通过类别：审定

编号：国 S-SV-EU-031-2019

申请人：中国林业科学研究院经济林研究开发中心

选育人：杜红岩、李芳东、杨绍彬、杜兰英、周道顺、傅建敏、乌云塔娜、李福海、段经华、朱景乐、张悦、刘攀峰、宋丽霞、韩军旺、伊焕

品种特性

花期3月中下旬至4月中旬。栽植后3～4年开花，第5年进入盛果期，山西闻喜县盛果期单株平均产果量2.96kg(鲜重)，果实平均千粒质量73.5g；湖南长沙县盛果期单株平均产果量3.17kg(鲜重)，果实平均千粒质量72.6g。

主要用途

适宜营建杜仲胶果园。

栽培技术要点

授粉品种'华仲1号'杜仲，配置比例5%～10%。栽植密度2.0m×3.0m～4.0m×4.0m，每亩42～110株。适宜的树形结构为自然开心形和两层疏散开心形。留主枝3～4个，主枝与主干垂直角度50°～70°。5月下旬至6月下旬对主干或主枝进行环剥，环剥宽度1.0～1.5cm，上下留1.0～2.0cm宽的营养带。4月下旬至5月上旬易发生落果，需加强营养。

适宜种植范围

河南、陕西、湖南、山西杜仲适生省区。

'华仲10号'杜仲

树种：杜仲

学名：*Eucommia ulmoides* 'Huazhong 10'

类别：品种

通过类别：审定

编号：国 S-SV-EU-032-2019

申请人：中国林业科学研究院经济林研究开发中心

选育人：杜红岩、李芳东、杜兰英、乌云塔娜、刘攀峰、王璐、朱景乐、朱高浦、徐兰成、薛宝林、张松涛

品种特性

花期3月中下旬至4月中旬。栽植后3～4年开花，第5年进入盛果期，山西闻喜县盛果期单株平均产果量1.56kg(鲜重)，果实平均千粒质量71.9g；湖南长沙县盛果期单株平均产果量1.77kg(鲜重)，果实平均千粒质量70.6g。

主要用途

适宜营建杜仲胶果园。

栽培技术要点

授粉品种是'华仲1号'杜仲和'华仲5号'杜仲，配置比例5%～10%。栽植密度2.0m×3.0m～4.0m×4.0m，每亩42～110株。适宜的树形结构为自然开心形和两层疏散开心形。

留主枝3～4个，主枝与主干垂直角度50°～70°。5月下旬至6月下旬对主干或主枝进行环剥，环剥宽度1.0～1.5cm，上下留1.0～2.0cm宽的营养带。

适宜种植范围

河南、湖北、湖南、山西杜仲适生省区。

认定通过品种

小胡杨2号

树种：杨树

学名：*Populus simonii*×*P. euphratica* 'Xiaohuyang 2'

类别：无性系

通过类别：认定2年(2020年4月26日—2022年4月25日)

编号：国 R-SC-PS-01-2019

申请人：张海龙、梁海荣

选育人：张海龙、梁海荣

品种特性

树冠卵形或广卵形，干部树皮光滑。一年生叶呈倒披针形，叶表绿色，叶背淡绿稍带白色，成年后叶型为

倒披针形、椭圆形、菱形及卵形，叶缘上端有稀疏、中部有较密较深的锯齿。在宁夏盐池县6年生小胡杨2号平均胸径10.0cm、平均株高10.0m，较胡杨平均胸径高出45%。

主要用途

可用于营建景观林、生态林。

栽培技术要点

采用两根一杆、三根二杆苗造林，造林地选土壤通透性好，具灌溉条件最佳，无灌溉条件应选地下水位深<2.0m较适宜；土壤解冻、苗木发芽前造林。造林密度4.0m×5.0m为宜，造林后一周内浇水一次，雨季来临之前再浇水一次，造林第2年及其以后每年春季浇水一次。造林第3年秋季修枝一次。

适宜种植范围

内蒙古、甘肃、宁夏胡杨适宜栽培区。

注：通过认定的林木良种，认定期满后不得作为良种继续使用，应重新进行林木品种审定。

更正

'深秋红'沙棘（国S-SV-HR-013-2018）将选育人张建国、段爱国、罗红梅、孙广树、赵江、何彩云、周闯、刘娟娟更正为黄铨、李忠义、梁九鸣、张建国、段爱国、罗红梅、孙广树、赵江、何彩云、周闯、刘娟娟。

国家林业和草原局公告

2020年第10号

根据《中华人民共和国标准化法》《深化标准化工作改革方案》和《林业标准化管理办法》的相关要求，经研究，我局决定废止《青钱柳播种育苗技术规程》等24项林业行业标准（目录见附件）。

特此公告。

附件：废止24项林业行业标准目录

国家林业和草原局
2020年5月12日

附件

废止24项林业行业标准目录

序号	标准编号	标准名称	序号	标准编号	标准名称
1	LY/T 2311—2014	青钱柳播种育苗技术规程	14	LY/T 2610—2016	马占相思树皮
2	LY/T 2131—2013	山核桃生产技术规程	15	LY/T 1667—2006	林业机械 驾驶员保护结构实验室试验和性能要求
3	LY/T 1651—2005	松口蘑采收及保鲜技术规程	16	LY/T 1933—2010	林业机械 自行式苗木移植机
4	LY/T 2279—2014	中国森林认证 生产经营性珍贵濒危野生动物饲养管理	17	LY/T 1017—1991	长网成型机 参数
5	LY/T 1509—2008	阔叶树原条	18	LY/T 1018—1991	长网成型机 精度
6	LY/T 1794—2008	人造板木片	19	LY/T 1019—1991	长网成型机 制造与验收技术条件
7	LY/T 1925—2010	防腐木材产品标识	20	LY/T 1028—2013	链式横截锯
8	LY/T 1822—2009	废弃木材循环利用规范	21	LY/T 1110—1993	镂铣机
9	LY/T 1320—2010	软木纸	22	LY/T 1377—2016	电磁振动器
10	LY/T 1321—2013	软木纸试验方法	23	LY/T 2238—2013	林间锯段机
11	LY/T 1324—2012	余甘子类树皮	24	LY/T 1033—2013	人造板制胶钢制焊接容器设备
12	LY/T 1325—2012	毛杨梅树皮			
13	LY/T 1326—2012	橡椀			

国家林业和草原局公告

2020年第11号

根据《中华人民共和国农村土地承包法》有关规定，并按照对涉及《优化营商环境条例》的规范性文件的清理要求，我局决定对《国家林业局关于规范集体林权流转市场运行的意见》（林改发〔2016〕100号）予以废止。

特此公告。

国家林业和草原局
2020年5月18日

国家林业和草原局公告
2020 年第 12 号

为加强穿山甲保护，经国务院批准，现将穿山甲属所有种由国家二级保护野生动物调整为国家一级保护野生动物（详见附件），自公布之日起施行。

附件：国家重点保护野生动物名录

国家林业和草原局
2020 年 6 月 3 日

附件

国家重点保护野生动物名录

中文名	学名	保护级别	
		二级	一级
鳞甲目	PHOLIDOTA		
鲮鲤科	Manidae		
穿山甲属所有种	*Manis* spp.		一级

备注：穿山甲属所有种仅指在我国自然分布的。

国家林业和草原局公告
2020 年第 13 号

根据《中华人民共和国种子法》《中华人民共和国植物新品种保护条例》《中华人民共和国植物新品种保护条例实施细则（林业部分）》的规定，经国家林业和草原局植物新品种保护办公室审查，"辛提拉（Scintilla）"等166项植物新品种权申请符合授权条件，现决定授予植物新品种权（名单见附件），并颁发《植物新品种权证书》。

特此公告。

附件：国家林业和草原局 2020 年第一批授予植物新品种权名单

国家林业和草原局
2020 年 7 月 29 日

附件

国家林业和草原局 2020 年第一批授予植物新品种权名单

序号	品种名称	所属属（种）	品种权号	品种权人	申请号	申请日	培育人
1	辛提拉（Scintilla）	越橘属	20200001	美国佛罗里达基金种业公司（Florida Foundation Seed Producers, Inc., USA）	20140095	2014.06.23	保罗·里仁（Dr. Paul M. Lyrene）
2	法町（Farthing）	越橘属	20200002	美国佛罗里达基金种业公司（Florida Foundation Seed Producers, Inc., USA）	20140096	2014.06.23	保罗·里仁（Dr. Paul M. Lyrene）
3	皇妃	蔷薇属	20200003	云南锦苑花卉产业股份有限公司	20140235	2014.12.06	倪功、曹荣根、田连通、白云评、乔丽婷、何琼、阳明祥
4	本朴丽帕（Bonpripapcom）	大戟属	20200004	澳大利亚本雅植物有限公司（Bonza Botanicals Pty Ltd）	20140251	2014.12.22	安德鲁·伯纽兹（Andrew Bernuetz）

(续表)

序号	品种名称	所属属（种）	品种权号	品种权人	申请号	申请日	培育人
5	本朴丽莉（Bonprilipcom）	大戟属	20200005	澳大利亚本雅植物有限公司（Bonza Botanicals Pty Ltd）	20140252	2014.12.22	安德鲁·伯纽兹（Andrew Bernuetz）
6	本朴丽披（Bonpripicom）	大戟属	20200006	澳大利亚本雅植物有限公司（Bonza Botanicals Pty Ltd）	20140253	2014.12.22	安德鲁·伯纽兹（Andrew Bernuetz）
7	本朴丽德（Bompridepcom）	大戟属	20200007	澳大利亚本雅植物有限公司（Bonza Botanicals Pty Ltd）	20140254	2014.12.22	安德鲁·伯纽兹（Andrew Bernuetz）
8	富乐96-43（FL96-43）	越橘属	20200008	美国佛罗里达基金种业公司（Florida Foundation Seed Producers, Inc., USA）	20150006	2014.12.28	保罗·里仁（Dr. Paul M. Lyrene）
9	奥斯特劳丝（AUSTRUSS）	蔷薇属	20200009	大卫奥斯汀月季公司（DavidAustinRosesLimited）	20150147	2015.08.18	奥斯特劳丝（AUSTRUSS）
10	艾维驰12（EVER CHI12）	蔷薇属	20200010	丹麦永恒玫瑰公司（ROSES FOREVER ApS）	20150205	2015.10.12	哈雷·艾克路德（Harley Eskelund）
11	富乐01-173（FL01-173）	越橘属	20200011	美国佛罗里达基金种业公司（Florida Foundation Seed Producers, Inc., USA）	20160114	2016.06.09	保罗·里仁（Dr. Paul M. Lyrene）
12	富乐02-40（FL02-40）	越橘属	20200012	美国佛罗里达基金种业公司（Florida Foundation Seed Producers, Inc., USA）	20160115	2016.06.09	保罗·里仁（Dr. Paul M. Lyrene）
13	富乐03-291（FL03-291）	越橘属	20200013	美国佛罗里达基金种业公司（Florida Foundation Seed Producers, Inc., USA）	20160116	2016.06.09	保罗·里仁（Dr. Paul M. Lyrene）
14	富乐04-235（FL04-235）	越橘属	20200014	美国佛罗里达基金种业公司（Florida Foundation Seed Producers, Inc., USA）	20160117	2016.06.09	保罗·里仁（Dr. Paul M. Lyrene）
15	派尔1409（PER1409）	大戟属	20200015	荷兰多盟集团公司（Dummen Group B.V., Holland）	20160128	2016.06.20	露丝（Ruth Kobayashi）
16	派尔1360（PER1360）	大戟属	20200016	荷兰多盟集团公司（Dummen Group B.V., Holland）	20160129	2016.06.20	露丝（Ruth Kobayashi）
17	富乐05-627（FL05-627）	越橘属	20200017	美国佛罗里达基金种业公司（Florida Foundation Seed Producers, Inc., USA）	20160158	2016.07.04	保罗·里仁（Dr. Paul M. Lyrene）
18	艾维驰103（EVERCH103）	蔷薇属	20200018	丹麦永恒月季公司（ROSES FOREVER ApS, Denmark）	20160176	2016.07.21	洛萨.艾斯克伦德（Rosa Eskelund）
19	艾维驰105（EVERCH105）	蔷薇属	20200019	丹麦永恒月季公司（ROSES FOREVER ApS, Denmark）	20160178	2016.07.21	洛萨.艾斯克伦德（Rosa Eskelund）
20	微影凝斜	蔷薇属	20200020	北京林业大学	20160229	2016.09.04	潘会堂、徐庭亮、张启翔、谭炯锐、甄妮、罗乐于超、赵红霞、吴钰滢、程堂仁、王佳
21	里德利1111（Ridley 1111）	越橘属	20200021	山蓝色果园企业有限公司（Mountain Blue Orchards Pty Ltd）	20160242	2016.09.05	里德利贝尔（Ridley Bell）
22	小洁	蔷薇属	20200022	云南锦科花卉工程研究中心有限公司	20160376	2016.11.25	倪功、曹荣根、田连通、白云评、乔丽婷、阳明祥、何琼
23	强盛	紫薇	20200023	王柏盛	20170022	2016.12.16	王柏盛

(续表)

序号	品种名称	所属属（种）	品种权号	品种权人	申请号	申请日	培育人
24	梦魅	蔷薇属	20200024	云南云秀花卉有限公司、云南省农业科学院花卉研究所	20170026	2016.12.26	蹇洪英、王其刚、段金辉、李清云、晏慧君、周宁宁、陈敏、薛祖旺、李淑斌、唐开学、张颢、邱显钦、段云晟
25	里德利4514（Ridley 4514）	越橘属	20200025	山蓝色果园企业有限公司（Mountain Blue Orchards Pty Ltd）	20170128	2017.03.20	里德利贝尔（Ridley Bell）
26	里德利1812（Ridley 1812）	越橘属	20200026	山蓝色果园企业有限公司（Mountain Blue Orchards Pty Ltd）	20170129	2017.03.20	里德利贝尔（Ridley Bell）
27	里德利1403（Ridley 1403）	越橘属	20200027	山蓝色果园企业有限公司（Mountain Blue Orchards Pty Ltd）	20170130	2017.03.20	里德利贝尔（Ridley Bell）
28	里德利3402（Ridley 3402）	越橘属	20200028	山蓝色果园企业有限公司（Mountain Blue Orchards Pty Ltd）	20170131	2017.03.20	里德利贝尔（Ridley Bell）
29	里德利0501（Ridley 0501）	越橘属	20200029	山蓝色果园企业有限公司（Mountain Blue Orchards Pty Ltd）	20170132	2017.03.20	里德利贝尔（Ridley Bell）
30	英特斯缤霍夫拉（Interspinhofla）	蔷薇属	20200030	英特普兰特公司（INTERPLANT B.V.）	20170203	2017.05.03	A.J.H范·多伊萨姆（ir. A. J. H. van Doesum）
31	英特洛夫拉（Intertrofla）	蔷薇属	20200031	英特普兰特公司（INTERPLANT B.V.）	20170204	2017.05.03	A.J.H范·多伊萨姆（ir. A. J. H. van Doesum）
32	太空（GRA71230）	蔷薇属	20200032	格兰迪月季种植有限公司（Grandiflora Nurseries Pty. Ltd.）、英特普兰特公司（Interplant Roses B. V.）	20170205	2017.05.03	H.E.希路德斯（H. E. Schreuders）
33	金公主4号	文冠果	20200033	北京林业大学、内蒙古文冠庄园农业科技发展有限公司、辽宁思路文冠果业科技开发有限公司	20170342	2017.06.30	王青、段利明、郭强、郭庆、周祎鸣、王俊杰、向秋虹、王馨蕊、关文彬
34	金公主5号	文冠果	20200034	北京林业大学、辽宁思路文冠果业科技开发有限公司、北京思路文冠果科技开发有限公司	20170343	2017.06.30	向秋虹、李世安、徐红江、王馨蕊、周祎鸣、王俊杰、关文彬
35	金公主8号	文冠果	20200035	北京林业大学、内蒙古文冠庄园农业科技发展有限公司、辽宁思路文冠果业科技开发有限公司	20170346	2017.06.30	周祎鸣、郭庆、郭强、段利明、王馨蕊、向秋虹、王俊杰、关文彬
36	玫密缇乐斯（MEIMIRTYLUS）	蔷薇属	20200036	法国玫兰国际有限公司（MEILLAND INTERNATIONAL S. A）	20170376	2017.07.14	阿兰·安东尼·玫兰（Alain Antoine MEILLAND）
37	珠含粉阁	蔷薇属	20200037	江苏苏北花卉股份有限公司	20170387	2017.07.19	李生、潘会堂、蔡勇、乔亚西、王李亮、吴钰滢、徐庭亮、张启翔、罗乐、于超、程堂仁、王佳
38	本朴丽9276（BONPRI9276）	大戟属	20200038	澳大利亚本雅植物有限公司（Bonza Botanicals Pty Ltd）	20170428	2017.08.04	安德鲁·伯纽兹（Andrew Bernuetz）
39	本朴丽515（BONPRI515）	大戟属	20200039	澳大利亚本雅植物有限公司（Bonza Botanicals Pty Ltd）	20170429	2017.08.04	安德鲁·伯纽兹（Andrew Bernuetz）

(续表)

序号	品种名称	所属属（种）	品种权号	品种权人	申请号	申请日	培育人
40	科盆055（KORpot055）	蔷薇属	20200040	科德斯月季育种公司（W. Kordes' Söhne Rosenschulen GmbH & Co KG）	20170435	2017.08.08	蒂姆-赫尔曼 科德斯（Tim-Hermann Kordes）、约翰-文森特 科德斯（John Vincent Kordes）、威廉 科德斯（Wilhelm Kordes）
41	热桉3号	桉属	20200041	中国林业科学研究院热带林业研究所、福建省长泰岩溪国有林场、福建省漳州市速生丰产林基地管理中心	20170440	2017.08.15	甘四明、翁启杰、汤建福、王炳南、周长品、李发根、李梅、周建清、洪长福
42	热桉4号	桉属	20200042	中国林业科学研究院热带林业研究所、福建省长泰岩溪国有林场、福建省漳州市速生丰产林基地管理中心	20170441	2017.08.15	甘四明、李发根、翁启杰、周长品、李梅、汤建福、王炳南、周建清、洪长福
43	热桉5号	桉属	20200043	中国林业科学研究院热带林业研究所、福建省长泰岩溪国有林场、福建省漳州市速生丰产林基地管理中心	20170442	2017.08.15	甘四明、周长品、翁启杰、李发根、李梅、汤建福、王炳南、周建清、洪长福
44	拉斯特考（Last Call）	越橘属	20200044	美国秋溪农场苗圃有限公司（Fall Creek Farm and Nursery, Inc., USA）	20170517	2017.09.20	大卫 M. 布莱尔顿（David M. Brazelton）、亚当 L. 瓦格纳（Adam L. Wagner）
45	克劳科沃（Clockwork）	越橘属	20200045	美国秋溪农场苗圃有限公司（Fall Creek Farm and Nursery, Inc., USA）	20170518	2017.09.20	大卫 M. 布莱尔顿（David M. Brazelton）、亚当 L. 瓦格纳（Adam L. Wagner）
46	卡哥（Cargo）	越橘属	20200046	美国秋溪农场苗圃有限公司（Fall Creek Farm and Nursery, Inc., USA）	20170520	2017.09.20	大卫 M. 布莱尔顿（David M. Brazelton）、亚当 L. 瓦格纳（Adam L. Wagner）
47	芮宁	蔷薇属	20200047	云南省农业科学院花卉研究所	20170542	2017.10.23	周宁宁、王其刚、唐开学、张颢、蹇洪英、李淑斌、陈敏、邱显钦、晏慧君、张婷
48	四季粉	蔷薇属	20200048	云南省农业科学院花卉研究所	20170545	2017.10.23	晏慧君、王其刚、蹇洪英、张颢、邱显钦、陈敏、唐开学、李淑斌、张婷、周宁宁
49	邕韵	木槿属	20200049	南宁市园林科研所、南宁圣特生物科技有限公司	20170549	2017.10.28	黄旭光、王坤煌、罗恩波、秦玲、阮俊、王卫南、陆炎松、廖堂贵、邓海菊
50	邕粉佳丽	木槿属	20200050	南宁市园林科研所、南宁圣特生物科技有限公司	20170550	2017.10.28	黄旭光、阮俊、王卫南、秦玲、罗恩波、王坤煌、姜立甫、黄丽丹、黄英群
51	普和美（PIIHM-II）	绣球属	20200051	美国贝利苗圃公司（Bailey Nursery, Inc., USA）	20170566	2017.11.03	米切尔 A·迪尔（Michael A. Dirr）

(续表)

序号	品种名称	所属属（种）	品种权号	品种权人	申请号	申请日	培育人
52	梦幻云锦	蔷薇属	20200052	云南省农业科学院花卉研究所	20170575	2017.11.09	李树发、宋杰、李世峰、蔡艳飞、陆琳、黎霞、田联通
53	雪夫人	蔷薇属	20200053	北京市园林科学研究院	20170587	2017.11.14	冯慧、吉乃喆、周燕、巢阳、王茂良、李纳新、丛日晨、卜燕华、华莹
54	浩特马布里（Hortmabrid）	绣球属	20200054	荷兰考斯特控股公司（Kolster Holding BV, The Netherlands）、荷兰浩特乌育种公司（Horteve Breeding B.V.）	20170620	2017.11.30	C·P·艾维林思（Cornelis Pieter Eveleens）
55	奥莱瑞耶（Olijreye）	蔷薇属	20200055	荷兰多盟集团公司（Dummen Group B.V., Holland）	20180071	2018.01.04	菲利普·韦斯（Philipp Veys）
56	道若斯普莱（Dorospley）	蔷薇属	20200056	荷兰多盟集团公司（Dummen Group B.V., Holland）	20180073	2018.01.04	菲利普·韦斯（Philipp Veys）
57	奥莱艾佛拉（Olijeyeflash）	蔷薇属	20200057	荷兰多盟集团公司（Dummen Group B.V., Holland）	20180088	2018.01.12	菲利普·韦斯（Philipp Veys）
58	里德利1105（Ridley 1105）	越橘属	20200058	山蓝色果园企业有限公司（Mountain Blue Orchards Pty Ltd）	20180129	2018.02.06	里德利贝尔（Ridley Bell）
59	里德利4408（Ridley 4408）	越橘属	20200059	山蓝色果园企业有限公司（Mountain Blue Orchards Pty Ltd）	20180130	2018.02.06	里德利贝尔（Ridley Bell）
60	普罗米嫩斯（Prominence）	杜鹃花属	20200060	株式会社赤塚植物园（Akatsuka Garden Co., Ltd.）	20180201	2018.03.30	仓林雪夫（Yukio Kurabayashi）
61	斯威特哈特（Sweetheart）	杜鹃花属	20200061	株式会社赤塚植物园（Akatsuka Garden Co., Ltd.）	20180202	2018.03.30	仓林雪夫（Yukio Kurabayashi）
62	斯多贝瑞桑迪（Strawberry Sundae）	杜鹃花属	20200062	株式会社赤塚植物园（Akatsuka Garden Co., Ltd.）	20180203	2018.03.30	仓林雪夫（Yukio Kurabayashi）
63	里德利1607（Ridley 1607）	越橘属	20200063	山蓝色果园企业有限公司（Mountain Blue Orchards Pty Ltd）	20180216	2018.04.25	里德利贝尔（Ridley Bell）
64	里德利1602（Ridley 1602）	越橘属	20200064	山蓝色果园企业有限公司（Mountain Blue Orchards Pty Ltd）	20180217	2018.04.25	里德利贝尔（Ridley Bell）
65	里德利4609（Ridley 4609）	越橘属	20200065	山蓝色果园企业有限公司（Mountain Blue Orchards Pty Ltd）	20180218	2018.04.25	里德利贝尔（Ridley Bell）
66	里德利1212（Ridley 1212）	越橘属	20200066	山蓝色果园企业有限公司（Mountain Blue Orchards Pty Ltd）	20180219	2018.04.25	里德利贝尔（Ridley Bell）
67	小王子	蔷薇属	20200067	宜良多彩盆栽有限公司	20180226	2018.05.17	刘天平、胡明飞、罗开春、何云县、卢燕
68	金香玉	蔷薇属	20200068	宜良多彩盆栽有限公司	20180231	2018.05.17	刘天平、胡明飞、罗开春、何云县、卢燕
69	致远	越橘属	20200069	大连森茂现代农业有限公司、大连大学	20180282	2018.06.03	徐国辉、王贺新、陈英敏、周可欣
70	逐梦	越橘属	20200070	大连大学、大连森茂现代农业有限公司	20180283	2018.06.03	徐国辉、王贺新、安琪、彭恒晨、周可欣
71	皋城仙子	杜鹃花属	20200071	六安市郁花园园艺有限公司、皖西学院	20180347	2018.07.03	陈响、陈小福、郁书俊

(续表)

序号	品种名称	所属属（种）	品种权号	品种权人	申请号	申请日	培育人
72	火凤凰	木槿属	20200072	南宁市园林科研所、南宁圣特生物科技有限公司	20180357	2018.07.03	黄旭光、秦玲、阮俊、王坤煌、廖志兵、陆仟、杨思霞、苏友赛、李金华
73	桂叶银紫	杜鹃花属	20200073	重庆市南山植物园管理处	20180358	2018.07.05	权俊萍、张绍林、谭崇平、刘家艳、刘宇、秦海英、田波
74	碧玉映月	丁香属	20200074	黑龙江省森林植物园、黑龙江碧云科技开发有限公司	20180459	2018.08.03	郁永英、李长海、宋佳庚、翟晓鸥、宋莹莹、张少琳、王颖、姜远翻、刘凤英
75	流光溢彩	丁香属	20200075	黑龙江省森林植物园	20180460	2018.08.03	郁永英、李长海、宋佳庚、翟晓鸥、宋莹莹、张少琳、王颖、姜远翻
76	金翠	丁香属	20200076	黑龙江省森林植物园	20180461	2018.08.03	郁永英、李长海、宋佳庚、翟晓鸥、宋莹莹、张少琳、王颖、姜远翻
77	金翅	丁香属	20200077	黑龙江省森林植物园	20180462	2018.08.03	郁永英、李长海、宋佳庚、翟晓鸥、宋莹莹、张少琳、王颖、姜远翻
78	金贝壳	丁香属	20200078	黑龙江省森林植物园	20180463	2018.08.03	郁永英、李长海、宋佳庚、翟晓鸥、宋莹莹、张少琳、王颖、姜远翻
79	素雅绿萼	梅	20200079	浙江农林大学	20180532	2018.09.03	赵宏波、董彬、张超、付建新
80	丽颜朱砂	梅	20200080	浙江农林大学	20180533	2018.09.03	赵宏波、董彬、张超、付建新
81	艳朱砂	梅	20200081	浙江农林大学	20180535	2018.09.03	赵宏波、董彬、张超、付建新
82	大黄素	蜡梅	20200082	浙江农林大学	20180536	2018.09.03	赵宏波、董彬、张超、付建新
83	鹅黄甜心	蜡梅	20200083	浙江农林大学	20180537	2018.09.03	赵宏波、董彬、张超、付建新
84	集素妆	蜡梅	20200084	浙江农林大学	20180538	2018.09.03	赵宏波、董彬、张超、付建新
85	玉面素心	蜡梅	20200085	浙江农林大学	20180539	2018.09.03	赵宏波、董彬、张超、付建新
86	皖西仙霞	杜鹃花属	20200086	六安市郁花园园艺有限公司	20180543	2018.09.03	陈响、郁书俊、方永根
87	岭南嘉宝	越橘属	20200087	大连森茂现代农业有限公司	20180548	2018.09.04	刘国玲、王贺新、徐国辉、赵丽娜、谷岩
88	猎艳	越橘属	20200088	大连森茂现代农业有限公司	20180552	2018.09.04	王贺新、徐国辉、刘国玲、赵丽娜、雷蕾
89	岭雾	越橘属	20200089	大连森茂现代农业有限公司	20180556	2018.09.04	王贺新、徐国辉、姜长辉、刘国玲、赵丽娜、高日日、谷岩
90	岭雪	越橘属	20200090	大连森茂现代农业有限公司	20180559	2018.09.04	王贺新、徐国辉、高日日、刘国玲

(续表)

序号	品种名称	所属属（种）	品种权号	品种权人	申请号	申请日	培育人
91	香溢	越橘属	20200091	大连森茂现代农业有限公司	20180570	2018.09.04	王贺新、徐国辉、徐银双、刘国玲、赵丽娜、高日日
92	岭南智选	越橘属	20200092	大连大学、大连森茂现代农业有限公司	20180580	2018.09.04	徐国辉、雷蕾、高丽霞、王贺新、吴小南、周可欣
93	素锦年华	杜鹃花属	20200093	中国科学院昆明植物研究所、云南农业大学	20180608	2018.09.07	马永鹏、张长芹、张敬丽、田晓玲
94	流光溢彩	杜鹃花属	20200094	中国科学院昆明植物研究所	20180609	2018.09.07	马永鹏、张长芹、田晓玲、魏薇
95	繁星	杜鹃花属	20200095	中国科学院昆明植物研究所	20180610	2018.09.07	马永鹏、张长芹、魏薇、孙育红
96	岭南先锋	越橘属	20200096	大连大学、大连森茂现代农业有限公司	20180612	2018.09.13	徐国辉、安琪、王贺新、娄鑫、周可欣、高丽霞
97	粉黛	蔷薇属	20200097	苏州市华冠园创园艺科技有限公司	20180669	2018.10.11	姜正之
98	雀之舞	蔷薇属	20200098	苏州市华冠园创园艺科技有限公司	20180670	2018.10.11	姜正之
99	空蒙	蔷薇属	20200099	苏州市华冠园创园艺科技有限公司	20180671	2018.10.11	姜正之
100	中杏6号	杏	20200100	中国农业科学院郑州果树研究所	20180672	2018.10.15	陈玉玲、夏乐晗、冯义彬、黄振宇、回经涛、徐善坤、李玉峰、陈占营
101	芳篱	栀子属	20200101	安徽润一生态建设有限公司、南京林业大学	20180678	2018.10.18	汪小飞、赵昌恒、王贤荣、伊贤贵、段一凡、李蒙、陈林
102	芳姿	栀子属	20200102	安徽润一生态建设有限公司、南京林业大学	20180679	2018.10.18	赵昌恒、汪小飞、王贤荣、伊贤贵、段一凡、李蒙、陈林
103	雅韵	栲属	20200103	湖南省森林植物园	20180726	2018.11.06	颜立红、蒋利媛、田晓明、向光锋、何友军、李高飞
104	冀早红	杏	20200104	河北省农林科学院石家庄果树研究所	20180801	2018.11.26	武晓红、陈雪峰、景辰娟、王端、赵习平
105	滨海秋韵	榆属	20200105	江苏省林业科学研究院	20180862	2018.12.08	王保松、窦全琴、刘云鹏、郑纪伟、教忠意、王伟伟
106	滨海彩豹	榆属	20200106	江苏省林业科学研究院	20180863	2018.12.08	陈庆生、王保松、窦全琴、郑纪伟、王伟伟、教忠意
107	滨海丹霞	榆属	20200107	江苏省林业科学研究院	20180864	2018.12.08	王保松、王伟伟、窦全琴、隋德宗、蒋泽平、姜开朋
108	滨海霜红	榆属	20200108	江苏省林业科学研究院	20180865	2018.12.08	窦全琴、王保松、王伟伟、隋德宗、陈庆生、姜开朋

(续表)

序号	品种名称	所属属（种）	品种权号	品种权人	申请号	申请日	培育人
109	滨海紫焰	榆属	20200109	江苏省林业科学研究院	20180866	2018.12.08	王伟伟、窦全琴、王保松、陈庆生、隋德宗、蒋泽平
110	滨海魔幻	榆属	20200110	江苏省林业科学研究院	20180867	2018.12.08	窦全琴、陈庆生、王保松、王伟伟、教忠意、郑纪伟
111	紫韵	杜鹃花属	20200111	虹越花卉股份有限公司	20180870	2018.12.10	方永根
112	盛京红	丁香属	20200112	中国科学院沈阳应用生态研究所	20190133	2019.01.02	张粤、苏道岩、陈玮、赵大伟、黄彦青
113	盛京黄	丁香属	20200113	中国科学院沈阳应用生态研究所	20190134	2019.01.02	陈玮、张粤、李岩、赵大伟、苏道岩
114	盛京紫	丁香属	20200114	中国科学院沈阳应用生态研究所	20190135	2019.01.02	何兴元、张粤、赵大伟、陈玮、苏道岩
115	蒙树赤梅	卫矛属	20200115	内蒙古和盛生态科技研究院有限公司、蒙树生态建设集团有限公司	20190141	2019.01.07	赵泉胜、铁英、田菊、刘洋
116	蒙树赤星	卫矛属	20200116	内蒙古和盛生态科技研究院有限公司、蒙树生态建设集团有限公司	20190142	2019.01.07	赵泉胜、铁英、田菊、刘洋
117	黄金丙	乌桕属	20200117	浙江森禾集团股份有限公司	20190148	2019.01.14	王春、郑勇平、张光泉、刘丹丹
118	里德利4507（Ridley 4507）	越橘属	20200118	山蓝色果园企业有限公司（Mountain Blue Orchards Pty Ltd）	20190155	2019.01.15	里德利贝尔（Ridley Bell）
119	绯云照水	乌桕属	20200119	江苏省林业科学研究院	20190246	2019.03.19	教忠意、隋德宗、唐凌凌、潘森、何旭东、郑纪伟、王伟伟、王保松、万庆宏、姜开朋
120	千秋墨	山茶属	20200120	宁波黄金韵茶业科技有限公司、余姚市农业技术推广服务总站	20190259	2019.03.28	王开荣、李明、张龙杰、梁月荣、吴颖、郑新强、王荣芬、胡涨吉
121	四明紫墨	山茶属	20200121	宁波黄金韵茶业科技有限公司	20190260	2019.03.28	张龙杰、胡涨吉、张完林、王荣芬、王开荣、梁月荣、郑新强
122	四明紫霞	山茶属	20200122	宁波黄金韵茶业科技有限公司、余姚市农业技术推广服务总站	20190261	2019.03.28	梁月荣、王开荣、张龙杰、李明、吴颖、王荣芬、郑新强、胡涨吉
123	虞舜红	山茶属	20200123	宁波黄金韵茶业科技有限公司、余姚市农业技术推广服务总站	20190262	2019.03.28	李明、张龙杰、梁月荣、吴颖、郑新强、王荣芬、胡涨吉、王开荣
124	五彩中华	山茶属	20200124	宁波黄金韵茶业科技有限公司	20190263	2019.03.28	王开荣、张龙杰、王荣芬、梁月荣、胡涨吉、郑新强、张完林
125	金川红妃	山茶属	20200125	宁波黄金韵茶业科技有限公司、余姚市农业技术推广服务总站	20190264	2019.03.28	张龙杰、吴颖、梁月荣、李明、王开荣、胡涨吉、王荣芬、郑新强
126	四季金韵	山茶属	20200126	宁波黄金韵茶业科技有限公司	20190265	2019.03.28	郑新强、张龙杰、王荣芬、胡涨吉、张完林、梁月荣、王开荣

(续表)

序号	品种名称	所属属（种）	品种权号	品种权人	申请号	申请日	培育人
127	乌御金茗	山茶属	20200127	宁波黄金韵茶业科技有限公司	20190266	2019.03.28	张龙杰、王开荣、胡涨吉、王荣芬、梁月荣、郑新强、张完林
128	景林7号	杨属	20200128	北京林业大学	20190267	2019.03.28	张德强、宋跃朋、杜庆章、张锋、权明洋、张志毅
129	景林8号	杨属	20200129	北京林业大学	20190268	2019.03.28	张德强、宋跃朋、杜庆章、孙静、肖亮、张志毅
130	景林9号	杨属	20200130	北京林业大学	20190269	2019.03.28	张德强、宋跃朋、杜庆章、张锋、卢文杰、张志毅
131	景林10号	杨属	20200131	北京林业大学	20190270	2019.03.28	张德强、杜庆章、宋跃朋、孙静、马开峰、张志毅
132	景林11号	杨属	20200132	北京林业大学	20190271	2019.03.28	张德强、杜庆章、宋跃朋、谢剑波、马开峰、张志毅
133	景林12号	杨属	20200133	北京林业大学	20190272	2019.03.28	张德强、杜庆章、宋跃朋、权明洋、卜琛皞、张志毅
134	傲霜斗暑1号	杨属	20200134	北京林业大学	20190273	2019.03.28	张德强、宋跃朋、卫尊征、杜庆章、次东、卢文杰
135	傲霜斗暑2号	杨属	20200135	北京林业大学	20190274	2019.03.28	张德强、宋跃朋、卫尊征、杜庆章、卜琛皞、徐煲铧
136	傲霜斗暑3号	杨属	20200136	北京林业大学	20190275	2019.03.28	张德强、杜庆章、徐煲铧、卫尊征、宋跃朋、肖亮
137	傲霜斗暑4号	杨属	20200137	北京林业大学	20190276	2019.03.28	张德强、杜庆章、次东、徐煲铧、宋跃朋、权明洋
138	傲霜斗暑5号	杨属	20200138	北京林业大学	20190277	2019.03.28	张德强、宋跃朋、谢剑波、次东、张锋、杜庆章
139	傲霜斗暑6号	杨属	20200139	北京林业大学	20190278	2019.03.28	张德强、杜庆章、谢剑波、次东、孙静、宋跃朋
140	京红	芍药属	20200140	北京林业大学	20190283	2019.04.11	成仿云、郭鑫、钟原
141	京山云岫	芍药属	20200141	北京林业大学	20190286	2019.04.11	成仿云、钟原、郭鑫
142	京云熙	芍药属	20200142	北京林业大学	20190293	2019.04.11	钟原、成仿云、郭鑫
143	京莲粉	芍药属	20200143	北京国色牡丹科技有限公司	20190295	2019.04.11	成信云、陶熙文、王旭
144	京玉秀	芍药属	20200144	北京国色牡丹科技有限公司	20190298	2019.04.11	成信云、陶熙文、王旭
145	京冠辉红	芍药属	20200145	北京国色牡丹科技有限公司	20190299	2019.04.11	陶熙文、成信云、王旭
146	京月满	芍药属	20200146	北京国色牡丹科技有限公司	20190303	2019.04.11	陶熙文、成信云、王旭

(续表)

序号	品种名称	所属属（种）	品种权号	品种权人	申请号	申请日	培育人
147	京粉岚	芍药属	20200147	北京林业大学、北京国色牡丹科技有限公司	20190304	2019.04.11	成仿云、成信云、陶熙文、钟原
148	京优满	芍药属	20200148	北京林业大学、北京国色牡丹科技有限公司	20190307	2019.04.11	成仿云、成信云、陶熙文、钟原、郭鑫
149	羽扇	冬青属	20200149	宁波市农业科学研究院	20190315	2019.04.16	章建红、王建军、沈登锋、蒋笑丽、洪春桃
150	幸福公主	冬青属	20200150	宁波市农业科学研究院	20190316	2019.04.16	章建红、赵绮、洪春桃、沈登锋、严春风
151	利剑	冬青属	20200151	宁波市农业科学研究院	20190317	2019.04.16	章建红、李修鹏、沈登锋、蒋笑丽、魏斌
152	丁克骑士	冬青属	20200152	宁波市农业科学研究院	20190318	2019.04.16	章建红、沈登锋、严春风、魏斌、蒋笑丽
153	大龟甲	冬青属	20200153	宁波市农业科学研究院	20190319	2019.04.16	章建红、沈登锋、赵绮、洪春桃、魏斌
154	云裳	紫薇属	20200154	北京林业大学、广西壮族自治区林业科学研究院	20190322	2019.04.18	林茂、蔡明、李进华、胡玲、唐庆、张启翔、孙利娜、潘会堂、孙开道、程堂仁、王佳
155	碧圆	冬青属	20200155	宁波市农业科学研究院	20190326	2019.04.18	章建红、李修鹏、沈登锋、洪春桃、魏斌
156	好运来	桂花	20200156	东阳市歌山镇绿峰珍稀花卉苗木场	20190335	2019.04.25	胡祖兰、胡文翠
157	河东一号	皂荚属	20200157	山西绿源春生态林业有限公司、中国林业科学研究院林业研究所	20190369	2019.05.30	雷永元、闫义定、林富荣、郑勇奇、郭文英、李斌、闫桂兰
158	河东二号	皂荚属	20200158	中国林业科学研究院林业研究所、山西绿源春生态林业有限公司	20190370	2019.05.30	林富荣、雷永元、闫义定、郑勇奇、郭文英、李斌、闫桂兰
159	河东三号	皂荚属	20200159	中国林业科学研究院林业研究所、山西绿源春生态林业有限公司	20190371	2019.05.30	林富荣、雷永元、闫义定、郑勇奇、郭文英、李斌、闫桂兰
160	河东四号	皂荚属	20200160	中国林业科学研究院林业研究所、山西绿源春生态林业有限公司	20190372	2019.05.30	郑勇奇、雷永元、闫义定、林富荣、郭文英、李斌、闫桂兰
161	云起	李属	20200161	嘉善县笠歌生态科技有限公司	20190561	2019.08.20	王壹、方腾、周建荣、李萍、周卫荣、周卫信、高春喜
162	彩褶	槭属	20200162	宁波城市职业技术学院	20190604	2019.08.27	祝志勇、林乐静、姚海栗、叶国庆
163	四明梦幻	槭属	20200163	宁波城市职业技术学院	20190605	2019.08.27	林乐静、黄艾、祝志勇、夏乐家、叶国庆
164	春绸	槭属	20200164	宁波城市职业技术学院	20190606	2019.08.27	祝志勇、林乐静、林立、刘峰、叶国庆
165	银鹿	枫香属	20200165	德兴市荣兴苗木有限责任公司	20190629	2019.09.03	周建荣、周卫荣、周卫信、王樟富、蔡同想、徐建锋、俞建国
166	绿瀑	槭属	20200166	江苏省林业科学研究院	20190707	2019.10.12	吕运舟、邢玮、江浩、李茹、董筱昀、黄利斌

国家林业和草原局 中华人民共和国濒危物种进出口管理办公室公告

2020 年第 14 号

为全面支持上海市举办"第三届中国国际进口博览会"（以下简称"进口博览会"），切实做好进口博览会服务保障工作，提高进口博览会濒危物种展品行政许可审批效率，特将国家林业和草原局（以下简称"国家林草局"）实施的陆生野生动植物进出口审批行政许可事项、中华人民共和国濒危物种进出口管理办公室（以下简称"国家濒管办"）实施的允许进出口证明书核发行政许可事项，分别授权给上海市林业局和国家濒管办上海办事处。现将有关事项公告如下：

一、适用对象

参加进口博览会的国内外展商。

二、授权范围和程序

（一）陆生野生动植物及其制品的进出口。进口或者再出口列入《濒危野生动植物种国际贸易公约》附录陆生野生动植物及其制品的，凭国家会展中心（上海）有限责任公司出具的参会证明，向上海市林业局申请准予行政许可决定书后，向国家濒管办上海办事处申请允许进出口证明书。

（二）水生野生动物及其制品的进出口。进口或者再出口列入《濒危野生动植物种国际贸易公约》附录水生野生动物及其制品的，取得农业农村部渔业渔政管理局行政许可批准文件后，向国家濒管办上海办事处申请允许进出口证明书。

三、授权时间

2020 年 10 月 1 日至 12 月 31 日。其间，国家林草局、国家濒管办不再受理本公告授权的行政许可事项。

四、申报途径

2020 年 10 月 1 日起，申请人通过"中国国际贸易'单一窗口'标准版野生动植物进出口证书管理系统"（www.singlewindow.cn），向国家濒管办上海办事处申请允许进出口证明书。

五、联系方式

上海市林业局

电话：021-52567188

传真：021-52567188

地址：上海市静安区胶州路 768 号

国家濒管办上海办事处

电话：021-50477216　50477217

传真：021-50477250

地址：上海市浦东新区富特北路 456 号南楼 2 楼

特此公告。

国家林业和草原局

中华人民共和国濒危物种进出口管理办公室

2020 年 8 月 4 日

国家林业和草原局公告

2020 年第 15 号

为有效履行《关于特别是作为水禽栖息地的国际重要湿地公约》（以下简称《湿地公约》），根据《湿地公约》第二条第一款规定，我国于 2020 年 2 月 3 日指定天津北大港、河南民权黄河故道、内蒙古毕拉河、黑龙江哈东沿江、甘肃黄河首曲、西藏扎日南木错、江西鄱阳湖南矶共 7 处湿地为国际重要湿地，经《湿地公约》秘书处按程序核准已列入《国际重要湿地名录》，生效日期为指定日——2020 年 2 月 3 日。

截至 2020 年 9 月，我国国际重要湿地数量达 64 处。特此公告。

国家林业和草原局

2020 年 9 月 4 日

国家林业和草原局公告

2020 年第 16 号

按照国务院深化"放管服"改革的要求，进一步优化营商环境，根据《中华人民共和国行政许可法》《中华人民共和国野生动物保护法》《中华人民共和国野生植物保护条例》《国家林业局委托实施林业行政许可事项管理办法》（国家林业局令第 45 号）的规定，现将国家林业和草原局委托各省、自治区、直辖市林业和草原主管部门实施审批的野生动植物行政许可事项公告如下：

一、委托事项

（一）出口国家重点保护的或进出口国际公约限制进出口的陆生野生动物或其制品审批

1. 满足《濒危野生动植物种国际贸易公约》(以下简称《公约》)"商业性注册"定义(来源代码为D)的附录Ⅰ鳄目所有种(CROCODYLIA spp.)及其制品的进口、出口和再出口;

2. 满足《公约》"人工繁殖"定义(来源代码为C)的附录Ⅱ灵长目所有种(PRIMATES spp.)的生物学样品(如血、组织、DNA、细胞系和组织培养物、毛发、皮肤、分泌物、尿液、基质等)的进口、出口和再出口;

3.《公约》附录Ⅱ物种的毛、羽毛、毛皮、皮张及其制品(如剥制标本、生态标本、皮包、皮鞋、皮衣、皮带、织物、头饰、乐器等)的进口和再出口,但非洲象(*Loxodonta africana*)、白犀指名亚种(*Ceratotherium simum simum*)、非洲狮(*Panthera leo*)、高鼻羚羊属所有种(*Saiga* spp.)、麝属所有种(*Moschus* spp.)、熊科所有种(*Ursidae* spp.)、穿山甲属所有种(*Manis* spp.)、犀鸟科所有种(Bucerotidae spp.)、鸨科所有种(*Otididae* spp.)除外;

4.《公约》附录Ⅲ物种及其制品的进口和再出口,满足《公约》"人工繁殖"定义(来源代码为C)的附录Ⅲ物种及其制品的出口。

(二)出口国家重点保护野生植物或进出口中国参加的国际公约限制进出口野生植物或其制品审批

1. 出口。

(1)人工培植所获《公约》附录所列的皇后龙舌兰(*Agave victoria-reginae*)、金线兰(*Anoectochilus roxburghii*)、雨百合肉唇兰(*Cycnoches cooperi*)、大花蕙兰(*Cymbidium* hybrid)、捕蝇草(*Dionaea muscipula*)、天麻(*Gastrodia elata*)、西洋参(*Panax quinquefolius*)、云木香(*Saussurea costus*)、芦荟属(*Aloe*)、酒瓶兰属(*Beaucarnea*)、卡特兰属(*Cattleya*)、仙客来属(*Cyclamen*)、石斛属(*Dendrobium*)、大戟属(*Euphorbia*)、火地亚属(*Hoodia*)、猪笼草属(*Nepenthes*)、文心兰属(*Oncidium*)、棒锤树属(*Pachypodium*)、蝴蝶兰属(*Phalaenopsis*)、瓶子草属(*Sarracenia*)、万代兰属(*Vanda*)、红豆杉属(*Taxus*)、仙人掌科(CACTACEA)、苏铁科(CYCADACEAE)、泽米科(ZAMIACEAE)植物及其部分和衍生物;

(2)国家二级保护野生植物及其部分和衍生物。

2. 进口和再出口。

《公约》附录Ⅰ、Ⅱ、Ⅲ野生植物及其部分和衍生物。

(三)采集林草主管部门管理的国家一级保护野生植物审批

二、委托时间

委托时间为2020年10月1日至2023年9月30日。国家林业和草原局对其委托的行政许可事项可进行变更、中止或终止,将及时向社会公告。

三、受托机关名称、地址、联系方式

自2020年10月1日起,国家林业和草原局原则上不再受理本公告委托的行政许可事项,请符合本公告委托范围的申请人到注册地受托机关申办以上行政许可事项;办理既含有本公告委托范围之内的又含有本公告委托范围之外的相关行政许可事项,请申请人向国家林业和草原局提出申请。受托机关名称、地址、联系方式见附件。

四、其他

自2020年10月1日起,各受托单位按照本公告受理上述行政许可申请,并依据《国家林业局行政许可项目服务指南》(国家林业局公告2016年第12号,下载地址 http://www.forestry.gov.cn/main/58/content-884989.html)审核办理上述行政许可事项。

特此公告。

附件:受托机关名称、地址、联系方式(略)

国家林业和草原局
2020年9月24日

国家林业和草原局公告

2020年第17号

根据《国务院关于取消和下放一批行政许可事项的决定》(国发〔2020〕13号)要求,现将国务院决定取消的我局中央层面设定的行政许可事项(见附件)予以公布,有关规章按照程序修改后另行发布。

特此公告。

附件:国家林业和草原局取消的中央层面设定的行政许可事项目录

国家林业和草原局
2020年9月27日

附件

国家林业和草原局取消的中央层面设定的行政许可事项目录

序号	项目名称	审批部门	设定依据
1	林业质检机构资质认定	国家林草局	《中华人民共和国标准化法实施条例》第三十条:国务院有关行政主管部门可以根据需要和国家有关规定设立检验机构,负责本行业、本部门的检验工作。

(续表)

序号	项目名称	审批部门	设定依据
2	林木种子质量检验机构资质认定	国家林草局、省级林草部门	《中华人民共和国种子法》第四十八条：农业、林业主管部门可以委托种子质量检验机构对种子质量进行检验。承担种子质量检验的机构应当具备相应的检测条件、能力，并经省级以上人民政府有关主管部门考核合格。
3	草种质量检验机构资质认定	省级林草部门	《中华人民共和国种子法》第四十八条：农业、林业主管部门可以委托种子质量检验机构对种子质量进行检验。承担种子质量检验的机构应当具备相应的检测条件、能力，并经省级以上人民政府有关主管部门考核合格。 第九十三条：草种、烟草种、中药材种、食用菌菌种的种质资源管理和选育、生产经营、管理等活动，参照本法执行。
4	草种进出口经营许可证审核（初审）	省级林草部门	《中华人民共和国种子法》第三十一条：从事种子进出口业务的种子生产经营许可证，由省、自治区、直辖市人民政府农业、林业主管部门审核，国务院农业、林业主管部门核发。 第九十三条：草种、烟草种、中药材种、食用菌菌种的种质资源管理和选育、生产经营、管理等活动，参照本法执行。
5	外国人进入国家级环境保护自然保护区审批	省级林草部门	《中华人民共和国自然保护区条例》第三十一条：外国人进入自然保护区，应当事先向自然保护区管理机构提交活动计划，并经自然保护区管理机构批准；其中，进入国家级自然保护区的，应当经省、自治区、直辖市环境保护、海洋、渔业等有关自然保护区行政主管部门按照各自职责批准。
6	外国人进入国家级海洋自然保护区审批	省级林草部门	《中华人民共和国自然保护区条例》第三十一条：外国人进入自然保护区，应当事先向自然保护区管理机构提交活动计划，并经自然保护区管理机构批准；其中，进入国家级自然保护区的，应当经省、自治区、直辖市环境保护、海洋、渔业等有关自然保护区行政主管部门按照各自职责批准。
7	外国人进入国家级渔业自然保护区审批	省级林草部门	《中华人民共和国自然保护区条例》第三十一条：外国人进入自然保护区，应当事先向自然保护区管理机构提交活动计划，并经自然保护区管理机构批准；其中，进入国家级自然保护区的，应当经省、自治区、直辖市环境保护、海洋、渔业等有关自然保护区行政主管部门按照各自职责批准。
8	在国家级自然保护区建立机构和修筑设施初审	省级林草部门	《森林和野生动物类型自然保护区管理办法》第十一条：自然保护区的自然环境和自然资源，由自然保护区管理机构统一管理。未经林业部或省、自治区、直辖市林业主管部门批准，任何单位和个人不得进入自然保护区建立机构和修筑设施。 《在国家级自然保护区修筑设施审批管理暂行办法》（原国家林业局令第50号）第五条：……（四）相关主体的意见材料。包括：省级人民政府林业主管部门的初审意见。

国家林业和草原局公告
2020年第18号

根据《植物检疫条例》《全国检疫性林业有害生物疫区管理办法》（林造发〔2018〕64号）和《松材线虫病疫区和疫木管理办法》（林生发〔2018〕117号）有关规定，现将我国2020年1—8月新发生的松材线虫病县级疫区公告如下：

河南省：驻马店市确山县。
湖南省：娄底市新化县。
广东省：中山市、云浮市郁南县。
四川省：达州市开江县。
贵州省：黔东南苗族侗族自治州剑河县、黔南布依族苗族自治州福泉市。
陕西省：商洛市商州区。
特此公告。

国家林业和草原局
2020年9月29日

国家林业和草原局公告

2020年第19号

为贯彻落实《中华人民共和国草原法》和国务院"放管服"改革要求，依法依规办理矿藏开采、工程建设征收、征用或者使用七十公顷以上草原行政许可，我局对该项行政许可的办事条件和申请材料进行了精简优化（见附件1、2、3），现予公布。2018年发布的办事指南和草原征占用申请表（国家林业和草原局公告2018年第9号）同时废止。

特此公告。

附件：1. 矿藏开采、工程建设征收、征用或者使用七十公顷以上草原审核办事指南
2. 草原征占用申请表（略）
3. 征占用草原现场查验表（略）

国家林业和草原局
2020年9月29日

附件1

矿藏开采、工程建设征收、征用或者使用七十公顷以上草原审核办事指南

一、行政许可事项名称及编码

名称：矿藏开采、工程建设征收、征用或者使用七十公顷以上草原审核

编码：17011

二、实施机关

国家林业和草原局

三、准予行政许可的条件

（一）符合国家产业政策。

（二）严格执行生态保护红线和基本草原管理有关规定。

（三）已与相关草原所有权人、使用权人或者承包经营权人达成补偿协议。

四、申请材料

（一）《草原征占用申请表》（原件一式4份）。

（二）项目批准文件（1份）。

（三）申请单位与草原所有权人、使用权人或者承包经营权人签订的补偿协议和对应的权属材料（1份）。

五、审批程序

（一）申请

接受方式：窗口接收或者信函接收

接收部门：国家林业和草原局政务服务中心

地　　址：北京市东城区和平里东街18号

邮政编码：100714

联系电话：010-84239631

（二）受理

收到材料后进行收文登记，并进行形式审查，对材料齐全、符合法定形式的予以受理；对材料不齐全或者不符合法定形式的，在5个工作日内出具《国家林业和草原局行政许可申请补正材料通知书》并送达申请人。

（三）审查与决定

根据有关规定对材料进行实质性审查，作出许可决定。

审查过程中，按程序出具并向申请人送达《国家林业和草原局行政许可需要听证、招标、拍卖、检验、检测、检疫、鉴定和专家评审通知书》，在规定时限内组织省级林业和草原主管部门与相关专家开展现场查验，进行实质性审查，形成关于项目征收、征用或者使用草原的审查意见（内容包括：拟征收、征用或者使用草原项目基本情况；拟征收、征用或者使用草原的权属、面积、类型、等级和相关草原所有权人、使用权人和承包经营权人数量和补偿情况；是否涉及生态保护红线、各类自然保护地、基本草原和未批先建等情况）。根据现场查验情况和实质性审查结果作出准予或不予许可的决定。

六、受理和审批时限

（一）承诺受理时限

5个工作日。

（二）法定审批时限

20个工作日。

需要开展现场查验的，现场查验时间不超过20个工作日（每年11月至来年2月间，由于不可抗力原因造成现场查验无法按时开展的，办理时限视情况顺延）。

七、收费项目

草原植被恢复费。

八、行政许可决定文件

（一）行政许可决定文件名称

《国家林业和草原局准予行政许可决定书》。

（二）行政许可审核文件有效期限：无。

九、行政许可数量限制

无。

十、咨询途径

部门名称：国家林业和草原局政务服务中心

地　　址：北京市东城区和平里东街18号

联系电话：010-84239631

邮政编码：100714

十一、办公地址和时间

（一）办公地址：北京市东城区和平里东街18号。

（二）办公时间：上午8：30—11：30，下午13：30—16：30（周一至周五，法定节假日除外）。

（三）乘车路线

1. 公交：和平里南口或和平里路口南站下车步行5分钟即到。

2. 地铁：和平里北街站出站步行10分钟即到。

国家林业和草原局公告
2020 年第 20 号

根据《国务院关于取消和下放一批行政许可事项的决定》(国发〔2020〕13号)要求,我局研究制定了"林业质检机构资质认定""林木种子质量检验机构资质认定""草种质量检验机构资质认定""草种进出口经营许可证审核(初审)""外国人进入国家级环境保护自然保护区审批""外国人进入国家级海洋自然保护区审批""外国人进入国家级渔业自然保护区审批"等7项行政许可事项事中事后监管细则(见附件),现予以发布。

特此公告。

附件:林业和草原部门取消的"林业质检机构资质认定"等7项行政许可事项事中事后监管细则

国家林业和草原局
2020 年 10 月 15 日

附件

林业和草原部门取消的"林业质检机构资质认定"等 7 项行政许可事项事中事后监管细则

序号	事项名称	项目编码	事中事后监管具体措施
1	林业质检机构资质认定	32037	取消许可后,国家林草局质检机构(名单见附表)资质审查认可授权证书到期后自动失效。林草部门通过以下措施加强事中事后监管: 1. 国家林草局在国家市场监管总局规定或调整检验检测机构准入条件时,配合国家市场监管总局编制关于林业质检机构的特别准入要求。 2. 林草部门加强林业质检机构建设和指导,组织开展林业质检机构专业技能培训,举办林业质检机构能力验证活动,提升检验检测机构业务能力和管理水平。 3. 林草部门依法委托有关检验检测机构从事林产品检验检测活动,并对检验检测活动进行监管,对发现的违法违规行为及时通报有关市场监管部门。 4. 对于新申请或延续林业质检机构检验检测资质认定的,林草部门配合市场监管部门开展检验检测资质认定工作。 5. 完善与市场监管部门协同监管和信息通报机制,配合市场监管部门通过"双随机、一公开"监管、重点监管、信用监管等方式对林业质检机构实施日常管理。
2	林木种子质量检验机构资质认定	32032 D32032	取消许可后,林草部门通过以下措施加强事中事后监管: 1. 对于已取得林草种子质量检验机构资质的单位,其资质证书到期后自动失效,林草部门不再办理延续。对于新申请或延续林草种子质量检验机构资质认定的,林草部门配合市场监管部门开展检验检测机构审批工作。 2. 国家林草局在国家市场监管总局规定或调整检验检测机构准入条件时,配合国家市场监管总局编制关于林草种子质量检验机构的特别准入要求。 3. 对已取得林草种子质量检验机构资质的单位,林草部门在资质证书有效期内开展"双随机、一公开"监管。完善与市场监管部门协同监管机制,配合市场监管部门开展"双随机、一公开"等监管工作。 4. 林草部门依法委托林草种子质量检验机构开展种子检验检测及种子质量抽查等工作,并对其检验检测工作进行监督指导,发现违法违规行为及时通报有关市场监管部门。
3	草种质量检验机构资质认定	D17052	
4	草种进出口经营许可证审核(初审)	D17053	取消许可后,林草部门通过以下措施加强事中事后监管: 1. 制定规范林草种子生产经营许可管理的规章制度,明确林草种子的范围、许可条件、申请材料、办理程序,以及是否实行告知承诺等办理方式等内容。 2. 重新公布林草种子(进出口)生产经营许可证核发审批服务指南,加快推进网上审批及电子证照,方便企业办事。 3. 在开展林草种子(进出口)生产经营许可证核发审批的过程中,根据工作需要征求省级林业和草原主管部门意见或开展现场检测。 4. 加大监管力度,督促草种进出口企业落实标签、档案、质量管理等制度,及时向社会公开抽查结果,依法查处违法违规行为并纳入国家企业信用信息公示系统。

(续表)

序号	事项名称	项目编码	事中事后监管具体措施
5	外国人进入国家级环境保护自然保护区审批	D13018	取消许可后，林草部门通过以下措施加强事中事后监管： 1. 支持国家级自然保护区管理机构管理能力建设和基础设施建设，强化外国人进入国家级自然保护区的日常监管，发现违法违规行为，及时查处。 2. 强化对省级林业和草原主管部门和国家级自然保护区的业务指导，严格实施涉及国家级自然保护区自然资源的行政许可管理，防止资源流失。
6	外国人进入国家级海洋自然保护区审批	D51011	
7	外国人进入国家级渔业自然保护区审批	D17075	

注：第2、3项，事项名称原为"林木种子质量检验机构资质考核""草种质量检验机构资格认定"。

附表

国家林草局质检机构汇总表

序号	法人单位	授权名称	授权证书号	有效期至
1	河北省林草花卉质量检验检测中心	国家林草局林产品质量检验检测中心(石家庄)	林科许准[2017]03号	2022年3月23日
2	河北省林草花卉质量检验检测中心	国家林草局林木种苗质量检验检测中心(石家庄)	林科许准[2017]04号	2022年3月23日
3	内蒙古自治区林木种苗站	国家林草局林木种子质量检验中心(呼和浩特)	林科许准[2019]12号	2024年10月31日
4	辽宁省林业服务发展中心	国家林草局林木种苗质量检验检测中心(沈阳)	林科许准[2019]13号	2024年12月16日
5	鞍山市木材木制品检验所	国家林草局木材及木制品质量检验检测中心(鞍山)	林科许准[2019]07号	2023年12月12日
6	吉林省林业科学研究院	国家林草局林产品质量检验检测中心(长春)	林科许准[2018]03号	2023年8月13日
7	吉林省林业科学研究院	国家林草局林木种苗质量检验检测中心(长春)	林科许准[2018]04号	2023年8月13日
8	黑龙江省木材科学研究所	国家林草局林产品质量检验检测中心(哈尔滨)	林科许准[2019]14号	2024年12月24日
9	国家林业和草原局哈尔滨林业机械研究所	国家林草局林业机械质量检验检测中心(哈尔滨)	林科许准[2020]04号	2025年6月21日
10	上海木材工业研究所有限公司	国家林草局华东木材及制品质量监督检验中心	林科许准[2019]03号	2024年6月2日
11	上海市林业总站	国家林草局花卉产品质量检验检测中心(上海)	林科许准[2019]06号	2024年6月18日
12	南京林业大学	国家林草局人造板及其制品质量检验检测中心(南京)	林科许准[2019]16号	2024年12月30日
13	中国林业科学研究院林产化学工业研究所	国家林草局林化产品质量检验检测中心(南京)	林科许准[2016]01号	2021年03月22日
14	邳州市市场监督综合检验检测中心	国家林草局林产品质量检验检测中心(徐州)	林科许准[2016]03号	2021年12月14日
15	浙江省林业科学研究院	国家林草局林产品质量检验检测中心(杭州)	林科许准[2020]02号	2023年3月5日
16	中国林业科学研究院亚热带林业研究所	国家林草局经济林产品质量检验检测中心(杭州)	林科许准[2019]15号	2024年12月24日
17	安徽省林业高科技开发中心	国家林草局经济林产品质量检验检测中心(合肥)	林科许准[2017]01号	2022年1月16日
18	福建省林业科学研究院	国家林草局林产品质量检验检测中心(福州)	林科许准[2019]01号	2024年3月13日
19	江西省林业科学院	国家林草局林产品质量检验检测中心(南昌)	林科许准[2020]03号	2025年6月21日
20	寿光市检验检测中心	国家林草局林产品质量检验检测中心(寿光)	林科许准[2018]05号	2023年11月3日

(续表)

序号	法人单位	授权名称	授权证书号	有效期至
21	河南省林业科学研究院	国家林草局林产品质量检验检测中心(郑州)	林科许准〔2019〕04号	2024年6月4日
22	湖北省林业科学研究院	国家林草局林产品质量检验检测中心(武汉)	林科许准〔2018〕02号	2023年5月30日
23	湖南省林产品质量检验检测中心	国家林草局林产品质量检验检测中心(长沙)	林科许准〔2019〕08号	2024年8月27日
24	湖南省林产品质量检验检测中心	国家林草局林木种子质量检验中心(长沙)	林科许准〔2019〕09号	2024年8月27日
25	广东省林业科学研究院	国家林草局林产品质量检验检测中心(广州)	林科许准〔2019〕10号	2024年9月4日
26	广西壮族自治区林业科学研究院	国家林草局林产品质量检验检测中心(南宁)	林科许准〔2017〕07号	2022年12月7日
27	四川省林业科学研究院	国家林草局林产品质量检验检测中心(成都)	林科许准〔2019〕11号	2024年9月4日
28	贵州省林业科学研究院	国家林草局林产品质量检验检测中心(贵阳)	林科许准〔2020〕01号	2025年1月8日
29	西南林业大学	国家林草局木材与木竹制品质量检验检测中心(昆明)	林科许准〔2019〕05号	2024年6月4日
30	中国林业科学研究院资源昆虫研究所	国家林草局林化产品质量检验检测中心(昆明)	林科许准〔2016〕02号	2021年8月30日
31	云南省林业和草原科学院	国家林草局经济林产品质量检验检测中心(昆明)	林科许准〔2017〕02号	2022年3月23日
32	云南省林木种苗工作总站	国家林草局花卉产品质量检验检测中心(昆明)	林科许准〔2017〕06号	2022年12月7日
33	陕西省林产品质检与产业服务保障中心	国家林草局林产品质量检验检测中心(西安)	林科准许〔2017〕08号	2022年12月7日
34	甘肃省林业科技推广总站	国家林草局经济林产品质量检验检测中心(兰州)	林科许准〔2019〕02号	2024年3月31日
35	新疆林业测试中心	国家林草局经济林产品质量检验检测中心(乌鲁木齐)	林科许准〔2017〕05号	2022年6月18日

国家林业和草原局公告

2020年第21号

根据《国务院关于取消和下放一批行政许可事项的决定》(国发〔2020〕13号)要求,我局研究制定了林业和草原部门取消的"在国家级自然保护区建立机构和修筑设施初审"行政许可事项事中事后监管细则(见附件),现予以发布。

特此公告。

附件:林业和草原部门取消的"在国家级自然保护区建立机构和修筑设施初审"行政许可事项事中事后监管细则

国家林业和草原局
2020年10月30日

附件

林业和草原部门取消的"在国家级自然保护区建立机构和修筑设施初审"行政许可事项事中事后监管细则

序号	事项名称	项目编码	事中事后监管具体措施
1	在国家级自然保护区建立机构和修筑设施初审	D32035	取消许可后,林业和草原部门通过以下措施加强事中事后监管: 1. 国家林业和草原局严格按照《森林和野生动物类型自然保护区管理办法》《在国家级自然保护区修筑设施审批管理暂行办法》等规定,依法实施"在国家级自然保护区建立机构和修筑设施审批"。

(续表)

序号	事项名称	项目编码	事中事后监管具体措施
1	在国家级自然保护区建立机构和修筑设施初审	D32035	2. 全面公开"在国家级自然保护区建立机构和修筑设施审批"的申请材料要件和办理程序，推进本项行政许可的网上办理，逐步实现行政许可全流程进展查询、全过程可追溯。 3. 对占地较大的项目、旅游项目和经营性项目等申请在国家级自然保护区建设的，引入专家现场考察和评审程序，科学评估项目对自然保护区生物多样性的影响。 4. 采取"双随机、一公开"等方式，加强对国家级自然保护区建设项目的监督检查，畅通投诉举报渠道，国家林业和草原局各派出机构对检查中发现的违法违规行为，及时督导属地有关部门依法查处。 5. 省级林业和草原主管部门、国家级自然保护区管理机构加大对国家级自然保护区建设项目的巡查力度，及时查处违法违规行为，并向社会公开结果。 6. 及时总结取消"在国家级自然保护区建立机构和修筑设施初审"后办理行政许可的经验问题，积极与省级林业和草原主管部门、国家级自然保护区管理机构对接，适时完善相关规定。

国家林业和草原局公告

2020年第22号

根据《中华人民共和国植物新品种保护条例》《中华人民共和国植物新品种保护条例实施细则（林业部分）》的规定，现将《中华人民共和国植物新品种保护名录（林草部分）（第七批）》（见附件）予以公布，自2021年1月1日起施行。

特此公告。

附件：中华人民共和国植物新品种保护名录（林草部分）（第七批）

国家林业和草原局
2020年12月8日

附件

中华人民共和国植物新品种保护名录（林草部分）（第七批）

(续表)

序号	种或者属名	学名	序号	种或者属名	学名
1	蓍属	*Achillea* L.	16	蓝雪花属	*Ceratostigma* Bunge
2	百子莲属	*Agapanthus* L'Hér.	17	菊属	*Chrysanthemum* L.
3	冰草属	*Agropyron* Gaertn.	18	君子兰属	*Clivia* Lindl.
4	楤木属	*Aralia* L.	19	柏木属	*Cupressus* L.
5	艾	*Artemisia argyi* Lévl. & Van.	20	青冈属	*Cyclobalanopsis* Oerst.
6	落新妇属	*Astilbe* Buch.-Ham. ex D. Don	21	青钱柳属	*Cyclocarya* Iljinsk.
7	秋海棠属	*Begonia* L.	22	兰属	*Cymbidium* Sw.
8	秋枫属	*Bischofia* Blume	23	杓兰属	*Cypripedium* L.
9	野海棠属	*Bredia* Blume	24	大丽花属	*Dahlia* Cav.
10	雀麦属	*Bromus* L.	25	石斛属	*Dendrobium* Sw.
11	舞春花属	*Calibrachoa* Cerv.	26	溲疏属	*Deutzia* Thunb.
12	夏蜡梅属	*Calycanthus* L.	27	石竹属	*Dianthus* L.
13	薹草属	*Carex* L.	28	油棕	*Elaeis gunieensis* Jacq.
14	莸属	*Caryopteris* Bunge	29	木香薷	*Elsholtzia stauntonii* Benth.
15	卡特兰属	*Cattleya* Lindl.	30	披碱草属	*Elymus* L.

(续表)

序号	种或者属名	学名
31	吊钟花属	*Enkianthus* Lour.
32	银钟花属	*Halesia* J. Ellis ex L.
33	向日葵属	*Helianthus* L.
34	铁筷子属	*Helleborus* L.
35	萱草属	*Hemerocallis* L.
36	刺榆属	*Hemiptelea* Planch.
37	矾根属	*Heuchera* L.
38	凤仙花属	*Impatiens* L.
39	鸢尾属	*Iris* L.
40	薰衣草属	*Lavandula* L.
41	羊草	*Leymus chinensis*（Trin.）Tzvel.
42	补血草属	*Limonium* Mill.
43	羽扇豆属	*Lupinus* L.
44	澳洲坚果	*Macadamia integrifolia* Maiden & Betche
45	十大功劳属	*Mahonia* Nutt.
46	苜蓿属	*Medicago* L.
47	陀螺果属	*Melliodendron* Hand.-Mazz.
48	九里香属	*Murraya* J. Koenig
49	玉叶金花属	*Mussaenda* L.
50	牛至属	*Origanum* L.
51	兜兰属	*Paphiopedilum* Pfitzer
52	重楼属	*Paris* L.
53	银缕梅属	*Parrotia* C. A. Meyer
54	狼尾草属	*Pennisetum* Rich.

(续表)

序号	种或者属名	学名
55	鳄梨	*Persea americana* Mill.
56	蝴蝶兰属	*Phalaenopsis* Blume
57	山梅花属	*Philadelphus* L.
58	余甘子	*Phyllanthus emblica* L.
59	风箱果属	*Physocarpus*（Cambess.）Raf.
60	马醉木属	*Pieris* D. Don
61	草地早熟禾	*Poa pratensis* L.
62	黄精属	*Polygonatum* Mill.
63	马齿苋属	*Portulaca* L.
64	报春花属	*Primula* L.
65	报春苣苔属	*Primulina* Hance
66	白辛树属	*Pterostyrax* Siebold & Zucc.
67	棕竹属	*Rhapis* L. f. ex Aiton
68	茶藨子属	*Ribes* L.
69	鼠尾草属	*Salvia* L.
70	无忧花属	*Saraca* L.
71	黄芩属	*Scutellaria* L.
72	景天属	*Sedum* L.
73	白鹤芋属	*Spathiphyllum* Schott
74	安息香属	*Styrax* L.
75	车轴草属	*Trifolium* L.
76	雷公藤	*Tripterygium wilfordii* Hook. f.
77	万代兰属	*Vanda* Jones ex R. Br.
78	结缕草属	*Zoysia* Willd.

国家林业和草原局公告

2020年第23号

根据《中华人民共和国种子法》《中华人民共和国植物新品种保护条例》《中华人民共和国植物新品种保护条例实施细则（林业部分）》的规定，经国家林业和草原局植物新品种保护办公室审查，"云洁"等275项植物新品种权申请符合授权条件，现决定授予植物新品种权（名单见附件），并颁发《植物新品种权证书》。

特此公告。

附件：国家林业和草原局2020年第二批授予植物新品种权名单

国家林业和草原局
2020年12月21日

附件

国家林业和草原局2020年第二批授予植物新品种权名单

序号	品种名称	所属属（种）	品种权号	品种权人	申请号	申请日	培育人
1	云洁	蔷薇属	20200167	云南锦苑花卉产业股份有限公司、石林锦苑康乃馨有限公司	20110126	2011.11.10	李淑斌、倪功、曹荣根、李飞鹏、杜福顺、田连通、白云评、乔丽婷、阳明祥
2	圣火	蔷薇属	20200168	云南锦苑花卉产业股份有限公司	20110128	2011.11.10	倪功、曹荣根、田连通、白云评、乔丽婷、阳明祥
3	金粉	蔷薇属	20200169	云南锦苑花卉产业股份有限公司	20110133	2011.11.10	倪功、曹荣根、田连通、白云评、乔丽婷、阳明祥
4	锦红	蔷薇属	20200170	云南锦苑花卉产业股份有限公司	20120199	2012.12.01	倪功、曹荣根、田连通、白云评、乔丽婷、阳明祥
5	红钻	蔷薇属	20200171	云南锦苑花卉产业股份有限公司	20120202	2012.12.01	倪功、曹荣根、田连通、白云评、乔丽婷、阳明祥
6	东岳佳宝	槭属	20200172	泰安市泰山林业科学研究院、泰安时代园林科技开发有限公司	20120215	2012.12.05	李承秀、王迎、颜卫东、孙忠奎、杜辉、王峰、杨波、罗磊、孔凡伟、张林
7	紫玉	蔷薇属	20200173	云南锦苑花卉产业股份有限公司	20140237	2014.12.06	倪功、曹荣根、田连通、白云评、乔丽婷、何琼、阳明祥
8	中翅1号	胡颓子属	20200174	中国林业科学研究院、中国林业科学研究院黄河三角洲综合试验中心、天津绿茵景观生态建设股份有限公司	20150110	2015.06.18	张华新、刘正祥、杨秀艳、祁永、杨丕俊、赵罕、武海雯、朱建峰、王计平
9	中翅2号	胡颓子属	20200175	中国林业科学研究院、中国林业科学研究院黄河三角洲综合试验中心、天津绿茵景观生态建设股份有限公司	20150111	2015.06.18	张华新、赵罕、杨秀艳、杨丕俊、刘正祥、武海雯、朱建峰、王计平、祁永
10	中翅3号	胡颓子属	20200176	中国林业科学研究院、中国林业科学研究院黄河三角洲综合试验中心、天津绿茵景观生态建设股份有限公司	20150112	2015.06.18	张华新、赵罕、杨秀艳、杨丕俊、刘正祥、武海雯、朱建峰、王计平、祁永
11	奥斯普鲁特（AUSPLUTO）	蔷薇属	20200177	大卫奥斯汀月季公司（David Austin Roses Limited）	20150148	2015.08.18	大卫奥斯汀（David Austin）
12	德瑞斯蓝十三（DrisBlue Thirteen）	越橘属	20200178	德瑞斯克公司（Driscoll's, Inc.）	20150174	2015.09.06	布赖恩·K·卡斯特（Brian K. Caster）、阿伦·德雷珀（Arlen Draper）、珍妮弗·K·伊佐（Jennifer K. Izzo）、乔治·罗德里格斯·阿卡沙（Jorge Rodriguez Alcazar）
13	艾维驰16（EVERCHI16）	蔷薇属	20200179	丹麦永恒玫瑰公司（ROSES FOREVER ApS）	20150208	2015.10.12	哈雷·艾克路德（Harley Eskelund）
14	艾维驰27（EVERCHI27）	蔷薇属	20200180	丹麦永恒玫瑰公司（ROSES FOREVER ApS）	20150216	2015.10.12	哈雷·艾克路德（Harley Eskelund）
15	彩云之歌	蔷薇属	20200181	云南锦苑花卉产业股份有限公司、云南锦科花卉工程研究中心有限公司	20150251	2015.12.03	倪功、曹荣根、田连通、白云评、乔丽婷、阳明祥
16	情投意合	蔷薇属	20200182	云南锦苑花卉产业股份有限公司、云南锦科花卉工程研究中心有限公司	20160022	2016.01.21	倪功、曹荣根、田连通、白云评、乔丽婷、阳明祥

(续表)

序号	品种名称	所属属（种）	品种权号	品种权人	申请号	申请日	培育人
17	阿珀富-45（APF-45）	悬钩子属	20200183	阿肯色大学董事会（The Board of Trustees of the University of Arkansas）	20160026	2016.01.28	约翰·鲁本·克拉克（John Reuben Clark）
18	碧玉	越橘属	20200184	大连森茂现代农业有限公司	20160106	2016.06.01	王贺新、徐国辉、陈英敏、王一舒
19	连大之夏	越橘属	20200185	大连大学、大连森茂现代农业有限公司	20160107	2016.06.01	徐国辉、罗霖锜、雷蕾、娄鑫、安琪、彭恒辰、王贺新
20	艾维驰133（EVERCH133）	蔷薇属	20200186	丹麦永恒月季公司（ROSES FOREVER ApS, Denmark）	20160182	2016.07.24	洛萨．艾斯克伦德（Rosa Eskelund）
21	艾维驰119（EVERCH119）	蔷薇属	20200187	丹麦永恒月季公司（ROSES FOREVER ApS, Denmark）	20160220	2016.08.27	洛萨．艾斯克伦德（Rosa Eskelund）
22	艾维驰130（EVERCH130）	蔷薇属	20200188	丹麦永恒月季公司（ROSES FOREVER ApS, Denmark）	20160221	2016.08.27	洛萨．艾斯克伦德（Rosa Eskelund）
23	艾维驰132（EVERCH132）	蔷薇属	20200189	丹麦永恒月季公司（ROSES FOREVER ApS, Denmark）	20160223	2016.08.27	洛萨．艾斯克伦德（Rosa Eskelund）
24	百媚丛生	蔷薇属	20200190	北京林业大学	20160227	2016.09.04	潘会堂、徐庭亮、张启翔、于超、罗乐、谭炯锐、甄妮、赵红霞、程堂仁、王佳
25	捻指莲台	蔷薇属	20200191	北京林业大学	20160231	2016.09.04	罗乐、张启翔、于超、潘会堂、徐庭亮、谭炯锐、甄妮、赵红霞、程堂仁、王佳
26	阿黑	蔷薇属	20200192	云南锦科花卉工程研究中心有限公司	20160379	2016.11.25	倪功、曹荣根、田连通、白云评、乔丽婷、阳明祥、何琼
27	紫韵	蔷薇属	20200193	云南锦科花卉工程研究中心有限公司	20170034	2016.12.27	倪功、曹荣根、田连通、白云评、乔丽婷、阳明祥、何琼
28	卢桉1号	桉属	20200194	永兴县捷兴林业发展有限公司、中国林业科学研究院热带林业研究所、国家林业和草原局桉树研究开发中心	20170138	2017.03.24	卢维勇、曾炳山、方良、容世清、裘珍飞
29	瑞克夫1398B（RUICF1398B）	蔷薇属	20200195	迪瑞特知识产权公司（De Ruiter Intellectual Property B.V.）	20170174	2017.04.12	汉克．德．格罗特（H.C.A. de Groot）
30	瑞驰2583A（RUICI2583A）	蔷薇属	20200196	迪瑞特知识产权公司（De Ruiter Intellectual Property B.V.）	20170175	2017.04.12	汉克．德．格罗特（H.C.A. de Groot）
31	戴尔福布兰（Delfumblan）	蔷薇属	20200197	法国乔治斯．戴尔巴德月季有限公司（Société Nouvelle Pépinières & Roseraies Georges DELBARD）	20170197	2017.04.20	阿诺德．戴尔巴德（Arnaud. delbard）
32	戴尔思普拉噶（Delspraga）	蔷薇属	20200198	法国乔治斯．戴尔巴德月季有限公司（Société Nouvelle Pépinières & Roseraies Georges DELBARD）	20170198	2017.04.20	阿诺德．戴尔巴德（Arnaud. delbard）
33	科鲜0142（KORcut0142）	蔷薇属	20200199	科德斯月季育种公司（W. Kordes' S. hne Rosenschulen GmbH & Co KG）	20170208	2017.05.03	威廉-亚历山大科德斯（Wilhelm-Alexander Kordes）、蒂姆-赫尔曼科德斯（Tim-Hermann Kordes）、约翰文森特科德斯（John Vincent Kordes）

(续表)

序号	品种名称	所属属（种）	品种权号	品种权人	申请号	申请日	培育人
34	瑞克德0999A（RUICD0999A）	蔷薇属	20200200	迪瑞特知识产权公司（De Ruiter Intellectual Property B. V.）	20170266	2017.05.26	汉克.德.格罗特（H. C. A. de Groot）
35	泰达秋月	蔷薇属	20200201	北京林业大学、上海市园林科学规划研究院、天津泰达盐碱地绿化研究中心有限公司	20170269	2017.06.01	田晓明、贾桂霞、张冬梅、王振宇、张清、张浪
36	泰达天使	蔷薇属	20200202	北京林业大学、上海市园林科学规划研究院、天津泰达盐碱地绿化研究中心有限公司	20170270	2017.06.01	田晓明、贾桂霞、张冬梅、王振宇、张清、张浪
37	泰达火焰	蔷薇属	20200203	天津泰达盐碱地绿化研究中心有限公司、天津泰达绿化集团有限公司	20170271	2017.06.01	秘洪雷、田晓明、张清、于璐、王鹏山、慈华聪、张楚涵
38	泰达之恋	蔷薇属	20200204	天津泰达盐碱地绿化研究中心有限公司、天津泰达绿化集团有限公司	20170272	2017.06.01	张清、田晓明、秘洪雷、慈华聪、王鹏山、于璐、张楚涵
39	华蜡1号	白蜡树属	20200205	山东省林业科学研究院	20170279	2017.06.01	刘翠兰、吴德军、王因花、李庆华、燕丽萍、王开芳、李善文、任飞、杨庆山、李丽、王吉贵、毛秀红
40	鲁绒	白蜡树属	20200206	山东省林业科学研究院	20170280	2017.06.01	燕丽萍、吴德军、王因花、任飞、刘翠兰、李庆华、王开芳、姚俊修、王振猛、臧真荣、高嘉、王吉贵、毛秀红
41	英特罗诺托夫（Interonotov）	蔷薇属	20200207	英特普兰特公司（Interplant Roses B. V.）	20170293	2017.06.05	A. J. H. 范·多伊萨姆（ir. A. J. H. van Doesum）
42	缤粉佳人	紫薇属	20200208	北京林业大学	20170384	2017.07.19	潘会堂、叶远俊、张启翔、蔡明、鞠易倩、冯露、吴际洋、程堂仁、王佳
43	粉玲珑	紫薇属	20200209	福建金硕生物科技有限公司、北京林业大学	20170385	2017.07.19	潘隆应、朱嫄、张启翔、潘会堂、蔡明、叶远俊、程堂仁、王佳
44	粉面香妃	蔷薇属	20200210	北京林业大学、江苏苏北花卉股份有限公司	20170388	2017.07.19	潘会堂、吴钰滢、徐庭亮、张启翔、罗乐、于超、程堂仁、王佳、李生、蔡勇、乔亚西、王李亮
45	德瑞斯蓝十四（DrisBlueFourteen）	越橘属	20200211	德瑞斯克公司（Driscoll's, Inc.）	20170395	2017.07.21	布赖恩·K·卡斯特（Brian K. CASTER）、珍妮弗·K·伊佐（Jennifer K. IZZO）、阿伦·德雷珀（Arlen DRAPER）、布鲁斯·D·莫维（Bruce D. MOWREY）、玛塔·巴皮蒂斯塔（Marta BAPTISTA）
46	科盆034（KORpot034）	蔷薇属	20200212	科德斯月季育种公司（W. Kordes' S.hne Rosenschulen GmbH & Co KG）	20170432	2017.08.08	威廉-亚历山大科德斯（Wilhelm-Alexander Kordes）、蒂姆-赫尔曼科德斯（Tim-Hermann Kordes）、玛格丽特科德斯（Margarita Kordes）

(续表)

序号	品种名称	所属属（种）	品种权号	品种权人	申请号	申请日	培育人
47	科盆060（KORpot060）	蔷薇属	20200213	科德斯月季育种公司（W. Kordes' S. hne Rosenschulen GmbH & Co KG）	20170436	2017.08.08	蒂姆-赫尔曼科德斯（Tim-Hermann Kordes）、约翰-文森特科德斯（John Vincent Kordes）、威廉科德斯（Wilhelm Kordes）
48	科盆064（KORpot064）	蔷薇属	20200214	科德斯月季育种公司（W. Kordes' S. hne Rosenschulen GmbH & Co KG）	20170437	2017.08.08	蒂姆-赫尔曼科德斯（Tim-Hermann Kordes）、约翰-文森特科德斯（John Vincent Kordes）、威廉科德斯（Wilhelm Kordes）
49	甜心芭比	蔷薇属	20200215	通海锦海农业科技发展有限公司、玉溪市农业科学院	20170460	2017.09.01	董春富、张军云、张钟、张建康、王文智、杨世先、胡颖、胡丽琴
50	杞鑫4号	枸杞属	20200216	中宁县杞鑫枸杞苗木专业合作社	20170492	2017.09.05	郭玉琴、祁伟、刘冰、何月红、乔彩云、朱金忠、亢彦东、王学军、武永存、邢学武
51	文图拉（Ventura）	越橘属	20200217	美国秋溪农场苗圃有限公司（Fall Creek Farm and Nursery, Inc., USA）	20170514	2017.09.20	大卫 M. 布莱尔顿（David M. Brazelton）、亚当 L. 瓦格纳（Adam L. Wagner）
52	波卢丽本（BlueRibbon）	越橘属	20200218	美国秋溪农场苗圃有限公司（Fall Creek Farm and Nursery, Inc., USA）	20170515	2017.09.20	大卫 M. 布莱尔顿（David M. Brazelton）、亚当 L. 瓦格纳（Adam L. Wagner）
53	淘普谢尔夫（TopShelf）	越橘属	20200219	美国秋溪农场苗圃有限公司（Fall Creek Farm and Nursery, Inc., USA）	20170516	2017.09.20	大卫 M. 布莱尔顿（David M. Brazelton）、亚当 L. 瓦格纳（Adam L. Wagner）
54	奥乌提姆（Overtime）	越橘属	20200220	美国秋溪农场苗圃有限公司（Fall Creek Farm and Nursery, Inc., USA）	20170519	2017.09.20	大卫 M. 布莱尔顿（David M. Brazelton）、亚当 L. 瓦格纳（Adam L. Wagner）
55	英特乐沃尔格（Interlowolg）	蔷薇属	20200221	英特普兰特月季育种公司（Interplant Roses B. V.）	20170538	2017.10.17	范·多伊萨姆（ir. A. J. H. van Doesum）
56	满堂红	蔷薇属	20200222	云南省农业科学院花卉研究所	20170541	2017.10.23	周宁宁、王其刚、唐开学、张颢、蹇洪英、李淑斌、陈敏、邱显钦、晏慧君、张婷
57	雨漱春	蔷薇属	20200223	云南省农业科学院花卉研究所	20170543	2017.10.23	陈敏、王其刚、邱显钦、唐开学、晏慧君、张颢、蹇洪英、周宁宁、李淑斌、张婷
58	芳华	蔷薇属	20200224	云南省农业科学院花卉研究所	20170546	2017.10.23	蹇洪英、王其刚、张婷、晏慧君、周宁宁、李淑斌、陈敏、邱显钦、张颢、唐开学、黎霞、杨维
59	贝06-50富乐-1（BB06-50FL-1）	越橘属	20200225	美国贝利蓝莓有限公司（Berry Blue LLC. USA）	20170547	2017.10.28	埃德蒙德 J. 威乐（Edmund J. Wheeler）
60	紫晶	蔷薇属	20200226	云南锦科花卉工程研究中心有限公司	20170561	2017.11.02	倪功、曹荣根、田连通、白云评、乔丽婷、阳明祥、何琼
61	凤蝶	蔷薇属	20200227	云南锦科花卉工程研究中心有限公司	20170563	2017.11.02	倪功、曹荣根、田连通、白云评、乔丽婷、阳明祥、何琼

(续表)

序号	品种名称	所属属（种）	品种权号	品种权人	申请号	申请日	培育人
62	梦幻花容	蔷薇属	20200228	云南省农业科学院花卉研究所	20170576	2017.11.09	李绅崇、宋杰、李树发、彭绿春、李世峰、李进昆、乔丽婷
63	福缘	青檀属	20200229	泰安市泰山林业科学研究院、泰安时代园林科技开发有限公司	20170592	2017.11.16	杜辉、李杰、盛振兴、李承秀、于永畅、杨波、王郑昊、任红剑、乔谦、张林
64	鸿羽	青檀属	20200230	泰安市泰山林业科学研究院、泰安时代园林科技开发有限公司	20170593	2017.11.16	张林、孙忠奎、王峰、程甜甜、朱翠翠、乔谦、张安琪、于永畅、任红剑、王富金
65	无量	青檀属	20200231	泰安市泰山林业科学研究院、泰安时代园林科技开发有限公司	20170594	2017.11.16	王峰、张安琪、王郑昊、陈荣伟、张靖、孙芳、胡杰、赵青松、谢学阳、张林
66	慧光	青檀属	20200232	泰安市泰山林业科学研究院、泰安时代园林科技开发有限公司	20170595	2017.11.16	孙忠奎、王郑昊、李承秀、朱翠翠、胡杰、任红剑、孙芳、程甜甜、杜辉、张林
67	金玉缘	青檀属	20200233	泰安市泰山林业科学研究院、泰安时代园林科技开发有限公司	20170596	2017.11.16	程甜甜、朱翠翠、孙忠奎、王郑昊、仲凤维、张安琪、燕语、郭伟、张攀、张林
68	英特克林班（Intercreenban）	蔷薇属	20200234	英特普兰特月季育种公司（Interplant Roses B. V.）	20180018	2017.12.22	范·多伊萨姆（ir. A. J. H. van Doesum）
69	英特洛朱毕丽（Interlojubile）	蔷薇属	20200235	英特普兰特月季育种公司（Interplant Roses B. V.）	20180020	2017.12.22	范·多伊萨姆（ir. A. J. H. van Doesum）
70	英特瑞拉奇夫（Interrelatcif）	蔷薇属	20200236	英特普兰特月季育种公司（Interplant Roses B. V.）	20180021	2017.12.22	范·多伊萨姆（ir. A. J. H. van Doesum）
71	英特斯宾尼克萨普（Interspiniksup）	蔷薇属	20200237	英特普兰特月季育种公司（Interplant Roses B. V.）	20180022	2017.12.22	范·多伊萨姆（ir. A. J. H. van Doesum）
72	英特川尼洛克（Intertroneeloc）	蔷薇属	20200238	英特普兰特月季育种公司（Interplant Roses B. V.）	20180023	2017.12.22	范·多伊萨姆（ir. A. J. H. van Doesum）
73	英特卓瑞夫丽司（Intertrorevlis）	蔷薇属	20200239	英特普兰特月季育种公司（Interplant Roses B. V.）	20180024	2017.12.22	范·多伊萨姆（ir. A. J. H. van Doesum）
74	中山彩韵	杨属	20200240	江苏省中国科学院植物研究所	20180039	2017.12.28	庄维兵、张保民、王忠、张兆杰
75	奥莱格拉斯（Olijgrass）	蔷薇属	20200241	荷兰多盟集团公司（Dummen Group B. V.）	20180070	2018.01.04	菲利普·韦斯（Philipp Veys）
76	莱克斯多塞梯（Lexadosetihw）	蔷薇属	20200242	荷兰多盟集团公司（Dummen Group B. V.）	20180072	2018.01.04	菲利普·韦斯（Philipp Veys）
77	莱克斯维（Lexyvi）	蔷薇属	20200243	荷兰多盟集团公司（Dummen Group B. V.）	20180086	2018.01.12	菲利普·韦斯（Philipp Veys）
78	莱克斯罗茨旺（Lexrotswons）	蔷薇属	20200244	荷兰多盟集团公司（Dummen Group B. V.）	20180087	2018.01.12	菲利普·韦斯（Philipp Veys）
79	道若千里甫（Dorocherryav）	蔷薇属	20200245	荷兰多盟集团公司（Dummen Group B. V.）	20180091	2018.01.12	菲利普·韦斯（Philipp Veys）
80	金秋红	朴属	20200246	大连金谷园林绿化工程有限公司	20180092	2018.01.15	刘钦生、于广琴、刘宇

(续表)

序号	品种名称	所属属（种）	品种权号	品种权人	申请号	申请日	培育人
81	中华朴	朴属	20200247	大连金谷园林绿化工程有限公司	20180093	2018.01.15	刘钦生、于广琴、刘宇
82	京欧3号	李属	20200248	北京中医药大学、保定市金欧药材种植农民专业合作社	20180104	2018.01.18	李卫东、刘保旺
83	格拉11874（GRA11874）	蔷薇属	20200249	英特普兰特月季育种公司（Interplant Roses B. V.）、格兰迪月季种植有限公司（Grandiflora Nurseries Pty. Ltd.）	20180115	2018.01.24	H. E. 希路德斯（H. E. Schreuders）
84	皂福1号	皂荚属	20200250	河南师范大学、山东泰瑞药业有限公司、卫辉市豫皂种植专业合作社	20180122	2018.02.03	李建军、赵喜亭、于飞、常翠芳、张光田、崔世昌、孙瑞斌、马静潇、叶承霖、常筱沛
85	新桐1号	泡桐属	20200251	广东新桐林业科技有限公司	20180154	2018.02.26	陈政璋、徐健、谢佩珍
86	瑞克慕1601A（RUICM1601A）	蔷薇属	20200252	迪瑞特知识产权公司（De Ruiter Intellectual Property B. V.）	20180174	2018.03.26	汉克．德．格罗特（H. C. A. de Groot）
87	烟火	蔷薇属	20200253	宜良多彩盆栽有限公司	20180225	2018.05.17	刘天平、胡明飞、罗开春、何云县、卢燕
88	初恋	蔷薇属	20200254	宜良多彩盆栽有限公司	20180227	2018.05.17	刘天平、胡明飞、罗开春、何云县、卢燕
89	千寻	蔷薇属	20200255	宜良多彩盆栽有限公司	20180229	2018.05.17	刘天平、胡明飞、罗开春、何云县、卢燕
90	香草	蔷薇属	20200256	宜良多彩盆栽有限公司	20180230	2018.05.17	刘天平、胡明飞、罗开春、何云县、卢燕
91	蓝玛瑙	越橘属	20200257	大连森茂现代农业有限公司	20180275	2018.06.03	王贺新、徐国辉、王一舒、陈英敏
92	连大之海	越橘属	20200258	大连大学、大连森茂现代农业有限公司	20180276	2018.06.03	徐国辉、雷蕾、安琪、王碟、彭恒辰、吴小南、王贺新
93	瑞克恩1063A（RUICN1063A）	蔷薇属	20200259	迪瑞特知识产权公司（De Ruiter Intellectual Property B. V.）	20180324	2018.06.13	汉克．德．格罗特（H. C. A. de Groot）
94	瑞可2003A（RUICO2003A）	蔷薇属	20200260	迪瑞特知识产权公司（De Ruiter Intellectual Property B. V.）	20180325	2018.06.13	汉克．德．格罗特（H. C. A. de Groot）
95	中云1号	云杉属	20200261	中国林业科学研究院林业研究所、甘肃省小陇山林业实验局林业科学研究所	20180362	2018.07.06	王军辉、欧阳芳群、马建伟、安三平、王丽芳、麻文俊、许娜、杜彦昌、鲜小军、胡勐鸿
96	中云2号	云杉属	20200262	甘肃省小陇山林业实验局林业科学研究所、中国林业科学研究院林业研究所	20180363	2018.07.06	马建伟、安三平、王军辉、欧阳芳群、王丽芳、贾子瑞、麻文俊、杨桂娟、许娜、杜彦昌、鲜小军、胡勐鸿
97	中云15号	云杉属	20200263	中国林业科学研究院林业研究所、甘肃省小陇山林业实验局林业科学研究所	20180364	2018.07.06	王军辉、马建伟、安三平、王丽芳、欧阳芳群、贾子瑞、麻文俊、杨桂娟、许娜、杜彦昌、鲜小军、胡勐鸿

(续表)

序号	品种名称	所属属（种）	品种权号	品种权人	申请号	申请日	培育人
98	中云17号	云杉属	20200264	中国林业科学研究院林业研究所、青海省大通县东峡林场	20180365	2018.07.06	王军辉、欧阳芳群、赵万启、祁生秀、蔡启山、贾子瑞、陈海庆、张路风
99	珀尔（Pearl）	悬钩子属	20200265	浆果世界加有限公司（Berryworld Plus Limited）	20180446	2018.07.20	皮特·文森（Peter Vinson）
100	晋欧2号	李属	20200266	山西农业大学	20180448	2018.07.23	王鹏飞、杜俊杰、张建成、穆霄鹏、曹琴
101	晋欧3号	李属	20200267	山西农业大学	20180449	2018.07.23	杜俊杰、王鹏飞、张建成、穆霄鹏、曹琴
102	黄钻	蔷薇属	20200268	北京市园林科学研究院	20180497	2018.08.28	巢阳、从日晨、赵世伟、张西西
103	瑞克恩0068A（RUICN0068A）	蔷薇属	20200269	迪瑞特知识产权公司（De Ruiter Intellectual Property B.V.）	20180499	2018.08.28	汉克．德．格罗特（H.C.A. de Groot）
104	尼尔托宝（NIRPTURBO）	蔷薇属	20200270	尼尔普国际有限公司（NIRP INTERNATIONAL SA）	20180542	2018.09.03	亚历山德罗·吉奥恩（Alessandro Ghione）
105	连柏1号	乌桕属	20200271	连云港市农业科学院	20180545	2018.09.03	刘兴满、葛金涛、郑旭、赵文静、缪美华
106	蓝鲸	越橘属	20200272	大连森茂现代农业有限公司	20180560	2018.09.04	赵丽娜、王贺新、徐国辉、刘国玲
107	连大之春	越橘属	20200273	大连大学、大连森茂现代农业有限公司	20180573	2018.09.04	徐国辉、雷蕾、吴小南、付香、娄鑫、彭恒辰、王贺新
108	胜美	越橘属	20200274	大连森茂现代农业有限公司	20180578	2018.09.04	王贺新、徐国辉、王一舒、赵丽娜、陈英敏
109	醉胭脂	桂花	20200275	福建新发现农业发展有限公司	20180584	2018.09.04	陈日才、吴启民、吴其超、王聪成、王一、詹正钿、陈朝暖、陈小芳、陈菁菁
110	黄钻	桂花	20200276	福建新发现农业发展有限公司	20180585	2018.09.04	陈日才、吴启民、王聪成、詹正钿、陈朝暖、吴其超、王一、陈小芳、陈菁菁
111	艳阳	桂花	20200277	漳州新发现农业发展有限公司	20180586	2018.09.04	陈日才、陈朝暖、陈小芳、陈菁菁
112	秋枝俏	桂花	20200278	福建新发现农业发展有限公司	20180587	2018.09.04	陈日才、吴启民、王聪成、詹正钿、陈朝暖、吴其超、王一、陈小芳、陈菁菁
113	紫衣美人	桂花	20200279	福建新发现农业发展有限公司	20180588	2018.09.04	陈日才、吴启民、王聪成、詹正钿、陈朝暖、吴其超、王一、陈小芳、陈菁菁
114	墨染丹青	桂花	20200280	漳州新发现农业发展有限公司	20180589	2018.09.04	陈日才、陈朝暖、陈小芳、陈菁菁
115	醒胭脂	桂花	20200281	福建新发现农业发展有限公司	20180590	2018.09.04	陈日才、吴启民、王聪成、詹正钿、陈朝暖、吴其超、王一、陈小芳、陈菁菁
116	黑王子	桂花	20200282	漳州新发现农业发展有限公司	20180591	2018.09.04	陈日才、陈朝暖、陈小芳、陈菁菁
117	九彩香妃	桂花	20200283	福建新发现农业发展有限公司	20180592	2018.09.04	陈日才、吴启民、王聪成、詹正钿、陈朝暖、吴其超、王一、陈小芳、陈菁菁

（续表）

序号	品种名称	所属属（种）	品种权号	品种权人	申请号	申请日	培育人
118	金状元	桂花	20200284	漳州新发现农业发展有限公司	20180593	2018.09.04	陈日才、陈朝暖、陈小芳、陈菁菁
119	紫怡	紫薇	20200285	湖南省林业科学院、长沙湘莹园林科技有限公司	20180598	2018.09.04	曾慧杰、王晓明、乔中全、蔡能、陈艺、李永欣、刘思思、王湘莹
120	紫幻	紫薇	20200286	湖南省林业科学院、长沙湘莹园林科技有限公司	20180604	2018.09.04	刘思思、王晓明、曾慧杰、乔中全、李永欣、蔡能、王湘莹、陈艺
121	紫魁	紫薇	20200287	湖南省林业科学院、长沙湘莹园林科技有限公司	20180605	2018.09.04	王晓明、乔中全、曾慧杰、李永欣、蔡能、王湘莹、刘思思、陈艺
122	紫恋	紫薇	20200288	湖南省林业科学院、长沙湘莹园林科技有限公司	20180606	2018.09.04	李永欣、王晓明、蔡能、曾慧杰、乔中全、刘思思、陈艺、王湘莹
123	尼尔拜尔（NIRPBER）	蔷薇属	20200289	尼尔普国际有限公司（NIRP INTERNATIONAL SA）	20180623	2018.09.14	亚历山德罗·吉奥恩（Alessandro Ghione）
124	尼尔菲特（NIRPHIT）	蔷薇属	20200290	尼尔普国际有限公司（NIRP INTERNATIONAL SA）	20180628	2018.09.14	亚历山德罗·吉奥恩（Alessandro Ghione）
125	尼尔普涛（NIRPTOR）	蔷薇属	20200291	尼尔普国际有限公司（NIRP INTERNATIONAL SA）	20180631	2018.09.14	亚历山德罗·吉奥恩（Alessandro Ghione）
126	尼尔普曼（NIRPMANT）	蔷薇属	20200292	尼尔普国际有限公司（NIRP INTERNATIONAL SA）	20180638	2018.09.14	亚历山德罗·吉奥恩（Alessandro Ghione）
127	尼尔普木（NIRPMUT）	蔷薇属	20200293	尼尔普国际有限公司（NIRP INTERNATIONAL SA）	20180639	2018.09.14	亚历山德罗·吉奥恩（Alessandro Ghione）
128	尼尔泡普（NIRPOP）	蔷薇属	20200294	尼尔普国际有限公司（NIRP INTERNATIONAL SA）	20180640	2018.09.14	亚历山德罗·吉奥恩（Alessandro Ghione）
129	尼尔普塔（NIRPTAG）	蔷薇属	20200295	尼尔普国际有限公司（NIRP INTERNATIONAL SA）	20180643	2018.09.14	亚历山德罗·吉奥恩（Alessandro Ghione）
130	黄金甲	蔷薇属	20200296	云南省农业科学院花卉研究所	20180661	2018.10.09	邱显钦、唐开学、张颢、王其刚、陈敏、蹇洪英、晏慧君、周宁宁、李淑斌
131	瑞克1999A（RUICK1999A）	蔷薇属	20200297	迪瑞特知识产权公司（De Ruiter Intellectual Property B.V.）	20180667	2018.10.11	汉克.德.格罗特（H.C.A.de Groot）
132	瑞慕克0029（RUIMCR0029）	蔷薇属	20200298	迪瑞特知识产权公司（De Ruiter Intellectual Property B.V.）	20180668	2018.10.11	汉克.德.格罗特（H.C.A.de Groot）
133	云朵	越橘属	20200299	大连大学、大连森茂现代农业有限公司	20180689	2018.10.20	王贺新、彭恒辰、李逸菲、徐国辉、雷蕾、安琪、丁文芹
134	新潮	越橘属	20200300	大连大学、大连森茂现代农业有限公司	20180698	2018.10.20	徐国辉、崔勇、纪艳凤、黄子莹、廖成家、卢丽丽、隋智、王贺新
135	京欧4号	李属	20200301	北京中医药大学、保定市金欧药材种植农民专业合作社	20180715	2018.11.04	李卫东、刘保旺
136	金玉	蜡梅	20200302	河南省林业科学研究院、鄢陵县林业科学研究所	20180809	2018.12.03	沈植国、尚忠海、岳长平、丁鑫、王安亭、孙萌、程建明、汤正辉、汪世忠、尚苗苗、沈希辉、刘建科、柴德勇

(续表)

序号	品种名称	所属属（种）	品种权号	品种权人	申请号	申请日	培育人
137	红烛	石榴属	20200303	国家林业和草原局调查规划设计院、枣庄市秋艳石榴研究所	20180813	2018.12.05	郭祁、李体松、罗华、侯乐峰
138	赤艳	石榴属	20200304	国家林业和草原局调查规划设计院、枣庄市秋艳石榴研究所	20180814	2018.12.05	郭祁、罗华、李体松、侯乐峰
139	尼尔普RPR（NIRPRPR）	蔷薇属	20200305	尼尔普国际有限公司（NIRP INTERNATIONAL SA）	20180839	2018.12.07	亚历山德罗·吉奥恩（Alessandro Ghione）
140	曼塔维尔（MANTAVEL）	蔷薇属	20200306	尼尔普国际有限公司（NIRP INTERNATIONAL SA）	20180845	2018.12.07	亚历山德罗·吉奥恩（Alessandro Ghione）
141	尼尔帕勒特（NIRPALERT）	蔷薇属	20200307	尼尔普国际有限公司（NIRP INTERNATIONAL SA）	20180846	2018.12.07	亚历山德罗·吉奥恩（Alessandro Ghione）
142	尼尔普H2O（NIRPH2O）	蔷薇属	20200308	尼尔普国际有限公司（NIRP INTERNATIONAL SA）	20180847	2018.12.07	亚历山德罗·吉奥恩（Alessandro Ghione）
143	尼尔普莱特（NIRPRIGHT）	蔷薇属	20200309	尼尔普国际有限公司（NIRP INTERNATIONAL SA）	20180852	2017.12.07	亚历山德罗·吉奥恩（Alessandro Ghione）
144	尼尔普泰棱（NIRPTALENT）	蔷薇属	20200310	尼尔普国际有限公司（NIRP INTERNATIONAL SA）	20180855	2018.12.07	亚历山德罗·吉奥恩（Alessandro Ghione）
145	福枣	枣	20200311	褚发朝、杜秀格	20180894	2018.12.13	褚发朝、刘孟军、杜吉格
146	粤硕菩提	无患子属	20200312	北京林业大学、福建源华林业生物科技有限公司	20180903	2018.12.18	贾黎明、孙操稳、高媛、陈仲、刘济铭、翁学煌、余剑平、高世轮、赵国春、刘诗琦、张赟齐
147	康乐红	野牡丹属	20200313	广州市绿化公司、中山大学	20180904	2018.12.18	黄颂谊、周仁超、沈海岑、陈峥、黄桂莲
148	美人	蔷薇属	20200314	宜良多彩盆栽有限公司	20190039	2018.12.18	刘天平、胡明飞、何云县、卢燕、叶晓念
149	女儿芯	紫薇	20200315	浙江东海岸园艺有限公司、浙江鸿翔园林绿化工程有限公司	20190061	2018.12.20	沈鸿明、沈劲余、朱王微、张晓杰、李盼盼、朱雪娟、潘小宇、马国其
150	橡叶舞娘	紫薇	20200316	浙江东海岸园艺有限公司、浙江鸿翔园林绿化工程有限公司	20190064	2018.12.20	沈劲余、沈鸿明、朱雪娟、费也君、薛桂芳、朱王微、张晓杰、李盼盼
151	萝莉	紫薇	20200317	浙江东海岸园艺有限公司、浙江鸿翔园林绿化工程有限公司	20190065	2018.12.20	沈鸿明、沈劲余、张晓杰、李盼盼、朱王微、薛桂芳、王菁蕾、宋鑫远
152	米叶佳欣	紫薇	20200318	浙江东海岸园艺有限公司、浙江鸿翔园林绿化工程有限公司	20190066	2018.12.20	沈鸿明、沈劲余、张晓杰、朱王微、李盼盼、薛桂芳、沈文超、马宇宁
153	紫贵妃	紫薇	20200319	浙江森城种业有限公司、浙江东海岸园艺有限公司	20190083	2018.12.20	沈劲余、沈鸿明、朱王微、张晓杰、李盼盼、薛桂芳、朱雪娟、费也君
154	粉色回忆	蔷薇属	20200320	中国农业科学院蔬菜花卉研究所、云南鑫海汇花业有限公司	20190089	2018.12.21	葛红、杨树华、贾瑞冬、赵鑫、李秋香、朱应雄
155	红尘之恋	蔷薇属	20200321	中国农业科学院蔬菜花卉研究所、云南探花农业科技开发有限公司	20190090	2018.12.21	葛红、杨树华、贾瑞冬、赵鑫、李秋香、陈举
156	花木兰	蔷薇属	20200322	中国农业科学院蔬菜花卉研究所、云南探花农业科技开发有限公司	20190091	2018.12.21	葛红、杨树华、贾瑞冬、赵鑫、李秋香、陈举、李锦斌

(续表)

序号	品种名称	所属属（种）	品种权号	品种权人	申请号	申请日	培育人
157	乳酪蛋糕	蔷薇属	20200323	中国农业科学院蔬菜花卉研究所、云南探花农业科技开发有限公司	20190092	2018.12.21	葛红、杨树华、贾瑞冬、赵鑫、李秋香、陈举
158	绿绣球	白蜡树属	20200324	李承水	20190098	2018.12.23	李承水、丰震、李燕
159	岱绿	白蜡树属	20200325	李承水	20190099	2018.12.23	李承水、丰震、李燕
160	红盔缨	柳属	20200326	李承水	20190101	2018.12.23	李承水、丰震、李燕
161	尼尔普冉佳（NIRPRANJA）	蔷薇属	20200327	尼尔普国际有限公司（NIRP INTERNATIONAL SA）	20190107	2018.12.25	亚历山德罗·吉奥恩（Alessandro Ghione）
162	紫韵	簕竹属	20200328	广西壮族自治区林业科学研究院	20190115	2018.12.26	黄大勇、李立杰、徐振国、黄大志、韦丽颜
163	晶红1号	卫矛属	20200329	河北恒和农业科技有限公司	20190120	2018.12.28	张士夺、储博彦、赵玉芬、张晶、张建业
164	晶红2号	卫矛属	20200330	河北恒和农业科技有限公司	20190121	2018.12.28	张士夺、储博彦、赵玉芬、张建业、张晶
165	博凯1号	卫矛属	20200331	时凯	20190122	2018.12.28	时凯、储博彦、赵玉芬、时庆春
166	少女芯	紫薇	20200332	浙江森城种业有限公司、浙江东海岸园艺有限公司	20190137	2019.01.04	沈鸿明、薛桂芳、朱王微、张晓杰、顾敏洁、李庄华、张成燕、顾翠花
167	孔雀开屏	紫薇	20200333	浙江东海岸园艺有限公司、浙江鸿翔园林绿化工程有限公司	20190138	2019.01.04	沈劲余、沈鸿明、顾翠花、张晓杰、薛桂芳、李盼盼、朱王微、顾敏洁
168	落樱缤纷	紫薇	20200334	浙江森城种业有限公司、浙江鸿翔园林绿化工程有限公司	20190139	2019.01.04	沈鸿明、薛桂芳、朱王微、张晓杰、顾敏洁、李庄华、张成燕、顾翠花
169	金奎一串红	花椒属	20200335	陇南市武都区金奎一串红无刺花椒种植农民专业合作社	20190159	2019.01.18	王全奎、张金权、张海娟、杨高红
170	中石榴4号	石榴属	20200336	中国农业科学院郑州果树研究所	20190178	2019.01.23	曹尚银、李好先、骆翔
171	中石榴5号	石榴属	20200337	中国农业科学院郑州果树研究所	20190179	2019.01.23	曹尚银、李好先、骆翔
172	中石榴8号	石榴属	20200338	中国农业科学院郑州果树研究所	20190180	2019.01.23	曹尚银、李好先、骆翔、陈利娜
173	燕栗1号	板栗	20200339	河北省农林科学院昌黎果树研究所	20190187	2019.01.28	郭燕、王广鹏、李颖、张树航、张馨方
174	燕栗2号	板栗	20200340	河北省农林科学院昌黎果树研究所	20190188	2019.01.28	李颖、王广鹏、张树航、张馨方、郭燕
175	燕栗4号	板栗	20200341	河北省农林科学院昌黎果树研究所	20190189	2019.01.28	张树航、王广鹏、李颖、郭燕、张馨方
176	甘杞1号	枸杞属	20200342	白银市农业技术服务中心	20190194	2019.01.29	申培增、关参政、刘镇中、王明武、周鹏祖、张建金、赵树春、陈启辉、杨海荣、杨莉、刘春、郭晓兰、刘庆祖、高永琳、刘宇珍、张曰镜
177	五星杨	杨属	20200343	宁夏宏斌绿化苗木有限公司、宁夏宏斌快长苗木专业合作社	20190196	2019.02.13	宗洪斌

(续表)

序号	品种名称	所属属（种）	品种权号	品种权人	申请号	申请日	培育人
178	傲雪青	卫矛属	20200344	杨新社、杨瑞	20190198	2019.02.21	杨新社、杨瑞
179	傲雪翠	卫矛属	20200345	杨新社、杨瑞	20190199	2019.02.21	杨新社、杨瑞
180	绿地毯	紫薇属	20200346	北京林业大学	20190208	2019.02.28	潘会堂、鞠易倩、冯露、张启翔、张烨、梁晓涵、蔡明、郑唐春、程堂仁、王佳
181	岱红1号	石榴属	20200347	山东省果树研究所	20190224	2019.03.14	尹燕雷、冯立娟、杨雪梅、唐海霞、王菲、焦其庆、王传增、武冲
182	鲁青1号	石榴属	20200348	山东省果树研究所	20190227	2019.03.14	尹燕雷、冯立娟、杨雪梅、唐海霞、王传增、王菲、焦其庆、武冲
183	鲁青2号	石榴属	20200349	山东省果树研究所	20190228	2019.03.14	尹燕雷、冯立娟、杨雪梅、唐海霞、王传增、王菲、焦其庆、武冲
184	陆佳	核桃属	20200350	胡聪林、罗建勋、胡聪元	20190247	2019.03.20	胡聪林、罗建勋、胡聪元
185	京通1号	杨属	20200351	中国林业科学研究院林业研究所	20190336	2019.04.26	胡建军、王留强、彭霄鹏、王丽娟
186	京通2号	杨属	20200352	中国林业科学研究院林业研究所	20190337	2019.04.26	胡建军、赵树堂、唐芳、宋学勤、刘颖丽
187	齐云山16号	南酸枣	20200353	江西齐云山食品有限公司	20190343	2019.05.02	陈后荣、陈周海、凌华山、刘继延、林富荣、刘志高、古和群
188	齐云山18号	南酸枣	20200354	江西齐云山食品有限公司	20190344	2019.05.02	陈后荣、陈周海、刘继延、林富荣、凌华山、刘志高、古和群
189	美人椒	花椒属	20200355	四川省林业科学研究院、四川安龙天然林技术有限责任公司	20190345	2019.05.14	徐惠、吴宗兴、宋小军、彭晓曦、王丽华、梁颇、熊量
190	四季红	桂花	20200356	浙江理工大学、广西荔浦彩叶桂花新品种开发有限公司	20190416	2019.06.25	胡绍庆、黄新纪、李东泽、黄坤云、崔祺
191	如雪	桂花	20200357	浙江理工大学、广西荔浦彩叶桂花新品种开发有限公司	20190417	2019.06.25	胡绍庆、黄新纪、李东泽、黄坤云、崔祺
192	婉玲玉	桂花	20200358	广西荔浦彩叶桂花新品种开发有限公司、浙江理工大学	20190418	2019.06.25	黄新纪、胡绍庆、周陈媛、李东泽、崔祺、王炳宏
193	坤云金球	桂花	20200359	荔浦市林业局、广西荔浦彩叶桂花新品种开发有限公司	20190420	2019.06.25	王炳宏、黄新纪、黄坤云、蒋小玲、周陈媛、黄小栩
194	南林彩云	桂花	20200360	南京林业大学	20190447	2019.07.13	王良桂、杨秀莲、岳远征、施婷婷
195	南林彩锦	桂花	20200361	南京林业大学	20190448	2019.07.13	杨秀莲、王良桂、岳远征、施婷婷
196	南林彩玉	桂花	20200362	南京林业大学	20190449	2019.07.13	岳远征、王良桂、杨秀莲、施婷婷
197	中旱1号杨	杨属	20200363	中国林业科学研究院林业研究所	20190459	2019.07.25	苏晓华、张冰玉、黄秦军、丁昌俊、李爱平、张伟溪
198	磐大榧	榧树属	20200364	磐安县农家缘香榧专业合作社、浙江省林业科学研究院、景宁嘉树农业科技开发有限公司	20190482	2019.08.04	陈红星、程诗明、张敏、张苏炯、徐晓锋、傅志华、陈江芳、陈慧斌、陈素贞、李秋龙

(续表)

序号	品种名称	所属属（种）	品种权号	品种权人	申请号	申请日	培育人
199	立融一号	花椒属	20200365	贵州立融农业科技发展有限公司	20190500	2019.08.12	陈廷仁
200	雪月	流苏树属	20200366	山东农业大学	20190516	2019.08.13	李际红、曲凯、国浩平、刘佳庚、周文玲、王宝锐、侯丽丽、郭海丽、王如月
201	雪丽	流苏树属	20200367	山东农业大学	20190519	2019.08.13	李际红、国浩平、曲凯、刘佳庚、周文玲、王宝锐、侯丽丽、郭海丽、王如月
202	暴马	流苏树属	20200368	山东农业大学	20190523	2019.08.13	李际红、国浩平、曲凯、刘佳庚、周文玲、王宝锐、侯丽丽、郭海丽、王如月
203	金山	冬青属	20200369	李庆光、林一心、王春云	20190527	2019.08.17	李庆光、林一心、王春云
204	曼妙	李属	20200370	英德市旺地樱花种植有限公司、广州红树林生态科技有限公司、韶关市旺地樱花种植有限公司	20190541	2019.08.19	胡晓敏、叶小玲、何宗儒、朱军、张晓明、苏捷
205	鹊桥仙子	李属	20200371	英德市旺地樱花种植有限公司、韶关市旺地樱花种植有限公司、广州红树林生态科技有限公司	20190542	2019.08.19	叶小玲、胡晓敏、何宗儒、朱军、张晓明、苏捷
206	玉山果榧	榧树属	20200372	磐安县药乡蜂谷生态农林有限公司、浙江农林大学、浙江省林业科学研究院	20190564	2019.08.21	陈红星、张敏、程诗明、张苏炯、倪伟成、张龙满、徐晓锋、楼新良、陈秀元
207	四季春6号	紫荆属	20200373	鄢陵中林园林工程有限公司、河南四季春园林艺术工程有限公司、许昌樱桐生态园林有限公司	20190594	2019.08.26	张林、刘双枝、张文馨
208	丽园珍珠7号	枣属	20200374	河北农业大学、河北禾木丽园农业科技股份有限公司	20190618	2019.08.28	申连英、毛永民、王晓玲、赵海峰、仇晓靖、王刚、申科宣、赵树卫
209	丽园珍珠8号	枣属	20200375	河北农业大学、河北禾木丽园农业科技股份有限公司	20190619	2019.08.28	申连英、毛永民、王晓玲、赵海峰、仇晓靖、王刚、申科宣、赵树卫
210	丽园珍珠9号	枣属	20200376	河北农业大学、河北禾木丽园农业科技股份有限公司	20190620	2019.08.28	申连英、毛永民、王晓玲、赵海峰、仇晓靖、王刚、申科宣、赵树卫
211	丽园珍珠10号	枣属	20200377	河北农业大学、河北禾木丽园农业科技股份有限公司	20190621	2019.08.28	申连英、毛永民、王晓玲、赵海峰、仇晓靖、王刚、申科宣、赵树卫
212	丽园珍珠14号	枣属	20200378	河北农业大学	20190622	2019.08.28	申连英、毛永民、王晓玲、赵海峰、仇晓靖、王刚、申科宣、赵树卫
213	紫绮	野牡丹属	20200379	广州普邦园林股份有限公司、中山大学	20190624	2019.08.30	曾凤、周仁超、谭广文、赵阳阳、周秋杰、智雪珂、罗帅、刘晓洲、张信坚、路秉翰、李冰敏
214	华北1号	杨属	20200380	中国林业科学研究院林业研究所	20190626	2019.09.02	胡建军、赵自成、苏雪辉、李喜林、于自力、张智勇

(续表)

序号	品种名称	所属属（种）	品种权号	品种权人	申请号	申请日	培育人
215	华北2号	杨属	20200381	中国林业科学研究院林业研究所	20190627	2019.09.02	胡建军、赵自成、李喜林、苏雪辉、王金艳、吴冲
216	华北3号	杨属	20200382	中国林业科学研究院林业研究所	20190628	2019.09.02	胡建军、赵自成、王志彬、刘海翔、赵岩、刘志刚、王军军
217	磐月榧	榧树属	20200383	磐安县南谷生态农特产品开发有限公司、浙江农林大学、东阳市香榧研究所	20190630	2019.09.03	陈红星、张敏、胡文翠、程诗明、张苏炯、厉锋、杜敏红、韩宁林、傅三中、唐海英
218	桂樟1号	樟属	20200384	广西壮族自治区林业科学研究院	20190649	2019.09.11	安家成、陆顺忠、杨素华、朱昌叁、梁晓静、邱米
219	辽冠1号	文冠果	20200385	大连民族大学、朝阳市燕都农业科学技术研究所、辽宁省林业发展服务中心	20190653	2019.09.16	孟庆洲、阮成江、杨晓竹、杜维、丁健、刘晓静、田秀铭、孙吉旺、丁立娜
220	孝核1号	核桃属	20200386	孝义市碧山核桃科技有限公司、山西省林业科学研究院	20190654	2019.09.16	王贵、刘峰、张彩红、武静、贺奇、刘欣萍、燕晓晖、任晓平
221	孝核2号	核桃属	20200387	孝义市碧山核桃科技有限公司、山西省林业科学研究院	20190655	2019.09.16	王贵、武静、贺奇、张彩红、梁同灵、王斌、梁新民
222	辉煌1号	杨属	20200388	东北林业大学	20190657	2019.09.16	姜静、刘桂丰、李艺迪、江慧欣、陈肃、顾宸瑞、李慧玉、黄海娇、董京祥
223	蓝精灵	忍冬属	20200389	东北农业大学	20190659	2019.09.17	霍俊伟、秦栋、谢福春
224	乌蓝	忍冬属	20200390	东北农业大学	20190660	2019.09.17	霍俊伟、秦栋、谢福春
225	霓裳羽衣	油杉属	20200391	福建新发现农业发展有限公司	20190668	2019.09.20	陈日才
226	娇姝	油杉属	20200392	福建新发现农业发展有限公司	20190669	2019.09.20	陈日才
227	洛丽塔	油杉属	20200393	福建新发现农业发展有限公司	20190670	2019.09.20	陈日才
228	卷云	紫金牛属	20200394	福建新发现农业发展有限公司	20190671	2019.09.20	陈日才
229	盐柳2号	柳属	20200395	焦传礼	20190674	2019.09.20	焦传礼、刘世杰、杨欢、党东雨
230	仁居柳3号	柳属	20200396	焦传礼	20190675	2019.09.20	焦传礼、杨欢、杨光、刘世杰
231	仁居柳4号	柳属	20200397	焦传礼	20190676	2019.09.20	焦传礼、杨欢、刘世杰
232	仁居柳5号	柳属	20200398	焦传礼	20190677	2019.09.20	焦传礼、杨欢、刘世杰
233	仁居柳6号	柳属	20200399	焦传礼	20190678	2019.09.20	焦传礼、刘世杰、杨欢
234	仁居柳7号	柳属	20200400	焦传礼	20190679	2019.09.20	焦传礼、刘世杰、杨欢
235	仁居柳8号	柳属	20200401	焦传礼	20190680	2019.09.20	焦传礼、杨欢、刘世杰
236	仁居柳9号	柳属	20200402	焦传礼	20190681	2019.09.20	焦传礼、杨欢、刘世杰
237	渤海柳17号	柳属	20200403	焦传礼	20190682	2019.09.20	焦传礼、党东雨、杨欢、刘世杰
238	渤海柳26号	柳属	20200404	焦传礼	20190683	2019.09.20	焦传礼、党东雨、卢振宇、刘世杰
239	渤海柳27号	柳属	20200405	焦传礼	20190684	2019.09.20	焦传礼、卢振宇、焦世铭、刘世杰

(续表)

序号	品种名称	所属属（种）	品种权号	品种权人	申请号	申请日	培育人
240	紫烟	乌桕属	20200406	苏州工业园区园林绿化工程有限公司	20190689	2019.09.25	龚伟、孔芬、徐丽娅、朱建清、赵崇九、陈鑫、徐瑞、连佩锋、董筱昀、黄利斌
241	锦玉1号	卫矛属	20200407	淄博市川林彩叶卫矛新品种研究所、储博彦	20190691	2019.09.27	邓运川、冯献滨、杨进、翟慎学、储博彦
242	锦玉2号	卫矛属	20200408	淄博市川林彩叶卫矛新品种研究所、戚刚业	20190692	2019.09.27	翟慎学、王建刚、翟红莲、戚刚业、于立滨、伍会萍、李娜、王志飞、储博彦
243	中山杉111	落羽杉属	20200409	江苏省中国科学院植物研究所	20190694	2019.09.27	殷云龙、徐建华、於朝广、徐和宝、王紫阳
244	中山杉125	落羽杉属	20200410	江苏省中国科学院植物研究所	20190695	2019.09.27	殷云龙、徐建华、於朝广、徐和宝、杨颖
245	天瑞	榆属	20200411	新疆瑞绎昕生态园林技术有限公司、乌鲁木齐市米东区姚氏苗圃	20190702	2019.10.10	赵春刚、姚精昀、王立生、李培闪、常红涛、吕平、李博源
246	荷塔	梓树属	20200412	保定筑邦园林景观工程有限公司	20190705	2019.10.11	高龙肖、岳彩伟
247	绿塔	梓树属	20200413	保定筑邦园林景观工程有限公司	20190706	2019.10.11	高龙肖、岳彩伟、谢启章
248	华农瑞风	悬铃木属	20200414	华中农业大学	20190714	2019.10.15	包满珠、张佳琪、刘国锋
249	华农青龙	悬铃木属	20200415	华中农业大学	20190715	2019.10.15	包满珠、刘国锋、张佳琪
250	华农清风	悬铃木属	20200416	华中农业大学	20190716	2019.10.15	包满珠、张佳琪、刘国锋
251	华农丽风	悬铃木属	20200417	华中农业大学、武汉市花木公司	20190717	2019.10.15	包满珠、张佳琪、刘国锋、沙飞、杨海牛、刘芳
252	红妆	紫薇	20200418	湖北省林业科学研究院	20190718	2019.10.15	杨彦伶、李振芳、马林江、彭婵、张新叶、黄国伟、王瑞文、徐红梅、陈慧玲
253	紫玲	紫薇	20200419	湖南省林业科学院、长沙湘莹园林科技有限公司	20190723	2019.10.17	王晓明、蔡能、乔中全、曾慧杰、李永欣、王湘莹、刘思思、陈艺、王惠
254	紫娇	紫薇	20200420	湖南省林业科学院、长沙湘莹园林科技有限公司	20190724	2019.10.17	王晓明、乔中全、李永欣、王湘莹、蔡能、曾慧杰、王惠
255	白云	紫薇	20200421	湖南省林业科学院、长沙湘莹园林科技有限公司	20190727	2019.10.17	乔中全、曾慧杰、王晓明、蔡能、李永欣、王湘莹、陈艺、刘思思、王惠
256	紫黛	紫薇	20200422	湖南省林业科学院、长沙湘莹园林科技有限公司	20190728	2019.10.17	乔中全、蔡能、王晓明、曾慧杰、李永欣、王湘莹、刘思思、陈艺、王惠
257	紫佳人	紫薇	20200423	湖南省林业科学院、长沙湘莹园林科技有限公司	20190729	2019.10.17	乔中全、王晓明、李永欣、曾慧杰、蔡能、王湘莹、刘思思、陈艺、王惠
258	芙蓉红	紫薇	20200424	湖南省林业科学院、长沙湘莹园林科技有限公司	20190730	2019.10.17	王湘莹、王晓明、乔中全、蔡能、李永欣、曾慧杰、陈艺、刘思思、王惠
259	钰琦红	紫薇	20200425	湖南省林业科学院、长沙湘莹园林科技有限公司	20190732	2019.10.17	王湘莹、王晓明、乔中全、蔡能、曾慧杰、李永欣、刘思思、陈艺、王惠

(续表)

序号	品种名称	所属属（种）	品种权号	品种权人	申请号	申请日	培育人
260	红宝石	紫薇	20200426	湖南省林业科学院、长沙湘莹园林科技有限公司	20190733	2019.10.17	曾慧杰、王晓明、乔中全、蔡能、李永欣、王湘莹、刘思思、陈艺、张翼、王惠
261	潇湘红	紫薇	20200427	湖南省林业科学院、长沙湘莹园林科技有限公司	20190737	2019.10.17	蔡能、王晓明、李永欣、乔中全、曾慧杰、王湘莹、陈艺、刘思思、王惠
262	紫翠	紫薇	20200428	湖南省林业科学院、长沙湘莹园林科技有限公司	20190738	2019.10.17	蔡能、乔中全、王晓明、李永欣、王湘莹、曾慧杰、刘思思、陈艺、王惠
263	紫悦	紫薇	20200429	湖南省林业科学院、长沙湘莹园林科技有限公司	20190739	2019.10.17	蔡能、乔中全、王湘莹、王晓明、曾慧杰、李永欣、刘思思、陈艺、王惠
264	紫芙蓉	紫薇	20200430	湖南省林业科学院、长沙湘莹园林科技有限公司	20190740	2019.10.17	陈艺、王晓明、蔡能、乔中全、曾慧杰、李永欣、刘思思、王湘莹、王惠
265	湘西红	紫薇	20200431	湖南省林业科学院、湘西土家族苗族自治州林业科技推广站、湘西土家族苗族自治州营林管理站	20190741	2019.10.17	王晓明、向魁文、钟少伟、和红晓、乔中全、曾慧杰、蔡能、李永欣、王湘莹
266	中石1号	文冠果	20200432	中国林业科学研究院林业研究所、彰武县德亚文冠果专业合作社、辽宁省林业发展服务中心	20190743	2019.10.21	毕泉鑫、崔德石、王利兵、张凯、于海燕、戴立、孙涤非、曹颖、关煜涵、崔天鹏、刘肖娟
267	中石7号	文冠果	20200433	中国林业科学研究院林业研究所、彰武县德亚文冠果专业合作社、辽宁省林业发展服务中心	20190744	2019.10.21	王利兵、崔德石、毕泉鑫、张凯、于海燕、戴立、孙涤非、曹颖、关煜涵、崔天鹏、刘肖娟
268	艺峰婷美2号	卫矛属	20200434	杜林峰	20190755	2019.10.28	杜林峰、邹慧芳、马秋建、杜军安
269	艺峰玉晶	卫矛属	20200435	许昌汇绿园林科技有限公司	20190758	2019.10.28	杜林峰、邹慧芳、马秋建、杜军安、杜军峰、杜合清、孙玉杰、邹群芳
270	芳伶	紫薇	20200436	湖北省林业科学研究院	20190770	2019.10.31	杨彦伶、李振芳、马林江、彭婵、张新叶、张国伟、王瑞文、徐红梅、陈慧玲
271	尹棘1号	枣属	20200437	沧州市农林科学院	20190780	2019.11.01	孙文元、孙一、黄素芳、李俊英、芮松青、赵忠祥、赵花其、陈健、曹平平、薛文、李亚卉、王梅、武婷、郭维新、王连鹏、王云计、李雅静
272	白洼3号	榆属	20200438	金乡县国有白洼林场、山东省林木种苗和花卉站	20190797	2019.11.18	武香、唐国梁、翟单单、李景涛、段春玲、周继磊
273	白洼4号	榆属	20200439	山东省林木种苗和花卉站、金乡县国有白洼林场	20190798	2019.11.18	李景涛、唐国梁、武香、翟单单、段春玲、周继磊
274	白洼5号	榆属	20200440	金乡县国有白洼林场、山东省林木种苗和花卉站	20190799	2019.11.18	周继磊、唐国梁、武香、李景涛、翟单单、段春玲
275	白洼6号	榆属	20200441	金乡县国有白洼林场、山东省林木种苗和花卉站	20190800	2019.11.18	唐国梁、李景涛、武香、翟单单、周继磊、段春玲

国家林业和草原局公告
2020 年第 24 号

为进一步加强我国生态旅游和木雕产业标准化建设，推进我国生态旅游和木雕产业科学有序健康发展，我局决定成立生态旅游标准化技术委员会、木雕标准化技术委员会，现将 2 个委员会组成方案（见附件 1、2）予以公布。

特此公告。

附件：1. 第一届生态旅游标准化技术委员会（NFGA/TC3）组成方案（略）
2. 第一届木雕标准化技术委员会（NFGA/TC4）组成方案（略）

国家林业和草原局
2020 年 12 月 22 日

国家林业和草原局公告
2020 年第 25 号

国家林业和草原局批准发布《金镶玉竹园林栽植养护技术规程》等 48 项林业行业标准（见附件），自 2021 年 6 月 1 日起实施。

特此公告。

附件：《金镶玉竹园林栽植养护技术规程》等 48 项林业行业标准目录

国家林业和草原局
2020 年 12 月 29 日

附件

《金镶玉竹园林栽植养护技术规程》等 48 项林业行业标准目录

序号	标准编号	标准名称	代替标准号
1	LY/T 3212—2020	金镶玉竹园林栽植养护技术规程	—
2	LY/T 3213—2020	野生动物人工繁育技术规程 蓝孔雀	—
3	LY/T 3214—2020	野生动物人工繁育管理规范 总则	—
4	LY/T 3215—2020	野生动物人工繁育技术规程 朱鹮	—
5	LY/T 3216—2020	国家公园标识规范	—
6	LY/T 3217—2020	建筑用木基面材结构保温复合板	—
7	LY/T 3218—2020	木结构楼板振动性能测试方法	—
8	LY/T 3219—2020	木结构用自攻螺钉	—
9	LY/T 3220—2020	木质浴桶	—
10	LY/T 3221—2020	实木壁板	—
11	LY/T 3222—2020	木材及木基材料吸湿尺寸稳定性检测规范	—
12	LY/T 3223—2020	沉香质量分级	—
13	LY/T 3224—2020	树脂浸渍改性木材干燥规程	—
14	LY/T 3225—2020	锯材高温干燥工艺规程	—
15	LY/T 3226—2020	集装箱底板用定向刨花板	—
16	LY/T 3227—2020	木地板生产生命周期评价技术规范	—
17	LY/T 1923—2020	室内木质门	LY/T 1923—2010
18	LY/T 3228—2020	加压防腐处理胶合木	—
19	LY/T 3229—2020	人造板及其制品 VOCs 释放下的室内承载量规范	—
20	LY/T 3230—2020	人造板及其制品挥发性有机化合物释放量分级	—

（续表）

(续表)

序号	标准编号	标准名称	代替标准号
21	LY/T 3231—2020	室内木制品用水性紫外光固化涂料	—
22	LY/T 3232—2020	框架式实木复合地板	—
23	LY/T 3233—2020	地采暖用木质地板甲醛释放承载量规范	—
24	LY/T 3234—2020	数码喷印装饰木制品通用技术要求	—
25	LY/T 1854—2020	室内高湿场所和室外用木地板	LY/T 1854—2009 LY/T 1861—2009
26	LY/T 3235—2020	负离子功能人造板及其制品通用技术要求	—
27	LY/T 1926—2020	人造板与木(竹)制品抗菌性能检测与分级	LY/T 1926—2010
28	LY/T 1987—2020	木质踢脚线	LY/T 1987—2011
29	LY/T 3236—2020	人造板及其制品气味分级及其评价方法	—
30	LY/T 3237—2020	林业机械 以内燃机为动力的半挂式枝丫切碎机	—
31	LY/T 3238—2020	林业机械 以汽油机为动力的可移动手扶式挖坑施肥机	—
32	LY/T 3239—2020	园林机械 以锂离子电池为动力源的手持式松土机	—
33	LY/T 3240—2020	园林机械 以锂离子电池为动力源的坐骑式草坪修剪机	—
34	LY/T 1810—2020	园林机械 以汽油机为动力的便携杆式绿篱修剪机	LY/T 1810—2008

(续表)

序号	标准编号	标准名称	代替标准号
35	LY/T 1202—2020	园林机械 以汽油机为动力的步进式草坪修剪机	LY/T 1202—2010
36	LY/T 1934—2020	园林机械 以汽(柴)油机为动力的坐骑式草坪修剪机	LY/T 1934—2010
37	LY/T 3241—2020	纤维板生产线节能技术规范	—
38	LY/T 1529—2020	普通胶合板生产综合能耗	LY/T 1529—2012
39	LY/T 1150—2020	栲胶生产综合能耗	LY/T 1150—2011
40	LY/T 3242—2020	林业企业能源管理通则	—
41	LY/T 1530—2020	刨花板生产综合能耗	LY/T 1530—2011
42	LY/T 1114—2020	松香生产综合能耗	LY/T 1114—2011
43	LY/T 3243—2020	生物质成型燃料抗碎性测试方法及工业分析方法	—
44	LY/T 1703—2020	实木地板生产综合能耗	LY/T 1703—2007
45	LY/T 2275—2020	中国森林认证 竹林经营	LY/T 2275—2014
46	LY/T 3244—2020	中国森林认证 产品编码及标识使用	—
47	LY/T 3245—2020	中国森林认证 自然保护地森林康养	—
48	LY/T 3246—2020	中国森林认证 自然保护地生态旅游	—

中国林业和草原概述

02

2020年的中国林业和草原

【综　述】 2020年，国家林草局党组坚持以习近平新时代中国特色社会主义思想为指导，认真贯彻落实习近平总书记重要讲话指示批示精神，按照自然资源部有关要求，统筹疫情防控和林草重点工作，积极推进部局关系深度融合，坚持问题导向，聚焦重点难点，专班推进，各项工作取得明显成效。全国林草系统聚焦重点、团结协作、合力攻坚、担当负责，做好野生动物禁食后续工作，克服困难组织开展国土绿化，"揭榜挂帅"防治松材线虫病，推动森林草原防灭火一体化、林长制、国家公园试点、生态扶贫等一批重点工作取得重大成果。

全面从严治党　坚持把党的政治建设摆在首位，组织实施"1+N"专项行动，深入贯彻落实习近平总书记重要讲话指示批示精神，认真办理总书记重要批示49项，先后2次开展"回头看"，各项批示办理已完成或取得阶段性成果。注重加强局党组自身建设，严格落实全面从严治党主体责任，制定党组、党委和党支部落实全面从严治党三级责任清单，党组织书记认真履行第一责任人职责，班子成员严格履行"一岗双责"。完善局党组议事决策制度，修订局党组工作规则，制定"三重一大"清单，出台《领导干部选拔任用工作实施细则》等47项制度办法，不断提高制度化精细化管理水平。围绕全面履行林草核心职能，构建系统集成、协同高效部局关系等主题，持续开展"建言献策"活动。积极创建"讲政治、守纪律、负责任、有效率"模范机关，深入开展廉洁从政警示教育和廉政风险排查，坚决整治形式主义、官僚主义和领导干部违规吃喝问题。组织开展第二轮内部巡视，对12家直属单位开展常规巡视，对3家单位开展巡视"回头看"。坚持重大事项及时向部党组请示报告，认真落实局党组与驻部纪检监察组定期会商等工作机制。

中央巡视反馈问题整改　坚持将巡视整改作为推动林草工作高质量发展的重要契机，认真制订整改方案，共确定263项整改措施，逐条明确牵头领导、责任单位、整改时限和目标要求。建立巡视整改监督机制、调度机制和专报机制，坚持每周一调度、每月一审议，局党组先后8次召开会议研究巡视整改工作。其中，需要2020年底完成的155项整改任务，共完成152项。同时，全力配合中央生态环保督察，办理信访件321件，查处曝光一批破坏林草资源的典型案件。

意识形态工作　出台了局党组落实意识形态工作责任制的实施细则、指导意见、报告办法、检查考核办法、阵地管理办法，印发了意识形态工作实施方案和年度计划，开展了专项督查。成立宣传及舆情处置工作专班，制定出台林草宣传工作规则等3个办法。精心组织开展"两山"理念、国家公园、野生动植物保护、最美生态护林员等系列主题宣传活动，切实加强正面宣传引导，妥善处置林草重大舆情。

野生动物禁食后续工作　坚决贯彻落实习近平总书记重要指示批示精神和《全国人民代表大会常务委员会关于全面禁止非法野生动物交易、革除滥食野生动物陋习、切实保障人民群众生命健康安全的决定》要求，及时出台《妥善处置在养野生动物技术指南》，配合制定《国家畜禽遗传资源目录》。禁食野生动物处置和养殖户补偿工作总体平稳，共处置野生动物8435万头（只），为4.24万户养殖户兑付补偿资金71亿元。调整发布《国家重点保护野生动物名录》，《中华人民共和国野生动物保护法（修订草案）》已提交全国人大常委会第一次审议。

【国土绿化】　全年共完成造林693.37万公顷，完成种草改良面积322.57万公顷，继续推进草原生态修复重大工程建设，启动退化草原人工种草生态修复试点项目。新增创森城市66个，193个城市被授予国家森林城市称号；22个省份开展省级森林城市建设，17个省份开展森林城市群建设。协同推进乡村振兴和农村人居环境整治，将乡村绿化美化纳入《2020年农村人居环境整治工作要点》。"互联网+全民义务植树"持续推开。

【自然保护地建设】　持续开展以国家公园为主体的自然保护地体系建设。委托第三方开展国家公园体制试点评估验收工作，完成《国家公园体制试点评估验收综合报告》及10个国家公园体制试点评估验收报告；推动出台《国家公园设立规范》等5项国家公园标准，印发《国家公园监测指标和监测技术体系（试行）》和东北虎豹、大熊猫、祁连山、海南热带雨林4个国家公园总体规划（试行），完成10个试点区的自然资源统一确权登记主体工作。持续开展自然保护区和自然公园的制度建设、整合优化、监督管理、能力建设等工作，新批复命名国家地质公园1处、国家沙漠（石漠）公园5处、国家森林公园4处，批复同意3处国家矿山公园转入国家地质公园，新增世界地质公园2处。

【资源保护】　全面加强林草资源保护管理，系统推进保护修复重大工程，自然生态系统稳定性全面提升。全国天然林资源保护工程区完成公益林建设37.21万公顷，中幼龄林抚育188.4万公顷，后备资源培育14.33万公顷。森林督查结果表明，违法占地、违法采伐项目数、违法采伐森林面积、违法采伐森林蓄积量连续2年"四下降"。全国落实草原禁牧面积8129.93万公顷，草畜平衡面积1.77亿公顷。推进湿地保护修复制度建设，安排退耕还湿任务1.8万公顷、湿地生态效益补偿项目34个，实施湿地保护修复重大工程11个。野生动植物保护工作取得突破性进展，穿山甲属所有种调整为国家一级重点保护野生动物，海南长臂猿、亚洲象等珍稀濒危野生动物保护研究工作稳步推进，国家重点保护和极小种群野生植物及兰科专项调查进展顺利。

【灾害防控】 强化森林草原火灾、林草有害生物、野生动物疫源疫病、安全生产防控工作。坚持防灭火一体化，将防火责任制落实放在首位，突出重点时段和关键节点，组织开展30余次督查调研活动，全面排查整改火险隐患。与2019年相比，森林火灾次数、受害面积、因灾伤亡人数分别下降51%、37%、46%；草原火灾次数、受害面积分别下降71%、83%。主要林业有害生物发生面积比2019年上升3.37%。草原鼠、虫危害面积均较2019年减少，全年采取各种措施完成防治面积926.67万公顷，挽回牧草直接经济损失约12.5亿元。妥善处置19起野生动物疫情，未发生野生动物疫情扩散蔓延。强化林草行业安全生产防控，共派出1.8万余个(次)工作组，出动81万余人次，检查3万余家单位，排查治理安全隐患2.6万余处，全年未发生生产安全事故。

【林草脱贫攻坚】 充分发挥林草行业的优势和潜力，多措并举，顺利完成脱贫任务。定点扶贫的罗城、独山、荔波、龙胜4个县全部摘帽出列，5.98万户22.09万建档立卡贫困人口已全部清零。中西部22个省份选聘建档立卡贫困人口生态护林员110.2万名，结合其他帮扶举措，精准带动300多万贫困人口脱贫增收。新组建造林(种草)专业合作社2.3万个，吸纳160万贫困人口参与生态建设。产业带动1616万建档立卡贫困人口脱贫增收。依托森林旅游实现增收的建档立卡贫困人口达46万户、147.5万人，户年均增收5500多元。

【林草改革】 国有林区改革全面推进，中央有关部门对3个省(自治区)改革情况进行检查验收，结果表明，各项改革任务圆满完成，取得重要成果：停伐政策全面落实，全部实现政企分开，森林资源管理体制进一步完善，管护成效逐步显现，监管制度持续完善，地方政府保护森林、改善民生的责任进一步落实，林区职工生产生活不断改善。通过抽查验收整改、巩固提升改革成效、推动各项政策出台和落实化解国有林场债务等工作，国有林场改革工作全面收官，国有林场改革满意度测评调查结果显示，国有林场满意度为95.83%，职工满意度为93.55%。集体林权制度改革持续推进，新型林业经营主体29.43万个，林权抵押贷款面积666.67亿公顷左右，贷款余额726亿元，加强集体林权管理，集体林权纳入公共资源交易平台，组织开发集体林权综合监管系统。加强草原保护修复、草原禁牧休牧、草原征占用审核审批等草原保护修复制度体系建设，全力推进《中华人民共和国草原法》修改，多次向全国人民代表大会汇报修法进展和工作计划，公布39处全国首批国家草原自然公园试点建设名单，推进国有草场建设试点工作。

【林草投资】 林草部门紧紧围绕推进大规模国土绿化、国家公园试点等重点工作，加大生态保护修复的资金支持力度。全国林草投资完成4716.82亿元，比2019年增长4.23%。全国生态保护修复、林草产品加工制造、林业草原服务保障与公共管理投资完成额分别占全部投资完成额的51.76%、22.24%和26.00%，生态保护修复占全部投资完成额的一半以上。林草固定资产投资占全部投资完成额的18.44%。分区域看，东部、中部、西部、东北部地区林草投资完成额分别占全国投资完成额的22.78%、19.58%、44.77%和11.82%。

【林业产业】 全国林业产业产值继续增长，各类产品产量均有不同程度的增加。林业产业总产值达到8.12万亿元(按现价计算)，比2019年增长0.50%。林业一、二、三产业结构由2019年的31∶45∶24调整为32∶45∶23。全国木材产量10 257.01万立方米，锯材产量7592.57万立方米，人造板产量32 544.66万立方米。全国林下经济的产值约为1.08万亿元。受疫情影响，全年林草旅游人次为31.68亿人次，比2019年减少7.38亿人次。

【林产品贸易】 林产品出口低速增长、进口略有下降，木材产品供求总量小幅扩大。林产品出口764.70亿美元，比2019年增长1.43%，占全国商品出口额的2.95%；林产品进口742.46亿美元，比2019年下降0.95%，占全国商品进口额的3.61%。林产品贸易顺差为22.24亿美元。木材产品市场总供给(总消费)为55 493.77万立方米，比2019年增长4.05%。商品材产量10 257.01万立方米，木质纤维板和刨花板折合木材(扣除与薪材产量的重复计算部分)14 327.28万立方米。进口原木及其他木质林产品折合木材30 909.48万立方米。中国木材市场价格综合指数呈现环比"微幅波动上涨"、同比"全面下降，但降幅波动收窄"的变化特征。草产品出口49.36万元，进口7.20亿元，出口额和进口额中草饲料占比分别为65.98%和85.42%。

【生态公共服务】 生态公共服务基础设施建设稳步推进，服务愈加完善。会同民政部等部门联合公布首批96家国家森林康养基地名单。87家单位被确立为2020年"中国森林体验基地，中国森林养生基地，中国慢生活休闲体验区、村(镇)"。中国林学会遴选出第三批50个自然教育学校(基地)。适应全媒时代要求，推进多媒体融合发展，官方网站点击量超过24亿次，网络电视台与全国100多家网站开展合作，官方账号覆盖主流新媒体平台。以各省(自治区、直辖市)林草官方账号为主体的新媒体传播矩阵初步形成。推荐并经教育部批准的10家全国中小学生研学实践教育基地向社会提供高质量的公益性自然教育服务。

【政策法治】 林草政策体系进一步完善，法治建设稳步推进。国家出台了资源保护、生态修复、自然保护地建设等方面的文件，要求进一步压实地方党政领导干部保护发展森林草原资源主体责任；明确自然资源领域中央和地方财政事权和支出责任；规范草原征占用的审核审批等；印发《全国重要生态系统保护和修复重大工程总体规划(2021—2035年)》《红树林保护修复专项行动计划(2020—2025年)》，加强草原禁牧休牧等；规范中央财政林业草原生态保护恢复资金和林业改革发展资金管理，建立中央生态环保资金项目储备库制度，取消"十三五"进口种子种源税收政策的免税额度；明确自然保护地仍然按照现有的法律法规和相关文件要求执行，发布多项国家公园标准等；对禁食后停止养殖的在养野生动物进行妥善处置和分类管理；提出要科学利用林地资源，中央支持良种基地等工程建设和木本油料产业发展，将符合条件的常用机械列入农机购置补贴范围。在法治建设方面，修订《国家林业和草原局立法工作规定》，配合全国人民代表大会做好野生动物保护法、湿地保护法制（修）订，推动国家公园法、草原法等法律法规的制（修）订，全年共发生林草行政案件12.16万起，共督查督办案件3026件，受理行政许可11 308件，办理行政复议规章案件32件，应诉行政诉讼案件49件。

【流域和区域林草发展】 流域和区域林草发展流域和区域林草高质量发展取得新进展。长江经济带林业产业总产值占全国的50.41%，长江流域332个自然保护区全面禁止生产性捕捞，配合编制《"十四五"长江经济带湿地保护修复实施方案》。黄河流域造林面积、种草改良面积、经济林产品产量分别占全国的38.46%、49.78%和31.47%，会同有关部门印发《支持引导黄河全流域建立横向生态补偿机制试点实施方案》。京津冀地区完成造林面积49.11万公顷、林草旅游人数1.22亿人次，分别占全国的7.08%和4.83%。"一带一路"中国区域种草改良面积、草原产业产值分别占全国的89.27%和90.30%。传统区划下，东部地区完成造林面积和林业产业产值分别占全国的18.67%和41.64%；中部地区完成造林面积、油茶产业产值分别占全国的25.06%、68.56%；西部地区种草面积、草原改良面积、核桃产量、木材产量分别占全国的93.39%、94.63%、82.62%和50.99%；东北地区受国有林区改革转型升级影响，林业产业产值比2019年减少15.12%，林草系统从业人员和在岗职工人数均为各区最多，分别占全国的35.80%和38.44%。从东北、内蒙古重点国有林区林业完成改革任务及验收评估工作和大兴安岭林业集团公司清产核资及机构组建，实现人财物和业务工作归国家林业和草原局直管，2020年末人数比2019年减少2.11万人，受改革转型调整和疫情因素双重影响，林业产业产值较2019年下降18.39%。

【基础保障】 林草种子、科技、信息等支撑保障能力进一步增强。全国共生产林木种子2487万千克、草种2996万千克；实际用林木种子、草种分别比2019年减少0.05%和7.74%。可供造林绿化苗木数量368亿株，其中，实际用苗木量129亿株，比2019年减少14.57%。全国共建成国家级良种基地294处。审（认）定国家级林木良种27个、国家级草品种18个、省级林木良种551个。新入国家林草科技成果库林草科技成果1433项，发布2020年度重点推广林草科技成果100项，发布林业行业标准100项以及《中华人民共和国植物新品种保护名录（林草部分）（第七批）》。2020~2021学年，全国林草研究生教育、林草本科教育、林草高职教育和林草中职教育毕业生人数较上一学年出现了不同程度的增加。开展林草生态网络感知系统建设，整合现有信息化资源，推进共建、共享、共用。政府网发布信息5万多条，视频1521条，回复网站留言640条。全年共完成林业工作站建设投资2.70亿元，全国共有180个林业工作站新建办公用房，367个林业工作站新配备交通工具，1495个林业工作站新配备计算机。

【开放合作】 克服新冠肺炎疫情不利影响，林草国际合作各项工作稳步推进。政府间林草合作主动服务国家重大外交活动，在联合国75周年系列活动、中欧领导人会晤等国家重大外交活动中多角度展示中国林草生态建设取得的成就。召开中欧森林执法与治理双边协调机制（BCM）第十次会议等，推动希腊正式加入中国-中东欧国家林业合作协调机制。参加中国-中东欧国家联络小组第四次会议、东盟林业东北亚环境合作机制高官会等线上会议，深化中国-中东欧国家、澜沧江-湄公河等区域机制下林草合作。林业草原民间合作取得预期效果，完成18个中日民间绿化合作项目年度检查，推进英国曼彻斯特桥水花园"中国园"项目；完善监管机制，规范引导境外非政府组织在华活动与合作。主动引导境外非政府组织围绕林草建设重点工作开展合作，共落实154个合作项目。与国际金融组织合作取得显著进展，世界银行和欧洲投资银行联合融资"长江经济带珍稀树种保护与发展项目"顺利实施，完成转贷协议签订，亚洲开发银行贷款"丝绸之路沿线地区生态治理与保护项目"技术援助正式启动。林草履行国际公约持续推进，防治荒漠化、湿地保护等专项合作持续深化，取得明显成效。

（国家林草局办公室、规财司、经研中心供稿）

林草重点工程

03

天然林资源保护工程

【综　述】 2020年是天保工程二期收官之年，也是贯彻落实中办、国办《天然林保护修复制度方案》首要之年。各地党委、政府积极出台天然林保护修复制度方案实施意见，进一步完善政策措施。新修订的《森林法》明确规定"国家实行天然林全面保护制度，严格限制天然林采伐，加强天然林管护能力建设，保护和修复天然林资源，逐步提高天然林生态功能。"《长江保护法》明确"国家对长江流域天然林实施严格保护，科学划定天然林保护重点区域"，"加大退化天然林修复力度"。全面保护天然林目标基本实现，进一步实行天然林保护与公益林管理并轨、天然林保护与修复并重，加快构建更加科学完备的天然林保护修复体系。据统计，天保工程实施以来国家总投入5083亿元，"十三五"期间总投入2439亿元，2020年投入466亿元。天保工程各项任务稳步推进，为加强生态文明建设、改善生态环境、促进林区民生发展、推动精准扶贫作出了积极贡献。

全面完成天保工程建设任务　天保工程区完成公益林建设任务16.31万公顷，中幼龄林抚育任务74.65万公顷，后备资源培育任务8.36万公顷。进一步巩固全面停止天然林商业性采伐成果，国有天然商品林全部纳入停伐补助范围，集体和个人天然商品林纳入停伐补助范围的面积由1446.67万公顷扩大到1766.67万公顷。工程区50多万名职工实现长期稳定就业，基本养老、基本医疗等保险参保率达95%以上。初步建立一支数百万人参与的天然林管护队伍。

综合效益凸显　全国天然林资源恢复性增长持续加快。第九次全国森林资源清查结果表明，近5年全国天然林面积净增593万公顷、天然林蓄积量净增13.75亿立方米，增速明显。生物多样性得到保护和恢复。工程实施前，高等野生植物物种中有15%~20%处于濒危状态，44%的野生动物种群数量呈下降趋势。天保工程实施为野生动植物生存提供了良好环境，有效地保护了全国90%以上的陆地生态系统类型、85%的野生动物种群和80%的高等植物种群，珙桐、苏铁、红豆杉等国家重点保护野生植物数量明显增加；极度濒危的海南长臂猿从1998年监测到7只增加到现在33只，第五个家庭群正在形成；藏羚羊从几万只恢复到目前的30多万只；西双版纳的亚洲象由保护前100余头恢复到目前300余头；秦岭地区大熊猫野外种群由"三调"的273只增至345只；祁连山雪豹活动范围向东延伸100余千米；野生鸟类资源不断恢复，朱鹮种群发展到目前全球5000余只，栖息地面积达140多万公顷，白鹤达到4500余只，羚牛、金丝猴种群已分别达到4000余只、5000余只。森林碳汇能力不断提升。科学研究表明，天然林相对人工林具有更强的吸碳固碳和减缓气候变化能力。目前全国森林植被总碳储量达91.86亿吨、年固碳量4.34亿吨、年释氧量10.29亿吨，其中80%以上的贡献来自天然林，为实现碳中和发挥了重要作用。同时，天然林保护事业有效带动了林农就业增收，为巩固重点国有林区和国有林场改革成效、推进国家公园体制、决战决胜脱贫攻坚和乡村振兴，提供了坚实保障。

长江流域天然林保护成效显著　天然林保护工程作为推动长江流域生态环境治理、促进长江经济带发展的基础性生态工程，取得了巨大的生态、经济、社会和文化效益。根据第九次全国森林资源清查（2014~2018年）结果，长江流域天然林面积和蓄积量分别达4722万公顷、36.24亿立方米。与第八次清查（2009~2013年）结果比较，长江流域的天然林面积增加229万公顷、蓄积量增加4.42亿立方米。湖北省森林覆盖率由26.8%增至41.8%，森林活立木蓄积量从0.5亿立方米上升到2.31亿立方米，森林覆盖率从21%上升到50.1%。据水利部长江水利委员会《长江流域水土保持公告》2018年与2011年相比，长江流域水土流失面积减少3.8万平方千米，降幅近10%。2014~2018年，长江宜昌段平均泥沙含量为0.027千克/立方米，仅为1950~2013年的2.8%。水土流失减少，有效降低三峡等重点水利工程的泥沙淤积。监测显示，2019年，四川省天保工程区森林生态系统涵养水源833.2亿立方米，减少土壤侵蚀16 853.6万吨，保持土壤肥力2256.5万吨，固定碳量7835.5万吨，释放氧气17 082.5万吨，年生态服务价值约1.1万亿元。随着生态环境逐步好转，野生动植物栖息环境不断改善。长江上游大熊猫、朱鹮、金丝猴、羚牛等国家一级保护野生动物种群加速扩大，珙桐、苏铁、红豆杉等国家重点保护野生植物数量明显增加。

黄河流域天然林保护效果明显　天保工程实施以来，黄河流域累计减少森林资源消耗3亿多立方米。第五次（1994~1998年）至第九次（2014~2018年）全国森林资源清查结果表明，黄河流域森林面积净增643.14万公顷，森林蓄积量净增32 900.34万立方米。天保工程区天然林面积净增271.89万公顷，占该流域新增森林面积的42.3%；天然林蓄积量增加17 716.23万立方米，占该流域新增森林蓄积量的53.8%。陕西省延安市有林地面积由2005年的135.13万公顷增加到目前的177.13万公顷，森林覆盖率由2005年的36.61%提高到48.07%。黄河源头水源涵养、中游水土保持和中下游防风固沙能力显著增强。三江源地区水资源量近10年增加84亿立方米，内蒙古土壤侵蚀模数由2010年的每平方千米21 394.34吨，以每年每平方千米减少107.2吨的速度在下降。黄河流域森林生态系统服务功能明显增强，保障能力显著提高。山西省2019年天保工程区森林生态系统涵养水源量为92.72亿吨，相当于全省水资源总量121.9亿吨的76.27%。天保工程的实施极大改善了黄河流域物种的生存环境。根据甘肃省护林员巡护记录和野生动物调查结果显示，祁连山生物多样性明显提升，多年不见的棕熊、马麝不时进入护林员视野。

2019年9月至2020年4月的调查中,4只雪豹同时"出镜",260多只野生白唇鹿特大种群被拍到。

（综合处）

【落实《天然林保护修复制度方案》】 规划、评估、立法是中办、国办印发的《天然林保护修复制度方案》明确规定的三大任务,年初天保办克服疫情影响,在与国家发改委、财政部、自然资源部、人社部以及局生态司、资源司、规财司、规划院、林科院等司局单位多次沟通、共同召集会议等基础上,研究起草《全国天然林保护修复中长期规划(2021～2035年)编制工作方案》《天保工程(1998～2020年)评估工作方案》和《〈天然林保护条例〉立法工作方案》。8月21日,国家林草局局长关志鸥主持召开局党组会议审议通过以上3个方案。天保办成立3个工作专班并依托技术支撑单位,完成《天然林保护存在的主要问题清单》《天保工程二期社会保障情况报告》起草任务。研究形成《省级天然林保护修复中长期规划(2021～2035年)编制指南》《天然林资源保护工程省级自评估报告编制指南》《确定天然林保护重点区域技术指南》。全面参与规财司组织的天然林保护财政支持政策研究。各省(区)党委和政府高度重视天然林保护,北京、江西、福建、湖南、重庆、浙江、青海、新疆、西藏、黑龙江等17个省(区)先后以省委办公厅、省政府办公厅文件形式出台《制度方案》贯彻实施意见,掀起全国天然林保护新高潮。

（综合处）

【天然林保护管理机制创新】 坚持科学应变、主动求变,积极谋划天然林保护管理创新。在国办未核准天保2020年度核查计划的情况下,利用"互联网+"等技术手段发展天保书面核查形式。对长江上游天然林退化林分生态修复、人工林自然化技术方法和措施进行系统研究,编制完成《长江上游天然林生态修复措施方案(建议稿)》。在全国范围内启动10个天保工程社会保障政策研究点。申报的"中国典型水土流失区退化天然林用地修复与管理项目"已经GEF正式批复,项目总预算338万美元。在习近平总书记视察秦岭、黄河、长江生态环境保护并发表重要指示批示后,组织全办干部认真学习领会,并在《中国绿色时报》以天保办署名发表《一定把秦岭天然林持续保护好》《天然林筑牢黄河流域生态根基》《全面保护天然林,构筑长江大保护生态屏障》等长篇文章,人民网、新华网、学习强国等媒体大量转载。

（综合处）

【逐步健全天然林保护修复管理制度】 认真抓好全国天保工程实施单位复工复产工作,建立天保工程二期建设项目月报告制度。参与重点国有林区改革专班工作和国家验收。完成天然社会保险补助人员数据更新。提出2020年天保工程中央预算内投资计划建议、社会保险建议及政策性、社会性支出补助分配建议。编写完成黄河中上游天然林保护效益监测报告。面向天保基层管理人员举办3期业务培训班。出台《天然林保护修复信息管理办法(试行)》,对天保工程管理信息系统进行优化升级。在局网站开展天然林保护建设专题访谈,并回答广大网友提问。组织编写《天然林保护修复工作手册》和《天保护林员工作手册》。

（综合处）

【创新推动天保核查高质量发展】 2020年是天然林保护工作承上启下的关键之年,天保核查作为督促各地落实政策、完成任务、规范管理、强化责任、完善措施的一项重要管理手段,通过健全制度、创新方式方法、强化结果运用,推动天保核查高质量发展。

完善核查制度体系建设,规范核查组织管理 为贯彻党的十九大和十九届四中、五中全会精神,落实《天然林保护修复制度方案》要求,不断提升天然林保护修复治理能力和水平,强化核查监督工作在推动天然林保护高质量发展的作用,研究制定《天然林保护约谈暂行办法》。同时,结合新天保新需求,为规范核查组织,提升核查效能,在对近年来的核查工作进行认真总结梳理,充分吸纳各方意见建议的基础上,着力完善核查制度体系建设,研究编制《天然林保护年度核查工作组织实施办法》,修订完善《天然林保护年度核查技术支撑单位工作规则》。

创新开展天保书面核查,完善核查工作机制 为落实《天然林保护修复制度方案》"加大天然林保护年度核查力度"要求,在优化完善核查信息报送系统功能的基础上,利用"互联网+"技术手段,采取省级信息报送和县级抽样采集相结合的方式,以书面形式开展2020年天然林保护实施情况核查,涵盖天然林保护修复基本情况、任务完成、资金管理与使用及工作开展四个方面的主要内容。书面核查工作的开展,进一步完善了天保核查工作机制,既是一种全新的核查工作手段,也是科学加大年度核查力度、减少天然林保护工程核查监管盲区的一种制度创新。

首次组织问题约谈问责,强化核查结果应用 按照用最严格制度、最严密法治修复天然林的要求,在对2019年天保核查发现的问题进行认真分析、准确查实的基础上,8月由局领导作为主约谈人在北京集体约谈2019年天然林保护核查中发现存在突出问题的内蒙古自治区呼和浩特市赛罕区、宁夏回族自治区固原市原州区、河北省赤城县3个区(县)人民政府负责人,取得了很好的效果,有力推动地方政府更加重视天保工作。内蒙古自治区、宁夏回族自治区、河北省党委、政府主要负责同志先后就约谈事项作出重要批示;三地迅速部署,制订计划,明确措施,提交整改方案。12月6～13日,开展对上述3个区(县)整改落实情况实地督导检查,有力确保约谈问题彻底整改、全面整改、按时整改。

（核查处）

退耕还林还草工程

【综　述】　2020年，按照党中央、国务院关于扩大退耕还林还草的要求及局党组的部署，扎实推进退耕还林还草各项工作，中央投资179.2亿元，当年新增退耕还林还草任务51.08万公顷，退耕还林还草成果得到进一步巩固和扩大。

认真落实年度建设任务和资金　协调有关部门分两批安排13个省（区、市）退耕还林还草任务51.08万公顷，其中还林47.07万公顷、还草4.01万公顷。协调有关部门下达中央投资179.2亿元，其中前一轮完善政策补助20.2亿元，新一轮政策补助159亿元。下发《关于积极应对新冠肺炎疫情，有序推进2020年退耕还林工程进展工作的通知》《关于进一步加强退耕还林还草工程管理，推动退耕还林还草高质量发展的通知》，严格执行退耕还林任务进展情况季报制度，并通过电话督办、视频约谈和实地督导，督促各地加快工程实施进度。截至12月底，2019年76.91万公顷退耕还林计划任务已全部完成造林，2020年度计划任务已分解落实到地块和农户，并开工建设。

科学谋划"十四五"期间退耕还林还草高质量发展　下发《关于做好退耕还林还草工程规划编制工作的通知》，调度基础数据，召开专家座谈会，编制形成退耕还林还草工程"十四五"规划初稿。配合国家发展改革委下发《关于开展退耕还林还草政策实施情况总结评估的通知》，委托中国国际工程咨询有限公司作为第三方评估机构，对全国退耕还林还草政策实施情况进行总结评估。加强调查研究，举办退耕还林还草高质量发展网络征文活动和全国退耕还林还草高质量发展培训班，起草《关于科学有序推进退耕还林还草的指导意见》，开展战略研究，认真谋划"十四五"退耕还林还草高质量发展的思路和举措。

建立健全退耕还林还草制度体系　聚焦退耕还林还草重点任务和突出问题，深入研究，统筹谋划，研究制定、修订《退耕还林还草群众举报办理规定》《退耕还林还草合同范本》《退耕还林还草作业设计技术规定》《退耕还林还草档案管理办法》等十多个规章制度。不断增强内部建设和管理的制度化、规范化水平，调整各处室职能，理顺组织管理体系。

（退耕办）

【发布《中国退耕还林还草二十年（1999~2019）》白皮书】　6月30日，国家林业和草原局发布《中国退耕还林还草二十年（1999~2019）》白皮书。白皮书系统回顾了中国20年退耕还林还草的辉煌历程和巨大成就，披露了20年来工程建设为农民增收和精准扶贫作出的独特贡献，总结了工程实施过程中行之有效的经验做法和实践创新，分析了当前退耕还林还草面临的矛盾和困难，提出了下一步巩固退耕还林还草成果、有序推进工程建设的发展方向。通过大量主流媒体进行了不同形式的宣传报道，引起社会强烈反响。

（乐　也）

【签订《2020年度退耕还林还草责任书》】　11月，国家林业和草原局与各有关省（区、市）人民政府和新疆生产建设兵团签订《2020年度退耕还林还草责任书》，明确2020年退耕还林还草建设任务和双方责任，确定国家每年对责任书执行情况组织检查和考核，并向各有关省级人民政府通报检查验收和考核结果。

（崔丽莉）

【通报2019年度新一轮退耕还林国家级检查验收结果及责任书执行情况】　1月，印发《国家林业和草原局办公室关于2019年度新一轮退耕还林国家级检验验收结果的通报》，向17个省（区、市）和新疆生产建设兵团林业和草原主管部门通报2015年国家计划安排新一轮退耕还林面积保存、成林和管理情况。2月，印发《国家林业和草原局关于2019年度退耕还林责任书执行情况的通报》，向各工程省（区、市）和新疆生产建设兵团通报退耕还林工程计划任务完成、前期工作准备、责任落实、检查验收、政策兑现、确权发证、档案管理、信息报送、效益监测等工作情况。

（崔丽莉　范应龙）

【退耕还林还草发展战略研究】　4月，委托中国科学院地理科学与资源研究所开展退耕还林还草发展战略研究。12月，形成《退耕还林还草发展战略研究项目报告》，内容包括工程建设回顾、战略意义、未来潜力分析、战略布局与重点、保障措施建议五个方面。

（陈应发）

【编辑出版《退耕还林还草发展报告2020》等成果】　编辑出版《退耕还林还草发展报告2020》，内容包括国家篇、省区篇、政策法规篇三个部分。编辑出版《退耕还林实用模式》，总结推广100个退耕还林还草实用技术模式，内容包括干鲜果品、木本粮油、花卉种苗、中药材、茶叶种植等技术模式，以及退耕还林特色养殖业、林下经济等产业模式。编辑出版《退耕还林还草与乡村振兴》，内容包括理论研究、典型模式、重要论述三个部分。

（陈应发）

【退耕还林还草标识正式启用】　1~6月，开展退耕还林还草标识征集活动。征集作品229件，经筛选、广泛征求意见和专家评审，评出一等奖1件、二等奖3件、三等奖6件。11月11日，退耕还林还草标识正式发布启用，成为展示退耕还林还草文化的重要标识，被社会各界广泛应用。

（孔忠东）

【退耕还林还草高质量发展大讨论网络征文活动】　1~9月，开展退耕还林还草高质量发展大讨论网络征文活动。此次征文活动共收到作品169篇，经广泛征求意见和专家评审，评出一等奖3篇、二等奖5篇、三等奖9篇。同时，根据各单位组织发动和报送作品数量、质量情况，评选出优秀组织奖3家。

（孔忠东）

【全国退耕还林还草高质量发展培训班】 11月10~12日，在江西赣州召开全国退耕还林还草高质量发展培训班，组织学习贯彻习近平总书记和党中央、国务院及国家林草局党组关于退耕还林还草的重要部署和指示批示精神，进一步统一思想，明确思路，谋划退耕还林还草高质量发展。培训期间，除集中授课外，还开设专题讨论、分组座谈和实地观摩等教学内容。全国24个工程省（区、市）和新疆生产建设兵团林业和草原主管部门退耕还林还草管理单位负责人和管理技术人员近120人参加培训。

(孔忠东)

【2020年度新一轮退耕还林国家级检查验收】 5月，印发《国家林业和草原局办公室关于开展2020年度退耕还林工程国家核查工作的通知》，对国家计划安排的14个工程省（区）2016年新一轮退耕还林开展国家级检查验收。截至12月底，完成抽查退耕还林面积8.55万公顷，核查范围涉及167个县、310个乡，形成167个县级核查报告、14个省级核查报告和1个全国总报告。

(范应龙)

【2020年度退耕还林国家级检查验收成果评审工作】 12月，在湖南省长沙市组织开展2020年度新一轮退耕还林国家级检查验收成果评审。专家组认真听取国家林业和草原局各直属调查规划设计院关于2020年度新一轮退耕还林国家级检查验收工作情况介绍，审阅成果材料，经充分讨论和答疑，验收成果通过评审。

(范应龙)

【编制出台《全国退耕还林还草综合效益监测评价总体方案》并组织开展综合效益监测】 7月，印发《全国退耕还林还草综合效益监测评价总体方案》，首次对全国退耕还林还草工程生态、经济、社会三大效益统一监测评价。同时，组织中国林业科学研究院、国家林业和草原局经济发展研究中心等相关单位召开座谈会，启动2020年全国退耕还林还草综合效益监测工作。

(郭希的)

【修订出台《退耕还林工程建设效益监测评价》】 组织中国林科院、国家林业和草原局经济发展研究中心对《退耕还林工程建设效益监测评价（GB/T23233—2009）》进行修订，形成《退耕还林还草综合效益监测评价规范》，进一步完善退耕还林还草工程生态、经济、社会三大效益的监测指标和评价方法。

(郭希的)

京津风沙源治理工程

【京津风沙源治理二期工程】

工程概况 2012年，国务院通过《京津风沙源治理二期工程规划（2013~2022年）》。工程建设范围包括北京、天津、河北、山西、陕西和内蒙古6个省（区、市）138个县（旗、市、区），比一期工程增加63个县（旗、市、区）。工程区总面积70.60万平方千米，沙化土地面积20.22万平方千米。

工程进展情况 2020年，京津风沙源治理二期工程6个省（区、市）全年共完成林业建设任务18.50万公顷，占年度计划的100%，其中：人工造林10.12万公顷，封山育林7.58万公顷，飞播造林0.80万公顷。完成工程固沙0.67万公顷。

年内，京津风沙源治理二期工程完成投资22亿元，其中林业建设项目投资8.86亿元，占总投资的40.3%。

全国防沙治沙暨京津风沙源治理工程经验交流现场会 9月24日，全国防沙治沙暨京津风沙源治理工程经验交流现场会在山西省右玉县召开。山西省右玉县政府、北京市延庆区园林绿化局、天津市蓟州区林业局、河北省张家口市政府、内蒙古自治区赤峰市政府、陕西省榆林市政府、山西省林业和草原局7家单位进行了经验交流。会议指出，当前全国有920个沙化县、172万多平方千米的沙化土地，面积大、分布广、危害重、治理难，防沙治沙任务繁重。亟须治理的沙化土地自然条件更差、沙化程度更重、治理成本更高，越往后越难。已完成治理的，时间久的植被出现了老化退化，需要及时更新改造，提高质量；时间短的，植被还相对脆弱，极易出现反复。暂不具备治理条件的，亟须依法划定沙化土地封禁保护区，实行严格的封禁保护。具有明显沙化趋势的土地，若不采取有效的保护措施，极易退化为沙化土地。另外，农牧民对沙区资源的依赖程度相对较高，无序开发沙区资源、开垦沙化土地、开采地下水等现象时有发生，加剧了土地沙化，造成新的生态破坏。下一步，要持续统筹推进山水林田湖草沙综合治理、系统治理、源头治理，加强生态保护，实施重点工程，改善沙区生态环境。一要组织编制好"十四五"防沙治沙规划，要紧密联系地方需求和沙区实际。二要切实完善防沙治沙制度体系，建立健全保护制度、修复制度、投入机制等，完善考核制度、部门协调机制等。三要继续推进防沙治沙重点工程，继续推进京津风沙源治理、三北防护林建设、退耕还林还草等生态保护和建设重点工程，抓好年内启动实施的规模化防沙治沙试点项目建设。四要着力强化科学防沙治沙，尊重自然规律，因地制宜选择最佳修复方式，宜封则封、宜造则造、宜林则林、宜草则草、宜荒则荒。充分考虑水资源承载能力，倡导雨养林草业，以水定绿。组织重大治沙问题科技攻关，大力推广实用技术。五要适度发展沙区特色产业，以对生态不造成影响为标准，科学确定发展规模。

(京津风沙源治理工程由刘勇供稿)

三北防护林体系工程

【综　述】　2020年，三北局把学深悟透笃行习近平总书记对三北工程建设重要指示精神作为一项重要政治任务，对标对表国家林草局党组要求，不断扩大林草资源总量，提升林草资源质量。截至2020年11月底，工程建设共完成营造林任务47.38万公顷，占计划任务的77.9%。其中：完成人工造林19.47万公顷，封山育林15.68万公顷，飞播造林2.47万公顷；退化林修复9.77万公顷，为"十三五"收官画上句号。

深入学习领会习近平总书记重要指示精神　始终将贯彻总书记重要指示精神作为一项重要的政治任务，建立工作台账实时跟进。全面总结2019年贯彻落实情况，系统梳理各项工作进展情况，分析未完成的任务存在的问题，研究制定下一步贯彻措施。结合全国林草工作会议精神、国家林草局2020年工作要点，研究制订2020年工作台账，明确工作任务，压实工作责任。实行贯彻落实情况定期报告，全面掌握各地贯彻落实动态，及时向国家林草局报告贯彻落实情况。开展系列调研活动，深入工程建设一线摸实情、查实况，形成十多份调研报告，为全力推动工程建设科学发展夯实工作基础。组织开展系列宣传活动，进行贯彻落实重要指示精神两周年专题宣传报道，扩大影响、营造氛围。

全面推进三北工程年度建设任务　指导各地统筹做好疫情防控与营造林任务落实及科学造林质量管理工作，加快推进重点区域规模化治理，持续推进河北雄安、青海湟水规模化林场和在建11个防护林基地及黄河流域综合治理、精准治沙重点县建设等；在平原农区、沙区、黄土高原丘陵沟壑区、西北荒漠区，加快形成一批区域性防护林体系，构筑重点区域生态安全屏障。开展百万亩基地"质量建设年"活动，会同国家林草局林场种苗司，召开规模化林场试点工作推进会，抓实抓强工程规模化建设及管理工作。与西北院共同组成双组长的"三北工程退化林草调查工作专班"，专题推进三北工程区退化林草摸底调查工作，拟定《三北工程退化林草调查工作方案》和《三北工程区立地分类评价及典型林草植被生态修复模式研究工作方案》，开展技术培训，为实施退化林草精准修复提供基础保障。按照轻重缓急、分类施策的原则，分类推进退化林修复改造，减少存量、遏制增量，积极防范防护林衰退风险。

科学绿化　认真学习贯彻中央领导同志关于应对气候变化、防止三北防护林衰退的重要批示精神，研究制订科学绿化措施；继续推进三北工程建设水资源承载力与林草资源优化配置专题研究工作；遵循近自然修复理念，综合考虑立地条件、树种特性，合理确定造林初植密度，大力推广节水造林和低密度造林；积极发展雨养林草、近自然林业，因地制宜，大力营造乔灌、针阔混交林；在适宜地区，规划建设一批自然修复综合试验区。持续推进三北工程综合示范区建设，年度规模466.67公顷，重点开展植物新品种、绿化新技术、经营新模式等适用技术的推广；在适宜地区加大乡土树种、灌木树种的扩繁、推广。

工程规划工作　召开三北工程总体规划修编和六期工程规划编制工作部署会，制订印发《规划编制技术手册》，蹄疾步稳推进规划编制工作。举办线上培训班，建立局领导分省联系督导工作机制，广泛开展规划调研，特别是全力推进三北六期工程规划与国家"双重规划""林业和草原发展'十四五'规划"科学有效衔接，高质量推进规划编制工作。

拓宽生态产品价值实现路径　认真落实局领导关于"打造沙枣产业助力荒漠化防治、发展生物质能源建议提案"精神，起草学习贯彻工作意见，赴陕西、山西、新疆等地调研生物质能源的相关产业发展情况。积极推进国家储备林项目建设，总结分析国家储备林项目发展前景，研究国家储备林发展思路，协调推进鄂尔多斯市伊金霍洛旗、固原市等地国家储备林项目。积极引导工程区有计划地发展元宝枫、文冠果、核桃等生态经济兼用林树种，建设木本粮油基地，推动新兴林产业发展。

全方位展示工程建设成果　充分利用传统媒体平台，在全国两会、造林季、习近平总书记作出重要指示两周年等重要时间节点，通过新华社、央视新闻客户端、人民网、《经济日报》《中国绿色时报》，刊发专版专刊及新闻报道，集中展示三北工程建设成就。在新华网开展"三北工程生态文化作品征集展播"活动，举办"贯彻落实重要指示精神二周年"系列访谈活动，受到社会的普遍关注。积极拓展新媒体平台，开通"中国三北工程"抖音账号，发布视频作品60个，粉丝12万人，点赞量超过300万；开通"中国三北"学习强国号、官方微信公众号，充分发挥新媒体宣传的优势。优化网站架构，丰富网站内容，加强政务信息管理和报送，打造全新的舆论宣传阵地。积极筹划三北工程科普展，筹划将三北工程与航天育种科技相融合，在西安航天基地布置三北工程科普展区，打造全新的三北工程科普平台。

工程治理体系研究　开展三北工程体系架构研究，确定三北工程生态安全体系、生产体系、政策体系、产业体系、效益评价体系、文化体系6个子课题，有序推进课题研究工作。组织开展《党的革命精神谱系研究·三北精神》研究和编撰工作，计划作为建党100周年献礼丛书出版，丰富三北工程建设的精神脊梁。

工程治理能力建设　积极开展三北五期工程总结评估，科学系统全面总结工程建设成就和经验。加快三北工程管理服务平台建设，进一步推进工程空间信息服务平台建设和工程大数据管理服务平台建设，加强造林种草精细化、数据化管理和动态监测，提高工程管理效率和水平。持续深入实施科技支撑战略，调整优化三北工程专家咨询委员会，壮大三北生态研究体系。与国家林草局西北调查规划设计院、国家植物航天育种工程技术研究中心、北京林业大学等科研单位签订战略合作框架协议，抓好基础研究，提升服务能力，增强软实力。

【疫情防控工作】 新型冠状病毒感染的肺炎疫情发生以来，三北局党组高度重视，迅速成立以主要负责同志为组长的新型冠状病毒感染的肺炎疫情防控工作领导小组，积极部署疫情防控工作，把全力做好疫情防控工作作为一项紧要任务，狠抓落实、压实责任、关口前移、多措并举、严加防控，坚决打赢疫情防控阻击战。

【三北工程水资源承载力与林草资源优化配置研究项目验收评审会】 于1月8日在北京召开。专家组通过听取汇报、质疑、答询等形式，对研究报告进行了评审。中国科学院院士郑度、蒋有绪和中国工程院院士张守攻、尹伟伦，以及北京林业大学、中国水利水电科学研究院的专家应邀参加评审会。

【第51个"世界地球日"主题活动】 4月22日，三北局组织开展"致敬人民楷模、绿化美化祖国"活动。"人民楷模"、改革先锋、治沙英雄王有德结合40年防沙治沙工作经历，讲述白芨滩人坚持改革创新、绿色发展、谋求共同富裕的实践历程，为三北局干部职工上了一堂生动党课。

【全面从严治党工作会议】 4月29日，三北局召开2020年全面从严治党工作会议。会议深入贯彻落实全面从严治党要求，总结2019年工作，安排部署2020年全面从严治党工作任务，进一步凝聚思想、压实责任、推动落实，努力提升全面从严管治党水平，为三北工程建设高质量发展提供坚强有力的政治保证。

【三北工程规划编制技术手册培训班】 5月7~8日，三北局开展《三北工程总体规划修编和六期工程规划编制技术手册》业务培训。此次培训就《三北工程总体规划修编和六期工程规划编制技术手册》进行解读，重点讲解三北工程总规修编和六期工程规划编制的技术数据收集、主要指标含义和测算方法、主要建设内容和建设重点，以及相关规划要求等，并就总规修编和六期工程规划编制工作中存在的技术问题进行交流研讨、解惑答疑。三北地区各省级三北工程主管部门以及承担三北工程规划编制工作技术单位的主要负责同志和工作人员参加培训。

【《三北防护林退化林分修复技术规程》修订工作全面启动】 6月4~5日，三北局与西北调查规划设计院研究启动修订《三北防护林退化林分修复技术规程》，此次修订主要参照国家新颁布的退化林修复技术规程，结合三北工程退化林实际，对技术规程名称、修复内容、修复原则、修复对象、修复类型与方式等进行完善。

【接收新一代载人飞船空间科学实验搭载材料】 6月10日，陕西省航天育种工程技术研究中心将新一代载人飞船空间科学实验搭载的三北地区选育的杜仲、文冠果、大果沙棘、沙地云杉等6份搭载材料移交三北局。此次空间搭载是三北局首次开展的航天诱变育种研究与试验，后续将与相关机构陆续开展航天育种有关机理研究、搭载材料返回地面后育种规范化研究，以航天技术助推三北防护林工程建设。

【国家林草局专题研究指导三北工程建设】 7月15日，国家林业和草原局（国家公园管理局）局长、党组书记关志鸥主持会议，听取三北局工作情况汇报，并对三北工程未来发展提出要求。

【国家林草局调研内蒙古阿左旗飞播造林和封沙育林工作】 7月18日，国家林草局调研组赴内蒙古阿拉善盟阿拉善左旗，对飞播造林、封沙育林等生态建设工作进行调研。调研组一行深入到阿拉善左旗巴彦诺日公苏木浩坦淖日嘎查92飞播区、吉兰泰镇锡林高勒封育区，在实地调研飞播和封育成效的基础上，全面了解阿拉善盟的飞播和封育情况。

调研组对阿拉善盟的飞播造林和封育工作取得的成效给予了充分肯定。认为阿拉善盟通过采取"以灌为主、灌草相结合，以封为主、封飞造相结合"的林草治沙技术措施，形成了"围栏封育—飞播造林—人工造林"三位一体的生态治理格局，探索出了一条适合阿拉善气候特点和自然规律的防沙治沙道路。为干旱区恢复林草植被封飞造结合、乔灌草结合、生态与产业结合提供了有益借鉴。

【与陕西省林业局合力打造新时代三北防护林"陕西样板"】 8月23日，国家林草局三北局与陕西省林业局在宁夏银川召开座谈会。会上，双方签署了《共同推进黄河流域陕西段三北防护林建设合作框架协议》，共同担负起黄河流域生态保护和高质量发展的重大责任和历史使命。三北局和陕西省林业局党政主要负责同志及相关处室负责人参加签约仪式。

【国家林草局召开规避三北防护林衰退风险专家座谈会】 9月1日，国家林草局生态司和三北局联合在北京召开规避三北防护林衰退风险专家座谈会。会议听取三北局有关防止三北防护林衰退措施的工作汇报，与会专家发表意见和建议。会议要求，要直面三北工程建设面临的问题，深入研究，以科学推进后30年工程建设，尤其要深入研究森林与气候、森林与水等问题的内在机理，指导工程建设高质量发展。中国科学院院士陈发虎，中国工程院院士沈国舫、尹伟伦，以及北京大学、中国科学院、北京林业大学等专家学者参加座谈会。自然资源部生态司，国家林草局生态司、资源司、草原司等相关司局的负责同志参加会议。

【与科技司签订合作框架协议】 9月5日，国家林草局三北局与科技司签订合作框架协议，旨在强化三北工程建设科技支撑，建立深化交流合作机制、科技成果共享机制，双方将在三北工程科技创新、人才培养、科技成果转化、科技平台建设开展全面深入合作，协同推进三北工程高质量发展。国家林草局科技司、三北局，中国林科院主要负责同志出席签约仪式。

（三北防护林体系工程由樊迪柯供稿）

长江流域等防护林工程

【综　述】　2020年，长江流域、珠江流域、沿海防护林、太行山绿化四项工程共下达中央预算内投资18.7亿元，营造林任务34.26万公顷，为实施长江经济带发展、粤港澳大湾区建设、海上丝绸之路建设、京津冀协同发展等国家重大战略提供有力生态支撑。

长江流域防护林体系建设工程　安排中央预算内工程建设13.7亿元，下达营造林任务25.37万公顷。长江流域森林资源总量持续增长，工程区森林覆盖率已达44.28%，保水固土和防灾减灾能力显著增强。上游金沙江流域水土流失面积减少6.67万公顷。三峡库区水土流失面积减少5.33万公顷。林地生产力和森林防护功能不断增强。

珠江流域防护林建设工程　安排中央预算内工程建设投资1.7亿元，下达营造林任务2.91万公顷。珠江流域森林面积持续增加，工程区森林覆盖率已达61.2%，水土侵蚀量下降尤为明显，上游南、北盘江水土流失面积持续减少，保水固土、涵养水源能力逐步增强，东江、北江中上游水质持续保持Ⅰ、Ⅱ类以上，有效保障了珠江三角洲和港澳地区的饮用水安全。

全国沿海防护林建设工程　安排中央预算内工程建设投资1.3亿元，下达营造林任务1.87万公顷。沿海地区以消浪林带、海岸基干林带、纵深防护林为重点的沿海防护林体系主体框架初步形成，工程区森林覆盖率已达39.74%，抵御台风、风暴潮等自然灾害的能力持续增强。

太行山绿化工程　安排中央预算内工程建设投资2亿元，下达营造林任务4.11万公顷。太行山区森林覆盖率达22.75%，水土流失强度大幅降低，工程区流失面积下降1.33万公顷，地表径流量明显减少，基本改变了过去"土易失、水易流"的状况，为保障京津和华北地区生态安全，促进太行山革命老区脱贫攻坚，助力京津冀协同发展提供良好生态条件。

【河北省张家口市及承德市坝上地区植树造林项目】深入推进《河北省张家口市及承德市坝上地区植树造林实施方案》，完成营造林任务2万公顷。11月1~4日，国家林草局生态司会同国家发展改革委农经司并邀请国家林草局规划院、北京林业大学专家开展督导调研，下发关于加快河北省张家口市及承德市坝上地区植树造林项目实施进度的通知，督促张家口市和承德市加快工作进度，确保《实施方案》按期完成。

【重点生态修复工程建设与管理培训班】　为推进长江流域等重点防护林工程建设，提前谋划好"十四五"相关规划，提升工程管理水平，提高工程建设质量和效益，12月9~12日，国家林草局生态司在广东省中山市举办重点生态修复工程建设与管理培训班。各省（区、市）林业和草原主管部门防护林建设主管处长、业务骨干（或具体承担工程规划编制的技术骨干）和部分重点工程市、县（区）林草部门负责同志，共70余人参加培训。培训班上，先后由来自北京林业大学、长江水利委员会水土保持局、仲恺农业工程学院、国家林草局调查规划院的专家为学员讲授新时期生态修复工程建设的思考、长江流域水土流失及其防治技术等内容，并组织学员就工程建设技术等展开交流研讨，推动提高工程规划编制科学性，进一步提升工程管理水平。

（长防林工程由沈佳烨供稿）

国家储备林基地建设工程

【国家储备林基地建设】　2020年，加快推进国家储备林基地建设，建设完成国家储备林44.84万公顷，其中速丰林工程建设任务0.84万公顷。有序加强项目管理，修订了《国家储备林基地建设种苗管理办法》和《作业设计管理办法》，编制印发了《国家储备林树种目录（2019年版）》。开展了重点项目监测评估，对安徽、福建、广西、河南等省（区）的9个试点林场开展国家储备林森林质量精准提升项目监测评估。积极推广有益经验模式，开展了国家储备林项目管理和森林质量精准提升培育模式培训，积极推广新经验、新模式和新做法。

（崔海鸥）

【国家储备林制度建设】　2020年，不断完善国家储备林制度体系。推进编制《"十四五"国家储备林建设专项规划》编制，制订了《国家储备林绩效评价管理办法》，开展了国家储备林典型林分经营模式试验示范，筹备实施"千场万亩"国家储备林项目划定"一张图"试点，编制了国家储备林可持续经营管理指南等7项标准。开展了国家储备林制度建设研究、国际木材贸易与国家储备林发展战略研究等专题研究。研究构建"国家储备林项目库（在线管理平台）"，提升利用两行贷款建设国家储备林项目管理水平。加强宣传和引导，在《中国绿色时报》开设了"好材种成就好未来""探寻中国路径，助力人工林可持续发展"2期专版，制作并对外发布国家储备林宣传片。

（高　娜）

退牧还草工程

【综　述】 2020年,退牧还草工程继续在内蒙古、辽宁、黑龙江、四川、云南、西藏、甘肃、青海、宁夏、新疆10个省(区)实施。安排中央投资23亿元,安排草原围栏124.43万公顷、退化草原改良45.04万公顷、人工种草16.15万公顷、黑土滩治理14.68万公顷、毒害草治理21.25万公顷,通过工程措施的持续性投入促进工程区草原植被恢复,保护和修复草原生态系统。

（退牧还草工程由王卓然、郝明供稿）

林业血防工程

【林业血防建设】 2020年,林业血防建设立足服务健康中国及长江经济带共抓大保护的战略需求,结合防护林建设等林草重点生态工程,在江苏、安徽、江西、湖北、湖南、四川、云南等重疫区,开展兴林抑螺建设10.1万公顷。启动《"十四五"林业血防建设规划》编制工作。圆满完成林业血防工程质量与效益2期监测工作,稳步推进3期监测工作进程。制定《林业血防抑螺成效提升技术规程》等行业标准,出版发行《林业血防理论基础及其典型模式》一书,开展林业血防技术推广工作。

（林业血防工程由曾苿供稿）

石漠化治理工程

【岩溶地区石漠化综合治理工程】 为加强岩溶地区石漠化治理,2016年,四部委联合印发《岩溶地区石漠化综合治理工程"十三五"建设规划》,涉及贵州、云南、广西、湖南、湖北、重庆、四川、广东8个省(区、市)的455个石漠化县(市、区)。2020年,中央预算内专项资金下达投资计划20亿元,支持200个石漠化重点县继续开展石漠化综合治理,全年完成营造林24.67万公顷,治理石漠化33万公顷。通过石漠化综合治理,工程治理区的生态环境得到有效改善,森林涵养水源功能得到有效提升,水土流失得到有效遏制。同时,通过"山、水、田、林、路"的系统治理,促进粮食增产、农民增收,将石漠化治理与产业发展相结合,积极培育特色产业,形成许多新的经济增长点,为贫困地区脱贫致富夯实了基础。

（石漠化治理工程由李梦先供稿）

林草培育

04

林草种苗生产

【综述】 2020年，全国林木种子产量24 868吨，草种产量29 964吨，可出圃苗木356亿株，林草种苗数量和质量满足造林绿化需求。

林草种苗生产情况

种子采收 全国共采收林草种子54 832吨，其中，林木种子24 868吨、草种29 964吨、良种（含草品种）30 867吨、穗条41亿条（根）。

苗木生产 全国生产苗木生产总量611亿株，其中容器苗99.2亿株，良种苗123.4亿株。除留床苗外出圃可供2021年造林绿化苗木356亿株，其中容器69亿株、良种73亿株。

林草种子库存情况 截至2020年种子采收前，种子库存种子14 365吨，其中林木种子2790吨、草种11 575吨。

种苗使用情况

造林绿化实际用种 实际用林木种子19 413吨，其中用良种4563吨；实际用草种26 938吨，其中草品种15 257吨。

造林绿化实际用苗 除留圃苗木外，实际用苗木量为128亿株，容器苗木37亿株，良种苗木39亿株。实际用苗以国土绿化和防护林、经济林树种相对集中，城乡绿化美化树种呈现多样化个性化趋势明显。

种苗基地情况

苗圃 全国实有苗圃总数34.65万个，其中国有性质苗圃为0.37万个，占苗圃总数1%；实际育苗面积139.5万公顷，其中新育苗面积13.7万公顷，占育苗总面积的9.8%。

良种基地 全国现有良种基地总数1143个，其中国家重点良种基地294个。良种基地总面积20.4万公顷，其中种子园面积1.8万公顷，母树林面积13.5万公顷。

采种基地 全国现有采种基地45.2万公顷，可采面积37万公顷。

（于滨丽）

【《全国苗木供需分析报告》】 为推进种苗事业高质量发展，引导苗木生产经营者合理安排生产，国家林草局林场种苗司根据全国各地造林绿化任务和2015~2019年林草种苗生产情况，对2020年和2021年全国苗木供需情况进行分析，并于3月和11月向社会发布《2020年度全国苗木供需分析报告》和《2021年度苗木供需分析报告》。

（于滨丽）

【《林草生产经营许可证电子证照》全国一体化在线政务服务平台标准】 根据国办电子政务办《全国一体化在线政务服务平台第五批高频使用的电子证照标准编制工作方案》的要求，国家林草局林场种苗司编制完成《林草生产经营许可证电子证照》全国一体化在线政务服务平台标准，6月9日与国办电子政务办联合颁布。

（于滨丽）

【林草种苗质量监督指导】 7月17日，国家林草局林场种苗司印发《关于开展2020年林草种苗质量监督指导工作的通知》，委托国家级林草种苗质量检验机构于8~11月对河北、内蒙古、辽宁、上海、湖南、广西、甘肃、青海8个省（区、市）开展林草种苗质量监督指导工作。监督指导工作采取函调、寄样检测、视频座谈和现场指导相结合的方式，重点督导国家投资或国家投资为主的雨季、秋季造林工程用苗质量及在圃苗木质量管理情况，油茶定点采穗圃与定点苗圃种苗质量及管理情况，种苗进口企业进口的林草种子质量情况等，并探索性地开展种生产和用种单位的草种质量及管理情况督导工作。

共检测草种子样品70个、种球12批、苗木苗批68个，涉及27个县、77个单位。检测结果显示，苗木苗批和进口花卉种球样品合格率达到100%，草种子样品合格率为54.7%。林木种苗生产经营单位持证率、标签使用率、建档率达到100%，档案齐全率为75.8%，种苗自检率达97.0%。造林作业设计对种苗的遗传品质和播种品质提出准确要求的单位数量占81.3%和100%；93.8%的单位按造林作业设计使用苗木；涉及招投标的10个苗木使用单位中，有1个单位招投标文件对种苗质量与造林作业设计不一致；1个单位采取"最低价中标"的评标方式，对种苗质量造成了一定影响。（薛天婴）

【打击制售假劣种苗和保护植物新品种权工作】 6月29日，国家林草局办公室印发《关于组织开展2020年打击制售假劣种苗和保护植物新品种权工作的通知》，要求各地充分认识打假工作的重要性，加大案件查处力度，做好行刑衔接和案件信息公开，加强种苗质量监管，强化植物新品种权保护。全国共查处假冒伪劣、无证、超范围生产经营、未按要求备案、无档案等各类种苗违法案件81起，案值金额439.46万元，罚没金额181余万元，没收销毁苗木144万株。其中，查处制售假冒伪劣种苗案件18起，罚没金额40.85万元，移送司法机关5件，涉及8人。

（薛天婴）

【林草种苗质量监管及统计预测网络课程培训】 2020年11月30日，林草种苗质量监管及统计预测网络课程培训通过"林草网络学堂"举办，共设置22门课程。县级以上林草主管部门负责种苗质量监管及统计工作的人员、国家级种苗质量检验检测机构质检员3532人参加培训，实际学习时长18 114小时，人均学习时长5.13小时。培训邀请来自国家林草局规财司、北京林业大学、南京林业大学、中国林科院林业研究所等单位的有关专家，对林草种苗行政审批制度改革形势、种苗生产经营档案管理、种苗质量检验技术、统计基本知识、种苗供需分析、数据库系统应用及操作等进行讲解，并提出2020年度林木种苗数据统计、审核、报送要求。

（薛天婴）

【国家草品种区域试验站】 为进一步贯彻落实《国家林草局关于推进种苗事业高质量发展的意见》，规范草品种区域试验，科学开展草品种审定工作，在充分调查研究、专家评审、社会公示的基础上，国家林草局确定第一批30处国家草品种区域试验站。国家林草局要求各地林业和草原主管部门加强对辖区内国家草品种区域试验站的规范管理和扶持，同时要求国家草品种区域试验站进一步完善相关制度体系，严格试验管理，规范经费使用，加强人才队伍建设，确保区域试验结果科学、客观、公正，切实为全国草品种审定工作提供有力技术支撑。 （丁明明）

【全国林草种质资源普查与收集】 制订陕西省宁陕县、华阴市、太白山国家级自然保护区3个普查单元的普查与收集技术方案，分别在陕西和内蒙古组织开展技术培训，共培训人员240余名。对秦岭南坡于陕西县、秦岭北坡华阴市、秦岭主峰太白山国家级自然保护区3个单元进行种质资源普查，共调查样线138条、样方314个、典型（优良）林分/标准地113个、特异/优良单株165株，记录样线数据9973条、样方数据4595条，拍摄树种照片35 061张；对160个栽培树种（品种）、320株古树名木进行调查登记；采集标本839种3031号、DNA样品988种4109份、种子319种627份。 （李允菲）

在秦岭地区开展第一次林草种质资源普查工作

【国家林木种质资源设施保存库】 7月2日，国家林草局林草种质资源工作领导小组办公室在中国林科院组织召开国家林草种质资源设施保存库（主库）建设项目建议书专家论证会，会议论证通过主库建设项目建议书。

6月17日，根据《湖南省林业局关于请批准建设国家林木种质资源设施保存库湖南分库的请示》，组织专家对在湖南省布局建设国家林木种质资源设施库分库进行论证。9月下发《国家林草局关于同意在湖南布局建设国家林草种质资源设施保存分库的函》。

国家林草种质资源设施保存库山东分库一期建设完成并投入使用，二期项目已投入建设；新疆分库完成二期项目建设。 （李允菲）

【林木品种审定】 国家林草局林木品种审定委员会审（认）定通过林木良种27个。北京、山西、内蒙古、辽宁、吉林、黑龙江、上海、江苏、浙江、安徽、福建、江西、山东、河南、湖北、湖南、广东、广西、四川、重庆、贵州、云南、甘肃、青海、新疆25个省级林木品种审定委员会审（认）定通过包括用材树种、经济林树种及观赏品种在内的林木良种551个。浙江、四川、新疆、重庆、山西5个省（区）引种备案林木良种11个。 （李允菲）

【草品种审定】 国家林草局草品种审定委员会开展首次国家级草品种审定工作，审定通过草品种18个，其中包括育成品种7个、野生驯化品种8个、引进品种3个，按用途分生态修复草5个、生态修复草和牧草兼用型草10个、牧草2个、观赏草1个。内蒙古自治区草品种审定委员会审17个草品种。 （闫利军）

【国家级草品种区域试验】 为保障草品种区域试验的科学性、客观性和公正性，为草品种审定工作提供可靠依据，依照《中华人民共和国种子法》《草品种审定技术规程》等相关规定，国家林草局林场种苗司印发《关于做好2020年国家级草品种区域试验参试申报工作的通知》。2020年共收到由17个省（区）和47个单位申报的67个品种申请，经专家评审后，按照区试要求，安排15个国家草品种区域试验站对21个参试品种进行区域试验。 （闫利军）

【国家重点林木良种基地专题调研】 为全面了解掌握国家重点林木良种基地发展现状，科学制定"十四五"国家重点林木良种基地相关政策措施，切实提高国家重点林木良种基地生产、管理水平，国家林草局林场种苗司组织开展国家重点林木良种基地调研工作，对国家重点林木良种基地的发展现状、存在问题进行深入调研，并结合调研情况对国家重点林木良种基地"十四五"规划编制提出针对性建议。 （丁明明）

【良种基地技术协作组工作】 良种基地技术协作组在2020年积极开展工作。指导良种基地开展种质资源收集和良种选育，制订山西吕梁林局油松核心种质保存和利用策略。系统总结控制杉木优树树体使种子高产稳产的方法。利用现代生物技术和实地指导相结合，促进高效繁育技术在良种生产中的应用。继续做好油茶良种精准应用工作，成为脱贫攻坚的重要抓手。开展技术培训工作，线上培训人员合计6200人次，线下培训人员共260余人。协助指导部分落叶松良种、油松、樟子松基地制订"十四五"发展规划。 （李允菲）

【全国林草种苗处（站）长培训班】 于11月24~28日在云南昆明举办，来自全国各省（区、市）林草主管部门的林草种苗处（站）长及有关单位负责人共64人参加培训。培训班就全国草种业发展的现状、问题与对策，推进打击侵权假冒工作创新发展，林草种质资源基础知识和第一次全国种质资源普查进度等内容进行授课。北京、内蒙古、黑龙江、福建、江苏、云南6个省（区）市作了典型发言。培训期间，参训学员围绕如何推进"十四五"种苗高质量发展进行座谈交流，并现场教学考察云南省高原特色乡土树种种质资源库。 （王艺霖）

【行政许可】

林木种子苗木（种用）进口审批 全年共办理林木种子（苗）免税许可证审批819件，审批免税进口林木种子34.97吨、种苗464.8万株、种球12 678.2万粒。实际进口总额为43 620.77万元，免税金额达3927.79万元。

向境外提供、从境外引进或者与境外开展合作研究利用林木种质资源审批 批准湖南省森林植物园与境外开展合作研究利用林木种质资源审批1件。

林木种子生产经营许可证核发 全国发放（含新发和延续）林木种子生产经营许可证14 856份，其中国家林草局发放许可证33份。截至2020年底，全国持证林木种子生产经营者98 826份，其中在国家林草局领取许可证的299个。

（王艺霖 薛天婴）

【林草种苗行政许可随机抽查】 为加强对林草种苗行政许可事中事后监管，按照《国家林业局行政许可随机抽查检查办法》的要求，国家林草局于12月开展林草种苗行政许可随机抽查。此次抽查随机抽取检查人员，组成5个检查组，赴北京、浙江等9个省（市）的15家公司开展"林木种子（含园林绿化草种）生产经营许可证核发""林木种子苗木（种用）进口审批"许可事项的事后监督检查。重点检查被许可企业按照许可内容从事生产经营的相关活动情况、是否具备准予许可时的条件情况、依法从业情况等。检查过程中，检查人员听取被检查企业的情况介绍，现场查看企业生产基地、经营场所、设施设备、技术人员等情况，查阅近三年来的生产经营档案，并现场向被检查企业提出改进工作的意见建议。检查结果显示，15家企业中11家合格，4家企业存在问题待整改。检查结束后，国家林草局向被检查企业反馈抽查结果，要求待整改的4家企业在30日内整改完毕并反馈整改情况。检查全部结果录入国家"互联网+监管"系统。

（薛天婴）

【林草种苗审批制度改革】 根据国务院审批制度改革相关要求，梳理确认林草种苗行政审批事项六大项15小项，并对每一小项逐一编制审批事项要素表，明确许可条件、申请材料、审批程序、许可证件等内容。

按照全国人大常委会决定及有关要求，国家林草局办公室印发《关于做好海南省林木种子生产经营许可证核发权限调整工作的通知》，明确2020年5月1日至2024年12月31日期间，在海南省登记注册的从事林草种子进出口业务单位的林木种子生产经营许可证核发权限暂时调整至海南省林业局，并提出强化许可证核发管理的要求。

根据国务院新一轮取消和下放一批行政许可事项的决定要求，针对已取消的"林木种子质量检验机构资质认定""草种质量检验机构资质认定""草种进出口经营许可证审核（初审）"3个事项制订林草部门的事中事后监管细则，并以局公告形式印发。

（薛天婴）

森林培育

【综 述】 2020年，各地深入学习贯彻习近平总书记等中央领导重要指示批示和党中央、国务院决策部署，统筹推进造林绿化和疫情防控工作，努力克服新冠肺炎疫情的不利影响，采取扎实有力措施，顺利完成国土绿化各项任务。全国共完成造林680万公顷。

【推进防疫条件下造林绿化工作】 认真贯彻落实习近平总书记关于疫情防控条件下推进造林绿化工作的重要批示精神，研究制订《春季植树造林建议方案》。国务院办公厅印发《关于在防疫条件下积极有序推进春季造林绿化工作的通知》，指导各地积极有序推进春季造林绿化工作。国家林草局召开2020年春季造林绿化和森林草原防火电视电话会议，印发《关于积极应对新冠肺炎疫情有序推进2020年国土绿化工作的通知》，建立国土绿化调度会商机制，跟踪督导各地加快推进造林绿化进度，全面完成年度造林绿化任务。

【成立国土绿化和三北防护林衰退防治专班】 为协调解决制约国土绿化的突出问题，推动国土绿化工作科学有序开展，根据局党组会要求，成立国土绿化和三北防护林衰退防治工作专班。制订印发专班工作方案，建立协同推进国土绿化工作机制，为实现"十四五"森林资源增长目标奠定基础。组织召开3次专班会议，研究审议讨论"十四五"造林绿化任务结构优化、防止耕地"非农化""非粮化"，警惕生态形式主义、林草生态系统保护和修复重大课题需求等重大问题。

【制订主要乡土树种名录】 为贯彻落实新修订的《森林法》，坚持尊重自然、顺应自然、保护自然方针，鼓励和引导各地使用多样化的乡土树种，科学开展国土绿化行动，组织各级林业和草原主管部门制订符合地方实际的主要乡土树种名录，切实提升国土绿化成效。

【乡村绿化美化行动】 积极配合中央农办，协同推进乡村振兴和农村人居环境整治，将乡村绿化美化纳入《2020年农村人居环境整治工作要点》和《农村人居环境整治提升五年行动方案（2021~2035年）》。按照《乡村振兴战略规划（2018~2022年）》部署，完成全国村庄绿化覆盖率调查。组织编写《全国乡村绿化美化模式选编》，指导各地科学开展乡村绿化美化。

【中央财政造林补助】 2020年，国家林草局办公室、财政部办公厅印发《中央财政林业草原项目储备库入库指南》，明确对造林主体在宜林荒山荒地、沙荒地、迹地、低产低效林地进行人工造林、更新和改造等给予补助支持。各地可根据乔木林、灌木林、竹林等不同情况确定补助标准，通过以奖代补、先造后补、贷款贴息等方式，鼓励引导社会主体参与大规模国土绿化建设，营造混交林，各地可根据实际确定乡村绿化面积折算办法。中央财政进一步加大造林补助规模，全年下达补助资金54.9亿元，安排造林补助任务131.6万公顷，涉及全国27个省（区、市）。

【珍稀林木培育】 全面开展"十三五"珍稀林木培育工作成效总结。"十三五"期间，中央预算内珍稀林木培育项目累计下达建设资金3亿元，安排培育任务4万公顷，建设任务覆盖27个省（市、区）、409个承担单位。在中央财政带动下，各级地方财政累计投入珍稀树种培育资金104.5亿元，各类社会主体和金融资本投入达43.8亿元，金融贷款13.4亿元，全国累计完成珍稀树种培育面积59.65万公顷，大力培育珍稀树种成为林业供给侧结构性改革和高质量发展的重要内容之一。研究编制《全国"十四五"珍稀林木培育项目建设规划》，科学布局珍稀林木项目建设任务。

（森林培育由刘珺、杨惠供稿）

林业生物质能源

【综　述】 2020年，通过开展行业协调指导，打造合作交流平台，开展关键技术研究，推进示范基地建设，健全标准规范体系，持续推进林业生物质能源工作。

【打造合作交流平台】 推进文冠果和无患子产业2个国家创新联盟建设，协调举办学术研讨交流和高端发展论坛，进一步推进文冠果良种和新品种培育、能源树种培育基地建设、生物质能源相关产品精深加工及科技成果转化服务。依托生物质能源与材料专业委员会，组织召开院士专家座谈会，共同研究探讨生物质能源"十四五"发展政策需求。

【《林业生物质能源发展年度报告（2020）》】 为提供林业生物质能源管理决策参考，促进林业生物质能源健康持续发展，国家林草局生态司组织编制完成《林业生物质能源发展年度报告（2020）》。报告在调查研究的基础上，全面梳理全国林业生物质能源整体发展新动态，系统总结能源林建设进展，具体分析全国林业生物质能源产业各构成部分及其技术和装备的发展现状、趋势、问题，并以运行良好的龙头企业和示范基地为主要案例进行典型模式分析，重点解读林业生物质能源相关政策，提出全国林业生物质能源发展建议。

【林业生物质能源专题调研】 为加快推进林业生物质能源发展，按照国家林草局副局长刘东生关于"对木变油项目及其他已成型林业生物质能源发展情况开展调研"的指示精神，生态司联合局设计院和北京林业大学赴内蒙古、江苏、湖南、福建、广东、广西等省（区）开展实地调研，组织各省级林业和草原业务主管部门及相关生物质能源企业提报专题报告和相关调查表，基本掌握全国各地生物质能源发展状况，并编制形成《林业生物质能源专题调研报告》（以下简称《报告》）。《报告》按利用形式总结了生物质供热、生物质发电、生物质油、燃料乙醇等生物质能源的发展现状，系统阐述了生物质能源的发展机遇和存在问题，提出了高质量发展林业生物质能源的对策与措施。

【能源林培育技术规程】 为促进全国能源林培育规范、持续、科学发展，在国家林草局生态司指导协调下，北京林业大学国家能源非粮生物质原料研发中心组织清华大学、中国林业科学研究院等多家单位，历经两年半时间，编制形成《能源林培育技术规程》。规程规定能源林培育原则、主要能源树种及特性、规划、良种选择及种子质量、苗木培育、造林、抚育管理、收获及更新、检查验收及档案管理等生产与管理技术，适用于木质、油料、淀粉3类能源林的培育。

（林业生物质能源由程志楚供稿）

森林资源管理与监督

05

林长制改革

【林长制改革基本情况】

起源　2016年，江西省抚州市和武宁县在全国率先探索试点"山长制"和"林长制"。2017年，安徽省在全省范围内推行林长制，建立以地方各级党政领导责任制为核心的省、市、县、乡、村五级林长体系。重庆、山东、海南、山西、贵州等省（区）相继全面推行林长制。

内涵　林长制是指按照"分级负责"原则，由地方各级党委和政府主要负责同志担任林长，其他负责同志担任副林长，构建省、市、县、乡、村各级林长体系，实行分区（片）负责，落实保护发展林草资源属地责任的制度。全面推行林长制，是生态文明建设的一项重大制度创新。

责任主体　地方各级党委和政府是推行林长制的责任主体。按照林长制组织体系，各省（区、市）设立总林长，由省级党委、政府主要负责同志担任；设立副总林长，由省级负责同志担任，实行分区（片）负责。各省（区、市）根据实际情况，可设立市、县、乡等各级林长。

工作实施　地方各级林业和草原主管部门承担林长制组织实施的具体工作。

改革核心　将保护发展林草资源落实为党政主要领导的主体责任，这是林长制改革的核心和关键所在。林长制建立了从上到下、由党政主要领导担任（总）林长的组织体系，明确了各级林长的工作职责和主要任务，构建了党政同责、属地负责、部门协同、全域覆盖、源头治理的长效责任体系，层层压实了各级林长保护发展林草等生态资源的责任。

（靳爱仙）

【中共中央办公厅、国务院办公厅印发《关于全面推行林长制的意见》】

出台背景　党的十八大以来，全国林草资源保护发展取得了历史性成就，但总体上缺林少绿、生态产品短缺、生态脆弱的状况尚没有得到根本性改变。各地试点坚持保护优先、绿色发展的指导思想，坚持以保护发展林草资源为核心目标，坚持以国家得生态、群众得实惠为双赢设计，注重解决实际问题，注重制度设计，展现了强劲的生命力和创新精神。2019年12月，第十三届全国人民代表大会常务委员会第十五次会议审议通过新修订的《森林法》，提出"地方人民政府可以根据本行政区域森林资源保护发展的需要，建立林长制"。2020年10月29日，十九届五中全会提出"推行林长制"。11月2日，中央全面深化改革委员会第十六次会议提出全面推行林长制。全面推行林长制将是今后一个时期森林草原资源保护发展的重大制度保障和长效工作机制。

出台目的　全面提升森林和草原等生态系统功能，进一步压实地方各级党委和政府保护发展森林草原资源的主体责任。

四项原则　一是坚持生态优先、保护为主；二是坚持绿色发展、生态惠民；三是坚持问题导向、因地制宜；四是坚持党委领导、部门联动。这四项原则，既有制度体系要求的约束性，也有结合实际鼓励创新的灵活性。

六项主要任务　一是加强森林草原资源生态保护；二是加强森林草原资源生态修复；三是加强森林草原资源灾害防控；四是深化森林草原领域改革；五是加强森林草原资源监测监管；六是加强基层基础建设。

工作职责　各级林长组织领导责任区域森林草原资源保护发展工作，落实保护发展森林草原资源目标责任制，将森林覆盖率、森林蓄积量、草原综合植被盖度、沙化土地治理面积等作为重要指标，因地制宜确定目标任务，组织制订森林草原资源保护发展规划计划，强化统筹治理，推动制度建设，完善责任机制，组织协调解决责任区域的重点难点问题，依法全面保护森林草原资源，推动生态保护修复，组织落实森林草原防灭火、重大有害生物防治责任和措施，强化森林草原行业行政执法。

工作机制　建立健全林长会议制度、信息公开制度、部门协作制度、工作督查和考核评价制度，研究森林草原资源保护发展中的重大问题，定期通报森林草原资源保护发展重点工作。

督查考核　将林长制督导考核纳入林业和草原综合督查检查考核范围，县级及以上林长负责组织对下一级林长的考核，考核结果作为地方有关党政领导干部综合考核评价和自然资源资产离任审计的重要依据。落实党政领导干部生态环境损害责任终身追究制，对造成森林草原资源严重破坏的，严格按照有关规定追究责任。

社会监督　可以建立林长制信息发布平台，通过媒体向社会公告本区域或本责任区的林长名单，在责任区域显著位置设置林长公示牌，包括林长姓名、电话、责任范围、工作职责等，接受社会监督和信息报告。有条件的地方可以推行林长制实施情况第三方评估，每年公布森林资源保护发展情况。

（靳爱仙）

【《关于全面推行林长制的意见》基本情况】　《关于全面推行林长制的意见》（以下简称《意见》）代拟与起草报审工作历经一年多时间。2020年8月21日，国家林草局党组会议审议通过《意见（送审稿）》。9月7日，自然资源部专题会议审议通过《意见（送审稿）》。9月10日，以自然资源部文件提请国务院审议。11月2日，习近平总书记主持召开中央深改委第十六次会议，审议通过《意见》，并对森林草原保护工作作出重要指示。12月29日，中共中央办公厅、国务院办公厅印发《意见》，在全国全面推行林长制。

《意见》分为3个部分，提出了指导思想、工作原则、组织体系和工作职责4项总体要求，制订了"五加强、一深化"6项主要任务，明确了加强组织领导、健全工作机制、接受社会监督及强化督导考核4项保障措施。

（李　磊）

【林长制推行进展与成效】　截至2020年底，已经有23个省（区、市）在全省或部分地区开展试点。其中，安徽、江西、重庆、山东、海南、山西、贵州7个省（市）全面建立林长制。

林长制创新采用制度集成解决"五化"问题，一是解决理念淡化问题，使生态保护意识逐步增强；二是解决职责虚化问题，使工作责任压紧压实；三是解决权能碎化问题，使部门联动形成合力；四是解决举措泛化问题，精准施策有的放矢；五是解决功能弱化问题，使综合效益显著提升。

自2018年以来，安徽省级财政投入、江西省各级财政林业投入，分别年均增长23%和9%。江西省2019年破坏森林资源案件较2018年下降55%，2020年又下降33%。安徽省组织的第三方调查显示，社会民众对推行林长制的满意率达到90%。

（孙伟娜）

森林资源保护管理

【综　述】　2020年，资源司坚持以习近平生态文明思想为指导，深入学习习近平总书记关于林业草原工作的重要讲话和指示批示精神，认真贯彻党中央、局党组决策部署，坚决扛起森林资源保护管理的政治责任，锐意进取、开拓创新，攻坚克难、狠抓落实，全力推动森林资源保护管理高质量发展。

【深化改革创新，推进重点任务落实】

林长制工作　一是推动《关于全面推行林长制的意见》（以下简称《意见》）顺利出台。经过两年多的艰苦调研和科学论证，《意见》代拟工作得到中共中央办公厅和国务院认可，文件顺利推出标志着全面推行林长制工作在全国取得关键性、决定性进展。二是制订完善国家林草局实施方案。按照《意见》要求，严格制订指导性实施方案，强化目标任务、督查考核等顶层设计落实落地。三是加强成果宣传运用。跟踪调研、总结提炼地方试点典型做法和先进经验，编发6期林长制工作主题简报，配合央视、《中国林业》《中国绿色时报》等媒体，加强林长制改革经验成效宣传。四是加强试点推广指导。为筑牢中央出台决策意见基础，对已建立林长制的18个省（区市）加强调研指导，在山东、重庆、贵州、山西、海南5个省（市）全域推行林长制，截至2020年底，全国已有23个省（区、市）试点实施林长制。

完成国有林区改革　一是高位推动改革任务落实。中组部、中编办下发文件，理顺国有林区森林资源管理体制。国家林草局局长关志鸥和副局长李树铭7次听取改革汇报，4次带队赴林区调研督导，资源司组织力量4次赴林区调研推动，牵头成立国有林区改革（大兴安岭林业集团公司改革）工作专班工作，努力确保各项改革任务落地见效。二是做好成果验收总结。为保证高质量完成改革工作，李树铭亲自动员部署验收工作，会同相关部委成立3个工作组，深入黑龙江、吉林、内蒙古3个省（区），随机抽取21个林业局和有关地方政府进行现场验收，向3个省（区）政府通报验收结果。完成《国有林区改革总结报告》起草，按程序上报中央。

深化"放管服"改革　一是改进优化服务程序。落实国务院"放管服"工作要求，发布国家林业和草原局2020年第5号公告，取消在森林和野生动物类型国家级自然保护区修筑设施行政许可事项中保护管理补偿协议等3项申报材料，减少行政被许可人提交的材料，进一步便捷高效提供审批服务。二是下放许可审批职权。经党组会审议通过，将建设项目使用林地行政许可事项的审核权限委托省级林草主管部门执行，结合工作实际，有效释放地方发展活力。三是做好采伐限额改革指导。严格落实新《森林法》要求，全面完成"十四五"采伐限额审批改革，及时做好省级"十四五"期间年采伐限额意见回复，有力指导各地合理规范开展工作。

开展"十四五"年森林采伐限额编制工作　一是夯实采伐限额编制基础。从2018年起，部署全国和重点林区以科学编制森林经营方案为基础，迅速启动"十四五"限额编制工作；2019年，基于第九次全国森林资源清查和规划设计调查成果，对各省及重点林区的合理年伐量进行测算，为"十四五"限额编制提供总量控制依据。二是加强地方的结果审核和意见反馈。组织专门力量研究审核各省2020年提报的编限成果，及时印发《关于"十四五"期间年森林采伐限额的复函》，向全国31个省级林业主管部门和新疆生产建设兵团回复对编制"十四五"期间年采伐限额结果的审核意见。三是组织编制重点林区"十四五"限额。按森林经营方案核定的合理年伐量、测算总量和森林经营需求等，对重点林区进行综合分析，形成初步限额编制成果，经专家论证、部门征求意见、局党组会和部长专题会审议，已报送国务院。

全国森林经营管理　一是启动森林经营试点工作。先后在73个单位正式设立全国森林经营试点，并举办2期森林可持续经营能力建设培训班，培训干部和专业技术人员168人，进一步强化森林经营管理的探索创新。二是推进经验成果转化。组织召开5次专家评审会，科学论证2019年编制完成的东北内蒙古重点国有林区87个森工企业局森林经营方案，积极加强成果论证和实践应用，夯实重点国有林区森林经营基础。三是加强专业指导。从教学科研、设计管理等单位聘请42名专家，成立以张守攻院士为组长的全国森林经营专家组，对全国森林经理、森林生态、森林培育等工作加强针对性专业指导。

落实森林资源管理"一张图"年度更新工作　"一张

图"年度更新采用遥感与现地调查、档案核实等方法，将林地和森林变化地块及时更新到森林资源管理图和数据库中。一是积极探索工作新模式。为克服疫情影响，主动思考，创新采取网络模式，开展遥感判读，及时将判读图斑传输到地方应用；实施线上培训，推动地方及时启动工作；举办远程专家研讨会，有效解决相关技术问题；积极推进国家森林资源智慧管理平台和分中心建设，进一步优化业务功能、提高工作效率。二是构建林业生态建设基础底图。高质量完成2020年森林资源管理图年度更新数据库验收工作，更新成果作为林业生态建设基础底图，有力支撑林草生态网络感知系统建设，进一步加强森林资源保护、经营、规划和监督管理。

加强黄河流域林草资源综合监测 牵头组织成立由副局长李树铭领导、西北院为主体、12个单位共同参加的林草局首个工作专班，统一分类标准，补充遥感监测，整合分析数据，高质量实施黄河流域林草资源及生态状况综合监测，集中攻关2个月形成《黄河流域林草资源及生态状况监测报告》和监测方案，及时为黄河流域林草生态保护规划编制和政策决策制定提供重要指导和支撑。

促进部局融合发展 一是重点加强森林资源调查工作的部局融合。与自然资源部调查司积极对接，共同组织开展2020年森林资源调查工作，主动对接国土三调成果，研究衔接办法，进一步深化调查成果运用。二是加强空间规划部局合作。与自然资源部空间规划局研究土地分类标准，探讨国土空间规划与林地保护利用规划衔接、生态保护红线与森林资源保护管理衔接等思路，以黄河流域为重点提出林地空间需求。　　（郑思洁）

【保护森林资源，提升综合治理效能】

依法依规审核审批使用林地和在国家级自然保护区建设的项目 按照"1+N"专班工作要求，自9月1日起，配合国家林草局办公室统一受理、集中办理行政许可事项；积极做好全国建设项目使用林地审核审批系统与内网网上审批对接，实现系统数据共享，有效提升审批服务效能。2020年，国家林草局接到申报材料1378项，其中，审核审批使用林地及在国家级自然保护区建设的项目873项（包含在国家级自然保护区实验区内修筑设施项目173项），面积6.32万公顷，收取森林植被恢复费108.16亿元；办理变更项目39项，延续项目328项，补正项目165项，不予受理项目22项；组织专家论证会15次；组织开展行政许可"双随机、一公开"监督检查，共检查2016~2019年国家林草局审核审批建设项目172个，查出31个项目存在违法违规使用林地情况，面积209.1公顷。

森林督查 一是坚持规范管理。制订印发《森林督查暨森林资源管理"一张图"年度更新技术规定（暂行）》和《2020年森林督查复核办法（试行）》，统筹各省上报森林督查矢量数据库，优化图、表数据衔接，有效发挥森林督查品牌效应。二是强化成果运用。为进一步压实地方政府主体责任，通过全国通报、挂牌督办、警示约谈、现地督导、媒体曝光、区域限批等举措，强化森林督查成果运用，有力发挥"利剑"震慑力。2020年，国家林草局挂牌督办11个破坏森林资源问题严重的地区和单位，及时函告所属省人民政府；召开警示约谈会，约谈主要负责人，并以适当方式及时向新华社、《人民日报》等媒体通报情况；副局长李树铭和资源司领导分别带队，会同专员办、直属院赴山西等10个省（区）开展现地督导。11个地区和单位共追责问责540人。2020年度森林督查初步汇总成果显示，全国下发疑似变化图斑较2019年下降20%；各省自查上报非法占林地项目数下降30%，面积下降25%；无证采伐图斑下降16%，蓄积量下降30%，连续两年"四下降"。

案件督查督办 全年组织督查督办各类林政案件244件，下发查办通知177份，切实提高森林督查督办的影响力、震慑力。一是重点挂牌督办大案、要案。重点挂牌督办贵州赤水房地产违法占地、海南儋州毁林开垦、四川攀枝花风电违法占地3起重大破坏森林资源案件，目前已基本完成整改。重点组织督查督办驻部纪检组、内部材料反映问题线索4件，以及辽宁本溪富民公司毁林采矿案、黑龙江"曹园"案件后期处理。二是注重监控舆情。注重从电视、互联网等公共媒体、自媒体、领导交办、转交等多种渠道掌握破坏森林资源问题线索，全年共督查督办网络舆情、群众信访等反映问题案件29件，及时回应社会关切。

参与专项行动 认真贯彻落实习近平总书记等中央领导指示批示要求，牵头国家林草局参与落实4项全国性专项行动。一是抓好违建别墅清理整治。以局办文印发《关于进一步推进违建别墅清查整治涉林草领域专项行动实施方案》，组织参与现地督导、明查暗访、实地联合调研督查，副局长李树铭亲自带队赴广东进行重点督导。二是抓好高尔夫球场清理整治。与国家发展改革委员会、自然资源部等11个部门联合印发《关于持续深入开展2020年高尔夫球场清理整治"回头看"工作的通知》，向韩正副总理专题报告有关情况，联合公布2019年全国高尔夫球场清理整治结果，牵头协调核实大连金石高尔夫球场有关问题。三是抓好违建墓地专项整治。会同民政部等10个部门联合印发《违建墓地专项整治成果巩固提升行动方案》，开展专项摸排调研工作，截至2020年底，相关工作已取得阶段性成效。四是抓好全国扫黑除恶专项行动。以局办文印发《扫黑除恶专项斗争涉林草领域专项整治工作方案》，组织全国林草系统移交涉黑线索109条，提报展品作品33件，处理涉及林草领域的"三书一函"310件，督促各地整改270件，整改完成率达87%。

专项整治重点领域违法问题 针对毁林种参、毁林造地等热点、焦点问题，组织专项排查整治。一是重点督导黑龙江省打击毁林种参问题。及时下发通知，要求黑龙江专员办、黑龙江省林草局全面梳理排查毁林种参问题，据此，黑龙江省人民政府召开全省会议，部署开展为期8个月的专项行动，全面排查2010年以来的毁林种参问题，共发现疑似毁林种参图斑6021块，面积27 151公顷，已逐块开展现地核查，建立台账。二是重点督导浙江省打击毁林造地问题。结合中央环保督查反映重大问题线索，要求浙江省林业局在全省组织开展毁林开垦问题排查，并按自然资源部部长陆昊、国家林草局局长关志鸥、副局长李树铭等领导指示批示精神，专题分析全国土地毁林造地情况，进一步摸清底数、强化整改。三是严肃纠正违法违规政策文件。责成贵阳、广州专员办紧盯湖南、海南2省，督办纠正出台政策违反《森林法》问题，目前，相关文件已经废止。

（郑思洁）

【完善监管体制机制，支撑生态文明建设】

助力防疫情、保民生、促发展 深入贯彻党中央关于统筹推进新冠肺炎疫情防控和扎实做好"六稳六保"（稳就业、稳金融、稳外贸、稳外资、稳投资、稳预期，保居民就业、保基本民生、保市场主体、保粮食能源安全、保产业链供应链稳定、保基层运转）工作要求，修改《建设项目使用林地审核审批管理规范（征求意见稿）》，研究制定直接为林业生产服务工程设施占用林地标准；下发新一轮林地保护利用规划编制工作方案和技术方案，部署指导各级林草部门开展工作，积极为疫情防控、脱贫攻坚、稳定生猪生产等项目使用林地提供支持保障。

健全重点国有林区森林资源管理体系 为贯彻落实《中央组织部 中央编办关于健全重点国有林区森林资源管理体制有关事项的通知》文件精神，与自然资源部等部门联合印发《国有森林资源资产有偿使用制度改革方案》，配合自然资源部完成《全民所有自然资源所有权委托代理试点方案》起草和上报中央深改委等相关工作；在内蒙古重点林区，配合自然资源部部署开展国务院确定的国家重点林区5个林业局统一确权登记试点工作，推动重点国有林区森林资源所有权的落实。

创新森林资源保护发展考核评价机制 经认真测算，提出森林蓄积量自主贡献目标建议方案，被中央采纳，并由习近平总书记在全球气候雄心峰会上正式宣布，进一步凸显森林资源保护发展在应对气候变化中的特殊地位。结合林长制改革，研究起草《森林资源保护发展考核评价办法》和《森林资源保护发展考核评价指标体系和评价方案》，有效发挥"指挥棒"的引领作用。严格落实《自然资源调查监测体系构建总体方案》，研究优化森林资源监测体系，编制《国家森林资源年度监测评价方案》，在北京、浙江、广西、重庆4个省（区、市）开展试点，进一步强化考核评价和林业生态建设基础支撑作用。

提升林木采伐智慧监管能力 指导浙江省开展林木采伐数字化服务和监管平台建设试点，开发全国林木采伐手机APP，新增采伐在线申请模块、林农个人申请采伐告知承诺审批、林木采伐申请"黑名单"和采伐许可证二维码信息查询等功能，推动全国林木采伐信息化应用水平不断提高。自2020年12月1日起，指导相关各省启用新版林木采伐管理系统，施行"互联网+采伐管理"工作模式，对现行《林木采伐许可证》内容进行调整完善，加快构建集申请、受理、查询和发证等内容于一体的采伐管理政务服务体系，进一步强化便民服务举措，提升采伐审批效能。将东北内蒙古重点国有林区林木采伐管理系统纳入全国一体化在线政务服务平台，成功实现数据共享、同步、交换。

强化国家级公益林规范化监管 顺利完成2019年度国家级公益林监测评价汇总工作，确定全国国家级公益林1.13亿公顷，2019年国家级公益林生态服务价值达65 894亿元，占当年全国国内生产总值（GDP）的6.7%。及时开展2020年度监测评价，掌握国家级公益林动态变化，特别是结合森林资源管理"一张图"年度更新，核实国家级公益林调出补进情况，坚决杜绝不经审批擅自调整国家级公益林行为，进一步强化各地按《国家级公益林区划界定办法》和《国家级公益林管理办法》规范管理国家级公益林的意识，有力提升国家级公益林规范化动态管理能力。

（郑思洁）

森林资源监测

【提升监测评价能力】

黄河流域林草资源及生态状况综合监测 深入贯彻落实习近平总书记在黄河流域生态保护和高质量发展座谈会上的重要讲话精神，按照局党组要求，采用"1+N"专班工作模式，成立由副局长李树铭为组长、资源司和规财司牵头协调、相关司局单位共同参与、西北院为主承担任务的工作专班，深入开展黄河流域林草资源及生态状况监测，进一步摸清黄河流域林草资源本底和生态状况，有力支撑流域综合治理、系统治理。

以黄河流域生态保护和高质量发展规划纲要448个县130.6万平方千米为监测范围，深入剖析流域有关生态问题，产出植被综合覆盖和数量、质量、结构、功能等本底数据，形成《黄河流域林草资源及生态状况监测报告》。这是对森林、草原、湿地、沙化土地、野生动植物、自然保护地等"综合监测"的首次实践，监测成果顺利通过以院士为主要成员的专家组论证，及时为黄河流域林草生态保护规划编制、制定政策和决策提供了重要的指导和依据。

从监测报告结果显示，黄河流域生态保护修复和治理成效显著。一是植被覆盖状况总体良好。黄河流域植被综合覆盖度51.33%（上游40.78%、中游69.09%、下游67.39%）。流域森林和草原年固碳量7725.80万吨，年释氧量19 509.85万吨；年涵养水源量709.85亿立方米，年固土量58.01亿吨。二是中游森林覆盖率相对高。流域森林面积2114.40万公顷，蓄积量11.08亿立方米，森林覆盖率16.18%。其中，中游的森林覆盖率32.63%，水土保持作用较为明显。三是上游的草原分布较广。流域草原面积6213.69万公顷，占流域国土面积的47.56%，草原综合植被盖度52.90%。上游草原面积占流域草原面积的84.29%，水源涵养功能显著。四是上游的湿地面积较大。流域湿地面积740.62万公顷，占流域国土面积的5.67%，上游湿地面积占84.15%；已纳入保护地体系的湿地面积占流域湿地面积的57.31%，受保护状况良好。五是土地沙化程度减轻。

流域沙化土地面积2242.30万公顷，占流域国土面积的17.16%。植被覆盖度30%以上的沙化土地面积占50.70%，沙化状况趋于稳定。六是生态系统得到有效保护。流域各类自然保护地965处，其中国家级自然保护区65处，面积1024.70万公顷。国家级和省级保护植物共203种，重点保护动物共计630种。但流域生态系统总体状况依然脆弱的问题也不容忽视，上游天然草地和沼泽生态系统退化，中游水土流失，下游自然湿地萎缩等仍较突出，林草资源总体质量不高、整体功能不强的问题依然制约着整个流域的高质量发展。

国家森林资源年度监测评价试点 为满足新时期生态文明建设和林业高质量发展要求，履行森林资源监测评价职能，更好支撑森林资源保护发展和保护发展森林资源目标责任制考核等工作，在《自然资源调查监测体系构建总体方案》框架下，研究优化森林资源监测评价体系，制订《国家森林资源年度监测评价试点工作方案》《国家森林资源年度监测评价方案》，并通过专家论证。国家林草局办公室印发《关于开展森林资源年度监测评价试点工作的通知》，在北京、浙江、广西、重庆4个省份设立年度监测试点。

森林资源管理"一张图"年度更新 综合运用遥感、空间信息和互联网技术，结合现地调查、档案核实等方法，将全国林地和森林年度变化地块更新到森林资源管理图和数据库中。坚决克服疫情影响，创新采取网络模式，开展遥感判读、数据传送、在线培训和远程专家研讨等。研究修订森林资源管理"一张图"年度更新技术规定，完善《2020年森林督查暨森林资源管理"一张图"年度更新工作方案》，印发《国家林业和草原局关于开展2020年森林督查暨森林资源管理"一张图"年度更新工作的通知》。统筹开展森林督查及森林资源管理"一张图"年度更新、国家级公益林监测等工作，实现"一套遥感数据、一次判读区划、一次验证核实、一次现地复核"一体化协调推进，进一步提高效率、减轻负担。全面落实森林资源二类调查、国家级公益林区划落界成果与森林资源管理"一张图"整合，有力推动国家与地方森林资源"一张图"管理、"一套数"评价、"一个体系"监测的进程。

组织局6个直属院完成全国3139个县级单位判读工作，发现森林和林地变化图斑60.67万个，判读图斑面积95.47万公顷。完成覆盖全国的遥感数据采集与处理，处理遥感影像数据共1.58万景，涉及遥感影像面积合计2522万平方千米，全国遥感影像数据覆盖率为98.49%，有效覆盖面积945万平方千米。一年来，各省、市、县级林业和草原主管部门及其林业调查监测队伍共投入调查人员2.8万余人，完成36个省级单位（含森工、新疆兵团）、3208个县级单位（包含国有林场、林业局）的年度更新任务。

【提高国家级公益林监管水平】 落实新《森林法》规定，研究修订《森林法实施条例》中国家级公益林相关条款，健全完善国家级公益林管理法规制度。突出国家级公益林在森林资源保护管理工作中的重要地位，进一步加强规范管理，确保国家级公益林的规模稳定和质量提升。创新采用技术审查、遥感判读、现地核实等方式，强化国家级公益林年度变化的审核管理，各省国家级公益林区划落界成果与森林资源管理"一张图"融合工作基本完成，进一步夯实森林资源管理基础。

实施2020年度监测评价，掌握国家级公益林动态变化，特别是结合森林资源管理图年度更新，核实国家级公益林调出补进审批情况，禁止不经审批擅自调整国家级公益林行为，强化各地按照《国家级公益林区划界定办法》和《国家级公益林管理办法》管理国家级公益林的意识，有力推动国家级公益林规范化动态管理。监测结果显示，全国国家级公益林总面积1.14亿公顷，规模保持稳定；根据2019年度国家级公益林监测评价，生态服务价值达65 894亿元，相当于当年全国国内生产总值的6.7%；监测中发现的违法违规地块，已移交森林督查体系处置。

【拓展国家森林资源智慧管理平台功能】 国家林草局持续推进国家森林资源智慧管理平台和数据分中心建设，优化业务功能，改进数据管理，强化信息安全，包括2020年在内已建成的5期森林资源管理"一张图"更新数据年度更新成果已成为林业、草原和国家公园为主体的自然保护地体系发展的基本底图，为林草生态网络感知系统建设起到重要支撑作用。平台采取"1个平台+N个业务应用"模式，镶嵌式运用遥感、大数据、互联网等现代高新技术，不断研发扩展业务功能，在森林监测、森林监管、国家级公益林、东北内蒙古重点国有林区等原业务系统基础上，增设专项行动、林长制、生态护林员等多个模块，配合推进造林绿化等任务落地上图，有力服务支撑森林草原防火和林草有害生物防治等业务开展。结合地方需求，前置管理平台服务，共享使用有关资源数据和业务功能，为建设林草大数据和提升林草系统治理能力水平打下了重要的信息化基础。

（森林资源监测由韩爱惠、红玉、李领寰供稿）

森林经营

【全国森林经营试点工作】 根据全国森林资源管理工作会议精神和《国家林业和草原局关于全面加强森林经营工作的意见》要求，启动森林经营试点实施工作。2020年4月24日，印发《国家林业和草原局办公室关于开展全国森林经营试点示范单位推荐申报的通知》，要求各地推荐上报基础好、积极性高、有代表性的试点单位。根据自然条件、森林类型、所有制类型、经济发展水平、森林经营管理工作基础等，对各地推荐情况进行分析梳理。7月31日，印发《国家林业和草原局办公室关于开展全国森林经营试点工作的通知》，确定在全国

73个单位开展全国森林经营试点工作。根据该通知要求，各试点单位在科技支撑团队的指导下，按照"集中连片、规模经营"原则，结合本单位森林经营方案，合理规划以人工林为主、涉及少量天然林的作业区域和面积，科学编制2020年和2021年2个年度的实施方案，经省级主管部门组织专家评审后上报国家林草局审核。审核通过后，10月28日印发《国家林业和草原局办公室关于同意全国森林经营试点单位2020和2021年度森林经营实施方案的通知》，批准北京西山试验林场等73个全国森林经营试点单位编制的2020年和2021年森林经营年度实施方案，要求各试点单位严格按照批准的年度实施方案组织森林经营活动，允许在遵循可持续经营原则的前提下，突破现有技术规程，科学开展森林抚育经营实践，及时归纳总结好的做法，为探索建立具有中国特色的森林可持续经营机制和模式树立模范典型，积累可借鉴推广的先进经验。　　　　（崔武社　王雪军）

【全国森林经营方案制度体系建设】　一是组织召开5次小型专家评审会，对2019年完成的东北内蒙古重点国有林区87个森工企业局编制完成的森林经营方案成果进行论证，初步理清成果质量，为进一步修改完善方案及下一步的批复工作提供科学依据。二是通过专题调研，总结重点林区森林经营方案开展的2年试点实施工作，为下一步在重点林区率先全面推进森林经营方案执行机制提供实践依据。三是各地按照新《森林法》要求，结合"十四五"采伐限额编制工作，积极推进辖区森林经营方案编制与实施。四是成立全国森林经营工作专家组。7月4日，印发《国家林业和草原局办公室关于成立国家林业和草原局森林经营工作专家组的通知》，从科研、教学、管理、设计等单位，选择42名森林经理、森林生态、森林培育等领域专家，成立以张守攻院士为组长的全国森林经营专家组。各位专家以不同的方式积极参与各地森林经营方案编制、森林经营试点工作计划制订等工作，进一步推进全国森林经营工作科学化、规范化实施。五是11月2~6日、11月16~20日分别在哈尔滨、杭州举办两期森林可持续经营能力建设培训班，对来自全国73个森林经营试点单位及各省（区、市）森林经营工作管理部门和省级林业规划设计单位相关人员开展培训。六是积极推进蒙特利尔进程履约、中芬森林可持续经营示范基地建设、联合国粮农组织2020年全球森林资源评估等工作。　　（崔武社　王雪军）

【森林抚育成效监测评估】　启动实施2019年度森林抚育国家级监测评估工作。7月8日，印发《关于上报2019年度中央财政森林抚育补贴任务工作总结的通知》；9月11日，完成《2019年度中央财政森林抚育成效监测评估工作方案》编制，印发《关于开展2019年度中央财政补贴森林抚育监测评估的通知》，梳理总结各地上报的2019年度中央财政补贴森林抚育工作；2020年10月15日至12月30日，组织国家林草局规划院完成对10个省级单位、30个县级抽查单位、569个森林抚育小班开展外业监测评估，形成全国森林抚育成效监测汇总报告。　　　　　（崔武社　王雪军）

【做好建设项目使用林地工作】　为深入贯彻落实党中央统筹推进新冠肺炎疫情防控和经济社会发展工作部署，进一步做好建设项目使用林地支持保障工作，国家林业和草原局印发《关于统筹推进新冠肺炎疫情防控和经济社会发展做好建设项目使用林地工作的通知》。该通知提出对疫情防控建设项目，国家、省（区、市）重点建设项目，脱贫攻坚项目等允许先行使用林地的支持措施，要求各级林业和草原主管部门做好服务保障和监督管理工作。　　　　　　　　　（赵倩倩）

采伐管理

【全国"十三五"采伐限额执行情况】　2020年全国"十三五"期间年森林采伐限额执行期满，各省级林业和草原（森工）主管部门严格按照原国家林业局相关文件要求，上报本省（区、市）"十三五"期间各年度采伐限额执行情况。汇总统计2016~2020年全国相关数据显示，年凭证采伐量分别为8441.89万立方米、8857.29万立方米、9654.61万立方米、10 756.65万立方米和10 257.56万立方米，均未突破国务院批复的森林采伐限额总量。从分项限额使用情况看，南方集体林区的主伐、其他采伐限额使用率较高，北方地区更新采伐和低产低效林改造限额使用较多。

　　国家林草局坚决贯彻党中央、国务院加强天然林保护、全面停止天然林商业性采伐的要求，严格执行森林采伐限额和凭证采伐制度，狠抓"十三五"森林采伐限额编制和实施，全面停止天然林商业性采伐。对所有天然林均未核定以取材为目的的主伐采伐限额，仅核定了以保育森林为目的的中幼林抚育采伐、退化林分更新改造等非商业性采伐限额。全国"十三五"期间年森林采伐限额为25 403.6万立方米，较"十二五"期间减少3391.3万立方米。在国务院批复的森林采伐限额范围内，依法推进凭证采伐和凭证运输制度，协助指导各地积极应对和处置因森林火灾、有害生物防治等严重自然灾害以及涉及重大公共安全所需林木除治、清理采伐事宜，进一步强化各地采伐管理的监督指导。
　　　　　　　　　　　　　　　（张　敏　黄　发）

【组织编制"十四五"期间年采伐限额】　为贯彻全面保护天然林的重大决策部署，满足森林可持续经营和高质量发展的需要，进一步增强对重大自然灾害和公共安全等应急采伐的应对能力，各地按照《"十四五"期间年采伐限额编制工作方案》有关要求，依据森林资源基础数据、技术参数，科学测算主伐、更新采伐、抚育采伐、低产（效）林改造、其他采伐等分项限额，合理编制处理突发自然灾害、影响公共安全等特殊情形的省级不可预见性采伐限额。根据《森林法》有关规定，各省及时上报汇总平衡的"十四五"采伐限额，国家林草局系统梳理各省(区、市)和新疆生产建设兵团共32个省级单位的编限成果，分送有关专家研提意见，参照第九次全国森林资源连续清查数据分省测算采伐限额结果，形成国家林草局对各地"十四五"期间年采伐限额总控数量范围。经再次与各省开展视频、电话、座谈等形式的沟通反馈，最终确定各省级单位的"十四五"采伐限额总量。11月16日，以局函回复各省级单位采伐限额、分项限额和不可预见性限额的数量，并要求其将采伐限额分解落实到各编限单位，尽快报省级人民政府批准，及时按程序上报国务院备案。　　　　（王鹤智　李　彪）

【编制完成重点林区"十四五"采伐限额】　2018年，国家林草局正式启动重点林区"十四五"限额编制工作，组织各森工(林业)集团根据最新森林资源规划设计调查结果，科学编制森林经营方案，并按照"十四五"编限方案的要求，基于第九次连清数据和森林资源规划设计调查数据，测算合理年伐量。2020年，国家林草局协调沟通各编限单位，综合分析按森林经营方案核定的合理年伐量、宏观测算总量和各编制单位森林经营计划任务及实际需求等，经汇总平衡，提出重点林区各林业局(林场、经营所)的采伐限额建议指标，形成限额编制成果。10月27日，来自中国科学院、中国工程院、中国林科院、北京林业大学、国家发改委、自然资源部、国家林草局的11名院士、专家共同论证限额编制成果，建议进一步修改后按程序报批。12月14日，国家林草局上报《关于重点林区"十四五"期间年采伐限额的请示》，报国务院批准公布实施重点林区"十四五"期间年采伐限额。　　　　　　　　　（吴咏臻）

【重点林区林木采伐许可证核发及监管】　国家林草局委托内蒙古、长春、黑龙江和大兴安岭4个专员办负责东北、内蒙古重点林区林木采伐许可证的核发工作。按照行政审批项目管理和"谁发证、谁抽查，谁审查、谁检查，谁申请、谁负责"的林木采伐管理要求，年内，4个专员办向内蒙古森工集团、吉林(长白山)森工集团、黑龙江(伊春)森工集团和大兴安岭林业集团核发采伐许可证30 814份。按照"双随机、一公开"检查的相关要求，4个专员办完成6个森工(林业)集团的82个林业局538个伐区作业小班的抽查工作，合计面积4677.76公顷，伐区验收率99.25%、伐区凭证采伐率99.84%、采伐作业质量合格率95.23%。抽查结果显示，重点林区采伐作业质量总体良好，未发现无证采伐、越界采伐、严重超采及严重浪费资源等违法违规现象。　　　　　　　　　　　　（王鹤智　李　彪）

【采伐和运输系统正常稳定运行】　因《森林法》取消木材运输证制度，"全国木材运输管理系统"也于2020年7月1日正式停止运行。截至6月底，"全国木材运输管理系统"共办理木材运输证100.65万份，运输木材1814.79万立方米、竹材1152.71万株。使用"全国林木采伐管理系统"的23个省(区、市)，2020年累计核发林木采伐许可证140.68万份，蓄积量10 695.47万立方米，其中公益林737.48万立方米，商品林9957.99万立方米。总体来看，全国林木采伐运输管理贯彻落实情况良好。　　　　　　　　　（张　敏　王鹤智）

【完成采伐系统升级和垂管系统对接】　为推动林木采伐"放管服"改革，强化便民服务举措，切实解决"办证难、办证繁、办证慢"等问题，国家林草局积极推进"互联网+采伐管理"模式，逐步开通林木采伐手机应用软件和网络在线申请功能，实现林农"足不出户"即可办理，对林农个人申请不超过15立方米人工商品林蓄积采伐，精简或取消伐前查验等程序，实行告知承诺方式审批。10月，国家林草局印发《国家林业和草原局办公室关于启动新版全国林木采伐管理系统和采伐许可证的通知》，调整升级全国林木采伐管理系统，增加网络在线申请模块、林农个人申请采伐人工商品林告知承诺审批、林木采伐申请"黑名单"及采伐许可证二维码信息查询等功能，积极推进全国林木采伐手机应用软件的研发进度，逐步优化林木采伐管理方式，提高采伐许可证核发效率，完善采伐申请便民利民举措。

作为国家林草局唯一的垂直管理平台，东北内蒙古重点国有林区林木采伐管理系统顺利完成与国务院政务服务平台对接。7月，实现采伐许可证核发"好、差评"管理，适时向全国一体化政务服务平台好差评系统推送数据信息。　　　　　　　　（张　敏　王鹤智）

【制定林木采伐移植管理政策】　按照《森林法》有关规定，国家林草局调度各地采挖移植有关管理办法，组织专家进行专项研讨，起草完成《关于规范林木采挖移植管理的通知》。根据制定的规范性文件有关要求，并按各司局(单位)、各省(区、市)林业和草原主管部门及社会公开征求的意见建议进行修改完善，按程序上报审批，及时公布实施。　　　　　　（吴咏臻）

林 地 管 理

【《关于统筹推进新冠肺炎疫情防控和经济社会发展做好建设项目使用林地工作的通知》】 为深入贯彻落实党中央统筹推进新冠肺炎疫情防控和经济社会发展工作部署,做好建设项目使用林地支持保障工作,国家林草局下发《关于统筹推进新冠肺炎疫情防控和经济社会发展做好建设项目使用林地工作的通知》(以下简称《通知》)。《通知》要求,全力做好疫情防控期间建设项目使用林地审核审批和疫情过后加快国家经济建设,研究提出对疫情防控建设项目,国家、省(区、市)重点建设项目,脱贫攻坚项目允许先行使用林地的支持措施,并要求各级林业和草原主管部门做好服务保障和监管工作。

(赵倩倩)

【2020年度建设项目使用林地及在森林和野生动物类型国家级自然保护区建设行政许可被许可人监督检查】 为落实《行政许可法》有关规定,根据《国家林业和草原局建设项目使用林地及在国家级自然保护区建设行政许可随机抽查工作细则》,2020年,国家林业和草原局组织15个专员办开展国家林草局建设项目使用林地及在森林和野生动物类型国家级自然保护区建设行政许可被许可人监督检查工作。经统计,监督检查工作共投入检查人员240名,检查国家林草局审核同意或批准的使用林地及在国家级自然保护区建设的项目172个,涉及县级单位206个。

检查的172个使用林地建设项目中,实际使用林地面积1.05万公顷,其中,141项依法使用林地;31项存在超审核(批)范围使用、异地使用等问题,违法使用林地面积208.46公顷;有31项附属设施或辅助工程违法使用林地面积81.41公顷。

检查结果表明,多数主体工程能够按照行政许可规定的地点、面积、用途、期限等依法依规使用林地及在国家级自然保护区建设,但也发现一些建设项目不同程度存在超审核(批)使用、异地使用林地等问题。部分建设项目附属设施或辅助工程也不同程度存在违法违规使用林地情况。各专员办对已查出的违法违规使用林地项目及时进行督查整改,大部分项目已整改到位。

(胡长茹)

【2020年全国建设项目使用林地审核审批情况】 2020年,全国(不含台湾省,下同)共审核使用林地项目36 485个,审核同意面积170 272.75公顷;批准临时占用林地和直接为林业生产服务的工程设施使用林地项目22 037个,批准面积66 570.11公顷;征收森林植被恢复费380.82亿元。其中,国家林草局审核使用林地项目723个,审核同意面积63 617.21公顷,征收森林植被恢复费109.33亿元。各省(区、市)和新疆生产建设兵团林业和草原主管部门审核使用林地项目35 762个,审核同意面积106 655.54公顷;批准临时占用林地和直接为林业生产服务的工程设施使用林地项目22 037项,批准面积66 570.12公顷;征收森林植被恢复费271.49亿元。国家林业和草原局审批在森林和野生动物类型国家级自然保护区实验区修筑设施项目154个。

表5-1 2020年度国家林业和草原局审核建设项目使用林地情况统计表

省(区、市)、集团、兵团	审核使用林地		
	项目数(个)	面积(公顷)	森林植被恢复费(万元)
全国总计	723	63 617.21	1 093 329.07
北 京	11	271.33	91 431.03
天 津	—	—	—
河 北	13	1379.39	15 542.14
山 西	16	1753.65	21 254.51
内蒙古	71	5883.56	102 178.35
辽 宁	7	417.98	11 028.63
吉 林	56	1222.63	22 299.38
黑龙江	22	370.7	8500.15
上 海	1	13.09	588.9
江 苏	9	582.76	8168.78
浙 江	12	979.37	25 991.55
安 徽	8	611.06	11 433.84
福 建	8	1378.9	27 311.25
江 西	27	3371.64	45 804.06
山 东	32	3713.67	60 583.72
河 南	24	2080.03	26 178.02
湖 北	13	1083.38	17 769.38
湖 南	21	2900.46	39 916.93
广 东	38	3531.04	91 972.8
广 西	61	9277.75	105 136.84
海 南	2	310.79	5184.56
重 庆	27	2668.21	81 056.11
四 川	32	3045.93	41 475.64
贵 州	21	1691	31 541.26
云 南	27	5818.51	60 335.36
西 藏	25	2064.61	24 712.52
陕 西	33	2069.45	47 758.24
甘 肃	22	1097.73	13 112.45
青 海	12	584.28	8018.6
宁 夏	6	1322.26	14 436.81
新 疆	20	1137.04	23 062.01
新疆兵团	22	758.72	5121.15
内蒙古森工	12	68.5	1636.98
大兴安岭	12	157.78	2787.13

表 5-2　2020年度各省（区、市）和新疆生产建设兵团审核审批建设项目使用林地情况统计表

省（区、市）、兵团	审核使用林地			审批临时占用林地			审批直接为林业生产服务使用林地	
	项目数（个）	面积（公顷）	森林植被恢复费（万元）	项目数（个）	面积（公顷）	森林植被恢复费（万元）	项目数（个）	面积（公顷）
总　计	35 762	106 655.54	2 018 601.77	10 587	48 749.28	696 300.51	11 450	17 820.84
北　京	185	357.4	108 515.47	150	399.39	103 862.16	169	111.95
天　津	61	108.57	685.59	26	52.14	656.34	—	—
河　北	302	1074.94	13 507.56	140	1954.2	10 004.46	48	168.23
山　西	284	1598.18	17 173.56	270	2286.15	18 341.55	108	341.53
内蒙古	913	3988.02	50 897.82	465	2995.68	24 500.53	196	1522.25
辽　宁	400	1374.34	16 760.8	90	951.84	9024.03	12	45.83
吉　林	487	990.16	23 400.28	91	339.6	5366.31	93	289.17
黑龙江	280	858.54	17 277.31	233	649.44	8717.86	68	229.75
上　海	—	—	—	—	—	—	—	—
江　苏	336	1003.95	14 744.77	34	241.96	4494.36	28	19.48
浙　江	3787	4793.92	108 593.88	569	998.87	18 172.57	1255	841.27
安　徽	1135	3430.23	70 131.79	182	442.29	6455.59	324	158.34
福　建	2522	6055.79	148 608.28	307	552.96	12 820.67	400	213.53
江　西	1978	8375.57	131 161.18	967	2073.8	23 270.03	544	412.13
山　东	868	2758.35	43 310.54	145	668.27	88 264.55	110	214.95
河　南	510	2780.47	39 718.97	135	1470.02	14 551.35	20	26.02
湖　北	2423	6473.09	98 891.85	521	1107.65	12635	738	1530.53
湖　南	3792	7780.19	134 555.17	568	1669.91	19 856.83	526	475.51
广　东	2102	8950.02	198 365.4	416	2086.56	40 925.02	110	123.76
广　西	1497	9336.92	136 098.32	899	3337.64	44 513.31	1088	1821.77
海　南	—	—	—	2	19.94	232.89	—	—
重　庆	1622	6528.79	245 977.05	574	1296.45	34 312.92	2766	1975.26
四　川	2725	6887.61	126 992.1	1028	5017.88	33798	1690	2915.1
贵　州	1954	3645.99	57 450.2	336	4826.53	44 162.17	83	65.82
云　南	2089	8874.54	85 112.26	1151	5292.4	47 500.73	683	1967
西　藏	303	712.29	10 106.73	55	295.48	4496.09	1	0.2
陕　西	949	3673.91	65 345.29	62	1727.04	19 524.19	20	29.15
甘　肃	288	736.54	11 538.8	86	223.94	3091.66	47	66.37
青　海	142	277.66	5614.32	59	339.12	3261.89	23	19.22
宁　夏	378	747.52	10842.6	200	1117.5	13 832.25	10	13.29
新　疆	1136	2000.64	22 302.56	680	3766.99	20 935.51	76	643.59
新疆兵团	314	481.39	4921.32	102	421.06	3443.12	5	16.47
内蒙古森工	—	—	—	8	105.64	844.71	97	847.02
大兴安岭	—	—	—	36	20.93	431.9	112	716.34

（聂大仓）

森林资源监督与执法

【各派出机构案件督查督办】 经统计，2020年，15个专员办共督查督办案件3026起，办结2511起，办结率82.98%。行政或纪律处分等追责问责3155人次，刑事处罚480人。收回林地1.12万公顷，罚款2.27亿元，罚金7583万元。黑龙江专员办共督查督办各类林业案件473起，督办处理相关责任人813人。贵阳专员办、上海专员办督促一批久拖不决的案件，得到全面查处和有效整改。成都专员办在成都市挂牌督办50个破坏森林资源案件，涉嫌非法使用林地67公顷，非法采伐林木2272立方米；在成都市外，挂牌督办27个破坏森林资源案件，涉嫌非法使用林地269公顷。大兴安岭专员办现地复核森林督查移交的286个疑似图斑，督办林业集团自查案件132起，即时督办森林资源智慧管理平台移交的疑似破坏森林资源图斑56个，对2019年森林督查查出的13起毁林案件开展"回头看"。（靳爱仙）

【各派出机构创新监督机制】 各专员办进一步加大与驻地有关部门的联系协调，形成合力。黑龙江专员办与省林草局、森工集团、省检察院林区分院等部门密切配合，开展全省范围内的专项行动，严厉打击破坏林草资源违法犯罪行为，与监察机关联合出台《关于加强查办破坏森林资源违法犯罪案件协作配合的意见》，与纪检监察机关沟通配合，确保违规违纪人员责任追究到位。成都专员办会同西藏自治区政府在拉萨市召开森林督查整改工作座谈会，推动查处整改工作，整治效果十分明显。合肥专员办与安徽省纪检监察机关建立监督执纪执法工作协作机制，案件督办效果显著提升。乌鲁木齐专员办严格落实中办、国办《关于加强行政执法与刑事司法衔接工作的意见》，对涉嫌犯罪的问题线索要求林草主管部门依规向公安机关移交，对公安机关不受理、不立案的依规向检察机关提请立案监督。有效杜绝基层以罚代刑的现象。与此同时，各专员办充分发挥约谈机制的作用，扎实推进督办案件查处到位、问题整改到位、追责问责到位，切实增强地方政府领导保护发展森林资源的主体责任。经统计，15个专员办全年开展约谈119次343人，其中地市级干部39人，县处级干部165人，科级及以下人员139人。在督查督办案件工作中，各派出机构严格落实国家林草局的各项要求，坚持实效导向、突出大案要案、借助科技手段，有力打击各类违法违规行为，发挥了森林监督排头兵的作用。（靳爱仙）

【全国林业和草原行政案件统计分析情况】 2020年，全国共发现林草行政案件12.16万起，查结11.92万起，恢复林地12 087.14公顷、自然保护区或栖息地2.82公顷；没收木材3.26万立方米、种子0.11万千克、幼树或苗木318.92万株；没收野生动物10.29万只、野生植物4.11万株，收缴野生动物制品2977件、野生植物制品370件；案件处罚总金额16.94亿元；被处罚人数12.3万人次，责令补种树木1067.4万株。案件共造成损失林地13 807.76公顷、草原5943.81公顷，自然保护区或栖息地37.98公顷、沙地1.02公顷；损失林木15.75万立方米、竹子159.01万根、幼树或苗木2888.86万株、种子1909.65千克；损失野生动物6.94万只、野生植物42.76万株。

全国林草行政案件呈现以下特点：一是案件发现总量继续减少。2020年全国林草行政案件发现总量较2019年减少2.28万起，下降15.78%，是自1998年开展行政案件统计工作以来案件数量最少的一年。二是林地案件发现数量有所减少，但占比略有上升。违法使用林地案件数量较2019年下降14.38%，连续2年数量减少，但受全国案件数量总体下降因素影响，林地案件占全国案件总量的比例由2019年的34.97%小幅上升至2020年的35.55%。三是林木案件数量大幅下降。2020年全国共发现涉及林木案件3.61万起，较2019年减少2.16万起，下降37.44%，其中，非法运输木材案件减少1.07万起，占林木案件减少量的49.54%。四是野生动物案件数量和损失量均有所增加。2020年违反野生动物保护法规案件数量较2019年增加2151起，上升26.27%，案件共造成野生动物损失6.94万只，较2019年增加1743只，上升2.58%。（艾畅）

【举报林业行政案件受理情况】 森林资源行政案件稽查办公室共受理群众举报电话705个，其中，涉及林业行政违法行为类519个、政策咨询类186个。从行为主体看，涉及公民336个，占47.66%；法人181个，占25.67%；其他行为主体188个，占26.67%。从违法行为案件类型看，涉及滥伐林木案件228起，占43.93%；毁坏森林、林木案件135起，占26.01%；违法使用林地案件76起，占14.64%；盗伐林木案件69起，占13.29%；违反野生动物保护法规案件2起，违反野生植物保护管理法规案件2起，非法经营加工木材案件1起，违反森林防火法规案件1起，其他林业行政案件5起，均占总量的1%以下。

统计结果显示：一是举报电话受理数量大幅增加。2020年接听群众举报、咨询电话较2019年增加252个，上升55.63%。二是举报公民违法行为案件仍占首位，占30.92%，是涉林举报案件的主要组成部分。三是林木案件占比相对较大。2020年共受理举报盗伐、滥伐和毁坏森林、林木案件共432起，占举报案件总量的83.24%。（戴明睿）

【森林督查及发现问题整改】 2020年，国家林草局综合运用多种督导措施，压实地方政府主体责任，强化督查成果运用，强力推动上年度森林督查发现的问题整改，进一步健全完善"天上看、地面查、网络传"的常态化森林资源保护监管体系。各级林业和草原主管部门全面检查全国3032个县级单位的60.6万个遥感影像变化图斑，震慑违法犯罪行为成效显著，全社会保护发展森林资源意识切实得到提升。

全国通报 针对2019年森林督查发现的破坏森林资源问题进行全国通报，近半数省份的省级领导对森林督查作出重要指示。

挂牌督办 挂牌督办破坏森林资源问题严重的11个地区(单位)的3个重点案件，专门致函所属省级人民政府，强力推动问题查处整改。

警示约谈 国家林草局对10个县级人民政府、1个国有林区森工局的主要负责人进行警示约谈。

现地督导 局领导、资源司及相关专员办和直属规划院赴山西、江西、四川、黑龙江、辽宁、云南等6个省开展现地督导，形成督导评估报告，进一步加强相关工作推进落实。

媒体曝光 向新华社、《人民日报》等十几家媒体通报挂牌督办、警示约谈情况，被广泛报道和转载(仅新华社公众号上的点击量就超过100万人次)，引起社会关注，有效发挥警示震慑作用。

区域限批 对挂牌督办地区采取限制林地许可措施，暂停办理其所在县域范围内建设项目使用林地手续(省级以上重点基础设施、公共事业、民生项目除外)。对广东省紫金县、天津市蓟州区、云南省弥勒市、内蒙古自治区杭锦旗、黑龙江省延寿县、江西省万载县、湖南省宁乡市、吉林省珲春市和河南省襄城县9个地区2018年森林督查挂牌督办整改情况进行审核，经资源司司务会研究通过，报局领导同意后，解除区域限批。

（段秀廷）

【破坏森林资源重大要案督查督办】 国家林草局组织督查督办各类破坏森林资源案件244件，下发查办通知177份。

集中处置处理中央环保督察组转办信访件 按照中央环保督察工作要求，成立工作专班，细化工作流程，集中优势力量，全力推进信访件处理处置工作。共办理信访件207件。

重大案件督办查处 国家林草局重点挂牌督办贵州赤水房地产违法占地、海南儋州毁林开垦、四川攀枝花风电违法占地3起重大破坏森林资源案件。重点督查督办驻自然资源部纪检组转办2条问题线索；重点督导辽宁本溪富民公司毁林采矿案；重点跟踪督办黑龙江省牡丹江市"曹园"案件后期处理工作。

舆情监控处置 加强从媒体报道、群众信访举报等多重渠道掌握破坏森林资源问题线索，全年共督查督办网络舆情、群众信访等反映问题27件，其中网络舆情9件，信访18件，及时回应社会关切。

（张正好）

【专项整治重点领域违法问题】 针对黑龙江毁林种参突出问题，分别向黑龙江专员办、黑龙江林草局下发通知，要求深刻认识毁林种参问题的严重性，立即开展全面梳理排查，强化督查督办、跟踪问效。黑龙江省人民政府召开全省森林督查暨毁林种参专项整治工作会议，决定于2020年10月25日至2021年6月底开展全省打击毁林种参专项行动。针对森林督查和中央环保督查反映浙江省毁林造地问题，向浙江省林业局下发通知，要求迅速组织开展毁林开垦问题排查。浙江省林业局高度重视，开展专项整治行动，重点整治丽水等地违规土地整理问题。针对地方政策违反《森林法》问题，责成贵阳、广州专员办紧盯湖南、海南2省，严肃纠正废止已出台违反《森林法》的相关政策文件。

（贺 鹏）

森林资源保护

06

林业有害生物防治

【综　述】 2020年，全国主要林业有害生物偏重发生。据统计，全年发生面积1278.44万公顷，同比上升3.37%。其中，虫害发生面积790.62万公顷，同比下降2.56%；病害发生面积295.14万公顷，同比上升28.61%；林业鼠（兔）害发生面积174万公顷，同比下降2.70%；有害植物发生面积18.68万公顷，同比上升5.30%。

松材线虫病　疫情发生面积180.92万公顷，病死松树1947.03万株，仍呈快速扩散蔓延态势。2020年新发生县级行政区60个，疫区数量达到726个。三峡库区、秦岭山区等重点生态区疫情发生严重，山东泰山、福建武夷山周边出现新疫情。

美国白蛾　发生面积74.64万公顷，同比下降2.91%，整体轻度发生。2020年新发生县级行政区11个，疫区数量609个。疫情在老疫区由点到面扩散形势趋于稳定，在苏皖江淮地区、陕西中部等新发疫情区由点状向片状发展，但扩散势头减缓。

林业鼠（兔）害　鼢鼠类在宁夏南部、甘肃东部、青海东北部、陕西北部等局部地区的中幼林地和未成林造林地危害偏重。鼠类在大兴安岭林区局部的人工植苗造林地块偏重危害。沙鼠类在新疆北疆、内蒙古西部等局部荒漠植被区偏重发生。赤腹松鼠在四川中部邛崃山区局地人工林危害偏重。

林业有害生物防治工作深入贯彻中央领导批示精神，以松材线虫病等重大林业有害生物防治为重点，扎实推进防治工作，取得明显成效。

【松材线虫病防治】 认真贯彻落实李克强总理、韩正副总理关于松材线虫病防治批示精神，向国务院报送《自然资源部关于贯彻落实国务院领导同志批示办理情况的报告》和《自然资源部关于我国松材线虫病发生及防控情况的报告》。成立国家林草局林草重大有害生物防治领导小组、松材线虫病防治工作专班，制订重点工作任务，建立协调议事机制和工作联络制度。召开全国松材线虫病防治电视电话会议，部署"十四五"防治工作。组织编制《蒙辽吉黑四省（区）松材线虫病联防联控实施方案》，召开4个省（区）联防联治工作研讨会，坚守疫情北移防控底线。组成7个工作组对福建等9个省（区）27个县级疫区进行督查；组成8个工作组对黄山、泰山、秦岭等重点生态区域涉及的9个省（区）、38个县级行政区进行蹲点暗访。全年共拔除6个松材线虫病县级疫区。

【重大林业有害生物治理】 协调落实中央财政防治补助资金和中央预算内投资8.39亿元，支持松材线虫病等重大林业有害生物防治工作。妥善应对云南省普洱市2020年黄脊竹蝗入侵迁飞扩散事件，有效控制境外迁入黄脊竹蝗灾情。组织开展《全国林业有害生物防治"十四五"规划》编制工作。举办重大林业有害生物应急防治培训班，组织开展应急演练。据统计，全年采取各类措施防治995.22万公顷，累计防治作业面积1674.5万公顷次。

【科技支撑】 启动实施松材线虫病疫情防控科技攻关"揭榜挂帅"项目，聚焦疫情监测技术、疫木处理措施、生物防治和新药剂研发等方面成立6个课题组，着力破解"卡脖子"技术难题。增补"国家林业和草原局松材线虫病防治专家委员会"委员，召开全体会议，健全专家咨询机制。按照林草感知系统建设部署，开展松材线虫病等重大病虫害精细化服务管理平台建设。

【检疫监管】 修订《引进林草种子、苗木检疫审批与监管办法》，修改完善林业有害生物防治和检疫管理和服务平台国外引种相关功能。全年办结"国务院有关部门所属的在京单位从国外引进林木种子、苗木检疫审批"902件，"普及型国外引种试种苗圃资格认定"30件，并组织行政许可"双随机、一公开"（在监督过程中随机抽取检查对象，随机选派执法检查人员，抽查情况及查处结果及时向社会公开）检查。

（林业有害生物防治由邱爽供稿）

野生动植物保护

【综　述】 2020年，野生动植物保护司（中华人民共和国濒危物种进出口管理办公室）（以下简称动植物司）紧紧围绕国家林草局总体部署，育新机，开新局，持续加强野生动植物保护，使野生动植物保护管理工作迈上新台阶，为生态文明建设作出积极贡献。

坚决贯彻落实禁食野生动物重大举措

实施最严厉的野生动物管控措施　会同市场监管总局、农业农村部迅速发布暂停野生动物交易、封控隔离人工繁育场所等系列措施，指导各地林草主管部门积极组织力量全面停止野生动物猎捕活动，强化野外巡护看守，全面排查和管控野生动物经营利用场所，严防疫病传播扩散，配合防疫工作大局。全国共出动执法人员215万人次、车辆35万车次，清理整治市场、餐馆饭店等经营场所105万处，检查人工繁育场所25万处。

严厉打击乱捕滥猎滥食等违法行为 会同市场监管总局、公安部、农业农村部、海关总署开展联合打击野生动物违规交易专项执法行动，严打乱捕滥猎滥食等各类违法行为，依法查处顶风作案行为，形成强大威慑力量，违法案件较以往显著下降。共办理野生动物违法案件3567起，收缴非法工具6207件，收缴野生动物11.282万头（只），收缴野生动物制品3290千克，有力打击野生动物违法犯罪行为。

稳妥推进禁食野生动物决定 全国人大常委会审议通过《关于全面禁止非法野生动物交易、革除滥食野生动物陋习、切实保障人民群众生命健康安全的决定》（以下简称《决定》）以来，强化责任担当，加大工作力度，妥善处置禁食在养野生动物，推动对养殖户的补偿兑现，分类指导、帮扶养殖户转产转型，提前完成相关任务。一是提高政治站位，加强组织领导。成立工作专班、领导小组，科学制订工作方案，逐级分解落实责任，坚决推进决定贯彻执行。二是科学制定政策，精准分类指导。先后研究发布《关于稳妥做好禁食野生动物后续工作的通知》《关于规范禁食野生动物分类管理范围的通知》《妥善处置在养野生动物技术指南》等政策和文件，加大对各地禁食在养野生动物处置工作的指导督促。11月19日，全国31个省（区、市）和新疆生产建设兵团均完成禁食在养野生动物处置工作，共处置8444.58万只（条、头）禁食在养野生动物，未发生动物感染、传播疾病等危害公共卫生安全的情况。三是深入调查分析，推动补偿落实。坚持每日调度，多次召开电视电话会、业务培训会、约谈会，派出12个工作组、委派各派出机构赴重点省区调研、核查、指导、督促禁食决定贯彻进度。12月8日，推动全国42 424家养殖户落实补偿兑现，兑付资金71.14亿元，提前22天完成禁食决定相关工作任务。四是强化宣传引导，妥善应对舆情。多种形式对禁食决定加大正面宣传力度，提高公众保护野生动物、革除滥食陋习意识；及时组织专家解读政策，争取理解和认同；配合信访工作领导小组，认真做好群众来电来信、"互联网+督查"、政府网站留言回复等工作；会同国家信访局赴湖南实地调研、督导地方做好矛盾纠纷化解工作，指导各地林草主管部门积极加强与养殖户的沟通交流。除小规模养殖户上访外，没有出现大规模进京上访和极端恶性事件。

依法行政效能 一是配合开展野生动物保护法修订工作。积极主动配合全国人大常委会《野生动物保护法》修订工作，做好"一决定一法"调研，广泛收集、及时报送基层林业草原机构、管理对象意见，并在专家论证、科学评估基础上，及时研提修法思路和意见；全国人大环资委、全国人大常委会法工委在修订草案中采纳了大部分意见，并已通过十三届全国人大常委会第二十二次会议第一次审议。二是积极推动《国家重点保护野生动物名录》调整。通过陆生与水生划分专家论证会，向社会公开征求意见，与农业农村部联合召开专家评估论证会，征求中央宣传部等32个部门和单位意见，开展合法性审查等程序，于9月15日由自然资源部和农业农村部将《名录》联合上报国务院，待审批。三是积极推动国家重点保护野生植物名录调整。通过各领域专家研讨、向社会公开征求意见、召开专家论证会、征求相关部委意见等程序，并与农业农村部分工达成一致意见，12月24~25日召开专家论证会，待修改完善后与农业农村部联合上报国务院。四是积极推进野生动植物重要栖息地管理工作。委托起草并经专家讨论通过《野生动物重要栖息地划定标准规范》；《野生动物重要栖息地名录（第一批）》建议稿已通过专家咨询会。五是做好野生动植物行政许可综合管理工作。指导各办事处、申请人使用新版"野生动植物进出口证书"；优化完善"野生动植物进出口证书管理系统""跨省通办"相关功能；编制《"全国一体化在线政务服务平台电子证照"允许进出口证明书标准》。派10个检查组赴15个省市开展行政许可随机抽查，提高监督检查成效。

野生动植物保护管理效能 一是持续开展全国第二次陆生野生动物资源、野生植物资源调查，筹备择机向社会公布调查成果。其中发现兰科植物新物种24种，中国新记录种10种。二是推动敏感热点物种保护。发布公告继续严格禁止进口象牙及其制品；穿山甲属所有种调整为国家一级保护野生动物，成立国家林草局穿山甲保护研究中心，组织编制穿山甲保护方案，推动全国穿山甲资源专项调查进程，下发《关于进一步加强穿山甲保护管理工作的通知》，强化穿山甲保护工作；全年野外救护并放归穿山甲20余只；成立国家林草局海南长臂猿保护研究中心，成功监测并证实第五群存在，现仅存5个家庭群33只，组织编制海南长臂猿保护方案；同时，大力推动野马、麋鹿放归自然，成功放归麋鹿25只；推进绿孔雀等濒危物种种质基因库建设；研究亚洲象隔离种群损害人身、财产有关问题，编制完成实施方案和公众宣传及舆论引导预案。三是多种形式抢救性保护濒危动植物。组织力量开展象鼻兰、兜兰、朝鲜崖柏、苏铁等物种的濒危机理及影响因子研究；实施水杉、银缕梅、大别山五针松等物种的就地保护和生境恢复，庙台槭的近地保护；采取多种形式抢救性保护濒危鸟类，成功实施朱鹮、丹顶鹤、黄腹角雉等人工繁育个体放归自然；朱鹮种群数量由发现之初的7只增长到4000多只，白鹤种群由210只增长到4500只左右，黑脸琵鹭由1000只增长到4000余只。

国家重点野生动植物执法监管 一是组织27个成员单位召开打击野生动植物非法贸易部际联席会议第三次会议，组织相关成员单位制订打击野生动植物非法贸易部际联席会议制度协同推进打击线上非法贸易工作会议。二是联合农业农村部、中央政法委、公安部、市场监管总局和国家网信办等部门联合印发《加强野生植物保护的函》，部署开展打击整治破坏野生植物资源专项行动。三是与海关总署财务司联合印发《关于海关执法查没陆生野生动植物及其制品移交工作的通知》，会同海关总署、国管局开展海关罚没木材移交处置工作联合调研，研究海关罚没野生动植物及制品的处置意见。四是制订多部门联防联控专项行动方案，配合公安部开展打击涉候鸟等野生动物犯罪"昆仑2020"专项行动。

国际履约执法协调 一是认真履行CITES公约，承担常委会亚洲区域代表和副主席国职责，深度参与公约事务。协调推进第73次常委会会议、第31次动物委员会会议和第25次植物委员会会议有关工作。二是推进履约国际合作，加强港澳履约协调。协调做好中日

CITES管理机构第二次会议筹备工作；认真履行中日、中韩等政府间候鸟保护协定及东亚-澳大利西亚迁飞区合作伙伴关系相关内容，参与东北亚环境合作机制谈判工作；加强与港澳特区政府有关部门密切协调，妥善处置兰花便利过境措施、执法案件、CITES有关工作；做好中央政府与港澳特区政府CITES履约协调会筹备工作；做好涉台工作情况和应对预案有关工作。三是加强对有关非政府组织业务指导，配合加强境外非政府组织在华活动管理。

疫源疫病监测防控 一是有序推进重点野生动物疫病监测预警。印发《2020年重点野生动物疫病主动预警工作实施方案》，继续在野生动物集中分布区、边境地区等重点风险区域，开展候鸟禽流感、野猪非洲猪瘟等重点野生动物疫病主动监测预警工作。截至12月31日，在河北、山西等18个省（区、市）采集野生动物样品35 597份，初步掌握全国重点野生动物疫病流行病学状况。二是切实加强野生动物疫源疫病监测巡护。新冠肺炎疫情发生后，迅速启动国家级监测站日报告制度，截至12月31日，通过陆生野生动物疫源疫病监测防控信息直报系统收到日报告156 315份，22个省（区、市）发现并报告野生动物异常情况564起。三是妥善处置野生动物疫情。印发《国家林业和草原局突发陆生野生动物疫情应急预案》，编制《国家林业和草原局突发野猪非洲猪瘟疫情应急方案（第一版）》等4个分病种应急方案，妥善处置新疆伊犁大天鹅H5N6亚型高致病性禽流感、宁夏贺兰山保护区岩羊等22起野生动物疫情，未发生扩散蔓延。四是全力配合做好新冠病毒溯源和药物研究等科研攻关工作。紧急为中国医学科学院等5家科技攻关单位调拨1042只食蟹猴等实验动物，协助有关单位开展新冠病毒溯源相关野生动物样品采集工作。

大熊猫就地保护与迁地保护 一是指导全国大熊猫繁育工作，进一步提高繁育配对系数，全国繁育成活大熊猫幼仔44只，大熊猫圈养种群数量达到633只。二是加强川陕甘三省野外大熊猫救护、巡护和监测，野外救护大熊猫6只。三是大熊猫野外引种再次成功，大熊猫"乔乔"产下1只雌性野生基因幼仔。四是大熊猫国际合作多面开花。国外大熊猫合作单位共繁育成活大熊猫幼仔5只，为促进全球濒危物种保护与中外联合抗疫保护大熊猫作出了贡献。国家主席习近平和夫人彭丽媛同荷兰国王威廉-亚历山大和王后马克西玛就旅荷大熊猫诞下幼仔互致贺信；中国驻美大使崔天凯、史密桑宁学会秘书长朗尼·博池三世及华盛顿市市长缪里尔·鲍泽等就旅美大熊猫诞下幼仔发表贺辞；截止2020年底，中国与日本、美国等18个国家的22个动物园开展了大熊猫保护合作研究，旅居海外的大熊猫共61只。五是积极推进全国大熊猫谱系管理和基因库建设，对大熊猫个体信息进行更新完善。六是对川陕甘2014年和2017年安排的35个大熊猫国际合作资金项目开展监督检查，进一步规范大熊猫国际合作项目资金使用。

建议提案办理 针对153项建议深化与代表委员的沟通协商，高质量完成涉及贯彻落实全国人大常委会禁食决定、修改野生动物保护法及配套法规、妥善处理禁食野生动物后续问题、严厉打击非法交易野生动物活动、野生动物疫源疫病防控等等方面的建议提案的办结，其中23项主办建议和34项主办提案按时办结率为100%。

多措并举宣传保护成效 牵头主办并指导各地开展以"维护全球生命共同体"为主题的世界野生动植物日宣传活动。参与制作全国政协双周会《坚决革除滥食野生动物的陋习》宣传片，20集野生动物保护公益宣传系列纪录片《看春天》《看夏天》，野生动物疫病防控15周年宣传片，5集野生动物疫源疫病科普宣传动画，与中国地质博物馆等单位在世界地球日联合举办"珍爱地球 人与自然和谐共生——中国野生动物保护专题展"。

【**禁食野生动物后续工作相关政策**】 1月9日，国家林业和草原局印发《国家林业和草原局关于印发〈国家林业和草原局突发陆生野生动物疫情应急预案〉的通知》，指导和规范陆生野生动物突发疫情处置。1月25日，国家林业和草原局印发《关于进一步加强野生动物管控的紧急通知》，部署各派出机构、野生动物疫源疫病监测总站切实加强对各级林业和草原主管部门贯彻执行《市场监管总局 农业农村部 国家林草局关于加强野生动物市场监管 积极做好疫情防控工作的紧急通知》《国家林业和草原局关于进一步加强野生动物管控的紧急通知》《市场监管总局 农业农村部 国家林草局关于禁止野生动物交易的公告》等情况的督导检查。1月26日，国家林业和草原局会同市场监管总局、农业农村部发布《关于禁止野生动物交易的公告》，部署疫情期间禁止野生动物交易工作。2月27日，国家林业和草原局印发《关于贯彻落实〈全国人民代表大会常务委员会关于全面禁止非法野生动物交易、革除滥食野生动物陋习、切实保障人民群众生命健康安全的决定〉的通知》，出台7项措施贯彻落实《决定》。4月8日，国家林业和草原局印发《关于稳妥做好禁食野生动物后续工作的通知》，部署禁食野生动物后续工作。5月27日，国家林业和草原局印发《关于组织实施〈妥善处置在养野生动物技术指南〉的函》，指导各地科学、有序、稳妥处置在养野生动物工作。5月28日，国家林业和草原局会同农业农村部印发《关于进一步规范蛙类保护管理的通知》，开展解决部分蛙类交叉管理问题，进一步明确保护管理主体，落实执法监管责任，加强蛙类资源保护工作。5月29日，配合农业农村部研究制订的《国家畜禽遗传资源目录》发布实施，明确33种家养畜禽种类；国家林业和草原局办公室印发《关于切实做好禁食陆生野生动物后续处置工作的通知》，开展禁食野生动物工作关键阶段部署工作。6月1日，国家林业和草原局印发《关于印发〈国家林业和草原局关于推进禁食野生动物后续工作的督导方案〉的通知》，开展指导、督促各地切实做好养殖户补偿帮扶、在养野生动物处置、信访舆情应对、执法打击违法活动等一系列禁食野生动物后续工作。9月29日，国务院办公厅转发自然资源部、国家林草局、财政部、农业农村部、国务院扶贫办关于进一步做好禁食野生动物后续工作的意见。9月30日，国家林业和草原局印发《关于规范禁食野生动物分类管理范围的通知》，将64种在养禁食野生动物分为积极引导停止养殖（45种）和规范管理允许养殖（19种）两类，指导各地分类做好动物处置、补偿和规范管理工作。

（杨亮亮）

【2020联合国第七个世界野生动植物日中国宣传活动】 3月3日,以"维护全球生命共同体"为主题的"世界野生动植物日"系列宣传活动在全国启动。此次宣传活动充分发挥传统媒体和网络新媒体优势,强调人与野生动植物共享一个地球,保护好野生动植物就保护了构成人类经济、社会、文化传统以及人类幸福的生态系统,提升了野生动植物保护宣传覆盖面和影响力,取得了显著效果。

(钟 海)

【"爱鸟周"主题宣传活动】 4月2日,由国家林业和草原局、中国野生动物保护协会主办,以"爱鸟新时代,共建好生态"为主题的2020年全国"爱鸟周"主题宣传活动启动。受新冠肺炎疫情的影响,"爱鸟周"系列主题宣传活动通过线上开展。主要发布2020年"爱鸟周"主题公益宣传海报、歌手李健代言的"候鸟保护公益宣传片"和宣传海报、"野鸟急救"主题动画视频、线上鸟类有奖知识调查问卷互动活动和保护鸟类倡议。发布《2020年全国冬季鹤类资源同步调查结果》,启动中国鹤年宣传活动。推出新闻2+1"爱鸟周"主体宣传活动。截至2020年底,全国环志鸟类总数达845种391.9万只,彩色标记鸟类达278种近11.9万只,利用卫星跟踪技术掌握了中华秋沙鸭、白鹤、大鸨等60余种鸟类的迁徙规律。

(田 姗)

【野生动物疫病与生物安全科普活动】 4月15日,第五个全民国家安全教育日当天,以"坚持总体国家安全观,统筹传统安全和非传统安全,为决胜全面建成小康社会提供坚强保障"为主题的野生动物疫病与生物安全科普系列活动启动。活动制作候鸟禽流感、野猪非洲猪瘟防控等5部系列科普宣传视频,编制《探秘野生动物与病原体》《蝙蝠那些事儿》等科普书籍。通过视频播放、摄影展览、知识讲座和发放宣传资料等方式,在全国30个省份224所学校、38个保护区管理局、7家野生动物救护中心和疫源疫病检测中心、13个地方协会和林草部门开展了形式多样的野生动物疫源疫病防控科普宣传,向公众普及野生动物疫源疫病科普知识,提高公众野生疫源疫病防控意识。

(彭 鹏)

【继续严格禁止进口象牙及其制品】 4月15日,国家林业和草原局发布2020年第7号公告,继续严格禁止进口象牙及其制品。象牙文物回流和科研教学、文化交流、公共展示、执法司法等非商业目的需要进口象牙及其制品的情况除外。

(温占强)

【珍爱地球人与自然和谐共生——中国野生动物保护专题展】 4月22日,以"珍爱地球人与自然和谐共生"为主题的中国野生动物保护专题展在北京西四地铁站口启动,展览持续至6月25日。此次专题展由中国地质博物馆,国家林业和草原局野生动植物保护司、自然保护地管理司、中国野生动物保护协会联合举办。专题展在中国地质博物馆官网、北京地铁西四站口宣传栏、中国野生动物保护协会官网和公众号同时开展。展览包括前言、奇境中国、生命精彩、倾情守护、和谐共生和结语六部分,分别从自然保护地现状、野生动物现状、野生动物保护成就成果展示、人与动物和谐相处等方面展示大量珍贵的野生动物图片,充分反映中国野生动物保护取得的成就和社会各界参与野生动物保护的成果。

(王 伦)

【境外大熊猫产仔】

旅荷大熊猫诞下幼仔 5月1日,旅荷大熊猫"武雯"诞下1只雄性幼仔,取名"梵星"。6月25日,国家主席习近平和夫人彭丽媛同荷兰国王威廉-亚历山大和王后马克西玛就此互致贺信。习近平和彭丽媛在贺信中表示,熊猫幼仔是中荷友谊的美好结晶,是双方致力于生物多样性保护合作的重要成果,值得庆贺。新冠肺炎疫情发生以来,中荷两国政府和人民互施援手,书写了同舟共济、守望相助的友好佳话。中方高度重视中荷关系发展,愿同荷方一道努力,化挑战为机遇,统筹推进疫情防控和双边交往合作,推动两国关系迈上新台阶。

赠台大熊猫产仔 6月28日,赠台大熊猫"圆圆"在台北动物园诞下1只雌性大熊猫,取名"圆宝"。这是继2013年首次诞下"圆仔"后第二次产仔。

旅韩大熊猫首次产仔 7月20日,旅韩大熊猫"华妮"在韩国爱宝乐园诞下1只雌性大熊猫,取名"福宝"。这是在韩国诞生的首只大熊猫幼仔。

旅美大熊猫产仔 8月21日,旅美大熊猫"美香"在美国斯密桑宁国家动物园诞下1只雄性大熊猫,取名"小奇迹"。驻美大使崔天凯、史密桑宁学会秘书长朗尼·博池三世及华盛顿市市长缪里尔·鲍泽等就此录制视频发表贺辞。

旅日大熊猫产仔 11月22日,旅日大熊猫"良浜"在日本和歌山冒险世界诞下1只雄性幼仔。

(张 玲)

【应急处置能力建设视频培训会】 7月2日,国家林业和草原局野生动植物保护司、野生动物疫源疫病监测总站共同举办全国突发陆生野生动物疫情应急处置能力建设视频培训会。来自全国各省(区、市)野生动物疫源疫病监测防控工作的180余人通过各省的分会场参加培训会。会议安排部署应对当前疫情防控形势,解读《突发陆生野生动物疫情应急预案》,开展突发陆生野生动物疫情应急处置桌面推演,提升了业务和实践水平,为做好突发陆生野生动物疫情应急处置工作打下坚实基础。

(彭 鹏)

【全国抗击新冠肺炎疫情先进个人】 9月8日,在北京人民大会堂举行的全国抗击新冠肺炎疫情表彰大会上,国家林业和草原局野生动植物保护司一级调研员张月获全国抗击新冠肺炎疫情先进个人称号,并获表彰。

(刘盈舍)

【全国野生兰科植物资源调查培训班】 10月12~15日,2019年野生兰科植物资源调查项目总结及2020年野生兰科植物资源调查培训班在四川省都江堰市举行,来自17个省级林草主管部门野生动植物保护处负责人、调查队负责人及相关业务骨干共62人参加培训。此次培训班主要从开展全国野生兰科植物资源调查的背景和相关要求、调查技术规程、数据采集APP和数据平台使用、智能终端识别系统使用等进行教学,并组织答疑、讨论和现场教学,取得良好效果,是全国林草系统贯彻落实中央关于加强全国野生兰科植物资源保护相关要求的具体体现。

（史蓉红）

【打击野生动植物非法贸易培训班】 于10月19~23日在湖北省十堰市举行，打击野生动植物非法贸易部际联席会议制度成员单位及相关单位派员参加。此次培训班围绕野生动植物保护法律法规和执法要求、野生动植物及其制品的识别鉴定、履约执法的现状、形势和任务等进行了介绍和交流，取得了较好成效。

（钟 海）

【全国重点野生动物疫病主动预警技术培训班】 于11月4~6日在辽宁省举办，来自河北、内蒙古等17个省级野生动物疫源疫病监测管理机构、大兴安岭林业集团野生动物疫源疫病监测管理机构、国家林业和草原局相关科技支撑单位技术骨干共80余人参加了培训。

（彭 鹏）

【全国第二次陆生野生动物资源调查管理培训班】 于11月23~25日在云南省昆明市举办。各省（区、市）林业和草原主管部门、新疆生产建设兵团林业和草原局、内蒙古森工集团、大兴安岭林业集团野生动物保护主管部门及国家林业和草原局调查规划设计院相关人员参加培训。此次培训班就陆生野生动物资源调查技术基础、全国第二次陆生野生动物资源调查进展、数据汇总、资料整理、成果发布及全国第二次陆生野生动物资源调查的管理方式、经验等方面进行了交流、研讨，调查技能和业务操作水平得到提高。

（任志鹏）

【主动预警总结会和趋势会商会】 11月25~26日，2020年重点野生动物疫病主动预警工作总结会暨2021年野生动物疫病发生趋势会商会在广东省深圳市召开。会议通报2011~2020年全国重点野生动物疫病主动预警工作开展情况，讨论完善2021年重点野生动物疫病主动预警工作实施方案，总结交流2020年全国野生动物疫病发生情况，分析研判2021年重要野生动物疫情发生趋势。来自中国科学院、军事科学院、中国农科院、中国林科院、中国疾病预防控制中心、中国动物卫生与流行病中心、中山大学、北京师范大学、东北林业大学、佛山科学技术学院等不同部门和院校的16位专家，针对新冠病毒、非洲猪瘟、禽流感、小反刍兽疫、西尼罗热等重要野生动物疫病的发生趋势和风险因素作专题报告。

（彭 鹏）

2021年野生动物疫病发生趋势会商会

【候鸟保护】 1月22日、2月18日和9月30日，国家林业和草原局分别印发《国家林业和草原局关于切实加强鸟类保护的通知》《国家林业和草原局关于严厉打击破坏鸟类资源违法犯罪活动 压实监督管理责任确保候鸟迁飞安全的紧急通知》《国家林业和草原局关于切实加强秋冬季鸟类等野生动物保护工作的通知》，并召开电视电话会议，要求各地切实加强鸟类保护工作，特别在鸟类繁殖地、迁飞停歇地、越冬地和迁飞通道等，组织力量强化巡护看守，强化种群及动态监测，整合执法力量，提高执法效力，协同应对和打击鸟类非法交易。将鸟类保护列入打击野生动植物非法贸易部际联席会议重要工作内容，制订多部门联防联控专项行动方案，配合公安部开展打击涉候鸟等野生动物犯罪"昆仑2020"专项行动，有效遏制破坏鸟类等野生动物资源违法犯罪的高发势头，维护候鸟等野生动物种群的安全。利用环志、彩色标记、卫星跟踪、无人机等先进远程监控技术，对候鸟迁徙过程进行追踪，对重要栖息地进行巡查，基本掌握候鸟的主要迁徙路线、重要停歇地点及不同候鸟类群的迁徙规律等基础信息，为采取候鸟安全迁徙保护措施以及开展科普宣传教育、疫源疫病监测防控、航空安全保障等活动提供科技支撑。认真履行中日、中韩、中俄等政府签署的候鸟保护双边协定及东亚-澳大利西亚迁飞区合作伙伴关系、北极理事会等有关合作内容。

（田 姗）

【全面禁止滥食野生动物】 全国人大常委会于2月24日作出《关于全面禁止非法野生动物交易、革除滥食野生动物陋习、切实保障人民群众生命健康安全的决定》（以下简称《决定》），凡《中华人民共和国野生动物保护法》和其他有关法律禁止猎捕、交易、运输、食用的野生动物，必须严格禁止；全面禁止食用国家保护的"有重要生态、科学、社会价值的陆生野生动物"以及其他陆生野生动物，包括人工繁育、人工饲养的陆生野生动物。《决定》出台后，各地区、各部门全力组织力量，坚决推进《决定》各项规定的贯彻实施，妥善处置禁食在养野生动物，推动落实对养殖户的补偿兑现，分类指导、帮扶养殖户转产转型。截至12月9日，在养禁食野生动物得以处置，完成养殖户补偿任务，工作总体平稳有序。革除滥食野生动物陋习初见成效，文明健康的生活方式逐步养成，拒食野味、爱护生灵、树立生态文明新风尚正在成为全社会共识。

（杨亮亮）

【全国人大常委会开展野生动物"全覆盖"执法检查】 5~7月，由中共中央政治局常委、全国人大常委会委员长栗战书担任组长的全国人大常委会执法检查组，采取赴地方检查与委托省级人大常委会检查相结合的方式，对全国31个省份开展《全国人民代表大会常务委员会关于全面禁止非法野生动物交易、革除滥食野生动物陋习、切实保障人民群众生命健康安全的决定》和《中华人民共和国野生动物保护法》"全覆盖"执法检查，并进行了审议。通过检查，有力促进了各地区各部门对禁食野生动物、加强野生动物保护的空前重视，统一了思想认识；有力推动了各地区各部门主动作为，及时完成禁食野生动物的处置和养殖户补偿任务；有力增强了人民群众保护野生动物的意识，形成了加强野生动物保护的良好氛围。此外，执法检查还促使国家重点保护野生动物名录的调整发布，制订依法惩治非法交易野生动物范围指导意见，解决了一些长期问题，对全国加强野生动物保护、推进生态文明建设将产生重要而深远的影响。

（李林海）

【打击整治破坏野生植物资源专项行动】 7月30日，打击野生动植物非法贸易部际联席会议第三次会议在北京召开，国家林业和草原局、农业农村部、中央政法委、公安部、市场监管总局和国家网信办六部门联合启动打击整治破坏野生植物资源专项行动。通过成立整治行动协调机制、加强野外巡护值守、强化网上违法违规行为治理、集中清理整顿非法经营市场和商户等措施，严厉打击乱采滥挖野生植物、破坏野生植物生长环境、违法经营利用野生植物等违法犯罪行为。

（鲁兆莉）

【互联网平台聚力阻击野生植物非法贸易】 打击网络野生动植物非法贸易互联网企业联盟2020年有效阻击了野生植物网络非法贸易活动。截至12月底，共删除、封禁超过300万条濒危物种及其制品非法贸易信息，探索出了一套行之有效的预防网络野生动植物非法贸易的技术规范。

（鲁兆莉）

【抵制野生动植物非法交易行业自律联盟】 7月30日，抵制野生动植物非法交易行业自律倡议活动在北京举行。中国野生动物保护协会、中国野生植物保护协会、中国中药协会、中国饭店协会、中国花卉协会、中国快递协会、中国烹饪协会、中国肉类协会、中国水产流通与加工协会9家行业协会联合倡议各行业组织成立抵制野生动植物非法交易自律联盟，制订行业自律规范，以实际行动共同抵制乱捕滥采滥食、非法交易野生动植物行为。

（何 拓）

【穿山甲升为国家一级保护动物】 6月5日，国家林业和草原局发出公告，将穿山甲属所有种由国家二级保护野生动物调整为一级。国家林业和草原局印发通知，要求各地严格落实责任，对野外种群及其栖息地实施高强度保护；强化执法监管，严厉打击违法犯罪行为；加强科学研究，积极推进放归自然；加强宣传教育，提高公众保护意识。在打击野生动植物非法贸易部际联席会议制度第三次会议上，将打击穿山甲及其制品非法贸易列入2020年多部门联合开展打击野生动物违规交易执法行动工作重点。6月18日，建立国家林业和草原局穿山甲保护研究中心。截至12月底，全国穿山甲资源调查中，8个省份110处多次拍摄到穿山甲视频和照片，广东、江西、安徽、福建等省野外救护并放归穿山甲20余只。

（王 伦）

【依法惩治非法交易野生动物犯罪】 为依法惩治非法交易野生动物犯罪，革除滥食野生动物的陋习，有效防范重大公共卫生风险，切实保障人民群众生命健康安全，最高人民法院、最高人民检察院、公安部、司法部于12月18日联合印发《关于依法惩治非法野生动物交易犯罪的指导意见》（公通字〔2020〕19号）（以下简称《意见》）。《意见》提出依法严厉打击非法猎捕、杀害野生动物的犯罪行为，从源头上防控非法野生动物交易；要求依法严厉打击非法收购、运输、出售、进出口野生动物及其制品的犯罪行为，切断非法交易野生动物的利益链条；强调依法严厉打击以食用或者其他目的非法购买野生动物的犯罪行为，坚决革除滥食野生动物的陋习。同时明确对涉案野生动物及其制品价值，可以根据国务院野生动物保护主管部门制订的价值评估标准和方法核算。

（钟 海）

【大熊猫人工繁育取得新进展】 截至12月底，全国全年繁育成活大熊猫幼仔44只，大熊猫圈养总数达到633只。9只人工繁育大熊猫放归自然并成功融入野生种群，圈养大熊猫自然栖息地生存和区域濒危小种群复壮取得突破。野外引种产下7只带有野生大熊猫基因的幼仔，圈养大熊猫遗传种群结构更加优化。

（张 玲）

【成立海南长臂猿保护研究中心】 8月，国家林业和草原局依托海南国家公园研究院成立国家林草局海南长臂猿保护研究中心，旨在吸引和汇集全球范围内的顶尖人才和科研力量，共同致力于海南长臂猿保护。海南长臂猿是中国特有的长臂猿，也是世界上现存最古老的长臂猿之一，目前仅存1个野外种群（5个家庭群），数量30余只。

（杨亮亮）

【候鸟"护飞行动"】 全国132支志愿者团队开展保护候鸟"护飞行动"，涉及全国31个省（区、市），开展活动3300余次，参与行动的志愿者2.2万余人次。巡护村庄4336个，救助野鸟2.22万多只，拆除猎捕网具2.03万余件；开展科普、普法讲座及展览155场，发放宣传材料11.4万多份，举报违法信息263条，查封非法经营野生鸟类网络账号68个；与196个村屯和社区等签订《共建爱鸟护鸟文明乡村协约》，共建爱鸟护鸟文明乡村达到771个。编发61期志愿者"护飞行动"简报，单位微信公众号推送文章100余篇；央视新闻直播间、《人民日报》、新华网、中新网、中国林业网、澎湃新闻等100多家主流媒体报道"护飞行动"新闻361条，形成了广泛社会影响。

（田 姗）

穿山甲

草原资源管理

草原监测

【综　述】 2020年，草原管理司在局党组的正确领导下，深入贯彻习近平生态文明思想，持续做好习近平总书记对草原工作重要指示批示的落实工作，着力加强草原顶层设计，着力推动林业、草原、国家公园三位一体融合发展，加强草原保护修复，草原工作有了明显起色。全国草原综合植被盖度达到56.1%，鲜草产量稳定在11亿吨，草原生态质量稳中向好。

【构建新时代草原监测评价体系】 印发《全国草原监测评价工作指南》，明确草原基况监测、年度监测、生态评价和应急监测工作内容和指标，健全以国家队伍为主导、地方队伍为骨干、市场队伍为补充、高校院所为技术支撑的草原监测评价组织体系，推动构建以草班小班档案为基本要素，将草原落实到山头地块，建立全国草原"一张图"，纳入林草智慧感知系统，全面提高草原精细化管理水平。开展多维度、多功能、多用途分类分级分区体系研究。

【草原年度监测】 组织全国开展草原地面监测和入户调查，各省林草部门深入广袤草原，扎实开展草原外业监测任务。全国共收集25 000个草原监测样方数据，15 000个固定监测点数据，7000份入户调查数据。组织技术支撑单位开展草原物候期遥感监测，科学评价中国草原生态变化趋势，为决策提供重要支撑，编制《2020年全国草原监测报告》。落实自然资源调查监测体系构建总体方案草原相关任务，协调理顺工作机制，明确工作任务。

【提高草原监测评价工作支撑能力】 举办全国草原监测评价和执法监督培训班，对新时期草原监测工作进行全面部署，提高林草部门草原监测评价工作能力，确保草原监测工作不断、队伍不散、干劲不减。组织开展草原重大工程、重大政策生态效益及草畜平衡、草原生产力、草原雪灾旱灾专项监测评价，结合草原地区气象服务数据，科学评价中国草原生态保护修复成效。

（草原监测由杨智、王冠聪供稿）

草原资源保护

【草原有害生物防治】 积极做好草原有害生物防治工作。全年投入全国草原生物灾害防治工作经费4亿元，完成草原生物灾害防治任务共926.88万公顷，挽回牧草损失396.48万吨，按每千克鲜草0.3元计算，挽回牧草直接经济损失12.5亿元。通过多年来努力和实践，草原生物灾害防治基本实现"飞蝗不起飞成灾、土蝗不扩散危害、入境蝗虫不二次起飞"及"全面防治重点发生区鼠害，确保不蔓延、不成灾"的治理目标，取得了良好的经济效益、生态效益和社会效益。

（王卓然　郝　明）

【草原鼠虫害绿色防控】 完成防治草原鼠害面积共535.63万公顷，绿色防治面积374.82万公顷，绿色防治比例达到70%；草原虫害完成防治面积347.35万公顷，绿色防治面积313.75万公顷，绿色防治比例达到90.3%。

（王卓然　郝　明）

【应对沙漠蝗入侵灾害】 2020年沙漠蝗灾害在全球爆发，为积极应对沙漠蝗情，国家林草局成立草原蝗灾防治指挥部及办公室，并组建专家指导组。2月23日至3月5日，参加农业农村部牵头组织的赴巴基斯坦沙漠蝗防治工作组，协助巴方开展防治工作。7月初，中国中尼边境发生沙漠蝗入侵蝗情，国家林草局第一时间派员参加农业农村部组织的工作组赴一线核实蝗情并指导监测防治工作，此后派出专家组蹲点跟踪指导监测防治工作。通过积极有效的应对，及时控制此次入侵沙漠蝗情，入侵沙漠蝗未对中国生态安全和粮食安全造成明显危害。

（王卓然　郝　明）

【国有草场试点建设】 为强化草原资源保护和合理利用，积极探索草原生态保护和科学利用协调发展的新思路新模式，促进草原生态环境治理体系和治理能力现代化，2020年国家林草局草原管理司积极探索和推进国有草场试点建设，制定《国有草场试点建设工作推进方案》。根据推进方案要求和进度安排，组织调研组分别赴内蒙古、新疆、新疆建设兵团、宁夏和湖南，就国有草场建设进行专题调研，在充分调研的基础上编制《国有草场建设试点方案》，起草《国有草场建设试点管理办法（试行）》。拟在启动国有草场建设试点工作。

国有草场试点建设，在一些生态脆弱、区位重要、集中连片的退化草原和荒漠化草原上，由国家投资为主导，探索建立、建设一批国有草场，开展规模化治理和退化草原修复，推进形成草原生态保护和修复新格局，巩固生态文明建设成果，避免破坏—修复—再破坏的恶性循环。

（孙　暧　郭　旭）

【草原禁牧休牧】 为进一步加强草原禁牧休牧工作，推动禁牧休牧制度的深入实施，加快草原生态恢复，巩固草原保护成果，印发《国家林业和草原局关于进一步加强草原禁牧休牧的通知》，并抄送各有关省区人民政府，对各地的草原禁牧休牧工作提出不断提高禁牧休牧成效、落实责任、切实加强监督管理等具体要求。《通知》进一步规范和加强了草原禁牧休牧工作，对于各省区切实做好草原禁牧休牧工作具有重要的作用和指导意义。《通知》印发一年来，各地认真贯彻落实禁牧休牧要求，采取措施，狠抓草原禁牧休牧，草原禁牧面积达到8000万公顷，草原植被加快恢复，促进草原休养生息，草原生态保护取得明显成效。

(孙 暖 郭 旭)

草原修复

【综 述】 全面贯彻落实习近平生态文明思想，统筹山水林田湖草整体保护、系统修复、综合治理，促进草原生态系统良性循环，不断优化国家生态安全屏障体系，科学布局和组织实施草原生态修复工程项目，对工程实施成效进行跟踪评价，着力提升草原生态系统自我修复能力，改善草原生态系统质量，稳定和提升草原生态系统功能。

【草原生态保护修复工程管理和评估】 印发《关于报送草原生态保护修复工程进度情况的通知》，组织开展工程实施进度跟踪调度、工程实施情况督导，对工程实施效果进行评价，分析存在的问题，指导各地更好地推进工程实施。

【指导各地科学开展草原围栏建设】 组织专家对科学合理建设草原围栏进行深入研讨，分析草原围栏存在问题，就科学建设草原围栏达成共识，出台《国家林业和草原局办公室关于科学规范草原围栏建设的指导意见》。

【中央财政草原生态修复治理补助项目】 中央财政投入草原生态修复治理项目资金32.98亿元，安排草原生态修复治理任务65.63万公顷、有害生物防治任务863.07万公顷、防火隔离带建设2882千米。

(草原修复由王卓然、郝明供稿)

草原法制建设

【综 述】 继续推进《草原法》修订工作，举办草原法颁布35周年暨草原法修改工作推进座谈会，组织召开草原法修改专家讨论会，邀请草原部门干部、科研单位草原专家学者和法律专家，进行草原法修改工作研讨，进一步细化明确草原法修改具体任务。

【重点问题研究】 广泛收集国外土地管理、土地承包、资源环境相关法律法规、草原保护管理法律制度，结合中国草原管理工作实际，提出研究解决的路径和方法。围绕草原名词术语、法律间条文衔接、基层贯彻草原法情况、处罚标准等问题，组建专门团队展开深入研究，收集整理问题表现形式、具体事例和负面影响，提炼重要研究结论和观点，及时吸纳到《草原法》文本修改过程当中。

【修改工作调研】 通过专题调研和有关重要工作调研，领导小组成员和起草工作小组成员到基层广泛开展调研，了解各地贯彻执行《草原法》过程中出现的问题，征询《草原法》修改意见建议。分别在甘肃、内蒙古等地区开展片区调研，召集周边10个省(区)同志和专家，了解区域内的共性问题和想法。深入县(旗)召开座谈会，进村入户访谈，征询基层干部、农牧民群众对修法的意见建议。

【征集修法意见】 对机构改革前《草原法》修改主要内容和征求意见情况进行重新研究整理，吸收借鉴前期有益研究成果，召集领导小组成员单位、起草小组成员、相关专家、基层草原工作者，以及部分牧民群众代表，开展多个层次、多种形式的修法研讨，对《草原法》进行滚动修改。

(草原法制建设由杨智、王冠聪供稿)

草原征占用审核审批

【综 述】 全国共审核审批草原征占用申请2856批次，面积36 911.27公顷，征收植被恢复费13.72亿元。其中，国家林业和草原局审核通过29批次，面积10 562.58公顷；审核不通过6起，涉嫌非法征占用草原，均按程序移交地方查处。河北、内蒙古、辽宁、吉林、黑龙江、四川、云南、西藏、甘肃、青海、宁夏、新疆12个省(区)及新疆生产建设兵团共审核通过2827批次，涉及草原面积26 348.69公顷。全国征占用草原用于油汽田建设450.74公顷、矿藏开采5958公顷、公路铁路机场建设9458.5公顷、水利水电建设7861.23公顷、光伏发电建设1522.56公顷、农牧业生产4216.32公顷及其他用途7443.92公顷。

【出台《草原征占用审核审批管理规范》】 为加强草原征占用的监督管理，规范草原征占用审核审批，保护草原资源和生态环境，做好审核审批行政许可承接工作。6月19日，国家林业和草原局出台《国家林业和草原局关于印发〈草原征占用审核审批管理规范〉的通知》。《草原征占用审核审批管理规范》充分总结近年来建设项目征占用草原审核审批工作的经验，分析存在的突出问题，从理顺管理体制、严格用途管制、完善相关制度等方面进行了规定。一是明确草原征占用审核审批管理机构。确定草原征占用审核审批管理机构为林业和草原主管部门。二是严格用途管制，严格执行生态保护红线管理有关规定，原则上不得征占用生态保护红线内的草原。除国务院批准同意的建设项目，国务院有关部门、省级人民政府及其有关部门批准同意的基础设施、公共事业、民生建设项目和国防、外交建设项目外，不得占用基本草原。三是完善有关规定。完善国家重点建设项目先行使用草原和因建设项目设计变更扩大或减少征占用草原面积的审核办理规定。

（草原征占用审核审批由韩丰泽、朱潇逸供稿）

湿地保护管理

08

湿地保护

【综　述】　2020年，在局党组正确领导下，湿地司以习近平新时代中国特色社会主义思想为指引，认真履行全面从严治党主体责任，按照"讲政治、守纪律、负责任、有效率"的要求，围绕中心、服务大局，努力推进党建和湿地保护管理融合发展，各项工作取得新进展。

（俞　楠）

【湿地立法】　一是配合全国人大环资委，将湿地保护法纳入全国人大常委会年度立法计划。二是召开专题会、部门协调会、院士专家咨询会，深入研究湿地立法难点问题。受全国人大环资委的委托，组织完成13项重大问题专题论证并召开新设行政许可专家论证会。三是牵头组织自然资源部等6个部门人员及专家，赴江西、辽宁、江西3个省开展湿地立法联合调研。四是派员参加全国人大环资委牵头的湿地保护法起草专班，参加湿地保护立法部门座谈会，配合全国人大环资委、司法部完成两轮立法征求意见，推动形成《湿地保护法（草案）》。

（俞　楠）

【湿地调查监测】　一是配合开展国土三调，积极与国家三调办做好湿地数据发布的衔接，协助开展青海、吉林等地国土三调湿地数据现地核实工作，提出国土三调涉及湿地数据的发布建议，形成《与国家林草局处级对接三调"湿地"数据情况的报告》。二是开展泥炭沼泽碳库调查，启动甘肃省泥炭沼泽碳库调查工作并基本完成甘肃省泥炭地野外摸底，初步完成四川、青海调查工作。三是开展国际重要湿地监测，部署开展国际重要湿地生态状况内业、外业监测，组织完成各国际重要湿地的分报告，形成2020年《中国国际重要湿地生态状况白皮书》。

（赵忠明）

【中央预算内湿地保护修复重大工程建设】　一是配合下达中央预算内湿地保护修复重大工程投资3亿元，实施湿地保护恢复重大工程11个。二是组织对申请的17个项目进行业务审查。三是对湿地项目进行监测评估，调度"十三五"期间湿地保护修复工程进展。四是举办全国湿地保护项目培训班，对省级、项目点的管理人员约90名学员进行了培训。

（刘　平）

【湿地保护规划编制】　一是研究提出拟纳入国民经济和社会发展第十四个五年规划纲要的湿地保护内容。二是提交《林业草原保护发展规划纲要》《长江经济带生态保护修复规划（征求意见稿）》、"双重"规划9个专题规划等规划的湿地保护内容。三是在开展"十三五"实施规划总结、各地上报项目基础上，形成《全国湿地保护"十四五"实施规划（初稿）》，经征求省级林业和草原主管部门、国务院相关部门后，形成征求意见稿。四是调度2016～2019年湿地保护修复重大工程执行情况，并对执行缓慢的项目进行督导；提供生态扶贫、国家生态安全、165项重大工程等湿地保护方面的"十三五"规划总结。五是配合编制长江经济带、黄河流域等重大战略区湿地保护修复实施方案。

（刘　平）

【中央财政湿地保护修复项目】　一是配合下达2020年中央财政湿地补助资金18.7亿元，安排退耕还湿任务1.8万公顷、湿地生态效益补偿项目34个。二是配合修改《林业改革发展资金管理办法》，印发《关于加强生态环保资金管理　推动建立项目储备制度的通知》，就中央财政湿地补助的组织方式、建设范围、主要建设内容、负面清单等提出具体意见。三是完善湿地生态效益补偿补助政策，完成《关于完善湿地生态效益补偿补助政策的工作方案》《湿地生态效益补偿补助项目实施细则（初稿）》。四是组织对2020年中央财政湿地保护修复项目进行抽样摸底。

（赵忠明）

【国家湿地公园建设管理】　一是切实将"防风险、提质量"作为湿地公园验收的核心要求，制订湿地公园验收风险管理清单及验收工作流程，对131处试点验收期满的国家湿地公园进行材料预审及卫片判读比对，组织国家湿地公园试点验收现场考察82处，通过试点验收的国家湿地公园80处，督促国家湿地公园建设有关问题整改24处。二是举办134人参加的国家湿地公园建设管理培训班。

（李　明　叶子鉴）

【湿地保护监管】　一是认真落实中央文件精神，重点对《长江经济带生态环境突出问题台账》中涉及的湖南益阳、江西九江涉湿问题进行督办，督促地方整改到位。二是积极推进《渤海综合治理攻坚战行动计划》重点任务，督促地方设立河北滦南省级湿地公园和河北黄骅省级湿地公园，天津汉沽湿地保护面积由3400公顷增至14 203.29公顷。三是对上海南汇东滩湿地、陕西渭南少华湖、宁夏石嘴山星海湖、河北尚义察汗淖尔国家湿地公园等涉湿问题督查督办，配合开展林草感知系统建设，加强破坏湿地问题监管。四是统计2019年全国和各省（区、市）的湿地保护率，并报送国家统计局。全国湿地保护率提前完成《湿地保护修复制度方案》"到2020年湿地保护率提高到50%以上"的目标任务。

（雷　雪　史　建）

【《湿地公约》履约】　一是扎实推进《湿地公约》第十四届缔约方大会筹备工作，形成《中方筹备机构组成方案》、大会《筹备方案》和《谅解备忘录（送审稿）》，草拟大会《筹备备选方案》。二是组织完成国内专家评审会，向《湿地公约》推荐盘锦等7座城市参加国际湿地城市遴选。三是对原《国际湿地城市认证提名暂行办法》修订并发布新《办法》。四是组织编写履约国家报告，调整国家履约委员会组成部门。五是新指定7处国际重要湿地并以局公告形式公布；组织开展20处国际重要湿地数据信息更新工作；处理国际重要湿地历史遗留问题。

（周　瑞）

【湿地国际合作与交流】 指导全球环境基金第七增资期项目实施各项准备工作。参加各类对外合作谈判。继续申请2020年澜沧江—湄公河流域湿地可持续管理区域合作项目。

（周　瑞）

【湿地保护宣传】 多维度开展湿地宣传教育工作。一是开展2020年"世界湿地日""世界海洋日"宣传活动，刊发宣传专版，制作宣传短视频，央视、《人民日报》《光明日报》、央广新闻、《中国绿色时报》等20余家媒体作专访或报道。二是组织编写红树林保护修复等报告，通过《林草局专报》报送两办。三是举办长江、黄河湿地保护网络年会和湿地管理相关培训班，培训400多人次。四是在北京举办主题为"湿地滋润生命"的2020大美湿地摄影作品展。

（魏圆云）

荒漠化防治

09

防沙治沙

【综述】 2020年,全国完成防沙治沙任务209.6万公顷。全年荒漠化防治各项工作有序开展,为"十三五"收官画上了圆满的句号。一是配合做好"双重"规划中北方防沙带和南方丘陵山地带专项规划的编制工作,组织开展全国防沙治沙规划编制和"十四五"石漠化工程规划前期思路研究工作;开展荒漠生态补偿研究,推动建立荒漠生态补偿机制,将荒漠生态补偿纳入《生态补偿条例》。二是京津风沙源治理工程和石漠化综合治理工程营造林任务全面完成;协调财政部安排中央财政资金8亿元,在内蒙古、青海等黄河流域5个省(区)启动实施规模化防沙治沙试点项目;新建6个、续建7个沙化土地封禁保护区;印发《国家林业和草原局创建全国防沙治沙综合示范区实施方案》和《全国防沙治沙综合示范区考核验收办法》。三是完成防沙治沙目标责任中期督促检查,向国务院上报《关于省级政府"十三五"防沙治沙目标责任中期督促检查情况的报告》,同时,向有关省(区)政府反馈意见,并督促指导各有关省(区)做好整改落实。四是以国土"三调"为底图,组织开展第六次荒漠化和沙化调查监测,按月调度工作进度,多举措加强过程监督指导,全面启动"1+10"专题监测,确保工作稳步推进。五是提高沙尘暴应急处置能力,及时有效应对2020年春季7次沙尘天气。六是"中华人民共和国联合国防治荒漠化公约履约办公室"正式挂牌,参加荒漠化日全球线上纪念活动,制作并向国际社会播放《携手防沙止漠 共护绿水青山》(中英文版)宣传片、《筑起生态绿长城——防治荒漠化在中国》宣传册,出版《中国防治荒漠化70年(英文版)》。积极推进《公约》亚洲区域办落户中国工作,参与G20、生物多样性等相关环境宣言文本征求意见及谈判工作。七是联合中科院、中国气象局等有关部门,针对荒漠化地区水资源、气候变化、植被变化等问题,开展多部门、多学科、多层次的防沙治沙重大基础理论研究。八是联合中宣部开展四大沙地(沙漠)治理成效主题宣传,召开京津风沙源治理工程建设20年现场会,组织开展以"携手防沙止漠 共护绿水青山"为主题的世界防治荒漠化与干旱日系列宣传。

(王 帆)

【省级政府防沙治沙目标责任制】 经自然资源部向国务院上报《关于省级政府"十三五"防沙治沙目标责任中期督促检查情况的报告》。对照"十三五"防沙治沙目标责任书,结合中期督促检查中发现的问题,下发河北等12个省(区)和新疆生产建设兵团人民政府办公厅"十三五"防沙治沙目标责任中期督促检查情况的反馈意见。督促指导各有关省林草部门做好反馈意见的整改落实工作。

(林 琼)

【沙化土地封禁保护区试点建设】 2013年,国家启动实施国家沙化土地封禁保护补助试点项目,试点范围包括内蒙古、西藏、陕西、甘肃、青海、宁夏、新疆7个省(区)。2020年,中央财政安排转移支付资金1.3亿元用于国家沙化土地封禁保护区的建设工作,新建6个、续建7个沙化土地封禁保护区,截至2020年,国家沙化土地封禁保护区个数达到108个,封禁保护面积达到177.17万公顷。启动《国家沙化土地封禁保护区管理办法》修订工作。

(石建华)

【第六次全国荒漠化和沙化监测】 年内,全国30个监测省(区),已有13个省(区)初步完成融合汇总内业,各省区基本完成外业调查,完成外业调查的县达986个,占监测县93%,建立现地图片库46.53万个,采集照片逾189.42万张。根据《自然资源调查监测体系构建总体方案》提出"一张底版、一套数据和一个平台"的要求,将监测工作底图全面更换为国土"三调"数据。及时下发通知,积极协调国家三调办和各省林草局获取三调数据。建立月度进度调度制度,开展线上线下培训,及时了解督导各省工作进度。

结合第六次荒漠化和沙化监测的需要,启动"1+n"专题监测,其中"1"为荒漠化和沙化地区生态文明建设战略研究,"n"为荒漠化和沙化监测专题研究。

(林 琼)

【沙尘暴灾害及应急处置】

工作开展情况 2020年春季,中国共发生7次沙尘天气过程,影响范围涉及西北、华北、东北等14个省(区、市)725个县(市、区、旗),影响国土面积约325万平方千米,人口约2.5亿。其中,按沙尘类型分,强沙尘暴1次,沙尘暴1次,扬沙5次;按月份分,3月4次,4月1次,5月2次;按影响范围分,影响范围超过100万平方千米的3次,80万平方千米至100万平方千米的3次,80万平方千米以下的1次。

总体而言,2020年春季沙尘天气呈现次数偏少、强度偏弱、沙尘首发时间偏早的特征。主要有以下特点:一是次数偏少,沙尘天气发生次数较2019年的11次减少4次,减幅36.4%,较近20年(指2000~2019年,下同)同期均值10.9次减少3.9次,减幅35.8%。二是强度偏弱,发生1次强沙尘暴、1次沙尘暴天气过程,沙尘暴及以上强度沙尘天气次数较2019年的3次减少1次,减幅33.3%,较近20年同期均值5.8次减少3.8次,减幅65.5%。三是首发时间提前,首次发生时间为2月13日,较2019年首发3月19日提前34天,较近20年平均首发时间2月16日提前3天。四是主要起源是蒙古国,全国发生的7次沙尘天气,其中6次来源于蒙古国,占比为85%。

主要应急处置措施 提前谋划及早部署,制订应急处置工作方案,全面部署各地统筹兼顾疫情防控和春季沙尘暴灾害应急处置工作。联合中国气象局对春季沙尘天气趋势进行会商,形成综合意见上报国务院,同时,加强重点预警期滚动会商，实时科学研判。严格执行日报告和零报告制度，累计上报日报信息1000多份，通过短信平台转发各类信息3万多条。撰写《沙尘暴应急工作周报》13期、《沙尘暴监测与灾情评估简报》15期。充分发挥三网合一的天地同步监测体系作用，将实时获取的沙尘天气遥感影像、地面观测数据和现地视频资料，及时向沙尘天气移动下游区域的林草部门同步共享预警信息，提升沙尘暴灾害立体综合监测能力。加大科普教育宣传力度。制作沙尘暴应急科普知识短视频及宣传海报，结合"5·12"全国防灾减灾日、"6·17"世界防治荒漠化与干旱日，充分利用电视、广播、报刊、网络、微信等媒体和平台开展形式多样的线上线下科普知识宣传，"5·12"短视频在新华网点击率达73万，"6·17"宣传海报微博阅读量达50万，提高全社会防灾减灾的意识。扎实落实巡视组提出的局党组检视问题整改方案和清单。针对国家林草局荒漠司牵头负责"沙尘暴应急处置能力不强"问题，按要求制订整改方案和整改台账，形成《2020年我国春季北方地区沙尘天气及应急处置工作情况的报告》，组织修订《重大沙尘暴灾害应急预案》，推进沙尘暴应急处置管理系统建设，按照局感知专班要求编制平台建设方案。对现有的沙尘暴地面监测站点进行梳理，完成地面监测站点自动化监测设备更新实施方案。　　　　　　　　　　　　（刘旭升）

【防沙治沙科学研究】　配合科技司完成ISO荒漠化标准委员会申报工作和全国治沙标准委员会重组工作。组织填报2021年林业行业荒漠化方面标准制修订立项计划，提报"十四五"荒漠化重大研发需求。　（曹　虹）

【荒漠化公约履约和国际合作】　国家林草局局长关志鸥给《联合国防治荒漠化公约》执行秘书复信，副局长刘东生发表线上视频讲话；参与荒漠化公约秘书处线上展览，设计并制作《携手防沙止漠共护绿水青山》（中英文版）宣传片、《筑起生态绿长城——防治荒漠化在中国》宣传册，出版《中国防治荒漠化70年》（英文版）；7月27日，《人民日报》发表荒漠化防治及履约主题文章，进一步扩大影响。在国际舞台主动发声，积极参加荒漠化公约亚洲区域会及秘书处组织的荒漠化日全球线上纪念活动。

　　积极参加20国集团领导人峰会相关国际会议、中阿合作论坛案文研讨、东北亚环境机制高官会等重要国际谈判，配合外交部对美博弈工作，研提的荒漠化防治履约相关内容纳入外交部新闻发言人的发言及中国发布的《美国损害全球环境治理报告》。

　　"中华人民共和国联合国防治荒漠化公约履约办公室"正式挂牌，促进荒漠化防治履约工作进一步规范化；认真开展荒漠化防治国际合作调研，强化与相关专业部门的合作，研究分析问题并提出改善工作的思路建议。组织开展荒漠化公约履约国际政治因素分析、"一带一路"沿线重点国家荒漠化防治管理体系与援外工程项目设计、中国社会组织参与荒漠化防治国际合作等多项专题研究，取得阶段性成果，为未来进一步提升荒漠化防治履约与国际合作工作质量提供了有益参考。
　　　　　　　　　　　　　　　　　　（曲海华）

【荒漠化生态文化及宣传】　6月17日前后组织开展世界防治荒漠化与干旱日主题宣传活动。一是参加荒漠化公约秘书处组织的荒漠化日全球线上纪念活动。国家林草局副局长刘东生发表视频讲话，介绍中国防沙治沙情况及取得的成绩，对加强荒漠化防治国际合作提出建议。二是制作防沙治沙宣传片、短视频和画册，在相关网络平台播出。录制《绿色中国云对话——2020年世界防治荒漠化与干旱日特别节目》，在人民网、央视频、今日头条等十余个平台播出，观看人数超过300万；制作《携手防沙止漠　共护绿水青山》《沙尘暴应急知识科普》《晓林百科——防治荒漠化》等宣传片和《荒漠化防治》《林草中国融快讯》短视频，在今日头条、抖音、央视网等平台播出；制作《筑起生态绿长城——防治荒漠化在中国》宣传册，相关内容在联合国公约网站上展示。三是协调工信部推出手机公益短信，增强全社会防治荒漠化意识。协调工信部同意，通过中国移动、联通和电信向内蒙古、新疆、贵州、云南等12个荒漠化石漠化严重省（区）发送手机公益短信，呼吁全社会携手防沙止漠，共护绿水青山，共建天蓝地绿水清的美丽家园。四是协调中央电视总台、新华社、《人民日报》等媒体推出防沙治沙成效宣传。中央电视台《新闻联播》《朝闻天下》播发防沙治沙做法、成效等新闻4条。《人民日报》《人民日报》海外版、新华社、《中国日报》等媒体刊发多篇文章，关注我国整体治沙成效。据不完全统计，截至6月19日，世界防治荒漠化与干旱日期间防沙治沙相关报道及转载801篇、视频28个、微信文章857篇、微博及转发49970条。五是在相关网站开设防治荒漠化专栏和专题宣传。"学习强国"手机应用软件在首页开设与世界防治荒漠化与"干旱日"专栏，介绍荒漠化防治经典案例，集中关注各地防沙治沙工作。国家林草局政府网开设专栏，全面介绍中国防沙治沙工作和治沙典型事迹等。绿色党建公众号开设"治沙风采"专栏，系列报道基层一线的治沙先进人物和治沙故事。央视新闻在新浪微博推出"一图解读地球癌症荒漠化"；人民网推出"让黄色的土地再现绿色生机"专题报道；新华网推出"卫星告诉你中国人种树有多牛"，通过卫星图片直观展示20年来四大沙地的变化。　　（王　帆）

自然保护地管理

10

建设发展

【自然保护地建设重大工程】 4月27日，中共中央总书记、国家主席、中央军委主席、中央全面深化改革委员会主任习近平主持召开中央全面深化改革委员会第十三次会议，审议通过《全国重要生态系统保护和修复重大工程总体规划（2021~2035年）》，并由国家发展改革委和自然资源部于6月3日正式印发。《总体规划》中谋划了9项具体重大工程，"自然保护地建设及野生动植物保护重大工程"位列其中第8项，是唯一覆盖全国的重要生态系统保护和修复重大工程。截至2020年底，《自然保护地建设及野生动植物保护重大工程建设规划》初步编制完成。

【全国自然保护地体系规划研究】 自2019年起，国家林业和草原局与中国科学院联合开展全国自然保护地体系规划研究，由中国科学院生态环境研究中心牵头负责组织实施，截至2020年12月底，研究工作已取得初步成果，并被应用于国家公园布局方案和全国自然保护地规划编制工作。

【全国自然保护地规划编制】 为贯彻落实《关于建立以国家公园为主体的自然保护地体系的指导意见》，国家林业和草原局自然保护地管理司组织规划院等单位开展全国自然保护地体系规划编制工作，起草完成规划征求意见稿，并征求全国省级林业和草原主管部门及国家林业和草原局有关司局、单位意见，截至2020年底，规划送审稿初步完成。

（建设发展由张云毅供稿）

立法监督

【国家级自然保护区专项检查】 为认真贯彻落实习近平总书记等中央领导对自然保护区有关工作的重要批示精神，切实做好自然保护区保护管理工作，根据国家林业和草原局党组要求，自然保护地管理司于4月7日印发《关于组织开展国家级自然保护区专项检查工作的通知》，要求国家林业和草原局各派出机构对国家级自然保护区开展专项检查，重点检查保护区内存在的未批先建、未批先占以及私搭乱建、乱占林地、滥伐林木、滥捕乱猎等违法违规问题。此次专项检查历时近半年，全国474处国家级自然保护区开展了自查，112处国家级自然保护区接受了现地核查，共发现13个省（区、市）33处国家级自然保护区存在48项未批先建等违法违规问题。11月3日，国家林业和草原局自然保护地管理司印发《关于2020年国家级自然保护区专项检查情况的通报》，通报专项检查情况，公布专项检查发现且未整改完成的46项违法违规问题，要求各派出机构督促相关省级林业和草原主管部门和自然保护区管理机构严肃查处，立行立改。

【"绿剑行动"整改验收】 为认真贯彻落实《国家林业局办公室关于国家级自然保护区"绿剑行动"监督检查结果的通报》精神，加快对"绿剑行动"重点督办的30个国家级自然保护区的整改进度，1月13日，国家林业和草原局自然保护地管理司印发《关于做好"绿剑行动"重点督办国家级自然保护区整改验收工作的通知》，要求各地省级林业草原主管部门加强督促指导、加快突出问题的整改落实，局派出机构加强对整改工作的验收，确保年底前全面完成整改验收工作。截至2020年底，30个重点督办国家级自然保护区，均由省级林业和草原主管部门提交了整改报告并由局派出机构出具了验收报告，其中26个经过审核后通过验收、予以销号。

【自然保护地人类活动遥感监测】 国家林业和草原局自然保护地管理司组织开展对国家级自然保护区和国家级海洋保护地的人类活动遥感监测，对发现的疑似问题点位，通过"全国自然保护地监督检查管理平台"派发给有关省级林业和草原主管部门，并明确要求各地开展实地核查，限期上报核查结果，对违法违规问题做到早发现、早制止、早处理，逐步实现自然保护地人类活动遥感监测常态化规范化。全年按季度开展4批次遥感监测，共发现国家级自然保护区疑似问题点位2490个、国家级海洋保护地疑似问题点位159个，全部及时派发并实地核查。

【自然保护地立法】 自然保护地立法工作取得重大进展。国家林业和草原局、自然资源部先后印发2020年立法工作计划，将修订《自然保护区条例》《风景名胜区条例》列为一档立法项目，将制定《自然保护地法》列为二档立法项目。国家林业和草原局办公室印发通知，成立由副局长李春良任组长，办公室和自然保护地管理司负责同志任副组长，有关司局分管领导为成员的《自然保护地法》《自然保护区条例》《风景名胜区条例》起草工作领导小组。2020年底，《自然保护区条例（修改稿）》起草完成，印发各省级林业和草原主管部门和党中央、国务院有关部门征求意见，并报局专题会议审议；《风景名胜区条例（修改稿）》起草完成，印发各省级林业和草原主管部门及局属各单位征求意见；《自然保护地法（草案第二稿）》修改完成，并印发各省级林业草原主管部门、国家林业和草原局属各单位及国务院有关部门征求意见。

【自然保护地违法违规问题督办】 组织开展自然保护地违法违规问题督办工作。对中央生态环境保护督查组转办涉自然保护地的16件信访件，组织国家林业和草原局各派出机构进行实地核查和指导督办，按要求全部办结。对反映自然保护地违法违规问题的10件群众来信，按照《信访条例》规定全部办结。对推动长江经济带发展领导小组办公室和国家审计署转送的10个涉自然保护地违法违规问题，定期调度整改落实情况，督促问题查处到位。

（立法监督由许晶供稿）

生物多样性保护与监测

【自然保护地生物多样性保护和监测】 向全国各省级林业和草原主管部门下发《自然保护地生物多样性监测体系建设设备选型与软件标准参考技术指标》，指导各地规范化、标准化构建自然保护地生物多样性监测系统，为今后统一纳入国家林业和草原局自然保护地生物多样性监测监管平台和感知系统奠定基础。12月31日，"自然保护地生物多样性监测监管平台"项目正式获批，自然保护地管理司以此为契机，推动有关保护地管理机构做好野外监测自组网等创新性技术的研发和试点。

【《生物多样性公约》第十五次缔约方大会（COP15）筹备】 一是自然保护地管理司代表国家林业和草原局做好大会谈判立场口径、方案等研究。参加《生物多样性公约》组织不限名额工作组会，就《2020年后全球生物多样性框架零案文》的立场和对案口径向牵头部门提出意见建议，并在生态环境部组织召开的COP15对案研究视频会上，阐述了国家林业和草原局的基本立场和观点；多次组织局内有关司局单位、NGO组织（非政府组织）研究大会边会、展位、谈判等工作，并参加了外交部、生态环境部共同组织召开的2020年后生物多样性展望：共建地球生命共同体部长级在线圆桌会议。二是配合生态环境部做好大会筹备工作。根据COP15大会会议议程和平行活动等会议方案，研究并报送国家林业和草原局的参会建议方案。参加大会执委会组织的《中国展文案大纲》研讨会，提出意见和建议。三是组织各省级林业和草原主管部门和有关单位收集整理林草系统生物多样性保护成就，为大会"中国生物多样性保护成就展"提供素材；落实大会《宣传工作方案》，组织开展林草系统宣传工作，协调支持拍摄大会宣传片。

（生物多样性保护与监测由李希供稿）

合 作 交 流

【全球环境基金海洋项目管理】 加强与财政部、联合国开发计划署、联合国粮农组织等部门和国际组织的沟通，持续推动全球环境基金"白海豚项目"和"河口项目"等涉海国际项目实施。2020年，"白海豚项目"在基线调查、海洋保护地能力建设、探索建立海洋类型国家公园等方面开展了工作；在扩大和加强海洋保护地网络，推进生物多样性保护纳入海洋空间规划主流化进程，提高实施地海洋保护地和生态敏感区的管理有效性，以及促进知识管理和经验共享等方面取得了初步成果。6月23日，"河口项目"正式启动，截至12月底，组织完成更新项目三年工作计划与预算，协调实施地进行保护数据信息共享，开展多种形式的科普公益活动和宣传报道等。

（程梦旎）

【中德非三方绿色保护地合作】 在与德国国际合作机构（GIZ）多次磋商的基础上，国家林业和草原局会同德国驻华使馆向中国商务部推荐中德非三方合作项目。10月21日，商务部与德国经济合作与发展部签署合作协议，启动中德非自然保护三方合作项目，纳米比亚、赞比亚积极参与项目合作，推进国际绿色自然保护地建设。12月15日，国家林业和草原局与德国驻华大使馆、德国国际合作机构（GIZ）联合举办"地区保护措施、保护地和国家公园"线上研讨会，自然保护地管理司与技术支持单位中国林科院在会上作了《中国以国家公园为主体自然保护地体系建设》主题演讲。12月中下旬，参加世界自然保护联盟（IUCN）组织的自然保护地绿色名录（纳米比亚、赞比亚）交流与（视频）培训，与各国代表、专家共商推进中德非三方绿色保护地合作。

（李希）

【中法自然保护领域合作谅解备忘录】 持续推进中法自然保护地保护管理技术交流与姊妹保护地结对工作。祁连山国家公园、辽河口国家级自然保护区等自然保护地已与法国合作方开展前期接触。受疫情影响，结对协议商洽和签署工作将择机开展。11月5日，国家林业和草原局与法国驻华大使馆共同举办"中法自然保护政策演变"专题讲座，自然保护地管理司参会并作专题演讲。12月16日，自然保护地管理司参加中法国家自然保护地战略制定线上研讨会，并作主旨发言。

（李希）

宣传教育

【《秘境之眼》节目】 《秘境之眼》是中央广播电视总台与国家林业和草原局合作播出的原生态野生动物视频全媒体节目，2020年共制作播出353期，全年融合传播总触达38.29亿人次，其中电视节目触达35.7亿人次。在央视一套微博、微信、秒拍等新媒体平台发布相关内容，累计覆盖人群超2.5亿。在央视频手机应用软件推出白头叶猴、河狸等8路慢直播，首推虚拟现实长、短动物纪录片及"乐在秘境""爱在秘境""奇在秘境"等精彩视频1.9万条，总播放量达908.7万。 （李 希）

【"世界生物多样性日"主题宣传】 2020年"世界生物多样性日"期间，举办《秘境之眼》精彩影像评选活动。组织业内专家，对2020年播出的150期《秘境之眼》节目进行遴选，确定28期优秀节目进行网络推送投票。通过"专家评选+网络点赞"相结合的方式，最终评选出一、二、三等奖共9名。 （李 希）

【"文化和自然遗产日"主题宣传】 6月13日，会同全国绿化委员会组织盐城市人民政府、江苏省林业局、中国绿化基金会，在线上举办2020年"文化和自然遗产日"活动。同步开展"新闻2+1"现场连线、《中国绿色时报》专版宣传、遗产日专题视频等相关主题宣传活动。
 （何 露）

【广西崇左白头叶猴国家级自然保护区被评选为践行"两山"理念宣传典型】 白头叶猴国家级自然保护区位于广西壮族自治区崇左市境内，主要保护对象为白头叶猴、黑叶猴等5种珍稀野生动物，其中白头叶猴是中国广西壮族自治区特有的一种灵长类动物，是唯一一种由中国学者发现并命名的灵长类动物，也是广西壮族自治区野生动植物保护的旗舰物种。多年来，为更好地保护白头叶猴种群，保护区实施栖息地修复工程，恢复白头叶猴栖息地面积46.67多公顷，建成白头叶猴生态廊道、食源植物园、科普长廊、白头叶猴馆、远程视频监控系统等，解决了白头叶猴栖息地破碎化严重、管护难度大等问题。近年来，通过央视频手机应用软件推出的白头叶猴慢直播节目，白头叶猴国家级自然保护区被纳入中央广播电视总台3个海外传播窗口。10月，经国家林业和草原局推荐，广西崇左白头叶猴国家级自然保护区被中央宣传部等评选为践行"两山"理念宣传典型。
 （李 希）

自然保护区管理

【全国自然保护地整合优化】 经国务院同意，3月16日，自然资源部、国家林业和草原局联合召开全国自然资源、林业和草原系统电视电话会议，全面启动全国自然保护地整合优化前期工作，部署各地编制自然保护地整合优化预案。预案涉及国家公园（试点）、自然保护区、森林公园、地质公园、海洋自然保护区（海洋公园）、湿地公园、沙漠（石漠）公园等自然公园。部局联合印发《关于做好自然保护区范围及功能分区优化调整前期有关工作的函》《关于自然保护地整合优化有关事项的通知》《关于生态保护红线自然保护地内矿业权差别化管理的通知》《关于印发〈自然保护地整合优化预案成果联合审查机制〉的通知》《关于按时联合上报生态保护红线评估调整和自然保护地整合优化成果的通知》5个文件，国家林业和草原局自然保护地管理司下发《关于印发自然保护地整合优化预案编制大纲的通知》《关于印发自然保护地整合优化预案审核材料的通知》《关于开展矿山国家公园有关工作的通知》《关于印发〈全国自然保护地整合优化预案数据汇交指引〉的通知》《关于做好自然保护地整合优化期间管理工作的通知》等文件，指导各地开展预案编制工作，并委托中国科学院开展自然保护地体系规划研究，识别保护空缺区域。

自然资源部、生态环境部、国家林业和草原局建立联合审查机制，生态保护红线专班和自然保护地整合优化专班联合开展审查，确保工作质量。审核期间，国家林业和草原局专门分4批次组织专家40人次，赴15个省（区、市）对30个保护地整合优化问题进行实地考察论证，并就其范围调整的合理性提出参考意见。9月28日至11月11日，自然资源部国土空间规划局、生态环境部自然生态保护司、国家林业和草原局自然保护地管

自然保护地整合优化预案会审

理司分5批次联合会审全国31个省(区、市)以及新疆生产建设兵团的自然保护地整合优化省级预案,并联合发文反馈会审意见。12月底,完成全国自然保护地整合优化预案第一轮编制和审查工作。

【国家级自然保护区范围和功能区调整】 8月24日和10月24日,国家林业和草原局自然保护地管理司在北京先后2次召开国家级自然保护区评审委员会,分别对安徽扬子鳄、内蒙古图牧吉国家级自然保护区范围和功能区调整进行审查。国家发展改革委、教育部、科技部、自然资源部、生态环境部、交通运输部、水利部、农业农村部等部门代表,以及中国科学院、清华大学、北京林业大学等专家委员参加评审。两个自然保护区范围和功能区调整均通过评审。

【国家级自然保护区总体规划审查批复】 3月30日,在组织专家对国家级自然保护区总体规划进行实地考察和评审的基础上,国家林业和草原局批复山西太宽河、山西历山、内蒙古大兴安岭汗马、辽宁仙人洞、江西桃红岭梅花鹿、广东象头山、广西恩城、重庆大巴山、四川米仓山、四川美姑大风顶、云南无量山、陕西老县城12个国家级自然保护区总体规划。

【国家级自然保护区管理评估】 根据《中共中央办公厅国务院办公厅关于建立以国家公园为主体的自然保护地体系的指导意见》提出的"组织对自然保护地管理进行科学评估,及时掌握各类自然保护地管理和保护成效情况……适时引入第三方评估制度"等有关要求,国家林业和草原局办公室于7月7日印发《关于开展国家级自然保护区管理评估工作的通知》,分阶段对国家级自然保护区管理工作开展第三方评估,系统评价国家级自然保护区管理情况、取得成效和存在问题。从7月份开始,先期启动黄河流域国家级自然保护区评估。第三方评估由中国科学院生态环境研究中心牵头,联合本领域的知名高校或科研机构,邀请生物多样性保护、生态系统评价与修复、自然保护区管理、风景旅游规划等领域的专家组成专家组,指导并参与评估工作。评估工作从国家级自然保护区的基础保障、管理措施、管理成效、负面影响、亮点工作或特色经验5个方面26个指标开展,评估方式包括单位自查、遥感分析、内业审核、访问座谈、实地核查、网络监督等。

(自然保护区管理由贾恒供稿)

自然公园管理

【国家级自然公园评审】 按照《国家林业和草原局国家级自然公园评审委员会评审规则》,3月,对通过2019年度第二批国家级自然公园评审委员会的55处评审结果进行公示并以局文形式印发批准决定;12月,组织开展2020年度国家级自然公园综合评审工作,对通过2020年度国家级自然公园评审委员会的17处评审结果进行公示并以局文形式印发评审决定。 (程梦旎)

【自然公园管理制度梳理修编】 对现有各类自然公园管理制度和规范标准进行梳理,编制形成《我国自然公园管理制度和规范标准汇编》。组织修编《风景名胜区条例》《国家地质公园管理办法》《国家海洋公园管理办法》《中国世界自然遗产管理办法》《中国世界地质公园管理办法》《国家自然公园评审标准指南》,均已形成初稿。 (程梦旎)

【风景名胜区管理】 继续推进国家级风景名胜区规划审查工作。制订完善国家级风景名胜区总体规划、详细规划审查工作规程以及专家审查技术要点,提高规划审查效率。组织专家、会同有关部门开展15处国家级风景名胜区总体规划审查工作,完成浙江莫干山等4处国家级风景名胜区总体规划审查;组织审查国家级风景名胜区详细规划11处,批复湖南德夯等6处风景名胜区详细规划。

【地质公园管理】 4月22日,向各省级林业和草原主管部门印发《国家林业和草原局自然保护地管理司关于开展国家矿山公园有关工作的通知》,推进落实国家矿山公园转入国家级自然公园有关工作,组织专家对矿山公园申请转入地质公园进行考察评估,顺利完成3处国家矿山公园转入国家级自然公园工作。按照国家地质公园批复命名有关规定,正式批复命名福建清流温泉国家地质公园。 (程梦旎)

【海洋公园管理】 结合自然保护地整合优化工作,指导有关单位开展海洋保护空缺分析,并编制完成《中华白海豚保护地建设方案》。对相关国家海洋公园申报项目进行审查,指导天津滨海国家海洋公园范围调整,面积增加108平方千米,扩大近3倍。 (程梦旎)

【国家沙漠(石漠)公园进展情况】 自2013年以来,已批复国家沙漠(石漠)公园125个,范围涉及内蒙古、甘肃、青海、新疆、云南、广西、湖南、湖北、四川等15个省区及新疆生产建设兵团,规划总面积为44万公顷。"十三五"期间,批准建设国家沙漠(石漠)公园70个,公园面积15.6万公顷。 (滕秀玲)

自然遗产/双遗产

【世界自然遗产申报】 扎实推进"中国黄(渤)海候鸟栖息地(第二期)"申遗工作。安排申报材料编制经费,组建专家团队,制订工作方案,举办申遗培训班,加强候鸟栖息地保护和申遗宣传工作,指导各地积极推进申遗工作。在实地调研、专家论证和征求天津、辽宁、河北、上海、江苏、山东省级林业和草原主管部门意见的基础上,初步确定12处候选提名地。候选提名地所在的天津、辽宁、河北、上海、山东5省(市)相继成立工作专班,全面推进各项工作。积极推动"巴丹吉林沙漠—沙山湖泊群"申遗工作。经请示国务院同意,"巴丹吉林沙漠—沙山湖泊群"作为中国2021年世界遗产申报项目正式向联合国教科文组织提交申报材料。为做好申报后续工作,指导内蒙古自治区林业和草原局等有关方面积极筹备世界自然保护联盟(IUCN)专家实地评估相关工作,并组织开展预评估。受新冠肺炎疫情影响,经与IUCN沟通,实地评估将推迟至2021年。

【世界遗产保护管理】 做好世界遗产定期报告和反应性监测工作。按照联合国教科文组织世界遗产中心要求,组织开展世界遗产第三轮定期报告填写工作,确定各遗产地填报联络员,委托技术团队开展专题研究并举办培训;根据世界遗产大会相关决议要求,组织编制武陵源、三江并流、中国南方喀斯特3项世界自然遗产地保护状况报告并按时报送联合国教科文组织世界遗产中心。

【第44届世界遗产大会筹备】 积极配合中国联合国教科文组织全国委员会秘书处做好第44届世界遗产大会筹备工作。11月2日,第14届世界遗产委员会特别会议决定,将第44届世界遗产大会推迟至2021年适当时间,在福州举办。 (自然遗产/双遗产由何露供稿)

世界地质公园

【世界地质公园申报】 新增2处世界地质公园。7月7日,湖南湘西和甘肃张掖2处世界地质公园申报项目在联合国教科文组织执行局第209次会议上成功获批。至此,中国世界地质公园总数上升至41处,在全球161处世界地质公园中继续稳居首位。组织世界地质公园推荐申报。根据申报程序,向联合国教科文组织报送长白山、临夏和延庆(扩园)3处2021年度申报世界地质公园项目的意向书和正式申报材料。

【世界地质公园再评估】 组织2021年接受联合国教科文组织再评估检查的10处世界地质公园做好摘要总结和进展工作报告编制工作,并按时报送联合国教科文组织。

【2020年度中国教科文组织世界地质公园年会】 于10月27~28日在光雾山—诺水河世界地质公园举行,来自全国31个省(区、市)及香港特别行政区世界地质公园主管部门代表、地质领域的专家学者等参加会议。会上,各代表分享世界地质公园管理经验,共谋世界地质公园可持续发展。

【世界地质公园国际合作交流】 组织协调2020年度联合国教科文组织世界地质公园评估员推荐工作,6名中国专家学者和管理人员成功入选联合国教科文组织世界地质公园评估专家库。配合开展联合国教科文组织世界地质公园理事会改选换届工作,中国地质大学(北京)张建平教授成功连任理事会副主席。在联合国教科文组织世界地质公园秘书处等支持下,克服新冠肺炎疫情影响,指导举办第六届联合国教科文组织世界地质公园管理与发展国际培训班。配合联合国教科文组织世界地质公园秘书处开展世界地质公园相关技术文件修订工作,及时反馈中方意见。 (世界地质公园由程梦旎供稿)

国家公园体制试点

【综 述】 按照中央部署,2020年是建立国家公园体制试点工作的收官之年。国家林草局(国家公园管理局)会同各有关部门和试点省,继续探索改革创新,密切配合,攻坚克难,全力推进,国家公园体制试点任务基本完成。

【完成国家公园体制试点第三方评估验收】 2020年,国家林草局(国家公园管理局)全面启动国家公园体制试点第三方评估验收工作，组织院士领衔的专家组对评估验收结果进行论证评议。专家组认为，国家公园体制试点任务基本完成，为建成统一、规范、高效的中国特色国家公园体制积累了经验，探索了自然生态系统保护的新体制新模式，推动了以国家公园为主体的自然保护地体系建设。在此基础上，国家林草局（国家公园管理局）起草了《国家公园体制试点工作总结报告》。

【创新工作联动机制】 2020年，国家林草局（国家公园管理局）组建国家公园体制试点工作专班，下设10个工作小组，合力推进解决重点难点问题。与各试点建立挂点联络工作机制，通过实地调研、召开视频会议及建立试点任务台账、整改工作台账等形式，推动中期评估问题整改，督促试点任务落实。配合自然资源部，协调相关试点区完成国家公园自然资源统一确权登记的内业调查、成果核实等主体工作，推动健全自然资源资产产权制度改革。组织召开国家公园体制试点工作座谈会，深入学习近平总书记致第一届国家公园论坛贺信精神，邀请中央有关单位共同听取各试点工作进展情况汇报，协力推进国家公园体制试点建设。

【科学系统布局国家公园】 国家林草局（国家公园管理局）会同中国科学院，开展了全国自然保护地体系规划和国家公园空间布局研究。在全面分析中国生态系统、自然地理格局、生态功能格局、生物多样性、典型景观特征及自然保护管理条件的基础上，充分衔接国家以"三区四带"为核心的重要生态系统保护修复工程总体布局，对标国家公园设立标准，遴选出一批国家公园候选区，编制了《国家公园空间布局方案》。

【统一规范国家公园管理机构设置】 国家林草局（国家公园管理局）配合中央编办就国家公园管理机构设置进行大量前期调研，在此基础上，中央出台了统一规范国家公园管理机构设置的相关文件，明确了国家公园管理模式以及管理机构主要职责、设置原则、人员编制配备等具体工作要求，为建立统一、规范、高效的中国特色国家公园管理体制提供有力组织保障。

【加快推进立法进程，制定完善标准规划】 国家林草局（国家公园管理局）加快推进国家公园法等法律法规制修订工作，推动构建系统完整、权责清晰、衔接有序的国家公园法治体系。国家林草局（国家公园管理局）印发实施《国家公园监测指标和监测技术体系（试行）》。国家标准化管理委员会正式发布《国家公园设立规范》《自然保护地勘界立标规范》《国家公园总体规划技术规范》《国家公园考核评价规范》《国家公园监测规范》5项标准。国家林草局（国家公园管理局）印发东北虎豹、祁连山、大熊猫、海南热带雨林4个国家公园总体规划（试行），并指导各试点区开展专项规划编制工作，部分专规已编制完成，推进各试点区实施差别化保护管理。

【逐步完善资金保障机制】 2020年，国家林草局（国家公园管理局）协调财政部安排国家公园补助10亿元，纳入林业草原生态恢复资金；将"以国家公园为主体的自然保护地体系建设补助政策"作为"十四五"期间林业和草原重大政策支出需求，统筹纳入财政预算并积极争取增量资金。协调国家发改委下达2020年中央预算内文化旅游提升工程项目资金8.3亿元，将国家公园建设作为"十四五"文化保护传承利用工程重点内容之一，通过中央预算内投资予以支持。

【宣传引导】 注重加强科普宣教和舆论引导，广泛传播国家公园理念内涵和功能定位。国家林草局（国家公园管理局）和各国家公园体制试点区协调主流媒体，推出了一系列深度报道、纪录片、短视频、公益广告、画册等，开展全方位、多角度、立体化宣传，广泛凝聚共识，营造良好氛围。

【大事记】
1月6日 国家公园管理局办公室致函各国家公园体制试点单位反馈各国家公园体制试点评估意见。

1月17日 东北虎豹国家公园"天地空一体化监测网络体系"中试开通。

3月30日 国家林草局批准发布《国家公园总体规划技术规范》《国家公园资源调查与评价规范》《国家公园勘界立标规范》3个林业行业标准。

4月20日 经国家林草局党组研究同意，在局林产工业规划设计院加挂"国家林业和草原局国家公园建设咨询研究中心"牌子。

6月28日 国家林草局印发《东北虎豹国家公园总体规划（试行）》《祁连山国家公园总体规划（试行）》《大熊猫国家公园总体规划（试行）》和《海南热带雨林国家公园总体规划（试行）》。

7月10日 国家林草局（国家公园管理局）公园办致函各国家公园体制试点单位，启动国家公园体制试点评估验收工作。

8月19日 国家林草局（国家公园管理局）召开国家公园建设座谈会。

9月6日 国家林草局（国家公园管理局）委托第三方陆续赴10个国家公园体制试点开展评估验收现地勘查工作。

9月29日 国家林草局办公室印发《国家公园监测指标与监测技术体系（试行）》。

12月22日 国家标准化管理委员会正式发布《国家公园设立规范》《自然保护地勘界立标规范》《国家公园总体规划技术规范》《国家公园考核评价规范》《国家公园监测规范》5项标准。

（国家公园体制试点由盛春玲供稿）

林业生态建设

11

国土绿化

【综　述】　2020年，各地区、各部门深入贯彻习近平生态文明思想，认真落实党中央、国务院关于国土绿化工作决策部署，牢固树立"绿水青山就是金山银山"理念，统筹山水林田湖草沙系统治理，部门绿化、义务植树取得新成效，为建设生态文明和美丽中国作出积极贡献。

（宿友民）

【防疫条件下造林绿化和义务植树工作】　习近平总书记就防疫条件下做好春季造林绿化工作作出重要指示，李克强总理等中央领导同志作出批示。国务院办公厅印发《关于在防疫条件下积极有序推进春季造林绿化工作的通知》，全面部署春季造林绿化工作。全国绿化委员会出台《深入推进造林绿化工作方案》，明确今后一个时期造林绿化重点任务。各地区、各部门认真贯彻落实党中央、国务院决策部署，克服疫情不利影响，积极有序开展部门绿化和义务植树工作。

国家林草局印发《关于积极应对新冠肺炎疫情有序推进2020年国土绿化工作的通知》，召开视频会议动员部署，建立调度会商机制，督导各地全面完成年度造林任务。国家发展改革委、财政部加大国土绿化支持力度，保障全年造林绿化中央投资。住房城乡建设部制订《城市公园绿地应对新冠肺炎疫情运行管理指南》，加强城市公园绿地疫情防控和安全运行管理。交通运输部下发防疫条件下积极有序推进公路绿化工作通知。水利部结合春季造林绿化，加快推进重点区域水土保持生态治理。农业农村部要求各地结合村庄清洁行动春季战役，推进村庄绿化美化。中央军委后勤保障部下发文件，要求各大单位积极做好防疫条件下春季造林绿化工作。

（杨　惠）

【部门绿化】　教育系统扎实推进绿色学校建设，以"美化环境、陶冶心灵"为导向，将生态文明、人文修养、劳动实践融入绿化建设，提高师生爱绿、植绿、护绿意识，营造美丽绿色的育人环境，积极引导学生牢固树立生态文明理念。

农业农村系统印发《2020年农村人居环境整治工作要点》，统筹推进村庄清洁行动与绿化美化，全国95%以上村庄开展清洁行动，引导4亿多人次农民参加。

交通运输系统以美丽公路建设为载体，开展路域植被恢复，提升沿线景观效果。高速公路注重边坡防护和中央分隔带防眩功能，国道、省道注重道路两侧景观打造，县、乡、村道注重结合"四好农村路"示范建设，栽植花卉苗木、竹子等。全年完成公路绿化里程18万千米。

水利系统开展河湖"清四乱"专项行动，要求清理拆除违法违规设施后及时复绿，不复绿、不验收、不销号。制订"一河（湖）一策"方案，因地制宜推进河湖生态岸线建设、滨河滨湖绿化带建设。将河湖岸线植被覆盖率作为河湖健康评价必选指标，推动各地在河湖管理保护中注重岸线绿化。组织植树活动200多次，8000多人参加，植树14万余株。新增造林种草面积999.37公顷，三峡库区生态屏障区森林覆盖率超过50%，南水北调中线总干渠周边绿化率达48%。

中央直属机关44个单位5900多名干部职工植树（含折算株数）11.1万株。积极开展机关庭院、住宅小区绿化精细化养护管理，植树5.3万株，更新改造中直系统机关庭院绿地面积32.6公顷。

中央国家机关编印《中央国家机关节约型绿化美化单位建设指引》，积极推进中央国家机关庭院绿化美化建设。组织42个部门3.4万名干部职工捐款182万多元，助力首都绿化美化。

共青团组织建设"保护母亲河"行动青年林项目236个，完成造林2400公顷，吸引83.4万青少年直接参与。制作短视频、漫画等原创生态文化产品近7000个，开展各类植绿、护绿等环保主题活动12.2万次，累计覆盖近4亿人次。

妇联组织认定6个林业类"全国巾帼脱贫示范基地"，依托"巾帼家美积分超市"、巾帼志愿服务队等载体大力开展"最美庭院""乡村生态文明家庭"创评，大力传播健康生活常识和绿色环保理念。

国铁集团对既有铁路进行绿化补植补造，种植乔木219万株、灌木3480万穴。对新增4933千米铁路宜林地段全面绿化。全国铁路已绿化里程达5.38万千米，铁路宜林地段绿化率达87.25%。

中国石油全面实施生产厂区（场站）建设绿色生态工程、办公庭院建设绿色人文工程、生活小区建设绿色宜居工程、生产预留地建设绿色创效工程。组织41.69万人次参加实体植树，植树231.6万株，17.6万人次以其他方式参与尽责，折合植树49.5万株。在大庆油田建设首个碳中和林。

中国石化积极开展多种形式义务植树活动，完成义务植树（含折算株数）170.3万株。新建和改造绿地面积182.9公顷。

全国冶金系统深入开展矿山复垦、绿化厂区、美化家园行动，加大厂区绿化美化和矿山复垦投入，不断提升绿化水平。冶金行业绝大多数单位厂区绿化覆盖率超过40%，矿山企业绿化覆盖率超过35%。

中国邮政建设植树基地164个，组织开展植树活动486场，员工参与植树7.1万人次，植树（含折算株数）16余万株。

（章升东）

【全民义务植树】　4月3日，习近平总书记在参加首都义务植树活动时强调，在全国疫情防控形势持续向好、复工复产不断推进的时刻，我们一起参加义务植树，既是以实际行动促进经济社会发展和生产生活秩序加快恢复，又是倡导尊重自然、爱护自然的生态文明理念，促进人与自然和谐共生。要牢固树立"绿水青山就是金山银山"理念,加强生态保护和修复,扩大城乡绿色空间,为人民群众植树造林,努力打造青山常在、绿水长流、空气常新的美丽中国。习近平总书记指出,中华民族生生不息,生态环境要有保证。开展全民义务植树是推进国土绿化的有效途径,是传播生态文明理念的重要载体。植树造林、保护森林,是每一位适龄公民应尽的法定义务。要坚持各级领导干部带头、全社会人人动手,鼓励和引导大家从自己做起、从现在做起,一起来为祖国大地绿起来、美起来尽一份力量。

全国人大常委会、全国政协、中央军委分别组织开展"全国人大机关义务植树""全国政协机关义务植树""百名将军义务植树"活动。全国绿化委员会组织开展第19次共和国部长义务植树活动。全国31个省(区、市)和新疆生产建设兵团领导以不同方式参加义务植树。各级领导身体力行、带头尽责,为推动义务植树持续深入开展发挥了重要的示范引领作用。适应疫情防控要求,推广线上认养树木、"云植树"等多种尽责形式,让广大公众足不出户就能履行植树义务。全民义务植树网年访问量突破2400万人次,发放尽责证书860多万张。全绿委办制订《2020年植树节主题宣传工作方案》,发布《2019年国土绿化状况公报》,通过组织媒体宣传报道,制作推出义务植树年度宣传海报、H5短视频、宣传折页等宣传品,在"学习强国"开通义务植树专项答题,营造了良好舆论氛围。

北京市率先建成国家、市、区、街乡、社村5级"互联网+全民义务植树"基地,方便市民身边尽责。吉林省开展"全民共建绿美吉林"主题月活动,规划建设89个"互联网+全民义务植树"基地。上海市连续6年举办市民绿化节,选择认种认养尽责方式的参与人数和捐赠金额分别比2019年增长57%和134%。安徽省宣城市积极探索义务植树激励机制,对完成尽责的公民给予公园门票或购物优惠。福建省在75个县开展"春节回家种棵树"活动,掀起春节回乡植绿高潮。广东省推出"网友植树节"活动,发动公众"云植树"。广西壮族自治区开展"兴水利　种好树　助脱贫　惠民生"主题活动,实现"一绿多赢"。甘肃省金昌市以地方立法形式,确立"祁连山生态修复义务植树周"。辽宁、河南、湖北等地在防疫期间上线一批尽责项目。天津、海南、重庆、青海、宁夏、新疆等地积极开展植抗疫林、天使林、健康林、英雄林、民族团结林等纪念林活动。

(章升东)

【第四届中国绿化博览会】　于10月18日至11月18日在贵州省黔南布依族苗族自治州成功举办。此届绿博会主题是:绿圆中国梦,携手进小康。绿博园规划总面积1959公顷,森林覆盖率69%,核心区面积399公顷,共有31个省(区、市)、港澳台地区、5个计划单列市、相关部门(系统)的57个单位参展,建成56个室外展园。历时32天,先后举办大小活动1200余场,吸引游客52万人次,实现门票、餐饮、观光车辆服务等园区直接经济收入1280余万元。

第四届绿博会组委会、执委会通力合作,密切配合,努力克服新冠肺炎疫情影响,保质按时完成展园建设任务;妥善处理绿博园土地征用投诉问题,确保绿博会的和谐平安氛围;成功组织举办"国土绿化成就展""林业生态藏品展"和插花花艺、盆景等竞赛活动,圆满完成展园竞赛、优秀组织、突出贡献个人等推选和表扬活动。

(宿友民)

【第五届中国绿化博览会筹备工作】　启动第五届中国绿博会承办城市确定工作;对河北雄安新区申办材料进行初审,两次组织专家组现场考察调研,经多次协商,认为雄安新区基本具备承办第五届绿博会的条件和能力;9月,国家林草局党组会议专题研究雄安新区申办第五届绿博会事宜,原则同意2025年与河北省人民政府在雄安新区共同举办第五届绿博会。

(宿友民)

【《国土绿化》杂志管理工作】　完成《国土绿化》杂志全面改版和设置新增栏目,杂志质量有所提升;积极开拓业务领域,编制《第四届中国绿化博览会专刊》;不断提高杂志社管理水平,加强财务审核制度,盈利能力和发行数量稳步增长。积极稳妥探索《国土绿化》杂志公司制改制和清理整顿等事宜。

(宿友民)

古树名木保护

【综　述】　在习近平新时代中国特色社会主义思想的指引下,生态文明和美丽中国建设不断深入,国土绿化事业稳步推进,古树名木保护工作在立法保护、资源普查、技术标准、抢救复壮、保护宣传等方面取得显著成效。

【古树名木保护立法工作】　将制定《古树名木保护条例》列入国家林草局立法研究项目三档,成立工作专班,确定2020年立法调研工作安排,起草完成《条例》初稿。先后三次征求部分专家学者、省级绿委办和有关单位意见,修改形成《条例》(初稿第四稿),圆满完成年度工作目标。

【古树名木资源普查】　2015~2017年,在19个省份分3批开展普查试点,2018年普查工作由试点转向全面铺开,截至2018年底,31个省(区、市)和新疆生产建设兵团全面完成普查任务。2020年初对普查结果进行了核实。《第二次全国古树名木资源普查结果报告(审定稿)》已形成,全国普查范围内古树名木共计508万余株,包括散生122万余株,群状386万余株。

【古树名木抢救复壮】　从2019年1月至2020年,全绿委办共开展3批古树名木抢救复壮试点工作,涉及北京、山西、江苏、湖南、海南等20个省(区),涵盖200株一级古树,直接投入中央财政资金600万元。通过采取增加围栏、支撑加固、填充、病虫害防治等抢救复壮措施,使200棵一级古树又焕发新的生机。通过试点示范带动作用,地方加大了古树名木抢救复壮力度。各省(区、市)在试点基础上,加大配套资金投入,开展抢救复壮宣传,实行专家会诊等措施,扩大古树名木抢救复壮范围、内容和影响力,扩展试点工作的广度和深度。

【编制古树名木规划、技术标准等】 启动编制《全国古树名木保护规划(2021~2035年)》,完成提纲编写和审定;组织编制《古柏养护复壮技术规范》《古银杏养护复壮技术规范》以及《古树名木公园建设标准(试行)》和《古树名木公园管理办法(试行)》;全国古树名木信息管理系统运维工作状况良好。

【全国古树名木保护管理业务培训班】 9月24~25日,全国绿化委员会办公室组织的2020年全国古树名木保护管理业务培训班在北京召开。培训班安排现场教学、课堂授课和交流讨论等,来自全绿委办、中直机关、中央国家机关、全军绿委办及各省、市绿委办的相关领导和主管负责同志等100余人参加培训。

(古树名木保护由宿友民供稿)

森林公园建设与管理

【综　述】 2020年,国家林草局进一步加大森林公园管理力度,推动森林公园规范化管理。协同推进森林公园整合优化工作,全面摸清森林公园底数,加强国家级森林公园行政许可办理和总体规划审查批复工作,进一步推进森林公园信息化和行业培训等基础保障工作,引导森林公园自然教育发展。全国新建各类森林公园9处,森林公园总数达3571处,森林公园总面积达1857.55万公顷。受新冠肺炎疫情影响,全国森林公园游客量及旅游收入均有所下降,全国森林公园年接待游客7.4亿人次(其中海外游客488.49万人次),旅游收入585亿元,接待游客量和旅游收入较2019年分别降低30.12%和33.9%。

(韩文兵)

张家界国家森林公园

【国家级森林公园设立和改变经营范围审批】 国家林草局准予设立山西菩提山、黑龙江天石、浙江畲乡草鱼塘、河南嵩顶、湖北巴东、黑龙江海伦、浙江东阳南山、广东云勇、云南云龙9处国家级森林公园,准予广东韶关等11处国家森林公园改变经营范围。截至2020年底,国家级森林公园总数为906处,总面积达1277万公顷。

(李盼盼)

【国家级森林公园总体规划】 国家林草局分4次批复52个国家级森林公园总体规划,其中新编46个、修编6个,共涉及23个省(区、市)。批复文件就维护总体规划的严肃性和权威性、加强自然和人文资源保护、加强森林公园建设和管理、加强建设项目管控等方面提出明确要求。

(张　颖)

【森林公园整合优化】 自然资源部、国家林草局联合部署开展全国自然保护地整合优化工作。按照相关要求,各省摸清森林公园基础信息底数,提出每个森林公园的整合优化预案。

(李盼盼)

【全国中小学生研学实践教育基地】 由国家林草局推荐的10家全国中小学生研学实践教育基地共获得教育部资金支持278万元。结合新冠肺炎疫情防控形势,基地加强对线上教育资源的开发,通过开设线上实景课堂等方式,向社会提供公益性自然教育服务。全年共开发课程28门,组织活动近400场,青少年参与人数超过4万人次。

(李盼盼)

【森林公园自然教育培训班】 于8月23~29日在国家林草局管理干部学院原山分院举办,培训学员60人。培训内容包括自然教育发展形势与政策、基本理论、课程设计、活动讲解、设施设计、活动管理等。该培训班自2015年开始,已累计举办9期,培训学员540人。

(李盼盼)

【全国森林公园和森林旅游在线学习培训系统】 全国森林公园和森林旅游在线学习培训系统面向公众开放,该系统包含生态旅游形势政策、经营管理及新业态新产品等专题课程。2020年,该系统上线课程51门82学时,注册账户约500人,学员学习录播课总时长超过1100小时,直播课浏览量超过8900人次。

(李盼盼)

森林城市建设

【综　述】　2020年，认真贯彻落实习近平总书记关于森林城市建设重要指示精神，加强顶层设计，注重示范引领，强化建章立制，推动森林城市建设各项工作取得新进展。

【森林城市建设】　认真落实"一带一路"、京津冀、长江经济带、黄河流域、粤港澳大湾区等国家重点战略实施区的森林城市建设重点任务，加快推进沿大江大河森林城市带和雄安新区全国森林城市示范区建设，引导更多城市开展国家森林城市建设。全年共有17个省（区、市）的13个地级城市和53个县级城市备案建设国家森林城市，全国开展国家森林城市建设的城市达441个，其中地级及以上城市253个，县级城市188个。截至2020年底，全国有194个城市被授予国家森林城市称号，包括地级及以上城市170个，县级城市24个；有22个省（区、市）开展省级森林城市创建活动。

【森林城市群建设】　编制完成《京津冀国家森林城市群发展规划（2020～2030年）》《长三角国家森林城市群发展规划（2020～2030年）》《中原国家森林城市群发展规划（2020～2030年）》《关中平原国家森林城市群发展规划（2020～2030年）》。开展珠三角国家森林城市群验收工作。全国有17个省（区、市）开展国家级和省级森林城市群建设。

【森林城市制度规范建设】　制定《国家森林城市管理办法（试行）》《国家森林城市测评体系操作手册（试行）》，提高国家森林城市称号批准和管理工作的规范化水平。制定《国家森林城市建设总体规划编制导则》《国家森林城市群评价指标（试行）》，健全国家森林城市建设的规范标准。

【森林城市监测评估】　依据《国家森林城市评价指标（GB/T 37342—2019）》国家标准，对194个国家森林城市开展达标情况摸底工作，全面了解掌握各地国家森林城市建设情况。　　　　　（森林城市建设由古琳供稿）

林业应对气候变化

【综　述】　按照党中央、国务院总体部署及国家林草局党组统一安排，2020年林业和草原应对气候变化工作克服新冠肺炎疫情的不利影响，积极稳步推进，取得了新进展，为建设美丽中国、积极应对气候变化作出了重要贡献。

【工作推进】　深入贯彻落实习近平总书记关于生态文明建设、应对气候变化工作重要讲话指示精神，紧紧围绕《"十三五"控制温室气体排放工作方案》《强化应对气候变化行动——中国国家自主贡献》及《林业应对气候变化"十三五"行动要点》《林业适应气候变化行动方案（2016～2020年）》确定的目标任务，制订印发《2020年林业和草原应对气候变化重点工作安排与分工方案》，细化任务安排，抓好工作落实。配合完成《中国本世纪中叶长期温室气体低排放发展战略》《国家适应气候变化战略2035》《中国自主贡献进展报告》编制，提出2030年国家自主贡献更新目标森林蓄积量指标，把林业草原应对气候变化纳入国家总体布局和工作重点。

【增加生态碳汇】　加强林草种质资源保护、良种生产管理、市场服务与监管，为高质量国土绿化及植树造林奠定物质基础。

　　推进大规模国土绿化　国务院办公厅印发《关于在防疫条件下积极有序推进春季造林绿化工作的通知》，全国绿化委员会出台《深入推进造林绿化工作方案》，加强动员部署和会商调度，全力推动造林绿化，全面加强森林抚育，精准提升森林质量，拓展"互联网+全民义务植树"，稳步推进乡村绿化美化，规范建设森林城市，不断扩展城乡绿色空间。完成造林677万公顷、森林抚育837万公顷，年度计划任务全面完成。

　　实施重大生态修复工程　继续实施退耕还林还草、退牧还草、湿地保护与恢复、京津风沙源治理、石漠化综合治理、三北长江防护林体系等重点生态建设工程。在黄河流域5个省（区）启动实施规模化防沙治沙试点项目。全国完成退耕还林任务76.9万公顷、人工种草和退化草原改良283万公顷、防沙治沙209.7万公顷。全国林草资源不断增长，质量逐步提高，生态状况进一步改善，生态系统碳汇能力稳定增强。

【减少碳排放】　严格林地、林木保护利用管理。完善林地管理相关制度，持续推进国家森林资源智慧管理平台建设，从严审核审批建设项目使用林地。《关于全面推行林长制的意见》已经中央深改委审议通过。加强林木采伐限额管理，有效控制采伐消耗量。加强森林资源监测督查，严厉打击违法破坏资源行为。

　　天然林资源保护　积极推进《天然林保护条例》立法，研究起草《确定天然林保护重点区域技术指南》等规范性文件，江西等省出台天然林保护修复制度实施方案或实施意见。2020年，天保工程完成建设任务24.6万公顷，基本实现把所有天然林都保护起来的目标，天然林质量和生态功能稳步提高。加强古树名木保护，完成《古树名木保护条例》起草，启动古树名木抢救复壮第三批试点。

草原保护 加强草原保护法制建设，形成《草原法（草案）》，印发《草原征占用审核审批管理规范》，修改完善《关于加强草原保护修复的若干意见》，起草《关于稳定和完善草原承包经营制度的意见（代拟稿）》。启动首批39处国家草原自然公园建设。

湿地保护恢复 配合全国人大环资委，形成《湿地保护法（草案）》。发布《中国国际重要湿地生态状况》白皮书、《2020年国家重要湿地名录》。实施一批湿地保护修复工程项目和《红树林保护修复专项行动计划（2020~2025年）》，新增国家重要湿地29处，80处国家湿地公园试点通过验收，全国湿地保护率稳步提高。

荒漠植被保护 印发《国家林业和草原局创建全国防沙治沙综合示范区实施方案》和《全国防沙治沙综合示范区考核验收办法》。全力推进第六次荒漠化和沙化监测。新建、续建沙化土地封禁保护区13个，全国沙化土地封禁保护区面积扩大到177.17万公顷。

自然保护地体系建设 编制国家公园空间布局方案，发布《国家公园设立规范》等5项国家标准，出台东北虎豹等4个国家公园总体规划（试行）、规范国家公园管理机构设置的指导意见。开展全国自然保护地整合优化预案编制工作，形成全国自然保护地矢量数据库。完成《自然保护地法（草案第二稿）》《国家公园法（草案）》和《自然保护区条例（修订草案）》起草。新增28处国家级自然公园，启动国家草原自然公园试点。联合开展"绿盾2020"等专项行动，有力打击破坏自然保护地行为。

森林草原火灾防控 成立国家林草局防灾减灾工作领导小组，推动建立森林草原防灭火一体化工作体系，制订《森林草原防火督查工作管理办法》等一批制度办法。开展防火督导检查、火灾风险普查，推出"互联网+防火督查"系统，着力提升火灾综合防控能力。全国森林、草原火灾发生起数分别比2019年下降50.8%和71.1%。

林业和草原有害生物防治 开展《森林病虫害防治条例》等防控法规制度修订。强化对重点省份和重点区域松材线虫病防治督导检查，研究制订《科学防控松材线虫病疫情的指导意见》《全国松材线虫病疫情防控5年攻坚行动计划》。有效阻止非洲沙漠蝗、境外黄脊竹蝗入侵。

通过全面加强森林、草原、湿地、荒漠等生态系统的保护，有效减少因人为和自然干扰导致的碳排放，为国家控制温室气体排放目标和应对全球气候变化作出重要贡献。

【研究和成果应用】 加强政策研究，聚焦林业和草原应对气候变化重点工作和热点问题，组织开展草原保护修复和利用制度、天然林保护修复政策、国家公园体制机制、绿水青山转化为金山银山有效途径、民营经济参与林草业发展政策机制、"十四五"林业和草原应对气候变化行动要点、国家自主贡献2030年森林蓄积量更新目标等研究项目，取得了重要的成果，为国家制定应对气候变化战略、规划、方案，科学谋划布局林业和草原应对气候变化提供了有力支撑。全年编印《气候变化、生物多样性和荒漠化问题动态参考》16期，为国务院有关部门应对气候变化决策提供了咨询。

加强科技创新，批复第二批60个国家林业和草原长期科研基地，将5个草原生态系统国家野外站纳入观测网络，认定10个国家林业和草原工程技术研究中心，成立长江经济带生态保护等6个区域科技协同创新中心。"森林资源激光雷达遥感动态监测与蓄积量估测技术联合研发""荒漠绿洲防护林体系构建合作研究"等一批项目纳入国家重点研发计划，启动实施草原生态保护修复与生物防治技术、松材线虫病防控技术和雷击火监测预警等国家林草局重大应急科研项目。"南方典型森林生态系统多功能经营关键技术与应用"等2个项目获国家科技进步二等奖，"毛竹基因组学研究"等9个项目获得梁希科学技术奖一等奖。发布《森林生态系统服务功能评估规范》等一批国家标准和退化防护林修复技术、纤维板生产线节能技术规范等一批行业标准。出台《国家林业和草原局 科学技术部关于加强林业和草原科普工作的意见》，发布《2020年度重点推广林草科技成果100项》，指导各地加快林草种质资源保护与繁育、造林与森林经营技术、生态修复与病虫害防治等一批新技术新成果的推广应用。

【碳汇计量监测体系建设】 组织国家林草局规划院，制订2020年全国林业碳汇计量监测工作方案、第二次全国林业碳汇计量监测成果汇总技术方案、第三次全国林业碳汇计量监测技术方案。初步完成第二次计量监测样地数据核实、查核和建库，完善碳储量计算模型，建立林地、草地和湿地清单排放因子库，初步产出2016年相关结果数据。在内蒙古新巴尔虎左旗启动草原碳汇计量方法试点研究，在北京等15个省份开展第三次全国林业碳汇计量监测，取得阶段性成果。批准发布《竹林碳计量规程》和《竹材制品碳计量规程》行业标准，完成《落叶松林下灌木层生物量模型》《马尾松林下灌木层生物量模型》等9项行业标准审定。组织中国林科院，启动"2016年土地利用、土地利用变化和林业温室气体清单编制"项目。积极推进"金林工程"林草碳汇管理子系统开发。

【人才培养】 举办第14期全国林业应对气候变化政策与管理培训班，邀请国家应对气候变化战略研究和国际合作中心等单位专家，分别就国际应对气候变化最新进展与趋势、中国应对气候变化政策与实践、中国林草应对气候变化形势与任务、碳市场建设与林业碳汇项目开发交易等内容进行详细讲解；深入交流贵州省单株碳汇精准扶贫项目、广东省碳普惠制林业碳汇项目开发工作经验，提高各省林草应对气候变化的工作能力和水平。选派专家为国家林草局2020年新录用人员初任培训班、中国石化集团绿化培训班、内蒙古大兴安岭森工集团公司林业碳汇技术培训班授课。完成《林业和草原应对气候变化知识读本》编写，出版《林业和草原应对气候变化主要文件汇编》,为今后干部培训教育奠定基础。

【国际合作交流】 为中央领导参加联合国成立75周年活动、G20利雅得峰会、气候雄心峰会提供林业和草原应对气候变化情况材料。积极配合中国气象局,完成政府间气候变化专门委员会(IPCC)第六次评估报告"第一部分 科学基础"和第二工作组报告的政府评审。参加联合国粮农组织(FAO)第25届林委会视频会,就"森林:基于自然的气候变化解决方案"议题发言,展示中国林业应对气候变化成就和下一步政策与行动。与生态环境部、新西兰环保部共同召开中新碳交易技术交流视频会,双方分享碳排放权及林业碳汇交易政策和经验。

深化湿地保护国际合作,扎实推进《湿地公约》第十四届缔约方大会筹备工作,通过与中外磋商、座谈研讨、专题研究等方式,组织起草大会筹备顶层设计文件。

深化荒漠化防治国际合作,积极推进《防治荒漠化公约》亚洲区域办公室落户中国,参与G20等相关环境宣言文本征求意见及谈判。经中编办同意,"中华人民共和国联合国防治荒漠化公约履约办公室"正式挂牌。

【应对气候变化宣传】 开通"应对气候变化林业草原在行动"微信公众号,印发《2019年林业和草原应对气候变化的行动与政策》白皮书,参与编制《中国应对气候变化的政策与行动2020年度报告》,展示中国林业和草原应对气候变化的新进展、新成效。

充分利用植树节、"绿水青山就是金山银山"理念15周年、京津风沙源治理工程建设20年、世界湿地日、世界野生动植物日、世界防治荒漠化和干旱日等重要节点,以及中央领导义务植树、共和国部长义务植树、"十三五"成就巡礼、绿色中国行、联合国气候雄心峰会等重大活动,组织媒体广泛开展报道,深入宣传中国在国土绿化、荒漠化防治、三北防护林工程和国家公园建设等方面取得的显著成就,在维护生态安全、推进全球应对气候变化中发挥的重要作用。

做好全国节能宣传周和全国低碳日活动的宣传,在《中国绿色时报》刊发"应对气候变化 林草行业展现大国担当"专版。

积极参加世界防治荒漠化和干旱日全球线上纪念活动,制作并向国际社会播发《携手防沙止漠 共护绿水青山》(中英文版)宣传片、《筑起生态绿长城——防治荒漠化在中国》宣传册,出版《中国防治荒漠化70年》(英文版),编写《全球土地展望》(第二版)最佳实践案例,向世界传播中国声音,展示中国智慧,分享中国经验。

(林业应对气候变化由王福祥供稿)

林草改革

12

重点国有林区改革

【综　述】　2020年是重点国有林区改革的收官之年，国家林草局深入贯彻落实党中央、国务院决策部署，对接协调国家发展改革委等改革工作小组成员单位，靶向督促推进，狠抓责任落实，重点国有林区改革工作任务基本完成，取得重要成果。

【国有林区各项改革任务圆满完成】《国有林区改革指导意见》（以下简称《意见》）印发以来，国家发展改革委、国家林草局会同有关部门，全面贯彻习近平生态文明思想，指导内蒙古、吉林、黑龙江三省（区）认真落实习近平总书记关于"保生态、保民生"的重要指示精神，采取有力措施，以全局观念和系统思维谋划推进改革，取得了重要成果。2020年8月，在三省（区）自查验收并提交已全面完成改革任务承诺函的基础上，改革成员单位组成联合工作小组，对三省（区）改革任务完成情况进行了抽查验收。验收结果表明，国有林区改革各项任务圆满完成，主要支持政策基本到位，实现了习近平总书记提出的"资源增长、生态良好、林业增效、职工增收、稳定和谐"的目标要求。

停伐政策全面落实　2015年4月1日起，全面停止天然林商业性采伐，撤下采伐工队3598个，封存调剂采伐设备1.65万台（套），与木材生产相关的15.7万名职工全部转岗并妥善安置。5年多来，累计减少森林蓄积量消耗3100多万立方米，森林资源实现持续恢复和稳定增长。森林资源监测结果显示，国有林区森林面积增加70.92万公顷，森林蓄积量增加4.5亿立方米，分别超过改革目标93.4%和12.5%，天然林得到全面保护，生态功能持续增强。

政事企分开取得积极成效　全面实现政企分开，森工企业承担的行政职能全部移交属地政府，共移交机构2800个，移交和安置人员4.45万人，尤其是大兴安岭和伊春林区打破多年以来政企合一的体制，实现了森工企业和地方政府独立运行。因地制宜推进企业办社会职能移交，内蒙古森工集团将办社会职能全部移交属地政府，其他林区办社会职能也基本移交，共移交机构1361个，涉及人员9.77万人。通过政事企分开，切实减轻了森工企业负担。

森林资源管理体制进一步完善　建立了新的重点国有林区森林资源管理体制，由国家林草局代表国家行使重点国有林区国有森林资源所有者职责，由森工企业受国家林草局委托承担重点国有林区森林资源经营保护工作，由县级以上各级林草部门承担行政执法和森林资源监管职责。明确了森林资源所有权、经营权、监管权的责任主体，理顺了中央和地方的关系，解决了重点国有林区森林资源长期由森工企业自管自用和所有权主体缺位的问题。各森工（林业）集团制订企业改制或改革方案，森工集团总部内设机构数量较改革前减少34%，整合撤并林场（所）113个，职工人数由改革前的48.3万人，减少到2019年底的37.6万人。

森林资源管护成效逐步显现　完善森林资源管护体系，建立纵向到底、横向到边、覆盖全林区的森林资源管护体系，管护责任落实率达到100%。共改造、新建管护站点用房2108座、瞭望塔864座，为提升管护效率提供有力保障。创新森林资源管护机制，按照森林资源分布和管护难易程度，采取远山设卡、近山设站，专业管护和家庭承包相结合等方式，创新管护机制，提升管护水平。推广北斗定位、无人机、"森林眼"等先进技术手段应用，林区林政案件数量不断下降，东北虎、东北豹、紫貂等野生动物种群数量日益增多，生物多样性不断丰富。

森林资源监管制度持续完善　健全国有林区森林资源产权制度，推动修订《森林法》，对国有林区森林资源产权登记、资产有偿使用、森林经营、森林采伐等做出了立法规范，按照《关于建立以国家公园为主体的自然保护地体系的指导意见》《湿地保护修复制度方案》等规范性文件要求，完善国有林区内天然林、湿地、自然保护地等各类资源和自然生态空间保护制度。合理调整国家林草局派驻地方森林资源监督办事处职能，加强对国有林区森林资源保护的监督管理。推动开展国有森林资源管理绩效考核工作，印发《关于全面加强森林经营工作的意见》，组织重点国有林区87个森工企业编制完成森林经营方案。

地方政府保护森林、改善民生的责任进一步落实　各级党委、政府统筹林区经济社会发展，不断加大对林区的投入和支持，推动林区经济社会发展融入地方。三省（区）将国有林区建设纳入国民经济和社会发展总体规划及投资计划，制订林区公路、铁路、机场、通讯等专项规划，共投入资金74.87亿元用于改善林区基础设施，统筹林区养老、医疗等社会保障政策和区域经济发展政策，推进基本公共服务均等化。地方党委、政府完善考核指标、落实目标责任，将国有林区森林覆盖率、森林蓄积量的变化纳入考核指标，对林地保有量、征占用林地定额等进行年度目标责任考核。地方政府认真落实森林防火行政首长负责制，与森工企业建立地企协调配合、齐抓共管的森林防灭火一体化工作机制，国有林区人为森林火灾发生率连续3年为"零"。

林区职工生产生活不断改善　全面停伐后，多渠道创造就业岗位，通过增加管护岗位、发展特色产业、鼓励自主创业等途径，使22.74万名职工得到妥善安置，林区职工年均工资由改革前的3万元，增长到2019年的4.5万元，林区职工医疗、养老等社会保障基本实现全覆盖，实现了转岗不下岗、待遇不降低。不断改善林区职工生产生活和居住条件，国有林区供电、饮水、道路、管护用房建设等纳入国家支持范围，完成棚户区改造13.3万户，近2万名深山远山职工搬入中心城镇。

各方合力推动林区改革　改革任务顺利完成，是中央有关部门指导和三省（区）党委、政府支持的结果。国家发展改革委和国家林草局会同有关部门，先后6次组织召开改革工作会议，3次组成联合工作组深入林区专项督查；国家发展改革委、国家林草局负责同志19次带队深入林区调研指导，组织召开改革专题会议54次，累计派出工作组30余次赴林区督导调研。中央组织部、中央编办印发《关于健全重点国有林区森林资源管理体制有关事项的通知》，明确了重点国有林区森林资源管理体制。国家发展改革委累计安排投资127.5亿元，用于支持林区防火应急道路、管护用房等建设。交通运输部等部门印发《关于促进国有林场林区道路持续健康发展的实施意见》，明确国有林场林区道路属性以及投资建设和管理养护方案，并安排车购税资金134.5亿元，支持场部通硬化路以及林下经济节点道路建设。财政部提高了森林管护、社会保险和政社性支出补助标准，积极支持森林抚育，并结合全面停止天然林商业性采伐补助政策，逐步加大对国有林区的支持力度。5年来，中央已累计安排天保相关资金近1550亿元，为确保改革任务顺利完成提供了有力保障。民政部、司法部、人力资源和社会保障部、自然资源部、住建部、水利部、审计署、国家能源局积极参与，汇聚改革合力，加大政策支持，推动国有林区改革取得重要成果。

（王晓丽、沙永恒）

【国有林场和国有林区改革工作小组会议】 1月2日，国家林草局与国家发展改革委联合召开国有林场和国有林区改革工作小组专题会议。会议通报2019年协调推进国有林区改革开展的主要工作，以及中央编发〔2019〕225号文件精神的推进落实情况，审议并原则通过《重点国有林区改革国家验收方案》，国家林草局副局长李树铭、国家发展改革委副主任连维良，共同对做好下一步改革工作提出明确要求，为全面做好2020年各项改革工作指明方向。

（沙永恒）

【大兴安岭林业集团公司挂牌成立】 4月2日，国家林草局在黑龙江大兴安岭加格达奇，举行大兴安岭林业集团公司揭牌仪式，国家林草局副局长李树铭、黑龙江省委副书记陈海波为集团公司、公司党委、公司纪委揭牌。大兴安岭林业集团公司揭牌，结束了长达32年由黑龙江省代管的历史，标志着大兴安岭林业集团公司管理体制发生重要变革，重点国有林区改革取得重要成果。

【宣布大兴安岭林业集团公司新班子视频会议】 4月2日，国家林草局在黑龙江大兴安岭加格达奇，召开宣布大兴安岭林业集团公司新班子视频会议。国家林草局副局长李树铭和黑龙江省委副书记陈海波出席会议并讲话，会议由国家林草局总经济师杨超主持。国家林草局资源司一级巡视员李志宏宣读国家林草局党组致黑龙江省委、省政府的感谢信，人事司副司长王浩宣读集团公司领导任命文件，大兴安岭林业集团公司党委书记、总经理于辉，大兴安岭地委书记李大义作表态发言。

【重点国有林区改革验收】 8月24日至9月11日，国家林草局副局长刘东生、李树铭和国家发展改革委有关负责同志分别带队，联合国家国有林场和国有林区改革工作小组各成员单位，组成3个验收工作组，分别赴内蒙古、吉林、黑龙江省（区）开展重点国有林区开展改革验收工作。各验收工作组采取抽签和选点相结合的方式，对6个森工集团所属的21个林业局进行实地验收，分别听取森工企业及所在地方政府关于改革情况的汇报，认真查阅改革任务落实相关认定材料，随机抽取每个林业局一个林场，召开林场职工座谈会，开展满意度调查，深入了解改革任务落实情况。验收结果表明，内蒙古、吉林、黑龙江3个省（区）改革验收评分分别为98.8、98.4和95.7，总体评价全部为"优"，顺利通过改革验收。验收工作结束后，各验收工作组分别组织召开验收结果反馈会，向3个省（区）提出验收工作意见，指出改革中的问题不足，提出具体整改要求，进一步推进改革任务全面落实。

（王晓丽）

国有林场改革

【综　述】 2015年2月，中共中央、国务院印发《国有林场改革方案》，标志着国有林场改革拉开帷幕。改革启动后，国家发展改革委和国家林草局会同中央编办、民政部、财政部、人力资源社会保障部、自然资源部、住房城乡建设部、交通运输部、水利部、审计署、国家能源局、中国银保监会等部门切实履行职责，各省（区、市）人民政府严格落实主体责任，全面贯彻落实习近平生态文明思想，始终按照习近平总书记关于"改革的目的就是要保护好生态，要通过改革发挥国有林场生态功能，明确生态安全定位，改革有两条底线，保生态、保民生"的重要指示，积极采取有力措施，扎实推动改革工作，各项改革任务顺利完成。改革之后，国有林场个数由4855个整合为4297个，森林面积较改革前增加1133.33万公顷，森林蓄积量增加14.7亿立方米；国有林场职工编制数由改革前的40万人精简到20.68万人，职工年均工资达到4.5万元，是改革前的3.2倍。总的看，改革取得五大成效。

国有林场的功能定位更加明确 通过改革，国有林场个数由4855个整合为4297个，71.8%被定为公益一类事业单位，23.7%被定为公益二类事业单位，4.5%被定为公益性企业；193所学校、230个场办医院移交属地管理，理顺了与667个代管乡镇、村的关系，为国有林场将主要精力转到保护培育森林资源、修复生态系统和提供生态服务上提供了组织保障。国有林场功能定位发生了历史性转变，发展模式实现了由利用森林资源获取经济利益到保护森林提供生态服务的历史性转变。

国有林场内部管理更加高效 通过改革，国有林场个数由4855个精简到4297个，减少11.5%；核定国有林场事业编制20.68万个，比中央确定的22万改革目标还少1.32万个，比改革前的40万个减少了19.32万个，减少48.3%。国家林草局会同人力资源和社会保障部印发《国有林场职工绩效考核办法》《关于国有林场岗位设置管理的指导意见》，构建了精简高效的制度体系。

国有林场生态功能更加显著 一是采伐量大幅度减少。通过全面停伐天然林和压减其他商业性采伐，国有林场每年减少森林资源消耗556万立方米，占改革前年采伐量的50%，超额完成减少20%商业性采伐的改革目标，为提升国有林场生态功能奠定了坚实基础。二是森林面积、蓄积量大幅度增加。据统计，全国国有林场森林面积较改革前增加1133.33万公顷，森林蓄积量增加14.7亿立方米，超额实现了森林面积增加666.67万公顷以上和森林蓄积量增加6亿立方米以上的改革目标。

国有林场民生基础更加完善 一是改革成本得到解决。中央财政专门安排改革补助158亿元、全面停止天然林商业性采伐补助242亿元、国有林场扶贫资金33.3亿元，省级财政安排改革补助23.5亿元，为国有林场改革顺利推进提供强有力的资金保障，彻底解决职工养老医疗保险欠费等长期想解决而无力解决的历史遗留问题。二是国有林场职工住房无着落、工资无保障、社保不到位的问题得到基本解决。累计改造危旧房54.5万户，实现职工每户一套单元房的目标；职工年均工资达到4.5万元，是改革前的3.2倍；职工基本养老保险、基本医疗保险参保率由75%提高到100%，实现了全覆盖；通过发展森林旅游等特色产业，利用政府购买服务、转岗就业、提前退休等多种途径，安置富余职工16万人。三是国有林场饮水安全和用电难问题得到基本解决。水利部将国有林场饮水安全纳入到"十三五"农村饮水安全巩固提升规划，国家发展改革委结合"十三五"新一轮农网改造升级，积极支持国有林场电网建设，并得到较好落实。

国有林场支持政策更加完备 一是国有林场场部出行问题得到解决。交通运输部等4个部门印发《关于促进国有林场林区道路持续健康发展的实施意见》，明确国有林场林区道路属性归位及投资建设和管理养护方案，并安排车辆购置税资金134.5亿元支持场部通硬化路及林下经济节点道路建设。二是积极化解金融债务。中国银保监会、财政部、国家林草局印发《关于重点国有林区森工企业和国有林场金融机构债务处理有关问题的意见》，中国银保监会化解国有林场因营造公益林、天然林停伐形成的5.29亿元金融债务。三是国有林场管护用房建设取得积极进展。国家发展改革委启动国有林场管护用房建设试点，投资4.48亿元支持内蒙古、江西、广西、重庆、云南5个省（区）试点建设管护用房2080套，为全面铺开国有林场管护用房建设积累了经验。

（宋知远）

【反馈国有林场改革验收意见】 2019年，根据《国家发改委国家林草局关于部署国有林场改革验收工作的通知》，国家发改委、国家林草局会同中央编办、财政部、自然资源部、住建部、水利部、交通运输部7个部委对随机抽取的内蒙古、安徽、福建、山东、河南、湖北、广西、贵州、陕西9个省（区）进行国家重点抽查验收。2020年6月，根据验收结果，国家发展改革委、国家林草局联合印发国家重点抽查验收的反馈意见，要求9个省（区）严格按反馈意见进行对照整改。安徽省省委书记李锦斌、河南省省长尹弘、山东省常务副省长王书坚、广西壮族自治区政府副主席方春明等分别作出批示指示。福建省人民政府出台国有林场人才队伍建设意见，安徽、河南、广西等省区将国有林场道路、饮水安全、电网和电力设施改造等基础设施建设纳入地方"十四五"规划，广西壮族自治区林业局制订区直属林场人才引进方案。

（宋知远）

【巩固和提升国有林场改革成效】 针对国有林场改革任务落实不够精准以及改革后新出现的问题，经商国家发展改革委，国家林草局于6月16日印发《关于进一步巩固和提升国有林场改革成效的通知》，要求各省（区、市）一个一个林场地排查，精准精细抓好落实工作，确保改革不留死角。除广东、湖南、江西3省外，其他25个省（区、市）全部报送整改报告。浙江省政府办公厅下发整改通知，福建省政府办公厅印发加强国有林场人才队伍建设的意见，重庆市启动全市69个国有林场森林经营方案编制修改工作，甘肃省人大就改革落实情况进行专题调研，提出工资缺口、人才缺乏、编制少、基础设施滞后等11个方面的问题，并督促协调省级有关部门要切实完成整改。

（宋知远）

【《国有林区（林场）管护用房建设试点方案（2020~2022年）》】 1月19日，国家林草局印发《国有林区（林场）管护用房建设试点方案（2020~2022年）》，在内蒙古、江西、广西、重庆、云南5个省（区）继续开展国有林场管护用房建设试点，计划3年安排中央投资2.38亿元，建设管护用房1212处。

（张志）

【国有林场改革满意度测评】 4~10月，国家林草局林场种苗司委托第三方机构开展国有林场改革满意度调查。调查分两个层次，一是对除天津、上海、西藏外，28个省（区、市）的4247个国有林场开展总体情况调查；二是对随机选择的20%的国有林场、每个林场随机确定的20名职工，总计约12 000多名职工开展调查。实际收到林场反馈调查问卷4150份，职工反馈调查问卷11 608份。调查结果显示，国有林场改革满意度为95.83%，职工改革满意度为93.55%。调查发现存在部分公益一类国有林场实行差额保障，部分国有林场编制尚未落实到人等问题。

（张志）

【《国有林场职工绩效考核办法》】 3月13日，为有效评价国有林场职工的德才表现和工作实绩，调动职工工作积极性，增强国有林场发展活力，国家林草局和人力资源社会保障部联合印发《国有林场职工绩效考核办法》。该办法共六章二十三条，分别对考核原则、考核范围、考核对象、考核组织方式、考核档次、考核结果运用和考核的监督管理作出规定。该办法是国有林场改革的配套性政策，旨在通过建立能够反映工作实绩的考

核机制，能够实现与工作实绩挂钩的工资兑现机制，调动国有林场职工积极性。（宋知远）

【国有林场GEF项目】 国有林场GEF项目稳步推进。一是按照"一场一案"的编制原则，编制完成7个试点林场的新型森林经营方案。二是按照"多规合一"以及山水林田湖草综合治理的思路，编制完成1市（毕节市）2县（承德丰宁县和赣州信丰县）以林为主的山水林田湖草规划草案。三是制订7份林场关键生态服务年度监测方案，编制国有林场社会经济影响监测指南，开展试点国有林场的生态服务和社会经济监测工作。四是组织开展培训，先后组织5次线上培训、1次国家级培训和6次省级培训，共培训560人次。五是加强宣传，在《中国绿色时报》、国家林业和草原网等媒体平台发布项目工作动态，在世界自然保护联盟（IUCN）、国有林场GEF项目微信公众平台发布科普消息、新闻报道30余篇，发布《项目动态》4期。（张　志）

【国有林场GEF项目指导委员会视频会议】 于12月30日在北京召开，总结项目实施两年来取得的成效，分析存在的问题，安排部署2021年重点工作。国家发展和改革委、世界自然保护联盟（IUCN）、中国科学院和国家林草局等成员单位在北京主会场参会，河北、江西和贵州3省林草主管部门在分会场参会。国家林草局副局长、项目指导委员会主任刘东生出席会议并讲话。（张　志）

集体林权制度改革

【综　述】 2020年，集体林权制度改革取得明显成效，林权流转稳步推进，新型经营主体达28.39万个，经营林地2666.67万多公顷。国家林草局与中央改革办、中央政策研究室组成联合调研组，赴福建开展深化集体林权制度改革专题调研。国家林草局确定福建省三明市为首个"全国林业改革发展综合试点市"。

【集体林权管理】 国家林草局会同国家市场监督管理总局出台了《国家林业和草原局 国家市场监督管理总局关于印发集体林地承包合同和集体林权流转合同示范文本的通知》，引导和规范合同当事人签约履约行为。联合自然资源部出台《自然资源部办公厅 国家林业和草原局办公室关于进一步规范林权类不动产登记做好林权登记与林业管理衔接的通知》，着力解决林权登记难的问题，推动林权类不动产登记工作。集体林地承包经营纠纷调处工作纳入平安中国建设考核范围。开发了林权综合监管系统，包括林权登记管理、权源表、承包管理、流转管理、经营主体、林权收储管理、改革统计、林权管制等多个模块。

【集体林业综合改革试验】 完成了2018~2020年集体林业综合改革试验区总结评估工作，下发了《关于开展集体林业综合改革试验区试验任务总结评估工作的通知》。评估结果显示，33个改革试验区积极探索，通过强化组织领导、明确任务分工、加强督促检查、强化宣传发动等，试验工作取得了明显成效，形成了一批可复制、可推广的典型经验和做法。国家林草局办公室印发了《集体林业综合改革试验典型案例》（第一批），积极总结、宣传、推广各地典型经验和做法。11月26~29日，国家林草局发改司在北京举办了集体林权制度改革政策培训班，讲解乡村振兴与现代林业发展政策，介绍集体林业综合改革试验区试验任务总结评估情况，座谈交流深化集体林权制度改革典型经验和做法。重庆市、安徽省、浙江省等做了典型经验交流。

【参与林业公共资源交易平台相关工作】 国家林草局联合国家发展改革委出台了《公共资源交易平台系统林权交易数据规范》，引导集体林权纳入公共资源交易平台公开交易，促进林权交易公正公平，保障当事人的合法权益，推动集体林权流转市场健康发展。

【深化集体林权制度改革研究】 国家林草局发改司组织北京师范大学、福建农林大学、北京林业大学、中南林业科技大学、中国林科院、国家林草局经研中心等单位有关专家，召开视频会议，集中研讨深化集体林权制度改革举措。组织开展了绿水青山转换为金山银山有效途径重大课题研究。

（集体林权制度改革由郭宏伟供稿）

草原改革

【《关于加强草原保护修复的若干意见》报批工作】 2020年初，《关于加强草原保护修复的若干意见》经国家林业和草原局党组会议审议通过后报自然资源部，先后经自然资源部专题会议、部党组会议审议通过，会签了18个部委，经过反复协调沟通修改，于11月底报国务院。

【国有草原资源有偿使用制度改革工作】 2019年底，

国家林草局将《国有草原资源有偿使用制度改革方案》报国务院,经与国务院相关部门沟通汇报,于2020年6月,修改形成《关于国有草原资源有偿使用制度改革的意见》。后经协调中央改革办,为减少发文,在《关于加强草原保护修复的若干意见》中增加有偿使用的内容,不再单独报中央。相关内容已在《关于加强草原保护修复的若干意见》中进行修改完善。(颜国强 程 航)

林草产业

林草产业发展

【综　述】　2020年，林草产业始终保持良好发展态势，形成经济林、木竹材加工、生态旅游3个年产值超过万亿元的支柱产业。全国林业产业总产值达7.55万亿元，林下经济面积近4000万公顷，经济林产品产量近2亿吨，经济林产业产值超过2万亿元，占全国林业产业总值的30%，林产品进出口贸易额达1600亿美元，带动3400多万人就业。　　　　　　　　　　（毛　飞）

【新冠肺炎疫情防控和林业企业复工复产】　新冠肺炎疫情爆发后，国家林草局和各级林草主管部门坚决贯彻中央关于统筹推进疫情防控和经济社会发展工作的决策部署，指导林业企业严格科学防控疫情，稳妥有序复工复产。发改司印发《关于统筹推进新冠肺炎疫情防控和林业企业复工复产工作的通知》，指导和督促各地林草主管部门加大工作力度，帮助林业企业用好用足各项援企稳岗优惠政策，努力克服疫情造成的不利影响。及时跟踪、收集、整理、汇总疫情期间林业企业面临的难点堵点问题和政策诉求，积极向国家疫情防控领导小组及有关部门报告反映，多方争取政策支持。积极发挥有关社会组织和科研机构的作用，为林业企业提供市场信息，做好企业间对接，努力解决原料供应短缺等生产经营突出问题。充分利用各类媒体平台，大力宣传林业企业复工复产情况和突出典型，为林业企业打气鼓劲，营造良好舆论环境。

全国林业企业复工复产进展顺利，生产经营销售状况逐步趋于正常。林业种植业有序恢复生产，经济林、林下经济、竹藤花卉等产业"开春即开工""战疫不误工"。林产工业逐步复产脱困，国家林业重点龙头企业、国家林业产业示范园区发挥表率作用，带动同行业及产业链上下游企业协同复工复产。林业服务业蓄势待发，各地森林康养基地在稳妥恢复经营的同时，相继推出一系列面向医务工作者的优惠服务。截至3月下旬，除湖北省以外，全国林业企业复工率超过90%。3月27日，中央电视台《新闻联播》对全国林业企业复工复产情况进行了报道，获得了良好社会反响。　　（毛　飞）

【调整国家林业和草原局产业工作领导小组】　8月19日，国家林草局办公室印发《关于调整国家林业和草原局产业工作领导小组的通知》。《通知》指出，为进一步推动林草产业高质量发展，根据工作需要和人员变动情况，决定将国家林业和草原局产业工作领导小组更名为国家林业和草原局林草产业工作领导小组，并对成员进行调整。国家林草局党组书记、局长关志鸥担任领导小组组长。　　　　　　　　　　　　　　（毛　飞）

【第三批国家林业重点龙头企业运行监测】　根据《国家林业重点龙头企业推选和管理工作实施方案》有关要求，国家林草局对第三批123家国家林业重点龙头企业2017~2019年的经营状况进行运行监测。经过企业填报信息、省级林草主管部门审核、汇总分析监测数据、专家评审等程序，形成监测成果。此次受监测的123家企业中，117家企业经营状况较好，主要指标均达到国家林业重点龙头企业评价标准。监测结果显示，117家龙头企业规模稳步扩大，运营情况比较平稳，示范带动作用持续增强，企业总资产达905.44亿元，年销售收入488.57亿元，年净利润总额34.02亿元，累计带动农户876 588户，带动农户年增收总额46.92亿元，户均年增收5000多元。

依据监测结果、相关管理规定及其他有关情况，12月28日，国家林草局发文取消7家企业"国家林业重点龙头企业"称号。　　　　　　　　　　　（毛　飞）

【第十三届中国义乌国际森林产品博览会】　11月1~4日，国家林草局与浙江省人民政府联合主办第十三届中国义乌国际森林产品博览会。根据新冠肺炎疫情防控工作需要，此届森博会首次采用线上线下同步办展的方式。线下森博会在义乌国际博览中心设展馆5个、特色展区10个、展位2152个，展览面积5万平方米，参展商品包括家具及配件、木质结构和装修材料、木竹工艺品、木竹日用品、森林食品、茶产品、花卉园艺、林业科技与装备八大类、近10万种。国内外参展企业共1236家，到会客商13.23万人次，专业采购团队13个，4天累计实现成交额26.48亿元。线上森博会开展开幕式线上直播、邀请专业直播团队逛展直播、品牌企业直播、线上小游戏互动等，共有1016家参展企业、2.26万名采购商入驻线上森博会，4天累计网络关注浏览量达516.35万人次。

此届森博会以"绿色富民、健康生活"为主题，内容丰富多彩，特色亮点纷呈。一是突出创新发展。线下展会重点展示新产品、新技术、新装备，首次设立林草装备精品展区，集中展示园林机械、油茶果采摘机等新型机械装备。线上展馆具备在线预约、文字留言、语音通话、视频洽谈等多种功能，实现了小屏幕大市场。二是聚焦脱贫攻坚。线下展会开设浙江扶贫结对展区，对浙江省对口帮扶、对口支援的7个省93个县（市、区）加大支持力度，每个结对县（市、区）免费展位由2个增加到4个，共132家企业参展，展位170个。线上森博会长期免费为对口帮扶、支援地区进行网上展销。三是着力推广名优品牌。重点展示健康家居、森林食品、森林中药材、木竹用品、花卉园艺、森林康养等领域的优质产品和知名品牌。森博会组委会开展优质产品推荐评选活动，343个参展产品获金奖、443个参展产品获优质奖。四是提升国际影响力。坚持面向世界、开放办展，促进国内国际双循环。来自5个国家和地区的70家境外企业参展，展位128个，来自64个国家和地区的境外客商到会采购。继续举办跨国采购商贸易洽谈会，来自 10 个国家的 20 家境外采购商参会，参与洽谈的供应商 40 家，达成意向成交额 130 万元。

（毛 飞）

【林业资源综合利用典型案例】 为贯彻落实党中央关于"建立健全绿色低碳循环发展的经济体系"的决策部署，提高林业资源综合利用水平，加快推动林业产业高质量发展，经各地企业自愿推荐、地方林草主管部门审核、专家评审，国家林草局发改司发布 43 个林业资源综合利用典型案例，供各地学习借鉴并因地制宜进行推广。

从各地推进林业资源综合利用的实践情况看，林业剩余物回收利用途径多样，技术比较成熟，产业发展态势良好。浙江省圣氏生物科技有限公司以竹叶等竹材加工剩余物为原料，生产竹叶黄酮，用作食品原料、食品添加剂，竹叶加工后的废渣制成有机肥，供竹材生产基地使用，或通过炭气联产技术转化为热能。河南鑫饰板业有限公司采取"一体化多元联动"发展模式，以树根、枝杈、采伐剩余物、木竹加工边角余料等为原料，生产纤维板；生产过程中形成的固体和液体废弃物，回收后生产有机肥；利用草木灰等生产废料养殖蚯蚓，副产蚯蚓饲料、蚯蚓粪有机肥等产品。湖南省振盛木业有限公司以锯木屑等杉木加工剩余物为原料，提炼杉香精油，用于制作护肤化妆品；再利用提炼精油后的剩余物，压制成刨花板；利用木材的边角余料制造环保板材。湖北万华生态板业（荆州）有限公司实行秸秆生态板模式，以秸秆及木材加工剩余物、枝丫材等为原料，加工生产秸秆生态板，应用于高档建筑、家具、装修、包装等领域。福建省南平元力活性炭有限公司以竹屑为原料，生产高端活性炭；将活性炭生产中获得的蒸汽和木煤气用于硅胶、二氧化硅等生产，硅产品生产中的二次热能再转化为热风，供炭产品、竹产品生产使用。

此外，林产品精深加工、森林生境综合开发等方面各有特色亮点。山东省贝隆杜仲生物工程有限公司以杜仲叶、果、花等为原料，生产杜仲茶、杜仲胶、杜仲精粉、杜仲肥皂、杜仲饲料、杜仲鸡和杜仲鸡蛋等系列产品。四川省天源油橄榄有限公司以油橄榄鲜果为原料，生产橄榄油，橄榄油渣用作种植基地有机肥；橄榄油生产过程中产生的橄榄汁水，经过发酵、蒸馏，生产橄榄酒、橄榄白兰地；橄榄酒渣配上橄榄叶，制成有机饲料。陕西省宁陕荣庚生物科技有限公司利用林下空间，养殖禽类、鱼类、蜜蜂，种植五味子等中药材，养殖业产生的动物粪便给种植业提供有机肥，五味子的叶子等为养殖业提供饲料，实现种养有机结合、互补发展。重庆市包黑子食品有限公司在竹林修建标准化生猪养殖场，猪的尿液通过沼气化处理后浇灌竹林，沼气可以供农户使用；竹笋加工废弃物，经氨化青贮和烘干工艺，制成饲料，供养猪场使用。

（毛 飞）

【四部门公布首批国家森林康养基地名单】 6 月，四部门联合印发《国家林业和草原局办公室、民政部办公厅、国家卫生健康委员会办公厅、国家中医药管理局办公室关于公布国家森林康养基地（第一批）名单的通知》，公布首批 96 家国家森林康养基地名单。

（徐 波）

【中国特色农产品优势区建设】 农业农村部会同国家林业和草原局等七部门联合印发《中国特色农产品优势区管理办法（试行）》，对中国特色农产品优势区的申报认定、组织管理、监测评估等进行规范。七部门认定两批共 162 个中国特色农产品优势区。中国特色农产品优势区数量达 308 个，其中林特产品类 37 个。《特色农产品优势区建设规划纲要》2020 年规划目标完成，中国特色农产品优势区建设取得初步成效。

（徐 波）

【国家林下经济示范基地建设】 9 月，全国评比达标表彰工作协调小组办公室发布通告，国家林下经济示范基地被列入第二批全国创建示范活动保留项目目录。

（徐 波）

【产销衔接】 2 月，针对新冠肺炎疫情发生后部分林产品出现销售难的问题，国家林草局发改司下发《关于抗击新冠肺炎疫情促进经济林和林下经济产品产销对接解决产品卖难问题的通知》，紧急协调阿里巴巴集团，将可食性经济林和林下经济产品滞销问题纳入阿里巴巴"爱心助农"计划，疫情期间助销各地滞销经济林果和林下经济产品 10 万余吨。

8 月，国家林草局发改司与中国果品流通协会签订长期战略合作协议，重点围绕稳定林果产业链和供应链，打通经济林等可食性林产品生产、流通、销售等环节，在发布供求信息、组织对接活动、决胜脱贫攻坚、推进品牌建设、提供智力支持等方面开展紧密合作。支持中国果品流通协会重点围绕 52 个未摘帽贫困县开展"林果百县扶贫攻坚计划"，开展活动 20 余场次，实现林果产品销售金额约 10 亿元。

（严 妮）

【"全国采摘果园一张图"】 6 月，国家林草局发改司与阿里巴巴集团高德软件公司合作在北京市开展"采摘果园一张图"试点工作，联合召开新闻发布会，印发《关于开展"全国采摘果园一张图"工作的通知》，为公众出行采摘提供精准导航定位服务，对落实中央"六稳六保"任务，促进疫情常态化经济恢复起到积极作用。

（严 妮）

【经济林节庆活动纳入中国农民丰收节】 8 月，国家林草局办公室会同农业农村部办公厅联合印发《关于进一步办好中国农民丰收节经济林节庆活动的指导意见》，进一步丰富中国农民丰收节节庆内容和形式，提升经济林节庆水平，推动全国经济林提质增效。指导举办韩城花椒大会、稷山板枣文化节、左权核桃文化节等 2020 年中国农民丰收节系列活动。韩城花椒大会现场发布中国·韩城价格指数、花椒及花椒加工产品行业标准，移交"韩城大红袍"太空搭载花椒种子，举办"香飘天下"韩城花椒品牌论坛，并以"全程直播+直播带货"的方式，向全国展示韩城花椒全产业链发展成果，13 万椒农与社会各界人士共享丰收喜悦；山西稷山板枣文化节，上海大世界吉尼斯总部授予稷山国家板枣公园板枣古树群"拥有千年枣树最多的古树群"证书；左权县第五届核桃文化节，开展核桃产品购销签约、核桃品种品质评比、核桃树修剪技术比武竞赛等活动，展示当地品种改良、核桃种植管理和深加工技术的成果。

（严 妮）

【搭建国家林草局扶贫馆】 在国家林草局与中国建设银行战略合作框架下，建设银行网络金融部支持国家林草局发改司在善融商务平台上开设国家林草局扶贫馆，支持广西罗城、龙胜，贵州荔波、独山4个国家林草局定点帮扶贫困县30余种农林产品上线销售。

（严 妮）

【木本粮油和林下经济高质量发展指导文件】 11月，国家林草局与国家发改委、科技部、财政部、自然资源部、农业农村部、中国人民银行、市场监管总局、银保监会及证监会等部门联合印发《关于科学利用林地资源促进木本粮油和林下经济高质量发展的意见》，从科学利用林地资源、引导构筑高效产业体系、全面提升市场竞争能力、强化保障措施等方面做出安排部署。

（严 妮）

【油茶、仁用杏、榛子产业发展指南】 10月，国家林草局办公室印发《关于发布油茶、仁用杏、榛子产业发展指南的通知》，引导各地科学发展油茶、仁用杏、榛子产业，为企业发展林草生态产业提供辅助决策支持。

（严 妮）

森林旅游

【综 述】 2020年，国家林草局进一步加大对森林旅游工作的组织领导，不断提升森林旅游产品的供给能力，大力推进森林旅游扶贫工作，进一步加强森林旅游标准化、年度统计、年度发展报告等基础性工作，努力推动森林旅游高质量发展。各地加大森林旅游工作推动力度，一批以体验、健康、教育、运动、文化等为主题的森林旅游新业态、新产品蓬勃发展。 （韩文兵）

【国家林草局森林旅游工作领导小组会议】 1月20日，国家林草局森林旅游工作领导小组召开会议，会议研究森林旅游发展形势，并就以"生态旅游"提法统领林草旅游工作、建立新形势下生态旅游信息发布制度、组织举办中国森林旅游节等事项进行了研究。 （韩文兵）

【成立国家林草局生态旅游工作领导小组】 4月22日，国家林草局办公室下发《关于成立国家林草局生态旅游工作领导小组的通知》，决定用"生态旅游"统领依托森林、草原、湿地、荒漠及野生动植物资源开展的观光、游憩、度假、体验、健康、教育、运动、文化等相关活动，成立国家林草局生态旅游工作领导小组。领导小组成员单位包括17个相关司局和单位，领导小组办公室设在林场种苗司。 （韩文兵）

【野外徒步情况和需求社会调查】 国家林草局生态旅游管理办公室组织开展"野外徒步情况和需求社会调查"。调查共收到全国31个省（区、市）的有效答卷4000余份。调查结果表明：野外徒步已经走进公众日常生活，森林步道是公众深度体验自然的重要载体，森林步道建设将为乡村发展带来新的机遇。在森林步道建设方面，保持自然风貌和保证徒步安全成为徒步爱好者的共同关切。

（韩文兵）

【全国林草系统生态旅游游客量数据采集和信息发布制度】 按照国家林草局局务会、国家林草局森林旅游工作领导小组会议要求，国家林草局生态旅游管理办公室搭建"全国林草系统生态旅游游客量信息管理系统"，组织制定《全国林草系统生态旅游游客量数据采集和信息发布管理办法》。11月4日，国家林草局生态旅游工作领导小组办公室、国家林草局生态旅游管理办公室下发《关于开展全国林草系统生态旅游游客量数据采集工作的通知》，各地组织推荐400余个生态旅游地作为全国林草系统生态旅游游客量数据采集样本单位。

（韩文兵）

【国家林草局生态旅游标准化技术委员会】 12月22日，国家林草局发布公告，成立生态旅游标准化技术委员会。生态旅游标准化技术委员会编号为NFGA/TC3，主要负责生态旅游领域标准制修订工作。第一届生态旅游标准化技术委员会由41名委员组成，秘书处设在国家林草局调查规划设计院。 （韩文兵）

【《贫困地区森林旅游扶贫成效、潜力评估及发展策略研究报告》】 国家林草局生态旅游管理办公室组织开展贫困地区森林旅游扶贫专项研究，编制《贫困地区森林旅游扶贫成效、潜力评估及发展策略研究报告》。报告总结森林旅游扶贫的4条途径，即：在森林旅游地务工、土特产和小商品贩卖、种养业生产加工、租赁和资源入股。森林旅游扶贫的5种模式，即：全域带动模式、政策带动模式、资金带动模式、能人带动模式、特色带动模式。

（韩文兵）

【《全国森林旅游扶贫典型案例汇编》】 9月24日，国家林草局森林旅游工作领导小组办公室、国家林草局林业和草原扶贫工作领导小组办公室联合下发《关于印发

秦岭国家森林步道——太白山

〈全国森林旅游扶贫典型案例汇编〉的通知》。汇编共收录99个森林旅游扶贫典型案例,包括32个市县(区)、46个乡镇和村庄、21个森林旅游地。　　（韩文兵）

【全国森林旅游管理培训班】　于9月25~29日在国家林草局管理干部学院北戴河院区举办,培训学员120人。培训内容主要包括新形势下森林旅游和森林公园发展、国家森林步道规划与建设、森林旅游业态培育与产品打造、自然保护地整合优化与国家森林公园行政许可事项实施、国家森林公园总体规划编制等。（李盼盼）

【《2018~2019全国林草系统生态旅游发展报告》】　11月,《2018~2019全国林草系统生态旅游发展报告》出版发行。发展报告全面反映2018~2019年全国林草系统生态旅游发展的动态和主要热点,内容主要包括:全国林草系统生态旅游发展总体情况、组织机构与制度建设、新业态新产品培育、举办中国森林旅游节、基础保障、媒体宣传及主题活动等。　　（韩文兵）

【森林旅游地户外体育运动情况摸底调查】　国家林草局生态旅游管理办公室组织开展森林旅游地户外体育运动发展情况摸底调查。调查共收到全国各类森林旅游地有效答卷1818份。调查结果表明:户外体育运动项目是深受人民群众喜爱的户外游憩体验产品,很多森林旅游地都在户外体育运动方面做了大量探索和实践,有的还承接了相关户外体育赛事,森林旅游地已成为人们开展户外体育运动的重要阵地。但是,与当前人民群众日益增长的户外体育运动需求相比,森林旅游地户外体育运动的供给能力亟待提高。　　（张　颖）

草原旅游

【首批国家草原自然公园试点建设名单公布】　为加强草原保护和修复,完善以国家公园为主体的自然保护地体系,促进草原资源合理利用,推进绿水青山有效转化为金山银山,结合自然保护地范围调整和功能区优化相关工作,草原管理司启动国家草原自然公园试点建设,并于9月17日以国家林草局名义公布内蒙古敕勒川等39处国家草原自然公园试点建设名单,试点建设面积14.73万公顷,填补了长期以来草原自然公园建设的空白,为完善中国自然保护地体系作出了贡献。

（草原旅游由韩丰泽、朱潇逸供稿）

竹藤花卉产业

【综　述】　2020年,以习近平新时代中国特色社会主义思想为指导,着力加强产业提质增效、调整产业结构和现代化发展,推动全国花卉和竹藤产业健康持续发展。

2020年,全国竹资源面积超过666.67万公顷,总产值3199亿元。年末实有全国花卉种植面积147万公顷,销售额2020.61亿元,出口额6.63亿美元。

【指导推进竹藤产业发展】　组织编制《全国竹产业发展规划(2021~2030)》,召开启动会议,成立专家组,形成报批稿;顺利推进中国竹产业发展综合调研,形成报批稿;组织编制完成《2019年中国竹产业发展报告》,维护管理全国竹产业信息管理系统平台。积极推进竹产业标准化工作,完成13项国家标准和9项林业行标的申报,国家标准完成率78.5%,林业行业标准完成率85.5%。指导中国竹产业协会按照民政部、国家林草局要求,稳步推进脱钩工作,8月上报脱钩材料,开展变更、核准、备案及换证手续,11月30日民政部正式发文批准脱钩。

【指导推进花卉业发展】　圆满完成2019年全国花卉产业数据统计工作;组织编制《全国花卉业发展规划(2021~2035)》,召开启动会议,成立专家组,已形成初稿;组织编制完成《2019年中国花卉产业发展报告》《2020年全国花卉产销形式分析报告》;委托中国花协举办花卉扶贫管理技术培训班和国家花卉种质资源库建设管理培训班;组织中国花卉协会和四川省人民政府,向国际园艺生产者协会成功申办2024年成都世界园艺博览会;积极做好2021年扬州世界园艺博览会筹备工作,召开组委会第一次会议,发布会徽和吉祥物。积极推进第十届中国花卉博览会各项筹备工作,成立组委会,先后召开三次筹备会议;克服疫情影响,妥善处理和稳步推进2022荷兰阿尔梅勒世园会参展工作,征集参展设计方案;以国家林草局名义发布第二批国家花卉种质资源库名单;指导中国花卉协会按照民政部、国家林草局要求,稳步推进脱钩工作,在8月底前上报脱钩材料,开展变更、核准、备案及换证手续,11月30日,民政部正式发文批准脱钩。　（竹藤花卉产业由宿友民供稿）

森林草原防火

14

森林草原防火

【综　述】　2020年，全国共发生森林火灾1153起（其中重大火灾7起，未发生特大火灾），受害森林面积8526公顷，因灾伤亡41人（其中死亡34人），与上年同期相比分别下降51%、37%、46%；发生草原火灾13起（未发生重特大火灾），受害草原面积11 046公顷，同比分别下降71%、83%。

坚持高位推动　党中央、国务院高度重视森林草原防火工作。习近平总书记多次做出重要指示批示，为森林草原防火工作指明方向。国家林草局党组多次召开专题会议，认真传达学习习近平等中央领导同志关于森林草原防灭火工作的重要指示批示精神，研究部署相关工作，举全局之力推动森林草原防火工作任务落实。国家林草局党组书记、局长关志鸥上任伊始，第一站到防火司调研，听取工作情况汇报，并对照习近平总书记重要指示批示精神，提出森林草原防火工作"六个反思"，主持成立国家林草局"森林草原防火工作专班"，集中精干力量研究破解森林草原防火工作面临的重大问题；党组成员、副局长李树铭带领防火司研究谋划并推动贯彻落实，并多次带队赴基层一线实地督导调研防火工作；其他局领导也通过听取工作情况汇报、带队督导检查等形式，全力支持防火工作开展，为全年防火取得成绩奠定坚实基础。

提早谋划部署　认真履行党中央赋予的职责，坚持早谋划、早部署、早落实。先后研究起草了《关于加强防灭火工作的若干举措》《森林草原火情早期处理办法（试行）》等规章制度，会同应急部全力推进修订《森林草原防火条例》，健全完善政策依据。认真落实"防灭火一体化"部署，在重点敏感时段，会同应急部开展火险形势会商，对重点省份发出高火险警示。先后组织召开5次电视电话会议，3次华南、华北、东北片区视频调度会。强化与自然资源部卫星遥感中心、中国气象局和中国铁塔集团沟通合作。加强国际交流，参加中蒙边界联委会第三次会议，掌握《中蒙边界管理制度条约》执行情况和蒙方意向。

消除火险隐患　切实做好森林草原火灾预防和火情早期处置相关工作。将防火责任制落实放在首位，结合火灾发生规律和特点，突出重点时段和关键节点组织开展了30余次督查调研活动，全面排查整改火险隐患。印发《国家林业和草原局森林草原防火督查工作管理办法（试行）》，规范督导检查活动。参加国务院四川森林草原防灭火专项整治督导组和国务院安委会对2019年度省级政府安全生产和消防工作考核巡查工作，参与北京房山、山西榆社、四川西昌火灾工作组，指导地方做好火灾扑救处置工作，并协助做好四川西昌火灾善后工作。

重大科研事项　针对北部林区夏季雷击火高发的实际，及时组织召开"雷击火防控技术研究"课题研讨会，制订《雷击火防控应急科技项目榜单》，开展雷击火监测预警课题科技攻关。恢复使用"全国森林草原防火信息管理系统"，升级改造国家物资储备库管理系统，协调推进"森林草原防火调度管理综合应用平台"建设。积极推进"互联网+森林草原防火督查"的工作模式，逐步实现线上线下督查相结合。部署开展"防火码"建设与应用，推动实现火源管理全链条、火因可追溯。截至2020年底，全国已设卡口7.5万个，启用率达48%，扫码总量次近270万。

规范重建专业队伍　配合规财司下达2020年度森林草原防火基本建设项目120个，总投资19.79亿元，其中中央投资16.43亿元。协调规财司调增1亿元，落实2020年度森林草原防火补助经费47 418万元。开展《全国森林防火规划（2016～2025年）》中期评估，启动编制《"十四五"全国草原防火规划》。会同规财司督导推进防火项目建设，对7个项目落实进展缓慢省份进行了约谈。向重点地区调拨各类防扑火物资2500万元。贯彻国务院统一部署，积极推进防灭火的协调衔接、责任细化、力量配置，妥善处理与应急、公安等部门的关系，督促指导各级林草部门抓紧落实机构编制，大力加强防火组织体系建设。截至12月底，25个省（区、市）及新疆建设兵团森林公安已完成转隶，北京、山西、吉林、湖北、广东在积极推进中；28个省份及新疆兵团森林草原防火行政编制已经落实，吉林、广西、重庆编制分配方案已定。举办全国森林草原防火指挥员和专业队伍骨干培训班，研究制定《关于加强地方森林草原专业防扑火队伍建设的指导意见》，建立地方专业防扑火队信息管理系统，组织各地开展森林消防相关职业技能培训和评价工作。

防火宣传　会同应急部在国新办召开春夏和秋冬季森林草原火灾防控新闻发布会，介绍林草防火工作情况。在中国防火网站发布信息600余条，中国森林草原防火公众号推送信息900余条。组织开展2020年秋季森林草原防火系列宣传视频策划制作和宣传推广，10部系列宣传视频依托中央主流媒体集中同步展播，受到广泛关注和好评。制作防火课程6部，并开展网络培训，累计培训20万人次。

安全生产和防灾减灾　认真履行国家林草局安全生产办公室、防灾减灾办公室职责，全力抓好安全生产及防灾减灾工作。强化规章制度和体制机制建设。组织各成员单位开展习近平总书记关于安全生产、防灾减灾工作重要论述专题学习。调整国家林草局安全生产工作领导小组成员，成立国家林草局防灾减灾工作领导小组，召开领导小组全体会议。制定出台《国家林草局安全生产领导小组工作规则》《国家林草局安全生产领导小组成员单位职责分工》《国家林草局防灾减灾领导小组工作规则》《国家林草局防灾减灾领导小组成员单位职责分工》《国家林草局生产安全事故应急预案》，起草《林业和草原主要灾害种类及其分级》。编印《国家林业和草原局安全生产专项整治三年行动实施方案》，开展林草行业安全生产专项整治三年行动，印发安全生产工作要点，下发林草行业安全隐患排查整治工作等多项通知，精心组织林草行业"安全生产月""安全生产万里行"活动，指导各级林草主管部门及生产经营单位做好安全生产工作。全面推进防灾减灾工作。全国防灾减灾日当天与中国铁塔股份有限公司签署战略合作协议，9月与中国气象局签订战略合作框架协议。推进全国森林和草原火灾风险普查工作，召开火灾风险普查试点推进会和工作对接会。起草完成《森林可燃物标准地调查技术规程》《森林可燃物大样地调查技术规程》《森林和草原野外火源调查技术规程》3项技术规程。　　（李新华）

【森林草原防火重要会议】

春节期间全国森林草原防火暨安全生产工作电视电话会议　1月16日，国家林草局召开春节期间全国森林草原防火暨安全生产工作电视电话会议，认真学习中央领导同志关于森林草原防火和安全生产工作的重要指示批示精神、全国安全生产电视电话会议精神，分析了当前面临的形势，部署冬春季特别是春节、"两会"期间森林草原防火和安全生产工作，努力为全国人民欢度春节创造和谐稳定的社会环境。　　（李新华）

春季造林绿化和森林草原防火电视电话会议　3月11日，国家林草局召开2020年春季造林绿化和森林草原防火电视电话会议，深入学习贯彻习近平总书记在统筹推进新冠肺炎疫情防控和经济社会发展工作部署会议、决战决胜脱贫攻坚座谈会两次会议上的重要讲话精神，认真落实3月10日召开的全国森林草原防灭火工作电视电话会议精神，特别是国务院总理李克强对森林草原防灭火工作的重要批示精神，分析当前造林绿化和森林草原防火形势，研究部署如何克服疫情影响，全力做好春季造林绿化和森林草原防火工作。内蒙古、黑龙江、河南、四川在会上作典型发言。　　（李新华）

全国森林草原防火工作紧急电视电话会议　4月1日，国家林草局召开全国森林草原防火工作紧急电视电话会议，传达学习和贯彻落实中央领导同志重要指示批示精神，深入分析当前形势，就切实做好森林草原防火工作进行再动员、再部署，再检查、再落实。会议强调各级林草部门要树立"防小火、救小火就是防大火"理念，进一步加强组织领导，改进薄弱环节，突出灾前防范，重视早期处理，严防火灾集中爆发，严防重特大火灾，严防群死群伤，严防火烧连营，切实把火灾损失降到最低限度。要牢固树立"以人为本，安全第一"的思想，深刻汲取近两年来扑火人员伤亡事故的惨痛教训，把扑火安全放在扑救指挥工作的首位，加强对广大扑火队员、护林员进行扑火常识、紧急避险等人身安全防护的培训和教育。把坚决遏制森林草原火灾多发态势作为当前林草部门最重大的政治任务，牢固树立生命至上、安全第一的意识，以高度的政治责任感和极端负责的态度，进一步落实责任、强化措施，扎扎实实抓好森林草原防火工作。　　（李新华）

全国春季森林草原防火总结部署会议　6月19日，国家林草局召开全国春季森林草原防火总结部署电视电话会议，深入学习贯彻习近平总书记等中央领导同志重要指示批示精神，总结2020年春季森林草原防火工作，研究部署当前及今后防火工作。会议要求，毫不懈怠抓好森林草原防火工作，努力维护好国家林草资源安全和人民群众生命安全。会议强调，各级林草部门要从指导思想、责任落实、运行机制、处置能力、基础设施、防扑火队伍等方面反思四川省凉山彝族自治州"3·30"森林火灾伤亡事故的深刻教训。要进一步强化责任意识和风险意识，采取有力措施，补齐防火工作短板，切实抓好森林草原防火工作。　　（李新华）

秋冬季森林草原防火工作电视电话会议　9月18日，国家林草局召开秋冬季森林草原防火工作电视电话会议，深入学习贯彻习近平总书记关于森林草原防火工作的重要指示批示精神和其他中央领导同志的批示要求，传达国家森防指全国秋冬季森林防灭火工作电视电话会议精神，总结春夏季防火工作情况，安排部署秋冬季林草系统森林草原防火工作。会议强调，各级林草部门要积极主动适应新体制，强化防灭火一体化理念，加强与应急部门、公安机关的协调沟通，形成协调顺畅、配合紧密、调度有序的工作机制。要认真吸取四川凉山两次"3·30"重大人员伤亡事故的惨痛教训，始终把人民群众生命安全放在第一位，坚决防止伤亡事故发生。会议就加强秋冬季森林草原防火工作提出了六个方面的要求。一是推行网格化管理机制，消除定点看护盲区。二是强化专项督查，及时排查隐患漏洞。三是强化宣传教育，提高全民防火意识。四是强化新技术应用，提高科技支撑水平。五是强化顶层设计，加强项目和机构建设。六是强化应急措施，确保扑火人员安全。会上宣布"互联网+森林草原防火督查"系统、"防火码"微信小程序正式上线。河北、内蒙古、福建、广东在会上做森林草原防火工作经验交流。　　（李新华）

国家林业和草原局安全生产工作领导小组全体会议　9月10日，国家林草局安全生产工作领导小组召开全体会议。会议传达了国务院安委会全体会议和全国安全生产电视电话会议精神，审议《国家林业和草原局安全生产工作领导小组工作规则(征求意见稿)》和《国家林业和草原局安全生产工作领导小组成员单位工作职责分工(征求意见稿)》等规范文件，通过了提请局党组书记、局长关志鸥任局安全生产领导小组组长和增补大兴安岭林业集团为局安全生产领导小组成员单位的建议，总结分析林草行业安全生产工作情况和面临的形势任务，研究部署林草行业当前和下一阶段安全生产重点工作。　　（王铁东）

【森林草原防火重要活动】

森林草原防火和安全生产工作督查和调研活动　1月，国家林草局组织3个督查工作组赴四川、云南、广西就贯彻落实全国林业和草原工作会议、全国安全生产电视电话会议精神，做好冬春季特别是元旦、春节期间森林草原防火和安全生产工作开展督导检查。6月，按照国务院安委会的统一部署，派员分两组赴四川、贵州、天津、西藏等省份，参加国务院安委会2019年度省级政府安全生产和消防工作考核巡查，完成了考核巡查各项工作任务。7月，组成3个调研组先后赴内蒙古、黑龙江大兴安岭林区及山西、广东等省就地方专业防扑火队伍建设情况进行专题调研,全面了解队伍现状,梳理分析问题症结,研究提出工作建议,并向国家森防指办公室报送了《关于地方专业防扑火队伍建设有关情况的调研报告》。9月,对黑龙江大兴安岭地区秋季森林防火工作开展督导调研。10月,45名司局级和处级干部组成10个工作组,分赴河北、山西、内蒙古等13个省份进行了秋冬季森林草原防火督查调研,对36个地级市45个县29个森工林业局和国有林场进行实地督导调研,形成了《2020年秋冬季森林草原防火督查调研情况报告》。12月,派出工作组赴河北省张家口市、北京市延庆区开展冬奥赛区森林草原防火工作调研。

(李 杰)

林草行业安全生产专项整治三年行动 6月3日,国家林草局安全生产办公室印发《国家林业和草原局安全生产专项整治三年行动实施方案》,在全国部署开展林草行业安全生产专项整治三年行动。方案由整治目标、重点任务、时间安排、保障措施等4部分组成。

(王铁东)

"安全生产月"和"安全生产万里行"活动 6月,以"消除事故隐患,筑牢安全生产防线"为主题,在全国林草行业开展了"安全生产月"和"安全生产万里行"活动。通过开展教育培训、隐患曝光、问题整改、经验推广、案例警示、监督举报、知识普及等活动,切实增强公众安全意识,在有效防范化解安全风险的同时,积极推进林草行业安全生产专项整治三年行动开展。

(王铁东)

【森林草原防火重要培训】

全国森林草原防火指挥员和专业队伍骨干培训班 11月16~19日,国家林草局在河北省石家庄市举办了森林草原防火指挥员和专业队伍骨干培训班,深入学习贯彻习近平总书记关于森林草原防火工作的重要指示批示精神,就森林草原火灾处置、森林草原火灾扑救安全、扑火指挥员火场指挥能力与扑火战法运用等内容,对全国省级林草主管部门分管防火负责人、防火处负责人及扑火队长共150余人进行了系统培训。(李 杰)

全国森林草原防火规划和项目建设培训班 12月14~17日,为进一步加强和规范森林草原规划编制工作,做好防火项目建设实施,防火司在贵州省贵阳市举办"全国森林草原防火规划和项目建设培训班",各省份林草主管部门防火处室负责人在培训班上就森林草原防火资金使用管理、航空护林工作开展、火情监测预警等工作取得的成效、存在的问题和有关意见建议等交流发言。

(贺 飞)

【森林草原防火重要文件】

《国家森林草原防火物资储备管理使用办法(试行)》 7月13日,防火司印发《国家森林草原防火物资储备管理办法(试行)》。办法明确了防火物资采购储备、调拨管理、监督检查等工作要求,规范了前期需求调研、中期入库出库、后期管理跟踪及效果评估等管理流程。为进一步规范和加强国家森林草原防火物资储备、调拨和管理等工作,更好地支援基层林草部门做好森林草原火灾防控奠定了基础。 (李 杰)

《森林草原防火督查工作管理办法(试行)》 7月23日,国家林草局印发《森林草原防火督查工作管理办法(试行)》。办法包含督查工作的适用范围、主要任务、工作原则、督查主体和对象、时间和程序、督查程序及结果运用等内容,进一步健全了森林草原防火工作管理制度,规范了督查工作程序。 (李 杰)

《国家林业和草原局生产安全事故应急预案》 11月27日,国家林草局办公室印发《国家林业和草原局生产安全事故应急预案》。该预案深入贯彻落实习近平总书记关于安全生产的重要指示批示精神,对2017年编制的《国家林业局生产安全事故应急预案(试行)》进行修订完善,着力提高林草生产安全事故的快速反应能力,完善林草生产安全事故应对机制,规范生产安全事故应急管理和应急响应程序,最大限度减少生产安全事故造成的人员伤亡、财产损失和不良社会影响。

(王铁东)

《国家林业和草原局安全生产工作领导小组工作规则》《国家林业和草原局安全生产工作领导小组成员单位职责分工》 12月29日,印发《国家林业和草原局安全生产工作领导小组工作规则》《国家林业和草原局安全生产工作领导小组成员单位职责分工》。工作规则明确了国家林草局安全生产工作领导小组机构设置,领导小组职责,工作制度及其他事项内容。职责分工明确了国家林草局安全生产工作领导小组各成员单位的职责,为加强安全生产工作组织领导、建立健全统筹协调的监督管理机制,推动林草行业安全生产各项重点工作措施落实落地提供了依据。 (王铁东)

《国家林业和草原局关于加强城区周边森林草原防火工作的通知》 为深入贯彻落实习近平总书记关于加强城市治理风险防控问题和森林草原防火工作系列重要指示批示精神,进一步加强城市周边森林防火工作,8月20日,国家林业和草原局向国办秘书二局反馈《特大城市治理中涉及林草系统的有关风险和政策建议》。12月8日,下发《国家林业和草原局关于加强城区周边森林草原防火工作的通知》(林防发〔2020〕108号)。

(贺 飞)

【森林草原防火重要机构变化】

成立国家林草局防灾减灾工作领导小组 6月5日,国家林草局办公室印发《关于成立国家林业和草原局防灾减灾工作领导小组的通知》。6月24日,国家林草局防灾减灾工作领导小组第一次会议在北京召开。12月29日,印发《国家林业和草原局防灾减灾工作领导小组工作规则》《国家林业和草原局防灾减灾工作领导小组成员单位防灾减灾职责分工》。

(王铁东)

调整国家林草局安全生产工作领导小组人员 12月29日,为进一步加强对国家林草局安全生产工作的组织领导,根据人员变动情况,提请现任国家林草局党组书记、局长关志鸥担任国家林草局安全生产工作领导小组组长;更新安全生产各成员单位成员、联络员名单;将大兴安岭林业集团纳入国家林草局安全生产领导小组成员单位。

(王铁东)

成立森林草原防火工作专班 7月,国家林草局成立防火专班,研究和推进事关森林草原防火事业长远发展的重大事项。专班先后专题研究《关于加强防火工作的若干举措》、森林防火规划中期评估、草原防火规划编制和《森林草原防火条例》修订等重要工作。

（王浩伦）

【森林草原防火重要协议】

与中国铁塔股份有限公司签署战略合作协议 5月12日（第12个全国防灾减灾日），国家林草局与中国铁塔股份有限公司在北京签署战略合作协议。双方将在林草管理信息化、5G网络建设方面深化合作，推进建立"天空地"一体化林草防灾减灾监测体系，进一步提升森林草原资源保护及防灾减灾治理能力。

（王铁东）

与中国气象局签订战略合作框架协议 9月28日，国家林草局与中国气象局在北京签订战略合作框架协议，协同推进森林草原防火、沙尘暴监测预报预测预警及影响评估、林草气象服务和效益评估、自然保护地建设和保护、林草有害生物防治、野生动物疫病评估以及相关气候变化影响评估和科研合作等工作，进一步提升森林草原资源保护、防沙治沙及防灾减灾治理能力。

（王铁东）

【森林草原防火重要保障】

落实森林防火补助资金 经多次协调沟通，国家林草局整合森林航空消防飞行补助（27 603万元）、森林防火边境隔离带开设（5000万元）、原森林公安转移支付（4815万元）3项经费，统一为"森林防火补助（37 418万元）"，并调增10 000万元，森林防火补助达到47 418万元，全力支持和保障各地防火工作开展。

（贺　飞）

完成2020年防火储备物资采购及调拨工作 森林草原防火司会同调查规划设计院完成了2020年度森林草原防火物资采购入库工作，共采购防护套装、灭火机、水泵、水枪、巡护摩托车等物资17个大类，价值1720万元。同时，应各省份请求，先后向四川、新疆、云南、广西、西藏、山西、黑龙江、辽宁、吉林、内蒙古、广东等省（区）林业和草原主管部门，大兴安岭林业集团，内蒙古、龙江森工集团等14家单位调拨防火物资1万余台（套），价值约2500万元。　（李　杰）

组织开展《全国森林防火规划（2016～2025年）》中期评估 9月，国家林草局会同国家发改委、财政部、应急部召开《全国森林防火规划（2016～2025年）》中期评估座谈会，并联合应急部下发通知正式部署规划评估工作，建立起"林草主导、应急配合、各方支持"的中期评估工作组织模式。

（贺　飞）

落实森林、草原防火基本建设项目 国家林草局下达2020年森林防火项目中央预算内投资计划，共计实施107个项目、中央投资13.67亿元；下达2020年草原防火项目中央预算内投资计划，共计实施13个项目、中央投资2.76亿元。总计批复实施防火基建项目120个、中央投资16.43亿元。　（贺　飞）

推进防火项目抽查及督导工作 5月，针对审计署和新华社有关报告反映的防火项目建设滞后等情况，会同规财司起草专题汇报，下发督办通知；7～10月份，开展防火项目建设自查和专项抽查工作；9月2日，对黑龙江、河南、江西等7个中央投资森林防火项目落实进展缓慢的省份进行约谈，建立台账并每月梳理项目进展情况。截至2020年12月底，56个项目中30个已竣工验收或完工（其中12个已竣工验收、18个已完工、待验收），26个项目还在建设中（其中2017年投资项目2个，2018年投资项目1个，2019年投资项目12个，2020年投资续建项目11个）。

（贺　飞）

推进全国森林草原火灾风险普查工作 6月12日，在山东省日照市岚山举办火灾风险普查试点对接会；8月5日，在北京房山参加试点"大会战"工作推进会；9月25日，编制印发实施方案和3项规程；9月28日，举办"森林草原火灾风险普查工作部署和业务培训班"，全面组织推进森林草原火灾风险普查工作。（贺　飞）

上线"防火码"微信小程序 9月18日，国家林草局召开全国秋冬季森林草原防火工作电视电话会议，会上宣布"防火码"微信小程序正式上线。"防火码"为森林草原防火管理人员建立进山入林人员大数据、有效防控人为火源、科学开展火因调查及事后追责等工作提供技术支持，可进一步强化森林草原防火宣传教育和野外火源管控。

（李　杰）

启用"互联网+森林草原防火督查"系统 9月18日，国家林草局召开全国秋冬季森林草原防火工作电视电话会议，会上宣布全面启用"互联网+森林草原防火督查"系统。该系统围绕各地机构队伍、责任落实、工作部署、宣传培训、火源管理、督导整改、基础设施、物资储备、应急准备等工作定制开发，集在线填报、督导检查、数据分析等功能于一体，为各级林业和草原主管部门防火机构实时掌握防火工作动态提供保障。

（李　杰）

林草法制建设

15

林草立法

【《野生动物保护法》】 2020年4月，修改《野生动物保护法》列入《十三届全国人大常委会强化公共卫生法治保障立法修法工作计划》，全国人大常委会成立沈跃跃、丁仲礼副委员长牵头的修改专班，国家林草局是修改专班成员。国家林草局通过召开局长专题会、广泛征求意见、组织专家研讨等形式开展大量工作，多次向全国人大环资委、全国人大常委会法工委提出修改建议，争取理解和支持。10月，《野生动物保护法（修订草案）》提请全国人大常委会进行初次审议，国家林草局结合实践工作，向全国人大常委会法工委进行汇报，并提出修改完善意见。

【《湿地保护法》】 在2019年报送的《湿地保护法（建议稿）》基础上，2020年，全国人大环资委牵头成立由国务院相关部门参加的湿地保护法起草专班，国家林草局选派相关人员和专家参加，集中研究《湿地保护法（草案）》。8月28日，环资委全委会审议通过《湿地保护法（草案）》（征求意见稿），广泛征求国务院各部门、地方、科研院所意见。10月9日，国家林草局领导带队参加环资委召开的湿地保护立法部门座谈会，并报告对征求意见稿的修改意见。《湿地保护法（草案）》拟于2021年初提请全国人大常委会审议。

【《国家公园法》】 《国家公园法》列入全国人大常委会立法规划以来，国家林草局高度重视，通过建立工作专班、组织专题研究、深入实地调研等形式开展大量工作，形成《国家公园法（草案）》（征求意见稿），并征求局内有关单位、地方林草主管部门、试点国家公园管理机构、中央有关部门意见。2020年底，国家公园立法工作转由局办公室负责，在认真消化吸收现有工作成果和各部门反馈意见的基础上，进一步提炼试点经验、明确立法目标、理清立法思路，本着立足实际、突出重点的原则，对草案征求意见稿进行了全面调整完善，形成《国家公园法（草案）》（第二次征求意见稿），再次征求局内有关单位和试点国家公园管理机构的意见。

【《草原法》】 2020年，《草原法》修改工作主要是深入开展草原重点问题研究，陪同全国人大环资委开展《草原法》修改工作调研，根据各省（区）、相关单位反馈的意见，以及重大问题研究过程中取得进展，抓紧起草完善法律草案。

【《森林法实施条例》】 新修订《森林法》于2019年12月28日审议通过后，国家林草局即开始《森林法实施条例》修改起草工作，先后通过座谈交流、实地调研、正式发文征求意见等形式，听取各省级林草主管部门的意见和建议。其间，国家林草局多次召开专题会议对修订草案进行研究，深入探讨涉及的重大问题，在此基础上，形成征求意见稿，于2020年底征求局内各单位和各省级林草主管部门的意见。

【《自然保护区条例》】 国家林草局组织专家赴云南、福建、湖南、甘肃、河南等地座谈交流、实地调研，广泛听取各方面意见。邀请相关领域专家学者，召开4次立法工作研讨会和咨询会，听取专业意见和建议，起草形成《自然保护区条例（修订草案）》（征求意见稿）。2020年2月和4月分别书面征求省级林草主管部门、有关中央国家机关的意见和建议。收到各地、各部门反馈意见后，组织各有关单位和专家反复研究，进一步完善修订草案。2020年7月和11月，局领导主持召开专题会议，听取《自然保护区条例》修改情况汇报。

（林草立法由左妮供稿）

林草行政执法

【林业草原行政复议案件情况】 2020年，国家林草局共收到行政复议申请32件，全部予以办结。根据办理结果统计，不予受理11件；受理21件，其中，维持9件，撤销3件，确认未履责4件，驳回3件，申请人主动撤回2件。

（赵东泉）

【林业草原行政诉讼案件情况】 共办理行政诉讼案件49件。其中，一审案件9件，二审案件34件，再审案件6件。其中，国家林草局单独应诉34起，与省级林业和草原主管部门共同应诉15起。

林业草原行政复议、诉讼案件的基本特点：案件类型相对比较集中，林地征占用许可、信息公开、信访答复行政不作为三类案件比较突出。一是林地许可案件持续多发。从近年案件情况看，无论是行政诉讼案件还是行政复议案件，林地许可案件都是发案率较高的，占到全部案件的30%。二是信息公开案件成为热点。由于修订后的《中华人民共和国政府信息公开条例》取消了有关申请人"生产、生活、科研需要"的限制，信息公开申请数量不断增加，其中，很多是以信息公开形式进行信访活动或者进行咨询活动的，当事人在不能得到满意答复后，就会通过复议诉讼继续寻求救济。因此，由此引发的诉讼复议诉讼案件处于一直高发趋势。三是不作为案件有所增加。随着国家对于生态文明建设的力度不断加大，公众对于生态文明建设也日益关注，越来越多的公民通过提出履责申请或举报信的方式，反映各地出现的一些违法问题。

（赵东泉）

【规范性文件管理】 一是做好规范性文件审核发布。2020年，共审核规范性文件16件，发布《国家林业和草原局关于印发〈草原征占用审核审批管理规范〉的通知》和《国家林业和草原局关于统筹推进新冠肺炎疫情防控和经济社会发展做好建设项目使用林地工作的通知》2件规范性文件。二是做好上报国务院文件的合法性审查。共审核上报国务院文件14件，均对其进行了合法性审核。三是实行规范性文件计划管理。印发《国家林业和草原局2020年规范性文件制定计划》，列入计划管理文件27件，对规范性文件的数量和质量进行有效管控。四是完成规范性文件清理工作。完成国务院要求，开展野生动物保护领域规范性文件清理工作，对37件行政规范性文件进行清理。

（赵东泉）

【林草普法】 一是建立普法责任制。印发《国家林业和草原局关于落实"谁执法谁普法"普法责任制的实施意见》，按照"谁执法谁普法""谁主管谁普法""谁服务谁普法"的原则建立普法责任制，把普法作为推进林草法治建设的基础性工作来抓，做到与其他业务工作同部署、同检查、同落实。成立局普法领导小组，加强对普法工作的组织领导，印发"谁执法谁普法"责任清单，将普法责任压实到具体司局、单位。二是切实推动主题普法宣传。精心组织宪法宣传周、民法典学习等专项普法宣传活动，组织拍摄贯彻森林法主题宣传片。做好《全国人民代表大会常务委员会关于全面禁止非法野生动物交易、革除滥食野生动物陋习、切实保障人民群众生命健康安全的决定》政策解读和落实，指导各地科学、有序、稳妥处置在养野生动物。组织野生动物保护法律知识在线答题活动，参加人数13 798人。三是完成"七五"普法总结工作。按照全国普法办公室要求，认真组织开展林草系统"七五"普法总结工作。据统计，"七五"普法期间，全国林草系统组织各类普法宣传活动10.2万次，开展各类普法培训班及普法专题讲座3200期，培训人员26.4万人次，参加各类法律测试2.6万人次，制作宣传用品1900万份，发放法律法规单行本等宣传资料348万本，编发普法短信3.7亿条，各类普法活动参与人数2500万人次。

（赵东泉）

【草原执法监督】 草原执法工作成效显著，全国林业和草原行政案件统计表数据显示：全国共发现违反草原法规案件8376起，查结8090起，5920公顷涉案草原得到纠正和处理。

截至2020年12月10日，全国共有草原管护员209 082人，其中，专职草管员50 345人，兼职草管员158 737人；草管员中聘用建档立卡贫困人员37 447人；补助补贴资金总额共计120 969.87万元，其中，财政资金71 232.3万元，草原补奖政策绩效资金10 811.4万元，其他来源46 501万元；草管员年培训次数284次，年培训人数156 177人。在参与统计草管员的县市中，有牧区96个，半农半牧区97个。

（孙 暖 郭 旭）

【2020年草原普法宣传月活动】 国家林业和草原局组织各地以"依法保护草原 建设美丽中国"为主题，在6月深入开展草原普法宣传活动。各地深入开展了形式多样、内容丰富的草原普法宣传活动。

草原普法宣传月活动中，各地积极响应将每年6月18日确定为"草原保护日"的倡议，统筹新冠肺炎疫情防控情况，积极创新宣传方式，因地制宜，多点开花，举办了各种形式的草原普法宣传现场活动，取得了很好的宣传效果。据不完全统计，各省区共出动宣传车辆668余台次，宣传人员5497余人次，发放各类宣传材料近54万份，悬挂宣传横幅6000余条，张贴宣传标语2万余条，在电视、广播、报刊、网络等媒体上宣传5000余次，发布短信13万余条，宣传板4000余块，举办培训班和讲座等25场，入户宣传80次，培训人员2405人次，解答群众咨询近10万人次，设立咨询站点50余个，受宣群众达250余万人（次）。

（孙 暖 郭 旭）

【业务培训】 9月22~24日，国家林草局草原司在厦门举办草原监测评价与草原执法监督培训班。重点围绕草原执法监管、草原法律法规体系、草原行政处罚程序等内容，培训国家林草局相关司局、驻各地专员办、局属技术科研单位和各省区林草部门相关负责同志、草原处长100余人。通过培训，着力谋划新时期草原监测与执法监管工作，加快新形势林草管理深度融合，提升草原管理和执法监督能力。

（孙 暖 郭 旭）

【草原执法方式创新试点建设】 国家林草局草原司继续在内蒙古呼伦贝尔市新右旗开展智慧草原执法方式创新试点工作。试点采取影像监测等信息科技手段，对草原禁牧区、草畜平衡区分别进行监控，及时发现禁牧区违规放牧、夜间偷牧行为，对违规放牧行为进行监测预警，自动固定违法证据，向草原监管部门发出预警信息，提高草原执法应急和快速反应能力。

（孙 暖 郭 旭）

林草行政审批改革

【林草行政审批制度改革】 一是落实行政许可事项清单管理制度，编制《中央层面设定的行政许可事项清单（林草局）》和行政许可事项要素表。二是精简行政许可事项，取消林业质检机构资质认定、草种进出口经营许可证审核（初审）等7项行政许可事项，并出台事中事后监管细则。三是将出口国家重点保护或进出口国际公约限制进出口的陆生野生动物或其制品审批、出口国家重点保护野生植物或进出口中国参加的国际公约限制进出口野生植物或其制品审批、采集林草主管部门管理的国家一级保护野生植物审批委托省级林草主管部门实施，将允许进出口证明书核发部分授权各办事处实施。四是优化升级网上行政审批平台，实现许可事项全流程网上办理。2020年，行政许可受理率97%，准予率97%，按时办结率100%，评价满意率100%。

（林草行政审批改革由杨娜供稿）

林草科学技术

16

林草科技发展

【林草科技综述】 全年共争取国家重点研发计划项目20项，实施局级科研项目104项，推广实用技术1302项、良种993个，发布重点推广林草科技成果100项，启动实施中央财政林业科技推广示范资金项目536项，发布国家标准32项、行业标准100项，新建长期科研基地60个、重点实验室9个、生态站8个、工程中心10个，2个项目获国家科技进步奖二等奖，9个项目获得梁希科学技术奖一等奖。
（综合处）

【2项成果获得国家科技进步奖二等奖】 在2020年国家科学技术奖励中，由国家林业和草原局提名的2项成果获得国家科学技术进步奖二等奖。

表16-1 荣获2020年度国家科学技术进步奖项目

项目名称	项目主要完成单位	项目完成人	奖种等级
南方典型森林生态系统多功能经营关键技术与应用	中国林科院等	刘世荣等	二等奖
竹资源高效培育关键技术	国际竹藤中心等	范少辉等	二等奖

（综合处）

林草创新发展

【长期科研基地建设】 批复建立第二批60个国家林业和草原长期科研基地，组织开展第三批长期科研基地推荐申报，重点向草原、湿地、荒漠自然保护地等类型倾斜。

表16-2 第二批60个国家林业和草原长期科研基地名单

序号	归口管理单位	名称	申报单位
1	中国林业科学研究院	亚热带林木培育国家长期科研基地	中国林业科学研究院亚热带林业研究所
2		福建邵武杉木人工林培育国家长期科研基地	中国林业科学研究院林业研究所
3		中部地区楸树育种和培育国家长期科研基地	中国林业科学研究院林业研究所
4		河南宝天曼天然林保育国家长期科研基地	中国林业科学研究院森林生态环境与保护研究所
5		三峡库区林业资源与生态保护国家长期科研基地	中国林业科学研究院森林生态环境与保护研究所
6		黄河中下游经济林育种和培育国家长期科研基地	国家林业和草原局泡桐研究开发中心
7		海南尖峰岭热带珍贵树种研究国家长期科研基地	中国林业科学研究院热带林业研究所
8		北京九龙山暖温带森林国家长期科研基地	中国林业科学研究院华北林业实验中心
9		广东湛江桉树培育国家长期科研基地	国家林业和草原局桉树研究开发中心
10		南亚热带常绿阔叶林生态保育与可持续利用国家长期科研基地	中国林业科学研究院资源昆虫研究所
11	国家林业和草原局调查规划设计院	海南三亚热带湿地生态系统国家长期科研基地	国家林业和草原局调查规划设计院
12	国际竹藤中心	海南三亚竹藤综合性国家长期科研基地	国际竹藤中心
13		山东青岛竹藤综合性国家长期科研基地	国际竹藤中心
14	国家林业和草原局昆明勘察设计院	云南大理洱海东部面山生态修复国家长期科研基地	国家林业和草原局昆明勘察设计院
15	中国大熊猫保护研究中心	岷山濒危野生动植物保护生物学国家长期科研基地	中国大熊猫保护研究中心

(续表)

序号	归口管理单位	名称	申报单位
16	北京市园林绿化局	北京乡土观赏植物育种国家长期科研基地	北京市园林科学研究院
17		北京乡土落叶乔木良种繁育国家长期科研基地	北京市大东流苗圃
18	河北省林业和草原局	河北洪崖山林木育种国家长期科研基地	河北农业大学
19	山西省林业和草原局	山西泗交特色经济林良种选育国家长期科研基地	山西省林业科学研究院
20	内蒙古自治区林业和草原局	内蒙古乌梁素海湿地生态系统国家长期科研基地	内蒙古农业大学
21		内蒙古草原生态修复国家长期科研基地	内蒙古蒙草生态环境（集团）股份有限公司
22	辽宁省林业和草原局	辽宁山杏种质资源保存与育种国家长期科研基地	沈阳农业大学
23	吉林省林业和草原局	吉林蛟河天然林保护国家长期科研基地	吉林省林业实验区国有林保护中心
24	黑龙江省林业和草原局	嫩江平原防护林国家长期科研基地	黑龙江省森林与环境科学研究院
25		黑龙江寒地草育种国家长期科研基地	黑龙江省农业科学院草业研究所
26	上海市林业局	上海南召玉兰种质资源保护与利用国家长期科研基地	上海市园林科学规划研究院
27	江苏省林业局	江苏常熟湿地修复国家长期科研基地	南大（常熟）研究院有限公司
28		江苏柳树育种与培育国家长期科研基地	江苏省林业科学研究院
29	安徽省林业局	安徽黄山林木育种和森林培育国家长期科研基地	黄山市林业科学研究所
30	福建省林业局	福建武夷山生态保护国家长期科研基地	武夷山国家公园科研监测中心
31		福建兰科植物保育国家长期科研基地	福建农林大学
32	江西省林业局	江西鄱阳湖湿地保护与恢复国家长期科研基地	南昌大学
33	山东省自然资源厅	山东珍贵树种选育及培育国家长期科研基地	山东省林木种质资源中心
34	河南省林业局	河南优质花木种质资源保存与培育国家长期科研基地	河南省林业科学研究院
35	湖北省林业局	湖北太子山森林综合性国家长期科研基地	湖北省太子山林场管理局
36	湖南省林业局	湖南青羊湖生态保护与森林经营国家长期科研基地	湖南省青羊湖国有林场
37		武陵山石漠化综合治理国家长期科研基地	湘西土家族苗族自治州森林生态研究试验站
38	广东省林业局	广东丹霞山生态学国家长期科研基地	广东韶关丹霞山国家级自然保护区管理局
39		穿山甲保护研究国家长期科研基地	广东省野生动物救护中心
40	广西壮族自治区林业局	广西木本香料育种与栽培国家长期科研基地	广西壮族自治区林业科学研究院
41	海南省林业局	海南大学热带林木种质资源保存与培育国家长期科研基地	海南大学
42		长臂猿保护国家长期科研基地	海南国家公园研究院
43	四川省林业和草原局	四川玉蟾山楠木培育国家长期科研基地	四川省林业科学研究院
44		四川红原草种质资源与育种利用国家长期科研基地	四川省草原科学研究院
45	贵州省林业局	贵州山地澳洲坚果育种国家长期科研基地	贵州省亚热带作物研究所
46	云南省林业和草原局	广南石漠化区生态经济树种培育国家长期科研基地	云南省林业和草原科学院
47		亚洲象保护国家长期科研基地	云南西双版纳国家级自然保护区管护局
48	陕西省林业局	陕西珍稀野生植物保护与繁育国家长期科研基地	秦岭国家植物园
49	甘肃省林业和草原局	甘肃油橄榄育种及培育国家长期科研基地	甘肃省林业科学研究院
50	青海省林业和草原局	青藏高原林木种质资源国家长期科研基地	青海省林木种苗总站
51	新疆维吾尔自治区林业和草原局	新疆林木种质资源国家长期科研基地	新疆林业科学院

（续表）

序号	归口管理单位	名称	申报单位
52	内蒙古大兴安岭重点国有林管理局	内蒙古大兴安岭森林火灾防控国家长期科研基地	内蒙古大兴安岭汗马国家级自然保护区管理局
53	大兴安岭林业集团公司	大兴安岭森林培育国家长期科研基地	大兴安岭林业集团公司农业林业科学研究院
54	北京林业大学	京津冀林草生态修复国家长期科研基地	北京林业大学
55	东北林业大学	黑龙江凉水森林生态学国家长期科研基地	东北林业大学
56	南京林业大学	江苏句容下蜀林场综合性国家长期科研基地	南京林业大学
57	西南林业大学	云南玉溪森林生态系统国家长期科研基地	西南林业大学
58	中南林业科技大学	湖南张家界生态旅游国家长期科研基地	中南林业科技大学
59	西北农林科技大学	宁夏云雾山草原生态系统国家长期科研基地	西北农林科技大学
60	中国农业科学院	内蒙古草地有害生物监测防控国家长期科研基地	中国农业科学院植物保护研究所

（创新处）

【设立研发单位自主研发项目】 印发《关于下达林草卫星遥感技术应用研究等自主研发项目计划的通知》，指导支持各单位自主提供资金设立林草研发项目。共设立林草卫星遥感技术应用研究、林草大数据监测平台构建技术研究、野生动物栖息地监测与保护技术研究、国家公园及自然保护地研究、大熊猫保育研究及其他类6类项目，统筹纳入局级林草科研项目范畴，在成果认定、推广转化、科技奖励等方面享受与局级科研项目同等待遇。 （创新处）

【创新人才建设】 2020年，评选出第二批林业和草原科技创新青年拔尖人才15人、领军人才15人、创新团队30个。对选出的人才和团队，所在单位均制订了5年培养计划。对青年拔尖人才给予自主选题研究支持，所在单位配套资金支持。

表16-3 第二批林业和草原科技创新青年拔尖人才名单

序号	姓名	所在单位
1	郭 娟	中国林业科学研究院
2	王 梅	中国林业科学研究院
3	王法明	中国科学院华南植物园
4	张 瑞	浙江农林大学
5	帅 李	福建农林大学
6	宋跃朋	北京林业大学
7	谢剑波	北京林业大学
8	孙丽丹	北京林业大学
9	薛智敏	北京林业大学
10	杨仕隆	东北林业大学
11	焦 骄	东北林业大学

（续表）

序号	姓名	所在单位
12	陈登宇	南京林业大学
13	向 萍	西南林业大学
14	陈文青	西北农林科技大学
15	邓 蕾	西北农林科技大学

表16-4 第二批林业和草原科技创新领军人才名单

序号	姓名	所在单位
1	庞 勇	中国林业科学研究院
2	段爱国	中国林业科学研究院
3	燕丽萍	山东省林业科学研究院
4	张卫华	广东省林业科学研究院
5	胡传双	华南农业大学
6	王延平	山东农业大学
7	刘志鹏	兰州大学
8	宋丽丽	浙江农林大学
9	程宝栋	北京林业大学
10	张春雨	北京林业大学
11	李淑君	东北林业大学
12	陈金慧	南京林业大学
13	巩合德	西南林业大学
14	何霞红	西南林业大学
15	张 琳	中南林业科技大学

表16-5 第二批林业和草原科技创新团队名单

序号	团队名称	团队负责人	团队所在单位
1	以国家公园为主体的自然保护地体系政策研究创新团队	李冰	国家林业和草原局经济发展研究中心
2	西南山地森林植被保育与修复创新团队	苏建荣	中国林业科学研究院
3	草原保护与生态修复创新团队	贾志清	中国林业科学研究院
4	荒漠生态系统与全球变化创新团队	吴波	中国林业科学研究院
5	清洁制浆技术创新团队	房桂干	中国林业科学研究院
6	特色林木资源育种与培育创新团队	汪阳东	中国林业科学研究院
7	针叶树种遗传改良与高效培育创新团队	孙晓梅	中国林业科学研究院
8	竹藤资源高效培育理论与技术创新团队	刘广路	国际竹藤中心
9	草类植物分子设计育种创新团队	张蕴薇	中国农业大学
10	杏资源育种科技创新团队	孙浩元	北京市林业果树科学研究院
11	月季选育及推广应用创新团队	赵世伟	北京市园林科学研究院
12	柳树科技创新团队	王保松	江苏省林业科学研究院
13	福建杉木遗传育种与高效繁育创新团队	郑仁华	福建省林业科学研究院
14	用材树种人工林培育创新团队	董玉峰	山东省林业科学研究院
15	油茶全产业链科技创新团队	陈永忠	湖南省林业科学院
16	西藏野生动植物保护创新团队	普布顿珠	西藏自治区林业调查规划研究院
17	竹林碳汇智能监测与智慧管理创新团队	杜华强	浙江农林大学
18	李保国山区特色经济林产业创新团队	齐国辉	河北农业大学
19	草地资源保护与可持续管理创新团队	王成杰	内蒙古农业大学
20	热带特色森林资源培育创新团队	宋希强	海南大学
21	西南区草种质资源创制利用创新团队	张新全	四川农业大学
22	草地适应性管理创新团队	董全民	青海大学
23	林业有害生物防控创新团队	宗世祥	北京林业大学
24	杨树人工林高效培育创新团队	贾黎明	北京林业大学
25	野生动物保护与管理创新团队	邹红菲	东北林业大学
26	竹材工程材料科技创新团队	李延军	南京林业大学
27	林木与草原保护装备及其智能化创新团队	许林云	南京林业大学
28	西南特色林木资源研究与利用创新团队	王曙光	西南林业大学
29	绿色家具工程技术创新团队	张仲凤	中南林业科技大学
30	可持续林草植被体系构建与管理创新团队	温仲明	西北农林科技大学

（创新处）

【科技协同创新中心建设】 加强已成立的"一带一路"生态互联互惠等3个科技协同创新中心建设。围绕服务重大国家战略，依托北京林业大学和中国林科院成立了黄河流域生态保护和高质量发展、粤港澳大湾区生态保护修复、长三角生态保护修复3个科技协同创新中心，依托陕西省林科院成立了秦岭生态保护修复科技协同创新中心。

（创新处）

【创新高地建设】 推进中国油茶科创谷建设，组织编制《中国油茶科创谷规划（2020~2025年）》。加强林产化学与材料国际创新高地建设，召开领导小组第一次会议，公布了领导小组成员及学术委员会、顾问委员会名单，总结了创新高地建设成效及研究进展，讨论审议了创新高地发展规划和领导小组工作规则。筹备林草装备创新园，9月底以局文批复与浙江省依托浙江省林业科学研究院、永康市人民政府共建"国家林草装备科技创新园"。

（创新处）

【生态站建设】 加强生态站评估，发布生态站考核评估指标体系，组织编制《生态站中长期规划（2020~2035年）》，组织修订完善森林、草原、湿地、荒漠、竹林、城市6种类型生态站数据观测指标，新增石漠化类型观测指标体系。组织编写森林、草原、湿地、荒漠、城市、竹林6种类型生态站全国数据监测报告。进一步优化生态站建设布局，新批复生态站8个，其中草原站6个，湿地站1个，城市站1个。新增2个国家野外台站。

表16-6 2020年新建国家陆地生态系统定位观测研究站名单

序号	生态站名称	归口管理单位
1	内蒙古锡林郭勒草原生态系统定位观测研究站	中国科学院

(续表)

序号	生态站名称	归口管理单位
2	内蒙古鄂尔多斯草地生态系统定位观测研究站	中国科学院
3	青海高寒草地生态系统定位观测研究站	中国科学院
4	内蒙古呼伦贝尔草甸草原生态系统定位观测研究站	中国农业科学院
5	河北坝上农牧交错区草地生态系统定位观测研究站	河北省林业和草原局
6	山西右玉黄土高原草地生态系统定位观测研究站	山西省林业和草原局
7	山西长子精卫湖湿地生态系统定位观测研究站	山西省林业和草原局
8	安徽合肥城市生态系统定位观测研究站	安徽省林业局

(创新处)

【林业和草原国家创新联盟建设】 12月24日，国家林草局科技司在福建厦门举办林草国家创新联盟培训班，为70个高活跃度联盟颁发证书。公布联盟首批联盟优秀科技成果20项，联盟自筹研发项目30项。加强联盟办公室、公众号制度建设，推动创新联盟良性可持续发展。鼓励引导创新联盟积极参与扶贫攻坚与抗疫工作，累积捐款6600余万元。

表16-7 2020年度联盟优秀创新成果名单

序号	成果名称	所属联盟
1	澳洲坚果新品种选育及配套栽培技术研究与推广应用	西南地区坚果国家创新联盟
2	北京林业主要害虫信息素引诱剂新产品研制及产业化开发	林草生物灾害监测预警国家创新联盟
3	濒危藏药桃儿七综合保育技术的研发与示范推广	青藏高原道地药材开发与利用国家创新联盟
4	高效实用滴灌设备装置系统	矿山生态修复国家创新联盟
5	基于森林资源清查优化体系的生态系统监测技术	自然资源调查监测国家创新联盟
6	利用芦苇生产环保无醛板材技术研究	无醛人造板国家创新联盟
7	辽西北退化草地围封区治理与修复关键技术	农牧交错带草地保护国家创新联盟
8	蔓越橘引种选育技术研究	东北山野菜产业国家创新联盟
9	楸叶泡桐新品种高干良材培育技术	泡桐国家创新联盟
10	数字化木纹3D数码喷印装饰板研发及其产业化	林业产业标准化国家创新联盟
11	双工位智能木工钻铣加工中心	木工智能化国家创新联盟
12	望春玉兰种质资源收集与新品种选育	林木种质资源利用国家创新联盟
13	无醛胶合板用豆粕胶黏剂创制及应用关键技术	木材胶黏剂产业国家创新联盟
14	五倍子高效培育及产业化关键技术创新与应用	资源昆虫产业国家创新联盟
15	西农无刺花椒	花椒产业国家创新联盟
16	新型木本切花优良品种培育及产业化关键技术	花卉产业国家创新联盟
17	云卫通（国产）VSAT应急管理卫星通信系统	林业和草原灾害防控信息化国家创新联盟
18	皂荚良种多目标选育及高效栽培技术集成创新与应用	皂荚产业国家创新联盟
19	中首2号高产苜蓿新品种的推广应用	草种业国家创新联盟
20	核桃良种"中宁盛"研发及推广应用	核桃产业国家创新联盟

表16-8 林草国家创新联盟首批自筹研发项目

项目编号	归口管理单位	所属联盟	项目名称	牵头承担单位
GLM〔2020〕1号	国家林业和草原局经济发展研究中心	林业生态经济发展国家创新联盟	工厂化乡土树种育苗及造林技术研究	青岛冠中生态股份有限公司
GLM〔2020〕2号	国家林业和草原局经济发展研究中心	林业生态经济发展国家创新联盟	竹子萃取产业化	深圳市金色盆地科技有限公司
GLM〔2020〕3号	中国林业科学研究院	地板与墙板国家创新联盟	地墙一体化定制技术研发和推广项目	中国林科院木材工业研究所等15家单位
GLM〔2020〕4号	中国林业科学研究院	林木种质资源利用国家创新联盟	高抗逆植物资源开发与利用	天津泰达绿化集团有限公司
GLM〔2020〕5号	中国林业科学研究院	林木种质资源利用国家创新联盟	无球悬铃木高接换冠及扦插繁育新技术研究与应用	淮南市市政园林管理处

(续表)

项目编号	归口管理单位	所属联盟	项目名称	牵头承担单位
GLM〔2020〕6号	中国林业科学研究院	木门窗产业国家创新联盟	基于RFID技术的木门智能化生产模式研究与产业化示范项目	泰森日盛集团有限公司
GLM〔2020〕7号	中国林业科学研究院	木质功能材料与制品国家创新联盟	精准对纹饰面板高环保高抗菌防霉性能研究	广东耀东华装饰材料科技有限公司
GLM〔2020〕8号	国际竹藤中心	竹藤产业国家创新联盟	竹材装配式建筑结构用材研究与应用	湖南桃花江竹材科技股份有限公司
GLM〔2020〕9号	中国林学会	栎树国家创新联盟	栓皮栎优良种苗选育、高效栽培与软木资源可持续利用	山东省栓皮栎产业技术研究院有限公司
GLM〔2020〕10号	中国林产工业协会	无醛人造板国家创新联盟	无醛纤维板产业化生产技术与应用技术研究	广西三威家居新材股份有限公司
GLM〔2020〕11号	中国林业产业联合会	山桐子国家创新联盟	山桐子油绿色精深加工技术研究	湖北旭舟林农科技有限公司
GLM〔2020〕12号	中国林业产业联合会	紫荆国家创新联盟	紫荆属新品种创制及产业化开发	河南四季春园林艺术工程有限公司等4家单位
GLM〔2020〕13号	国家林业和草原局森林和草原病虫害防治总站	林草生物灾害监测预警国家创新联盟	基于无人机多光谱遥感的松材线虫病监测应用产品研发	北京依科曼生物技术股份有限公司
GLM〔2020〕14号	国家林业和草原局西北林业调查规划设计院	西北地区特色林业产业国家创新联盟	刺梨酵素成果应用产业化示范及副产物综合利用研发与推广	贵州维多科技实业有限公司
GLM〔2020〕15号	国家林业和草原局西北林业调查规划设计院	西北地区特色林业产业国家创新联盟	仿野生铁皮石斛功能食品和特医食品开发	贵州启明农业科技发展有限责任公司
GLM〔2020〕16号	国家林业和草原局西北林业调查规划设计院	西北地区特色林业产业国家创新联盟	LED光源应用于智慧林业监测与生产的关键技术研究	国家林草局西北调查规划设计院
GLM〔2020〕17号	北京市园林绿化局	海棠产业国家创新联盟	观赏海棠新品种选育与示范应用	北京农学院
GLM〔2020〕18号	天津市规划和自然资源局	天津市自然保护地监控体系国家创新联盟	高分辨率遥感影像地物识别研究	天津市测绘院有限公司
GLM〔2020〕19号	内蒙古自治区林业和草原局	节水林业国家创新联盟	干旱地区节水林业发展模式研究	内蒙古天龙生态环境发展有限公司
GLM〔2020〕20号	浙江省林业局	绣球花产业国家创新联盟	绣球花、月季等鲜切花绿色高效无土栽培技术研究及应用	通海锦海农业科技发展有限公司
GLM〔2020〕21号	安徽省林业局	刺槐产业国家创新联盟	基于"物联网+"的刺槐优良无性系选育和工厂化容器苗培育技术研究	安徽泓森高科林业股份有限公司
GLM〔2020〕22号	山东省自然资源厅	毛梾产业国家创新联盟	毛梾新品种选育及深加工研究	山东万路达毛梾文化产业发展有限公司
GLM〔2020〕23号	湖北省林业局	五倍子产业国家创新联盟	"林药蜂"产业融合关键技术研究与开发	五峰赤诚生物科技股份有限公司
GLM〔2020〕24号	重庆市林业局	枇杷产业国家创新联盟	枇杷系列新优品种本地化绿色栽培与无核三倍体选育	中农新科(苏州)有机循环研究院有限公司
GLM〔2020〕25号	北京林业大学	花卉产业国家创新联盟	优良山茶种质创新及新品种产业化关键技术	棕榈生态城镇发展股份有限公司

(续表)

项目编号	归口管理单位	所属联盟	项目名称	牵头承担单位
GLM〔2020〕26号	北京林业大学	无患子产业国家创新联盟	区域无患子种质资源收集与高效培育关键技术示范	福建省源华林业生物科技有限公司等5家单位
GLM〔2020〕27号	南京林业大学	竹质结构材料产业国家创新联盟	高性能户外竹重组材关键技术研究与产业化	福建建瓯市吉丰竹业有限公司
GLM〔2020〕28号	南京林业大学	竹质结构材料产业国家创新联盟	高性能竹饰面石塑复合材料制造关键技术研究与产业化	福建华宇集团有限公司
GLM〔2020〕29号	南京森林警察学院	林业和草原灾害防控信息化国家创新联盟	森林防火多光谱智能监控相机	南京恩博科技有限公司
GLM〔2020〕30号	中国农业科学院	草种业国家创新联盟	川西高原草新品种选育及配套技术研究	四川省草原科学研究院

(创新处)

【国家林业和草原局重点实验室建设】 2月28日，批复同意建立石墨烯林业应用、南方园林植物种质创新与利用、黄河流域生态保护3个国家林业和草原局重点实验室。12月31日，批准建设荒漠生态系统保护与修复、长江中下游草种质资源创新与利用、华东地区花卉生物学、松材线虫病预防与控制技术、旱区生态水文与灾害防治、黄土高原水土保持与生态修复6个国家林业和草原局重点实验室。

表16-9 2020年新建国家林业和草原局重点实验室

序号	名称	依托单位	主管单位
1	石墨烯林业应用重点实验室	山西大同大学、山西省桑干河杨树丰产实验局	山西省林业和草原局
2	荒漠生态系统保护与修复重点实验室	内蒙古农业大学	内蒙古自治区林业和草原局
3	南方园林植物种质创新与利用重点实验室	浙江农林大学	浙江省林业局
4	长江中下游草种质资源创新与利用重点实验室	南京农业大学	江苏省林业局
5	华东地区花卉生物学重点实验室	南京农业大学	江苏省林业局
6	松材线虫病预防与控制技术重点实验室	安徽省林科院	安徽省林业局
7	旱区生态水文与灾害防治重点实验室	西安理工大学、国家林业和草原局西北调查规划设计院、西北大学	陕西省林业局
8	黄土高原水土保持与生态修复重点实验室	陕西省林科院	陕西省林业局
9	黄河流域生态保护重点实验室	北京林业大学	北京林业大学

(创新处)

林草科技推广

【林草科技成果】 2020年新入库各类林草科技成果1433项，其中草原成果118项，总数已达10 800项，同时开展2021年成果入库填报。为促进先进适用科学技术在生产中的应用，围绕当前林业和草原现代化建设技术需求，遴选出了2020年重点推广林草科技成果100项。

(推广处)

【林业科技推广示范项目】 依托入库成果，2020年共安排中央财政林业科技推广示范资金项目536个，资金5亿元，其中有扶贫任务的22个省（区、市）安排推广项目449个、资金3.96亿元。完成对各省申报进入中央财政推广项目储备库的2021年项目的审核工作。配合国家林草局规财司下发了《中央财政林业科技推广示范项目申报指南》，加强对行业推广转化工作指导。

2020年立项实施林草科技成果国家级推广项目51个，重点推广用材林培育、经济林丰产栽培、生态修复、木材加工等领域先进技术。通过科技推广示范项目的实施，大幅提升了林草科技新成果应用示范效应，强化了科技对林草创新发展的支撑作用。

（推广处）

【林草科技扶贫】 召开林草科技定点扶贫工作对接会，安排部署林草科技扶贫任务。举办全国林草科技扶贫培训班，总结"十三五"部署"十四五"推广转化工作。协调国家林草局科技中心、中国林科院、国际竹藤中心、中国林学会等科技口单位及贵州林业局、广西林业局，在4个定点县18个乡镇落实油茶等31个科技扶贫项目，投入科技推广示范资金1566万元，其中罗城县11个项目，投入565万元。组织林草科技扶贫专家服务团84位专家分别赴4个定点县的23个乡镇开展科技服务活动。在林草科技推广手机应用程序和微信公众号宣传推广定点县特色农林产品。围绕广西、贵州等贫困地区急需的油茶等相关技术，举办6场培训直播，观看总人数超过4万人次。

（推广处）

【林草科技成果转化平台】 为进一步加快科技成果转化平台建设，下发《国家林业和草原局关于认定1个国家林业科技示范园区、2个国家林业生物产业基地和10个林草工程技术研究中心的复函》（林科发〔2020〕44号），批复认定了木塑复合材料、漆树、西南红豆杉、青藏高原高寒地生态修复、高寒草地鼠害防控、西北退化草原生态修复与利用、北方抗旱耐寒草品种育繁、草原风蚀沙化治理、澳洲坚果、绿色家具10个林草工程技术研究中心，以及广东惠州国家林药科技示范园区和重庆江津花椒、重庆黔江蚕桑2个国家生物产业基地。对建成运行3年以上的55个工程中心开展了评估，形成了工程中心评估报告。

表16-10 2020年度批复的林草科技成果转化平台

林草科技成果转化平台名称	依托单位
广东惠州国家林药科技示范园区	惠州市林业科学研究所、广东态合堂实业有限公司
重庆黔江国家蚕桑生物产业基地	重庆市黔江区人民政府
重庆江津国家花椒生物产业基地	重庆市江津区人民政府
木塑复合材料工程技术研究中心	山东霞光集团有限公司、中国林科院木材工业研究所
漆树工程技术研究中心	四川凌盾生态农业科技开发有限责任公司

（续表）

林草科技成果转化平台名称	依托单位
红豆杉西南工程技术研究中心	四川农业大学
青藏高原高寒地生态修复工程技术研究中心	四川省草原科学研究院
高寒草地鼠害防控工程技术研究中心	甘肃农业大学
西北退化草原生态修复与利用工程技术研究中心	兰州大学
北方抗旱耐寒草品种育繁工程技术研究中心	内蒙古农业大学
草原风蚀沙化治理工程技术研究中心	内蒙古蒙草生态环境（集团）股份有限公司
澳洲坚果工程技术研究中心	临沧市林业科学研究院
绿色家具工程技术研究中心	中南林业科技大学

（推广处）

【体系建设】 2020年，安排中央预算内林业投资1600万元，用于支持全国160个市、县级林业科技推广站建设，不断提升推广工作能力。促进推广队伍体系多元化，遴选聘认第二批300名国家级林草乡土专家，起草了《国家林业和草原局林草乡土专家认定办法（征求意见稿）》。为选树一批扎根基层、服务群众的林草科技推广先进典型，遴选出第一批200名"最美林草科技推广员"。

（推广处）

【科技下乡服务】 深入开展科技下乡、科技特派员活动，下发了《关于强化科技服务助力春耕生产的通知》（科推字〔2020〕4号）和《关于组织开展科技特派员活动的通知》（科推字〔2020〕7号），组织指导基层开展春耕生产，全国开展科技下乡活动1678批8375人次，选派科技特派员912批4425人次。组织开展培训2.08万次，培训141万人次。通过林草科技推广手机应用程序等线上服务平台推送实用技术等文章2.1万多篇，服务人数超过200万人次。

（推广处）

【推广员典型宣传】 联合中国绿色时报社继续开展"寻找最美科技推广员"宣传活动，在《中国绿色时报》专栏报道了东北林业大学林学院邹莉教授、吉林辉南县林业科技推广站站长夏守平等14名推广员的先进事迹。

（推广处）

林草科学普及

【林草科普顶层设计】 联合科技部出台《关于加强林业和草原科普工作的意见》,提出今后一个时期林草科普工作的总体要求、主要任务和保障措施,明确把林草科普作品纳入林草科技奖励范围,探索建立科普效果评估机制,在国家林草科技项目中增加科普任务。

(推广处)

【全国林草科技活动周】 举办了主题为"人与自然和谐共生 携手建设美丽中国"的2020年全国林业和草原科技活动周,首次采用线上线下相结合的方式,共举办各类活动近100场次,直接参与活动专家、志愿者近万人,受众300多万人次,引发全国30多家媒体跟踪宣传报道167篇。指导广东、山西等地方和单位开展特色科普活动。

(推广处)

林草标准化和林产品质量

【发布国家标准】 2020年发布国家标准32项。

表16-11 2020年发布的国家标准

序号	标准号	中文名称	代替标准号
1	GB/T 13010—2020	木材工业用单板	GB/T 13010—2006
2	GB/T 18102—2020	浸渍纸层压木质地板	GB/T 18102—2007
3	GB/T 19724—2020	林业机械 便携式油锯和割灌机 易引起火险的排放系统	GB 19724—2005
4	GB/T 19725.1—2020	农林机械 便携式割灌机和割草机安全要求和试验 第1部分:侧挂式动力机械	GB 19725.1—2014
5	GB/T 19725.2—2020	农林机械 便携式割灌机和割草机安全要求和试验 第2部分:背负式动力机械	GB 19725.2—2014
6	GB/T 19726.1—2020	林业机械 便携式油锯安全要求和试验 第1部分:林用油锯	GB 19726.1—2013
7	GB/T 19726.2—2020	林业机械 便携式油锯安全要求和试验 第2部分:修枝油锯	GB 19726.2—2013
8	GB/T 20888.1—2020	林业机械 杆式动力修枝锯安全要求和试验 第1部分:侧挂式动力修枝锯	GB 20888.1—2013
9	GB/T 20888.2—2020	林业机械 杆式动力修枝锯安全要求和试验 第2部分:背负式动力修枝锯	GB 20888.2—2013
10	GB/T 23899—2020	林业企业能耗测试与计算方法	GB/T 23899—2009
11	GB/T 24507—2020	浸渍纸层压实木复合地板	GB/T 24507—2009
12	GB/T 24508—2020	木塑地板	GB/T 24508—2009
13	GB/T 26901—2020	李贮藏技术规程	GB/T 26901—2011
14	GB/T 26904—2020	桃贮藏技术规程	GB/T 26904—2011
15	GB/T 28991—2020	油茶良种选育技术规程	GB/T 28991—2012
16	GB/T 38582—2020	森林生态系统服务功能评估规范	—
17	GB/T 38590—2020	森林资源连续清查技术规程	—
18	GB/T 38742—2020	竹砧板	—
19	GB/T 38743—2020	废旧木材与人造板术语	—
20	GB/T 38752—2020	难燃细木工板	—
21	GB/T 38780—2020	竹席	—
22	GB/T 38781—2020	林业机械 通用安全要求	—

(续表)

序号	标准号	中文名称	代替标准号
23	GB/T 39032—2020	难燃刨花板	—
24	GB/T 39089—2020	竹牙签	—
25	GB/T 39358—2020	中国森林认证 非木质林产品经营	—
26	GB/T 39363—2020	金银花空气源热泵干燥通用技术要求	—
27	GB/T 39422—2020	木结构销槽承压强度及钉连接承载力特征值确定方法	—
28	GB/T 39736—2020	国家公园总体规划技术规范	—
29	GB/T 39737—2020	国家公园设立规范	—
30	GB/T 39738—2020	国家公园监测规范	—
31	GB/T 39739—2020	国家公园考核评价规范	—
32	GB/T 39740—2020	自然保护地勘界立标规范	—

【发布行业标准】 2020年发布行业标准100项

表16-12 2020年发布的行业标准

序号	标准编号	标准名称	代替标准号
1	LY/T 3171—2020	林业和草原行政许可实施规范	—
2	LY/T 3172—2020	林业和草原行政许可评价规范	—
3	LY/T 3173—2020	南方型黑杨速生丰产林培育技术规程	—
4	LY/T 3174—2020	木槿培育技术规程	—
5	LY/T 3175—2020	接骨木培育技术规程	—
6	LY/T 3176—2020	梅花培育技术规程	—
7	LY/T 3177—2020	主要宿根花卉露地栽培技术规程	—
8	LY/T 3178—2020	西北华北山地次生林经营技术规程	—
9	LY/T 3179—2020	退化防护林修复技术规程	—
10	LY/T 3180—2020	干旱干热河谷区退化林地土壤修复技术规程	—
11	LY/T 3181—2020	森林生态旅游低碳化管理导则	—
12	LY/T 3182—2020	森林生态旅游地木（竹）材产品使用技术要求	—
13	LY/T 3183—2020	林分形高表编制技术规程	—
14	LY/T 3184—2020	虚拟三维林相图制作技术规程	—
15	LY/T 1990—2020	森林工程装备系统设计导则	LY/T 1990—2011 LY/T 1991—2011 LY/T 1992—2011 LY/T 1993—2011
16	LY/T 1840—2020	喀斯特地区植被恢复技术规程	LY/T 1840—2009
17	LY/T 3185—2020	极小种群野生植物野外回归技术规范	—
18	LY/T 3186—2020	极小种群野生植物苗木繁育技术规程	—
19	LY/T 3187—2020	极小种群野生植物种质资源保存技术规程	—
20	LY/T 1829—2020	林业植物产地检疫技术规程	LY/T 1829—2009
21	LY/T 3188—2020	国家公园总体规划技术规范	—
22	LY/T 3189—2020	国家公园资源调查与评价规范	—
23	LY/T 3190—2020	国家公园勘界立标规范	—
24	LY/T 2201—2020	榛培育技术规程	LY/T 2201—2013 LY/T 2205—2013

(续表)

序号	标准编号	标准名称	代替标准号
25	LY/T 3191—2020	林木 DNA 条形码构建技术规程	—
26	LY/T 1057—2020	船用贴面刨花板	LY 1057.1~1057.3—91
27	LY/T 1364—2020	铁路客车用胶合板	LY/T 1364—2006
28	LY/T 1859—2020	仿古木质地板	LY/T 1859—2009
29	LY/T 1279—2020	聚氯乙烯薄膜饰面人造板	LY/T 1279—2008
30	LY/T 1738—2020	实木复合地板用胶合板	LY/T 1738—2008
31	LY/T 1659—2020	人造板工业粉尘防控技术规范	LY/T 1659—2006
32	LY/T 3192—2020	内置电热层电采暖木质地板	—
33	LY/T 3193—2020	竹制工程材料术语	—
34	LY/T 3194—2020	结构用重组竹	—
35	LY/T 3195—2020	防腐竹材的质量要求	—
36	LY/T 3196—2020	竹林碳计量规程	—
37	LY/T 3197—2020	竹材制品碳计量规程	—
38	LY/T 3198—2020	无胶竹砧板	—
39	LY/T 3199—2020	铝合金增强竹塑复合型材	—
40	LY/T 3200—2020	圆竹家具通用技术条件	—
41	LY/T 3201—2020	展平竹地板	—
42	LY/T 3202—2020	竹缠绕管廊	—
43	LY/T 2222—2020	竹单板	—
44	LY/T 3203—2020	竹炭远红外发射率测定方法	—
45	LY/T 3204—2020	竹展平板	—
46	LY/T 3205—2020	专用竹片炭	—
47	LY/T 3206—2020	植物新品种特异性、一致性、稳定性测试指南　叶子花属	—
48	LY/T 3207—2020	植物新品种特异性、一致性、稳定性测试指南　枫香属	—
49	LY/T 3208—2020	植物新品种特异性、一致性、稳定性测试指南　山楂属	—
50	LY/T 3209—2020	植物新品种特异性、一致性、稳定性测试指南　木槿和朱槿	—
51	LY/T 3210—2020	植物新品种特异性、一致性、稳定性测试指南　欧李	—
52	LY/T 3211—2020	植物新品种特异性、一致性、稳定性测试指南　扁桃	—
53	LY/T 3212—2020	金镶玉竹园林栽植养护技术规程	—
54	LY/T 3213—2020	野生动物人工繁育技术规程　蓝孔雀	—
55	LY/T 3214—2020	野生动物人工繁育管理规范　总则	—
56	LY/T 3215—2020	野生动物人工繁育技术规程　朱鹮	—
57	LY/T 3216—2020	国家公园标识规范	—
58	LY/T 3217—2020	建筑用木基面材结构保温复合板	—
59	LY/T 3218—2020	木结构楼板振动性能测试方法	—
60	LY/T 3219—2020	木结构用自攻螺钉	—
61	LY/T 3220—2020	木质浴桶	—
62	LY/T 3221—2020	实木壁板	—
63	LY/T 3222—2020	木材及木基材料吸湿尺寸稳定性检测规范	—
64	LY/T 3223—2020	沉香质量分级	—

(续表)

序号	标准编号	标准名称	代替标准号
65	LY/T 3224—2020	树脂浸渍改性木材干燥规程	—
66	LY/T 3225—2020	锯材高温干燥工艺规程	—
67	LY/T 3226—2020	集装箱底板用定向刨花板	—
68	LY/T 3227—2020	木地板生产生命周期评价技术规范	—
69	LY/T 1923—2020	室内木质门	LY/T 1923—2010
70	LY/T 3228—2020	加压防腐处理胶合木	—
71	LY/T 3229—2020	人造板及其制品 VOCs 释放下的室内承载量规范	—
72	LY/T 3230—2020	人造板及其制品挥发性有机化合物释放量分级	—
73	LY/T 3231—2020	室内木制品用水性紫外光固化涂料	—
74	LY/T 3232—2020	框架式实木复合地板	—
75	LY/T 3233—2020	地采暖用木质地板甲醛释放承载量规范	—
76	LY/T 3234—2020	数码喷印装饰木制品通用技术要求	—
77	LY/T 1854—2020	室内高湿场所和室外用木地板	LY/T 1854—2009 LY/T 1861—2009
78	LY/T 3235—2020	负离子功能人造板及其制品通用技术要求	—
79	LY/T 1926—2020	人造板与木（竹）制品抗菌性能检测与分级	LY/T 1926—2010
80	LY/T 1987—2020	木质踢脚线	LY/T 1987—2011
81	LY/T 3236—2020	人造板及其制品气味分级及其评价方法	—
82	LY/T 3237—2020	林业机械　以内燃机为动力的半挂式枝丫切碎机	—
83	LY/T 3238—2020	林业机械　以汽油机为动力的可移动手扶式挖坑施肥机	—
84	LY/T 3239—2020	园林机械　以锂离子电池为动力源的手持式松土机	—
85	LY/T 3240—2020	园林机械　以锂离子电池为动力源的坐骑式草坪修剪机	—
86	LY/T 1810—2020	园林机械　以汽油机为动力的便携杆式绿篱修剪机	LY/T 1810—2008
87	LY/T 1202—2020	园林机械　以汽油机为动力的步进式草坪修剪机	LY/T 1202—2010
88	LY/T 1934—2020	园林机械　以汽（柴）油机为动力的坐骑式草坪修剪机	LY/T 1934—2010
89	LY/T 3241—2020	纤维板生产线节能技术规范	—
90	LY/T 1529—2020	普通胶合板生产综合能耗	LY/T 1529—2012
91	LY/T 1150—2020	栲胶生产综合能耗	LY/T 1150—2011
92	LY/T 3242—2020	林业企业能源管理通则	—
93	LY/T 1530—2020	刨花板生产综合能耗	LY/T 1530—2011
94	LY/T 1114—2020	松香生产综合能耗	LY/T 1114—2011
95	LY/T 3243—2020	生物质成型燃料抗碎性测试方法及工业分析方法	—
96	LY/T 1703—2020	实木地板生产综合能耗	LY/T 1703—2007
97	LY/T 2275—2020	中国森林认证　竹林经营	LY/T 2275—2014
98	LY/T 3244—2020	中国森林认证　产品编码及标识使用	—
99	LY/T 3245—2020	中国森林认证　自然保护地森林康养	—
100	LY/T 3246—2020	中国森林认证　自然保护地生态旅游	—

（标准处）

【**2020 年全国林草标准化和食用林产品质量安全监管工作电视电话会**】 11 月 6 日召开"全国林草标准化和食用林产品质量安全监管工作电视电话会"。国家林草局党组成员、副局长彭有冬出席并讲话，河北、浙江、湖南、四川 4 省林草部门负责人在会上作交流发言。国家林草局标准化工作领导小组成员，各省（区、市）林草主管部门有关人员参加会议。

（标准处）

【成立2个行业标准化技术委员会】 根据《中华人民共和国标准化法》和《行业标准管理办法》，国家林草局批复成立了生态旅游标准化技术委员会、木雕标准化技术委员会（国家林业和草原局公告2020年第24号），负责生态旅游和木雕领域标准制修订工作。

（标准处）

【2020年林产品质量监测】 印发《国家林业和草原局关于开展2020年林产品质量监测工作的通知》（林科发〔2020〕34号），并组织开展林产品质量监测工作。共抽检26个省（区、市）共3780批次样品，食用林产品1680批次，食用林产品产地土壤共1480批次，木质林产品388家企业443批次，林化产品51家企业113批次，非洲菊鲜切花14家企业（合作社、农户）64批次。

（标准处）

【2020年林草领域标准化管理培训班】 12月1~4日，国家林草局科技司在厦门组织召开2020年林草领域标委会管理培训班，重点培训标委会管理、行业标准管理、新版GB/T 1.1—2020及标准编制要求、标准出版质量、林草领域标准统计分析等内容，简要传达了"2020年林草标准化和食用林产品质量安全监管工作电视电话会"会议精神，通报2020年林草领域标准化工作情况，部署2021年重点工作安排。来自林业和草原领域全国、行业专业标准化技术委员会主任委员、秘书长以及有关单位负责人参加了此次培训。

（标准处）

【2020年林业质检机构培训班】 10月20~21日，国家林业和草原局科技司在四川成都组织举办2020年林业质检机构培训班。重点培训了检验检测行业的现状与发展趋势，检验检测机构管理要求，国家森林生态标志产品体系及检验检测需求，林业质检机构建设管理，2020年能力验证工作情况，木质林产品、食用林产品、林化产品质量安全监测规范及检测技术以及木质林产品甲醛检验检测关键技术等内容。来自国家林草局科技司、直属质检机构的有关代表参加了培训。

（标准处）

【取消7项行政许可事项】 根据《国务院关于取消和下放一批行政许可事项的决定》（国发〔2020〕13号）要求，国家林草局取消了"林业质检机构资质认定"等7项行政许可事项，并制定了事中事后监管细则（国家林业和草原局公告2020年第20号）。

（标准处）

【标准国际化工作】 2020年，全国木材标委会牵头完成并发布ISO 13061-5《木材物理力学性质试验方法 第5部分：横纹抗压强度测定》国际标准，推进《实木相框》国际标准研制立项。全国人造板标委会负责制定的国际标准ISO 18775《单板 术语和定义、物理特征及偏差的测定（修订）》进展顺利，进入FDIS投票阶段。国际标准化组织竹藤技术委员会（ISO/TC 296）主持制定发布ISO 21625《竹和竹产品术语》国际标准，正在制定ISO/PRF 21626-1《竹炭-第一部分：总则》等7项竹藤领域国际标准，其中5项由中国牵头。申报《寝具竹炭》等18项国家标准外文版项目，《木质地板铺装、验收和使用规范》（GB/T 20238—2018）等多项标准外文版项目获批立项，《绿色产品评价人造板》（GB/T 35601—2017）等标准外文版项目完成报批工作。推荐两位专家入选国际标准化组织ISO TC23/SC13/WG13工作组专家。国际竹藤中心刘贤森研究员荣获ISO"卓越贡献奖"。

（标准处）

林草知识产权保护

【编制《林业和草原知识产权"十四五"规划》】 组织开展林业和草原知识产权"十四五"规划编制工作，总结林业和草原知识产权"十三五"工作成果，调研了林业和草原行业知识产权的应用和转化现状、存在的主要问题，并召开专家咨询会，征求各方面的意见和建议，编制了《林业和草原知识产权"十四五"规划》。同时参与《林业和草原科技创新"十四五"规划》编制工作。

（杨玉林）

【组织实施《关于强化知识产权保护的意见》林草推进计划】 2019年11月，中共中央办公厅、国务院办公厅联合印发了《关于强化知识产权保护的意见》，面向新时代强化知识产权保护工作提出一系列新目标、新思路、新举措，对新时代知识产权保护工作开展、落实知识产权强国战略具有重要指导意义。为贯彻落实国家林草局党组指示、批示，进一步激励林草事业科技创新，加强林草知识产权保护工作，国家林草局多次进行研讨座谈，形成了《关于强化知识产权保护的意见》林草推进计划及具体分工清单，并上报国家知识产权局。国家林业和草原局认真组织实施《关于强化知识产权保护的意见》林草推进计划，执行工作顺利通过检查考核，成绩优良。

（杨玉林）

【总结评估《"十三五"国家知识产权保护和运用规划》林草相关工作】 根据国务院知识产权战略实施工作部际联席会议办公室相关要求，国家林业和草原局科技发展中心组织专家对《"十三五"国家知识产权保护和运用规划》中林草相关重点工作和各项指标完成情况进行了评估，并形成了总结评估报告上报国务院知识产权战略实施工作部际联席会议办公室。

"十三五"期间，国家林业和草原局以贯彻实施《国家知识产权战略纲要》和建设知识产权强国为契机，组织实施《"十三五"国家知识产权保护和运用规划》（以下简称《规划》）中林草相关重点工作，完成了《规划》中林草相关的主要指标和任务目标。林草植物新品种申请量和授权量大幅增长，累计受理国内外植物新品种权申请 3778 件（比"十二五"时期增长 255%），授权植物新品种 1640 件（比"十二五"时期增长 140%），有效激励了育种创新，林草知识产权保护工作取得了显著成效，有力提升了林草知识产权的综合能力和水平。

（杨玉林）

【实施《2020年加快建设知识产权强国林草推进计划》】国家林业和草原局科技发展中心会同有关单位制订了《2020年加快建设知识产权强国林草推进计划》，明确了2020年林业和草原知识产权工作的18项重点任务和工作措施，分别由国家林业和草原局办公室、生态保护修复司、科学技术司、国际合作司、国有林场和种苗管理司、信息化管理办公室、科技发展中心、中国林业科学研究院、国际竹藤中心、中国林业产业联合会和国家林业和草原局知识产权研究中心等有关司（局）和直属单位牵头落实，明确了相关司（局）和单位的任务分工，确保实施工作顺利推进，以激励林草科技创新，增强行业核心竞争力，切实提升林草知识产权创造、保护、运用、管理和服务水平。国家林业和草原局办公室以办技字〔2020〕81号文件正式印发实施。

（杨玉林）

【中国专利奖组织推荐工作】 2020年9月，国家林业和草原局科技发展中心组织中国林业科学研究院、国际竹藤中心及6所涉林高校进行林业专利项目申报，在积极动员、广泛征集的基础上，严格按照申报程序、参评条件等要求对申报的专利项目进行专家评审、推荐和公示，国家林业和草原局推荐了中国林业科学研究院林产化学工业研究所的"豆粕基胶黏剂及其制备方法"（ZL201210277994.2）、中国林业科学研究院林产化学工业研究所、广东松林香料有限公司的"高纯度α-松油醇的制备方法"（ZL200710025118.X）和北京林业大学的"一种角规量测森林小班蓄积及生物量的精准推估方法"（ZL201310122016.5）3项林业发明专利项目上报国家知识产权局，参加第二十二届中国专利奖评选。

（杨玉林）

【实施林业和草原知识产权转化运用项目】 2020年国家林业和草原局科技发展中心组织实施了13项林草知识产权转化运用项目，其中包括"林业剩余物制备生物质燃气联产炭技术转化运用""容器微灌系统套装安装工具的转化应用与示范"和"林下种植大百合技术转化应用与示范"等9项林业专利技术转化运用项目，"'雪凝红'核桃新品种转化运用及示范""文冠果新品种'圆大硕种'等转化运用及示范"和"锦带花优良植物新品种区域转化运用与示范"等4项林业授权植物新品种转化运用项目（表16-13）。

表16-13 2020年林草知识产权转化运用项目

序号	项目名称	承担单位	负责人
1	林业剩余物制备生物质燃气联产炭技术转化运用	中国林业科学研究院林产化学工业研究所	许玉
2	容器微灌系统套装安装工具的转化应用与示范	河北省林业和草原科学研究院	赵广智
3	林下种植大百合技术转化应用与示范	广西壮族自治区林业科学研究院	赵志珩
4	干旱区无灌溉造林技术研究与示范	石河子大学	宋于洋
5	森林草原防火灭火指挥管理智慧平台转化应用与示范	昆明龙慧科技有限公司	隋永利
6	木塑复合材料阻燃关键技术转化应用与示范	东北林业大学	宋永明
7	生态养虾用茶粕专利技术转化应用与示范	湖南淳湘农林科技有限公司	喻应辉
8	杜仲胶高效连续提取分离技术	北京林业大学	樊永明
9	油橄榄轻基质扦插育苗方法转化应用与示范	甘肃省林业科学研究院	陈炜青
10	'雪凝红'核桃新品种转化运用及示范	贵州省核桃研究所	侯娜
11	文冠果新品种'圆大硕种'等转化运用及示范	彰武县德亚文冠果专业合作社	崔天鹏
12	锦带花优良植物新品种区域转化运用与示范	黑龙江省森林植物园	马立华
13	'金王1号'和'金公主1号'丰产型文冠果新品种转化运用及示范	北京林业大学	关文彬

（杨玉林）

【18项林业知识产权转化运用和试点示范项目通过验收】 2020年国家林业和草原局科技发展中心组织专家分别对"竹质淋水填料的产业化加工技术""竹型材柱和弯拱与腹板梁层钉制造方法与示范"2项林业知识产权转化运用项目进行了现场查定和验收。"木地板锁扣知识产权分析评议试点"和15项林业知识产权试点示范项目进行了会议验收。项目均完成了合同规定的任务和考核指标，取得了良好的社会经济效益，促进了林业专利技术和授权植物新品种的产业化应用（表16-14）。

表 16-14　2020 年通过验收的林业知识产权转化运用和试点示范项目

序号	实施年份	项目名称	承担单位	负责人
1	2018	竹质淋水填料的产业化加工技术	国际竹藤中心	费本华
2	2018	竹型材柱和弯拱与腹板梁层钉制造方法与示范	国际竹藤中心	刘焕荣
3	2018	木地板锁扣知识产权分析评议试点	中国林产工业协会	石　峰
4	2018	林业知识产权试点示范项目	中国林业科学研究院木材工业研究所	傅　峰
5	2018	林业知识产权试点示范项目	国际竹藤中心	覃道春
6	2018	林业知识产权试点示范项目	河北省林业科学研究院	张鸿景
7	2018	林业知识产权试点示范项目	山西省林业科学研究院	张彩红
8	2018	林业知识产权试点示范项目	上海植物园	奉树成
9	2018	林业知识产权试点示范项目	福建省林业科学研究院	李建民
10	2018	林业知识产权试点示范项目	江西省林业科学院	雷昌菊
11	2018	林业知识产权试点示范项目	山东省林业科学研究院	徐金光
12	2018	林业知识产权试点示范项目	湖南省林业科学院	董春英
13	2018	林业知识产权试点示范项目	广东省林业科学研究院	蔡　坚
14	2018	林业知识产权试点示范项目	广西壮族自治区林业科学研究院	潘　文
15	2018	林业知识产权试点示范项目	四川省林业科学研究院	冯秋红
16	2018	林业知识产权试点示范项目	宁夏林业研究院股份有限公司	秦彬彬
17	2018	林业知识产权试点示范项目	北京林业大学	李红勋
18	2018	林业知识产权试点示范项目	重庆星星套装门（集团）有限责任公司	刘晓俊

（杨玉林）

【2020 年全国林业和草原知识产权宣传周活动】 2020 年全国知识产权宣传周活动通过互联网在"云端"开启，副局长彭有冬代表国家林业和草原局在全国知识产权宣传周启动仪式上以视频方式致辞。国家林业和草原局作为宣传周组委会成员单位，同步在线上和线下开展了全国林草知识产权宣传周系列活动。国家林业和草原局科技发展中心制订了林业知识产权宣传周活动方案，以中国林业网（国家林业和草原局政府网）、中国林业知识产权网、林业专业知识服务系统、《中国绿色时报》等媒体为载体，采取多种形式宣传了林业和草原知识产权工作，其中突出宣传了《国务院关于新形势下加快知识产权强国建设的若干意见》《关于强化知识产权保护的意见》和《全国林业知识产权事业发展规划（2013~2020 年）》以及中国在提升知识产权质量方面的政策和举措，重点宣传了林业发明专利、植物新品种权等高质量的知识产权在推进生态文明和美丽中国建设中的显著成效。开通了"2020 年全国林草知识产权宣传周"网站，图文并茂地展示林草知识产权成果和最新进展，营造了有利于林草知识产权创造、保护和运用的良好氛围。2020 年 4 月 26 日在《中国绿色时报》发表专栏文章《知识产权保护为林草业注入创新力和竞争力》，全面介绍了 2019 年林业和草原知识产权的十大亮点工作进展和成就，扩大了林业和草原知识产权的影响力。同时编辑出版了《2019 中国林业和草原知识产权年度报告》，编印了《林业知识产权动态》。进一步完善了林业知识产权数据库，开展了林业知识产权信息咨询和预警服务，提高了林业知识产权信息资源的利用效率和服务水平。

（杨玉林）

【林业和草原知识产权战略信息获表彰】 2020 年 12 月，《国务院知识产权战略实施工作部际联席会议办公室关于公布 2020 年知识产权战略信息工作先进个人及优秀战略信息的通知》（国知战联办〔2020〕12 号），国家林业和草原局科技发展中心王地利被评为知识产权战略信息工作先进个人，陈光撰写的《加强林草植物新品种保护转化　推动惠农工作深入开展》被评为优秀知识产权战略信息三等奖。

（杨玉林）

【出版《2019 中国林业和草原知识产权年度报告》】 2020 年 4 月，国家林业和草原局科技发展中心、国家林业和草原局知识产权研究中心编著的《2019 中国林业和草原知识产权年度报告》，由中国林业出版社出版发行。

（杨玉林）

【出版《木质门专利分析报告》】 《木质门专利分析报告》由中国林业出版社出版发行。通过德温特创新平台（Derwent Innovation）全面收集了全球木质门专利文献 7544 件，并对这些文献进行了数据整理和分类标引，对木门的各类专利技术进行了深入而全面的分析，主要包括发展趋势分析、申请受理国分析、国家技术实力分析、申请人分析、发明人分析、法律状态分析、文本聚类分析、引证分析、同族分析等。

（杨玉林）

【出版《木浆行业专利分析报告》】 《木浆行业专利分

析报告》由中国林业出版社出版发行。通过从德温特世界专利索引数据库（DWPI）检索并下载的 16 798 件 1957~2019 年全球木浆行业相关技术专利，建立了木浆相关技术专题数据库，并进行数据加工整理，对木浆行业相关技术专利的整体状况进行了分析研究，包括发展趋势分析、主要申请人分析、受理国家（地区、组织）分析、国家技术实力分析。 （杨玉林）

【编印《林业知识产权动态》】 全年编印《林业知识产权动态》6 期，共发表动态信息 38 篇，政策探讨论文 6 篇，研究综述报告 6 篇，统计分析报告 6 篇。《林业知识产权动态》是国家林业和草原局科技发展中心主办，国家林业和草原局知识产权研究中心承办的内部刊物。

（杨玉林）

【全国林草知识产权保护与管理培训班】 2020 年 11 月 24~27 日，国家林业和草原局科技发展中心在深圳举办了全国林草知识产权保护与管理培训班，各省级林草主管部门知识产权管理工作负责人、国家林业和草原局有关直属单位知识产权管理工作负责人及林草知识产权试点示范、转化运用项目负责人共 80 人参加了培训。

（杨玉林）

林草植物新品种保护

【林草植物新品种申请和授权】 2020 年，国家林业和草原局植物新品种保护办公室共受理国内外植物新品种权申请 1047 件，同比增长 30.5%，年度申请量首次突破千件。完成 1224 件申请品种的初步审查，277 件申请品种的 DUS（特异性、一致性、稳定性）专家现场审查，公告申请人变更、品种更名等 23 份，购买 DUS 测试国外报告 34 份，完成 DUS 田间测试 130 件。截至 2020 年底，国家林业和草原局植物新品种保护办公室共受理国内外植物新品种申请 5566 件，授予植物新品种权 2643 件（表 16-15）。

表 16-15 1999~2020 年林草植物新品种申请量和授权量统计　　单位：件

年度	申请量			授权量		
	国内申请人	国外申请人	合计	国内品种权人	国外品种权人	合计
1999	181	1	182	6	0	6
2000	7	4	11	18	5	23
2001	8	2	10	19	0	19
2002	13	4	17	1	0	1
2003	14	35	49	7	0	7
2004	17	19	36	16	0	16
2005	41	32	73	19	22	41
2006	22	29	51	8	0	8
2007	35	26	61	33	45	78
2008	57	20	77	35	5	40
2009	62	5	67	42	13	55
2010	85	4	89	26	0	26
2011	123	16	139	11	0	11
2012	196	26	222	169	0	169
2013	169	8	177	115	43	158
2014	243	11	254	150	19	169
2015	208	65	273	164	12	176
2016	328	72	400	178	17	195
2017	516	107	623	153	7	160
2018	720	186	906	359	46	405
2019	656	146	802	351	88	439
2020	897	150	1047	332	109	441
合计	4598	968	5566	2212	431	2643

（陈　光　段经华）

【林草植物新品种惠农工作】 2020 年，科技中心将推进"新品种惠农"工作作为全年工作重点和实施知识产权战略的重要抓手，开展了系列调研、座谈会和宣传活动。前往北京市密云区、河南省南召县等地开展林草新品种惠农工作调研，深入了解新品种惠农工作，为研究探索林草植物新品种惠农模式奠定实践基础。分别在北京、上海、河北组织召开林草植物新品种惠农工作座谈会，就推进优良植物新品种产业化，以及加快审查进度、保护育种人权益、新品种推广新模式、打击侵权假冒等进行了座谈交流。筛选了一批授权数量多、示范代表性强、转化运用效果好、惠农成效明显的新品种，通过多途径宣传报道，特别是在《中国绿色时报》开辟专版进行深入报道，提升了优良林草新品种的公众知晓率和影响力。

（陈　光）

【全国植物新品种保护行政执法队伍建设情况摸底调查】 为了强化林草植物新品种保护工作，继续开展打击侵犯植物新品种权专项行动。为有的放矢地加强各级行政执法队伍建设，下发了《关于调查植物新品种保护行政执法队伍建设情况的函》，对省、市、县三级林草植物新品种保护行政执法队伍建设现状进行了摸底调查。据统计，省级主管部门设置的行政执法机构 35 个，执法人员 462 人。地（市）级主管部门设置的行政执法机构 301 个，执法人员 797 人，其中河北省机构较为健全，地（市）级执法机构达 14 个，执法人员 241 人。县级主管部门设置的行政执法机构 1828 个，执法人员 19 911 人。

（周建仁）

【国家林草局设立命名一批植物新品种测试站】 为充分发挥测试机构在植物新品种实质审查中的重要作用，2020 年 9 月 14 日，国家林业和草原局办公室发文，命名了 6 个林草植物新品种综合性测试站，即国家林草植物新品种昆明测试站、上海测试站、菏泽测试站、太平测试站、北京测试站、杭州测试站，并明确了测试站、依托单位、各级林草主管部门相应的建设、指导等职责。在原来专业测试站基础上，建立综合性测试站，是国家林草局深入实施知识产权战略、适应林草植物新品种申请量大幅增加、进一步提升林草植物新品种保护水平的重大举措，也是贯彻落实中央"放管服"改革、加快新品种审查、授权速度，更好服务新品种申请人、品种权人的重要手段。各测试站将在国家林草局科技发展中心（植物新品种保护办公室）和地方林草主管部门的指导下，开展林草植物新品种特异性、一致性和稳定性测试工作（DUS 测试），同时，接受执法部门委托，对有关涉嫌侵权品种进行技术鉴定。 （周建仁）

【林草植物新品种行政执法培训班】 为深入贯彻中办、国办印发的《关于强化知识产权保护的意见》，以及《2020 年深入实施国家知识产权战略加快建设知识产权强国推进计划》，强化林草植物新品种行政执法工作，提升林草植物新品种行政执法水平，科技中心于 12 月 7~10 日在福建厦门举办了林草植物新品种行政执法培训班暨林草植物新品种行政执法工作座谈会，各省级林草主管部门及林草测试机构的 80 多位代表参加了培训和座谈。与会代表就新品种田间测试、分子测试技术在植物新品种行政执法中的应用，品种权侵权行为确认和维权策略等进行了研讨，并分享了有关企业新品种维权的经验。会上还布置了植物新品种"双打"考核评分工作。 （周建仁）

【制订《筹建国家林草植物新品种测试站暂行办法》】 为规范植物新品种测试站筹建工作，科技中心组织制订了《筹建国家林草植物新品种测试站暂行办法》，共分 13 条，从测试站建设依据、原则、条件、程序、监督等各个方面进行了规范。《暂行办法》已作为科技中心规章制度正式施行。 （周建仁）

【组织植物新品种行政执法工作考核评分】 按照全国"双打办"的统一部署，科技中心组织了对各省份植物新品种行政执法工作的考核评分。考核工作组认真审阅各省级林草主管部门植物新品种行政执法总结和佐证材料，结合各地平时工作情况，严格按照评分标准，进行了逐项打分。通过考核评分，旨在激励先进、鞭策后进，促进各地进一步贯彻落实中央办公厅、国务院办公厅《关于强化知识产权保护的意见》，充分发挥植物新品种在林草事业发展中的驱动作用。 （周建仁）

【完善林草植物新品种测试技术标准体系】 为进一步完善林草植物新品种测试技术标准体系，对山东林科院、上海林业总站、北京林业大学等单位编制的紫荆属、绣球属、金缕梅属等 15 个属（种）的 DUS 测试指南完成初审，形成送审稿，报林业标准审批部门审查。同时，启动了乌桕属、石楠属等 5 项植物新品种测试指南编制工作。组织专家启动银杏 UPOV 国际测试指南制定，进一步增加中国在植物新品种保护领域的国际话语权。 （周建仁）

【出版两卷《中国林业植物授权新品种》】 为了方便生产单位和广大林农获取新授权的植物新品种信息，在品种权人和生产推广单位之间建起交流沟通的桥梁，进而更有效地推进林业植物新品种走向市场，国家林业和草原局植物新品种保护办公室将 2018 年度和 2019 年度林业植物新品种进行整理，编辑出版了《中国林业植物授权新品种（2018）》和《中国林业植物授权新品种（2019）》。 （段经华）

【完善林草植物新品种保护制度与政策】 2020 年，积极推进《中华人民共和国植物新品种保护条例》修订工作，组织专家研讨并提出修改意见。修订了《林草植物新品种权申请审查规则》，制定了《植物新品种 DUS 现场审查组织、工作规则》，就林草植物新品种申请受理、授权，以及现场审查专家库建设、专家抽取原则、各方职责和任务等进行了明确和规范。制定了《林草植物新品种权申请指南》和《申请材料填写导则》，全面详细介绍了林草植物新品种权的管理制度、受理授权流程及时间节点，申请材料规范填写要求和注意事项等，便于申请人提交品种权申请，提高了林草植物新品种权受理审查效率。 （陈 光）

【协助申请人积极应对新冠肺炎疫情】 4 月 30 日，国家林业和草原局植物新品种保护办公室发布公告，对受新冠病毒疫情影响耽误规定期限的当事人，可以自新冠肺炎疫情消除之日起 2 个月内，最多不得超过自期限届满之日起 2 年，向国家林业和草原局植物新品种保护办公室说明理由并附具有关证明材料，请求恢复其权利。此项措施降低了新冠肺炎疫情对育种人和品种权人的影响，也符合世界知识产权组织（WIPO）、国际植物新品种保护联盟（UPOV）等国际组织"共同抗疫、共渡难关"的倡议理念。 （柳玉霞）

【林草植物新品种保护培训班】 9 月 15~17 日，在北戴河举办了全国林草植物新品种保护培训班。各省级林草主管部门和部分省级林科院、中国林科院、国际竹藤中心、北京林业大学等科研院所，以及新品种保护代理机构、相关育种企业的管理人员、技术骨干共 95 位代表参加了培训。培训班介绍了植物新品种保护、测试与转化运用工作的主要做法和经验，来自浙江永根（杜鹃）、河南郑州果树所（软籽石榴）、江苏植物所（中山杉）、山东费县（黄山楂）等 9 家单位的代表就林草植物新品种惠农工作进行了经验交流和案例分享。

（陈 光）

【第七批植物新品种保护名录公布】 12月8日，国家林业和草原局发布了《中华人民共和国植物新品种保护名录（林草部分）（第七批）》，自2021年1月1日起施行。为贯彻落实林草融合发展要求，进一步扩大林草植物新品种保护范围，第七批保护名录重点加强了对草品种的保护，通过前期调研、公开征集、专家评审、报送审批等程序，筛选并发布了78个林草植物属（种），以满足广大育种者申请新品种保护的需求。截至2020年底，国家林草局发布的林草植物新品种保护名录已累计达284个属（种）。 （陈 光 段经华）

林草生物安全管理

【林木转基因工程活动】 全年共受理鲁东大学、东北林业大学、江苏省中科院植物所、北京林业大学、中国林科院林业所、中国林科院亚林所等10家单位开展转基因林木试验的申请20项，组织专家分别在山东、黑龙江、江苏和北京等地对转基因林木中间试验、环境释放和生产性试验进行了安全评审，并按规定进行了许可。 （李启岭）

【林木转基因安全性监测】 全年共安排3项转基因林木安全性监测。分别是由河北农业大学承担的"转 $Cry1Ac$、$Cry3A$、$BADH$ 基因107杨、转 $Cry1Ac$、$Cry3A$、$NTHK$1 基因107杨环境释放和生产性试验安全性监测"，由东北林业大学承担的"转 $betA$ 基因、$TaLEA$ 基因、$WRKY$70 基因、$WRKY$70-$RNAi$ 基因、ERF76 基因小黑杨中间试验安全性监测"和由山东省林业科学研究院承担的"转 $pag4CL3$ 基因、$pag4CL5$ 基因、$pag4CL5$-$RNAi$ 基因、$pagC3H3$-$RNAi$ 基因、$PtrERF$42 基因84K杨中间试验安全性监测"。 （李启岭）

【防范外来物种入侵工作】 为加强外来入侵物种防控工作，国家林草局成立了防范外来物种入侵工作专班，由动植物司、科技司和科技中心承担专班工作。科技中心按专班要求，组织专班植物组提交了外来植物入侵状况报告、普查方案、"十四五"规划等相关材料。开展了防范外来物种入侵调研，与农业农村部、自然资源部、生态环境部、海关总署等组成调研组，赴6个省份实地考察外来入侵物种防治中存在的问题，并提出防治建议和策略。 （李启岭）

林草遗传资源保护与管理

【《中国油茶遗传资源》出版】 4月，《中国油茶遗传资源》（上、下册）由科学出版社出版发行。这是国家林业和草原局开展的"全国油茶遗传资源调查编目"项目的重要成果。针对油茶产业发展面临的困难和不足，国家林业和草原局科技发展中心组织开展了全国油茶遗传资源调查与编目工作，全国17个省历时5年辛勤努力，累计调查各类油茶遗传资源3058份，发现了一批具有直接驯化利用或潜在育种利用价值的新资源，建成了全国油茶遗传资源信息数据库。全国从事油茶科研与生产的近500位科技人员参与了项目的野外调查、内业整理、数据分析、信息录入等工作。全书共有五章，前四章为概述，介绍了山茶属植物起源、分类、全球分布状况及中国开展油茶遗传资源调查概况。第五章为各论，采用图文混编方式介绍了中国现有主要选育资源以及在全国油茶遗传资源调查中发现的野生资源等信息。该书是对全国油茶遗传资源调查编目工作的全面总结与凝练，由中国林业科学研究院亚热带林业研究所牵头组织，参与项目调查的各省（区、市）专家组成编撰团队，对项目调查收集的资源信息进行了全面的整理、分析与凝练，收录描述选育及野生油茶资源1380份。 （李启岭）

【参加生物遗传资源利用与惠益分享实施情况调研】 8月17~26日，参加了生态环境部组织的《关于加强对外合作与交流中生物遗传资源利用与惠益分享管理的通知》实施情况调研，教育部、科学技术部、农业农村部、中国科学院、国家林业和草原局等部门管理人员和有关专家参加。调研组到北京、江苏、广东、云南和陕西共调研了5所高等院校，分别是中国农业大学、南京林业大学、中山大学、云南农业大学和西北农林科技大学；调研了5家科研机构，分别是中国科学院微生物所、江苏省中国科学院植物研究所、广东农科院、云南省林业和草原科学院、秦岭国家植物园等。 （李启岭）

【林业遗传资源安全与保护高端论坛】 10月31日至11月1日，林业遗传资源安全与保护高端论坛在海南省儋州市举办。论坛由国家林业和草原种质资源库、国际林业遗传资源培训中心举办，海南大学、大卫集团等承办。国家林业和草原局科技发展中心主任王永海应邀出席并讲话。论坛聚焦林业遗传资源的安全利用与保护，特别是木兰科植物的研究、开发利用与资源保护。论坛举办期间，还举行了国际林业遗传资源培训（海南）中心、国家林业和草原种质资源库海南木兰种质资源库、海南大学木兰学院等揭牌仪式。 （李启岭）

森林认证

【森林认证制度建设】 2020年，完成了自然保护地生态旅游、森林康养认证标准和自然保护地资源可持续经营认证标准的编制、审定工作并报标准归口管理部门发布，完成了《自然保护地资源可持续经营认证管理办法（初稿）》。《中国森林认证 非木质林产品经营》国家标准获得正式批准发布实施，完成了《中国森林认证 森林经营》国家标准的修订工作并提交国家标准委审批，《中国森林认证 竹林经营》申请国家标准立项。组织完成《中国森林认证 竹林经营认证审核导则》《中国森林认证 非木质林产品认证审核导则》《中国森林认证 产销监管链认证操作指南》《中国森林认证 产销监管链审核导则》4项行业标准的修订工作，报标准归口管理部门发布。 （于 玲）

【森林认证试点示范】 2020年，组织实施森林认证项目14项，积极推进原料林、竹林认证实践，在江苏泗阳、湖南临湘、浙江安吉等地开展原料林认证、竹林认证，面积超过9300公顷，指导超过20家林产品生产加工企业开展产销监管链认证，启动了新疆森林认证能力建设工作，联合国家林草局天保中心开展了天然林保护与修复认证工作，启动了2个相关的认证实践与评价试点示范，启动了草原认证标准研究和湿地认证可行性研究。 （于 玲）

【森林认证能力建设】 联系认证认可协会举办了森林认证审核员考试，在哈尔滨和上海2个考场举行，10余家机构的331人次通过考试。不断完善森林认证项目库管理。在深圳和海口分别举办森林认证培训班，联合相关行业协会以及地方主管部门开展多项培训和推广活动，累计培训超过1000人次。组织开展包括森林认证在天然林保护中作用机制研究等在内的5项研究。 （于 玲）

林草智力引进

【完善引智因公出国（境）培训管理制度】 2020年4月，国家林业和草原局办公室印发《国家林业和草原局引智因公出国（境）培训管理办法》。结合国家林草局工作实践，该办法将以往零星分散于各部门的管理规定进行了集中整合，重点对引智因公出国（境）培训的条件和要求、申报程序、费用管理以及培训成果提交等内容进行了规范，形成了比较完整的制度性文件，增强了可操作性，方便各单位执行实施。 （蔡天娇）

【申报2020年度中国政府友谊奖】 按照科技部相关要求，2020年5月组织开展中国政府友谊奖申报工作。经过前期调研、公开征集、组织填报等环节，推荐了4名候选专家。国家林草局推荐的澳大利亚籍生态保护和可持续发展领域专家、前CITIE公约秘书长约翰·斯坎伦获得2020年度"中国政府友谊奖"。 （蔡天娇）

【开发引智因公出国（境）培训管理系统】 依托科技部因公出国（境）培训管理系统，组织开发了林草引智因公出国（境）培训管理系统，系统收录了因公出国（境）所需的全部表格，并具有登录短信提醒、填报导览、表格纠错解释、经费模板自动建立、成果报告展示等功能，通过该系统可优化申报流程、减少中间环节、方便数据统计和业务管理，进一步提高林草引智因公出国（境）培训项目的管理效率。 （柳玉霞）

【组织引智培训成果报告评选】 按照学以致用、重视实效的原则，组织了2019年引智因公出国（境）培训团组成果报告征集和评选活动。经过报告征集、组织评选、结果公布等环节，"美国草原法律制度体系建设培训成果应用报告"和"关于赴英国种质资源普查与保护培训成果应用情况的报告"被评选为国家林草局2019年因公出国（境）培训团组"优秀成果报告"，并推举这两篇报告参加科技部的全国优秀成果报告评比。 （柳玉霞）

【创新外国专家引进工作模式】 指导项目实施单位创新外国专家引进模式，积极探索外国专家线上聘请工作。2020年12月，中国林业科学研究院率先通过远程视频方式成功聘请外国专家对在华项目进行培训指导。外国专家引进新模式为后疫情时代创新引才机制奠定了实践基础。 （蔡天娇）

【引智管理工作业务培训班】 2020年12月9~11日，举办了2020年引智管理工作业务培训班。来自国家林业和草原局有关司局、派出机构、直属单位和大兴安岭林业集团公司的50多名外事联络员参加了培训。培训班专题讲解了引智因公出国（境）培训管理制度、林草引智因公出国（境）培训管理系统使用，介绍了优秀团长和秘书长先进经验等内容，并组织学员前往国家优秀引智示范基地进行现场教学，通过借鉴中国热带农业科学院热带生物技术研究所外国专家引进来和技术走出去的经验和案例，深化了联络员对双向引智工作的理解。 （柳玉霞）

林草对外开放

17

重要外事活动

【越南CITES管理机构副主任来访】 1月6日，应国家林业和草原局的邀请，越南《濒危野生动植物种国际贸易公约》（CITES）管理机构副主任王进孟率团来华访问。国家林业和草原局国际合作司司长孟宪林在北京会见了王进孟一行，双方回顾并展望了中越林业合作情况，就野生动物保护等重点议题交换了意见。

（颜　鑫）

【约旦驻华大使胡萨姆·侯赛尼来访】 1月20日，国家林业和草原局国际合作司司长孟宪林在北京会见了约旦驻华大使胡萨姆·侯赛尼一行。双方回顾并展望了中约林业合作情况，就荒漠化防治等重点议题交换了意见。

（颜　鑫）

【关志鸥参加韩正与欧盟委员会第一副主席蒂默曼斯视频会见】 7月29日，中共中央政治局常委、国务院副总理韩正在北京同欧盟委员会第一副主席蒂默曼斯举行视频会见，国家林业和草原局局长关志鸥陪同出席。

（陈　琳）

【乌兹别克斯坦公使衔参赞巴图尔·图尔苏诺夫来访】 12月21日，国家林业和草原局国际合作司副司长胡元辉在北京会见了乌兹别克斯坦公使衔参赞巴图尔·图尔苏诺夫一行。双方就荒漠化防治、乌兹咸海治理等议题交换了意见。

（颜　鑫）

【推进湿地公约第十四届缔约方大会筹备工作】 经国务院批准，并经2019年6月《湿地公约》常委会第57次会议审议通过，中国将于2021年秋季在湖北武汉承办《湿地公约》第十四届缔约方大会。国家林草局和湿地公约秘书处、武汉市政府多次线上会议，积极推进大会各项筹备工作，基本就大会东道国协议达成一致，并根据疫情情况，初步考虑将大会推迟到2022年举行。

（何金星）

对外交流与合作

【澜湄周林草活动】 于3月23～29日由国家林草局以线上宣传的形式举办。中国林科院、国家林业和草原局昆明勘察设计院、国家林业和草原局东盟林业合作研究中心、北京林业大学等单位在多个微信公众号以及《广西日报》等传统媒体上发布了关于澜湄流域生物多样性、澜湄次区域林草动态专刊、澜湄区域亚洲象保护合作、澜湄地区油茶良种选育及澜湄地区湿地保护合作的宣传文章，积极宣介澜湄流域林草合作成果。

（颜　鑫）

【中印尼人文交流发展专家视频研讨会】 5月20日，中印尼副总理级人文交流机制下中印尼人文交流发展专家视频研讨会召开。会议由教育部主办，来自机制成员单位、相关部委、印尼研究智库的专家以及企业媒体代表近50人参加了会议。国家林业和草原局作为成员单位，向与会代表介绍了中印尼大熊猫合作及野生动植物保护情况。

（颜　鑫）

【中蒙边界联委会第三次会议】 于9月22日以视频会议的形式召开。会议由外交部主办，水利部、国家林业和草原局、国家口岸办等单位代表参加了会议。会上，中蒙双方讨论了《中华人民共和国政府和蒙古国政府关于边界管理制度的条约》执行情况，就共同关心的边界口岸合作、森林防火等问题交换了意见并达成一系列共识。

（颜　鑫）

【参加自然资源部与法国生态转型部联合指导委员会第一次会议（视频）】 11月12日，自然资源部与法国生态转型部联合指导委员会第一次会议以视频形式举行。国家林业和草原局国际合作司负责人参会，在会上介绍国家林业和草原局与法国生物多样性局在中法自然保护地领域的合作进展情况。

（陈　琳）

【中新碳汇交易技术研讨（线上）会议】 于11月26日在北京召开，来自中新双方的代表就碳汇交易、林业应对气候变化等议题进行了深入交流，分享了成果和经验。国家林草和草原局国际合作司、生态司、中国林科院、碳汇基金会和生态环境部气候司、国家气候战略中心相关专家，新西兰气候变化大使及新西兰环保部、新西兰初级产业部、新西兰驻华大使馆的官员和专家出席研讨会。

（徐　欣）

【中德林业工作组第六次会议】 于12月2日由国家林业和草原局与德国食品和农业部以视频形式召开。国际合作司相关负责人与德国食品与农业部森林、可持续和可再生资源司司长伊娃·穆勒共同主持会议。国家林草局生态司、资源司、规财司、天保办、经研中心、中国林科院及山西省林草局的代表参会。会议交流了2019年9月第五次工作组会议以后两国林业领域的最新发展，回顾了中德林业政策对话平台（FPF）及中德合作山西森林可持续经营示范林场建设项目进展，确定了

2021年FPF工作计划，并原则同意开展FPF二期合作。双方还就打击木材非法采伐合作及国际森林问题等交换了意见。

（陈　琳）

【中德自然保护地管理研讨会】　于12月15日以视频形式举行。该研讨会由德国驻华使馆与德国国际合作机构中德环境合作伙伴项目联合主办，以"地区保护措施、保护地及国家公园"为主题，邀请中德双方代表及有关专家共同介绍、交流两国在自然保护地管理领域的经验和做法。国家林业和草原局自然保护地管理司派员作主旨报告，介绍中国以国家公园为主体的自然保护地体系建设情况。

（陈　琳）

【中法自然保护地国家战略制定线上研讨会】　于12月16日由国家林业和草原局与法国生物多样性局召开。中法双方专家介绍了各自自然保护地战略及制定情况，并就感兴趣的议题进行了深入交流。法国生物多样性局欧洲和国际关系司副司长西里尔·巴尔纳利先生致开幕词并主持讨论，国家林业和草原局自然保护地管理司相关负责人作会议总结。此次研讨会是落实国家林业和草原局与法国生物多样性局于2019年底签订的《关于自然保护领域合作的谅解备忘录》的具体活动。

（陈　琳）

重要国际会议

【亚太经合组织（APEC）促进APEC地区合法采伐林产品贸易和流通研讨会】　于2月4~5日在马来西亚布城召开，国家林业和草原局国际合作司和中国林科院派员通过视频方式参加研讨会并介绍促进林产品贸易和流通的进展和措施。

（肖望新）

【APEC打击非法采伐及相关贸易专家组第17次会议】　于2月6~7日在马来西亚布城召开。受新冠肺炎疫情影响，国家林业和草原局派员通过视频方式参会。会议分享了各经济体打击木材非法采伐及相关贸易的最新进展及经验，讨论了APEC悉尼林业目标终期评估项目实施情况及APEC林业部长级会议安排，交流了木材合法性指南模板工作进展。

（徐　欣）

【联合国森林论坛第十五届会议】　于5月4~8日以视频形式召开，来自联合国100多个成员国和相关国际组织的代表出席了此次会议。经批准，国家林草局合作中心、国际司、资源司、中国林科院等单位组成代表团参加了此次会议。会议就新冠肺炎疫情对全球森林和林业部门的影响进行了讨论，通过了联合国森林论坛2021~2024年四年期工作方案，邀请各成员国宣布对执行《联合国森林战略规划2017~2030》的国家自主贡献并为联合国全球森林资金网络提供支持。

（郑思贤）

【《联合国气候变化框架公约》"六月造势"系列视频会议】　于6月1~10日由《联合国气候变化框架公约》秘书处举行。会议由公约附属履约机构（SBI）、附属科技咨询机构（SBSTA）主席联合发起，内容涵盖疫后复苏、"国家自主贡献"（NDCs）、适应、资金、损失与损害、透明度、遵约、技术、性别、能力建设等多个议题，国家林草局派员参加此次会议。

（何金星）

【APEC打击非法采伐及相关贸易专家组第18次会议】　于8月25日以视频形式召开，国家林业和草原局派员参加会议。会议交流了打击木材非法采伐及促进合法林产品贸易工作进展，讨论了APEC悉尼林业目标终期评估倡议及新冠肺炎疫情对打击木材非法采伐工作的影响。

（徐　欣）

【联合国粮农组织林业委员会第二十五次会议】　于10月5~9日以视频形式召开，来自联合国粮农组织100多个成员国的近300位代表参加了会议。经批准，国家林草局国际司、资源司、合作中心、中国林科院等单位组成代表团参加了此次会议。会议就新冠肺炎疫情对全球林业的影响进行了讨论，通过了联合国粮农组织林业委员会2020~2023年多年工作计划，并发布了《2020年世界森林状况》和《2020年全球森林资源评估》等文件。

（郑思贤）

【第23届东盟林业高官会】　于10月6~7日以视频会议的形式召开。来自柬埔寨、印度尼西亚、老挝、马来西亚、缅甸、菲律宾、泰国、越南、文莱9个东盟成员国以及中国、韩国、澳大利亚、欧盟等东盟合作伙伴林业部门的代表和专家出席了会议。国家林业和草原局国际合作司副司长胡元辉作为中方高官参加了会议，重点回顾了《中国-东盟林业合作南宁倡议行动计划（2018~2020）》落实情况，介绍了《2019年重点活动清单》，并就推进中国-东盟林业合作下一步工作计划、2021年召开中国-东盟林业合作论坛等工作同与会代表进行了交流和磋商。

（颜　鑫）

【东北亚环境合作秘书处第24届高官会】　于10月12~13日以视频会议的形式召开。会议由外交部主办，国家林业和草原局等单位代表参加了会议。会议回顾了上次会议以后，机制各成员国在自然保护、海洋保护区、荒漠化与土地退化、跨境大气污染、低碳城市等领域的合作进展，并探讨了在上述领域的下一步合作计划。会议还研究讨论了机制核心基金、2021~2025战略规划与第25届高官会的计划安排等议题。

（余　跃）

【《联合国气候变化框架公约》"奔向零排放世界对话"线上活动】　于11月9~19日由联合国气候公约秘书处

举办，推动中国和欧盟提出碳中和目标后形成全球应对气候变化的大好形势。对话聚焦于实现碳中和的路线图和方法，内容包括气候与健康、工业、交通、海洋海岸带与水、基于自然解决方法和土地利用、能源、粮食安全、城市与建筑和资金等领域，为公约缔约方和利益相关方提供平台，展示应对气候变化行动进展，交流相关议题立场和观点，推动气候谈判进程。国家林草局派员参会，并基于自然解决方案的讨论，介绍了中国林业和草原相关情况，以及中方对基于自然解决方案的理解。

（何金星）

【国际热带木材组织（ITTO）第 56 次理事会会议】于 11 月 9~13 日以视频形式召开，来自国际热带木材组织 70 余个成员国和相关国际组织的 100 多位代表参加了会议。经批准，国家林草局国际司配合商务部国际司组成代表团参加了此次会议。会议就 2006 年版《国际热带木材协定（ITTA）》延期、2018~2019 年 ITTO 双年度工作计划、ITTO 新融资架构（第一阶段）的执行情况进行了讨论，并就时任执行主任任期延期及新任执行主任遴选的有关事宜进行了磋商。

（毛 锋）

【中国-中东欧国家林业合作协调机制联络小组第四次会议】于 11 月 25 日以视频方式举行。来自 11 个中东欧国家及中国的联络员及其代表参会，奥地利作为观察员与会。国家林业和草原局国际合作司及中国林科院派员代表中方参会。会议欢迎希腊环境和能源部正式加入中国-中东欧国家林业合作协调机制，回顾了机制过去两年的合作进展，讨论了 2021~2022 年工作计划，并同意于 2021 年在中国举行第三次中国-中东欧国家林业合作高级别会议。

（陈 琳）

【参加二十国集团领导人第十五次峰会下议题谈判】国家林草局积极参与二十国集团领导人第十五次峰会下涉林草议题谈判，派员参加了环境部长和农业部长视频会。会议围绕减少人畜共患病、减缓土地退化、加强陆地栖息地保护等议题进行了深入讨论。中方介绍了中国政府长期保护陆地和海洋生态系统，颁布实施防沙治沙、珊瑚礁生态系统保护等若干法律法规，坚持山水林田湖草沙综合治理和系统保护，积极履行《联合国防治荒漠化公约》《生物多样性公约》等国际环境领域公约的情况。

（廖 菁）

国际合作项目

【林草援外工作】 2020 年，林草援外工作克服疫情不利影响，取得稳步进展。蒙古戈壁熊技术援助项目取得阶段性成果，中非竹子中心基本确定项目新址，中荷东非竹子发展项目一期验收、二期启动，援助卢旺达项目被列为联合国南南合作优秀案例。正式获批 7 个商务部援外培训项目和 1 个科技部发展中国家技术培训班，援外培训数据库正式建成并运行，11 个林草系统援外培训课程获批援外培训经典项目。

（余 跃）

【澜湄基金项目及亚洲区域专项资金项目】 2020 年，国家林业和草原局成功申请了 2 个亚洲专项资金项目——"东盟跨界保护区构建与培训""亚洲国家世界自然遗产申报与保护管理培训班"和 1 个澜湄基金项目——"澜湄合作跨境亚洲象种群调查与监测"。项目实施单位克服疫情不利影响，有序推进项目实施。

（颜 鑫）

【中日植树造林国际联合事业新造林项目】 2020 年 10 月，国家林业和草原局国际合作司与日本驻华大使馆交换照会，决定共同实施中日植树造林国际联合事业新造林项目，并确定启动黑龙江和山东项目，推动两国民间绿化交流。

（吴 青）

【中德合作"山西森林可持续经营技术示范林场建设"项目】 12 月 11 日，中德合作"山西森林可持续经营技术示范林场建设"项目第二次指导委员会会议以视频会议形式线上举行。国家林草局国际合作司、资源司、经济发展研究中心相关负责人，中德林业政策对话平台德方负责人，山西省林业和草原局及中条林局有关负责人在太原参加会议；德国联邦食品和农业部项目主管官员托马斯·胡贝尔及德国 GFA 咨询公司、德国 DFS 咨询公司相关负责人以视频形式参会。会议听取了项目实施情况，围绕疫情情况下项目实施遇到的问题和挑战进行了深入研讨，就下一步工作提出了意见和建议。

（陈 琳）

【国家林草局主管全球环境基金（GEF）项目】 国家林草局主管 GEF 第五增资期"中国东北野生动物保护景观方法""加强中国湿地保护体系，保护生物多样性"已基本完成，准备结题；第六增资期"通过森林景观规划和国有林场改革，增强中国人工林的生态系统服务功能""中国林业可持续管理提高森林应对气候变化能力""中华白海豚关键生境保护项目""中国典型河口生物多样性保护、修复和保护区网络建设示范项目"平稳开展，第七增资期"中国水鸟迁徙路线保护网络项目"正式签约启动，"中国典型水土流失区退化天然林恢复与管理"项目已完成项目文本编制。

（何金星）

【大熊猫保护研究国际合作项目】 5 月，应韩方要求，中国野生动物保护协会、中国大熊猫保护研究中心派遣专家赴韩国爱宝乐园协助开展大熊猫产仔育幼工作。在双方专家的共同努力下，在韩大熊猫成功产下一只雌性幼崽"福宝"，为促进两国人民友好起到了积极作用。中国野生动物保护协会与日本神户市先后于 7 月 1 日和 12 月 28 日签署《大熊猫合作研究延期协议有关问题的过渡性备忘录》《关于延长大熊猫合作延期过渡性备忘录期限的确认书》，延长大熊猫"爽爽"在日期限；中国野生动物保护协会与日本东京都于 12 月 10 日签署

《关于开展大熊猫保护研究合作的延期协议》，将合作延续至2026年2月，同日，双方签署《关于大熊猫幼仔"香香"延期返还中国的确认书》，将大熊猫幼仔"香香"的返还期限延长至2021年底前。11月29日，两只旅加大熊猫"大毛"和"二顺"乘专机抵达成都。根据中加大熊猫保护研究合作协议，两只大熊猫于2013年3月飞抵加拿大开启两国大熊猫保护研究合作，先后在多伦多动物园和卡尔加里动物园安家。新冠肺炎疫情暴发造成旅加大熊猫主食竹供应难以长期保障，经中加双方友好协商，决定提前终止合作。

（吴　青　肖望新）

外事管理

【印发规范线上外事活动的通知】　受新冠肺炎疫情影响，部分外事活动转为利用远程音视频方式在线开展，5月19日，为规范此类通过远程音视频方式开展双多边对外交往、参加和举办国际会议等活动，国际司印发《关于规范管理线上外事活动的通知》。（毛　锋）

【印发加强因公出国事中事后监督管理工作的通知】为深入贯彻中央八项规定及其实施细则精神，进一步规范因公出国管理，6月8日，国家林草局印发了《关于进一步加强因公临时出国事中事后监督管理的通知》，要求各单位切实负起主体责任，进一步加强事中事后监督管理工作，对出国任务执行情况进行绩效评估。

【国家林业和草原局国际合作和外语应用能力第四期培训班】　为加快培养与林草国际合作业务发展相适应的人才队伍、满足新形势下中国林业草原事业国际化发展，9～12月，国家林业和草原局国际合作和外语应用能力第四期培训班在上海外国语大学举办，来自局机关、事业单位的12名人员参加了为期16周的培训，培训主要内容为英语应用能力、跨文化知识、外事礼仪等。（毛　锋）

【编印《林草国际合作协议汇编》《林草国际合作公约汇编》】　7月，为梳理总结林草国际合作发展历程，方便查阅和研究，为继续推进和拓展林草国际合作提供借鉴，国际司组织对国家林草局牵头履行或主要参与履行的国际公约文本和改革开放以来与各相关国家政府、部门以及国际和地区组织签订的政府间、政府部门间涉林草领域的协议和备忘录文本进行了汇集整理，编印了《林草国际合作协议汇编》《林草国际合作公约汇编》。

（毛　锋）

【林草国际合作能力提升培训班】　12月1～5日，林草国际合作能力提升培训班在北京举办，来自国家林草局有关司局、派出机构、直属单位、各省份林草主管部门等单位的90余名学员参加培训，培训主要内容为2021年林草外事工作安排、林草国际合作能力提升、林草国际合作"十四五"规划等。（毛　锋）

国际金融组织贷款项目

【世界银行和欧洲投资银行联合融资"长江经济带珍稀树种保护与发展项目"】　项目建设期为2019～2023年，计划利用世界银行贷款1.5亿美元，欧洲投资银行贷款2亿欧元。建设范围覆盖安徽、江西、四川3省25个市74个县（区），项目投资金额和建设规模在中国林草利用外资贷款项目中均位居前列。其中，世行子项目完成《贷款协定》《项目协议》和《转贷协议》的签订工作并于2020年8月顺利通过世行例行检查；经协调各方，欧投行子项目达成中方提出的支付条件、造林保存率等条款，江西省、安徽省分别于2020年7月、12月与欧投行签订了《项目协议》。为加强项目组织与管理，组织编制了《项目管理办法》《项目财务管理办法》《监测与评价指南》等文件，建立了较为完善的中央、省级和县级科技支撑组织体系。截至2020年12月，3个项目省累计完成营造林约6万公顷。

（周禄涛）

【亚洲基础设施投资银行贷款"西北三省（区）林业生态发展项目"】　该项目是由国家林草局实施的第一个亚洲基础设施投资银行贷款打捆项目，项目以"综合生态系统管理"理念为指导，在西部干旱、半干旱地区开展参与式林业生态扶贫发展活动，项目于2019年竣工，生态和社会效益显著。据统计，项目新建经济林约3.8万公顷、生态林0.5万公顷，新增树种31个，建设期内植被新增碳汇量达68.3万吨，建设期内植被新增碳汇量达68.3万吨，项目区生态环境明显改善。项目共举办775期培训，累计参加人数达14.92万人次，创造了近10万个就业岗位，有11.22万农户因参与项目建设实现了增收。

（宋　磊）

【亚洲基础设施投资银行贷款"丝绸之路沿线地区生态治理与保护项目"】　项目由国家林草局牵头，计划使用亚投行贷款2亿美元，占总投资的60%，其中：陕西省9000万美元、甘肃省5000万美元、青海省6000万美元。2020年1月，亚行启动技援，中外双方对项目建设框架进行了深入讨论。7月，组织召开了项目前期准备工作中期评审准备会，就贷款币种、项目设计和建设重组等方面问题进行了研讨。10月，国家发展改革委和财政部联合印发《利用亚洲开发银行贷款2020～2022年备选项目规划通知》，将该项目结转为2019～2021年规划项目。

（宋　磊）

【欧洲投资银行贷款"珍稀优质用材林可持续经营项目"】 截至2020年底，依托项目建设，河南、广西和海南3省（区）共完成营造林7.1万公顷，约占总任务的97%。组织编写了打捆项目2019年度进展报告、项目竣工总结报告，更新了项目林班数据库和电子地图，向欧投行提交了项目林班数据库。

（陈京华）

【全球环境基金赠款"长江经济带生物多样性就地保护项目"】 2020年12月，全球环境基金理事会正式批准国家林草局与世界自然保护联盟（IUCN）共同申请的全球环境基金赠款"长江经济带生物多样性就地保护项目"。该项目旨在国家林草局实施世界银行与欧洲投资银行联合贷款"长江经济带珍稀树种保护与发展项目"的基础上，通过支持自然保护地网络和部门机构间的协调行动，改善长江经济带关键区域的生物多样性。项目计划于2022年6月起实施，建设期为5年，总投资3014万美元，其中全球环境基金赠款360万美元，建设范围包括安徽、江西和四川3省。

（陈京华）

民间国际合作与交流

【综　述】 2020年，林草民间交流合作以习近平新时代中国特色社会主义思想为指导，立足于服务国家外交大局与林草保护和发展，以参与全球森林治理、拓展绿色"一带一路"建设、规范境外非政府组织合作为重点，坚持统筹新冠肺炎疫情防控和重点合作业务，"线上""线下"活动有机结合，相关工作取得了积极进展。

履行《联合国森林文书》 参加联合国森林论坛第十五届会议决议在线磋商，就全球森林资金网络在华设立办公室的性质、职能等中方关切的事项与主要国家和森林论坛秘书处多次协调，坚守中方立场，围绕全球森林资金网络办公室东道国协议进行了国内协调和对外磋商。扎实推进《联合国森林文书》履约示范单位建设，开展项目年度评估，下发示范单位管理办法和项目资金管理办法，举办培训，落实本年7家试点单位示范内容和资金，对6家示范单位进行了调研。积极参加森林与新冠肺炎疫情后绿色复苏议题线上讨论和新冠肺炎疫情对林业影响的评估，向联合国推荐八步沙林场场长参评2021年森林战士奖，开展"国际森林日"宣传。

民间合作和"一带一路"项目建设 完成18个中日民间绿化合作项目年度检查；接待日方官员参观北京昌平中日绿化项目点，协调争取中日植树造林国际联合项目并对山东和黑龙江项目进行可行性调研。协调财政部和德国复兴银行，就"绿色促进贷款技术援助基金对话专题项目"与德方达成共识并签署合作协议。协调推进英国曼彻斯特桥水花园"中国园"项目。与非洲公园网络草签合作备忘录，与中日韩秘书处、瑞典家庭林主联合会、大森林论坛秘书处就有关合作保持沟通。组织开展"一带一路背景下东南亚国家森林可持续经营政策比较""一带一路生态产业发展政策和案例研究"等专题研究。继续支持中俄木业联盟相关活动。

境外非政府组织监管与合作 组织起草《国家林业和草原局业务主管及相关境外非政府组织在中国境内活动指南》，并提交局务会议研究。依法并结合局工作重点，对11家境外非政府组织年度工作报告、审计报告、年度计划进行审核，协助公安机关完成年检、活动计划备案和相关变更等工作。强化境外非政府组织代表机构在华活动与项目的共商共议和评估论证机制，组织召开5个线上年会，确定合作项目154个，落实资金约6856万元，涉及生物多样性保护、濒危物种保护、国家公园建设、保护地整合优化、湿地保护与修复、公众宣传倡导等领域。在新冠肺炎疫情期间，积极协调有关组织及时提供发达国家野生动物管理政策和经验，支持开展"全球主要国家野生动物贸易法规及政策分析"等研究。

（汪国中）

【与非洲公园网络签署合作谅解备忘录】 2月10日，国家林业和草原局对外合作项目中心与非洲公园网络签署合作谅解备忘录，旨在推进双方管理层和中非保护地之间政策技术交流；帮助非洲争取项目资金支持国家公园和保护地建设；探索双方保护地之间建立基层伙伴关系的可能性；促进双方科技合作交流，发挥保护地在推进《2030年可持续发展议程》方面的作用。

（杨瑗铭）

【履行《联合国森林文书》示范单位建设项目（2019）年度评审】 于3月下旬举行。国家林业和草原局对外合作项目中心组织履约专家组以远程会议形式分别对东北虎豹国家公园管理局汪清分局、北京西山试验林场、黑龙江哈尔滨市丹清河实验林场、浙江杭州市余杭区、四川省洪雅县国有林场5家履约示范单位履行《联合国森林文书》示范单位建设项目（2019）实施情况进行评审，对2020年立项任务书进行评估，并就加强项目管理、提高项目成效提出具体明确要求。 （吴　凝）

【2020年国际森林日宣传活动】 于3月21日前后举办。国家林业和草原局对外合作项目中心围绕2020年国际森林日主题"森林与生物多样性"，在国家林草局大厅播放国际森林日宣传幻灯片，并组织各示范单位因地制宜开展庆祝宣传活动，旨在增进林草系统人员和社会公众对国际森林问题的了解，展示履约示范项目成果。

（毛　琪）

【向有关境外非政府组织捐赠口罩】 4月，为战胜疫情，共克时艰，国家林业和草原局对外合作项目中心协调中国绿化基金会，向12家有关境外非政府组织在华机构捐赠11 000只口罩。 （孙颖哲）

【《国家林业和草原局履行〈联合国森林文书〉示范单位项目资金管理办法》】 于6月22日颁布。该办法包括总则、项目资金使用范围和支出内容、项目申报与管理以及资金使用、监督与管理、附则五部分内容。该办法的制订对于保障项目顺利实施、资金安全合规使用具有重要意义。 （吴 凝）

【联合国森林论坛第十五届会议决议】 于6月30日以静默形式正式通过。受新冠肺炎疫情影响，原定于5月4~8日在联合国总部纽约举行的联合国森林论坛（以下简称"UNFF"）第十五届会议被取消，但为了确保UNFF有关工作正常推进，联合国经社理事会决定由UNFF各成员国以书面和线上形式讨论通过UNFF15决议。国家林业和草原局对外合作项目中心代表国家林业和草原局积极参与磋商，参加三次线上磋商会议，确保决议内容符合中方核心关切。 （毛 琪）

【《国家林业和草原局履行〈联合国森林文书〉示范单位管理办法》】 于7月8日颁布。该办法包括总则、示范单位定义任务和申报程序、管理职责、专家组、评估考核、附则六部分内容，为规范和推动示范单位建设提供了重要依据，对于加强示范单位管理工作、提升履约示范单位建设水平、做好对外宣传将发挥重要作用。 （吴 凝）

【龙江森工集团山河屯林业局有限公司】 于8月25日被国家林草局批准为履行《联合国森林文书》示范单位。该公司具有丰富的森工文化，在森林可持续经营、生态保护、社区发展、林区治理等方面卓有成效，生态经济社会效益显著。公司履约示范内容涵盖气候变化与可持续经营、森林生态旅游及科普教育一体化、林区社区可持续生计及野生动植物保护等领域。截至2020年底，国家林业和草原局共授予15家单位履行《联合国森林文书》示范单位称号。 （吴 凝）

【履行《联合国森林文书》示范单位建设研修班】 于9月16~17日以"线上"形式举办。来自15家示范单位、专家组和相关境外非政府组织的人员共计125人参加。研修内容主要基于《联合国森林文书》《联合国森林战略规划》及履约示范单位建设内容展开，重点结合新《森林法》《国家林业和草原局履行〈联合国森林文书〉示范单位管理办法》和《国家林业和草原局履行〈联合国森林文书〉示范单位项目资金管理办法》进行解读。 （吴 凝）

【联合国"森林：新冠疫情后绿色复苏的核心"研讨会】 于9月28日举行。研讨会由联合国森林论坛主办，采用嘉宾访谈形式分别讨论了"新冠疫情对森林可持续经营的影响"和"森林是疫情后绿色复苏的核心"两个议题，强调了森林的重要性和保护森林的紧迫性，以及新冠疫情对林业的影响，探讨了"为推动森林保护和恢复、推动疫情后社会经济复苏和发展需采取的相关政策和行动"等话题。国家林业和草原局对外合作项目中心牵头组团参会。 （毛 琪）

【境外非政府组织林草合作培训班】 于10月12~14日在北京举办，相关代表机构首席代表及项目主管等共计50余人参加。该培训班重点就境外非政府组织相关法规和林草发展重点进行解读，主要内容包括：林草国际合作形势解读、讲好中国林草故事、中国野生动植物保护和管理、中国海洋自然保护地管理现状和境外非政府组织境内活动管理法实施现状等。 （荣林云）

【《国家林业和草原局关于业务主管及有关境外非政府组织在中国境内活动指南（试行）》专家评估论证会】 于10月16日在北京召开，来自公安部境外非政府组织管理办公室、北京市公安局境外非政府组织管理办公室、国家林业和草原局相关司局、北京师范大学和中国林科院的专家代表出席，与会专家认为该文件符合相关规定精神和要求，对规范相关境外非政府组织境内活动具有积极的指导意义。 （荣林云）

【新冠疫情对森林和林业部门影响评估报告】 编写工作于11月启动。根据联合国森林论坛第十五届会议决议要求，国家林业和草原局对外合作项目中心组织履约专家组启动编写《新冠疫情对森林和林业部门影响评估报告》，专家组将通过问卷调查和意见征询等形式，向国家林草局生态修复、资源管理、规财、发改、科技和国际合作等各有关部门，履行《联合国森林文书》示范单位及所在省林草主管部门征集相关情况，并汇总分析编写报告。 （毛 琪）

【全球森林资金网络（GFFFN）办公室东道国协定第四轮谈判】 于11月12~13日以线上形式举行。国家林业和草原局对外合作项目中心会同外交部相关人员与联合国方面就办公室性质、特豁待遇、争端解决机制等条款进行讨论，取得积极进展。双方同意就未决条款进行内部磋商，适时开展下一轮谈判。 （毛 琪）

【日本驻华使馆经济部公使七泽淳访问北京昌平中日绿化合作纪念林】 11月16日，国家林业和草原局对外合作项目中心陪同日本驻华使馆经济部公使七泽淳一行访问昌平中日绿化合作纪念林项目区。纪念林位于北京市昌平区南口镇，于2000年10月8日建立，中日双方1300多人在纪念林地栽植了12棵樱花树和1000棵侧柏、华山松和油松等。 （徐映雪）

【日方驻华使馆官员赴山东和黑龙江考察中日植树造林国际联合项目】 11月22~25日，应国家林业和草原局对外合作项目中心邀请，日本驻华使馆派员分别赴山东省单县和黑龙江省大庆市考察中日植树造林国际联合项目，与两地项目办进行了交流和确认，并访问山东单县曹庄乡第一完全小学和黑龙江杜蒙伯特蒙古自治县巴彦查干乡小学。山东省菏泽市单县和黑龙江省大庆市项目分别计划造林66.67公顷和80公顷，日方为每个项目提供无偿资金援助2000万日元。项目旨在推进植树造林的同时，继续开展有利于生态保护的地方城市间交流和民间交流活动，并在条件允许的情况下，以适当方式开展中日青少年交流等项目。

（徐映雪）

【履行《联合国森林文书》示范单位建设和项目督导调研工作有序开展】 7~11月，国家林业和草原局对外合作项目中心组织调研组先后赴东北虎豹国家公园管理局汪清分局、云南省双江县、杭州市临安区和余杭区、北京市西山试验林场开展履行《联合国森林文书》示范单位建设和项目督导工作。调研期间，进一步强调各项目单位应严格遵循项目管理制度，确保项目规范实施，取得实效。

（吴 凝）

【履行《联合国森林文书》示范单位建设专家组年度会议】 于11月27日举行。会议主要基于如何优化履约专家组工作模式、充分发挥专家在履约示范单位建设中的技术支撑作用展开讨论并提出明确要求。

（吴 凝）

【国家林业和草原局与世界自然基金会等5家境外非政府组织2020年合作年会】 于12月1~15日以线上形式陆续召开。国家林草局各有关司局，湖南、四川、云南、甘肃、青海等各省（区）林草部门项目单位负责同志及世界自然基金会、大自然保护协会、保护国际基金会、国际爱护动物基金会和自然资源保护协会5家境外非政府组织在华项目负责人参加会议。会议回顾上一年度项目进展情况并对下一年度拟开展合作项目进行了讨论。2021年相关合作将重点围绕国家公园体制试点、自然保护地整合优化、生物多样性保护、濒危物种保护等领域开展。

（郭潇潇）

【境外非政府组织相关研究】 2020年，国家林业和草原局对外合作项目中心组织开展了"全球主要国家野生动物贸易法规及政策分析""境外非政府组织参与全球野生动物保护机制、影响及立场研究"等项目，为国内林草重点工作提供国际智慧与经验。

（孙颖哲）

【与德国复兴信贷银行签署绿色贷款技术援助基金对话项目协议】 12月29日，国家林业和草原局对外合作项目中心与德国复兴银行签署绿色贷款技术援助基金对话项目实施协议。作为中德绿色贷款技术援助基金项目的子项目，其分立协议将在中德财政合作整体协议框架下实施。项目主要目的是聚焦林业可持续经营和湿地生态修复领域，搭建中欧绿色部门政策对话平台，将开展系列研讨会（包括高级别研讨会）和实地调研，开展绿色贷款项目成果和经验普及推广，提出相关技术和政策建议。项目范围涉及中德财政合作重点省份。

（李 博）

林草科技国际合作交流与履约

【参加2020年UPOV年度会议】 2020年10月26~30日，国际植物新品种保护联盟（UPOV）年度系列会议在线上召开，此次年度会议包括技术委员会（TC）第56次会议、行政与法律委员会（CAJ）第77次会议、顾问委员会（CC）第97次会议及理事会（C）第54次会议4场专门会议，由国家知识产权局、国家林业和草原局、农业农村部组成的中国政府代表团参加了会议。世界知识产权组织（WIPO）总干事兼UPOV秘书长邓鸿森（Daren Tang）出席会议并致辞。中国政府代表团就相关议题参与了讨论交流，并积极回应了国际关切的问题，同时开展了推动中文成为UPOV工作语言的争取工作。

（柳玉霞）

【东亚植物新品种保护论坛】 2020年11月25~26日，第十三届东亚植物新品种保护论坛（EAPVPF）会议和国际植物新品种保护研讨会在越南河内通过视频会议方式召开。来自国际植物新品种保护联盟（UPOV）办公室、欧盟植物新品种保护办公室（CPVO）、中日韩及东盟10国的近70名代表参加了会议。中国代表在会上介绍了在东亚论坛"10年战略规划"框架下，中国2020~2022年的发展计划及合作活动建议。（柳玉霞）

【中欧植物新品种权实施与维权国际研讨会】 2020年11月30日至12月2日，中欧植物新品种权实施与维权国际研讨会在线上召开，来自国际植物新品种保护联盟（UPOV）办公室、欧盟植物新品种保护办公室（CPVO）、中欧知识产权合作项目（IPK）、中国农林部门的管理及技术人员共100人参会。此次研讨会是由国家林草局新品办会同有关部门与CPVO共同主办，也是落实中方与CPVO签订合作协议的年度重要实施内容之一，并得到IPK的经费支持。与会专家针对实施品种权保护、品种权实施与维权情况及经验技术、海关在品种权实施与维权中的作用，以及DNA技术在植物新品种保护中的应用等内容进行了专题报告，并进行了深入的讨论和交流。

（柳玉霞）

【编写《中国林木遗传资源状况报告（第二版）》】 2020年，按照联合国粮农组织（FAO）的要求，科技中心、中国林业科学研究院林业研究所进行《中国林木遗传资源状况报告（第二版）》的编写工作，工作进展顺利。为全面了解中国林木遗传资源状况，中国政府于2013年完成并发布了《中国林木遗传资源状况报告》，作为FAO《世界林木遗传资源状况报告》的一部分。10月13~16日，FAO组织亚洲地区国家协调员召开了区域范围内FAO林木遗传资源国家报告进展报告会，会上FAO负责亚洲区域的林业官员介绍了各个国家的报告筹备情况,由于受到新冠肺炎疫情的影响,超过85%的亚洲国家仍然处于报告数据准备阶段,编写进展受到不同程度的影响,线上各国代表提出了面临的困难和挑战,例如新冠肺炎疫情的影响,多部门数据获取等问题,也表示将尽量按FAO要求完成第二次国家报告。

(李启岭)

【参加UPOV技术工作组会议】 2020年6月8~12日,国际植物新品种保护联盟(UPOV)第52届观赏植物和林木工作组(TWO)会议在线上召开,各成员国共有79人参加了会议。国家林草局科技中心组织中国林业科学院、陕西西安植物园、上海林业总站等单位的专家参加了会议。会议就TGP技术文件和INF信息文件、品种描述的信息数据库、软件和设备的交换和使用、品种的命名、分子测试技术、无性繁殖品种的最小数值、测试的国际合作、PRISMA电子申报进展以及测试指南的起草和修订等18项议题进行了专题报告,同时讨论了紫薇属、绣球属、小檗属、木兰属等10个UPOV测试指南草案,其中木兰属测试指南由中国陕西省西安植物园专家负责起草提交。会上,西安植物园王亚玲研究员,对木兰属测试指南初稿起草情况及编制过程进行了汇报,并答辩了与会专家现场提出的53条意见。UPOV木兰属测试指南是继山茶属、牡丹、丁香属、核桃属之后,中国林业领域负责起草的第5个国际指南。

(周建仁)

【森林认证国际化】 按照森林认证体系认可计划(PEFC)的要求,组织专家编写了森林认证国际再互认体系文件,经批准已提交至PEFC秘书处,线上参加PEFC年会、PEFC技术会议,通报中国森林认证工作最新进展,积极宣传推广中国森林认证体系,深化国际合作,配合有关单位总结并提交疫情期间森林认证工作进展情况。

(于 玲)

国有林场与
林业工作站建设

18

国有林场建设与管理

【综　述】　经过一年的努力，国有林场建设与管理工作取得显著成效，法制建设取得新突破，中长期发展目标进一步明确，人才队伍素质不断提升。

【《国有林场管理办法（修订草案）》】　1～10月，结合新修订《森林法》内容，对《国有林场管理办法》修订的条款进一步修改完善，形成修订征求意见稿。11月，在征求各省（区、市）林业和草原主管部门、局内各司局及有关直属单位、社会公众修订意见后，进行修改完善，形成修订草案。12月，将修订草案报国家林草局办公室，通过合法性审核。

【《国有林场中长期发展规划（2020～2035年）》（送审稿）】　3月，征求北京、吉林等15个省级国有林场主管部门、部分国有林场及有关专家意见，经与编制单位多次研究，对规划进行修改完善，5月完成规划初稿。11月，编制形成规划征求意见稿，在征求各省（区、市）、局内各司局及有关直属单位意见后，进行了修改完善，形成规划送审稿。12月，将规划送审稿送局规财司。

【编写《中国国有林场扶贫20年》】　为全面总结国有林场扶贫工作开展以来取得的成效和经验，2018年初国家林草局林场种苗司着手编制《中国国有林场扶贫20年》。历时近3年时间，经过认真编写和多次修改，于2020年8月完成《中国国有林场扶贫20年》定稿，10月底经专家论证，交出版社进行出版。本书共计30万字，内容分为3个部分，主要包括：国有林场扶贫工作进程、成效及影响的系统评价总报告，各省（区、市）国有林场扶贫工作成效总结和国有林场扶贫典型案例，扶贫工作20年来发布的重要文件、部门规章及标准规范汇编等。

【国有林场场长素质能力提升培训班】　分别于8月22～28日、10月16～22日在国家林草局林干院原山分院、北戴河院区举办。培训班就习近平生态文明思想解读、党的基本理论和政治能力建设、林草基层干部依法履职及案例解析等进行授课，并就如何当好国有林场场长进行座谈交流。部分省（区、市）林业和草原主管部门国有林场主管部门负责人、国有林场场长170余人参加培训。

【国有林场建设管理培训班】　于11月30日至12月4日在福建三明举办。培训班就《国有林场职工绩效考核办法》解读等进行授课，对国有林场职工绩效考核、建设发展等典型经验进行交流，并针对国有林场改革完成后的高质量发展问题进行座谈讨论。部分省（区、市）林业和草原主管部门国有林场主管部门负责人、国有林场场长、地县林业（草原）局局长、中国林业科学研究院国有林场相关管理人员和林场场长约90人参加培训。

（国有林场建设与管理由杜书翰供稿）

林业工作站建设

【综　述】　2020年，国家林草局林业工作站管理总站（以下简称工作总站）紧紧围绕国家大局和林草中心工作，积极适应新时代林业和草原改革发展要求，扎实工作，主动作为，各项工作取得了明显成效。

行业指导　一是开展调研分析。针对机构改革形势，国家林业和草原局局长关志鸥先后三次对工作总站工作做出批示，副局长李树铭带队赴云南省调研乡镇林业工作站（以下简称林业站）及基层林草执法情况，工作总站派员赴5省（区）实地调研，对6省（区）书面调研，分别组织省级林业站管理人员座谈和林草行政案件统计分析座谈，分析研判乡镇林业站的改革形势，有针对性地制订措施。二是落实工作要求。认真落实国家林业和草原局副局长李树铭在2019年全国省级林业站站（处）长座谈会上的要求，持续关注、按月汇总更新各省（区、市）林业站机构改革动态信息，组织材料报请国家林业和草原局办公室编印专报"加强乡镇林业工作站建设　夯实林业工作落脚点"上报国办；总结10多个省的典型地区稳定林业站机构做法，报请国家林业和草原局办公室编印简报发至各省级林业和草原主管部门；及时跟进、指导省级林业站管理部门主动作为，因地制宜，顺应改革，稳定队伍。截至2020年底，全国共有乡镇林业站22 220个、8.06万人。三是推动明确林业站的法律政策地位。在国家林业和草原局有关司局的支持下，主动沟通争取，在修订《森林法实施条例》、出台《关于全面推行林长制的意见》《国家林业和草原局贯彻落实〈关于全面推行林长制的意见〉实施方案》过程中，将有关乡镇林业站的表述明确其中，加强林业站顶层制度的设计完善，争取林业站的法律政策地位。四是强化林业站工作的引导。制定印发《2020年林业工作站工作要点》，对全年工作做出总体部署，并按照《全国省级林业工作站年度重点工作质量效果跟踪调查办法》规定，对2019年度各省级林业站重点工作质量效果进行量化测评，分省下发《2019年度省级林业工作站重点工作质量效果的通报》，对吉林等排名前10位的省级林业站向各省级林业主管部门进行通报。

夯实基础 一是全面完成局重点工作任务。按照2020年局重点工作任务分工，做好标准化林业工作站（以下简称标准站）的工作要求，2020年争取中央投入资金1.06亿元，落实全国26个省（区、市）530个基层林业站开展标准化建设。对2018年投资建设的纳入验收范围的428个站开展书面审查，共有417个林业站达到合格标准，授予"全国标准化林业工作站"名称。二是编制《全国林业工作站"十四五"建设发展规划》。明确"十四五"期间林业站建设目标、软硬件建设内容、建设重点，以及发展方向、政策保障等，申报将修订后的《乡镇林业工作站工程建设标准》列入国家标准，获住房城乡和建设部、国家发展和改革委员会批准立项。三是积极组织开展网络学习。根据疫情防控的新形势和各地新需求，对"全国乡镇林业工作站岗位培训在线学习平台"进行改版，在"平台"中加载了在线考试模块，开办了"网络专题培训班"，解决了不能现场培训、现场测试等问题，实现了培训工作不耽误、能力测试有亮点。四是开发启用"林业站学习"手机应用软件。为满足基层林业站干部职工碎片化学习的实际需求，开发启用"林业站学习"手机应用软件，并与"在线学习平台"在课程、学时等方面实现实时共享，进一步激发林业站干部职工的学习积极性。截至12月底，手机应用软件（平台）学员注册人数稳定在8.4万名，网上学习近1500万人次，学习总时长达300多万小时，较上年增长了4倍多。五是推动林业站建设管理服务能力提升。选择吉林等重点省份，组织开展以提升标准站建设管理水平、林业站服务乡村振兴、深入推行林业站"一站式""全程代理"等便民服务模式为主要内容的"林业站管理服务能力提升"项目，有效提升林业站管理建设水平和公共服务能力。

护林员管理 一是全面落实完成选聘任务。配合国家林业和草原局规财司积极争取扩大选聘规模，2020年，中央年度选聘资金增至64亿元，新增10万余名建档立卡贫困人口担任生态护林员，累计选聘110.2万人，带动300多万人稳定增收脱贫。二是推动生态护林员精准规范管理。在充分调研的基础上，起草了《乡村生态护林员管理办法》，旨在进一步巩固建档立卡贫困人口生态护林员政策成果，加强各类护林员队伍的建设和统一管理，推动实现林草资源网格化管理。编印《生态护林员巡护日志》1.5万册，首先发放至国家林业和草原局4个定点扶贫县，指导各地深刻领会生态护林员的意义，严格选聘工作，规范巡护内容和要求，方便护林考核，高效管理生态护林员。三是开展调研督导，推进政策落地。先后赴贵州、青海两省开展生态护林员选聘与管理督查调研，督促推动生态护林员政策在基层精准落实，实现生态护林员精细化管理。

案件统计 一是规范林草行政案件管理工作。根据《森林法》等法律法规的变化，及时修订《林业和草原行政案件类型规定》，将林草案件类型及违法行为修改为14个大类120种。规范林草行政案件统计分析工作归口单位，保障机构改革后的林草行政案件统计分析任务落实到位。二是强化案件统计分析制度建设。编写《全国林业和草原行政案件统计报表制度》，制定《全国林业和草原行政案件统计表》，升级"全国林业和草原行政案件统计分析系统"。三是做好案件信访举报受理工作。严格执行《林业行政案件受理与稽查办法》，确保举报电话和信件的精准记录，2020年，共接听群众举报、咨询电话705个，受理举报信件5件。四是做好案件统计分析工作。编印《2019年度全国林业行政案件统计分析报告汇编》，完成2020年上半年和全年全国林草行政案件统计数据采集、汇总、审核和分析报告工作。数据显示，2020年全国共发现林草行政案件12.16万起，查处11.92万起，查处率98%。五是有序开展执法证件核发工作。按照有关要求，做好国家林业和草原局本级行政执法资格考试题库撰写、执法人员信息采集系统维护和执法证件核发等工作。

林草保险 一是推动草原保险的发展。积极贯彻林草融合的要求，指导内蒙古自治区制订完善草原保险实施方案，推动在巴彦淖尔市、赤峰市和鄂尔多斯市三地开展草原保险试点，并积极与财政部联系沟通，力争将草原保险纳入中央财政补贴范围。二是推动森林保险投入生物灾害防治。落实《贯彻落实韩正副总理关于松材线虫病防治重要批示精神工作方案》要求，开展林业生物灾害保险工作调研，研究提出林业生物灾害保险工作思路，以及发挥森林保险在林业生物灾害特别是松材线虫病防治工作中的有效措施。三是推动完善森林保险制度。修改细化《森林保险管理办法》和《森林保险示范性条款》，推动与财政部、中国银行保险监督管理委员会（以下简称银保监会）共同出台，并将《森林保险查勘定损技术规程》列入国家林业和草原局2020年林业行业标准制修订计划。四是编撰出版《2020中国森林保险发展报告》。在对全国各有关省份森林保险工作的全面了解和深入分析基础上，联合银保监会编撰出版了《2020中国森林保险发展报告》，并向相关政府部门、保险机构、科研院所等赠书800余册。

宣传工作 一是突出党建亮点工作宣传。工作总站注重青年党员干部的培养锻炼，每次党建活动结束后，要求青年干部将亮点工作进行梳理总结，积极向国家林业和草原局主站、《中国林业》、绿色党建公众号等媒体平台投稿，2020年度刊发活动稿件、文章12篇。二是加强林业站服务乡村振兴的典型宣传。将17个省份上报的90个林业站典型材料筛选出具有代表性的9省10余个站的材料，以专版、专栏形式在《中国绿色时报》刊发，在"工作总站"子站加载林业站等专题信息4000余条，引导各地林业站积极履职、以有为谋有位。三是强化生态护林员宣传。印制《生态护林员政策与实践》宣传册1万册，发放至各省份，充分展示生态护林员在护林脱贫中的美丽风采；通过"工作总站"子站组织宣传报道200余篇，着重介绍基层的好经验和好做法。四是开展森林保险宣传。组织编撰《中国森林保险十周年宣传图册》，采用图片材料600余张，文字材料4万余字，向各省发放3000余册，扩大了森林保险影响力。

专项工作 一是全力完成专班工作。作为松材线虫病防治工作专班成员单位，积极指导基层林业站强化松材线虫病防治设备建设，加强生态护林员管理和培训，强化乡镇林业站、生态护林员在配合松材线虫病监测防治工作中的作用，全力组织指导基层林业站参与有害生物防控工作。二是认真整改检视问题。按照国家林业和草原局党组有关要求，工作总站坚持检视问题即知即改、立行立改的原则，对整改台账中第26条第3款进行了认真研究和严格落实，督促各省级单位完成了省本级林草行政案件统计分析工作归口管理。三是积极开展建言献策。按照国家林业和草原局党组有关通知要求，领导班子召开专题会议研究落实措施，制订了具体的活动方案。工作总站以处室为单位分专题征集了书面意见建议，召开党小组座谈会集中讨论，并组织干部职工在局内网开设的"建言献策"专栏提交了7篇建议材料。四是认真配合环保督察。按照要求，先后2次召开站长办公会议，要求各处室高度重视，做好中央环保督察的有关配合工作，开展了自查，对自查存在的问题进行了梳理、分析，制订了整改措施，努力为林草事业高质量发展做好基础保障工作。

（王葆）

【国家林草局局领导深入乡镇林业站开展调研】 2021年12月14~17日，国家林草局副局长李树铭一行深入云南省乡镇林业站一线，调研了解机构改革后林业站管理建设及基层林政执法工作，草原管理司、工作总站、驻云南省专员办、昆明勘察设计院等有关人员参加了调研。李树铭实地调研了寻甸县羊街镇林业站、大理市湾桥镇林业站，看望慰问了林业基层干部职工，并与乡镇林业站、当地党委政府、林业主管部门人员进行了深入交流，详细了解林业站在林草资源管护、林政执法、森林防火、护林队伍管理等方面的情况，认真倾听了基层人员的工作建议。在调研中，李树铭现场查看了林业站工作生活条件，检查了林业站工作装备、器械的使用情况。

（罗雪）

【全国林业工作站基本情况】 截至2020年底，全国有地级林业站203个，管理人员2380人。有县级林业站1766个，管理人员21 852人。有乡镇林业站22 220个，其中按机构设置形式分，乡镇独立设置的林业站共有8814个，占总站数的39.7%；管理两个以上乡镇的林业站（区域站）1458个，占6.5%；农业综合服务中心等加挂林业站牌子7288个，占32.8%；无正式机构编制文件，仍以原班人马、原地办公履行林业站职能的"林业站"4660个，占21.0%。按管理体制分，县级林草主管部门垂直管理的林业站有4778个，占总站数的21.5%；县、乡双重领导的林业站有2693个，占12.1%；乡镇管理的林业站14749个，占66.4%。

全国乡镇林业站职工核定编制71 397人，年末在岗职工80 580人，其中长期职工76 646人。在岗职工中，纳入财政全额人员71 404人，占职工总数的88.6%；纳入财政差额人员2891人，占3.6%；依靠林业经费的3427人，占4.3%；自收自支供养人员有2858人，占3.5%。35岁以下的15 531人，占19.3%；36~50岁的46 031人，占57.1%；51岁以上的19 018人，占23.6%。在岗职工中，具有大专及以上学历人数为53 949人，占职工总数的67.0%；专业技术人员43 843人，占职工总数的54.4%。与2019年相比，大专以上学历人数减少2553人、减幅4.5%，占比提高1.8个百分点；专业技术人员减少2776人、减幅6.0%，占比提高0.7个百分点，乡镇林业站职工整体素质有所提升。

2020年，全国共完成林业站建设投资26 951万元，较2019年增加1606万元、增幅6.3%。其中，国家投资11 971万元，地方配套14 980万元；地方配套中，省级投资6041万元。各省（区、市）以标准化林业站建设为抓手，不断强化林业站基础建设，积极鼓励地方资金建站，全年共有180个乡镇林业站新建了业务用房，共新建44 660平方米。有12 911个、58.1%的站拥有自有业务用房，自有业务用房面积共233.8万平方米，站均自有业务用房面积181.1平方米；有7051个、31.7%的站拥有交通工具，共有10 707台，平均2个站拥有1台，其中，有367个站新购置了交通工具；有18 393个、82.8%的站拥有计算机，共有47 352台，站均2.1台，其中，有1495个站新购置了计算机。

2020年，全国林业站紧紧围绕中心，服务大局，在林业行政执法、政策宣传、科技推广、开展社会化服务等方面发挥了重要作用，为林草事业高质量发展作出了积极贡献。全国共有6571个林业站受上级林草主管部门的委托行使林业行政执法权，占总站数的29.6%；加挂野生动植物保护站牌子的有3458个，占15.6%；加挂科技推广站牌子的有2194个，占9.9%；加挂公益林管护站牌子的有2819个，占12.7%；加挂森林防火指挥部（所）牌子的有2650个，占11.9%；加挂病虫害防治（林业有害生物防治）站牌子的有2029个，占9.1%；加挂天然林资源管护站牌子的有2130个，占9.6%；加挂生态监测站牌子的有525个，占2.4%。全年办理林政案件70 766件，调处纠纷41 703起。全国共有5983个、26.9%的站开展"一站式、全程代理"服务，共有9449个、42.5%的林业站参与开展森林保险工作。全年共开展政策等宣传工作218.6万人天；培训林农541.9万人次。指导、扶持林业经济合作组织12.6万个，带动农户272.8万户。拥有科技推广站办示范基地14.9公顷，开展科技推广42.5万公顷。全国乡镇林业站共管理指导护林员159.4万人，分别较2019年增加了35.0万人、增幅28.1%；护林员共管护林地16 939.3万公顷，人均管护106.3公顷。全国林业站指导扶持乡村林场20 840个。其中，集体林场10 254个，占林场总数的49.2%；家庭林场10 141个，占48.7%。

（程小玲）

【全国林业工作站本底调查关键数据更新】 修订的《林业工作站情况统计调查制度》备案获国家统计局批复，据此对本底调查软件进行更新完善。举办本底调查培训班，对各省级林业站管理部门及重点地市林业站管理部门负责本底调查以及标准站建设工作的69人进行了培训，指导各省部署开展本省份2020年本底调查关键数据更新工作。

组织全国31个省（区、市）和新疆生产建设兵团开展2020年全国林业工作站本底调查关键数据年度更新工作。调查内容包括地、县级林业站管理机构及人员情况，乡镇林业站机构、队伍、基本建设投资、主要装备、职能作用发挥、指导管理护林员以及辖区乡村林场等情况，共计7个方面118项指标。使用"林业工作站本底数据报表管理系统"，采用网络在线填报的方式，以县级林业站管理部门为单元，对全国乡镇林业站及地、县级管理机构进行采集、录入、审核、汇总、上报，共收集数据约35万个，并对全国数据进行审核、汇总，起草形成《2020年全国林业站本底调查关键数据年度更新统计分析报告》。 （罗 雪）

【标准化林业工作站建设】 继续抓好标准站建设，通过标准站建设带动林业站整体建设水平的提升。一是对2017~2019年林业站中央投资计划执行数据进行了调度、汇总、分析，指导北京、河北、山西等24个相关省（区、市）开展标准站建设项目执行监管，对资金执行情况进行全面调度摸底，梳理项目进度缓慢、平台数据异常等问题，明确各省份预计完成时间。二是指导各省级林业站管理部门做好标准站建设工作，编制实施方案；在培训班上对有关政策和要求进行重点解读；安排典型省份交流；将2019年度标准站验收报告汇编成册，发至各省级林业站主管部门；通过网络、电话、实地调研等方式指导各省级林业站管理部门及时开展标准站建设工作。三是做好项目实施方案汇总、实施进度追踪等工作，向相关省级林业站管理部门反馈实施方案存在的问题，提出修改完善建议，督促指导各省林业站管理部门顺利开展2020年标准站建设。四是鼓励各省加大地方自筹资金建设标准站（简称"自建站"）力度，并指导各地自愿申请国家验收，全年共有5个省上报16个自建站。

组织开展标准站建设项目验收。印发《国家林业和草原局林业工作站管理总站关于开展2020年度标准化林业工作站建设验收工作的通知》，采用书面验收方式开展标准站国家验收工作。对纳入验收范围的428个站开展书面审查，确认2020年度全国共有417个林业站达到合格标准，印发《国家林业和草原局办公室关于公布2020年度全国标准化林业工作站建设验收情况的通知》，授予其"全国标准化林业工作站"名称。通过开展标准站建设和验收工作，基层林业站的"软硬件"水平得到了明显提升。 （罗 雪）

【乡镇林业工作站服务乡村振兴工作】 贯彻落实《国家林业和草原局关于开展乡镇林业工作站服务乡村振兴工作的通知》（林站发〔2018〕137号）精神，指导各地开展林业站服务乡村振兴工作。一是以标准站建设为引领，指导林业站围绕"产业兴旺、生态宜居、乡风文明、治理有效、生活富裕"的总目标，结合各地实际，积极开展服务乡村振兴工作。二是择优选择辽宁、黑龙江、安徽、湖南、四川、青海、宁夏7个省（区），指导其服务乡村振兴基础较好的林业站开展建设管理能力提升，带动提高全省林业站服务乡村振兴能力。三是在《中国绿色时报》《发挥职能作用 助力乡村振兴》《走向我们的小康生活》等专栏发表文章10篇，对9个省10余个站的林业站服务乡村振兴工作进行典型宣传。

（程小玲）

【2020年乡镇林业工作站站长能力测试工作】 工作总站结合各地新冠肺炎疫情防控等实际情况，进一步改进测试手段，完善测试管理，切实开展乡镇林业站站长能力测试工作。一是下发了《国家林业和草原局林业工作站管理总站关于做好2020年乡镇林业工作站站长能力测试工作安排的通知》，对测试工作进行安排部署。二是根据2019年测试完成情况及2020年各地上报的培训测试需求，确定河北等22个省（区、市）的测试任务量，各省（区、市）可根据当地疫情防控形势和要求选择面授培训或网络培训。三是自2020年起乡镇林业站站长能力测试不再发放纸质试卷，推行"线下（线上）培训+线上测试"的培训测试模式，学员可自行选择时间参加测试，极大地提高了学员测试的便利性。全年培训测试人数共计2238人，促进了林业站队伍整体素质的提高和服务林农能力的提升。 （潘明哲）

【"林业站学习"手机应用软件正式上线运行】 为适应林业站工作特点，提高学习的便捷性，最大限度满足学习需求，工作总站正式启用"林业站学习"手机应用软件。"林业站学习"手机应用软件与"全国乡镇林业工作站岗位培训在线学习平台"账号学时互通，学员可以通过手机随时进行在线学习，灵活自由地安排学习时间和课程。截至2020年底，"林业站学习"手机应用软件共上线436门课程，其中必修课程127门，选学课程251门，地方课程等58门，涵盖了"林业政策法规""林木栽培技术""森林资源管理""森林保护""林业工作站管理""综合素质提升"等多个板块。

（潘明哲）

国家林业和草原局林业工作站管理总站开展"林业站学习"手机应用软件应用培训 （云天昊 摄）

【生态护林员督查调研】 按照国家林草局扶贫领导小组办公室的统一部署安排，工作总站于5月赴贵州省荔波县开展生态护林员选聘与管理工作督查调研。调研组深入荔波县茂兰镇、黎明关水族乡、瑶山瑶族乡3个乡镇，入户走访生态护林员45位，深入访谈村干部3名，对生态护林员选聘、日常管理、考核、培训等情况进行调查。通过调研，了解了2020年定点扶贫县生态护林员选聘和管理工作开展总体情况，挖掘出典型工作亮点，发现基层生态护林员选聘管理工作中的问题并提出整改建议，督促和推动定点扶贫县生态护林员实现精细化管理。

（朱天琦）

【修订《建档立卡贫困人口生态护林员管理办法》】 为顺应脱贫攻坚新形势新要求，工作总站配合国家林业和草原局规财司再次对《建档立卡贫困人口生态护林员管理办法》进行了修改完善，对建档立卡贫困人口生态护林员定义做了更为详细的解释，并且鼓励在符合条件的生态护林员中培养林草科技推广员，有效规范和指导了各地生态护林员工作。

（朱天琦）

【示范培训】 10月，举办生态护林员管理工作暨管理系统使用培训班，对22个省级林业和草原主管部门具体负责生态护林员管理工作以及管理系统使用的人员共87人进行专题培训。通过组织开展培训，解读生态护林员等生态扶贫政策，指导解决系统使用过程中的问题，同各省工作人员就生态护林员工作开展情况、工作开展中存在的问题进行了全方位交流，深化了政策认知、拓展了工作思路、推进了工作顺利开展。

（朱天琦）

【定点县帮扶活动】 支持定点扶贫县进一步扩大生态护林员选聘规模。印制《生态护林员巡护日志》1.5万册，赠送给定点扶贫县的生态护林员。巡护日志载明了巡护职责，并以图文的形式明确了巡护内容，便于生态护林员记录和处理巡护中发现的各种情况，有力地支持了定点扶贫县的生态护林员管理工作。

（朱天琦）

【案件稽查】 严格执行《林业行政案件受理与稽查办法》，规范举报电话和信件的办理流程，确保举报电话和信件的精准记录。2020年共接听举报、咨询电话705个，受理信访举报信件5件。印发《国家林业和草原局办公室关于加强全国林业和草原行政案件统计分析工作的通知》《国家林业和草原局森林资源行政案件稽查办公室关于报送林业和草原行政案件统计分析工作归口单位的函》，提出林草行政案件统计分析工作具体要求，明确省级林草行政案件统计归口负责单位。赴吉林、云南等省开展专项调研，实地核查县级统计单位行政案件管理和乡镇林业站林政执法开展等情况。修订《林业和草原行政案件类型规定》，备案《全国林业和草原行政案件统计报表制度》，制订《全国林业和草原行政案件统计表》，完善"全国林业和草原行政案件统计分析系统"，完成2020年全国林业和草原行政案件统计分析工作。数据显示，2020年全国共查处林草行政案件11.92万起，其中，林业站系统直接受理和协助受理林业行政案件7.08万起，占全国案件发现总量的59.4%。

（张　凯）

【行政执法资格管理】 贯彻落实《国务院办公厅关于全面推行行政执法公示制度执法全过程记录制度重大执法决定法制审核制度的指导意见》《司法部办公厅关于做好全国统一行政执法证件标准样式实施工作的通知》和国家林业和草原局领导批示精神，受国家林业和草原局办公室委托，组织开展行政执法证核发及相关工作。编写《国家林业和草原局行政执法资格考试题库》，举办国家林业和草原局行政执法人员执法资格培训班，做好国家林业和草原局本级行政执法人员信息采集、系统维护和执法证件核发等工作。

（张　凯）

【森林保险发展情况】 中央财政森林保险保费补贴工作覆盖25个省（区、市）、4个计划单列市和四大森工企业，较上年减少黑龙江省。总参保面积1.62亿公顷，同比增长1.92%，其中公益林1.22亿公顷，商品林0.41亿公顷。总保额15 883亿元，总保费36.41亿元。各级财政补贴32.22亿元，占总保费的89%，其中，中央财政补贴16.39亿元，林业生产经营主体自缴保费4.18亿元。全年完成理赔9494起，赔付面积58.43万公顷，已决赔款9.59亿元，简单赔付率26.35%。

（马姣玥）

【森林保险统计分析工作】 围绕中央1号文件提出的"抓好农业保险保费补贴政策落实，督促保险机构及时足额理赔"的要求和《关于加快农业保险高质量发展的指导意见》精神，在国家林业和草原局规财司的牵头和指导下，森林保险各项工作稳步推进。一是起草形成《2019年全国森林保险统计分析报告》，分析得出"森林保险覆盖面平稳扩大，参保结构保持稳定，简单赔付率小幅上升""费率调整机制初步建立，保险服务面进一步拓宽"等发展态势。二是连续第五年联合银保监会，共同编撰出版森林保险行业白皮书《2020中国森林保险发展报告》。全书共六章20余万字，全面分析了2019年度中国森林保险的政策制定、业务发展和市场供需状况，总结了森林保险在制度、产品、技术应用和服务等方面的创新实践，展现了森林保险在生态恢复、防灾减灾、金融服务、助力扶贫等方面的巨大作用。三是指导东北林业大学开展"大兴安岭国有林区森林保险政策"的课题研究。

（马姣玥）

【指导开展草原保险试点】 围绕林草中心工作和林草融合新形势，指导内蒙古自治区制订了以旱灾、火灾、病虫鼠害、沙尘暴为主要灾害责任的《草原综合保险试点方案（试行）》，并积极推动落实。11月13日，由中国人民财产保险股份有限公司（以下简称人保财险）内蒙古自治区分公司承保的自治区首个财政补贴型天然荒漠草原保险试点项目成功落地巴彦淖尔市乌拉特后旗，为76户牧民6万余公顷草原提供保险服务。按政策要求，农牧民一旦受到旱灾、病虫鼠害、沙尘暴和火灾等侵害，可享受最高2000余万元保险保障。

（马姣玥）

【森林保险宣传培训工作】 一是秉承"高质量师资、高水平教学"原则，工作总站于9月21~25日在湖南衡阳举办第十一期全国森林保险业务管理培训班暨工作座谈会，邀请财政部金融司、银保监会财险监管部、中国农科院和人保财险等部门和单位的专家领导进行授课，组织油茶气象指数保险的现场教学，共94人参训。二是组织编印《砥砺前行，十年铺就惠民路——中国森林保险十周年宣传图册》，采用图片600余张、文字4万余字，全面回顾森林保险的发展历程和主要成效，向各省赠阅3000余册。

（马姣玥）

林草规划财务

19

全国林业和草原统计分析

【国土绿化】 营造林情况 按照 2018~2020 年全国营造林生产滚动计划，2020 年造林任务 673.33 万公顷，全国共完成造林面积（自 2015 年起造林面积包括人工造林、飞播造林、新封山育林、退化林修复和人工更新）693.37 万公顷，超额完成全年计划任务。全部造林面积中人工造林 300 万公顷，飞播造林 15.15 万公顷，封山育林 177.46 万公顷，退化林修复 161.97 万公顷，人工更新 38.79 万公顷。

林业重点工程建设 2020 年，国家林业重点生态工程完成造林面积 241.86 万公顷，占全部造林面积的 34.88%。分工程看，天保工程、退耕还林工程、京津风沙源治理工程、石漠化综合治理工程、三北及长江流域等重点防护林体系工程、国家储备林建设工程造林面积分别为 47.77 万公顷、66.89 万公顷、20.46 万公顷、13.07 万公顷、87.92 万公顷、5.75 万公顷。

【林业草原投资】 2020 年，林草投资完成总额 4717 亿元，比 2019 年增加 4.22%。从资金来源看，中央资金投资完成额为 1178 亿元，与 2019 年相比基本持平；地方财政资金投资完成额为 1701 亿元，比 2019 年增长 15.17%；社会资金（含国内贷款、企业自筹等其他社会资金）投资完成额为 1838 亿元，与 2019 年相比基本持平。国家资金（含中央资金和地方资金）为 2879 亿元，其中 55.61% 的资金投资用于造林抚育与森林质量提升等生态建设与保护项目。林草实际利用外资金额为 3.97 亿美元，比 2019 年增加 2.32 亿美元。

【林业草原产业】 2020 年，林业产业受疫情影响增速放缓，特别是以森林旅游为主的林业第三产业受疫情影响最重，呈现负增长。

林业产业规模 2020 年，林业产业总产值达到 81176 亿元（按现价计算），与 2019 年基本持平。

林业产业结构 2020 年，超过万亿元的林业支柱产业分别是经济林产品种植与采集业、木材加工及木竹制品制造业和以森林旅游为主的林业旅游与休闲服务业，产值分别达到 1.61 万亿元、1.36 万亿元和 1.43 万亿元。以森林旅游为主的林业第三产业受疫情影响出现负增长，全年林业旅游和休闲的人数为 31.68 亿人次，比 2019 年减少 7.38 亿人次。

【主要林产品产量】 木材产量 2020 年，全国木材总产量为 10 257 万立方米，比 2019 年增长 2.10%。其中原木产量为 9182 万立方米，薪材产量为 1075 万立方米。

竹材产量 2020 年，大径竹产量为 32.43 亿根，比 2019 年增长 3.12%，其中毛竹 18.89 亿根，其他直径在 5 厘米以上的大径竹 13.54 亿根。竹产业产值达 3218 亿元。

人造板产量 2020 年，全国人造板总产量为 32 545 万立方米，比 2019 年增长 5.46%。其中：胶合板 19 797 万立方米，纤维板 6226 万立方米，刨花板 3002 万立方米，其他人造板 3520 万立方米。

木竹地板产量 2020 年，木竹地板产量为 7.73 亿平方米，比 2019 年减少 5.39%，其中：实木地板 8612 万平方米，实木复合地板 16 435 万平方米，强化木地板（浸渍纸层压木质地板）21 597 万平方米，竹地板等其他地板 6783 万平方米。

林产化工产品产量 2020 年，全国松香类产品产量 103 万吨，比 2019 年减少 28.47%。栲胶类产品产量 7731 吨，紫胶类产品产量 3642 吨。

各类经济林产品产量 2020 年，全国各类经济林产品产量达到 2.00 亿吨，比 2019 年增长 2.56%。从产品类别看，水果产量 16 346 万吨，干果产量 1253 万吨，林产饮料 248 万吨，花椒、八角等林产调料产品 81 万吨，食用菌、竹笋干等森林食品 469 万吨，杜仲、枸杞等木本药材 395 万吨，核桃、油茶等木本油料 852 万吨，松脂、油桐等林产工业原料 325 万吨。木本油料产品中油茶籽产量 314 万吨，种植面积达到 445 万公顷，年产值达 1529 亿元。

【林草系统在岗职工收入】 2020 年，受国家机构改革影响，林草系统单位个数和人员有所调整。林草系统单位个数共计 27 921 个，年末人数共计 103 万人，其中：在岗职工 85 万人，其他从业人员 8 万人，离开本单位仍保留劳动关系人员 10 万人。林草系统在岗职工年平均工资达到 67 782 元，比 2019 年增长 5.79%，但与 2019 年城镇单位就业人员平均工资相比仍低 25.10%。

（全国林业和草原统计分析由规划财务司统计信息处刘建杰、林琳供稿）

林业和草原规划

【林草规划】 2020 年初，国家林草局配合国家发展改革委、自然资源部编制了《全国重要生态系统保护和修复重大工程总体规划（2021~2035 年）》，经 2020 年 4 月 27 日召开的中央全面深化改革委员会第十三次会议审议通过后，由国家发展改革委、自然资源部联合印发实施。根据总体规划部署，由国家林草局牵头编制《东北森林带生态保护和修复重大工程建设规划（2021~2035年）》《北方防沙带生态保护和修复重大工程建设规划（2021~2035年）》《南方丘陵山地带生态保护和修复重大工程建设规划（2021~2035年）》《以国家公园为主体的自然保护地建设及野生动植物保护重大工程建设规划（2021~2035年）》4个专项建设规划。7月20日，国家林草局副局长李春良主持召开了4个牵头规划专家评审会。8月12日，国家林草局局长关志鸥主持召开局长办公会听取4个牵头规划编制情况汇报。

根据国家林草局党组部署，成立规划专班，起草《林业草原保护发展规划纲要（2021~2025年）》，通过网络、问卷、咨询会等形式征求了社会公众、基层干部群众、企业和公益组织的意见，并在国家林草局内网开展了建言献策活动。11月3日，国家林草局局长关志鸥主持召开"十四五"规划专家座谈会。11月23日，邀请原中财办副主任杨伟民作十九届五中全会《建议》专题辅导。12月7日，国家林草局党组理论学习中心组专题研究讨论林草"十四五"规划。

8月，国家林草局会同国家发展改革委、自然资源部、生态环境部联合印发《大运河生态环境保护修复专项规划》。

（林业和草原规划由规划财务司规划处荆涛供稿）

林业和草原固定资产投资建设项目批复统计

【林草基础设施建设项目批复】 2020年，国家林草局共审批林草基础设施建设项目52个，批复总投资85 830万元，包括中央投资77 300万元，地方投资8530万元。具体包括森林防火项目6个，批复总投资13 700万元，其中中央投资11 000万元，地方投资2750万元；审批草原防火项目1个，批复总投资2640万元，其中中央投资2400万元，地方投资240万元；国家级自然保护区基础设施建设项目1个，批复总投资1976万元，其中中央投资1581万元，地方投资395万元；国家林草局直属事业单位基础设施能力建设项目39个，批复总投资65 394万元，其中中央投资60 411万元，建设单位自筹资金4983万元；国有林区社会性公益性基础设施建设项目1个，批复总投资2120万元，其中中央投资1908万元，地方投资212万元；其他基础设施建设项目4个，均为竣工验收项目。

【林草建设项目管理】

林草建设项目"放管服"改革 为落实党中央、国务院"放管服"改革决策部署要求，2020年国家林草局将除部门自身能力建设以外的林草建设项目审批权，实行简政放权，下放包括森林防火、草原防火、国家级自然保护区、国有林区社会公益性基础设施、林草科技等林草行业基本建设项目至各省林草主管部门。项目审批权限下放后，加强事中事后监管，重点跟进直属单位基建项目管理，实现项目从规划编制、项目组织、工程实施、竣工验收、绩效评价全过程闭环管理。

林草行业基本建设项目下放后，2020年国家林业和草原局通过林业建设项目网上审批监管平台，共受理包括大兴安岭林业集团公司、规划院等13家直属单位基本建设项目62个，申报中央投资24.37亿元。

督办加快项目执行进度 为落实中央巡视、纪检、审计等反映问题整改工作，为加快项目执行进度，保证工程质量和资金项目安全，国家林草局下发《国家林业和草原局加快森林防火项目实施的督办通知》和《国家林业和草原局办公室关于规范直属单位基本建设项目实施的督办通知》，部署有关林业和草原省级主管部门及直属单位提高政治站位，充分认识规范基本建设项目实施的重大意义；压实各方责任，切实做好项目建设监管和实施工作；坚持问题导向，全面排查整改项目实施中存在的问题；加快项目进度，在规定时间内完成项目建设。

推进项目复工复产 为深入贯彻习近平总书记在统筹推进新冠肺炎疫情防控和经济社会发展工作部署会议上的重要讲话精神，统筹抓好疫情防控和有序推进基本建设项目管理工作，2020年3月，在调度疫情期间直属单位在建项目情况的基础上，规财司下发有序推进基本建设项目开工复工的通知，要求有关直属单位科学推进项目前期工作和设备购置项目，认真组织好分区分级精准复工，严格落实复工项目现场监管，确保项目建设质量和资金安全，做到疫情防控和项目建设两不误。

【林草行业推广北斗卫星导航系统应用】 为有序推进北斗系统在林业草原行业的应用，2020年3月，国家林业和草原局下发《国家林业和草原局在林业草原行业推广北斗卫星导航系统应用的意见》。《意见》对北斗系统在林业草原行业应用树立指导思想，提出基本原则、总体目标和具体保障措施，明确了包括开展林草行业北斗系统应用顶层设计、推进林草行业北斗系统应用标准化建设、完善林草行业北斗系统应用基础设施建设、扩展林草行业北斗系统应用重点领域、拓展林草行业北斗系统应用模式、建立健全林草行业北斗应用系统运行维护体系6项主要任务。

（林业和草原固定资产投资建设项目批复统计由规划财务司建设处富玫妹供稿）

林业和草原基本建设投资

【林草基本建设投资情况】 2020年，累计安排下达林业草原中央预算内投资279亿元。积极开展大规模国土绿化行动，安排中央投资150亿元，加快推进林业草原重点生态工程建设。安排中央投资23亿元，进一步加大退牧还草工程投资规模；安排中央投资3亿元，继续实施内蒙古浑善达克等3个规模化林场建设；安排中央投资0.5亿元，继续支持雄安新区绿化工程；安排中央投资7亿元，启动实施河北省张家口及承德市坝上地区植树造林项目。

加强自然保护地体系建设投资管理。安排中央投资8.3亿元支持10个国家公园体制试点区资源监测、保护管理、科普宣教等基础设施建设；安排中央投资1.2亿元，积极支持国家森林公园等自然公园开展保护利用设施建设。

加强国有林区基础设施建设。协调落实国有林区林场道路投资64亿元；安排中央投资2.6亿元，继续推进东北、内蒙古重点国有林区防火应急道路试点建设；总结国有林区林场管护用房建设试点经验，编制形成《2020~2022年管护用房实施方案》，安排中央投资2亿元开展国有林区林场管护用房试点建设。

配合国家发展改革委做好《全国重要生态系统保护和修复重大工程总体规划（2021~2035年）》及专项规划任务实施，指导做好林业和草原重点区域生态保护和修复项目申报，统筹推进"山水林田湖草沙"一体化保护和修复。会同国家发展改革委等九部门印发《关于在农业农村基础设施建设领域积极推广以工代赈方式的意见》，将林业草原基础设施纳入以工代赈支持范围。

（林业和草原基本建设投资由规划财务司计划处郭伟供稿）

林业和草原区域发展

【林草援疆援藏】
新疆兴边富民与生态建设保护网络培训班 于2020年11月23~30日通过国家林草局林干院"林草网络学堂"平台采取线上学习的方式进行培训。新疆维吾尔自治区和新疆生产建设兵团林草系统管理人员和业务骨干共64人参加培训。培训的主要内容是解读习近平生态文明思想，介绍国家公园的意义与空间规划、草原资源管理、乡村旅游发展、湿地监督管理等。

2020年林草援藏工作培训班 于2020年10月19~22日在西藏拉萨举办。西藏自治区林草系统管理人员和业务骨干共40人参加培训。培训的主要内容是解读《全国重要生态系统保护和修复重大工程总体规划（2021~2035年）》、预算绩效管理的理论与实践，介绍中国草业发展典型案例，座谈交流西藏林草工作面临的重点难点问题等。

青海省林草生态保护与管理培训班 于2020年9月27~30日在青海西宁举办。青海省林草系统管理人员和业务骨干共41人参加培训。培训的主要内容是解读《全国重要生态系统保护和修复重大工程总体规划（2021~2035年）》、生态效益补偿政策、林业和草原项目招投标相关管理政策等。

【西部大开发】
大规模国土绿化行动 积极推动造林绿化，安排西部省份中央预算内投资4.66亿元，下达长江、沿海、珠江等重点防护林工程年度营造林任务6.48万公顷。督促落实退耕还林还草年度建设任务，指导完成2019年度任务76.06万公顷，协调安排2020年度任务51.08万公顷。加快推进三北防护林体系建设，安排中央预算内投资18.6亿元、中央财政资金2.1亿元，下达营造林任务50.37万公顷。实施石漠化综合治理工程，完成营造林任务19.4万公顷。继续在西部省份的26个县开展三北工程精准治沙重点县建设。扎实推进草原生态保护修复治理，安排中央预算内投资22.67亿元，实施退牧还草、草原围栏、退化草原改良、人工种草、黑土滩治理、毒害草治理等项目；安排中央财政资金28亿元，支持开展退化草原修复治理。

改善生态系统质量 加强天然林资源保护，全面停止西部地区天然商品林采伐，林区职工基本养老和医疗保险实现全覆盖。加强湿地保护，安排中央财政资金8.3亿元，开展湿地保护与恢复、退耕还湿、湿地生态效益补偿等工作。对西部省份的25个国家湿地公园开展验收工作，将黄河源、甘南湿地、若尔盖湿地等重点湿地纳入《全国湿地保护"十四五"实施规划》。继续推进沙化土地封禁保护，支持开展沙化土地封禁保护区建设，累计建设沙化土地封禁保护区108个，封禁保护面积达177.2万公顷。

以国家公园为主体的自然保护地体系建设 大力推进三江源、祁连山、大熊猫等国家公园体制试点工作。指导推动青海省创建国家公园示范省建设。指导西部省份做好自然保护地整合优化工作，建立国家公园体制试点挂点联络工作机制。西部省份有各类自然保护地2869处，其中：国家级自然保护区212处、国家自然公园938处、世界地质公园15处、世界自然遗产11项、世界自然文化双遗产1项。

提升生态富民成效 支持西部地区发展森林康养产

业，联合有关部门共同公布了首批31家西部省份国家森林康养基地名单。扩大生态护林员选聘规模，新增西部省份生态护林员补助资金3.69亿元，年度资金规模达45.6亿元，占全国总规模的70.16%，选聘续聘生态护林员81.18万名，占全国选聘人数的73.64%。优先安排生态护林员，精准带动西部地区贫困群众脱贫增收，践行了"绿水青山就是金山银山"理念，实现生态保护与脱贫增收"双赢"。

【定点扶贫】

定点县全部脱贫摘帽 2020年，国家林草局克服新冠疫情带来的不利影响，继续发挥林草精准扶贫、精准脱贫优势和潜力，制定督战广西罗城脱贫攻坚较"真"碰"硬"工作举措，稳定和巩固其他3县脱贫成果，切实把各项工作抓实、抓细、抓落地，坚决打赢疫情防控阻击战和脱贫攻坚战。截至2020年底，4个定点县全部摘帽出列，5.98万户22.09万建档立卡贫困人口全部清零。

超额完成中央单位定点扶贫责任书指标任务 国家林草局不断加大定点帮扶力度，创新帮扶举措，党建扶贫、产业扶贫、科技扶贫、消费扶贫等多措并举，精准助力定点县脱贫攻坚。计划向定点县投入帮扶资金1200万元，实际完成1346万元；计划向定点县引进帮扶资金5500万元，实际完成15 147万元；计划培训定点县基层干部、技术人员640名，实际完成培训1409名，计划购买定点县及其他贫困地区农产品600万元、帮销农产品2000万元，实际购买农产品787万元、帮销农产品9930万元。

帮扶产业示范项目 2020年，国家林草局募集完成林业草原生态扶贫专项基金1580万元和绿化基金会捐款200万元，投入1200万元扶持4个定点县扶贫产业，投入广西龙胜县100万元发展竹笋加工，投入贵州荔波县100万元用于油茶低产林改造，投入贵州独山县300万元用于柑橘种植项目，投入广西罗城县700万元发展毛木耳种植加工。生态扶贫专项基金专项扶持农民专业合作社，理顺扶贫产业与贫困户利益联结机制，因地制宜，将定点县特殊的资源优势与地理优势转化为带动贫困群众脱贫致富的经济优势，项目实施可带动1000户建档立卡贫困户脱贫增收。

（林业和草原区域发展由规划财务司区域处李俊恺供稿）

林业和草原对外经济贸易合作

【林草对外贸易概况】 中国是林产品加工和贸易大国，是全球林产品供应链的重要一环。2020年中国林产品对外贸易额1575亿美元，其中进口额为780亿美元，出口额为795亿美元。受全球疫情影响，2020年中国林产品贸易进出口额与2019年同比基本持平。其中进口的主要木质林产品为木浆、原木和锯材，木浆进口量3050万吨，同比增长12.17%，原木进口量5970.69万立方米，同比减少1.42%，锯材进口量3377.72万立方米，同比减少11.38%。出口的主要木质林产品为纸制品、木家具和木制品，木家具和木制品出口小幅上升，而纸制品出口有所回落。纸、纸板及纸制品出口量905.35万吨，出口额208.81亿美元，同比分别减少12.33%和5.13%；木家具出口量3.87亿件，出口额200.06亿美元，同比分别增长9.41%和0.40%；木制品出口量278.37万吨，同比增长3.22%，出口额72.14亿美元，同比增长6.86%。

【2020年林草对外经贸合作重点工作】 一是主动分析研判疫情对中国林产品经贸带来的冲击，跟踪调度涉林外贸企业面临的困难，推动企业纾困政策落地。组织行业协会和科研机构开展了保障国内木材安全、"十四五"人造板产业发展、稳定木材产业链供应链等专题研究。二是协调配合有关部门，将一批主要林产品出口退税率由原来的9%提高到13%，实现主要林产品出口零税率，大幅降低企业经营成本。三是持续跟踪并妥善应对中美贸易摩擦带来的风险，组织开展了自美进口珍贵木材市场需求及风险分析研判，妥善应对美国对中国采取的"双反"措施，促使美国商务部撤销原来加征的13.74%"双反"税率，使美国对中国输美木地板回归零税率。四是配合国家发改委编制了一批重点国别"一带一路"合作规划，深化中国与沿线重点国家林业投资合作。五是推动打击非法采伐和相关贸易国际合作。参加APEC打击非法采伐专家组会等会议，分享中国森林经营和管理的经验，完善了中欧森林执法与治理双边协调机制（BCM），初步建立了与东盟重要国家合法木材贸易合作机制。六是服务国家战略大局，配合商务部、国家发改委不断优化完善外商投资准入负面清单、外资准入负面清单等涉林内容，进一步扩大中国林草行业对外开放程度。七是不断优化中国自贸区（港）建设中涉及林草的制度安排，加快推进中国自贸区（港）建设高水平发展，增强对外贸易综合竞争力。八是配合相关部门优化完善了中-欧（盟）投资协定谈判和全面与进步跨太平洋伙伴关系协定（CPTPP）中涉林条款，积极参与中蒙跨境经济合作区谈判和中欧、中德非等双多边谈判等工作。九是推动在俄高质量木材加工示范园区建设，带动产业提档升级。加快推进中俄托木斯克木材工贸合作区、俄罗斯龙跃林业经营合作区等一批重点项目。十是围绕"三位一体"工作布局，不断拓展国际金融组织资金涉林领域。结合国家重大战略实施，围绕国家林草局党组关于林业、草原、国家公园三位一体融合发展的工作布局，进一步加大对国家发展改革委和财政部的协调力度，积极拓展利用国际金融组织贷款涉林领域，统筹推进欧投行贷款珍稀用材林可持续经营、长江经济带珍稀树种保护与发展项目，世行贷款预防疫

源疫病、生物多样性和生态保护项目。"十三五"期间，截至2020年底，林业累计利用外资规模达18亿美元以上。

（林业和草原对外经济贸易合作由规划财务司统计外经处太博胜供稿）

林业和草原扶贫

【林草扶贫】 2020年是脱贫攻坚战收官之年，国家林草局认真学习贯彻习近平总书记关于扶贫工作的重要论述，按照《中共中央 国务院关于打赢脱贫攻坚战三年行动的指导意见》要求，继续全力推进生态补偿扶贫、国土绿化扶贫、生态产业扶贫三大举措，全面完成《生态扶贫工作方案》和《林业草原生态扶贫三年行动实施方案》各项任务目标。同时，积极配合有关部门，研究巩固拓展脱贫攻坚成果同乡村振兴有效衔接的政策措施，提升林草行业在乡村振兴和巩固脱贫成果的能力，为达到生态美、百姓富做出贡献。

全力打好脱贫攻坚收官之战 一是不断加强组织领导。2020年10月，国家林草局对扶贫工作领导小组组成人员进行了调整，局党组书记、局长关志鸥任组长，局党组成员、副局长李春良任副组长，成员为44个司局及直属单位主要负责人。局主要负责人和其他各位局领导多次赴贫困县开展专题调研，对贫困县在打赢脱贫攻坚战、巩固脱贫成果与乡村振兴政策有效衔接等方面进行了认真指导。二是召开会议研究部署。局主要负责人多次主持召开局党组会议、局长办公会议，传达学习习近平总书记重要指示精神，研究进一步深化、实化贫困地区林草生态扶贫举措和林草生态扶贫领域存在薄弱环节的整改工作。3月召开了局扶贫工作领导小组第一次会议。5月份会同水利部在北京召开了滇桂黔石漠化片区区域发展与脱贫攻坚视频会，持续推进滇桂黔石漠化片区脱贫攻坚。11月份在河南光山县召开了全国油茶产业发展工作会议，将发展油茶产业作为巩固脱贫成果的重要措施。三是印发相关政策文件。印发了《国家林业和草原局2020年扶贫工作要点》《国家林业和草原局扶贫办关于进一步做好2020年生态扶贫和定点扶贫工作的通知》《林业草原生态扶贫十条意见》《国家林业和草原局办公室 财政部办公厅 国务院扶贫办综合司关于开展2020年度建档立卡贫困人口生态护林员选聘工作的通知》《国家林业和草原局办公室关于调整林业和草原扶贫工作领导小组的通知》《中央宣传部办公厅 国家林业和草原局办公室 财政部办公厅 国务院扶贫办综合司关于联合开展"最美生态护林员"学习宣传活动的通知》等相关政策文件。四是认真做好总结宣传。向党中央报送2020年度脱贫攻坚工作情况报告，详细汇报国家林草局年度脱贫攻坚情况和定点扶贫工作以来的工作开展情况及下一步工作打算。在国务院新闻办召开专题新闻发布会，介绍林草生态扶贫有关情况和主要成效。组织拍摄了《最美生态护林员》和《"双赢"之战——中国生态扶贫巡礼》两部宣传片。会同中央宣传部、财政部、国务院扶贫办等部门，在中西部22个省份开展"最美生态护林员"学习宣传活动。

不断发挥林草生态扶贫带动效应 一是不断增加生态扶贫投入规模。2020年，国家林草局共安排中西部22个省份中央林业资金500多亿元，比2019年增加50多亿元，用于中西部22个省份贫困人口增加收入和发展生产。其中：中央财政生态保护恢复资金和林业改革发展资金300多亿元，中央预算内投资200多亿元。二是继续加大生态护林员选聘力度。会同财政部、国务院扶贫办联合印发了《关于开展2020年度建档立卡贫困人口生态护林员选聘工作的通知》，修改完善了《建档立卡生态护林员管理办法》，指导地方进一步加强生态护林员选聘和管理。2020年，中央财政安排生态护林员补助资金64亿元，比2019年增加5亿元，结合省级资金，共在中西部22个省份选聘建档立卡贫困人口生态护林员110.2万名，结合其他帮扶举措，精准带动300多万贫困人口脱贫增收，比《生态扶贫工作方案》确定的目标高122%。三是持续支持生态扶贫合作社建设。按照中央要求和《生态扶贫工作方案》目标任务，坚持因地制宜、分类施策，深入实施重大生态保护修复工程，项目资金优先保障深度贫困地区，年度任务优先向深度贫困地区倾斜。退耕还林还草、退牧还草、京津风沙源治理、天然林保护、三北等防护林建设、石漠化综合治理、沙化土地封禁保护区建设、湿地保护与恢复等重大生态保护工程，中央层面共安排贫困地区林草资金2000多亿元。全国新组建了2.3万个生态扶贫专业合作社，吸纳160万贫困人口参与生态保护工程建设，比《生态扶贫方案》确定的目标分别高43%、355%。四是推动贫困地区生态产业健康发展。国家林草局积极指导贫困地区因地制宜发展特色优势惠民产业，大力培育新型经营主体和龙头企业，建立完善覆盖贫困人口的利益联结、收益分红、风险共担机制。通过重点扶持和积极推动经济林和花卉产业、林下经济、特种养殖、林产品加工、森林旅游、森林康养、草产业等产业项目，为贫困地区巩固生态扶贫成果、发挥特色资源优势打下了坚实基础。通过分红、劳务、自营等方式，有效带动1616万建档立卡贫困人口脱贫增收，比《生态扶贫方案》确定的目标高7%。国家林草局还组织开展了国家林业重点龙头企业和国家林业产业示范园区认定工作。在已认定命名的国家林业重点龙头企业和国家林业产业示范园区中，中西部22个省份龙头企业共289家、产业示范园区7个，充分发挥龙头企业和产业示范园区在推动区域经济发展、农民增收致富方面的重要作用。油茶种植面积扩大到453.33万公顷，建设国家林下经济示范基地370家，依托森林旅游实现增收的建档立卡贫困人口达46万户、147.5万人，年户均增收5500多元。中西部22个省份林业总产值近4.8万亿元。

打造深度贫困地区扶贫样板 一是重点推进怒江傈僳族自治州（以下简称怒江州）深度贫困地区林草生

态脱贫。根据《云南怒江傈僳族自治州林业生态脱贫攻坚区行动方案》，2016~2020年，国家林草局协调云南省林业和草原局下达怒江州生态护林员补助资金7.11亿元，怒江州共选聘生态护林员31045名，带动12.56万余名贫困人口增收和脱贫，占全州贫困人口总人数的78%。落实怒江州森林生态效益补偿7629.46万元，9.2万户、33.28万人直接受益，其中建档立卡贫困人口4.85万户、18.16万人。怒江州累计完成新一轮退耕还林还草4.04万公顷，涉及贫困人口2.63万户、8.95万人，国家下达补助资金7亿元，退耕农户年人均收入3177元。二是赴怒江州开展林草生态扶贫调研。为全面了解《云南省怒江傈僳族自治州林业生态脱贫攻坚区行动方案（2018~2020年）》各项工作完成情况，总结生态扶贫取得的成效，挖掘典型经验和先进案例，国家林草局赴怒江州开展林草生态扶贫调研，先后深入贡山县独龙江乡、福贡县石月亮乡、鹿马登乡、匹河乡实地调研走访林业产业发展、生态护林员选聘与管理、生态扶贫专业合作社建设、生物多样性保护等情况。为怒江州生态扶贫专业合作社参加全国林产品展会提供机会，并免费提供展位，拓宽产品销售渠道；协调中国林业产业联合会，为合作社产品提供绿色产品认证。

（林业和草原扶贫由规划财务司扶贫处朱介石供稿）

林业和草原财务会计

【林草预算】 2020年，在全面防控新冠肺炎疫情的情况下，国家林草局紧紧围绕年初确定的2020年重点工作任务，在保障稳定的前提下，落实"过紧日子"要求，强化支出管理，配合预算调剂，积极做好疫情防控下的服务与保障工作，全力为国家林业和草原局机关及直属单位运转履职提供基础条件，较好地完成了2020年各项工作。

2020年部门预算调整工作 受疫情影响，财政部按照中央要求多次对2020年部门预算进行统一压减，国家林草局积极配合，顺利完成2020年部门预算及2020~2022年三年支出规划的报送工作。财政部批复国家林草局2020年年初部门预算为71.23亿元，2020年全年一般公共预算财政拨款74.98亿元，与2019年同口径预算相比，分别减少了4.05亿元和11.19亿元，下降5.38%和12.99%。基本支出方面重点保障了在职及离退休人员养老保险缴费支出、住房改革支出等；项目支出方面重点保障了森林、草原、湿地、荒漠等生态系统监测、全国森林草原火灾风险普查、大兴安岭林业集团公司公检法及义务教育补助等。

落实"过紧日子"的有关要求 根据《政府信息公开条例》，提前做好预算信息公开的准备工作，并报经局领导审核同意后及时通过国家林草局政府网站向社会公开，并在部门预算批复文件中对落实"过紧日子"精神提出了明确要求；制定并印发《国家林业和草原局落实"过紧日子"八条工作细则》，从制度上抓好抓实勤俭节约的要求，有效指导国家林草局机关司局及直属单位从严从紧使用财政资金，提升资金使用效益；配合财政部完成每季度"过紧日子"执行情况的评估反馈工作；完成国家林草局2019年部门预算结余资金的审核确认工作，上缴财政项目结余资金1509.66万元。

2021年部门预算编制工作 2021年部门预算编制，重点解决包括住房改革支出、在京内直属单位养老保险缴费和职业年金缴费等基本支出需求；全力保障林草生态网络感知系统、外来物种入侵防控管理、国家公园及自然保护地管理、全国森林草原火灾风险普查等重点项目支出。财政部累计安排2021年初部门预算指标59.55亿元，相比2020年初预算数减少11.68亿元，下降16.4%。经费减少的主要原因包括：一是按照"过紧日子"的要求统一按40%比例压减非重点项目资金；二是大兴安岭林业集团公司调资经费一次性支出减少0.62亿元；三是基本建设支出和转移支付上划资金年初下达数减少。

全面预算绩效管理工作 根据《中共中央 国务院关于全面实施预算绩效管理的意见》，持续推进国家林草局部门预算绩效管理工作。委托第三方机构对"森林资源监测与评价"等11个项目开展绩效评价，森林资源监测与评价项目绩效评价报告随决算上报全国人大审议；开展对国家林业和草原局西北调查规划院、林业管理干部学院和经济发展研究中心3个单位的整体支出绩效评价工作；完成2019年部门预算全部一级和二级项目的绩效自评并形成总结报告；对2020年部门预算项目开展绩效运行监控，监控覆盖率100%；上线部门预算绩效管理信息系统，为全过程预算绩效管理提供有效的信息化手段；推进《部门预算绩效目标管理实施细则》等3项办法的制定工作；积极配合财政部开展绩效评价结果复核工作等。

预算管理的日常工作 加强预算执行进度管理，通报约谈有关单位；规范政府购买服务和委托业务合同管理，进一步扩大政府购买服务试点范围；布置开展国家林草局直属单位内控建设报告编写工作；完成养老保险实施准备期缴费第二步清算经费需求测算；委托第三方中介机构完成林草生态感知网络等项目的预算评审工作；调剂解决国家林草局直属单位经费缺口问题等。

（规划财务司预算处 吴昊）

【林草金融】 2020年，金融处紧密围绕林业草原建设重点任务，稳步推进各项工作，林业草原建设投融资等方面工作取得了积极进展。全年发放贷款322亿元。全年完成国家储备林任务44.8万公顷，其中：利用国家开发银行、中国农业发展银行贷款完成35.2万公顷。一是积极推动重点项目。围绕国家战略，集中力量办大事，积极推动国家储备林建设、国土绿化、木本油料产业发展等重点领域重点项目，全年新增157个项目。黄河流域的河南省周口市、巩义市、沁阳市国家储备林项目，甘肃省平凉市林草生态扶贫项目；长江经济带的贵州省铜仁市、毕节市，江西省新余市等国家储备林项目相继落地。与国家开发银行联合印发《国家储备林贷款业务规程（试行）》，指导各地做好融资支持国家储备林建设有关工作。指导新项目前期工作，组织专家完成甘肃定西生态扶贫项目可研评审；指导菏泽等国家储备林项目开展前期工作。指导国家储备林联盟，发挥社会第三方作用，制定行规行约，组织行业活动，搭建合作平台，推广示范项目模式。二是帮助国内林业企业渡过疫情难关。积极联系有关省份，特别是福建、江西、河南、广西、重庆、贵州等国家储备林建设的重点项目省份，了解疫情冲击下金融助力国家储备林等贷款项目建设的需求和建议。对接林产工业协会，针对疫情对林业企业的影响及复工复产面临的困难开展摸底调查，掌握林业企业的共性政策需求。协调金融机构帮助国内林业企业渡过疫情难关。协调国开行设立专项流动资金贷款支持受疫情影响企业春耕备耕；支持重庆林投减负降息；降低广西国家储备林项目风险准备金1个百分点。协调农发行支持林业企业有序复工复产，开辟绿色通道和执行优惠政策支持。三是争取增加发行地方政府专项债券。积极协调财政部争取增加地方政府专项债券发行规模，用于支持即将和已经开展国家储备林建设的地区拓宽融资渠道。印发《林草行业申报地方政府专项债操作指南（试行）》，指导地方林草主管部门有序开展专项债申报工作，充分发挥地方政府专项债对林业和草原重大项目的支持作用。四是推进国家公园基金筹建工作。会同国家林草局公园办、经研中心、中国绿化基金会、碳汇基金会等单位研究建立国家公园基金事宜。赴招商局资本管理公司调研学习中国农垦产业发展基金和服务贸易基金管理运营的成功经验。研究起草了《中国国家公园基金筹建工作方案》。五是金融扶贫。协调平安产险公司在国家林草局定点扶贫县罗城县为野生毛葡萄种植贫困户捐赠"防返贫农保"，价值56.3万元，共计提供2.4亿元风险保障；捐赠150万元帮扶罗城县四把镇新安村扶贫项目24个。促进贫困户增收脱贫和生态修复。

（规划财务司金融保险处　李成钢　张丽媛　赵陟峰）

【**森林保险**】　完成《2020年森林保险统计分析报告》。编辑出版《2020中国森林保险发展报告》。举办了森林保险业务管理培训班。积极推动草原保险工作，2020年，全国首个财政保费补贴型天然草原保险试点项目在内蒙古乌拉特后旗落地。内蒙古地方政策性草原综合保险是以禁牧区草原和草畜平衡区草原为保险标的，以旱灾、病虫鼠害、沙尘暴和火灾为保险责任，以受灾草原不同灾害等级和对应损失面积确定赔偿标准的保险产品，根据约定，承保标的每公顷草原保险金额300元，每公顷保险费15元，保费缴纳地方财政补贴90%，牧民自担保费10%，总体风险保障额度2000余万元。

（规划财务司金融保险处　李成钢　张丽媛　赵陟峰）

【**政府采购**】　一是审核汇总上报了2019年度国家林草局政府采购信息统计年报，及2020年局机关及直属单位政府采购计划月报、政府采购执行情况和分季度政府采购信息统计报表。二是制定了局本级政府采购规程，细化政府采购各环节及责任单位。三是完成了部分单位政府采购进口设备、单一来源采购方式的审核、报批工作。四是完成了中央基建投资预算的申请、下达工作。五是按照财政部、中央国家机关政府采购中心有关政府采购规定，将有关局直属单位公开招标信息在国家林草局网站政府采购专栏公示。

（规划财务司金融保险处　李成钢　张丽媛　赵陟峰）

【**林草审计**】

审计工作　一是做好2019年度审计署预算执行审计配合工作。针对审计发现问题，逐一指导相关单位做好整改工作，提交《关于报送2019年度预算执行审计发现问题整改情况的函》。二是根据审计署和自然资源部工作要求，提交《国家林草局办公室关于报送2019年度中央预算执行和其他财政收支审计查出问题整改情况的函》。三是开展局属单位审计全覆盖工作，对机关本级、二级直属单位和21个尚未脱钩社会团体内部审计全覆盖。四是开展大兴安岭林业集团公司2017～2019年度预算执行审计。五是开展大兴安岭林业集团公司清产核资工作。

国有资产管理工作　一是完成行政事业单位资产清查核实工作，并报财政部审批。二是配合财政部、自然资源部开展国有自然资源（资产）报告编报工作。三是审核批复国有资产事项。2020年为机关本级和27个所属事业单位办理国有资产处置业务19项，资产处置总金额3555万元。四是开展局机关资产清查，实行条码管理。

社会团体管理工作　一是委托中介机构完成7家拟脱钩协会资产清查核实工作，并报送财政部和民政部。二是按照国务院相关要求，部署尚未脱钩社会组织全面开展收费情况自查自纠工作。

（规划财务司资金监管处　张　棚）

林业和草原生产统计

表19-1　全国营造林生产情况

指标名称	单　位	2020年	2019年	2020年比2019年增减（%）
一、造林面积	公顷	6 933 696	7 390 294	-6.18
1. 人工造林面积	公顷	3 000 060	3 458 315	-13.25
2. 飞播造林面积	公顷	151 496	125 565	20.65
3. 封山育林面积	公顷	1 774 608	1 898 314	-6.52
4. 退化林修复面积	公顷	1 619 648	1 537 877	5.32
5. 人工更新面积	公顷	387 884	370 223	4.77
二、森林抚育面积	公顷	9 115 824	8 477 587	7.53

注：森林抚育面积特指中、幼龄林抚育。

表 19-2 各地区营造林生产情况

单位：公顷

地 区	造林面积						森林抚育面积
	合 计	人工造林	飞播造林	封山育林面积	退化林修复	人工更新	
全国合计	6 933 696	3 000 060	151 496	1 774 608	1 619 648	387 884	911 5824
北 京	41 762	14 909	—	26 733	—	120	87 759
天 津	2535	1878	—	—	10	647	53 630
河 北	446 772	241 999	36 732	149 635	13 306	5100	300 876
山 西	272 071	201 658	—	46 666	23 747	—	80 326
内蒙古	649 981	301 516	28 665	129 869	183 933	5998	650 830
内蒙古森工集团	34 879	12 522	—	—	22 024	333	367 449
辽 宁	158 008	30 152	13 334	55 334	51 659	7529	46 665
吉 林	123 892	37 573	—	—	77 117	9202	438 322
吉林森工集团	31 110	60	—	—	30 972	78	137 929
长白山森工集团	37 521	220	—	—	36 731	570	216 734
黑龙江	121 280	53 725	—	20 268	47 287	—	635 716
龙江森工集团	20 383	5057	—	—	15 326	—	314 847
伊春森工集团	7115	667	—	—	6448	—	202 869
上 海	5444	5444	—	—	—	—	24 553
江 苏	51 644	46 336	—	—	115	5193	86 291
浙 江	119 926	41 759	—	2489	70 341	5337	92 569
安 徽	151 465	59 639	—	42 144	48 433	1249	559 572
福 建	204 315	4895	—	134 855	17 408	47 157	269 541
江 西	270 736	72 022	—	75 779	119 307	3628	427 675
山 东	141 753	102 830	—	—	10 938	27 985	219 143
河 南	211 209	171 883	17 951	14 959	6416	—	304 379
湖 北	258 160	111 910	—	85 225	52 433	8592	393 385
湖 南	574 010	129 184	—	236 244	208 049	533	495 457
广 东	264 967	29 625	—	103 327	66 180	65 835	513 426
广 西	211 006	20 998	—	20 124	6487	163 397	917 079
海 南	15 162	2467	—	—	—	12 695	39 174
重 庆	303 153	78 633	—	78 922	145 598	—	164 467
四 川	343 922	118 658	—	100 578	112 064	12 622	282 296
贵 州	280 039	220 402	—	—	59 637	—	400 003
云 南	334 084	254 181	—	53 854	25 844	205	66 264
西 藏	96 986	38 453	14 533	44 000	—	—	50 500
陕 西	324 453	148 897	20 281	84 979	70 296	—	244 100
甘 肃	341 959	240 723	—	67 598	33 638	—	142 084
青 海	294 308	38 169	20 000	153 879	82 260	—	63 740
宁 夏	87 032	58 190	—	5500	23 342	—	38 496
新 疆	204 196	119 219	—	41 647	38 470	4860	796 906
新疆建设兵团	18 461	9050	—	5313	1782	2316	221 886
大兴安岭	27 466	2133	—	—	25 333	—	230 600

表 19-3 全国历年营造林面积

单位：万公顷

年 份	人工造林	飞播造林	新封山育林	更新造林
1981	368.10	42.91	—	44.26
1982	411.58	37.98	—	43.88
1983	560.31	72.13	—	50.88
1984	729.07	96.29	—	55.20
1985	694.88	138.80	—	63.83
1986	415.82	111.58	—	57.74
1987	420.73	120.69	—	70.35
1988	457.48	95.85	—	63.69
1989	410.95	91.38	—	71.91
1990	435.33	85.51	—	67.15
1991	475.18	84.27	—	66.41
1992	508.37	94.67	—	67.36
1993	504.44	85.90	—	73.92
1994	519.02	80.24	—	72.27
1995	462.94	58.53	—	75.10
1996	431.50	60.44	—	79.48
1997	373.78	61.72	—	79.84
1998	408.60	72.51	—	80.63
1999	427.69	62.39	—	104.28
2000	434.50	76.01	—	91.98
2001	397.73	97.57	—	51.53
2002	689.60	87.49	—	37.90
2003	843.25	68.64	—	28.60
2004	501.89	57.92	—	31.93
2005	322.13	41.64	—	40.75
2006	244.61	27.18	112.09	40.82
2007	273.85	11.87	105.05	39.09
2008	368.43	15.41	151.54	42.40
2009	415.63	22.63	187.97	34.43
2010	387.28	19.59	184.12	30.67
2011	406.57	19.69	173.40	32.66
2012	382.07	13.64	163.87	30.51
2013	420.97	15.44	173.60	30.31
2014	405.29	10.81	138.86	29.25
2015	436.18	12.84	215.29	29.96
2016	382.37	16.23	195.36	27.28
2017	429.59	14.12	165.72	30.54
2018	367.80	13.54	178.51	37.19
2019	345.83	12.56	189.83	37.02
2020	300.00	15.15	177.46	38.79

注：本表自2015年起新封山育林面积包含有林地和灌木林地封育，飞播造林面积包含飞播营林。

表 19-4　林业重点生态工程建设情况

单位：公顷

指　　标	总　计	天然林资源保护工程	退耕还林工程	京津风沙源治理工程	石漠化治理工程
一、造林面积	2 418 600	477 695	668 863	204 558	130 728
1. 人工造林	1 223 663	80 729	667 444	99 624	26 091
2. 飞播造林	69 346	36 947	—	7333	—
3. 无林地和疏林地新封山育林	713 919	217 699	868	87 335	104 300
4. 退化林修复	387 693	140 837	467	10 266	308
5. 人工更新	23 979	1483	84	—	29
二、森林抚育面积	1 846 724	1 641 371	81 962	—	1472

三北及长江流域等重点防护林体系工程				沿海防护林体系工程	珠江流域防护林体系工程	太行山绿化工程	国家储备林建设工程
合　计	三北防护林工程	长江流域防护林体系工程					
		小　计	其中：林业血防				
879 204	560 150	228 302	1933	21 460	33 567	35 725	57 552
337 342	209 519	83 089	1933	15 608	10 458	18 668	12 433
25 066	24 666	—	—	—	—	400	—
303 717	196 043	79 464	—	1478	14 867	11 865	—
207 373	128 939	63 632	—	2995	7015	4792	28 442
5706	983	2117	—	1379	1227	—	16 677
75 613	50 083	4309	—	16 268	4553	400	46 306

表 19-5　各地区林业重点生态工程造林面积

单位：公顷

地　区	全部造林面积	重点生态工程造林面积							其他造林面积
		合　计	天然林资源保护工程	退耕还林工程	京津风沙源治理工程	石漠化治理工程	三北及长江流域等重点防护林体系工程	国家储备林建设工程	
全国合计	6 933 696	2 418 600	477 695	668 863	204 558	130 728	879 204	57 552	4 515 096
北　京	41 762	27 532	—	—	27 399	—	133	—	14 230
天　津	2535	133	—	—	—	—	—	133	2402
河　北	446 772	130 335	—	—	56 379	—	73 220	736	316 437
山　西	272 071	160 971	35 701	44 601	28 158	—	52 511	—	111 100
内蒙古	649 981	309 463	77 301	54 001	82 589	—	95 572	—	340 518
内蒙古森工集团	34 879	34 546	22 024	12 522	—	—	—	—	333
辽　宁	158 008	54 513	—	—	—	—	54 513	—	103 495
吉　林	123 892	82 845	68 376	—	—	—	13 402	1067	41 047
吉林森工集团	31 110	30 909	29 842	—	—	—	—	1067	201
长白山森工集团	37 521	33 398	33 398	—	—	—	—	—	4123
黑龙江	121 280	89 359	16 912	78	—	—	46 935	25 434	31 921
龙江森工集团	20 383	9797	9797	—	—	—	—	—	10 586
伊春森工集团	7115	7115	7115	—	—	—	—	—	—
上　海	5444	—	—	—	—	—	—	—	5444
江　苏	51 644	2779	—	—	—	—	2779	—	48 865
浙　江	119 926	—	—	—	—	—	—	—	119 926
安　徽	151 465	43 769	—	—	—	—	43 769	—	107 696
福　建	204 315	2961	—	—	—	—	2724	237	201 354
江　西	270 736	64 472	—	—	—	—	62 594	1878	206 264
山　东	141 753	4326	—	—	—	—	4326	—	137 427
河　南	211 209	27 703	2126	—	—	—	25 577	—	183 506
湖　北	258 160	80 238	13 129	7453	—	33 008	25 980	668	177 922
湖　南	574 010	61 226	—	708	—	14 765	44 077	1676	512 784
广　东	264 967	12 228	5399	—	—	—	6776	53	252 739
广　西	211 006	42 429	—	—	—	20 879	5280	16 270	168 577
海　南	15 162	343	—	—	—	—	8	335	14 819
重　庆	303 153	95 780	34 666	35 567	—	6762	11 452	7333	207 373
四　川	343 922	60 384	34 570	14 283	—	5932	5466	133	283 538
贵　州	280 039	218 702	—	218 702	—	—	—	—	61 337
云　南	334 084	253 453	15 615	171 317	—	49 382	16 207	932	80 631
西　藏	96 986	11 872	1072	—	—	—	10 800	—	85 114
陕　西	324 453	181 801	83 144	31 348	10 033	—	56 609	667	142 652
甘　肃	341 959	96 821	8518	17 407	—	—	70 896	—	245 138
青　海	294 308	78 459	44 291	—	—	—	34 168	—	215 849
宁　夏	87 032	33 487	8668	—	—	—	24 819	—	53 545
新　疆	204 196	162 750	741	73 398	—	—	88 611	—	41 446
新疆建设兵团	18 461	7753	—	184	—	—	7569	—	10 708
大兴安岭	27 466	27 466	27 466	—	—	—	—	—	—

表 19-6　全国历年林业重点生态工程完成造林面积

单位：万公顷

年 份	合 计	天然林资源保护工程	退耕还林工程	京津风沙源治理工程	三北及长江流域等重点防护林体系工程						
					小 计	三北防护林工程	长江流域防护林工程	沿海防护林工程	珠江流域防护林工程	太行山绿化工程	平原绿化工程
1979~1985 年	1010.98				1010.98	1010.98					
"七五"小计	589.93				589.93	517.49	36.99			35.46	
"八五"小计	1186.04			44.12	1141.92	617.44	270.17	84.67		151.86	17.78
1996 年	248.17			16.50	231.67	134.23	46.40	7.22		40.25	3.59
1997 年	244.94			21.60	223.35	126.61	44.78	6.35	5.67	36.63	3.31
1998 年	271.80	29.04		23.16	219.60	124.40	44.86	6.03	3.99	34.37	5.96
1999 年	316.95	47.76	44.79	21.16	203.25	124.54	36.98	4.45	3.21	29.34	4.73
2000 年	309.90	42.64	68.36	28.03	170.88	105.32	20.69	5.69	3.07	29.85	6.26
"九五"小计	1391.76	119.43	113.15	110.43	1048.75	615.09	193.71	29.73	15.93	170.44	23.84
2001 年	307.13	94.81	87.10	21.73	103.49	54.17	16.27	9.09	2.71	14.13	7.13
2002 年	673.17	85.61	442.36	67.64	77.56	45.38	11.03	5.57	4.66	7.62	3.32
2003 年	824.24	68.83	619.61	82.44	53.35	27.53	10.88	3.86	4.47	5.00	1.62
2004 年	478.06	64.15	321.75	47.33	44.83	23.23	11.33	3.02	3.18	3.09	0.98
2005 年	309.96	42.48	189.84	40.82	36.82	21.79	6.59	2.27	3.07	2.85	0.25
"十五"小计	2592.56	355.87	1660.66	259.96	316.06	172.10	56.10	23.80	18.07	32.69	13.29
2006 年	280.17	77.48	105.05	40.95	56.68	32.68	7.87	1.70	2.88	11.47	0.09
2007 年	267.83	73.29	105.60	31.51	57.42	38.15	7.64	2.39	1.74	7.39	0.11
2008 年	343.35	100.90	118.97	46.90	76.58	49.79	7.23	7.42	3.70	8.03	0.41
2009 年	457.55	136.09	88.67	43.48	189.31	125.59	22.21	21.22	8.21	11.92	0.17
2010 年	366.79	88.55	98.26	43.91	136.06	92.82	11.88	17.32	6.68	6.92	0.43
"十一五"小计	1715.68	476.31	516.55	206.77	516.05	339.04	56.83	50.05	23.21	45.73	1.20
2011 年	309.30	55.36	73.02	54.52	126.40	73.78	20.48	20.99	7.23	3.66	0.26
2012 年	275.39	48.52	65.53	54.17	107.18	67.87	15.79	14.54	5.16	3.81	
2013 年	256.90	46.03	62.89	62.61	85.36	51.86	13.04	11.86	4.40	3.57	0.64
2014 年	192.69	41.05	37.86	23.91	89.87	59.94	10.74	9.69	2.69	4.92	2.19
2015 年	284.05	64.48	63.60	22.33	133.64	76.60	23.72	18.85	9.66	4.81	
"十二五"小计	1318.32	255.44	302.90	217.53	542.46	329.74	83.78	75.92	29.14	20.77	3.10
2016 年	250.55	48.73	68.33	23.00	110.50	64.85	21.78	10.87	5.73	3.59	
2017 年	299.12	39.03	121.33	20.72	94.79	62.64	17.40	6.81	4.80	3.14	
2018 年	244.31	40.06	72.35	17.78	89.39	57.30	20.65	4.45	2.55	3.89	
2019 年	230.83	50.37	47.80	23.08	86.82	59.65	17.20	2.68	2.22	5.07	
2020 年	241.86	47.77	66.89	20.46	87.92	56.02	22.83	2.15	3.36	3.57	
"十三五"小计	1266.67	225.96	376.70	105.04	469.41	300.45	99.86	26.95	18.66	19.27	
总 计	11 071.94	1433.00	2969.97	943.85	5635.56	3902.34	797.43	291.12	105.02	476.22	59.22

注：1. 京津风沙源治理工程 1993~2000 年数据为原全国防沙治沙工程数据。

2. 自 2006 年起将无林地和疏林地封育面积计入造林总面积，2015 年起将有林地和灌木林地封育计入造林总面积。

3. 2016 年三北及长江流域等重点防护林体系工程造林面积包括林业血防工程 3.67 万公顷。2017 年林业重点工程造林面积合计包括石漠化治理工程 23.25 万公顷。2018 年林业重点工程造林面积合计包括石漠化治理工程 24.73 万公顷，三北及长江流域等重点防护林体系工程造林面积包括林业血防工程 0.55 万公顷造林面积。2019 年林业重点工程造林面积合计包括石漠化治理工程 17.90 万公顷，国家储备林建设工程 4.87 万公顷。2020 年林业重点工程造林面积合计包括石漠化治理工程 13.07 万公顷，国家储备林建设工程 5.76 万公顷。

表 19-7　林草产业总产值（按现行价格计算）

单位：万元

指　　标	产　　值
林业和草原产业总产值	**817 191 418**
林业产业总产值	**811 763 644**
一、第一产业	263 021 121
（一）涉林产业合计	249 505 229
1. 林木育种和育苗	23 424 473
（1）林木育种	1 889 809
（2）林木育苗	21 534 664
2. 营造林	21 323 031
3. 木材和竹材采运	12 704 968
（1）木材采运	9 089 055
（2）竹材采运	3 615 913
4. 经济林产品的种植与采集	161 113 805
（1）水果、坚果、含油果和香料作物种植	105 322 658
（2）茶及其他饮料作物的种植	17 740 065
（3）森林药材、食品种植	23 974 751
（4）林产品采集	14 076 331
5. 花卉及其他观赏植物种植	27 698 369
6. 陆生野生动物繁育与利用	3 240 583
（二）林业系统非林产业	13 515 892
二、第二产业	364 331 594
（一）涉林产业合计	356 472 422
1. 木材加工和木、竹、藤、棕、苇制品制造	136 023 710
（1）木材加工	27 523 746
（2）人造板制造	70 657 714
（3）木制品制造	26 347 924
（4）竹、藤、棕、苇制品制造	11 494 326
2. 木、竹、藤家具制造	65 600 196
3. 木、竹、苇浆造纸和纸制品	69 824 380
（1）木、竹、苇浆制造	6 671 005
（2）造纸	37 881 919
（3）纸制品制造	25 271 456
4. 林产化学产品制造	5 713 592
5. 木质工艺品和木质文教体育用品制造	10 577 048
6. 非木质林产品加工制造业	58 599 717

(续表)

指　　标	产　值
(1)木本油料、果蔬、茶饮料等加工制造	43 643 149
(2)森林药材加工制造	10 094 855
(3)其他	4 861 713
7.其他	10 133 779
(二)林业系统非林产业	7 859 172
三、第三产业	**184 410 929**
(一)涉林产业合计	172 523 422
1.林业生产服务	8 015 448
2.林业旅游与休闲服务	142 739 048
3.林业生态服务	10 981 168
4.林业专业技术服务	3 180 934
5.林业公共管理及其他组织服务	7 606 824
(二)林业系统非林产业	11 887 507
草原产业总产值	**5 427 774**
一、种草、修复和管护	**3 770 871**
二、割草、草产品加工	**1 122 857**
三、草原旅游、休闲与服务	**534 046**
补充资料：竹产业产值	32 179 802
林下经济产值	108 259 873

表 19-8　2020 年各地区林草产业产值(按现行价格计算)

单位：万元

地区	林草总产值	林业产业总产值	第一产业	第二产业	第三产业	草原产业总产值	竹产业产值	林下经济产值
全国合计	817 191 418	811 763 644	263 021 121	364 331 594	184 410 929	5 427 774	32 179 802	108 259 873
北　京	2 993 070	2 992 137	2 208 738	—	783 399	933	—	15 735
天　津	284 832	284 832	284 427	—	405	—	—	—
河　北	1 4047 576	14 017 661	6758 735	6 268 609	990 317	29 915	—	201 507
山　西	5 294 304	5 279 411	4166 788	517 722	594 901	14 893	—	8432
内蒙古	5 477 765	4 520 266	1 937 852	1 080 463	1 501 951	957 499	—	383 072
内蒙古森工集团	685 120	685 120	281 748	142 137	261 235	—	—	38360
辽　宁	8 832 256	8 761 203	5324 582	2 376 173	1 060 448	71 053	—	240 123
吉　林	8 598 048	8 564 229	3144 713	3 934 164	1 485 352	33 819	—	764 853
吉林森工集团	708 091	708 091	271 224	250 438	186 429	—	—	59 053
长白山森工集团	703 523	703 523	215 120	99 094	389 309	—	—	115 281

（续表）

地区	林草总产值	林业产业总产值				草原产业总产值	补充资料	
		林业产业总产值	第一产业	第二产业	第三产业		竹产业产值	林下经济产值
黑龙江	12 169 749	12 096 820	5 991 717	3 325 377	2 779 726	72 929	—	4 095 214
龙江森工集团	2 487 864	2 487 864	1 067 516	442 543	977805	—	—	789 562
伊春森工集团	706 271	706 271	320 463	51 805	334 003	—	—	—
上　海	2 831 723	2 831 723	370 593	2 408 360	52 770	—	—	282
江　苏	50 408 639	50 408 639	11 365 879	32 288 570	6 754 190	—	78 082	1 023 082
浙　江	49 851 180	49 851 180	10 868 783	26 337 686	12 644 711	—	5 317 295	34 350 706
安　徽	47 052 601	47 021 577	13 543 929	21 153 568	12 324 080	31 024	2 007 045	3 374 057
福　建	66 598 648	66 598 648	11 146 465	46 250 084	9 202 099	—	7 851 663	5 207 683
江　西	53 065 436	53 065 436	12 428 073	24 167 306	16 470 057	—	2 912 526	21 016 806
山　东	62 110 775	62 092 394	22 305 937	35 296 784	4 489 673	18 381	—	1271 644
河　南	21 653 950	21 653 700	10 278 657	7 758 429	3 616 614	250	5113	1 819 032
湖　北	38 424 910	38 302 525	13 709 862	11 983 829	12 608 834	122 385	679 567	5 691 589
湖　南	50 990 033	50 932 267	17 162 775	17 262 327	16 507 165	57 766	3 439 275	3 571 634
广　东	82 122 006	82 122 006	12 639 884	51 770 223	17 711 899	—	141 053	1 772 191
广　西	76 616 073	75 207 493	22 339 801	35 646 494	17 221 198	1 408 580	384 772	12 354 173
海　南	6 845 838	6 845 838	3 450 071	3 057 573	338 194	—	3382	230 377
重　庆	15 058 378	15 042 557	6 362 135	4 368 846	4 311 576	15 821	847 520	780 086
四　川	40 961 290	40 717 295	15 181 991	10 942 557	14 592 747	243 995	7 215 943	3 191 959
贵　州	33 787 007	33 780 012	9 656 864	5 385 254	18 737 894	6995	947 515	4 085 274
云　南	27 708 323	27 225 628	15 614 829	7 495 304	4 115 495	482 695	346 883	1 898 437
西　藏	524 908	445 685	297 009	2149	146 527	79 223	—	23 978
陕　西	14 774 535	14 727 599	11 605 975	1 605 640	1 515 984	46 936	2168	404 211
甘　肃	5 230 331	4 866 118	4 140 758	285 547	439 813	364 213	—	389 097
青　海	1 382 322	648 066	497 287	63 990	86 789	734 256	—	10
宁　夏	1 877 057	1 830 628	715 493	339 326	775 809	46 429	—	21 356
新　疆	9 083 675	8 495 891	7 218 649	792 031	485 211	587 784	—	12 559
新疆建设兵团	2 216 190	2 075 402	1 974 031	94 912	6459	140 788	—	84
大兴安岭	534 180	534 180	301 870	167 209	65 101	—	—	60 714

表 19-9　全国主要林产工业产品产量 2020 年与 2019 年比较

主　要　指　标	单　位	2020 年	2019 年	2020 年比 2019 年增减（%）
木材产量	万立方米	10 257	10 046	2.10%
1. 原木	万立方米	9182	9021	1.79%
2. 薪材	万立方米	1075	1025	4.86%
竹材产量	万根	324 265	314 480	3.11%
锯材产量	万立方米	7593	6745	12.56%
人造板产量	万立方米	32 545	30 859	5.46%
1. 胶合板	万立方米	19 796	18 006	9.95%
2. 纤维板	万立方米	6226	6200	0.43%
3. 刨花板	万立方米	3002	2980	0.74%
4. 其他人造板	万立方米	3520	3674	-4.19%
木竹地板产量	万平方米	77 257	81 805	-5.56%
松香类产品产量	吨	1 033 344	1 438 582	-28.17%
栲胶类产品产量	吨	7731	2348	229.26%
紫胶类产品产量	吨	3642	6549	-44.39%

表 19-10 2020 年各地区主要林产工业产品产量

地 区	木 材（万立方米）	竹 材（万根）	锯 材（万立方米）	人 造 板（万立方米）					木竹地板（万平方米）	松香类产品（吨）
				合 计	胶合板	纤维板	刨花板	其他人造板		
全国合计	10 257	324 265	7593	32 545	19 796	6226	3002	3520	77 257	1 033 344
北 京	23	0	0	0	0	0	0	0	0	0
天 津	25	0	0	0	0	0	0	0	0	0
河 北	115	0	315	1840	667	571	287	315	20	0
山 西	28	0	12	6	2	0	0	3	2	0
内蒙古	88	0	525	30	24	1	0	4	0	0
辽 宁	118	0	127	107	33	28	7	40	744	0
吉 林	228	0	71	1703	1604	53	7	39	2299	0
黑龙江	124	0	372	78	29	4	5	40	226	0
上 海	0	0	0	0	0	0	0	0	0	0
江 苏	214	592	624	5866	3715	888	942	321	39 090	8500
浙 江	102	22 084	394	543	223	93	11	216	8313	18 300
安 徽	536	20 132	575	3023	2175	416	217	216	8755	36 502
福 建	576	95 706	186	978	603	89	63	223	3403	131 209
江 西	302	23 652	343	530	203	134	46	148	3781	151 461
山 东	507	0	989	7719	5254	1440	568	457	2074	0
河 南	267	110	177	1466	598	422	107	338	191	0
湖 北	232	3269	251	682	294	324	45	19	2791	10 946
湖 南	377	24 250	364	586	287	71	39	189	1110	25 882
广 东	1017	25 734	274	1059	218	502	215	125	2826	188 730
广 西	3600	68 830	1283	5034	3455	690	303	587	1240	268 797
海 南	234	405	60	64	45	3	4	12	17	1020
重 庆	50	5621	130	164	59	59	40	5	29	1263
四 川	223	17 372	203	594	109	316	41	128	129	0
贵 州	319	1974	133	118	45	13	9	51	53	7573
云 南	846	13 517	164	288	126	80	43	39	163	183 161
西 藏	2	0	0	0	0	0	0	0	0	0
陕 西	26	1018	5	46	18	23	2	3	0	0
甘 肃	9	0	0	6	4	1	0	1	0	0
青 海	2	0	0	0	0	0	0	0	0	0
宁 夏	0	0	0	2	2	0	0	0	0	0
新 疆	65	0	13	12	5	6	0	1	0	0
大兴安岭	0	0	0	0	0	0	0	0	0	0

表 19-11　全国主要木材、竹材产品产量

产品名称	单 位	全部产量
一、木材	万立方米	**10 257**
1. 原木	万立方米	9182
2. 薪材	万立方米	1075
二、竹材	—	—
（一）大径竹	万根	324 265
1. 毛竹	万根	188 927
2. 其他	万根	135 339
（二）小杂竹	万吨	3064

注：大径竹一般指直径在 5 厘米以上，以根为计量单位的竹材。

表 19-12　全国主要林产工业产品产量

产品名称	单 位	产 量
一、锯材	万立方米	**7593**
1. 普通锯材	万立方米	7443
2. 特种锯材	万立方米	150
二、人造板	万立方米	**32 545**
1. 胶合板	万立方米	19 796
其中：竹胶合板	万立方米	1716
2. 纤维板	万立方米	6226
（1）木质纤维板	万立方米	5936
其中：中密度纤维板	万立方米	5071
（2）非木质纤维板	万立方米	290
3. 刨花板	万立方米	3002
4. 其他人造板	万立方米	3520
其中：细木工板	万立方米	1539
三、木竹地板	万平方米	**77 257**
1. 实木地板	万平方米	8612
2. 实木复合木地板	万平方米	16 435
3. 浸渍纸层压木质地板（强化木地板）	万平方米	21 597
4. 竹地板（含竹木复合地板）	万平方米	6783
5. 其他木地板（含软木地板、集成材地板等）	万平方米	23 829
林产化学产品	—	—
一、松香类产品	吨	1 033 344
1. 松香	吨	791 745
2. 松香深加工产品	吨	241 599
二、栲胶类产品	吨	7731
1. 栲胶	吨	7731
2. 栲胶深加工产品	吨	—
三、紫胶类产品	吨	3642
1. 紫胶	吨	2862
2. 紫胶深加工产品	吨	780

表 19-13　全国主要经济林产品生产情况

单位：吨

指　　标	产　量
各类经济林产品总计	**199 701 233**
一、水果	163 459 469
二、干果	12 534 889
其中：板栗	2 252 578
其中：枣(干重)	5 169 741
其中：榛子	147 741
其中：松子	149 433
三、林产饮料产品(干重)	2 476 506
四、林产调料产品(干重)	807 919
五、森林食品	4 694 238
其中：竹笋干	967 320
六、森林药材	3 954 431
其中：杜仲	237 087
七、木本油料	8 521 903
1. 油茶籽	3 141 620
2. 核桃(干重)	4 795 939
3. 油橄榄	58 420
4. 油用牡丹籽	44 947
5. 其他木本油料	480 977
八、林产工业原料	3 251 878
其中：紫胶(原胶)	3642

表 19-14　油茶产业发展情况

指　　标	单　位	产　量
一、年末实有油茶林面积	公顷	**4 451 130**
其中：当年新造面积	公顷	129 678
其中：当年低改面积	公顷	200 470
二、定点苗圃个数	个	**636**
三、定点苗圃面积	公顷	**6529**
四、苗木产量	株	**120 308**
其中：一年生苗木产量	株	61 190
二年以上(含二年)留床苗木产量	株	48 440
五、油茶籽产量	吨	**3 141 620**
六、茶油产量	吨	**719 987**
七、规模以上油茶加工企业	个	**554**
八、油茶产业产值	万元	**15 288 363**

表 19-15　核桃产业发展情况

指标名称	计量单位	本年实际
一、年末实有核桃种植面积	公顷	7 822 198
二、苗圃个数	个	2039
三、苗圃面积	公顷	25 073
四、苗木产量	株	132 014
五、核桃产量(干重)	吨	4 795 939
六、核桃油产量	吨	33 080
七、规模以上核桃油加工企业	个	74

(全国林业和草原统计分析由规划财务司统计信息处刘建杰、林琳供稿)

固定资产投资统计

表 19-16　林业草原投资完成情况

单位：万元

指标名称	林草投资完成额	
	合计	其中：中央资金
总计	47 168 172	11 784 054
一、生态修复治理	24 415 077	7 922 265
其中：造林与森林抚育	17 517 983	4 675 908
草原保护修复	719 790	609 817
湿地保护与恢复	700 070	199 186
防沙治沙	131 805	99 278
二、林(草)产品加工制造	10 491 847	24 556
三、林业草原服务、保障和公共管理	12 261 248	3 837 233
其中：林业草原有害生物防治	460 980	103 507
林业草原防火	567 458	148 007
自然保护地监测管理	194 565	89 931
野生动植物保护	512 909	132 627

表 19-17 各地区林草投资完成情况

单位：万元

地　　区	总　　计	其中：国家投资
全国合计	47 168 172	28 795 976
北　京	2 969 690	2 951 827
天　津	179 527	154 005
河　北	1 508 738	1 172 989
山　西	1 051 436	986 693
内蒙古	1 673 095	1 622 091
内蒙古森工集团	578 135	559 816
辽　宁	366 924	362 887
吉　林	881 714	781 939
吉林森工集团	256 600	185 463
长白山森工集团	272 992	255 306
黑龙江	3 930 004	3 910 711
龙江森工集团	2 996 003	2 993 091
伊春森工集团	334 351	327 257
上　海	250 512	250 512
江　苏	951 145	651 000
浙　江	966 388	676 223
安　徽	1 280 315	538 104
福　建	573 789	495 386
江　西	1 251 461	824 638
山　东	2 169 805	533 597
河　南	1 077 062	630 495
湖　北	1 930 440	638 422
湖　南	2 643 964	1 042 339
广　东	986 221	899 073
广　西	7247 677	706 683
海　南	188 041	158 683
重　庆	793 734	573 648
四　川	2 464 904	1 235 491
贵　州	3 203 989	1 191 295
云　南	1 266 827	1 204 738
西　藏	255 249	255 249
陕　西	1 127 137	1 024 807
甘　肃	1 433 581	955 041
青　海	538 762	536 850
宁　夏	288 519	216 278
新　疆	825 027	732 432
新疆建设兵团	111 559	67 677
局直属单位	892 495	881 850
大兴安岭	395 540	384 895

表 19-18　全国历年林草投资完成情况

单位：万元

年　份	林业投资完成额	其中：国家投资
1981 年	140 752	64 928
1982 年	168 725	70 986
1983 年	164 399	77 364
1984 年	180 111	85 604
1985 年	183 303	81 277
1986 年	231 994	83 613
1987 年	247 834	97 348
1988 年	261 413	91 504
1989 年	237 553	90 604
1990 年	246 131	107 246
1991 年	272 236	134 816
1992 年	329 800	138 679
1993 年	409 238	142 025
1994 年	476 997	141 198
1995 年	563 972	198 678
1996 年	638 626	200 898
1997 年	741 802	198 908
1998 年	874 648	374 386
1999 年	1 084 077	594 921
2000 年	1 677 712	1 130 715
2001 年	2 095 636	1 551 602
2002 年	3 152 374	2 538 071
2003 年	4 072 782	3 137 514
2004 年	4 118 669	3 226 063
2005 年	4 593 443	3 528 122
2006 年	4 957 918	3 715 114
2007 年	6 457 517	4 486 119
2008 年	9 872 422	5 083 432
2009 年	13 513 349	7 104 764
2010 年	15 533 217	7 452 396
2011 年	26 326 068	11 065 990
2012 年	33 420 880	12 454 012
2013 年	37 822 690	13 942 080
2014 年	43 255 140	16 314 880
2015 年	42 901 420	16 298 683
2016 年	45 095 738	21 517 308
2017 年	48 002 639	22 592 278
2018 年	48 171 343	24 324 902
2019 年	45 255 868	26 523 167
2020 年	47 168 172	28 795 976

注：从 2019 年起包含草原投资完成额。

表 19-19 全国历年林业重点生态工程实际

年 份	指标名称	合 计	天然林资源保护工程	退耕还林工程	京津风沙源治理工程	小 计
1979~1995	实际完成投资	417 515			17 432	400 083
	其中：国家投资	196 633			8501	188 132
1996	实际完成投资	140 461			15 741	124 720
	其中：国家投资	51 939			4506	47 433
1997	实际完成投资	186 106			33 782	152 324
	其中：国家投资	64 741			12247	52 494
1998	实际完成投资	441 717	227 761		37 741	176 215
	其中：国家投资	280 338	206 365		10176	63 797
1999	实际完成投资	713 818	409 225	33 595	35 477	235 521
	其中：国家投资	501 534	351 309	33 595	8198	108 432
2000	实际完成投资	1 106 412	608 414	154 075	43 102	300 821
	其中：国家投资	881 704	582 886	146 623	15 655	136 540
"九五"小计	实际完成投资	2 588 514	1 245 400	187 670	165 843	989 601
	其中：国家投资	1 780 256	1 140 560	180 218	50 782	408 696
2001	实际完成投资	1 771 124	949 319	314 547	183 275	303 066
	其中：国家投资	1 353 311	887 717	248 459	59 283	145 743
2002	实际完成投资	2 519 018	933 712	1 106 096	123 238	316 711
	其中：国家投资	2 249 185	881 617	1 061 504	120 022	157 582
2003	实际完成投资	3 307 863	679 020	2 085 573	258 781	232 083
	其中：国家投资	2 977 684	650 304	1 926 019	239 513	136 239
2004	实际完成投资	3 489 682	681 985	2 142 905	267 666	352 661
	其中：国家投资	2 981 364	640 983	1 920 609	261 857	135 782
2005	实际完成投资	3 600 892	620 148	2 404 111	332 625	192 556
	其中：国家投资	3 211 855	584 777	2 185 928	325 408	91 292
"十五"小计	实际完成投资	14 688 579	3 864 184	8 053 232	1 165 585	1 397 077
	其中：国家投资	12 773 399	3 645 398	7 342 519	1 006 083	666 638
2006	实际完成投资	3 527 084	643 750	2 321 449	327 666	179 501
	其中：国家投资	3 254 930	604 120	2 224 633	310 029	85 398
2007	实际完成投资	3 470 969	820 496	2 084 085	320 929	165 879
	其中：国家投资	3 027 545	666 496	1 915 544	298768	91 273
2008	实际完成投资	4 193 747	973 000	2 489 727	323 871	337 349
	其中：国家投资	3 625 728	923 500	2 210 195	310 795	139 275
2009	实际完成投资	5 075 170	817 253	3 217 569	403 175	557 076
	其中：国家投资	4 179 436	688 199	2 886 310	355 377	209 602

完成投资及国家投资情况（一）

单位：万元

三北及长江流域等重点防护林体系工程						野生动植物保护及自然保护区建设工程
三北防护林工程	长江流域防护林工程	沿海防护林工程	珠江流域防护林工程	太行山绿化工程	平原绿化工程	
231 652	**77 939**	**41 990**		**32 622**	**15 880**	
132 779	**27 148**	**10 930**		**8780**	**8495**	
71 169	23 114	16 548		7371	6518	
30 802	7455	2531		2085	4560	
80 567	21 095	12 653	16 430	12247	9332	
34 704	7196	2198	502	2853	5041	
90 289	27 774	21 029	12 060	11 970	13 093	
37 206	11 154	3340	1557	5411	5129	
118 754	31384	22 897	16 463	24 232	21 791	
57 383	16 345	5717	2775	14 195	12 017	
143 682	31 273	31 551	14 392	23 781	56 142	
71 602	18 427	13 768	6831	13 327	12 585	
504 461	**134 640**	**104 678**	**59 345**	**79 601**	**106 876**	
231 697	**60 577**	**27 554**	**11 665**	**37 871**	**39 332**	
102 468	53406	40 026	10 678	16 169	80 319	20 917
56 163	22 736	14 425	6499	8832	37 088	12109
139 272	45 837	41 164	17 657	17 151	55 630	39 261
66 512	27 942	13 839	15 481	10 920	22 888	28 460
85 437	41 442	29 155	13 136	10 436	52 477	52 406
49 105	27 758	20 127	11 083	8097	20 069	25 609
86 645	109 028	51 946	11 922	13 048	80 072	44 465
44 014	26 017	29 705	9797	11 268	14981	22 133
85 231	53 607	23 029	9134	14 620	6936	51 452
41 252	12 808	19 704	7039	10 095	394	24 450
499 053	**303 320**	**185 320**	**62 527**	**71 423**	**275 434**	**208 501**
257 046	**117 261**	**97 800**	**49 899**	**49 212**	**95 420**	**112 761**
84 328	24 386	42 553	6509	13 949	7776	54 718
38 539	8262	20 637	4647	13 108	205	30 750
94 026	13 912	37 819	3994	13 213	2915	79 580
48 202	9964	23 290	2811	6541	465	55 464
184 078	34 916	94 009	7142	16 804	400	69 800
99 184	13 119	18 429	4043	4275	225	41 963
270 310	101 057	140 019	23 828	21 663	199	80 097
133 198	27 000	35 953	8979	4422	50	39 948

年 份	指标名称	合 计	天然林资源保护工程	退耕还林工程	京津风沙源治理工程	小 计
2010	实际完成投资	4 711 990	731 299	2 927 290	382 406	570 888
	其中:国家投资	3 616 315	591 086	2 499 773	329 166	138 550
"十一五"小计	实际完成投资	20 978 960	3 985 798	13 040 120	1 758 047	1 810 693
	其中:国家投资	17 703 954	3 473 401	11 736 455	1 604 135	664 098
2011 年	实际完成投资	5 319 584	1 826 744	2 463 373	250 395	664 819
	其中:国家投资	4 342 817	1 696 826	1 949 855	223 978	394 431
2012 年	实际完成投资	5 283 825	2 186 318	1 977 649	356 646	630 274
	其中:国家投资	4 050 116	1 710 230	1 545 329	321 863	380 467
2013 年	实际完成投资	5 361 512	2 301 529	1 962 668	378669	569 772
	其中:国家投资	4 378 163	2 020 503	1 557 260	357 304	354 732
2014 年	实际完成投资	6 659 502	2 610 936	2 230 905	106 583	1 512 854
	其中:国家投资	5 448 154	2 204 105	1 916 113	81217	109 8931
2015 年	实际完成投资	7 056 599	2 983 638	2 752 809	111595	954 103
	其中:国家投资	6 299 919	2 838 326	2 520 733	107 268	637 340
"十二五"小计	实际完成投资	29 681 022	11 909 165	11 387 404	1 203 888	4 331 822
	其中:国家投资	24 519 169	10 469 990	9 489 290	1 091 630	2 865 901
2016 年	实际完成投资	6 754 068	3 400 322	2 366 719	152 729	678 829
	其中:国家投资	6 304 925	3 334 513	2 149 296	141 944	533 251
2017 年	实际完成投资	7 180 115	3 763 641	2 221 446	174 385	676 739
	其中:国家投资	6 702 046	3 615 667	2 055 317	158 962	546 891
2018 年	实际完成投资	7 171 963	3 956 762	2254 055	123 900	575 427
	其中:国家投资	6 721 782	3 870 733	2048 106	112 997	441 992
2019 年	实际完成投资	2 320 342	654 331	586 684	139 606	720 683
	其中:国家投资	1 854 708	626 823	568 660	122 049	419 741
2020 年	实际完成投资	2 729 406	704 392	854 710	174 633	779 272
	其中:国家投资	2 122 998	649 045	782 842	117 333	462 441
"十三五"小计	实际完成投资	26 155 894	12 479 448	8 283 614	765 253	3 430 950
	其中:国家投资	23 706 459	12 096 781	7 604 221	653 285	2 404 316
总 计	实际完成投资	94 510 484	33 483 995	40 952 040	5 076 048	12 360 226
	其中:国家投资	80 679 870	30 826 130	36 352 703	4 414 416	7 197 781

注:2016年三北及长江流域等重点防护林体系工程投资包括林业血防工程17 507万元,其中国家投资14 887万元。2017年林业107 522万元,其中国家投资104 297万元;三北及长江流域等重点防护林体系工程投资包括林业血防工程2438万元,其中国家投资万元,其中国家投资26 838万元。2020年林业重点工程投资合计包括石漠化治理工程81 314万元,其中国家投资71 495万元;国家

(续表)

三北及长江流域等重点防护林体系工程						野生动植物保护及自然保护区建设工程
三北防护林工程	长江流域防护林工程	沿海防护林工程	珠江流域防护林工程	太行山绿化工程	平原绿化工程	
284 589	49 422	192 579	27 177	16 471	650	100 107
68 632	19 557	33 802	12 519	4000	40	57 740
917 331	223 693	506 979	68 650	82 100	11 940	384 302
387 755	77 902	132 111	32 999	32 346	985	225 865
322 215	98 832	200 344	26 204	12 948	4276	114 253
208 105	42 627	117 478	14 984	11 167	70	77 727
325 088	99 667	165 824	25 796	13 899	—	132 938
210 938	40 869	96 239	19 977	12 444	—	92 227
274 469	65 806	178 784	21 154	17 539	12 020	148 874
170 664	33 863	116 389	11 354	10 442	12 020	88 364
406 704	98 569	278 075	21 229	13 196	695 081	198 224
253 193	33 154	140 431	14 930	12 664	644 559	147 788
551 846	103 717	247 150	31 420	19 970	—	254 454
370 283	85 227	138 168	23 913	19 749	—	196 252
1 880 322	466 591	1 070 177	125 803	77 552	711 377	848 743
1 213 183	235 740	608 705	85 158	66 466	656 649	602 358
355 827	96 009	145 345	38 195	25 946	—	155 469
322 104	83 955	66 275	20 084	25 946	—	145 921
397 780	129 902	95 172	31 473	22 412	—	254 075
294 678	120 732	88 841	20 611	22 029	—	236 685
347 045	123 383	62 467	19 310	20 784	—	154 297
272 132	106 295	27 613	13 705	20 215	—	143 657
499 630	123 090	43 256	18 913	35 794	—	—
274 151	93 493	16 160	15 072	20 865	—	—
508 516	168 392	61 371	17 439	23 554	—	—
290 494	123 792	15 110	13 525	19 520	—	—
2 108 798	640 776	407 611	125 330	128 490	—	—
1 453 559	528 267	213 999	82 997	108 575	—	—
6 141 617	1 846 959	2 316 755	441 655	471 789	1 121 507	1 441 546
3 676 019	1 046 895	1 091 099	262 718	303 250	800 881	940 984

重点工程投资合计包括石漠化治理工程89 829万元,其中国家投资88 524万元。2018年林业重点工程投资合计包括石漠化治理工程2032万元。2019年林业重点工程投资合计包括石漠化治理工程94 516万元,其中国家投资90 597万元;国家储备林建设工程124 522储备林建设工程135 085万元,其中国家投资39 842万元。

表19-20 林草固定资产投资完成情况

单位：万元

指　标	总　计
一、本年计划投资	**8 191 834**
二、自年初累计完成投资	**8 698 908**
其中：国家投资	2 466 832
按构成分	
1. 建筑工程	3 046 427
2. 安装工程	414 923
3. 设备工器具购置	544 544
4. 其他	4 693 014
按性质分	
1. 新建	5 370 732
2. 扩建	1 045 334
3. 改建和技术改造	887 750
4. 单纯建造生活设施	30 095
5. 迁建	5395
6. 恢复	38 016
7. 单纯购置	127 642
8. 其他	1 193 944
三、本年新增固定资产	**4 234 705**
四、本年实际到位资金合计	**8 977 920**
1. 上年末结转和结余资金	683 539
2. 本年实际到位资金小计	8 294 381
(1) 国家预算资金	3 076 960
①中央资金	1 281 621
②地方资金	1 795 339
(2) 国内贷款	366 812
(3) 债券	80 239
(4) 利用外资	171 352
(5) 自筹资金	3 558 147
(6) 其他资金	1 040 871
五、本年各项应付款合计	**1 977 900**
其中：工程款	778 669

注：本表统计范围为按照项目管理的，且计划总投资在500万元以上的城镇林业固定资产投资项目和农村非农户林业固定资产投资项目。

表 19-21 林草利用外资基本情况

单位：万美元

指　标	项目个数（个）	实际利用外资金额				协议利用外资金额			
		合　计	国外借款	外商投资	无偿援助	合　计	国外借款	外商投资	无偿援助
总　　计	37	39 672	7232	31 807	633	37 069	9926	27143	—
一、营造林	23	6430	5626	804	—	8651	8651	—	—
1. 公益林	7	1824	1531	293	—	1853	1853	—	—
2. 工业原料林	7	2989	2478	511	—	2668	2668	—	—
3. 特色经济林	9	1617	1617	—	—	4130	4130	—	—
二、草原保护修复	1	17	—	—	17	—	—	—	—
三、木竹材加工	—	—	—	—	—	—	—	—	—
其中：木家具制造	—	—	—	—	—	—	—	—	—
人造板制造	—	—	—	—	—	—	—	—	—
木制品制造	—	—	—	—	—	—	—	—	—
四、林纸一体化	1	27 143	—	27 143	—	27 143	—	27 143	—
五、林产化工	—	—	—	—	—	—	—	—	—
六、非木质林产品加工	—	—	—	—	—	—	—	—	—
七、花卉、种苗	—	—	—	—	—	—	—	—	—
八、林业草原科学研究	—	—	—	—	—	—	—	—	—
九、其他	12	6082	1606	3860	616	1275	1275	—	—

（全国林业和草原统计分析由规划财务司统计信息处刘建杰、林琳供稿）

劳动工资统计

表 19-22 林业草原系统从业人员和劳动报酬情况

指标名称	单位数（个）	年末人数(人)				在岗职工年平均人数（人）	在岗职工年工资总额（万元）	在岗职工年平均工资（元）	年末实有离退休人员（人）
		总　计	单位从业人员		离开本单位仍保留劳动关系人员				
			合　计	在岗职工	其他从业人员				
总　　计	27 921	1 034 725	931 884	853 705	78 179	102 841	837 106	5 674 052	67 782	1 476 577
一、企业	2301	481 811	391 104	369 470	21 634	90 707	346 016	1 635 380	47 263	672 661
二、事业	22 054	480 477	468 503	427 375	41 128	11 974	433 476	3 405 370	78 560	477 162
三、机关	3566	72 437	72 277	56 860	15 417	160	57 614	633 301	109 921	326 754

（全国林业和草原统计分析由规划财务司统计信息处刘建杰、林琳供稿）

林草资金审计稽查

20

林草审计稽查

【综　述】　2020年，基金总站深入学习贯彻习近平总书记关于审计工作的重要指示批示，按照全国林业和草原工作会议、全国审计工作会议精神以及中央巡视整改有关工作要求，坚持"服务大局，支撑发展"，继续推进全面从严治党，切实做好疫情防控，努力克服疫情不利影响，加强制度建设，完善工作机制，统筹审计稽查业务开展，为林草改革发展提供支撑保障。

【加强组织领导完善工作机制】　提请国家林草局党组会审议通过调整国家林草局审计稽查工作领导小组组长和成员单位的决议，由局长关志鸥担任领导小组组长，明确领导小组职责，为确保审计监督工作成效提供组织保障。与规财司共同修订《审计稽查协调工作机制》。按照人事司要求，制定《2020年经济责任审计项目计划》。

【制度完善】　编制《国家林业和草原审计稽查工作"十四五"规划》，通过专家论证，为"十四五"期间林草审计稽查工作提供遵循。修订《国家林业和草原局局属单位领导干部经济责任审计规定》《国家林业和草原局内部审计工作操作规范》，制定《国家林业和草原局审计稽查专家库管理办法(暂行)》，为审计稽查工作规范开展提供制度保证。

【局属单位审计监督】　开展局属单位领导干部经济责任审计，完成11个局属单位有关负责人经济责任审计，为促进加强局干部管理提供有力支持。开展预算执行审计，完成6个局属单位2017~2019年预算执行审计，促进局属单位进一步加强预算管理、提高决策水平、规范资金使用管理。开展内控建设调研工作，参与局内部控制建设评价指标体系工作研讨，对2个局属单位的内部控制情况开展调研，积极推进完善国家林草局内部控制建设。

【行业资金监管】　开展中央财政林业和草原转移支付资金使用管理情况审计调研，完成贵州、内蒙古、江西、陕西、云南、福建6省(区)2017~2019年新一轮退耕还林还草、天然林保护、贷款贴息中央财政转移支付资金政策落实和资金使用管理情况审计调研。开展中央预算内投资项目监管工作，完成黑龙江省重点国有林区防火应急道路、森林防火项目及管护用房建设情况监督检查工作，对局信息办实施的安可替代项目建设情况开展日常监管。开展林草生态扶贫资金监管工作，完成4个定点扶贫县2019年林草生态扶贫资金使用管理情况调研，配合规财司督促指导各定点县对调研中发现问题进行整改，对山西省生态护林员政策落实及资金使用管理情况开展调研。开展重大政策执行审计调研，完成重点国有林区改革政策落实情况审计调研。通过开展行业资金监管工作，不断促进中央林草政策落实和行业资金规范有效使用。

【配合完成有关专班工作】　参与大兴安岭林业集团清产核资专班工作，派出2名职工、累计工作227天，配合规财司圆满完成大兴安岭集团清产核资工作。参与内部巡视工作，推荐12名党员干部进入内部巡视专家库，并抽调其中4人参加局党组十九届中央任期内第二轮内部巡视工作。参加大熊猫国际合作专项资金检查工作。

(林草审计稽查由张雅鸽供稿)

贷款贴息与金融创新

【贷款贴息统计和金融创新】　配合规财司做好林业贷款贴息有关工作。部署地方开展贷款贴息需求申报，组织完成2019年度林业贷款贴息效益情况统计。推动做好金融创新工作。积极协调金融机构研发符合林草项目特点的基金产品。做好业务对接服务，开展了一批优质林草项目与金融机构(基金公司)的对接，推进金融创新项目尽快落地。

(张雅鸽)

林草信息化

21

林草信息化建设

【综　述】　2020年，国家林草局信息中心全面落实党中央和局党组重大决策部署，强化安全保障、优化政务服务、狠抓项目建设、完善制度体系，进一步深化现代信息技术与林草核心业务融合发展，持续提升网络安全防护水平和信息化服务能力，为林业草原改革发展和现代化建设提供了有力支撑。突出林业、草原、国家公园"三位一体"融合发展理念，围绕林草核心业务，全面提升政务服务及用户办公体验。按照国家林草局林草生态网络感知系统建设工作专班的统一要求，完成了国家林业和草原局政府网、局办公网的升级改版工作，全面推进"金林工程"建设，优化政务服务平台、"互联网+监管"等政务信息化项目，完成了局涉密网等信息化基础建设，成立信创工作专班推进信创工程建设，完成了综合办公系统及林信通的升级改造工作、涉密办公系统的建设完善工作。制定了《国家林业和草原局电子政务内网安全保密管理制度》《国家林业和草原局电子政务内网监督检查制度》等20项专项管理制度；完成6项行业标准的编制、意见征询和标准审查工作，推进4项国家标准的意见征询和标准审查工作；印发了《林业草原大数据资源目录》，组织编制《国家林业和草原局政务信息资源共享开放管理办法》；完善内部制度，修改完善17项中心管理制度，形成《国家林业和草原局信息中心规章制度汇编》。

网站建设

【网站改版】　国家林草局政府网提高政治站位，突出林草特色，在版面设计、内容管理、制度建设等方面全面升级，实现了新突破。网站采用全新的版面设计，顺应政府网站融合化、体验式、响应式、智库式的发展特征，同步跟进中国政府网重要信息，展现"绿水青山就是金山银山"的主基调，推出"国家公园体制试点""两山论15周年""决战决胜林草扶贫"等林草重点工作专题，凸显网上行政审批及互动交流平台板块，全方位提升用户体验度。

国家林草局政府网首页

【内容建设】　加强内容管理，强化宣传作用。网站注重对党中央、国家林草局党组关于林草重要工作部署的宣贯，加强对各地各单位的林草重点工作信息的编发，在新冠肺炎疫情期间全网24小时不间断更新林草防疫、禁食野生动物的最新政策及各地执行情况，联合局官方微信实现融媒发布、矩阵建设，扩大林草政务宣传影响力；提升林草科普图文、短视频质量，配合林草重要节日如野生动植物保护日、植树节、爱鸟周、防治荒漠化与干旱日等开展线上线下联动宣传，聚焦林草典型人物事迹，为高质量做好林草工作营造良好舆论氛围。2020年，局政府网共计发布消息55 553条、设计制作7个专题、视频1521条、图片10 659条，首页轮播大图107张，公开文件84件，开展了9次访谈、13次直播，微信公众号"中国林业网"联动网站融合发布重要政策、重要信息3500多条。

【互动交流】　优化互动交流，密切联系群众。网站充分发挥权威信息发布平台和舆论引导平台作用，克服指尖上的形式主义，敏锐把握动态，安排专人值班负责网站及官方微信的监控及留言回复工作，全年网站回复留言640条，涉及禁食野生动物、野生动物保护法律法规留言346条；微信采用人工加智能回复，共回复野生动物养殖类问题500余条。

【网站管理】　完善制度体系，落实监测督导。印发《国家林业和草原局办公室关于进一步加强国家林草局政府门户网站子站管理工作的通知》《国家林业和草原局网络安全和信息工作领导小组办公室关于对国家林草局政府门户网站子站限期整改的紧急通知》，采用"机器+人工"的方式开展全面清查，学习自然资源部网站管理经验，通过多种方式加强网站管理，建立起信息员联络制度、网站监管制度、值班读网机制、白名单机制等，筑牢制度建设，严格执行信息发布保密审查机制，确保网站信息发布及时、准确、安全。

【评测评估】 发布《2019年全国林草网站绩效评估》《全国林草网站绩效评估报告2016~2020》《全国林草网站数据图表汇总2016~2020》，供全国林草网站借鉴。组织开展2020年全国林草信息化率评测工作，系统总结2016~2020年的发展变化，结合实际情况完成《全国林草信息化发展评测报告（2016~2020）》《2016~2020年全国林草信息化率评测图表汇总》。2020年，全国林草信息化率达81.74%，完成了"十三五"期末全国林草信息化率达到80%的目标任务。

应用建设

【政务服务平台优化】 按照国家林草局办公室统一部署，推进行政审批全流程网上办理。优化审批流程，建立纸质材料接收单、调整审批申报流程、建立审批监管台账，实现26个审批事项全过程网上办理及批量申报、证照套打等个性化需求。完善平台功能，梳理政务服务平台内容，以用户为中心对平台进行改版，不断提升用户体验；加强平台接口的安全管理，保证在不同网络环境中的业务服务和系统安全。实现信息联动，加强与国务院办公厅和海关总署的数据联动，累计推送5700多条，累计接收数据7000多条，确保数据同源、更新同步，有效推进了业务协同。实现"好差评"对接，增加相关功能模块，初步实现与国务院办公厅"好差评"系统的对接，同步国家平台评价、投诉、整改等信息数据，实现行政审批事项"好差评"全覆盖。

【"金林工程"】 按照林草生态网络感知系统建设要求，坚持稳扎稳打，强化沟通协调，克服各种困难，确保工程建设成效。全面掌握用户需求，完成部分系统开发，通过视频会议、现场座谈等方式，与相关单位开展100多次沟通交流，解决了部分业务需求不明确或不断调整变化等情况，对各系统需求达成了共识。完成应用支撑平台定制内容开发，完成了信息资源管理系统、用户管理平台、数据共享平台的开发和信息资源目录的编制。根据感知专班和部分单位需求调整应用系统内容，增加生态护林员联动管理、国家公园综合管理等子系统建设内容，组织编制应用系统调整方案，更好地实现与感知系统的深度融合。

【"互联网+监管"】 按照国务院办公厅要求，加强"互联网+监管"建设，丰富林草监管手段。按照国务院办公厅单点登陆对接技术标准，搭建联调环境，完成与国家平台对接的隐性登录、组织机构等8个场景开发和联调，实现平台间用户互认，一次登录全网通办；开发联合监管事项办理接口，形成收文办理单，确保联合监管业务的接收、办理、反馈等全流程网上运转；完成对7个司局的系统使用培训，完成平台功能、性能、安全等方面的测试，并根据测试结果进行优化完善；对系统产生和共享的数据进行梳理、分类和可视化展示，推动实现林草监管规范化、精准化和智能化。

安全保障

【网络和信息系统运维】 加强林业和草原网络信息系统日常运维管理，提升处理紧急问题的能力。完善了机房、配线间、配电室的巡检制度。定期对中心机房、配电室、网络配线间巡检、清洁，总计巡检1600多次。实行7×24小时值班制，实时监控局机房400多台设备运行情况，处理软硬件故障3000多次，操作系统补丁更新4000多个，处理应用系统各类故障412次，系统调试升级442次。完成数据库运行监控、结构优化、数据迁移、故障处理、数据库用户和表空间管理。全年完成52次全备，313次增量备份，备份数据700T，保障数据安全。全年排除网络故障251次，网络畅通率99%。全年受理接听电话17 199个，用户反馈故障上门服务8135次，服务满意度超过98%。完成了全国性视频会议技术支持80次。国家林草局涉密网络项目通过国家保密科技测评中心分保测评，实现与国家节点互联互通。配合自然资源部办公厅，完成部涉密内网国家林草局接入节点分级保护风险评估。开展了"金林工程"机房改造项目建设工作，完成了国家林草局综合办公系统提速优化工作及国家林草局院区5G信号覆盖工作。

【网络安全管理】 强化网络安全管理，加强制度建设，制定了20项专项管理制度。落实重大活动期间网络安全保障措施，加强监控值班力度，及时调整优化网络安全策略，监控防御各类扫描渗透和攻击15.65亿次，查封攻击地址10 000多个，确保网站及信息系统安全稳定运行。

科技合作

【标准建设】 加强标准建设与推广。完成《北斗林业巡护业务 APP 接口规范》《北斗林业终端平台数据传输协议》《自然保护区信息化监管支撑系统建设规程》《林业信息平台统一身份认证规范》《湿地资源信息数据》《林木病虫害数据库结构规范标准》6 项行业标准的编制、意见征询和标准审查工作。推进《林业物联网 标识分配规则(征求意见稿)》《林业物联网 面向视频的无线传感器网络技术要求(征求意见稿)》等 4 项国家标准的意见征询和标准审查工作。推进 2020 年新立项的《林草电子公文处理流程规范》行业标准编制工作。

【标委会工作】 推进林业和草原信息数据标委会相关工作。重点推进标委会重组有关事宜,调整了标委会秘书处和标委会专家委员,组织完成重组材料的编写。召开国家标准体系编制专家会,完善林草信息国家标准体系,形成国家标准体系(报审稿),并向国家市场监管总局汇报标委会重组工作。参与全国地理信息标委会信息化分技术委员会有关工作。

【技术培训】 做好林草信息化培训工作。举办了第八届全国林草 CIO 新技术暨网络安全与网站管理能力提升培训班,进一步贯彻落实国家关于信息化工作的重要决策部署,促进云计算、物联网、大数据等新技术在林草产业的深化应用,加强网络安全工作,提升网站管理能力,高质量地完成培训任务。

办公自动化

【局办公网】 新版办公网网站按照"简洁明了、庄重严肃"的设计思路,紧密围绕日常办公需要,对旧版办公网进行精简整合,将原有五大平台整合为一个平台,将原有栏目整合为待办事宜、最新收文、最新发文、内部简报、内部通知、公示公告 6 个栏目。开设了建言献策专栏,为广大干部职工提供思想大讨论网络阵地。做好办公网信息发布审核,有效保障了各类信息的及时更新。

【电子公文系统】 开展办公网系统提速,完成综合办公系统数据的迁移和校验,印发《关于加快完成综合办公系统历史文件归档的通知》,组织各单位将沉积在办公系统的数据全部归档。清理系统冗余数据,开展办公系统功能优化,全新上线领导日程模块、请假报备模块,开发局领导、各单位主要负责人、各单位负责人请假报备程序,重新定制局签报表单、流程等,实现非涉密签报全面网上运转。做好涉密网系统上线保障,组织开展涉密办公系统上线演练等工作。

【林信通】 制订了林信通权限分配规则,明确不同类型用户分级查看权限,增加二线领导、退休领导等特殊用户分组,并严格按照权限分配规则管理各类用户权限。动态更新系统数据,全年系统管理员共调整人员信息 3457 次,各单位管理员调整人员信息 3543 次。做好系统维护保障,全年提供平台升级优化服务共计 12 次,提供单位管理员培训指导及解决问题共 81 人次,解决其他日常问题 63 人次,解决反馈问题 37 人次。

大数据

【《林业草原大数据资源目录》】 按照《政务信息资源共享管理暂行办法》《政务信息资源目录编制指南(试行)》要求,参考《中国林业大数据发展战略研究报告》《国家林业和草原局政务信息资源目录》相关内容,梳理整合林业草原行业涉及的公共基础、林业草原基础、林业草原专题和林业草原综合信息资源,正式印发了《林业草原大数据资源目录》。《目录》共包含 772 个信息资源,5416 个信息项,92 个数据集,为实现林业草原信息资源共享、业务协同和数据开放等工作奠定基础。

【林草大数据报告编制】 为贯彻国务院关于运用大数据提高政府治理能力和局党组系列决策部署,进一步提高林草业事前事中事后监管能力,及时发现苗头性、倾向型和潜在性问题,辅助领导决策,2020 年围绕禁食野生动物、疫情期间植树造林、荒漠化防治、两会林草话题、国家公园、草原保护、林草产业、候鸟保护、生态扶贫等林草核心业务,开展了林草互联网反响大数据分析,编制 10 期大数据报告,部分内容被国办采用。

【《国家林业和草原局政务信息资源共享开放管理办法》（初稿）】 为加快推动林业草原政务信息资源共享开放，提高行政效率，提升服务水平，编制了《国家林业和草原局政务信息资源共享开放管理办法（初稿）》。《管理办法》共分为六章，明确了政务信息资源的定义、共享范围、管理和使用机构、遵循原则，规范了政务信息资源采集、共享开放、安全保障和监督管理等环节，完善了林草政务信息资源共享和开放机制，为加快推进林草治理体系和治理能力现代化提供支撑。

（林草信息化由周庆宇供稿）

林草教育与培训

22

林草教育与培训工作

【完善培训制度建设】 制订国家林草局2020年度培训班计划以及局培训班计划调整审核流程图、培训班审核备案流程图,进一步加强培训管理工作的制度化、规范化和专业化。编制《习近平总书记关于培训工作的重要论述摘编》《习近平总书记关于教育工作的重要论述摘编》《林草干部教育培训文件汇编》《林草教育发展》等,全面梳理中央及国家林草局有关教育培训的方针政策规定要求,进一步规范管理国家林草局教育培训工作。积极应对新冠肺炎疫情冲击,严格执行有关疫情防控要求,指导林干院制定《常态化疫情防控期间院内培训工作方案》《院内培训学员防疫须知手册》,创新方式方法,开展线上线下培训,确保培训安全。

【重点培训】 紧扣生态文明建设和绿色发展,围绕服务国家林草局中心工作,与生态环境部、自然资源部等共同承办中组部委托公务员对口专题培训,以"推进生态文明建设与可持续发展"为主题,培训地方领导干部50人;按照人社部"2020年高级研修项目计划"有关安排,在福建厦门举办全国森林和草原防火技术高级研修班1期,培训各级林草主管部门负责森林和草原防火工作人员60人。

【公务员法定培训】 根据《公务员法》《公务员培训规定》等法规制度要求,结合实际岗位需求和个人成长需要,面向国家林草局干部开展公务员法定培训。全年举办司局级干部任职培训班1期,培训司局级领导干部46人;处级干部任职培训班1期,培训处级干部53人;公务员在职培训班1期,培训相关单位在职干部46人;新录用人员初任培训班1期,培训国家林草局新录用人员110人。服务国家重大战略决策部署,举办年轻干部培训班1期,培训国家林草局相关单位40岁以下干部36人。加强非林草专业背景专项培训,举办林业和草原知识培训班1期,培训国家林草局非林草专业背景人员74人。根据中组部、中央国家机关工委要求,选派国家林草局24名司局级干部参加2020年中央和国家机关司局级干部专题研修班;选调12名司处级领导干部参加中央党校等一校五院培训;选派8名新录用公务员参加中组部初任培训班。根据中组部部署安排,组织国家林草局扶贫挂职干部参加中网院"决战决胜脱贫攻坚网上专题班"学习;组织国家林草局组织人事干部参加中网院"习近平总书记在中央政治局第二十一次集体学习时的重要讲话精神专题网络培训"学习。

【行业示范培训】 为履行好生态保护修复、山水林田湖草沙综合治理和自然保护地统一监管的重大职责使命,开展行业示范培训。举办县(市)林业和草原局局长培训班2期,分别以"保护地体系建设""森林草原防火"为主题,共计培训全国县(市)林业和草原局局长172人。举办基层人才培训班1期,以"林草建设无人机技术应用与推广"为主题,培训基层相关林草技术人员80人。

【干部培训教材建设】 加强干部培训教材建设,按照国家林草局干部培训教材编写规划,已出版《草原知识读本》等7部教材,交付出版社准备出版《造林绿化知识读本》等2部,正编写《自然保护地建设知识读本》等3部,特色鲜明、内容丰富、针对性强的林草干部培训教材体系逐步形成。按照中组部部署,协调推荐人事司规划编撰教材《草原知识读本》参加第五届全国党员教育培训教材展示交流活动;组织推荐国家林草局干部入选全国干部教育培训好课程。

【远程教育】 借助新媒体技术平台,继续推进全国党员干部现代远程教育林草专题教材制播工作。全年向中组部报送林草专题教材课件99个,总时长约3000分钟。

【林草教育制度机制】 为全面做好"六稳"工作、落实"六保"任务,探索新渠道引导大学生到林草基层就业,积极向人社部沟通争取将林草行业纳入"三支一扶"计划,进一步引导和鼓励高校毕业生到林草基层工作,满足林草基层人才队伍建设迫切需求。深化院校共建机制,在共建框架下,指导组织第四届林业院校校长论坛,探索林草高等教育改革与发展的新路径、新模式;在深化共建西北农林科技大学基础上,提出国家林草局关于持续支持西北农林科技大学建设的任务分工方案。

【林草学科专业建设】 围绕服务林草事业高质量发展,有序推动国家林草局重点学科建设评价研究工作,落实《国家林业和草原局重点学科建设管理暂行办法》,召开局重点学科建设评价研究专家研讨会,起草局重点学科建设检查评估工作方案及有关评价指标体系初稿,进一步规范局重点学科管理。根据教育部相关要求,推动职业院校专业目录动态调整调研论证工作,对园林绿化(中职)、森林草原防火技术(中职)、森林草原防灭火技术与管理(高职)3个专业设置提出具体意见,分别予以论证和专业说明。组织开展本科层次职业教育林草类试点专业设置(目录)论证工作,提出设置首批智慧林业、园林景观工程、木制品设计与智能制造3个林草类职教本科专业,撰写专业设置论证报告及专业简介,经专家论证后上报教育部。

【林草教育组织指导】 根据教育部有关要求,上报林业行指委换届工作方案,与教育部密切协调沟通,进一步确定行指委委员名单。做好林业教育学会换届工作,成立学会换届筹备工作领导小组,并原则上通过换届筹备方案。组建局院校教材建设专家委员会和专家库，其中，专家委员会共16个专业分组、366名委员，专家库共24个专业分组、743名专家。制订《国家林业和草原局院校教材建设专家委员会工作细则》，指导专家委员会开展工作。指导中国（南方、北方）现代林业职业教育集团完善领导组织机构建设，协调其积极开展相关协作合作活动；指导中国南方现代林业职业教育集团完成换届工作。

【林草教育品牌活动】 引导林草教育高效服务林草事业改革发展需要，围绕教学过程各个环节，打造林草特色品牌活动，提升林草教育的影响力。开展第二届"扎根基层工作、献身林草事业"林草学科优秀毕业生学习宣传活动，从县以下林草基层单位推选优秀毕业生代表30名，激励广大林草学科专业大中专毕业生积极投身林草事业。举办第二批全国林草教学名师"深入基层体验陕西林改"活动，组织第一、第二届共计60名全国林草教学名师为基层林草行业发展建言献策，进一步深化林草优秀教师典型的基层影响力，引导和激励全国广大基层林草教育工作者不断增强使命感和职业荣誉感。

【林草教育宣传引导】 为提升林草教育育人功能，梳理了国家林草局有关林草教育政策文件、林草教育品牌活动，编制印发《林草教育发展文件汇编》，汇编分林草教育政策文件、特色品牌活动和林草院校建设情况等，全方位宣传推广林草教育，持续增强国家林草局林草教育品牌活动在基层的渗透力，广泛凝聚林草教育人才培养力量。

（林草教育与培训工作由邹庆浩、张英帅供稿）

林草教材管理

【综　述】 2020年，面对新冠肺炎疫情，国家林业和草原局院校教材建设办公室、中国林业出版社教育分社加紧工作，克服困难，圆满完成各项工作任务。

全年出版普通高等教育、职业教育和干部教育培训各类教材246种，较上年增长19.21%。其中新教材118种，重印教材128种。印数53.33万册，较上年增长12.69%。

完成了第一届国家教材建设奖优秀教材的推荐，共完成推荐教材65种，其中普通高等教育教材48种，职业教育教材17种。入选第一批"十三五"职业教育国家规划教材15种。立项国家林业和草原局重点规划教材21种。18种教材被评为农业农村部、江苏省、黑龙江省、陕西省、云南省、湖南省优秀教材，3种课件被评为2020年北京高校"优质本科教材课件"。两名编辑入选2020年全国大中专教材金牌编辑。

抗击新冠肺炎疫情期间，积极响应国家停课不停学号召，迅速组织提供了数百种数字教材的免费阅读服务，有力保障了相关院校线上教学的需要，得到了院校和广大师生的广泛好评。《中国绿色时报》对此进行了报道。

【成立国家林业和草原局院校教材建设专家委员会专家库】 以国家林草局办公室名义发文成立国家林业和草原局院校教材建设专家委员会专家库，同时颁布专家委员会工作细则。专家委员会和专家库共计743名专家，其中专家委员366名，含高等教育分委会272名，职业教育分委会94名；专家库专家377名，含高等教育分库212名，职业教育分库165名。高等教育分委会下设专业组12个，职业教育分委会下设专业组4个，涵盖农林院校的全部主干专业，为开展高质量林草教材建设工作奠定了专家队伍基础。

【教材建设培训班】 举办第一期全国林草教学名师研讨班、第四期普通高等教育教材建设培训班、第一期职业教育教材建设培训班，组织全国两批60名全国林草教学名师、22所普通高等院校和36所职业院校的170余名一线教师和教材管理工作者开展了关于学科前沿、教师教学管理、教材编写与教材管理、新形态教材建设的培训。

（林草教材管理由段植林供稿）

林草教育信息统计

表22-1　2020~2021学年初林草学科专业及高、中等林业院校其他学科专业基本情况汇总表

名　称	学科专业数（个）	毕业生数（人）	招生数（人）	在校学生数（人）	毕业班学生数（人）
总　计	—	174 993	216 704	679 643	160 820
一、博士研究生	74	1448	2187	9624	4426
1. 林草学科专业	14	775	1127	4972	2506
2. 普通高等林业院校其他学科专业	60	673	1060	4652	1920

(续表)

名　　称	学科专业数(个)	毕业生数(人)	招生数(人)	在校学生数(人)	毕业班学生数(人)
二、硕士研究生	204	11 619	20 277	47 117	14 063
1. 林草学科专业	21	6195	9630	24 486	7803
2. 普通高等林业院校其他学科专业	183	5424	10 647	22 631	6260
三、本科生	228	79 752	77 151	314 514	82 744
1. 林草学科专业	11	41 726	38 435	154 518	42 123
2. 普通高等林业院校其他学科专业	217	38 026	38 716	159 996	40 621
四、高职(专科)生	215	50 009	75 240	204 878	53 983
1. 林草学科专业	15	16 604	21 510	64 955	17 721
2. 高等林业职业院校其他学科专业	200	33 405	53 730	139 923	36 262
五、中职生	76	32 165	41 849	103 510	5604
1. 林草学科专业	6	26 964	31 149	81 447	3745
2. 中等林业职业院校其他学科专业	70	5201	10 700	22 063	1859

表22-2　2020～2021学年初普通高等林业院校和其他高等院校、科研院所林科研究生分学科情况

单位：人

学科名称	毕业生数	招生数	在校学生数	毕业班学生数
总　计	13 067	22 464	56 741	18 489
一、博士生	1448	2187	9624	4426
1. 林业学科小计	672	970	4373	2256
森林工程	18	7	111	88
木材科学与技术	53	80	359	175
林产化学加工工程	50	81	319	140
其他林业工程学科	75	154	563	265
林木遗传育种	81	99	440	236
森林培育	74	46	358	231
森林保护学	50	51	285	162
森林经理学	36	59	241	119
野生动植物保护与利用	18	32	171	98
园林植物与观赏园艺	52	15	155	101
水土保持与荒漠化防治	81	92	413	179
其他林学学科	50	246	754	278
林业经济管理	34	8	204	184
2. 草业学科小计	103	157	599	250
3. 林业院校和科研单位其他学科	673	1060	4652	1920
二、硕士	11 619	20 277	47 117	14 063
1. 林业学科小计	5957	9178	23 422	7520
森林工程	48	31	112	54
木材科学与技术	160	183	533	195
林产化学加工工程	91	87	288	110
其他林业工程学科	118	335	841	186
林木遗传育种	140	187	578	207
森林培育	237	245	697	252
森林保护学	168	197	571	193
森林经理学	136	151	449	167
野生动植物保护与利用	122	112	372	152
园林植物与观赏园艺	214	115	467	237

(续表)

学科名称	毕业生数	招生数	在校学生数	毕业班学生数
水土保持与荒漠化防治	366	385	1134	373
其他林学学科	283	859	1860	392
林业经济管理	73	20	83	44
土壤学(森林土壤学)	50	55	150	48
植物学(森林植物学)	93	92	275	101
生态学(森林生态学)	242	322	942	331
林业硕士	1021	2373	4662	1302
风景园林硕士	2166	3427	8634	2654
农业推广硕士(林业)	27	0	16	16
工程硕士(林业工程)	202	2	758	506
2. 草业学科小计	238	452	1064	283
草学	238	452	1064	283
3. 林业院校和科研单位其他学科	5424	10 647	22 631	6260

表22-3　2020~2021学年初普通高等林业院校和其他高等院校林科本科学生分专业情况

单位：人

专业名称	毕业生数	招生数	在校学生数	毕业班学生数
总　计	79 752	77 151	314 514	82 744
一、林草专业	41 726	38 435	154 518	42 123
1. 林业工程类	2304	1849	8732	2532
森林工程	272	323	1212	292
木材科学与工程	1588	1292	5973	1702
林产化工	444	234	1547	538
2. 森林资源类	8228	7790	28 533	8432
林学	6588	6470	21 637	6591
森林保护	708	507	3094	811
野生动物与自然保护区管理	932	813	3802	1030
3. 环境生态类	25 556	23 349	94 919	25 434
园林	15 403	13 077	50 166	14 898
水土保持与荒漠化防治	932	813	3802	1030
风景园林	9221	9459	40 951	9506
4. 农林经济管理类	4297	3782	16 459	4366
农林经济管理	4297	3782	16 459	4366
5. 草原类	1341	1665	5875	1359
草学	1341	1665	5875	1359
二、林业院校非林草专业	38 026	38 716	159 996	40 621
经济学	202	0	409	190
经济统计学	82	0	173	84
商务经济学	0	133	431	84
经济学类专业	0	317	454	0
金融学	569	282	1877	534
金融工程	160	59	717	236
保险学	117	0	330	102
经济与金融	0	34	78	0
金融学类专业	0	727	732	0
国际经济与贸易	519	179	1555	618

（续表）

专 业 名 称	毕业生数	招生数	在校学生数	毕业班学生数
法学	788	679	3015	774
政治学与行政学	59	59	232	54
国际事务与国际关系	0	48	207	51
社会学	59	0	177	60
社会工作	199	169	795	221
社会学类专业	0	88	89	0
思想政治教育	61	39	142	64
治安学	403	327	1411	294
侦查学	304	316	1364	362
公安情报学	69	171	447	74
公安管理学	151	160	660	162
警务指挥与战术	136	174	487	153
学前教育	85	50	323	99
小学教育	86	41	233	90
体育教育	215	92	501	104
社会体育指导与管理	82	60	227	51
休闲体育	109	0	275	116
体育学类专业	0	129	129	0
汉语言文学	433	160	1487	481
汉语国际教育	133	70	486	140
秘书学	56	0	152	55
中国语言文学类专业	0	364	365	0
英语	988	808	3431	948
俄语	145	137	535	136
法语	86	88	311	65
日语	157	162	723	193
朝鲜语	40	30	112	26
泰语	98	86	512	141
越南语	28	45	141	30
翻译	57	58	173	40
商务英语	83	49	406	108
新闻学	67	61	287	69
广播电视学	31	0	278	80
广告学	229	125	1126	315
新闻传播学类专业	0	210	210	0
历史学	69	0	94	55
文物与博物馆学	0	0	164	58
历史学类专业	0	82	82	0
数学与应用数学	251	181	947	237
信息与计算科学	381	265	1359	371
物理学	89	106	400	89
应用物理学	38	69	174	34
化学	102	133	421	51
应用化学	412	101	1086	332
化学生物学	39	0	197	88
化学类专业	0	231	317	0

（续表）

(续表)

专 业 名 称	毕业生数	招生数	在校学生数	毕业班学生数
地理科学	40	90	408	96
自然地理与资源环境	120	159	497	117
人文地理与城乡规划	135	0	273	148
地理信息科学	297	371	1549	360
海洋科学	0	0	331	58
海洋资源与环境	0	61	172	0
海洋科学类专业	0	138	138	0
生物科学	363	50	1100	422
生物技术	640	236	2114	686
生物信息学	29	50	141	29
生态学	238	241	1403	302
生物科学类专业	0	1222	1787	0
应用心理学	129	116	529	132
统计学	106	139	504	116
应用统计学	59	101	351	67
工程力学	25	36	127	29
机械工程	0	0	155	0
机械设计制造及其自动化	970	499	3590	1023
材料成型及控制工程	53	70	254	59
机械电子工程	315	104	1248	360
工业设计	438	264	1507	471
过程装备与控制工程	18	0	28	28
车辆工程	419	287	1736	539
汽车服务工程	184	60	547	210
机械类专业	0	1496	1837	0
测控技术与仪器	27	0	153	51
材料科学与工程	201	126	794	226
材料化学	161	0	432	154
高分子材料与工程	259	114	834	277
材料类专业	0	430	535	0
能源与动力工程	232	176	860	247
新能源科学与工程	116	99	554	115
能源动力类专业	0	142	142	0
电气工程及其自动化	490	275	1611	492
电气类专业	0	176	367	0
电子信息工程	560	435	2157	668
电子科学与技术	133	71	488	153
通信工程	299	112	998	338
光电信息科学与工程	0	60	121	0
信息工程	101	0	122	122
电子信息科学与技术	152	58	469	142
电子信息类专业	0	437	608	0
自动化	283	165	1020	354
轨道交通信号与控制	0	0	104	61
机器人工程	0	0	66	0

(续表)

专业名称	毕业生数	招生数	在校学生数	毕业班学生数
自动化类专业	0	117	117	0
计算机科学与技术	1051	587	4059	1191
软件工程	567	214	2195	644
网络工程	155	0	464	159
物联网工程	117	92	541	149
数字媒体技术	137	50	478	155
智能科学与技术	0	34	34	0
空间信息与数字技术	43	60	220	50
数据科学与大数据技术	0	176	321	0
网络空间安全	0	60	60	0
计算机类专业	0	1237	1755	0
土木工程	1108	667	4586	1324
建筑环境与能源应用工程	50	60	224	55
给排水科学与工程	117	76	486	111
城市地下空间工程	48	0	199	64
土木类专业	0	767	767	0
水利水电工程	146	0	374	127
水文与水资源工程	51	0	188	68
水利类专业	0	210	210	0
测绘工程	258	178	934	261
化学工程与工艺	283	236	1338	353
制药工程	104	122	459	110
化工与制药类专业	0	379	381	0
轻化工程	183	230	785	202
包装工程	123	116	404	118
印刷工程	20	0	38	16
交通运输	396	86	871	300
交通工程	167	70	651	218
船舶电子电气工程	58	64	194	48
交通运输类专业	0	264	372	0
农业机械化及其自动化	100	0	339	112
农业水利工程	58	0	169	55
家具设计与工程	0	118	218	0
环境科学与工程	0	87	154	0
环境工程	638	274	2154	696
环境科学	288	222	1057	242
环境生态工程	0	44	289	79
资源环境科学	54	59	217	56
环境科学与工程类专业	0	409	435	0
食品科学与工程	870	450	2910	839
食品质量与安全	368	170	1254	391
粮食工程	11	0	66	33
葡萄与葡萄酒工程	131	174	716	192
食品营养与健康	0	58	58	0
食品科学与工程类专业	0	697	1069	0

(续表)

专 业 名 称	毕业生数	招生数	在校学生数	毕业班学生数
建筑学	128	69	614	125
城乡规划	290	451	1935	248
建筑类专业	0	389	392	0
生物工程	240	137	892	279
生物制药	29	32	273	67
刑事科学技术	221	320	1056	217
消防工程	48	50	280	49
网络安全与执法	109	177	609	103
农学	327	196	988	321
园艺	705	502	2635	779
植物保护	293	340	1288	330
植物科学与技术	68	48	269	79
种子科学与工程	71	57	253	67
设施农业科学与工程	95	107	415	108
茶学	247	212	880	261
应用生物科学	37	38	155	29
植物生产类专业	0	362	583	0
农业资源与环境	132	197	674	167
动物科学	306	230	1238	325
蜂学	93	87	296	66
动物生产类专业	0	219	220	0
动物医学	429	250	1781	442
动物医学类专业	0	167	167	0
水产养殖学	161	134	615	159
海洋渔业科学与技术	76	95	319	68
食品卫生与营养学	31	59	172	29
中药学	62	60	250	67
中药资源与开发	0	0	90	29
管理科学	0	134	374	85
信息管理与信息系统	427	89	1321	451
工程管理	291	310	1380	308
工商管理	829	144	1948	680
市场营销	416	152	1097	417
会计学	2151	515	4893	1873
财务管理	385	196	1077	354
国际商务	73	66	258	66
人力资源管理	184	168	754	179
物业管理	20	0	49	29
文化产业管理	106	53	330	83
工商管理类专业	0	1463	2243	0
农村区域发展	83	37	277	86
农业经济管理类专业	0	110	111	0
公共事业管理	223	55	664	237
行政管理	133	71	442	97
劳动与社会保障	25	0	137	30

(续表)

专业名称	毕业生数	招生数	在校学生数	毕业班学生数
土地资源管理	172	124	725	192
城市管理	63	62	224	51
海事管理	80	49	245	77
公共管理类专业	0	258	260	0
物流管理	348	275	1120	297
物流工程	271	260	1055	280
工业工程	76	87	332	86
电子商务	165	184	1280	387
旅游管理	889	402	2942	867
酒店管理	186	35	603	203
会展经济与管理	88	0	341	113
旅游管理类专业	0	453	453	0
音乐表演	71	100	389	107
音乐学	78	70	381	130
舞蹈学	42	30	110	19
舞蹈编导	33	39	152	33
动画	104	28	329	129
绘画	0	50	126	0
摄影	17	0	36	21
视觉传达设计	435	253	1444	417
环境设计	1056	565	4163	1317
产品设计	330	273	1672	477
服装与服饰设计	32	65	197	35
公共艺术	49	0	138	51
数字媒体艺术	138	128	723	154
设计学类专业	0	844	845	0

表22-4　2020~2021学年高等林业(生态)职业技术学院和其他高等职业学院分专业情况

单位：人

专业名称	毕业生数	招生数	在校学生数	毕业班学生数
总　计	50 009	75 240	204 878	53 983
一、林草专业	16 604	21 510	64 955	17 721
林业技术	2430	3559	11 272	2536
园林技术	12 054	14 345	43 486	12 697
森林资源保护	433	546	1388	316
经济林培育与利用	81	116	314	75
野生植物资源保护与利用	85	68	243	75
野生动物资源保护与利用	37	101	301	93
森林生态旅游	417	654	1941	702
森林防火指挥与通讯	20	166	904	17
自然保护区建设与管理	119	237	464	85
木工设备应用技术	2	15	48	19
木材加工技术	97	108	279	69
林业调查与信息处理	22	125	359	61
林业信息技术与管理	118	420	1252	237

(续表)

专业名称	毕业生数	招生数	在校学生数	毕业班学生数
草业技术	89	158	385	122
风景园林设计	600	892	2319	617
二、非林草专业	33 405	53 730	139 923	36 262
作物生产技术	72	51	210	108
种子生产与经营	37	54	114	34
设施农业与装备	61	31	194	96
现代农业技术	285	321	968	339
休闲农业	155	225	578	163
生态农业技术	0	29	38	0
园艺技术	1174	1654	4150	1174
茶树栽培与茶叶加工	0	28	66	24
中草药栽培技术	73	129	335	80
农产品加工与质量检测	129	99	324	116
绿色食品生产与检验	35	17	37	0
农产品流通与管理	0	39	58	0
农业装备应用技术	58	58	110	44
农业经济管理	103	58	354	111
食用菌生产与加工	0	0	3	0
畜牧兽医	459	585	1633	504
动物医学	287	436	1059	296
动物药学	0	72	95	0
动物防疫与检疫	33	0	0	0
宠物养护与驯导	291	276	826	266
饲料与动物营养	44	36	86	22
宠物临床诊疗技术	0	185	307	49
畜牧业类专业	0	146	308	94
水产养殖技术	62	74	171	46
工程测量技术	460	498	1895	474
摄影测量与遥感技术	101	71	241	102
测绘工程技术	0	48	133	19
测绘地理信息技术	70	147	373	107
地图制图与数字传播技术	58	0	0	0
环境监测与控制技术	349	640	1752	465
室内环境检测与控制技术	0	0	1	1
环境工程技术	399	839	2552	437
环境信息技术	0	41	218	0
环境规划与管理	0	101	279	30
环境评价与咨询服务	69	95	245	52
污染修复与生态工程技术	52	140	394	106
供用电技术	76	63	203	60
分布式发电与微电网技术	0	32	32	0
建筑装饰工程技术	111	199	601	170
古建筑工程技术	0	60	79	0
建筑室内设计	1501	2135	5364	1497
建筑动画与模型制作	0	52	67	0

（续表）

专业名称	毕业生数	招生数	在校学生数	毕业班学生数
城乡规划	89	90	290	126
建筑工程技术	838	1349	3807	820
建筑设备工程技术	10	0	31	14
建筑智能化工程技术	17	51	116	19
消防工程技术	0	40	40	0
建设工程管理	103	111	297	77
工程造价	1009	1689	4583	1276
建设项目信息化管理	0	49	72	0
建设工程监理	190	77	330	151
市政工程技术	160	289	882	175
给排水工程技术	24	0	0	0
物业管理	56	70	312	59
水利工程	155	142	553	221
水利水电工程技术	33	152	272	30
水利水电建筑工程	162	188	503	165
水电站动力设备	24	0	24	18
水土保持技术	64	93	172	54
机械设计与制造	27	33	137	47
机械制造与自动化	81	133	424	109
数控技术	138	95	246	70
模具设计与制造	53	0	17	17
工业设计	25	43	108	12
机电设备维修与管理	31	106	277	69
机电一体化技术	684	1035	2727	674
电气自动化技术	108	214	480	147
智能控制技术	0	61	61	0
工业机器人技术	104	289	961	361
无人机应用技术	106	608	1269	201
汽车制造与装配技术	55	72	198	43
汽车检测与维修技术	763	397	1502	463
汽车电子技术	32	37	396	160
新能源汽车技术	86	347	1082	300
食品生物技术	76	83	189	52
药品生物技术	138	164	464	107
农业生物技术	86	87	232	68
生物产品检验检疫	0	46	46	0
应用化工技术	40	0	0	0
家具设计与制造	820	537	2535	989
包装策划与设计	13	15	105	22
食品加工技术	107	154	367	90
酿酒技术	137	94	283	97
食品质量与安全	68	109	259	50
食品检测技术	0	88	219	71
食品营养与检测	287	500	1132	324
中药生产与加工	27	84	174	32

（续表）

(续表)

专业名称	毕业生数	招生数	在校学生数	毕业班学生数
药品生产技术	124	80	285	131
药品质量与安全	32	21	73	31
生物制药技术	1	46	83	0
中药制药技术	0	41	65	0
药品制造类专业	0	39	93	30
药品经营与管理	19	33	62	15
食品药品监督管理	0	98	98	0
高速铁道工程技术	0	65	126	0
高速铁路客运乘务	249	186	709	320
道路桥梁工程技术	335	484	1251	243
汽车运用与维修技术	314	184	889	298
国际邮轮乘务管理	237	27	229	166
空中乘务	167	74	253	99
民航安全技术管理	26	0	25	8
城市轨道交通车辆技术	24	0	0	0
城市轨道交通供配电技术	15	0	2	2
城市轨道交通工程技术	146	237	735	193
城市轨道交通运营管理	330	352	1252	382
电子信息工程技术	91	40	165	81
应用电子技术	135	174	551	128
智能产品开发	8	61	61	0
智能终端技术与应用	0	42	161	45
汽车智能技术	0	0	6	0
移动互联应用技术	76	127	393	124
物联网应用技术	284	857	1739	450
计算机应用技术	1353	3312	7091	1573
计算机网络技术	1334	1624	4977	1468
计算机信息管理	64	54	320	136
软件技术	436	1179	2812	642
动漫制作技术	192	294	823	201
嵌入式技术与应用	7	0	4	4
数字展示技术	0	43	43	0
数字媒体应用技术	176	430	1052	245
信息安全与管理	71	165	396	92
云计算技术与应用	34	95	205	59
电子商务技术	304	155	692	294
大数据技术与应用	0	496	1247	94
虚拟现实应用技术	0	216	233	0
人工智能技术服务	0	59	60	0
通信技术	282	186	841	313
临床医学	0	166	355	42
口腔医学	0	47	47	0
护理	2394	1277	5930	2102
助产	215	172	674	149
药学	308	239	1002	362

（续表）

专业名称	毕业生数	招生数	在校学生数	毕业班学生数
中药学	129	219	586	113
医学检验技术	208	205	734	212
医学美容技术	0	95	222	0
口腔医学技术	32	89	290	49
康复治疗技术	46	163	591	159
预防医学	0	51	88	0
中医养生保健	0	25	47	11
资产评估与管理	70	62	268	102
金融管理	69	118	244	44
证券与期货	11	0	0	0
保险	0	0	1	1
投资与理财	1	0	39	17
互联网金融	0	6	58	0
财务管理	575	563	1576	607
会计	2251	3536	8986	2261
审计	83	94	330	99
会计信息管理	54	147	332	77
国际经济与贸易	88	188	381	95
经济信息管理	70	326	495	104
工商企业管理	123	225	1004	122
商务管理	22	0	22	22
连锁经营管理	9	27	50	10
市场营销	724	2161	3788	730
汽车营销与服务	184	48	322	157
茶艺与茶叶营销	123	103	298	85
电子商务	1139	2911	5552	1145
跨境电子商务	0	16	16	0
物流管理	564	709	1839	506
旅游管理	472	972	2343	582
导游	2	16	44	18
景区开发与管理	0	1	1	0
酒店管理	559	869	1958	535
休闲服务与管理	37	93	243	50
研学旅行管理与服务	0	40	41	0
烹调工艺与营养	169	281	659	125
中西面点工艺	0	105	110	0
西餐工艺	66	241	529	125
会展策划与管理	57	101	256	75
艺术设计	8	51	178	23
视觉传播设计与制作	15	138	275	68
广告设计与制作	415	904	2141	534
数字媒体艺术设计	186	603	1250	227
产品艺术设计	12	173	174	0
家具艺术设计	29	25	88	20
服装与服饰设计	133	126	384	109

（续表）

(续表)

专业名称	毕业生数	招生数	在校学生数	毕业班学生数
室内艺术设计	12	401	1036	254
展示艺术设计	13	0	0	0
环境艺术设计	483	651	1807	566
动漫设计	1	0	0	0
音乐表演	10	0	0	0
新闻采编与制作	17	92	211	43
影视动画	27	33	99	26
早期教育	0	20	20	0
学前教育	97	1400	2423	108
艺术教育	0	96	96	0
商务英语	175	295	654	84
旅游英语	27	0	0	0
商务日语	35	0	0	0
文秘	178	338	805	221
社会体育	0	46	91	0
休闲体育	0	0	13	13
高尔夫球运动与管理	61	62	112	31
青少年工作与管理	16	0	0	0
社区管理与服务	28	203	322	40
老年服务与管理	0	28	28	0
家政服务与管理	32	51	100	29
婚庆服务与管理	45	27	141	48
幼儿发展与健康管理	0	99	395	192

表 22-5　2020~2021 学年初普通中等林业（园林）职业学校和其他中等职业学校分专业学生情况

单位：人

专业名称	毕业生数	招生数	在校学生数	毕业班学生数
总　计	32 165	41 849	103 510	5604
一、林草专业	26 964	31 149	81 447	3745
木材加工	2513	1421	3738	0
森林资源保护与管理	469	248	656	0
生态环境保护	954	3696	4186	9
现代林业技术	3065	2974	8460	430
园林技术	16 503	18 816	52 706	3016
园林绿化	3460	3994	11 701	290
二、非林草专业	5201	10 700	22 063	1859
城市轨道交通运营管理	83	103	241	0
宠物养护与经营	6	28	62	11
畜牧兽医	124	450	705	14
道路与桥梁工程施工	15	11	24	3
电气运行与控制	9	3	6	1
电子技术应用	1	1	2	0
电子商务	646	1443	3226	43
高星级饭店运营与管理	0	77	94	17
给排水工程施工与运行	0	50	125	0

（续表）

专业名称	毕业生数	招生数	在校学生数	毕业班学生数
工程测量	95	522	887	28
工程机械运用与维修	0	130	143	0
工程造价	135	287	720	93
工艺美术	1	42	64	0
古建筑修缮与仿建	6	15	33	0
果蔬花卉生产技术	105	179	455	0
航空服务	0	3	3	0
护理	696	335	445	0
环境监测技术	0	26	26	0
会计	40	162	527	249
会计电算化	340	394	922	63
机电技术应用	37	106	224	1
机电设备安装与维修	0	70	73	0
计算机动漫与游戏制作	19	47	92	0
计算机平面设计	571	584	1557	66
计算机网络技术	349	387	847	82
计算机应用	300	1095	2604	376
计算机与数码产品维修	8	0	0	0
家具设计与制作	22	16	61	7
建筑工程施工	206	550	1440	325
建筑装饰	71	431	468	3
景区服务与管理	6	64	85	3
康养休闲旅游服务	0	91	91	0
老年人服务与管理	0	90	91	0
冷链物流服务与管理	0	342	342	0
楼宇智能化设备安装与运行	16	31	83	0
旅游服务与管理	114	71	242	38
美发与形象设计	14	30	67	0
美术绘画	0	10	11	0
美术设计与制作	12	0	14	0
模具制造技术	7	9	21	0
农产品保鲜与加工	0	0	13	0
农村经济综合管理	18	23	40	0
农业机械使用与维护	40	21	80	0
汽车美容与装潢	11	60	141	0
汽车运用与维修	646	1350	2443	288
汽车制造与检修	23	0	0	0
商品经营	3	5	5	0
社区公共事务管理	0	0	85	0
生物技术制药	0	3	7	1
食品安全与检测技术	0	3	3	0
市场营销	13	19	62	43
市政工程施工	160	178	410	38
数控技术应用	75	206	510	27
数字媒体技术应用	4	0	0	0

（续表）

(续表)

专业名称	毕业生数	招生数	在校学生数	毕业班学生数
数字影像技术	0	12	12	0
水利水电工程施工	53	0	56	0
文化艺术类专业	0	5	5	0
文秘	0	0	90	0
无人机操控与维护	0	27	27	0
物流服务与管理	18	21	39	2
物业管理	0	0	39	0
现代农艺技术	20	7	7	0
学前教育	44	120	229	7
音乐	0	9	11	0
影像与影视技术	0	0	3	0
运动训练	0	31	44	0
植物保护	0	50	124	30
中餐烹饪与营养膳食	0	189	273	0
中草药种植	19	0	21	0
其他类专业	0	76	161	0

(邹庆浩、张英帅供稿)

北京林业大学

【概 述】 2020年，北京林业大学占地面积878.40万平方米，产权校舍建筑面积73.18万平方米。图书馆建筑面积2.34万平方米。全年教育经费投入142 845.20万元，其中，财政拨款64 744.42万元、自筹经费78 100.78万元。固定资产总值208 506万元，其中，教学、科研仪器设备资产值70 432.91万元，信息化设备资产值16 444.19万元。拥有教室164间，其中，网络多媒体教室164间。拥有图书196.92万册，计算机10 587台。网络信息点30 776个，电子邮件系统用户5385个，管理信息系统数据总量2657GB，数字资源量中电子图书1 303 581册、电子期刊582 992册、学位论文11 160 532册、音视频66 866小时。学校由教育部直属管理，教育部与国家林业和草原局共建，为林业类院校，设有1个校区，设置17个院（系、部）。开设65个本科专业，覆盖10个学科门类。具有一级学科33个，一级学科博士点8个、博士学位授权点8个、一级学科硕士点25个、硕士专业学位授权类别16个、博士后科研流动站7个，其中，博士后研究人员出站39人、进站53人、在站175人。"双一流"建设学科2个，国家级一流本科专业建设点18个，省部级一流专业建设点8个，北京市重点建设一流专业2个。

国家、省（部）级重点实验室、工程中心及野外站台共49个。其中，国家花卉工程技术研究中心1个、林木育种国家工程实验室1个、国家野外观测科学研究站1个、国家能源非粮生物质原料研发中心1个、林业生物质能源国际科技合作基地1个、国家水土保持科技示范园区2个、教育部重点实验室3个、教育部工程中心3个、教育部定位观测研究站2个、国家林业和草原局重点实验室7个、国家林业和草原局工程技术研究中心6个、国家林业和草原局质检中心1个、国家林业和草原局野外观测研究站7个、北京实验室1个、北京市高精尖创新中心1个、北京市重点实验室8个、北京市工程技术研究中心3个。教职工2044人，其中，专任教师1312人，包括正高级363人、副高级573人；博士生导师352人、硕士生导师531人；工程院院士3人。国家级人才称号共计32人次，其中，国家重大人才工程入选者12人次，"国家杰出青年科学基金"获得者5人，"国家优秀青年科学基金"获得者7人。外籍教师3人。学历教育学生中毕业生6751人，其中，研究生2224人（博士生288人、硕士生1648人）、普通本科生3152人、成人教育本专科生1375人（本科生1256人、专科生119人）。本科毕业生就业率88.48%。招生8244人，其中，研究生2597人（博士生338人、硕士生2259人）、普通本科生3434人、成人教育本专科生2213人（本科生1886人、专科生327人）。高考北京地区提档线物理/生物/地理（选考一门）专业组634分、物理/历史/地理（选考一门）专业组624分、不限选专业组618分、物理/化学/地理（选考一门）专业组617分、化学/生物（选考一门）专业组613分、物理/化学/生物（选考一门）专业组607分、物理必考专业组607分、化学必考专业组606分、物理+化学必考专业组606分、化学/生物（选考一门）中加合作办学专业组601分、物理/化学/生物（选考一门）中加合作办学专业组 595 分。在校生 25 352 人，其中，研究生 6791 人（博士生 1400 人、硕士生 5391 人）、普通本科生 13 693 人、成人教育本专科生 4868 人（本科生 4353 人、专科生 515 人）。留学生毕业 80 人、招生 63 人、在校生 273 人。网址：www.bjfu.edu.cn。

【年度重点工作】

党建思政工作 举办党委委员学习研讨班、教工党支部书记读书班、首期教工青马班；召开党的政治建设工作会，印发《加强党的政治建设若干措施》《开展政治监督工作实施办法》；获批"北京市重点建设马克思主义学院"；推进思政课 100% 中班教学；建立 3 级网评员队伍；建立意识形态工作专家库和工作约谈制度；开通学习强国和人民网"北林号"；获选 2020 年度人民网优秀校园新闻作品；水保、经管、马院全国党建"标杆院系""样板支部"结项验收；3 个党组织获评"北京高校先进党组织"，3 名党员获评"北京高校优秀共产党员""北京高校优秀党务工作者"；实施《政治素质考察负面清单》制度；制定《领导干部用权行为规范》；制定《思政工作体系任务台账》；实施爱国主义宣传教育八大行动计划；出台《落实全面从严治党主体责任实施细则》《规范校纪委内部机构设置及持续深化"三转"实施意见》。

学科建设 完成"双一流"周期建设自评估，专家一致认为学校林学学科整体进入世界一流学科行列，风景园林学科进一步巩固世界一流学科行列地位，部分领域进入了世界一流前列；构建起支撑山水林田湖草沙系统治理的"雁阵式"学科体系，学科交叉融合体系初步建成；推进第五轮学科评估参评工作，四轮 14 场调度提升参评质量；完成 8 个类别专业学位水平评估；完成 3 个国家级平台管理隶属调整。

人才培养 打造在线教学"北林模式"，获评全国在线教学示范高校；成立"五分钟林思考"课程思政工作室；召开研究生教育工作会议暨研究生院成立 20 周年纪念大会；推出研究生教育"1358"质量工程；修订 30 个学科研究生培养方案；制定一流专业建设点三年规划；获批 8 项国家级新农科项目；承办首都高校第 58 届学生田径运动会。

教师队伍建设 建立师德年度考核指标体系和制度体系；实施"五五工程"；制订教师教学能力提升方案，培训 3000 余人次；引进国家级重大人才项目入选者 4 人，海内外领军人才和优秀青年人才 20 余人；新增北京高校优秀本科育人团队 1 个、北京市级教学名师 2 名以及"宝钢教育基金优秀教师奖"2 项。

科学研究 科研经费连续两年突破 3 亿元；国家自然科学基金数量再创新高；国家重点研发计划项目总量稳居林业高校首位；获批北京市社科基金重大项目；制定国家标准 4 项，审定国家良种 4 个；获梁希林业科技奖等重要奖项一等奖 7 项；开展林草花卉种质创新"卡脖子"技术攻关；黄河研究院新增 4 个省部级科技平台；举办"北京林木花卉优新品种推介交流会"；两本英文期刊入选中国科技期刊卓越行动计划项目，进入 JCR 林学和森林生态领域 Q1 区。

制度建设 深化破"五唯"改革，完成 32 个学校层面、93 个单位层面规章制度"废改立"；出台《关于机构改革指导意见》，推进大部制运行，成立综合保障部、社会服务和综合研究部，精简调整 24 个内部机构；启动第四聘期工作，深化人事制度改革，构建和完善岗位设置体系、聘期任务体系、岗位聘用体系、考核评价体系、收入分配和激励奖励体系；出台《采购管理办法》等制度文件；启动"智慧北林"建设工程。

优化办学环境 推进林科科研实验楼和体育中心项目，档案馆搬迁改造和校史馆建设；"林业生态与林木资源高值化利用创新平台"项目获批资金 7700 万元；建成"林之心"生态景观综合体；推进垃圾分类；开展爱国卫生十大行动。

校园安全管理 系统梳理各类隐患，健全制度及责任体系，提升安全管理水平。调整实验室安全工作领导小组，出台多项安全管理制度，师生安全意识明显提升，安全隐患大幅消减。设立总值班室，健全值班与应急处突工作体系。

社会服务 召开深入学习贯彻习近平总书记在黄河流域生态保护和高质量发展座谈会上的重要讲话精神座谈会；编撰国内首部黄河流域生态文明建设绿皮书；以绿色科技支撑冬奥会崇礼赛区生态建设；深度参与四个国家生态文明试验区建设；全面参与青藏高原第二次综合科考；与 11 家单位签署战略合作协议；成功帮助科右前旗脱贫摘帽；全方位开展教育扶贫、科技扶贫、产业扶贫、生态扶贫、消费扶贫，超前超额高质量完成中央单位定点扶贫责任书全部任务，扶贫干部张骅获"全国脱贫攻坚先进个人"荣誉称号，国务院扶贫办《扶贫简报》专门报道学校扶贫工作成效。

国际合作 与联合国粮农组织签署合作备忘录；与法国农科院等单位签署四方联合协议；签署"全球挑战大学联盟"加盟协议；获教育部首批"高层次国际化人才培养创新实践基地"；有序推进国际在线授课；国际学院独立运行，提升国际化教育水平。

【抗疫情况】 北京林业大学取得了"无疫校园""无疫社区"创建的重大成果。一是切实发挥党委领导核心作用，全力应对疫情大战大考。在疫情肆虐紧要关头，学校迅速构建指挥决策机制，健全防控工作体系，成立疫情防控领导小组，由党委书记和校长担任组长，组建由校领导任组长的 11 个专项工作组。学校全面构建疫情防控网络体系，选派 22 名干部下沉林大社区一线，补齐防控工作短板，接续打赢 5 场防控战疫，取得"稳住人""划片区""抓学业促就业""升级别""常态化"的战疫胜利，全校师生无一例感染和疑似病例。二是组织基层党组织和党员在关键时刻发挥作用。校党委要求各级党组织和广大党员干部冲锋在前、共克时艰，对党员干部提出"六个带头""五个严禁"要求，制订《疫情防控工作激励奖励和责任追究实施办法》。印发通知要求院（系）党组织充分发挥政治优势和组织优势，为打赢疫情防控战疫提供坚强保障。全校各级党组织、广大党员闻令而动、主动出击，校医院和林大附小党支部率先请战，带出好头；634 名党员教职工带头参加社区志愿值守，带动近千名志愿者值守 3500 余人次；全体教师扎实做好"两不停"（停课不停教、停课不停学）工作，出色完成近3000门课程线上教学，创新毕业答辩模式，线上就业服务不停歇，确保2020届毕业生顺利毕业、稳定就业；千名教职工加入服务学生工作队，为毕业生打包行李2万余件，在特殊的毕业季上了一堂情怀深厚的思政实践课；迅速开发健康打卡系统，及时推出"北林健康宝"，部署校园出入口智能管理系统；后勤人员日夜坚守。

【与联合国粮食与农业组织签署合作备忘录】 北京林业大学与联合国粮食与农业组织（简称"联合国粮农组织"）签署合作备忘录，正式建立合作伙伴关系。合作备忘录旨在为北林大与联合国粮农组织开展森林与生态保护领域的全方位合作提供框架基础，合作内容涉及森林健康、森林入侵生物防治、古树复壮、森林防火、森林生态恢复等。具体合作形式包括共建"联合国粮农组织——北京林业大学森林健康与保护能力建设与技术推广中心"，推荐学校师生赴联合国粮农组织任职或实习，通过举办国际会议、研讨会、培训班等进行专业学术交流，共同开展森林健康与保护专业技术推广等。

【牵头组织编写《基层党组织书记工作案例（高校版）》】 受中共中央组织部党员教育中心、教育部思想政治工作司委托，由北京林业大学负责牵头组织实施的全国党员教育培训教材《基层党组织书记工作案例（高校版）》正式出版。学校党委书记王洪元担任编委会执行主任。该书收录了近年来全国高校推进全面从严治党、抓好党建主责主业，坚持立德树人、加强和改进师生思想政治工作，实现党建工作与业务工作同频共振、推动学校事业发展等方面的典型案例。北京林业大学理学院党委《探索"盲评式"党课，创新党员教育新模式》案例也被该书收录其中。该书编写自2018年6月启动。在中共中央组织部党员教育中心、教育部思想政治工作司的全程指导下，北京林业大学党委协调9所高校，13位有丰富党建工作经验的党务工作者组成编委会，面向全国高校收集工作案例786个。编委会最终选定全国高校88个优秀案例成书，由党建读物出版社正式出版发行。

【校史编撰工作启动】 7月17日，北京林业大学校史编撰工作启动会召开。校史编撰是对学校办学历史的全面回顾和系统总结，是校党委一项十分重要的工作。相关负责人介绍了校史编撰工作小组名单、职责任务、参与校史编撰人员考核管理办法、校史编撰具体工作计划。党委书记王洪元要求有关单位要高度重视，认真落实，确保校史编撰工作顺利开展。

【"双一流"建设周期总结专家评议会】 9月16日，北京林业大学"双一流"建设周期总结专家评议会召开。会议邀请8位相关学科领域专家组成专家组，对北京林业大学"双一流"建设展开评议。专家组认为，北京林业大学"双一流"建设思路清晰，工作推进扎实有力，围绕五大建设任务、五大改革任务和两个学科群建设，在校党委的全面领导下，建设高质量人才培养体系、产出高水平科研成果、引育国际化的师资队伍、传播绿色文化、推进国际交流合作、构建社会参与机制、完善内部结构治理、利用社会资源办学、实现关键环节突破和促进区域经济社会发展等方面取得重要进展，成效显著。学校严格按照建设方案全面完成了周期建设任务，部分指标超额完成。林学学科标志性成果突出，整体进入世界一流学科行列，连续四次学科评估全国排名第一；风景园林学学科通过国际评估，进一步巩固和提升了世界一流学科行列地位，部分领域进入世界一流学科前列；第三方评价优秀，达到世界农林类顶尖学科地位。

【"林之心"景观改造项目竣工落成】 9月17日，学校"林之心"景观改造项目竣工落成。该项目是学校党委为改善办学条件、强化校园环境育人功能，在校医院旧址临建房拆除后系统谋划的重点工程项目。主要包括林中博物馆、林中密语、林之心生物圈环、梅园、樱花步道、校史泉、林沼、林莩、光雨之泉9处特色景观节点和19处景观设计节点。项目实现了校园建设史上的"八个突破"：学校面积最大的综合型景观体，当时建设难度最大的景观工程，自1979年返京复校后首个规模化水系景观，首个系统完整的校园生态景观群，首个承载学校发展历史和文化意蕴的室外景观，首个将现代科技、交互技术和绿色理念融为一体的智慧园林景观，首个在校园内实现教学、科研、文化交流功能于一体的自然教育实践基地，为高校校园生态文化建设提供独特的示范性案例。

【深入学习贯彻习近平总书记在黄河流域生态保护和高质量发展座谈会上的重要讲话精神座谈会】 于10月16日在北京林业大学召开。国家林业和草原局副局长彭有冬、科技司司长郝育军，中国工程院院士沈国舫、尹伟伦，全体校领导出席会议。黄河流域生态保护和高质量发展研究院成立以来新批复立项各类项目219项，总经费8000余万元，其中国家级项目（课题）35项。主要围绕青藏高原生物多样性调查、三江源生态建设效益与生态服务功能评估、重要湿地生态功能调控、防护林结构与功能优化、开采矿区生态修复、城镇人居景观质量提升等方面开展技术攻关与服务支撑，相关研究成果荣获省部级奖励14项。与沿黄流域11个地方政府、5所高等院校、4个相关企业签署合作协议，支撑服务区域生态建设与社会经济发展。打造了《黄河生态文明绿皮书》品牌，首个绿皮书——2020年《黄河流域生态文明建设发展报告》编撰完成。

【获首都高校第58届学生田径运动会最佳承办奖】 10月17~18日，首都高校第58届学生田径运动会在北京林业大学举行，学校获颁赛会最佳承办奖。该届运动会由北京市教委、市体育局主办，市大学生体育协会、北京林业大学承办。该届运动会是北京市在疫情防控常态化下举办的首个大型学生体育赛事。北京林业大学代表队获得1枚金牌、4枚银牌、5枚铜牌，获得了男子团体总分第3名、女子团体总分第6名、男女团体总分第4名的成绩。

【北京地区高校实践育人工作联盟成立大会】 于10月

24日在北京林业大学鹫峰实验林场召开。高校思想政治工作创新发展中心(北京林业大学)办公室相关负责人代表联盟成立大会筹备工作小组，宣读了联盟筹备工作报告。会议宣读了联盟理事会成员名单。与会领导共同为"北京地区高校实践育人工作联盟"揭牌。会议通过了《北京地区高校实践育人工作联盟章程》，推选北京林业大学作为联盟理事长单位，北京航空航天大学、中国农业大学、北京科技大学为副理事长单位。来自20个联盟成员单位负责实践育人工作的师生代表，围绕抗疫期间实践育人工作的典型经验做法、新时代青年如何弘扬和践行伟大抗疫精神，以及如何构建实践育人工作长效机制等议题，展开深入细致的交流。

【中国"绿都"评价结果发布】 11月6日，在第十六届海峡两岸(三明)林业博览会开幕式上，北京林业大学发布了中国"绿都"评价研究成果。福建省三明市、吉林省白山市、浙江省丽水市、安徽省黄山市及内蒙古自治区呼伦贝尔市获中国"绿都"评价前五名。该研究论证了"绿都"的科学内涵，创建了包含5个二级指标、44个三级指标的"绿都"评价指标体系。项目组从全国297个地级及以上城市中选出53个城市纳入最终评价名单，通过了由中国社会科学院等多个单位组成的专家组评审。

【录取通知书在国际设计大赛(亚太区)中获金奖】 2020第七届法国INNODESIGN PRIZE国际创新设计大赛(亚太区)获奖名单公布，学校艺术设计学院教师胡贤明设计的2018年录取通知书《信念种子》荣获平面设计类金奖。

【首期教工青年马克思主义者培训班】 11月17日，北京林业大学首期教工青年马克思主义者培训班开班仪式暨第一次理论学习培训举行。首期教工青年马克思主义者培训班由校党委书记、党校校长王洪元担任班主任，共设置理论学习、专题辅导、个人自学、实践锻炼、导师指导、现场教学6个模块，为期半年。校领导为授课讲师颁发党校兼职教师聘书。党委组织部负责人介绍培训班课程安排。马克思主义学院教授主讲理论学习第一讲。校领导与学校挂职干部教师、院(系)级党组织书记代表、党委职能部门干部代表、授课教师代表、培训班联络员共同参加学习。

【校关工委获全国关心下一代工作先进集体称号】 11月17~18日，中国关工委成立30周年暨全国关心下一代工作表彰大会在北京召开，北京林业大学关工委获全国关心下一代工作先进集体称号。学校关工委工作规章制度、工作机制健全，实现了二级关工委全覆盖。成立9个工作组，实行现职职能部门负责人担当任务组长，老同志任执行组长的"双组长制"，实施"青蓝工程"，对青年教师实行"双导师制"；针对经济特困生开展"阳光优材"工程项目。"阳光优材"工程项目导师团队多次获"北京教育系统老党员先锋队""北京教育系统关工委先进集体"称号。学校申报的《实施"阳光优材"项目——促进家庭经济困难学生健康成长成才》获北京市委教育工委特等奖。

【第八届教代会、第十六届工代会】 11月28~29日，北京林业大学第八届教代会、第十六届工代会召开。大会应到正式代表243名，请假9名，实际到会234名。北京市教育工会主席宋丽静、校党委书记王洪元、校长安黎哲、校党委副书记谢学文、校党委副书记孙信丽、副校长骆有庆、副校长李雄、副校长邹国辉、4名特邀代表、12名列席代表参加开幕式。校党委书记王洪元、校党委副书记谢学文、校党委副书记孙信丽、副校长骆有庆、副校长李雄、副校长邹国辉出席闭幕式。会议通过了第八届教代会执委会主任、副主任以及5个专门工作委员会主任委员名单，《第八届教职工代表大会决议(草案)》，第十六届工会委员会主席、常务副主席、副主席、5个专门工作委员会主任委员名单以及工会经费审查委员会主任、副主任、委员名单，《第十六届工会会员代表大会决议(草案)》。

【林学院"五分钟林思考"课程思政工作室成立】 12月4日，林学院"五分钟林思考"课程思政工作室揭牌仪式举行。校党委书记王洪元，校党委副书记、纪委书记王涛出席活动，为工作室揭牌。相关职能部门负责人，林学院班子成员，林学院"五分钟林思考"课程思政工作室成员、教师和学生党员代表等近200人参加揭牌仪式。工作室选树9支重点团队，并聘请11名政治理论水平高、思政工作经验丰富的专家和领导干部为"五分钟林思考"课程思政重点团队导师。林学院是全国"三全育人"综合改革试点院系，"五分钟林思考"课程思政是学校"三全育人"综合改革的重点内容。

【校友会第二届会员代表大会暨第一届理事会换届会议】 12月6日，北京林业大学校友会第二届会员代表大会暨第一届理事会换届会议召开。大会审议通过《北京林业大学校友会第一届理事会工作报告》《北京林业大学校友会第一届理事会财务工作报告》；审议通过《北京林业大学校友会章程(修订稿)》。会上，115人当选北京林业大学校友会第二届理事会理事，19人当选北京林业大学校友会第二届理事会常务理事，校长安黎哲当选新一届北京林业大学校友会会长，校党委副书记谢学文、校党委副书记孙信丽、副校长邹国辉当选副会长，校友工作办公室主任王平当选秘书长。

【科技服务2022年北京冬奥会(张家口赛区)工作推进会】 12月8日，学校召开科技服务2022年北京冬奥会(张家口赛区)工作推进会。学校共有14个团队、17个科技项目服务北京冬奥会张家口赛区和延庆赛区的生态保护、生态治理、景观设计、森林防火、野生动植物保护等领域，共获批财政资金1883余万元。校党委书记王洪元对各个团队前期开展的工作给予高度肯定，对进一步统筹做好科技服务北京冬奥会工作提出要求。相关负责人分别介绍了生态建设战略合作项目进展情况、科技项目开展情况及下一步工作计划。

【马克思主义学院获批"北京市第二批重点建设马克思

主义学院"】 12月18日，北京市委宣传部、北京市委教育工委审核批准北京林业大学马克思主义学院为第二批北京市重点建设马克思主义学院。学院坚持"政治建院、教学立院、学科强院、人才兴院、特色办院"思路理念，培养具有深厚马克思主义理论功底、在学科领域有影响力的名师大家、骨干教师，打造具有思想性、理论性和亲和力、针对性的思政课"金课"和"最美课堂"，产出有前瞻性、指导性的高质量理论和实践研究成果。

【2020年全国插花花艺职业技能竞赛总决赛】 12月20~21日，2020年全国行业职业技能竞赛全国插花花艺职业技能竞赛总决赛在北京林业大学举行。竞赛由中国插花花艺协会、中国就业培训技术指导中心、国家花卉工程技术研究中心共同举办，总决赛由北京林业大学承办。以"新时代、新技能、新梦想"为主题，首先在7个分赛区进行初赛，在上海进行复赛，60名高水平插花花艺技能人才进入决赛。比赛决出职工组一等奖4名，二等奖8名，三等奖11名；学生组一等奖2名，二等奖4名，三等奖6名。

【研究生教育工作会议暨研究生院成立20周年纪念大会】 12月31日，北京林业大学研究生教育工作会议暨研究生院成立20周年纪念大会召开。会议以"深化学位与研究生教育综合改革，实现研究生教育高质量创新发展"为主题。校党委副书记孙信丽主持会议，教育部学位管理与研究生教育司研究生培养处处长郝彤亮肯定了学校研究生教育做出的有益探索和取得的各项成绩；校党委书记王洪元对进一步加强学校研究生教育工作提出4个方面要求；校长安黎哲作主题报告。

（北京林业大学由焦隆供稿）

东北林业大学

【概　述】 2020年，东北林业大学设有研究生院、19个学院和1个教学部，有68个本科专业、19个国家级一流本科专业建设点，8个一级学科博士点、21个一级学科硕士点、17个类别的专业学位硕士点，9个博士后科研流动站，1个博士后科研工作站。拥有林业工程、林学2个世界一流建设学科，生物学、生态学、风景园林、农林经济管理4个国内一流建设学科，3个一级学科国家重点学科、11个二级学科国家重点学科、6个国家林草局重点学科、2个国家林草局重点（培育）学科、1个黑龙江省重点学科群、7个黑龙江省重点一级学科。有4个黑龙江省领军人才梯队、4个黑龙江省"头雁"团队。有国家发改委和教育部联合批准的国家生命科学与技术人才培养基地、教育部批准的国家理科基础科学研究和教学人才培养基地（生物学），是国家教育体制改革试点学校，国家级卓越工程师和卓越农林人才教育培养计划项目试点学校，教育部深化创新创业教育示范高校，全国高校实践育人创新创业基地。学校有植物学与动物学、农业科学、化学、材料科学、工程学5个学科进入ESI全球排名1%。与近30个国家和地区的100余所高等院校和研究机构建立了校际合作关系。

学校有研究生、全日制本科生2.6万余人，其中本科生19 339人，研究生7273人，留学生417人。有教职员工近2300人，其中专任教师近1300人。有中国工程院院士2人，"长江学者"特聘教授4人、青年学者3人，国家杰出青年基金获得者2人，国家优秀青年科学基金获得者5人，全国"百千万人才工程"人选3人，新世纪"百千万工程"人选3人，"万人计划"科技创新领军人才2人，教学名师1人，青年拔尖人才1人，"青年人才托举工程"入选者7人，"新世纪优秀人才支持计划"入选者25人。享受国务院政府特殊津贴专家28人，国家有突出贡献中青年专家2人，省部级有突出贡献中青年专家8人，"龙江学者"特聘教授11人、青年学者6人，有教育部"长江学者和创新团队发展计划"创新团队2个，首批全国高校黄大年式教师团队1个。

学校拥有优良的教学科研平台和实践教学基地。有林木遗传育种国家重点实验室（东北林业大学）、黑龙江帽儿山森林生态系统国家野外科学观测研究站；有森林植物生态学、生物质材料科学与技术、东北盐碱植被恢复与重建、森林生态系统可持续经营4个教育部重点实验室，6个国家林业和草原局重点实验室，14个黑龙江省重点实验室；有2个教育部工程研究中心，3个国家林业和草原局工程技术研究中心及猫科动物研究中心，3个高等学校学科创新引智基地（其中1个升级为2.0项目），有林学、森林工程、野生动物3个国家级实验教学示范中心，森林工程、野生动物2个国家级虚拟仿真实验教学中心，6个省级实验教学示范中心；有3个国家林业和草原局生态系统定位研究站，1个省哲学社会科学研究基地，5个省级普通高校人文社会科学重点研究基地，2个省级智库；有国家林业和草原局野生动植物检测中心、国家林业和草原局工程质量检测总站检测中心等；有帽儿山实验林场、凉水实验林场等7个校内实习基地、299个校外教学实习基地和111个校外研究生实习基地。

【党建与思想政治工作】 2020年，学校发挥党建引领作用，落实立德树人根本任务。组织师生深入学习贯彻党的十九届四中、五中全会精神，巩固深化"不忘初心、牢记使命"主题教育成果，首次获评"全国文明校园"，获评"全国关心下一代工作先进集体"。加强学校领导班子建设，选拔补充副校长1名。启动实施"一院一品、一支一特"党建质量提升工程，获评全国第二批高校"双带头人"教师党支部书记工作室1个。对6个学院开展校内巡察，一体推进巡视整改和主题教育整改。选树先进典型，1个学院荣获全省"师德先进集体"称号，4名教师分获全省"师德先进个人""黑龙江省五一劳动奖章""黑龙江省最美女职工志愿者""龙江工匠"称号。持续推进"树人工程",加强"三全育人"。受新冠肺炎疫情影响,在毕业生未返校的情况下,全校教师、党员干部为5857名毕业生打包邮寄2.3万多件行李,为毕业生上了"最后一堂思政课"。2名学生获评"中国大学生自强之星",校团委再次荣获"全国五四红旗团委"称号。

【教育教学】 统筹推进新冠肺炎疫情防控与教育教学"两手抓、两不误",疫情防控做到起步早、落实快、信息准、措施实、覆盖全、决策准,确保师生健康和校园安全。组织开展101场次的教学工具培训、示范教学培训和课程建设项目专题培训,参训教师达1500余人。启动在线教学课程1916门,开设在线课堂4110个,参与在线教学的教师1466人、本科生19 290人,到课率达99.6%,顺利完成在线教学、在线考核和在线教务管理等工作。面对疫情影响,打造"云就业"体系,积极对接地方和企业,确保毕业生顺利就业,全年共吸引7955家(次)企业进校开展招聘活动,组织线上大型双选会15场、区域中型招聘会11场、线下专场宣讲会443场,提供招聘岗位8000余个,组织线上线下就业指导咨询、生涯规划工作坊等活动40多场。

推进"以本为本",出台一流本科课程建设实施方案,立项建设60门校级一流本科课程,认定212门校级在线开放课程,增设16门通识教育选修课。获批2020年度国家级一流本科专业10个,获批首批国家级一流本科课程13门。获批国家级新农科研究与改革实践项目6项、国家级新工科研究与实践项目1项、教育部产学合作协同育人项目21项,获批国家级农林高校教师教学发展示范中心建设项目。加强线上线下混合式课程线上资源建设,1名教师荣获第二届全国线上线下混合式教学设计创新大赛一等奖和华为产学合作专项奖。新增教学实习基地12个,在帽儿山林场开设了20门林科实践教学在线课程。推动"新农科+新工科+基础学科"的交叉融合,建设生物科学拔尖人才成栋班,优化人才培养模式。加强教材建设,启动"优秀研究生课程及教材建设"项目,有10部教材荣获首届黑龙江省教材建设优秀奖,其中特等奖1项。新增1个工程专业认证。教学成果突出,获得省高等教育教学成果奖11项,其中一等奖4项、二等奖7项。在第五届黑龙江省高校青年教师教学竞赛中获得一等奖1项、二等奖2项,获得全省高校思想政治理论课教师教学竞赛一、二、三等奖各1项。在全国率先实施推免研究生"支林"计划,服务林草行业和龙江振兴。

【学科建设】 顺利完成"双一流"建设周期总结,林学、林业工程2个一流学科建设的达成度和符合度较高,顺利通过了专家评审。加强业务培训和指导,完成第五轮学科水平评估总结参评工作。不断优化学科布局,积极申报5个博士授权点、1个专业硕士学位授权点。新增1个学科进入ESI全球排名前1%。扎实推进一流学科建设,通过以点带面,推动学校高质量发展。建立博士生招生计划动态分配机制,全面推行博士生招生"申请-考核"制,完善博士生招生制度体系,大力推进向高端人才、高水平导师、高层次科研平台、国家重大战略以及国家重大科研项目等倾斜,完成按一级学科招生改革任务,首次获批"乡村振兴专项"硕士联合培养项目。扩大研究生招生规模,博士生增招46人,增幅19.74%;全日制硕士生增招740人,增幅44.58%。

【师资队伍建设】 创新引才机制,实施"成栋英才引进计划",新引进人才到校工作52人,招收了34名博士后人员,引才数量、质量大幅提升,人才结构大幅改善。启动实施"成栋英才培育计划",出台成栋名师奖励与培育计划,培养具有行业影响力的领军人才,新增"长江学者"特聘教授1人、青年学者1人,"万人计划"青年拔尖人才1人,"万人计划"教学名师1人,国务院政府特殊津贴3人,省政府特殊津贴3人。获批各类国家级、省部级博士后项目28项。"引培稳激"人才队伍建设新机制的经验做法被教育部简报全文刊发,得到了上级部门的高度肯定。

【科学研究】 谋划科研布局,提升科技创新和服务能力。全年新增科研立项895项,合同经费超过1.65亿元,获得国家自然科学基金项目48项(其中国家优青1项)、国家社科基金年度项目3项、后期资助项目1项,获得国家科技基础资源调查项目6项,获得省自然科学基金项目48项。横向项目签约544项,合同经费超过8800万元,较上一年增幅达67%。获得各类科研奖励59项,其中省科学技术奖9项、省社会科学优秀成果奖23项、梁希林业科学技术奖11项。在《自然》(Nature)子刊、《科学》(Science)子刊等高水平刊物上作为第一完成单位发表论文12篇、参与完成发表8篇,1篇论文入选2019年中国百篇最具影响力国际学术论文。获得授权专利821件、软件著作权48件,转让专利26件。新增国家林草局"国家长期科研基地"1个、"国家林业和草原工程技术研究中心"1个、"黑龙江省重点实验室"2个,1个协同创新中心正式进入省级协同创新中心建设序列,成立了"生态产业发展研究院"。获评第二批全国林草科技创新领军人才1人、青年创新人才2人、创新团队1个。获得哈尔滨市"雏鹰计划"中"科技创业企业资助类"14项,资助金额870万元。利用自主科研基金,实施秸秆综合利用研究专项计划。《东北林业大学学报》再次获评"2020年度中国高校百佳科技期刊";《林业研究》(英文版)获"第二届黑龙江省出版奖——优秀期刊奖",第7次入选"中国最具国际影响力学术期刊",位列中国(不含港、澳、台地区)林业综合期刊第一名。图书馆获批成为世界知识产权组织的技术与创新支持中心(TISC)。帽儿山林场、凉水林场和森林博物馆入选第五批全国林草科普基地,其中森林博物馆被评为全国林业高校中唯一一个"国家二级博物馆"。

【国际国内交流合作】 召开学校外事工作会议,获批国家外专局引智项目26项,一个引智基地获批升级为"2.0项目"。积极推动留学生教育,连续3年荣获"中国政府优秀来华留学生奖学金"。中外合作办学机构奥林学院深化人才培养改革,成立了东北林业大学奥林国际联合研究院,建设特色明显。校企、校地合作不断拓展,与多家企业事业单位深度对接,与牡丹江市、七台河市、绥化市、大兴安岭地区、绥芬河市、青冈县、荔波县、黑龙江省直厅局等签订校地合作协议10余项。加强校友会和基金会工作，新增捐赠项目5项，新建省级校友会2个。

【定点扶贫工作】 发挥科技人才优势，助力泰来县"脱贫摘帽"。超额完成年度扶贫责任书各项承诺指标，全年投入、引进、消费各类帮扶资金912.19万元，帮助销售贫困地区农产品361.79万元，培训干部人才1135人次，形成督促指导报告4份，在定点扶贫泰来县成立了扶贫共享工厂直营店，助力泰来县做好脱贫攻坚与乡村振兴有序衔接。东林扶贫车间、食用菌产业、秸秆还田等扶贫项目被中央电视台、黑龙江卫视等媒体报道，邹莉教授扶贫事迹获得教育部"微言教育"宣传报道，1人获评最美林草科技推广员，学校荣获黑龙江省脱贫攻坚组织创新奖。

【"十四五"规划】 科学谋划"十四五"，推进教育评价与人事机制改革。深入研究中央和省委"十四五"规划建议稿的主要内容，启动"十四五"规划编制工作，拟定了"1+8+21"的规划框架，推进各项规划有序衔接，形成了"十四五"规划草案。

【教育评价改革】 全面启动教育评价改革，成立了党委书记和校长任双组长的领导小组和6个专项工作小组，细化了改革任务，系统推进落实改革的规范性、指导性、方向性意见。推进基于岗位任期目标责任制基础上的绩效收入分配改革，出台了任期目标责任制管理实施方案、岗位绩效工资分配暂行办法，提高教职工干事创业的积极性。

【校园建设】 持续改善办学条件，不断健全治理体系。林学科研楼主体工程顺利完工，开工建设3号学生公寓，全力推进公用房屋修缮、基础设施改造、配套设施建设等，完成了校园西路等校园绿化美化和工程配套移植等工程，改善了学生就餐、住宿、运动、购物等生活环境，校园面貌焕然一新。学校连续63年无森林火灾。

【创新创业教育】 加强学生创新创业教育，不断提高学生创新能力。全年立项各级大学生创新创业训练项目、科研训练项目568项，申请专利246件。在第十二届"挑战杯"中国大学生创业计划竞赛中，学校首次捧得"优胜杯"，获得2金1银5铜，获奖层次和数量创历史最好成绩。连续4年荣获国际遗传工程机器设计大赛金奖。在黑龙江省"互联网+"大学生创新创业大赛决赛中获得金奖4项、银奖13项、铜奖17项，创历史新高。

【承办第十二届"挑战杯"竞赛】 承办第十二届"挑战杯"中国大学生创业计划竞赛。大赛由共青团中央、教育部、中国科协、全国学联、黑龙江省人民政府主办，东北林业大学、共青团黑龙江省委共同承办，共吸引包括港澳地区在内的全国2786所学校的17.9万个项目报名参加，参赛学生92.4万，设计开展的8项系列主题活动吸引参与学生680.2万人次。

（东北林业大学由林岩供稿）

南京林业大学

【概　述】 2020年，南京林业大学有22个学院(部)，78个本科专业，8个博士后流动站、8个博士学位授权一级学科、24个硕士学位授权一级学科。6个学科(工程学、植物与动物科学、农业科学、材料科学、化学、环境与生态学)进入ESI全球机构学科排名前1%，1个国家一流学科(林业工程)，2个一级学科国家重点学科(林业工程、生态学)，4个二级学科国家重点学科(林木遗传育种、林产化学加工工程、木材科学与技术、森林保护学)，1个江苏省一级学科国家重点学科培育点，5个江苏高校优势学科，9个国家林业局重点学科(含培育)，6个一级学科江苏省重点学科(含培育)。在全国第四轮学科评估中，林业工程、林学获"A+"、风景园林学获"A-"。

全校有教职工2396人，其中专任教师1771人。具有高级职称1103人，中国工程院院士2人，长江学者奖励计划特聘教授1人，国家杰出青年基金获得者1人，江苏省"333工程"第一层次首席科学家4人，省级教学名师3人，江苏特聘教授29人，省部级有突出贡献的中青年专家14人。在校生32 944人，其中普通本科生24 475人，研究生6440人，成人教育学生2029人。2020年度招生9474人，其中普通本科生6257人，研究生2395人，成人教育学生822人。毕业6651人，其中普通本科生4380人，研究生1546人，成人教育学生725人。在校留学生253人，本年度招生118人，毕业18人。

2020年，江苏省委副书记任振鹤、南京市委书记张敬华、江苏省副省长马秋林等调研南京林业大学白马教学科研基地，南京林业大学与南京市溧水区人民政府合作共建白马校区签约。智能制造工程专业、食品质量与安全专业获教育部备案审批，中国林业与林产品概况、遥感原理与应用、森林资源的化学加工利用、竹林培育、森林土壤学、环境科学基础与进展6门课程入选江苏高校外国留学生英文授课省级精品课程。新增应用统计硕士专业学位授权类别，南方现代林业协同创新中心通过教育部认定。

【江苏句容下蜀林场综合性国家长期科研基地获批】 5月，国家林草局公布第二批60个国家林业和草原长期科研基地名单，南京林业大学申报的"江苏句容下蜀林场综合性国家长期科研基地"获批。是学校继南京白马亚热带现代林业国家长期科研基地获批后又一科研平台。该科研基地重点研究特色种质资源收集、新品种选育、人工林可持续经营、森林生态系统的生物学和生态学过程、植被恢复理论与技术，对林木种质资源的长期保存与利用具有战略地位。

【承办国际智慧康养家具设计与工程暑期学校】 8月17日，由江苏省教育厅指导、江苏省农学类研究生教育指导委员会主办、南京林业大学承办的江苏省研究生"国际智慧康养家具设计与工程"暑期学校开学。副校长李维林出席开幕式，研究生院院长尹佟明，家居与工业设计学院、国际教育学院相关负责人、师生代表参加。开幕式采取线上方式同步进行，意大利托斯卡纳家具与室内装饰协会主席 Piero Pii、会长 Irene Burroni、海太欧林集团总经理李先龙，来自全国40余所高校、近百位暑期学校研究生和本科生学员和意大利佛罗伦萨大学研究生学员等通过视频会议方式参加活动。南京林业大学吴智慧教授应邀作专题报告。暑期学校为期12天，其间邀请来自意大利佛罗伦萨大学、美国哈佛大学、南京林业大学等高校的教授组成资深专家团队举办学术报告。

【江苏省研究生木质纤维生物质化学与材料学术创新论坛】 8月17~18日，论坛在南京林业大学召开，论坛开幕式通过线上线下联动方式举行，南京林业大学副校长勇强、中国林业科学研究院蒋剑春院士出席线下活动，来自华南理工大学、北京林业大学、南京林业大学等18所高校院所的67位研究生代表参加活动。中国科学院化学研究所韩布兴院士、中国科学技术大学俞书宏院士等通过线上方式出席活动。开幕式后，韩布兴院士、蒋剑春院士、俞书宏院士分别作了的主题报告。论坛围绕木质纤维高值化利用主题，设置了纳米纤维素与纤维素材料、生物质能源与化学品、木质纤维生物质及其复合材料3个专题。华南理工大学王小英教授，中科院宁波材料所朱锦研究员，北京林业大学彭锋教授，中科院大连化学物理研究所李昌志研究员，东北林业大学陈志俊教授，南京林业大学姚建锋教授、郭家奇教授等作学术报告，内容涵盖生物质基抗菌剂、可降解聚酯、分离膜、能源化学品合成等木质纤维化学与材料领域等。

【与南京市溧水区人民政府合作共建白马校区】 8月18日，南京林业大学与南京市溧水区人民政府合作共建白马校区和农业科技创新港签约仪式在白马农业国际博览中心举行。江苏省、南京市相关领导，示范区专家咨询委员会成员代表，南京林业大学全体校领导等出席签约仪式。南京市委副书记、市长韩立明出席并讲话。校党委书记蒋建清与溧水区委书记薛凤冠共同签署合作共建协议。南京林业大学白马校区总体规划占地面积约86.67公顷，校舍建筑面积约75万平方米，一期（至2023年）将合作建设约40万平方米的教学、科研及配套用房。会上，南京国家农高区管理委员会（筹）正式揭牌成立。会议举行了南京国家农高区专家咨询委员会专家学者聘书颁发仪式，中国工程院院士曹福亮和南京林业大学校长王浩获聘。

【曹福亮等获新农科研究与改革实践项目】 9月4日，教育部《关于公布新农科研究与改革实践项目的通知》，曹福亮院士负责的"智慧林业专业建设探索与实践"、徐勇教授负责的"面向现代林业产业发展需求林业工程类专业提升改革与实践"、王浩教授负责的"面向农林产业的园林类人才产教融合培养模式的创新和实践"获教育部新农科研究与改革实践项目。

【首期国家木竹产业技术创新战略联盟硕士班】 9月14日，开学典礼在南京林业大学举行。国家木竹产业技术创新战略联盟理事长、中国林科院副院长储富祥，南京林业大学校长王浩，国家木竹联盟理事会秘书长、中国林科院木材工业研究所所长傅峰等出席开学典礼。专家代表及首期联盟硕士班学生等80余人参加。储富祥代表国家木竹联盟向首期联盟硕士班的成立表示祝贺，介绍了该联盟作为中国林业行业首批国家级产业技术创新战略联盟的情况。宋红竹、卢兵友、徐伟等分别代表国家林业和草原局、中国农村技术开发中心和硕士班承教单位发言。傅峰和徐伟共同签订了国家木竹联盟硕士班办学协议，并向企业导师代表颁发了聘书。国家木竹联盟硕士班是国家木竹产业技术创新战略联盟充分利用平台资源，依托南京林业大学家居与工业设计学院的人才与培养优势，面向企业开办非全日制专业学位的联盟硕士班。

【杨永任世界自然保护联盟新一届松柏类专家组主席】 9月18日，南京林业大学杨永教授被世界自然保护联盟（International Union for Conservation of Nature）物种生存委员会（Species Survival Commission）任命为新一届松柏类专家组主席，这是中国学者在世界自然保护联盟中首次出任该职位。杨永教授长期从事裸子植物的分类和保育方面的研究工作，在国际国内专业学术期刊上发表论文（著）100余篇（部），研究成果得到国际同行肯定。

【长江卫士实践调研项目组获全国优秀实践团体】 10月，共青团中央表彰2020年全国大中专学生志愿者暑期"三下乡"社会实践活动集体和个人，南京林业大学"长江卫士"实践调研项目组获全国优秀实践团体，2018级本科生徐云获评优秀个人。"长江卫士"实践调研项目由南京林业大学牵头，联合25所高校、67个公益环保类社团共同开展。组织团队成员赴"长江经济带"沿线进行调研科考活动，普及生态知识，宣传环保理念。徐云同学投身家乡"文明城市创建志愿服务"2020大学生暑期社会实践活动，以志愿者身份在城市岗亭中协助交警、城管等开展服务工作，增长才干。

【首届国家林草科技创新百人论坛】 12月1~2日，由国家林草局科技司主办、南京林业大学承办的首届国家林草科技创新百人论坛召开。国家林业和草原局、江苏省人民政府、林草领域的高校科研院所相关负责人以及200余位林草科技工作者参加。国家林业和草原局副局长彭有冬到会讲话，科技司司长郝育军宣读第二批国家林业和草原科技创新人才和团队名单并颁发证书。论坛为期三天，中国工程院院士、南京林业大学教授曹福亮作主旨报告；中国工程院院士、中国林科院研究员张守攻，中国工程院院士、中国林科院林化所研究员蒋剑春，国家杰出青年基金获得者、南京大学教授孙书存，分别围绕油茶科技创新体系构建的创新理念、现代林业资源加工利用产业发展的创新思路、草地种间互作与物种共存的创新研究方法等作特邀报告。大会设置了林产化学与木材科学、遗传育种与森林培育、森林生态、森林保护与森林经营4个分论坛。论坛形成了《2020南京共识》，倡议林草科技工作者要践行科学家宝贵品质和优良作风，弘扬科学家精神，牢记"创新是第一动力"理念，自觉把个人理想奋斗融入党和国家的事业之中，积极投身生态文明建设；呼吁要重视青年人才培养，优化科研创新环境，在资金、平台、项目、制度上给予更多支持，让林草科技青年人才在历练中快速成长；号召广大林草科技工作者争做重大科研成果的创造者，建设科技强国的奉献者，崇高思想品德的践行者，不忘初心，牢记使命，为建设生态文明和美丽中国作出更大的贡献。

【园林植物数字化应用与生态设计国家创新联盟成立大会】 12月2日，该联盟成立大会在南京林业大学举行。国家林草局科技司司长郝育军，南京林业大学校长王浩、副校长缪子梅，江苏省林业局副局长钟伟宏等出席会议。联盟理事单位负责人、联盟专家委员会委员等200余人到场参会。该联盟于2019年11月获批，由南京林业大学牵头，联合林草领域的13家高校、科研院所和企业等共同组建。会上，宋红竹宣读了《国家林业和草原局关于同意成立国家林业和草原局国家创新联盟的通知》，郝育军为联盟理事单位授牌，王浩为联盟专家委员会委员颁发聘书。会后，联盟召开第一次理事会。会议审议并通过了联盟章程，与会代表研讨并交流了联盟建设方案以及2021年工作计划。

【林业遗产与森林环境史学术研讨会】 12月6日，由国家林业和草原局林业遗产与森林环境史研究中心主办的林业遗产与森林环境史学术研讨会在南京林业大学召开。中国工程院院士曹福亮、西南林业大学党委书记张昌山、南京林业大学校长王浩、中国绿色时报社常务副书记邵权熙、中南林业科技大学副校长吴义强、国家林草局科技司综合处处长吴红军等出席会议。南京林业大学副校长缪子梅主持开幕式。国家林业和草原局林业遗产与森林环境史研究中心成立于2020年5月，此次研讨会是该中心首个高端学术交流活动。王浩为中心首批聘请的15位咨询专家颁发了聘书。曹福亮院士作为咨询专家代表发言。专家代表，南京农业大学中华农业文明研究院院长、教授王思明发言。开幕式后，论坛举行主场报告。论坛还设置了林业遗产与生态文化研究、生态文明与美丽中国建设研究、林业遗产的多视角研究3个分论坛，18位相关领域的研究者从不同的研究视角进行了汇报。

【李延军当选竹质结构材料国家创新联盟理事长】 12月16日，竹质结构材料国家创新联盟成立大会在江西资溪召开。南京林业大学作为理事长单位，由副校长张金池带队，全国76家联盟理事单位参加会议。该联盟由国家林草局于2019年11月批准成立。会上，国际竹藤组织副总干事、中国竹产业协会副会长陆文明宣读了国家林草局科技司关于联盟成立的贺信。会议选举南京林业大学竹材工程技术研究中心主任李延军教授为联盟理事长。

【温作民等获第八届高等学校科学研究优秀成果奖】 12月，教育部印发《关于第八届高等学校科学研究优秀成果奖（人文社会科学）奖励的决定》，南京林业大学教授温作民著作《森林生态系统智能管理》、风景园林学院教授许浩著作《江苏园林图像史》荣获著作论文类二等奖。《森林生态系统智能管理》基于复杂系统理论和方法，采用了卫星遥感、地理信息系统、计算机技术、森林经理、生态管理和经济学等多学科交叉融合的思想，对森林水文遥感监测、水源涵养林生态修复、森林火灾智能管理、森林有害生物适应性管理、灾后森林结构智能调节，以及森林生态系统管理与区域经济发展的耦合关系进行了研究。《江苏园林图像史》分为南京卷、苏州卷、扬州卷、其他地域卷共4本。以图像学、园林学的研究方法，将历史上留存的江苏古典园林图像，按地域、类型、主题进行整理和分类，以园林变迁和图像变迁为主线，通过图像解读并结合园林文献史料，论述江苏园林历史发展，从而构建江苏园林图像史。

【孙建华等获江苏省第十六届哲学社会科学优秀成果奖】 12月，《江苏省人民政府关于公布江苏省第十六届哲学社会科学优秀成果奖的决定》印发，南京林业大学8项成果获奖。其中，马克思主义学院孙建华教授著作《马克思主义中国化思想通史》荣获一等奖。经济管理学院杨红强教授论文《中国林产品全生命周期碳收支核算与评估（1900~2015）》、张红霄教授研究报告《森林法修改专家建议报告》、张智光教授著作《生态文明和生态安全——人与自然共生演化理论》，风景园林学院许浩教授著作《日本环境设计史》，马克思主义学院曹顺仙教授著作《水伦理的生态哲学基础研究》、王金玉教授著作《马克思主义阶级概念：理解与阐释》获二等奖。人文社会科学学院周阿根教授著作《五代墓志词汇研究》获三等奖。

（南京林业大学由钱一群供稿）

西南林业大学

【概　述】　2020年,学校占地170公顷,馆藏纸质图书183万册、电子图书63万册、中外文数据库21个。标本馆藏有各类标本近50万份,设有23个教学单位,85个本科专业、3个一级学科博士点、3个博士后科研流动站、13个一级学科硕士点、66个二级学科硕士点。6个国家林业和草原局重点学科、1个培育学科、5个省级重点学科、2个省级优势特色重点建设学科、2个省院省校合作咨询共建学科、1个A类高峰学科、2个B类高峰学科、1个B类高峰学科优势特色研究方向、2个A类高原学科。全日制在校本科生22 622人,硕士研究生2485人,博士研究生134人。在编教职工1283人、特岗人员117人、编外工作人员267人。全校专业技术人员1091人,其中正高级职称153人、副高级职称334人。国家"百千万人才工程"一层次专家1人、国家高层次人才1人,中科院"百人计划"1人、教育部新世纪优秀人才3人、全国优秀教师3人、国务院突出贡献专家1人、享受国务院政府特殊津贴人员2人。

学校高度重视教学工作,获得国家级教学成果二等奖1项,省级教学成果奖一等奖7项、二等奖19项。获批省部级质量工程项目400余项,获省部级实践教学示范中心12个。"林学类专业基础实验教学中心"获批为国家级实验教学示范中心,"西南林业大学-楚雄市林业局紫金山林场理科综合实践教育基地"获批为国家级大学生校外实践教育基地。有国家级精品课程1门,国家级精品资源共享课1门,省级精品课程19门,省级精品视频公开课2门,省级精品资源共享课10门。有全国高校黄大年式教师团队1个,获批教育部新农科建设项目3项、新工科建设项目1项。实施双创"十个一"工程,支持鼓励大学生积极参加专业技能大赛和科技创新活动,学生在"互联网+"大学生创新创业大赛、全国大学生结构设计竞赛、全国大学生数学建模竞赛等比赛中取得优异成绩,学校创业园被评为省青年创业示范园,林科类校园创业平台被认定为省级校园创业平台,是大学生KAB创业教育基地。学校被评为云南省高校毕业生创新创业典型经验高校、云南省第一届创新创业教育示范高校。

学校获批成立林业生物质资源高效利用技术国家地方联合工程研究中心、生物质材料国际联合研究中心、西南山地森林资源保育与利用教育部重点实验室、国家高原湿地研究中心、云南生物多样性研究院、云南森林资源资产管理及林权制度研究基地。有国家林业和草原长期科研基地2个,国家林业和草原局重点实验室3个、工程技术研究中心2个、检验检测中心1个、生态系统定位研究站3个、创新联盟3个。有院士工作站4个、专家工作站4个。有协同创新中心1个、省高校重点实验室13个、国家地方联合工程中心1个、省级工程实验室1个。设有中国林学会国家公园分会、中国林学会古树名木分会、云南省生态经济学会、云南省生态文明建设研究与发展促进会。有各级各类自然科学类创新团队22个,省哲学社会科学创新团队4个、基地1个、智库4个。先后获国家科技进步奖二等奖2项、教育部高等学校科学研究科技进步奖一等奖、云南省科学技术奖一等奖、梁希林业科学技术奖一等奖等。

【疫情防控】　坚决贯彻落实习近平总书记关于疫情防控重要指示批示精神,认真落实上级决策部署和各项具体要求,依法科学应对新冠肺炎疫情,完善开学方案、应急处置预案,开展应急演练,加强疫情防控专项督查检查,狠抓防控举措落实,切实做到守土有责、守土担责、守土尽责,把疫情防控工作抓牢抓实抓细,实现了疫情防控有力有效、学校安全顺利开学、开学后未出现校园疫情,确保了师生生命安全和身体健康。

【思政育人】　坚持把思想政治工作作为学校各项工作的生命线,制定并实施《2020年思想政治工作重点任务》,获批成为全国林业生态价值转化理论研究基地、成立云南省红色文化与思想政治教育研究和实践基地,《"红为底色、绿为特色"的实践育人体系构建》被评为云南省高校思想政治工作实践育人类精品项目。加强思政课程建设,立项"课程思政"示范课程项目60项,《中国近现代史纲要》获批为云南省思想政治理论课精品课程。加强学生思政工作,承办云南省第十届高校辅导员素质能力大赛暨第十七届职工职业技能大赛,1人获二等奖、2人获三等奖。易班3项工作受云南省委教育工委表彰,入选2019年度全国易班共建高校优秀工作案例,获"两星"易班工作站荣誉证书。

【人才培养】　2020年,招收硕士研究生1119人、博士研究生34人、专升本学生3821名、普通本科生4010名、第二学士学位学生99名,高等学历继续教育招生8821人。推进一流本科教育,10个专业入选2020年全国高校第二学士学位专业备案名单,完成2019年82个本科专业综合评价工作,评价结果为2B、46C、34D。修订出台《一流课程建设及等级认定实施方案》,完成林学、木材科学与工程2个国家级一流本科专业建设点39门专业课程等级认定,《家具设计与制造》被认定为首批国家级一流本科课程,5门课程被认定为首批省级一流本科课程。6本教材被评为云南省普通高等学校优秀教材。获批新农科研究与改革实践项目3个、第二批新工科研究与实践项目1个。研究生教育方面,获省研究生优质课程建设项目8个,获省级优秀博士硕士学位论文10篇,2名研究生获第九届梁希优秀学子奖,38名研究生获国家奖学金、43名研究生获省政府奖学金。

【就业创业】　搭建"云平台"、上线"云招聘",选聘科研助理28名,2020届毕业生初次就业率为75.52%,较

2019年同期提高9.4个百分点，圆满完成70%的就业总目标。在云南省2020年大学生模拟求职大赛中，获3金1银5铜。获2020年"学创杯"全国大学生创业综合模拟大赛省赛三等奖1项、优秀奖2项。获国家级大学生创新创业训练计划项目79项。获第六届中国国际"互联网+"大学生创新创业大赛国家级银奖1项。获第九届"挑战杯"云南省大学生创业计划大赛金奖3项，2个项目参与国赛角逐。409名毕业生被评为云南省优秀毕业生，2名学生被评为"北美枫情杯"全国林科十佳毕业生，6名毕业生获"全国林科优秀毕业生"荣誉称号。

【学科建设】 制订《学科建设与管理办法》，落实《第五轮学科评估与学位点申报工作方案》，确定2020年学位点申报目标与第五轮学科水平评估目标，生态学、农林经济管理、系统科学3个一级学科博士学位授权点经省学位委员会第十七次全体委员会议审议表决通过，在云南省教育厅网站公示；2个一级学科学术硕士学位授权点、8个硕士专业学位授权点通过云南省学位委员会审议，在云南省教育厅网站公示。持续推进"双一流"方案实施，实施好中央财政支持地方高校建设专项资金的学科建设项目。

【科研创新】 新增自然科学类纵向科研项目251项，其中，国家级科研项目48项、省部级项目194项、厅局级项目9项，2020年获批合同经费13 537.47万元，到位经费7977.74万元。新增人文社科类纵向项目178项，总批准经费390万元，到位经费345万元。"西南特色林木资源研究与利用创新团队"被评为第二批国家林草局林草科技创新团队，获国家林业和草原局国家创新联盟、长期科研基地各1个，2个专家工作站获省科技厅批准建设。"中国社会科学院生态文明研究智库云南中心"落户学校，成立古茶树研究中心。争取中央、省平台团队建设资金905万元。获云南省科学技术合作奖1项、科技进步二等奖2项，第十一届梁希林业科学技术奖二等奖1项、第八届梁希青年论文奖1项、第九届梁希科普奖（活动类）1项。

【对外交流合作】 35人获国家留学基金委公派留学项目，6人获云南省地方公派子项目。获教育部国际合作与交流司援外项目1项、云南省科技厅重点外国专家项目1项、常规外国专家项目1项。出台《学生出国（境）交流学习管理办法》《教职工公派出国（境）研修管理暂行办法》，组织开展"中马建交60周年征文"等系列活动。承办澜湄流域生态文明校长论坛，8个国家17名政府官员、校长和专家学者连线参加并发表主旨演讲。成立亚太森林中心，与亚太森林组织、云南省林草局签署战略合作框架协议，启动亚太森林组织森林可持续经营示范暨培训基地项目，编撰完成《亚太地区森林管理与林业发展研究》，"澜沧江—湄公河流域林业政策分析与研究"区域性研究项目获资助100万元。创办英文期刊项目获批立项，经费70万元。

【公共资源建设】 推广"芸台购"新书免费快递服务，推进"学术文献服务和支撑保障计划"，完成生态文明数据库建设。成立世界茶叶图书馆，馆藏茶类纸质印本图书近9000册，电子图书1227种、纸质期刊315册，征集一批茶类书刊资料、书画作品、茶叶实物展品、茶具藏品。收集、征集重要校史实物档案400余件，举办"徐永椿先生、曹诚一先生纪念展"。编制《数字档案馆建设规划》，制定《档案实体分类法》《学生档案管理办法》。获赠昆虫、鹤类、化石、陨石标本原材料49份，标本馆被命名为云南省社会科学普及示范基地。

【社会捐助】 2020年12月8日，在云南昆明连云宾馆举行智华基金云南省慈善捐资集中签约仪式，智华基金向西南林业大学捐资3100万元，其中2000万元作为智华大森林艺术中心建设资金，500万元用于"智华杯"作品竞赛活动，600万元用于"智华联谊"活动。一批校友和爱心企业积极捐赠防疫物资，2001级校友为安乐村捐赠11.45万元物资。

（西南林业大学由王欢供稿）

中南林业科技大学

【概　述】 2020年，学校设有研究生院和24个教学单位，设有75个本科专业，其中国家一流专业12个、国家特色专业4个、省级一流专业26个。有博士学位授权一级学科6个，硕士学位授权一级学科20个、硕士专业学位授权类别15个，5个博士后科研流动站。有ESI全球前1%学科2个，国家特色重点学科2个、国家重点（培育）学科3个、国家林草局重点（培育）学科5个，湖南省国内一流建设学科1个，湖南省国内一流培育学科5个。学校有1个国家野外科学观测研究站，2个国家工程实验室，1个国家地方联合工程研究中心，1个省部共建协同创新中心，2个国家级实验教学示范中心，1个国家级虚拟仿真实验教学中心等8个国家级教学科研平台；建有省部级教学科研平台73个；设有96个校级科研机构。图书馆面积4.12万平方米，有文献总量1419万册（件），拥有各类文献资源数据库60个（子库134个）。

学校有各类全日制在校学生3万余人，其中：本、专科学生2.6万人，博士、硕士研究生4000余人。学校有教职工2330人，具有高级职称的760人。其中，双聘院士、长江学者、万人计划、百千万人才、国家优青等国家级人才15人，第七届国务院学位委员会学科评议组成员1人，教育部新世纪人才、国家林业和草原科技创新人才、芙蓉学者、湖南省科技领军人才、湖南省智库领军人才、湖南省百人计划、湖南省121创新人才等省级人才 87 人，全国优秀教师、优秀教育工作者 4 人，全国林业和草原教学名师 2 人，国家重点领域创新团队 1 个、省部级创新团队 11 个、省研究生优秀教学团队 16 个。

【党建与思政工作】 抓实抓好抓细"不忘初心、牢记使命"主题教育，深入推进"两学一做"长效化制度化。不断完善校院两级中心组学习制度，校党委全年开展中心组学习 12 次。学校党委在抗击疫情过程中及时传达习近平总书记重要指示批示，坚决落实中央和省委、省政府的决策部署，抓实抓细各项疫情防控措施。组织开展"践行初心使命，凝心聚力抗疫情"线上主题党日活动。学校"统筹双线作战，确保两战全胜"的主要做法和经验在《湖南教育快讯》专题刊发。

严格执行党委领导下的校长负责制，制定《中共中南林业科技大学委员会、党委书记、党委其他成员全面从严治党责任清单》，修订完善党委会、校长办公会议事规则，贯彻民主集中制原则。扎实开展省属本科高校领导班子和领导干部政治建设考察的自查自评。全年共提拔正处级干部 2 人、副处级干部 7 人、科级干部 19 人，建立了后备干部库。

完善基层党建工作保障机制。指导各学院修订完善学院党委会会议和党政联席会议议事规则。配优配齐学院组织员并进行专题培训。全校 246 个党支部"五化"建设合格率 100%。全校教师党支部书记"双带头人"的覆盖率达到 100%。深入实施"对标争先"建设计划，持续推进"示范工程"和"先锋工程"，推动"一院一品"基层党建品牌建设。推进"三全育人"综合改革。制订《新时代思想政治理论课改革创新实施方案》《课程思政实施方案》，立项省思政工作精品项目 3 项，优秀示范案例 26 项，1 人被《湖南教育》"三全育人"专刊推介，1 个案例入选省委教育工委"三全育人"示范案例库。加强师德师风建设。设立党委教师工作部。制订出台了《加强和改进新时代师德师风建设规划（2020~2024 年）》《教师师德师风考核办法》《教师职业行为负面清单》等多项文件。补充思政课教师 18 名，实现 2020 年底配备率 80% 的目标；大力提高专职辅导员队伍素质和能力，有专职辅导员 148 名，配备率达 100%；补充专职心理健康教育教师 3 名，配备率达到 100%。1 人获评 2020 年度湖南省辅导员年度人物，学校获 2019~2020 年度湖南省高校心理健康教育先进单位。

【驻村帮扶工作】 学校投入 40 万元专项党建经费在芋头村建立了村级党员活动室、党员教育基地；深入挖掘"一盏马灯"的红军故事，推动党性教育基地建设。10 月 28 日，省委常委、组织部部长王少峰到芋头村进行考察调研，对学校科技扶贫、驻村帮扶工作给予充分肯定。

【人才培养】 新增 6 个国家一流本科专业建设点，15 个专业获批为湖南省一流本科专业建设点，获批国家一流本科课程 2 门，省级一流本科课程认定 18 门，省级精品在线开放课程 4 门。面对疫情，组织全校规模线上教学活动。入选湖南省乡村振兴人才培养优质校；新增教育部新农科研究项目 4 项（并列全国 28 名）、省级新工科项目 2 项；立项教育部第二批产学合作协同育人项目 11 项、省级教学改革研究项目 51 项、省级课程思政建设研究项目 31 项；在省级教学竞赛中获奖 10 项，其中一等奖 4 项。学生获得省级以上竞赛和表彰 276 项，其中国家级 49 项，首次获得全国研究生数学建模竞赛一等奖。立项国家级大学生创新创业训练计划项目 33 项、省级大学生创新创业训练计划项目 98 项，省研究生科技创新基金 55 项，3 个基地入选省级创新创业教育基地，5 个基地入选省研究生培养创新实践基地。

【师资队伍建设】 全年共引进各类人才 38 人，新招进站博士后 13 人，新增百千万人才工程国家级人选 1 人，中国科协青年托举人才工程人选、全国林草科技创新领军人才、省芙蓉学者等省部级人才 15 人，省级人才入选人数为历年之最。获批省部级创新团队 2 个、湖南省创新战略联盟 1 个，全国林业和草原科技创新领军人才 11 人。芦头林场职工何辉军荣获省劳动模范称号，旅游学院教师、省第九批援藏干部魏昕荣获"湖南省三八红旗手"称号，闫文德教授荣获 2020 年海峡两岸林业敬业奖励基金奖。

【学科建设与科研工作】 农业科学学科实现 ESI 前 1% 学科零的突破。完成应用经济学等 5 个学位点专项评估；9 个学位点通过省评（6 博 3 硕）；学校被评为 2020 湖南省学位与研究生教育管理先进单位。获得各类科研项目 401 项，其中国家级 40 项（含社科 9 项），科研到账经费 1.12 亿（含社科 1015 万元）；获湖南省科技奖励 9 项（一等奖 1 项，二等奖 7 项）；获梁希林业科学技术奖一、二、三等奖各 1 项；国际 Top 期刊《基因组蛋白质组与生物信息学报》（GPB）以"封面故事"的形式发表了谭晓风、张琳课题组研究成果；美国物理学会期刊《PRA》连续在线刊登了钟宏华研究团队的最新研究成果；通过 PCT 和巴黎公约途径在美国、日本、澳大利亚等国申请了国际专利并获授权。获批省部级科研平台 6 个；启动"南方林木资源培育与利用"省部共建国家重点实验室培育建设工作。在战疫关键时刻，学校发挥学科优势组织近百名专家通过网络、微信等线上释疑解惑，线下赴全省各地开展"战疫情稳生产，精准扶贫不放松"科技服务，得到《人民日报》、中国新闻网、《湖南日报》等主流媒体报道。

【招生就业工作】 文、理科投档线分别高出湖南省一本控制线 33 分和 50 分，生源质量不断提高。打造"就业+互联网"一体化智慧就业服务平台，本科毕业生就业率为 80.17%，研究生初次就业率 75.66%。获评 2020 年湖南省高校就业创业工作"一把手工程"优秀单位。

【国际教育与合作】 完成教育部中外合作办学机构审核评估。应对疫情，首次开展国际学生的自主招生工作并招录 16 人，多形式灵活采取在线教育以及"线上+线下"混合式国际教育、国际交流项目，为全校师生提供优质国外教育资源。

【管理与改革】 开展办学效益评估。通过合理设置评价指标体系，全面评价近3年来各教学学院的投入、产出情况和综合效益，为学院学科专业设置调整、深化校院两级管理和推进新一轮教育教学综合改革提供依据。科学制订学校化债方案，合理控制债务规模；积极做好疫情期间学费收缴工作，减免学生费用近1500万元；推进网络报账系统建设。成立资产经营管理有限责任公司，收回崇德楼裙楼经营权并成功招租；推动校属企业管理体制改革工作，在全省大型科研装置仪器设备开放共享考核工作中学校被评为"优秀"；推行水电精细管理，建立智能缴费系统，学校被评为"湖南省节水型单位"。投入85.4万元开展新冠肺炎疫情防控特别慰问；进一步改善教职工待遇。

（中南林业科技大学由皮芳芳供稿）

林草精神文明建设

23

国家林业和草原局直属机关党的建设

【综 述】 2020年,国家林业和草原局党组坚持以习近平新时代中国特色社会主义思想为指导,深入学习贯彻党的十九大和十九届二中、三中、四中、五中全会和习近平总书记在中央和国家机关党的建设工作会议上的重要讲话精神,紧紧围绕新时代党的建设总要求,坚持以党的政治建设为统领,认真落实全面从严治党主体责任,扎实推进党的各项建设,坚定不移推进林业草原事业改革发展,各项工作取得明显成效。

加强党的政治建设 一是坚决贯彻落实习近平总书记重要指示批示和中央重大决策部署。2020年,国家林草局共收到习近平总书记重要批示49项,主要涉及野生动植物保护、自然保护地管理、外来有害生物入侵、造林绿化、森林草原防灭火、湿地保护等。局党组切实肩负起贯彻落实的主体责任和领导责任,党组书记关志鸥先后多次主持召开党组会议和各类专题会议,及时组织传达学习重要指示批示精神,认真研究制订贯彻落实措施,组织实施"1+N"专班行动,建立《习近平总书记重要批示贯彻落实情况台账》,每月调度进展情况。二是强化政治机关意识教育。制定印发《国家林业和草原局开展强化政治机关意识教育实施方案》,党组书记关志鸥围绕"强化政治机关意识、走好第一方阵"讲专题党课,教育引导各级党组织和广大党员、干部强化政治机关意识,增强带头践行"两个维护"的思想自觉、政治自觉、行动自觉。三是严守政治纪律和政治规矩。严格执行新形势下党内政治生活若干准则,严格执行民主集中制和"三重一大"集体决策制度,落实"三会一课"、民主生活会、组织生活会等党内生活制度。严明党的政治纪律,严格执行重大问题请示报告制度,工作中涉及的重大问题、重要事项及时向中央报告,党员干部工作中重大问题和个人有关事项严格按规定程序向组织请示报告。

学懂弄通做实习近平新时代中国特色社会主义思想 一是强化党组中心组学习。制订《中共国家林业和草原局党组学习习近平总书记重要讲话指示批示精神、推动林草重点工作高质量发展实施方案》,每次党组会议都把传达学习习近平总书记最新重要讲话指示批示精神作为第一议题,同时,围绕强化政治机关意识、《习近平谈治国理政》第三卷、十九届五中全会精神等开展党组理论学习中心组集体学习研讨,努力将习近平新时代中国特色社会主义思想融入林草事业发展各方面全过程。二是强化党的十九届五中全会精神学习。制定印发认真学习贯彻十九届五中全会精神的通知,邀请中央宣讲团成员、全国政协经济委员会副主任杨伟民作专题宣讲,举办司局长理论研修班、党支部书记培训班、纪检巡视干部培训班等,以党的创新理论武装头脑、指导实践、推动工作。三是强化青年学习小组建设。落实《中央和国家机关工委关于实施中央和国家机关青年理论学习提升工程的指导意见》,加强青年学习小组负责人培训,办好青年成长讲坛,组织青年干部开展"根在基层"调研实践,开展青年主题征文,实现青年理论学习小组全覆盖。四是强化党员干部学习。聚焦习近平总书记重要讲话指示批示精神,邀请专家围绕"双重"规划、《民法典》、石墨烯在林草行业的应用等在绿色大讲堂作专题辅导。发放《习近平谈治国理政(第三卷)》《论党的宣传思想工作》《中国制度面对面》等11种辅导读物1.6万本,推动学习贯彻习近平新时代中国特色社会主义思想往深里走、往心里走、往实里走。

中央巡视及巡视反馈问题整改 一是做好服务保障工作。成立局巡视工作领导小组及其办公室,下设综合协调组、文字材料组、信访协调组、后勤保障组4个小组,无缝衔接、全力支持中央第六巡视组工作,自觉接受中央巡视组的监督检查。二是发扬刀刃向内精神。按照中央巡视组要求,聚焦违反中央八项规定精神特别是违规"吃喝"问题立行立改,召开专题组织生活会,派出督导组,对相关问题线索快查严办。同时,积极主动检视自身存在的在贯彻落实习近平总书记重要指示批示、履行核心职能、全面从严治党等方面的40个突出问题,组成工作专班,建立工作台账,自觉主动进行整改。三是从严从实推进整改。中央巡视组反馈意见后,成立整改工作领导小组,制订中央巡视反馈问题整改工作方案和整改台账,明确问题清单、任务清单、责任清单。按照习近平总书记"四个融入"要求,坚持问题导向,深入剖析根源,坚持"改"字当头、破立并举,逐条逐项进行整改落实。四是召开巡视整改专题民主生活会。党组同志聚焦中央巡视反馈问题,坚持把自己摆进去,把职责摆进去,把工作摆进去,进行深刻剖析,查找问题症结,反思问题成因,严肃认真开展批评和自我批评,进一步明确整改思路和措施,达到了红脸出汗、排毒治病的效果。

创建模范机关 一是将"讲政治、守纪律、负责任、有效率"要求贯彻全面从严治党工作始终。把习近平总书记对中央和国家机关提出的这12字要求镌刻在办公楼大厅,作为每一名党员干部的座右铭,时刻对标对表,校准偏差,推动全面从严治党工作向纵深发展。二是开展模范机关创建工作。印发《创建"让党中央放心、让人民群众满意"的模范机关意见》,组织51个司局和单位参加创建评选,评选出办公室等10个局模范机关,规划财务司荣获"中央和国家机关创建模范机关先进单位"荣誉称号。三是开展建言献策活动。围绕机构改革、部局融合、核心职能履行等,组织全局党员干部开展建言献策活动,共收到意见建议684条,全部在内网建言献策栏目发布。召开建言献策活动交流会,进一步凝聚党员干部思想共识,形成干事创业、创先争优的良好氛围。四是印发《关于贯彻落实习近平总书记重要指示精神 推动国家林业和草原局各级党组织和党员干部在打赢疫情防控阻击战中充分发挥作用的通知》,教育引导党员干部在疫情防控一线争做先锋表率、彰显责任担当。组织机关司局、在京单位开展党员自愿捐款工作，共捐款72.5万元支持疫情防控。

提升机关党建工作质量 一是加强对机关党建工作的领导。召开全面从严治党工作会议，印发《贯彻落实习近平总书记在中央和国家机关党的建设工作会议上的重要讲话精神实施方案》，制定党组、党委和党支部落实全面从严治党三级责任清单，建立月自查评估、季督导检查制度，对党组成员和党员领导干部落实"三会一课"、双重组织生活等情况进行督促提醒，压紧压实管党治党政治责任。二是开展"灯下黑"问题专项整治。印发《开展"灯下黑"问题专项整治实施方案》，开展"灯下黑"问题专项整治，聚焦四个方面17个整治重点，制订整改措施48项，截至2020年底已完成41项，其余7项均取得阶段性成果。同时，组织党员干部认真学习《中央和国家机关党员干部应知应会党内法规文件选编》，开展政治理论应知应会知识竞赛。三是完善机关党建制度体系。制修订《党组落实全面从严治党主体责任清单》《关于建立局党组成员党支部工作联系点制度（试行）》《党员领导干部双重组织生活办法（试行）》《民主评议党员工作办法（试行）》《直属机关基层党组织党费收缴、使用和管理办法（试行）》《基层党组织书记抓党建工作述职评议考核实施办法（试行）》《关于加强和改进局属单位党的建设的意见（试行）》等制度规定，进一步完善全面从严治党制度体系，从制度机制层面推动党建工作任务落实。四是严格落实意识形态工作责任制。调整充实局意识形态工作领导小组及办公室，制定党组《意识形态工作责任制实施细则》《意识形态阵地管理办法》，举办局意识形态专题培训班，开展意识形态工作责任制落实情况检查督导，不断强化责任落实和阵地管理。五是扎实做好基层基础工作。严格落实党内法规制度，审核批准17个党组织按期换届选举，审查批准65名发展对象加入党组织。制订《关于2020年度党建扶贫工作方案》，从自管党费中划拨约15.5万元，在定点扶贫县广西罗城开展走访慰问、捐赠图书等活动。

营造风清气正政治生态 一是狠抓作风建设。党组同志率先垂范，在调查检查、会议活动、文件简报、新闻报道、厉行节约等方面严格落实中央八项规定精神。持续整治形式主义、官僚主义，确保中央要求重点精简的文件类型比上年精简1/3以上，会议及督查检查考核大幅度精简。开展违规"吃喝"问题专项整治，切实防范"吃喝"背后的圈子文化和利益输送。二是强化警示教育。紧盯春节、端午、中秋、国庆等关键节点，及时印发通知，教育提醒党员干部严格落实中央八项规定精神，坚决遏制"四风"。召开廉政工作会议，深入分析林草系统廉政风险点和存在的问题，通报违纪违法典型案例，用身边事教育身边人。三是推进廉政风险防控。围绕权力运行和监督制约，从单位、处室、岗位三个层面，全面排查可能发生腐败行为的风险点，压实廉政风险防控工作主体责任，共排查出廉政风险点829条，制订防控措施1484项，绘制权力运行流程图677个。在此基础上，启动党组第二轮内部巡视，对12家单位党组织开展巡视，对2019年已巡视的3家单位开展"回头看"。

推进精神文明建设和群团工作 一是坚持党建带群建。完善党建带群建工作机制，加强工会、妇女、青年工作干部培训，加强职工之家建设，组织开展健步走活动、女职工为新疆少数民族儿童编织毛衣裤活动，参加自然资源部网球、羽毛球比赛，扩大群团组织和群团工作有效覆盖。二是做好青年工作。组织"根在基层"青年调研，办好青年成长讲坛，推进青年理论学习小组建设。全局共成立223个青年学习小组，基本实现40岁以下青年全覆盖。三是做好干部职工福利保障工作。看望、慰问、补助困难职工62人，发放慰问金33.8万元，基本实现申报困难职工补助全覆盖。按规定向干部职工发放节日慰问品，共计采买扶贫产品60余万元，其中湖北疫区产品近15万元。四是开展纪念新中国成立71周年、"五四"运动101周年、"三八"国际妇女节110周年等系列活动，加强党史、国史、改革开放史教育，积极推荐全国模范职工之家、全国文明家庭、全国三八红旗手（集体）和中央国家机关三八红旗手（集体）评选，营造和谐机关氛围。

（直属机关党的建设由张华供稿）

林草宣传

【综　述】 2020年，国家林业和草原局宣传中心围绕中心，服务大局，扎实推进各项宣传工作任务，为林草事业高质量发展营造良好舆论氛围。中央主要媒体全年刊播发林草报道4万余条（次），发稿量同比增长30%。其中《人民日报》904条（头版64条）、新华社4312条、中央电视台《新闻联播》173条。

【习近平生态文明思想宣传】 围绕"两山"理念提出15周年、习近平总书记向国家公园论坛致贺信1周年，组织各大媒体推出综述、专版专题、专家解读等系列深度报道，集中展示林草系统践行"两山"理论的丰硕成果。与中宣部协调，将黄河三角洲生态保护、三江源国家公园建设等纳入"绿水青山就是金山银山"重大主题宣传，在中央主要媒体陆续推出。配合中宣部推出四大沙地（沙漠）治理成效宣传，全方位立体展现中国荒漠化防治和生态文明建设中国方案。结合贯彻落实习近平总书记批示指示精神，在《人民日报》《光明日报》重要版面刊发有关湿地保护、三北防护林等工程治理方面的深度报道。举办首届"美丽中国"短视频大赛，制作多部生态文明主题宣传片，编辑出版林草先进事迹和科普宣传读本。

【主流舆论宣传】 集中开展系列主题宣传。两会期间推出《两会专刊》《两会小林通》《两会云访谈》等特别节目，结合"两会"云采访模式，加强新媒体和纸媒的互动配合，形成报、网、端、微全媒体发布的"组合拳"。持续组织主流媒体报道国家公园体制试点进展经验成果，普及国家公园建设理念。围绕植树节、中国绿化博览会等活动，组织中央媒体刊发综述、评论、新闻等报道，全面宣传国土绿化成效。协调中宣部印发宣传方案，在中央主要媒体集中开展中国野生动物保护成效宣传，及时报道中国打击野生动植物非法贸易和贯彻落实禁食野生动物决定精神、有序做好后续工作的做法和举措。在国新办召开生态扶贫新闻发布会，组织中央媒体采访并推出系列深度报道，在今日头条等制作"生态扶贫"主题宣传，受众超1亿人次。对林草"十三五"重点工作成效和典型进行宣传，连续推出专题报道。

【典型选树宣传】 落实中央文明委重点工作项目，推荐的塞罕坝林场被确定为首批全国15个基层联系点之一，八步沙林场等11个林草单位获评"全国文明单位"，林草系统郭万刚、孙建博等23人荣获"全国劳动模范"和"先进工作者"荣誉称号。深入新疆柯柯牙、山东冠家河开展典型调研，积极开展推荐工作。将李保国、辽宁彰武固沙造林科研团队等12个先进个人和集体列入国家林业和草原局践行习近平生态文明思想先进事迹开展学习宣传活动。组织开展林草系统"全国优秀共产党员""全国劳模""全国先进工作者"先进事迹宣传。与中央文明办、全国总工会、全国工商联、共青团中央等单位开展务实合作。与中宣部联合开展"最美生态护林员"学习宣传活动。

【舆情监测与管理】 加强舆情监测、分析和研判，提高舆情应对的时效性和科学性。建立舆情日报制度，增设重点舆情、热点话题、境外关注版块。编发《舆情快报》，对重点敏感舆情作出处置提示，并建立督办台账。及时回应关切，妥善处置舆情事件10余件，有效引导舆论正向发展。配合中央巡视、中央生态环保督察，每天及时筛选报送重要舆情。

【媒体融合发展】 搭建更多合作平台，推出多个新媒体宣传产品，全年共上线4200余条(部)。积极设置林草话题，在今日头条、腾讯企鹅号、央视频、抖音、微视等平台开设"国家公园体制试点""生态扶贫""红外日记"等16个专题。制作发布《全国林草战'疫'》《问政林草》《国家公园知多少》《绿水青山》等短视频480余条，发布量为上年的9倍。与抖音联合推出"有生命的宝藏"和"绿水青山dou来拍"两个超级话题，总点击量超4亿次。推出《绿水青山　金山银山》等新闻资讯、纪录片和综艺类节目30余集(期)。在央视频、抖音、微视等平台开办的《林草中国》《晓林百科》和《全国林草一周新闻》视频栏目，制作播发专题节目350余期，形成稳定的粉丝群体，品牌效应开始显现。

【生态文化建设】 完善顶层设计，出台推进生态文化建设实施意见。开展"关注森林""绿色中国行""童眼观生态"等生态文化宣传教育活动。创作林草题材影视作品，《圣地可可西里》《莫尔道嘎》杀青，《绿色誓言》基本完成拍摄。组织知名文学家、摄影家开展采风活动，创作并发布一批优秀文学、摄影作品。编撰出版"林业草原科普读本"系列图书，包括《中国草原》《中国国家公园》《中国自然保护地Ⅰ》3种分册图书。

【关注森林活动】 先后召开全国第四届关注森林活动执委会第二次会议和全国第四届关注森林活动组委会第二次会议，印发《2019年关注森林活动工作总结和2020年工作要点的通知》，指导各地开展关注森林活动。着力推进各省级关注森林活动组织机构建设，已成立或换届24家。强化关注森林活动基础建设，制定《关注森林活动专家库工作规则》，组建专家库，组建关注森林活动志愿者队伍。

（林草宣传由李茵诺供稿）

林草出版

【综　述】 2020年，中国林业出版社有限公司紧密围绕全国林草工作会议精神以及全国林业草原宣传工作会议精神，立足宣传出版主责主业，深入贯彻落实党的十九大精神，扎实服务林业中心工作，聚焦自身改革发展，按照年度生产工作目标计划，积极应对新冠肺炎疫情对公司生产和职工生活带来的巨大影响，各项工作持续推进。全年组织论证年度选题868个、月度选题933个，出版图书740种，其中新书524种，重印书216种；总印数151.44万册，其中新书84.80万册，重印书66.64万册；生产总码洋12 642.22万元，其中新书9233.17万元，重印书3409.05万元；新增入库码洋9436.26万元；出库码洋7336.22万元；退货码洋1159.17万元。收入9291万元，其中销售回款3071万元。

坚持正确的政治方向和舆论导向　始终将学习宣传贯彻习近平新时代中国特色社会主义思想作为首要政治任务，作为宣传出版工作的重中之重。先后策划了《精准脱贫与绿色发展》《中国科技之路·美丽中国(林草卷)》等反映当代林业建设成果的重点出版物选题。其中，《中国科技之路·美丽中国(林草卷)》入选2020年国家主题出版项目。积极打造"生态文明建设文库"品牌，出版了《推进绿色发展实现全面小康：绿水青山就是金山银山理论研究与实践探索(第2版)》《绿色生活》《生态文明关键词》《生态修复工程零缺陷建设管理》《党政领导干部生态文明建设简明读本》《创新绿色技术推进永续发展——社会创业与绿色技术的可持续价值探索》等图书。

林草改革发展成果宣传 紧密围绕国家林业和草原局中心工作，紧抓林业草原服务社会发展、助力生态扶贫和乡村振兴等工作重点，积极策划选题，组织专题宣传，努力推进宣传成效与林草工作成效的有机结合。在推进各项林草改革方面出版了《中华人民共和国森林法》《生态建设与改革发展：2019 林业和草原重大问题调查研究报告》《2019 国家林业重点工程社会经济效益监测报告》《中国国有林场改革纪实》等图书。在加快国土绿化步伐方面出版了《中国防治荒漠化 70 年》《中国石漠化治理丛书》等。在加强资源保护管理方面出版了《中国灌木林资源》《森林生态系统结构和功能》《百年国家公园体系建设与管理分析》等。在提升林产品生产能力方面出版了《国家天然林保护工程生态功能监测区划布局》《气候变化与森林生态系统响应、适应和增汇》。在推动林业高质量发展方面出版了《中国林草手册》、"中国森林生态系统连续观测与清查及绿色核算"系列丛书等。同时，积极向国际推广中国林草建设成就，完成了《推进绿色发展　实现全面小康——绿水青山就是金山银山理论研究与实践探索（第 2 版）》中华学术外译选题推荐。

提升企业综合经济社会效益 积极打造园林园艺、建筑家居、野生动植物、国家公园等特色产品线，不断拓展花文化、木文化、茶文化和自然教育板块市场选题，有效实现社会效益与经济效益双统一。在园林、园艺方面出版了《中国插花古画历》《世园揽胜》《园林植物造景》《盆景养护手册》等。在建筑家居方面出版了《中国红木家具消费指南》《当代新中式》《闽作明清家具研究》等。在野生动植物方面出版了《中国植物园》《世界哺乳动物分类与分布名录》《我们在中国——多样性的中国野生动物》等。在花文化方面出版了"花艺目客"系列、"创意花艺"系列等。在木文化方面出版了《中国家具日历（2021）》《2020 中国家具年鉴》《邮票上的木文化》等。在茶文化方面出版了《中国茶历（2021）》《普洱茶学》《寻味冰岛——名山古树茶的味与源》等。在自然教育方面出版了《原野之窗》《绘眼看自然》《植物的智慧：自然教育家的探索与发现随笔》等。

林草教育出版快速发展 成立了国家林业和草原局教材建设专家委员会和专家库，开展了疫情期间的电子教材免费阅读服务和线上新版教材展示活动，举办了首期全国林草名师研讨班、首期职业教育林草规划教材建设培训班、第四期普通高等教育林草规划教材建设培训班和 2020 年全国职业院校（农林）课程和教材建设联盟工作会议。与西北农林科技大学、东北林业大学建立战略合作伙伴关系。为高质量编制国家林业和草原局"十四五"规划教材建设规划，深入 20 所院校开展规划教材建设调研，组织申报并获批了一批林草规划教材重点建设项目，并与西北农林科技大学、东北林业大学建立了战略合作伙伴关系。全力推动"十三五"规划教材建设如期完成和标志性教材成果产出。全年共出版教材约 240 种，《林业 GIS 数据处理与应用》等 15 种职业教育教材入选职业教育"十三五"国家规划；《树木学》《林木病理学》《木材学》《园林花卉学》等近 60 种普通高等教育教材和《林业有害生物防控技术》等 20 种左右职业教育教材申报首届国家优秀教材建设奖优秀教材。

培育数字出版业态发展壮大 持续推进数字出版转型升级，利用重点实验室平台组织召开数字林业大会，发布林草野火卫星监测系统，开展面向林草行业的深度知识服务。协助组织"森林草原火情卫星监测服务平台"在线培训，为加强林草防火科技化水平，完善森林草原防火"空天地"一体化监测作出积极贡献。"中国林业百科编纂平台"通过验收并实现上线运行。进一步完善小途教育平台的电子合同签署、直播、大数据分析、选题申报以及用户端 UI 升级等功能。年内依托小途教育平台累积出版和发布电子书近 400 种，融合出版物 68 种，数字课程 15 门，新增注册用户数 1.3 万余人，累积独立访问用户近 5 万人。疫情期间平台免费开放近 300 种各类电子资源，服务院校近 30 所，累积浏览量近 60 万次。

重点出版项目孵化落地 国家主题出版重点出版物选题《绿色脊梁上的坚守——新时代林草楷模先进事迹》完成出版。国家出版基金项目《中国森林昆虫（第 3 版）》《中国古典家具技艺全书（第一批）》《生态文明建设文库》完成出版。国家艺术基金项目"绿水青山中国森林摄影作品巡展"顺利结题验收。文化产业发展专项资金资助项目"面向林业教育的教材众创出版与生态知识服务云平台""植物保护全媒体服务系统建设"完成结项验收。国有资本经营预算支出项目"文化+ 花园时光 APP 开发子项目""中国林业数字资源库——网络升级改造子项目"完成结项验收。国家林草局重点项目，《中国林业百科全书》取得阶段性成果，全书 22 分卷，共 20 卷框架条目表审核通过，并进入编写阶段，《中国林业百科全书》编辑部正式独立。

提高现代出版企业管理水平 加强顶层设计。积极制定出版社发展"十四五"规划，不断细分选题方向，厘清选题、产品线。加强制度建设。从党务、行政、财务、编务、印务等方面梳理、完善规章制度，印发《中国林业出版社有限公司管理制度汇编》，健全了现代企业管理制度体系，规范了管理流程，提升了管理水平。推进环境建设。推进资产运营维护项目，不断改善院区环境，创造环境福祉。

【**绿色脊梁上的坚守：新时代中国林草楷模先进事迹（上、下册）**】 国家林业和草原局，2020 年 1 月。

该书是中央宣传部 2019 年主题出版重点出版物，分为两个部分来介绍新时期中国林业工作者和团体的感人事迹。第一部分为先进个人，包含孙建博、马永顺、石光银、申纪兰、李保国、牛玉琴、谷文昌、王文彪、杨善洲、王有德、殷玉珍、王涛、庞祖玉、赵希海、余锦柱、苏和、朱彩芹、于海俊、王召明、任继周、石述柱、曹有龙、林占熺。他们中有人是时代楷模，有人是全国劳动模范，都为国家、为林业做出了巨大贡献。第二部分为先进集体，包含河北塞罕坝机械林场、八步沙林场"六老汉"三代人治沙造林先进群体、海南省鹦哥岭自然保护区管理站青年团队、新疆维吾尔自治区库布其亿利集团、新疆维吾尔自治区阿克苏可可牙人民政府、陕西省吴起县人民政府、山西省右玉县人民政府，共 6 个团体。林业工作者用生命书写绿色传奇，出版此书，意在歌颂这些美丽的工作者，为后人树立一个时代的榜样。

【中国森林昆虫（第三版）】 萧刚柔等，2020年10月。

该书为国家出版基金项目，其出版对推动中国森林昆虫学科领域的快速发展与林业外来有害生物防控具有重要的指导作用。书中介绍了近600种昆虫，每种内容包括：分类地位、危害、分布、寄主、形态特征、生物学特性和防治方法，可作为林业建设及有害生物防治等科研、教学、生产、管理等领域相关人员的重要工具书。同时，此版增加了英文版，对相关学科国际间的学术交流具有一定的推动作用。

【中国主要树种造林技术（第二版）】 沈国舫，2020年12月。

该书是国家出版基金项目，也是"十三五"国家重点图书出版规划项目。该书在1978年版基础上，根据林业及造林技术发展的最新情况进行修订，收录了500多个中国主要造林树种。扼要介绍了每个树种的形态特征（特别是相近种的区别）、分布地区、适生条件、生物学特性、木材性质、经济价值、产品利用等；着重介绍了每个树种选育良种、培育壮苗、造林方法、抚育管理和主要病虫害防治等技术。为帮助读者鉴别树种，每个树种附了形态图。

【中国古典家具技艺全书（第一批）】 周京南，2020年10月。

该书是国家出版基金项目，是积极响应习近平总书记对"弘扬中华优秀传统文化"的具体要求，提高国家文化软实力，提升民族自信的生动体现，是继承中国古典家具艺术之精髓，弘扬传统文化艺术的具体体现。全书共三批，第一批包括榫卯构造，匠心营造，美在久成三个系列10本，以制作技艺为线索，详细介绍了古典家具中的结构、造型、制作、鉴赏等内容。通过对全国主要博物馆和民间所藏古典家具（包括部分海外博物馆藏）约1000件家具，包括桌案类、柜格类、椅几类等各款式各时期家具的制作图、透视图、三视图、详解图等的展示，以及每件家具的详细评述，让读者一览无遗地看透古典家具的线条美、结构美、器型美、榫卯美、构造美，可以详细了解古典家具，特别是明清家具的艺术价值。

【新型城镇规划设计指南丛书】 骆中钊等，2020年8月。

该书是"十二五"国家重点图书出版规划项目，以建设新型城镇为主导思想，是为适应城镇化发展的需要而组织编写的。丛书包括建设规划、住宅设计、住区规划、街道广场、园林景观、特色风貌、乡村公园、生态建设、节能减排、安全防灾等内容，全方位阐述了新型城镇建设的各项理论、实践内容与创新理念，并且还从生态与环保方面讲述了城镇化建设的重要注意事项与各项基础工作。丛书对中国城镇化建设能起到一定的实践指导作用，对城镇化建设的管理者、实践者，以及设计、规划人员具有重要的参考意义。

【中国防治荒漠化70年：1949～2019年】 国家林业和草原局，2020年3月。

该书重点介绍了1949～2019年的70年中国荒漠化防治的主要成就与工作，主要内容是中国的荒漠化概况、中国防治荒漠化历程、中国防治荒漠化方案、中国防治荒漠化成效以及典型治沙事迹、地方荒漠化治理情况等。全面详细地介绍了中国荒漠化发展，经过长期不懈的努力，中国的荒漠化防治取得了丰硕成果。第五次全国荒漠化和沙化土地监测结果显示，中国荒漠化和沙化面积"双缩减"、荒漠化和沙化程度"双减轻"、沙区植被状况和固碳能力"双提高"、区域风蚀状况和风沙天气"双下降"。

【中国石漠化治理丛书】 康江华等，2020年11月。

"中国石漠化治理丛书"以第三次石漠化监测专题研究成果为基础，收集岩溶与石漠化领域的最新科研成果及应用状况。较为系统全面地介绍了岩溶地区石漠化现状、综合治理情况、动态变化情况，内容丰富，数据翔实，具有较高的学术和应用价值，可为岩溶地区石漠化管理决策、法规政策制定、综合治理规划编制提供科学依据。

【中国桂花（第2版）】 杨康民等，2020年1月。

该书是一本关于桂花的书，书中把教研、科研、生产、推广与文化熔于一炉，是一部综合性很强的专著。介绍了桂花的形态与生物学特性，桂花的分类命名，桂花品种的调查研究方法，桂花的主要栽培品种，桂花的繁殖育苗，桂花小苗编结造型育苗等。

【中国牡丹种质资源】 张延龙等，2020年8月。

该书是关于牡丹种质资源研究与利用的科学专著。全面系统地介绍了中国牡丹种质资源的起源与分布、系统分类、资源评价以及野生牡丹种质资源的植物学性状，还进一步对中国牡丹资源的油用特性、活性营养物质、育种潜能进行评价。针对发展迅速的油用牡丹产业，该书还重点讨论了牡丹脂肪酸代谢最新研究进展以及油用牡丹选种策略。该书资料翔实，观点鲜明，结构严谨，图文并茂。可供风景园林学、园艺学、生物学、林学等相关领域从事研究与生产的科技工作者，以及牡丹爱好者阅读参考。

【中国芳香植物资源（全6卷）】 王羽梅，2020年9月。

该套书收录了中国野生、栽培或引种的芳香植物2412种，隶属183科800余属，内容包括学名、别名、分布、形态特征、生长习性、精油含量、主要芳香成分和利用等，每种植物配以1～3张彩色图片。种类齐全、内容丰富、图文并茂。是目前对国内芳香植物资源、开发利用价值、精油含量和成分等的一次最全面的梳理和总结，可供从事芳香植物种植、加工和利用方面工作的研究者和企业人员参考使用。

【自然之赐：发现四川本来的样子】 四川省林业和草原局，2020年10月。

该书精选四川省最具特色性、典型性、代表性和国际国内影响力的 55 个重点自然保护地，以现有资料和照片为主体内容，以中国国家地理具有国际水准的科学传播理念为标准，采取以图为主、文字为辅的表现方式，向目标受众普及四川省自然保护地的知识及信息，体现四川省自然生态保护成就。文字主要描述自然保护地的生物多样性、自然生态系统、自然和文化景观特色以及生态旅游相关信息；照片主要反映自然保护地典型性、独特性和代表性的地质地貌、珍稀濒危野生动植物资源、自然生态系统以及自然和文化景观，特别是具有全球和国家突出价值的自然资源和自然景观。

【世界名贵木材鉴别图鉴】 潘彪等，2020 年 11 月。

该书将世界名贵木材相关资料汇编成册，包括珍贵红木和世界重要商品材，并增加了一些常用木材，如榉木、落叶松、水曲柳等。该书共记载名贵木材 245 种，隶属 65 科，分别列出拉丁学名、中文名以及地方名称、英文名称、市场不规范名称等，图文并茂地介绍其产地分布、木材材性和用途，对木材工业特别是地板、家具、人造板等的生产和发展具有指导作用。该书可供从事木材科学研究、检验鉴定、教学、生产、贸易等相关工作的人员参考使用。

【中国撒艺】 张超，2020 年 10 月。

东方撒艺中国传统插花教程，以东方撒艺的教学体系开篇，介绍了学习东方撒艺的几个阶段；提供了评判传统插花的几个标准，包括：形、色、技、神、意。以理论的模式规范了东方花艺的层次；介绍了作为东方花艺的学习者应该具有的礼节和信仰，令侍花者内心有敬畏有信仰；归纳了东方撒艺"插花九要"，古为今用，不拘一格，自然花木，人文创造等，提示了东方插花的要点；列出了插花十忌，划定了东方花艺的禁忌，防止初学者踩雷；后面还介绍了更高的插花要求有待花艺爱好者参考提升，并列举了可供阅读学习的书目。该书满足了东方插花爱好者的各个层次的学习要求，由低到高，由简入繁，适合大众和传统文化爱好者学习。

【鸟类学家郑作新(从博物少年到科学巨匠)】 郑怀杰等，2020 年 9 月。

该书主要介绍郑作新先生从博物少年成为科学巨匠的经历。全书分两大部分。第一部分由 50 篇文章组成，由郑作新家人撰写，主要包括少年家庭的遭遇、初入大学的经历、海外求学的境遇、学成归来的生活以及在鸟类学、生态学方面的研究工作等，记述他的博物少年成长经历以及推动中国鸟类学发展的重要事件。第二部分由 20 篇文章组成，由郑作新的学生及相关工作人员撰写，他们都是中国鸟类学、生态学的科学家。由他们记述郑先生培养学生科学思想等教育理念和方式，以此来描述郑先生在科学研究道路上取得的显著成就。

【家门口的湿地：阿哈湖湿地探索手册】 贵阳阿哈湖国家湿地公园管理处，2020 年 8 月。

该书是"童眼看湿地"自然探索丛书中的一本，是贵阳阿哈湖国家湿地公园面向青少年编写的探索手册。异于多数地方的湿地公园远在市郊的情况，在贵阳，自然与城市先天的相伴是一种有趣的现象，因此"作为家乡的自然"成了公园的解说主题。这本手册借助水墨插画讲述湿地中的人文故事，结合公园本底的自然特色资源和贵阳人对这座公园承载的情感记忆，唤起人们对家乡与自然共存的情感，传递守护贵阳人家门口的湿地家园的理念。

【大学生创新创业基础(第 2 版)(国家林业和草原局"十三五"规划教材)】 《大学生创新创业基础》编委会编，2020 年 1 月。

该教材由原国家林业局高等院校创新创业指导委员会组织全国相关院校联合编写，主要内容分为认识创新创业、准备创新创业和走进创新创业三篇，详细介绍了"双创"的时代背景和政策导向，就如何培养创新能力和创业能力并积累丰富的实践知识，如商业模式、融资渠道、市场调研、创业计划等进行了详细阐述。同时，书中承载了丰富的案例、扩展阅读和插图，帮助读者更好地理解和掌握相关知识点。帮助高校学生正确认识和理解国家政策法规，充分发挥自身专业特长，转化科技创新成果。各个章节由案例引入，辅以相关理论知识，提供前沿的政策解读，响应时代需求，满足高校课堂教学需求。在第 1 版的基础上，第 2 版采用融合出版的形式，通过互联网教学平台的使用，可以不断更新和完善案例、习题、知识点或其他相关内容，持续不断对书的内容进行更新完善。

【新时代林业和草原知识读本】 国家林业和草原局人才开发交流中心，2020 年 4 月。

该书由国家林业和草原局人才开发交流中心组织林业和草原行业内知名专家编写，从新时代林业和草原的地位、生态系统的保护与修复、资源管理、自然保护地管理、林业产业、森林与草原防火、林业和草原有害生物防治、林业和草原改革、政策和法规、科技和人才、国际交流与合作共 11 章介绍了转型时期林业和草原的概况，为行业内干部培训提供参考读物。

(林草出版由张锴、王远供稿)

林草报刊

【综　述】 2020 年，中国绿色时报社深入学习宣传习近平生态文明思想，以高度的政治责任感和使命感，全力抓好报社各项工作，发挥了林业草原行业媒体舆论主阵地的重要作用，为推进生态文明和美丽中国建设、推动林草高质量发展提供了有力舆论支持。

2020 年，报社 1 件作品获得中国新闻奖，15 件作品获得中国产经新闻奖，1件作品获得中国经济新闻奖。

习近平生态文明思想宣传 成立习近平生态文明思想宣传报道小组和时政报道小组，建立夜班机制，专门订制新华社通稿线路，及时刊登转载新华社、《人民日报》有关习近平总书记的重要讲话、活动等报道，做到应报尽报。加强习近平生态文明思想宣传策划，推出了"习近平总书记关切事"专栏。

国家林草局重点工作宣传 加强国家林草局林业、草原、国家公园三位一体核心职能宣传。一是开展国家公园主题宣传。聚焦"两山论"提出15周年、习近平总书记致信国家公园论坛一周年等重要时间节点开展系列宣传，刊发系列评论和述评文章，8月推出10个国家公园特刊，开设国家公园专栏，报道林草系统以建设国家公园体制为主线践行"两山论"的实践。9月起，组织开展"走进国家公园"大型融媒体传播行动，报纸刊发整版专题14个，推出《国家公园新政速览》专题。二是组建草原部，推出草原专题，加强了草原草业宣传。三是持续开展"决战决胜脱贫攻坚""走向我们的小康生活"主题宣传，大力宣传林草生态扶贫的成就和贡献。四是围绕"全面推行林长制"开展宣传，推出了"大力推进林长制""林长访谈录"等专栏报道。五是精心组织疫情防控宣传，以"全民抗疫林草奋力"为主题，及时充分报道国家林草局党组统筹推进疫情防控和林草重点工作的决策部署，规模化报道各地疫情防控、复工复产、"六保六稳"等行动。六是持续开展野生动物保护宣传。围绕落实全国人大常委会决定，国家林草局和各地出台一系列关于禁食野生动物的文件，报纸开辟专栏专刊进行政策解读，跟踪报道全国上下以最严厉的制度实施野生动物保护与管控的举措和进展。以"打击非法贸易禁食野生动物"为主题，策划推出30个公益海报，被中国记协列为全国6个抗疫海报宣传案例之一。

全国两会报道 内容上，突出习近平总书记"下团组"活动和讲话报道，全面报道两会重要议程，两会时政报道篇幅居行业报前列。专题化呈现建议提案，围绕林草热点话题推出了14个整版专题，新增对代表委员履职风采的报道。组织上，抽调各部门骨干人员，组建两会报道工作专班，设置时政、采访、专题、图片、设计、新媒体、出版7个小组，形成了两会报道的强大合力。形式上，全新设计报头，对两会特刊进行了整体形象设计。融媒体传播方面，结合两会云采访的模式，加强新媒体和纸媒的互动，形成了报、网、微、端全媒体发布的"组合拳"。中国记协书记处书记张百新在总结行业报两会宣传亮点时，从报道组织、时政宣传、主题策划、创新方式等方面4次点名表扬《中国绿色时报》。

评论报道 在全国两会、"两山论"提出15周年等重大事件、重要时间节点推出社论、本报评论员文章等，传递局党组决策部署，发挥喉舌功能，展现报纸的权威性、思想性和引领性。其中关于加强防灭火一体化的评论得到国家林草局局长关志鸥和副局长李树铭的批示，要求转发全国林草系统学习。

大型传播行动 组织策划了《树木传奇·深度影响中国的树木》《中国林草植物新品种》《自然教育》等大型科普传播行动，《美丽中国相册》视觉传播行动，《绿色中国人物榜》人物宣传行动，"到王府井看美丽中国——野性高黎贡"大型主题展览等，有效扩大了林草宣传的传播力和影响力。

地方宣传服务 与江西省林业局联合开展"绿水青山看江西——媒体联合采访行动"，组织新华社、《人民日报》《光明日报》等国内知名媒体参与，引起了社会广泛关注和好评。"走进活动"成为报社的品牌。与福建省林业局联合开展洋林精神宣传，展示林业行业风采。围绕黄河流域生态保护和高质量发展，推出"黄河两岸看新绿"专题，报道了沿黄9个省份的生态建设。

协助推进国家林草局政府网站改版和内容发布 按照国家林草局局长关志鸥的要求，报社完成了局政府网站首面改版及移动端适配工作。与信息办、规划院合作，积极推进内容建设，报社成立了工作专班，负责资讯、专题等四大模块和局官微的内容运维工作。

融媒传播 组织开展"走进国家公园"大型融媒体传播行动，完成了三江源、海南热带雨林国家公园采访报道。这是报社首次组织大型融媒体传播行动，打破传统的采访报道模式，报纸版面每日一版，结合直播、H5、短视频等新媒体方式实时呈现采访内容，获得各方点赞。报社运营的微博"自然超话"，《雪莲，绽放在雪域高原》话题阅读量565万，创造了报社新媒体产品阅读量的新纪录。报社推出的新媒体产品《国家公园新政速览》成为国家林草局国家公园政策解读的"新闻通稿"，《人民日报》、澎湃新闻等多家主流新媒体转发，树立了权威和品牌。

意识形态工作 研究制定了《中国绿色时报社关于进一步加强新闻报道风险防范的规定》《中国绿色时报社新媒体稿件审核与发布制度》等5项制度办法，进一步加强新闻报道风险防范。

队伍建设 结合内设机构调整开展了新一轮干部竞聘。加强记者站和通讯员队伍建设。截至2020年底，报社记者站数量达46个、记者152名，通讯员达3000人，均创出了历史新高。

党风廉政建设 社纪委牵头开展了廉政风险防控排查，在全社范围开展廉政谈话活动，党政主要领导与班子成员、班子成员与分管部门负责人进行廉政谈话。加强经常性监督，印发了《中国绿色时报社纪委关于党员干部的提醒》，督促党员干部严格落实中央八项规定精神。

（林草报刊由吴兆喆供稿）

各省、自治区、直辖市林(草)业

24

北京市林业

【概　述】　2020年是中国全面建成小康社会和"十三五"规划收官之年。北京市园林绿化系统圆满完成了市委、市政府和首都绿化委员会部署的各项任务。全市新增造林绿化1.47万公顷、城市绿地1158公顷，新增和恢复湿地2223公顷。全市森林覆盖率达到44.40%，平原地区森林覆盖率达到30.4%；城市绿化覆盖率达到48.90%，人均公共绿地面积达到16.50平方米，全面完成"十三五"规划确定的各项指标任务。

生态环境修复　全市完成新增造林1.40万公顷。累计完成新一轮百万亩造林4.67万公顷。持续推进冬奥会和冬残奥会生态保障，实施市郊铁路怀密线绿化建设面积900公顷。推进"绿色项链"建设新增绿化面积450余公顷，改造提升77.73公顷。重点推进五福堂公园、京城梨园二期等4个公园建设，实现了一绿地区城市公园环百园闭合；利用边角地、农村沟路河渠村周边挖潜增绿，实施乡村绿化美化280公顷。

拓展城市绿色空间　全力做好重大活动绿化景观环境保障，以"互联网+义务植树"推动群众性义务植树。扎实推进第四届绿博会、第十届中国花卉博览会北京园、2021年扬州世界园艺博览会筹展参展。推进"留白增绿"实施1167.86公顷，推进实施"战略留白"临时绿化2348公顷。建设完成36处休闲公园、13处城市森林的主体绿化任务，建设完成50处口袋公园及小微绿地。实施居住区绿化16公顷、屋顶绿化8650平方米，建设绿道143千米，完成908条背街小巷绿化环境整治。

京津冀生态协同发展　完善了京津冀林木病虫害防治、森林防火、野生动物疫源疫病监测等区域联防机制，有序推动冬奥会延庆场馆及周边区域防控检疫。

资源保护　森林防火工作态势平稳，全市未发生重特大森林火灾，未发生人员伤亡事故。林业有害生物防控全面加强，开展林业有害生物飞机防治作业986架次。

林业有害生物防控飞机防治

绿色产业　全市蜜蜂饲养量达28万群，养蜂总产值2.1亿元，蜂产品加工产值超过12亿元。房山大石窝镇市级林下经济示范区建设有序推进。

【党和国家领导人参加义务植树活动】　4月3日，党和国家领导人习近平、李克强、栗战书、汪洋、王沪宁、赵乐际、韩正、王岐山等在北京市、国家林草局主要领导陪同下，到北京市大兴区旧宫镇参加首都义务植树活动。栽种了油松、槐树、杏梅、元宝枫、西府海棠、金银木、红瑞木等树木。

【全国政协领导义务植树活动】　4月9日，全国政协副主席张庆黎、刘奇葆、万钢、卢展工、王正伟、马飚、杨传堂、李斌、巴特尔、汪永清、苏辉、刘新成、何维、邵鸿、高云龙和全国政协机关干部职工100余人，来到北京市海淀区西山国家森林公园参加义务植树活动。共栽下白皮松、栾树、稠李、山桃、连翘等乔灌木400余株。

【中央军委领导参加义务植树活动】　4月10日，中共中央政治局委员、中央军委副主席许其亮、张又侠，中央军委委员魏凤和、李作成、苗华、张升民以及驻京大单位、军委机关各部门在北京市主要领导陪同下到丰台区丽泽金融商务区植树地块，参加义务植树活动。这是中央军委和驻京大单位领导连续第38年集体参加首都义务植树活动。经过一个多小时的劳动，共栽种白皮松、栾树、榆叶梅、玉兰、海棠、银杏等800余株。

【共和国部长义务植树活动】　4月11日，2020年共和国部长义务植树活动在北京市通州区北京副中心城市绿心地块举行。来自中共中央直属机关、中央国家机关各部门和北京市的128名部级领导干部参加义务植树活动，共栽下油松、法桐、银杏、槐树、八棱海棠等树木2050株。

【全国人大常委会领导义务植树活动】　4月15日，全国人大常委会副委员长张春贤、沈跃跃、吉炳轩、艾力更·依明巴海、陈竺、王东明、白玛赤林、蔡达峰、武维华，全国人大常委会秘书长、副秘书长、机关党组成员，各专门委员会、工作委员会负责人，在北京市常委会领导的陪同下，来到北京市丰台区青龙湖植树场地参加义务植树活动。2019年起，全国人大义务植树场地选定在丰台区青龙湖植树场地，该场地位于丰台区与房山区交界处，规划面积575亩，共栽种百余株油松、银杏、元宝枫等树苗，为首都的春天增添新绿。

【第十二届月季文化节】　5月18日至6月18日，由北京市园林绿化局、北京市总工会、大兴区人民政府共同主办的第十二届北京月季文化节在大兴正式开幕，此次活动的主题是"疫区月季开，香约新国门"，为了在特殊时期也能够给广大市民带来一场精彩纷呈的赏花体验，活动现场通过互联网直播的形式，把畅游月季花海、走进古韵博物馆、品尝大兴特色农产品等一系列重要的线下活动环节，全程同步搬到线上，让未能身临现场的网友们也能通过手机屏幕一同享受这场文化盛宴。此次大赛旨在弘扬市花文化、提升月季在城市绿化美化中的应用水平，培养、选拔、激励一批在月季应用及园林设计方面的高素质人才。

【园林绿化综合执法改革】 7月31日，北京市委编办印发《关于同意整合组建北京市园林绿化综合执法大队的函》，把园林绿化局执法监察大队职责，以及市林保站、市种苗站和松山保护区管理处的行政执法职责整合，执法监察大队调整更名为北京市园林绿化综合执法大队。主要职责有四项：负责集中行使法律、法规、规章规定应由省级园林绿化主管部门行使的行政处罚权以及与之相关的行政检查、行政强制权；负责相关领域重大疑难复杂案件和跨区域案件的查处工作；监督指导、统筹协调各区园林绿化执法工作；完成市委、市政府和市园林绿化局交办的其他任务。编制方面，原执法监察大队编制24名，按照编制锁定情况，林保站、种苗站各划转3名编制。调整后，综合执法大队行政执法专项编制共30名。

【第十二届菊花文化节】 9月13日至11月30日，由北京市园林绿化局、北京市公园管理中心等共同主办的北京市第十二届菊花文化节开幕，约40万株(盆)不同品种的菊花以及各色花卉在各大展区亮相，总面积达12万余平方米。自2009年起，北京市每年举办菊花文化节活动，此届菊花文化节布设了北京国际鲜花港、天坛公园、北海公园、北京世界花卉大观园、北京植物园、世界葡萄博览园六大展区。各展区根据自身特点展示包括标本菊、案头菊、小菊等多种菊花品类，并推出多项以花为主的文化、健身及休闲科普活动。

【新一轮百万亩造林绿化工程】 年内，全市计划完成新增造林1.13万公顷，实际完成造林绿化1.4万公顷，其中完成当年任务1.23万公顷、完成2019年扫尾任务0.17万公顷。持续推进冬奥会和冬残奥会生态保障。实施了京藏、京新、京礼高速两侧绿化建设和景观提升工程0.33万公顷，启动了京张高铁通道绿化建设任务625.75公顷。持续推进城市副中心外围大尺度绿化，新增造林960公顷。全面完成市郊铁路怀密线景观提升工程。怀密线绿化共涉及4个项目，总建设面积905.93公顷，栽植各类苗木55.3万株。继续推进"绿色项链"建设，新增绿化面积453.33公顷，改造提升77.73公顷。实施浅山生态修复造林绿化3946.67公顷，持续巩固浅山区生态屏障。结合市郊铁路怀密线景观提升、京张高铁通道绿化实施浅山区造林479.8公顷，改造提升113.67公顷。统筹实施"战略留白"临时绿化。结合"疏解整治促提升"专项行动，实施"战略留白"临时绿化任务2348公顷，共涉及朝阳、丰台、石景山等12个区，栽植各类乔木109万株，灌木29万株。

【2022年北京冬季奥运会绿化建设】 年内，北京冬奥会绿化任务，主要涉及5条重要通道、4条市政道路及场馆周边区域绿化建设。2020年启动了京张高铁通道绿化建设，涉及昌平、延庆2个区和市十三陵林场，总任务625.75公顷，其中新增造林525.53公顷、改造提升100.22公顷，累计栽植乔木26万株，全力保障通车两侧景观效果。2020年在延庆冬奥赛区周边浅山台地、平缓地重点区域，实施大尺度造林绿化454公顷，栽植各类苗木35.3万株。2020年在延庆冬奥赛区周边继续实施平原重点区域及道路两侧0.97万公顷生态林养护工程已全部完工，继续实施森林健康经营0.70万公顷，国家公益林管护抚育工程1933.33公顷，依托2020年新一轮百万亩造林京张高铁昌平段绿色通道建设工程实施，山体创面面积38公顷。

【城市绿色空间拓展】 年内，全年完成新增绿地1158公顷，完成全年任务700公顷的165%，超额完成年度建设目标。建成朝阳北花园、海淀闵庄等41个休闲公园，新建石景山炮山、密云冶仙塔等城市森林13处，完成西城颐乐园、丰台筑翠园等50处口袋公园及小微绿地建设，建成通州重要通道生态游憩带、延庆蔡家河等绿道147千米；完成昌平巩华城、平谷山东庄等居住区绿化工程16公顷，新增屋顶绿化5.5万平方米、垂直绿化25千米，配合完成1530条背街小巷环境整治提升。

【推进建立林长制】 年内，落实最严格的生态保护制度，建立健全森林资源管理体系，压实各级党委保护发展森林资源责任，开展了推进林长制改革工作研究，学习借鉴相关省份实施林长制的主要做法和经验，深入区、乡镇开展专题调研，制订《关于推进林长制全面建立的工作方案》，起草完成《北京市关于全面建立林长制的实施意见》。

【森林资源管理制度建设】 年内，围绕深化"放管服"改革加强行政许可事中事后监管、规范森林督查整改标准流程，研究制订《北京市加强森林资源管理工作意见》《北京市关于进一步加强森林资源督查工作的通知》等一批规范性文件，强化了森林资源保护管理制度机制体系能力建设，完善了森林督查制度。

【2019年国家森林督查问题图斑整改】 年内，针对2019年国家森林督查图斑586处，完成整改528处，行政立案74起，共处罚款266.2万元，收回林地面积190.8公顷。

【森林资源管理"一张图"年度更新】 年内，全面整合既有森林资源二类调查、森林资源管理"一张图"、国家级公益林落界成果，依据"总量控制、区域稳定、动态管理、增减平衡"原则，认真做好国家级公益林补进、调出工作。完成对《国家级公益林区划界定办法》《国家级公益林管理办法》修订工作。启动北京市森林资源管理监督平台试运行。

【完成2020年国家森林督查问题图斑核查】 年内，2020年度国家森林督查下发北京市的疑似问题图斑和变化图斑共3971个，经各区和市属林场逐一核查，发现违法违规图斑485个。

【园林绿化专业调查和与国土三调对接】 年内，以第九次全市园林绿化资源专业调查为本底，围绕国土三调与园林绿化专业调查数据存在的差异，确立以国土三调确定的林地范围、数据为基本依据，森林资源数据与国土空间规划分步、有序对接，保持森林资源在生态环境建设中的主体作用。

【森林资源年度监测评价试点】 年内，着眼落实新《森林法》要求，围绕探索森林资源年度监测评价内容、方法、手段，构建国家与地方相衔接的森林资源监测评价体系，研究制订《北京市森林资源年度监测评价试点工作方案》，构建北京市森林资源年度监测评价体系和年度出数。

【配合做好中央环保督察涉林工作】 年内，中央环保督察进驻北京后，下发督查涉林问题线索5件。其中针对北京玉盛祥有限责任公司无证开采毁坏林地问题，成立调查专案组，制订问题整改工作方案，开展毁坏林地等破坏生态资源问题专项整治，全市初步排查问题121个，立案调查8件，完成整改62个，收回被损毁的林地33.24公顷。

【自然资源资产产权制度改革】 年内，按照《北京市自然资源资产产权制度改革方案》要求，梳理涉及园林绿化工作的9类48项，研究制订《北京市园林绿化局贯彻落实〈北京市自然资源资产产权制度改革方案〉的分工方案》；配合市规划自然资源委，修改完善《北京市自然资源统一确权登记工作方案》，提供了相关数据资料，做好园林绿化自然资源统一确权登记工作。

【全市公园新冠肺炎疫情防控工作】 年内，制订了《北京市公园新冠肺炎疫情防控工作的指导意见》，细化了公园风景区的疫情防控工作流程。结合新冠肺炎疫情不同阶段的发展变化情况，出台《关于进一步做好全市公园风景区开闭园工作的通知》等30余个文件通知，落实公园风景区疫情防控工作要求。实行公园网上预约入园，做好门区扫码测温工作，采取网格化管理措施，劝导游客不扎堆、不聚集、科学佩戴口罩。做好公共空间卫生工作和职工个人防护。采取多项措施应对大客流。对全市有代表性的433家公园，每天实时统计游客数量；实行门票预约、门区点数、媒体宣传引导、关闭部分门区及停车场等措施控制客流量；与高德合作，在高德地图上实时发布公园客流信息。按照"能开则开、有序开放"的原则，全市具备条件的公园风景区全部开放，在做好疫情防控的前提下，积极开放夜间游览。

【文明游园专项整治行动】 年内，北京市园林绿化局与首都精神文明办等部门联合印发《北京市文明游园整治行动实施方案》，开展为期三年的不文明游园行为专项整治行动，倡导文明游园理念、整治不良游园陋习、引导公众文明游园。向社会公布17项不文明游园行为清单，联合发布"文明游园倡议书"，宣传"公园游客守则"，进行综合执法，查处不文明游园突出行为。

【疏解整治"留白增绿"】 年内，北京市园林绿化局落实《北京城市总体规划（2016~2035年）》，全市2020年围绕"一核一主一副、两轴多点一区"的城市布局，共实施"留白增绿"950公顷，其中涉及园林绿化任务866公顷。以大力推动建设多种形态的城市森林、小微绿地和城市公园为抓手，通过"留白增绿"工程在核心区、中心城区、城市副中心、平原新城及生态涵养区，打通景观节点进一步扩大绿色生态空间，将任务分解为76个项目，涉及14个区，其中与新一轮百万亩统筹实施的49个项目，单独立项实施的27个项目。截止到年底，全市"留白增绿"园林绿化部分共完成874公顷，超额率101%。

【城市副中心绿化建设】 年内，按照《北京市新一轮百万亩造林绿化行动计划2020年度建设总体方案》，2020年通州区实施22个项目、新增绿化面积1570.20公顷，其中副中心范围内379.80公顷、副中心外围969.20公顷、战略留白试点任务217.67公顷。完成了城市绿心园林绿化视觉识别系统的设计方案，深化了城市绿心制高点景观构筑物叠翠轩的设计方案，9月29日城市绿心森林公园开园标志着城市绿心的绿色本底已打造完成。实现了23处新建公园绿地开放。通州区2020年实现23处新建公园绿地开放，其中城市类公园6处、湿地公园及村头公园17处，涉及绿化面积约0.34万公顷，接待游客量10万人。

【城市绿心绿化建设】 城市绿心是北京城市副中心"两带、一环、一心"绿色空间结构的重要组成部分，规划范围为西至现状六环路，南至京津公路，东、北至北运河。项目建设面积555.85公顷。建设内容包括绿化工程、庭院工程、给排水及电气工程等。该项目工程总投资约22.97亿元，于2018年12月启动，于2020年9月底建成并正式对外开放，全园新植各类乔灌木101万株，水生植物4.5万平方米，地被348万平方米，打造了80万平方米全市最大生态保育核心区、5.5千米星形园路、36个景观节点及30多片多功能运动场地。

【永定河综合治理与生态修复】 从2016年工程项目启动到2020年底，北京市园林绿化局负责8项任务全部完成（延庆区妫水河河岸景观林建设工程66.67公顷、妫水河河岸景观林改造提升工程760公顷、野鸭湖湿地公园保护与恢复工程80公顷，大兴区永定河外围绿化建设工程1733.34公顷、永兴河河岸景观林建设工程200公顷，房山区永定河河岸景观林改造提升工程13.34公顷，门头沟区永定河滨水森林公园工程61.40公顷，丰台区北天堂滨水森林公园54.56公顷），2020年滚动施工建设的5项（门头沟区永定河和清水河水源涵养林工程0.94万公顷、永定河河岸景观林建设工程0.14万公顷、永定河森林质量精准提升工程1.37万公顷、清水河森林质量精准提升工程0.94万公顷，石景山首钢遗址公园绿化和水系建设工程200公顷）。累计完成新增造林1.14万公顷、森林质量精准提升2.09万公顷。建设湿地公园1处，新增湿地80公顷。完成丰台北天堂滨水郊野森林公园和门头沟永定河滨水森林公园绿化建设。

【京津风沙源治理二期工程】 年内，通过对宜林荒山荒地进行植树造林和生态修复，增强生态功能，提升生态景观；对不适于开展造林地采取封山育林措施，利用人工手段促进天然更新，提升质量效益。完成京津风沙源治理二期工程困难地造林666.67公顷，封山育林2.68万公顷，人工种草1066.67公顷。工程涉及门头沟、房山、昌平、怀柔、密云、延庆6区和京西林场。

【太行山绿化工程】 年内，国家下达北京市太行山绿化工程营造林任务1.57万公顷，人工造林0.63万公顷，封山育林0.94万公顷。太行山地区实际完成营造林任务18.02万公顷，超额完成国家下达计划任务。其中：人工造林2.78万公顷，封山育林1.55万公顷，低效林改造0.34万公顷，中幼林抚育13.35万公顷。2020年在房山区完成造林任务133.33公顷。

【南苑森林湿地公园】 年内，南苑森林湿地公园规划范围北至南四环，西至京开高速，东至德贤路，南至警备西路，东西长7.2千米，南北长3.4千米，总规划面积17.5平方千米（其中丰台区面积15.6平方千米，大兴区面积1.9平方千米），其中接近80%是蓝绿空间。2019年，丰台区开始启动实施南苑森林湿地公园先行启动区333.34公顷规划建设任务，其中A地块（51.2公顷）、B地块（24.67公顷）2020年开始绿化建设。项目于2019年完成立项批复，2020年初完成施工、监理招标工作，春季完成造林地块的土地流转和拆迁腾退工作。至年底，B地块的土方、基础工程和绿化栽植工作已完成。

【湿地修复建设】 年内，全市400平方米以上湿地总面积58 682.86公顷，占全市总面积的3.6%。北京湿地的类型包括河流湿地、湖泊湿地、沼泽湿地和人工湿地4个湿地类，以及永久性河流湿地、季节性或间歇性河流湿地、洪泛平原湿地、永久性淡水湖湿地、草本沼泽湿地、库塘湿地、运河输水河湿地、水产养殖场湿地及稻田/其他水田9个湿地型。2020年，结合新一轮百万亩造林绿化行动计划，以温榆河公园、南苑森林湿地公园、新西凤渠湿地公园建设为重点，加大湿地恢复与建设力度。全年恢复建设湿地2223公顷。

【实施美丽乡村绿化美化】 年内，制订了《北京市园林绿化局贯彻乡村振兴战略推进美丽乡村建设2020年度任务分工方案》《乡村绿化美化设计方案编制指导意见》，指导相关区做好村庄绿化美化设计方案的编制工作；村庄绿化美化完成372.13公顷，超额完成280公顷年度建设任务；结合年度造林绿化工作，完成了20处"村头一片林"建设；创建首都森林城镇6个和首都绿色村庄50个。

【国家森林城市创建】 年内，制订了《关于全面实施〈北京森林城市发展规划（2018~2035年）〉的指导意见》，对各区科学把握森林城市创建进度和建设要求，实现全市森林城市发展建设的总体目标，完成国家森林城市建设任务提出了具体要求。指导通州、怀柔、密云3个区依据本区国家森林城市建设总体规划，全面完成年度任务目标，截至年底，3个区的创森指标均已达到国家森林城市指标要求。指导海淀区全面启动创森工作，6月完成了在国家林草局的创森备案工作，实现全市有条件的14个区全部完成创森备案的目标。指导大兴区、朝阳区、丰台区完成了本区国家森林城市建设总体规划的编制工作。指导门头沟、石景山、房山、昌平4个区按照本区国家森林城市建设总体规划和实施方案，细化任务分工，推动各项创森年度任务顺利完成。

【首都森林城镇创建】 年内，制订了《首都森林城镇创建评比办法（试行）》，明确了创建申请、材料报送、评比审查、称号批准等内容，对创建程序进行了规范。并研究出台了《首都森林城镇评价指标》。通过民主推荐、专家审核、社会公示，门头沟区雁翅镇、房山区张坊镇、顺义区张镇、大兴区庞各庄镇、平谷区夏各庄镇、怀柔区渤海镇6个单位被评为"首都森林城镇"，全市10个区的50个村被评为"首都绿色村庄"。

【古树名木保护】 年内，全市共有古树名木41 865株，其中古树40 527株，占全市古树名木总株数的96.8%，其中一级古树（树龄300年以上）6198株，占古树名木总株数的14.8%，二级古树（树龄100年以上不足300年）34 329株，占古树名木总株数的82%；名木（珍贵、稀有的树木和具有历史价值、纪念意义的树木）1338株，占全市古树名木总株数的3.2%。据调查，古树名木树种共计33科56属74种。2020年，组织开展全市名木资源调查，并完成《北京市古树名木保护规划（2020~2035年）》（修改稿）编制工作。制订《进一步加强首都古树名木保护管理意见》《首都古树名木检查考核方案》，按照"四级管理、常态检查、量化考核、奖优罚劣"的目标和涵盖内业、外业两大部分24项具体指标的《检查考核标准》在各区、各单位自查考核的基础上进行抽查、复查，全面推进古树名木责任制的深入落实，初步实现株株有档案、棵棵有人管。

【公园规划建设】 年内，公园规划约30平方千米，其中朝阳约17.7平方千米，主要涉及朝阳区的孙河、崔各庄及来广营地区；顺义约7.5平方千米，主要涉及后沙峪地区；昌平约4.8平方千米，主要涉及小汤山及北七家地区。估算总投资63.86亿元，其中：园林48.8亿元，水务15.06亿元。园林绿化项目占地17.76平方千米，朝阳约11.76平方千米、顺义约2.81平方千米、昌平约3.19平方千米。2020年8月，市水务局、市规划自然资源委、市园林绿化局联合发布《温榆河公园控制性详细规划》。开展温榆河公园一期工程规划设计方案审查。就湿地恢复建设、绿道衔接、树种选择和植物配置，提出了优化意见建议。做好温榆河公园朝阳示范区、温榆河公园朝阳一期、昌平一期、顺义一期建设。

配合编制温榆河公园二期规划设计工作方案。配合市规划自然资源委制订温榆河公园相关配套服务设施审批规定。

温榆河公园

【新型集体林场试点建设】 按照市政府办公厅印发的《关于完善集体林权制度促进首都林业发展的实施意见》，2018年，北京市启动新型集体林场试点建设工作，计划到2020年底建设30个新型集体林场试点。至2020年，全市在门头沟、房山、通州、顺义、大兴、昌平、怀柔、密云和延庆9个区建成42个新型集体林场试点，经营管理范围涉及9个区、49个乡镇、765个村，面积达到3.03万公顷。探索出当地农民就业增收新途径，为当地创造8108个就业岗位，聘用当地农民6491人，占就业岗位的80.1%。

【三个文化带绿化建设情况】 年内，北京市园林绿化局围绕文化中心建设，在西山永定河文化带建设方面，与市文物局编制印发了西山永定河文化带2020年重点折子工程，全面推进南大荒水生态修复、衙门口城市森林公园、永定河生态补水、延庆冬奥森林公园、北法海寺二期遗址保护、西山方志书院、香山二十八景、圆明园遗址区保护展示、潭柘寺和戒台寺文物保护修缮等生态及文化遗产保护项目。推进大运河文化带保护传承利用，推进了路县故城考古遗址公园建设、城市绿心、六环路公园等重点项目规划建设，进展顺利。加大长城本体修缮保护，在延庆、昌平、怀柔区围绕长城本体保护，实施了封山育林和困难地造林，进一步筑牢长城周边的生态基底。推进老城整体保护，市属公园推进天坛、颐和园、景山等文物古建修缮任务。推进中轴线申遗，在北中轴和南中轴上建成的安德城市森林公园和燕墩公园正式对市民开放，开展景山西区环境景观提升、天坛西门环境整治等工作。深入挖掘文化内涵，进行园林绿化文史资料收集，开展生态文化展览等一批系列文化活动、宣传活动，启动生态文化规划编制工作。

【彩色树种造林工程】 年内，营造彩叶景观林项目完成栽植726.67公顷。主要围绕全市风景名胜区、生态旅游区、民俗旅游区等重点区域周边，增加黄栌、元宝枫等彩色树种，丰富森林景观色调，提升生态旅游环境质量。涉及密云、怀柔等7个区，工程建设资金由各区在市级转移支付资金中安排。

【森林健康经营】 年内，全市山区森林经营工作任务面积4.67万公顷，包括山区森林健康经营项目3.87万公顷、国家级公益林管护抚育项目0.80万公顷，任务共涉及全市10个山区及半山区。截至2020年底，两项目共开展森林经营林木抚育作业4.68万公顷，建设森林质量精准提升示范区18处，实现"十三五"森林经营林木抚育的总体任务目标。

【公路河道绿化工程】 年内，实施公路河道绿化栽植150千米。主要在区、乡镇和村级道路两侧增加景观树种，提升生态防护功能和绿色廊道景观效果。涉及丰台、房山、密云等6个区，资金由各区在市级转移支付资金中安排。

【绿地认建认养及公园配套用房出租专项整治】 年内，针对2019年4月12日，国家监委对北京市发出的《关于对绿地认建认养及公园配套用房出租中侵害群众利益问题开展专项整治的建议》，2020年，全市专项整治发现问题2228个，其中，绿地认建认养问题609个，公园配套用房出租问题1619个。10～11月，按照市纪委市监委要求，对专项整治开展了"回头看"工作，在"回头看"过程中，经各主责单位再次核查，市工作专班重点抽查，3月底已完成整改的2120个问题，总体没有反弹现象，有的单位还结合群众需求和年度绿化任务，对绿地景观实施了进一步改造提升，群众满意，巩固有效。经市工作专班对需持续整改的108个问题逐一核查，已完成整改11个(含2020年底前需完成整改问题7个，提前完成整改问题4个)，其他97个问题按市委、市政府批准的整改方案有序推进。

【退耕还林后续政策】 北京市退耕还林工程于2000年开始试点，到2004年，北京市退耕还林工程累计完成造林7万公顷，其中：退耕地造林3.67万公顷，配套荒山荒地造林3.33万公顷，涉及7个区、95个乡镇、1426个村、18.23万农户。2019年底，国家补助政策全部到期。北京市为切实巩固退耕还林成果，在统筹农村扶持政策、积极扶持退耕农户发展林果绿色产业的基础上，制订《北京市关于完善退耕还林后续政策的意见》。根据市级抽查结果，2020年核定纳入退耕还林后续政策的退耕还林面积共2.01万公顷，包括调整为生态公益林5786.67公顷、生态经济兼用林1.43万公顷。按照退耕还林后续政策核算，2020年共安排市级补助资金1.94亿元，其中土地流转补助资金0.87亿元、生态经济兼用林管护补助资金1.07亿元。

【集体林权制度改革不断深化】 年内，编写了全市关于发展新型集体林场的指导意见，建成42个新型集体林场试点，经营管理集体生态林3.03万公顷，创造就业岗位8108个，聘用当地农民6491人。完成房山区全国林业综合改革试验区检查验收工作，积极推动全市林下经济发展。完成大石窝镇发展林下经济266.67公顷试点任务。

【野生动物保护管理】 2020年，根据全国人大常委会

《关于全面禁止非法野生动物交易、革除滥食野生动物陋习、切实保障人民群众生命健康安全的决定》，制订并印发了贯彻落实《决定》的工作方案，明确了13项具体任务。会同市公安、农业农村、市场监督、城管执法等部门印发了《北京市野生动物保护专项执法行动工作方案》。深入开展春季和秋冬季野生动植物保护和疫源疫病监测防控督导检查工作。及时出台《北京市野生动物保护条例》。市人大常委会于4月24日审议通过《北京市野生动物保护管理条例》，6月1日起施行。制订《北京市园林绿化局关于稳妥做好禁食野生动物后续专项工作方案》，确定了补偿对象和全市统一的补偿标准，指导各相关区具体落实与养殖户进行沟通协调，根据不同养殖户的情况，制订"一户一策"处置补偿方案。全面开展野保专题宣传教育活动，提升全社会保护意识。充分利用"世界野生动植物日""保护野生动物宣传月""《条例》实施日"等关键节点加大宣传力度。全年全市共组织开展野生动物保护专题宣传活动60余次，设置宣传展板、横幅等2万余件，发放各类宣传材料210余万份，宣传教育公众204万余人次。

【京津冀协同发展行动计划】 年内，按照《推进京津冀协同发展行动计划（2018～2020年）》，北京在推进京冀生态水源保护林、京津风沙源治理二期、副中心建设、"留白增绿"、健全森林防火、林业有害生物防治等方面取得了显著成绩。支持河北省实施张家口市及承德坝上植树造林项目。2020年，完成造林绿化1.77万公顷，森林质量精准提升1.32万公顷。持续推动京津风沙源治理二期工程。京津风沙源治理二期2020年度共计完成困难地造林666.67公顷，封山育林2.67万公顷，人工种草1066.67公顷。全面完成城市绿心绿化任务。完成"留白增绿"867公顷。2020年全市"留白增绿"完成1600公顷。在重大活动、重点工程、重点区域、重大行动计划实现京津冀园林绿化领域率先突破。积极支持河北雄安新区建设。在京津保过渡带北京市范围内的大兴区实施造林绿化2200公顷。推动森林防火联防联控水平提升。完成2020年京冀森林防火合作项目。投入资金1000万元，用于支持河北环京地区森林防火建设。加强林业有害生物防控合作。完成"京冀林业有害生物跨区域合作项目"500万元防控物资招标采购并移交全部物资；支持河北省飞机防治林业有害生物42架次；开展京津冀林业生物防治现场培训3次，累计70余人次；组织召开省市级、片区级联席会议共3次。

【果树产业】 年内，北京市果树种植面积13.56万公顷，其中鲜果6.88万公顷，干果6.44万公顷，其他果树0.24万公顷。2020年，全市春季发展果树607.53公顷、67.78万株。其中鲜果547公顷、59.57万株，干果60.53公顷、8.21万株；新植果树166.2公顷、24.6万株，更新423.13公顷、41.4万株，高接换优18.2公顷、1.8万株。果品总产量为5.1亿千克，同比下降27.1%，其中受春季低温冻害和8月大风、冰雹天气影响，鲜果较上年减产29%，干果增产8.9%；实现果品收入36.1亿元，同比下降10.3%。全市28万户果农户均果品收入1.28万元，其中16万户鲜果农户均果品收入1.9万元。

【花卉产业】 年内，全市花卉种植面积4266.67公顷，产值13.1亿元，花卉企业220家，花农600余家，花卉消费额超过200亿元。2020年，编制《北京市"十四五"全市花卉产业发展规划》。重点开展全市花卉产业研发、生产、经营、消费等6项调研；筹备2021年第十届花卉博览会北京参展工作；跟踪调查并指导花卉企业应对疫情影响；梳理全市花卉育种研发科技成果，继续开展自主产权花卉研发与示范推广。

【种苗产业】 截至2020年底，全市苗圃达到1361个，苗圃面积1.76万公顷。2020年，规模化苗圃实行精细化管理，富民效果明显，全市一共验收合格133个7673.33公顷规模化苗圃。2020年全市规模化苗圃吸纳2113人绿岗就业，其中本地劳动力1633人，占比77%，带动本地低收入户9人就业增收。有序推动复工复产，4月底实现全市主要苗圃复工率100%。制订《北京市林草种子生产经营许可告知承诺制实施意见》，除法定市级审批权限外，其他审批权限全部下放至各区；大力开展技术培训，以"线上+线下"多种培训形式，组织开展林木品种审定、苗木栽培、新优品种选育技术、开发利用、产业高质量发展等方向培训6次，培训规模3300余人次。

【蜂产业】 截至2020年底，全市蜜蜂饲养量达28万群，蜂产品产量922万千克，养蜂总产值2.1亿元，产品加工产值超过12亿元。2020年积极推动首都蜂产业复工复产，制订《北京市新型冠状病毒感染肺炎抗疫期养蜂生产指导意见》，开展线上技术培训，组织5家蜂业龙头企业和养蜂协会向抗疫一线捐赠价值80多万元的蜂产品。蜂群繁殖生产率达100%，蜂业企业复工复产率达100%；在昌平、密云、怀柔等区实施蜂业气象指数保险，参保蜂群20 564群，投保金额87.29万元，实现风险保障419万元；精准帮扶，助农养蜂就业增收；帮扶20户低收入家庭从事蜜蜂养殖，对密云区23个低收入散户蜂场进行标准化改造；大力开展技术培训。采取"线上培训"和"线下指导"相结合的方式，组织开展蜜蜂养殖、蜂产品加工、蜜蜂病虫害防治、市场营销等方面的培训25期，现场培训近1000人次，线上培训近11万人次。

【全市食用林产品安全管理】 年内，制订《北京市关于深化改革加强食品安全工作的若干措施》的分工方案和工作任务表，共涉及产业发展处、科技处、防治检疫处、食品安全中心、蚕蜂站等16个单位29项具体工作有序落实。联合市农业农村局印发了《北京市2020年试行食用农林产品合格证制度实施方案》。

【新首钢行动计划】 年内，按照《加快新首钢高端产业综合服务区发展建设打造新时代首都城市复兴新地标行动计划（2019年~2021年）》，推进新一轮百万亩造林绿化工程，在丰台、石景山、门头沟完成绿化栽植960公顷；实施"留白增绿"和"战略留白"临时绿化，在石景山、丰台、门头沟完成"留白增绿"绿化栽植80.91公顷；完成"战略留白"临时绿化栽植50.2公顷，提前完成年度任务；加强山区生态修复建设，京津风沙源治理二期（林业）工程2020在京西林场、门头沟区完成封山育林1.04万公顷、困难地造林513.33公顷；加快永定河综合治理与生态修复。在门头沟区完成新增造林1853.33公顷、森林质量精准提升6866.67公顷；在石景山区首钢遗址及冬奥会场馆周边计划新增绿化面积96公顷。

首钢公园

【污染防治攻坚战】 年内，按照市政府制订的《北京市污染防治攻坚战2020年行动计划》任务分工。2020年，蓝天保卫战主要开展工作：印发《北京市园林绿化行业蓝天保卫战2020年行动计划工作落实方案》和《关于报送2020年新一轮百万亩造林绿化项目安装远程监控系统计划表的通知》等一系列文件，严格落实园林绿化行业扬尘污染防治各项措施。碧水保卫战主要开展工作：完成新增水源涵养林1473.33公顷，涉及怀柔、密云、延庆、房山区的平原造林、库滨带、京津风沙源、太行山绿化任务。净土保卫战主要开展工作：会同市生态环境局指导平谷、通州等各相关区建立、完善区级果园用地土壤分类清单。完成11个受污染果园土壤、果品重金属含量协同监测；继续推进全市13个区3333.33公顷果园用地有机肥替代化肥试点工作，累计施用有机肥10万吨。

【园林绿化科技创新】 年内，完成《北京通州区生态绿化系统建设科技支撑工程》等3项在研项目并通过市科委验收；加强"生态廊道生物多样性保护与提升关键技术研究与示范"等3项在研项目的管理工作；完成7个中央财政林业科技推广示范项目绩效评价和6个项目申报工作。制订印发《北京市园林绿化局推进园林绿化高质量发展技术指导书》。高质量推动5个方面13项具体措施的落地。推动开展"北京城市生物多样性恢复与公众自然教育二期"项目，完成生物多样性数据库的动态更新和160种鸟类、兽类及两栖类动物生境图的绘制，建设奥林匹克森林公园、野鸭湖自然保护区、京西林场3处生物多样性恢复示范区。开展线上线下多种形式的公民科学和自然教育活动18次，增强公众对生物多样性的保护意识。

【路县故城遗址公园】 路县故城遗址公园位于北京城市副中心行政办公区范围内，北侧紧邻减河，西至通运东路，东至清风路和景行路，南至东古城街，总面积约39.2公顷。建设内容主要包括绿化工程、庭院工程、给排水工程和电气工程等。规划建设周期2年（2019年3月至2021年2月）。该项目工程总投资约1.83亿元，2019年3月18日进场施工。至2020年底，已完成可施工区域的绿化建设任务，公园主体绿化已基本完成，陆续进行工程收尾。完成土方67万立方米，栽植乔、灌木2万余株，地被24万平方米，打造了路县汉代遗址城墙、城门及互动式考古体验区等8处重要节点。

【自然保护地管理】 全市自然保护地实际覆盖面积3680.40平方千米，占市域面积的22.43%。不含风景名胜区的自然保护地包括4类、68处。按类型分：自然保护区21处，风景名胜区11处，森林公园31处，湿地公园10处，地质公园6处。2020年，编制《北京市自然保护地整合优化预案》，全市自然保护地整合优化后总面积为2755.48平方千米，占市域面积的16.8%。制订《北京市关于建立以国家公园为主体的自然保护地体系的实施意见》。

【生态环境损害赔偿】 年内，按照《北京市生态环境损害赔偿制度改革工作实施方案》《北京市生态环境损害赔偿制度改革领导小组关于印发生态环境损害赔偿八项配套制度的通知》规定，按照职责分工，开展生态环境损害赔偿工作。4月，组织领导小组办公室会议，9月、10月，召开生态环境损害赔偿典型案件调研座谈会、生态环境损害赔偿案件研讨会，针对怀柔徐平南擅自改变林地用途案和北京玉盛祥石材有限责任公司无证开采毁坏大片林地警示案例进行专题研究。为做好园林绿化领域生态环境损害调查，编制《园林绿化生态环境损害调查报告》《园林绿化生态环境损害调查工作规定（试行）》，并要求结合森林督查、自然保护地大检查等资源普查检查、园林绿化用地土壤污染状况详查和资源监测，查明园林绿化领域内生态环境损害情况，本着"谁破坏谁修复和先易后难"的原则，编制《生态环境损害调查报告》。

【森林防火】 全年共发生森林火情9起，同比上一年度森林防火期减少50%，未发生重特大森林火灾，未发生人员伤亡事故。结合机构改革成立森林防火处，12月22日森林公安机关管理体制调整工作基本完成。完善林区森林防火预防体系建设。至2020年底，全市已建成森林防火视频监控系统527套，林区覆盖率达到62.3%；开设防火隔离带4753.4千米、防火道路4939.82千米；全市建有森林防火瞭望塔212座、临时性森林防火检查站527座，并配备生态林管护员和护林员5万余名、巡查队197支2000余人。

【林业有害生物防控】 全年林业有害生物年发生面积3.13万公顷，其中常发性林业有害生物发生面积2.85万公顷，检疫性、危险性林业有害生物美国白蛾、红脂大小蠹、白蜡窄吉丁等发生面积2813.33公顷。北京市16个区及北京经济技术开发区共有林业有害生物防控国家级中心测报点10个，市级监测测报点555个，区级监测测报点3486个，专门用于春尺蠖、国槐尺蠖、杨扇舟蛾等40余种常发性林业有害生物的日常监测。完成"四率"指标任务，未出现美国白蛾等林业有害生物吃光吃花现象。开展以美国白蛾为主的林业有害生物预防、除治工作，防治作业面积共计26.15万公顷次。

【森林公安转隶】　年内，北京市按照"警是警、政是政、企是企"的原则，调整完善铁路、交通港航、森林、民航、海关缉私等行业公安机关管理体制。7月27日，北京市委委印发《关于调整市级森林公安机关管理体制并划转机构编制等问题的通知》，将市园林绿化局森林公安局（市公安局森林公安分局）整建制划转至市公安局，撤销市园林绿化局森林公安局牌子，保留市公安局森林公安分局牌子，相应划转政法专项编制85名。市公安局森林公安分局职能保持不变，业务上接收市园林绿化局指导，继续承担森林防火工作。12月22日，市政府召开全市森林公安机关管理体制调整工作第三个会议——部署大会暨市公安局森林公安分局揭牌仪式，明确自24时起，市区两级森林公安机关相关职能及业务工作从园林绿化部门划转至同级公安部门。

【经营类事业单位改革】　年内，经营类事业单位改革涉及天竺苗圃、温泉苗圃改革。均为相当于正处级差额拨款事业单位，2015年被市委编办明确为生产经营类事业单位，按照事业单位分类改革的精神，应当进行转企改制。年初，市委编办发布《关于确认2020年度经营类事业单位改革事项的通知》后，为按时落实改革任务，经北京市园林绿化局党组研究，并报请市政府同意，按撤销方式改革天竺、温泉两个苗圃。

【绿化隔离地区"绿色项链环"建设】　年内，加快绿化隔离公园建设力度，逐步实现"绿色项链环"闭合。重点建设了朝阳区广渠路生态公园、京城梨园（二期）、丰台区南苑森林湿地公园先行启动区、大兴区五福堂公园、聚贤公园等第一道绿化隔离带城市公园5处，新增造林绿化约143.33公顷；实施了朝阳区金盏森林公园二期，温榆河公园朝阳段、昌平段、顺义段4个郊野森林公园项目，建设面积393.47公顷，加快了第二道绿化隔离带郊野公园环闭合。

【落实绿岗就业助力脱贫攻坚】　年内，制订印发了《关于按季度报送林业建设管护项目就业台账的通知》，要求各区针对新一轮百万亩造林、平原造林管护、规模化苗圃、山区营林、山区生态林管护5类重点营造林项目坚持就业台账报送制度，促进了农民就业增收，加强了对农民参与就业的监督管理。据统计，以上5类项目总用工13万余人，其中本地农民8万余人，含低收入农户5000余人。同时平原生态林养护总用工48 112人，本地农民34 725人，占比72%；规模化苗圃总用工2028人，本地农民1554人，占比77%；山区森林经营总用工1004人，本地农民819人，占比82%。达到平原生态林管护、规模化苗圃、山区营林招收本市农村劳动力分别不低于60%、50%、80%的要求。

【健康步道建设】　年内，完善绿道功能布局，建设完成通州区重要生态游憩带、延庆蔡家河绿道94.5千米，构建多功能多层次的绿道系统，为市民提供多样化的绿色休闲空间。

【居住区绿化及背街小巷整治】　实施昌平巩华城、平谷山东庄等居住区绿化工程，新增绿地16公顷。完成908条背街小巷环境整治提升绿化美化工作，打造和谐宜居的街巷环境。

【国庆期间天安门花卉布置】　年内，完成国庆71周年全市花卉布置工作。以"硕果累累决胜全面小康、百花齐放共襄复兴伟业"为主题，天安门广场中心布置"祝福祖国"巨型花篮，两侧绿地新增4900平方米红橙黄三色组成的祥云花卉和18个立体花球，长安街沿线建国门至复兴门布置主题花坛10座、地栽花卉7000平方米、容器花卉100组，为节日营造优美景观环境。全市其他地区，通过立体花坛、地栽花卉、花箱及花卉小品等多种形式，布置各类花卉1000万余株（盆）。

【城镇树木专项治理活动】　8月26日至9月24日，开展了为期2个月的城镇树木"常见问题"专项治理活动，以专项治理落实情况为内容，完成了专项工作检查。各单位能够立足区域实际，细化本级工作方案，分阶段推进、分步骤落实，做到了有方案、有动员、有排查、有台账、有治理，确保治理活动环环相扣、落地有声。其间，累计治理空树坑、枯树干枝、遮挡、影响通行、树电矛盾、病虫害6个大类8737件问题，有效改善了区域绿地的整体环境。借助城镇园林绿化动态管理考评系统平台通报问题，督促各区盯着问题抓整改，瞄准短板抓提高，促进了精细化管理水平的提升。借助平台通报日常巡查问题1500件，整改1200件，问题办结率达到了80%。

【群众性义务植树活动】　年内，群众性义务植树活动共栽植树木101万株，抚育树木1005万株，圆满完成了年度计划任务。网络尽责活动取得重大突破，在特殊时期，首都绿化办联合多方确保网络以资尽责、"云认养"等线上尽责形式畅通，方便市民足不出户就能完成尽责义务。"互联网+全民义务植树"基地网络初步成型。在朝阳区太阳宫公园率先建成了全市首个街乡级"互联

义务植树活动

网+全民义务植树"基地。年底全年各级基地将达到24家，圆满超额完成"截至今年年底全市基地不少于20家"的目标任务。

【首都绿化美化评比表彰】 年内，对2019年度评选出的500名首都绿化美化先进个人和400个首都绿化美化先进集体进行了表彰奖励。以北京市人民政府、首都绿化委员会名义向103位中央部级、驻京部队军职领导致感谢信。门头沟区永定镇，房山区张坊镇，顺义区张镇，大兴区庞各庄镇，平谷区夏各庄镇，怀柔区渤海镇6个镇被评为"首都森林城镇"，全市10个区的50个村被评为"首都绿色村庄"。

【杨柳飞絮综合防治】 年内，抓好"整、注、喷、湿、清、堵、疏、改、换、滞"10项措施落实。累计出动防治人员203.22万人次，防治车辆40.24万辆次，清扫湿化150.43亿平方米，整形修剪杨柳雌株30余万株，重点区域注射"抑花一号"26.5万株；建立优良雄性杨树、柳树资源收集和繁育基地，繁育优良雄性毛白杨30余万株；完成柳树高接换头2000余株，利用宿根地被治理裸露地120余万平方米。通过各种新闻发布会、权威发布专家解读，普及飞絮防护10项措施，刊发稿件100多篇，网媒文章4481篇，科普讨论文章4362篇，原创微博2045条。制作杨柳飞絮科普动画2部，累计播放量达2000万余次。

【松材线虫病防控】 1月9日，北京市园林绿化局（首都绿化办）党组会对松材线虫病防控工作进行了部署。北京园林绿化局就松材线虫病的危害、北京市松树资源、面临形势及防控措施等情况向市政府书面报告。组织开展2020年松材线虫病春秋两季普查工作，按照"监测全覆盖，普查无盲区、疑似尽排查"的工作要求，组织全市做好2020年春秋两季松材线虫病普查工作，累计在密云、怀柔、平谷、昌平、房山、门头沟6个区完成了19架次的监测作业飞行任务，监测面积达1.71万公顷。

【野生动物疫源疫病日常监测】 年内，全市16个区园林绿化局野生动物监测主管部门和10个国家级、34个市级陆生野生动物疫源疫病监测站，按要求每天完成野生动物疫源疫病监测巡查工作，截至2020年10月中旬，共接收到各监测站上报监测记录73 448条，监测到野生鸟类322.53万只。

【新型冠状病毒肺炎疫情防控】 自1月21日起，各相关部门和16个区园林绿化局以及10个国家级、33个市级、45个区级陆生野生动物疫源疫病监测站的100多名工作人员全部上岗，每天坚持开展以防控鸟类禽流感为主的野生动物疫病监测工作。

【林木病虫害监测】 年内，在完善国家级、市级、区级三级测报监测预报网络体系的基础上，应用先进技术，以语音报送、测报应用程序（APP）、自动测控物联网、远程监控、无人机监测等多种技术手段实现精准测报。其中通过"林业有害生物测报预警APP"共上报数据34 775条；"社会虫情上报"平台关注用户共2789人，共上报虫情条数1845条。全年完成飞防作业986架次。针对近年来浅山区突发的栎纷舟蛾、黄连木尺蠖、鹅耳栎缀叶丛螟等虫害，加大新产品示范推广，通过卵期释放赤眼蜂寄生、幼虫期释放蠋蝽捕食和成虫期采取高压汞灯诱杀成虫等的综合绿色防控方法进行防治。

【林木病虫害京津冀协同防控】 年内，组织召开京津冀联席会商会，对冬奥会赛场及周边松材线虫病等重大林业有害生物防控检疫工作进行联合调研会商，组织完成《2020年京冀林业有害生物防控区域合作项目》实施任务，结合河北省实际和需求，支援河北环北京周边25个县市高射程车载风送式喷雾机、太阳能诱虫灯和多种诱捕器等防治、监测设备和药剂等基础设施。将雄安新区划入京津冀林业有害生物协同防控联动京南片区，并将雄安新区纳入《京冀林业有害生物跨区域合作项目》实施范围，向雄安新区规划建设局移交了价值55.6万元的林业生物灾害监测和防治用品，同时北京市通州区和雄安新区"新两翼"建立合作意向。

【成立北京冬奥会碳中和专项基金】 年内，由北京冬奥组委、国家林业和草原局、北京市人民政府、河北省人民政府共同发起，在中国绿色碳汇基金会下成立"北京冬奥会碳中和专项基金"，配合开发便于公众参与的专项手机APP，搭建全民参与冬奥会绿色低碳行动的平台，倡导公众积极践行绿色低碳生活方式。面向全市启动碳中和宣传触摸查询系统，在西山国家森林公园、北京动物园、北京植物园等20个园林绿化科普教育和生态文明教育基地，通州区城市绿心公园等5处园艺驿站，通州小学等5个学校、企事业单位的宣传点同步启动运行。

【创新森林文化活动形式】 年内，首次开创森林文化"云"形式，将森林音乐会、森林大课堂、森林大篷车、"悦"读森林等活动通过抖音、一直播等网络平台进行直播，与观众实时互动，全年累计开展"线上+线下"活动138场，累计参与人数达200余万人次。其中，森林音乐会首次以"线下录制+线上宣传""森林音乐+森林课堂"的形式呈现，扩大了宣传范围、提升了宣传效果，北京卫视、北京文艺频道对森林音乐会进行了报道。持续推进首都自然体验产业国家创新联盟工作，组建了核心工作团队，构架了联盟组织形式，创建了联盟微信公众号，组织了10余家成员单位与北京市园林绿化科普教育基地、北京园艺驿站共计50余人开展交流培训会。

【园林绿化行政审批】 年内，北京市园林绿化局进一步促进优化营商环境，在政务中心共办理行政审批2849件，其中：涉及固定资产投资行政许可共审批806件，非固定资产投资类许可及相关审批共2043件。涉及固定资产投资的行政许可事项中，城市绿地树木647件、避让保护古树3件、占用征收林地审批105件、临时占用林地4件、直接为林业生产服务6件、完成林木采伐许可32件、林木移植许可9件。非固定资产投资类许可及相关审批中，野保类办理权限内出售、购买、利用国家重点保护陆生野生动物及其制品审批等96件；林保类办结1927件；种苗管理类办理林木种子生产经营许可核发17件、从事种子进出口业务的林木种子生产经营许可证初审3件。

【林木种苗和草种管理】 9月9~24日，对造林绿化工程使用林木种苗、施工设计图、"两证一签"、购苗合同、苗木来源、电子标签、监理一批一检、本地苗使用比例、苗木信息统计、林木良种使用、苗木质量、生产经营企业生产经营情况等情况进行检查。抽查了14个区的28个造林绿化工程施工标段，发出现场意见书28份，抽查树种（品种）30余种88个苗批，苗批合格率为95.4%，造林作业设计、供苗单位的林木种子生产经营许可证、植物检疫证、林木种苗标签拥有率100%。

【大事记】

1月3日 北京市园林绿化局（首都绿化办）制订印发《北京市公共绿地建设管理办法》。该办法自2020年2月1日起实施。2010年10月27日《北京市园林绿化局关于印发〈北京市公共绿地建设管理办法〉的通知》同时废止。

1月7日 北京市园林绿化局（首都绿化办）制订印发《适宜北京地区节水耐旱植物名录（2019版）》。

1月12日 由北京市园林绿化局、北京花卉协会主办的"2020年北京迎春年宵花展"在北京花乡花卉嘉年华艺术中心开幕。

1月22日 北京市园林绿化局（首都绿化办）制订印发《关于进一步加强野生动物保护工作的通知》。

1月23日 北京市园林绿化局（首都绿化办）制订印发《关于做好全市公园系统疫情防控工作的通知》，要求取消全市公园内的所有庙会活动，加强全市公园绿地管理和疫情防控。

1月27日 北京市园林绿化局（首都绿化办）、市市场监管局、市农业农村局联合印发《关于进一步强化新型冠状病毒感染的肺炎预防控制期间野生动物管理工作的通知》，要求自通知之日起，市园林绿化局（首都绿化办）、市农业农村局暂停权限内国家重点保护野生动物人工繁育许可证核发等4项审批。严禁任何形式的野生动物交易活动。

1月28日 北京市园林绿化局（首都绿化办）制订印发《关于进一步加强全市公园系统新型冠状病毒感染的肺炎疫情防控工作的通知》。

1月28日 北京市园林绿化局（首都绿化办）制订印发《关于防控新型冠状病毒感染的肺炎疫情加强园林绿化务工管理工作的通知》。

2月24日 北京市园林绿化局（首都绿化办）印发《关于积极应对大游客量，进一步做好全市公园绿地、风景区新型冠状病毒肺炎疫情防控工作的通知》。

2月28日 北京市园林绿化局（首都绿化办）印发《关于进一步做好全市公园行业新型冠状病毒肺炎疫情防控和春季有关工作的通知》。

2月28日 北京市园林绿化局（首都绿化办）印发《全市公园绿地、风景区新型冠状病毒肺炎疫情防控工作方案》。

3月9日 北京市园林绿化局（首都绿化办）印发《北京市公园新冠肺炎疫情防控工作指导意见》。

3月13日 中共北京市委办公厅、北京市人民政府办公厅制订印发《北京市贯彻〈中央生态环境保护督察工作规定〉实施办法》。

3月16日 北京市园林绿化局（首都绿化办）印发《关于进一步做好全市公园风景区开闭园工作的通知》，要求各区有序做好全市公园风景区逐步开放工作。

3月18日 北京市园林绿化局（首都绿化办）印发《关于进一步做好疫情防控期间全市公园大人流管控工作的通知》，要求进一步做好公园大客流管控工作。

3月23日 北京市园林绿化局（首都绿化办）制订印发《北京市园林绿化系统野外火源专项治理实施方案》。

4月3日 党和国家领导人习近平、李克强、栗战书、汪洋、王沪宁、赵乐际、韩正、王岐山等在北京市、国家林业和草原局主要领导陪同下，到北京市大兴区旧宫镇参加首都义务植树活动。

4月8日 北京市人民政府制订印发《北京市战略留白用地管理办法》的通知。

4月9日 全国政协副主席张庆黎、刘奇葆、万钢等和全国政协机关干部职工100余人，来到北京市海淀区西山国家森林公园参加义务植树活动。

4月10日 中共中央政治局委员、中央军委副主席许其亮、张又侠等在驻京大单位、军委机关各部门和北京市主要领导陪同下，到丰台区丽泽金融商务区植树地块，参加义务植树活动。

4月11日 2020年共和国部长义务植树活动在北京市通州区北京副中心城市绿心地块举行。来自中共中央直属机关、中央国家机关各部门和北京市的128名部级领导干部参加义务植树活动。

4月15日 全国人大常委会副委员长张春贤、沈跃跃、吉炳轩等在北京市人大常委会领导的陪同下，来到北京市丰台区青龙湖植树场地参加义务植树活动。

4月23日 北京市园林绿化局（首都绿化办）与首都精神文明建设委员会办公室、市公安局、市文化和旅游局、市水务局、市城市管理综合行政执法局联合印发《北京市文明游园整治行动实施方案》，连续三年在全市开展文明游园整治行动。

4月24日 《北京市野生动物保护管理条例》经市人大常委会第21次会议表决通过，6月1日正式实施。

4月28日 北京市园林绿化局制订印发《乡村绿化美化设计方案编制指导意见》，进一步提升全市美丽乡村绿化美化水平和景观效果。

4月29日 公园风景区统一预约入园平台正式上线。

同日，北京市园林绿化局（首都绿化办）印发《本市调整响应等级为二级后全市公园风景区疫情防控工作方案》，要求全市未开放公园逐步有序开放，促进公园消费。

5月18日至6月18日 由北京市园林绿化局（首都绿化办）、北京市总工会、大兴区人民政府共同主办的以"疫区月季开，香约新国门"为主题的第十二届北京月季文化节在大兴区举办。

5月28日 北京市园林绿化局（首都绿化办）制订印发《关于进一步加强全市森林公园管理的通知》。

6月3日 北京市园林绿化局（首都绿化办）制订印发《关于加强普速铁路沿线林木管理确保铁路运行安全与沿线景观的通知》。

6月15日 全市组织市级执法单位开展针对各区餐饮企业、农贸市场、商场超市、食堂等重点部位的检查。重点针对疫情防控常态化情况，包括冷链物流、食品安全、复工复产、开学季防控、爱国卫生运动、"双节"防控等方面进行全面检查和指导。

7月23日 北京市园林绿化局（首都绿化办）制订印发《关于取消委托和下放野生动物相关行政许可事项》的通知。通知要求，取消委托的事项：出售、购买、利用本市重点保护陆生野生动物及其制品的批准；取消下放的事项：人工繁育本市重点保护陆生野生动物审批。

7月31日 市委编办印发《关于同意整合组建北京市园林绿化综合执法大队的函》，把园林绿化局（首都绿化办）执法监察大队职责，以及市林保站、市种苗站和松山保护区管理处的行政执法职责整合，执法监察大队调整更名为北京市园林绿化综合执法大队。

8月5日 中共北京市委办公厅、北京市人民政府办公厅制订印发《北京市自然资源资产产权制度改革方案》。

8月6日 中共北京市委办公厅、北京市人民政府办公厅制订印发《北京市污染防治攻坚战成效考核措施》。

8月26日至9月24日 北京市园林绿化局（首都绿化办）组织开展了为期2个月的城镇树木"常见问题"专项治理活动，以专项治理落实情况为内容，完成了专项工作检查。

9月9日 北京市园林绿化局（首都绿化办）、北京市财政局制订印发《关于开展平原生态林林分结构调整工作》的意见。

9月13日至11月30日 由北京园林绿化局（首都绿化办）、北京市公园管理中心等共同主办的北京市第十二届菊花文化节，在北京国际鲜花港、天坛公园、北海公园、北京世界花卉大观园、北京植物园、世界葡萄博览园六大展区同时举办。

9月21日 北京市委书记蔡奇到温榆河公园和城市绿心森林公园调研。强调要统筹山水林田湖草系统治理，扎实推动百万亩造林绿化工程，扩大绿色空间，夯实生态底色，建设森林环绕的绿色城市，提升人居环境和城市品质，不断增强市民群众的获得感。

9月29日 城市绿心森林公园正式开园。城市绿心森林公园坐落在通州大运河南岸，西边以东六环为界，南至京塘公路，规划面积11.2平方千米。此次开放的是公园一期5.39平方千米。

9月30日 中共北京市委生态文明建设委员会制订印发《北京市天然林保护修复工作方案》。

10月9日 中共北京市委生态文明建设委员会制订印发《北京市节水行动实施方案》。

10月16日 首届北京国际花园节在北京世园公园闭幕。其间展出600余种新优花卉品种，近5万平方米的世园会标志性花卉景观以及70余个室外精品展园美景再现，累计吸引近40万人次游客游览。

10月20日 以"绿色发展、产城共融，建设魅力副中心"为主题的2020北京城市副中心绿色发展论坛举行。

10月21日 2020~2021年度全市森林防灭火电视电话会议召开。

10月28日 北京市园林绿化局（首都绿化办）制订印发《北京市加强森林资源管理工作的意见》。

11月3日 北京市人民政府办公厅制订印发《关于开展第一次全国自然灾害综合风险普查的通知》。

12月1日 圆明园马首铜像划拨入藏仪式在圆明园正觉寺举行，马首铜像成为第一件回归圆明园的流失海外重要文物。

12月14日 北京延庆八达岭国家森林公园森林疗养基地揭牌，这是全国首个符合本土认证标准的森林疗养基地。

12月18日 "红色电波中的领袖风范——毛泽东同志香山时期发布电报手稿专题展览"在香山革命纪念馆开幕。

12月19日 2020年北京市"职工技协杯"绿化环保花艺师职业技能大赛暨第三届北京地景设计艺术节开幕，主题为"时代盛景、大地新生"，100多吨园林废弃物变身49件地景艺术作品。

12月21日 《遇见·天坛——北京天坛建成600周年历史文化展》在祈年殿开幕。

同日 北京市园林绿化局（首都绿化办）制订印发《关于进一步加强农村集体林地管理的通知（试行）》。

12月30日 市委生态文明建设委员会召开会议，审议市委生态文明建设委员会2021年工作要点，听取关于推动生态涵养区生态保护和绿色发展实施意见落实情况、关于领导干部自然资源资产离任审计实施情况的汇报等。市委书记、市委生态文明建设委员会主任蔡奇主持会议，市委副书记、市长、市委生态文明建设委员会副主任陈吉宁出席。

12月31日 北京市园林绿化局（首都绿化办）制订印发《北京市林草种子标签管理办法》。

12月 北京植物园获批设立国家级博士后工作站，这是北京公园行业的首个博士后工作站。

（北京市林业由齐庆栓、谢兵供稿）

天津市林业

【概　述】　2020年，天津市林业工作坚持以习近平新时代中国特色社会主义思想为指导，深入学习贯彻落实党的十九大和十九届二中、三中、四中、五中全会以及中央经济工作会议、中央农村工作会议精神，按照市委十一届九次、十次全会精神和市委、市政府决策部署，推动林业工作高质量发展再上新台阶。森林覆盖率12.07%（2017年第九次全国森林资源清查数据），全市林业产业实现总产值28.48亿元，果品生产面积3.96万公顷，总产值152 518万元，森林旅游总收入405万元。全年未发生森林火灾，实现全市连续30年无重大森林火灾的工作目标。

【绿色生态屏障建设】　天津市持续推进滨海新区与中心城区中间绿色生态屏障建设，按照《天津市双城中间绿色生态屏障区规划（2018—2035年）》，遵循山水林田湖草整体修复的理念，采取"宜林则林、宜水则水、宜田则田"的措施，依托生态廊道和河湖水系，合理布局，科学栽植，努力打造"大绿、大美、大生态"的格局，形成环首都生态屏障带。

绿色生态屏障围绕"十大重点工程"开展95项建设工程（含跨年度项目13项）。一是拆迁修复工程。完成拆迁修复工程237.14万平方米。二是植树造林工程。造林3266.67公顷。三是水生环境治理工程。按照《天津市双城中间绿色生态屏障区水系规划》，加强水系连通和治理，完成中心桥引河泵站新建工程，盘沽泵站、南辛房泵站、幸福河泵站、石柱子河泵站拆除重建工程，跃进河治理工程。四是高标准农田建设。按照屏障区近期建设规划到2021年实施1005公顷高标准农田建设，累计新建和提升改造2000公顷高标准农田。五是人居环境整治与乡村振兴有关工程。在津南区前进村、西官房村、北中塘村、操场河村、月桥村开展农村人居环境整治示范村创建工作，其中前进村、西官房村一期工程已完成；累计完成改造农村厕所4203座，清理垃圾280吨、脏乱点位368处。六是道路交通建设有关工程。依据《双城中间绿色生态屏障区路网专项规划》，依托"天"字骨架，按照"路随林走""路随田走"的原则，构建以160千米游览路为骨干，林间路、田间路为支撑的三级生态道路。截至2020年底已完成游览路36.23千米、林间路47.25千米、田间路15.96千米，新建桥梁1座（双桥河桥）。七是生态基础设施建设工程。津南区咸水沽镇垃圾转动站项目，总建筑面积4672.2平方米，压缩转运车间设备基础预埋件安装与污水处理车间基础通过验收，已完成整体项目的65%；西青区盛源达标准厂房及附属用房和智能网联封闭测试场项目已完成，生活垃圾综合处理厂PPP项目完成整体工程量87%。八是旅游发展工程。依据生态惠民、生态利民的指导思想，增强屏障区的游览性和服务性。启动胡张庄田园综合体项目，已完成西青区稻香公园、津南区海河故道公园、海河教育园区体育公园提升改造等工程项目。九是污染治理工程。完成撤销取缔工业园区23个，完成天津钢铁集团有限公司265平方米烧结机烟气超净排放工程和360平方米烧结机烟气超净排放工程建设。十是综合监管工程。启动市级综合监管平台建设，平台内涵盖现状、规划、管理和服务等功能。进行综合监管平台顶层设计和原型搭建工作，完成90项数据上图及可视化展示，为拆迁与生态修复工程进行监管、造林绿化工程组织实施，提供数百项统计数值和超百幅地图编制，为生态屏障建设提供地理信息技术支撑。通过一年的建设，一级管控区林地面积达到1.24万公顷（含部分水面），林木绿化覆盖率接近25%，蓝绿空间占比提升到63.5%，重点区域呈现出良好的生态效果，"生态屏障、津沽绿谷"的雏形初步显现。

【造林绿化】　天津市委、市政府高度重视国土绿化工作，主要领导带头参加义务植树、检查重点国土绿化工程建设，完成造林绿化面积1866.67公顷。为切实推动全市国土绿化工作，努力克服疫情困难，在保障疫情防控的基础上，组织有关专家深入各区现场指导造林绿化工程复工复产，实地协调解决各区在造林绿化工程复工复产中遇到的困难，有力推进造林绿化工作。同时积极与国家、市级的新闻媒体对接，采访拍摄绿化施工现场，及时总结经验、抓好典型、以点带面，大力宣传天津市国土绿化成果。

天津市京津风沙源治理二期工程林业项目全年任务为封山育林5333.33公顷，仅涉及蓟州区。受疫情影响，国家发展改革委等部门联合下达的中央投资计划较晚，工期延至2021年9月。截至2020年底，已完成项目任务的42%，剩余任务结转下年完成。

【森林资源管理】　天津公益林面积6.59万公顷，重点公益林总面积1.32万公顷，其中国家级公益林0.95万公顷、市级公益林0.37万公顷。

天津市严格按照国家下达的指标限额，从严控制占用征收林地规模和林木采伐限额使用，规范审核审批程序，停止天然林商业性采伐。按照《建设项目使用林地审核审批办法》《建设项目使用林地审核审批规范》组织对申请永久使用林地项目进行审核。截至2020年底，共审核建设项目55个，使用林地面积42.42公顷，收缴植被恢复费608.08万元。使用采伐限额发放许可证1523个，采伐林木74 811.85立方米。

开展非法侵占林地清理专项排查和打击破坏森林资源违法犯罪活动，全市共排查64起，涉及林地面积5.91公顷，收回林地3.16公顷，严抓林业案件查处，全年发生林政案件64起，查处64起，查处率100%；恢复植被22.64公顷，处以罚款23.27万元。

组织开展第六次沙化和荒漠化监测工作，完成内业图斑区划和外业调查工作。按照国家林草局荒漠化防治司的有关要求,完成沙化和荒漠化监测图斑与国土三调图斑的衔接和融合工作;监测区域共区划图斑约3.8万个,外业调查采集照片点4000余个,采集照片数量1.6万余张。

【湿地资源保护】 根据第二次全国湿地资源调查结果,天津各类湿地总面积2956平方千米,陆域湿地占全市国土面积的17.1%。天津湿地类型较全,滨海湿地、河流湿地、湖泊湿地、沼泽湿地和人工湿地均有分布,具有生态功能多样、湿地动植物资源丰富的特点。作为全球8条候鸟迁徙路线之一——东亚-澳大利西亚迁徙路线,天津湿地是候鸟重要迁徙地和停歇地,每年途经的候鸟达到百万只以上。

天津市现有古海岸与湿地国家级自然保护区、北大港湿地自然保护区、大黄堡湿地自然保护区和团泊鸟类自然保护区4个湿地自然保护区,总面积875.35平方千米,占全市国土面积的7.4%。

天津市持续推进湿地自然保护区"1+4"规划的实施。截至2020年,七里海保护区缓冲区5个村、大黄堡保护区9个村生态移民工程稳步推进并取得阶段性成果。完成大黄堡和七里海核心区、缓冲区内集体土地流转归政府使用,共计1.46万公顷,市财政每年每公顷按7500元的标准给予补偿,对《天津市湿地生态补偿办法(试行)》开展修订工作。七里海保护区配合土地流转,建设环核心区49千米环海围栏及围栏监控工程,对核心区实施封闭管理,恢复浅滩1000公顷、修复湿地植被1066.67公顷。大黄堡保护区完成翠金湖和燕王湖项目区拆除及生态修复,完成河道清淤7万立方米,建立围网55千米,逐步实现核心区封闭管理。启动鸟类栖息地营建、水系连通等工程。北大港保护区结合生态补水和水环境治理,有水湿地面积由2017年140平方千米增长到2020年240平方千米,利用芦苇、盐地碱蓬等本土植物恢复湿地112公顷。团泊保护区对团泊水库西堤北段退化湿地及西堤北段内侧4.1千米滨水区域退化湿地进行植被复壮、水生植物种植等工作。对4个湿地保护区3年保护修复成效进行监测评估,评估结果表明,通过实施"1+4"规划,保护区湿地面积增加,生物多样性增多,珍稀濒危鸟类种群数量上升,植被覆盖度提升,生态系统明显向好,根本上遏制了湿地退化现象。

根据《天津市湿地保护条例》要求,天津市继续开展重要湿地监测与评估工作,对天津市重要湿地名录(第一批)公布的14块重要湿地开展监测与系统评估,通过遥感监测、植被鸟类调查、水环境监测等工作,掌握天津市重要湿地资源变化动态,为天津市重要湿地的科学管理和保护修复提供重要基础支撑。

【自然保护地改革】 为贯彻落实中办、国办印发《关于建立以国家公园为主体的自然保护地体系指导意见》的要求,根据《关于做好自然保护区范围及功能分区优化调整前期有关工作的函》和《关于自然保护地整合优化有关事项的通知》,天津开展自然保护地整合优化工作,对天津自然保护区和国家湿地公园的范围和功能分区进行整合优化。将原大神堂牡蛎礁国家级海洋特别保护区与周边浅海湿地整合优化为天津滨海国家海洋公园,12月报国家林草局批复。

通过整合优化有效解决保护和发展的矛盾,加强滨海湿地等重要生态区域的保护。2020年底,已编制完成天津市自然保护地整合优化预案,经市委专题会议研究同意,并通过国家技术审查,以市政府名义正式报送国家林业和草原局。

【林业有害生物防治】 天津市林业有害生物防治坚持"以防为主、防控结合"的原则,主要针对病虫害发生区域进行药物除治,同时保持严密监测态势,及时全面地掌握疫情变化,必要时扩大防治作业面积进行预防,严格控制疫情蔓延传播。防治结束后经过调查,总体防治效果良好,达到了规定指标要求。

全年,天津市共完成美国白蛾、春尺蠖及其他林业有害生物防治面积31.25万公顷。其中美国白蛾防治面积24.31万公顷、春尺蠖防治作业面积2.27万公顷、其他林业有害生物防治面积7.68万公顷。防治过程综合运用飞机防治、机械防治、生物防治、人工防治等多种防治措施。其中采用人工剪网作业方式防治1.63万公顷、树干涂药环作业1800公顷、飞机防治作业5.8万公顷、释放生物天敌1533.33公顷、采用地面喷洒灭幼脲、杀铃脲、苦参碱等高效低毒类生物药剂防治23.11万公顷、其他防治措施作业3666.67公顷。全年出动约3.3万车次、9万人次,动用药械设备等710余台(套),使用药剂260.67吨。

天津市印发《天津市规划和自然资源局关于下达2020年度松材线虫病等重大林业有害生物防治任务的通知》,组织各区开展松材线虫病和美国白蛾等重大有害生物防治工作。指导国家级中心测报点完善主测对象的工作月历和测报工作方案,按时录入林业有害生物防治信息管理系统。完成《天津市林业有害生物2020年发生情况和2021年趋势预测》报告的上报工作。

天津市共核发《植物检疫证书》4500余单。实施产地检疫面积1560余公顷,调运检疫木材4.2万余立方米,种苗产地检疫率达到100%。推进应施检疫的林业植物及其产品全过程追溯监管系统平台建设。开展"5·25"检疫执法宣传行动,加强对林业植物检疫法律、法规的宣传,进一步提高市民防范林业有害生物传播扩散的意识。

【森林防火】 天津市始终坚持"防灭结合,预防为主"的工作方针,不断加强森林火灾预防、防火宣传、火源管控、火情监测、扑救和保障能力建设,大力提升森林火灾防控能力。全市各级森林防火部门精准部署,全面落实森林防火各项措施,未发生森林火灾,实现天津连续30年无重大森林火灾。

6月完成森林公安转隶,7月组建森林防火机构,9月24日,印发《森林防灭火保障方案》,9月30日,印发《森林防火督查工作办法(试行)》。9月28日,组织全市森林防火部门召开2020~2021年度森林防火工作会议,对全市森林防火工作进行全面部署,层层压实责任,推动工作开展。10月1~31日,开展以"全民参与森林防火，积极建设美丽天津"为主题的森林防火宣传月活动，印发《关于深入开展森林防火宣传月活动的通知》，积极采取多种形式，进行全方位宣传，普及森林防火知识，切实增强依法用火、安全用火、安全避火的意识，让群众了解和掌握森林防火法律法规知识，提高全民森林防火法制观念和安全意识，大力提升全社会抵御森林火灾的能力，切实做到"隐患早排除、火险早预报、火情早发现、火灾早处置"，坚决预防森林火灾发生。共出动宣传车2546辆次，出动9169人次，发放宣传资料102 520份，悬挂条幅1594幅，张贴标语1163张，发布宣传信息（电视、广播、网站、微信、微博、短信等）3141条，设置标牌664块，进林区1392次，进乡村1796次，进课堂53次，进农户14 857次。

【野生动物保护】 认真贯彻习近平生态文明思想，严格贯彻野生动物保护法律法规。2月14日，市人大常委会在全国率先审议通过《天津市关于禁止食用野生动物的决定》。2月17日，市政府常务会议审议通过《天津市加强野生动物管理若干规定》。3月4日，市野生动物保护工作领导小组召开工作会议。为稳妥做好禁食野生动物后续工作，8月，经市政府批准，市规划资源局印发《天津市以食用为目的陆生野生动物人工繁育场所及其野生动物处置方案》，截至9月30日，天津在全国率先完成禁食野生动物转产转型和补偿工作。

全市各级林业、农业农村、市场监管、公安等部门采取明察暗访形式，对各类交易市场、花鸟鱼虫市场、人工繁育场所、展览展演场所、湿地自然保护区、重要生态防护林地等重点区域和点位进行深入巡查督查，全市共出动巡查巡护人员458 550人次。市规划资源局全年开展执法巡查204次，现场处置个人无证养殖野生动物案件51起，向公安机关移交刑事案件线索8起，查获国家一、二级重点保护动物300余只，市重点保护动物355只。为严厉打击乱捕滥猎陆生野生动物违法行为，经市人民政府批准，市规划资源局印发《天津市陆生野生动物禁猎期通告》，重新划定本市陆生野生动物禁猎期。自2020年6月10日至2025年6月9日，全市行政区域范围内禁猎。通过持续严打重击，保持高压震慑，有力维护天津野生动物资源安全。

在市委宣传部、市委网信办的大力支持下，充分利用"世界野生动植物日""爱鸟周""野生动物宣传月""2020年水生野生动物保护科普宣传月""世界环境日"等宣传活动，通过中央电视台、天津电视台、天津广播电台、《天津日报》、津云等新闻媒体和网络媒体采取专题访谈、热线答疑、新闻报道、新媒体作品等形式，开展全领域、多频次的宣传报道，有效提高了全社会爱护野生动物、保护野生动物的法律法规意识。

积极推进建立京津冀鸟类联合保护机制。12月1日和12月14日，副市长孙文魁两次主持召开候鸟保护工作会议，重点就如何加强京津冀鸟类联合保护进行研究讨论和安排部署。截至2020年底，《京津冀鸟类等野生动物联合保护行动方案（草案）》已向北京市、河北省林业主管部门征求两轮意见，正在持续推进当中。

【科技兴林】 天津市规划和自然资源局充分发挥科技支撑引领作用，积极推动天津林业科技全面提升。全年共组织实施林业科技项目2项，财政资金支持108.95万元。其中中央财政林业科技推广示范资金项目1项，拨付资金100万元；市级财政林业科技项目1项，补助资金8.95万元。完成天津市市场监管委员会批准的林业地方标准制定项目1项，投入资金10万元。积极推动天津市林木育种和森林培育国家长期科研基地、"天津市自然保护地监控体系国家创新联盟"和"滨海湿地生态建设国家创新联盟"建设发展。

【林业改革】 完善集体林权制度改革，推进林权流转交易，推动林业产业融合发展，完成国有林场改革。完成国家林地保护利用规划确定的目标，全市现有林地面积20.39万公顷、森林面积13.64万公顷、森林蓄积量460.27万立方米。

全市建立林权流转服务机构1个，流转林地91.47公顷。建立林业合作组织180个，带动农民1534户，评选出30家市级林业示范合作社，其中6家国家级林业示范合作社。积极推进行政制度改革，取消行政审批1项，下放行政审批权2项。

【林业生态建设】 天津市紧紧围绕"建设生态宜居"的目标，按照国家林业和草原局对天津国家森林城市建设的要求，有序推进武清区开展国家森林城市建设。对照创建国家森林城市评价指标，在巩固提升现有建设成果的同时，重点加强待建及未达标指标相关项目的建设，推动创建国家森林城市各项工作稳步有序实施。

按照全国绿化委员会关于古树名木保护的有关要求，持续推进全市现有古树名木保护工作。以第二次全国古树名木普查天津成果为本底，对全市所有在册古树名木进行规范挂牌，部分重点古树名木安装定位器，实现倾斜、震动报警等工程。责成专人看管古树，在做好浇水、涂白、除草、病虫害防治等日常管护的基础上，积极对濒危古树采取修建护栏、树体支撑、周边环境整治等防护措施。

天津市按照国家林业和草原局要求，利用已有的森林资源调查成果数据和相关的各种林业监测数据，并辅助增设地面样地调查，采用规范和统一的技术方法在全市范围内进行周期为2~3年的LULUCF碳汇计量监测工作，掌握天津土地利用、土地利用变化与林业活动引起的碳汇量变化情况。基本完成土地利用、土地利用变化与林业碳汇计量监测工作。

【林业法治建设】 2月14日，《天津市人民代表大会常务委员会关于禁止食用野生动物的决定》经市第十七届人民代表大会常务委员会第十七次会议通过，公布施行。2月17日，《天津市加强野生动物管理若干规定》经市人民政府第92次常务会议通过并公布施行（天津市人民政府令第17号）。3月下旬，市规划资源局结合疫情防控，加大野生动物保护法律法规宣传力度。下沉干部在全市25个下沉社区站点发放法律宣传单和野生动物明白纸宣传页万余份。4月，市规划资源局举办局系统2020年第一期领导干部法治专题讲座，邀请市人大法工委主任王泽庆对《天津市人民代表大会常务委员会关于禁止食用野生动物的决定》进行解读。5月18日,《天津市野生动物保护条例》经市第十七届人大常委会第十九次会议第一次审议。

为落实国家推进生态文明建设要求和京津冀协同发展重大国家战略,推进天津市社会治理现代化,根据市委工作要求,市规划资源局紧急成立立法工作小组,在不到两个月的时间内完成起草工作。9月25日,《天津市绿色生态屏障管控地区管理若干规定》经市第十七届人民代表大会常务委员会第二十三次会议通过,公布施行。该条例的制定与施行,为天津加强绿色生态屏障管控地区管理提供坚实的法治保障,具有重要的意义。

【大事记】

1月5日 天津市人民政府办公厅印发《关于成立天津市尘肺病防治工作领导小组等议事协调机构的通知》,成立天津市建立以国家公园为主体的自然保护地体系试点工作领导小组,领导小组办公室设在市规划资源局。

1月16~17日 在西青区举办天津市第六次沙化和荒漠化监测技术培训班,正式启动天津第六次沙化和荒漠化监测工作。

2月3日 指定天津北大港湿地自然保护区南部水循环区域(面积11.3平方千米)为国际重要湿地,经《湿地公约》秘书处按程序核准已列入《国际重要湿地名录》。

3月4日 副市长孙文魁主持召开双城生态屏障建设推动视频会,会议总结2019年双城生态屏障建设及全市植树造林工作,部署2020年建设任务。

3月6日、9日 市规划资源局对天津市主城区周边20千米范围内废弃矿山工作开展复工复产指导工作。

3月19日 天津市自然保护地监控体系国家创新联盟挂牌成立。

3月26日 天津市建立以国家公园为主体的自然保护地体系试点工作领导小组办公室起草《关于做好自然保护地整合优化工作的通知》,印发相关区政府。

4月8日 为进一步贯彻自然资源部、国家林草局《关于做好自然保护区范围及功能分区整合优化前期有关工作的函》文件精神和自然资源部、国家林草局电视电话会有关要求,市建立以国家公园为主体的自然保护地体系试点工作领导小组办公室,召开自然保护地整合优化工作推动会。

4月17日 召开全市"十四五"生态保护修复规划编制工作推动会,积极推动天津"十四五"生态保护修复规划和三北防护林体系建设规划编制。

4月27日 配合国家组织开展天津中央财政支持海洋保护修复项目入库现场核验工作。

5月 天津市规划和自然资源局印发《天津市规划和自然资源局科技项目管理办法》。

5月18日 市规划资源局副局长志强参加自然资源部生态修复司召开的推进重点区域废弃露天矿山生态修复工作视频会。

5月18日 《天津市野生动物保护条例》经市第十七届人大常委会第十九次会议第一次审议。

5月29日 国家林业和草原局下发《关于发布2020年国家重要湿地名录的通知》,北大港湿地自然保护区和七里海湿地保护区核心区、缓冲区区域列入《国家重要湿地名录》。

6月 天津市规划和自然资源局完成森林公安转隶工作。

6月1日 市规划资源局完成《天津市自然保护地整合优化预案》和《天津市生态保护红线调整优化方案》,征求市试点工作领导小组部分成员单位意见。

6月10日 副市长孙文魁主持会议,专题研究自然保护地整合优化和三条控制线划定的工作情况。

6月29日 副市长孙文魁在现场察看海河南岸生态林带,主持召开双城生态屏障建设推进会议。

6月30日 组织召开推进全国重要生态系统保护和修复重大工程专项建设规划编制会议,对下一步如何做好天津素材申报工作再次进行周密部署。

7月 天津市规划和自然资源局组建森林防火处。

7月7日 市委书记李鸿忠,市委副书记、市长张国清,市委副书记阴和俊调研绿色生态屏障建设,并召开现场推进会,研究会商协调解决建设中存在问题。

7月15日 副市长孙文魁主持召开双城生态屏障建设现场推动会。

7月17日 召开城市规划区外古树名木规范挂牌工作部署会议,部署全市城市规划区外古树名木规范挂牌工作。

7月21日 市规划资源局局长陈勇、副局长志强参加市政协领导开展的天津"十四五"规划专题调研,研究"十四五"时期如何创新管理体制机构,推动天津建立以国家公园为主体的自然保护地体系。

7月28日 第二期天津市青海省自然保护地管理培训会在青海省西宁市召开。青海省林业和草原局、三江源国家公园管理局、天津市规划和自然资源局系统近40名工作人员参加培训。

8月18日 副市长孙文魁到津南区卫南洼、西青绿廊和咸水沽湾进行现场调研,并主持召开第九次推动会。

8月17日 向自然资源部报送天津市海岸带生态保护和修复重大工程建设规划重点项目素材,纳入国家双重规划重点项目库。

8月18日 组织召开主城区周边20千米范围内废弃矿山生态修复专题推动会。

8月24日 《天津市绿色生态屏障管控地区保护管理条例(草案)》经局2020年第8次局长办公会审议通过。

8月26日 开展森林防火物资储备库危化品专项检查活动。

8月27日 市规划资源局印发《天津市规划和自然资源局关于报送林草行业"七五"普法总结的函》。

9月2~3日 国家林草局自然保护地司副司长严承高带队调研滨海湿地,指导滨海湿地自然保护地选划工作。

9月18日 组织全市各级森林防火部门召开会议,迅速贯彻落实全国秋冬季森林防火工作电视电话会议精神。

9月22日 组织召开森林防灭火保障工作部署会。

9月24日　参加京津承边界区森林防火联防委员会第十二次会议。

9月25日　牵头起草的《天津市绿色生态屏障管控地区管理若干规定》，经市第十七届人民代表大会常务委员会第二十三次会议通过，颁布实施，为天津加强绿色生态屏障管控地区管理提供坚实的法治保障。

9月24日　印发《森林防灭火保障方案》。

9月24～25日　自然资源部副部长王宏带队到天津对天津渤海综合治理攻坚战自然资源领域重点工作督导调研，并提出具体工作要求。

9月28日　组织召开2020～2021年度天津市森林防火工作部署会。

9月30日　印发《森林防火督查工作办法（试行）》。

9月　成立以陈勇为组长的2020年度自然资源标准化项目编制工作专班，积极申报并获批准2020年度自然资源行业标准制修订项目计划7项（国家标准2项、行业标准5项），天津市地方标准制修订项目计划14项。

10月5日　局二级巡视员高明兴率工作组督导检查"中秋""十一"期间森林防火工作。

11月3日　总规划师武军带队率生态处、总体处、修整中心有关负责同志赴静海区督导推动主城区周边20千米范围内废弃矿山生态修复工作。

11月10日　副市长孙文魁专题研究天津自然保护地整合优化预案和生态保护红线评估调整方案。

11月15日　天津市规划和自然资源局和宁河区政府在宁河区吾悦广场联合举办"野生动物宣传月"启动仪式。

11月19日　召开天津市渤海综合治理攻坚战海洋生态修复项目验收工作部署会。对验收工作进行安排部署，并提出具体要求。

11月30日　印发《关于落实国务院办公厅坚决制止耕地"非农化"有关要求做好全市造林绿化工作的通知》。

12月1日　副市长孙文魁主持召开候鸟保护工作会议，重点就如何加强京津冀鸟类联合保护进行研究讨论和安排部署。

12月1日　邀请北京林业大学副校长骆有庆等对蓟州区松材线虫病疫区拔除工作进行前期论证。

12月2日　邀请北京市园林绿化局、北京市林保站和河北省森检站有关负责同志，在天津市蓟州区召开京津冀省级林业有害生物协同防控联动指挥部座谈会。总结交流2020年京津冀林业有害生物协同防控工作，研究《京津冀协同发展 毗邻地区林业有害生物协同防控联动工作方案（试行）》修订事宜及2021年指挥部轮值交接事宜。

12月4日　市委专题听取天津生态保护红线和自然保护地整合优化预案汇报。

12月14日　副市长孙文魁主持召开京津冀鸟类联合保护进行研究讨工作会议。

12月17日　市湿地自然保护区领导小组办公室召开湿地自然保护区规划推动工作会议。

12月21日、25日、28日　召开渤海综合治理攻坚战海洋生态修复项目工程验收会，主体工程全部完工，顺利收官。

12月21～22日　开展主城区周边20千米范围内废弃矿山生态修复主体工程验收工作。

12月24日　国家林业和草原局印发《关于同意内蒙古阿拉善右旗九棵树国家沙漠公园10处国家级自然公园新建和范围调整的通知》，同意将天津大神堂牡蛎礁国家级海洋特别保护区进行范围调整及更名，设立天津滨海湿地国家级海洋公园。

12月24日　副市长孙文魁带市属相关委局和有关区的同志到宁河区永定新河北岸林水生态区、滨海新区古海岸生态廊道和津南区东嘴岛进行现地调研，并主持召开市绿色生态屏障建设工作第十二次推动会。

12月27日　邀请北京林业大学副校长骆有庆、田呈明教授，北京市园林绿化局高工陶万强（教授级）、中国林科院研究员吕全和张真对天津市蓟州区松材线虫病疫区进行查定。专家组一致认为天津市蓟州区已满足松材线虫病疫区撤销的条件。

12月29日　天津市规划和自然资源局、天津海关、国家海洋博物馆共同签署执法查没陆生野生动植物及其制品移交框架协议，并现场完成一批交接工作。

（天津市林业由张敏供稿）

河北省林草业

【概　述】　2020年，全省林业和草原主管部门深入贯彻习近平生态文明思想，坚持山水林田湖草系统治理，聚焦"三件大事"（深入推进京津冀协同发展，高起点规划、高标准建设雄安新区，全力做好冬奥会筹办工作）、打好"三大攻坚战"（精准脱贫防贫、污染防治、防范化解重大风险）和推进首都"两区"（首都水源涵养功能区和生态环境支撑区）建设，大力弘扬塞罕坝精神，各项工作有力有序有效推进。

国土绿化　紧紧围绕构建京津冀生态环境支撑区和首都水源涵养功能区，深入开展"三创四建"（创新、创业和创建全国文明城市、国家卫生城市、国家森林城市，建设现代化经济体系、建设城乡融合高质量发展体系、建设一流营商环境体系、建设现代化社会治理体系）活动，以"两山"（太行山、燕山）、"两翼"（张北地区、雄安新区）、"三环"（环首都、环城市、环村镇）、"四沿"（沿坝、沿海、沿路、沿河）为主攻方向，大力实施国土绿化三年行动，高标准规划建设雄安郊野公园，组织邯郸、衡水、沧州、邢台4个设区市、125个县（市、区）开展创建国家和省级森林城市，全省26个市、县（市、区）获河北省森林城市称号。完成营造林

58.8万公顷，是全年任务的110%。

森林草原防火 着力构建"天空地"一体化防火监测体系，在全国率先建成森林草原防火视频监控系统，安装前端探头5549个，监控覆盖率达到83%。全年发生森林火灾13起，过火面积232.7公顷，受害面积14.4公顷，同比分别下降68.3%、58.2%和86.9%，没有发生"进京火"，没有发生重大以上森林草原火灾和人员伤亡，首次实现清明、"五一"、"两会"、国庆、中秋期间零火情。

资源管护 对全省225处自然保护地（不含风景名胜区）开展整合优化，编制完成自然保护地整合优化预案，取得阶段性成果，为进一步强化自然保护地监督管理奠定基础。林业草原有害生物成灾率低于国家指标。严格执行建设项目使用林地定额和采伐限额，在全国率先实现天然林、商品林停伐保护全覆盖。在秦皇岛市和平山县开展林长制试点工作。组织实施白洋淀入淀口、衡水湖等湿地保护修复项目。全面完成禁食野生动物后续处置工作，处置野生动物13.7万头（条、只），6520万元补偿资金全部到位。扎实推进林业行业安全生产集中整治三年行动和安全生产大检查、事故隐患大排查大整治，全省林业草原系统没有发生重大及以上生产安全事故。

草原保护修复 认真落实省政府办公厅《关于加强草原生态保护构筑生态安全屏障的意见》，完成基本草原划定111.4万公顷，占应划面积的100%。下达专项资金1.77亿元，修复治理退化草原7.6万公顷，占年度任务的114%；有力有序推进张家口退耕还草任务，协调落实补助资金1.8亿元，完成张家口坝上地区退耕还草12.07万公顷。全省草原综合植被盖度达到73%，高于全国平均水平17个百分点。

脱贫攻坚 扎实推进林业草原生态扶贫，支持贫困县省级以上林业草原资金35.5亿元，全省经济林面积达到157.55万公顷，林草产业总产值达到1405亿元。全省贫困县建立造林合作社139个，年吸纳3万多人次贫困人口参与林业建设。选聘贫困人口生态护林员5.1万人，精准带动一批贫困人口稳定脱贫。牵头"五包一"帮扶的沽源县如期实现脱贫摘帽。

张家口沽源造林现场（姚伟强　摄）

【**省委、省政府全面安排部署森林城市创建工作**】 2月3日，省委书记王东峰主持召开全省会议，强调抓好疫情防控的同时，深入开展"三创四建"活动，把创建国家森林城市作为夺取疫情防控与经济社会发展双胜利的重点工作全力推进，加快森林进城、森林环城，持续开展大规模国土绿化，全年完成营造林53.33万公顷。力争2021年邯郸市、2022年衡水市和邢台市、2023年沧州市成功创建国家森林城市，同时已创建成的7个市继续保持荣誉称号，实现设区市国家森林城市全覆盖；到2025年，成功创建10个以上县级国家森林城市，雄安新区成功建成国家森林城市示范区，同时成功创建30个以上省级森林城市，京津冀森林城市群基本建成。

【《**贯彻落实〈关于建立以国家公园为主体的自然保护地体系的指导意见〉的若干措施**》**印发**】 为贯彻落实中央办公厅、国务院办公厅印发的《关于建立以国家公园为主体的自然保护地体系的指导意见》，2月18日，省委、省政府印发《贯彻落实〈关于建立以国家公园为主体的自然保护地体系的指导意见〉的若干措施》（以下简称《措施》），《措施》提出，到2035年，河北将建成健康稳定高效的自然保护地体系，为新时代全面建设经济强省、美丽河北提供生态支撑。全文共4项重点任务，包括科学构建自然保护地体系，规范优化自然保护地管理，健全自然保护地长效机制，加强自然保护地监督考核。

【**全省春季森林草原防灭火暨造林绿化电视电话会议**】 于2月20日召开，对做好今年春防和造林绿化工作进行部署。省委常委、常务副省长袁桐利出席会议并讲话。会议强调，要在抓好疫情防控的同时，开展森林草原火灾隐患排查整治，严格火源火种管控，强化应急处置，确保春季防火安全。统筹做好疫情防控和造林绿化，实施分区分级精准防控，落实人员排查、防护等措施，分区域分时段开展造林植树，着力推进森林城市创建、雄安新区千年秀林及绿博园、森林生态廊道建设等重点工作，抓好病虫害防治，确保完成春季造林任务。要加强组织领导，压实责任、创新举措，推进各项工作有序开展，为夺取疫情防控和经济社会发展双胜利作出更大贡献。

【**全省生态文明建设工作会议**】 8月23日，全省生态文明建设工作会议在石家庄召开。省委书记、省人大常委会主任王东峰在会议上强调，要深入贯彻习近平生态文明思想，大力弘扬塞罕坝精神，奋力开创生态文明建设新局面，以实际行动和工作成效坚决当好首都政治"护城河"。省委副书记、省长许勤主持会议。

会议强调，要深入开展山水林田湖草系统治理，有效扩大生态环境空间和环境容量。要坚持加强统筹协调，大力提升水源涵养功能，有序推动坝上地区12万公顷土地退耕还草还湿，高标准开展冬奥会张家口赛区造林绿化，深入实施"空心村"治理，加快推进首都"两区"建设。要坚持弘扬塞罕坝精神，切实抓好塞罕坝生态文明示范区建设，聚焦太行山燕山、坝上地区、"三沿三旁"等重点区域，大规模开展国土绿化行动，狠抓矿山综合治理，加快森林城市创建。

【《**关于加强草原生态保护构筑生态安全屏障的意见**》】

为加强草原生态保护，切实改善草原生态质量，维护草原生态功能，5月7日，省政府办公厅印发《关于加强草原生态保护构筑生态安全屏障的意见》(以下简称《意见》)，全文共8项重点任务，包括明晰草原资源产权、加强草原资源保护、推进草原生态修复、强化草原合理利用、落实草原保护责任、强化陆生野生动植物资源保护、建立生态管护示范区和强化草原基础工作。

《意见》提出，要壮大经营主体，推动组建草业企业联盟，打造现代草业生产经营主体，扩大饲草生产规模，减轻天然草原承载压力；推进改革创新，大力支持采用新技术、新装备、新模式，探索建立草原经营权流转管理服务体系，提升适度规模经营水平；不断创新政府资金投入的使用方式，引导社会资金投入草原生态保护，鼓励草原区发展舍饲养殖，实现草原生态保护和农民增收的双赢；强化科技支撑，坚持用先进科学技术引导草原生态保护修复工作，加大对优良技术和设备的引进和推广，培育适合当地推广的多年生乡土牧草品种，加快形成草原地区现代产业发展模式。

《意见》明确，到2020年，张家口坝上地区退耕还草12万公顷；到2022年，完善草原资源产权、生态保护、修复治理、合理利用和责任追究制度；张家口、承德市的中、重度退化草原治理率达到50%以上(累计治理面积达到7万公顷)，草原退化趋势得到基本遏制，优良牧草比例由42%提高到50%，草群平均高度由21.3厘米提高到24.5厘米，草原综合植被盖度由71.6%提高到73%；到2030年，张家口、承德市的中、重度退化草原治理率达到80%以上(累计治理面积达到11.33万公顷)，优良牧草比例达到60%以上，草群平均高度达到30厘米以上，草原综合植被盖度达到75%以上，草原退化趋势彻底遏制，天然草原实现草畜平衡。

【森林草原防灭火责任制度】 为有效预防和扑救森林草原火灾，河北省政府办公厅于11月初印发《河北省森林草原防灭火工作责任制规定(试行)》。自2020年11月开始，在全省范围内试行森林草原防灭火工作责任制，以有效预防和扑救森林草原火灾，最大限度减少火灾发生及损失，保护森林草原资源和国土生态安全。

全省各级党委政府对森林草原防灭火工作负全面组织领导责任。各级政府负责本行政区域内的森林草原防灭火工作，实行行政首长负责制。各级林业和草原主管部门按照工作职能，对本行政区域森林草原防灭火工作负行业监管执法责任，扎实做好防火巡护、火源管理、防灭火设施建设、火灾隐患排查等。各类森林、林木、林地、草原经营主体对本单位森林草原防灭火工作负直接法律法规责任。规定提出，各级政府根据森林草原火险区划等级，成立相应规模的森林草原消防专业队伍。重点设区的市和一级火险县成立不少于100人的专业队伍，二级火险县成立不少于60人的专业队伍，三级火险县成立不少于30人的专业队伍。重点林区乡(镇)根据实际需要，成立相应规模的专业或半专业队伍。森林草原防灭火涉及两个以上行政区域的，有关市、县、乡政府应当建立森林草原防灭火联合机制，确定联防区域，落实联防制度，实行信息共享，加强监督检查。规定还明确了追责人员范围和问责方式。

【河北省立法治理和保护白洋淀生态环境】 11月27日，河北省人大常委会召开新闻发布会，对《白洋淀生态环境治理和保护条例(草案)》(以下简称《条例(草案)》)有关情况作了介绍。河北省第十三届人大常委会第二十次会议对《条例(草案)》进行了第四次审议，并决定将《条例(草案)》提请河北省十三届人民代表大会第四次会议审议。

《条例(草案)》分别从规划与管控、环境污染治理、生态修复与保护、防洪与排涝、保障与监督、法律责任等方面作了规范。《条例(草案)》突出目标导向，聚焦解决白洋淀流域突出的环境污染和生态破坏问题，细化落实上位法重大法律制度，突出防洪、补水、治污一体化建设，建立淀内外、左右岸、上下游、全流域协同治理机制，强化相关法律责任，构建生态环境治理和保护体系，切实增强白洋淀生态环境治理保护的系统性、整体性、协同性。

【《河北省旅游景区森林草原防火工作办法》】 9月27日，为进一步加强全省旅游景区森林草原防火工作，维护森林草原旅游产业安全健康发展的良好局面，河北省林业和草原局、河北省文化和旅游厅联合印发《河北省旅游景区森林草原防火工作办法》(以下简称《办法》)。

《办法》适用于前全省范围内有森林草原防火任务的A级旅游景区。《办法》明确，河北省旅游景区森林草原防火工作实行"林草部门业务指导、文旅部门行业指导、旅游景区具体落实"的原则。全省各市、县林业和草原主管部门负责旅游景区森林草原防火工作具体业务指导，结合旅游景区森林草原防火任务，明确景区森林草原防火工作措施及落实标准，并监督执行；全省各级文化和旅游主管部门要明确本单位A级旅游景区森林草原防火工作责任领导、责任处室、责任人员，各级市、县文化和旅游主管部门要指导辖区A级旅游景区严格执行景区森林草原防火有关规定；旅游景区作为森林草原经营单位，是景区范围内森林草原防火工作的责任主体，负责具体落实景区森林草原防火工作措施，切实把景区森林草原防火作为景区长远发展的基础性工作持续抓好，要建立长效机制，强化防火措施，完善资金投入，落实防火责任，确保防火安全。《办法》特别强调了涉及自然保护地旅游景区的管理，与各类自然保护地存在交叉重叠的旅游景区要严格执行自然保护地各项管理规定和自然保护地森林草原防火相关管理制度，确保各类自然保护地生态安全。今后凡依托各类自然保护地新设立旅游景区的，应当征求林业和草原主管部门意见。

【野生动植物保护工作厅际联席会议】 于12月15日在石家庄召开，传达省委、省政府领导有关批示，通报全省落实全国人大常委会《全国人民代表大会常务委员会关于全面禁止非法野生动物交易、革除滥食野生动物陋习、切实保障人民群众生命健康安全的决定》，禁食野生动物工作开展情况，总结2020年全省野生动物保护工作开展情况，部署下一步工作。省林业和草原局局长、厅际联席会议制度办公室主任刘凤庭出席会议并作河北省野生动植物保护工作报告。

会议要求，各级政府和各厅际联席成员单位要切实提高思想认识，把野生动物保护工作列入重要议事日程，落实属地管理责任，加强组织领导，坚决遏制破坏鸟类等野生动物资源违法犯罪行为。充分利用广播、电视、网络、标语条幅等媒介，加大对易发生破坏野生动物资源条件的林区、山区及农贸市场、酒店、花鸟市场、宠物市场、冷冻库等的宣传，推动源头防控。继续组织开展专项打击整治活动，围绕重点物种、重点地区、重点场所开展常态化巡护巡查，以"零容忍"态度对非法猎捕交易野生动物违法行为露头就打，严查严处。加强野外巡护巡查，强化野外巡护巡查力度，从源头上解决野生动物保护工作中存在的问题，推进鸟类等野生动物资源保护工作深入扎实开展。

省林业和草原局、省公安厅、省市场监管局、省教育厅、省农业农村厅、省财政厅、省司法厅、省交通厅、省邮电管理、石家庄海关、北京铁路公安局等20多个野生动植物保护工作厅际联席成员单位的有关负责同志出席本次会议。

【塞罕坝精神批示三周年纪念活动】 8月13日，习近平总书记对塞罕坝林场建设者感人事迹作出重要指示三周年前夕，为牢记习总书记嘱托，推动全省开展进一步发扬塞罕坝精神活动，全面开启"二次创业"新征程，走好新时代长征路，河北省林业和草原局、塞罕坝机械林场在石家庄和塞罕坝同步举行学习和纪念活动。

省林业和草原局分党组召开扩大会议，重温习近平总书记重要指示，对省林业和草原局贯彻落实习近平总书记重要指示和落实省委、省政府大力弘扬塞罕坝精神的重要部署情况进行通报。习近平总书记作出指示3年来，河北省林草局深入研究、认真谋划，各项工作取得显著成效。开展塞罕坝精神学习宣传，先后在北京人民大会堂及河北、贵州、江西、福建、山西等10个省（区、市）举行塞罕坝林场先进事迹巡回报告会；2017年以来，累计接待23万人次到林场考察参观学习。做好塞罕坝机械林场森林防火，坚持人防、物防、技防相结合，多种措施消除火灾隐患、保护森林资源安全，实现连续58年无森林火灾。改善硬件设施，截至2019年9月，林场9座望火楼、14个检查站全部实现通水、通电、通网络，安装暖气和热水器，配备厨房、宿舍、卫生间，一线值守职工生活条件大幅改善。成立林场参股的塞罕坝生态集团，业务涵盖绿化工程、苗木生产经营、森林生态旅游、森林资源综合开发利用、碳汇经营开发五大板块。研究出台《塞罕坝机械林场"二次创业"方案》《塞罕坝机械林场及周边区域管理体制改革创新方案》《塞罕坝机械林场及周边区域森林草原生态保护规划》。

【国有林场改革工作领导小组会议】 于8月2日在石家庄召开，通报全省国有林场改革工作进展情况，对下一步工作进行安排部署。省国有林场改革工作领导小组办公室主任、省林业和草原局局长刘凤庭主持会议。

会议指出，近年来，在省委、省政府的坚强领导下，各地各部门认真组织开展省级自查验收和国有林场改革"回头看"工作，全面完成国有林场"定性、定编、定经费"等改革任务。林场定性更加明确，全省130个国有林场全部明确公益性质，其中126个定性为公益性事业单位，保留企业性质的4个林场被定性为公益性企业；森林资源保护得到加强，全省130个国有林场新增森林面积1.53万公顷，新增林木蓄积量800万立方米，国有林场森林资源稳步增长；林场职工得到有效安置，根据国有林场富余职工的技术特长，采取分流转换身份、安排营（护）林社会化岗位享受在岗职工同等待遇等不同方式进行妥善安置，安置率达到100%。全省国有林场改革实现"森林生态功能显著提升，职工生产生活条件明显改善，国有林场管理体制全面创新"三大改革总体目标。会议明确各地各成员单位要围绕做好进一步巩固提升改革成效、持续深化塞罕坝机械林场改革、健全完善国有林场管理制度等工作，全面落实省委、省政府决策部署，处理好国有林场资源保护与开发利用的关系，依法保障国有林场职工利益，全面推进国有林场绿色发展、创新发展、高质量发展。

【支持坝上地区植树造林】 为进一步支持张家口市及承德市坝上地区植树造林和生态建设，保证高标准、高质量按时完成国家发改委、国家林草局批准实施的坝上地区植树造林项目，河北省政府批准同意，2020~2023年，每年从省财政安排省级林业改革发展补助资金1亿元、省级预算内基建投资0.92亿元，同时，统筹中央财政资金1亿元，4年投入8.68亿元，全部用于支持坝上地区完成13.97万公顷营造林建设目标。

【推进察汗淖尔生态保护和修复】 为切实改善察汗淖尔流域生态系统质量，省发改委12月8日印发《河北省推进察汗淖尔生态保护和修复实施方案》。提出，以改善察汗淖尔生态系统质量为核心目标，着力实施种植结构调整、湿地保护修复、绿色产业发展等重点任务，加快扭转察汗淖尔生态恶化趋势，逐步恢复流域生态系统功能，打造坝上地区生态质量与民生改善双提升的示范样板。

根据实施范围，河北省察汗淖尔流域总面积2434平方千米，全部位于张家口市境内。实施方案明确了工作目标：到2022年，察汗淖尔湿地生态系统实现完整性保护；流域农业种植结构不断优化调整完善，滴灌等高效节水技术全面推广应用，农业灌溉设施完成升级改造；察汗淖尔湿地周边灌溉机井全部封停关闭，地下水压平衡取得明显成效；绿色发展体系基本形成，居民生活水平明显改善。到2025年，察汗淖尔流域生态环境稳步向好，湿地生态系统稳定性进一步增强；高效节水农业、旱作雨养农业、草食畜牧业发展水平明显提高，地下水实现采补平衡，察汗淖尔生态恶化趋势逐步扭转；绿色发展体系更加完善，产业发展内生动力持续增强，民生福祉达到新水平。

【河北实现森林草原防火视频监控全覆盖】 河北森林草原防火注重源头管控，通过在通信铁塔加装视频探头监控和双光谱摄像机，运用红外热成像、AI等技术，探索应用"卫星监测+远程林火视频监控+无人机侦查"监测技术，创新推广卫星小站融合多路无人机的"1+N"

火场指挥模式，初步构建天、空、地一体化预警监测防控体系，已建成森林火险预警监测站88个、省级卫星林火监测系统2套，设置视频监控点位5549个，实现全省林草资源防火视频监控无盲区、无死角、全覆盖。该防火视频监控系统自2020年1月投入使用以来，实现清明、"五一"及"两会"期间零火灾，森林草原火灾起数、过火面积、受害森林面积三下降，创历史同期最低。

【8村入选2020年中国美丽休闲乡村】 9月9日，农业农村部办公厅发布《关于公布2020年中国美丽休闲乡村的通知》，河北省有8个村入选：承德市兴隆县安子岭乡诗上庄村、邯郸市武安市淑村镇白沙村、廊坊市固安县渠沟乡周家务村、邢台市内丘县獐幺乡黄岔村、衡水市饶阳县王同岳镇王同岳村、张家口市尚义县南壕堑镇十三号村、秦皇岛市抚宁区大新寨镇王汉沟村、保定市曲阳县范家庄乡虎山村。

【大事记】
1月13日 河北省林业和草原工作会议在石家庄召开。会议主要任务是，传达学习贯彻全国林业和草原工作会议精神，总结2019年工作，安排2020年工作，研究部署推进林草治理体系和治理能力现代化，为实现全省林草事业高质量发展提供坚实保障。

1月15日 省林业和草原局组织科技人员到涞源县参加全省文化科技卫生"三下乡"集中服务活动。

2月14日 全省森林公安工作视频会议召开。会议回顾总结2019年全省森林公安工作，深入分析面临的形势任务，对2020年全省森林公安工作进行全面部署。

4月4日 省长许勤随机到石家庄的井陉、赞皇等山区县，暗访检查森林草原防灭火工作。

4月5日 省委常委、常务副省长袁桐利到省林业和草原局检查调度森林草原防灭火工作。

4月6日 省长许勤到省林业和草原局森林草原防火预警监测中心，检查调度森林草原防灭火工作。

6月5日 国家林草局副局长刘东生到雄安新区调研指导"千年秀林"与雄安绿博园建设，省委常委、副省长、雄安新区党工委书记、管委会主任陈刚与刘东生进行工作会谈。

6月18日 省关注森林活动组委会第一次工作会议在石家庄召开，审议通过《河北省关注森林活动工作规则》《河北省关注森林活动三年工作规划（2020～2022）》和《河北省关注森林活动2020年工作方案》，对当前和今后一个时期河北省关注森林活动进行安排部署。省政协副主席、省关注森林活动组委会主任苏银增出席会议并讲话。省关注森林活动组委会副主任、省林业和草原局分党组书记、局长刘凤庭作工作报告。河北省关注森林活动由省政协人资环委和省林业和草原局共同发起，组委会由省自然资源厅等11个部门组成。

8月2日 河北省绿化委员会召开工作会议，通报2020年以来全省义务植树、部门绿化、国土绿化等工作进展情况，安排部署下一阶段重点工作，审议并通过《河北省绿化委员会议事规则》。

8月28日 受陆军参谋部邀请，塞罕坝机械林场先进事迹报告团为官兵们作报告。报告团成员陈彦娴、安长明、于士涛、封捷然、赵书华等人分别作报告。

9月18日 全省秋冬季森林草原防火工作视频会议召开。会议任务是认真贯彻落实国家森防指、国家林草局和省森防指秋冬季森林草原防灭火电视电话会议精神，总结春防工作，分析森林草原防火面临形势，安排部署当前和今后一段时期的重点工作。

9月25日 澳门全国人大代表视察组刘艺良一行到塞罕坝林场视察生态建设情况。全国人大常委会办公厅，省、市、县和塞罕坝林场有关负责同志陪同视察。

9月28日 塞罕坝林场先进事迹报告会在北京大学百周年纪念讲堂举行。报告团成员陈彦娴、安长明、于士涛、程李美作报告。

11月17日 国家林草局副局长李树铭到河北省林草原防火指挥中心，调研河北冬季森林草原防火工作开展情况。

11月30日 由全国人大环境与资源保护委员会、全国政协人口资源环境委员会、生态环境部、国家广播电视总局、共青团中央、中央军委后勤保障部军事设施建设局六部门联合主办，联合国环境规划署特别支持，中国生态文明研究与促进会承办的"2018～2019绿色中国年度人物"评选活动在北京举行颁奖仪式，塞罕坝机械林场荣获"2018～2019绿色中国年度人物"。

12月20日 塞罕坝先进事迹报告团再次走进北京大学作先进事迹报告，报告团成员陈彦娴、张建华、赵云国、程李美分别作报告。

（河北省林草业由袁媛供稿）

山西省林草业

【概　述】 2020年，山西省林业和草原局坚持以习近平新时代中国特色社会主义思想为指引，全面贯彻落实省委"四为四高两同步"（四为：指坚持转型为纲、项目为王、改革为要、创新为上；四高：指推动高质量发展、高水平崛起、高标准保护、高品质生活；两同步：指到2020年山西省与全国同步全面建成小康社会，到2035年与全国同步基本实现社会主义现代化。）的总体思路和要求，聚焦推进绿化彩化财化有机统一的发展目标，统筹疫情防控和复工复产，推动全省林草事业发展取得新成效。全年林草投资104.47亿元，其中中央财政资金31.21亿元，省财政资金21.04亿元，其他资金52.22亿元。林草产值529.43亿元，其中第一产业418亿元、第二产业51.81亿元、第三产业59.62亿元，三产比例为79∶10∶11。根据森林资源年度清查，截至

2019年底，全省森林面积达到363.40万公顷，森林覆盖率达到23.18%，历史性超过全国平均水平。截至2020年底，全省累计建成国家森林城市2个、国家森林乡村255个、全国生态文化村34个、省级林业生态县42个。

造林绿化 坚持以太行山、吕梁山生态保护修复重大工程为引领，推动国土绿化步伐不断加快。全省营造林27.2万公顷，超额完成年度建设任务。突出服务黄河流域生态保护和高质量发展，印发《关于推进黄河流域国土绿化高质量发展的通知》，重点围绕"两山七河一流域"（两山：太行山、吕梁山；七河：汾河、桑干河、滹沱河、漳河、沁河、涑水河、大清河；一流域：黄河流域）布局实施营造林工程，组织召开全省国土绿化彩化财化临县现场推进会，掀起国土绿化新高潮。黄河流域86个县和9个省直林局完成营造林22.36万公顷。加快推进汾河流域生态保护修复，召开汾河上游林草生态修复研判会，配合山西省水利厅编制完成汾河上游3个县生态修复项目林草部分可行性研究报告，围绕汾河上游实施林草生态保护修复"十大工程"（荒山造林绿化和未成林管护补植工程、水源地退耕还林还草工程、森林质量精准提升工程、生态廊道建设工程、村庄绿化工程、湿地保护工程、森林公园提档工程、草地保护修复工程、生物多样性保护工程、景观花草建设工程）。汾河流域6个市45个县完成营造林4.43万公顷。完成退耕还林3.49万公顷，全部在贫困县实施，其中发展经济林2.4万公顷。深度推广"互联网+全民义务植树"尽责模式，完成义务植树5358万株。推进森林城市和森林乡村创建，完成500个村庄道路绿化、环村绿化、街巷绿化、庭院绿化等任务；指导1市5县编制创建国家森林城市总体规划并通过国家评审，组织河曲等8个县（市、区）提出创建国家森林城市申请，推荐7个行政村申报"全国生态文化村"。

资源保护 坚持依法加强林草资源保护和利用，组建成立执法监督处和防火处，配合省人大常委会出台《关于加强吕梁山区生态保护和修复促进高质量发展的决定》《关于禁止野外用火的决定》，依法加强林草资源保护。编制全省天然林保护修复规划，完成天保二期工程建设任务3.66万公顷，其中人工造林1.25万公顷、封山育林2.41万公顷。完成全省天保公益林省级复查工作。严厉打击破坏林草资源违法行为，全年受理案件1896起，办结1872起。其中，行政案件受理1701起，办结1682起；刑事案件受理195起，办结190起。完成森林资源管理"一张图"年度更新工作。严格执行《建设项目使用林地审核审批管理办法》，收缴植被恢复费3.31亿元，完成占用征用林地审核审批284项，其中永久性占用征收林地245项，使用林地0.3万公顷；临时性占用林地30项，使用林地500公顷；直接为林业生产服务的工程设施占用林地9项，使用林地50公顷。完成林木采伐许可审批116项，发放林木采伐许可证5101份，采伐蓄积量20.53万立方米，占用采伐限额17.92万立方米。印发《进一步加强森林草原消防队伍建设的指导意见》，省直九大林局均建成100人以上的林草防火专业队伍。全年发生森林和草原火灾17起，过火面积0.55万公顷，受害面积1190公顷，火灾受害率控制在0.5‰以下。坚持应划尽划、应保尽保原则，推进自然保护地整合优化，初步调出矿业权5.85万公顷、永久基本农田13.18万公顷、土地整理项目4.41万公顷、工业类经济开发区0.24万公顷。

疫情防控与野生动植物保护 重新修订《山西省实施〈中华人民共和国野生动物保护法〉办法》《山西禁止食用陆生野生动物名录》，及时下发《关于对野生动物人工繁育场所实行封控管理的紧急通知》，采取"五关停、一监测"（五关停：关停各类猎捕活动；关停除科研和防控疫情外的野生动物行政审批；关停野生动物人工繁育场所；关停野生动物展示展演；关停各类自然保护地生产性活动。一监测：野生动物异常活动情况监测）办法，全面加强野生动物及其制品管控，关停狩猎场26个，人工繁育场所336家，取缔无证经营者33家。以省政府办公厅名义印发《关于全面禁止非法猎捕交易食用陆生野生动物的通知》，处置禁食野生动物4.5万头。省林草局、省财政厅联合下发《关于印发禁食野生动物退养补偿指导标准的通知》，投入0.13亿元用于野生动植物后续处置工作。组织对野猪资源调查，全省野猪种群数量22.95万头。完成苍鹭、红隼、狍子和黄红眼鹦鹉等救护任务235起。

林权改革 坚持深化林权改革工作，结合大宁县集体林业综合改革试点，推进购买式造林、资产收益、林权流转等工作。大宁县参与购买式造林的28个合作社造林0.38万公顷，带动1482户群众增收0.21亿元；0.36万公顷未成林全部实现资产化管护；发放生态效益补偿金150万元；公益林补偿收益质押贷款授信150万元。推进公益林补偿收益权质押贷款试点，指导长治市出台《推进公益林补偿收益权质押贷款试点工作的通知》，晋城市出台《开展公益林补偿收益权质押贷款实施方案》。推进森林保险工作，建立承办机构选择机制，扩大商品林保险范围，开展省级政策性干果经济林保险试点，印发《山西省森林保险工作导则（暂行）》，规范政策性森林保险。全省森林保险投保401.58万公顷（公益林398万公顷、商品林3.58万公顷，省级政策性干果经济林保险试点县1.72万公顷），获得理赔资金8000万元，其中生态公益林理赔2600万元，省级政策性干果经济林理赔5400万元。

生态扶贫 坚持聚焦生态脆弱和深度贫困高度重合的实际，依托林草生态扶贫"五大项目"（退耕还林脱贫、生态治理脱贫、生态保护脱贫、干果经济林管理脱贫、林业产业脱贫）的实施，继续将资金项目集中向58个贫困县，特别是向10个深度贫困县倾斜安排，助推贫困地区脱贫攻坚，58个贫困县完成造林13.87万公顷，占全省人工造林的69%。林草生态扶贫"五大项目"，带动58个贫困县55.07万贫困人口增收13.56亿元。推广"党支部+（企业）合作社+农户"的模式，打造扶贫造林合作社"升级版"，实现抱团发展。集中林业生态扶贫PPP项目资金用于林草生态建设、经济林提质增效和退耕还林等项目，兑现PPP项目（政府与社会资本合作项目）资金29.36亿元。全省58个贫困县组建扶贫合作社3378个，造林务工惠及3.6万名贫困社员增收3.8亿元；退耕奖补带动8.9万户建档立卡贫困户24.92万人增收2.1亿元；管护就业聘用贫困人口3.18

万人，人均年管护工资7300元；干果经济林提质增效完成10万公顷，带动14.3万贫困户户均增收500多元。

产业发展 坚持稳步发展林草产业，编制完成全省"东药材、西干果"产业发展规划，颁布《山西省经济林发展条例》，明确发展方向。完成干果经济林提质增效项目13.33万公顷，其中58个贫困县实施完成10万公顷。新发展特色经济林3.65万公顷。推动经济林基地建设，累计建成60个省级示范园和120个县级示范园。加强林下经济种植示范基地建设，推进广灵县、隰县、陵川县、左权县、沁源县、山西景致苗木有限公司、大同灵丘县道自然有机农业专业合作社、晋中榆社县农发新能源科技有限公司8个国家级林下经济示范基地建设。印发《晋北肉类出口平台、山西（长治）中药材商贸平台和山西（吕梁）干果商贸平台建设规划》，围绕将吕梁市打造成"西干果"的商贸平台，组建成立全省干果交易中心。推进药茶产业发展，编制完成《山西省沙棘叶茶、连翘叶茶、红枣芽茶等药茶企业名录》，扶持临县茗玥茶叶有限公司打造0.67万公顷红枣芽茶生产基地和平顺县打造130公顷连翘茶原料生产基地。发展森林康养产业，重点加强27个国家级森林康养基地试点建设，中条历山、左权龙泉和沁水太行洪谷3个森林康养基地被命名为首批中国森林康养基地。

林业科技 坚持以科技创新为动力，提升林草科技水平。制订出台《山西林草工作八大导则》，科学指导全省林草生态建设工作。围绕生态修复关键技术、森林经营技术、经济林及草原草种技术推广试验示范、优良乡土树种良种选育研究等科研内容，投入3300万元，其中，中央和省级财政林草科技推广示范投入2500万元实施项目25个（贫困县投入1800万元实施项目18个），林草科技创新投入800万元实施项目62项（其中，省直事业发展类投入500万元实施项目38项，地市专业支付类投入300万元实施项目24项）。省政府发布《关于2018年度山西省科学技术奖励的决定》，省林业和草原局完成的黄土丘陵区植被恢复与生态经济林经营集成技术研究与推广示范、枣果黑顶病发病机理及防控关键技术研究2个项目荣获省科技进步二等奖。榛子良种'辽榛7号'被国家林业和草原局列为2020年重点推广林草科技成果之一。组织召开全省林业标准化技术委员会工作会议，全票通过将原"林业标准化技术委员会"更名为"林业和草原标准化技术委员会"，完成组织机构调整及标委会章程修改等任务。全年举办技术培训班53期，培训技术人员、林农和乡土专家等共5250人次，发放林草科技推广技术资料9000余份。

林业有害生物防治 坚持防治结合，全面加强林草有害生物防治工作。林业有害生物发生24.25万公顷，加强未成林地鼠兔害及干果经济林、通道林带、重要生态区位林地有害生物防控，完成防治面积22.53万公顷，林业有害生物成灾率为0.64‰，远低于国家林草局3.5‰以下的年度考核指标。编制《山西省2020年松材线虫病和美国白蛾防控工作实施方案》，突出加强松材线虫病和美国白蛾防控工作，完成松林监测面积196万公顷，在周边省份包围的态势下，保持松材线虫病和美国白蛾"零发生"态势。林业有害生物防治能力提升（国家级中心测报点）建设项目顺利通过竣工验收。启动《山西省森林病虫害防治实施办法》《山西省植物检疫实施办法》修订工作。推行无公害防治措施，在襄汾县丁村遗址公园进行"人工释放异色瓢虫"活动。

场圃建设 坚持以加强保障性苗圃和良种基地建设为主，调整种苗生产结构，保障造林用苗需求。印发《提高山西省基地良种产量的对策建议及林木良种使用区划》《关于加强保障性苗圃建设的措施建议》，发布苗木供需分析报告，指导种苗产业发展。全省完成育苗100公顷，新育苗30公顷，苗木总产量约52.97亿株，其中容器育苗约18.61亿株，良种苗木约7.45亿株，重点林木良种基地年均种子生产能力达到1.75万千克，生产穗条50万条，良种产量与2019年相比提高10%，基本满足全省林草生态建设需求。印发《关于开展标准化林场创建工作的通知》，全面加强国有林场建设工作。印发《关于做好2020年天保公益林有关工作的通知》，完成12.45万公顷国家级公益林区划落界工作。完成天然林资源保护工程二期评估工作任务，据《天然林资源保护工程评价报告（2011—2019年）》显示，全省天然林采伐量减少121.5万立方米，森林蓄积量消耗减少319万立方米。发挥"一局联三县"机制作用，省直林局与57个县（区）累计合作造林6.02万公顷。

草原工作 坚持以保护为先、自然修复为主的原则，结合人工辅助干预，加强草地保护修复。召开全省草原生态保护修复高质量发展座谈会，明确草地保护修复思路。利用京津风沙源治理、亚高山草甸保护与修复治理、退化草原人工种草生态修复试点等工程项目，积极探索灌灌草立体化配置、花灌草一体化修复模式。全年安排中央财政草原生态修复治理补助资金2800万元，其中1600万元用于2100公顷退化草原生态保护修复，800万元用于太行林局景尚林场、杨树林局科技服务中心、大同市天镇县、运城市永济县4个草种繁育基地建设，400万元用于草原有害生物灾害防治等。启动山西省花坡国家草原自然公园、山西省沁水示范牧场国家草原自然公园建设。开展草原生态监测工作，监测显示全省草原植被总体长势良好。

【省直林区建设】 山西省直林局发挥生态建设的示范引领作用，完成营造林8.16万公顷。其中，杨树林局0.38万公顷，管涔林局1.25万公顷，五台林局1.19万公顷，关帝林局1.21万公顷，黑茶林局1.04万公顷，太行林局0.84万公顷，太岳林局1.08万公顷，吕梁林局0.61万公顷，中条林局0.54万公顷，山西林业职业技术学院林场200公顷。围绕建设"现代林区，美丽林区"目标，省直林区发展各具特色。杨树林局以科技为先导，加大苗木培育力度，建立良种繁育圃、造林保障圃、科学试验圃、种苗实训圃，全局苗圃面积达到1300公顷。管涔林局以芦芽山为中心，加强森林康养基地建设，修建游道和步道9.5千米。五台林局发挥"一局联三县"机制作用，完成合作造林7900公顷。黑茶林局聚焦生态扶贫，依托林草生态建设工程带动289名建档立卡贫困户人均增收3300余元。关帝林局加强生态保护修复，完成废弃矿区生态修复任务300公顷，启动400公顷退化草原生态保护修复工作。太行林局统筹规划，与市县合作完成浊漳河双峰水库治理1000公顷,清漳河流域治理800公顷,潇河流域松塔水库治理3000公顷。太岳林局聚焦林草融合发展,完成草地生态保护修复400公顷。中条林局发挥"一局联三县"机制作用,完成合作造林4000公顷。吕梁林局与市县达成合作造林意向2.93万公顷。

【市县林草工作】 山西省各市聚焦绿化彩化财化有机统一目标,全面加强林草生态工程建设,完成营造林19.03万公顷。其中,太原市1.03万公顷,大同市2.24万公顷,朔州市1.32万公顷,忻州市4.28万公顷,吕梁市4.31万公顷,晋中市0.82万公顷,阳泉市0.30万公顷,长治市1.22万公顷,晋城市0.13万公顷,临汾市2.67万公顷,运城市0.71万公顷。各市结合具体实际,林业生态建设特色鲜明。太原市围绕创建国家森林城市,大力推进国土绿化,完成市级造林2万公顷。大同市坚持应绿尽绿,完成40个村庄绿化任务。朔州市坚持绿化兼顾财化,发展经济林0.33万公顷。忻州市筹集资金,完成市县造林1万公顷。晋中市推进中低产林改造,完成干果经济林提质增效1.6万公顷。临汾市聚焦生态扶贫,完成扶贫合作社造林1.92万公顷;阳泉市投资3亿元左右,完成0.13万公顷废弃露天矿山生态修复治理任务;长治市聚焦生态扶贫,完成扶贫合作社造林0.48万公顷;运城市发展经济林0.74万公顷,实施干果经济林提质增效1.98万公顷。

【全省林业和草原工作电视电话会议】 于2月19日召开,传达副省长贺天才对全省林业和草原工作会议的批示,总结回顾2019年工作,安排部署2020年工作。会议强调,要坚持按照"四合四高三提升"的总体思路,突出林草融合、保护地整合、造林经营结合、生态经济吻合,坚持高质量发展、高水平服务、高标准保护、高效益发挥,围绕绿化彩化财化有机统一,实现森林覆盖率、城乡绿化水平、生态产业三提升。全年营造林26.67万公顷以上,确保到年底森林覆盖率达到23.5%以上。要以建立健全林长制体系为抓手,以推进实施"两山"工程为载体,以加强黄河防护林和环京冀绿色屏障为重点,以改革为动力,以创新谋发展,推进全省林草事业高质量发展。山西省林业和草原局党组书记、局长张云龙出席会议并讲话;山西省纪委监委驻省自然资源厅纪检监察组副组长孙劭源出席会议。

【林长制改革】 1月18日,山西省十三届人大三次会议将林长制写进政府工作报告,提出全面推行林长制的部署要求。9月,山西省人民政府出台《关于全面推行林长制的意见》,9月30日,山西省人民政府召开全省林长制工作暨国土绿化彩化财化推进会议。省长、省总林长林武出席会议。

【第四届中国绿化博览会山西园建设】 8月14日,山西省林业和草原局对第四届中国绿化博览会山西园进行竣工验收。10月11日山西园揭牌,10月18日开园。第四届中国绿化博览会山西园占地2847平方米,围绕"表里山河美丽山西"主题,以展示山西国土绿化成就为切入点,将常家庄园的园林、根祖文化的乡愁、晋祠山水的风貌、晋商精神的符号"四大元素"融会在牌楼、影壁、垂花门、晋阳湖、观稼阁、枕霞亭、晋泉七大板块之中,从空间布局、建筑设计、小品雕刻、文化展示、植物配置等方面体现山西的绿化特色和文化特征,展现新时代山西的新面貌。第四届中国绿化博览会山西园建设荣获组委会大奖和最佳设计奖,山西省林业和草原局刘增光、徐忠义2位同志获得突出贡献个人奖。

【事业单位改革】 9月9日,山西省林业和草原局召开直属事业单位改革动员部署视频会议,部署推进事业单位改革工作。10月26~30日,山西省林业和草原局新组建的11个驻并事业单位、省直9大林局、8个国家级自然保护区管理局举行揭牌仪式。改革后,山西省林业和草原局管理的事业单位和企业如下:

管理的11个正处级驻并事业单位为:山西省林业和草原工程总站、山西省国有林场和种苗工作总站、山西省林业和草原资源调查监测中心、山西省林业和草原科学研究院、山西省林业和草原技术推广总站、山西省自然保护地服务中心、山西省森林草原防火技术服务中心、山西省林业和草原局核算中心、山西省林业和草原局宣教中心、山西省林业生态实验基地、山西省生物多样性保护中心。

管理的9个正处级省直林局为:山西省桑干河杨树丰产林实验局、山西省管涔山国有林管理局、山西省五台山国有林管理局、山西省黑茶山国有林管理局、山西省关帝山国有林管理局、山西省太行山国有林管理局、山西省太岳山国有林管理局、山西省吕梁山国有林管理局、山西省中条山国有林管理局,共下辖125个国有林场,管辖范围涉及11个市、62个县(市、区),林地总经营面积159.27万公顷。

管理的8个正处级国家级自然保护区管理局为:山西省庞泉沟国家级自然保护区管理局、山西省芦芽山国家级自然保护区管理局、山西省阳城蟒河猕猴国家级自然保护区管理局、山西省历山国家级自然保护区管理局、山西省五鹿山国家级自然保护区管理局、山西省黑茶山国家级自然保护区管理局、山西省灵空山国家级自然保护区管理局、山西省太宽河国家级自然保护区管理局。

管理企业为:山西林业开发投资有限公司、省林业工程技术公司。

待转隶的单位为:山西省森林公安局、山西省林草局后勤服务中心。

【大事记】
1月3日 山西省人民政府发布《关于2018年度山西省科学技术奖励的决定》,山西省林业和草原局提名的"黄土丘陵区植被恢复与生态经济林经营集成技术研究与推广示范""枣果黑顶病发病机理及防控关键技术研究"两个项目荣获科技进步二等奖。

1月5日 山西省林业和草原局与国家开发银行山西省分行举行工作座谈,签订山西省林业生态扶贫PPP项目融资合同,标志着林业生态扶贫PPP项目正式启动。首期投资61.76亿元主要用于退耕还林、林业生态治理、干果经济林提质增效等项目。

1月9日 山西林草职业教育集团举行成立大会，审议通过《山西林草职教集团章程》和《山西林草职业教育集团第一届理事会选举办法》，选举并产生第一届理事会。宋河山担任集团名誉理事长，罗云龙当选为集团理事长，卢桂宾等7人当选为集团副理事长。

1月17日 山西省林业标准化技术委员会工作会议在太原召开，全票通过将林业标准化技术委员会更名为林业和草原标准化技术委员会，并完成组织机构调整及标委会章程修改等工作。

1月19日 国家林业和草原局批复《山西乌金山国家森林公园总体规划（2020—2029年）》。同日，公布山西农业大学为国家草品种试验站单位。

1月20日 山西省林业生态扶贫PPP项目正式实施，首期投资61.76亿元将陆续拨付，标志着山西林业生态扶贫走出了开发式扶贫的新路径。

2月1日 山西省人民政府举行新闻发布会，就《山西省人民政府关于加强野生动物及其制品管控的通告》有关情况向社会进行公布。同日，山西省林业和草原局下发《关于对野生动物人工繁育场所实行严格封控管理的紧急通知》，决定从即日起至全国疫情解除期间，对全省野生动物人工繁育场所实施封控管理。

2月28日 国家林业和草原局印发《关于同意建立石墨烯林业应用等3个国家林业和草原局重点实验室的函》文件，同意依托山西大同大学、杨树丰产林实验局建立石墨烯林业应用国家林业和草原局重点实验室。

3月1日 山西省林业和草原局新版门户网站正式上线运行。

3月2日 山西省委书记、省新冠肺炎疫情防控工作领导小组组长楼阳生主持召开省委第十九次专题会议暨省疫情防控工作领导小组会议，听取疫情防控进展情况汇报，研究部署下一步工作，对全省造林绿化工作作出指示。

3月3日 山西省人民政府第57次常务会议同意山西省林业和草原局印发《关于发布〈山西省第一批省级重要湿地名录〉的通知》，发布第一批10处省级重要湿地（垣曲黄河小浪底库区省级重要湿地、洪洞汾河省级重要湿地、沁县漳河源省级重要湿地、左权清漳河省级重要湿地、介休汾河省级重要湿地、孝义孝河省级重要湿地、右玉苍头河省级重要湿地、山阴桑干河省级重要湿地、云州桑干河省级重要湿地、广灵壶流河省级重要湿地）。

3月10日 山西省人民政府召开全省森林草原防灭火工作视频会议。

3月12日 山西省委书记、省新冠肺炎疫情防控工作领导小组组长楼阳生主持召开省委第二十三次专题会议暨省疫情防控工作领导小组会议，听取疫情防控情况汇报，研究部署下一步工作，并对森林草原防火工作作出指示。

3月19日 山西省人民政府举行新闻发布会，就春季森林草原防灭火工作有关情况向社会进行公布。

3月25日 山西省林业和草原局印发《关于组织开展打击破坏森林草原资源违法行为专项行动的通知》，决定从4月1日起至6月30日，在全省开展为期3个月打击破坏林草资源违法行为专项行动。

3月29日 山西省人民政府举行新闻发布会，通报晋中市榆社县"3·17"森林火灾案、五台山风景区"3·19"森林火灾案的查处情况。

3月30日 国家林业和草原局印发《关于山西太宽河等12个国家级自然保护区总体规划的批复》，《山西太宽河国家级自然保护区总体规划（2019—2028年）》《山西历山国家级自然保护区总体规划（2019—2028年）》等12个国家级自然保护区总体规划获批。

3月31日 山西省第十三届人民代表大会常务委员会第十七次会议通过《山西省人民代表大会常务委员会关于修改〈山西省实施《中华人民共和国野生动物保护法》办法〉的决定》。同日，国家林业和草原局公布2019年国家陆地生态系统定位观测研究站评估结果，山西省林科院承担的"山西太行山森林生态系统国家定位观测研究站"考核为优秀，在全国190个站点中位列第二。

4月1日 山西省十三届人大常委会第十七次会议重要法规新闻发布会在太原召开，对《山西省实施〈中华人民共和国野生动物保护法〉办法》修改的内容进行介绍。修改后的决定共十五条。主要内容是：依法全面禁止食用陆生野生动物、全面禁止以食用为目的的交易在野外环境自然生长繁殖的陆生野生动物、全面禁止以食用为目的猎捕陆生野生动物、加大革除滥食野生动物陋习的宣传力度、加大对野生动物违法行为的惩治力度。

4月1~7日 山西省首个森林草原防火周活动正式启动，以"严格管火、规范用火"为主题，强化"大宣传"理念、树立"一盘棋"思想，采取播放公益广告、发布火险警报、群发手机短信、出动宣传车辆、开展警示教育等多种形式，进行大密度高频率集中宣传，引导全社会牢固树立爱林护林意识。

4月2~3日 山西省委常委、省长林武到运城、临汾就春季农业生产进行调研。

4月7日 山西省委书记楼阳生带头参加2020年度省城义务植树活动。

4月10日 山西省林业和草原局发出《关于做好干果经济林晚霜冻害防范工作的紧急通知》，要求各地全力做好晚霜冻害预警防范工作。

4月13日 山西省人民政府办公厅印发《关于在防疫条件下全力推进春季造林绿化工作的通知》，要求各地抓住全省已经成为疫情防控低风险区的机遇，抢抓当前春季植树造林的黄金季节，全面加快造林绿化进度，力争春季造林完成全年任务的70%以上。

4月16日 山西省脱贫攻坚领导小组办公室印发《关于2019年脱贫攻坚专项工作牵头单位考核情况的通报》，山西省林业草原局的考核结果为"好"的等次。

4月17日 山西省林业和草原局在太原北山生态园举行国家"互联网+全民义务植树"基地揭牌仪式暨2020年义务植树活动。

4月20日 山西省森林公安局决定从4月20日起至7月30日在全省组织开展打击涉林违法犯罪"百日利剑"行动，集中侦破一批涉林刑事案件，打击处理一批涉林违法犯罪分子，整顿治理一些生态环境破坏严重的重点区域。

5月6日　山西省人民政府办公厅印发《山西省自然资源统一确权登记总体工作方案的通知》，要求配合自然资源部开展自然保护地、水流自然资源、森林自然资源、草原自然资源、探明储量的矿产资源等的确权登记，建立健全自然资源确权登记成果信息化管理机制。

5月7日　国家林草局印发《关于公布第二批国家林业和草原局长期科研基地名单的通知》，山西省林业科学研究院申报的山西泗交特色经济林良种选育国家长期科研基地名列其中。

5月14日　山西省人民政府办公厅印发《山西省森林草原火灾应急预案的通知》，同时2016年1月12日印发的《山西省森林火灾应急预案》、2018年2月27日印发的《山西省草原火灾应急预案》废止。

5月15日　山西省十三届人大常委会第十八次会议通过《山西省经济林发展条例》和《关于加强吕梁山区生态保护和修复促进高质量发展的决定》，自2020年7月1日起开始施行。同日，通过《关于禁止野外用火的决定》，自公布之日起施行。

5月19日　山西省委常委、省长林武主持召开省政府第69次常务会议，通过《山西省贯彻落实〈关于建立以国家公园为主体的自然保护地体系的指导意见〉的实施方案》，决定提交山西省委审定。

5月22日　国家林草局印发《关于2020年重点推广林草科技成果100项的通知》，遴选出100项重点推广林草科技成果。山西省林业技术推广和经济林管理总站刘晓刚主持研究的'辽榛7号'科技成果位列其中。

6月2日　国家林业和草原局、民政部、国家卫生健康委员会、国家中医药管理局印发《关于公布国家森林康养基地(第一批)名单的通知》，公布96家第一批国家森林康养基地名单。山西省的历山森林康养基地，左权龙泉森林康养基地，太行洪谷森林康养基地名列其中。

6月15日　山西省林业和草原局印发《关于严禁捕捉野生蝎子的紧急通知》，坚决制止捕捉野生蝎子行为。

6月17日　山西省林业和草原局发布启用"山西草原"徽标。

6月29日　中国林业产业联合会对中国林草产业关爱健康品牌评审公示正式发布，有113家企业通过认定。其中山西省的安泽县禾清源茶叶发展有限公司、静乐县衡达涌金物流园区有限公司、岚城古镇土豆宴管理咨询有限公司、吕梁野山坡食品有限公司、山西老磨坊农业科技有限公司、山西宋家沟功能食品有限公司、垣曲县舜兴干果产业发展有限公司7家林业企业，通过"首批中国林草产业关爱健康品牌"的认定。

6月30日至7月4日　山西省人大常委会执法检查组在临汾市、运城市对《全国人民代表大会常务委员会关于全面禁止非法野生动物交易、革除滥食野生动物陋习、切实保障人民群众生命健康安全的决定》《中华人民共和国野生动物保护法》《山西省实施〈中华人民共和国野生动物保护法〉办法》的实施情况进行检查。

7月7日　山西省人民政府召开全省汾河中上游山水林田湖草生态保护修复工程试点项目推进会议。

7月15日　山西省森林草原防灭火指挥部召开全省森林草原火灾警示教育会，对火灾发生较多的阳泉市、晋中市及阳泉市郊区、盂县、和顺、榆社、沁源等县(区)进行集体约谈。

7月16日　山西省委常委会召开会议听取上半年森林草原防火情况、省委巡视反映的产业扶贫和国有企业投资决策有关问题汇报，研究部署下一步工作。省委书记楼阳生主持会议。

7月20日　山西省委深改委(省综改委)第二十二次会议审议通过《关于全面推行林长制的意见》《山西省建立以国家公园为主体的自然保护地体系实施方案》。

7月24日　山西省实施乡村振兴战略领导小组通报表彰太原市等5个市、晋源区等21个县(市、区)、省委组织部等10个单位为2019年度实施乡村振兴战略优秀单位，山西省林业和草原局名列其中。

8月12日　山西省直机关精神文明建设委员会印发《关于表彰2019年度省直文明单位、省直文明校园、省直机关第四批"文明家庭""优秀志愿服务组织""优秀志愿者"和精神文明建设先进工作者的决定》，山西省林业和草原局局直66个单位受到荣誉表彰，其中，获得省直文明单位标兵称号30个，省直文明单位34个(新申报单位15个)，文明校园2个。山西省林业和草原局机关连续16年获得省直文明单位标兵称号。

8月14日　第四届中国绿化博览会山西园建设工程通过山西省林业和草原局验收组的竣工验收。

8月24日　中共山西省委办公厅、省政府办公厅印发《关于全面推行林长制的意见》。

8月28日　山西省森林草原防火公益广告作品征集暨展播活动启动仪式在太原隆重举行。

9月3日　国家林业和草原局印发《关于公布全国"最美护林员"名单的通知》，中条林局皋落林场原土坪管护站站长安槐岳入选。

9月6日　山西省林草防火总队直属一支队暨管涔林局森林消防专业队正式挂牌成立。

9月10日　山西省人民政府办公厅印发《关于全面禁止非法猎捕交易食用陆生野生动物的通知》，依法全面禁止非法猎捕、交易、食用陆生野生动物，稳妥处置在养野生动物，强化非食用性利用野生动物的监管，加强疫源疫病监测防控。

9月10~12日　油松国家创新联盟成立大会暨油松高效培育技术研讨会在太岳林局七里峪林场召开，国家林草局科技司负责人宣读油松国家创新联盟批复文件并现场进行授牌。

9月14~17日　国家林业和草原局经济林产品质量检验检测中心(杭州)抽检组到山西省开展食用林产品及其产地土壤质量监测抽检核桃采样工作，对吕梁市汾阳市、孝义市和晋中市太谷区、左权县等2市4县(市、区)12个取样点进行现场抽样。

9月17日　国家林业和草原局印发《关于公布首批国家草原自然公园试点建设名单的通知》，山西花坡国家草原自然公园、山西沁水示范牧场国家草原自然公园成为试点建设单位。

9月21日　2020中国·山西(晋城)康养产业发展大会在晋城市隆重举行。省委书记、省人大常委会主任楼阳生在2020中国·山西(晋城)康养产业发展大会上发表主旨演讲。

9月23~25日 山西省政协组织部分住晋全国政协委员围绕"加强森林经营、提高森林质量，推进我省林草事业高质量发展"的主题，深入太岳林局考察调研。全国政协常委、省科协主席周然，全国政协委员、省政协副主席李思进，全国政协委员薛维梁、韩清华、栗桂莲等参加考察。省政协副主席张瑞鹏及省有关部门负责同志、部分省政协委员一同考察。

9月24日 全国防沙治沙暨京津风沙源治理工程经验交流现场会在朔州市召开。会议总结京津风沙源治理工程20年来取得的成绩和经验，部署安排当前和今后一个时期防沙治沙工作。全国政协常委、国家林业和草原局副局长刘东生出席并讲话。

9月26日 中共吕梁市委、吕梁市人民政府、山西省林业和草原局、中国林业产业协会主办的首届山西（吕梁）干果交易会、第六届吕梁名特优功能食品展销会暨2020农民丰收节启动。山西省政协副主席、吕梁市委书记李正印讲话并宣布开幕。中绿集团、中国电子商务公司、好想你健康食品公司等来自全国的农业企业、经销商、采购商代表200余人参加活动。

9月30日 全省林长制工作暨国土绿化彩化财化推进会议在太原召开。

10月10日 山西省批准设立河曲县黄河、大宁县昕水河两处省级湿地公园。

10月15日 山西省林业和草原局、山西省扶贫办主办的"深化生态扶贫、促进增绿增收"论坛在太原举办。

10月16日 山西省林业和草原局、国家开发银行山西省分行和山西林业生态发展有限公司制订印发《山西省林业生态扶贫PPP项目资金管理办法补充规定》。

10月17日 第四届中国绿化博览会山西园举行揭牌仪式。

10月18日 第四届中国绿化博览会开幕，山西园正式开园。

10月19日 中德合作项目"山西森林可持续经营技术示范林场建设"中期评估线上启动会议举行。国家林业和草原局林业经济发展研究中心、山西省林业和草原局、中条山国有林管理局（中方）和德国联邦食品和农业部总代理（GFA），林业政策对话平台项目实施公司（DFS）相关负责人及国际评估咨询专家胡伯特·福斯特、国内评估咨询专家吴水荣教授等参加。会议由德方联邦食品和农业部总代理（GFA）官员克里斯托弗·内泽尔主持。

10月30日 山西省林草防火总队直属九支队暨吕梁林局森林消防专业队正式揭牌成立。

11月3日 山西省2020年森林草原火灾应急演练暨森林灭火装备产品展活动在太原市阳曲县举行。

11月3~5日 国家林业和草原局党组成员、副局长李树铭到太行林局、左权县、灵石县、太岳林局、关帝林局、交城县就防扑火队伍、防火设施、管护站工作等情况进行实地调研。

11月7日 山西省首届野生动物保护宣传月暨2020年冬季"护鸟飞"启动仪式在平陆县三湾湿地举行。

11月13日 晋冀豫陕蒙林业有害生物联防联治会议在内蒙古自治区鄂尔多斯市伊金霍洛旗召开。

11月14日 山西省林草防火总队直属七支队暨黑茶山林局森林消防专业队正式揭牌成立。

11月18日 山西省林业和草原局、山西省民政厅印发《关于组织开展绿色祭扫加强森林草原防火的通知》，在全省范围内开展绿色祭扫活动，最大限度地减少森林草原火灾发生。

11月25日 山西省林业和草原局印发《关于公布2019年山西省森林资源年度清查结果的通知》，2019年底，全省森林面积363.40万公顷，森林覆盖率23.18%，较2018年增长0.39个百分点。

11月26日 山西省人民政府召开全省冬春季森林草原防灭火工作电视电话会议，传达贯彻省委书记楼阳生重要批示，通报2020年以来全省森林火灾情况，安排部署下一步工作。山西省委常委、常务副省长胡玉亭出席会议并讲话，副省长贺天才主持会议。

12月10日 山西省人民政府印发《关于进一步加强森林草原防火工作的意见》。

12月11~12日 中德合作"山西森林可持续经营技术示范林场建设"项目第二次指导委员会视频会议在太原举行。国家林草局国际合作司巡视员戴广翠出席并讲话。山西省林业和草原局党组成员、副局长杨俊志主持。德国联邦食品和农业部项目主管官员托马斯·胡贝尔及德国GFA咨询公司、德国DFS咨询公司相关负责人在德国通过视频连线参加会议。

12月12日 山西省人民政府办公厅印发《关于对调整省级自然保护区报批程序及相关工作进行调整的通知》。

12月15日 国家林业和草原局下发关于新建内蒙古锡林郭勒草原生态系统定位观测研究站等8个国家陆地生态系统定位观测研究站的通知，其中包括山西右玉黄土高原草地生态系统定位观测研究站和山西长子精卫湖湿地生态系统定位观测研究站。

12月15~17日 山西公安代表队参加全国公安机关食药侦在南京森林警察学院举行的大比武，荣获团体三等奖，山西省森林公安局黑茶山分局民警刘午成以个人第三名的成绩荣获比赛二等奖。

12月24日 山西省连翘产业国家创新联盟被国家林业和草原局评为"2020年度高活跃度联盟。"

12月25日 国家林业和草原局印发《国家林业和草原局关于2020年国家湿地公园试点验收结果的通知》，山西稷山汾河国家湿地公园、山西右玉苍头河国家湿地公园、山西大同桑干河国家湿地公园3处试点建设的国家湿地公园全部通过验收。至此，全省通过国家验收的国家湿地公园达到15处。

（山西省林草业由李翠红、李颖供稿）

内蒙古自治区林草业

【概　述】 2020年，内蒙古自治区完成营造林91.5万公顷、种草112.5万公顷、沙化土地治理85.2万公顷。在全区557个乡镇（苏木）2481个村（嘎查）开展了乡村绿化美化，完成绿化2.09万公顷。义务植树3567万株。办理使用林地申请事项1199项，收缴森林植被恢复费13.90亿元。办理使用草原申请事项1466件，收缴草原植被恢复费10.5亿元。停伐木材产量151.2万立方米。发生森林火灾75起，受害森林面积653.34公顷，森林火灾受害率0.026‰；发生草原火灾10起，受害草原面积7020.2公顷，草原火灾受害率0.08‰。发生林业有害生物灾害73.49万公顷，林业有害生物成灾面积1.19万公顷，成灾率0.47‰。防治各种林业有害生物41.48万公顷，无公害防治率98.81%。防治草原鼠虫害306万公顷、治虫182.5万公顷、毒害草防控15.26万公顷。发放禁食野生动物处置补助资金965万元。

国土绿化和防沙治沙 完成营造林和种草分别达到91.5万公顷、112.5万公顷，为年度计划的105.8%和112.5%。在黄河流域完成林业生态建设38.93万公顷、种草49万公顷。完成沙化土地治理85.2万公顷。新建5个国家沙化土地封禁保护区。完成退化草原人工种草生态修复国家试点任务6.19万公顷。自治区自筹资金5.5亿元，完成内蒙古大兴安岭及周边地区已垦林地草原退耕还林还草试点4万公顷。在全区557个乡镇（苏木）2481个村（嘎查）开展了乡村绿化美化，完成绿化2.09万公顷。义务植树3567万株。完成自治区重点区域绿化3.33万公顷。

呼伦贝尔市新巴尔虎左旗天然草原（敖东　摄）

林业和草原资源管理 办理使用林地申请事项1199项，收缴森林植被恢复费13.90亿元。办理使用草原申请事项1466件，收缴草原植被恢复费10.5亿元。集中力量整治毁林毁草开垦、乱占林地草原、乱砍滥伐林木等问题，通过卫片发现的疑似涉林违法地块和疑似违法面积分别下降83%和82%，乱砍滥伐林木蓄积量下降81%。草原违法案件立案率99.96%，结案率91.6%。

森林草原防火 发生森林火灾75起，受害森林面积653.34公顷，森林火灾受害率0.026‰，森林火灾起数和受害面积较2019年分别减少67.4%和80.2%。发生草原火灾10起，受害草原面积7020.2公顷，草原火灾受害率0.08‰，草原火灾起数和受害面积较2019年分别减少71.4%和89.4%。

森林草原有害生物防治 全区发生林业有害生物灾害73.49万公顷，林业有害生物成灾面积1.19万公顷，成灾率0.47‰。防治各种林业有害生物41.48万公顷，无公害防治率98.81%。完成松林松材线虫病监测面积159.15万公顷，未发生松材线虫病。完成美国白蛾防治面积6553公顷，成灾面积500公顷。防治草原鼠害306万公顷、治虫182.5万公顷、毒害草防控15.26万公顷。

湿地和野生动植物资源保护 认定自治区重要湿地16处，建设自治区级湿地公园5处，完成3处国家级湿地公园验收工作。印发《关于禁止非法交易和食用野生动物的通知》，完成禁食野生动物补偿处置工作，全区发放补偿处置补助资金965万元。开展了野外野猪非洲猪瘟和鸟类禽流感等野生动物疫源疫病监测预警工作，初步建立了野生动物疫源疫病监测防控体系。安排资金1000多万元用于野生动物疫源疫病监测防控和收容救护工作。办理野生动植物行政许可事项27项，其中野生动物人工繁育许可4项，出售、购买、利用许可18项，野生动物捕猎许可3项，不予许可2项。

林业和草原改革 落实以奖代补改革支持政策，筹措国有林场改革奖补资金1亿元，对财政负担较重的盟（市）给予适当补助，支持地方解决欠缴职工社保问题。编制印发了《关于支持扶贫攻坚造林合作社的意见》。发展林下种植、养殖、采集加工、景观利用等林下经济79.36万公顷、参与农户14.65万户。

科技兴林兴草 组织申报各类林草科技创新项目21项，组织实施中央财政林业科技推广示范项目12项，6项林草科技成果获得2019年度自治区科学技术进步奖，其中一等奖2项、二等奖1项、三等奖3项。审定地方标准8项、正式发布地方标准14项。

生态扶贫 继续实施"两补偿、两带动"（建档立卡贫困人口生态护林员补偿、森林生态效益补偿，林业重点生态工程带动、绿色惠民产业带动），将2020年83.1%的林业重点工程任务安排在贫困地区，在贫困地区完成营造林48.87万公顷。新增生态护林员648人，累计达到17 348人。下达贫困地区国家、自治区公益林补助资金近16亿元、特色经济林示范基地建设项目资金720万元、林业产业化项目资金1100万元。

林业草原信息化建设 持续推动《内蒙古自治区林草局大数据建设项目》，该项目主要利用政务云环境建设林草局综合数据存储、共享、展示平台，将各业务系统数据、外部资源数据集中存储到林业大数据平台中，并通过数据清洗、检查入库、分析展示等功能，实现林业大数据智能分析与可视化展示，为林草业管理决策提供服务。项目建设包括5个部分，即搭建林业大数据云服务环境、编制林业大数据标准规范、建设林业大数据管理服务系统、建设林业大数据智能分析与可视化展示系统和建设林业大数据科学决策系统。6月底完成收集信息4.5T，完成数据资源目录编制工作。11月1日，《内蒙古自治区林草局大数据建设项目》通过专家验收。

【全区林业和草原电视电话会议】 3月5日，全区林业和草原电视电话会议召开，国家林业和草原局驻内蒙古自治区森林资源监督专员办事处专员李国臣、自治区林草局局长牧远出席并讲话，自治区林草局副厅级以上干部、各处室单位负责人、国家林草局驻自治区森林资源监督专员办公室副厅级以上领导和自治区森林公安局相关负责人在自治区林草局主会场参会。

【党政军义务植树】 4月16日，石泰峰、布小林、李秀领、林少春、王莉霞、马学军、刘奇凡、白玉刚、杨伟东、张韶春、段志强、马庆雷、那顺孟和等自治区省军级领导到自治区党政军义务植树基地，与首府干部群众一同参加义务植树活动。内蒙古自治区党委、人大常委会、政府、政协、法院、检察院及内蒙古军区、武警内蒙古总队的省军级领导及自治区林草局、呼和浩特市、和林格尔新区的干部群众参加植树。内蒙古自治区党政军义务植树基地总规划面积43.2公顷，位于和林格尔新区"两河一廊道"什拉乌素河治理东水泉段项目区。近年来，随着和林格尔新区生态廊道的建设，这里被改造修复绿化，成为景观建设的重点区域之一。从2018年开始，内蒙古自治区党政军领导连续3年在此植树。

【乌兰察布火山地质公园获批国家地质公园】 4月，乌兰察布市林草局委托河北地质大学开展乌兰察布国家地质公园晋升申报资料编制工作，并开展了野外考察定界、收集资料、拍摄图片和视频等工作，完成了《综合考察报告》《国家地质公园申报书》初稿编写。5月底，自治区林草局组织相关专家进行了实地审查。9月底，国家林草局派专家组对乌兰察布火山地质公园晋升进行实地考察。12月24日，国家林草局批复同意新建乌兰察布国家地质公园。

【全区林草系统扫黑除恶专项斗争行业整治工作部署视频会议】 于4月30日召开，主会场设在自治区森林公安局视频会议室。自治区林草局局长牧远讲话，自治区森林公安局局长杨峻山宣读《全区林草2020年扫黑除恶专项斗争行业整治工作方案》。各盟（市）林草局有关负责人，专项斗争领导小组成员单位负责人在分会场参会。

【中国内蒙古森林工业集团有限责任公司挂牌】 8月1日，中国内蒙古森林工业集团有限责任公司挂牌运营。自治区党委副书记、自治区主席布小林为公司揭牌。揭牌仪式前，布小林到内蒙古大兴安岭森林调查规划院考察，了解森林资源监测、野生动植物资源调查、沙盘和卫星遥感影像制作等情况。

【草原生态保护补奖和草原保护修复专题调研】 8月26~27日，国家林业和草原局副局长李树铭一行到内蒙古鄂尔多斯市鄂托克旗开展专题调研。自治区人大常委会委员、财政经济委员会委员呼群，自治区林草局一级巡视员苏和，鄂尔多斯市市长斯琴毕力格及自治区、市、旗有关部门有关负责人陪同。调研主要围绕生态保护补助奖励、草原确权承包、草原生态保护修复等内容展开。

【内蒙古大兴安岭重点国有林区改革通过国家验收】 9月7~10日，由国家发展改革委、国家林草局、人力资源和社会保障部组成的国家验收组，到内蒙古大兴安岭重点国有林区，对国有林区改革情况开展实地验收。验收组对抽签选点确定的莫尔道嘎、根河、吉文、阿尔山林业局进行了实地验收，听取了内蒙古自治区人民政府、呼伦贝尔市人民政府、兴安盟行政公署、内蒙古森工集团以及额尔古纳市、根河市、鄂伦春自治旗、阿尔山市人民政府，莫尔道嘎、根河、吉文、阿尔山林业局关于国有林区改革情况的汇报。内蒙古自治区国有林区改革验收评分为98.8分，总体评价为"优"，顺利通过国家改革验收。

【国家草原自然公园试点建设工作启动会】 于8月29日在呼和浩特市召开，会上举行了敕勒川国家草原自然公园揭牌仪式，标志着以敕勒川国家草原自然公园为代表的全国首批39个国家草原自然公园正式开展试点建设。国家林业和草原局副局长李树铭、自治区副主席李秉荣出席会议并致辞。自治区林业和草原局局长牧远、一级巡视员苏和以及国家林业和草原局、中国科学院、北京大学、北京林业大学、各省（区、市）林业和草原部门有关负责人和专家等参加会议。会后，与会人员实地参观考察了敕勒川国家草原自然公园和蒙草集团百草园。内蒙古共有14家国家草原自然公园被列入首批国家草原自然公园建设试点名单。

敕勒川国家草原自然公园(试点)揭牌仪式(郭利平 摄)

【主要领导变更】 11月23日 自治区林业和草原局召开干部大会，自治区党委组织部副部长孙延军主持会议并讲话，宣布自治区党委对林草局领导班子的调整决定。郝影任内蒙古自治区林业和草原局党组书记，并被提名任自治区林草局局长。陈永泉任自治区林草局党组成员，并被提名任自治区林草局副局长。自治区林草局全体公务员、直属单位领导班子成员参加会议。

【事业单位改革】 按照中央和自治区党委关于深化事业单位改革试点工作的总体部署，9月，自治区林草局启动了事业单位改革方案编制工作，10月12日，自治区林草局召开了深化事业单位改革精神传达会议，12月25日，自治区编办批复了《内蒙古自治区林业和草原局关于事业单位改革方案（草案）的请示》（内林草党组发〔2020〕65号）。改革前，局直属事业单位20个，包括副厅级2个、正处级18个，其中参公单位11个，公益一类事业单位9个，共有事业编制1100名；改革后，重组11个直属事业单位，包括副厅级2个、正处级9个，其中拟申报参公单位2个、公益一类事业单位9个。

【自然保护地整合优化】 按照自然资源部和国家林草局的安排部署，内蒙古于3月开展全区自然保护地整合优化工作，6月24日完成了现地评估、调查、勘界及整合优化初步工作，编制完成《内蒙古自治区自然保护地整合优化预案》，并于8月26日通过自治区政府常务会议审议后上报国家林草局。12月14日通过国家林草局初审。

【荣　誉】 内蒙古自治区林草局《林草生态大数据平台》作品在首届全国生态大数据创新应用大赛中获优秀奖。内蒙古自治区绿化站刘世杰获第四届中国绿化博览会组委会颁发的2020年第四届中国绿化博览会突出贡献个人称号。"中首2号高产苜蓿新品种的推广应用"项目荣获农业农村部颁发的全国农牧渔业丰收奖一等奖，获奖人：内蒙古自治区草原工作站赵景峰。"内蒙古高原牧草种质资源收集保存与创新利用"项目荣获2019年度自治区科学技术进步一等奖，获奖人：内蒙古自治区草原工作站赵景峰。内蒙古自治区林业科学研究院袁立敏荣获首届内蒙古自治区青年创新人才奖。"固定沙地活化风蚀坑土壤风蚀控制与植被恢复技术"荣获2019年度自治区科学技术进步二等奖，获奖人：内蒙古自治区林业科学研究院胡小龙、黄海广、曲娜、薛博、闫德仁、袁立敏。

【大事记】

1月26日 自治区林草局党组书记、局长牧远主持召开专题会议，安排部署全区林草系统新冠肺炎疫情防控工作，决定成立林草局疫情防控工作小组负责机关疫情防控工作，会上还研究部署了野生动物疫源疫病监测工作。

6月8日 自治区纪委巡视整改督查组到自治区林草局开展巡视整改实地督查。自治区林草局党组书记、局长牧远主持见面会并汇报了林草局巡视整改工作情况，自治区纪委巡视整改第二督查组组长、驻自治区党委统战部纪检组副厅级检查员李凤仙代表督查组讲话。自治区纪委监委驻自然资源厅纪检监察组组长马彪、局党组成员、局级领导和有关处室、单位主要负责人参加了会议。会后，督查组通过对账查账、查阅资料、谈话了解等方式，对林草局巡视整改工作进行了督查。督查结束后，督查组向牧远反馈了督查意见。

9月4日 自治区政府副主席李秉荣到自治区林草局调研并听取2020年政府工作报告重点工作任务推进情况汇报。自治区政府副秘书长李阔陪同，自治区林草局局长牧远汇报，副局长娄伯君、党组成员王才旺参加会议。

9月5~10日 由自治区林草局主办，国家林业和草原局管理干部学院承办，兴安盟林草局协办的大兴安岭及周边地区已垦林地草原退耕还林还草试点项目综合管理培训班在兴安盟乌兰浩特市举办，来自试点工程盟（市）、旗（县、市、区）林草局和内蒙古森工集团的退耕还林还草工程管理人员共计100余人参加了培训。

9月18日 国家林业和草原局召开全国秋冬季森林草原防火工作电视电话会议，传达了国务院总理李克强重要批示精神，及国家森防指全国秋冬季森林草原防灭火工作电视电话会议精神，分析了秋冬季防火形势，安排部署全系统森林草原防火工作，宣布了"互联网+防火督查"和"防火码"正式上线。国家林业和草原局副局长李树铭出席并讲话，内蒙古自治区林业和草原局局长牧远在内蒙古分会场参会并作典型发言。

10月28日 全国首个财政保费补贴型天然草原保险试点项目——内蒙古自治区巴彦淖尔市乌拉特后旗草原保险试点项目，由中国人民财产保险股份有限公司内蒙古分公司成功中标。中标机构将为乌拉特后旗70余户牧民的9.3万公顷草原提供草原旱灾、病虫鼠害、沙尘暴和火灾保险等风险保障服务。这是内蒙古自治区实施的首个天然草原保险试点项目。根据约定，承保标的每公顷草原保险金额300元，每公顷保险费15元，保费缴纳地方财政补贴90%，牧民自担保费10%，总体风险保障额度2800余万元。

11月12~14日 全区林草种质资源普查技术培训班在呼和浩特开班。自治区林草种质资源工作领导小组组长、自治区林草局副局长娄伯君出席开班式并讲话。全区各盟（市）、重点旗（县、区）普查人员160余人参加培训。开班式后，娄伯君代表自治区林草局向普查专家组成员颁发了聘书。

11月16~17日 "内蒙古自治区2020年自然保护地管理培训班"在呼和浩特举办。内蒙古大学、内蒙古农业大学等高校的专家学者，从国家政策条例、森林、草原、湿地、荒漠自然生态系统及野生动植物物种、自然遗迹、自然景观等方面进行授课。各盟（市）林草局自然保护地管理部门负责人、业务骨干近150人参加培训。

12月9日 大兴安岭及周边地区已垦林地草原退耕还林还草试点项目年度总结会在呼和浩特市召开。自治区林草局二级巡视员东淑华、国家林业和草原局驻内蒙古自治区森林资源监督专员办事处专员王玉山、内蒙古森工集团副总经理牛广忠等出席会议。呼伦贝尔市、兴安盟、内蒙古森工集团等地区和单位作典型发言。试点地区林草局分管领导及业务骨干80余名人员参加会议。

（内蒙古自治区林草业由赵美丽、何泉玮供稿）

内蒙古森林工业集团

【概　述】　中国内蒙古森林工业集团有限责任公司（以下简称森工集团）于 2020 年 8 月 1 日挂牌恢复运营，其前身内蒙古大兴安岭重点国有林管理局同时撤销，根据《中共中央组织部　中央编办关于健全重点国有林区森林资源管理体制有关事项的通知》，森工集团受国家林草局委托，承担重点国有林区森林资源经营保护工作，具体开展植树造林、森林抚育、森林湿地和野生动植物保护、日常巡护、森林防火、病虫害防治等，并就受委托事项的完成情况接受国家林草局的考核评价。根据内蒙古自治区推动重点领域改革工作领导小组国有林区林场改革专项工作协调办公室《关于印发恢复内蒙古森林工业集团运营工作方案的通知》，森工集团确定为特定功能类企业，是内蒙古自治区人民政府直属正厅级单位，按照现代企业制度设立公司党委、董事会、经理层、监事会等法人治理结构，企业经营由内蒙古自治区国资委监管，主营业务和重点培育产业包括：森林经营保护、森林旅游康养、碳汇产业和开发交易、林下产品开发销售、矿泉水等绿色生态矿业。

2020 年，森工集团坚持以习近平新时代中国特色社会主义思想为指导，坚定不移走以生态优先、绿色发展为导向的高质量发展新路子，实现林业产业总产值 68.5 亿元，较 2019 年增加 8.4 亿元，同比增长 13.98%，其中：第一产业产值完成 28.2 亿元，同比增长 13.98%；第二产业产值完成 14.2 亿元，同比增长 84.66%；第三产业产值完成 26.1 亿元，同比减少 5.53%。三大产业产值比由 2019 年的 41∶13∶46 调整到 41∶21∶38。下达各类投资计划 52.24 亿元，完成 57.81 亿元，完成计划的 110.67%，同比增长 13.15%。

8 月 1 日，内蒙古自治区人民政府主席布小林（左一）为森工集团揭牌

【生态建设】

森林资源管理　完成森林督查暨森林资源管理"一张图"年度更新工作，二类调查数据、国家级公益林和林地一张图数据库实现"三库合一"。16 个单位完成 18 份森林经营方案编制工作，全部通过国家林草局专家评审。停止木材运输许可证发放。立案查处各类森林案件 1453 起，其中核实有奖举报破坏野生动物资源案件 18 起，查处率 94.91%。

保护地建设　毕拉河国家级自然保护区列入《国际重要湿地名录》。阿尔山哈拉哈河、库都尔河、卡鲁奔 3 处国家湿地公园试点通过国家林草局验收。争取国家湿地和自然保护区补助资金合计 3210 万元，完成植被恢复和生态修复 267 公顷。截至 2020 年 12 月 31 日，内蒙古大兴安岭重点国有林区湿地保护总面积 63.32 万公顷，湿地保护率 52.61%。开展各类自然保护地整合优化工作，调整后内蒙古大兴安岭重点国有林区自然保护地由 33 处增加到 34 处，其中自治区级（省部级）及以上级别自然保护区 8 处、湿地公园 17 处、国家森林公园 9 处，总面积 184.52 万公顷，较调整前增加 2.85 万公顷。

森林经营　森工集团完成自治区政府下达的退耕还林还草还湿试点任务 1.33 万公顷，其中：退耕还林 1.25 万公顷、退耕还湿 767 公顷、封山育草 47 公顷，涉及 16 个森工公司的 102 个林场，退耕地块 5315 块。完成国家林草局下达的年度补植补造任务 2.2 万公顷、森林抚育 36.73 万公顷，植被恢复 331.47 公顷，造林面积合格率达到 91%；全年调拨林木种子 5328 千克，育苗 174.35 公顷，产苗 1.7 亿株，乡土良种苗木实现自给。研发成功"森林抚育检查内业管理系统"软件，较原来的检查数据处理方法省内业时间 90% 以上，精度提高到 95% 以上。

森林管护　巩固木材检查站、防火检查站和森林管护站"多站合一"改革成果，截至 2020 年底，内蒙古大兴安岭重点国有林区共建成"一站多能"综合管护站点 114 个。争取政策支持，321 座管护用房纳入国家林业和草原局印发的《国有林区(林场)管护站房建设试点方案(2020—2022 年)》，其中：新建 104 座、重建改造 60 座、加固改造 46 座、功能完善 111 座，建设总资金 9605 万元；中央预算内投资 71 座，其中新建 70 座，加固改造 1 座。

森林保护　内蒙古大兴安岭重点国有林区发生森林火灾 63 起，全部为雷电火灾并在当日扑灭，平均灭火时间 7.6 小时，平均过火面积不足 6 公顷，森林受害率 0.067‰；与 2019 年相比，火灾次数下降 29 起，过火面积下降 15%；自 2018 年起连续三年未发生人为火灾。全年开展林业有害生物防治 16.33 万公顷，防治效果平均为 92.14%；完成林业有害生物防治"四率"指标。

【大兴安岭航空护林局】　内蒙古大兴安岭航空护林局前身为根河航空护林站，成立于 1967 年，是内蒙古森工集团所属单位。2017 年 4 月，内蒙古大兴安岭航空护林局成立国内首支特勤突击队，填补航空护林"空地一体化"作战空白。载人巡护、重兵施救、地空协同等战术战法得到国家和自治区的认可；"战队一体化，地空无缝衔接"作战模式被北方航空护林总站推广。10月23日，国家林草局印发《国家林业和草原局关于开展践行习近平生态文明思想先进事迹学习宣传活动的通知》，将内蒙古大兴安岭航空护林局扑火事迹列为2020年践行习近平生态文明思想12个先进事迹之一。

12月22日，内蒙古大兴安岭航空护林局受广东省应急管理厅邀请，组织15名技术骨干人员，赴广东省执行为期100天的航空护林技术培训服务。此次航空护林技术输出服务是航空护林局在森工集团恢复运营后开展的第一个对外合作创收项目，项目通过公开、透明的招投标方式进行。

【内蒙古大兴安岭生态系统服务价值评估新闻发布会】 于8月1日在牙克石市举行，内蒙古森工集团相关负责人出席活动。中国森林生态系统定位观测研究网络中心主任、国家林业和草原局典型林业生态工程效益监测评估国家创新联盟首席科学家王兵分别就内蒙古森工集团发展历程及改革发展成就和内蒙古大兴安岭生态系统服务价值评估结果进行了发布。新华社、中央广播电视台、《经济日报》、人民网、新华网等媒体记者参加发布会。

据发布会公布，以2018年为评估核算基准年，内蒙古大兴安岭重点国有林区森林与湿地生态系统服务功能总价值为6159.74亿元/年，其中，森林生态系统服务功能总价值达到5298.82亿元/年；湿地生态系统服务功能总价值达到860.92亿元/年。森林和湿地通过生态系统涵养水源、固定封存二氧化碳、保育生物多样性和净化大气环境等生态过程形成的"绿色水库""绿色碳库""生物多样性基因库"和"净化环境氧吧库"每年创造的生态系统服务功能总价值均超过千亿元。其中森林生态系统涵养水源的物质量为170.96亿立方米/年，每年涵养的水源量相当于三峡水库设计库容的43.61%，森林和湿地生态系统"绿色水库"总价值为1646.94亿元/年；森林生态系统每年通过光合作用固定的碳汇当量为2329.58万吨/年，折合成二氧化碳为8541.79万吨/年，相当于吸收了内蒙古自治区工业二氧化碳排放量的67.26%，占内蒙古全区工业二氧化碳排放量的2/3，森林和湿地生态系统"绿色碳库"总价值为1071.75亿元/年；"生物多样性基因库"总价值1246.95亿元/年，其中森林和湿地生态系统价值分别为1090.34亿元/年和156.61亿元/年；"净化环境氧吧库"总价值为1024.98亿元/年，其中，森林和湿地产生的价值分别为795.87亿元/年和229.11亿元/年。

【国有林区改革】 完成国有林区改革任务。经国家发改委、国家林草局、人力资源和社会保障部等部门成员组成验收组，对内蒙古大兴安岭重点国有林区改革情况进行实地验收，内蒙古自治区国有林区改革验收评分为98.8分，总体评价"优"，通过改革验收；验收评分名列全国国有林区改革第一名。落实中共中央办公厅、国务院办公厅《关于国有企业退休人员社会化管理的指导意见》精神，协调属地政府完成企业退休人员社会化管理交接工作，共移交退休人员档案95 476份，其中，森工集团代管事业单位退休人员人事档案8017人；数据库人数移交91 881人；移交党组织关系8104人。根据《中华人民共和国消防法》、国务院《加快剥离国有企业办社会职能和解决历史遗留问题工作方案》等法律政策要求，理顺消防管理体制，与呼伦贝尔市人民政府签署《城镇消防职能移交框架协议》，共移交林业城镇消防监管机构20个、消防中队15个。推进"三项制度"改革，开展"企业总部机关化"问题专项治理行动，森工集团总部部门由29个调整为22个，人员编制由503人调减到339人。深化"社会融入地方、经济融入市场"，森工集团与呼伦贝尔市人民政府、兴安盟行政公署分别签署《地企协同发展战略协议》，双方就生态保护、安全稳定、规划对接、旅游发展、基础设施建设等方面决定建立信息报送、情况通报机制，并就重大事项实行定期沟通。

【产业发展】 整合资源力量，成立产业事业部，组建旅游、碳汇、林下产品公司，由产业事业部集中管理，搭建产业发展组织架构。拓宽旅游发展格局，持续培育壮大森林旅游康养产业，32个重点旅游项目纳入自治区"乌阿海满"一体化旅游发展规划；94个旅游项目纳入呼伦贝尔市全域旅游发展规划。搭建旅游营销平台，开通"根河之恋""阿里河相思谷之约"等9条精品森林草原旅游线路。完成绿色产品网络平台、微信微店、APP项目技术框架搭建，启动大兴安岭绿色产品展厅建设。根河驯鹿繁育中心建设项目获批，完成第四批66头种用驯鹿引进工作。中国阿尔山避暑之都和森林之都品牌成功注册，阿尔山荆花温泉康养特色小镇、绰尔森林康养小镇纳入自治区第二批特色小镇高质量发展培育名单。森工集团与中国农业银行、内蒙古银行等金融机构签订战略合作协议，强化金融服务支持；与呼伦贝尔市、内蒙古航旅集团达成三方合作意向，筹备联合成立通用机场建设管理公司，合力推进莫尔道嘎、毕拉河通用机场项目建设。

【民生改善】 实行岗位绩效工资新机制，森工集团职工年均工资达到6.6万元，同比增长10.18%。提高企业年金运营管理效率，开通受托直投业务和不超过资产净值10%的权益投资，年度净收益3864万元，收益率5.9%。加强基础设施建设，1715千米通林场路全部开工，总体进度完成70%以上，完成投资11.48亿元；960千米经济节点路全面开工，完成投资6.57亿元。13个全民健身中心项目完成投资8170万元，为计划的70%，项目涉及12家森工公司和牙克石市。完善职工困难常态帮扶制度，筹集发放送温暖、金秋助学等资金900万元；为1465名职工办理大病医疗互助补助；发放家庭经济无偿扶持基金745万元，选树创业带头人89人，带动730名职工创业创新。加强疫情防控，森工集团两级企业投入资金645万元用于购置防疫物资，抽调8660人次协助属地政府开展重点区域检查管控，帮助落实隔离场所，实现疫情"零发生"。

【党的建设】 贯彻落实《国有企业基层党组织工作条例》，巩固"不忘初心、牢记使命"主题教育成果，实施

"北疆先锋"工程,制订《森工集团党委推进"五化协同"和创建最强党支部实施意见》,与基层党委(党总支)签订全面从严治党、党风廉政建设责任书,将企业绩效考核中的经济指标和党建指标调整为各占50%的比重,压实各级党委主体责任。集中宣传报道"全国优秀共产党员"于海俊的先进事迹,在内蒙古自治区各盟市和部分高校组织巡讲,安排制作电视专题片、宣传片15部,其中两部获得国家林草局和自治区奖项。2020年,林区荣获全国劳动模范1人,自治区劳动模范6人。严格执纪问责,制订《森工集团党委履行全面从严治党主体责任清单》,森工集团党委书记同下级党政主要负责人谈话327人次;领导干部任前谈话317人次、提醒谈话339人次。强化安全稳定屏障建设,森工集团两级信访部门全年接待来访群众258批次、3015人次,批次同比下降46.91%,连续两年实现进京赴区"零非访"。

【大事记】

1月3日 阿龙山西伯利亚红松科研团队在新中国70年最具影响力班组发布暨第一届新时代班组高峰论坛中荣获"新时代最具影响力班组"。

1月6日 绰源林业局被国家林业和草原局、中国农林水利气象工会全国委员会联合授予中国林业产业"突出贡献奖"。

2月3日 内蒙古毕拉河国家级自然保护区经国际湿地公约秘书处批准,列入《国际重要湿地名录》。

5月15日 国家林业和草原局批复设立第二批60个国家林业和草原长期科研基地。内蒙古大兴安岭汗马国家级自然保护区管理局获批内蒙古大兴安岭森林火灾防控国家长期科研基地。

5月28日 中国老科学技术工作者协会授予内蒙古大兴安岭林区老科学技术工作者协会"先进集体奖"。

7月12~13日 内蒙古大兴安岭北部部分林区相继发生21起雷电森林火灾,7月14日全部合围扑灭。

7月21~23日 国家林业和草原局党组成员、副局长李树铭率国家林草局调研组到林区就国有林区改革、森林防灭火和队伍建设等工作进行调研,并召开座谈会。

8月1日 中国内蒙古森林工业集团有限责任公司正式挂牌运营。内蒙古自治区党委副书记、自治区主席布小林为森工集团揭牌。

9月23日 在"美丽蝶变——全国党媒社长总编看红河"暨中国报业协会党报分会2020年会上,林海日报社荣获"全国党报党媒抗疫宣传先进单位",1人荣获"先进个人"称号。

11月20日 克一河林业局有限公司被中央精神文明建设指导委员会授予第六届"全国文明单位"称号。

12月23日 受中央组织部委托,内蒙古自治区党委在呼和浩特市举行追授于海俊烈士"全国优秀共产党员"称号颁授仪式。

12月25日 阿尔山哈拉哈河、库都尔河、卡鲁奔通过国家林业和草原局2020年国家湿地公园试点验收,正式成为国家湿地公园。

(内蒙古森工集团由杨建飞、任德双供稿)

辽宁省林草业

【概 述】 2020年,辽宁省林业和草原系统广大干部职工主动作为,狠抓落实,持续统筹推进新冠肺炎疫情防控和林草生态建设保护,各项工作取得显著成效。

造林绿化 依托三北防护林、沿海防护林、中央政策补贴造林等国家重点林业生态建设工程,完成人工造林8.93万公顷,占年度计划的103.1%,封山育林5.53万公顷、森林抚育4.67万公顷,均占年度计划的100%。完成育苗2.4万公顷、22亿株;启动"互联网+全民义务植树"试点省建设,义务植树6000万株。古树名木挂牌保护3.4万株。完成沙化土地治理面积6.72万公顷。125个村被认定为"国家森林乡村"。完成第四届绿化博览会辽宁展园建设施工及参展工作。

森林资源管护 开展林长制试点有关工作。省委、省政府主要领导高度重视并分别作出批示,印发《辽宁省建立林长制试点工作方案》,并在本溪、朝阳两市全面启动试点工作,初步建立起市、县、乡、村四级林长,优化现代林业治理体系。继续全面禁止天然林商业性采伐。编制《辽宁省天然林保护修复规划2020—2030(初稿)》,起草完成《辽宁省天然林保护条例(草案)》。严格依法依规做好采伐管理和林地草原征占用审批,主动服务沈白高铁等重点建设项目。全省使用林木采伐限额194.16万立方米;审批征占林地草地0.16万公顷;推进20个标准化林业站建设。

野生动植物管控 严格落实新冠肺炎疫情防控责任。组织各级林草干部职工强化野生动物野外巡护监测;封控隔离野生动物人工繁育场所8986处;联合有关部门严厉打击非法猎捕、交易野生动物行为,全省共出动执法人员31 005人次,检查各类场所4000余处,有效落实管控责任。全面完成禁食野生动物后续处置工作。组织开展野生动物人工繁育场所整顿调查工作,制订应急处置预案,经辽宁省人民政府同意,出台《辽宁省关于稳妥做好禁食野生动物后续处置工作的指导意见》,完成与禁食野生动物养殖户(场)补偿协议签订工作,签订率100%,处置在养野生动物2.8万余只、鸿雁蛋2.2万余枚,处置率100%;兑付补偿资金1157万元,兑付率100%。开展春季、秋冬季候鸟保护工作,坚决依法取缔社会影响较坏、志愿者反映较强烈的沈阳万柳塘、万泉和抚顺南沟大集三大非法鸟市。举办全省"世界野生动植物日""爱鸟周"等一系列大型活动,提高全社会保护意识。

自然保护地体系建设 按照省委、省政府主要领导与国家林草局主要领导会商精神,全省开展辽河国家公园创建论证、咨询、申报等工作。成立省长刘宁为组长，常务副省长陈向群、副省长郝春荣为副组长，相关厅局和市政府主要负责同志为成员的创建辽河国家公园工作领导小组，会同国家林草局公园办建立局省工作专班，编制完成《辽河国家公园创建方案》等文本，组织编制《辽河口国家公园候选区科学考察与国家公园符合性认定报告》等4个创建工作文件。开展自然保护地整合优化。组织完成自然保护地摸底调查工作，指导开展自然保护地整合优化预案编制，开展两轮联合审查工作，形成省级申报预案，并与自然资源厅联合上报自然资源部、国家林草局。贯彻落实《关于建立以国家公园为主体的自然保护地体系的指导意见》，经广泛征求相关厅局和各市意见，形成《辽宁省关于建立以国家公园为主体的自然保护地体系实施意见(送审稿)》。

草原湿地保护修复 严格执行禁牧政策，落实33.37万公顷草原国家禁牧奖补政策；开展草原生态修复工程建设，完成人工种草及补播改良2.07万公顷；持续加强辽西北草原沙化治理工程区管护体系建设；科学开展草原监测，全省17个县(市、区)124个样地的监测调查结果显示，2020年全省草原综合植被盖度预计超过64%，草原生态持续改善。落实国家湿地生态效益补偿试点政策，开展辽河口国家级自然保护区湿地生态修复，扎实推进康平辽河等8处湿地保护与恢复工程项目建设；组织推进重点湿地监测、国家湿地公园试点建设；强化滨海湿地保护，完成将盘锦辽河口、大连斑海豹2处滨海湿地国家重要湿地推荐工作，完成盘锦市国际湿地城市推荐工作。

林业草原灾害防控 高质量做好森林草原防灭火工作。认真履行省森防指办公室职责，突出联防联控，圆满完成春季森林草原防灭火工作任务。全省共发生森林火灾11起，与上年同比下降81.7%，火场过火面积66.67公顷，同比下降96.7%，受害森林面积55.8公顷，同比下降96.1%。森林火灾受害率为0.0092‰，远远低于0.9‰的国家控制指标。综合比较，2020年辽宁省森林草原防灭火工作取得自2010年以来最好成绩。有效推进森林草原病虫害防治工作。全省林业有害生物共发生55.4万公顷，成灾面积0.68万公顷，成灾率1.13‰，低于国家控制指标。完成草原虫鼠害防治面积16.73万公顷，其中，鼠害防治6.67万公顷，虫害防治10.06万公顷。扎实开展松材线虫病疫情防控工作。共完成2019~2020年度松材线虫病疫木除治67.18万株；开展春、秋季松材线虫病疫情普查，调查松林152.8万公顷；在2020年全国新增60个疫区的严峻形势下，辽宁省实现2019~2020年无新增疫区，撤销疫区1个，具备拔除条件疫区1个，2个疫区无疫情的阶段性成果。按照国家林草局工作部署，启动防止松材线虫病疫情北移专项工程，安排专项资金，将辽吉两省交界的抚顺等4个市15个县(市、区)划为重点防控区域，分三个防控等级，坚持分级管理、分区施策，严防疫情向北扩散。扎实开展美国白蛾、红脂大小蠹、栗山天牛等主要林业有害生物防治工作，有效遏制重大林业有害生物的发生发展，同时，与国家林草局林草防治总站、沈阳工学院等共同成立辽宁省危险性林业有害生物防控重点实验室，加强东北地区疫情防控的实用技术研究。

深化林草改革 巩固提升国有林场改革成果。与省人力资源和社会保障厅联合制订印发《国有林场职工绩效考核办法》，加强国有林场制度建设；开展全省国有林场森林经营方案编制工作；完成国有林场管护站点用房调查摸底工作；开展国有林场改革存在问题调研和整改。深化集体林权改革。积极推进新型林业经营主体建设，2020年全省新建新型林业经营主体68个，其中林业专业合作社38个，家庭林场30个。积极推进新型林业经营主体标准化建设，开展林业专业合作社省、市、县示范社"三级联创"工作，会同省农业农村厅等部门联合开展专业合作社省级示范社、国家级示范社评选推荐工作。

林业产业发展 全省共完成特色经济林和林下经济开发建设面积0.91万公顷。其中，完成特色经济林0.66万公顷，林下经济开发0.24万公顷。落实省政府应对疫情支持中小企业生产经营25条政策措施，并协调中国邮政储蓄银行、国家农业信贷担保联盟有限责任公司等金融机构为受疫情影响的企业、合作社和林农提供及时的贷款融资服务。省邮储银行发放涉林贷款5.5亿元，省农业担保公司发放涉林担保贷款7.11亿元。积极开展经济林产业服务工作，推动铁岭榛子节入选国家农民丰收节经济林品牌节庆活动。组织开展特色农产品优势区和国家森林康养基地建设等选荐工作。

支撑保障 林业草原发展建设资金得到有效保障。共落实省级以上资金21.5亿元，剔除政策调整、项目到期取消等因素，2020年比2019年增长2.77%。科技服务和技术推广水平不断提升。全省确立科技推广项目19个，组织科技培训46期，培训近0.4万人次。不断加强林业草原宣传工作。在重要节点、时段开展系列宣传活动，共刊发稿件819篇，其中《人民日报》14篇，《中国绿色时报》43篇，《辽宁日报》225篇，辽宁电视台36篇。

【全省林业和草原工作会议】 于3月27日以电视电话会议形式召开。辽宁省林草局党组书记、局长金东海作报告。会议全面总结2019年林业草原重点工作，安排部署2020年造林绿化、林业草原改革、森林资源管护、草原湿地保护与修复、野生动植物保护、保护地统一监管、林业草原灾害防控、林业产业发展、基层基础建设、科技支撑和全面从严治党等方面重点工作。

【省领导参加义务植树活动】 4月7日，辽宁省委书记、省人大常委会主任陈求发，辽宁省委副书记、省长唐一军，辽宁省政协党组书记、主席夏德仁，省委副书记周波等省领导，集体到沈阳市沈北新区蒲河生态廊道，与机关干部、部队官兵一起参加义务植树活动。

【大事记】

1月28日 省林草局联合省农业农村厅、省市场监管局印发《关于进一步加强监管禁止野生动物和活禽市场交易的紧急通知》，严禁任何形式的野生动物交易活动。

3月17日 辽宁省人民政府召开全省森林草原防灭火工作电视电话会议，省委常委、常务副省长、省森防指总指挥陈向群出席会议并对2020年森林草原防灭火工作进行安排部署。

3月30日 全省林业草原系统党风廉政建设工作会议在沈阳召开。

4月25日 2020年辽宁省"爱鸟周"活动在沈阳市启动。国家、省、市林草主管部门与省、市野保协会领导出席启动仪式。

7月3日 经省委、省政府主要领导同意，省林草局印发《辽宁省开展林长制试点工作方案》，在本溪和朝阳市先行开展林长制试点工作。

7月13日 发布《辽宁省有重要生态、科学、社会价值陆生野生动物名录》，列入名录的物种总计17目53科180种，受法律保护，不可随意食用、猎捕、交易、繁育。

8月25日 经省政府同意，印发《辽宁省关于稳妥做好禁食野生动物后续处置的指导意见》，指导全省全面完成禁食后野生动物后续处置工作。

9月3日 辽宁省危险性林业有害生物防控重点实验室揭牌仪式在沈阳工学院举行。

11月3日 辽宁省野生动物保护宣传月启动仪式在锦州市举行。此次活动的主题是"革除滥食野生动物陋习，保护野生动物资源安全"。

11月19日 省林草局学习贯彻新《森林法》专题培训会在沈阳举办。国家林草局办公室二级巡视员李淑新作《贯彻落实新森林法，推动林业高质量发展》专题辅导。

12月3日 省编委办批复省林草局设立森林草原防火处，负责全省森林草原防火相关工作，增加行政编制12名，核定处长职数1正2副、森林草原防火督查专员职数1名（正处级）。

12月4日 省编委办向各市、县（市、区）林业和草原主管部门核增95个森林草原防火行政编制，批复各市、县（市、区）林业和草原主管部门增设防火科（处）。

12月14~16日 国家林草局副局长李春良到辽宁调研辽河国家公园创建工作，并召开辽河国家公园创建工作座谈会，省委常委、常务副省长陈向群出席会议。

12月23日 召开辽宁省森林公安局转隶工作会议，会上宣读辽宁省公安厅党委关于森林警察组队任命的决定，辽宁省森林公安局正式更名为辽宁省公安厅森林警察总队。

12月24日 辽宁省政府召开新闻发布会，通报《辽宁省森林湿地草地生态系统服务功能评估》结果，辽宁省也在全国成为首个实现森林、湿地、草地"三位一体"生态系统服务功能评估的省份。

（辽宁省林草业由何东阳供稿）

吉林省林草业

【概　述】 2020年，吉林省林业和草原工作坚持以习近平新时代中国特色社会主义思想为指导，深入贯彻落实党的十九大、十九届五中全会和省委十一届七次全会精神，自觉践行新发展理念，大力推进林草事业改革发展，全面完成各项改革发展任务。国有林区改革、东北虎豹国家公园体制试点改革通过国家林业和草原局验收；全省林草生态系统40年无重大森林火灾；林草资源保护、林草科技创新和转型发展、"数字林草建设"、优化林草政务服务环境和生态扶贫取得丰硕成果。全省林业用地面积956万公顷，活立木总蓄积量10.99亿立方米，森林覆盖率45.04%；全省草原面积69.11万公顷，草原综合植被覆盖率72%。

【林业草原机构改革】 2020年8月18日，中共吉林省委编办下发《关于整合组建吉林省重点国有林技术服务中心的批复》，整合吉林省林业宣传中心、吉林省森林资源监督管理中心、吉林省林业自然保护区发展促进中心，组建吉林省重点国有林技术服务中心，为吉林省林业和草原局所属公益一类事业单位，正处级规格，全额拨款事业编制80名。11月12日，中共吉林省委编办下发《关于撤销吉林省林业宾馆的批复》，撤销省林业宾馆，将18名自收自支事业编制及18名在编人员划入省林业和草原局机关服务中心。

【林草改革】 进一步深化国有林场改革，促进国有林场绿色转型发展，制订印发《吉林省创建现代国有林场试点方案》，在16个林场开展现代国有林场试点建设，力争用5年时间将试点林场建设成"管理制度健全、人员精简高效、森林经营科学、资源保护有力、基础设施完善、产业发展充分、林区富裕和谐"的集"绿色、科技、文化、智慧"为一体的现代林场，示范引领吉林省国有林场现代化建设。国有林区改革任务全面完成，顺利通过国有林区改革国家验收工作组验收。乡镇林业站机构、职能、经费、人员编制下放乡镇管理，与其他乡镇所属事业单位整合设置为乡镇综合服务中心。截至2020年底，全省680个乡镇林业站中，有538个林业站完成体制调整实行属地管理。积极配合国家推进东北虎豹国家公园体制试点建设，吉林省承担的15项试点任务基本完成，2020年9月通过国家林业和草原局组织的第三方评估验收。

【生态建设】 全省共完成造林绿化11.8万公顷。其中，重点工程造林更新2.39万公顷，修复完善中西部农防林9900公顷。完成农村公路绿化3674.2千米，公路铁路用地外绿化1159.4千米，河流绿化340.1千米。新建和完善提高城市绿地面积839.5公顷，绿化美化村屯1234个，其中省级"绿美示范村屯"30个。建设全民义务植树基地393个，面积2115.8公顷，折合义务植树数量3204万株。

【资源管理】 全面认真落实天然林停伐政策，进一步强化天然林保护。指导全省贯彻落实森林采伐限额管理制度，通过开展检查和年度森林资源消耗情况内业审核，进一步强化采伐限额管理。组织完成全省"十四五"期间年森林采伐限额编制工作。其中，经国务院批准，重点林区采伐限额126.80万立方米；经省政府批准，地方林业采伐限额682.60万立方米。经国家林业和草原局批准，敦化市、东辽县、临江、红石、汪清、八家子林业局为全国森林经营试点单位，开展森林经营试点工作。全面规范林地林权管理，扎实开展森林资源管理"一张图"年度更新工作，森林资源信息已变更至2019年，逐步实现了二类调查、资源档案、公益林区划落界档案及"一张图"整合与同步更新。充分利用林业卫星图片，排查疑似点位1.05万块，并将整改任务、责任落实分解到基层，有力保护了森林资源。

【森林草原防火】 全省实现连续40年无重大森林火灾。据统计，全年共发生森林草原火灾19起。其中，森林火灾19起，草原火灾0起。在19起森林火灾中，一般森林火灾17起，较大森林火灾2起。火灾过火总面积23.73公顷，受害森林面积10.95公顷，全年森林火灾控制率为1.25公顷/次，森林火灾受害率为0.001‰，森林火灾案件查处率为100%，森林火灾2小时扑灭率为84.21%，森林火灾24小时扑灭率为100%，未发生扑救人员伤亡事故。

【林草有害生物防治】 年内全省应施调查监测的林业有害生物种类为70种，通过调查监测达到发生的种类为57种，全省应施调查监测面积为1405.2万公顷，实施调查监测面积为1401.33万公顷，全省平均调查监测覆盖率为99.7%。全年全省林业有害生物发生总面积为36.7万公顷，较2019年同期上升了9.24%。按发生程度统计，轻度发生23.68万公顷，中度发生7.97万公顷，重度发生5.06万公顷。按发生类别统计，虫害发生31.11万公顷，占总发生面积的84.76%；病害发生2.04万公顷，占总发生面积的5.55%；鼠害发生3.56万公顷，占总发生面积的9.69%。草原有害生物主要包括鼠、虫害，全年共防治面积5.27万公顷，投入人工718人次、车辆387辆次，培训农民600余人次。

【林政执法】 全省共查结林业行政案件6304起。其中，盗伐林木案2159起，滥伐林木案243起，毁坏森林林木案98起，违法使用林地案1416起，非法运输木材案46起，非法经营加工木材案17起，违反草原法规案28起，违反野生动物保护法规案63起，违反森林、草原防火法规案389起，违反林业有害生物防治检疫法规案1起，违反自然保护区管理法规案77起，其他林业行政案件1767起。行政处罚6348人，没收非法所得11.69万元，没收木材798.94立方米。

【野生动植物保护】 指导吉林省野生动物保护协会向社会公布《关于抗击新型冠状病毒倡议书》，号召广大市民摒弃食用野生动物陋习。积极推进禁食野生动物后续处置工作。联合省农业农村厅、省畜牧局印发《妥善做好全面禁食野生动物后续处置工作的指导意见》，明确退出物种为鸿雁、狍、东北兔3种，涉及养殖户58户，在养动物62 616只。其中，鸿雁31户62 071只，狍26户347只，东北兔1户198只。全省共兑付禁食野生动物养殖户补偿资金1418.7万元，资金兑付率100%；在养动物处置62 616只，其中无害化处置34 212只，放归自然22 242只，综合利用2080只，调配4082只，动物处置率100%。持续开展清山清套、打击非法猎杀与交易野生动物违法犯罪等专项行动，严厉打击各类破坏野生动物资源的违法犯罪行为。全省野生动物涉林刑事案件1441起，破案1264起。其中，立野生动物刑事案件351起，破案344起，刑事处理316人，收缴野生动物2025头（只）、一、二级制品226件，猎具1543件。举办全省突发野猪非洲猪瘟应急演练，加强野猪非洲猪瘟防控工作，成功阻断周边国家疫情向吉林省扩散蔓延，全省未发现新的疫情。扎实做好野生动物损害补偿工作，全省共受理野生动物造成人身财产损害补偿案件9446起，累计发放补偿金2681.41万元，补偿案件受理率达100%。

【湿地保护管理】 制订发布《吉林省重要湿地认定标准》和《吉林省湿地名录管理办法》，将向海、莫莫格、通化哈泥3处重要湿地申报纳入国家湿地和国际重要湿地名录。在全省范围内筛选32处重要湿地，拟纳入第一批省级重要湿地名录。启动通化县、梅河口市、长白县、德惠市等6个省级湿地公园前期工作，全省湿地有效保护率达到47%。全面完成中央环保督察反馈破坏湿地问题整改销号工作，全省湿地面积萎缩、功能退化的趋势基本得到遏制。申请中央财政湿地补助资金6105万元，在向海、莫莫格、波罗湖等7处国家级湿地类型自然保护区，辉南大椅山、汪清上屯等4处省级湿地类型自然保护区及大安牛心套保、和龙泉水河、敦化秋梨沟等12处国家湿地公园范围内开展湿地保护与恢复、湿地生态效益补偿等项目建设，提高湿地管护能力。

【自然保护地建设管理】 贯彻落实中办、国办《关于建立以国家公园为主体的自然保护地体系的指导意见》，以省委办公厅、省政府办公厅文件印发《吉林省贯彻落实〈关于建立以国家公园为主体的自然保护地体系的指导意见〉实施方案》，为全省保护地中长期发展确定根本遵循和总体方向。配合东北虎豹国家公园管理局推进试点工作，15项试点任务基本完成，通过国家林业和草原局组织的第三方评估验收。完成松花江三湖区域自然保护地整合优化方案和全省自然保护地整合优化预案编制工作，历史性解决60年发展累积的矛盾冲突。组织编制自然保护地"十四五"和中长期发展规划，落实"生态保护和发展生态旅游相得益彰"要求，引导全省自然保护地管理机构开展自然教育研学工作。配合开展"绿盾2020"专项行动，督导自然保护区环保问题整改，全省自然保护区3198个问题点位已完成整改3132个，完成率达到97.94%，中央环保督察反馈问题全部整改销号。

【林草重点生态工程】 2020年，天保工程区实有森林管护面积375.47万公顷，天保工程区年末在岗职工5.6万人，全员参加基本养老、医疗、失业、工伤、生育保险。工程全年完成国家投资48.04亿元。新建、改建、加固管护用房88个，完成后备资源培育任务6.34万公顷。选取14个林场开展一局一场转型试点建设，发展森林康养、旅游、食用菌种植、中药材种植等特色产业。

【林草种苗】 26家苗圃被评为省级保障性苗圃。审(认)定省级良种品种10个。全年生产林木种子38.2万千克，其中生产良种17.7万千克。全省育苗面积1.28万公顷，培育苗木21.2亿株，出圃苗木5.5亿株。良种使用率达73%。

【林草产业】 启动《吉林省林草产业转型发展"十四五"规划》和《吉林省森林(草原、湿地)生态旅游康养产业发展规划(2021—2030年)》编制工作。制订印发《关于引导社会资本进入林草行业助推绿色经济发展的意见》。根据国家大力发展木本粮油产业保障油料安全的战略部署，下发《关于加快红松特色资源产业高质量发展的意见》，在全省选定10个县(市)及国有森工企业作为红松特色产业发展的试点。按照吉林省委、省政府大力发展全域旅游和冰雪经济的部署，组织编制《森林人家建设规范地方标准》《吉林省森林旅游康养基地和省级森林人家认定办法》，认定全省首批18个森林康养基地和4户森林人家。大力开展产业扶贫，开展各类产业技能培训142次，组织林草专家和技术能手开展产业技术现场指导251场(次)，整合利用省级林草产业扶持资金650万元支持贫困县整合扶贫，全系统利用林草产业带动帮扶贫困人员和林草困难职工累计超过1.5万人。

【生态扶贫】 实施生态扶贫工程。通过防护林体系建设工程，全省贫困县完成植树造林1.4万公顷、森林抚育1800公顷，在9个贫困村实施"绿美示范村屯"建设，受益贫困人口290人；通过实施草原修复工程，在西部3个贫困县修复治理草原1.2万公顷、开展草原有害生物防治6800公顷。发展特色林产业、种养业，印发《2020年吉林省林草产业扶贫工作要点》，实施21个重点项目建设，帮扶贫困人口创业就业200余人，辐射带动贫困地区发展林业产业2000余人。持续增加生态护林员岗位，积极争取国家资金6431万元，支持8个国家贫困县选(续)聘生态护林员7104人，人均年增收8000元左右。向两个包保帮扶村投入各类资金363万元，帮助两个包保村集体入股青龙渔业，两个帮扶村完成退出贫困县省级验收检查、省级第三方评估，实现了脱贫。

【林草投资】 全省共完成林业投资88.17亿元。其中，中央资金67.70亿元，占林业建设资金总额的77%；地方财政资金10.5亿元，占林业建设资金总额的12%；国内贷款6.95亿元，占林业建设资金总额的8%；自筹资金和其他社会资金3.03亿元，占林业建设资金总额的3%。中央投资仍为吉林省林业建设资金的主要来源。在全省林业完成投资中，用于生态修复治理(含造林抚育与森林抚育、草原保护修复、湿地保护与恢复、防沙治沙等)59.71亿元，占林业完成投资额的67%；用于林(草)产品加工制造7.50亿元，占林业完成投资额的9%；用于林业草原服务、保障和公共管理(含林业草原有害生物防治、林业草原防火、自然保护地监测管理、野生动植物保护等)20.96亿元，占林业完成投资额的24%。

【林草经济】 吉林省实现林草产业总产值859.8亿元。其中，林业总产值856.4亿元，第一产业产值314.6亿元，占比36.7%；第二产业产值393.4亿元，占比46%；第三产业产值148.5亿元，占比17.3%。林业三大产业的产值结构为36.7∶46∶17.3，产业结构逐步优化。水果、干果、中药材及森林食品等在内的经济林产品的种植与采集业产值达到187.6亿元，占第一产业产值的59.6%。中药材加工、果酒果汁制造、坚果加工以及山野菜、食用菌加工在内的非木质林产品加工制造业产值达到187.3亿元，占第二产业产值的47.6%。森林旅游及休闲服务业产值达到70.5亿元，占第三产业产值的47.5%。草原产值3.4亿元。

【林草科研与技术推广】 积极组织各级林业科研、教学单位和科技型企业，充分依托国家林业和草原局产业创新联盟、重点实验室等科技创新平台，大力开展实用技术研发，充分发挥科技引领示范作用。全省林草行业取得省级以上科技成果28项，获得省科技进步一等奖1项、三等奖2项。组织省林科院开展森林和湿地生态系统服务功能第三次评估工作，并主动向社会公布全省森林湿地生态服务功能价值。全省森林生态价值达到8899.3亿元，湿地生态价值2161.9亿元。利用中央财政资金2000万元，在林木良种培育、造林项目、林业有害生物防治、国家重点野生动植物保护等方面，重点转化推广27个林业实用技术。加快推动林业地方标准制修订工作向森林旅游康养、野生动植物保护等新兴领域扩展，2020年新制定修订21项林草领域地方标准。

【省领导参加义务植树活动】 4月7日，省委书记、省人大常委会主任巴音朝鲁，省委副书记、省长景俊海，省政协主席江泽林等领导，集体到长春市南溪湿地公园与省市机关干部一起参加义务植树活动。

【大事记】
1月10日 吉林省林业和草原工作会议在长春召开。局党组书记、局长金喜双出席并讲话。
1月27日 《吉林省市场监督管理厅 吉林省林业和草原局 吉林省畜牧业管理局关于禁止野生动物交易的公告》正式发布，在全省全面禁止野生动物交易。
3月5日 吉林省绿化委员会第33次全体会议暨2020年春季造林绿化工作视频会议召开，副省长、省绿化委员会主任侯淅珉出席并讲话。
3月25日 吉林省林业和草原局、吉林省公安厅主办，吉林省森林公安承办的"保护野生动物共筑生态吉林暨集中销毁涉案野生动物(死体)及其制品仪式"在吉林省白石山林业局辖区举行。集中销毁近年来收缴的各种野生动物死体7740只、制品2035件，全部采取无公害降解的方式处理。

4月13日 吉林省委书记巴音朝鲁，吉林省委副书记、省长景俊海调研吉林查干湖国家级自然保护区，提出要坚决守护好打造好查干湖这块"金字招牌"。

4月29日 国家林业和草原局林业工作站管理总站下发2019年全国省级林业工作站重点工作质量效果通报，吉林省蝉联全国第一，实现"六连冠"。

5月12日 吉林省林业和草原局与中国铁塔吉林省分公司签署战略合作协议，共同打造以视频监控、物联网技术为基础的数据采集系统，进一步提升吉林省森林草原资源保护及防灾减灾治理能力。

6月5日 吉林省林业和草原局向全省广大社会各界朋友发出"保护自然保护地""保护湿地资源 建设生态吉林""保护野生动植物 促进人与自然和谐发展""绿化美化吉林 共建绿色家园""做青山卫士 争环保先锋""依法保护草原 建设生态文明"6个倡议书，号召全民保护生态环境。

6月17日 吉林省林业和草原局在全省开展"加强国土绿化 促进荒漠防治"主题宣传活动，向广大市民普及荒漠化防治知识，提高全省人民防荒止漠意识。

7月18日 吉林省林业和草原局和中国电子系统技术有限公司及吉视传媒有限公司共同签署《"感知生态 智慧林草"吉林省林草管理现代化建设合作框架协议》，构建实时感知、精准监测、高效评估为一体的"林草生态大脑"。

7月21日 中共吉林省委办公厅、吉林省人民政府办公厅联合印发《吉林省建立林(草)长制试点方案》，标志着吉林省林(草)长制试点工作施工路径正式确立。

7月30日 《吉林省林木种子条例》经吉林省第十三届人民代表大会常务委员会第二十三次会议通过，自2020年10月1日起施行。

8月4日 吉林省林业科学研究院与吉林农业大学签署战略合作协议，共同建立院校人才培养、平台建设、科研攻关、学术交流互融互通机制，为全省林草体制改革和乡村振兴战略实施提供更加优质的人才资源。

9月3~10日 国家林业和草原局副局长刘东生带队，水利部、中国银保监会、国家林业和草原局组成国有林区改革国家验收工作组，对全省重点国有林区改革工作进行验收，吉林省综合得分98.4分，总体评价"优"，顺利通过验收。

9月11~15日 国家林业和草原局验收组对东北虎豹国家公园试点进行验收，东北虎豹国家公园试点顺利通过验收。

10月18日 吉林省林业和草原局、吉林森工集团、长白山森工集团共同建设的吉林园荣获第四届中国绿化博览会组委会大奖、最佳植物配置奖，向全国展示了吉林省造林绿化新成果。

10月24~28日 全国政协副主席何维带领人口资源环境委员会党外委员视察团就东北虎豹国家公园试点建设情况进行专题视察。

10月26日 吉林省绿化委员会第34次全体会议暨今秋明春造林绿化工作视频会议召开，副省长、省绿化委员会主任韩福春出席并讲话。

11月30日 吉林省结束2020年秋季森林草原防火期，胜利实现全省连续40年无重大森林火灾目标，刷新了中国森林防火史第一的记录，在全国继续保持标杆地位。

（吉林省林草业由耿伟刚供稿）

吉林森林工业集团

【概　述】 中国吉林森林工业集团有限责任公司(以下简称吉林森工集团)组建于1994年(经原国家计委、体改委、经贸委批准成立)，是全国首批57户现代企业制度试点大型企业集团和全国六大森工集团之一。吉林森工集团是以经营森林资源为基础产业、多元化发展的企业集团。实行母子公司体制，由母公司、子公司和生产基地三个层级组成。现有二级以下企业267户，其中重点管控企业21户(包括8个国有林业局)。在册职工2.64万人(在岗职工2.14万人)、离退休人员3.8万人。

【森林经营】 完成森林抚育12万公顷、后备森林资源培育3.13万公顷、国家储备林项目建设1066.67公顷、中幼林抚育和人工林采伐出材17.6万立方米。辖区林分每公顷蓄积量158.63立方米，森林覆盖率93.4%，红松、臭松、水曲柳、胡桃楸、黄菠萝、椴树、柞树7个珍贵树种蓄积量合计8767.10万立方米，占所有树种蓄积量45.36%。投入1882.6万元用于有害生物防治，实现辖区连续41年无重大森林火灾，未发生大面积病虫害。域内建成9个苗圃，育苗面积102.08公顷，新播面积25.45公顷，出圃苗木5236.77万株。建成绿化苗木基地1489.67公顷，存苗量609.26万株，涵盖云杉、五角枫、水曲柳、蒙古栎等乡土树种，全年销售苗木实现收入1777万元。推进森林经济产业发展，推行"林业局+合作社+职工"经营模式，全年林地经济实现收入3768万元。临江林业局和红石林业局被列入全国森林经营试点示范单位。吉林森工集团经营区内保护地由18个优化整合为13个，其中三湖区域保护地与吉林森工集团重叠面积由原来67万公顷优化调减至40万公顷。建立完善吉林森工集团"林地一张图"森林资源经营档案数据库。

【司法重整】 吉林省政府主持召开吉林森工集团改革脱困专题会议，通过协调长春市政府及净月区管委会给予存量土地补偿金、吉林银行给予增信贷款、争取国家银保监会及吉林省银保监局支持等方式，妥善解决职工集资款返还等重整关键性问题。在吉林省国资委专班指导下，召开17次调度会议及时解决改革重组重点难点问题，制订完善吉林森工集团整体重组方案及各企业重组子方案，吉林森工集团重组整体方案经吉林省政府常务会议和吉林省委全面深化改革委员会会议审议通过。5月18日，长春市中级人民法院受理并裁定吉林森工集团母公司进入司法重整程序，指定北京大成律师事务所担任管理人，在管理人推动下，吉林森工集团被查封资产陆续解封，涉诉债务纠纷已全部中止诉讼。吉林森工集团重整计划在第二次债权人会议获得高票通过后，12月31日，长春市中级人民法院裁定批准吉林森工集团财务有限责任公司（以下简称"财务公司"）和吉林森工集团母公司合并重整计划。7月14日和9月11日，长春市中级人民法院先后受理并裁定吉林森工人造板集团有限责任公司和吉林森工金桥地板集团有限公司进入司法重整程序。

【产业发展】 结合司法重整安排，围绕突出主业、夯实基础，研究搭建8个林业局和吉林森工泉阳泉股份有限公司、财务公司、吉林森工投资有限公司为主体的"8+3"新组织架构，把原有的8个产业板块调整缩减为两大主业，重点发展森林资源经营产业和以森林特色食品及森林文旅康养为主体、以矿泉水开发为龙头的大健康产业，谋划企业振兴发展战略，初步形成"十四五"总体发展思路和主要目标任务。争取1.18亿元国家及省级财政补贴资金投入重点项目建设。森林观光小火车项目纳入吉林省"十四五"发展规划，一期线路规划设计已获吉林省抚松县政府批复。累计投资6000余万元，完成三林木业搬迁改造、长白山大厦酒店升级装修改造、林业温泉医院改扩建和仙人桥棚户区旧房改造项目建设。利用成立吉林省光明生态产业发展基金契机，谋划推进与上海光明集团合资合作开发森林特色食品资源。与中科院长春分院、长春地理与生态研究所和吉林农业大学等合作开发林区资源和发展绿色产业。按照吉林省委、省政府及国家林草局部署要求，吉林森工集团成立专门领导机构，抽调精干力量组成专班，围绕司法重整、聚焦主责主业和振兴发展总体战略，组织"十四五"发展规划编制工作，初稿已经编制完成，正在编制森林文旅康养、森林特色食品、北药基地等专项规划。

【深化改革】 落实中央和吉林省国企改革三年行动方案，以推进司法重整为契机，以实施"双百行动"综合改革为抓手，研究推动三项制度改革具体举措，在吉林森工泉阳泉饮品公司（以下简称"泉阳泉饮品公司"）和吉林森工霍尔茨门业公司率先开展经理层任期制和契约化管理试点，实行按照经营绩效兑现奖惩机制。开展制度废改立工作，研究建立符合实际、切实管用的"1+7+2"内部管理控制体系，即：吉林森工集团对子公司采取以战略管控为主、财务管控为辅的分层分类差异化管控模式，强化党群、战略、投资、财务、人力资源、风险、运行7个方面管理，健全管理制度和大监督2个管控体系。制订实施吉林森工集团对标提升行动实施方案和工作清单，围绕战略管理、组织管理和运营管理等8个方面任务、26项具体提升目标，分批组织母公司、泉阳泉饮品公司和各林业局实施对标提升工作。开展"总部机关化"问题专项整治，针对六个方面重点问题梳理出16项整改任务，整改完成14项，其余2项结合司法重整持续推进整改落实。采取关闭注销、破产清算和提升管理等方式，清除"僵尸企业"34户。推动解决"三供一业"等历史遗留问题，白石山林业局和红石林业局与属地政府签订供水、物业职能移交协议。

【维稳扶贫】 坚持以人民为中心的发展思想，把有限资金用于生产经营的同时，优先保障职工工资发放。协调吉林省社保部门争取企业继续享受养老和失业保险"退一缴一"等政策。完成39 015名退休人员移交属地政府管理工作。修缮林业温泉医院职工住房160余户，维修改造露水河林业局4个中心林场排水设施和道路。制订印发吉林森工集团改革重组职工安置指导意见，指导所属企业制订职工安置方案。选举新一届工会委员会，审议吉林森工集团重整计划和职工安置指导意见，发挥民主管理作用，依法维护职工权益。加大矛盾纠纷排查和整治力度，妥善处理信访隐患49件，实现全国和吉林省"两会"到省进京非正常上访"零登记"。争取信访救助资金310万元，解决信访案件2件。落实中央及吉林省委、省政府脱贫攻坚部署要求，通过领导班子"一对五"结对帮扶、设立专业公司和选派第一书记驻点帮扶等举措，外部包保和龙市龙坪村151个贫困户均已脱贫，内部1446名困难职工全部脱贫。

【党建工作】 严格落实"第一议题"制度，全年传达学习贯彻习近平总书记重要讲话、重要指示批示16项，结合企业实际抓好党的十九届五中全会精神贯彻落实。制订落实巩固深化"不忘初心、牢记使命"主题教育成果实施方案，明确重点任务、责任分工和完成时限，持续推进主题教育常态化、长效化。印发实施吉林森工集团党委会及成员落实全面从严治党主体责任清单和重点任务清单，进一步落实从严治党主体责任。吉林森工集团本级及所属21户二级和73户三级企业完成"党建进章程"工作，明确党组织在公司法人治理结构中的法定地位。实施基层党组织建设质量提升工程，开展"五好"党支部创建活动，促进规范化、标准化建设水平提升。坚持党管干部原则，做好干部选拔任用，全年提拔5人次、调整11人次、免职13人次。制订实施年轻干部双向挂职培养方案，选拔14名年轻干部"上挂下派"培养锻炼。实施吉林森工集团纪检监察体制改革，明确组织领导，努力推进纪检监察全覆盖。配合吉林省委第九巡视组开展政治巡视工作。认真查办各类违规违纪案件，受理问题线索86件、初核28件、立案2件，给予党纪政务处分13人。

【疫情防控】 及时传达贯彻中央及吉林省委、省政府关于做好新型冠状病毒疫情防控部署要求，认真抓好疫情防控和企业复工复产工作，4月30日前各生产企业全部恢复正常生产经营。强化党委领导和纪委监督，在疫情防控过程中切实发挥各级党组织领导核心、战斗堡垒和广大党员干部先锋模范作用。逐级成立疫情防控工作领导机构，健全完善企业防控方案和应急预案，统筹抓好疫情防控与生产经营、野生动物保护、舆情引导宣传、矛盾纠纷排查和突发事件应急处理等工作，严格内部人员和外来人员管控，企业范围内未出现疫情。

【大事记】

3月13日 吉林森工集团召开2020年视频工作会议，贯彻党的十九大和十九届二中、三中、四中全会精神，全面落实中央和吉林省委、省政府及国家林草局部署要求，总结回顾2019年工作，部署2020年主要任务，研究打好打赢改革重组攻坚战的对策和措施。

4月3日 中共吉林省委印发《关于王树平、于海军同志职务任免的通知》，决定王树平任吉林森工集团党委书记，免去于海军吉林森工集团党委书记职务。

4月28日 吉林省人民政府印发《关于王树平、于海军任免职的通知》，决定提名王树平为吉林森工集团董事长人选，免去于海军的吉林森工集团董事长职务。

4月30日 吉林森工集团安委会在长春召开2020年第一次全体（扩大）会议，传达贯彻吉林省安委会2020年第一次全体（扩大）会议精神，贯彻落实吉林省委、省政府和吉林省安委会部署要求，对当前和今后一定时期安全生产工作作出安排部署。

5月11日 吉林森工集团召开2020年党建暨党风廉政建设和警示教育大会。

8月3日 吉林省人民政府党组成员、副省长李伟到吉林森工集团调研指导工作，研究推动吉林森工集团司法重整、深化改革和转型发展工作。

8月4日 吉林森工集团与吉林省惠农投资集团、正大集团在长春召开对接洽谈会，围绕发掘长白山森林食饮资源，提升森林食品和饮品竞争力，构建产品市场渠道体系进行交流。

8月5日 吉林森工集团与中科院长春分院在长春召开合作交流会，就共建产学研一体化平台等事宜进行商讨，并签订战略合作协议。

10月15日 吉林森工集团与与光明福瑞投资管理（上海）有限公司、吉林省吉盛资产管理有限责任公司、吉林省股权基金投资公司共同签署《吉林省光明生态发展产业基金合作框架协议》，推进林业产品市场渠道的开发建设。

10月20日 吉林森工集团党委召开省委第九巡视组巡视工作动员会，省委第九巡视组组长曹振东出席会议并作动员讲话，对做好巡视工作提出要求。

11月9日 吉林森林工业股份有限公司完成变更为吉林泉阳泉股份有限公司工商登记手续，简称由"吉林森工"变更为"泉阳泉"。

11月23日 吉林省委宣讲团在吉林森工集团举行党的十九届五中全会精神报告会，吉林省委宣讲团成员、吉林省国资委主任杨海廷在会上作宣讲报告。

12月22日 吉林森工集团党委召开深化"以案为鉴、以案促改"警示教育大会。

（吉林森林工业集团由牟宇供稿）

黑龙江省林草业

【概　述】 2020年，全省共完成造林8.05万公顷，为年度计划的120.1%；绿化村屯1.06万公顷；设立义务植树接待点212个，参加义务植树320万人次，植树1931万株。完成育苗0.93万公顷，苗木总产量12.85亿株。完成退化草原修复1.58万公顷。完成退耕还湿0.51万公顷，新增国家湿地公园2处、国际重要湿地1处。全省林草总产值实现2000亿元，较2015年增长11.1%。实现较大天然森林草原火灾和人为森林草原火灾"零发生"；林业有害生物发生面积46.11万公顷，实施防治38.06万公顷，成灾率0.03‰，实施无公害防治面积34.24万公顷，无公害防治率89.96%；防治草原鼠虫害12.75万公顷，其中鼠害4.3万公顷，虫害8.45万公顷。截至2020年底，全省森林总面积2150万公顷，森林蓄积量22.4亿立方米，森林覆盖率47.3%；全省草原总面积207万公顷，草原综合植被盖度76.9%；全省湿地总面积556万公顷。

【林草改革】 重点国有林区森林资源行政管理权力全部移交全省各级林草主管部门，实现全省重点国有林区森林资源行政管理一体化，重点国有林区改革以95.7分通过国家验收，完成机构改革任务。省市县逐级组建林草工作部门。对全省424个国有林场明确定位，共核定国有林场事业编制1.7万人，富余职工安置率、社会保障性政策落实率、医疗保险和养老保险参保率均达到100%，职工工资水平较改革前平均增长2.2万元；明晰自然资源、林草部门具体职责，协同开展林权类不动产登记相关工作，累计颁发林权证46.6万本、林权不动产登记证1.2万本；出台《黑龙江省财政补贴型森林（集体林）保险工作实施方案》《黑龙江省集体林权抵押贷款管理办法（试行）》《黑龙江省集体林权流转管理办法（试行）》等一系列规章制度，推动集体林业发展活力释放。

【生态建设与修复】 推进实施《黑龙江省千万亩造林绿化规划（2016~2025年）》，完成造林80.5万公顷，为年度计划的120.1%。完成三北工程营造林建设任务4.23万公顷，其中人工造乔木林1.93万公顷、人工造灌木林2666.67公顷、封山育林2.03万公顷。退化林修复4666.67公顷。落实森林抚育面积86万公顷。全部完成2019年国家首次下达的新一轮退耕还林建设任务140公顷。落实草原禁牧制度，推进草原生态修复项目建设，完成退化草原修复1.58万公顷、野生草种采集基地试点0.67万公顷。制订并实施《"百村示范，千屯推进"工作方案》，完成村屯绿化1.06万公顷。开通黑龙江全民义务植树网平台，上线2个互联网义务植树项目；举办义务植树等主题植树活动808场次，设立义务植树接待点212个；参加义务植树440万人次，植树2693万株。完成育苗0.93万公顷，苗木总产量12.85亿株。完成退耕还湿0.51万公顷，新增国家湿地公园2处、国际重要湿地1处。

富裕县塔哈镇马岗村草原修复补播（李红 摄）

【资源保护管理】 落实国家天然林保护修复方案，出台黑龙江省天然林保护修复方案，全省近 2000 万公顷天然林资源全面停止商业性采伐，并建立全面保护、系统恢复、用途管控、权责明确的天然林保护修复制度体系；全年完成审核审批使用林地项目 368 项，面积 1131 公顷，上缴森林植被恢复费 17 496 万元；上报国家林业和草原局审核同意的使用林地项目 17 项，面积 335.63 公顷，收缴森林植被恢复费 7894.61 万元；省级林业和草原主管部门审核的永久性使用林地项目 280 项，审核面积 858.54 公顷，收缴森林植被恢复费 17 277.31 万元；省级林业和草原主管部门审批的临时占用林地项目 31 项，审批面积 80 公顷，收缴森林植被恢复费 918.27 万元；省级林业和草原主管部门审批的直接为林业生产服务的工程设施项目 68 项，审批面积 229.76 公顷。划定基本草原 159.6 万公顷，实施重点禁牧区禁牧草原总面积 101.8 万公顷。启动全省第一次林草种质资源普查工作；开展自然保护地整合优化工作，制订出台自然保护地整合优化预案，确定各类自然保护地 340 处，总面积 942 万公顷，占全省国土总面积的 19.94%，比整合前数量减少了 173 处，面积减少 347.82 万公顷。采用大数据、移动端等先进技术手段，完成 108 万公顷森林资源调查规划任务和 23 个县级单位公益林监测任务，提升森林资源监测保护的精准度。开展森林督查、林地清理、违建别墅清查整治、打击毁林种参和打击破坏野生动物资源等一系列专项执法行动，严厉打击各类破坏林草资源行为。

【野生动物管控】 贯彻《全国人民代表大会常务委员会关于全面禁止非法野生动物交易、革除滥食野生动物陋习、切实保障人民群众生命健康安全的决定》，依法严厉打击非法野生动物交易行为，如期完成禁食野生动物后续处置工作，处置野生动物 8.7 万只（条）、7126 千克，补偿资金 2093.86 万元。新冠肺炎疫情防控期间第一时间停止全省涉及野生动物事项的行政审批；与公安、市场监管部门开展联合执法行动，规范全省 3066 家人工繁育场所、162 家野生动物经营利用场所、108 家花鸟鱼市场和 20 家动物室内展示展演场所；组织指导全行业近 3 万名生态护林员开展巡山清套反盗猎活动；成立陆生野生动物疫源疫病监测防控专家组，加强对陆生野生动物疫源疫病监测和主动预警工作；与吉林省和内蒙古自治区联动加强对候鸟迁徙的保护；先后举办 3 期全系统千余人应对疫情防控野生动物保护行政执法和业务培训；开展防控新冠病毒加强野生动物保护公益广告，增强广大群众抵制违法猎捕、交易野生动物行为的自觉性。

【林草灾害防治】 全年实现较大森林草原火灾和人为森林草原火灾"零发生"。落实国家下达黑龙江省的 473 个森林草原防火行政编制，确定县级林草部门分配 380 个编制，市级林草部门分配 67 个编制，省级林草部门分配 26 个编制，强化各级林草部门防火力量；推广"互联网+督查"和"防火码"应用，依托云计算、大数据、物联网和移动互联等新一代信息技术完善林草行业防火管控体系。林业有害生物发生面积 46.11 万公顷，实施防治 38.06 万公顷，成灾率 0.03‰，实施无公害防治面积 34.24 万公顷，无公害防治率 89.96%。共防治草原鼠虫害 12.75 万公顷，其中鼠害 4.3 万公顷，虫害 8.45 万公顷。

【林草科技与对外合作】 完成七台河生态站一期建设项目审计、验收及黑河、漠河 2 个生态站二期扩建项目初步设计批复；完成黑龙江林木育种及培育国家长期科研基地申报；协助黑龙江省林科院牡丹江分院恢复国家局食用林产品检验检测中心资质，完成食用林产品安全监测 904 批次，完成黑龙江省食安办 820 批次和国家林草局 300 批次的省级监测任务；满分通过国家植物新品种保护执法检查工作；理顺与省林科院的工作关系，深入了解企业需求，推进产学研结合；举办 2020 年黑龙江省科技活动周（林业和草原专场），展示黑龙江省林草 20 年科技成果，推动林草科技创新成果和科学普及活动惠及于民；成立果松产业国家创新联盟，围绕果松培育产业链开展联合攻关、产学研协同创新，推动果松产业的快速发展；与国家林草局调查规划设计院、国家林草局林产工业规划设计院在林草发展战略规划、工程建设规划及研究、生态网络感知系统建设等方面建立全面战略合作关系，共同推进黑龙江省自然生态系统保护修复和高质量发展。有 4 项成果获得省部级科技奖励；开展推广示范项目 22 个，建设科技示范基地 21 个，推广林业草原新品种 17 个、新技术 36 项，培训林农 4230 人次；制定修订地方和行业标准 76 项。

【关注森林活动和自然教育】 成立关注森林活动组委会和黑龙江省自然教育工作领导小组，结合黑龙江省大湿地、大森林、大草原、大界江、大粮仓以及虎、豹、丹顶鹤等保护区特色自然资源组织开展一系列森林草原科普公益活动。推出生物多样性系列线上课程19节；与阿里巴巴公益基金会联合在扎龙国家级自然保护区、横道河子东北虎林园、伊春五营国家森林公园举办"让世界更美好——世界环境日""全球老虎日""95公益周"3次特别直播活动；开展征集"自然探秘——春天里的植物"自然观察作品活动，共征集作品近千份，评选出五星小达人10名；在省森林植物园开展树木认养活动，117棵树木全部被认养；将黑龙江省青少年发展基金会作为黑龙江省自然教育公益平台的公益基金募集管理支持单位，严格按照基金管理制度运行。

"认养一棵树，寄语一片情"暨希望工程走进自然公益课(植物篇)活动(王长海 摄)

【林草信息化】 启动数字林草二期建设，按照"1+4+N"(智慧运算总平台+安全、生态、产业、政务四大体系+阶段性的工作体系)的总体框架布局，以基础设施、数据库、应用支撑、应用分析、内外门户、安全保障和共享协作等"七大体系"为支撑，完成26个子系统的建设任务，初步形成横向联通、纵向贯通的完备科学的林草大数据信息功能体系；升级防火指挥系统，加载林地"一张图"数据，建立防火入目视频会议备份系统；通过与国家林草局、省测绘地理信息局沟通、协商和合作，实现国家智慧监管平台及时传送、省测绘局千兆网卫星数据传输，与林草部门的各种调查数据融合形成一个标准、一个平台、一套数据。

【林业产业】 截至2020年底，全省林业总产值实现2000亿元，较2015年增长11.1%。其中山野菜上市量达到5.8万吨，产值110亿元。黑木耳、香菇等各类食用菌产量达到420万吨，产值300亿元。北药产量达到30万吨，产值120亿元，主要有水飞蓟、防风、人参、板蓝根等20余个品种。全省建立各类木材加工园区45处，年加工能力1000万立方米，有规模以上木材加工企业311家，对俄木材进口贸易60亿元，木材加工产值达到760亿元。全省经济林种植面积达到14.87万公顷，苹果、梨、葡萄、李子等水果产量25万吨，红松籽、榛子、核桃等坚果产量5.4万吨，蓝莓、沙棘等浆果产量7500吨。全省现有林果生产加工企业600余家，坚果加工企业400余家，蓝莓加工企业200余家，其中规模以上加工企业127家，年加工量1.8万吨，林果产值达到350亿元；生态旅游产值达到200亿元；林下养殖加工产值突破100亿元。

【生态扶贫】 编制建档立卡贫困人口生态护林员工作流程，修订《黑龙江省建档立卡贫困人口生态护林员选聘办法实施细则》，选聘2020年度生态护林员13 962人。以中办通报的同江、拜泉、望奎3个县(市)建档立卡生态护林员存在问题为切入点，重新梳理历年国家及省脱贫攻坚成效考核，编制"全省建档立卡贫困人口生态护林员发现问题整改台账"，组织所有涉及生态护林员项目的县(市)针对历次审计考核发现问题进行排查整改，各地相继排查并解聘不符合标准的生态护林员900余人。牵头完成对32个县(市)的专项核查，对中办通报的同江、拜泉、望奎3个县(市)以及后续核查中问题较突出的木兰、克东、通河、铁力4个县(市)分两批进行专项约谈。牵头举办生态护林员选聘工作视频培训，对涉及的12个市(地)、44个县进行全员培训。截至2020年底，共安排20个国家级贫困县、8个省级贫困县各类林草资金68亿元。其中，投入建档立卡贫困人口生态护林员资金2.79亿元，共选聘生态护林员6.18万人次，全省通过选聘生态护林员带动项目区超过1.8万户、4.8万名贫困人口实现脱贫。"十三五"期间，安排国家贫困林场脱贫支持资金1.57亿元，其中2020年安排0.31亿元，实现了区域生态环境的持续改善。

【中央环保督察问题整改】 黑龙江省林草行业承担中央环保督察问题整改督导任务20项，含2项信访类督导问题。其中：既承担整改又负责督导的任务4项，具体整改任务6项，负责督导市地、集团整改任务10项。截至2020年底，17项任务已经完成整改和验收销号工作，并向省督察办备案；2项信访类督导问题不需审核案件卷宗及销号材料；2018年第24项"乌拉嘎"整改事项已完成阶段性整改工作。

【"六稳""六保"助力】 做好稳就业、稳金融、稳外贸、稳外资、稳投资、稳预期"六稳"工作，落实保居民就业、保基本民生、保市场主体、保粮食能源安全、保产业链供应链稳定、保基层运转"六保"任务。推进"互联网+政务服务"，省、市、县三级(依申请类)行政权力事项列入网办的共计41项，行政审批网办率达到100%；对"百大项目"和公益类项目建设用地，优化审批流程，加强事中事后监管，完成34个"百大项目"先行使用林地报备手续，使重点项目顺利实施；先期下达重点国有林区天然林保护工程社保资金33.9亿元，实现重点国有林区天保工程在岗职工17.2万人稳岗就业；组织全省完成营造林建设任务，共带动就业和临时性就业人口约42.16万人；落实森林抚育建设任务，总计安排就业和临时性就业人员30万人；相继出台疫情期间加快林业经济发展的若干意见和鼓励企业复工复产的一系列扶持政策，全省400余家涉林企业全部正常生产，复工率为100%；全省林草行业新组建专业扑火队185个，增加就业岗位近3.2万个。

【疫情防控】 在疫情防控关键时期，省林草局党组印发《关于组织动员党员干部下沉社区参与疫情防控工作的通知》，局机关、各直属单位先后有779名志愿者下沉到重点社区增援属地疫情防控；局团委组织成立青年突击队，作为重点疫区骨干防护力量和后方支撑保障；与赣水社区主动对接，承担15栋楼48个单元的日常消毒杀菌工作，从2月26日开始，每日上午9点和下午2点分别对地面和楼梯扶手消杀一次。组织机关党员干部参加抗击疫情捐款和义务献血活动，累计捐款34余万元，27人献血6600毫升。编印《"抗疫"志愿者日记》，记录龙江林草人投身疫情防控战役的历史时刻。

【大事记】
1月10日 全省林业和草原工作会议召开，会议总结2019年工作，部署2020年重点任务，国家林草局驻黑龙江专员办专员袁少青出席会议。

1月15日 黑龙江省林草、编委、发改委等14个部门联合印发《黑龙江省关于建立以国家公园为主体的自然保护地体系总体实施方案》。

2月28日 黑龙江省自然教育工作领导小组推出"向往的自然"自然教育课堂公益活动，构建"政府支持、林草牵头、社会参与、公益普惠"的自然教育事业共同体模式，推动全社会形成尊重自然、顺应自然、保护自然的理念和实践。

3月11日 全省春季造林绿化和森林草原防火电视电话会议召开，安排部署春季造林绿化和森林草原防火工作，省委常委、副省长王永康出席会议并讲话。

4月26日 黑龙江省委书记、省人大常委会主任张庆伟，省委副书记、省长王文涛，省政协主席黄建盛，省委副书记陈海波等领导同志到哈尔滨市太阳岛风景区石当站植树点参加2020年义务植树活动。

5月8日 黑龙江省委副书记、省长王文涛到大兴安岭专题调研森林草原防火工作。

5月13日 黑龙江省气象局向省长王文涛提交的气象专题咨询第1期中指出：黑龙江省植被生态质量逐年转好，2019年为近20年以来最优。

7月29日 东北虎豹国家公园管理局野生动物救护中心和黑龙江省野生动物救护繁育中心在中国横道河子猫科动物饲养繁育中心挂牌成立。

8月24日 黑龙江省林草局、黑龙江省财政厅、黑龙江省农业农村厅三厅局联合印发《关于稳妥做好禁食野生动物后续工作的指导意见》。

8月24日至9月2日 国家重点国有林区改革验收组对黑龙江省重点国有林区改革任务完成情况进行检查验收，黑龙江省以95.7分通过改革验收。

9月21日 黑龙江省第一次林草种质资源普查工作启动。

10月17日 黑龙江省委书记、省人大常委会主任张庆伟，省委副书记、省长王文涛在哈尔滨会见国家林草局局长关志鸥一行。

11月16日 全省森林督查问题整改暨毁林种参专项打击行动工作会议召开，会议对当前和今后一个时期黑龙江省森林保护重点工作进行了周密部署。

11月20日 黑龙江省林业和草原局、黑龙江省市场监督管理局、黑龙江省农业农村厅、黑龙江省公安厅、黑龙江省互联网信息办公室和黑龙江省邮政管理局6个部门召开开展依法打击破坏野生动物资源及非法交易野生动物执法行动电视电话会议，并公布执法行动方案，对2020年冬季及2021年春季野生动物保护工作进行动员部署。

12月7日 黑龙江省关注森林活动组委会成立暨第一次工作会议在哈尔滨召开，省政协副主席、省关注森林组委会主任赵雨森出席会议并讲话。

（黑龙江省林草业由魏振宏、李艳秀供稿）

龙江森林工业集团

【概　述】 2020年，中国龙江森林工业集团有限公司深入贯彻习近平生态文明思想和习近平总书记重要讲话、重要指示批示精神，认真贯彻落实国家林草局及黑龙江省委、省政府部署安排，把握功能定位，聚焦主责主业，确立实施"1234567"（坚持习近平生态文明思想、践行"两山"发展理念、布局"三大"核心任务、探索"四个"发展模式、打造"五大"产业体系、加强"六个"机制建设、推进"七项"重点工程）发展方略，统筹推进疫情防控和生态建设、产业转型，各项工作完成预期目标，企业经营业绩稳步提升。集团公司资产总额228.46亿元，负债总额142.74亿元，所有者权益总额85.72亿元，资产负债率62.5%，全年实现营业收入70.4亿元。

【森工改革】 全面推进森工体制性改革。政府行政职能和办社会职能全部移交，林业局企业办社会职能机构逐步分离，在省级层面实现政企、政事、事企、管办"四分开"，结束森工70年政企合一体制，国有林区改革通过国家验收。集团公司化改革步伐加快。"三级"管控模式（投资管控型、战略管控型、操作管控型）初步建立，集团总部机构由原来42个压缩至17个，人员由375人压缩至161人。"三项制度"（劳动制度、人事制度、分配制度）改革提速，建立市场化选人机制，公开招录113名同志充实到集团总部及专业公司，其中，研究生以上学历占比92%，总部员工队伍平均年龄由46周岁降至37周岁。国企改革三年行动全面启动。完成林业局公司制改革，内设机构和人员缩减50%以上，完成森工药业公司混合所有制改革，推进二级子公司经理层人员任期制、契约化管理，众创集团经理层成员全部竞聘上岗。推进"压减"行动，减少企业法人19户，促进集团公司"瘦身健体"。探索院墙企业改革与转型发展路径，推进事业单位分类改革。

【生态建设】

森林资源培育 投入生态建设资金14.86亿元,完成后备资源培育1.86万公顷、森林抚育31.51万公顷、抚育补植补造6920公顷,主要造林树种良种使用率80%以上。苗圃春播25.31公顷,其中红松及"三大硬阔"17.15公顷。义务植树171.63万株,新建义务植树基地109个。完成人工红松林大径材培育试点任务5520公顷。鹤北、大海林、林口、东方红林业局公司被确立为全国森林经营试点单位。"十三五"期末与"十二五"期末相比,森林面积达到557.73万公顷,增长0.98%;森林蓄积量6.50亿立方米,增长29.22%;森林覆盖率84.68%,提高0.82个百分点;公顷蓄积量116.50立方米,提高25.27立方米,森林资源持续"双增长双提高",生态整体功能不断增强。

森林资源管理 制订下发《龙江森工天然林资源保护管理体系建设方案》。深入开展中央环保督察"回头看"问题整改和"绿卫2019""违建别墅"清查整治、农村乱占耕地建房问题整治摸排、严厉打击毁林种参等专项行动,清理回收林地733.33公顷,退耕还林、还草、还湿9246.67公顷。林业有害生物防治15.05万公顷,其中,飞机防治6.26万公顷。

自然保护地建设 自然保护地整合为40个、面积215.61万公顷,解决了交叉重叠问题。

森林防火 全林区签订责任状5027份、公约89 894份、联防协议1297份;发布"森林防火工作动态"2132期,设置临时检查站1108处,点烧防火隔离带5168.6千米。开展扑火演练336次,出动人员11 348人次、灭火机具5931台次、车辆1544台次。逐级设置433名森林防火"安全官"。"互联网+督查和防火码"注册率100%。森林防火取得全胜,受到国务院防火督查组通报表扬。

履行社会职责 全面落实河湖长制,认真做好秸秆禁烧工作,应对3次台风袭击,投入抢险救援人员3.69万人次、资金(物资)5852.7万元,防汛、防台风工作取得胜利。

【产业发展】 大力践行"绿水青山就是金山银山""冰天雪地也是金山银山"发展理念,依托林区资源优势、生态优势和供给优势,聚焦人们对美好生活和生态产品的需求,以市场化模式,着力打造以营林、种植养殖、森林食品、旅游康养、林产工业"五大"产业体系。探索打通"两山"价值转换的通道。

营林产业 营造红松经济林9333.33公顷,种植蓝莓树莓1166.67公顷、沙棘6826.67公顷。启动林口局公司红松与沙棘、榛子、小浆果等特色经济林混合套种模式试点,刺嫩芽、刺五加人工间作333.33公顷。八面通局公司建成储备能力3万吨的冷库仓储物流项目,延长沙棘产业链。双鸭山局公司销售绿化苗木45.2万株。

种养殖业 农业播种面积36.17万公顷,粮食总产量11.08亿千克。投资8380万元完成高标准农田建设4426.67公顷。中药材在田面积2.14万公顷,建成中药材种植基地28个,成立中草药种植合作社27家。桦南、清河、东方红局公司被评为黑龙江省中药材基地建设示范局,穆棱局公司被评为黑龙江省中药材良种繁育基地建设局。

森林食品产业 已形成食用菌、坚果、浆果、山野菜、蜂蜜等12个大类、300余种单品,其中,绿色、有机认证101个品类。推进标准化基地建设,绥阳、清河、亚布力局公司被评为全国有机食品原料标准化生产基地,桦南局公司被评为全国绿色食品(紫苏)原料标准化生产基地。森林食品集团实现销售收入3307万元。

旅游康养产业 全年接待游客85.1万人次,实现收入9786.7万元。桦南局公司蒸汽森林小火车旅游区晋升为国家4A级景区。雪乡羊草山中华祈福园—太阳神鼓项目获批"上海大世界基尼斯之最"。兴城疗养院被中华全国总工会命名为劳动模范疗休养基地。海林、清河、亚布力、兴隆、苇河、山河屯局公司6个单位被评为2020年全国森林康养基地建设单位。

林产工业及其他产业发展 松江胶合板厂在原料和资金紧张的情况下,克服困难,保持正常经营。鹤北局公司北沉香和北红玛瑙特色根石文化产业纳入省"十四五"重点文化产业发展规划,确定为"文化强省重点支撑"项目。迎春局公司全资企业粮贸公司粮食仓储达17.7万吨,实现利润120万元。林口局公司启动石材废料"固废变砂"项目。

【企业管理】 坚持向管理要效率、要效益,集团管理逐步规范化、科学化、精细化。制订完善生态建设、人力资源、财务管控、风险防控等方面工作制度152项,健全企业内控制度体系和工作流程体系。

财务管理 建立会计核算体系,启动财务信息系统建设,财务核算、资金管理、产权管理三大模块平稳运行。对所属单位银行账户进行清理,建立资金池。强化预算管理,节省支出2.36亿元。

人力资源管理 建立人力资源信息化管理系统,完成森工系统全部职工信息录入,实现职工底数清、结构明,为规范管理、严格管理、有效控制成本奠定了基础。

经营管理 推进香木厂和物资局转型发展股权投资、兴城疗养院债权投资、正阳河长岭湖资产并购等项目,投资总额4905万元。开展重大合同审核,防范重大法律风险。完成2019年度省黑龙江省资委出资企业经营业绩考核对标,获评A级。制订年度经营计划、业绩考核方案和实施细则,对不同类别单位进行差异化考核。桦南、八面通、绥阳林业局公司被评为"中国林草产业5A级诚信企业"。

降本增效 开展扭亏增盈、提质增效专项行动,集团所属40户亏损企业中10户实现扭亏、25户减亏。通过积极向黑龙江省政府争取,改变过去林区公路建设由企业配套的模式,节省资金5亿元。集团以585万元价格回购长城资产管理公司本息9359.54万元金融债务,减少债务8774万元。

信息化建设 财务管理、人力资源管理信息化系统初步建立,OA新协同办公系统平稳运行,启动智慧生态系统建设,"数字森工""智能森工"建设全面提速。

【项目建设】

政府投资项目 国家林草局专项项目9个(国有林

区基础设施项目7个、林业小专项项目2个），总投资8963万元，其中，中央预算内投资8107万元。生态保护支撑体系项目18个（森林防火项目17个、国家级自然保护区项目1个），总投资17 166万元，其中，中央预算内投资15 341万元。天保二期后备资源培育项目，面积2.11万公顷，其中，人工造林5066.67公顷、补植补造1.6万公顷，总投资11 000万元，全部为中央预算内投资。国有林区管护用房2020年建设试点，建设管护用房74个（新建45个、加固改造29个），总投资2670万元，其中，中央预算内投资2300万元。

产业项目 建立产业项目库，加快项目的谋划、储备与生成，完善项目布局，调整投资结构。确立产业项目24个，计划总投资15 455万元，受疫情影响，实际完成投资4948万元，完成计划的32%。

【党的建设】 牢固树立"四个意识"、坚持"四个自信"、做到"两个维护"，建立重大事项跟进督办制度，推动党中央、国务院重要精神、重大决策、重大部署在森工全面贯彻落实。建立"不忘初心、牢记使命"主题教育常态化机制。在沾河局公司开展"强党性、守党纪、争做生态文明建设先锋"集中教育活动试点，取得初步成效。深入开展政治理论学习，邀请省委党校教授、省委宣讲团成员分别进行《习近平谈治国理政（第三卷）》和党的十九届五中全会精神辅导宣讲，组建森工理论讲师团深入基层宣讲。继续实施基层党建工作全面提升工程，推动"一岗双责"责任落实。开展党委书记抓基层党建工作述职评议考核、"创四强争五优"（组织领导力强、推动发展力强、改革创新力强、凝聚保障力强党组织。争做政治素质优、岗位技能优、工作业绩优、群众评价优、严守纪律优共产党员）活动和标准化党支部建设，建设基础战斗堡垒。认真贯彻习近平总书记关于国企干部"20字"方针要求，建立干部储备库，调整干部154人，配强二级公司领导班子。调整后，林业局公司班子成员平均年龄由54.7岁降至48.9岁，新提拔干部中，大学及以上学历占比76%、高级职称以上占比78%。加大"四风"纠治力度，全系统共查处违反形式主义案件7起、处分12人，违反中央"八项规定"案件4起、处分4人。查处一批违法违纪案件，政治生态明显好转。

【民生建设】 完成65家事业单位养老保险清算补缴工作，支付清算费用24 907.36万元，解决3800名退休职工的养老后顾之忧。发放城市院墙企业一次性安置职工独生子女补助费14 869人、4460.7万元。争取中央资金3.73亿元，改扩建医院、建设学校等一批基础设施项目，建设林区道路232.8千米。加强信访工作，有效化解一批群体性上访问题。全力做好林区"外防输入、内防反弹"疫情防控各项工作，投入疫情防控资金1.21亿元，减免中小微企业和个体工商户房屋租金1633.3万元。组织270名党员下沉136个社区，先后选派32名医护工作者参加援鄂医疗队驰援湖北，103名医护人员到黑河、东宁、望奎等地支援防疫工作，诠释森工为大型国企的使命担当。

【大事记】
3月19日 黑龙江省副省长徐建国到香坊木材厂家属区棚户区改造项目现场调研，集团公司党委书记、董事长张旭东陪同。

5月1日 黑龙江省委书记、省人大主任张庆伟，省委常委、哈尔滨市委书记王兆力到森工总医院，检查指导疫情防控工作，集团公司党委书记、董事长张旭东陪同。

5月11~12日 黑龙江省委副书记陈海波到桦南林业局有限公司调研国有林区改革验收工作，集团公司副总经理许江陪同。

5月13日 森工集团2020年度工作会议在哈尔滨市召开，集团公司党委书记、董事长张旭东、国家林草局驻省专员办袁少青出席会议并讲话，会议确立"1234567"发展方略。集团公司领导姜传军、杨波、许江、马椿平、孙继华、张晓波、王林田、赵宏宇出席会议。

5月22日 集团公司党委书记、董事长张旭东会见中国林业集团有限公司总经理林展一行。

6月8日 集团公司党委书记、董事长张旭东，副总经理许江参加黑龙江省人民政府和国务院国资委共同组织召开的"深化国企改革、助力龙江振兴"工作电视电话会议。

7月7日 黑龙江省副省长沈莹，黑龙江省政府副秘书长李德喜，黑龙江省国资委党委书记、主任王智奎，黑龙江省文旅厅副厅长何大为，黑龙江省旅游投资集团党委书记、董事长孟利等一行到山河屯林业局有限公司调研，集团公司党委书记、董事长张旭东陪同。

8月26~30日 国家林草局资源司司长徐济德、天保办一级巡视员文海忠、基金总局站长孙德宝等一行到东京城林业局有限公司、八面通林业局有限公司、林口林业局有限公司、东方红林业局有限公司、双鸭山林业局有限公司，验收森工重点国有林区改革工作，集团公司党委书记、董事长张旭东，副总经理许江陪同。

9月14日 集团公司党委书记、董事长张旭东会见大兴安岭林业集团公司党委书记、总经理于辉。

10月18日 集团公司党委副书记、总经理张冠武参加第八届黑龙江绿色食品产业博览会暨第三届中国·黑龙江国际大米节。

11月17日 集团公司党委副书记、总经理张冠武出席牡丹江市人民政府与龙江森工集团有限公司《战略合作框架协议》签约仪式并致辞。

11月17日 黑龙江省委常委、副省长王永康、黑龙江省政府副秘书长韩库、黑龙江省林草局局长王东旭等一行赴雪乡调研，集团公司党委副书记、总经理张冠武陪同。

11月18日 集团公司党委副书记、总经理张冠武出席亚布力·中国企业家论坛20年开幕式。

（龙江森林工业集团由马晓杰供稿）

大兴安岭林业集团公司

【概　述】 2020年4月2日，大兴安岭林业集团公司正式揭牌成立，大兴安岭重点国有林区改革取得重要成果，结束了56年政企合一的管理体制。克服疫情带来的不利影响，凝聚起攻坚克难的强大合力，制度体系和责任体系不断健全，森防战役取得全胜，重点国有林区改革任务基本完成，生态建设取得明显成效，干部职工思想稳定，推动各项工作有序开展，全年林业产业总产值实现53.4亿元。与上年相比，森林面积增加0.5万公顷，活立木总蓄积量增长0.12亿立方米，森林覆盖率提高0.06个百分点，森林资源持续实现"三增长"。森防工作"平安清明战役""五月攻坚战役""六月决胜战役""金秋保卫战役"取得全胜，多措并举保障全国"两会""双节"期间生态和社会安全稳定，保护森林资源安全，再次实现"人为火不发生、雷击火不过夜"的战略目标。完成《大兴安岭国家公园综合考察与符合性认定报告》编制大纲和现地调研、座谈考察、社会影响评价问卷调查和基础资料收集工作，大兴安岭国家公园建立前期材料通过国家林业和草原局预审评估。

国家林业和草原局副局长李树铭（左二）、黑龙江省委副书记陈海波（右三）为大兴安岭林业集团公司揭牌

【森林防火】 坚持森林防火"一盘棋"思想，建立"防扑一体、协同作战"的森林防火机制，大兴安岭地区行政公署主要领导和大兴安岭林业集团公司主要领导共同任总指挥，共同承担四大战区、12个责任区的包保责任。强化宣传教育。春防期间，林地联合印发《2020年大兴安岭地区森林防火宣传教育工作方案》，开展全覆盖式宣传，累计签订责任状15.6万份，播报发送宣传警示信息700余万条（次），发布森林火险预警信号151期。在中国森林防火网、大兴安岭政府网、中国森林防火网微信平台等媒体发布防火信息1172条，防火期内外来人员进入大兴安岭后第一时间推送防火宣传短信，有效提升全民防火意识。强化火源管控，严格落实野外作业"十有"规定（指有作业点责任人；有个人担保书；有指定范围的野外生产作业合同书；有指定的宣传教育、火源管理人员；室内、外有防火标语；有火源管理制度；有防火警旗；有宣传教育和检查登记；有防火隔离带；有扑火工具）及"一盒火"（指野外作业点指派专人保管和使用火种）、跟班作业等火源管理制度。先后开展"室外吸烟、乱扔烟头治理""野外火源治理""打击野外违法用火行为"等专项行动，123个检查站、430个管护站、223支巡护队、253个"三清"（指清山、清河、清沟）工作组全面加强入山火源管控，与农户签订防火责任书2600余份，建立野外作业点、重点风险隐患部位、隐患排查整改3本台账，实行跟踪管理、动态销账，累计排查整改十大类42项、782个风险隐患。强化督促检查。森林防火办派出8个督查组和6个预警巡护小分队，各林业局派出222个检查组，以查代训，以查代促，实行"六项问责"（把对发现问题和隐患不整改到位的；未及时发现火情的；不及时进行火情报告的，凡是卫星热点发布，仍未报告的火情一律视为瞒报；处置决策不利，贻误战机，演变成重特大森林火灾的；对于存在问题的单位和个人，不及时查处和问责的；在防扑火工作中，特别是火因查处中弄虚作假，扑火时，人为造成通讯不畅的，六项阻碍森林防火事业发展的事项，列入森林防火领域重点问责范围），严厉处置失职、渎职和违法行为，强力推进依法治火。坚持靠前布防，春防期间，根据南北气候差异的特点，实行"北兵南调"，春防后期和夏防期间实行"南兵北调"。春防期间靠前驻防队伍104支3394人，夏防期间靠前驻防队伍78支1730人，秋防期间靠前驻防队伍92支3023人。实施空地协同，租用森林航空消防飞机51架，以加格达奇航空护林站和塔河航空护林站为依托，确保每架飞机巡护半径在100千米以内，一旦发生火情，实施空地协同作战，全年共计飞行1672架次2513.41小时，洒水3491吨，喷洒化学灭火药剂90吨，机降642人。全年，共发生森林火灾56起，火因均为雷击，全部在24小时内扑灭，未发生烧毁林场、村屯现象，未发生人身伤亡事故，实现"人为火不发生"的战略目标。

【森林资源管理】 严格执行林地保护利用规划，统筹林地定额管理，严把林地使用关口，共计审核审批黑龙江省呼玛通用机场建设、漠河机场改扩建等重点工作项目160个，其中：审核上报国家林业和草原局并获得批复项目12个，审批临时使用林地项目36个，审批直接为林业生产服务项目112个。严格林地用途管制，规范林地使用行为，开展工程项目使用林地常态化检查，临时、直服类项目使用林地专项检查等专项行动，切实保护林业发展空间。组织开展保护森林资源"十三五"专项行动，将林地专项整治、林下资源保护利用、野生兴安杜鹃保护、野生动植物保护、鸟类野生动物保护、毁林种参行动纳入专项行动之中，共发现受理各类破坏森林资源行政案件136起，收回林地17.98公顷，处理人员138人，案件数量比上年同期减少126起，同比下降48%。认真落实森林督查工作任务，先后完成2019

年、2020年国家林草局督办案件整改、疑似图斑督查和自检自查案件整改工作，结案率均达到100%。紧盯源头管理，严格执行天然林停伐政策，强化天然林抚育伐区经营踏查、调查、作业，严把调查设计成果、伐区拨交审批审核和作业质量验收关，严格执行限额采伐和凭证采伐制度，严把木材外进关口，保证合法来源木材正常流通。将停伐政策执行情况列入林业局森林资源林政管理考评之中，进一步巩固停伐成果。全面落实森林资源管护任务，明确管护责任，签订管护协议，实现管护范围全覆盖。创新森林管护模式，在加格达林业局开展智能巡护和流动管护站（房车）试点，继续推进流动巡护机制，着力解决巡护不到位问题。立足全局、科学合理地完成集团公司"十四五"采伐限额编制，全面落实森林资源管理"一张图"更新，实现林地变更、二类调查成果、国家级公益林管理、森林资源年度监测多图合一，按时完成森林资源统计，更新森林资源档案，为科学决策、林业规划经营提供翔实准确的资源数据。森林经营方案顺利通过国家级评审，积极开展图强、塔河林业局人工林经营试点工作及实施，积累人工林可持续经营宝贵经验，推进集团公司森林资源可持续经营管理的总体进程。

【生态修复】 按计划完成人工造林2133.33公顷、补植补造2.53万公顷，引种西伯利亚红松571.9公顷、东北红松88.6公顷，开展直播试验98.67公顷，完成2017年旱灾补植1.7万公顷，义务植树41.4万株，森林抚育23.06万公顷，其中：常规森林抚育7.56万公顷，综合抚育15.5万公顷。培育苗木6484.61万株，新播育苗14.4公顷。做好鼠害等重大林业有害生物的防治工作，共计完成防治作业面积3.46万公顷，其中：鼠害防治作业面积1.74万公顷，虫害防治作业面积6940公顷，病害防治作业面积1.03万公顷。投入经费669万元，对樟子松叶部病害采取专项治理，防治作业面积共计8480公顷。严格检疫监管，共完成苗木检疫1976.54万株。加强松材线虫病有害生物的普查工作，普查面积为339.6万公顷，普查里程19700余千米，未发现松材线虫病。无公害防治率96.34%、成灾率0‰、测报准确率为92.77%、种苗产地检疫率100%，圆满完成国家林业和草原局下达的"四率"年度指标。完成景观廊道建设803千米、1.33万公顷，栽植各类花灌木26万株（丛）。

【天然林保护工程】 国家投入大兴安岭林区天然林保护工程资金361 413万元。其中，财政补助资金348 413万元，中央基本建设投资13 000万元。财政补助资金包括森林管护事业费117 090万元，社会保险补助69 958万元，政策性社会性支出补助114 417万元，森林抚育试点补贴资金33 108万元，金融机构债务利息补贴13 840万元。中央基本建设投资包括补植补造11 400万元，人工造林1600万元，主要用于森林资源管护费、政府及社会支出、"五险"补助、森林抚育补助等支出。集团公司高度重视天保资金的使用和管理，不断完善天保工程管理制度，加大天保工程宣传力度，围绕推进生态文明建设，以天然林保护和修复为重点，完善天保工程管理制度，细化天保工程目标任务，进一步优化天保工程管理体系，通过加强森林资源管护、持续开展森林后备资源培育等天保工程建设任务，使森林资源得到全面保护，林区生态功能逐步增强，与10个林业局签订《大兴安岭林业集团公司2020年度天保工程责任状》，作为年度工程实施目标和责任，与5个国家级自然保护区就森林资源管护、社会保障、资金管理与使用签订目标管理责任，实现目标责任全覆盖。积极推进国家2019年核查发现问题整改到位，研究分析问题原因，推进整改工作规范到位。配合国家采取新的"互联网+书面核查与现地核查"相结合的方式，进行互联网上天保核查信息填报及现地核查工作，形成大兴安岭林业集团专项复查报告，并顺利通过国家对林业集团天保工程年度综合核查。

【国有林区改革】 深入贯彻党中央、国务院全面深化改革总体部署，严格按照国家林业和草原局与黑龙江省委、省政府改革相关要求，与大兴安岭地委行署求同存异、协同配合，圆满完成改革各项基本任务，林区改革取得历史性成就。成立地方政府协调、企业改制等工作专班，召开协调会、推进会30余次。总部机构由33个压缩至22个，林业局机构由22~24个调整为18个，基层政企全面分开。完成清产核资和中央财政补助资金清算。建立现代企业相关管理制度37项。与大兴安岭地委行署召开首次联席会议，讨论通过6个协调配合机制。塔河林业局被确定为全国林地协同发展试点单位。

【产业发展】 大兴安岭林业集团公司北极蓝莓中国特色农产品优势区通过十部委联合认证，集团公司荣获上海森交会、义乌国际森博会46项金奖、49项优质奖。在安徽亳州建成大兴安岭中药材展示区，集团公司被确定为全国中药材产业发展10个试点单位之一。加格达奇林业局成功举办"第三届金莲花节"，阿木尔、图强、漠河等单位多次登上央视新闻。新林林业局伊勒呼里森林康养人家等5个基地获得"2020年全国森林康养基地试点建设单位"称号。北极珍品汇实现交易额8678万元，北极珍品汇、神州北极木业通过国家高新技术企业认定。集团公司林业产业实现产值7.66亿元，其中，林产工业完成产值1.27亿元；生态旅游完成产值0.26亿元；浆果、坚果实现产值1.98亿元；食用菌实现产值1.67亿元；中药材实现产值0.96亿元；森林养殖实现产值0.68亿元；其他产业实现产值0.88亿元。100个林场（管护区）确立主营业务289个，参与职工2.17万人。森林养殖存栏：森林猪1.03万头、森林鸡4.7万只、牛0.41万头、羊2.53万只。根据全口径统计，中药材种植面积8066.67公顷，采集量305吨。林下采集：蓝莓4025吨、红豆4540吨；食用菌养殖2867万袋。

【林业计划统计】 围绕森林生态感知系统建设，结合国家重点投资方向，在事关林区生态保护与建设、森林防火、基础设施和民生改善等短板上谋划储备林业建设项目56个。完成12个建设项目可行性研究报告的报批工作。进一步理顺中央预算内投资管理渠道，将原来由省下达的种苗、湿地等建设项目资金全部纳入国家林业和草原局归口按直属单位管理。密切关注国家宏观政策动态，在受疫情影响中央财政大幅度削减中央预算投资的情况下，积极争取集团生态修复和基本建设投资的基本底数不减，全年争取林业基建资金2.5亿元，实施建设六类36个林业建设项目。全面总结集团公司"十三五"发展规划实施情况，配合国家层面编制《东北森林带生态保护和修复重大工程建设规划》《自然保护地及野生动植物保护重大工程建设规划》，将集团公司的建设需求最大限度地纳入相关规划。科学编制下达2020年林业生产计划，实现林业产业总产值53.4亿元，实现产业增加值31.5亿元，在岗职工年平均工资43 371元。围绕新组建集团公司的主责主业和林区改革实际，积极推进林业统计调查制度改革，修订完善大兴安岭林业集团公司统计报表制度，重构林业统计指标体系。林业统计工作在数据报送、数据质量、统计分析和统计工作管理等方面位居全国前列，已连续3年受到国家林业和草原局通报表扬。

【林业碳汇】 密切关注国家政策走向，图强林业局碳汇造林项目已完成核证，待国家温室气体自愿减排相关管理办法出台后，国家核证签发碳量即可上市交易；十八站林业局已获得国家发改委备案；松岭林业局和西林吉林业局碳汇造林项目已在中国自愿减排交易信息平台公示。组织开展林业碳汇"十四五"规划编制工作，并将《大兴安岭林业碳汇数据库建设》项目列入集团公司生态修复"十四五"规划中，为集团未来开发林业碳汇项目打下坚实基础。10月28日，在中国绿色碳汇基金会组织的绿色中国行——走进美丽龙游暨中国绿色碳汇基金会成立10周年主题公益活动中，大兴安岭林业集团公司被授予"优秀合作伙伴"牌匾和荣誉证书，古莲河煤矿获得"十佳捐赠方"牌匾和荣誉证书。

【森林资源动态监测】 立足生态建设发展新局面，多措并举形成生态保护合力，促使森林数量持续增加，森林结构逐步优化，生态功能得到有效恢复。截至2020年末，大兴安岭林业集团公司森林面积688万公顷，活立木总蓄积量6.14亿立方米，森林覆盖率86.20%，与上年相比，森林面积增加0.5万公顷，活立木总蓄积量增长0.12亿立方米，森林覆盖率提高0.06个百分点，森林资源持续实现"三增长"。

【自然保护区管理】 逐步完善国家级自然保护区管理局队伍建设，配备岭峰国家级自然保护区管理局管护人员，现有人员45名；理顺北极村国家级自然保护区管理局编制、人员、资金渠道，北极村国家级自然保护区管理局正式独立开展工作；成立黑龙江盘中国家级自然保护区筹备工作组。开展保护区整合优化工作，按照中共中央办公厅与国务院办公厅印发的《关于建立以国家公园为主体的自然保护地体系的指导意见》、自然资源部与国家林业和草原局印发的《关于做好自然保护区范围及功能区划优化调整前期有关工作的函》等相关文件要求，自3月开始，通过摸底调查、科学评估、归并整合、范围及功能分区优化等流程，对集团公司管辖的各类型自然保护地进行整合优化，初步形成分类科学、布局合理、保护管理有效的新型自然保护地体系，确保集团公司经营范围内重要自然生态系统、自然遗迹、自然景观和生物多样性得到科学、完整、系统的保护。保护区野生动植物科研监测工作有新成果，布设548部红外监测相机，监测到国家一级保护野生动物貂熊、紫貂、东方白鹳、驼鹿、黑嘴松鸡和国家二级重点保护野生动物棕熊、猞猁、雪兔、马鹿等，呼中国家级自然保护区首次发现本区新分布物种赤颈鸫。呼中国家级自然保护区"野生东北岩高兰驯化与栽培技术研究"自主科研课题实验取得初步成功，已栽培野生东北岩高兰1247株，初步掌握野生东北岩高兰驯化与栽培技术。

【湿地资源保护】 开展打击破坏湿地资源专项行动，对林业集团公司所辖林业局和国家级自然保护区、国家湿地公园（含试点）、地级湿地公园进行全面自查督查，未发生破坏湿地案件。开展"世界湿地日""黑龙江湿地保护月""黑龙江湿地保护日"宣传活动。

【野生动植物保护】 强化野生动物管控职责和野外巡护职责，整顿人工繁育野生动物场所，开展清网、清套、清夹等专项行动，累计出动巡查巡护人员33 444人次、车辆7989台次，检查市场、饭店等经营场所272户次，收缴粘网、猎套、猎夹等狩猎工具358个（件），放飞活鸟241只，未发生非法猎捕野生动物案件。开展第39届"爱鸟周"集中宣传活动，印发《食用野生动物对人的危害》宣传折页、挂图和《最高检发布检察机关野生动物保护公益诉讼典型案例》（单行本），以案释法，持续唤醒公众参与保护的意识，累计出动宣传人员1273人次、车辆309台次，设立宣传台73处，悬挂宣传条幅189幅，散发宣传单、宣传资料等12 818份。持续加大野猪非洲猪瘟监测防控和候鸟禽流感预警力度，做好鸟类、野猪等重点疫源监测和信息采集，在边境地区保持和强化与边防部队、毗邻村屯的联防联控，要求入山人员将餐厨剩余物集中带回做无害化处理，采集10头野猪脏器样本，采集送检蜱虫样本1634个、鸟类粪便样本1170个。

【资金精细化管理】 严格执行国家林业和草原局《国家林业和草原局过紧日子八条工作细则》《关于进一步压减2020年部门预算有关事项的通知》要求，紧紧围绕"维护生态安全、保障改善民生、活化体制机制"的总目标，以林业集团公司重大决策部署为统领，按照知易行简、集约节约、有保有压、公开透明、约束有力的原则，提高预算编制科学化、管理精细化水平，做实部门预算，下发《大兴安岭林业集团公司过紧日子十条工作细则》《关于进一步加强节支措施严控预算管理的通知》《关于进一步加强和规范2020年预算管理工作的通知》，把保生态、保工资、保运转、保基本民生作为支出底线，优化支出结构，严格控制和压缩会议、培训、差旅等非刚性、非重点经费，确保资金优先保证基本民生、重大改革、重要政策和重点项目需求。预算安排坚持有保有压，运用零基预算理念核定支出，优先保障刚性和重点支出，达到国家林业和草原局提出全面预算管理的要求。

【审计监督】 经济责任审计围绕加强对权力运行的监督，促进领导干部履职尽责。对地委组织部委托的以前年度领导干部经济责任开展审计，在集团改革完成前全部审计到位。全年共完成经济责任审计17项，审计总金额212亿元，收缴资金907.3万元，提出审计意见建议77条。基本建设审计围绕建设项目投资审计，提高项目规范化水平。按照中央财政投资和集团投资的重大建设项目，开展建设项目竣工决算审计，重点关注国家投资大的项目，开展竣工决算审计5项，审计总金额8032万元，审减工程支出247万元，提出审计意见建议19条。发现并提出建设项目实施中存在的不严格履行基本建设程序、不严格执行投资计划、自筹匹配资金不足、项目投资未发挥效益、工程结算不准确等问题。全年共完成审计及审计调查项目23项，其中，林业局4个、直属企业2个、机关事业单位9个、公检法单位5个、保护区1个、直属企业2个、完成领导交办的调查核实工作4项，提出审计意见建议99条，为集团决策提供科学有价值的参考。

【市场营销】 组织参加黑龙江省绿博会，动员企业12户，蓝莓、食用菌、矿泉水等七大系列60余种产品参展参会，获得良好的经济效益和宣传展示效果。积极助推特色林产品走进国家林草局机关，与相关部门合作共同联系国家林业和草原局、中国林业科学研究院，推荐9种产品进入国家林业和草原局食堂，47种产品进入中国林科院食堂，84种产品进入国家林业和草原局超市，其中，岭南渌谷家庭林场的五谷杂粮和寒地面粉、十八驿矿泉水等首批产品已被中国林业科学研究院选定。北极珍品汇建立"天猫商城·大兴安岭原产地商品官方旗舰店"，与京东商城黑龙江服务区负责人联系沟通，推进集团公司林产品生产企业加入京东商城，全年实现利润1700余万元，电子商务网上交易额4000余万元。深入开展对外合作，完成招商引资项目6个，签约总额8900万元。

【科技创新】 扎实推进集团公司林业生态文明建设和林业高质量发展，先后与华东调查规划设计院、中国林科院、中国铁塔股份有限公司黑龙江省分公司等单位签订战略合作框架协议，智慧林业建设步伐稳步加快。强化向上争取，围绕生态修复与保护及林业产业发展中的关键技术问题，组织实施林业科技项目15个，研发新技术7项，建立科技示范基地4个。做好科技服务，获批国家林业和草原局长期林业科研基地1个，入选"全国最美林草科技推广员"3人，国家第二批林草乡土专家6人，选派13名林业科技特派员深入23个林场（管护区）开展电话和网络技术指导160余次，现场指导50余次，举办技术培训班3期，培训70余人次，解决实际技术问题60多个。加强科技企业培育，神州北极木业公司、北极珍品汇公司2家企业认定为国家高新技术企业，北极冰蓝莓酒业公司、十八驿饮品公司、绿驿山特产品公司等5家企业认定为国家科技型中小企业，争取科技企业补助资金25万元。积极推动科技外事对接，获得科技部引智司许可的境外培训本部门管理人员的权限。

【人力资源】 加强人员管理，制订《人员调动暂行办法》《借用人员管理暂行办法》，保证集团公司组建初期人力资源科学合理配置，为70余名工作人员办理调转手续，完成21名工作人员选调工作，同时，多途径引进硕士研究生10名，为特殊时期集团公司各项工作有序运转提供人力资源保障。持续推进"老人老办法"工作落地见效，积极与大兴安岭地委组织部沟通协调，有序开展非独立党委（党组）林业行政人员职级晋升工作，建立"一家受理、联合办理、双重备案"的联合办理机制，截至2020年末，为241人进行职级套转或晋升。积极协调推进原林管局机关事业人员养老保险在黑龙江省经办机构参保登记工作，启动开展参保信息录入工作，切实保障改革涉及相关人员在社会保险、工资、退休待遇、身份管理等方面的权益。

【民生改善】 借助中央财政、天保工程、社保补助资金支持，进一步完善集团社会保障体系，积极争取将养老保险纳入省级统筹，将医疗、失业、工伤、生育保险纳入地级统筹，有效推进集团公司"五险"工作进一步规范化。为林业局职工每月发放200元补助，集中驻防期为专业扑火队员、瞭望员发放岗位补贴30元/天。积极与地方政府沟通协调，最大限度地保证集团公司享受社会保险费减免、失业保险费返还等政策。向省地两级人社部门争取，将从事灵活就业的林业企业一次性安置人员纳入失业补助金发放范围，全年为包括林业一次性安置人员在内的失业人员发放补助金近170万元。进一步推进民生基础设施建设，获得社会性基础设施、管护用房、防火应急道路中央资金6537万元，改造管护用房76座，改造防火应急道路68.7千米。

【安全生产】 制订《大兴安岭林业集团公司安全生产专项整治三年行动实施方案》，成立由集团总经理任组长的工作领导小组，集团所属相关单位和相关部门已制订本单位、本部门的专项实施方案，分别成立各自领导小组和工作专班，集团各相关单位和部门上报方案，并已按照安全生产专项整治三年行动规定时间节点要求开展工作，每周向国家林业和草原局防火司安全生产处汇报专项行动进展情况。围绕森林防火、营林生产、资源管护、原煤生产、道路维修等关键领域积极开展岗前安全培训，全年共开展各类安全生产培训班629班次，培训职工22 440人次。通过加强设备管理，集团各类机械设备综合完好率达98%，利用率96%，无特大、重大机械事故发生。扎实开展"安全生产万里行"活动，累计发放宣传单2万余份，悬挂条幅100余条，发放安全知识手册5000余本。印发《大兴安岭林业集团公司安全生产处关于报送问题隐患清单和问题隐患整改台账的通知》，建立台账进行整改。共组织各类检查组176个，检查人员600余人次，开展各类安全检查120余次，发现隐患550余条，现已全部完成整改。

【大兴安岭国家公园创建】 完成《大兴安岭国家公园综合考察与符合性认定报告》大纲编制、现地调研、座谈考察、社会影响评价问卷调查和基础资料收集工作；完成《大兴安岭国家公园综合考察与符合性认定报告》《设立大兴安岭国家公园社会影响评价报告》和《大兴安岭国家公园设立方案》初稿；大兴安岭国家公园设立前期材料通过预审评估。

【国有资产管理】 按照国家加强国有资产管理有关规定要求，构建管理体系，细化管理内容，优化管理流程，规范资产配置、使用、处置等各环节管理，将流动资产、无形资产、在建工程连同固定资产一起纳入资产管理范畴，切实夯实资产管理规定的落实落靠，有效提升资产管理的质量和水平，确保国有资产保值增值，防止国有资产流失，保证集团公司履职和发展需要。

【大事记】

2月22日 大兴安岭林业集团公司呼中国家级自然保护区管理局在收集红外相机影像时，采集到3只国家二级保护动物猞猁在山坡上晒太阳的画面，并在中央电视台"秘境之眼"栏目播出。

4月2日 大兴安岭林业集团公司正式挂牌成立。

8月7日 大兴安岭林业集团公司十八站林业局举办中国十八驿站第三届鄂伦春民俗文化节暨古驿道驿站博物馆云开馆活动。

9月28日 大兴安岭国家公园设立前期材料通过预审评估。

9月29日 大兴安岭林业集团公司作为全国中药材产业发展10个试点单位之一，编制完成《大兴安岭中药材生态培育实施方案（2021—2025）》，为推动集团公司中药材产业高质量发展奠定坚实基础。

10月18日 大兴安岭林业集团公司第四届中国绿化博览会展园建设完毕，顺利通过建设验收，成功开园。

10月27~28日 中央纪律检查委员会国家监察委员会驻自然资源部纪检监察组组长、自然资源部党组成员罗志军一行5人深入大兴安岭林区，对贯彻落实习近平总书记重要指示批示精神和党中央重大决策部署，以及巡视问题整改、全面从严治党、生态文明建设等工作开展调研。

10月31日 "大兴安岭林业集团公司北极蓝莓中国特色农产品优势区"通过国家林业和草原局等十部委联合认定。

11月1~5日 委托国家林业和草原局管理干部学院，举办大兴安岭林业集团公司首届林业产业创新发展培训班。

11月10日 经中产联评审批准，大兴安岭林业集团公司新林林业局伊勒呼里森林康养人家等5个基地获得"2020年全国森林康养基地试点建设单位"称号。

（大兴安岭林业集团公司由葛娜供稿）

伊春森工集团

【概　述】 2020年，黑龙江伊春森工集团有限责任公司在中央预算内投资后备资源培育7113.33公顷，国家储备林建设9293.33公顷，林业有害生物防治4.913公顷。

生态建设 坚持以生态文明建设为统领，持续抓好保护和培育森林资源主责主业，全力提升资源管护工作水平，生态文明建设成绩显著。着力加强更新造林，严格按照森林经营方案制订造林计划，有效改善树种林种结构。着力加强森林抚育、林业有害生物防治作业，改善林木生长条件，森林质量和生态功能全面提高。从创新机制入手，全面加强森林管护、森林防火、野生动植物保护和自然保护地建设等工作，确保森林资源安全和生态功能不断提升。

造林绿化 制订《伊春森工集团公司2020年春季造林、绿化方案》，总投资资金45762.8万元，完成营造林24.4万公顷。制订《伊春森工集团公司2020年林木种子采购工作方案》，育苗面积124.6公顷，苗木产量达1.03亿株。完成林业有害生物防治9.54万公顷。

资源管理 深入推进严管林，严格落实严管林措施，加强森林资源保护，参与森林管护人员13 087人，落实管护面积334.73万公顷，做到"人员、标志、地块、责任、奖惩"五落实，管护责任落实率为100%。加强野生动物保护，组织开展"爱鸟周""野生动物保护宣传月"主题活动和"巡山清网清套"等专项行动，共计巡山187 354人次，清缴猎网139个、猎套1483个、猎夹173个，入户宣传108 299户，面对面教育人数69 846人，发放影像资料35 376份、宣传单122 812份。深入贯彻实施"一法一决定"，发放倡议书15 000余份，发放海报、宣传单共计4000余份，与养殖户签订宣传《决定》(《全国人大常委会关于全面禁止非法野生动物交易、革除滥食野生动物陋习、切实保障人民群众生命健康安全的决定》)和政策解读养殖户登记反馈表1473份，举办宣传贯彻野生动物保护"一法一决定"森林步道穿越跑等活动。

森林防火 伊春森工集团公司全面贯彻落实习近平总书记森林草原防火工作指示批示精神，以习近平总书记生态文明思想为指引，认真贯彻落实各级森林防火相关要求，坚持"预防为主，积极消灭"的方针，突出重点、狠抓严管，在各级公司森防战线广大干部、职工的共同努力下，圆满完成市委、市政府赋予集团公司的森林防火工作，实现连续17年未发生重特大森林火灾的总体目标。

生态保护与修复 实施完成山水林田湖草复绿工程生态复绿项目任务270.38公顷，完成主城区绿化25.92万平方米。对废弃食用菌包进行全面清理，出台《伊春森工集团公司废弃食用菌包清理处置管理办法（试行）》，开展关于集中开展清理处置废弃使用菌包污染防治攻坚战，清理废弃食用菌包1.9亿袋。

产业转型发展 充分发挥资源优势，在保护前提下，以深化供给侧结构性改革为主线，围绕市场需求增加有效供给，努力把资源优势转化为经济优势和发展优势，加速建立和壮大现代林业产业体系。

2020年，伊春森工集团坚持以习近平总书记"让伊春老林区焕发青春活力"殷殷嘱托为统领，以回答好习近平总书记生态保护怎么样、转型发展怎么样、职工生活怎么样的"林区三问"，建立现代企业制度和市场化经营机制为重点，扎实抓好生态、转型、民生、改革等重点工作任务。坚持把森林生态保护修复作为第一位的主责主业，全面完成国家下达的造林、抚育、管护等任务，实现森林蓄积量年增近1000万立方米。深入贯彻市委"生态立市、旅游强市"发展定位，把转型发展作为第一要务，在巩固森工原有产业基础上，发展矿山剩余物循环利用等非林产业，现代林业产业体系不断壮大。始终坚持人民至上，全心全意为职工谋利益。坚持把改革创新作为推动企业发展的不竭动力，建立健全现代企业制度和市场化经营机制，提升企业发展的内在动力。

【森林生态旅游产业】 认真落实"生态立市、旅游强市"发展定位和市委"产业兴则森工兴、森工兴则伊春兴"鼓励鞭策，加快生态主导型产业发展。大力发展生态旅游康养产业。与华侨城旅游投资管理集团签订合作协议，整合旅游资源，开展赋能合作，推动产业发展。制订《景区景点维修维护暂行办法》，深度谋划疫情防控形势下旅游产品和市场开发，制作综合广告宣传片，实行"免门票一个月"等优惠政策，促进旅游服务业整体回暖。组织开展冰雪嘉年华暨日月峡滑雪场首滑仪式、汤旺河首届冰雪运动会、上甘岭溪水首届冰钓节、森林冰雪越野穿越等系列活动，推动冰雪旅游。加大品牌建设力度，向国家林业和草原局申报"中国林业产业5A级诚信（企业）"3个，申报森林康养示范基地5个。

【森林农业（食品）产业】 重点打造"龙头企业+原料基地"建设。依托集团所属伊森集团产品生产线，在各林业局公司建立产品原料基地，形成产业闭环。不断丰富森林食品门类，培育"伊森"品牌，组织11家企业参加义乌国际森林产品博览会，共有五大类200多个品种的森林食品和5个系列150多个品种的产品参展。

【中药材产业】 建设中药材示范县（局）、良种培育基地5个，种植人参、平贝、五味子、返魂草等3480公顷，同时推进17个品种林下改培种植实验。以北京大成中医药研究院为带动，与河北、安徽等地科研院所开展北药研发合作。突出品牌建设，桃山人参先后获得欧盟、美国和日本有机食品认证，铁力林业局公司注册"清溪沟""宇贝"等中药材商标，铁力平贝获得国家地理标志产品认证。

【非林替代产业】 利用鹿鸣钼矿废石生产建材产品，年消化废弃矿石金1000万立方米，年产值9500万元，实现生态环境治理与产业发展的双赢。

【薪酬制度改革】 坚持以按劳分配为主体、多种分配方式并存原则，增加劳动者特别是一线劳动者劳动报酬，健全完善林区职工收入增长机制。制订《伊春森工林业局公司2020年薪酬制度改革总体方案》和《伊春森工集团公司总部员工薪酬实施方案》，各林业局公司每月人均增资545元，平均增幅18.5%。

【富余职工就业】 依托得天独厚的森林资源优势，充分利用国家天保政策支持，通过组织职工从事更新造林、森林抚育等岗位实现就业。通过发展绿色转型产业推动富余职工就业，组织富余职工开展食用菌栽培、北药种植等林下经济项目，实现家门口就业823人。利用"五一"假期后，旅游服务业整体回暖契机，大力发展森林生态旅游产业，带动餐饮、住宿等相关服务业发展，通过公司化运营、劳务输出、购买服务等方式，促进富余职工就业1721人。

【落实"省属市管"体制】 积极对接"省属"渠道，2020年共获批天保资金37.4亿元。认真落实"市管"要求，服从服务全市大局，年初以来落实市委、市政府工作部署报送各类请示汇报140份，较好完成了市里交办的工作任务。

【继续推进"四分开"】 破除长期"政企合一"体制形成的思维定式，自觉按市场规律办事。配合属地推进原"政企合一"区（局）"分立分离"，基本完成职能、机构、人员、资产划转。"南四局"公司在全面移交政府行政和中小学教育职能基础上，对医疗卫生、"两供一业"等事业单位，积极探索内部分开和市场化运作。

【建立健全现代企业制度和市场化经营机制】 按照《公司法》和企业章程，调整充实集团和林业局公司党委及"两会一层"领导机构，建立议事规则等各方面管理制度，集团开发应用OA办公平台。在总结乌伊岭试点基础上，"南四局"公司分别组建森林经营公司并实行合同化管理，采取"充实基层、鼓励创业、转换职责"等措施，增强企业内生动力。

【自然资源资产管理】 启动多种经营用地普查，适时启动森林蓄积量和红松果林等资源调查。制订《红松果实采集权承包工作指导意见》，实行采集承包权网络竞标，比上一个承包期增收5099.98万元。制订《桦树汁采集管理办法（试行）》，实现在保护前提下合理利用。配合林草部门对2.62万公顷森工民有林通过核审登记和100%外业调查，为解决相关历史遗留问题，强化森林资源统一管理奠定了基础。

【伊林集团、伊旅集团改革发展】 集团先后5次召开党委会研究两个企业改革发展工作，主要领导11次深入企业调研，确保各项工作有序运转，下步将重点推进体制创新和资源整合，更好发挥其在旅游康养、森林食品产业上的龙头作用。

【李忠培被补选为黑龙江省第十三届人民代表大会代表】 3月6日，黑龙江省第十三届人民代表大会常务委员会发布公告，伊春市人大常委会补选李忠培为黑龙江省第十三届人民代表大会代表，黑龙江省第十三届人民代表大会常务委员会第十六次会议审议并同意黑龙江省第十三届人民代表大会常务委员会代表资格审查委员会的审查报告，确认李忠培的代表资格有效。

【集团党委全面深化改革委员会第一次（扩大）会议】 5月6日，伊春森工集团党委召开2020年第十次党委会会议暨集团党委全面深化改革委员会第一次（扩大）会议。会上传达中央和省、市深改委会议精神及市委常委会会议精神，听取2019年集团全面深化改革工作总结、重点国有林区改革验收迎检工作情况等方面的汇报，讨论通过集团2020年全面深化改革任务清单、基层党组织建设年实施方案、深化干部作风整顿优化营商环境实施方案、预防和扑救森林火灾预案等，对近期重点工作任务进行了安排部署。

【工会召开第一次（届）会员（职工）代表大会】 10月20日，伊春森工集团有限责任公司工会召开第一次（届）会员（职工）代表大会，经过一天的时间圆满完成各项议程，选举产生工会第一届委员会主席、副主席、常委。

【集团领导参加森林步道穿越活动】 6月26日，伊春森工集团党委书记、董事长李忠培，党委副书记、总经理张和清参加伊春森工集团宣传贯彻野生动物保护"一法一决定"森林步道穿越跑活动。通过此次活动，加快推进全市"一法一决定"工作的开展，调动全社会参与野生动物保护的积极性，掀起全市森林步道穿越活动的热潮。

【国家开发银行调研组到伊春市调研】 8月18~19日，国家开发银行调研组一行在国开行黑龙江分行负责同志的陪同下到伊春市，就伊春森工集团项目发展融资贷款工作，推动生态经济、全域旅游等领域高质量发展情况进行调研。伊春森工集团党委副书记、总经理张和清会见国家开发银行黑龙江省分行副行长时广君一行，双方就推动产业发展、项目建设融资合作等事宜进行深入交流与探讨。

【大事记】
9月16日 伊春市政府与华侨城旅游投资管理集团举行战略合作推进会议，双方就合作开发伊春的旅游综合资源相关事宜进行座谈交流，张和清代表伊春森工集团与华侨城旅投集团签订关于推进伊春市全域旅游发展战略合作框架协议。

8月3日 伊春森工集团探索和尝试对红松果实采集承包权实行网络竞价，截至8月22日，13个林业局公司网络竞价累计成交"标的"743块，同上一轮承包期相比，平均增收比例146.09%。

8月10~13日 华侨城旅游投资管理集团副总裁杨婧一行到伊春市考察。李忠培、张和清分别参加相关活动。在座谈会上，李忠培、张和清向考察团介绍了全市旅游发展总体规划和发展现状及现在的合作需求。

8月24日至9月2日 国家国有林区和国有林场改革工作小组到伊春市进行国有林区改革验收。按照省委、省政府确定的《国家验收组工作日程安排》，26日进入伊春市进行验收工作，隋洪波、白波、李忠培、张和清等相关领导陪同接待。

（伊春森工集团由杨玉梅、潘思宇供稿）

上海市林业

【概　述】 2020年，全市加大绿化造林，全年造林6000公顷，森林覆盖率达到18.49%。生态廊道建设稳步推进，"绿道"网络基本成型，街心公园多点开花，绿化"四化"（绿化、彩化、珍贵化、效益化）水平稳步提高。完成绿地建设1202公顷，绿道建设212千米，立体绿化建设43.1万平方米，建成区绿化覆盖率达到40%。

表24-1 2020年上海绿化林业基本情况表

项　目	单位	数值
新建绿地	公顷	1202
新增公园绿地	公顷	655
新建绿道	千米	212
新增立体绿化	万平方米	43.1
新增林地	公顷	6000
森林覆盖率	%	18.49
湿地保有量	万公顷	46.55

【生态环境建设】 完成造林6000公顷，上海市森林面积已达11.72万公顷，森林覆盖率达18.49%。按照"四化"要求，着力构建"一街一景"，打造"两季有花，一季有色"绿化景观，重点推进17条（片）重点生态廊道、崇明世界级生态岛、长江两岸造林，组织公益林造林质量检查，完成6个郊区及光明集团和上实公司共21个项目检查工作，加快建立权、责、利一致的公益林管理机制。

【绿地建设】 推进全市重点绿地项目建设，全面开工建设世博文化公园，推进三林楔形绿地项目、三林外环外生态绿地项目建设，完成南京东路东拓、龙华烈士陵园改扩建等市级重大工程配套绿地建设，完成黄浦、虹口、静安、普陀等区苏州河绿地景观方案批复，全年共新建绿地1202公顷，其中公园绿地655公顷。建成区绿化覆盖率已达40%。

【绿道建设】 全面完成"建成绿道200公里"任务目标，

苏州河沿岸绿道、外环绿道(吴淞江—沪宁铁路段和沪青平立交—报春路段)、临港新片区区级绿道、广粤路绿道、真如港绿道、川沙绿地绿道、芙蓉江路东侧绿道、白洋小区周边社区健身绿道、环城水系(二期)绿道、金汇港两侧半马绿道和崇明明珠湖路东西侧绿道等一批市民身边的绿道建成开放,全年共完成212千米建设任务。

【街心花园建设】 积极打造市民身边的口袋公园(街心花园),完成黄浦蓝调花园、长宁伊水园、静安音花园、浦东南码头东方路街心花园等新建口袋公园(街心花园)79个。

【绿化"四化"建设】 印发《上海市公园绿地"四化"三年行动计划》《上海"四化"木本植物名录(第一批)》《上海市森林"四化"规划》,开展"四化"植物应用的科学研究,形成"四化"木本植物应用手册和推荐苗源信息。进一步提升街心花园、绿化特色街区、绿道等项目"四化"水平。推广色叶乔木等新优品种的应用,栎类、枫类等色叶乔木,美人梅、寻桃、紫薇、束花茶花等新优花灌木,玉簪、萱草、石蒜系列等宿根开花地被植物得到推广。

【郊野公园建设】 做好廊下、长兴岛、青西、浦江、嘉北、广富林、松南7座已开放郊野公园日常管理工作,制订《上海市郊野公园运营管理办法》,关注在建郊野公园规划建设工作。

【林荫道创建】 创建命名香山路、曲沃路、高邮路等22条(段)林荫道,基本形成全市包括衡复、曹阳等十大林荫片区。

表24-2 2020年上海市林荫道名录

区	序号	道路	路段	长度(米)	树种
黄浦	1	香山路	全段	240	悬铃木
静安	2	曲沃路	保德路—闻喜路	700	香樟
徐汇	3	高邮路	全段	340	悬铃木
长宁	4	虹古路	北虹路—林泉路	1000	香樟
普陀	5	绥德路	祁连山南路—绥德路620号	600	栾树
普陀	6	杨柳青路	梅岭南路—梅岭北路	1000	香樟
虹口	7	赤峰路	曲阳路—中山北一路	668	香樟
虹口	8	凉城路	广中路—汶水东路	1300	悬铃木
杨浦	9	政修路	国定路—国权路	645	香樟
浦东	10	临沂路	东三里桥路—东方路	1129	悬铃木
浦东	11	兰陵路	全段	366	悬铃木
浦东	12	昌里路	洪山路—云台路	500	悬铃木
宝山	13	青石路	全段	500	香樟
闵行	14	兰竹路	红松路—青杉路	500	香樟
嘉定	15	德立路	封周路—麦积路	660	榉树
嘉定	16	麦积路	全段	580	榉树
青浦	17	南淀浦河路	闵宅泾—南菁园3号门	500	榉树
松江	18	龙源路	文翔路—文汇路	665	香樟
奉贤	19	南桥曙光路	全段	620	香樟
奉贤	20	新建西路	南桥路—南桥环城东路	1200	香樟
金山	21	南圩路	万安街—秀州街	620	香樟
崇明	22	草港公路	新新路—竖桥公路	2000	水杉

【绿化特色道路】 按照绿化、彩化、珍贵化、效益化建设目标,按照《上海市绿化特色道路评定办法》要求,打造"两季有花、一季有色"的道路绿化特色景观,每年在全市创建一批绿化特色道路,2020年,共创建绿化特色道路14条。

表24-3 2020年上海市绿化特色道路名录

序号	区	道路	路段	长度(米)	特色	最佳观赏期
1	黄浦	苗江路	琴键春园—半淞园路	1300	重阳木、月季、樱花	4~5月、10~12月
2	静安	恒通东路	共和新路—晋元路	731	紫薇、萱草、樱花	3月、7~9月

(续表)

序号	区	道路	路段	长度(米)	特色	最佳观赏期
3	徐汇	肇嘉浜路	天平路—陕西南路	2200	水杉、银杏等色叶乔木以及玉簪、八仙花、紫娇花等宿根花卉	6~8月、11~12月
4	长宁	龙溪路	青溪路—虹桥路	1000	无患子、爬山虎、穗花牡荆、翠芦莉	11~12月
5	虹口	广粤路	汶水东路—丰镇路	1300	三角枫、海棠、红花溲疏	6~7月、11~12月
6	杨浦	中原路	嫩江路—市光路	774	美国紫薇、金银花	4~9月
7	浦东	芳甸路	锦绣路—杨高中路	700	柳叶栎、鸢尾、杜鹃、紫娇花	4~5月、11~12月
8		红枫路	杨高中路—锦绣东路	1600	红枫、月季	11~12月
9	闵行	永德路	虹梅南路—龙吴路	1200	三角枫、月季、海棠	3~5月、11~12月
10	松江	光华路	昆港公路—西环路	1500	染井吉野樱、加拿大紫荆、高杆月季	3月
11	青浦	华乐路	公园东路—青湖路	760	木槿、银杏、石榴、石楠等乔灌木及地被花卉	7~12月
12	奉贤	百秀路	望园南路—百齐路	650	乌桕、束花茶花、樱花	1月、11~12月
13	金山	卫清路	卫零路—蒙山路	1100	娜塔栎、北美海棠和天鹅绒紫薇	7~9月、11~12月
14	崇明	宝岛路	乔松路—翠竹路	500	银杏、紫荆、紫薇、樱花、石蒜、玉簪等开花色叶植物	7~9月

【申城落叶景观道路】 年内，"落叶不扫"景观道路为41条，自2013年起，上海道路保洁和垃圾清运行业开始打造落叶景观道路，徐汇区余庆路、武康路率先尝试对部分落叶道路"落叶不扫"，成为上海一道独特风景，受到许多市民点赞。2014~2020年，全市落叶景观道路由6条增至41条。

表24-4 2020年上海市落叶景观道路名录

序号	区	路段	起点	终点	开展时间	主要树种
1	黄浦	思南路	建国中路	复兴中路	12月1~20日	悬铃木
2	静安	巨鹿路	常熟路	富民路	12月1~15日	悬铃木
3		运城路	广西中路	宜川路	12月1~15日	悬铃木
4	徐汇	慈云街	漕溪北路	南溪公寓入口	11月20日至12月20日	银杏
5		复兴西路	高邮路	永福路	12月1~31日	悬铃木
6		永福路	复兴西路	湖南路	12月1~31日	悬铃木
7		桂江路	百花街	桂江路桥	11月20日至12月20日	无患子
8	虹口	四平路	海伦路	大连路	11月15~30日	银杏
9		安汾路	南泗塘河	逸仙路	11月15~30日	银杏
10		溧阳路	四平路	四川北路	11月15~30日	悬铃木
11	长宁	新华路	淮海西路	凯旋路	11月20日至12月20日	悬铃木
12		龙溪路	虹桥路	剑河路	11月20日至12月20日	无患子
13		番禺路	淮海西路	法华镇路	11月20日至12月20日	悬铃木
14		愚园路	镇宁路	定西路	11月20日至12月20日	悬铃木
15		湖南路	华山路	兴国路	11月20日至12月20日	悬铃木
16	闵行	元江路	昆阳路	曙光路	11月16~30日	银杏
17		江桦路	浦星公路	浦锦路	11月16~30日	悬铃木
18		南江燕路	浦锦路	浦鸥路	11月16~30日	柳树
19		北江燕路	浦锦路	浦鸥路	11月16~30日	柳树
20		联航路	浦星公路	浦鸥路	11月16~30日	银杏

(续表)

序号	区	路段	起点	终点	开展时间	主要树种
21	闵行	莘凌路	莘谭路	莘沥路	11月16~30日	银杏
22		南辅路	西环路	莘东路	11月16~30日	黄山栾树
23		名都路	都市路	闵城路	11月16~30日	黄连木
24		繁安路	颛兴路	联农路	11月16~30日	悬铃木
25		姚虹路	吴中路	红松东路	11月16~30日	悬铃木
26	松江	袜子弄	中山中路	乐都路	11月26日至12月16日	悬铃木、枫杨树
27		园中路	南青路	思贤路	11月26日至12月16日	悬铃木、银杏
28		文诚路	园中路	人民路	11月26日至12月16日	悬铃木、银杏
29		谷阳南路	松汇路	中山路	11月26日至12月16日	悬铃木
30	青浦	华乐路	青湖路	盈港东路	11月10~30日	银杏
31	金山	金一东路	沪杭公路	新城路	11月10~25日	悬铃木
32	浦东	碧云路	黄杨路	云山路	11月26日至12月16日	悬铃木
33		芳甸路	锦绣路	花木路	11月26日至12月16日	悬铃木
34		陆家嘴西路	陆家嘴环路	滨江	11月26日至12月16日	悬铃木
35		沈家弄路	民生路	巨野路	11月26日至12月16日	悬铃木
36	杨浦	国晓路	江湾城路	淞沪路	11月11~30日	银杏、鹅掌楸
37		国秀路	江湾城路	淞沪路	11月11~30日	无患子、合欢
38		苏家屯路	阜新路	锦西路	11月11~30日	悬铃木
39	宝山	宝泉路	四元路	龙镇路	11月15~29日	悬铃木
40	普陀	花溪路	枫桥路	桐柏路	12月4~18日	悬铃木
41		桐柏路	枣阳路	梅岭南路	12月4~18日	悬铃木

【花卉景观布置】 积极打造"上海花城",重点对人民广场、外滩、陆家嘴3个市级核心区域、8个市级重点区、国展中心南广场等重点区域、重要场所进行绿化景观布置,完成绿地调整改造62.8万平方米、绿化整治111.2万平方米,新建临时绿地45.1万平方米,全市布置花坛、花境19万平方米,单季用花1360万盆,76处主题景点彩化效果突出。

【老公园改造】 分类推进"十三五"公园提质升级工作,列入"十三五"改造计划的公园中,共完成江湾公园、大华行知公园、西康公园、颐景园等19座公园改造。

【城市公园】 加强分类分级管理,完成公园名录调整工作。新增城市公园55座,全市城市公园总数达到406座。

【公园延长开放】 推进全市公园实施延长开放时间,共369座公园纳入延长开放。其中,全年延长开放的公园253座,全年全天开放的公园164座。

【公园主题活动】 各大公园组织开展丰富多彩的公园主题活动,举办上海国际花展、2020上海菊花展、辰山植物园月季展等。全年开办园艺讲座318场,接待游客量达到1.2亿人次。

【国庆期间公园游客量】 国庆期间,全市公园共接待游客669.9万人次(城市公园628.3万人次、郊野公园41.6万人次)。城市公园游客量较上年520.9万人次增长20.6%,全市公园日均接待游客83.7万人次(城市公园78.5万人次、郊野公园5.2万人次),城市公园日均接待游客量较2019年同期74.4万人次增长5.5%。其中,16座收费公园日均接待游客15.5万人次,较2019年同期12.5万人次增长24%;6座市属公园日均接待游客7.9万人次,占收费公园游客量的51%,较2019年同期5.9万人次增长34%。

【古树名木管理】 严格落实"美国白蛾"防治,布设监测点1297个,防治作业面积达3.1万公顷次。开展91株古树白蚁专项防治、174株古银杏树超小卷叶蛾防治以及120株古银杏树菌根菌施用工作,对古桂花树溃疡病开展防治和跟踪观察。完成7个市级古树保护复壮城维项目点的建设与古树名册更新工作。

【树木工程中心建设】 聚焦城市树木生长等问题,以城市树木健康为核心,以工程化技术研发为抓手,开展城市环境中树木成套化工程化技术研发,服务于生态园林建设、生态保护与修复、物种多样性保护、海绵城市和精细化管理等领域,成为集城市树木生态应用技术研究、工程化技术示范和应用推广为一体的开放性成果转化平台。在高度城市化生境下的树木生态化栽植与维护、生境改善、树木保护与风险评估、适生树木种类筛选与配置、病虫害绿色防控等多个方面取得了丰富成果。

【立体绿化建设】 修订立体绿化技术标准，新增立体绿化43.1万平方米，巩固"申"字形高架沿口摆花成果，高架摆花16万箱，76处主题景点彩化效果突出。

【市民绿化节】 以第六届上海市民绿化节为载体，深入开展"绿化大篷车"进高校、市民插花大赛、园艺大讲堂等系列活动。积极推进"绿色上海"专项基金活动、"绿爱医护"等3场大型公益活动，体现良好社会效益。

【森林资源管理】 完成全市森林资源存量更新，优化年度森林资源一体化监测。加强公益林管理，推进经济果林规模化、标准化生产，推广绿色防控和绿肥栽培技术。抓好林地抚育，启动开放林地建设和林下复合经营试点。

【有害生物监控】 强化森林火灾和有害生物预警、监测与巡察，开展森林防火和有害生物防控。

【"安全优质信得过果园"创建】 自2011年上海市林业部门启动"安全优质信得过果园"创建工作，2020年，全市"安全优质信得过果园"已达83家，分布在全市9个郊区，统一使用专用"安全护盾"标志和果品安全追溯系统。

【湿地保护修复】 完成年度湿地资源调查报告和国际重要湿地数据生态监测工作，完成自然保护地整合优化预案编制，全市11处自然保护地整合为8处，崇明东滩保护区正式列入申遗提名地名单。

【常规专项监测】 开展水鸟同步、绿（林）地鸟类监测、南汇东滩鸟类监测、环城绿带野生鸟类监测、横沙东滩野生鸟类监测等常规监测项目，共记录到鸟类288种328 479只次。2020年夏季记录到两栖类动物6种4625只次。

【野生动植物进出口许可】 持续做好野生动植物资源管理工作，全市办理各类野生动植物资源驯养繁殖、经营利用、进出口许可3129件。

【野生动植物执法监督】 违建别墅专项整治取得阶段成果，共报送疑似违建124宗，拆除复绿1.61公顷，待复绿面积8.87公顷；加强野生动物保护执法，办结行政处罚案件20件，罚款58万余元，配合公安、市场监管部门办理案件150件。

【大事记】

2月24日 全国人大常委会发布《关于全面禁止非法野生动物交易、革除滥食野生动物陋习、切实保障人民群众生命健康安全的决定》，市绿化市容局（林业局）牵头起草上海市贯彻落实全国人大常委会决定的通知，于4月20日经市政府常务会议审议通过，5月22日由市政府办公厅印发，压实禁食野生动物主体责任，使上海市食用野生动物陋习和非法野生动物交易得到威慑遏制。

3月24日 经大力推动，金山区全区域划定为野生动物禁猎区。

4月15日 2020年度上海市绿化委员会（扩大）电视电话会议召开。会议由市政府副秘书长黄融主持，市绿化委员会各成员单位负责同志参加，市绿化委员会主任、副市长汤志平出席会议。

4月28日 市政协副主席黄震、副秘书长姚卓匀携市政协提案委、民进市委、民革市委等一行委员，以"窗阳台彩化为抓手，进一步激活花文化的基层治理功能"的建议办理工作为切入口，到上海植物园、园科院进行实地调研。市绿化市容局（林业局）副局长方岩和局办公室、公园绿地处、生活垃圾管理处、市绿委办秘书处等部门负责同志和上海植物园、园科院主要领导陪同调研。

5月13日 市绿化市容局（林业局）联合相关高校和部门组织开展上海市湿地保护战略专题研究，就全市湿地保护中长期战略目标、战略布局和战略行动展开研讨。市绿化市容局（林业局）副局长汤臣栋、复旦大学教授陈家宽、河口研究所副教授田波、上海科技馆教授王小明等出席。

5月14日 市十五届人大常委会第21次会议表决通过《上海市人民代表大会常务委员会关于废止〈上海市实施《中华人民共和国野生动物保护法》办法〉的决定》。

5月20日 国家林草局华东调查规划设计院党委书记吴海平和副院长何时珍、刘道平带领相关部门负责人调研指导上海市森林资源管理工作，并出席上海市林业局与国家林草局华东院合作框架协议签约仪式。市绿化市容局（林业局）党组书记、局长邓建平主持会议，副局长顾晓君、汤臣栋及局办公室、林业处、野生动植物保护处、执法稽查处、林业总站相关负责同志参加交流座谈和签约仪式。

6月3日 国家林草局驻上海专员办专员高尚仁率督查组一行四人，在市绿化市容局（林业局）副局长顾晓君的陪同下，到嘉定区、奉贤区开展破坏森林资源案件督办工作。市局执法稽查处有关负责同志、相关区绿化市容局主要领导及相关镇负责同志参加督查汇报会。

6月9日 国家林草局湿地司巡视员程良带队到上海，就媒体报道"南汇东滩毁湿造林"事件开展现场核查，并对临港新片区管委会提出3点整改要求。

6月11日 国务院安委会第十三考核巡查组组长、应急管理部副部长孙华山带领检查组一行到共青森林公园实地考核巡查森林防火和安全生产工作。市应急管理局、市消防救援总队、市绿化市容局（林业局）、杨浦区政府等相关负责同志陪同考核巡查。

6月22日 《上海市自然保护地整合优化预案》经市政府常务会议审议，报送自然资源部和国家林草局并经联合审查通过。根据预案，上海市自然保护地将由

11处整合为8处。

6月23日 青浦区全区域划定为野生动物禁猎区。

6月23日 市绿化市容局(林业局)副局长汤臣栋、国家林草局上海专员办副专员高尚仁带队督导浦东新区贯彻落实全国人大常委会《关于全面禁止非法野生动物交易、革除滥食野生动物陋习、切实保障人民群众生命健康安全的决定》精神和市政府办公厅《关于贯彻落实全国人大常委会决定的通知》情况。国家濒管办上海办事处、市绿化市容局(林业局)野生动植物保护处、市林业总站相关负责同志参加督导。

7月1日 松江区全区域划定为野生动物禁猎区。上海市禁猎区达到6个。

7月14日 市绿化市容局(林业局)印发《关于进一步规范征占用林地行政许可监管的实施意见》，进一步明确林地行政许可监管要求，全年完成108项批后监管事项，完善上海市"互联网+监管"系统填报和林政执法管理网络平台模块，实现实时动态监管。

7月14日至8月13日 开展2020年森林督查专项行动抽查及2019年森林督查"回头看"，对70个涉嫌破坏森林资源的问题进行督办。全年指导区级部门立案查处相关违法案件40起，共罚款人民币270余万元。

7月15日至12月31日 初步建立上海市野生动物保护领域行刑衔接工作机制。2020年底经项目结题，形成《上海市野生动物保护领域行政执法与刑事司法衔接工作办法(草案)》。

7月23日 市绿化市容行业工会与市园林绿化行业协会组织召开2020年绿化养护行业工资集体协商会议暨签约仪式，并签署《2020年上海市绿化养护行业工资集体协商协议书》。会议由市绿化市容局(林业局)一级巡视员崔丽萍主持，副局长方岩作为局行政见证方出席签约仪式并提出工作要求。

7月24~25日 市绿化市容局(林业局)和上海广播电视台东方广播中心联合召开"穿越长三角湿地"特别新闻行动策划研讨会。上海、江苏、浙江、安徽三省一市林业主管部门、广播电台相关负责同志共商湿地保护宣传新思路、新亮点和新举措。

8月1日 新版《上海市林木种苗行政处罚裁量基准》《上海市野生动物保护行政处罚裁量基准》《上海市崇明东滩鸟类国家级自然保护区行政处罚裁量基准》正式施行。

10月10日 原国家林业局局长、中国林学会理事长、中国自然教育总校校长赵树丛，中国林学会副秘书长刘合胜、江西省林学会理事长魏运华出席上海市林学会、上海自然教育总校举办的专题汇报会议。会议由上海市林学会理事长刘磊主持，市绿化市容局(林业局)副局长顾晓君针对上海自然教育总校的发展提出工作要求。

10月15日 国务院第七次大督查第四督查组综合组长江流域禁捕督查专员周静，到东滩管理处(市长江口中华鲟保护区)，就长江口非法捕捞清理整治情况开展工作督查。市农业农村委、市绿化市容局(林业局)、保护区管理处等相关负责同志陪同督查。

10月17~18日 全国风景园林行业技术标准宣贯培训会在上海举办，来自全国十余个省市的园林绿化技术管理部门和企业的100余名代表参加此次贯标培训会，市绿化市容局(林业局)副局长、上海市园林绿化标准化技术委员会主任方岩出席此次培训会。

11月3日 市绿化市容局(林业局)召开《上海市野生动物保护条例(草案)》专家咨询会，邀请全国人大环资委法案室主任王凤春、上海市人大常委会副主任肖贵玉等以及北京林业大学教授杨朝霞、中南林业大学教授周训芳等学者出席会议，与会专家对《条例(草案)》质量给予充分肯定，围绕立法核心制度提出了论证意见。

11月6日 崇明东滩保护区正式列入黄渤海候鸟栖息地(二期)世界自然遗产申遗提名地名单。

11月16日 上海市发现1起野鸟感染H5N8高致病性禽流感致死案例。市、区两级野生动物保护主管部门采取加强巡查、监测预警、水位调控、环境隔离消杀等措施，有效防止野生动物疫病向人畜传播，较短时间内控制了疫情扩散。相关信息及时专报市有关领导，通报动物防疫和卫生部门，突发疫病联防联控机制有效建立。

11月18日 第四届中国(贵州)绿化博览会举行闭幕式。由市绿化市容局(林业局)代表上海市参展的上海展园"申生园"，夺得绿博会最高奖项——组委会大奖，同时获得最佳组织奖、最佳设计奖、最佳科技新成果应用奖3个单项奖。

11月21日 长三角城市生态园林协作联席会议2020年度工作会在杭州召开。来自沪苏浙皖赣33个城市34家单位的长三角城市生态园林协作联席会议主任、副主任及委员城市近60位代表参加。长三角城市生态园林协作联席会议主任委员、市绿化市容局(林业局)副局长方岩出席会议，并对开展长三角城市生态园林协作提出工作要求。

11月23~24日 沪苏浙皖林业部门扎实推进长三角一体化高质量发展联席会议在安徽广德市举行，一市三省林业主管部门、国家林草局上海专员办、合肥专员办，安徽省宣城市、广德市政府相关负责同志出席会议。市绿化市容局(林业局)副局长顾晓君介绍上海林业发展情况，交流做法和经验，提出下一步工作设想。

12月1日 第六届上海市民绿化节闭幕式在闸北公园举行。来自上海市绿化委员会办公室、静安区人民政府、新民晚报社、上海市生态文化协会等单位负责同志及关心城市生态环境、热爱城市绿色公益的市民群众和媒体朋友百余人参加。

12月9日 上海市林学会第九次会员代表大会召开。江西省林学会理事长魏运华，市绿化市容局原局长、上海生态文化协会常务副会长马云安，市科学技术协会党组成员、二级巡视员黄兴华到会致辞，原国家林业局局长、中国林学会理事长、全国自然教育总校校长赵树丛，市绿化市容局(林业局)副局长顾晓君出席大会并讲话。

(上海市林业由张李欣供稿)

江苏省林业

【概　述】 2020年，江苏省林业系统扎实推进林业高质量发展取得新成效。全省森林面积159.6万公顷，林木覆盖率增至24%，自然湿地保护率达到58.9%，全年林业产值实现5041亿元，为全国生态建设大局和"强富美高"新江苏建设作出应有贡献。

【造林绿化】 全省新增造林3.48万公顷，四旁植树4032万株，培育珍贵用材树种2526万株，林木覆盖率达24%。制订绿美村庄建设工程实施方案，建设绿美村庄500个。推行云植树、云直播、微讲堂等线上义务植树活动，新建21个省级"互联网+义务植树"基地，倡导身边增绿、捐赠植绿、认种认养，组织义务植树活动2334场，参与人次525.5万，义务植树3972.28万株。沿江八市大力推进长江两岸造林绿化，着力提升沿江生态防护效能和森林景观效果，全域新增造林1.16万公顷，其中沿江县（市、区）长江两岸500米范围内造林946.7公顷、100米范围内造林540公顷。省林业局印发《关于加快全面推进国家森林城市建设的通知》，连云港市完成国家森林城市建设验收准备，宿迁市、仪征市全面推进建设，淮安市、响水县、睢宁县、泗阳县已获国家备案。

【湿地资源保护】 经省政府同意，发布98.3万公顷的63处省级重要湿地名录，省林业局印发《关于加强省级重要湿地管理的通知》。组织申报3处国家重要湿地。新建2处省级湿地公园、23处湿地保护小区。省林业局印发《江苏省小微湿地恢复技术方案》，苏州、扬州、淮安市开展小微湿地建设。新增保护自然湿地面积5.99万公顷，修复湿地5933公顷，全省自然湿地保护率达58.9%。盐城大纵湖省级湿地公园晋升国家湿地公园。完成无锡梁鸿、沛县安国湖国家湿地公园和盱眙天泉湖省级湿地公园范围和功能分区调整。开展省级重要湿地和全省滨海湿地遥感影像动态监测。麋鹿产仔率、存活率保持平稳，麋鹿种群增至5681头，同比增长13.26%，其中野生麋鹿种群1820头。举办2020年"世界湿地日"宣传和"爱鸟周"活动启动仪式。

【森林资源保护】 省林业局印发《江苏省林长制试点工作方案》，召开试点工作会议，在南京市、常州市金坛区、扬州市江都区、江阴市、张家港市、海门市、句容市、泰兴市开展省级林长制试点。完成全省"十四五"期间森林采伐限额编制工作。按照省长吴政隆批示要求，建立督办联系机制，推进全省森林资源案件登记、查处和销号工作。开展2020年度森林督查。加强生态公益林保护管理，加大占用可行性论证和联合会审力度，拨付省级和国家级生态公益林生态效益补偿资金1.66亿元。

【自然保护地监管】 省委办公厅、省政府办公厅印发《关于建立健全自然保护地体系的实施意见》。强化自然保护地整合优化预案编制工作组织领导，制订工作方案和技术规范，召开工作调度会、推进会、会商会，严格审核把关，规范成果报送。黄（渤）海候鸟栖息地（二期）申请加入世界自然遗产工作有序推进。制订自然保护地内建设项目负面清单指南。开展"绿盾2020"专项行动，加大监管督促力度，自然保护地内一批生态环境问题得到整改和销号。制订《江苏省风景名胜区内事项许可程序规定》。

【林业有害生物防治】 全省主要林业有害生物发生面积10.2万公顷，同比下降15.46%，监测覆盖率99%，无公害防治率98%，成灾率控制在1.8%以内，中等偏重，局部成灾，主要风景区、交通要道和重要窗口叶片保存率95%以上。松材线虫病疫情趋于稳定，但范围有所扩大。美国白蛾疫情在苏南和苏中地区扩散，危害程度加重。杨树食叶害虫小幅危害，基本保持有虫无灾状态。深入开展松材线虫病疫木检疫执法专项行动，全面排查1738家涉木单位和个人，追踪调查松木及其制品跨省调入435项、跨省调出3301项，同时依法查处一批典型案件。联合农业农村厅、南京海关印发《江苏省蝗虫防控方案》。及时发布主要林业有害生物发生趋势报告和林业有害生物生产性预报，全省累计发布林木病虫情报200期。实施重大林业有害生物飞防作业面积23.3万公顷。推进无公害防治，释放管式肿腿蜂600万头、周氏啮小蜂10亿头、花绒寄甲1200万头。

【森林火灾预防】 深入开展森林防火专项整治行动，全省林业系统累计派出检查督查组5788批次、共计23 239人次，对国有林场、森林公园、风景名胜区、自然保护区等森林经营单位开展隐患排查整治，共排查出一般问题和隐患457个，整改率100%。增设森林防火处（安全生产管理处）作为省林业局内设机构，配合省委编办将中央编办下达江苏的53个森林防火专项编制，落实到全省森林防火重点县（市、区）。与省监狱管理局建立监狱毗邻地区森林防火联防联控工作机制。开展"森林防火宣传月""安全生产月"活动，举办第11届全省林业系统森林防火技能竞赛，有10支森林防火专业队进行负重越野、灭火弹投掷、水泵接力、消防水车灭火、综合扑火技能课目竞赛，森林火灾综合防控能力大幅提升。全省仅发生森林火灾2起，过火森林面积0.73公顷，无人员伤亡事故发生，分别仅为上年同期的28.6%和6.5%，森林防火工作得到国务院督查组的肯定。

【林业产业】 全省林业产值5041亿元，比上年增长3.02%，其中：第一产业1137亿元，占总产值22.56%，比上年产值增长3.93%；第二产业3229亿元，占总产值64.05%，比上年产值增长3.23%；第三产业675亿元，占总产值13.39%，比上年产值增长0.6%。加快推进林木种苗和林下经济千亿元级特色产业发展，2020年全省苗木种植面积21.08万公顷、产值实现450.7亿元，发展林下经济面积35.53万公顷、产值378亿元。人造板产量、地板产量位居全国前列。联合省农发银行推荐林业产业重点投融资项目，申报3个国家林业产业示范园区。细化分解林下经济发展三年计划，认定70个省级林下经济示范基地。成立省林业局生态旅游工作领导小组。开展绿美江苏生态旅游系列推介活动，推出一批生态旅游精品线路。新建2个国家级森林康养基地。完成食用林产品及产地环境省级监测1002批次，监测抽样的食用林产品均为合格。经省编办批复，省农产品质量检验测试中心加挂省食用林产品质量检验测试中心牌子。新增12项食用林产品标准向市场监督部门申请立项。

【野生动植物驯化养殖及加工经营】 新冠肺炎疫情发生后，按照全国人大常委会《关于全面禁止非法野生动物交易、革除滥食野生动物陋习、切实保障人民群众生命健康安全的决定》，省政府办公厅印发《江苏省禁食陆生野生动物人工繁育单位退出补偿及动物处置方案》，稳妥开展禁食野生动物处置和补偿工作，没有出现大规模群体上访事件。经省政府批准，建立由省林业局与省市场监管局共同牵头、13个厅局组成的全面禁止非法野生动物交易联席会议制度，并召开两次联席会议。配合省人大开展涉及野生动物"一决定一法一条例"执法检查，完成《江苏省野生动物保护条例》和省林业局涉及野生动物规范性文件的修订。联合省农业农村厅将部分蛙类调出省重点保护陆生野生动物名录。开展野生动物人工繁育场所大排查，落实隔离和防疫措施。完成野生动植物繁育利用行政许可等合计488件。批准11个批次实验用猴行政许可，支持新冠肺炎疫苗研制。

【森林生态文化】 第四届中国绿博会江苏园高标准建成，获优秀展园组委会大奖、最佳设计奖、最佳植物配置奖。利用植树节、"爱鸟周""世界野生动植物日""世界湿地日""林业科技活动周"等重点节庆，广泛开展林业宣传活动，倾情倾力讲好林业故事。太湖风景名胜区管理委员会办公室集成13个景点和2个独立景点打造统一网络宣传平台。大丰麋鹿国家级保护区受到省级以上媒体报道96次，举办以"鹿王争霸与世界自然遗产"为主题的第八届鹿王争霸赛现场直播活动。盐城国家级珍禽自然保护区拍摄的勺嘴鹬短片在"秘境之眼"精彩影像评选活动中得到22.5万人次点赞，荣获全国一等奖，"观鸟识花赏自然"研学活动荣获梁希科普活动奖。大丰麋鹿国家级保护区、盐城国家级珍禽自然保护区与盐城市师范学院合作共建湿地学院。泗洪洪泽湖湿地国家级自然保护区对湿地博物馆实施提升改造，《湿地精灵——震旦鸦雀宣传片》在央视《看春天》栏目播出。江苏林业网发布信息2560条，"江苏林业"微信公众号发布信息210条。编印6期《江苏绿化》期刊和40期《江苏林业工作简报》。省林业局主要领导走进"政风热线"解答民生关切。连云港市南云台林场颜井武获得全国"最美护林员"荣誉。

【省主要领导参加义务植树】 4月2日上午，省委书记、省人大常委会主任娄勤俭，省委副书记、省长吴政隆，省政协主席黄莉新等领导同志，集体到位于南京市雨花开发区的三桥湿地公园，与市机关干部一起参加义务植树活动。娄勤俭、吴政隆抵达植树地点后，首先听取三桥湿地公园、长江三山矶段整治复绿以及南京市贯彻"共抓大保护、不搞大开发"加快沿江产业转型升级等规划情况介绍，了解省和南京市推进城乡绿化美化主要工作进展情况。叮嘱要通过科学规划统筹保护好长江岸线和湿地生态，满足群众美好生活愿望加强城市绿化工作，建设好人与自然和谐相处的绿色空间。

【江苏园精彩亮相第四届中国绿化博览会】 10月18日，第四届中国绿化博览会在贵州省黔南布依族苗族自治州都匀市开幕。开幕式期间，国家林草局副局长刘东生、贵州省委副书记蓝绍敏等领导和嘉宾专程参观江苏园。中央电视台《新闻联播》报道开幕式时给予江苏园特写镜头，各大媒体也纷纷采用江苏园景观照片。江苏园成为"网红打卡地"，开幕式当日接待游客多达5000人次以上，是开幕式嘉宾巡展的6个展园之一。江苏园获得优秀展园组委会大奖、最佳设计奖、最佳植物配置奖。

【绿美江苏生态旅游系列推介活动】 9月23日，省林业局在江苏黄海海滨国家森林公园举办绿美江苏生态旅游系列推介活动启动仪式。省政府副秘书长吴永宏出席启动仪式并讲话，并宣布绿美江苏生态旅游系列推介活动启动。省林业局党组书记、局长沈建辉主持启动仪式，盐城市政府副市长吴本辉致辞，省林业局党组成员、副局长王德平出席。在启动仪式上，对江苏黄海海滨国家森林公园、云台山国家森林公园获得"国家森林康养基地"称号进行授牌。启动仪式后，迷你森林马拉松比赛举行开跑。

【大事记】

1月8日 国务院督导组第一工作组到省林业局督导调研森林防火和安全生产工作，充分肯定江苏在森林防火工作中取得的成绩，并提出工作建议。省林业局党组书记、局长沈建辉作工作汇报，党组成员、副局长王德平，党组成员仲志勤等出席。

1月10日 省林业局在南京召开全省林业工作会议，传达学习省政府副省长费高云的批示，总结2019年工作，部署2020年工作。省林业局党组书记沈建辉作工作报告，局领导班子成员等出席。

1月14日 江苏省2020年世界湿地日宣传启动仪式在苏州吴江同里国家湿地公园举行，省林业局党组成员、副局长卢兆庆出席。在启动仪式上，为2019年通过验收的徐州潘安湖、丰县黄河故道大沙河、吴江同里、淮安古淮河4处国家湿地公园授牌。苏州市园林绿化局和吴江区政府领导同志致辞。

3月5日 省政府召开专题会议，研究打击野生动物非法贸易和违规交易工作，常务副省长樊金龙、副省长马秋林、副省长费高云出席，省林业局党组书记、局长沈建辉参加。

3月10日 省政府召开全省森林防灭火工作电视电话会议，省林业局领导沈建辉、仲志勤参加。

3月11日 江苏省贯彻实施《关于全面禁止非法野生动物交易、革除滥食野生动物陋习、切实保障人民群众生命健康安全的决定》座谈会在南京召开，省人大常委会副主任邢春宁、省政府副省长马秋林出席并讲话，省林业局党组书记、局长沈建辉参加。

3月17日 副省长费高云专题召开自然保护地整合优化和生态保护红线评估调整工作部署会议，省林业局领导沈建辉、卢兆庆参加。

3月24～25日 副省长费高云赴镇江新区森林消防大队、盐城珍禽国家级自然保护区、大丰麋鹿国家级自然保护区调研，省林业局党组书记、局长沈建辉陪同。

3月31日 省全面禁止非法野生动物交易联席会议第一次全体会议召开，省林业局党组书记、局长沈建辉出席会议并讲话，省林业局党组成员、副局长卢兆庆出席会议。

4月2日 省主要领导义务植树在南京三桥湿地公园举行，省林业局领导沈建辉、卢兆庆、王德平、钟伟宏、葛明宏、仲志勤参加。

4月2日 省政府召开全省森林防灭火工作电视电话会议，省政府副秘书长杨勇出席会议并讲话，省林业局党组书记、局长沈建辉主持会议并作工作通报，省应急厅、省民政厅作交流发言。

4月19日 第八届"爱鸟周"活动启动，省林业局党组成员、副局长卢兆庆出席启动仪式并讲话。

4月28日 省委第四巡视组巡视省林业局党组工作动员会召开。省委第四巡视组组长唐小英作动员讲话，省林业局党组书记、局长沈建辉主持会议并作表态发言。省委第四巡视组副组长钱武华及有关同志、省林业局领导班子成员出席会议。省纪委监委派驻省自然资源厅纪检监察组副组长、省林业局各处室（单位）主要负责人列席会议。

5月6日 省政府常务会议审议《关于建立健全自然保护地体系的实施意见》，省林业局党组书记、局长沈建辉参加。

5月9日 省林业局党组成员、副局长卢兆庆出席全省禁止非法野生动物交易联席会议第二次会议并讲话。

6月8日 副省长费高云主持召开会议听取自然保护地整合优化和生态保护红线评估调整工作情况汇报，省林业局党组书记、局长沈建辉作自然保护地整合优化前期工作汇报，党组成员、副局长卢兆庆参加。

6月9日 省人大常委会召开全省联动开展涉野动物"一决定一法"和《江苏省野生动物保护条例》执法检查会议，省林业局党组成员、副局长卢兆庆参会。

6月15日 省自然资源厅厅长刘聪，省林业局党组书记、局长沈建辉走进江苏公共新闻频道《政风热线——我来帮你问厅长》直播间，解读自然资源和林业领域当前社会关切的热点政策，实时回应群众诉求。

7月13日 省委全面深化改革委员会召开第十三次会议，审议通过《关于建立健全自然保护地体系的实施意见》，要求根据会议讨论情况修改完善后按程序报批。省林业局党组书记、局长沈建辉就实施意见起草情况作汇报。

7月17日 全省林长制改革试点工作会议在南京市召开，省林业局党组书记、局长沈建辉出席会议并讲话，党组成员、副局长王德平主持会议。沿江8个试点县（市、区）林业部门作交流发言。会前参观学习安徽省滁州市全椒县林长制实施情况。

7月21日 省编办发文批复，同意江苏省农产品质量检验测试中心增挂江苏省食用林产品质量检验测试中心牌子。

7月28～31日 省人大常委会办公厅组织召开省十三届人大常委会第十七次会议，审议通过《江苏省野生动物保护条例修正案（草案）》，省林业局党组书记、局长沈建辉，党组成员、副局长卢兆庆参会。

8月31日 全省禁食野生动物后续工作部署会在南京市召开。省林业局党组书记、局长沈建辉出席会议并讲话，党组成员、副局长卢兆庆主持会议。各设区市林业局作工作交流。

9月22～23日 全省林木种苗和林下经济产业高质量发展现场推进会在东台市召开，省林业局党组书记、局长沈建辉出席会议并讲话，党组成员、副局长王德平主持会议。盐城市、扬州市江都区、溧阳市、泗洪县、南京市六合区作典型发言，江苏万阳生物科技有限公司、东台市通源种苗场分别与经济薄弱村、苗木特色村进行结对共建签约。会前参观东台市新曹农场林下经济示范点、新街女贞产业现场、条子泥湿地。

9月23日 绿美江苏生态旅游系列推介活动启动仪式在东台市举行，省政府副秘书长吴永宏出席并讲话，省林业局党组书记、局长沈建辉主持启动仪式，党组成员、副局长王德平出席。

11月5日 全省森林防火工作会议在苏州市召开，省森林防灭火指挥部副指挥、省林业局党组书记、局长沈建辉出席会议并讲话，省林业局党组成员、机关党委书记仲志勤出席会议。13个设区市和全省森林防火重点县（市、区）林业主管部门负责人参会。

12月15日 全省绿委办主任会议暨绿化造林工作推进会在扬州市召开，省绿委副主任、省林业局党组书记、局长沈建辉出席会议并讲话，扬州市副市长、绿委主任何金发致辞，省林业局党组成员、副局长钟伟宏主持会议。

12月29日 省林学会第十一次会员代表大会召开，选举产生新一届理事会和第一届监事会，省林业局党组书记、局长沈建辉当选为第十一届理事会理事长。

（江苏省林业由王道敏供稿）

浙江省林业

【概　述】　2020年，浙江省坚持"绿水青山就是金山银山"理念，推动高质量"森林浙江"建设。统筹抓好浙江省林业系统新冠肺炎疫情防控和重点工作，林业改革创新、国土绿化、森林资源保护、森林灾害防控、绿色富民产业发展、生态文化建设等方面取得新进展。根据2019年森林资源与生态状况年度监测，浙江省林地面积659.35万公顷，其中森林面积607.88万公顷；活立木蓄积量4.01亿立方米，其中森林蓄积量3.61亿立方米；毛竹总株数32.36亿株。森林植被碳储量2.8亿吨，森林生态服务功能总价值6845.55亿元，比上年增长6.7%。全年实现林业总产值5019亿元。

【国土绿化美化行动】　2月17日，浙江省政府办公厅印发《浙江省新增百万亩国土绿化行动方案（2020—2024年）》，启动"新增百万亩国土绿化行动"。实施山地、坡地、城市、乡村、通道、沿海"六大森林"建设，全年新增造林4.13万公顷。该项行动纳入浙江省政府新一轮绿色发展财政奖励机制，实行森林质量奖惩与任务完成情况挂钩办法。4月27日，浙江省绿化与自然保护地委员会等12个部门联合出台《关于合力推进新增百万亩国土绿化行动的意见》，全面推进"城乡联动、部门合力、多措并举、齐抓共管"的绿化植树活动。全年该省参加义务植树800万人次。打好"一村万树"三年行动收官之战，全年建设绿化美化示范村430个、绿化美化推进村3614个。"新植1亿株珍贵树"五年行动圆满收官，年内新植珍贵树2235.06万株，建成珍贵树种"局长示范林"197个、"示范点"213个、"示范单位"209个。启动生态廊道规划建设，开展河流、山林、海岸、道路和城乡五类生态廊道生态保护修复行动，浙中、浙北地区生态廊道保护修复初见成效。

【天然林、公益林保护管理】　4月28日，浙江省委办公厅、省政府办公厅印发《关于加强天然林保护修复的实施意见》，推进天然林保护修复工作。成立浙江省天然林保护修复工作领导小组和浙江省天然林保护管理中心，组织编制《浙江省天然林保护修复规划》。配合做好天然林保护工作国家核查，开展天然林保护情况县级调查和省级复查。推进公益林保护与管理。提高省级以上公益林最低补偿标准到495元/公顷，莲都、云和、青田等10个加快发展县省级以上公益林每公顷补偿标准提高到600元。1月7日，浙江省林业局出台《浙江省公益林护林员管理办法》，推进乡镇护林员配置。完成公益林"一张图"年度更新，规范公益林变更调整，保障省级以上公益林合理保有量。《浙江林业》杂志刊登"浙江省公益林十五年铸剑创辉煌"专刊，全面展示浙江省公益林建设经验和成就。

【国有林场改革】　浙江省根据国务院出台的《国有林场改革方案》《国有林区改革指导意见》，深化林业改革，完善国有林场管理体制，建立国有森林资源监管体系，建设高质量森林资源培育基地和高标准林业新型产业基地，推进国有林场高质量发展。浙江省林业局制订的《现代国有林场评价规范》通过评审，成为全国首个国有林场建设省级地方标准。全年该省创建"浙江省现代国有林场"7个，累计36个，超额完成"十三五"期间创建30个现代国有林场的目标任务。

【古树名木保护】　浙江省财政投入古树名木专项保护资金1500万元，实施"一树一策"保护古树名木879株。实施国家林草局重点古树名木救助复壮示范项目，救助复壮长势衰弱、濒危的重点古树15株。建成古树名木主题公园26个。创新建立古树名木动态监测、认捐认养、古树管家、古树树长制等长效保护机制。浙江省一半县（市、区）为古树名木投保公众责任险，16个县（市、区）举办古树名木"互动式"认养活动，该省联合开展保护古树名木执法行动6次。

【生态文化建设】　浙江省大力推进"森林城镇"创建工作，促进国土绿化美化和生态建设，该省建成省级"森林城镇"81个。举办"绿水青山就是金山银山"理念提出15周年纪念系列活动，开展"世界野生动植物日""湿地日"等保护湿地与野生动物系列宣传，浙江省林业局和浙江省电视台联合组织"关注森林——国土绿化书记访谈"系列节目录制，连续播出"国土绿化书记访谈"节目5期。组织实施《浙江省森林古道保护和利用规划》，全年该省修复森林古道24条，13条森林古道列入"诗画浙江"大花园鲜活样板——"耀眼明珠"名单。杭州市临安区太湖源镇指南村、衢州市柯城区九华乡妙源村、义乌市城西街道分水塘村、安吉县章村镇郎村村、仙居县溪港乡金竹溪村5个行政村被中国生态文化协会评为全国生态文化村。浙江省生态文化协会、浙江省林业局联合举办"浙江省生态文化基地"遴选命名活动，命名千岛湖龙川湾景区等省级生态文化基地51个。

【林业产业】　浙江省发挥"全国深化林业综合改革试验示范区""全国现代林业经济发展试验区"的先行先试优势，鼓励和支持资本、技术、人才等生产要素"上山入林"，加快推进绿水青山向金山银山转化。重点发展林下经济、木本油料、花卉苗木、竹木、森林康养五大千亿主导产业，打造林业"两山"转化样板区。8月3日，召开浙江省林业产业发展大会，制订出台《浙江省示范性家庭林场创建管理办法》，加快培育新型林业经营主体。全年培植专业大户、家庭林场、农民林业合作社、林业企业等林业经营主体1.6万个。修订《浙江省林权流转和抵押管理办法》，发放林地经营权证1985本。浙江省林业局联合浙江省发改委、浙江省经信厅等8个部门印发《关于加快推进竹产业高质量发展的意见》，浙江省林业局印发《浙江省油茶生产保供实施方案（2020—2025年）》，推进该省林业产业进一步发展。全年该省新增油茶面积1133.33公顷，油茶籽产量8万余吨。创建林业特色产业示范县2个、森林休闲养生城市1个、林业产业强镇1个、森林康养名镇3个、森林人家64个。

【珍贵树种苗木保障】 加强珍贵彩色树种容器苗培育工作，优化珍贵彩色树种结构，增加优质苗木培植数量。组织16家珍贵彩色树种培植省定点单位培育容器苗508万株，其中二、三类苗比例达77.8%。与浙江省广电集团联合开展珍贵树种进校园、进社区、进乡村、进军营等赠苗植树系列活动8次，累计向学校、社区、乡村、驻浙部队赠送珍贵树种苗木4100多株，参与赠送活动1100多人。

【良种选育和种权保护】 注重林木良种选育，审（认）定林木新品种37个，完成引种备案品种1个，获国家林草局植物新品种保护授权42个，累计获授权植物新品种274个，授权数量全国排名靠前，其中杜鹃花属紫薇新品种数量全国第一。推进种质资源库建设和管理，新增省级林木种质资源库4个，向国家林草局推荐浙江省林科院枫香种质资源库等5个资源库。完善林木种质资源信息管理系统建设，全年信息管理系统登录种质资源信息2.5万条，保存登记信息1.63万条，鉴定评价信息1.3万条。加强林木良种基地建设和良种种子采收，完成13个国家重点林木良种基地"十四五"发展规划编制和评审，涉及22个省级以上良种基地的生产种子2600多千克，其中杉木、浙江楠、木荷等良种种子2000多千克。

【林业科技创新】 推进科技创新平台建设，浙江省林科院与国家林草局、永康市政府共建的"国家林草装备科技创新园"落户永康。南方园林植物种质创新与利用国家林业和草原局重点实验室落户杭州。全年该省林业部门获省科技进步奖7项、梁希林业科学技术奖22项、省科技兴林奖44项。入选全国第二批林草科技创新青年拔尖人才和领军人才各1人、创新人才团队1个，18篇林业科技论文获梁希青年论文奖。浙江省主导或参与制定的林业国家标准16项、行业标准17项、浙江制造标准6项、省地方标准2项。审议通过省地方标准9项、长三角区域统一标准1项。

【林业龙头企业发展】 浙江省林业局出台《浙江省省级林业重点龙头企业认定和监测管理办法》，新认定省级林业重点龙头企业22家，原重点龙头企业通过复评187家。组织开展特色农产品优势区、国家级农业专业合作社的推荐和申报，加快推进区域公共品牌建设。向国家知识产权局申报"浙山至品""浙山珍"2个省级区域集体商标，"浙山至品"品牌9个大类的集体商标和2个类别的普通商标获注册商标证书。

【"一亩山万元钱"科技富民行动】 浙江省继续深入实施"一亩山万元钱"5年行动，建设"一亩山万元钱"科技富民示范基地9.57万公顷，其中新建培育基地8466.67公顷，辐射推广2.23万公顷，巩固深化6.49万公顷，实现综合产值71亿元。培训林农3.04万人次，参与该项行动的企业（合作社）2985个、农户5.51万户。全年形成典型富民样板126个，运用"林技通"微信公众号和"智慧云"平台，加大对"一亩山万元钱"科技富民行动的宣传推广力度。

【森林康养基地建设】 5月28日，举办浙江省十大名山公园走进神仙居暨"五百"森林康养目的地宣传推介活动，关注人数达1100多万人。9月27~29日，浙江省林业局会同浙江省文化和旅游厅及上海、江苏、安徽的林业和文化旅游部门共同举办首届长三角森林康养和生态旅游宣传推介活动，发布《长三角森林康养和生态旅游区域一体化发展联合宣言》，建立长三角森林康养和生态旅游区域一体化发展协作机制。浙江省8个单位被中国林业产业联合会认定为"全国森林康养基地试点建设单位"。浙江省林业局联合浙江省民政厅、浙江省卫生健康委员会、浙江省中医药管理局审核认定省级森林康养基地14个，会同浙江省文化和旅游厅批准公布该省首批山地休闲度假发展试点单位16个，组织认定"浙江省森林氧吧"101个。

【林事活动】 4月28日至5月4日，世界花园大会在海宁长安镇（高新区）海宁国际花卉城举行。大会以"聚焦花园经济，引领健康生活"为主题，并举行"淘工厂海宁花园中心"揭牌仪式。10月15~17日，中国长兴花木大会暨长三角（长兴）花木产业创新论坛在湖州长兴举行。10月18日至11月18日，由全国绿化委员会组织的第四届中国绿化博览会在贵州省黔南州都匀市举行，浙江参加博览会活动情况在中央电视台《新闻联播》播出，并获该届博览会金奖和最佳植物配置奖。11月1~4日，国家林草局、浙江省政府联合主办的第13届中国义乌国际森林产品博览会在义乌举行，到会客商13.23万人次，实现成交额26.48亿元。11月6日，由中国林业产业联合会香榧分会、国家林草局香榧工程技术研究中心等单位主办，浙江省香榧产业协会和松阳县政府承办的第三届全国香榧炒制大赛和首届香榧生籽质量大赛在丽水松阳举行，来自全国7个省（市）的20位选手参与角逐。11月26~30日，第18届中国金华花卉苗木交易会暨第二届金东农展会在金华澧浦花木城举行。

【林业资源保护】 浙江省森林林分结构改善，生态服务功能增强，森林质量稳步提高。浙江省乔木林单位面积蓄积量达83.51立方米/公顷，其中，天然乔木林80.51立方米/公顷，人工乔木林91.83立方米/公顷。乔木林分平均郁闭度0.64，毛竹林每公顷立竹量3597株。该省活立木蓄积总生长量与总消耗量之比为2.02∶1，保持生长量显著大于消耗量的趋势，活立木蓄积量持续稳定增长。该省森林覆盖率按该省以往同比口径计算，达到61.15%，继续位居全国前列。浙江省湿地保护率达52%。

【林地林木保护管理】 浙江省深化森林资源"一张图"平台建设，推进林地、采伐、抚育和森林资源重要因子变更"落地上图"，协同助力造林、松线虫除治"落地上图"管理。加强林地定额管控，提升管理服务水平，统筹推进疫情防控和林木经济发展，优先保障省重点项目、重大民生项目和重要基础设施项目使用林地，引导节约集约使用林地资源，全年该省审批使用林地项目5620项，面积7354.57公顷，征收森林植被恢复费14.24亿元。开展全国林木采伐数字化服务和监管平台建设试点，试点经验获国家林草局发文推广。开展全国森林资源年度监测评价、森林资源生态功能价值评估试点，配合做好森林资源统一调查。严格执行森林采伐限额管理制度，全年林木采伐蓄积量180.77万立方米。完成该省"十四五"期间森林采伐限额规划编制。加强森林资源执法监督，开展森林督查、涉林垦造耕地清查整改等行动，完成1.9万个遥感变化图斑清查任务。

【湿地保护管理】 10月23日，浙江省林业局与浙江省财政厅联合印发《浙江省重要湿地生态保护绩效评价办法(试行)》，推进重要湿地生态保护绩效评价工作。年内，林业主管部门实施杭州西溪湿地等8个国家级湿地公园和温州龙港、松阳松阴溪等7个省级湿地公园植被恢复、巡护道建设等湿地保护和修复。浙江省林业局与浙江省自然资源厅联合编制《浙江省红树林保护修复专项行动(2021—2025年)实施方案》，分解落实国家下达的新植200公顷红树林任务。开展省级党委、政府部门主要领导自然资源资产离任审计。完成对武义、东阳湿地等省级重要湿地名录和省级湿地公园相关工程项目占用湿地情况审核，以及11个设区市湿地资源负债表(2018年)审核。运用第三次全国国土调查初始成果，开展该省湿地资源变化情况分析。浙江省林业局与《浙江日报》合作，在《浙江日报》新闻客户端开设《保护红树林——小红有话说》栏目，推出"飞鸟与浙江"湿地系列科普宣传8期。

【自然保护地管理】 1月3日，浙江省林业局印发《关于规范风景名胜区内重大建设项目活动审批事项的通知》，规范国家、省重点基础设施项目在风景名胜区的建设。5月21日，省林业局印发《浙江省自然保护地整合优化工作方案》，对该省自然保护区及功能分区进行优化调整。浙江自然保护地整合优化做法获国家林草局肯定，并向全国推广。年内，百山祖国家公园与钱江源国家公园整合为钱江源—百山祖国家公园，成立由副省长彭佳学任组长的省国家公园体制试点工作领导小组，设立钱江源—百山祖国家公园百山祖管理局。编制完成《钱江源—百山祖国家公园总体规划(2020—2025年)》并获省政府批复，全面完成钱江源、百山祖园区集体林地地役权改革。9月，钱江源—百山祖国家公园通过国家林草局专家组评估验收和实地核查。浙江省林业管理部门推进"十大名山公园"提升行动，完成重点项目投资48.2亿元。举办建设浙江美丽大花园——浙江省"十大名山公园"系列宣传活动，在《浙江日报》刊登专题宣传28期，关注人数达1200多万人次。加强自然保护地建设，新建国家级地质公园1个、省级自然保护区1个、省级海洋公园1个，晋升国家级森林公园2个。完成自然保护地综合监管与服务平台(二期)项目建设，开展自然保护地动态变化监测，推进自然保护地"天空地"一体化监管。

【森林灾害防控】 浙江省全力打好松材线虫病防治攻坚战，该省清理松材线虫病疫木787.8万株、面积40.82万公顷，实施大松树、古树名木打孔注药保护184.9万株。通过高质量除治，秋季普查疫情比上年减少50万株，实现30年来首次下降。该省半数以上发生区病死树总量下降，连片大面积、高密度枯死现象明显减少。开展"绿剑"林业检疫执法专项行动，检查加工经营企业2494家，查处检疫案件74件。推进临安、苍南、平湖、温岭、遂昌5个森林火灾风险普查试点工作。实行"防火码"推广应用，该省注册防火码937个，覆盖所有自然保护地和国有林场。开展"3·19"森林防火宣传日活动，组织集中宣传29场，制作横幅1.29万条，发送短信72.2万条。创建以水灭火工程建设示范县11个，新增蓄水池53个，铺设森林消防管网13.35千米，新增高压接力水泵41台、森林消防水罐车3辆。全年该省发生森林火灾21起，受灾森林面积107.79公顷，分别比上年下降30.0%和6.7%，森林火灾发生率和受害率持续处于历史低位，实现重特大森林火灾、群死群伤和火烧连营事故"三个零发生"。

【平安林区建设】 浙江省着力推进野生动物新冠肺炎疫情防控和禁食野生动物处置工作。自1月21日起，浙江在全国率先禁止野生动物交易经营活动，暂停涉及陆生野生动物的许可审批。3月26日，浙江省第十三届人大常委会第十九次会议审议通过《关于全面禁止非法交易和滥食野生动物的决定》。浙江省林业局联合相关部门持续开展执法行动，侦办刑事案件94件，查处行政案件194件，收缴野生动物7100多头、野生动物制品1200多千克，收缴猎夹、猎套等各类禁用器具8500多件。组织该省2万多名专兼职护林员，以48个野生动物疫源疫病监测站(点)为网点，实施网格化防控管理，推进平安林区建设。

【野生动植物保护】 2020年，浙江有记录高等植物5500多种，其中国家一级重点保护野生植物11种，国家二级重点保护野生植物42种，省级重点保护野生植物139种，百山祖冷杉、普陀鹅耳枥、天目铁木等20多种野生植物列入浙江特有明星树种。该省有百年以上古树及名木27.49万株。有兽类、鸟类、爬行类、两栖类野生动物790种，其中，国家一级保护动物54种，主要有华南梅花鹿、黑麂、朱鹮、黄腹角雉、中华凤头燕鸥、扬子鳄、镇海棘螈、安吉小鲵等；国家二级保护动物138种，主要有黑熊、藏酋猴、毛冠鹿、中华斑羚、中华鬣羚、白琵鹭、震旦鸦雀、平胸龟、义乌小鲵等。国家一、二级保护动物中，扬子鳄、朱鹮、黑麂、华南梅花鹿、黄腹角雉、中华凤头燕鸥、镇海棘螈、安吉小鲵等是以浙江为主要分布区的珍稀濒危野生动物。

【野生动植物资源调查】 浙江省完成第二次陆生野生

动物资源调查的全部野外工作，第二次野生植物资源调查结束。调查查清浙江境内国家和省级调查物种的种群数量、分布与所处群落（生境）类型等资源现状，结合综合评价资源状况，根据目的物种动态变化原因及受威胁的各种因素，提出保护管理建议和监测方案。该省发现丽水树蛙、丽水异角蟾、北仑姬蛙3种野生脊椎动物新物种，发现省级以上地理分布新记录98种；发现景宁青冈、凤阳山荚蒾、浙南木樨、仙霞岭大戟等植物新分类群81种及省级以上地理分布新记录观测点112个、目的物种新分布点488个，其中国家重点调查物种县级以上新发现33个，国家一般调查物种县级以上新发现61个，省级调查物种县级以上新发现52个。实施水鸟调查，确定该省范围内候鸟重要集聚点53个，布设观测点1000多个，全年记录鸟类133种、13.5万只。

【野生动物抢救保护】 浙江省有序实施珍稀濒危野生动物抢救保护工程。截至年末，华南虎、安吉小鲵、义乌小鲵、镇海棘螈等繁育和放归取得明显成效。华南虎成功繁育成活3只；朱鹮孵化85只，种群达491只；扬子鳄通过自然繁育达7000多条；舟山獐放归38只；中华凤头燕鸥累计招引94只，成功繁殖雏鸟28只；华南梅花鹿野外放归26头；义乌小鲵野外放归1000多尾；安吉小鲵亚成体野外放归100多尾；镇海棘螈野外放归510尾；海南鳽记录到繁殖巢121个；黄腹角雉成功繁育53只，人工种群达108只。

【珍稀野生植物保护管理】 浙江省新建百山祖冷杉育苗大棚2个，培育嫁接幼苗4000多株；普陀鹅耳枥子代苗木达2万余株，人工回归种植苗木3800多株；建设天台鹅耳枥种质圃1.33公顷，培育苗木1万余株，设置回归示范点5个；开展景宁木兰野外回归和移栽试验，回归种植454株，移栽248株；繁育伯乐树实生苗1000多株，无性繁殖200多株。

【自然保护区与生物多样性保护】 截至2020年底，浙江省已建立省级以上自然保护区27个，总面积19.48万公顷，其中：国家级11个，面积14.87万公顷；省级16个，面积4.61万公顷。该省除嘉兴市外10个设区市均设立省级以上自然保护区，分布数量最多的丽水市有自然保护区6个，其次是衢州市5个；分布面积最大的3个设区市是宁波市、温州市和丽水市，分别为4.85万公顷、4.09万公顷和4.03万公顷。该省自然保护区涵盖森林生态、自然湿地与水域生态、海洋海岸生态、野生动物、野生植物和地质遗迹6个类型，在保护生物多样性、维护生态安全中发挥着重要作用。自然保护区内分布有扬子鳄、华南梅花鹿、黑麂等国家一级重点保护野生动物11种，国家二级重点保护野生动物52种，省级重点保护野生动物57种。自然保护区内重点保护野生动物分别占省内国家重点保护野生动物种数的56.3%、省重点保护野生动物种数的79.2%。自然保护区内分布有天目山野生银杏、庆元百山祖冷杉等珍稀植物，其中8种列入全国极小种群野生植物名录，19种列入国家级稀有植物。自然保护区内分布的重点保护野生植物占省内国家重点保护植物种数的90%以上。年内，该省林业部门开展生物多样性本底调查和评估，推进自然保护地规范化建设，促进珍稀濒危物种资源保护和可持续利用，并在资金补助、宣传教育等方面形成浙江特色和浙江经验，促进生物多样性保护的成效不断提高。

【森林和野生动物类型保护区】 浙江省有森林和野生动物类自然保护区19个，其中国家级8个、省级11个，总面积12万公顷。4月29日，省政府批准建立婺城南山省级自然保护区，总面积9532.6公顷，系浙江省面积最大的省级自然保护区，也是保护中亚热带中高海拔落叶阔叶林及黄腹角雉、猕猴、永瓣藤等珍稀濒危野生动植物的森林生态类型自然保护区。

【海洋、地质遗迹、水生生物类型自然保护区】 浙江省有海洋类自然保护区3个，其中国家级自然保护区2个、省级自然保护区1个；有地质遗迹类自然保护区4个，其中国家级自然保护区1个、省级自然保护区3个；有省级水生生物自然保护区1个。浙江南麂列岛国家级海洋自然保护区是中国首批5个国家级海洋类自然保护区之一，也是最早加入联合国教科文组织世界生物圈保护区网络的中国海岛类型自然保护区。浙江长兴地质遗迹国家级自然保护区煤山剖面是世界上唯一在一个剖面上同时拥有2个"金钉子"的标准剖面，具有重要的国际对比意义极高的科学研究和科普教育价值。

【自然保护区建设】 浙江省省级以上自然保护区获省级以上财政资金8769万元。其中，中央预算内投资1390万元，中央林业改革发展资金1979万元，省林业改革发展资金5400万元。主要用于保护区生物多样性保护、基础设施建设与提升、资源监测等。年内，启动中央投资浙江天目山国家级自然保护区基础设施建设、省财政投资天目山国家级自然保护区保护能力提升建设和江山仙霞岭省级自然保护区天空地一体化建设3个重大建设项目。

【大事记】
1月2日 省、市、区义务植树共建示范林活动在余杭区长乐林场开展。

1月15日 省政府副省长彭佳学一行到省林业局调研指导工作。

1月21日 省援疆指挥部副指挥长陈海涛一行到省林业局交流林业援疆工作。

1月21日 省林业局下发《关于加强野生动物疫源疫病防控严厉打击野生动物非法经营的紧急通知》。

1月28日 省政府副省长彭佳学一行到省林业局检查指导新型冠状病毒肺炎疫情林业防控工作。

2月17日 浙江省人民政府办公厅印发《关于印发浙江省新增百万亩国土绿化行动方案（2020—2024年）的通知》。

2月18日 省林业局下发《关于做好当前松材线虫病除治工作的通知》。

2月26日 省林业局下发《关于全力推进新增百万亩国土绿化行动的通知》。

2月28日 国家林业和草原局发文同意依托浙江

农林大学建立南方园林植物种质创新与利用重点实验室。

3月11日　省人大常委会副主任史济锡到省林业局走访调研。

3月12日　省委书记车俊，省委副书记、省长袁家军，省政协主席葛慧君等省领导在杭州萧山区钱江世纪城亚运村地块景观绿化带，带头参加义务植树活动。

3月12日　省委全面深化改革委员会第八次会议审议通过《关于加强天然林保护修复的实施意见》。

3月13日　省林业局召开统筹推进林业疫情防控和全年工作落实视频会议。

3月18日　国家林业和草原局批复同意浙江嘉兴运河湾湿地晋升为国家湿地公园。

3月31日　中共中央总书记习近平先后到杭州西溪国家湿地公园、城市大脑运营指挥中心，就西溪湿地保护利用情况以及杭州运用城市大脑推进城市治理体系和治理能力现代化进行考察调研。

3月　省林业局由局领导带队，组成9个工作组分赴各市开展春季"绿化造林月"指导服务活动。

4月4日　省委常委、常务副省长冯飞到余杭区检查清明期间森林防火工作。

4月9日　全国人大华侨委员会委员、省人大常委会原副主任王辉忠到省林业局走访调研。

4月10日　省委书记车俊到龙泉考察生态保护和钱江源国家公园创建工作。

4月15日　省林业局召开新增百万亩国土绿化行动和松材线虫病除治推进视频会议。

4月16日、4月21日　全国人大华侨委员会委员、省人大常委会原副主任王辉忠到富阳、桐庐、余姚、慈溪调研野生动物管控情况。

4月21日　省林业局召开全省森林督查暨森林资源管理"一张图"年度更新工作视频会议。

4月27日　省绿化与自然保护地委员会等12个部门联合下发《关于合力推进新增百万亩国土绿化行动的意见》。

4月30日　省委办公厅、省政府办公厅联合印发《关于加强天然林保护修复的实施意见》。

4月30日　省人民政府办公厅印发《关于实施新一轮绿色发展财政奖补机制的若干意见》。

5月14日　省委书记车俊到钱江源国家公园考察生态保护和国家公园创建工作。

5月14日　省林业局印发《浙江省自然保护地整合优化工作方案》。

5月28日　省生态文化协会、省林业局、省文旅厅、省体育局联合在仙居举办十大名山公园走进神仙居暨"五百"森林康养目的地宣传推介活动。

6月2日　《浙江野生动物志》编写工作推进会在杭州举行。

6月3日　省林业局与国家林业和草原局华东院在杭州召开工作交流会并签订合作框架协议。

6月6日　国家林业和草原局科技司调研组赴永康调研林草装备科技创新工作。

6月10日　省人大环资委主任委员林健东，省人大常委会副秘书长、法工委主任任亦秋到省林业局开展野生动物"一决定一法"执法检查和野生动物保护立法工作调研。

6月13日　由省生态文化协会和省林业局主办、中共江山市委和江山市人民政府承办的建设浙江大花园——2020"文化和自然遗产日"走进江郎山活动在江山市举行。

6月13日　全省文化和自然遗产研讨会在江山市召开。

6月15日　省林业"两山"转化专家指导委员会在杭州召开第一次全体会议。

6月19日　省林业局组织召开全省自然保护地整合优化预案专家审查会。

6月　省人大常委会党组书记、副主任梁黎明，省人大常委会副主任姒健敏、李学忠分别带队赴丽水、杭州、衢州等地开展执法检查。

6月29日　经省政府同意，省林业局等八部门联合下发《关于加快推进竹产业高质量发展的意见》。

7月1日　省政府在杭州召开禁食野生动物处置工作座谈会。

7月17日　全省科学技术奖励大会在杭州召开。林业获奖的项目有8项。

8月3日　全省林业产业发展大会在杭州召开。

8月12日　省林业局召开浙江林业践行"绿水青山就是金山银山"理念15周年森林浙江论坛暨局党组理论学习中心组专题学习(扩大)会。

8月17日　省林业局召开全省新增百万亩国土绿化行动落地上图和松材线虫病秋季防治工作视频会议。

8月24日　省政府召开全省妥善处置在养野生动物工作部署电视电话会议。

8月26日　省司法厅和省林业局联合开展野生动植物物种司法鉴定机构筹建调研。

9月4日　根据中共浙江省委机构编制委员会有关批复，浙江省林业局正式设立森林防火处，加挂执法指导处牌子，为局内设机构。浙江省森林公安局整体划入浙江省公安厅，不再作为浙江省林业局直属行政机构设置。

9月4~9日　国家林业和草原局组织专家组对浙江国家公园体制试点进行评估验收。

9月7日　全国森林资源年度监测评价浙江省试点工作推进会在杭州召开。

9月10日　2020年香榧开摘暨千年古树香榧保护计划启动仪式在诸暨举行。

9月15日　竹产业绿色高质量发展研讨协商会在丽水召开。

9月16日　省林业局与人保浙江省分公司签订战略合作协议。

9月25日　长三角三省一市市场监督管理局在杭州召开长三角区域统一标准立项论证会。

10月14日　"浙江奥运冠军林"启动仪式在新疆阿克苏举行。

10月15~16日　第三届浙江省中西部乡村振兴战略论坛林业分论坛暨省林学会常务理事会在金华举行。

10月22日　第十届中国花卉博览会浙江园在上海动工。

10月23日 省林业局、省财政厅联合印发《浙江省重要湿地生态保护绩效评价办法(试行)》。

10月26~27日 全国政协常委、国家林草局副局长刘东生带队赴杭州、衢州等地调研林业产业发展工作。

11月1日 第13届中国义乌国际森林产品博览会在义乌国际博览中心开幕。

11月4日 全省森林资源管理工作会议在杭州召开。

11月4日 省林业局与大兴安岭林业集团公司签订战略合作协议。

11月4日 省林业局举行"森林浙江"报告会。

11月23日 国际竹藤组织总干事穆秋姆一行到省林业局调研访问。

11月26日 省林业局与中国铁塔股份有限公司浙江省分公司签署战略合作协议。

12月1日 由省林业局、中国林科院联合主办的浙江省第十七届林业科技周在安吉启动。

12月11日 科技部、中央宣传部、中国科协发布《关于表彰全国科普工作先进集体和先进工作者的决定》,浙江省林业局科技处被授予"全国科普工作先进集体"称号。

12月11日 省政府召开全省新增百万亩国土绿化行动和松材线虫病防治视频会议。

12月23日 省林业局组织召开全省各市林业工作情况交流视频会。

(浙江省林业由郑聪聪供稿)

安徽省林业

【概　述】 2020年,安徽省森林面积417.75万公顷,森林蓄积量超过2.7亿立方米,森林覆盖率达30.22%。全省湿地总面积104.18万公顷,占国土总面积7.47%。全年全省林业总产值达4705.26亿元。

【林长制改革】 2020年,习近平总书记亲临安徽考察作出落实林长制的重要指示,党中央"十四五"规划建议提出"推行林长制"。在全省设立30个林长制改革示范区先行区,确定90个体制机制创新点;成立省林长制改革理论研究中心;联合省委组织部举办市县党政负责同志(林长)参加的示范区建设专题培训班;依托合肥苗木花卉交易大会,搭建林长制改革成果展示平台,举办林长制改革高端论坛。安徽省作为全国唯一的林长制改革示范区,取得了一系列实践成果、理论成果、制度成果,并入选中国改革2020年度十大案例。发挥林长制"五个一"(一林一档、一林一策、一林一技、一林一警、一林一员)服务平台作用,市县级林长采取巡林、调研、座谈等方式积极履职,巡林调研督导7097次,解决问题4545件。在林长制改革牵引下,全省集体林权制度改革不断深化,公益林补偿收益权质押贷款加快推进,截至2020年底,全省累计完成林权抵押贷款254.4亿元左右,政策性森林保险实现全覆盖。国有林场改革成果得到巩固提升,"五绿"(护绿、增绿、管绿、用绿、活绿)协同推进体制机制更加完善,林业发展活力明显增强。林业"放管服"改革走深走实,"四送一服"(送新发展理念、送支持政策、送创新项目、送生产要素,服务实体经济发展)常态化推进,林业发展环境持续优化。全面落实"六稳""六保"林业任务,统筹推进复工复产,及时出台六条措施,对重点建设项目使用林地实行边建边批或先建后批,落实各项惠企政策。聚焦长三角一体化发展,牵头建立沪苏浙皖林业部门扎实推进长三角一体化高质量发展联席会议制度,共同签署战略合作框架协议,推进生态共保联治、产业融合发展。

【营林生产】 全省林业系统围绕"四旁四边四创"国土绿化提升行动("四旁"即农村宅旁、路旁、水旁、村旁,"四边"即道路河流两边、城镇村庄周边、单位周边、景区周边,"四创"即创建森林城市、森林城镇、森林村庄和森林长廊示范路段),坚持疫情防控和造林绿化两手抓,多形式开展全民义务植树,指导各地以多点、分段、错峰等方式开展植树造林。各地不断创新义务植树履责形式,开通"互联网+义务植树",组织适龄公民以捐资方式履行法定植树义务。全省有3695.3万人次以不同形式履行植树义务,完成植树9969.3万株(含折算株数),建立义务植树基地1096个。围绕林业增绿增效行动,因势利导发展优良乡土树种和高效经济树种,多举措推进森林抚育和林木育苗工作。巩固提升国有林场改革成效,国有森林资源质量有效提升。出台实施意见深入推进油茶等木本油料林丰产示范基地建设。建立"一日一技"在线服务平台,推介先进适用技术150余项,新增加国家林草科技创新平台3处。全省首个欧洲投资银行贷款大别山生物多样性项目启动实施,计划使用贷款4000万欧元。全省完成人工造林5.96万公顷,封山育林4.21万公顷,退化林修复4.83万公顷,森林抚育50.55万公顷,各项目标任务超额完成。创建一批国家森林城市、省级森林城市、森林城镇、森林村庄,截至2020年,全省已有11个设区的市成功创建国家森林城市,4个设区的市和32个县(市)进入全国绿化模范市(县)行列,273个行政村被命名为国家森林乡村;省级森林城市71个、森林城镇744个、森林村庄5971个。

【林业法治】 省林业局配合省人大常委会完成安徽省实施中华人民共和国野生动物保护法办法修改工作,推进安徽省林长制条例、扬子鳄国家级自然保护区管理办法等立法工作。全面推行行政执法"三项制度"(行政执法公示制度、行政执法全过程记录制度、重大执法决定法制审核制度)、规范性文件合法性审核机制,建立健全林业行政执法与刑事司法衔接工作机制。积极参加法治政府建设示范创建活动，"优化政务服务助推规范林业执法"项目荣获首批"全省法治政府建设示范项目"称号。持续推进权责清单制度建设，完成权责清单及公共服务清单、中介服务清单动态调整工作。所有政务服务事项均实现"最多跑一次"。行政审批事项总承诺时限压缩39.04%。全年共受理涉林行政审批办件1471件，群众满意率100%。将所有监管事项纳入省"互联网+监管"系统统一管理，全面完成年度"双随机、一公开"抽查计划。主动接受人大、政协和社会监督，办理省人大代表建议35件、省政协提案18件。进一步加大案件查处力度，全省受理林业行政案件3974起。

【生态资源保护】 省林业局进一步完善落实森林、湿地、野生动植物等资源保护措施。严格执行森林采伐限额和征占用林地定额，全面停止天然林商业性采伐，深入推进森林资源动态监测和信息化建设，持续开展林业执法行动，挂牌督办20起典型破坏森林资源违法案件。出台禁食野生动物工作方案，完成禁食养殖户退出和野生动物处置补偿，妥善做好养殖户转产转型等后续工作。推进野生动物收容救护、疫源疫病监测和人工繁育管理三大体系建设，扎实做好珍贵、濒危野生动物和极小种群野生植物抢救性保护工作。按计划完成自然保护地勘界工作，依法依规开展各类自然保护地整合优化工作，实行统一监管和分类管理。深入开展"三大一强"（大保护、大治理、大修复，强化生态优先绿色发展理念落实）专项攻坚行动，扎实推进自然保护地有关生态环境问题整改落实。扬子鳄国家级自然保护区范围和功能区调整方案通过国家评审，野外放归扬子鳄280条。支持合肥市实施环巢湖十大湿地保护修复工程，全面加强长江、淮河流域湿地保护，新增国家湿地公园4处、省级湿地公园3处。

【森林防火】 省林业局严格落实森林防火责任制，强化隐患排查，加强火源管控，积极应对处置。严格执行24小时值班和领导带班、森林火灾"零报告"和"有火必报"制度。全省发生森林火灾8起（一般森林火灾6起、较大森林火灾2起），受害森林面积10.99公顷，分别同比下降81.4%、74.05%，没有发生重特大森林火灾和人员伤亡事故。

【林业有害生物防治】 省林业局全面完成林业有害生物防治任务。突出抓好松材线虫病防治，将其列入林长制改革考核内容，实行政府和林业主管部门"双线"责任制。建立健全区域联防联治工作机制，逐步完善松材线虫病防治体系，启动环黄山风景区松材线虫病靶向防控行动，建立完善环黄山风景区、大别山松材线虫病联防联治工作机制。全省主要林业有害生物发生面积44.25万公顷，防治面积36.38万公顷，成灾率1.72‰。松材线虫病、美国白蛾等重大林业有害生物危害得到有效控制。

【林业产业】 省林业局加快林业供给侧结构性改革，大力发展林业高效特色产业，促进高质量发展，新造油茶0.41万公顷、薄壳山核桃0.89万公顷。组织申报认定省级林业现代示范区22家，组织申报国家产业化示范园区6家，组织89家企业参加义乌国际森林产品博览会。各类林业新型经营主体达3万余个。全省林业总产值达4705.26亿元，较2019年增长8.21%。深入推进"五绿兴林·劝耕贷"融资担保业务，贷款担保总额达7.28亿元；全省完成政策性森林保险投保364.15万公顷，实现森林保险保额276亿元。进一步抓好会展经济，成功参展第四届中国绿化博览会，安徽展园面积达2778平方米。首次同台举办合肥苗木花卉交易大会和第八届花卉博览会，线上线下同步呈现，销售总额达6200万元，现场签约额77亿元。

【林产品产量】 全省生产商品材536.15万立方米，增加26.49万立方米，同比增长5.20%；毛竹17 181.87万根，增加3169.93万根，小杂竹234.78万吨，增加23.95万吨。水果种植面积21.22万公顷，同比增长12.48%，产量414.97万吨，同比增长2.54%；干果种植面积9.35万公顷，产量14.09万吨，同比减少1.89%、8.08%；森林食品产量13.01万吨，同比增长0.75%；森林药材种植面积3.50万公顷，同比增长0.49%，产量19.45万吨，同比增长4.80%；木本油料种植面积25.38万公顷，同比增长6.29%，产量14.73万吨，同比增长12.69%；林产工业原料产量4.49万吨，同比减少56.70%。

表24-5 安徽省2020年主要经济林和草产品产量情况

指标名称	年末实有种植面积（公顷）	产量（吨）
一、各类经济林总计	594 552	4 938 065
1. 水果	212 246	4 149 682
2. 干果	93 537	140 891
其中：栗	73 175	99 645
枣（干重）	4605	13 439
榛子	310	198
3. 森林食品	—	130 050
其中：竹笋干	—	43 010
4. 森林药材	34 952	194 482
其中：杜仲	1732	1212
5. 木本油料	253 817	147 338
其中：油茶籽	156 771	110 180
核桃（干重）	90 258	27 561
油用牡丹籽	5916	8333
其他木本油料籽	872	1264
6. 林产工业原料	—	44 930
二、鲜草		66 745

表 24-6　安徽省 2020 年主要木竹加工产品产量

产品名称	计量单位	产量
一、锯材	立方米	5 747 964
1. 普通锯材	立方米	5 606 270
2. 特种锯材	立方米	141 694
二、人造板	立方米	30 231 411
1. 胶合板	立方米	21 749 843
其中：竹胶合板	立方米	890 370
2. 纤维板	立方米	4 159 225
（1）木质纤维板	立方米	4 159 225
其中：中密度纤维板	立方米	3 346 627
（2）非木质纤维板	立方米	—
3. 刨花板	立方米	2 165 210
4. 其他人造板	立方米	2 157 133
其中：细木工板	立方米	1 229 660
三、木竹地板	平方米	87 546 134
1. 实木地板	平方米	7 298 236
2. 实木复合木地板	平方米	7 332 873
3. 浸渍纸层压木质地板（强化木地板）	平方米	66 326 714
4. 竹地板（含竹木复合地板）	平方米	4 644 051
5. 其他木地板（含软木地板、集成材地板等）	平方米	4 571 393

表 24-7　安徽省 2020 年主要林产化工产品产量

单位：吨

产品名称	产量
松香类产品	36 502
1. 松香	36 102
2. 松香深加工产品	400

【林业科技】 省林业局出台《关于深化林业科技创新支撑全国林长制改革示范区建设的实施意见》，林长制综合管理信息系统建设提速推进。林业信息化建设步伐加快，林业科技进步贡献率提高到 60%，科技成果转化率达 65%，主要造林树种良种使用率达 83%。下达年度林业科研课题 32 项，组织开展结题项目验收。新增松材线虫病预防与控制技术重点实验室、合肥城市生态系统定位观测研究站、黄山林木育种和森林培育长期科研基地 3 个全国林草系统科技创新平台。新增入库林业科技成果 40 余项，"安徽湿地保护修复技术集成与应用示范"获省科技进步三等奖。完成黄山和大别山森林生态系统定位研究站项目竣工验收。组织实施中央林业科技推广项目 15 个。开设"一日一技"在线服务，推介先进适用技术 150 余项。启动林业科技特派员创新创业行动，新组建 61 名科技特派员队伍。新增省科普教育基地 1 个。成功举办全省林业科技活动周，组织科普专场活动 6 场，举办科技培训班 30 期，开放科普基地 14 个。推出首批"十大优良乡土树种"。新增省林业地标 28 项。10 名同志获聘第二批全国林草乡土专家。

【林业对外合作】 正式启动实施欧洲投资银行贷款大别山安徽片生物多样性保护与近自然森林经营项目，签署欧洲投资银行贷款长江经济带珍稀树种保护与发展项目协议。共有来自荷兰、美国、比利时、日本、厄瓜多尔等 11 个国家和地区苗木花卉企业入驻合肥苗木花卉交易大会官网平台参展。

【林业生态扶贫】 省林业局聚焦打赢脱贫攻坚战，以中央专项巡视"回头看"和脱贫攻坚成效考核反馈问题整改为契机，深入推进林业生态扶贫，强化生态护林员精准精细管理，面向建档立卡贫困人口增聘生态护林员 1502 人，总数达到 22 127 人，带动 6 万多贫困人口脱贫增收，评选出全省最美生态护林员 10 名。继续深入推进抓党建促脱贫攻坚工作，发挥"单位包村、干部包户"工作机制作用，统筹扶志扶智，开展消费扶贫，安排对口帮扶界首市林业项目资金 810 万元，定点扶贫工作成效明显。推动大别山等革命老区特色产业扶贫，探索建立新型利益联结机制，助力脱贫攻坚取得完胜。

【全省林业工作会议】 于 2020 年 1 月 17~18 日在合肥市召开。会议以习近平新时代中国特色社会主义思想为指导，深入贯彻党的十九大和十九届四中全会精神，全面落实中央经济工作会议、中央农村工作会议以及省"两会"、省委经济工作会议、全国林业和草原工作会议精神，总结 2019 年全省林业工作，分析当前形势，部署 2020 年工作，加快推进林业治理体系和治理能力现代化。

【省领导参加义务植树活动】 4 月 8 日，省委书记李锦斌、省长李国英、省政协主席张昌尔、省委副书记信长星等省领导及合肥市党政军领导和部分省直机关干部代表、志愿者，到巢湖半岛国家湿地公园义务植树点，共同参加一年一度的义务植树活动，以实际行动夯实绿色发展生态本底、打造绿色江淮美好家园。

【大事记】

1 月 17~18 日　全省林业工作会议在合肥召开。

3 月 3 日　国家林草局野生动植物保护司、国家林草局宣传中心、中国绿色时报社公布"2019 年中国野生动植物保护十件大事"，"中国野外放归扬子鳄 120 条，为迄今最大规模"入选。

3 月 6 日　全省春季植树造林暨松材线虫病除治工作视频调度会召开。

3 月 10 日　全省森林草原防灭火电视电话会议召开。省长李国英对全省森林草原防灭火工作作出重要批示。

3 月 11 日　省林业局发布《2019 年安徽省国土绿化公报》。

3 月 18 日　省委书记、省级总林长李锦斌主持召开省环境保护委员会会议暨省省总河长省级林长会议。省长、省级总林长李国英出席会议并讲话。

3 月 20 日　全省林业系统安全生产和森林防火工

作电视电话会议召开。

4月8日　省委书记李锦斌、省长李国英、省政协主席张昌尔、省委副书记信长星等省暨合肥市党政军领导在巢湖半岛国家湿地公园义务植树点参加一年一度的义务植树活动。

4月8~9日　省委书记李锦斌深入池州市、黄山市，调研督导脱贫攻坚、复工复产、生态环保、林长制改革等工作。

4月13日　全省自然保护地整合优化和生态保护红线评估调整推进工作电视电话会议召开。

4月27日　国家林业和草原局办公室、国家发展改革委办公厅印发《关于国有林场改革国家重点抽查验收反馈意见的通知》，公布安徽省国有林场改革国家重点抽查验收结果评定为优。

5月20日　以多点放归、视频连线方式在泾县、南陵县和广德市三地同时举行扬子鳄野外放归活动，共放归280条。

6月4日　全省林长制改革示范区建设工作推进会议在合肥召开。省委副书记、省级常务副总林长信长星出席会议并讲话，副省长、省级副总林长周喜安主持会议。

7月13日　全省公益林和天然林区划成果核实工作电视电话会议召开。

8月18日　省林长制改革理论研究中心揭牌暨林长制改革示范区建设座谈会在省委党校（安徽行政学院）召开，副省长、省级副总林长周喜安为安徽省林长制改革理论研究中心揭牌并讲话。

9月21日　全省林业系统秋冬季森林防火工作电视电话会议召开。

9月28~30日　由省委组织部、省林业局共同举办的全国林长制改革示范区建设专题培训班在省委党校（安徽行政学院）举行。

11月13日　省林业局、省财政厅在合肥联合召开欧洲投资银行大别山安徽片生物多样性保护与近自然森林经营项目启动会，标志着全省第一个欧洲投资银行项目正式启动实施。

11月19日　全省木本油料产业扶贫现场会在宿松县召开。

11月23日　沪苏浙皖林业部门扎实推进长三角一体化高质量发展联席会议在安徽省广德市召开。

11月27日　林长制改革高端论坛在合肥召开。

11月27~29日　2020合肥苗木花卉交易大会暨安徽省第八届花卉博览会在肥西县举办。

12月17日　省重大林业有害生物防治指挥部召开全省松材线虫病防治暨联防联治工作会议。

12月20日　安徽省林长制改革入选"中国改革2020年度十大年度案例"。

（安徽省林业由查茜供稿）

福建省林业

【概　述】　2020年，福建统筹推进疫情防控和林业各项重点工作，取得明显成效。

涉林疫情防控　需转产转岗的野生动物养殖场全部退养转产，在养野生动物依法依规处置全部到位，补偿资金全部拨付到位，对建档立卡贫困户优先安排退养补偿资金，广大养殖户满意度高。在疫情重点防控期间，对野生动物保护实施"点、线、面"全方位监管，做到"四管一严"。管住山头。累计组织护林员和保护地巡查人员220万人次不间断对山场进行网格化巡查，组织志愿者开展候鸟护飞行动，有效防范捕猎野生动物行为。管住养殖场。对野生动物养殖场实行封控隔离，向每个养殖场各派出一名监管人员、送达一封规范管理告知函、进行一次全面消杀，实行"三个一"管理全覆盖，防止养殖场转运贩卖野生动物。管住市场。组织林业执法人员协助加强市场等重点场所执法监管，派出小分队进行明察暗访，禁止任何形式的野生动物交易行为。管住"嘴巴"。通过电视、报纸、短信、微信、"新福建""学习强国"等传统媒体和新媒体开展宣传，让不碰不吃"野味"成为广大群众共识。累计张贴宣传广告标语12万条，发放宣传材料93万份，推送公益倡议短信2.8亿条。严厉打击。开展打击破坏野生动物违法犯罪"春季行动"，组织森林公安干警开展不间断巡查，对收到的举报线索依法办理、从严查处、顶格处罚。

林业改革　国有林场改革。以全优的成绩顺利通过国家改革验收，出台《福建省政府办公厅关于进一步加强国有林场人才队伍建设的意见》，提出降低人员进入门槛等一系列支持政策，推动解决国有林场人员老龄化问题。推进规模化经营。推进新型林业经营主体标准化建设，着手建立新型林业经营主体名录，加强林权流转服务。新增林业专业合作社223家、家庭林场126家，累计建设新型林业经营主体5913家。推进改革创新。三明市率先开展"林票制"改革试点，全市12个县（市、区）152个村开展试点，改革面积7060.67公顷，发行林票总额1.05亿元，惠及村民1.4万户。三明、南平、龙岩成为全国林业改革发展综合试点市。国家林业和草原局对福建省林业局在集体林权制度改革方面通报表扬。推进生态文明建设。推进武夷山国家公园体制试点、武平捷文村林业改革、将乐县高唐镇常口村生态富民等6个习近平生态文明思想示范基地建设。

造林绿化　超前谋划全省造林绿化年度任务，层层分解落实到山头地块，提前下达省级财政补助资金5.1亿元，制订下发《2020年全省造林绿化建设指南》，推进年度造林工作落实。通过建立林业生产专班、组织劳动力上山、统筹调配苗木、简化项目招投标程序、制定并落实各项优惠补助政策、下派干部蹲点服务指导等措施，抢抓林时，实现造林进度超常年。推进"互联网+全民义务植树"，创新开展"春节回家种棵树""码上种树"等一系列活动，加快推进百城千村、百园千道、百区千带"三个百千"绿化美化行动。完成造林绿化6.95万公顷,占年度任务的115.8%;建成省级森林城镇18个、省级森林村庄300个。支持长汀水土流失治理,优化改造马尾松林0.13万公顷,精准提升森林质量0.36万公顷。

1月,福建启动"春节回家种棵树"活动,倡导文明新风尚(魏培全 摄)

资源保护 推进福建自然保护地体系建设。全省现有自然保护区、风景名胜区、森林公园、地质公园、湿地公园、海洋公园等360处,参与整合优化的自然保护地305处,批复总面积74.90万公顷,其中陆域面积占全省国土陆域面积的5.83%,海域面积占全省海岸线修测面积的1.04%。重点生态区位商品林赎买等改革工作增量拓面。完成重点生态区位商品林赎买改革0.42万公顷,累计2.57万公顷。全面停止天然林商业性采伐,全省公益林和天然林得到有效保护。经评估,全省每年森林生态服务价值达1.22万亿元。探索生态产品价值实现新途径。开展林业碳汇交易试点,完成交易78.3万吨、成交额1172.46万元,累计成交256.7万吨、成交额3861.89万元。强化湿地保护修复。永春桃溪完成国家湿地公园试点建设任务,并正式授牌。长乐闽江河口湿地国家级自然保护区5月被列入《2020年国家重要湿地名录》。在11处湿地类型自然保护区和湿地公园开展湿地保护恢复工作。完成退养及生态修复88.67公顷,恢复退化湿地30.42公顷,修复生态护岸植被16.58公顷,防治有害生物20公顷,新建及维护湿地巡护栈道步道1.3万米,湿地公园年旅游宣教受众约120万人次。提高森林火灾、松材线虫病等重大林业有害生物防控水平。森林火灾发生率和受害率持续保持低位。正式启动为期5年的松林改造提升行动。开展松材线虫病防治攻坚战,提前完成年度防治任务,厦门市海沧区成功撤销松材线虫病疫区。

科技支撑 "杉木人工林长期生产力保持关键技术及其应用"等5项成果分获省科技进步一、二、三等奖。开展"马尾松基因组与抗松材线虫种质筛选"等44个省级林业科技研究项目,新增省级以上林业长期科研基地6个,37个林业植物品种获得植物新品种权。验收第三轮种业创新与产业化工程林业项目。完成第一次全省林木种质资源普查外业调查。62个林木品种通过审定,1个林木品种通过认定。优化平台建设,有效夯实科技基础。武夷山森林生态系统国家定位观测研究站被国家林草局评为"优秀",省林科院"福建省森林培育与林产品加工利用重点实验室"被省科技厅评为2020年度优秀重点实验室,杉木团队入选国家林草科技创新团队。在上杭县、南靖县、永安市等地组织开展送科技下乡集中服务活动,推进"林农点单 专家送餐"林业科技服务,收集科技需求2329个,梳理林农点单项目419个,开展科技服务7392次,实行"林农企业开单+政府派单+科技人员接单"精准服务模式。25名林业基层从业人员被认定为省级以上林业乡土专家。实施省级以上林业科技推广项目42项,投入资金2530万元,促进林业科技成果转移转化。

林业产业扶持 木材加工、竹产业、花卉苗木、森林旅游、林下经济5个千亿元产业发展。福建省林业产业总产值6660亿元,居全国前列,全省商品材产量511万立方米、锯材产量186万立方米、木片产量81.2万立方米、人造板产量977.7万立方米、胶合板产量138.4万立方米、木质家具产量1289.3万件,木材加工产值超过3000亿元。全省竹材产量9.57亿根(毛竹6.29亿根),鲜笋产量259万吨,竹业产值达786亿元。林业产业成为山区农民脱贫致富的重要支柱产业之一。

【**疫情防控和复工复产**】 落实扶持政策。汇编印制800份《福建省林业企业疫情防控和复工复产政策汇编》,为林业企业复工复产提供政策支持和服务保障。解决实际困难。各级林业主管部门帮助协调解决林企复工复产招工用工难、原材料供应难、订单履约难、防疫物资筹集难"四难"问题近千个。省林产品行业协会为林业企业出具不可抗力证明23份,避免因订单违约造成赔偿。加强项目扶持。下达2020年笋竹精深加工示范县、竹产业一二三产融合重点县等竹产业专项扶持资金1亿元,鼓励通过"以奖代补"等方式加快项目实施和资金拨付,扶持林业企业尽快恢复生产,助推地方经济社会发展。增加林产品有效供给。根据疫情防控物资供应需要,协调保障竹笋食品、木本油料、林下经济产品等企业加快复工复产,协调畅通林产品流通环节。引导企业发展电子商务交易、网上信息发布,做好产销对接,确保林产品产销畅通。组织林业企业拓展市场销售。组织企业参加中国森林食品交易博览会、海峡两岸(三明)林业博览会暨投资贸易洽谈会等展会,实现销售额120亿元。做好第十六届海峡两岸(三明)林业博览会暨投资贸易洽谈会、2020国际(永安)竹具博览会工作,为林业企业拓展市场搭建平台,两岸及国内外有558家企业参展,吸引3218位嘉宾客商参会。做好一二三产"百千"增产增效行动林业专班工作。成立林业专班全力保障入围省委、省政府"百千"增产增效19家企业"一企一策"落实工作,派出50人次深入企业协调解决项目、销售等问题25个。

【**林业产业发展**】 推进千亿竹产业项目建设。下达省级竹产业资金1亿元,建设14个笋竹精深加工示范县和3个竹产业一二三产业融合发展重点县。据统计,14个示范县实施项目65个,带动投资2.93亿元;3个重点县实施项目50个,带动投资超过1亿元。建设林下经济示范基地。下达省级林下经济发展资金7000万元,建设林下经济项目1122个,重点打造7个省级林下经济特色乡镇、1个种苗繁育基地和1个省级以上林下经济品牌，新增县级以上林下经济示范基地61个。林下经济利用面积211.8万公顷，产值706亿元。丰富森林旅游产品。新增森林人家77家，授牌森林人家达749家；率先在全国发布鹫峰山等3条省级森林步道，长度超过1100千米；龙岩市武平县、三明市将乐县、南平市顺昌县、福州市晋安区4个县（区）及梅花山森林康养基地、邵武市二都森林康养基地、三元格氏栲森林康养基地、岁昌森林康养基地和匡山生态景区5个单位入选国家林业和草原局、民政部、国家卫生健康委员会、国家中医药管理局4个部门公布的第一批国家森林康养基地，数量居全国首位；会同福建省民政厅、福建省卫生健康委员会、福建省总工会、福建省医疗保障局，5个部门发布福建省首批2个省级森林养生城市、5个省级森林康养小镇和20个省级森林康养基地。提升林业产业质量。推荐邵武经济技术开发区等4个林业产业园区申报国家林业产业示范园区，推荐永泰中国栖心谷等3个森林康养项目申报国家林业产业重点投融资项目。邵武笋竹等6个林产品特色优势区被认定为第二批"福建特色农产品优势区"。品匠茶居等8个林产品获福建名牌农产品；邵武竹业、南靖兰花等获评福建十大农产品区域公用品牌。强化闽台林业合作。新批三明保绿金农业有限公司等8家台资涉林企业，总投资0.62亿美元。新引进浪漫红颜葡萄、红颊草莓等台湾"五新"成果20项，推广面积124.53公顷。台商在福建投资创办林业企业超过590家，合同利用台资超过16.8亿美元。

【花卉苗木全产业链总产值首次突破千亿元】 全省花卉苗木全产业链总产值1062.5亿元，实现出口额1.6亿美元，同比2019年分别增长19.5%、9.9%。成为福建省林业继竹产业、森林旅游之后第三个千亿元产业。加强服务指导和政策保障。贯彻落实《福建省人民政府关于全面推动农业复工复产扎实抓好春季农业生产二十条措施的通知》，对疫情期间鲜切花无法上市交易的花卉生产企业和花农给予适当补助，缓解花企、花农恢复生产的实际困难。促进一二三产业融合发展。根据花卉资源优势打造"一县一业、一镇一品"产业发展格局，形成漳州蝴蝶兰、南靖兰花、漳平杜鹃花、连城兰花、武平富贵籽、延平百合花等优势特色花卉产业集群。做大做强花卉第二、第三产业，加快发展花卉苗木精深加工，瞄准健康养生、美容养颜等新兴潜力市场，开发以花卉苗木产品为原料的艺术、食用、化妆、医疗、保健等产品。涌现出永福台品茶山樱花园、漳州海峡花卉博览园、连城兰花博览园等著名赏花旅游景点，花卉休闲旅游成为"全福游，有全福"的重要组成。推进省级财政花卉产业发展项目实施。下达2020年省级财政花卉产业发展项目补助资金4100万元，54家单位全部完成建设任务，新建温室16.86万平方米，各类大棚22.98公顷，苗木基地60.53公顷。加强花卉品种创新和种质资源保存。有7个属38个花卉品种新获植物新品种权，累计116个花卉品种获得国家植物新品种权，授权品种数位居全国前列；新增厦门市园林植物园国家三角梅种质资源库和漳州市水仙花研究所国家水仙花种质资源库，全省累计5个国家花卉种质资源库。

【武夷山国家公园体制试点】 通过开展三轮"百日攻坚"行动，推动武夷山国家公园体制试点12项任务全面完成，高质量通过国家林业和草原局验收，为在南方集体林区建立国家公园探索管理体制创新、执法体系创新、资源保护社会化服务创新、地役权管理创新、保护发展共赢机制创新等一批可复制、可推广的经验做法。

【"洋林精神"选树"八闽楷模"】 福建省洋口国有林场60多年来开展杉木育种和推广应用，创造"世界杉木看中国，中国杉木看洋口"的骄人业绩。8月20日，中共福建省委宣传部授予福建省洋口国有林场杉木育种科研团队"八闽楷模"荣誉称号，"坚守初心，赤诚奉献，久久为功，科研报国"的"洋林精神"迅速传遍八闽大地，社会各界掀起学习"洋林精神"、建设新福建热潮。10月23日，国家林业和草原局将福建省洋口国有林场杉木育种科研团队事迹列为践行习近平生态文明思想先进事迹之一，成为全国林草系统先进典型。

8月20日，福建省洋口国有林场杉木育种科研团队荣获"八闽楷模"称号（张伟 摄）

【福建省森林公安局转隶】 5月18日，福建省公安厅森林警察总队转隶入列暨揭牌仪式在福州举行。根据福建省森林公安机关管理体制调整工作部署要求，原福建省森林公安局更名为福建省公安厅森林警察总队，加挂福建省公安厅森林公安局牌子。

【加挂执法监督处牌子】 1月22日，经中共福建省委机构编制委员会办公室批复同意，在省林业局政策法规处加挂执法监督处牌子，承担相关行政执法职责。

【福建省种子条例出台】 12月3日，福建省十三届人大常委会第二十四次会议表决通过《福建省种子条例》，进一步明确政府和各部门职责，加大对种子自主研发培育的扶持保障，强化种质资源的保护利用和育种基础性公益性研究，规范农作物和林木品种管理，加强委托代销和网络交易种子的相关规定，完善监管措施和法律责任，具有较强的针对性和可操作性，在立法层面为福建省种子事业健康发展提供法治保障。

【福建出台天然林保护修复实施方案】 福建省委办公厅、省政府办公厅8月28日印发《福建省天然林保护修复实施方案》，提出到2035年，全省天然林面积保有量保持稳定、天然林质量显著提升，天然林生态系统得到有效恢复、生物多样性得到科学保护、生态承载力显著提高。到21世纪中叶，全面建成以天然林为主体的健康稳定、布局合理、功能完备的森林生态系统。

【福建省林业局设立林长处】 12月3日，经中共福建省委机构编制委员会办公室批复同意，设立福建省林业局林长处，林长处承担指导、协调推进林长制有关具体工作，拟订全省推进林长制相关配套制度，承担林长制实施情况监督检查、考核等具体工作，承担省级林长办公室日常工作，承担省级总林长、林长交办的有关事项。

【9项改革经验列入国家生态文明试验区建设典型经验向全国推广】 福建省"林票"制度、森林资源运营平台、共商共管共建共享的国家公园体制、水土流失治理"长汀模式"、重点生态区位商品林赎买、湿地综合保护修复机制、福林贷、林业金融风险综合防控机制、林业资源管护和林业扶贫机制9项改革经验列入国家生态文明试验区建设典型经验向全国推广。三明"林票"制改革等成为全国林业综合改革典型案例，南平"生态银行"入选中国改革年度十大案例。

三明推行林票制改革，图为沙县林农喜获林票（黄海　摄）

【南平市林业】

国土绿化　完成造林绿化1.52万公顷，占任务的109.30%，完成面积居全省第一；完成森林抚育4.02万公顷、封山育林2.56万公顷。实施集约人工林栽培0.19万公顷、现有林改培0.90万公顷、商品林赎买1.10万公顷。森林品牌创建有序。加快国家森林城市建设，顺昌县、武夷山市、光泽县申请创建工作获国家林业和草原局备案，建瓯市、浦城县、松溪县正式申请创建国家森林城市。紧抓"百城千村"建设，延平区王台镇、建阳区麻沙镇、邵武市和平镇、顺昌县洋口镇4个镇获评"福建省森林城镇"，40个村获评"福建省森林村庄"，其中：22个为省级乡村振兴村。全市累计创建省级森林城镇5个、省级森林村庄103个。深入开展城乡绿化美化行动，助推乡村振兴，完成"二沿一环"森林景观带建设项目479.87公顷、"两带一窗口"绿美示范片项目16.67公顷；突出省级乡村振兴重点县、特色乡和试点村，完成乡村绿化项目241.07公顷；突出适地适树，完成珍贵树种造林项目0.24万公顷；完成林分修复项目0.30万公顷。

林业改革　全市新增林业专业合作组织48个，带动农户344户，经营面积0.17万公顷。推广"生态银行"做法。不断完善顺昌"森林生态银行"，有序探索建瓯"竹生态银行"、光泽"山地生态银行"。顺昌县"森林生态银行""森林资源运营平台"先后入选自然资源部编写的全国首批《生态产品价值实现典型案例》和国家发展改革委发布的《国家生态文明试验区改革举措和经验做法推广清单》。顺昌"森林生态银行"导入林地林木面积0.48万公顷，办理担保业务272笔，发放贷款2.21亿元。深化"双储赎买"改革。利用政策性贷款，推进重点生态区位商品林赎买等改革试点，完成重点生态区位商品林赎买面积0.11万公顷，累计赎买总面积居全省第一位。对赎买的山场结合森林景观带建设，着力推进生态修复，重点改造提升43片山场、面积319.47公顷。将赎买后的商品林优先纳入生态公益林储备库，保障建设项目占用生态公益林符合"占一补一"平衡提供林地要素。完善"网格管护"机制。在全省率先建立智能管护平台，推行全市生态护林员"乡聘、站管、村监督"管理体制，"日巡、月查、季评"考评制度，"联片、联合、联动"管护机制，将森林防火、防灾减灾等内容同步纳入网格化管理。全市聘用林业生态护林员2422人，其中，优先聘用建档立卡贫困户198人。

产业发展　发展森林康养产业。年度获评首批国家森林康养基地3个，获评第6批全国森林康养基地试点建设单位7个，获评首批福建省森林康养基地4个。在建森林康养项目14个，总投资31亿元，其中"森林+休闲养生"项目7个、"森林+健康疗养"项目4个、"森林+药膳食疗"项目2个、"森林+山地运动"项目1个。加强林业品牌建设。鼓励支持林业企业开展品牌创建。政和县成功举办竹产业高质量发展交流峰会，打响"智量"招牌。2家林业企业获评工信部专精特新"小巨人"企业，2家林业企业发展模式入选国家林业资源综合利用典型案例，1家林业企业获评国家小型微型企业创业创新示范基地，21家林业企业获评2020年度省重点上市后备企业，7家林业企业获评省科技小巨人领军企业，6个林业项目入选2020年度省级技术创新重大项目。龙竹科技（原龙泰竹业）在新三板精选层挂牌通过股转系统审核，为全国首批、福建首家通过审核的新三板精选层项目。

生态保护　严控疫情保民生。新冠肺炎疫情发生以来，全市林业系统对辖区养殖场实行最严管控，严厉打击野生动物交易行为。坚持正面引导，出台《南平市以食用野生动物养殖场退养转产转岗实施方案》，10个县（市、区）认真做好野生动物养殖场退养转产转岗工作。在省级奖补资金2042万元和国家重点野生动植物保护资金810万的基础上，自筹补偿转产转岗资金3262万元，拟订转产转岗补偿协议，及时做好退养补偿和科学处置。全市完成14家纳入家禽家畜管理、72家纳入水生动物管理的移交衔接任务；完成退养转产转岗84家，占任务数的100%。联防联治保生态。有力推进松材线虫病防治攻坚战，全面完成除治性和预防性林分改造、松枯死木清理、防治松墨天牛等除治任务，通过松材线虫病"定向围歼"专项行动，有效遏制松材线虫病发生蔓延势头。大力推进自然保护地整合优化工作，编制上报《南平市自然保护地整合优化预案》，调减冲突面积1.79万公顷，调出矛盾冲突面积0.6万公顷。综合治理保稳定。开展林业系统全领域安全生产大排查大整治大培训，检查单位和场所1133家，排查发现一般隐患2310个，整改完成率100%。突出森林防火重点时段、部位、人群的"三重点"，强化野外火源管理，全年排查森林经营单位2613家，排查风险隐患486处，整改486处，整改率100%，有效预防森林火灾发生。强化林业行政执法，开展案卷评查，提升办案质量，全年查处林业行政案件554起，同比下降39.4%。

【三明市林业】

国土绿化 完成植树造林1.28万公顷、占任务的114%，完成森林抚育和封山育林7.43万公顷。全民义务植树尽责率达98.4%，新增省级森林村庄41个，建设珍贵树种示范区16个。完成三明中心城市高速公路互通口周边山地景观提升工程30.07公顷。"互联网+全民义务植树——我为三明绿道增绿添彩"第一期项目全面竣工并通过验收，新建樱花林1.33公顷，新建森林步道1.3千米，森林抚育管护33.4公顷。

林业改革 推广林票制度改革，在12个县(市、区)163个村试点，面积0.76万公顷，制发林票金额1.12亿元，惠及村民1.43万户、5.99万人，人均获得林票现值744元，试点村每年村财政增收5万元以上。持续扩大"福林贷"覆盖面，累计授信1470个村、14 785户、15.9亿元，实际发放1453个村、15.4亿元，惠及林农13 512户；创新开发"益林贷"林业金融新产品，发放2878.6万元，惠及农户459户。探索开展重点生态区位林赎买等试点，完成商品林赎买0.10万公顷、天然林回购138.33公顷。

产业发展 实现林业产业总产值1213亿元、同比增长4.99%，其中规模以上林产加工产值936亿元、笋竹产业总产值266.8亿元、油茶产业总产值20.4亿元、花卉苗木产业总产值170亿元、林下经济产值131.7亿元。成功举办第十六届海峡两岸(三明)林业博览会暨投资贸易洽谈会，签约项目103项，总投资217.8亿元。在全省率先出台《三明市森林康养基地评定办法》，建成全国森林康养基地试点单位29个、国家森林康养基地2个、市级森林康养基地(小镇)14个。20个市级重点抓的森林康养项目建设有序推进，7个基地对外营业。接待游客14.5万人次，实现营业额2.82亿元。三明市在北京林业大学对全国297个城市进行中国"绿都"综合评价中，名列第一，并跻身"中国康养产业可持续发展能力20强市"。

资源保护 全市森林覆盖率78.73%、蓄积量1.86亿立方米、林地保有量189.93万公顷。创新推行松材线虫病防控、基层林业执法、森林防火等机制，完成防治性采伐改造0.30万公顷、消减疫情存量面积0.10万公顷，办理林业行政处罚案件1031起，未发生重特大火灾。初步完成自然保护地优化整合预案编制，优化整合涉及保护地面积16.67万公顷。

涉林疫情防控 面对突如其来的新冠肺炎疫情，成立联合执法、野外巡查、明察暗访、指导服务4支队伍，全力开展工作。开展内部防控，严格落实办公区域消杀、每日检测体温、发放口罩等措施，对局机关和省属市管国有林场941名干部职工开展全面摸排，建立人员健康信息动态管理台账，未出现疑似或确诊病例。投入野生动物防控，对全市147处野生动物养殖场所全面实施封控隔离，制订落实养殖场退养转产转岗"一场一策"实施方案，筹集市级补偿资金160.7万元，第一时间下拨各地。在全省率先完成143家野生动物养殖场退养转产转岗各项工作。

【龙岩市林业】

国土绿化 森林覆盖率达79.39%，连续多年在全省保持首位。入选中国十大"绿都"。实施松林改造优化工程。印发《龙岩市森林质量精准提升工程(2020—2022)实施方案》，完成森林质量精准提升工程5.1万公顷，其中完成植树造林总面积1.21万公顷(含马尾松林分优化改造0.43万公顷)，森林抚育3.89万公顷(含马尾松优势林分疏伐抚育0.41万公顷)。创新全民义务植树新形式。依托长汀水土保持科教园首批国家"互联网+全民义务植树"基地，开展"我为长汀水土流失精深治理种棵树"活动，鼓励群众手机线上扫"码"捐资，2.6万人次参与，捐资总额118.9万元。全力推进长汀水土流失精深治理。召开贯彻落实习近平总书记重要讲话重要指示批示精神提升水土流失治理"长汀经验"现场推进会。通过实施林业工程、生态产业培育工程等六大工程措施，完成水土流失区国土绿化0.88万公顷。实施生态宜居工程。46个村被评为"国家森林乡村"，40个村被评为"福建省森林村庄"，2个乡镇被评为"福建省森林城镇"。持续开展国家森林县城创建工作，通过国家森林城市复查。

林业改革 突出改革引领，打造"林改武平"新经验。武平捷文村、长汀水土流失治理被列为全省践行习近平生态文明思想示范基地。"普惠金融-惠林卡"项目被评为2019年度福建金融创新项目二等奖。开展林改三年行动。召开贯彻落实习近平总书记重要讲话重要指示批示精神深化集体林权制度改革武平现场推进会，扎实开展林改三年行动计划。创新林业普惠金融服务。累计发放"惠林卡"2.6万张、授信22.59亿元、用信15.19亿元，受益林农达2.5万多户。在长汀创新开展古树名木保险试点，武平开展林下经济保险试点。构建林业经营新体系。持续加快林权流转力度，促进林业规模经营，新增林权流转面积0.78万公顷，新增家庭林场和林业专业合作社等新型林业经营主体128家。开展重点生态区位商品林赎买改革试点。完成重点生态区位商品赎买任务703.33公顷，占任务的100.5%。深化国有林场改革。申请林业专项资金10 320.67万元，其中，省级以上财政资金7941.67万元，市级财政资金2379万元。

生态保护 突出生态保护，持续巩固生态效益。扎实推进"林长制"实施，长汀县三级林长制架构基本到位，长汀县人民检察院驻县林长办检察工作室挂牌成立。武平县印发《武平县全面推行林长制工作实施方案》。持续开展森林督查，实施违法图斑销号制度，在全省率先全面完成2019年森林督查图斑整改销号。评选出 30 名全市最美护林员，在媒体报刊展播先进事迹。加快推进长汀汀江、武平中山河、漳平南洋国家湿地公园、长汀汀江源国家级自然保护区等基础设施建设。统筹推进龙岩世界地质公园创建工作。龙岩地质公园入选联合国教科文组织 2020 年世界地质公园候选单位。加快龙岩现代林业科技示范园区建设。创建全省首个国家级林业科技示范园区，同 8 所院校合作开展 13 项林业技术研究，开展金花茶标准示范区、杉木高世代良种推广、保障性苗圃、林下药用植物园等 21 个项目建设。中国林科院热林所长期科研试验基地、第二批自然教育基地、全国森林经营试点单位等一批新建项目落户。加大林业灾害防控力度。基本完成森林防火体制改革工作，争取 19 个行政编制用于森林防火专项工作。森林火灾发生数量、发生面积持续控制在低位。强化松材线虫病防控，完成预防性采伐 0.17 万公顷，全面清理6571 株松枯死木。

产业发展 突出效益惠农，林业产业提质增效。林下经济稳步提升。采用林药、林菌、林蜂等模式发展林下经济，全市林下经济经营面积 67.93 万公顷、产值 229 亿元，建立市级以上示范基地 123 个，带动农户 16.7 万。森林旅游蓬勃发展。梅花山、武平县入选首批国家森林康养基地。武平县城厢镇、连城星光森林康养基地被评为福建省首批森林康养小镇、森林康养基地。新增森林人家 32 家，累计 272 家，占全省三分之一以上；森林旅游接待游客 1184.2 万人次、直接收入 10.73 亿元、社会总产值 47.38 亿元，分别同比增长 14.72%、19.22%、14.72%。花卉苗木不断壮大。以工业化理念做大做强杜鹃、国兰、蝴蝶兰、富贵籽、红掌等特色优势花卉产业，打造连城朋口全国兰花一条街，发展连城兰花、漳平特色花卉电商直播等新型产销模式。全市种植花卉苗木 1.57 万公顷，实现产值 84 亿元，全产业链产值 132 亿元，分别同比增长 0.9%、13.5%、22.6%。林产工业稳步发展。继续扶持"两头在外"企业发展壮大，推进木竹精深加工产业发展，形成漳平城区、连城朋口、武平十方、上杭溪口、新罗培斜等区域化木竹产业集群。全市实现林产工业产值 374 亿元。

涉林疫情防控 突出疫情防控，助推企业复工复产。全面完成以食用为目的的野生动物养殖场退养转产转岗工作。完成 129 家纳入家禽家畜、水生动物管理衔接工作。111 家有证养殖豪猪、果子狸、竹鼠、蛇类 4 种野生动物养殖场完成补偿协议签订和动物处置工作，补偿资金 5117 万元全部发放到位。提升服务质效，助推经济发展。疫情防控期间，以"战时状态"提升工作质效，实行"邮寄办、就近办、压缩办、并联办"一系列便民措施，全面实现"一趟不用跑"，全年审核审批永久使用林地 430 件。

民生林业 突出精准脱贫，林业扶贫成效显著。开展党建联建结对共建，以党建引领确保村集体经济收入持续增长、村民持续增收。打造长汀露湖村、武平捷文村、漳平圆潭村等一批乡村振兴示范点。武平县捷文村、云寨村入选全国森林旅游扶贫典型案例。聘用建档立卡贫困户 297 人次担任生态护林员，1039 户建档立卡贫困户获得营林生产补助，2242 户建档立片贫困户获得林下经济补助，322 户建档立卡贫困户获得异地搬迁用林优惠，16 658 户建档立卡贫困户获得生态林补偿资金。

【大事记】

1 月 17 日　全省林业工作视频会议召开，表彰一批全省林业系统先进集体和先进工作者。

1 月 29 日　福建省林业局局长陈照瑜主持召开局应对新型冠状病毒感染肺炎疫情涉林防控工作领导小组会议。会议通报全省新型冠状病毒感染肺炎疫情防控和林业系统前一阶段防控工作情况汇报，对全省林业系统防控疫情工作进行再动员、再部署。

1 月 29 日　福建省林业局下发通知，疫情期间在全省范围内部署开展野生动物监管"点线面"全方位防控行动。

1 月 31 日　福建省林业局召开全省应对新型冠状病毒感染肺炎疫情涉林防控工作视频会议。会议认真贯彻落实党中央、国务院和省委、省政府的决策部署，通报全省林业部门疫情防控工作落实情况，部署安排涉林防控工作。

2 月 5 日　福建省林业局局长陈照瑜和国家林业和草原局福州专员办专员王剑波一行赴越冬水鸟最集中分布的闽江河口湿地调研督导候鸟保护工作。

2 月 14 日　福建省林业局、福建省财政厅联合下发《福建省生态公益林区划界定和调整办法》。

2 月 18 日　配合省人大常委会出台《关于革除滥食野生动物陋习、切实保障人民群众生命健康安全的决定》，为革除滥食野生动物陋习提供法律保障。

2 月 26 日　福建省林业局会同福建省民政厅、福建省卫生健康委员会、福建省总工会、福建省医疗保障局，联合出台《关于加快推进森林康养产业发展的意见》，加快推进森林康养产业发展。

2 月 26 日　福建省林业局推出 10 条措施，统筹推进疫情防控和林业重点工作。全方位加强野生动物监管，有序组织各类自然保护地开放，确保全年造林任务完成，坚决打赢松材线虫病防控攻坚战，精心指导林业企业复工复产，加快林业专项资金安排，抓紧各类自然保护地优化整合，坚决完成武夷山国家公园体制试点，扎实开展春季森林防火，深入基层指导服务。

3 月 11 日　配合省政府办公厅下发《关于全面禁止野生动物交易、革除滥食野生动物陋习、切实保障人民群众生命健康安全的通知》，全面贯彻全国人大常委会、省人大常委会关于革除滥食野生动物的有关规定。

3 月 25 日　福建省委书记、省人大常委会主任于伟国，省长唐登杰，省政协主席崔玉英等省四套班子领导到福州市闽侯县上街镇明德路南侧旗山湖工程项目绿化地块，与福州市四套班子、省林业局、国家林业和草原局驻福州专员办领导，驻榕部队官兵，福州市干部群众一起参加主题为"共建绿色家园、共享绿色生活"的义务植树活动，植下碧桃、红叶石楠、丹桂、李子等树苗 300 余株。

3 月 29 日　福建省林业局联合国家林业和草原局福州专员办、省野生动植物保护协会在福州国家森林公园举办"爱鸟周"现场活动。

4月4日　福建省政府召开全省森林防火视频会议,就做好清明节期间森林防火工作进行再动员、再部署。副省长李德金出席会议并讲话。

4月11日　福建省林业局在福州组织召开《武夷山国家森林步道(福建)总体规划》(2020—2030年)专家评审会。

4月16日　省林业局联合农业农村厅、海洋渔业局、公安厅等26个部门建立省保护野生动物、革除滥食野生动物陋习工作联席会议制度。

4月17日　福建省林业局、江西省林业局在武夷山市组织召开闽赣两省联合保护委员会会议,国家林业和草原局驻福州专员办专员王剑波到会指导并讲话。

5月7日　国家林业和草原局公布第二批国家林业和草原长期科研基地名单,"福建武夷山生态保护国家长期科研基地""福建兰科植物保育国家长期科研基地"和"福建邵武杉木人工林培育国家长期科研基地"名列其中。

5月21日　福建省林业局发布第一批森林步道。步道以鹫峰山、戴云山和博平岭为依托,总长约1100千米。

6月2日　省政府批准印发《福建省以食用为目的野生动物养殖场退养转产转岗实施方案》,在全国率先做到退养转产实施方案、技术指南、省级奖补资金"三落实"。

6月5日　国家林业和草原局、民政部、国家卫生健康委员会、国家中医药管理局4个部门公布96家第一批国家森林康养基地。其中,福建有4地和5家经营主体入选。

6月22日　福建省人民政府办公厅印发《武夷山国家公园特许经营管理暂行办法的通知》。

6月29日　"武夷山国家公园"高铁冠名列车首发仪式在福州站举行。

7月16日　武夷山国家公园研究院揭牌仪式在武夷山国家公园管理局举行。

8月12~14日　福建省委宣传部组织中央、省和南平市主要媒体到顺昌县,集中采访报道"洋口国有林场杉木育种科研团队"事迹,展现这个团队60多年来的传承和坚守。

8月20日　福建省人民政府办公厅印发《建立武夷山国家公园生态补偿机制实施办法(试行)》通知。

8月20日　福建省委宣传部举行八闽楷模"洋林精神"报告会和发布会,向社会各界讲述洋口国有林场杉木育种科研团队"一棵杉木做到底"的感人故事。

8月31日　中共福建省委办公厅、福建省人民政府办公厅印发《福建省天然林保护修复实施方案》。

10月18日　第四届中国绿化博览会在贵州黔南州都匀市开幕。福建展园以"青山绿水,清新福建"为主题,盛装亮相。

10月21~22日　中国农林水利气象工会主席蔡毅德、林业工作部部长伯杨赴南平地区开展调研慰问活动,给福建林业系统40名困难职工发放慰问信和4万元慰问金。

10月23日　福建洋口国有林场杉木育种科研团队事迹入选国家林业和草原局公布的2020年践行习近平生态文明思想先进事迹。

11月6~9日　第十六届海峡两岸(三明)林业博览会暨投资贸易洽谈会在三明市会展中心举行。

11月2日　"洋林精神"宣讲团走进福建省委党校开展宣讲活动。厅长班和中青班学员、党校教师170余人参加听讲。

11月6日　全国第一家专门受理生态环境资源民商事纠纷的生态仲裁院——南平生态仲裁院正式成立。

11月11~13日　福建省林业局、福建省总工会在三明市泰宁县联合举办2020年福建省闽东北、闽西南片区营造林技能大赛。

11月　全省以食用为目的养殖场全部退养转产转型,在养动物全部得到科学妥善处置,退养补偿款全部发放到位,比国家要求期限提前1月完成任务。

11月20日　福州植物园获"第六届全国文明单位"荣誉称号。

12月1日　2020年武夷山国家公园生态监测主题科考活动"关注森林·探秘武夷"启动。

12月21日　中国人民银行发行世界文化和自然遗产——武夷山普通纪念币,福建分配192万枚。

12月22日　福建省省长王宁在福州会见国家林草局局长关志鸥一行。

12月23日　全国林业改革发展综合试点市授牌仪式在三明沙县举行,国家林草局局长关志鸥等出席并为三明市授牌,三明市正式成为全国首个"全国林业改革发展综合试点市"。

(福建省林业由郭洁供稿)

江西省林业

【概　述】　2020年,江西省深入贯彻落实习近平生态文明思想和习近平总书记视察江西重要讲话精神,牢固树立"绿水青山就是金山银山"发展理念,大力推进林业治理体系和治理能力现代化建设,持续做好建设好、保护好、利用好"绿水青山"三篇文章,统筹推进疫情防控和林业改革发展,扎实做好"六稳"工作,全面落实"六保"任务,确保江西林业"十三五"规划目标总体实现,为推动全省国家生态文明试验区建设、打造美丽中国"江西样板"作出了重要贡献。

造林绿化　全省完成人工造林7.65万公顷,封山育林7.35万公顷,退化林修复(低产低效林改造)11.79万公顷。其中:完成重点区域森林"四化"建设1.59万公顷;完成重点防护林工程6.04万公顷;完成国家储备林项目2.20万公顷。新增沙化土地治理6457.41公顷。全省新增城镇公园387个、新增公园绿地2482公顷,改建城镇公园253个、改建公园绿地553公顷;新建城镇绿道里程841千米，完成覆绿或软覆盖526公顷。完成江河堤防绿化235千米、面积350.73公顷，新增水土流失综合治理1267.46平方千米，完成小流域水土流失综合治理451.4平方千米。长江经济带废弃矿山生态修复0.16万公顷，115座矿山达到绿色矿山标准。全省57所高校完成绿化567.47万平方米，校园绿化率51%。各地结合"3·12植树节""国际森林日""防治荒漠化与干旱日""世界野生动植物保护日"等重要节点开展国土绿化主题宣传活动，营造"植绿、护绿、爱绿、兴绿"良好社会风尚。3月12日，省委书记刘奇、省长易炼红、省政协主席姚增科等省四套班子领导在新冠肺炎疫情严峻的形势下，到南昌市高新区参加义务植树活动。各设区市和县（市、区）党政领导分别参加当地新春义务植树活动。全省参加义务植树2593万人次，义务植树尽责率91.5%。

3月18日，省林业局、省生态环境厅、江西日报社联合举办"我为祖国献片绿"线上线下植树活动

产业发展 全年实现林业总产值5306.5亿元，增长3.8%，位居全国第一方阵。其中第一产业1243.73亿元，增长2.4%；第二产业2415.76亿元，增长5.9%；第三产业1647亿元，增长1.8%。产业结构优化，林业一、二、三产业比例调整为23∶45∶32。参加第四届中国绿博会，江西展园获优秀展园奖银奖、最佳科技成果应用奖。举办第七届中国（赣州）家具产业博览会，交易额超100亿元。举办2020第三届中国（资溪）竹产业发展高峰论坛，竹藤、竹炭、竹类种质、竹质结构国家创新联盟在资溪成立。

林下经济 省政府出台《关于推动油茶产业高质量发展的意见》，提出千家油茶种植大户、千万亩高产油茶、千亿元油茶产值的"三千工程"发展目标。全省林下经济产值2103亿元，位居全国前列。全年新增林下种植4.55万公顷，其中，油茶2.46万公顷，占计划121.8%；森林药材1.80万公顷，占计划179.8%；香精香料860公顷，占计划128.8%；苗木花卉0.21万公顷。完成国家、省、市级林产品质量检测1026批次，同比增幅70%。全省油茶产业总产值365.5亿元，面积和产值均居全国第二位。中央和省级油茶产业补助资金3.55亿元。高产油茶林每公顷补助提高到15 000元，改造油茶低产林每公顷补助提高到6000元；新增低效油茶林提升每公顷补助3000元，并实行年度项目兜底扶持。创新"五统一分"油茶种植经营模式，设立油茶研发专项。25个油茶良种筛选15个，推荐14家油茶良种专用采穗圃。全省油茶良种生产经营单位80家，生产良种苗木1.4亿株，同比提升17%。全省油茶企业292家，规模以上36家，国家林业重点龙头企业12家、省级林业龙头企业74家；11家油茶企业荣获全国"油茶产业百强企业"，3家企业产品荣获"中国茶油十大知名品牌"。得尔乐等5个商标荣获中国驰名商标称号。"赣南茶油""宜春油茶"获国家地理标志产品和证明商标。全国油茶产业发展现场会上，江西被安排作典型发言。全省竹产业总产值291亿元，竹林面积和蓄积量居全国第二位，形成以奉新、宜丰、资溪等为代表的毛竹产业集群，以弋阳、贵溪等为代表的雷竹产业集群。资溪建成全省首个竹科技产业园。中国竹业龙头企业46家，居全国第二位；新三板上市公司一家。获竹产业知名品牌109个，占全国同行业18.5%；驰名商标6个，竹制品发明和实用型专利598个，均居全国第二位。全省重组竹生产线20多条，居全国前三。全年安排1200万元用于竹产业转型升级，耗竹率由25%提高到36%。全省森林药材总产值155亿元，森林药材种植面积6.77万公顷，品种150余个。森林药材种植经营主体1.67万家（户），其中企业319家、专业合作社421家、种植大户730户。创建中药材种植国家林下经济示范基地5处，建立省级森林药材科技示范基地32处。木本药材种苗列入良种认证范围，制订森林药材种植标准20多项。森林药材补助资金2.1亿元，补助品种从42种扩大至52种，补助标准每公顷多年生草本由3000元提高至6000元，一年生草本由3000元提高至3000元。全省香精香料种植1.42万公顷，形成金溪、吉水为代表的香精香料产业集群。金溪县樟科天然香料占全球产量80%以上，天然芳樟醇粉等4个产品产量居全球第一。吉水县林产化工、药用香料两大系列200多个品种，系全国主要的蒎烯加工基地和药用香料集散地，产品畅销国内外。全省苗木花卉总产值196.7亿元，苗木花卉培育面积11.34万公顷，培育苗木花卉12.3亿株。中央和省级良种苗木专项补助2060万元，培育良种苗木5862万株。大中型苗木花卉企业365家，其中国家级龙头企业4家，省级龙头企业80家，初步形成以奉新县、安义县、芦溪县、宜春市袁州区、兴国县为代表的苗木花卉产业集群。全省陆生野生动物繁育与利用年产值7.6亿元，全省森林旅游与休闲接待1.98亿人次，总产值1092亿元，均居全国前列。婺源县等6家单位被认定首批国家森林康养基地，崇义县等7家单位入选2020年全国森林康养基地试点建设单位，命名首批省级森林康养基地40家。

森林管理 全面建成省、市、县、乡、村五级林长管理体系，设立省级林长11人、市级林长100人、县级林长1603人、乡级林长14 006人、村级林长35 427人。省委书记、省级总林长在全国率先签发总林长令，市、县两级签发总林长令153次；向各级林长提交"三单一函"（林长责任区域森林资源清单、问题清单、工作提示单和督办函）7805份，各级林长开展巡林5624人次，协调解决森林资源保护发展问题3017个。"一长两员"（村级林长、基层监管员和专职护林员）森林资源源头管理体系更加健全，持续开展森林资源网格、管理人员、管护资金"三整合"；整合监管员6725人，聘请专职护林员30 911人；109个县级单位推广应用江西省林长制巡护信息系统，系统上报事件23 741起，处理办结23 489起，办结率98.9%。开展2020年度林长制工作考核，抚州市、上饶市、赣州市、南昌市、景德镇市、萍乡市、吉安市7个设区市为优秀，九江市、宜春市、鹰潭市、新余市4个设区市为良好。贵溪市龙虎山上清镇护林员肖冬样被评选为全国"最美护林员"。全省审核使用林地建设项目2021个，批准使用林地面积1.17万公顷，同比增加11.4%。开展公益林管护省级核查，完成国家级公益林监测落界，全省公益林乔木林每公顷蓄积量87.96立方米，公益林蓄积量年均增长5.25%，年森林生态服务功能价值5278.46亿元。森林参保874.11万公顷，占有林地面积81.5%，提供风险保障712.51亿元，完成赔付965起、面积7.02万公顷、金额1.63亿元。全省森林植被恢复费征收25.16亿元，同比增长50.94%。

林业有害生物防控 省政府向各设区市政府下达《2020～2021年度松材线虫病防控目标责任书》，印发《江西省重大林业有害生物防控工作指挥部工作规则》《江西省重大林业有害生物灾害应急预案》。省林业有害生物防控工作指挥部恢复由分管省领导兼任指挥长，成员单位从17个调整为26个。松材线虫病防控纳入政府科学发展考核、高质量发展考核、生态文明试验区考核、生态文明建设考核、林长制工作考核范畴。开展江西省松材线虫病防控"三年攻坚战"行动，首次公布松材线虫病疫点乡镇484个，重点打好庐山、井冈山、龙虎山、三清山、梅岭等重点区域松材线虫病防控"保卫战"；全省投入防治经费6.7亿元，省级同比增加23%；清理疫木685.70万株、面积30.09万公顷，打孔注药36.26万株。在庐山、三清山、龙虎山、明月山等风景名胜区设立8个森林植物检疫检查站；首次聘请第三方对松材线虫病疫木清理绩效开展省级评价；首次大范围使用无人机开展松材线虫病秋季普查；开发松材线虫病疫木监管信息化平台和疫木监管APP。评定全省林业有害生物防治组织95家，监理组织24家。开展2019～2020年度全省松材线虫病防控目标考核，赣州、南昌、萍乡、抚州、上饶、鹰潭6个设区市政府和九江市濂溪区、景德镇市昌江区、分宜县、鹰潭市月湖区、赣州市南康区、寻乌县、铜鼓县、玉山县、峡江县、南城县政府以及南昌市湾里管理局11个单位为优胜单位。全年林业有害生物偏重发生，发生面积58.16万公顷，同比上升56.3%；其中病害36.73万公顷，同比上升103.95%；虫害21.42万公顷，同比上升11.65%。646个美国白蛾疫情监测点配发监测设备。全省发放检疫证书10.5万份，签发调运检疫证书5.69万份，产地检疫合格证2234份；调入林业植物及其产品8.95万单。新批215名专职检疫员，培养60余名无人机驾驶员。

2月26日，余江区林业局开展松材线虫病疫木除治集中清理

林业改革 江西林长制由"全面建立"转向"全面见效"走在全国前列，成为全国林业改革的品牌；福建等20多个省（区）40余批次到江西学习考察；为国家出台《关于全面推行林长制的意见》提供了"江西经验"。继续深化集体林权制度改革，全省建立新型林业经营主体农民林业专业合作社2700家、家庭林场660个、专业大户4637户。建设乡村服务窗口1830个和乡级示范窗口28个，授予修水县何市乡等8个单位"乡级示范服务平台"。全省累计核发林地经营权流转证1902本、流转林地1.27万公顷。发放不动产证2.3万本，其中不动产证明4517本。江西省公共资源交易网全年共成交项目252项、标的482宗，成交面积1.53万公顷，成交金额3.09亿元。全年新增林权抵押贷款、林农信用贷款35.25亿元；累计发放林权贷款252.79亿元，余额86.87亿元。森林参保874.11万公顷，占有林地面积81.5%。抚州市资溪县创新建立"两山银行"，打通"两山"转化新通道。推进国有林场改革，争取国家管护用房资金2000万元，落实站点建设98个。争取中央和省级国有林场危旧房改造资金1428万元，完成危旧房改造714户，其中350户建成入住。下达国有林场场外造林补助资金1.2亿元，同比增长35.1%；签订场外造林合同2.06万公顷，完成营造林1.40万公顷。启动首批16个国有林场"百场兴百业、百场带百村"项目，下达扶持资金1600万元。301千米林场林区道路建设纳入项目建设库，下达实施单位107千米，国家补助资金6115万元。在全国率先开展国有森林、湿地资源资产有偿使用制度改革，都昌等7个县（市）开展试点。推进非国有商品林赎买试点，完成赎买（租赁）林地0.52万公顷，累计1.45万公顷。开展全民所有草地资源资产有偿使用制度改革试点。省林业局完成深化事业单位改革，原有事业单位35个整合为19个，精简45.7%。理顺森林草原防火体制机制，核增省林业局森林防火行政编制13个，各级林业部门防火机构和森林防火指挥机构行政编制151个。全年修改林业地方法规2部，出台规章1部；办理政务服务事项3900件，其中一次不跑23件，只跑一次3877件。省林业局被评为第六届全国文明单位。

林业科技 全年下达中央财政林业科技推广示范补助资金2000万元，立项25个，推广国家林草科技成果

27个；开展2020年到期项目验收，19个项目全部通过。下达省级良法推广项目资金1200万元，立项33个。下达林业科技创新专项资金550万元，立项26个。首次设立单树种研究专项，开展香料用樟树全产业链技术创新研究，每年300万元，连续支持3年。42个林业科技成果录入国家林草科技推广成果库，创历年新高。林业标准制定立项45项，报审行业标准1项，申报制定项目1项；发布林业地方标准31项。林业科研项目获第十一届梁希林业科技进步奖二等奖3项、三等奖2项，第九届梁希科普奖1项。新增林业植物新品种2个，累计27个。集江西林技通App、江西林技网、江西林技微信公众号三端为一体并同步更新的江西林技通云平台上线。"江西鄱阳湖湿地保护与恢复国家长期科研基地"获国家林草局批复设立。国家林业草原木本香料(华东)工程技术研究中心在江西农大挂牌。樟树国家创新联盟被国家林草局评选为2020年度高活跃度林业和草原国家创新联盟。首次开展乡土专家选聘，10人入选国家林草乡土专家，8人入选中国林学会乡土专家，6人入选国家"最美林草科技推广员"。中国林学会认定铜鼓县为"中国黄精之乡"。上线江西林技通云平台，收录政策法规180部、林业标准231项、技术视频48部，并在平台建立150位省内林业科技推广专家智库。江西环境工程职业学院获2020全国职业院校产教融合50强，首批全国示范性职教集团培育单位，全国第一届国家职业技能大赛家具制作项目金牌、银牌，全国职业院校技能大赛水处理技术项目二等奖、园艺项目三等奖，第六届中国国际"互联网+"大学生创新创业大赛金奖，第十二届"挑战杯"中国大学生创业计划竞赛金奖、银奖、铜奖，中国(南方)现代林业职教集团2020年教学能力比赛一等奖。

森林防火 出台《省防火办 省应急厅 省林业局 省公安厅关于进一步明确森林防灭火工作职责分工的意见》，建立林业主"防"、应急主"灭"、公安主"查"的运行机制。核增省林业局用于森林防火行政编制13个；市、县林业部门防火机构及森林防火指挥机构行政编制156个。印发《江西省森林经营管理单位半专业扑火队建设意见》《江西省第一次森林火灾风险普查工作方案》。省防火办、省林业局、省公安厅、省应急厅联合组织开展打击森林火灾违法行为专项行动，查处森林火灾案件626起，其中刑事案件358起，行政案件268起，处理违法犯罪人员561人，其中刑事案件查处263人，行政案件处罚298人。开展全省森林防火"平安春季行动"，首次实现元旦、春节、"两会"期间等重点时段无森林火灾，南昌市等11个设区市荣获2020年全省森林防火"平安春季行动"优秀组织奖，湾里区等85个县(市、区)被评为2020年全省春季森林防火平安县(市、区)。开展野外火源专项治理行动，派出驻点、包保干部5.43万人次，设置检查站1.08万个，专职护林员3.63万名；发现隐患2092个，整改隐患2092个，发出整改通知书1105份；审批炼山、计划烧除等生产性用火847起，查处违规生产性用火330起；林业有关经营单位、施工单位签订责任书1133份。首次实现清明节未发生森林火灾。启用野外特殊用火监管平台，严格执行"五个不批、五个不烧"(五个不批：重要节假日期间的不批；重大活动期间的不批；特殊地段的不批，包括自然保护区、风景名胜区、森林公园范围内，军事设施、易燃易爆站库和机场周边，高速公路、国道、铁路等主要通道可视范围等；坡度25度以上的不批；面积超过33.33公顷的不批。五个不烧：监管责任人不到场不烧；四级以上(含四级)火险天气不烧；三级风以上(含三级)天气不烧；未开设防火隔离带不烧；扑火力量不到位不烧)审批制度。开展"5·12"防灾减灾宣传周活动，省林业局联合江西广播电台农村频率制作防灾减灾日特别节目。开展2020江西森林防火知识竞赛活动，线上线下64万人(次)参加，网络直播点击量320万次；南昌市代表队获一等奖，吉安市、九江市代表队获二等奖，抚州市、上饶市、景德镇市代表队获三等奖；南昌市、吉安市代表队获最佳组织奖；赣州市、鹰潭市、宜春市、新余市、萍乡市代表队获优胜奖。省林业局与铁塔江西公司签订战略合作协议，联合开展森林防火视频监控现状摸底调查。推进省03专项防火预警项目建设，发挥预警监测效能。全省营造生物防火林带1380余千米。全年发生森林火灾18起、过火面积226.06公顷、受害森林面积143.42公顷，同比分别下降70%、81.15%、70.68%，全年森林火灾受害率0.013‰，低于0.9‰目标值，未发生人员伤亡事故。

湿地管理 争取中央财政湿地保护补助资金6000万元。出台《江西省湿地占用管理办法》，批复重要湿地占用许可9个，面积21.21公顷，实施湿地"占补平衡"，补充湿地36.32公顷。完成湿地恢复与综合治理533.33公顷。开展全省小微湿地(小于8公顷)摸底调查，小微湿地总面积7.2万公顷，其中自然湿地占比20.83%、人工湿地占比79.17%。晋升国家湿地公园1处，新设立省级湿地公园10处，新增湿地保护面积6411公顷。兴国潋江和婺源饶河源国家湿地公园被认定为国家重要湿地。江西鄱阳湖南矶湿地列入《国际重要湿地名录》。推进3S技术应用，对44处省重要湿地及武宁县等4个检查对象进行核查，发现重要湿地问题92处，面积85.05公顷；一般湿地问题112处，面积180.45公顷。

物种保护 全省保护以白鹤、梅花鹿南方亚种、南方红豆杉、落叶木莲等为代表的珍稀濒危野生动植物取得显著成效。初步构建以武夷山脉、南岭山脉、罗霄山脉、九岭山脉、鄱阳湖湿地等为重点区域，以保护中亚热带常绿阔叶林森林生态系统、鄱阳湖天然湿地生态系统、珍稀野生动植物为主体的自然生态保护网络。全省野生脊椎动物997种，其中兽类105种、鸟类570种、爬行类77种、两栖类40种、鱼类205种，分别占全国同类动物种数的21%、39.5%、20%、14%、5%。国家一级保护动物19种，二级保护86种；省级保护107种(类)。列入《濒危野生动植物种国际贸易公约》附录Ⅰ和附录Ⅱ的野生动植物种类98种(类)。全省高等植物5117种，约占全国总数17%，国家重点保护野生植物55种，其中国家一级9种，国家二级46种；省级重点保护植物150种。全省自然保护区内保存80%野生动物种类、95%野生植物种类，其中国家和省重点保护物种500多种。全省建立野生动植物保护管理站69个、陆生野生动物疫源疫病监测站58处，其中国家级监测站25

处、省级监测站 33 处，布设监测点 300 余处，巡护监测人员 2000 余人。争取国家野生动植物保护、救护繁育经费 180 万元，实施 13 种极小种群野生动植物救护繁殖项目。开展鄱阳湖 13 种大型越冬水鸟调查，统计到大型水鸟 37.71 万只。开展鄱阳湖及夏季鸟类调查，记录到鸟类 139 种，其中夏季水鸟 69 种、非水鸟 70 种。开展鄱阳湖越冬水鸟同步调查，统计到水鸟 68 种，数量 68 万余只，其中白鹤 3998 只。鄱阳湖沿湖各部门开展湿地候鸟保护联合执法 320 次，出动 4100 人次，对 160 个农贸市场、380 家酒店餐馆、20 个野生动物养殖场进行巡查。省林业局通报表扬 2019~2020 年度鄱阳湖区越冬候鸟和湿地保护工作中成绩突出的南昌市新建区等 10 个县(市、区)。开展第 7 个"世界野生动植物日""2020 年国际生物多样性日"、第 39 届"爱鸟周""保护野生动物宣传月""世界候鸟日"暨"发现鄱湖之美"文创大赛等宣传活动。开展鸟类迁徙规律研究，环志迁徙候鸟 0.5 万只。全年办理野生动植物行政许可 974 起，其中国家重点保护野生植物行政审批 928 起，野生动物行政审批 46 起。

执法整治 开展"护绿提质 2020 行动"，全省办理林业行政案件 4532 起。全省开展清查非法猎捕和交易野生动物专项行动，出动执法人员 42.7 万人次，检查野生动物驯养繁育场所 12.7 万处次、餐饮企业 10.5 万个次、集贸市场 9.4 万个次，野外巡护监测里程 155 万千米，查处野生动物案件 1799 起，收缴野生动物 4912 只、野生动物制品 244.57 千克。开展"鄱湖利剑"专项行动，清除"天网"和粘网 1.7 万米，救治放飞候鸟 200 余只，收缴诱捕器 2 台、铁夹 60 套，平毁非法围堰 5 处、面积 140 公顷，办理各类案件 28 起，行政处罚 28 人。开展森林督查、"绿盾行动"等系列专项整治行动，查处刑事案件 1667 起、行政案件 1.06 万起。2018 年森林督查发现问题整改完成率 97%，2019 年森林督查发现问题整改完成率 96%。开展 2020 年湿地保护专项行动，《2019 年涉湿生态环境问题清单》79 个问题中的 78 个完成整改并销号，行政罚款 5700 万元，恢复和补充湿地 0.11 万公顷。2020 年 9 个涉湿问题完成整改销号 6 个，完成湿地补充地建设 9.75 公顷，就地恢复湿地 2.29 公顷。

传统产业 全省现有林产工业企业 1.2 万余家，国家级林业重点龙头企业 39 家，省级林业龙头企业 364 家。13 个林产品获中国驰名商标，青龙高科等 7 家龙头企业登陆"新三版"。全年生产商品材 314.8 万立方米、大径竹 2.36 亿根、小杂竹 259 万吨、木竹加工产品 5284.2 万立方米、林产化工产品 15 万吨、各类经济林产品 617.42 万吨，基本形成以南康实木家具、南城凉亭建筑及教学校具、瑞昌华中木业为主的家具产业集群。南康家具综合产值 1800 亿元，成为全国最大的实木家具制造基地。

资金投入 全年争取中央和省级林业投资 47.35 亿元，同比增长 7.9%；其中中央投资 31.66 亿元，同比增长 7.3%；省级投资 15.69 亿元，同比增长 9.1%。落实林业贴息贷款 41.29 亿元，下达贴息补助资金 4710 万元。争取中央林业生态护林员补助资金增加 2284 万元，同比增长 10.6%。新增中央财政油茶低产低效林改造 1.56 亿元，排在全国前列。筹措林业有害生物防治资金 1.3 亿元，同比增长 21%。全省森林植被恢复费征收 25.16 亿元，同比增长 50.94%。中央安排灾后重建补助资金 1286 万元。争取欧洲投资银行贷款 15 亿元，世界银行贷款 2300 万美元，全球环境基金"长江流域生物多样性保护"赠款 370 万美元。争取国家开发银行贷款 50 亿元。"财政惠农信贷通"发放涉林贷款 12.34 亿元。中央安排灾后重建补助资金 1100 万元。财政部驻江西监管局对江西林业专项资金年度绩效测评为"优秀"等级。完成林业投资 125.15 亿元，其中中央财政资金 29.91 亿元、地方财政资金 52.56 亿元、国内贷款 7.74 亿元、利用外资 0.25 亿元、自筹资金 17.76 亿元、其他 16.93 亿元。全年林业利用外资项目 7 个，实际利用外资 0.4 亿美元，协议利用外资 0.6 亿美元。全省林业招商引资项目 116 个，签订协议资金 147.20 亿元，实际进资 48.41 亿元。

林业生态扶贫 印发《2020 年林业扶贫工作要点》，决胜脱贫攻坚。全省林业项目和资金安排重点向贫困县倾斜，25 个贫困县林业项目补助 18.6 亿元，占全省总量 39.2%，实现林业扶贫投入逆势增长 13.4%，累计带动 118 万名建档立卡贫困人口脱贫增收。安排 25 个贫困县林业贷款贴息补助 1944.4 万元，占全省贴息总量 41.27%；天然林停伐补助 1.95 亿元，占全省资金总量 34.5%。安排生态护林员 18 862 人，带动 7 万多贫困人口脱贫。在贫困县实施森林抚育等项目，3 万余名贫困人口投劳，人均收入 2500 元。全省扶贫造林合作社 207 个，带动 16 319 名贫困人口脱贫。建立林业扶贫示范基地 40 个，直接帮扶贫困户 276 户、635 人。油茶产业带动 40 万贫困人口，户均增收 2000 余元。建成林业科技推广示范基地 1.17 万公顷，建立中央财政林业科技推广示范项目基地 198 个，其中贫困县基地 65 个，带动建档立卡贫困户 1389 户、3261 人，户均增收 20%以上。420 个林产品进入全国扶贫产品目录，产品总价值 19 亿元，累计帮助脱贫 6000 余人。

【**首届江西林业产业博览会**】 11 月 6~8 日，省林业局、中国林产工业协会、南昌市政府在南昌绿地国际博览中心举办以"生态林产品　健康好生活"为主题的首届江西林业产业博览会。省委常委、省纪委书记马森述，省政协副主席刘卫平先后莅临参观指导；副省长陈小平、国家林草局总经济师杨超出席开幕式；江苏、广东等周边省份林业部门代表观摩展会；中国工程院院士、全国人大环资委副主任张守攻等 300 余名省内外嘉宾参加展会相关活动。展会展示面积 3 万平方米，设 36 个特装展区、704 个标准展位，展品超 10 万件，囊括森林食品等八大类。展会举办 8 项主题活动、5 项互动活动；观展 318.3 万人次；成交金额 1.01 亿元；签订中长期订货合同 510 余项，达成意向订单金额超 3 亿元。新华社等 35 家媒体和人民网等 4 家网络媒体现场采访报道展会盛况；赣鄱云等线上平台全程直播 120 万余次，取得良好社会反响。展会对本届林博会排放温室气体实施碳抵消林业碳汇项目，实现江西首个规模过万人的"零碳展会"。

【禁食野生动物处置做到三个100%】 年初，新冠肺炎疫情突如其来，全国人大常委会作出《全面禁止非法野生动物交易、革除滥食野生动物陋习、切实保障人民群众生命健康安全的决定》。省委常委会、省政府常务会议专题听取有关情况汇报，并先后批示12次。3月26日，颁发江西省人民政府令，在全国率先施行《江西省禁止非法交易和食用野生动物办法》；省人大常委会派出若干执法检查组赴各地开展贯彻落实情况执法检查。7月底，在全国率先完成禁食野生动物处置工作，处置禁食人工繁育兽类、雁鸭类134.3万只，蛇类121.2万千克；对每户繁育成本进行"一对一"确认，落实"一对一"帮扶。11月，全省涉及禁食野生动物处置的108个县级单位全部完成扶持资金兑付，金额7.25亿元，占人工繁育野生动物养殖企业总数的86.8%；做到"禁食野生动物处置到位率、扶持资金拨付到位率、国家调查抽样养殖户满意率"三个100%。万安县井冈果子狸养殖合作社等18家养殖企业先后自发向省政府赠送锦旗和感谢信。

【完善天然林保护修复制度体系】 4月17日，在全国率先出台《江西省天然林保护修复制度实施方案》，提出建立全面保护、系统恢复、用途管控、权责明确的天然林保护修复制度体系，实行天然林保护与公益林并轨管理，促进天然林保护工作健康稳步推进。确保到2035年，全省天然林面积保有量稳定在440万公顷，质量实现根本好转，天然林生态系统得到有效恢复，生物多样性得到科学保护，生态承载力显著提高。要求各级政府加大对天然林保护修复的资金投入，统一天然林管护与公益林补偿政策，建立财政专项补助支持天然林抚育，逐步建立天然商品林差别化补偿机制。

【全国率先出台《江西省林长巡林工作制度》】 4月8日，省林长办出台《江西省林长巡林工作制度》。规定各级林长可根据工作实际，采取集中巡林和日常巡林两种方式，省级林长每年巡林不少于1次，市级林长每半年不少于1次，县级林长每季度不少于1次。巡林主要内容包括贯彻落实中央和省委、省政府生态文明建设决策部署情况，上级生态环境督查发现问题整改及下级林长保护发展森林资源责任制落实情况，森林资源监管体系建设及村级林长、森林资源监管员、专职护林员履职情况，林地林木管理、天然林与公益林保护、野生动植物保护管理、自然保护地管理、古树名木保护、湿地草地保护、森林防火和林业有害生物防控等情况。

【全国率先签发省级总林长令】 11月9日，省委书记、省级总林长刘奇签发2020年第1号总林长令——《关于开展林长制巡林工作的令》。要求全省各级林长按照《江西省林长巡林工作制度》要求，督促指导责任区域林长制各项重点工作，协调解决森林资源保护发展的突出问题，履行森林资源保护发展的责任，做到守土有责、守土负责、守土尽责。做好森林督查等发现问题的查处整改，减少问题"存量"；严厉打击新增破坏森林资源违法犯罪行为，遏制问题"增量"；提升林业灾害防控能力。切实提升森林资源源头管理水平，确保监督管理无盲区、无死角。加强日常巡护和排查布控，严厉打击破坏湿地、危害候鸟的违法犯罪行为，为候鸟迁徙和越冬提供良好环境，确保湿地候鸟安全。

【江西、湖南共建千年鸟道护鸟红色联盟】 6月5日，江西省遂川县营盘圩乡和湖南省桂东县沤江镇、炎陵县下村乡，围绕护鸟组织联建、护鸟执法联管、生态教育联手、生态经济联谋4项重点措施，组建千年鸟道护鸟红色联盟。千年鸟道位于江西遂川县营盘圩乡与湖南省株洲市炎陵县下村乡接壤的牛头坳，是迁徙候鸟跨越湘赣两省的必经之路，每年秋季30多万只候鸟经此地迁徙。

【森林质量提升】 省林长办出台《江西省"护绿提质2020行动"实施方案》。全省人工造林核实面积合格率98.9%，封山育林核实面积合格率100%。完成低产低效林改造11.79万公顷，占计划100.5%。下达林木良种繁育项目投资5000万元。建立国家和省级种质资源库16处（国家级4处、省级12处），保存林木种质资源15.6万份；重点林木良种基地22处（国家级13处、省级9处），省级保障性苗圃53家，省级示范保障性苗圃17家。全省生产良种5000千克，油茶良种穗条2500万根，良种苗木和"四化"造林苗木2.26亿株。中央和省级良种苗木专项补助2060万元，培育良种苗木5862万株。全省主要造林树种良种使用率73%，其中林业重点工程良种使用率100%。编制《多功能近自然森林经营技术指南》地方标准，开展崇义县等3个全国森林经营试点单位建设，持续推进崇义等22个县开展省级森林经营样板基地和近自然森林经营试点工作。全省活立木蓄积量6.85亿立方米，乔木林单位面积蓄积量78.9立方米/公顷，比2019年分别增长50%和30%以上。

【森林城乡创建】 吉安、抚州、南昌、宜春4个设区市通过国家森林城市动态监测，保留"国家森林城市"称号。推荐永丰县等5个县（市）申报创建国家森林城市。奉新等8个县（市）申报创建获国家林草局备案。大余等6个县（市）国家森林城市建设总体规划通过国家林草局专家评审。全省新增省级森林城市1个，累计76个。开展创建森林乡村活动，创建国家森林乡村430个、省级森林乡村675个。

【重点区域森林"四化"建设】 全年重点区域森林"四化"建设1.59万公顷，占年度任务119.8%，面积核实率97.2%，同比增加0.9%，实现完成面积和核实率双增长；栽植彩色与珍贵树种950.82万株。重点打造长江、赣江最美岸线，推进昌吉赣高铁、泰井高速、福银高速沿线彩化，做优重点景区和乡村生态景观。全省新建示范基地21个。

【自然保护地建设】 印发《省委办公厅、省人民政府办公厅关于建立以国家公园为主体的自然保护地体系的实施意见》，提出到2035年自然保护地占全省国土面积12%以上的总体目标，确保自然保护地面积只增不减。《江西省自然保护地整合优化预案》通过国家专班审核。

武夷山、井冈山国家公园列入2021年国家公园建设计划。贵溪笔架峰晋升省级自然保护区，新建共青城南湖湿地县级自然保护区。对都昌候鸟、万载三十把、芦溪羊狮幕、铜鼓棘胸蛙4个省级自然保护区和安义西山岭县级自然保护区进行规划调整。命名6处省级示范森林公园。全省149处森林公园矢量化数据通过技术校核，占全省森林公园总数82%。启动102处乡村森林公园建设，命名150处乡村森林公园，落实先期奖补2140万元。全年审核占用森林公园林地事项24项。南丰潭湖省级湿地公园晋升国家湿地公园，总面积1270.25公顷，湿地面积402.05公顷。寻乌东江源、横峰岑港河2处国家湿地公园试点转正国家湿地公园，总面积1876.40公顷，湿地面积1213.28公顷。景德镇昌南湖、龙南渥江、龙南桃江窑头、余干琵琶湖、鄱阳鸦鹊湖、都昌北鄱阳湖、共青城珍珠湖7处省级湿地公园试点转正省级湿地公园，新设立永丰恩江、永新双江口、进贤青岚湖、东乡幸福、九江芳兰湖、共青城南湖、上栗枣木湖、南昌瑶湖、安义北潦河、泰和蜀水10处省级湿地公园。

【大事记】

1月9日　省林业局局长邱水文和国家林草局规财司副司长郝学峰一行6人向省政协主席姚增科、副主席刘卫平汇报油茶产业发展工作。省政协农业和农村委员会主任谢茂林、专职副主任邹英香及农业和农村委员会有关负责人出席。

1月16日　中新社专访——省林业局局长邱水文：江西林业在打造美丽中国"江西样板"上争勇先。

1月24日　省委副书记、省长易炼红宣布江西启动重大突发公共卫生事件一级响应。强调切实抓好野生动物疫源疫病监测防控工作，全面检查经营利用场所，严厉打击野生动物非法经营利用行为。

1月　省政府审定同意，省绿化委授予井冈山市、定南县、分宜县3个县(市)"江西省森林城市"称号。

2月18日　副省长陈小平在省林业局调研疫情防控和林业发展工作。

2月26日　副省长陈小平在靖安县调研春季植树造林、松材线虫病防控和乡村森林公园建设等林业工作，省政府副秘书长邱向军、省林业局局长邱水文一同调研。

2月28日　省委书记刘奇在南昌调研野生动物保护工作。省领导尹建业、殷美根、周萌、秦义、陈小平分别陪同。

3月3日　副省长陈小平在抚州市就野生动物保护、生态环境保护、自然保护区优化调整、复工复产复建等工作进行调研。省政府副秘书长邱向军、省林业局局长邱水文随同调研。

3月4日　省委全面深化改革委员会第九次会议审议通过《江西省天然林保护修复制度实施方案(审议稿)》。

3月12日　省委书记刘奇、省长易炼红、省政协主席姚增科等省四套班子领导到南昌高新区瑶湖航空公园，与省市机关干部、各界群众代表一起参加义务植树。

3月20日　省林学会被授予2019年度"优秀省级学会"，也是江西省林学会连续第四年获此荣誉。

3月26日　省长易炼红签发第244号江西省人民政府令，全省正式施行《江西省禁止非法交易和食用野生动物办法》。

4月22日　省林业局、省民政厅、省卫健委、省中医药管理局四部门联合公布首批省级森林康养基地名单，凤凰湾森林康养基地等40家基地上榜。

4月28日　江西画报《江西退耕还林20年》专刊正式出版，面向全国发行。

4月28日　省人大常委会党组书记、副主任周萌率省人大常委会执法检查组在南昌市开展《全国人民代表大会常务委员会关于全面禁止非法野生动物交易、革除滥食野生动物陋习、切实保障人民群众生命健康安全的决定》执法检查。省高级人民法院院长葛晓燕，省人民检察院检察长田云鹏，省人大环资委、法制委、农委，省人大常委会办公厅，省林业局、省市场监管局有关负责人参加执法检查。

5月8日　副省长、省级林长陈小平在萍乡市调研林长制工作。省政府副秘书长邱向军、省林业局局长邱水文随同调研。

5月13日　国家林草局办公室公布2019年度国家森林城市动态监测结果，吉安市、抚州市、南昌市、宜春市通过国家森林城市动态监测。

5月22日　江西省2020年国际生物多样性日宣传活动开幕式在靖安县举行。省生态环境厅厅长徐延彬，省林业局局长邱水文，省科学院院长、省生态学会理事长熊绍员，生态环境部南京环境科学研究所副所长徐海根等出席开幕式。

5月25日　省委宣传部、省科协、省科技厅、省国防科工办联合开展2020年江西省"最美科技工作者"评选，全省10名优秀科技工作者当选，省林科院科研管理处处长、研究员龚春榜上有名。

5月27日　省林业局出台《江西省油茶资源高质量培育建设指南(试行)》，全面规范全省油茶资源高质量培育建设工作，明确油茶新造、低改与提升技术要求，为加强油茶建设项目管理、推动全省油茶产业高质量发展提供政策保障。

5月29日　兴国潋江和婺源饶河源国家湿地公园被国家林草局认定为2020年国家重要湿地，成为江西第一批入选国家重要湿地的湿地公园。

5月　江西鄱阳湖国家级自然保护区、南昌大学流域生态学研究所、江西省林业科学院联合申报的江西鄱阳湖湿地保护与恢复国家长期科研基地获国家林草局批准成立，重点任务是湿地保护和湿地生态系统服务功能提升。

6月2日　国家林草局、民政部、国家卫生健康委员会、国家中医药管理局四部门公布96家第一批国家森林康养基地。婺源县、大余县、资溪县入选以县为单位的国家森林康养基地；萍乡市麓林湖养生公馆、新光山庄、南昌市茶屋山生态实验林场森林康养基地入选以经营主体为单位的国家森林康养基地。

7月3日　省林业局与国家林草局华东调查规划设计院在南昌举行全面深化合作框架协议签约仪式。省林业局局长邱水文、华东院党委书记吴海平出席并见证签约，省林业局副局长黄小春主持，省林业局副局长严成和华东院副院长刘春延分别代表双方签署协议。

7月8日 大型融媒体活动《中国森林歌会》启动仪式暨合作签约仪式在江西广播电视台举行。省林业局局长邱水文、江西广播电视台台长梁勇、省林业局副局长黄小春、江西广播电视台副台长朱育松出席启动仪式。

7月8日 省委办公厅、省政府办公厅印发《关于建立以国家公园为主体的自然保护地体系的实施意见〉的通知》。

7月21日 副省长陈小平在宜丰县调研官山国家级自然保护区和林业产业发展工作。省政府副秘书长邱向军，省林业局局长邱水文，宜春市委副书记饶利萍、副市长漆海云等陪同调研。

7月29日 副省长陈小平专程到国家林草局走访，并座谈交流。国家林草局局长关志鸥主持座谈会，副局长李春良参加座谈，省林业局局长邱水文陪同。

7月29~31日 中央和省主要媒体开展赣南苏区森林旅游采风行活动。

8月18日 省林业局出台《关于印发支持赣州打造对接融入粤港澳大湾区桥头堡和建设省域副中心城市十条措施的通知》，推动赣南苏区振兴和林业高质量发展。

9月4日 鹰潭市贵溪市龙虎山上清镇护林员肖冬样被评选为全国"最美护林员"，成为江西唯一获此殊荣的护林员。

9月4日 江西鄱阳湖南矶湿地获准列入《国际重要湿地名录》，生效日期2020年2月3日。截至9月，全省国际重要湿地2处，分别为鄱阳湖国家级自然保护区和鄱阳湖南矶湿地国家级自然保护区，总面积5.57万公顷。

9月7日 江西省首家"两山银行"在资溪县挂牌。

9月12日 2020江西森林旅游节开幕。主会场设在赣州市大余县，庐山、井冈山、三清山、龙虎山、靖安、湘东、资溪等地设立7个分会场。

9月18日 国家林草局生态司同意永丰县、全南县、井冈山市、玉山县、万年县5个县(市)建设国家森林城市，并予以备案。

9月30日 首届最美湿地绘画作品展在江西省美术馆开展。省林业局副局长严成出席开幕式并致辞，江西科技师范大学党委副书记张立青、省林业局总工程师倪修平出席。

9月30日 首届江西林业产业博览会碳中和启动仪式在江西省产权交易所(江西省碳排放权交易中心)举行。省发改委一级巡视员郑沐春、省林业局二级巡视员胡加林、省生态环境厅二级调研员龙勤出席会议并致辞。首届江西林业产业博览会组织委员会办公室、国营江西省新华林场相关代表参加会议。

10月13日 鄱阳湖区越冬候鸟和湿地保护委员会对2019~2020年度鄱阳湖区越冬候鸟和湿地保护工作中表现突出的新建区昌邑乡政府等35个单位、ICF国际鹤类基金会等17个民间组织、程昌智等172人给予通报表扬。

10月20~21日 省人大常委会副主任冯桃莲率队到上饶市开展油茶产业发展和林长制工作进展情况调研。省人大农委主任委员阎钢军、省林业局有关负责人参加调研。

10月21日 省政府召开全省造林绿化、森林防火、松材线虫病防控、湿地候鸟保护电视电话会议。副省长陈小平、省军区副司令员刘殿荣、省政府副秘书长邱向军、省林业局局长邱水文出席会议。

10月25日 中国(赣州)第七届家具产业博览会在南康家居小镇开幕。本届家博会以"中国·南康——实木之都、家具之都、家居之都"为主题。主会场设在南康家居小镇，在赣州国际陆港、佳兴木工机械城、赣南灯饰城及300万平方米的家具城线下市场设立4个分会场。

10月 江西国家级中心测报点首次大范围使用无人机遥感技术开展松材线虫病秋季普查，从空中获取变色松立木遥感影像形成数据源，并以此计算出变色松立木的分布区域、数量、面积。

11月3~6日 全省集体林权制度改革培训班在南昌举办。国家林草局总经济师兼发改司司长杨超、省林业局局长邱水文出席会议并讲话。

11月12~13日 中共中央政治局常委、国务院副总理韩正在江西南昌、九江调研。其间，深入九江市永修县吴城镇，在常湖池实地查看鄱阳湖生态保护及湿地、候鸟保护情况，指出要加强湿地和候鸟保护，严厉打击破坏野生动物资源违法活动，实现人鸟和谐共生；并到城西港区湿地公园考察长江岸线整治工作。

11月17~18日 省林业局在南昌召开鄱阳湖区越冬候鸟和湿地保护工作现场会。省林业局相关处室代表，沿湖4个设区市林业局负责人与野保局(站)负责人，沿湖15个县(市、区)林业局负责人与野保站站长，以及湖区民间组织代表、先进个人代表、新闻媒体代表参加会议。

11月18日 全国人大常委会委员、宪法和法律委员会副主任徐辉率调研组在鄱阳湖保护区就《中华人民共和国长江保护法(草案)》修改问题进行调研。

12月1日 省人大常委会党组书记、副主任周萌，省人大常委会党组副书记、副主任朱虹，省人大常委会副主任冯桃莲，秘书长韩军等在南昌开展《关于确定白鹤为江西省"省鸟"的决定》实施情况视察调研。省林业局局长邱水文陪同。

12月1日 省林业局在南昌召开全省野生动植物保护工作座谈会，全省11个设区市及部分重点县相关人员参加会议。

12月2日 副省长陈小平在萍乡市和新余市开展林长制巡林调研。省政府副秘书长邱向军、省林业局局长邱水文参加调研，萍乡市市长李江河、新余市市长犹王莹分别陪同调研。

12月4日 副省长陈小平在南昌南矶湿地国家级自然保护区、五星白鹤保护小区，就湿地和候鸟保护工作进行调研。省政府副秘书长邱向军、省林业局副局长严成随同调研，南昌市副市长宋铀陪同。

12月11日 省林业局举行2020年新任命国家工作人员宪法宣誓仪式。局党组书记、局长邱水文监誓并讲话，局二级巡视员欧阳道明主持宣誓仪式。

12月15日 省林业局召开深化事业单位改革工作

动员部署会。省林业局党组书记、局长邱水文出席并讲话，副局长黄小春主持会议，局一级巡视员罗勤宣读《中共江西省委机构编制委员会关于省林业局事业单位改革事项的批复》。

12月17日 省林业局印发《关于公布第一批"江西省森林乡村"名单的通知》，675个行政村荣获"江西省森林乡村"称号。

12月22日 沪苏浙皖赣闽五省一市林业有害生物防控协作会在景德镇市召开。省林业局副局长黄小春主持会议，景德镇市副市长熊皓出席会议并致辞。

12月24～25日 国家林草局局长关志鸥与随行的资源司司长徐济德、规财司司长闫振、福州专员办专员王剑波在抚州市和南昌市调研林长制、森林旅游、毛竹产业和候鸟保护工作。副省长陈小平，省政协副主席、抚州市委书记肖毅，省林业局局长邱水文等陪同调研。

（江西省林业由张媛媛供稿）

山东省林业

【概　述】 2020年，山东省自然资源厅牢固树立绿水青山就是金山银山的理念，统筹推进疫情防控和林业工作，加大山水林田湖草系统治理力度，深入推进大规模国土绿化行动，全省国土绿化事业取得新进展、新成效。全民植树1.41亿株，完成造林10.85万公顷，新建绿色廊道1325千米。泰山区域山水林田湖草生态保护修复主体工程全面完成，蒙山区域和菏泽沿黄区域2个山水林田湖草生态修复工程入选国家重点生态修复项目储备库，国有林场改革被国家验收评为"优"，新泰市集体林权制度改革试点经验被全国推广。全省实现林业总产值6000亿元。

【国土绿化与生态修复】

国土绿化行动 山东深入推进"绿满齐鲁·美丽山东"国土绿化行动。2020年3月，省政府办公厅印发《关于贯彻落实国办发明电〔2020〕7号文件精神 积极做好防疫条件下春季造林绿化工作的通知》，全面部署春季造林绿化工作，要求各地克服疫情不利影响，统筹做好造林绿化用工保障，加强苗木物资调剂供应，积极有序推进造林绿化工作。深入推进大规模国土绿化行动，加快构建国土绿化治理体系。4月，省政府办公厅印发《加快推进大规模国土绿化行动方案》，完善造林用地、财政奖补、税费减免等政策措施，开展荒山绿化、通道绿化、水系绿化等7项绿化攻坚行动。积极开展全民义务植树活动，开通全民义务植树省级网站，启动"互联网+"义务植树工作，为适龄公民义务植树提供平台，动员各地组织开展形式多样的义务植树活动15 132场次，参与人数3352万人次，植树1.41亿株（折算）。全年完成造林10.85万公顷，完成年度计划任务的135.6%，新建绿色廊道1325千米。

重点生态工程 围绕黄河下游绿色生态走廊、黄河三角洲湿地保护、黄河滩区生态综合整治等重点生态修复任务，山东省自然资源厅会同山东省发展和改革委员会、山东省财政厅、山东省水利厅、山东黄河河务局等部门，按照自然资源部、国家林草局要求，组织策划重大修复项目135个，总投资约950亿元。其中，山水林田湖草综合整治项目8个，投资179.5亿元；湿地保护修复项目26个，投资439.9亿元；国土绿化项目35个，投资265.4亿元；矿山地质环境治理项目20个，投资34.9亿元；其他项目46个，投资29.7亿元。山东省自然资源厅配合山东省发展和改革委员会编制《南四湖生态保护和高质量发展规划》，编制完成《南四湖生态保护和修复方案（初稿）》，组织进行黄河流域生态修复调查研究工作。

【国有林场与集体林权制度改革】 2020年，山东省自然资源厅会同山东省发展和改革委员会印发《落实国有林场改革国家重点抽查验收情况反馈意见的整改方案》，组织开展"回头看"，向国家林业和草原局、国家发展和改革委员会报送《关于国有林场改革国家重点抽查验收反馈意见整改落实情况的报告》，完成国有林场国家验收反馈问题整改。配合国家林草局国有林场和种苗管理司完成国有林场改革发展大调研，对全省150处国有林场在财政经费保障、公益林管护、编制定编、岗位设置、基础设施建设、绩效考核导向作用、人才队伍建设7个方面工作进行全面摸底，开展国有林场满意度调查和国有林场职工满意度调查，建立国有林场统计调查制度，推进森林经营方案编制，巩固和提升国有林场改革成效。向国家林草局推荐徂徕山国有林场改革典型案例。山东省国有林场改革国家重点抽查验收结果评定为优。继续推进集体林权制度改革，莱阳市、新泰市作为国家级集体林业综合改革试点单位，滕州市、沂南县作为省级集体林业综合改革试点单位，按照试点工作方案，完成试点自评。新泰市培育新型林业经营主体推动适度规模经营的经验做法，被国家林草局向全国推广。

【林草资源保护管理】 2020年，山东省继续推进林长制工作，召开省总林长会议，出台林长制绩效评价办法等系列制度，设立省、市、县、乡、村五级林长11万余名，临沂市先行先试的做法被《人民日报》专题报道。山东省自然资源厅加强林地、林木采伐管理，配合审查、会签各类建设项目使用林地1156项，面积7355.25公顷（含临时用地、直接为林业生产服务工程设施用地）。发放林木采伐许可证9.8万余份，采伐面积8.33万公顷（其中，商品林主伐4.73万公顷），采伐蓄积量406万立方米，全省未发生超林地定额审核、超限额采伐现象。加强事中事后监管，配合国家林草局驻合肥森林资源监督专员办事处开展2019年国家林草局审批山东省使用林地项目的抽查检查，完成对日照市东港区等5个县级单位的保护发展森林资源目标责任制检查。加强重点区域森林资源管理,结合森林资源管理"一张图"年度更新,按照国家级公益林区划规定办法,对区划在国家级公益林中的无林木林地、宜林地等进行优化,对部分国家二级公益林区划进行调整,核定全省国家级公益林56.83万公顷,会同山东省财政厅上报国家林业和草原局、财政部。编制完成"十四五"期间年森林采伐限额工作,编制成果通过国家林业和草原局审核同意,经山东省人民政府印发实施。推进森林督查工作,按照协同落实新机制,组织完成森林督查的部署、技术培训,开展省级复查,配合完成国家级核查,向国家林业和草原局森林资源管理司按时报送2020年森林督查技术成果工作报告。宁阳县葛石镇林业工作站、兰陵县大仲村镇林业工作站等5个林业站标准建设通过国家核查验收,被授予"全国标准化林业工作站"名称。开展2020年林业工作站本底调查关键数据年度更新工作,通过全国数据系统汇总上报国家林草局林业工作站管理总站。按照国家林草局要求,开展草原生态修复先进实用技术遴选推荐、草业基本情况调查等工作。

【森林防火】 2020年,山东省自然资源厅组织开展全省防火专业队伍、防火机构和人员、森林公安转隶情况、森林防火基础设施现状、森林防火设施"十四五"需求情况调研,组织专业人员编写《全省森林防火"十四五"规划》。加强森林防火基础设施建设,争取省财政资金支持,完善全省森林防火智能卡口建设,用于支持昆嵛山建设数字化信息指挥中心。建立联防联控机制,与山东省应急管理厅召开协调会2次,建立省级部门联防联控联动机制,组织成立森林草原防灭火工作专班,联合值班值守,实行联防联控。加强监测预警,利用卫星大数据可视化平台,时刻关注卫星监测热点,对发现的火情及时发出预警,组织现场核实处置。全年处置森林草地火情55起,森林火灾受害率控制在0.9‰以下。

【林业有害生物防控】 2020年,省政府成立山东省林业和草原有害生物防控指挥部,召开全省松材线虫病防治会议;制订印发《山东省松材线虫病疫情拔除攻坚战行动方案》《山东省2020年松材线虫病防控方案》,对全省11 184个疫情小班进行精准定位和边界划分,构建全省松材线虫病疫情一张图,对松材线虫病疫情进行精准管理;全省累计清理松材线虫病死亡松树711.03万株、面积8.21万公顷,疫情小班11 184个,分别占计划任务量的105.70%、100.00%和100.00%。同时,开展松材线虫病春季和秋季专项普查工作。秋季普查显示,全省发生面积7.97万公顷,同比下降3.55%;死亡松树266.85万株,同比下降60.33%,实现发生面积和死亡株数双下降;济南市莱芜区、泗水县、泰安市泰山区、莒南县、临沭县5个疫区实现秋季普查无疫情。开展媒介昆虫防治,制订《山东省飞机施药防治松褐天牛指导方案》,在媒介昆虫防治的关键期,组织青岛、烟台、威海、日照等市以政府采购的方式,开展飞机施药防治媒介昆虫26.67万公顷。

【湿地保护】 2020年,山东省自然资源厅组织潍坊禹王国家湿地公园湿地、武河国家湿地公园湿地、黄河岛国家湿地公园湿地、东明黄河国家湿地公园湿地4处省级重要湿地申报国家重要湿地,并接受国家林草局的现场考察。推进完成黄河三角洲国际重要湿地保护与恢复工程,落实生态补水4.18亿立方米,完成土方工程911.2万立方米,建成连通闸10处、排水闸4处,建设鸟类栖息繁殖岛36个、鱼类栖息地10处、植物生态岛29个,新增鸟类觅食水面473公顷。完成项目区薰草种植,建成巡护监测系统、集装箱式实验室。自然资源部、生态环境部、住房和城乡建设部、水利部、农业农村部、国家林草局六部委组成联合调研组对山东省开展湿地保护修复情况进行调研,并召开座谈会,对黄河三角洲国际重要湿地进行实地考察。加强湿地公园管理,山东垦利天宁湖国家湿地公园、滨州秦皇河国家湿地公园等9处试点建设国家湿地公园顺利通过验收,2018~2020年连续三年全省33处试点到期建设国家湿地公园全部通过验收,验收通过率100%。组织完成35项高速公路、铁路、油气管线等线性工程占用省级以上湿地公园专家评审工作,保障各项工程的顺利实施。制定出台《山东省省级湿地公园验收办法(试行)》和工作方案,结合自然保护地整合优化情况,启动省级湿地公园验收工作。组织专家对不涉及整合优化的9处省级湿地公园进行现场验收,提出整改意见。

【林业产业管理】
食用林产品质量安全监管 2020年,山东省自然资源厅印发《食用林产品质量安全监督抽检实施方案》《食用林产品质量安全风险监测实施方案》,对全省11个树种进行抽检检测,完成3800批次任务,发现不合格样品20批次,合格率99.47%。印发《持续开展"守护舌尖安全"行动加强食用林产品质量安全工作实施方案(2020~2022年)》《2020年"守护舌尖安全"食用林产品专项整治行动实施方案》,重点组织整治违法使用剧毒、高毒和禁限用农药,低毒农药非法添加高毒成分,以及滥用和不合理使用农药等违法违规行为,持续保持严打高压态势,未发生区域性、系统性食用林产品质量安全事件。

林下经济发展 各地充分利用林地资源和森林生态优势,大力发展林下经济。全省林下经济总面积18万公顷,产值175亿元,从事林下经济的企业229个、农民合作社1470个、家庭林场114个,带动就业65.6万人,促进林业扶贫、农民增收和农村经济发展。

林业品牌建设 山东省自然资源厅组织指导泰山板栗、峄城石榴、栖霞苹果、威海无花果等认定省级特色农产品优势区,推荐平阴玫瑰、乐陵金丝小枣、平邑金银花等申报国家级特色农产品优势区。争取中国林业产业联合会新认定国家森林康养基地试点32家。截至12月底,全省有国家级林业龙头企业43家,国家级林下经济示范基地12处,国家级森林康养基地(试点)50处,国家级林业产业示范园区4处。省级经济林标准化示范园337处,"齐鲁放心果品"品牌182个,山东省十佳观光果园146处,省级林业龙头企业94家,省级林业合作社示范社163家。

【自然保护地管理】

自然保护地整合优化 2020年3月,山东省人民政府办公厅印发《关于建立以国家公园为主体的自然保护地体系有关事项的通知》,对扎实做好基础工作、着力构建科学合理的自然保护地体系、健全自然保护地建设管理长效机制作出全面部署。山东省自然资源厅与山东省生态环境厅通力协作,建立联合工作机制,协同推进生态保护红线划定、自然保护地整合优化工作。山东省自然资源厅印发《山东省自然保护地整合优化工作实施方案》,召开全省自然保护地整合优化工作会议和培训班,成立工作专班,落实经费约2000万元;研发山东省自然保护地整合优化管理系统,强化对市县的培训指导和督导审查,保障全省自然保护地整合优化工作顺利实施。遴选市县60多家技术团队,扎实开展现有保护地摸底调查和分析评估,编报16个市《自然保护地调查评估报告》《整合优化初步思路》。经过多轮衔接、专家审查、征求意见、反复修改,最终形成全省自然保护地整合优化预案及数据成果、整合优化后国家级自然保护地分述报告,并通过省国土空间规划委员会全体会议、省政府第96次常务会议审议和自然资源部、生态环境部、国家林业和草原局联合审查。

自然保护地监督管理 山东落实国家林业和草原局"切实加强风景名胜区监督管理工作"的要求,印发《关于开展风景名胜区违法违规问题全面排查整改的通知》,组织市县深入开展风景名胜区问题排查,并向国家林业和草原局呈报排查结果。深入开展风景名胜区建设管理情况调研,协调解决各地经济社会发展与风景名胜区保护管理之间存在的各类冲突问题。推进风景名胜区规划编报,批复《沂山风景名胜区玉皇顶景区详细规划》。落实省委、省政府"要素跟着项目走"等部署要求,出台《关于建设项目使用自然保护地审查审核有关事项的通知》;优化审核审批流程,会同审查土地、地矿、林业等行政许可事项1338件,建设用地审批260件,审核同意占用自然保护区实验区建设12项、占用地质公园建设项目18项,推动重大建设项目尽快落地。组织验收省级地质公园地质遗迹保护项目6项,审查报送国家级海洋公园功能区调整申请2个。完成7处国家级自然保护区和28处海洋特别保护区人为活动每季度遥感监测疑似图斑核查工作,并向国家林业和草原局上报核查处置结果。承办第六届联合国教科文组织世界地质公园国际培训班,进一步提升地质公园的影响力。

【野生动植物保护】 2020年,山东省认真学习贯彻《全国人民代表大会常务委员会关于全面禁止非法野生动物交易、革除滥食野生动物陋习、切实保障人民群众生命健康安全的决定》,向省人大常委会汇报全省野生动物保护和疫情防控工作。组织市县开展多轮摸底调查,摸清全省在养野生动物种类、数量和各级林业主管部门核发人工繁育许可证及文书情况。加强对陆生野生动物人工繁育场所的巡查和野生动物疫源疫病监测,严防严惩非法猎捕和驯养繁殖野生动物事件发生。山东省自然资源厅联合山东省公安厅、山东省农业农村厅、山东省市场监督管理局、山东省畜牧兽医局等部门,共同印发《关于全面禁止非法野生动物交易、革除滥食野生动物陋习、切实保障人民群众生命健康安全的通知》,印发《山东省在养禁食陆生野生动物后续处置方案》,研究制定野生动物处置技术指南,成立专家咨询组。周密组织、多措并举,大力推进在养禁食野生动物处置和养殖户退出工作,共退出养殖户177家,处置野生动物15.69万只,补偿资金4340万元,成为全国第二个全面完成处置工作的省份,并在9月29日举行的全国推进禁食野生动物后续处置工作电视电话会议上作典型经验介绍。在济南野生动物世界举行"爱鸟周"宣传活动启动仪式,组织举办世界野生动植物日等主题宣传活动,倡导公众强化野生动植物保护意识,取得良好效果。

4月26日,山东省自然资源厅(山东省林业局)举行第三十九届"爱鸟周"活动(车文刚 摄)

【国家公园创建】 2020年,山东省自然资源厅坚决落实习近平总书记"关于推进建设黄河口国家公园"的指示精神,与东营、烟台两市组建联合工作专班,协调推进黄河口和长岛两处国家公园创建工作。向省委编办报送《关于国家公园建设情况的报告》,配合省委编办向省委书记刘家义呈报贯彻落实中央编委《关于统一规范国家公园管理机构设置的指导意见》的意见建议;制订赴国家公园试点省(区)联合调研方案,谋划推进山东省国家公园管理机构设置。省政府函商国家林业和草原局同意,组建局省双组长制领导小组和专家委员会共同推进山东省国家公园建设,将黄河口列入第一批国家公园候选名单,长岛列入国家"十四五"期间优先设立国家公园名单。组织编制黄河口和长岛两处国家公园设立方案、科学考察报告、经济社会影响评价报告、符合性认定报告,通过国家林业和草原局初步审查并根据审查意见进行修改完善。落实中央和省级财政资金1.8亿余元,开展黄河口湿地生态修复、互花米草治理,实施长岛海岸带和自然岸线生态修复、裸露山体治理等生态修复工程,筑牢国家公园建设生态屏障。

【第四届绿博会·山东展园】 2020年,山东省认真落实全国绿化委员会办公室及第四届绿博会组委会要求,克服疫情、展会延期等影响,坚持高点定位,精心组织各项筹备工作,按期完成山东展园——齐鲁园建设。展会期间,以"一山一水一圣人"为主线,以"绿满齐鲁·美丽山东"为主题的齐鲁园,将齐鲁文化、齐鲁风貌和山东特色植物巧妙融和,展示山东省生态文明建设和国土绿化新成就,成为绿博园中的重要标志性景点,得到游客广泛赞誉。山东展园荣获第四届绿博会展园"金奖""最佳科技成果应用奖"两个奖项,省自然资源厅荣获"优秀组织奖",2名个人获得"突出贡献奖"。

10月12日,第九届黄河三角洲(滨州·惠民)绿化苗木交易博览会开幕式在中国北方花木博览园举行(吴文峰 摄)

【大事记】

1月15日 山东省副省长于国安在省政府主持召开松材线虫病防治暨省林业和草原有害生物防控指挥部会议,对全省林业和草原有害生物防控工作进行安排部署。省自然资源厅厅长李琥通报全省重大林业有害生物防控情况。会议确定成立山东省林业和草原有害生物防控指挥部,下发《关于印发〈山东省松材线虫病疫情拔除攻坚战行动方案和2020~2022年度松材线虫病疫情拔除攻坚战行动目标清单〉的通知》。

2月19日 山东省自然资源厅印发《关于下达2020年造林计划的通知》,确定2020年全省计划完成人工造林和退化林修复不低于8万公顷,新建和完善农田林网化面积不低于6万公顷,新建和提升绿色通道长度不少于3000千米。

3月2日 山东省绿化委员会召开全体会议。副省长于国安主持会议并讲话,省绿化委员会副主任、省政府副秘书长张积军出席会议,省绿化委员会副主任、省自然资源厅厅长、省林业局局长李琥通报全省国土绿化工作情况。会议审议通过《山东省绿化委员会工作规则》《山东省绿化委员会办公室工作规则》《山东省绿化委员会成员单位职责》《山东省绿化委员会2020年工作要点》《山东省绿化委员会办公室关于进一步加强全民义务植树工作的通知》。省绿化委员会成员单位负责人参加会议。

3月20日 山东省自然资源厅、山东省卫生健康委员会、山东省广播电视台等单位联合在山东省林木种质资源中心举办"绿满齐鲁·美丽山东"致敬最美医务工作者公益植树活动。

4月1日 山东省自然资源厅召开全省森林草原防火工作视频会议。省自然资源厅厅长、省林业局局长李琥出席会议并讲话,副厅长王太明及有关处室主要负责人在主会场参加会议。

4月10日 山东省人民政府新闻办召开新闻发布会,邀请省自然资源厅副厅长、省林业局副局长马福义及省财政厅、省自然资源厅有关处室负责人对省政府办公厅印发的《加快推进大规模国土绿化行动方案》进行解读,并答记者问。

4月21~22日 山东省委副书记、省副总林长、省级林长杨东奇到费县塔山国有林场和沂南县彩蒙山自然保护区调研林长制落实情况。山东省委副秘书长赵晓晖,山东省农业农村厅党组书记、山东省扶贫开发办主任崔建海,山东省自然资源厅副厅长、山东省林业局副局长马福义,临沂市委书记王安德、副市长郑连胜等陪同。

5月7日 国家林草局荒漠化防治司与山东省自然资源厅通过视频会议形式召开第六次荒漠化和沙化土地监测工作技术交流会。

7月29日 泰安市在全国松材线虫病防治电视电话会议上作典型发言,介绍松材线虫病防治经验。山东省自然资源厅组织收听收看全国松材线虫病防治电视电话会议精神。

7月30日 山东省林长制办公室印发《关于调整公布省总林长省级林长的通知》。省委副书记、省长李干杰担任省总林长,同时兼任泰山区域省级林长。

9月30日 山东省人民政府决定:宇向东为山东省林业局局长,兼任山东省自然资源总督察。

10月9日 山东省委书记、省总林长刘家义主持召开2020年省总林长会议,对全省林长制工作进行安排部署。省委副书记、省长、省总林长李干杰,省委副书记、省副总林长杨东奇,副省长、省副总林长王书坚、于国安出席会议。省林长制办公室主任、省自然资源厅厅长、省林业局局长宇向东汇报全省林长制工作情况。

10月17日 全国第二处"林业英雄林"落成暨基地揭牌仪式在淄博市原山林场举行。中国林学会理事长赵树丛,国家林草局副局长彭有冬,国家林草局林场和种苗管理司副司长张健民,山东省政协副主席刘均刚,山东省人大常委会人事代表工作委员会主任牛保平,山东省自然资源厅厅长宇向东、副厅长王太明等出席落成揭牌仪式,并会见余锦柱、孙建博两位"林业英雄"及其他代表。

10月29日 山东省林长制办公室印发《2020年省总林长会议纪要》《山东省林长制省级会议制度》《山东省林长制工作信息管理制度》《山东省林长制工作巡查制度》《关于加强护林员和防灭火巡查员队伍建设的意见》《山东省林长制绩效评价办法》6个制度文件。

11月16~18日 十三届全国政协常委、国家林草局副局长刘东生一行到威海市调研松材线虫病防治工作,并参加座谈会。威海市副市长周永迪主持会议,山东省自然资源厅副厅长王太明汇报全省松材线虫病攻坚战、秋季普查和2021年防治方案,威海市林业主管部门主要负责人汇报松材线虫病防治情况。会议讨论并通过《山东省2021年度松材线虫病防治方案》。

11月27~28日 山东省自然资源厅在济南召开《山东省林业发展"十四五"规划》评审会议。

(山东省林业由张彩霞供稿)

河南省林业

【概　述】 2020年，全省林业系统认真践行习近平生态文明思想，围绕黄河流域生态保护和高质量发展等重大国家战略实施，围绕开展三大攻坚战（防范化解重大风险、精准脱贫、防治污染）、"六稳"（稳就业、稳金融、稳外贸、稳外资、稳投资、稳预期）、"六保"（保居民就业、保基本民生、保市场主体、保粮食能源安全、保产业链供应链稳定、保基层运转）等工作大局，以党的建设高质量推动林业发展，圆满完成各项任务。

【党的建设】 坚持将学习贯彻习近平生态文明思想具体化。严格落实"第一议题"制度，运用"五种学习方式"，深入学习习近平总书记最新重要讲话和批示指示精神，抓实党组中心组理论学习。创新学习平台载体，开办"两山"大讲堂、"青干夜校"，切实以习近平生态文明思想武装头脑、指导实践、推动工作。严格落实全面从严治党主体责任。制订规范化个性化责任清单，明确局党组班子责任25项、党组书记责任9项、其他班子成员共同责任8项、专项责任4项，层层传导压力，推动全面从严治党主体责任归口细化、高效落实。坚持大抓基层、大抓支部。着力抓实政治机关、模范机关建设，深入开展"逐支部观摩、整单位提升"活动，成功创建22个星级党支部，在疫情防控和业务工作推进中，有力发挥基层党组织的战斗堡垒和党员的先锋模范作用。

【黄河流域生态保护】 ①着力建设堤外"绿廊"、堤内"绿网"和城市"绿芯"，制定"一轴两带三群多组团"（"一轴"：沿黄生态廊道建设为生态轴、景观轴和林业全面发展带动轴；"两带"：打造沿黄生态保育带、林业特色产业带；"三群"：建设黄河流域森林公园群、湿地公园群、森林城市群；"多组团"：发展多个沿黄林业生态建设项目、特色林业产业片区等，建成多个特色经济林基地和林业产业化集群）的沿黄林业高质量发展工作方案。②制订沿黄生态廊道建设标准，设计五大类31个模式，推荐120个树种名录，为打造沿黄复合型生态廊道提供技术遵循。③编制沿黄湿地公园群规划，涉及三门峡、洛阳、郑州、开封等13个省辖市，为加大湿地保护修复力度，发挥湿地系统生态效益奠定基础。④启动郑州等5个沿黄生态廊道示范段建设，全省共完成沿黄生态廊道建设120.2千米，造林4693.33公顷，绿色廊道、生态廊道、安全廊道、人文廊道、幸福廊道雏形初现。⑤启动黄河流域森林特色小镇、森林乡村建设，印发工作方案，召开观摩动员会，打通"最后一公里"，增强群众绿色获得感、幸福感。

【助力乡村振兴战略和生态扶贫攻坚战】 村镇绿化美化步伐加快。开展围村林、四旁植树等，完成村镇绿化美化工程8733.33公顷，命名认定省级森林特色小镇20个、国家级森林乡村503个、省级森林乡村775个。生态扶贫攻坚战取得实效。全省共选聘4.2万名建档立卡贫困人口担任生态护林员，年人均收入6820元。在贫困地区建成特色经济林基地8133.33公顷，改扩建木本油料基地5133.33公顷、苗木花卉基地9133.33公顷，发展林下养殖、林菜林药种植4万公顷，"帮包带"12万名贫困群众增收致富。

【国土绿化】 全面落实省委、省政府"一手牵两头"决策部署，实现防疫和造林两不误、齐推进，全年共完成造林25万公顷，超出计划任务29.7%，森林抚育30.07万公顷。①山区生态林工程稳步实施。加大山区造林力度，筑牢太行山、伏牛山、桐柏—大别山三大生态屏障。攻坚困难地造林，营造水源涵养林和水土保持林，共完成造林9.92万公顷。②生态廊道建设提质升级。联合自然资源、铁路、交通等部门，专题部署推进京广高铁豫北段160千米廊道绿化。联合水利部门，专题安排全省61条骨干河流廊道绿化。一年来，全省完成廊道绿化任务4.44万公顷。③森林质量不断提高。狠抓退化林修复、森林抚育项目，优化林种树种结构，注重常绿、多彩，新造林乡土树种占60%、常绿树种占30%、珍稀树种占10%，森林质量明显提升。

【绿色富民】 积极培育林业产业化重点龙头企业，全省现有规模以上林业企业共536家，林业产业化龙头企业运营稳中向好。重点培育南阳月季苗木花卉集群、清丰板材家具集群等10个林业产业化集群，全省林业产业化集群达103个，规模化、示范化带动作用有效发挥。认真贯彻落实习近平总书记重要指示精神，承办召开全国油茶产业发展光山现场会；把"两山"大讲堂开在林间地头。全省新造油茶林3733.33公顷，总量达6.67万公顷，年产茶油8500余吨，年产值12亿元。新发展优质林果3.33万公顷，打造三门峡苹果、荥阳软籽石榴等基地。新发展花卉苗木1.99万公顷、特色经济林1.6万公顷，全省林下经济发展面积达214.67余万公顷。落实国储林项目贷款超60亿元，完成储备林基地年度建设任务6.67万公顷。新建国家级森林康养基地3个、省级20个，联合开展2020首届穿越壮美太行国际徒步大会活动，大力推介太行山森林旅游和国家森林步道。积极筹备参加第十届全国花博会，河南园建设按计划推进。全省林业产值达到2165亿元。

【森林资源保护】 强化森林资源管理。实行严格的森林资源保护制度，进一步规范征占用林地审核审批和采伐限额管理。加强天然林保护，完成国家2066.67公顷天保工程公益林建设任务，实现对12.36万公顷国有林和93.06万公顷地方公益林的有效管护，全省纳入森林生态效益补偿的公益林面积达156.47万公顷，落实补偿资金3.5亿元。推进自然保护地优化整合。根据国家统一部署，组织编制自然保护地整合优化预案，将全省原有的229个自然保护地整合为201个，为加快构建科学合理的自然保护地体系打下了良好基础。抓好森林防火。适应新工作机制，毫不松懈开展森林防火工作，局机关选派65名业务骨干到重点火险县，与基层同志同岗同责，靠前驻守。全年共发生森林火灾18起，过火森林面积91.61公顷，受害森林面积41.7公顷，火灾起数、过火面积、受害面积较上年分别下降88.16%、84.57%、30.17%，创历史新低。在春节、清明节高火险期，实现全省零火灾。加强安全生产。全面完成247家禁食野生动物养殖企业（户）退出处置工作，下发省级财政补偿资金1.65亿元，平稳顺利。加强美国白蛾、松材线虫病等林业有害生物防治，林业有害生物成灾率0.28‰，远低于国家3.7‰的控制指标。

【林业改革】 推动机构改革，理顺省级森林防火、森林公安管理体制，落实局机关"三定"。扩大林长制试点范围，借鉴安徽推行林长制工作经验，总结新县、长垣推行林长制试点做法，确定新乡、驻马店、济源为全域试点单位，息县、商城、光山为县级试点单位，积极探索不同区位、不同资源禀赋、不同管理模式推行林长制的具体路径，研究起草河南省推行林长制的初步意见。推进放管服改革，深化一网通办，规范办理流程，49个依申请类政务服务事项"最多跑一次"实现率和"不见面审批"事项办结率达到100%。推进集体林权制度改革，全省新增家庭林场和林业合作社240家，总数达8317家，放活集体林地经营权面积达到140.67万公顷，新增林权抵押贷款6.1亿元，累计达64.7亿元。推进林业科技创新，开展科技攻关，6项成果获得国家和省级奖项，筛选推广林业科技成果50项。

【市场监督管理等五部门联手打击野生动物违规交易】 2月10日，省市场监督管理局、省公安厅、省农业农村厅、郑州海关、省林业局五部门联合发出《关于联合开展打击野生动物违规交易专项执法行动的通知》，安排部署在全省范围内联合开展打击野生动物违规交易专项执法行动事宜。

【省规划院与河南地质局签订战略合作框架协议】 5月11日，省林业调查规划院与中化地质矿山总局河南地质局签订战略合作框架协议。河南地质局局长张建军、党委书记江新华，省林业局党组成员、副局长师永全出席签约仪式。双方还围绕推进黄河流域生态保护与高质量发展，如何加强高科技在林业工作中运用进行深入交流。

【黄河流域森林特色小镇、森林乡村建设工作方案】 为深入贯彻落实习近平总书记关于黄河流域生态保护和高质量发展的重要指示及省委、省政府的工作要求，结合河南省乡村振兴战略规划实施和森林河南生态建设规划任务，省林业局出台《河南省黄河流域森林特色小镇、森林乡村建设工作方案（2020~2025年）》，决定在黄河流域大力开展森林特色小镇和森林乡村建设工作。

【《关于以食用为目的的陆生野生动物养殖企业（户）退出处置工作的指导意见》】 8月16日，省林业局联合省公安厅、省财政厅、省生态环境厅、省农业农村厅、省市场监管局、省扶贫开发办公室、省信访局出台《关于以食用为目的的陆生野生动物养殖企业（户）退出处置工作的指导意见》，就稳妥有序做好河南省以食用为目的的陆生野生动物养殖企业（户）退出工作提出指导意见。

【全省沿黄干流森林特色小镇、森林乡村"示范村"建设工作会】 于8月25~27日召开贯彻落实习近平总书记关于黄河流域生态保护和高质量发展的重要指示精神及省委、省政府的工作要求，坚持目标导向、问题导向，发现问题、预判问题，对沿黄干流地区森林特色小镇、森林乡村建设工作再动员再部署，加快组织推进，推动森林特色小镇和森林乡村建设取得扎实成效，全面促进黄河流域生态保护和高质量发展。

【全省林业有害生物防控现场观摩会】 于9月16~17日在兰考县召开。省林业局党组成员、副局长李志锋出席会议并讲话。各省辖市、济源示范区林业主管部门负责人，森防站站长、灾害预防科科长，省局有关处室、单位人员参加会议。

与会人员先后到兰考县、商丘市，重点观摩省级森林乡村建设、国储林和黄河故道湿地林业有害生物防控、重大林业有害生物精准治理、菌草种植等。会上，郑州、开封、洛阳、新乡、焦作、濮阳、三门峡、商丘、济源示范区、兰考县作交流发言。

【全国油茶产业发展现场会】 于11月16日在光山召开。现场观看反映河南省油茶产业发展情况的电视专题片《油茶果飘香 青山变金山》，江西、河南、湖南、广西等省（区）和光山县、罗城县负责同志先后作交流发言，河南省副省长刘玉江和河南省人大常委会副主任、信阳市委书记乔新江先后致辞，国家发展改革委农经司副司长李明传、国家开发银行副行长周清玉分别结合本系统职责职能介绍支持和扶持油茶产业发展的相关政策，国家林草局副局长李春良讲话。

浙江、安徽、福建、江西、河南、湖北、湖南、广东、广西、海南、重庆、四川、贵州、云南、陕西15个省（市、区）林业和草原主管部门负责同志及相关部门机构负责人，国家林草局发改司等单位负责同志参加会议。国家发展改革委、财政部、科学技术部、工业和信息化部、农业农村部、国家市场监管总局、国务院扶贫办等部门及相关金融机构有关同志，油茶产业发展示范市、有关县、油茶产业协会、木本油料分会、油茶科研院所、部分企业代表，以及河南省省直有关单位、信阳市委市政府相关负责同志受邀参会。

【河南省候鸟保护宣传暨三门峡市第七届"保护白天鹅宣传日"】 于11月22日在三门峡市启动。国家林草局武汉专员办副专员孟广芹，省林业局党组成员、森林公安局局长朱延林，河南省沿黄九地市林业主管部门负责人、沿黄湿地类型自然保护区负责人、三门峡市有关局委、大中专院校志愿者、野生动物保护协会志愿者等参加活动。

活动当日，展出白天鹅、红腹锦鸡等珍稀野生鸟类摄影作品和宣传版面90余块。通过短信群发保护白天鹅信息3万条。发出黄河湿地宣传册600份，笔记本800本，关爱天鹅，保护湿地宣传袋1000个，保护白天鹅主题宣传彩页2000份，黄河湿地宣传鸟册1000份，河南省护飞行动宣传册500份，湿地保护范围内禁止行为宣传单页1000份。

【蜡梅和构树国家创新联盟】 11月21~22日，蜡梅和构树国家创新联盟成立大会在郑州召开。国家林草局科技司一级巡视员厉建祝，河南省林业局党组成员、副局长、一级巡视员师永全等出席大会。

会上宣读《国家林业和草原局关于同意成立第二批林业和草原国家创新联盟的通知》，分别向蜡梅国家创新联盟和构树国家创新联盟理事长单位、副理事长单位、理事单位授牌，为首届理事会、秘书处、专家委员会成员颁发聘书。

【河南省关注森林活动组委会全体会议暨省级森林城市授牌仪式】 于11月27日在郑州举行，以深入贯彻落实习近平生态文明思想和习近平总书记考察调研河南时重要讲话精神，学习贯彻党的十九届五中全会精神，安排部署今后一个时期的关注森林工作，为森林河南建设建言资政、凝聚力量。

【省委、省政府实施国土绿化提速行动建设森林河南推进会议】 12月2日，省委、省政府以电视电话会议形式召开2021年全省国土绿化提速行动建设森林河南推进会议，全面贯彻习近平生态文明思想和习近平总书记视察河南重要讲话精神，总结2020年全省国土绿化工作，安排部署下一年任务。

年内，全省各地按照省委、省政府"一手牵两头"部署要求，努力克服疫情影响，分级分类开展造林绿化，通过调集乡土树苗、分时段作业、专业队机械栽植等方式，全省造林25万公顷，大幅度超出计划任务；森林抚育30.07万公顷，实现防疫和造林两不误、齐推进。

会议强调，2021年是"十四五"规划的开局之年，是实施黄河流域生态保护和高质量发展重大国家战略的关键之年，也是实现森林河南生态建设规划前五年目标的重要一年。各地要围绕提质增效，全面推动国土绿化行动。

【全省2020年冬季义务植树活动】 于12月6日举行。省委书记王国生、省长尹弘、省政协主席刘伟等20余位省领导在郑州市惠济区花园口镇八堡村黄河湿地与干部群众一起参加义务植树活动。当天，省、市、县三级联动，据初步统计，全省参加植树人数约11万余人，共植树117万株，植树总面积近1333.33公顷。

【原永胜调研指导第十届花博会河南园建设】 12月15~17日，省林业局党组书记、局长原永胜，赴上海调研指导第十届花卉博览会河南园建设。

在河南园区施工现场，原永胜认真听取河南园区设计方案、布展建设情况汇报，实地查看园内土建基础、景观小品和绿化种植等布展效果。相关地市及企业分别对各自布展区域进行详细了解，仔细与设计施工单位对接沟通，并领受具体布展建设任务。

【全省湿地保护暨湿地公园建设管理推进会】 于12月17~18日在洛阳召开，会议深入学习贯彻习近平生态文明思想，总结交流河南省"十三五"湿地保护修复成绩，谋划"十四五"湿地保护修复工作思路，安排2021年重点工作。

各省辖市、济源示范区林业主管部门分管湿地工作的负责人，保护科科长，2021年应申请验收的国家、省湿地公园（试点）的县（市、区）林业主管部门主要负责人，各国家、省级湿地公园（试点）管理机构负责人参加会议。

【河南省林业乡土专家座谈会】 12月28日，省林业局召开由国家林草局聘任的第二批河南省林业乡土专家座谈会。省林业局二级巡视员李灵军出席会议并讲话。

座谈会上，林业乡土专家分别介绍近年来围绕林业生产、脱贫攻坚、乡村振兴等，开展林果花卉高效栽培、苗木培育、林业技术培训、组织技术团队服务和带动当地群众脱贫致富的好经验、好做法，交流了核桃、花椒、桃、梨、玉兰、辛夷等产业发展，以及优良乡土树种培育、彩叶苗木培育与销售、中华寿桃盆景培育等情况，深入探讨如何适应新形势、新要求，更好地发展林果、苗木产业和提质增效，就下一步林业产业扶贫、林果花卉产业发展等提出意见和建议。

【河南省中央财政林业科技推广项目通过验收】 12月28日，河南省中央财政林业科技推广项目验收会在郑州召开。会上，河南省中央财政林业科技推广项目通过验收。省财政厅、省林业局、河南农大林学院、省种苗站、省农科院园艺所、省林业调查规划院、省推广站等单位领导、专家参加验收会。省林业局二级巡视员李灵军出席会议并讲话。

根据前期专家组现场查定情况，结合各项目承担单位全面汇报的实施管理和资金使用情况，经专家组认真审查、质询、评分，河南省15个林业科技推广项目符合中央财政林业科技推广项目结题要求，全部通过专家组验收。

【大事记】
1月1日 省自然资源厅党组书记刘金山和省林业局党组书记、局长原永胜到鹤壁市调研高速高铁廊道绿化工作。鹤壁市委副书记张然、副市长刘文彪等一同调研。

1月21日 省林业局党组成员、省森林公安局局长朱延林主持会议，专题安排部署新型冠状病毒肺炎疫情防控。局机关各处室、局属各单位相关负责同志参加会议。

2月12日 省林业局党组书记、局长、省林业新型冠状病毒肺炎防控指挥部指挥长原永胜深入巩义市，就野生动物经营管理展开专题调研。原永胜强调，在当前疫情防控进入关键期的紧要时刻，一定要全面提升政治站位，进一步树立以人民为中心的理念，切实强化野生动物疫源疫病防控，坚决杜绝一切传染性野生动物疫病传播、扩散可能。

2月20日 《河南省林业局2020年工作要点》印发。

2月21日 全省林业工作会议召开，旨在贯彻落实习近平总书记视察调研河南时的讲话精神和省委十届十次全会、省委经济工作会议、全国林业和草原工作会议精神等，总结全省林业2019年工作，安排部署2020年工作。

3月25日 省林业局党组书记、局长原永胜与南阳市副市长李鹏等，就南阳林业发展及林业重点项目等相关问题进行深入交流。

4月2日 省林业局党组书记、局长原永胜与中国移动河南公司党委书记、董事长、总经理杨剑宇等，深入交流探讨林业信息化建设。

4月9日 国家林草局驻武汉专员办副专员马志华带领武汉专员办自然保护地及国家公园监管处全体同志到河南省林业局，听取森林防火、林业执法、森林督查等工作汇报，就前期对全省森林防火专项督导工作情况进行反馈，并与有关处室单位座谈相关工作对接事宜。

4月13日 省林业局召开第6次局党组（扩大）会议，认真学习习近平总书记在决战决胜脱贫攻坚座谈会上重要讲话和省脱贫攻坚会议精神，研究讨论具体贯彻落实意见。

4月21日 省林业局党组书记、局长原永胜与驻马店市委书记陈星等会谈，共同研究探讨林业发展。

4月24日 2020年河南省野生动物放归自然系列活动暨焦作市"爱鸟周"鸟类放飞活动在焦作举行。此次活动放归的17只野生动物，均是去冬今春省野生动物救护中心和焦作市林业局救护的，其中有国家一级重点保护野生动物金雕1只，国家二级重点保护野生动物苍鹰1只、普通鵟1只、红角鸮2只、红腹锦鸡2只，三有保护动物苍鹭2只、普通刺猬2只、豆雁1只、绿头鸭1只，还有4只黑天鹅。

5月14日 省林业局在郑州召开全省自然保护地整合优化推进会。省林业局党组成员、省森林公安局局长朱延林出席会议并讲话。各省辖市、济源示范区林业主管部门分管负责人、有关科室主要负责人及相关技术负责人员，省林业局保护处、省林业调查规划院有关同志参加会议。

5月21日 省林业调查规划院65名技术人员分赴河南省47个县（市、区），开展荒漠化和沙化监测外业调查工作，标志着河南省第六次荒漠化和沙化监测工作全面展开。

5月 国家林草局办公室和国家发展改革委办公厅联合发布《关于国有林场改革国家重点抽查验收反馈意见的通知》，通报内蒙古、安徽、福建、山东、河南等省（区）国有林场改革国家重点抽查验收情况，河南省国有林场改革国家重点抽查验收结果为优。

6月4日 全省国家储备林项目建设座谈会在郑州召开，坚持问题导向、目标导向，梳理问题、明晰流程、打破瓶颈，以又好又快推进项目落实落地。各省辖市、济源示范区林业主管部门主要负责人及国储林项目管理工作人员，部分县（市、区）林业主管部门主要负责人和贷款已经落地的部分市、县项目公司负责人等参加会议。

6月19日 省林业局党组书记、局长原永胜主持召开第9次局长办公会议，研究《河南省林业局关于支持洛阳加快建设中原城市群副中心城市的意见》草案及河南省"十四五"林业发展规划编制。

6月23日 《河南省林业局关于支持洛阳加快建设中原城市群副中心城市的意见》发布。

6月29日 省林业局和省扶贫开发办公室联合下发《关于支持全省油茶产业高质量发展的指导意见》。

7月22~23日 世界菌草技术发明人、国家菌草工程技术中心首席科学家林占熺研究员率研究团队到河南，专题调研黄河流域菌草生态屏障建设情况。

7月29日 省林业局举办第二次"两山"大讲堂，邀请"两山论"原发地浙江省安吉县天荒坪镇余村原党支部书记、现安吉县委党校校委委员潘文革主讲"两山"实践。省林业局全体公务员和局属单位副处级以上干部听讲，省林业局党组成员、副局长师永全主讲堂。

7月31日 禁食野生动物退出工作厅际联席会议第一次会议在省林业局召开，以贯彻落实全国人大常委会《关于全面禁止非法野生动物交易、革除滥食野物动物陋习、切实保障人民群众生命健康安全的决定》及省政府领导有关批示，妥善解决全省现有以食用为目的的陆生野生动物人工繁育场所及野生动物处置问题。

8月13日 第十届中国花卉博览会（上海·崇明）河南园正式开工。河南省林业局党组书记、局长原永胜，河南省花卉协会会长何东成，上海市崇明区政协副主席袁刚，河南省林业局党组成员、副局长王伟等共同到开工现场培土奠基。

8月22日 省委书记王国生到濮阳金堤河国家湿地公园，查看生态修复和国家湿地公园建设情况，调研濮阳市黄河流域生态保护和高质量发展工作。

8月30日 河南省核桃产业技术创新战略联盟成立大会在卢氏县召开。省林业局党组成员、省森林公安局局长朱延林出席并讲话。来自省内外的河南省核桃产业战略联盟单位100多位专家、学者，核桃种植专业合作社负责人、种植大户参加成立大会。

9月8日 欧洲投资银行贷款河南珍稀优质用材林可持续经营项目碳汇计量与监测培训班在郑州举办。来自欧洲投资银行贷款河南珍稀优质用材林可持续经营项目、欧洲投资银行贷款河南森林资源发展和生态服务项目的有关省辖市林业主管部门项目主要负责人、有关县（市、区、场）林业主管部门主管副局长、项目办主任、技术人员，以及全球环境基金项目的单位主管副场长、项目办主任、技术人员等参加培训。

9月17日 省林业局第三期"两山"大讲堂在光山举办，以进一步深入学习习近平总书记视察光山县司马光油茶园所作重要指示，进一步贯彻落实总书记"路子找到了，就要大胆去做"指示精神，加快推进全省油茶产业发展，努力实现习近平总书记指出的经济发展、农民增收、生态良好等"多赢"目标。

10月7日 省林业局党组书记、局长原永胜深入太行山区暗访林业安全生产和森林防火工作情况，强调一定要以严之又严、慎之又慎的态度，消灭一切安全隐患，确保森林资源和林区人民群众生命财产安全。

11月10~11日 全省林下经济示范基地建设培训会在新乡召开。省林业局党组成员、副局长、一级巡视员师永全出席会议并讲话，新乡市副市长武胜军致辞。各省辖市、济源示范区林业主管部门分管负责人、科(股)室负责人及林下经济示范基地负责人共110余人参加培训。

12月1日 省林业局组织召开全面推行林长制工作研讨会，学习借鉴全国林长制改革示范区——安徽省推行林长制经验，研讨河南省全面推行林长制工作。

12月14日 国家林草局总经济师兼发改司司长杨超带领工作组到河南省调研集体林权制度改革。

12月16~17日 副省长刘玉江先后到鹤壁市和许昌市调研森林防火工作。

12月21日 省林业局召开林业生态扶贫推进会。省林业局党组成员、副局长王伟出席会议并讲话。各处室单位分管扶贫工作负责人、扶贫办全体人员参加会议。

12月22~25日 国家林草局副局长刘东生先后赴新乡、郑州、三门峡，就"十三五"以来国土绿化开展情况、生态保护修复工程、耕地保护与造林绿化、造林绿化任务落地上图、松材线虫病防控等国土绿化高质量发展工作进行调研。

(河南省林业由陈伟供稿)

湖北省林业

【**概　述**】 2020年，全省林业主管部门以习近平新时代中国特色社会主义思想为指导，全面贯彻落实党的十九大、十九届四中全会精神和省委省政府决策部署，以坚决打赢新冠肺炎疫情防控人民战争、总体战、阻击战的决心意志，压紧压实防控责任，精准稳妥复工复产，积极推进国土绿化、资源管护、生态修复等工作，加快林业治理体系和治理能力现代化，开创全省林业高质量发展新局面取得新进展。完成人工造林11.19万公顷、封山育林8.52万公顷，新增省级森林城市5个，省级森林城镇21个。林草业总产值3842.49亿元，其中草原产业总产值12.24亿元、林业产业总产值3830.25亿元。林业第一产业产值1370.99亿元(同比增长约6.56%)、第二产业产值1198.38亿元、第三产业产值1260.88亿元。

【**精准灭荒工程**】 全省林业主管部门以"无山不绿、无水不清、无路不荫、无村不美"为目标，以荒山、岸线、通道绿化为重点，以"成活成林"为标准，克服疫情不利影响，持续开展国土绿化攻坚，完成精准灭荒造林4.23万公顷，落实自2018年以来近3年的新造林管护抚育和补植补造责任，"四个三"重大生态工程(即从2017年底，用3年时间，在全省乡村展开一场特殊的攻坚战：全力推进"厕所革命"、精准灭荒、乡镇生活污水治理和城乡生活垃圾无害化处理工程)中的林业精准灭荒工程三年任务圆满收官。

【**长江两岸造林绿化工程**】 完成长江两岸造林2.09万公顷，各地在实施长江两岸造林绿化过程中，统筹推进沿线城镇村庄绿化，大力开展沿江水网路网、农田林网、村庄道路绿化和庭院绿化，构建长江两岸乡村绿色生态网络。该工程自2018年6月起，按照湖北省委、省政府启动实施长江两岸造林绿化三年行动所编制的《湖北省长江两岸造林绿化技术指南》，分区域、分地类制定典型设计，指导各地合理配置，科学造林。各地推广特色乡土树种，调整优化现有以杨树为主的单一树种结构，采用树种50多个，增加了生物多样性。3年来共累计完成长江两岸造林5.63万公顷，其中：长江沿线共完成城镇村庄道路绿化1.09万公顷。地方政府加大长江两岸造林绿化资金投入，积极撬动社会资本投入，在长江两岸共投入造林绿化资金91.06亿元。在全省长江干流沿线的40个县(市、区)推进长江两岸造林绿化工程，具体开展长江及汉江两岸造林，加强长江和汉江、清江干流岸线封育保护和生态修复。

【**人工造林与封山育林**】 全省完成人工造林面积11.19万公顷、封山育林面积8.52万公顷、退化林修复面积5.24万公顷、人工更新面积0.86万公顷、森林抚育面积39.34万公顷。在人工造林面积中，新造混交林面积6078公顷。按林种分，用材林6.46万公顷、经济林3.86万公顷、防护林5.36万公顷、薪炭林1365公顷、特种用途林1346公顷；按权属分，公有经济成分造林6.67万公顷(其中国有经济成分造林2.73万公顷，集体经济成分造林3.94万公顷)，非公有经济成分造林9.27万公顷。在人工造林中，林业重点工程完成人工造林面积2.49万公顷，全年种草面积117公顷。全省全年完成义务植树9776万株。全年全省完成当年新封山育林面积中：无林地和疏林地新封山育林面积4.75万公顷，有林地和灌木林地新封山育林面积2.48万公顷，新造幼林地封山育林1.29万公顷。实施的森林城市建设工程，新增5个省级森林城市(监利、公安、鹤峰、云梦、应城)、21个省级森林城镇。

【**义务植树**】 全省组织各类义务植树活动5536场次，完成义务植树9776万株。2020年3月，在武汉市新冠肺炎疫情防控十分紧张的情况下，联合武汉市园林和林业局开展了"种一棵希望之树"绿愈武汉的"3·12"网络义务植树活动，广大市民踊跃参加，共有4500多人参与了网上捐款，募集义务植树资金10万多元。开通全省“互联网+义务植树”省级网络平台。确定省级义务植树基地，将武汉市新洲区将军山林场义务植树基地和咸宁市通城县黄袍山义务植树基地确定为省级义务植树示范基地。

【天然林保护工程】 全省天然林资源保护工程人工造林面积599公顷，新封山育林面积1.03万公顷，退化林修复面积2200公顷。全年全部林业投资完成额10 191万元，其中：国家投资5983万元，地方投资1711万元。全年强化管护站点、管护设施和管护队伍建设，规范管护程序，落实管护责任，对天然林资源、生态公益林进行严格的监督管理，形成了横向到边、纵向到底，全方位、多角度、全覆盖的管护网络。全省保护的天然林和公益林没有出现严重的森林火灾、违规占用、盗伐等问题，森林资源得到了有效管护。严格落实国家、省政府对生态公益林管理的有关规定，从严控制公益林调整、占用。因国家或省重点工程项目和其他原因需要采伐、征占和调整公益林的，因疫情影响不能到实地查验，会同省财政厅简化程序，委托市（州）林业部门到实地查验，确保公益林调整占用依法依规进行。

【退耕还林工程】 全省退耕还林工程完成退耕地造林7453公顷。全年全部林业投资完成额1.30亿元，其中：国家投资8612万元，地方财政配套4272万元。全年完成退耕还林效益监测工作，向国家林草局报送了退耕还林生态效益监测相关数据与资料，用真实的数据切实反映了退耕还林工程对生态环境改善所起到的作用。完成退耕还林二十周年活动的《湖北省退耕还林发展报告》上报国家林草局，湖北有11篇先进典型事例入选国家林草局先进典型书目。开展新一轮退耕还林省级复查工作，组织5个核查组对2017年、2018年度的新一轮退耕还林完成情况进行了省级复查，复查抽样面积2637.76公顷，复查小班13 124个，涉及19个县（市、区），52个乡镇。经核查，2017年度和2018年度面积核实率均在97.0%以上、面积合格率在90%以上。2020年5月，国家林草局退耕中心开展“退耕还林还草高质量发展大讨论”网络征文活动，全国共收到征文作品169篇，共评出一等奖3篇，其中湖北省选送的《退耕还林、森林经营与永久性森林》获得一等奖。

【长江防护林工程】 全省长江防护林完成人工造林面积13 835公顷、新封山育林面积5664公顷、退化林修复5468公顷、人工更新1013公顷。完成全部林业投资额20 152万元，其中：中央投资17 451万元，地方投资1901万元。全年推进国家长江防护林工程建设，加强工程日常管理，严格实行项目申报、审核审批、督促检查、进展报告等制度，加强工作进度调度和检查督办，圆满完成了年度目标任务。

【林业血防工程】 营造血防林面积1933公顷，当年完成林业投资2960万元，其中：中央投资1730万元、地方财政配套280万元。

【石漠化综合治理工程】 完成石漠化综合治理工程人工造林3028公顷、新封山育林面积29 980公顷、森林抚育面积205公顷。全年全部林业投资完成额12 248万元，其中：国家投资11 411万元，地方投资837万元。

【外资造林项目】 完成德国政府贷款项目建设任务。谷城、保康、宜城、钟祥、安陆5个德贷项目县（市）努力克服新冠肺炎疫情带来的不利影响，全力以赴推进德贷项目的实施。截至2020年5月，全省德贷项目施工任务全部完成。5月25日至8月20日，组织对项目进行全面核查，共计完成合格面积9710公顷，超计划任务的15%。从10月初开始，开展德贷项目报账资料的收集、整理及编制工作。11月底省财政厅、省建行签字完毕。12月21日，报账资金从德国复兴银行汇入湖北省建设银行。

【国家储备林建设工程】 开展退化林修复668公顷，全年完成投资额500万元，全部为中央预算内基本建设资金。组织省林业调查规划院编制全省年度木材战略储备项目实施方案，并报国家林草局速丰办备案。加强对项目建设单位的巡回技术指导，在现场督查中，对发现不符合技术标准、营林措施的施工地块，坚决要求进行整改。组织各市（州）对2020年国家木材战略储备项目进行申报，一个市（州）申报1～2个国有林场，再进行择优申报。抓规划设计，编制全省年度木材战略储备项目实施方案，并报国家林草局速丰办备案。按程序将计划下达到各建设单位后，组织各单位按照德国近自然林业理念编制实施方案，并报市（州）林业主管部门审核批复，经批准后正式实施。加强对项目建设单位的巡回技术指导，通过在现场讲解如何按照德国近自然林业的理念编制实施方案，使建设单位掌握目标树经营法的经营理念、技术要求及实施方法。在现场督查中，对发现不符合技术标准、营林措施的施工地块，坚决进行整改。

【森林防火】 全面开展森林火灾预防和火情早期处置工作，全省森林火灾受害率控制在0.9‰以内，全省国有林场、森林类自然保护地未发生“较大”以上森林火灾和人员伤亡事故。与省森防指联合制发《关于加强森林防火工作的意见》，落实省级和重点防火市（州）、县（市、区）林业主管部门森林防火机构编制，推进乡镇、村组巡护扑救队伍建设；按照“空、天、地、人”四位一体模式，启动了5个县（市）、11个国有林场和5个保护地视频和无人机综合防火体系试点建设；加强重点防火期的暗访巡查、防火巡护、火源管控和火案查处等。组织专班制定《关于加强森林防火工作的意见》，经省政府同意后，以省森林防灭火指挥部和省林业局两家单位名义印发县以上人民政府实施，指导全省开展森林火灾预防工作。与省政府办公厅、省编办、省应急等部门联系，明晰林业部门与应急等部门的防火职责界线。按照湖北省林业局党组森林防火总体思路，围绕加强“一个中心四个体系”森林防火基础建设，拟订全省森林防火“十四五”发展思路。申报全省防范生态重大风险森林防火重大项目，通过省发改委向国家申报一批森林防火重点项目。指导各地在元旦、春节、清明节、国庆节期间，通过手机短信、微信、QQ群等群发森林火险信息，印发森林防火宣传画等，加大森林防火宣传教育。组织5月12日防灾减灾周和10月国际防灾减灾日森林防火系列宣传活动，在湖北电台开展两期专题访谈节目，进入森林重点防火期解读的《关于加强森林防火工作的意见》专访，制作森林防火专题宣传片在湖北电视台播放。推广使用"防火码""互联网+督查系统"，加强对入山人员管控；高火险期加强火源管理，增设检查站，加强火种管理；增加临时护林员，加强林区巡护，严防火源上山入林。专门安排森林防火暗访督查工作，由湖北省林业局领导带队组成暗访督查组，分别到火灾多发的武汉、黄石、咸宁等地开展明察暗访，加大对每起森林火灾的侦破和追责问责力度。组织《全国森林防火规划（2016~2025）》中期评估工作，开展森林防火综合治理项目的检查验收。针对黄冈、宜昌、恩施、孝感、襄阳等部分市（州）森林防火综合治理项目进展迟缓问题，召开全省森林防火项目建设推进督办会、约谈会，推广使用林火卫星遥感监测系统，"互联网+防火督查系统"，统筹建设国有林场视频监控系统，重点抓好6个国有林场森林防火综合监控试点建设。增加防火专项编制。9月，全省林业系统核增行政编制75名，专项用于承担森林防火工作。核增行政编制10个市（州）有4个为行政编制防火机构，核增行政编制65个县有18个成立专门的防火机构。制定《湖北省森林和草原火灾普查（试点）工作方案》《湖北省森林和草原火灾风险普查操作细则》，全年防火工作经费预算总额共计1396.98万元。与省林科院、华中农业大学达成森林火灾普查样品测定分析合作意向。

【森林有害生物防治】 全省林业有害生物成灾率为3‰，无公害防治率达到93.4%，超过国家下达的"十三五"林业有害生物防治管理目标。全年投入国家、省、市、县财政资金5.5亿元，清理病死及干旱、火灾等致死松树432万株，防治美国白蛾2.33万公顷。2020年秋季普查病死松树数量同比下降20.2%，美国白蛾发生面积同比下降20%。2020年全省共清理病死及干旱、火灾致死松树432万余株，做到应清尽清。全省松材线虫病虫发生面积9.42万公顷，比2019年同期减少2933.3公顷。全省松材线虫病病死树数量96万株，比2019年同期下降20.2%。全省发放宣传资料75.5万份，开展专题报道693次（期），面向社会公众发送防治短信110万条，营造全社会依法参与防治的良好氛围。省政府召开两次美国白蛾和松材线虫病防治专题会议，强化政府防治主体责任，安排落实全省82个松材线虫病疫区和11个美国白蛾疫区开展窗口期疫木除治和常态化综合防治工作。全年共开展调研、督办林业有害生物防治工作431次。82个疫区县（市）共查找问题167条，其中，涉及除治质量、疫木监管等方面133条问题整改到位；对一时难以整改到位的涉及队伍建设、资金投入等方面34条问题，制订整改计划整改。全省初步建立卫星遥感、飞机航拍、地面固定站点、人工定期巡护的"天、空、地、人"一体化监测体系，实现疫情监测网格化全覆盖。全省组织疫木检疫执法专项行动700余次，出动执法人员4628人次；检查涉木企业2182家、疫木采伐山场7556个；收缴疫木223.3立方米，罚金135.3万元；查办案件152起，其中刑事立案3起。开展疫木清理大会战。全省美国白蛾发生面积为526.67公顷，同比下降20%。全省美国白蛾防治面积4.41公顷，全省2020年共实施树干注射保护松树30余万株；投放花绒寄甲等天敌生物414万头。全年争取中央林业有害生物防治补助经费4243万元，比2019年增加1923万元；省财政安排2020年度防治专项资金5000万元。完成"湖北省国家级中心测报点林业有害生物防治能力提升建设项目"，36个县（市、区）防治基础设施和装备条件得到改善，编制申报三峡库区、秦巴山区林业有害生物防治能力提升项目，提升对6个市（州）、42个县（市、区）重点地区的疫情监测防治能力。全省举办法律法规和防治业务培训349场，培训人员2.13万人次。

【自然保护地管理】 全省各类自然保护地从527处整合优化至321处，推进保护地整合优化，构建以国家公园为主体的自然保护地体系。联合省自然资源厅制订指导意见、工作方案和技术指南，完成省级预案编制并上报国家层面。整合优化后，全省有国家公园1个、国家和省级自然保护区43个、国家和地方级自然公园277个，范围明确，各司其职，有利于管理手段和措施精准落地，保证各珍稀物种或资源得到更加明确有效保护，总面积191.21万公顷，占全省国土面积的10.29%。推进神农架国家公园体制试点建设。出台《神农架国家公园特许经营管理办法（试行）》，神农架国家公园体制试点如期接受国家评估验收。完善保护地体系顶层设计。湖北省委办公厅、省政府办公厅已印发《湖北省建立以国家公园为主体的自然保护地体系实施方案》实施。

【湿地保护与管理】 印发《2020年全省湿地保护工作要点》，要求全省各级林业主管部门以贯彻《湿地保护修复制度实施方案》为抓手，以湿地名录为基础、强化规范和科学管理为突破口，不断提升湿地保护管理水平。加强国家湿地公园试点验收工作。组织专家对2020年到期的8个国家湿地公园进行省级初验，对进度较慢的单位进行跟踪督办，并发文对2021年国家湿地公园试点验收工作进行了部署安排。组织开展省级湿地公园晋升评估。组织专家对京山石龙水库、钟祥石门湖2个省级湿地公园进行省级评估，并申请国家林业和草原局组织晋升审核。加强项目申报管理，建立项目储备库。加强项目实施方案的评审工作，完成了4个省直单位项目实施方案的评审，指导相关项目实施单位编制2020年湿地补助项目实施方案，指导相关市（州）对项目实施方案进行审批。加强项目监管，督促2019年中央、省级财政湿地补助实施单位加快项目推进，对项目进展进行每月调度并建立台账，组织对2019年中央、省级财政湿地补助项目开展资金绩效自评。加强国家重要湿地申报工作。全省2020年共申报20处国家重要湿地。推进省级重要湿地发布工作。按照《湿地保护修复制度》和湖北省《湿地保护修复制度实施方案》的要求，对照《湖北省湿地保护名录管理办法》，积极做好2020年省级重要湿地发布工作。做好全省12处国际和国家重要湿地监测情况的摸底工作，并将统计结果及时上报国家林草局。开展小微湿地试点建设。在省级财政湿地补助资金中安排200万元支持10个省级乡村小微湿地开展建设，建立省级小微湿地建设工作台账。规范湿地公园规划调整。完成了黄州道仁湖省级湿地公园范围及功能区调整的审核批复。严格湿地征占用审查。先后完成了黄冈市万福泵站、安陆府河解放山水库除险加固、崇阳县青山镇东流村周家垅移民避险解困安置点等8处工程占用湿地公园的审查批复。做好省人大、政协重点建议与提案的回复工作，共完成8件，其中主办1件、会办2件、协办5件；积极协助武汉市政府做好承办国际湿地公约缔约方大会的筹备工作。

【野生动物疫源疫病监测与防控】 疫情防控和救护累计巡查172.82万余人次，巡查野生动物栖息地等场所19.9万余处，报送监测信息9287条。疫情期间电话抽查412次，在岗402次，在岗率97.6%。会同省科技攻关团队赴黄石、荆门、荆州等地多次采集野生动物样本，开展溯源排查。完成12个市(州)31处场所采样任务，累计采集哺乳类野生动物39种，样本2594份。全省严格实行野生动物疫源疫病监测日报告、零报告制度，对各地野生动物异常情况，印发提醒函，加强督办指导。加强救护技术指导，搭建微信远程会诊平台救护由山洪冲下山的幼小豹猫；联合华农兽医院、武汉动物园、3D打印公司等单位积极探索假体打印的救护新技术；采用专家领衔、技术人员参与、重点湖区联动的方式圆满完成省林业局"长江沿线重点湖区鸟类携带病原体本底调查"项目。

【野生动植物保护与管理】 省政府印发《关于全面禁食野生动物、严格野生动物保护管理的通知》；按照国务院《政府工作报告》部署和省政府安排，严惩非法捕杀、交易、食用野生动物行为。全年查处涉野生动物刑事案件342起，抓获犯罪嫌疑人361人次，有效发挥了警示震慑作用。有序推进野生动物退养。按照全国人大、省人大关于全面禁食野生动物《决定》精神和省政府部署，及时出台退养办法和补偿政策，全面完成632家养殖企业(户)的退养工作，共补偿资金2.6亿元。首次在全省开展一级古树体检复壮行动。每年持续指导开展水鸟同步调查，武汉市坚持每月出鸟类监测报告，属全国唯一。全国首创开展国家湿地公园建设管理评估。第一次与六部门联合开展野生动植物保护专项行动。2020年7月28日，省林业局在武汉组织召开全国第二次陆生野生动物资源调查湖北省调查验收会议，对武陵山地湖北、长江中游平原湖北、三峡谷地湖北、桐柏山山地湖北、武当山地湖北5个调查单元陆生野生动物资源调查进行验收。

【森林公安队伍建设】 全省公安机关开展"昆仑2020"专项行动。共立涉林案件449起，其中涉野生动物案件200起；侦破417起，案件目标完成率43.55%。稳步推进森林公安管理体制调整。省森林公安局在省林业局党组和省公安厅党委的领导下，认真贯彻落实中央关于行业公安机关管理体制调整的工作部署，一手抓改革，一手抓履职，切实做到了改革期间思想不乱、工作不断、队伍不散、干劲不减。

【森林采伐】 推进"十四五"年森林采伐限额编制工作。根据国家林业和草原局《关于编制"十四五"期间年森林采伐限额工作的通知》要求，编制了《湖北省"十四五"年森林采伐限额编制工作方案》和《技术细则》，按照时限要求向国家林草局提交了湖北省"十四五"年森林采伐限额编制成果报告。严格执行林地定额管理、用途管制和森林采伐限额管理、凭证采伐等制度，严守年度林地征占用7400公顷和林木采伐1020万立方米红线。办理林木采伐许可证47 756份，采伐林木蓄积量149.51万立方米。林地和采伐管理均控制在限额以内。

【林地与森林资源管理】 全省共审核办理建设项目使用林地1661宗，面积5303.47公顷，其中报国家林草局审核8宗，面积761.22公顷；组织制订《省林业局2020年国家安全工作要点》，安排部署做好各项国家安全涉林工作。严格落实国家安全涉林风险月度研判报告制度，定期开展国家安全涉林风险排查评估，向省委国安办报送森林火灾、林业有害生物灾害、野生动物疫源疫病、野生动物养殖群体风险等涉林重点风险防控、研判情况。推进涉林问题整改工作。持续推进中央环保督察"回头看"及专项督察涉林任务整改工作，推进森林资源督查重点工作。印发《2020年全省森林督查暨森林资源管理"一张图"年度更新工作方案》和《操作细则》，组织14个技术指导组下沉各市(州)，共计开展培训17期750余人次；强化指导对接，建立周对接月调度季通报制度，及时解决问题。对2019年度1154宗建设项目使用林地和73个县(市、区)开展了监督检查和巡查，共发现破坏森林资源问题线索101起。按照省政府统一部署，做好违建别墅问题清查整治专项行动、高尔夫球场清理整治回头看和违法违规私建"住宅式"墓地等涉林工作。

【林业工作站】 按照国家林草局林业工作站管理总站《标准化林业站建设检查验收办法》，开展全省21个基层林业站的省级验收工作，将总结材料及评分情况上报国家林草局林业工作总站。协助国家林草局林业工作总站完成对咸宁市咸安区高桥林业站、赤壁市新店林业站等2019年度全国林业站建设项目实施建设指导。组织遴选符合条件的基层林业站申报2020年度全国标准化林业站建设项目，2020年从国家林草局林业工作总站新增资金23万元。

【林业勘察设计】 组织开展全省自然保护地勘界立标和整合优化培训，编制完成全省自然保护地整合优化工作预案编制技术指南，推进森林督查暨森林资源管理"一张图"年度更新工作，编制工作方案和技术细则，制作培训视频课件，主动深入到各地对接遥感判读等基础数据，向基层林业部门讲授技术细则、外业核实、数据生成及成果检查等工作内容，配合国家林草局中南院中期指导和外业检查，完成森林督查成果预审、公益林数据集中审核和修改完善，进行"十四五"指标测算，编制完成林业"十四五"规划初稿；对接确定编限单位，制定印发技术细则，在分析编限基础数据的基础上，完成林业"十四五"采伐限额编制和上报工作。报送年度森林覆盖率、森林蓄积量等森林增长考核指标的统计数据和分析评价。完成全省二类数据库的收集、汇总、分析工作，将数据库由 80 坐标系转 2000 坐标系，与国土数据库进行空间分析，编制完成森林普查成果报告，与国土三调数据进行对接。探索应用无人机辅助林业重点工程检查验收，减少外业工作成本，提升工作质量效率，试点完成长江岸线未绿化地段专项调查，完成新一轮退耕还林工程 2019 年度省级复查成果上报工作；开展德贷项目县两期实施完成情况监测；启动全省村庄绿化调查工作。开展第十届中国花卉博览会湖北省展区建设相关工作，开展草地资源监测前期工作，完成草地调查技术指南编制、国家级监测点实地调研；推进全省第六次沙化监测工作并与省自然资源厅进行数据对接；完成美丽中国建设涉林相关指标材料收集整理和分析测算；编制提交湖北林业支持特殊类型地区涉林规划材料；开展全省公益林数据库更新工作，编制技术规程，赴各地进行技术指导；完成林业大数据平台硬件评估及部署计划安排。全年共签订合同 79 项，合同金额 5137 万元，有序推进全省自然保护地整合优化、湿地绩效评估、湖北省森林城市发展规划、草原监测、鄂北地区水资源配置工程王家冲水库水源地保护及生态环境建设 EPC 总承包、竹溪县林业扶贫等一批重大项目。

【林业法制建设】 组织执法人员法律考试 104 人次，新增执法持证人员 77 人。在林业门户网站开辟普法专栏，举行宪法宣传周活动及以《新〈森林法〉修订思路与基本制度》为题的法律法规知识辅导。严格规范性文件出台程序管理，对 40 多个法律、地方性法规、规章及规范性文件组织研究并提出意见反馈。

【国有林场改革与建设】 指导国有林场改革后续工作，督促各林场按照国家验收反馈意见迅速进行整改，开展国有林场改革满意度调查工作。组织举办全省国有林场森林经营及防火视频监测系统建设培训班，推进国有林场防火视频系统建设，国有林场"四位一体"监测系统中新增的 6 个试点任务已开展，前期的 5 个试点正在试运行，国有林场视频监控系统建设项目组织挂网招标。对 2019 年度国有林场通场部道路硬化项目进行调度，24 个林场道路建设项目已开工完成道路建设里程 66.55 千米。完成 2020 年度提前批以及第二批国有贫困林场扶贫项目资金 220 个林场中央扶贫资金 4100 万元。组织制订《"全省最美国有林场"创建活动工作方案》，梳理全省森林公园建设发展情况。

【集体林权制度改革】 推进国家林业综合改革示范区建设。指导督促谷城县、恩施市按时完成试点建设任务，做好自评估工作。指导集体林改示范县建设。组织 5 个示范县编制了 2020 年林下经济项目实施方案，督促 5 个试点县认真实施，总结经验做法。规范森林保险工作。加强与财政厅联系，聘请第三方对 31 个试点县 2020 年的森林保险面积进行核对检查。省政府办公厅出台了《关于完善集体林权制度的实施意见》。谷城县、恩施市连续两轮参与全国集体林业综合改革试验区建设，形成了一批可复制的经验做法。襄阳市集体林权"三权分置"改革经验被国家林草局编入了《全国集体林权制度改革典型案例集》。省财政累计投资 6000 万元启动深化集体林权制度改革示范县创建工作。全省共设立各级林权流转管理服务机构 127 个、森林资源资产评估机构 67 个。投资 100 万元开发建设全省林权流转监管平台。全省新型林业经营主体达 12 984 个，其中家庭林场 2711 家，林业专业合作社 5044 家，各级示范社 647 个。

【林业放管服改革】 通过省政务服务网受理省本级事项 3080 件，办结 2631 件。研究制定印发《省林业局关于印发〈省林业局落实优化营商环境"30 条"具体措施〉的通知》。确认省、市、县、乡、村五级政务服务事项清单和指导目录，推动 2 个垂直管理系统与省统一受理平台对接，实现办件流程、结果及时推送，实现政务服务事项"一窗通办"。在为"精准扶贫"建立的"易地搬迁项目使用林地审核审批绿色通道"基础上，增加"生猪稳产类项目使用林地审核审批绿色通道"服务，办事企业最快 2 个工作日内能取得许可文件。通过绿色通道办理易地扶贫搬迁项目 59 件，全部免征森林植被恢复费；办理生猪养殖项目 290 件。根据省人民政府办公厅《关于印发湖北省省市县乡村五级依申请及公共服务事项清单（目录）的通知》，依申请及公共服务事项调整为 43 项（不含办理项），取消了 10 项省级行政许可事项。做好"双随机一公开"监管。实现建库、随机抽查检查对象、随机选派执法人员、检查结果上传公示均通过省"双随机一公开"监管平台进行，做到全程网上留痕，并通过平台加强检查结果运用。优化规范检查工作，对监管中发现的问题及时责令整改。按照"应领尽领"原则，对"互联网+监管"事项及检查实施清单进行了再次梳理，湖北林业系统监管事项 13 项，其中国家级认领 11 项、省级新增 2 项，检查实施清单 15 项。利用湖北省信用信息平台，完成省信用信息平台联合惩戒备忘录的措施清单梳理和维护、信用承诺目录编制工作，有效推进联合奖惩制度与信用承诺制度的落实。

【林业科学研究】 共立项科研项目 22 项，立项经费 1159 万元；验收、评价科研项目 15 项；获湖北省政府科技成果三等奖 3 项；获第七届全省职工技术创新成果三等奖 1 项；"鄂西山区日本落叶松人工林高效可持续经营关键技术""湿地松多水平遗传改良技术" 2 项成果入选国家林草局 2020 年重点推广林草科技成果 100 项；"五峰五倍子"获湖北地理标志大会暨品牌培育创新大赛优秀奖；获授权国家植物新品种 2 项；获授权国家发明专利、实用新型专利及计算机软件著作权 11 件。组建"三峡库区生态防护国家创新联盟""长江中游特色经济林产业国家创新联盟"；"五倍子产业国家创新联盟"被国家林草局评选为"2020 年高活跃度林业和草原国家创新联盟"；"长江中游木本粮油树种种质资源库"入选第一批种质资源库建设项目；与湖北省农科院联合申报省发展和改革委"林下经济湖北省工程研究中心"获批。与湖北同诚通用航空有限公司、中科瑞晟芳香产业研究院有限公司等签订科技合作框架协议；与湖北理工大学、旭洲农林科技有限公司、湖北四季春茶油股份有限公司联合签订四方合作框架协议；与华中农业大学、湖北民族大学等高校联合开展生态、经济林方面省级重点支撑项目的合作研究。开办"林业科技战疫"公众号，湖北电视台垄上频道等网络平台推送及直播经济林、速生用材林、林下复合经营等方面的技术资料30余篇；依托"院士专家企业行"、湖北省科技特派员、湖北省"三区"人才、湖北省林业专家服务团等开展各类技术服务50余次，培训林农种植大户代表1000余人次。

【科技推广】 2020年完成中央财政项目示范林孝感、钟祥、随县等地造林66.67公顷，嫁接繁育油茶优良品种3、4、23、40号和53号等优质苗木60万株，在全省推广油茶优良种苗48万株，当年油茶出圃苗销售率实现100%，达历年最优成绩；从四川广元引种栽培山桐子良种苗木1000株，在龙泉基地试验栽培，成活率高，为开展嫁接繁殖和丰产栽培技术研究与示范研究打下基础。向国家林草局申报"油茶高产稳产良种推广""建设管理能力提升""公共服务能力提升""本底调查关键数据年度更新"4项新项目。

【林产工业】 全省林业和草原产业年总产值3842.49亿元，除草原外的林业产业总产值3830.25亿元，其中第一产业产值1370.99亿元、第二产业产值1198.38亿元、第三产业产值1260.88亿元。全年全省木材产量231.61万立方米，其中针叶木材46.58万立方米，原木185.86万立方米、薪材45.75万立方米。大径竹3268.97万根，其中：毛竹2454.86万根、其他竹材814.11万根，小杂竹9.14万吨，竹产业年总产值67.96亿元。主要木竹加工产品包括锯材、人造板、木竹地板三大类林产品，其中：锯材年产量251.41万立方米，人造板产量681.8万立方米，木竹地板2791.39万平方米。主要林产化工产品有松香类产品1.09万吨，其中：松香10 030吨、松香深加工产品919吨。2020年重点开展建立信息平台工作。将全省464家林业产业化龙头企业全部纳入网络信息平台，进行摸底调查。走访服务企业。先后对27家企业和林业合作社开展走访服务，分类指导解决44个问题。拓宽购销渠道。收集整理100多家林业企业库存情况，与各电商对接，做好湖北特色农(林)产品销售对接服务。争取金融支持。与省农发行联合将6个林业产业项目拟融资15.3亿元上报给国家林草局和中国农发行作为重点产业项目储备。与省发改委、省财政厅衔接，加强全省油茶新造示范林、低产林改造项目的调查摸底和项目储备工作。开展2019年林业产业专项资金项目绩效评估。编制全省"十四五"木本油料规划和山桐子产业专项规划，发展油茶产业。对全省各市、县林业产业发展和产业扶贫进行考核评分。

【主要经济林产品】 全省主要经济林产品总量年末实有种植面积142.77万公顷、产量846.97万吨。主要产品有水果、干果、林产饮料、林产调料、森林食品、木本药材、木本油料、林产工业原料八大类经济林产品，生产情况分别为：水果产量678.49万吨，年末实有种植面积47.51万公顷；干果产量41.91万吨，年末实有种植面积31.2万公顷；林产饮料产品32.62万吨；林产调料产品2982吨；森林食品28.65万吨；森林药材27.29万吨，年末实有种植面积18.09万公顷；木本油料33.1万吨，年末实有种植面积45.97万公顷；林产工业原料4.61万吨。

【森林旅游和康养休闲】 全省全年林业草原旅游与康养休闲产业共接待游客1.8亿人次，旅游收入824.37亿元。林业旅游与康养休闲产业直接带动的其他产业产值1000.67亿元，其中林业草原旅游1.43亿人次、收入655.58亿元、直接带动的其他产业产值799.17亿元；林业草原康养休闲3671.22亿人次、收入158.79亿元、直接带动的其他产业产值201.5亿元。

【林业生态和产业扶贫】 全省天保工程生态护林员35 880人，管护面积302.47万公顷，管护经费1.36亿元，公益林生态护林员18 185人，管护面积200.61万公顷，管护经费7828.43万元。建档立卡贫困人口生态护林员67 537人，管护面积646.54万公顷，管护经费2.42亿元。其中：中央扶贫资金选聘生态护林员65 457人，管护面积628.41万公顷，管护经费2.35亿元，地方扶贫资金选聘生态护林员2080人，管护面积18.13万公顷，管护经费654.82万元。其他生态护林员3407人，管护面积52.45万公顷，管护经费4702.93万元。2020年，实施退耕还林落实补助资金1.01亿元；实施退耕还湿工程落实资金0.65亿元，其中贫困地区占44.61%；实施湿地生态保护与修复项目51个，投入资金1.33亿元，其中贫困地区占45.48%。发展林业生态产业助力脱贫攻坚。依托精准灭荒、新一轮退耕还林等工程，基本实现贫困县(市)人均一亩经济林的目标；石漠化治理的20个实施县(市)中18个为贫困县(市)，吸纳贫困群众参与，增加劳务收入。发展林业特色产业扶贫。指导帮助27家龙头企业解决问题44个，新建、改建特色经济林和林下经济等基地1.59万公顷，启动"绿水青山就是金山银山"示范县创建。带动一大批群众在山林里就业、在家门口脱贫。开展对口帮扶支援扶贫，牵头协调定点帮扶单位落实帮扶鹤峰县资金1.06亿元；扶持鹤峰县白鹿村发展猕猴桃、茶叶和林下种养等产业，巩固脱贫攻坚成果；落实消费扶贫资金1600万元。

【林下经济】 全省林下经济经营利用面积153.87万公顷，国家级林下经济示范基地23个，从事林下经济专业合作组织达到1300个。全省林下经济产值569.16亿元。

【林业贴息贷款与资金稽查管理】 落实林业贷款25.47亿元，中央财政贴息资金需求为5126万元，根据省财政厅批复，共落实2020年度中央财政贴息资金1500万元。印发《关于认真做好2020年度林业贷款省级财政贴息资金申报工作的通知》，全省共有10个市(州)推荐上报44家贷款企业名单，对31项符合贴息政策的林业贷款给予利息补贴。核实2019年度林业贷款省级财政贴息资金落实情况，完成2019年度林业贷款省级财政贴息资金绩效自评工作。根据国家新出台的办法和湖北省制订的《实施细则》，进一步简化申报程序。将林业贴息贷款政策文件、申报流程和有关信息及时向社会公开，不断扩大贷款贴息政策的覆盖面。加强指导，提高贷款贴息资金申报的精准度、成功率，真正把贷款贴息这项兴林惠民政策用足用活用好。完善贴息资金申报责任制度。坚持"谁申报、谁负责，谁审核、谁负责"的原则，实行企业法人承诺书和网上申报、据实申报。完善贴息资金审核制度，将贴息资金申报工作纳入"三重一大"管理范围，加强风险防范。

【林木种苗管理】 林木育种和育苗总产值92.10亿元。全年开展《种子法》学习宣传活动，指导市(州)开展形式多样的《种子法》《植物新品种保护条例》等宣传活动；提升"湖北林木种苗"网站对外宣传窗口形象。持续开展打击侵犯植物新品种权和制售伪劣林木种苗专项行动；推进中央财政林业科技推广项目即中山杉、山桐子以及红花玉兰项目实施；开展林木品种审定、选育及推广工作，发布2019年度林木品种审定公告，对省农科院果茶所申报的樱桃品种进行形式审查和现场查验。全省木本油料树种完成油茶、核桃、油用牡丹、山桐子等新育苗数量6302万株，推动全省木本油料产业发展。重点建设杉木、马尾松、日本落叶松和湿地松等二代园，杨树、核桃、油茶等高品质采穗圃，加强蜡梅、珙桐等珍贵树种母树林培育，提高世代水平和良种品质。做好全省林木种质资源调查，编辑出版《湖北林木种质资源》，推进《湖北树木志》编撰工作，完善湖北林木种质资源地理信息系统。

【资金与计划管理】 全年到位中央和省级林业投资53.09亿元，超额完成年度计划目标，安排贫困地区中央和省级林业投入32.55亿元，占全省林业总投资的62.59%，全面完成加大贫困地区林业项目投入的目标。争取生态护林员补助资金、天然林保护补助资金、公益林补偿资金和退耕还林补助资金等，全面完成落实林业惠民政策资金的目标。组织开展"十四五"规划编制。组织重大项目谋划。按照省政府统一部署，谋划2020年重大项目14个，并纳入《2020年省直部门重大项目谋划责任分工方案》，项目估算总投资709 108万元，分3年完成。谋划"十四五"重大工程项目5个，估算总投资71亿元，报送省发改委，争取纳入全国"十四五"规划和全国长江经济带发展"十四五"规划范围。谋划全省野生动物疫源疫病监测防控和野生动物收容救护体系基础建设项目，估算总投资5.6亿元，由省发展改革委上报国务院。组织《全国重要生态系统保护和修复重大工程总体规划》项目编报。根据国家林草局、省发改委要求，共谋划项目26个，估算总投资8 267 968万元。各类重大项目谋划工作实现开工率达100%，各项目落实投资占年度谋划投资计划的100%。做好项目资金申报，申报2021年中央预算内生态保护和修复项目30项，包括重点区域生态保护项目6项、生态保护支撑体系工程24项，拟申请中央预算内投资156 474万元。全年共到位中央和省级林业投资530 939万元(其中：中央投资340 597万元，省级投资190 342万元)，圆满完成年初确定的49亿元的目标任务，比2019年(484 725万元)增长9.53%。2020年，各市(州)、县林业主管部门申报2021年中央和省级林业项目630个，实施项目进展及执行情况定期报送制度，对于中央预算内林业基本建设投资等项目，要求每月上报当月项目执行情况、投资完成情况、工程形象进度等数据。严格项目验收绩效制。编制并报送2020年林业改革发展资金区域绩效目标、林业生态保护恢复资金绩效目标、《湖北省2019年度林业生态保护恢复资金绩效自评报告》《湖北省2019年度林业改革发展资金绩效自评报告》和各省级专项绩效自评报告。

【林业信息化建设】 完成全省林业资源及保护区动态监测体系建设，推进省级平台和7个试点建设，其中卫星遥感数据1套、无人机6架、卫星电话34部、调查平板电脑40部、综合监管平台1套等主要建设内容基本完成。编制全省66个国家湿地公园、225个国有林场信息化项目建设年度方案，开展5个试点单位国有林场"四位一体"监测系统试点建设，编制完成智慧湿地省级监管平台建设方案，保障森林火险卫星遥感热点监测项目建设。建设全省森林火灾卫星遥感监测系统，保障古树名木和野生动植物一张图移动查询项目建设。推进全省无人机巡护系统建设。编制《全省林业无人机巡护系统建设项目应用指南》，做好全省林业系统与省大数据平台、鄂汇办平台、全国一体化政务服务平台对接工作，保障与省政务服务数据协同共享。省林业网络运维保障良好。全省林业专网畅通率达到99%；全省林业协同办公平台、全省林业行政审批系统、全省林业GIS公共服务平台等业务系统正常率达100%；全年共保障视频会议58次，其中：国家林草局33次、全省林业系统25次，会议畅通率100%。

【大事记】
1月3日 湖北省政府在武汉组织召开神农架国家公园体制试点联席会议第7次成员会议，湖北省副省长赵海山出席会议并讲话。会议就神农架国家公园管理体制、自然资源统一确权登记、水电站退出、生态移民、功能分区及规划调整、成效宣传等重点问题进行了研究。

2月3日 湖北省的市场监管、农业农村、林业主管部门联合发布关于禁止野生动物交易的紧急通知，要求各地禁止野生动物交易，对饲养繁育野生动物场所实施隔离，严禁野生动物对外扩散和转运贩卖；各地农(集)贸市场、超市、餐饮单位、电商平台等经营场所，严禁任何形式的野生动物交易活动。

3月5日 《湖北省人民代表大会常务委员会关于严厉打击非法野生动物交易、全面禁止食用野生动物、切实保障人民群众生命健康安全的决定》由湖北省第十三届人民代表大会常务委员会第十五次会议通过并公布，自公布之日起施行。

3月10日 全国森林草原防灭火电视电话会议后，湖北省接着召开全省森林防灭火视频会议。

4月14~15日 湖北省委书记应勇深入神农架林区的企业、乡村、林场，调研疫情防控、复工复产、生态保护、脱贫攻坚、护林防火等工作。

4月22日 湖北省人大常委会野生动物保护法及全省实施办法执法检查组第一次会议以视频形式在武汉召开。湖北省委书记应勇就加强野生动物保护和执法检查提出工作要求。省人大常委会党组书记、常务副主任王玲出席会议并讲话。

5月12~13日 湖北省政府副省长万勇、曹广晶分别到宜昌市五峰县百年关五峰赤诚生物科技股份有限公司林药蜂产业融合科普示范基地调研。

5月13日 湖北省新增一处国家林业和草原科研基地。国家林草局公布第二批国家林业和草原长期科研基地名单，湖北省太子山林场管理局申报的太子山森林综合性国家长期科研基地获批。这也是湖北省此次唯一入选基地。

5月28日 科研人员在神农架国家公园发现石竹科植物新物种——神农蝇子草，相关成果已发表在国际植物分类学期刊《PhytoKeys》上。这是继鄂西卷耳、神农架无心菜之后，科研人员在神农架发现的第三种石竹科新物种。

6月4日 湖北省委常委、统战部部长、洪湖省级湖长尔肯江·吐拉洪巡查洪湖并召开2020年省级湖长洪湖治理推进会。

6月5日 国家林草局、民政部、国家卫生健康委员会、国家中医药管理局四部门联合公布国家森林康养基地第一批名单，共96家基地入选。湖北省4家单位上榜首批国家森林康养基地，分别是五道峡景区横冲森林康养基地、大口国家森林公园、燕儿谷森林康养基地、通城县药姑山森林康养基地。

6月8日 国家林草局发布《2020年国家重要湿地名录》，此轮列入名录的国家重要湿地共有29处，其中湖北省有8处，分别是：石首麋鹿国家重要湿地、谷城汉江国家重要湿地、荆门漳河国家重要湿地、麻城浮桥河国家重要湿地、潜江返湾湖国家重要湿地、松滋洈水国家重要湿地、江夏安山国家重要湿地、远安沮河国家重要湿地。至此，全省共有12处国家重要湿地。

6月12日 湖北省人大常委会执法检查组召开《湖北省林业有害生物防治条例》实施情况汇报会，听取省政府相关部门汇报。湖北省人大常委会副主任刘晓鸣出席会议并讲话。

6月15日 湖北省神农架大九湖景区四号湖出现一头似牛似羊的大型野生动物，经神农架国家公园科学研究院院长杨敬元确认，该动物是国家一级保护动物——羚牛，系首次在神农架被发现。

8月26日 湖北省政协副主席彭军率省政协调研组到达潜江市，围绕"保护汉江流域湿地生态"开展专题调研。

9月28日 为切实加强野生植物资源保护，促进湖北生态文明建设，湖北正式启动开展打击整治破坏野生植物资源专项行动。

10月17日 国家林草局公布第二批33处国家花卉种质资源库名单，湖北省武汉市园林科学研究院国家樱花种质资源库入选。

10月29日 "美丽中国自然保护论坛"暨世界自然基金会（WWF）在华工作40周年庆典活动在武汉举行。此次论坛由世界自然基金会（WWF）和湖北省野生动植物保护协会联合举办，以"自然资本助力湖北绿色发展"为主题。

11月5日 全国首个菊花职业技能竞赛即2020年"湖北工匠杯"斗菊职业技能竞赛在湖北省麻城市孝感乡文化公园举行开赛仪式。来自广东、江苏、安徽、河南和湖北5省10市145支代表队共300余名参赛选手在菊花种植、菊花展台造型、菊花花艺、菊花茶、菊花酒5个项目中展开争夺。

12月22日 湖北省公布14个县（市、区）名单，正式启动"绿水青山就是金山银山"（简称"两山"）示范县创建工作。

12月25日 国家林草局公布《2020年试点国家湿地公园验收结果》，湖北省的英山张家咀国家湿地公园、云梦涢水国家湿地公园、天门张家湖国家湿地公园3家试点单位申请验收并全部通过。至此，全省66个国家湿地公园已经有52个通过验收。

（湖北省林业由彭锦云供稿）

湖南省林业

【概述】 2020年，湖南省各级林业部门深入贯彻落实习近平生态文明思想和党的十九大精神，主动融入全省经济社会发展大局，全面推进生态保护、生态修复、生态惠民，圆满完成了各项林业建设任务。

主题建设 一是森林调优。全省完成人工造林12.31万公顷，封山育林24.09万公顷，退化林修复21.71万公顷，森林抚育58.37万公顷，国家储备林基地和林业外资项目建设1.21万公顷，主要造林树种良种使用率达90.03%以上；林业有害生物防治扎实有效，林业有害生物成灾率控制在国家规定的3.3‰以下。森林覆盖率达59.96%，较上年度增长0.06个百分点；森林蓄积量达6.18亿立方米，较上年度增长2300万立方米；草原综合植被盖度达87.04%，较上年度增长1.6个百分点。二是湿地提质。中央环保督察交办的洞庭湖自然保护区杨树清理任务全面完成，东、西洞庭湖国际重要湿地保护与恢复工程项目建设扎实推进；编制了《洞庭湖湿地保护与生态修复工程总体方案（2020~2025年）》，完成湖区湿地修复0.97万公顷；巩固推广退耕还林还湿成果，制定了项目维护管理技术指南；建设小微湿地保护与建设项目34个，试点面积201.33公顷；湿地保护率75.77%，与上年度持平。三是城乡添绿。加快建设长株潭绿心地区北斗林业巡护系统，实施绿心提质项目600公顷；生态廊道建设全面铺开，制订了省级生态廊道建设导则，建设了15条省级生态廊道；森林城市建设深入推进，省政府在全国率先对宁远县等6个省级森林城市授牌；建成国家森林乡村422个、省级森林乡村示范村39个；重启了省绿化委员会全体会议，出台了《湖南省绿化委员会工作规则》，建设义务植树基地1887个；启动草原生态修复，桑植南滩、江永燕子山等草场纳入首批国家草原自然公园建设试点。四是产业增效。深入实施油茶、竹木、生态旅游与森林康养、林下经济、花木五大千亿产业发展规划；推进油茶低产林改造和茶油生产加工小作坊升级改造两个"三年行动"；竹林道路等基础设施不断完善；克服新冠肺炎疫情影响，森林旅游市场实现恢复性增长；科学谋划全省花木产业发展，花木产业集群布局初步形成。五是管服做精。林长制改革试点加快推进，集体林权制度改革不断完善，林业再信息化持续推进，移动政务平台正式运行，信息管理系统不断优化，林业大数据体系建设稳步实施。规范化管理不断完善，项目预算执行、政府采购、项目监管严格规范。林业安全生产等防控有力，全系统未发生重特大生态灾害及安全事故。

资源管护 一是强化森林湿地资源管理。深入开展林地保护专项行动，依法查处案件1131件，整改国家林草局森林督查反馈问题3862个。省委办公厅、省政府办公厅出台了《湖南省天然林保护修复制度实施方案》。公益林动态调整加快推进，建设了古树名木公园18个。组建了森林草原防火处，重构了林业防火体系，火灾次数、受害面积、损失蓄积量同比减少78%、67%、66%。防治林业有害生物24.91万公顷，开展了松材线虫病除治"百日会战"，清除枯死松树104万株。省级重要湿地管理制度不断健全，常德市荣获第二届生态中国湿地保护示范奖。二是强化自然保护地体系建设。省委办公厅、省政府办公厅出台了《关于建立以国家公园为主体的自然保护地体系的实施意见》。自然保护地整合优化加快推进，张家界和安化整合优化试点全面完成，整合优化省级预案呈报国家林草局。完成保护地内突出环境问题整改销号3299个，完成率达99%。完成保护地内违建别墅清查整治省级核销，清理整改违建别墅151宗、802栋。三是强化生物多样性保护。在全国率先采取"一封控四严禁"措施，率先颁布《关于全面禁止非法野生动物交易、革除滥食野生动物陋习、切实保障人民群众生命健康安全的意见》，出台了退出补偿、转产帮扶政策；共处理蛇类、竹鼠、寒露林蛙358.29万千克，豪猪、果子狸等87.5万只，到位补偿资金5.29亿元，湖南经验获国家林草局重点推介。举办第十一届洞庭湖国际观鸟节，探索启动华南虎野化放归。

产业发展 全省林业产业总产值达5099亿元，同比增长1.4%。其中，第一产业产值为1716亿元，同比增长4.3%；第二产业产值1726亿元，同比增长3.1%；第三产业产值1657亿元，同比降低3.2%。油茶、竹木、生态旅游与森林康养、林下经济、花木五大千亿产业发展势头良好，完成低改示范3万公顷，升级改造小作坊80个，竹木家具生产线、"以竹代塑"新型材料等技改研发深入推进，创建涟源龙山等国家森林康养基地5家，新建林下经济示范基地34个。开设了"湖南茶油"京东旗舰店，创新直播带货等销售模式，大三湘等4家企业入选"中国茶油"十大知名品牌，"潇湘竹品"公用品牌加快建设，打造了新化黄精、慈利杜仲等特色品牌。全省油茶林总面积达144.01万公顷，茶油产量达32.51万吨，产值达547.72亿元；实现森林旅游综合收入802亿元；全省林下经济产值达420亿元；花木产业产值达600亿元。

生态扶贫 持续加大贫困地区资金倾斜支持力度，中央和省级财政林业项目55%统筹整合到51个贫困县，从中央财政、省级财政项目资金中整合精准扶贫资金6.49亿元。用好用活生态护林员政策，全年全省生态护林员2895名，全省新增生态护林员总数达35 895名，中央财政下达、省级配套生态护林员资金共3.8亿元，制订了《湖南省2020年度建档立卡贫困人口生态护林员选聘实施方案》，组织51个贫困县的生态护林员开展培训，实现51个贫困县生态护林员政策全覆盖。高质量抓好驻村帮扶工作，推进贫困地区复工复产，优先向贫困县争取林业贴息贷款，2020年落实扶贫资金500万元。选派林业科技特派员430名，推广实用技术88项，培训林农1.6万人次。

林业改革 林长制改革试点加快推进，开展了相关调研，起草了实施方案。南山国家公园试点顺利通过国家评估验收，试点区范围调整工作加快推进。集体林权制度改革不断完善，国家集体林业综合改革试验区基本建成，新增省级林业示范社43家，林权交易纳入省公共资源交易平台并流转林地2.32万公顷。国有林场改革持续深化，建设林区道路811千米，电网移交加快推进，新建秀美林场22个，青羊湖森林消防直升机场启动建设。森林公安转隶工作平稳完成。"放管服"改革全面深化，37项省级行政审批事项全部入驻省政务大厅，林业窗口在年度考核中排名第一。

支撑保障 省部共建木本油料国家重点实验室、中国油茶科创谷及岳麓山种业创新中心油茶分中心工作稳步推进，组建科技攻关团队3个、国家创新联盟4个，新建国家和省级长期科研试验基地13个，"木本油料全资源多层次提质增效关键技术及产业化"获梁希林业科技进步二等奖。林业再信息化持续推进，电子政务网络外迁圆满完成，移动政务平台正式运行，信息管理系统不断优化，林业大数据体系建设稳步实施。《湖南省"十四五"林业草原发展规划》编制基本完成。修正了《湖南省野生动植物资源保护条例》，开展了森林法等普法宣传。生态文化建设和林业专题宣传有声有色，开展了关注森林活动，举办了湖南林业发展70周年系列纪念活动，建设了省生态文明教育基地10个，推出了古树名木宣传片等一批生态文艺作品。省植物园转型升级成效明显，园区品质不断提升。

（王成家　毕　凯　廖智勇）

【**湖南林业生态扶贫**】 积极争取生态护林员指标，全年争取到中央财政安排湖南省生态护林员指标35 895名，数量较2016年增幅高达326.32%。切实加强扶贫资金整合，2020年统筹整合用于贫困县精准扶贫的中央和省级林业资金6.49亿元，下达51个贫困县各类林业资金35.74亿元，2020年省级财政林业生态保护修复及发展专项资金2000万元全部安排在51个贫困县。高质量完成定点扶贫，扶贫点城步县和平村共筹集各类资金2000万元，稳步实施羊肚菌、黑斑蛙、特色辣椒等产业发展项目，巩固了扶贫成效，湖南省林业局驻城步苗族自治县白毛坪镇和平村帮扶工作队获评全省脱贫攻坚先进集体，省林业局获评国家林草局"2020年生态扶贫和特色产业发展表现突出单位"。（吴林世）

【湖南林业科技支撑】 湖南省林业局组织开展自然保护地管理、生态廊道构建、重大森林灾害生物防控等方面关键技术攻关79项，获省部级科研立项32项，植物新品种授权19项，新增应用技术成果9项，制修订地方标准14项，17项林业成果获省部级奖励，"木本油料全资源多层次提质增效关键技术及产业化"获梁希科技进步奖二等奖。加强科技平台建设，加快建设木本油料资源利用重点实验室和中国油茶科创谷，加强生态站建设和运行管理，获批国家林业和草原长期科研试验基地2个，开展了岳麓山种业创新油茶专业研究中心筹建工作；启动了4个国家创新联盟建设，召开了湖南省植物园联盟第一次年度学术会议。加强科学普及工作，开展了"三下乡"、科技周、"科技列车怀化行"等系列林业科技服务活动，获批第五批全国林草科普基地8家，选派林业科技特派员430名，推广实用技术88项，培训林农1.6万人次。 （张 华）

【中国油茶科创谷建设】 自国家林业和草原局和湖南省人民政府共建中国油茶科创谷以来，湖南省委、省政府高度重视中国油茶科创谷建设，将其纳入了湖南省政府督查督办重点工作，时任省委书记杜家毫，现任省委书记许达哲，副省长陈文浩、陈飞、朱忠明等省领导先后调研指导中国油茶科创谷建设。2020年，成立了以副省长陈文浩和国家林业和草原局副局长彭有冬任组长的中国油茶科创谷建设领导小组和专家委员会，召开了建设领导小组成员第一次会议和专家委员会第一次会议，明确了建设目标和任务，通过了建设领导小组工作规则，编制印发了《中国油茶科创谷规划（2020~2025年）》，明确了"中国油茶科创谷"的建设方式，先后与10余家大型企业开展了"中国油茶科创谷"建设合作洽谈。 （张 华）

【木本油料资源利用国家重点实验室建设】 2月，科技部与湖南省人民政府联合发文批准依托湖南省林科院建设省部共建木本油料资源利用国家重点实验室。6月，省部共建木本油料资源利用国家重点实验室揭牌启动建设，成立了学术委员会，召开了第一次会议，出台了《湖南省林业局关于加强省部共建木本油料资源利用国家重点实验室建设的若干意见》。新建面积6800平方米的工程实验楼已完成主体工程。积极引进人才，柔性引进"杰青"2名，招收博士后5名，组建3个科技攻关创新团队。加强平台建设，与食品科学国家重点实验室等4家国家级创新平台建立了伙伴实验室，与湖南农业大学、中南林业科技大学等4家省内高校及湖南山润油茶等6家知名企业签订了科技合作和产业化协议。 （张 华）

【长株潭生态绿心地区林相改造】 湖南省林业局编制了《长株潭城市群生态绿心地区林相改造方案》，方案按照生态优先、保护优先的原则，遵循多功能、近自然、全周期理念，明确了绿心地区林相改造林近、中、远期目标，分类型提出了科学、详细、切实可行的改造方法，进一步明确了林相改造建设任务，细化了各建设主体的林相改造林建设任务。此外，2018~2020年，湖南省林业局将长株潭生态绿心地区作为全省生态廊道建设的重点纳入规划，连续3年将绿心地区作为生态廊道建设重点开展建设，在防护林等工程重点支持了绿心地区造林和森林质量精准提升。 （田龙江）

【生态廊道建设】 湖南正式启动了全省生态廊道建设，湖南省人民政府将"推进生态廊道建设"写入了《政府工作报告》，出台了《湖南省人民政府办公厅关于加快推进生态廊道建设的意见》，湖南省林业局编制了《湖南省省级生态廊道建设总体规划（2019~2023年）》和《湖南省省级生态廊道建设导则》，湖南省绿化委员会印发了《湖南省生态廊道建设职责分工方案》，明确了各市（州）人民政府，省政府各厅委、各直属机构在省级生态廊道建设中的主要职责，明确了生态廊道建设的参考标准、术语和定义、指导思想、总则、建设范围、建设内容、档案管理等内容和要求。湖南省财政厅明确连续4年安排生态廊道建设专项资金，保障项目建设资金需求。截至2020年底，已启动建设省级生态廊道15条，省、市、县三级生态廊道建设全面推进。 （田龙江）

【"互联网+全民义务植树"】 湖南省林业局克服新冠肺炎疫情不利因素，坚持疫情防控与义务植树"两手抓、两不误"，科学组织了省领导带头到梨街道龙华公园义务植树活动、"关注森林从我做起""绿化潇湘你我先行"等义务植树主题活动。在全国率先推出"互联网+全民义务植树"手机应用软件，在湖南全民义务植树网发布"我在主席家乡养棵树"网络植树项目，鼓励公民在互联网"云"植树，网上实名发放国土荣誉证书和全民义务植树尽责证书1万余张。2020年，全省共有3532.25万人参加了义务植树活动，完成义务植树1.25亿余株，建设义务植树基地1887个。 （祝梦瑶）

【湖南省人民政府评选公布第一批"湖南省森林城市"】 10月，湖南省级森林城市核验组按照《湖南省森林城市评价指标》、创建县市《森林城市建设总体规划》等创建要求开展了省级森林城市创建全面评估和现场核查，湖南省人民政府正式授予新邵县、宁远县、湘潭县、韶山市、武冈市、邵东市第一批"湖南省森林城市"称号。截至2020年底，全省已创建国家森林城市9个，省级森林城市6个。 （祝梦瑶）

【认定省绿色村庄（森林乡村）12 361个】 湖南省林业局制订了《湖南省绿色村庄（森林乡村）评价认定办法》《湖南省绿色村庄（森林乡村）评价指标》，认定公布湖南省绿色村庄（森林乡村）12 361个，全省绿色村庄认定比率达到83.27%。全省村庄（建制村）绿化覆盖率达64.22%，村庄居住区（自然村）绿化覆盖率达35.86%。 （祝梦瑶）

【《湖南省天然林保护修复制度实施方案》正式出台】

12月31日，湖南省委办公厅、湖南省人民政府办公厅联合印发《湖南省天然林保护修复制度实施方案》，该实施方案分7个部分19条，构建了以天然林管护、用途管制、修复、保护修复监管4项基本制度为主要内容的天然林保护修复制度体系，提出了指导思想和目标任务以及加强党的领导、开展专项调查、全面落实管护责任、加强管护能力建设、编制规划等17项具体保障措施，并由省发改委、省财政厅、省自然资源厅、省生态环境厅等22个部门分工落实，为湖南省天然保护修复提供了政策依据。 （袁宵）

【禁食野生动物后续工作】 湖南省委、省政府高度重视禁食野生动物后续工作，出台了《湖南省人民政府办公厅关于全面禁止非法野生动物交易、革除滥食野生动物陋习、切实保障人民群众生命健康安全的决定》。全省林业主管部门圆满完成全省禁食野生动物后续工作，截至2020年底，全省共处置兽类、爬行类、飞禽类358.29万千克、87.5万只（头、羽），补偿资金5.29亿元，禁食野生动物处置率和补偿资金到位率均为100%。为解决养殖户退养后转产转型困难，湖南在全国率先开展转产转型精准帮扶，实行"两单四制"工作机制，即"各级职能部门转产转型帮扶工作责任清单""禁食野生动物养殖户转产（转业）转型'一户一策'目标责任清单"及工作调度制度、情况通报制度、督导检查制度和约谈问责制度，全力帮助养殖户转产转型，截至2020年底，全省14个市（州）全部已建立"一户一策"帮扶清单，稳步推进转产帮扶工作。 （廖凌娟）

【打击破坏野生动物资源犯罪专项行动】 在湖南省委、省政府和国家林草局的指导下，湖南林业主管部门联合省市场监管、公安等多部门开展打击破坏野生动植物资源违法犯罪专项行动，共检查农（集）贸市场25.7万家次、经营户70万户次、食品销售单位101万家次、餐饮单位168万家次，检查电商平台（网站）6.4万户次，对驯养繁殖场所开展巡查、宣教6万家次，收缴野生动物2619千克、7994头（只），收缴野生植物1478株，收缴野生植物制品357件，移交行政案件199起，办理刑事案799起，打掉犯罪团伙29个，抓获犯罪嫌疑人782名。 （廖凌娟）

【出台《关于建立以国家公园为主体的自然保护地体系的实施意见》】 为贯彻落实中办、国办《关于建立以国家公园为主体的自然保护地体系的指导意见》，9月27日，湖南省委办公厅、省政府办公厅联合印发了《关于建立以国家公园为主体的自然保护地体系的实施意见》，该文件经湖南省政府常务会议、省委常委会议审议通过，提出了全省自然保护地体系建设的目标任务、实现路径以及保障措施，在体制机制等方面均有创新和突破，为今后一个时期湖南省自然保护地建设发展提供了政策依据。 （成彬）

【自然保护地整合优化前期工作】 在湖南省委、省政府和国家林业和草原局的指导下，湖南自然保护地整合优化前期工作圆满完成。湖南省政府成立了以副省长陈文浩为组长的领导小组和湖南省自然保护地整合优化工作联席会议制度，召开了全省自然保护地整合优化和生态保护红线评估调整推进工作电视电话会议，周密安排部署全省自然保护地整合优化工作。在全省各级林业部门的共同努力下，经过摸底调查、评估论证、空缺分析、整合优化等环节，最终形成了14个市（州）级预案、111个县（市、区）级预案、306个分述报告，汇总、分析近200万个矢量数据，编制形成了全省省级预案。通过整合优化，有效解决了全省自然保护地空间布局不完善、历史遗留问题突出、现实矛盾冲突尖锐、科学化精细化管理不够等问题，形成了全省自然保护地矢量数据库，为后续工作奠定了坚实基础。 （成彬）

【南山国家公园体制试点】 湖南省建立国家公园体制试点领导小组全面推进南山国家公园试点工作，认真落实国家公园管理办公室反馈的南山国家公园体制试点中期评估意见，制定了9项内容的工作责任清单、38个项目总金额5.75亿元的试点项目清单，组织动员省委编办等15个省直单位及邵阳市、南山国家公园管理局和城步县等各方力量，全面推进南山国家公园试点工作，经国家林业和草原局组织的第三方专家评估组现场核查评估验收后，南山国家公园体制试点基本完成了试点阶段各项任务，取得了较为显著的生态和社会效益，在行政权力清单集中授权、一级账户统筹资金使用管理、管退结合构建产业管控机制创新等方面为全国国家公园建设探索了有益经验。 （成彬）

【洞庭湖湿地生态保护修复】 湖南省林业局全面完成了中央环保督察指出的洞庭湖自然保护区内大面积种植欧美黑杨问题整改任务，指导洞庭湖4个自然保护区清理欧美黑杨0.52万公顷，2018~2020年三年累计清理1.92万公顷。按照"自然修复为主、人工修复为辅"的原则，组织实施洞庭湖山水林田湖草生态修复试点项目，2020年投入生态修复资金1.02亿元，修复湿地面积1.52万公顷。全面完成了洞庭湖生态环境保护专项督察指出的精养鱼塘投肥投饵问题整治任务，重点推进了西洞庭湖生态旅游与自然教育示范点建设、南洞庭湖芦菇产业扶贫示范点建设。积极开展洞庭湖杨树清理、芦苇弃割、矮围拆除等专项监测和评估，形成了《洞庭湖保护区杨树清理迹地生态修复过程监测阶段性总结报告》《2019~2020年芦苇弃收对洞庭湖生态环境的影响效应监测评估报告》《洞庭湖区生态系统服务功能价值评估》《洞庭湖关键物种威胁分析报告》等成果，为进一步加强洞庭湖湿地保护、优化治理模式、提升湿地保护成效提供了科学依据。 （成彬）

【自然保护地突出生态环境问题整改】 湖南省林业局扎实推进自然保护地突出生态环境问题整改，重点推进了长江经济带生态环境警示片披露问题、中央环保督察"回头看"及洞庭湖生态环境保护专项督察反馈问题、污染防治攻坚战"2019年夏季攻势"等涉自然保护地问题整改工作，全省自然保护地突出生态环境问整改完成率达99%。联合开展违建别墅问题清查整治专项行动，清理整改自然保护地内违建别墅151宗、802栋，全面完成了违建别墅清查整治省级核销工作，组织开展小水电清理整改涉林工作，依法高效完成了1456座整改类小水电的补办林地占用手续工作。（成 彬）

【启动林长制改革试点】 为深入践行习近平生态文明思想，贯彻落实新修订《森林法》和2020年湖南省委一号文件精神，湖南省林业局经报湖南省人民政府同意，2020年7月1日印发了《湖南省林业局关于开展林长制改革试点工作的通知》，选取了石门、祁阳、靖州3县开展林长制改革试点工作，试点单位在建立党政主要负责人任林长的组织体系、森林资源保护发展目标责任制和考核评价制度等方面进行了有益探索，为全省全面推行林长制提供可复制、可推广的经验。（罗 琴）

【林业行政执法监管】 湖南省各级林业主管部门多措并举强化行政执法监督，规范行政执法行为，有效保护了林草资源，维护了林区社会的稳定和全省生态的安全。2020年，全省共查处林业行政案件4112起，同比减少8.74%，查处林业行政案件3804起，查处率达92.51%。省共没收非法所得金额20.4万元、没收木材2828.27立方米、没收幼树或苗木50.26万株、没收野生动物6650只、收缴野生动物制品2件、没收野生植物74株、罚款11 211.03万元、责令补种树木458 434株、恢复林地453.63公顷、恢复保护区或栖息地0.01公顷，行政处罚3869人次，全年向社会公开信息5095条。（罗 琴）

【"放管服改革"】 湖南省林业局认真贯彻落实党中央、国务院和省委、省政府关于"放管服"改革的部署要求，大力推行简政放权、优化审批流程、加强事中事后监管，林业政务服务质量和服务水平不断提升。深入调整现有行政权力事项，《森林法》未保留的行政许可事项一律停止审批。推动省级行政许可事项下放，野生动植物管理相关的3项行政权力事项已下放至市级、县级林业部门，完善了下放事项的事中事后监管措施。制订了《湖南省林业局审批服务"三集中三到位"改革实施方案》和《林业政务服务事项审批流程》，37项省本级政务服务事项全部入驻省政务中心。（张 威）

【湿地保护修复】 湖南省林业局累计安排湿地保护修复资金13 917.77万元，实施湿地保护修复项目71个，恢复湿地面积880公顷，退耕还湿313公顷，全省湿地保护面积77.27万公顷，湿地保护率达75.77%，全省重要湿地生境及珍稀濒危野生动植物均纳入了保护范围。出台《湖南省省级重要湿地认定指标》《湖南省省级重要湿地和一般湿地认定管理办法》《湖南省退耕还林还湿（小微湿地）项目维护管理技术指南》，湿地保护修复制度体系不断完善。（李婷婷）

【油茶产业】 湖南省林业局以油茶种苗质量专项整治、低产林改造、茶油小作坊升级改造和"湖南茶油"公用品牌建设为重点，推动油茶千亿产业高质量发展。积极开展"油茶产业发展两个三年行动"，印发了《湖南省油茶低产林改造三年行动方案（2020~2022年）》和《湖南省茶油生产加工小作坊升级改造三年行动方案（2020~2022年）》，成立科技支撑专家组，编制技术标准与实施导则4项，举办了全省油茶实用技术培训班，扎实推进"湖南茶油"公用品牌建设，创新直播带货等销售渠道，严厉打击油茶种苗违法行为，切实维护广大林农和投资者利益。截至2020年底，全省油茶林面积146万公顷，茶油年产量25.6万吨，油茶年产值518.2亿元，三项指标稳居全国第一位。（谢永强）

【林业有害生物防控】 2020年，全省林业有害生物发生面积41.76万公顷，防治面积19.88万公顷，无公害防治面积24.91万公顷，无公害防治率89.60%，成灾率低于3.3‰，全省未发生重大林业生物灾害。（刘 循）

广东省林业

【概　述】 2020年，广东森林面积1054.55万公顷，森林蓄积量6亿立方米，森林覆盖率58.73%。林业产业总产值8219亿元，继续位居全国第一，其中第一产业1263亿元、第二产业5188亿元、第三产业1768亿元。全省参加各种形式义务植树4623.54万人次，植树1.35亿株。全年落实省级以上财政事业发展性支出资金64.23亿元（中央级资金9.54亿元，省级财政资金54.69亿元）。全省完成造林更新26.26万公顷，森林抚育47.80万公顷。全省已建立各类县级以上自然保护地1359个，面积294.52万公顷，数量居全国首位。

【国土绿化】 2020年，广东统筹疫情防控和林业复工复产，印发《广东省疫情防控期间营造林复工复产安全生产工作指引》，科学有序指导各地在落实疫情防控要求的同时，加快推进造林绿化和生态修复工作，持续推动国土绿化高质量发展。全省完成造林更新26.26万公顷，其中：人工造林和退化林分修复16.26万公顷，封山育林10万公顷；完成森林抚育47.80万公顷。继续推进林业重点生态工程建设，完成森林碳汇工程6.5万公顷，建设生态景观林带198.5千米。继续组织实施新一期沿海防护林建设，开展基干林带人工造林、灾损基干林带修复、老化基干林带更新造林、困难立地造林和退塘还林工作，建设沿海防护林带2.06万公顷，其中：完成基干林带建设4380公顷，纵深防护林建设1.62万公顷。持续推进雷州半岛生态修复，重点开展热带季雨林营建和乡村绿化美化。推进石漠化地区综合治理，落实石漠公园建设资金2000万元，加快推进万山朝王国家石漠公园建设，组织开展广东乳源西京古道国家石漠公园申报建设工作。持续推进乡村绿化美化，印发《广东省绿美古树乡村建设技术指引》，继续组织开展绿美古树乡村、绿美红色乡村建设，全年绿化美化乡村1571个。深入推进全民义务植树，全省各地组织开展多层级、多主题、多形式的义务植树活动，持续推广"互联网+义务植树"模式，培育打造"腾讯网友植树节"等"云植树"品牌，全省"云植树"蔚然成风，全年共有4623.54万人次参加义务植树，累计折算植树1.35亿株。扎实做好第四届中国绿化博览会广东园建设及参展工作，以"扬帆起航"为设计主题，打造展示广东生态文明建设成果和绿色发展缩影的亮丽名片，拍摄完成《绿美广东》和《览胜广东园》专题宣传片，广东园获优秀展园奖金奖、最佳植物配置奖、最佳设计奖。

【森林资源管理】 2020年，广东继续严格执行林地定额管理制度，强化林地计划约束和规划管控，配合全省推进百个重大建设项目"百日攻坚"专项行动，建立重大项目林地定额保障机制，优先将省级以上交通、能源、水利、公益民生和高新技术产业项目纳入省备用定额专项解决，实行审核审批"绿色通道"，及时保障了广汕高铁、韶关机场、惠州核电等一批国家和省重点建设项目用林需求，全年共审核审批使用林地项目2669宗，面积1.47万公顷，服务全省经济社会高质量发展。严格执行森林采伐限额制度，加强林木采伐证核发和监督检查，促进森林资源合理有序利用。全年共核发林木采伐许可证6.57万份，面积18.2万公顷，发证消耗量1325万立方米，占年采伐限额的86.2%。科学编制全省"十四五"期间年森林采伐限额，指导各编限单位科学合理测算年采伐量、确定采伐限额建议指标，经国家林草局审核，省政府批准广东"十四五"期间年森林采伐限额为1886.8万立方米。落实省级涉农统筹资金及地方财政资金5567.27万元，实施森林抚育46.67万公顷。扎实推进森林督查工作，制订《广东省森林督查操作细则》，联合国家林草局广州专员办和中南林业调查规划设计院，分批多次赴全省21个地级市开展督查工作，督促指导地方落实整改任务。组织开展森林资源管理"一张图"年度更新，妥善处理第四次森林资源二类调查前后因统计口径变化造成森林资源数据调整问题。配合省自然资源厅在南沙区、台山市开展自然资源调查监测试点工作，协助森林、湿地等专项调查与国土调查内容指标衔接，探索建立可扩展、可细化的自然资源分类标准。加快推进国有森林资源资产有偿使用制度改革，全面摸清全省国有森林资源资产底数。贯彻新修订的《森林法》要求，发布《广东省林业局公告2020年第3号》，自7月1日起，停止木材运输许可审批和木材检查站运作相关工作。落实新一轮生态公益林效益补偿提标政策，全省省级以上生态公益林平均补偿标准由540元/公顷提高到600元/公顷，共落实下达省级以上财政补偿资金27.23亿元。组织编制《广东省生态公益林建设与保护规划（2021~2035年）》和《广东省天然林保护修复规划（2021~2035年）》，一体推进生态公益林管理和天然林保护修复工作。组织各地完善生态公益林落界工作，开展生态公益林优化调整。惠州市试点建设运行生态公益林精细化管理系统取得阶段性成效，为全省逐步实现生态公益林"一张图"管理探路。组织开展护林员队伍摸底调查，至年底，全省共有护林员37 280人。扎实推进护林员网格化管理，全省网格化巡护系统上线运行。

【自然保护地建设管理】 2020年，广东贯彻落实《中共中央办公厅 国务院办公厅关于建立以国家公园为主体的自然保护地体系的指导意见》精神，出台省级实施意见，进一步明确了自然保护地体系建设的制度设计。省政府成立广东国家公园建设工作领导小组，省长马兴瑞担任组长，南岭国家公园各项创建工作加快推进。组织开展国家公园相关研究及规划编制工作，初步编制完成南岭国家公园保护与生态修复、生态教育与自然体验、解说系统等8个专项规划与研究报告。9月，省委编办批准同意在省林业局设立南岭国家公园筹建工作办公室，省财政下达南岭国家公园创建启动资金1亿元，支持17个重点项目建设推进，启动南岭自然博物馆建设，开展南岭国家级自然保护区内3座小水电清退试点工作，启动"智慧南岭"、社区共建、特许经营等课题研究。同时，积极申请政府专项债，探索引入社会资本共同参与国家公园建设。落实国家林草局局长关志鸥11月到粤调研时的要求，配合国家公园办对在南岭、丹霞山分别设立国家公园进行进一步论证，编制并上报《南岭区域国家公园构建方案论证报告》。12月，南岭国家公园设立前期材料通过国家预审评估，自然资源部、国家林草局明确将南岭国家公园纳入全国国家公园空间布局方案及相关"十四五"规划。有序推进自然保护地整合优化工作，编制完成《广东省自然保护地整合优化预案》，并通过自然资源部、生态环境部和国家林草局联合审查，全省初步规划自然保护地1085处，以拟建南岭国家公园为主体、252处自然保护区为基础、833处自然公园为补充的广东自然保护地体系粗具规模。加强自然保护地监督管理，落实中央环境保护督察和海洋督察整改任务，联合组织开展"绿盾2020""碧海2020"等专项行动，全面清理整顿自然保护地违法违规行为，完成湛江红树林自然保护区内养殖场清退工作，清查并完成全省自然保护地内179宗违建项目处置工作，依法查处海洋保护地内各类非法开发利用活动。服务全省经济社会发展和重大项目建设需要，依法办理自然保护地建立、范围和功能区调整。经省政府同意，批准设立广东梅江清凉山和中山香山2个省级自然保护区。

南岭七彩森林

【野生动植物保护】 2020年，广东加强野生动物保护管理，继续实施重点物种保护工程，经国家林草局批准同意，依托广东省野生动物救护中心成立"国家林业和草原局穿山甲保护研究中心"，局省合作推进穿山甲保护工作。候鸟及其栖息地保护成效明显，根据全国鸟类同步调查和监测，省内黑脸琵鹭、中华秋沙鸭、鸳鸯、青头潜鸭、小青脚鹬、勺嘴鹬等珍稀濒危鸟类数量显著增加，并首次发现白鹤种群。根据新版《国家畜禽遗传资源目录》，会同省农业农村厅调整规范陆生、水生野生动物交叉管理物种的保护管理工作，进一步明确保护管理主体和执法监管责任。加强珍稀濒危植物保育，就近开展迁地保护，强化对野生植物的拯救保护、回归引种和野生种群重建。启动实施广东珍稀濒危植物保育"一中心三基地"[广东珍稀濒危植物保育研究中心，中亚热带（韶关）、南亚热带（惠州）、北热带（阳江）珍稀植物保育基地]建设项目，省林业局、中国科学院华南植物园、韶关市人民政府三方合作共建中亚热带地区珍稀濒危植物保育基地（"南岭基地"），总体规划面积667.7公顷，重点收集保存南岭地区特有极小种群珍稀植物和区域特色南药资源。联合公安、市场监管等部门组织开展"昆仑2020""飓风2020"野生动物保护专项打击整治行动，全年共清理整治市场、酒楼饭店等经营场所35.02万个次，立涉野生动物案件2252起，处理3461人，收缴野生动物8.17万条/只。加强野生植物资源保护，会同公安部门开展破坏野生植物资源专项整治行动，清理整顿全链条交易，重点打击乱采滥挖野生植物、破坏野生植物生存环境、违法经营利用野生植物行为。加强野生动植物行政许可事中事后监管，开展"双随机一公开"抽检，规范野生动植物人工繁育利用行为。开展杜绝滥食野生动物保护宣传，印发《全省拒绝滥食野味专项行动实施方案（2020~2022年）》，要求餐饮服务提供者诚信自律、承担社会责任，倡导全社会养成科学健康文明的生活方式。

【疫情防控】 贯彻落实中央和省关于疫情防控的决策部署，扎实履行林业部门防控职责，成立省林业局疫情防控工作领导小组，组建7个工作专班，科学组织、有序调度全省林业系统开展疫情防控工作，慎终如始落实人员防控措施，实现全省林业系统"零感染"。完成《广东省野生动物保护管理条例》修订工作，在全国率先将"全面禁食陆生野生动物"明确写入省级地方性法规。强化源头管控，对全省养殖场、动物园、马戏团等国家保护野生动物人工繁育场所实行"三严禁一暂停"（严禁野生动物对外扩散和转运贩卖、严禁任何形式的野生动物交易活动、严禁动物对外展演，暂停涉野生动物类行动许可申请）举措，全面封控存栏野生动物，建立完善管理台账，全面落实封控隔离防疫措施，全省野生动物养殖场所均没有发生疫病，也没有出现野生动物被转移扩散的情况。联合公安、市场监管等部门加大对农贸市场、餐饮单位、商场超市、电商平台等交易、消费场所的巡查监控，全省累计出动林业巡查执法人员13.2万人次，巡查人工繁育单位2.26万家次，收缴野生动物3.17万只（条）。加强国有林场、自然保护地等重点区域野外巡查，常态化巡护野生动物栖息地、繁殖地、迁徙通道和集群活动区等关键节点，全省累计出动自然保护地、国有林场野外巡护人员7.16万人次，巡护野生动物分布地3.3万次，清理非法猎捕工具16件，清理鸟网6571米，精准布控、有效防范非法猎捕野生动物行为发生。组织全省50个省级以上陆生野生动物疫源疫病监测站持续开展监测工作，协调做好无害化处理。配合做好疫病防控科研攻关，重点开展相关病毒溯源研究。及时发布疫情防控林业专业指引，有效防范公共卫生安全风险。经省政府同意，在全国率先出台省级指导意见，推动各地依法有序开展禁食野生动物后续处置工作，至年底，共完成养殖户处置5449户，处置野生动物4714万条（只），落实补偿资金10.2亿元，全面完成处置任务，积极帮扶养殖户转产转型，维护社会大局稳定。

【湿地资源保护】 广东加强湿地保护法治建设，积极推进《广东省湿地保护条例》修订工作，经省十三届人大常委会第二十六次会议修订通过，自2021年1月1日起施行，新条例就压实湿地保护管理责任、建立健全湿地保护制度体系、落实全省湿地面积总量管控、建立退化湿地修复制度、建立健全湿地监测评价体系等方面作了明确规定，并新增红树林湿地保护专章。持续推进湿地保护分级体系建设，组织开展国家重要湿地申报推荐工作，深圳市福田区福田红树林、中华白海豚两处湿地经国家林草局批准列入2020年国家重要湿地名录。组织开展省级重要湿地名录认定办法制订工作，草拟《广东省级重要湿地名录认定办法》，组织开展专家咨询。继续推动湿地保护恢复，组织各地开展湿地保护恢复项目申报，督促指导湛江红树林国家级自然保护区加快推进湿地保护与恢复工程项目建设。持续推进全省湿地公园建设管理，指导有关市、县（市、区）做好国家湿地公园试点验收和边界范围调整工作，完成广东深圳华侨城、翁源滃江源、东莞麻涌华阳湖、罗定金银湖4个国家湿地公园试点建设以及花都湖、珠海横琴、四会绥江3个国家湿地公园边界范围和功能区调整省级考察评估。组织开展全省国家湿地公园建设管理工作监督检查，督促指导广东花都湖、珠海横琴、中山翠亨、新会小鸟天堂、阳东寿长河红树林5个国家湿地公园所在地政府及相关部门落实问题整改。组织开展湿地公园违建项目清查整顿专项行动，督促相关单位推进问题整改落实。推进红树林保护修复工作，对接第三次全国国土调查情况，进一步核实摸清全省红树林资源底数，按照自然资源部、国家林草局印发《红树林保护修复专项行动计划（2020~2025年）》要求，组织开展对"广东新增红树林面积5500公顷以上"任务量的分解落实，明确采取改造、更新、抚育等措施，对全省红树林实施全面修复。依托"世界湿地日""爱鸟周""世界海洋日"等重要时点，组织开展形式多样、内容丰富的湿地保护主题宣传教育活动，推动湿地保护观念深入人心，营造全社会保护湿地的良好氛围。

【森林城市建设】 2020年，广东继续多层次推进森林城市建设，坚持规划引领，编制实施《广东省森林城市发展规划（2019~2025年）》《珠三角地区水鸟生态廊道建设规划（2020~2025年）》，统筹推进全省全域森林城市建设，省、市、县联动推动珠三角国家森林城市群攻坚冲刺，对标对表创建要求，逐项开展查缺补漏，巩固提升森林城市群建设质量效益，经国家林草局专家组验收，16项特色指标全部达标，珠三角地区基本建成全国首个国家森林城市群。组织佛山、珠海、江门、肇庆4市开展国家森林城市监测评价工作，巩固创建国家森林城市（以下简称"创森"）成果，推动汕尾、湛江市完成"创森"备案，至年底，全省21个地级市全部开展"创森"工作，已有11个成功创建"国家森林城市"。推动森林城市建设有序向县、镇拓展延伸，扎实推进森林县城建设，完成南雄、仁化、乳源、连南4县（市）森林城市建设总体规划备案，完成信宜、高州、化州、陆河、阳春、阳西、海丰、大埔8县（市）创建国家森林县城备案。截至年底，全省已有21个县（市）开展国家森林县城创建工作。持续推进森林小镇建设，开展森林小镇监测评价工作，认定森林小镇50个，截至年底，全省共有"广东省森林小镇"175个。

【林业改革】 2020年，广东进一步完善国有林场改革，加快推进省属国有林场事企分开，组织省属国有林场开展经营性资产清查和经营性资产划转等工作，协调将省属国有林场改革入编人员经费纳入2021年财政保障范围。持续深化集体林权制度改革，开展集体林业综合改革和林权类不动产确权登记发证专题调研，继续指导始兴县推进全国集体林业综合改革试验区试点工作，建立完善集体林地所有权、承包权、经营权"三权分置"运行机制，逐步规范林地林木流转，巩固提升集体林权制度改革成果。深入推进林业"放管服"改革，落实国家林草局和省政府要求，进一步做好省级行政权压减、取消、事项调整工作，印发省级行政职权委托、下放事项行政审批指引，明确委托机关和受托机关的权利义务，督促指导各地级市做好事项认领、清单编制等工作，规范行政审批专用章、专用文号和空白公文稿纸使用管理。推动林业政务服务事项全部进驻省政务服务网全流程办理，提升政务服务效能，行政许可办理时限压缩率达84.5%，即办件占比达50%。针对森林公安转隶后林业行政执法主体缺失问题，结合全省木材检查站队伍建设和检查执法情况，组织开展林业行政执法专题调研，会同有关单位研究推动林业行政综合执法改革，进一步理顺林业行政执法体制。进一步优化造林机制，"先造后补"试点范围扩大到10个县（市），并鼓励其他具备条件的市结合实际主动开展试点工作。指导各地完善林业生态建设工程管理模式，大力推行"珍贵树种+"造林模式。积极引导林农参与林业碳汇市场交易，走绿色致富之路。完成林长制试点工作，增城区、翁源县、平远县、化州市4个县级试点单位建立由党委和政府主要负责人担任总林长的县、镇、村三级林长体系，初步形成保护发展森林资源新机制。在此基础上，12月3日，部署启动全面推行林长制工作。

【林业产业】 2020年，广东积极发展绿色惠民产业，加快产业转型升级，克服新冠肺炎疫情冲击，实现林业产业稳定发展，全省实现林业产业总值8219亿元，其中：第一产业产值1263亿元、第二产业产值5188亿元、第三产业产值1768亿元。组织召开全省林业产业大会，制订出台《广东省林业局关于促进林业一二三产业融合创新发展的指导意见》，谋划推进全省林业产业高质量发展。加强林业经营主体培育和产业集成孵化，认定省级林业龙头企业67家、保留2017年认定企业71家，认定省级林下经济示范基地20家，推进广东省林下经济研究与成果推广中心项目建设，推荐肇庆市德庆县申报国家林业产业示范园区。修订印发《广东省森林生态综合示范园建设指引》，稳步推进森林生态综合示范园建设。加快发展森林旅游，联合省文化旅游厅认定100条森林旅游特色线路和100个森林旅游新兴品牌地，组织开展"南粤森林人家"推荐评选工作。积极培育森林康养产业，联合省民政厅、省卫健委、省中医药局出台《关于加快推进森林康养产业的意见》，印发《广东省森林康养基地建设指引》，规范森林康养基地建设标准和运营管理要求，认定省级森林康养基地（试点）10个。加强林产品商贸洽谈，组织省内林业企业参展第13届中国义乌国际森林产品博览会，积极推介广东特色林产品。继续实施乡村振兴林业行动，落实中央财政补助资金8490万元实施1.33万公顷低产油茶林改造，推进林业产业精准扶贫。扎实做好定点帮扶工作，推进雷州市沈塘镇揖花村巩固提升脱贫成效，2020年全村建档立卡贫困户人均年收入突破1.6万元。挂牌督战兴宁市脱贫攻坚，重点扶持油茶低产林改造2000公顷，组织开展消费扶贫，助力兴宁如期实现脱贫。

【森林灾害防治】 2020年，广东林业系统认真履行森林防火部门职责，扎实做好森林防火各项工作。加强森林防火宣传教育，组织开展形式多样的宣传教育活动，普及森林防灭火知识，营造全民参与护林防火良好氛围。突出春节、清明、重阳等重点时段防控工作，在进山出入口设立临时检查，组织生态护林员和专职护林员常态化开展网格化巡山护林。强化野外火源管理，及时消灭火灾隐患。采取明察暗访等方式，派出指导组赴各地督促落实森林防火举措。加强火源监测，发挥省级森林资源监测中心平台作用，对林区实施24小时监控，确保火情早发现、早预警、早处置。推广使用"防火码"，提升智能化防控水平。联合省应急管理厅和广州市、增城区政府举办首届森林消防业务技能大比武活动，提升基层森林防火人员业务素质。全年共发生森林火灾114起，火场面积1002.5公顷，受害森林面积591.2公顷，森林火灾受害率控制在1‰以内，实现清明、"两会"等重要节点"零火情"，未发生特大森林火灾。广东加强林业有害生物防治工作，重大林业有害生物防治纳入2020年省政府工作报告重点工作和各级政府财政绩效考核约束性指标，组织开展全省防治工作核查并通报结果，进一步压实属地责任。广州等9市成立市级重大林业有害生物防治指挥机构，建立完善政府主导、部门协同的防治工作机制。加强防治工作制度化规范化建设，启动广东省重大林业有害生物灾害应急预案修订，出台《引进林木种苗检疫审批与监管办法》《广东省林业局关于松材线虫病疫区和疫木管理办法》。2020年全省主要林业有害生物发生面积51.52万公顷，其中，松材线虫病发生面积29.56万公顷，薇甘菊发生面积5.48万公顷。重点开展松材线虫病防治工作，全省实施春秋两季专项普查监测404.15万公顷次，组织开展冬春季百日攻坚战，实施综合防治作业37.52万公顷次，发生区病死树控制在3株/公顷以下，完成国家林草局下达广东的年度防治任务。加强林业植物检疫执法，全省实施产地检疫1.01万公顷。加快构建区域联防联控体系，强化粤桂琼、粤赣等省际联防联控，深化珠三角地区市际、县际联防联控，广州、肇庆市签订《粤港澳大湾区（广州-肇庆）林业有害生物联防联控合作框架协议》。注重发挥科研院所作用，组建广东省松材线虫病防控专家组，推广应用生物、仿生物制剂绿色防控技术。加强林业安全生产工作，组织开展林业系统安全生产专项整治三年行动、自然灾害防治能力建设行动、林业重大风险管控等专项行动，强化隐患排查整治，修订完善《广东省林业局生产安全事故应急预案》，建立健全应急预案体系，督促指导林业系统做好防风防汛等应急管理工作，全省林业安全风险防范形势总体平稳可控，未发生较大以上安全责任事故。稳步推进政策性森林保险，2020年，全省10个森林保险试点市及省直国有林场合计参保面积417.34万公顷，参保率53.9%，保费1.34亿元，提供森林风险保障410亿元。全省承保地区共理赔340起，理赔面积2.34万公顷，进一步提升林业抗灾能力。

【林业科技和交流合作】 2020年，广东整合林业科技资源，加快推动林业创新驱动发展。加强林业科技项目实施管理，设立中央示范推广项目17项、省科技创新项目14项，营建乐昌含笑等示范林533.33公顷，培育优质苗木119.8万株。加大科技攻关，加快成果应用转化，评选新品系20个、获植物新品种授权9个，认定省级科技成果10项，22项成果入选国家林草局成果库，获省部级以上科学技术奖励19项。加快林业创新平台建设，经国家林草局批准，建立广东惠州国家林药科技示范园区、穿山甲保护研究国家长期科研基地和广东丹霞山生态学国家长期科研基地，成立广东粤西林业科技示范基地。在全国范围率先成立"广东林业生态监测科技创新联盟"，广东林业生态监测网络平台率先实现多站点6项生态监测指标实时在线展示。稳步推进林地土壤调查，完成广州、深圳、珠海、佛山、东莞、中山、韶关、河源8市土壤污染调查工作，开发广东省首个"森林土壤资信"应用程序。加强食用林产品质量安全监管，成立省林业局食用林产品质量安全工作领导小组，开展竹笋、五指毛桃、灵芝、油茶籽、牛大力等食用林产品抽检1007批次，主要食用林产品质量安全监测总体合格率达98.6%以上。加强林业标准化建设，审定省级林业地方标准4项，报批6项，经省市场监督管理局批准发布15项。加强林业知识产权保护，联合开展打击侵犯林业植物新品种权专项行动，初步构建全省侵犯植物新品种权举报网络。积极推进粤港澳林业交流合作，落实《粤澳林业合作意向书》，共同推进澳门山林修复项目实施，举办"2020年粤澳林业交流合作调研活动暨第二届粤澳林业合作及自然护理联席会议"，以互换文书的形式举行粤港林业及护理专题小组会议。积极推进林业科普工作，成立全国首个省级林业科普工作领导小组，与省科技厅联合出台《关于加强林业科普工作的实施意见》，全省举办各类重点林业科技活动90多场。积极推进科技人才队伍建设，10人入选全国林草乡土专家。组织开展林业科技下乡活动，选派林业科技特派员15名，下沉基层一线开展速生用材树种培育、林下经济植物种植加工等技术指导，发放优良种苗2.4万株、各类书籍资料3万余册，助力科技扶贫。

【森林生态文化建设】 2020年，广东推动新闻宣传、自然教育、生态文化三大平台建设，在全社会营造绿色生态共建共享良好氛围。全年刊发新闻信息3250条次，举办大型新闻宣传活动15次，阳江发现黑脸琵鹭、湛江发现黄嘴白鹭等新闻登上热搜榜，阅读量累计超过2亿人次。制定出台自然教育建设指引、规范、标准5个，建设自然教育之家6个、自然教育径18条。积极搭建粤港澳自然教育交流合作平台，粤港澳自然教育联盟秘书处在广州海珠国家湿地公园挂牌成立。繁荣发展森林文化，加大生态文学影视作品创作，组织开展"粤野觅镜——大美自然保护地探秘"系列视频宣传，先后制作发布白鹇、中华白海豚、丹霞山、南澳候鸟、海龟、珊瑚、恐龙化石、猕猴、中华鬣羚、梧桐山手工步道、小鹿、海南鸦等系列科普视频，被央广网、中国新闻网、人民网、大公网等境内外知名媒体报道，取得良好传播效果。举办第二届"广东森林文化周"活动和"穿越北回归线风景带——广东自然保护地探秘"主题科普宣教活动，持续打造生态文化特色品牌。启动自然保护地标识标牌标准化建设，编制《广东省自然保护地标识标牌规范》，制作广东省自然保护地标识标牌。新增一批自然保护地加入预约开放平台，逐步推动自然保护地开放共享，全年累计参与预约人数2.03万人。

【大事记】
3月3日 广东省省长马兴瑞以视频会议的形式主持召开专题工作会议，研究广东南岭国家公园创建和世界遗产丹霞山生态保护工作，省领导林克庆、许瑞生、陈良贤、张虎、张少康在省主会场参加会议。

3月30日 广东省委书记李希、省长马兴瑞、省人大常委会主任李玉妹、省政协主席王荣等领导到广州市黄埔区九龙湖公园，参加义务植树活动。

4月15日 广东省人大常委会主任李玉妹主持召开视频座谈会议，专题调研广东省野生动物养殖户转型转产工作，听取省农业农村厅、省林业局、河源市、肇庆市和东源县工作开展情况，听取野生动物养殖贫困户代表意见，省人大常委会副主任黄业斌出席调研会议。

4月16日 广东省政协党组成员、副主席薛晓峰率省政协调研组到郁南县开展专题调研，监督视察郁南县落实《广东省野生动物保护管理条例》工作情况，并实地调研了广东郁南同乐大山省级自然保护区宣教中心和建城镇东坑村。

8月5~6日 广东省省长马兴瑞率队到韶关市开展南岭国家公园建设专题调研，常务副省长林克庆、副省长许瑞生陪同调研。

9月9~11日 广东省副省长许瑞生率队赴京与国

家林草局局长关志鸥开展交流，双方就南岭国家公园创建等林业重点工作交换了意见。

11月13~14日 国家林草局局长关志鸥一行到广东，就南岭国家公园创建、珠三角国家森林城市群建设、禁食野生动物后续处置、穿山甲保护研究中心筹建等林业工作进行调研，广东省委书记李希、省长马兴瑞会见关志鸥一行，副省长李红军、广州市市长温国辉陪同参加有关调研活动。

11月29日至12月3日 国家林草局副局长、国家森林草原防灭火指挥部成员李树铭率队到广东调研森林防火工作，并与广东省副省长许瑞生座谈交流。

12月2日 广东省政府在广州召开全省自然保护地建设管理工作电视电话会议，研究部署以国家公园为主体的自然保护地体系建设和全面推行林长制工作，副省长许瑞生出席会议并讲话。

（广东省林业由徐雪松供稿）

广西壮族自治区林业

【概　述】　2020年，广西林业继续保持良好发展态势，传统产业转型升级加快、产业结构更趋平衡、新旧动能转换提速，林业成为广西绿色经济发展的重要支柱产业。全年完成植树造林223 800公顷；森林覆盖率达62.50%，草原综合植被盖度达82.76%；林业产业总产值达7521亿元，全年林业增加值增长保持在9%以上；木材产量3600万立方米，木材加工和造纸产业产值达2915亿元；人造板产量超过5034万立方米，林下经济发展面积超过454.67万公顷，林下经济产值达1235亿元。

【生态建设】　2020年广西完成植树造林面积223 800公顷，其中完成荒山造林18 800公顷、迹地人工更新69 000公顷、低效林改造造林7000公顷、封山育林20 133公顷、桉树萌芽更新110 667公顷。完成良种油茶苗木培育2.4亿株以上，油茶新造林面积35 800公顷，低产林改造面积22 800公顷。创建油茶"双高"示范园37个，油茶"双高"示范点101个，成立油茶专业合作社34个，实施《广西山茶油品牌打造方案》，油茶产业高质量发展。

森林经营　实施珠江防护林工程人工造林1400公顷、退化林修复2200公顷。实施沿海防护林工程退化林修复666.7公顷。完成中央财政造林补贴项目造林40 786.7公顷。实施国家特殊及珍稀林木培育项目2606.7公顷，完成自治区金山银山工程森林质量提升面积1200公顷、森林景观提升面积666.7公顷。

森林抚育项目　2020年度中央财政森林抚育补贴项目任务和资金分两批次下达，累计下达资金15 460.33万元。

树种结构调整　扎实推进树种结构调整，大力种植楠木、红锥、沉香、降香黄檀等乡土珍贵树种8400公顷。

石漠化综合治理　石漠化综合治理工程林业项目完成人工造林1330公顷，封山育林23 125公顷，森林抚育502公顷，完成自治区下达计划的100%。

林业沃土试点项目　2020年完成2019年度自治区林业沃土工程试点项目2961.06公顷，占计划任务的103.4%，分解落实自治区财政补助资金300万元。在12家区直林场和广西国控林投公司推广增施有机肥免炼山整地和测土配方施肥技术面积17 200公顷，营建测土配方施肥示范点13个，免炼山技术示范点3个，种植绿肥、增施有机肥、采伐剩余物还林等多项沃土技术集成示范点1个。印发2020年度林业沃土工程试点项目实施方案，分解建设任务1066.67公顷，下达自治区财政补助资金100万元。

国家储备林项目　完成国家储备林建设约19万公顷，利用贷款资金约23.7亿元，其中国开行贷款10.31亿元，累计建设面积超670万公顷。全年完成国家储备林收购收储64 681.13公顷，投入资金279 450万元。推进挂牌督战县国家储备林扶贫项目合作协议和合作建设隆林县国家储备林项目协议签约落地，获得国开行50亿元和农发行4亿元信贷资金支持。

利用外资林业项目　广西森林质量提升与可持续经营项目经国务院批准，成功纳入中国利用欧洲投资银行贷款2020~2022年备选项目规划，获得贷款1.5亿欧元。

草原资源保护　开展草原综合植被盖度监测，布设812个样地，草原综合植被盖度82.76%，比2019年上升0.93个百分点。

【国土绿化】　2020年义务植树8192.2万株。完成计划任务的102.4%。实施"绿美乡村"工程，建设700个村屯绿化美化景观提升项目，新增全国生态文化村6个，405个单位获得广西森林城市系列称号，村庄绿化覆盖率达到39.87%。广西现有古树名木14万多株，挂牌立碑保护率达99.9%。

古树名木普查和保护　截至2020年底，广西古树名木公示及政府认定公布全部完成，累计挂牌立碑140 127株，53 763株古树名木纳入养护管理，已开展养护管理的古树名木达42 837株，抢救复壮株数885株；完成案件查处6起，查处率100%，通过古树名木移植审批20起87株。全区累计投入古树名木保护资金合计6877.7万元。

村屯绿化提升建设　自治区投入资金2250万元，重点围绕"一区两线三流域多点"区域，对具备发展乡村旅游条件的30户以上100个示范村屯、350个景观提升村屯开展村屯绿化提升建设项目和250个珍贵树种送边民行动项目，通过绿化美化花化香化，推动乡村旅游业发展，实现生态产业富民。全年100个示范村屯及350个景观提升村屯全部竣工，累计种植各类苗木66.3

万株。

森林城市建设 广西壮族自治区绿化委员会授予藤县等7个单位"广西森林县城"称号，宾阳县陈平镇等10个单位"广西森林乡镇"称号，南宁市第三十三中学等16个单位"广西森林单位园区"称号，南宁市兴宁区五塘镇五塘社区等372个单位"广西森林村庄"称号。

中国绿化博览会 第四届中国绿化博览会广西展园建设工作完成验收。广西园获第四届中国绿化博览会金奖、最佳植物配置奖、最佳生态材料应用奖。

【森林资源保护】 2020年，广西森林覆盖率达到62.5%，超2019年森林覆盖率0.05个百分点，活立木蓄积量超过81 900万立方米，可采率超过60%。公布全区第一批34处自治区重要湿地名录，龙胜龙脊梯田、梧州苍海、南宁大王滩3处试点建设的国家湿地公园通过验收，成功创建广西南宁大王滩国家湿地公园。完成14个设区市自然保护地优化整合与生态保护红线评估调整工作衔接，5处自治区级自然保护区的功能区划方案获自治区人民政府批复。

林地保护利用管理 广西2020年度建设项目可用林地定额为18 664.40公顷，其中：国家林草局下达年度定额为6592.73公顷，同意使用国家备用定额12 071.67公顷。全年全区共审核审批建设项目3564宗，审核审批林地面积23 792.89公顷，使用林地定额18 633.47公顷，收取森林植被恢复费285 980.06万元。其中，国家林草局审核建设项目使用林地面积66宗，审核同意建设项目使用林地面积9288.96公顷。自治区、市、县审核审批建设项目3498宗，审核同意建设项目使用林地面积14 503.93公顷。

林木采伐管理及改革 全年下达森林采伐限额4470.9万立方米，办理林木采伐许可证44.74万份，发证蓄积量4218.87万立方米，其中追加2020年省级备用森林采伐限额30万立方米，专项支持8个2020年计划脱贫摘帽县和7个重点县。组织468个编限单位完成"十四五"期间年森林采伐限额编制工作，在全区部署使用广西"十四五"期森林采伐限额编制测算辅助系统。推进采伐限额"阳光分配"，简化商品林采伐设计，做好服务保障和监管工作。

天然林和公益林保护管理 贯彻落实《广西天然林保护修复制度方案》，组织启动《广西天然林保护修复规划》编制工作。完成2019年自治区级以上公益林成果衔接"一张图"工作，在2019年"一张图"上的自治区级以上公益林为5 443 109.84公顷，较批复的2019年自治区级以上公益林区划落界确认成果增加41.23公顷。完成2020年自治区级以上公益林动态调整，经调整后，广西有自治区级以上公益林为545.2万公顷，占全区林地面积的34%。组织开展2020年公益林资源与生态状况监测、遥感监测、动态调整监测工作，完成了监测报告。生态服务总价值为6459.4亿元，较2019年增加了428.10亿元，增长7.10%，社会效益总价值高达140.12亿元。

湿地和红树林保护 获得中央和自治区财政湿地保护修复资金4448万元，启动《广西湿地保护"十四五"规划》编制工作。公布广西第一批34处自治区重要湿地名录，完成第二批22处自治区重要湿地的论证报告和认定书的编制工作。龙胜龙脊梯田、梧州苍海、南宁大王滩3处试点建设的国家湿地公园通过国家林草局验收。编制《广西红树林资源保护规划（2020～2030年）》和《广西红树林保护修复专项行动实施方案（2020～2025年）》。召开全区红树林资源保护修复工作会议，全区营造红树林65.32公顷，修复红树林104.9公顷。

【国有林场】 2020年全区国有林场资产总额达到469.8亿元，比上年434.7亿元增长8.1%。总负债258.5亿元，比上年189.2亿元增加36.6%。实现经营收入59.3亿元，比上年43.5亿元增长36.3%。营业利润1.03亿元，比上年0.78亿元增长32.1%。其中，区直林场总资产390.7亿元，同比增长24.7%，占全区国有林场的83.2%；实现经营收入55.5亿元，同比增长46.1%，占全区国有林场经营总收入的93.6%；营业利润0.98亿元，较2019年增加0.8亿元。

商品林"双千"基地 借助国有林场改革全面完成的有利契机，充分发挥自治区直属国有林场的技术强、队伍优、融资易等优势，携手市、县国有林场，创新利益联结机制，推动全区国有林场改革后的高质量发展。全年有8个自治区直属林场与33家市、县国有林场成功"牵手"，通过"大场联小场""大场带小场"等合作模式，与市、县国有林场合作造林面积达1.8万公顷，全年"双千"基地建设规模增加8.47万公顷，2020年"双千"基地桉树每公顷平均出材量达124.5立方米。

森林培育 全年区直林场完成造林面积39 533.33公顷，中幼龄林抚育189 600公顷，珍贵树种2293.33公顷，桉树种植结构调整2293.33公顷。积极开展混交林经营、大径材培育、近自然林经营，强化实施测土配方、机械化作业等精细化管理，桉树每公顷出材量达到121.05立方米，较2019年提高9立方米。大力开展"双千"基地建设和国家储备林项目建设。

资源保护 全区国有林场回收被侵占林地面积30 422.19公顷，三年累计回收80 746.65公顷，占累计回收任务的104.75%。拆除违规建筑128栋（个）127 292平方米，恢复林业用地263 333.33公顷，立林业行政、刑事案件218起，妥善解决林区道路、管护用房未办理为林业生产服务设施用地手续等历史遗留问题，完成整改问题710个，完成率达94.8%。完成需规范租赁林地任务27 640公顷，占需规范租赁林地任务79 200公顷的34.9%。

产业发展 广西森工集团整合区直林场的资源优势，大力推动高林公司、东腾公司、国旭春天公司3个技改升级重大项目，祥盛公司绿色板材产业园年产30万立方米超强刨花板项目落地开工建设，中国广西国际木材暨高端绿色家具家居产业园、山圩雷卡轻工园等在区直林场落地实施，逐步形成工业园区集群。八桂种苗公司、华沃特公司经营收入快速增长。

林场发展 完成2019年"壮美林场"评定9家，进一步优化评价指标体系；分解下达2020年度扶贫资金2700万元，组织开展2019年度、2020年度脱贫验收工作，全区43家贫困林场如期脱贫。批复项目10个，备案项目45个，涉及投资资金270.5亿元，召开项目可行性研究报告评审会、咨询会22个,强化对区直林场各类经营性事项的审查论证,及时跟进林场项目建设情况,管好用好资金,严控廉政风险。全年电子平台交易实现销售收入14.76亿元,同比增长24.1%,溢价1.07亿元,采购物资3015.1万元,节约成本72.8万元。

【林业产业】 2020年,广西林业产业总产值达7521亿元,木材加工和造纸、林下经济和林业生态旅游与森林康养产值均突破千亿元大关,占全区林业产业总产值的73%,其中木材加工和造纸产业产值达2915亿元。人造板产量5034万立方米,其中胶合板产量3455万立方米、纤维板产量690万立方米、刨花板产量302万立方米、细木工板等其他人造板产量587万立方米,产量规模由2016年占全国总产量的1/9提升至2020年占全国总产量的1/6;木竹地板产量1240万平方米,主要产品为实木复合木地板、浸渍纸层压木质地板和实木地板。林下经济发展面积超过454.67万公顷,产值达1235亿元;林业生态旅游与森林康养产业综合产值达1468亿元,姑婆山、大容山、良凤江等森林公园成了城乡居民游憩、休闲、健身的理想场所。同时,广西林产化工、速生丰产林、油茶、特色经济林、花卉苗木等特色产业快速发展,松香、八角、肉桂、茴油、桂油等特色林化产品产量均居全国第一位;全区花卉生产种植面积达6.67万公顷,花卉产业总产值达191亿元,花卉产销呈平稳增长势头,广西已成为全国林业产业大省区。

林业产业加工业 为进一步推动全区高端家具家居产业稳定向好发展,2020年4月24日,自治区人民政府召开全区高端绿色家居产业推进工作电视电话会议。7月21日,自治区林业局在崇左市召开全区高端绿色家具家居产业发展现场会。11月24~26日,自治区林业局在玉林北流市举办首届广西家具家居博览会暨高端绿色家具家居产业发展高峰论坛,博览会交易额突破4.2亿元,采购商达2.36万名,参展企业达575家,参观人员25.5万人次。推荐贵港市覃塘林业生态循环经济(核心)示范区、广西桂中现代林业科技产业园等6个林业产业园区申报国家林业产业示范园区;新增认定自治区级林业产业重点龙头企业31家;林业生态扶贫、产业扶贫带动120万名以上贫困人口稳定脱贫,为全区决战决胜脱贫攻坚、全面建成小康社会作出了重要贡献。

示范区创建 2020年全区现代特色林业示范区创建工作继续推进,新增认定县级示范区25个,乡级示范园84个,村级示范点324个,示范区涵盖珍贵树种与优势用材林、特色经济林、花卉苗木、林下种养、林产品精深加工、森林生态文化旅游等优势、特色林业产业。截至2020年底,自治区级现代特色林业核心示范区78个,其中五星级示范区4个、四星级示范区25个、三星级示范区49个。林业示范区的创建对加快林业产业转型升级,实现林业增效和林农增收具有非常明显的示范引领作用。

花卉产业 为宣传展示广西花卉产业发展成果,推进花卉企业交流合作,培育发展花卉产业,2020年迎春花市在南宁国际会展中心举行,吸引了区内外135家主营花卉产品的客商前来参展,参展花卉达1000多种,前来参观及选购花卉产品的游客数量累计超过30万人次,销售额累计超过500万元。为进一步做好广西花卉苗木产业发展的产销对接工作,进一步完善花卉苗木市场建设,2020年10月16~18日,自治区林业局、桂林市人民政府在桂林市举办了第一届广西花卉苗木交易会,全区14个设区市参展企业160家,参会区内外客商280人,展出各类花卉苗木品种1000多个,花卉苗木交易成交金额6.5亿元,合作项目意向投资9.3亿元。

10月16日,第一届广西花卉苗木交易会在桂林举办

林业生态旅游与森林康养 2020年评定了星级森林人家27个(其中四星级21个、五星级6个)、广西森林体验基地8个、广西花卉苗木观光基地3个、森林康养基地6个;通过媒体开展宣传推介活动,积极宣传展示广西森林旅游资源和森林旅游产品,扩大广西森林旅游知名度和影响力。

林业招商引资 统筹推进落实自治区"三企入桂"行动林业各项工作,中国林业集团与自治区人民政府签署战略合作协议、广西森工集团与广西保利置业集团签署战略合作协议,汇总收集招商引资项目66个并通过网络等形式开展招商引资工作。

【深化林权制度改革】 2020年林下经济产值达1235亿元;林权抵押贷款余额158.82亿元,林下经济贷款余额30.13亿元。全区森林保险投保面积为980万公顷,增长4.2%,保费金额达到2.66亿元,增长12.7%。林业产权交易平台交易额达到31.43亿元,增长15.8%。

林下经济 落实自治区财政林下经济发展补助资金2800万元,安排非贫困县资金1400万元,扶持建设了30个自治区林下经济示范项目。全区共有4个与医药企业和科研机构合作开展种植加工一体化的林下中药材种植基地通过评审,获得自治区首批中药材"定制药园"称号。开展区直国有林场林下经济"一场一品"建设活动,印发了《关于组织制定林下经济"一场一品"创建工作方案的通知》。通过林业系统"八桂小林通"APP、广西林下经济产业协会和区直林场林下经济绿色产业联盟及时发布各市、县以及区直林场林下经济产品货源信息,进一步拓展销售渠道。印发《关于做好自治区和国家级农民专业合作社申报前期准备工作的通知》和《关于加快组建林业专业合作社的通知》,全区新组建林下经济专业合作社47家。

"三权分置"工作 组织召开全区林改工作负责人

及试点县林业部门分管领导参加的座谈会,探讨广西集体林地"三权分置"改革试点工作。印发《关于开展第二批集体林地"三权分置"改革试点工作的通知》,确定融水县、合浦县、金秀县、永福县、苍梧县、上思县、平果县、扶绥县、南丹县、覃塘区10个县(区)开展第二批集体林地"三权分置"改革试点工作。

林权抵押贷款 印发《关于开展全区油茶产业及木材加工类经营主体摸底推荐工作的通知》,全区向广西农担公司推荐油茶产业企业共3024家,实现授信担保放款1.52亿元。组织部分国有区直林场、广西国控公司和民营企业共同组建了林权收储担保股份有限公司。加强与金融管理部门的沟通协作,印发《关于进一步推动"油茶贷"工作的通知》,全区油茶种植贷款余额达到7.27亿元。

森林保险政策 印发《关于广西农业保险高质量发展工作方案的通知》,开展"县区级"无赔款优待。印发《油茶收入保险试点工作方案》,在部分市、县启动油茶收入试点工作。针对沿海台风灾害频发地区,保险公司赔付率过高、承保不积极问题,采取以"风险共担、利益共享"为原则的共保模式。全年森林保险投保面积为980万公顷,增长4.2%,保费金额达2.66亿元,增长12.7%,理赔面积17 246.67公顷,降低74.1%,理赔金额为6800万元,降低了36.1%。

【野生动植物保护】 2020年加强野生动植物保护监测,借助红外相机、全球定位系统(GPS)追踪等技术手段不断加强白头叶猴、黑叶猴、东黑冠长臂猿、穿山甲、瑶山鳄蜥、冠斑犀鸟等极度濒危野生动物的调查监测,持续开展迁徙候鸟调查监测;加强穿山甲、冠斑犀鸟、水鹿、金斑喙凤蝶、鳄蜥等珍稀濒危野生动物保护与繁育研究,重点开展瑶山鳄蜥、中华穿山甲等野外放归监测,鳄蜥野外种群数量稳步增加;积极开展德保苏铁、望天树、资源冷杉、元宝山冷杉、瑶山巨苔、兰科植物等极危物种的调查监测,使濒危物种得到有效保护和种群恢复。

重点物种救护研究 截至2020年12月,广西救护中心共收容救护各级别各种陆生野生动物活体621只(条),其中穿山甲、圆鼻巨蜥等国家一级保护野生动物活体94只(条),猕猴、仓鸮等国家二级保护野生动物活体412只(条),其他保护野生动物活体等100多只(条)。全年救护穿山甲活体共60只,存活44只,救护成活率73%。获批1项穿山甲救护技术国家专利。同时首次开展马来穿山甲半野化饲养繁育救护研究,在2个野外散放池野放63只马来穿山甲,经过野外环境饲养繁育和野化训练,存活52只,自然交配繁殖幼仔3只,研究成果喜人。

疫源疫病监测防控 全年58个疫病监测站加强了野猪非洲猪瘟和鸟类禽流感等疫病主动监测预警,各监测站共上报监测信息11 774条。全年采集野猪非洲瘟生物样本50多份,检测结果全部为阴性,证明广西野猪没有发生疫情,有力支持全国非洲猪瘟疫情监测防控工作。救护中心积极配合军事科学院下属的军事医学研究院、国家林草局野生动物疫病监测中心等国内权威科研机构开展穿山甲等野生动物可能携带新型冠状病毒的溯源检测和溯源技术攻关工作,全年共采集近100种野生动物的组织、血清(血浆)、拭子等样本2000多份,助力科研机构开展野生动物疫病科学研究工作。

疫情防控及产业转型 全面停止涉及野生动物行政许可审批及实施,全面落实繁育陆生野生动物就地隔离封存,全面禁止任何形式的野生动物交易和转运,全面停止野生动物展、演、游等场所的经营活动,全面做好存栏动物的疾病监测工作。全年全区累计隔离封控陆生野生动物养殖场所2000多家,涉及动物2000多万只,查清无证养殖场所近2000家,涉及动物350多万只。如期完成除蛇类以外的陆生野生动物处置工作,累计完成处置384万只(头)、处置率100%。8月31日全部完成蛇类处置工作,累计完成蛇类综合处置1501万千克,综合处置率100%。全区人工繁育陆生野生动物补偿处置资金兑付总额16.5亿元,兑付率100%,签约明确转型药用眼镜蛇、滑鼠蛇等蛇类592万多条、约531万千克。

5月12日,广西蛇产业转型升级项目投资签约仪式

专项行动 深入推进"昆仑2020"专项行动,依法严厉打击非法猎捕、出售、买卖走私野生动物等违法犯罪活动。下发了《关于联合开展保护野生植物专项行动的通知》,在全区范围内联合开展打击整治破坏野生植物资源专项行动。截至2020年底,查办野生植物案件148起,打掉犯罪团伙5个,打击处理违法犯罪人员173人,收缴重点保护植物6065株、重点保护植物根茎187.62吨、野生植物制品2993件。

【林业对外合作】 2020年加强与广西科学院、北部湾大学等单位政学研合作,加强与中国林科院林化所、木工所等单位产学研合作,签订科技创新战略合作协议。广西"万亩百亿"油茶绿色发展技术创新与产业化示范项目获得自治区创新驱动发展专项资金立项,项目经费资助1700万元。

项目成果 全年全区林业科研院所、国有林场和林业企业积极申报林业科技项目,新立项项目91项。完成科技成果登记150项,获得2019年度广西科学技术奖励3项,获得广西第十六次社会科学优秀成果奖励2项。广西木本香料育种与栽培国家长期科研基地入选第二批60个国家林业和草原长期科研基地。广西国有派阳山林场获得广西农业科技园区认定。广西林科院成立广西"两山"发展研究院。3个平台获中央预算林业基建投资929万元。

科技扶贫 深入开展林业科普惠农增收活动和油茶科技讲堂活动,在隆林、融水、罗城等46个县(区)举办培训62期,培训林农及基层技术人员5052人,赠送苗木14.76万株、发放技术资料1.3万余份。全区委派林业科技特派员375名，其中，277名特派员服务地点为贫困县（区）和贫困村。

知识产权 全区共申请专利160件，获得授权专利102件，向国家林草局申请20个以上植物新品种权，获得林业植物新品种授权10个，广西累计获得林业植物新品种授权27个。开展打击制售假冒伪劣油茶种苗和侵犯林业植物新品种权"铁拳2020"专项行动，专项行动共出动执法人员450人次，检查苗圃124个，下达执法检查整改通知书33份，立案查处违法生产经营林木种苗案件2起。

科技交流与合作 与广西科学院签订战略合作协议，广西林科院、广西森工集团与中国林科院木材工业所签订产学研科技创新战略合作协议。举办首届广西"两山"发展论坛，中国工程院尹伟伦院士、中央党校、国务院发展研究中心、中国林科院等单位200多名与会专家代表围绕生态文明建设、乡村振兴等话题深入探讨，论坛现场直播在线观看人数33 262人，点击率1 934 262次，创下区直部门官方政务直播观看人数之最，中央电视台等272家媒体进行了报道。

12月23日，首届广西"两山"发展论坛在南宁举行

【**森林防火**】 2020年全区共发生森林火灾206起，同比下降46.8%，其中一般火灾121起，同比下降55.7%，较大火灾85起，同比下降25.4%。过火总面积2103.27公顷，同比下降19.5%，受害森林面积786.42公顷，同比下降14.3%。损失林木16 336.97立方米，同比下降33.8%，因森林火灾死亡1人，同比下降88.9%。森林火灾受害率控制在0.8‰以内，没有发生重特大森林火灾和重大伤亡事故。

火源管理和隐患排查 将森林防火宣传工作纳入各级政府宣传普及应急安全常识体系建设，建立健全政府主导、部门协作、社会参与、全民动员的森林防火常识宣传普及长效机制。落实森林防火区野外用火审批制度，按照"用火必报""谁审批谁负责"的原则，狠抓林区用火审批管理。高火险期、重点时段增派人员进入林区巡护检查，防止火种进山入林。利用国家森防指林火卫星监测和自治区本级租用的"智慧林火"卫星监测双系统开展林火热点监测预警，确保火情早发现早处置。开展"野外火源专项治理行动"和"打击森林草原违法违规用火行为专项行动"，推动火灾风险隐患排查整治。通过开展"同驻防、同宣传、同巡护、同排查"森林防灭火专项行动，对全区火灾多发重点区域开展森林火灾风险隐患排查，共排查整治隐患228处。3个全国试点县开展森林火灾风险普查试点工作全部完成可燃物外业调查。

安全生产 开展森林防火基础设施建设项目专项检查。制订《广西林草行业安全生产专项整治三年行动实施方案》《全区林草行业涉电公共安全隐患专项整治三年行动实施方案》，全面开展广西林草行业安全生产专项整治行动，共制订各项制度措施27项，排查风险隐患1330处，完成整改1320处。全面开展森林防火和危化品专项督导整改工作，抓好汛期安全生产工作，年度内没有发生涉林安全生产事故。

航空护林 全年租用2架M-171航空护林直升机开展航空护林工作，全年巡护飞行148架次316小时，发现并参与处置扑救森林火灾3起。

【**森林病虫害防治**】 2020年广西发生并造成较严重危害的林业有害生物共61种，其中病害22种，虫害37种，鼠害1种，有害植物1种，发生总面积383 297.27公顷，比2019年下降3.89%。病害发生面积74 925.87公顷，比2019年上升24.79%，占发生总面积的19.55%，虫害发生面积296 055.4公顷，比2019年下降9.63%，占发生总面积的77.27%，鼠害发生面积230.13公顷，占总面积的0.06%，有害植物发生面积12 133.33公顷，比2019年上升10.05%，占总面积的3.17%。成灾面积10 085.53公顷，成灾率为0.73‰。主要灾害种类有松材线虫病、桉树青枯病、桉树叶斑病、桉树枝枯病、八角炭疽病、马尾松毛虫、松茸毒蛾、黄脊竹蝗、刚竹毒蛾、茶毒蛾、柚木肖弄蝶夜蛾等。

外来林业有害生物 2020年松材线虫病发生面积28 904.33公顷，是2019年的3.37倍。新增发生面积22 293.33公顷，新增疫区12个，在13个市39个县（市、区）148个乡镇有危害，松材线虫病在广西呈扩散蔓延态势。松突圆蚧发生面积209 220公顷，与2019年相比持平。湿地松粉蚧发生面积11 946.67公顷，比2019年下降74.27%。桉树枝瘿姬小蜂发生面积318.8公顷，比2019年下降7.33%。薇甘菊发生面积12 133.33公顷，比2019年上升10.05%。

本土林业有害生物 松树病虫害发生面积27 506.67公顷，比2019年上升12.67%。松毛虫发生面积为20 033.33公顷，比2019年上升10.4%。桉树病虫害发生面积31 220公顷，比2019年下降16.26%。杉树病虫害发生面积1060公顷，比2019年下降10.07%。竹类病虫害发生面积39 120公顷，比2019年上升11.18%。八角病虫害发生面积1220公顷，比2019年下降16.70%。核桃害虫发生面积6686.67公顷，与上年度持平。油茶病虫害发生面积466.67公顷，比2019年上升6.06%。红树林害虫发生面积366.67公顷，比2019年下降47.85%。珍贵树种病虫害发生面积693.33公顷，比2019年下降6.31%。

林业有害生物防治 2020年全区林业有害生物防治作业面积为120 533.33公顷，其中预防面积15 460公顷，实际防治面积90 379.67公顷，无公害防治率96.66%。应用飞机喷施药剂防治林业有害生物13 886.67公顷。

【**林木种苗建设**】 2020年共采收林草种子282 420千克，主要有油茶、澳洲坚果、杉木、肉桂、八角、苏木、香椿、马尾松、火力楠等树种，其中良种种子

21 360 千克，占总量的 7.6%，种子采收量比 2019 年减少 289 372 千克，降幅 50.6%。广西采收良种穗条 12 786 万条，与上年基本持平。

苗木生产 全年育苗面积 8206.1 公顷，苗木总产量 91 482 万株，其中容器苗 68 039 万株，占总产量的 74.4%。良种苗木 39 711 万株，占总产量的 43.4%。造林实际用苗量 40 991 万株，比 2019 年减少 1483 万株，降幅为 3.5%，全年广西苗木生产能够满足造林需要。

油茶种苗 2020 年建有油茶种苗繁育基地 163 处，其中油茶定点采穗圃 22 处，面积 156.87 公顷。油茶繁殖圃 152 处，面积约 980 公顷。具备年生产良种穗条约 20 万千克，可嫁接苗木 12 000 万株以上，同时可培育 2 年生以上大苗 10 000 万株以上的能力，扭转了油茶苗木供应不足局面。全年油茶育苗总量为 23 600 万株，需苗量为 5838 万株，占产苗量的 24.7%，油茶种苗生产供应实现了百分之百良种和百分之百大苗的"双百"目标。

林木良种建设 林木良种基地总面积 5681 公顷，其中种子园 1505.43 公顷，测定林 1005.67 公顷，收集区 403 公顷，良种示范林 1480.39 公顷，其他 200.67 公顷。种子园种子产量 21 092.3 千克，母树林 612.4 公顷，产量 11 180 千克。

林木种苗行政执法 全年自治区级质量和执法检查共抽查 76 个单位的 93 个苗批，合格苗批 87 个，合格率为 93.5%。生产经营许可证办证率为 98.3%，标签使用率为 90.9%，种苗质量自检率为 80.3%，建档率为 96.2%。平均良种育苗使用率为 92%，下达《林木种苗执法检查整改通知书》11 份，立案查处违法生产经营林木种苗案件 1 起。组织广西林业系统开展打击制售假冒伪劣油茶种苗和侵犯林业植物新品种权"铁拳 2020"专项行动，出动执法人员 450 人次，检查苗圃 124 个，立案查处违法案件 2 起。

【助力脱贫攻坚】 截至 2020 年底，全区 54 个贫困县林业产业总产值超过 2400 亿元，年均增长 10% 以上；54 个贫困县森林覆盖率达 73.2%，较 2015 年增长 5.4 个百分点。通过林业产业扶贫、生态扶贫累计带动超过 60 万名建档立卡贫困人口稳定脱贫，带动 120 万名以上贫困人口增收。

政策资金保障 安排 54 个贫困县中央和自治区涉林专项资金 25.7 亿元，占全区的 61%。年内与广西农信社、国开行签订战略支持协议，获意向性授信额度 310 亿元，重点支持贫困地区林业产业发展、国家储备林扶贫项目建设。对 54 个贫困县项目占用林地实行优先保障、快速审批，共审批林地面积 4048 公顷，保障贫困县项目林地需求。免收特定扶贫项目森林植被恢复费 76 宗共 5415 万元。追加贫困县森林采伐限额 20 万立方米，占全区追加量的 67%。

改善生态环境 深入实施大规模国土绿化，54 个贫困县植树造林 117 600 公顷。深入实施自然生态保护修复，在贫困县营造防护林 2000 公顷。实施石漠化综合治理人工造林 1133.33 公顷、封山育林 15 400 公顷。安排贫困县"绿美乡村"村屯绿化美化项目 404 个，推动实现乡村绿化、美化。

推动生态补偿政策 推动实施建档立卡贫困人口生态护林员工程，全区选聘生态护林员 6.3 万人，户均年增收 8000 元，补助资金对该部分贫困户脱贫的平均贡献率达 60% 以上，带动和巩固 24 万名贫困人口"家门口脱贫"。

科技服务精准落地 推进林业示范基地建设，在贫困县建设林业推广示范项目 26 个、林业科技示范基地 22 个。54 个贫困县县级以上林业示范区发展到 72 个，辐射带动周边地区林业产业发展。举办 41 场林业科普惠农增收活动，培训林农及基层技术人员 3752 人，为贫困地区提供全方位的林业技术指导服务。

巩固脱贫成效 派驻隆林县 6 个定点帮扶村的工作队由 21 人增加到 30 人。协调投入帮扶资金 709 万元，全面提升"两不愁三保障"和饮水安全保障水平。通过"企业（林场）+基地（合作社）+党支部+致富带头人（贫困户）"等模式，发展 10 余项特色种养项目，6 个贫困村 723 户 2959 名建档立卡贫困人口全部脱贫摘帽，贫困发生率降至零，6 个村集体经济收入均达 10 万元以上。

【大事记】

1 月 10 ~ 18 日 广西迎春花市在南宁国际会展中心举办。

1 月 13 日 《广西林业大数据平台》作品在首届全国生态大数据创新应用大赛中荣获优秀奖。

1 月 19 日 广西坛洛镇富庶村、六景镇利垌村等 225 个行政村入选第一批国家森林乡村。入选的乡村数量仅次于河南、浙江、广东，居全国第四。

1 月 21 日 自治区人民政府印发《关于认定第九批广西现代特色农业核心示范区的决定》，桂林市叠彩区花卉产业核心示范区等 4 个林业示范区被授予"广西现代特色农业核心示范区（四星级）"称号，南宁市良庆区百乐澳洲坚果产业核心示范区等 13 个林业示范区被授予"广西现代特色农业核心示范区（三星级）"称号。

2 月 14 日 自治区政府办公厅印发《广西壮族自治区人民政府关于 2019 年度广西科学技术奖励的决定》，林业项目"华南地区油茶种质资源收集评价与挖掘利用"获 2019 年度广西科学技术进步类二等奖，"本土赤眼蜂高效利用关键技术创新及在红树林害虫防治中的应用""广西喀斯特土地变化与石漠化治理模式优化"获三等奖。

3 月 16 日 自治区水利厅、农业农村厅、林业局印发《关于开展兴水利 种好树 助脱贫 惠民生主题活动的函》，要求在 3 月至 4 月底，各市、县人民政府，区直、中直驻桂单位开展"万名领导干部"下乡开展以水利基础设施及高标准农田建设、植树绿化、古树名木保护为主要内容的主题活动。

4 月 24 日 广西东盟（南宁）林业科技示范园区揭牌。示范园规划面积 2000 公顷，建设期为 2018 ~ 2020 年，预算总投资 6.2 亿元。

4 月 27 日 广西"两山"发展研究院在广西林科院揭牌成立。

5 月 12 日 广西蛇产业转型升级项目投资签约仪式在南宁举行。标志着广西人工繁育蛇产业向民族医药、美容保健、日用化工等大健康产业转型升级之路正式开启。

5月14日 广西森林公安局由自治区林业局划转自治区公安厅直接领导和管理。

5月22日 广西林业草原发展"十四五"规划基本思路研讨会在南宁召开。

5月27日 广西3项科技成果入选2020年重点推广100项林草科技成果。

6月3日 九万山保护区科研人员在野外调查时监测到3只世界自然保护联盟（IUCN）易危等级鸟类淡喉鹩鹛（Spelaeornis kinneari）。此次发现，对全国鸟类的分布及其生物学特征的研究具有十分重要的意义。

6月16日 自治区林业局、自治区财政厅联合印发《广西人工繁育陆生野生动物处置指导意见》，对广西人工繁育陆生野生动物处置指导工作进行了规范。

6月19日 维都林场获"2019年度全国十佳林场"称号，是广西唯一一个获得该称号的林场。

7月12~15日 中共中央政治局常委、全国人大常委会委员长栗战书率全国人大常委会执法检查组在广西检查《野生动物保护法》和全国人大常委会《关于全面禁止非法野生动物交易、革除滥食野生动物陋习、切实保障人民群众生命健康安全的决定》的实施情况。

7月17日 广西国控林权收储担保股份有限公司在自治区市场监督管理局完成注册登记，是广西首家自治区级林权收储担保公司。

7月27日 自治区林业局联合自治区财政厅下发了《关于印发油茶收入保险试点实施方案的通知》，标志着广西率先在全国试行油茶收入保险。

8月18日 中国林业集团300亿全产业链落地广西——广西中林生态城项目一期开工现场会在南宁良凤江国家森林公园举行。自治区副主席方春明宣布项目开工。中国林业集团党委书记、董事长宋权礼，中国林业集团副总经理李留彬出席开工现场会。

9月10日 自治区关注森林活动组委会第一次工作会议在南宁召开。自治区政协副主席、自治区关注森林活动组委会主任刘慕仁出席会议并讲话。

9月11日 自治区林业局、中国科学院动物研究所、广西野生动植物保护协会和广西大桂山鳄蜥国家级自然保护区管护管理中心联合在大桂山鳄蜥国家级自然保护区第二次科学放归20只鳄蜥。此次放归对恢复野外鳄蜥这一濒危物种、维护广西生物多样性起到积极作用。

10月16日 第一届广西花卉苗木交易会在桂林开幕。自治区副主席方春明宣布交易会开幕，自治区人大副主任、桂林市委书记赵乐秦出席开幕式。

10月27日 2020年全区油茶产业发展现场会在贺州市召开。自治区人民政府副主席方春明出席会议并讲话，自治区政府副秘书长、扶贫办主任蒋家柏主持会议。

11月10日 广西高峰森林公园入选2020年第二批国家AAAA级旅游景区。

11月12日 自治区代主席蓝天立在南宁会见国家林草局局长关志鸥一行。自治区副主席方春明、自治区政府秘书长黄洲参加会见。

11月24日 首届广西家具家居博览会暨高端绿色家具家居产业发展高峰论坛在北流市家具博览中心举行。国家林草局林业和草原改革发展司副司长李玉印，中国林产工业协会副会长肖小兵，自治区林业局局长、党组书记黄显阳，玉林市市长白松涛等出席开幕式。

11月25日 《广西壮族自治区林木种苗管理条例（修订草案）》通过自治区十三届人民政府第70次常务会审议。

11月26~27日 国家林草局副局长彭有冬出席第17届中国-东盟博览会并到七坡林场调研。自治区人民政府副主席方春明，自治区人民政府副秘书长梁磊，自治区林业局局长、党组书记黄显阳等参加调研。

12月8日 全国首届桉树丰产节在南宁开幕。启动仪式上，中国工程院院士尹伟伦视频分享了"良种+良法"种植技术、有机肥替代化肥、有机肥技术标准化等专业知识，为如何保持和提升桉树林地地力、保证桉树可持续丰产提供了专业技术指导。

12月11~12日 国家林草局广州专员办与粤桂琼三省（区）林业局第十五次联席会在贺州市姑婆山保护区召开。

12月23日 首届广西"两山"发展论坛在南宁举办。此届论坛主题为"生态文明建设与乡村振兴"。自治区副主席方春明、国家林草局副局长彭有冬出席论坛并致辞。

（广西壮族自治区林业由周美红供稿）

海南省林业

【概述】 2020年，海南省强力推进热带雨林国家公园体制试点，加强林业生态修复和湿地保护，持续造林绿化，强化森林资源保护，继续深化林业改革，全省完成造林绿化1.23万公顷；全年林业总产值684.60亿元，增长4.7%，其中第一产业345.01亿元、第二产业305.76亿元、第三产业33.83亿元。至2020年底，全省森林面积213.60万公顷，森林覆盖率保持62.1%；海南有野生维管束植物4689多种，3500多种为当地种，491种系海南特有种。在全部植物中，有48种被列为国家重点保护野生植物名录（第一批）。全省陆栖脊椎动物有698种，其中23种为海南特有种，123种被列入国家重点保护野生动物名录，其中一级18种，二级105种。国有林场32个（其中省林业局直属13个、市县管理19个），管理面积41.63万公顷；椰子种植面积0.18万公顷；红树林面积5724公顷；滨海青皮林面积332.40公顷；湿地总面积32万公顷，湿地公园12处（其中国家级7处，省级5处），总面积1.11万公顷；森林公园30处（其中国家级9个，省级18，市县级3

个),总面积14万公顷;自然保护区50处(其中国家级10个,省级23,市县级17个),总面积666.06万公顷。

【林业机构改革】 2020年8月11日,中共海南省委机构编制委员会印发《关于海南省林业局(海南热带雨林国家公园管理局)机构职能调整的批复》《关于印发海南热带雨林国家公园管理局尖峰岭等7个管护机构职能配置、内设机构和人员编制规定的通知》《关于在海南智慧雨林中心加挂牌子的批复》,新增履行国家公园范围内的生态保护、自然资源资产管理、特许经营管理、社会参与管理、宣传推介;承担组织编制并指导实施全省森林火灾防治规划标准,开展防火巡护、火源管理、防火设施建设、火情早期处理;承担国家公园范围内生态环境保护综合行政执法;负责协调与当地政府及周边社区关系;海南热带雨林国家公园宣传、教育、科普和推介5项职责。增设海南热带雨林国家公园处、森林防火处2个内设机构,调整后,省林业局(海南热带雨林国家公园管理局)内设机构10个,行政编制58名,处级领导职数24名(13正11副)。将海南热带雨林国家公园范围内原有的12个自然保护地管理机构精简整合为7个,设置尖峰岭、霸王岭、吊罗山、黎母山、鹦哥岭、五指山、毛瑞7个分局,同时印发7个分局的职能配置、内设机构和人员编制规定。7月3日,国家林业和草原局办公室印发《关于同意设立"国家林业和草原局海南长臂猿保护研究中心"的函》,同意采取"局省共建"模式,依托海南国家公园研究院设立"国家林业和草原局海南长臂猿保护研究中心"。1月5日,海南国家公园研究院举行共建签约仪式,宣布正式成立,研究院致力于打造服务国家公园建设发展的高端智库,吸引国内外人才聚集,助力海南热带雨林国家公园建设。世界自然保护联盟(IUCN)总裁兼理事会主席章新胜当选海南国家公园研究院第一届理事长。

【海南热带雨林国家公园体制试点】 在党中央的高度重视,自然资源部、国家林草局等部委的鼎力支持以及省委省政府的强力推进下,海南热带雨林国家公园体制试点取得显著成效。

创建扁平化的国家公园二级管理体制 2019年4月1日,海南热带雨林国家公园管理局正式揭牌成立。2020年8月,省委编委会分别印发海南省林业局(海南热带雨林国家公园管理局)机构职能调整方案和分局职能配置、内设机构和人员编制规定通知,完成热带雨林国家公园管理局内设机构和二级管理机构设置。

创立双重管理的国家公园综合执法管理机制 国家公园区域内行政执法职责实行属地综合行政执法,由试点区涉及的9个市县综合行政执法局承担,单独设立国家公园执法大队,分别派驻到国家公园各分局,由各市县人民政府授权国家公园各分局指挥。试点区内的森林公安继续承担涉林执法工作。

总体规划(试行)及专项规划获批实施 国家林草局批复并印发了《海南热带雨林国家公园总体规划(试行)》;省政府印发了保护、交通基础设施、生态旅游3个专项规划,部分内容已开始实施。

核心保护区生态搬迁工作 印发《海南热带雨林国家公园生态搬迁方案》,明确2021年全面完成白沙、东方、五指山、保亭4个市县11个自然村470户1885人的生态搬迁工作,确保核心保护区无居民居住。2020年底白沙县生态搬迁118户村民已全部搬入高峰新村居住。五指山、东方和保亭3个市县搬迁安置点建设项目已动工。

国家公园立法 省人大常委会颁布《海南热带雨林国家公园条例(试行)》《海南热带雨林国家公园特许经营管理办法》,将国家公园管理纳入法治化轨道。此外,还制定印发实施国家公园社区发展、调查评估、巡护管护等10多项制度、办法。

海南长臂猿保护 国家林草局批准设立了国家林草局海南长臂猿保护研究中心。"海南长臂猿保护国家长期科研基地"入选第二批国家林草局长期科研基地名单。依托国家公园研究院开展海南长臂猿保护研究,通过召开研讨会、科研项目攻关、组建保护研究中心和科研基地、开展生态廊道试点等方式,强化海南长臂猿的保护,建立保护研究长效机制。2020年8月29日,在海南热带雨林国家公园范围内霸王岭分局的东崩岭发现E群(第5群)增添一幼猿,海南长臂猿种群数量已恢复到5群,33只。12月17日,世界自然保护联盟和海南国家公园研究院联合发布《全球长臂猿保护网络协议》,在国内外产生广泛影响。

建立社区协调两级管理机制 在省级层面成立国家公园社区协调省级委员会。在市县层面,由国家公园管理局7个分局牵头成立9个区域性的社区协调委员会,9个市县领导、乡镇干部、村委会主任分别参加相应区域的委员会,共同协调解决资源保护和社区发展问题。

自然资源确权登记及现有开发项目排查评估 完成国家公园范围内自然资源资产地籍调查及数据库建库工作。编制国家公园现有开发项目对生态影响的复核评估报告。霸王岭分局的2处水电项目已退出,占需要清理或者退出比例的25%。矿产类项目已退出9个,退出率达到90%。

多途径加大宣传力度 通过中央和省市媒体报道、开展宣讲、成立自然教育学校、制作宣传片等方式多管齐下传播国家公园理念。

2020年9月,国家林草局组织开展国家公园体制试点评估验收,评估验收专家组和实地核查组充分肯定海南热带雨林国家公园体制试点成效,海南省成绩在全国名列前位。12月中旬,"创建管理体制扁平化、土地置换规范化、科研合作国际化的国家公园新模式"成功入选第十批海南自由贸易港制度创新案例。

【天然林管护】 省林业局分别与11个天保工程实施单位签订2020年海南省天保工程实施单位森林管护目标管理责任状,各实施单位分别与基层单位和护林员签订森林管护协议书,将森林管护责任落实到具体人员和山头地块;举办2期天保工程政策技术培训班,参训人员110人,11个天保工程实施单位各举办2期护林员业务培训班,参加培训人员共约3100人次。

【公益林管护】 2020年,落实到位森林生态效益补偿资金2.38亿元。全省89.67万公顷生态公益林规划全部融入海南省总体规划，经技术校核准确落实到各生态区位与相关责任管护单位，实行护林工作网格化管理。积极推动三亚、保亭等市县开展公益林卫星遥感适时监测，共监测到疑似图斑1007个，面积1267.73万公顷，逐步提高破坏森林资源的预防能力和打击力度。

【苗木产业】 2020年，海南全省苗圃总数632个，占地4000多公顷，育苗面积931.33公顷，在圃苗木总量近2亿株；审(认)定通过三角梅、白木香、坡垒等良种14个；白骨壤种苗地方标准由海南省市场监督管理局批准发布，于2020年12月15日起实施。开展全省红树林摸底调查。全省共有红树林苗圃13家，总面积为47.47公顷，红树林种苗在圃量约为1237万株，预估年生产力达到1680万株。

【国家储备林建设】 印发《海南省国家储备林精准提升基地项目实施方案》，指导海南省国家储备林基地建设；2020年，国家林草局下拨中央预算内林业基本建设投资资金1000万元，建设国家储备林1333.33公顷；2020年，欧洲投资银行贷款海南省珍稀优质用材林可持续经营项目完成降香黄檀（海南黄花梨）、白木香等珍稀树种基地3666.67公顷。

【湿地保护】 全省2020年完成湿地修复800多公顷，新增红树林湿地300公顷。印发《海南省红树林湿地监测指标和监测方案(试行)》，下达15万元林业改革发展资金用于开展红树林监测工作。组织编制《海南省重要湿地监测评价预警方案》，第三次修正《海南省红树林保护规定》，提高破坏红树林违法成本，《规定》于2020年6月16日海南省第六届人民代表大会常务委员会第二十次会议审议通过。根据海南省地方标准《重要湿地和一般湿地认定标准》(DB 46/T448—2017)中提出11处湿地作为第二批省级重要湿地名录的候选名单。编制完成《海南省红树林保护修复专项行动计划实施方案(2020~2025年)》。协调推进江东新区4个湿地生态修复项目建设，累计完成投资3.4亿元，五源河蜂虎保护小区生态修复成效获央媒点赞。

美丽的蜂虎(海南省林业局 供图)

【自然保护地建设】 印发《海南省自然保护地整合优化前期工作方案》，启动全省自然保护地摸底调查工作。编制完成《海南省自然保护地整合优化预案》，通过自然保护地整合优化，将解决自然保护地范围内3.17万公顷的矛盾冲突和历史遗留问题，自然保护地面积净增加15.98万公顷，核心保护区占陆域自然保护地总面积的比例由整合优化前的30.4%提升到42.41%。

【造林绿化】 2020年，完成造林15 162公顷，超额完成海南省下达的6666.6公顷造林任务，完成率227%。全年参加义务植树382万人次，义务植树778万株，超额完成全省600万株的年度任务，完成率129%。年内指导市县和农垦部门克服新冠肺炎疫情影响、区域性降雨分布不均等不利因素，开展抗旱造林、抗涝护苗和抗风补苗，宣传"爱绿、植绿、护绿"。

2020年，海口市滨海立交桥周边绿化显成效，成为"城市森林"(海南省林业局 供图)

【森林城市建设】 《三亚市国家森林城市总体规划》完成编制并通过国家林草局组织的专家评审，积极推进实施。海口市和琼中黎族苗族自治县创森工作顺利通过省级核查验收，被授予"海南省森林城市"称号。其余6个省级创森市县中，三亚、文昌、昌江和保亭4个市县的省级森林城市建设总体规划通过专家评审进入实施阶段。

【乡土珍稀树种】 2020年，海南省完成黄花梨、土沉香等乡土珍稀树种种植774公顷。组织制定主要乡土树种名录，编制印发《海南省主要乡土树种名录》。举办培训班，讲解了国家特殊及珍稀林木培育项目，重点解读了《珍稀树种培育作业设计规定》《国家珍贵树种培育示范县管理办法(试行)》《国家珍贵树种培育示范建设成效考核评价办法(试行)》《中国主要栽培珍贵树种参考名录(2017年版)》等有关文件。

【花卉产业】 为贯彻落实省政府印发的《海南省花卉苗木产业发展规划(2019~2035年)》和2020年省政府工作报告精神，进一步加强花卉苗木培植力度，提高花卉产业效益，积极为海南自贸港建设做出贡献，结合海南省实际，省林业局于2020年3月制订《2020年花香海南大行动工作方案》。全年完成新种花卉面积2360公顷，全省花卉总面积达到1.73万公顷，花卉销售额达到27.2亿元。

【油茶产业】 联合海南大学、中国热带农业科学院、中南林业科技大学、海南省林业科学研究院建立油茶良种栽培示范基地，推广油茶良种12个，新种油茶400公顷，油茶总面积达到8400公顷。海南新美特科技有限公司引进海南首条油茶冷榨加工生产线，日可加工茶油2吨。

【椰子产业】 加强椰子产业科技支撑，将椰子产业列入海南省重大科技计划项目，安排资金1376万元，由中国热带农业科学院椰子研究所牵头联合海南大学、海口海关、海南瑞橡及海南雨林椰创等5家单位开展联合攻关。中国热带农业科学院椰子研究所牵头开展了椰子组培育苗技术攻关，取得初步突破。全面支持椰子良种推广种植技术，带动椰子造林2200公顷。

【森林经营先行先试】 指导编制《海南保梅岭省级自然保护区森林经营先行先试项目（国家特殊及珍稀林木培育）作业设计》，并于2020年7月3日获得批复。

【木材经营加工】 2020年，木材加工行业完成产值约135.9亿元。其中木、竹浆纸产值127亿元（浆产量约188万吨，产值约50亿元；文化纸产量111万吨，产值约44亿元；生活纸产量59万吨，产值33亿元）。锯材产值4.5亿元，产量约26万立方米。人造板产值2.6亿元，产量约5.8万立方米。木片产值0.4亿元，产量约4万吨。木、竹、藤制成品及其他产品产值1.4亿元。

【林下经济】 重点培育以林下种植、林下养殖、林下产品采集加工、林下旅游4种形式为主的林下经济，并确定了林苗、林药、林菌、林茶（油茶）、林驯（野生动物驯养繁殖）、林蜂、林鸡、林畜（猪牛羊）、林下产品采集加工、林下旅游10个重点项目。全省林下经济累计从业人数达65.12万人，面积19.91万公顷，产值178.29亿元。

【森林旅游】 海南省林业局与省旅投公司共同谋划生态旅游，达成合作共识，成立海南中部生态旅游联合会，依托热带雨林等海南独特资源，打造吸引中外游客的生态旅游目的地。印发《海南热带雨林国家公园生态旅游专项规划（2020～2035）》《海南省森林康养产业发展指导意见》《海南热带雨林国家公园特许经营管理办法》《海南热带雨林国家公园生态旅游管控预案（试行）》等，为海南省依托国家公园开展生态旅游提供依据，鼓励经济实体投资生态旅游开发，改善服务质量，全面提高生态旅游产业的整体效益。利用热带雨林开展亲水运动雨林探险主题活动。乐东县组织举办"海南（乐东）尖峰岭热带雨林登山大会"，昌江县、琼中县组织举办"海南热带雨林穿越挑战赛"，五指山市组织举办"海南（五指山）亲水三项挑战赛""2020年环海南岛飞行大赛五指山站无人竞速机雨林穿越赛"，保亭县组织举办"海南（保亭）热带雨林登山露营大会"等，吸引数万人参与活动。积极开展自然教育。热带雨林国家公园管理局联合省教育厅、团省委在五指山市水满乡、保亭县响水镇、琼中县什运乡等成立10所自然教育学校，并开展自然教育进校园活动。2020年6月，国家林业和草原局公布了国家森林康养基地（第一批）名单，海南省4家，依次为乐东永涛花梨谷森林康养基地、南岛森林康养基地、仁帝山雨林康养基地、霸王岭森林康养基地。

【林长制落实】 2020年4月26日，省委办公厅、省政府办公厅印发《关于全面推进林长制的实施意见》（以下简称《林长制意见》）。省直有关部门，各市县党委、政府认真贯彻落实林长制意见，取得了阶段性成效。省级林长带头履行林长制职责，省级林长省委书记沈晓明，省级副林长省委副书记李军、省委常委秘书长孙大海、副省长冯忠华多次到海南热带雨林国家公园、省属林场保护区巡山调研，研究解决重大问题。组建省级林长制办公室，办公室主任由省林业局局长兼任，省委组织部、省委宣传部、省委编办等20个省直有关部门确定1名厅级干部为成员，1名工作人员为联络员。同步印发《海南省林长制省级会议制度》《海南省林长制工作督察制度》《海南省林长制省级考核制度》等，18个市县和洋浦党委、政府都制订并印发林长制实施方案。12月15日，副省长冯忠华主持召开省级林长专题会议，对全省全面推行林长制工作作出进一步部署。

【野生动植物保护】 加强鸟类种群动态监测、疫源疫病防控和预警、栖息地保护和强化行政执法等工作，扎实推进鸟类等野生动物保护工作。分别对文昌、乐东、万宁等沿海市县开展候鸟越冬地、繁殖地、迁飞停歇地进行明察暗访，行程2400千米，在乐东县和东方市共发现捕鸟网38张和捕鸟架3个，拆除鸟网11张，加大巡查力度，严厉打击非法猎捕候鸟等野生动物行为。大力开展野生动植物、湿地保护宣传及业务培训工作。利用各节假日开展宣传工作，分别在公园、自然保护区、社区、学校等地举办公众宣传活动。创新宣传方式方法，拓展宣传渠道，与《南国都市报》、南海网联合摄制系列纪录片《秘境寻踪——雨林》，展示了海南热带雨林生物多样性，传播了生态文明理念。2020年12月5～20日，在省图书馆举办海南坡鹿主题科普展，活动内容包括讲座、观看视频、张贴海报、互动游戏等。下发禁食野生动物宣传海报，要求市县林业部门组织人员张贴到宾馆、饭店等场所，倡导人们革除滥食野生动物的陋习。

【野生动物人工繁育】 抓好疫情防控和禁食野生动物退出处置工作，按照国家林草局等三部委的公告要求，对省内所有陆生野生动物人工繁育场进行封控，并签订承诺书。同时印发《海南省林业局新型冠状病毒肺炎防控工作方案》，要求各市县林业部门主动作为，配合市场监管、农业农村、森林公安、交通等部门开展野生动物运输、贩卖、销售的专项整治，对农贸市场、超市、餐饮等进行全面检查，全面禁止野生动物交易行为。组织各市县开展野生动物人工繁育基本情况排查，深入了解养殖场的基本情况、转产转型的愿望和方向，形成《海南人工繁育野生动物调查报告》，提出转产转型、在养野生动物处置等建议。稳妥做好禁食野生动物后续工作，印发《关于稳妥做好禁食野生动物后续工作的指导意见》，实行禁食野生动物处置"一日一报"机制。全省禁食野生动物养殖场（户）共退出处置1219家，发放转产帮扶资金3.2亿多元。认真应对信访和引导舆情，成立野生动物上访安抚工作接待小组，制订《野生动物养殖户上访安抚工作应急预案》，要求地方政府落实属地管理原则，密切关注养殖户动向，组织工作组逐户走访养殖户，了解养殖户的困难和诉求，讲解政策，做好安抚工作；加强与省维稳办、信访局对接，确保信息互通，共同应对养殖户上访事件。

【野生动物疫源疫病监测】 全省33个陆生野生动物疫源疫病监测站开展不间断的监测防控工作。重点时期实行24小时应急值守制度，每天通过专用网络系统上报疫情。2020年10月26~28日，在海口举办2020野生动物保护管理及疫源疫病监测防控培训班，培训对象为各市县林业主管部门负责野生动物保护管理工作人员、各级野生动物疫源疫病监测站分管领导和业务骨干，共计85人参加。开展野猪非洲猪瘟采样工作，制订《海南省野猪非洲猪瘟主动预警实施方案》《海南省林业局野猪猎捕项目实施方案》。选定五指山、霸王岭、黎母山、鹦哥岭及猴猕岭为主要采样地，分3次在5个保护区的15个项目点布设兽夹250余个，布设猎套600多个（用完后收回），设置醒目警示标志，避免人与家畜进入，每2~3天巡查一次；截至8月底，在霸王岭、鹦哥岭、猴猕岭三地抓捕到野猪3头，按照操作规程完成取样。

【森林防火】 开展形式多样的森林防火宣传工作，强化野外用火管理、风险隐患排查，各林区林场、保护区共设置防火检查站点156个、出动防火车1289车次、出动防火人员6235人次。2020年，全省共发生森林火灾48起，过火总面积840.35公顷，受害森林面积528.05公顷，森林火灾受害率0.25‰，未造成人员伤亡。全省林区未发生重特大安全生产事故。

【林业有害生物防治】 开展林业有害生物监测预报工作，2020年共上报应急周报52次，月报信息12次。全省林业有害生物发生面积2.64万公顷，其中椰心叶甲0.72万公顷、椰子织蛾0.09万公顷、薇甘菊0.63万公顷、金钟藤1.16万公顷、其他林业有害生物0.04万公顷。指导10个国家级中心测报点所在市县森防站认真开展工作。全省椰心叶甲、椰子织蛾、薇甘菊、金钟藤等重大林业有害生物防治面积约0.56万公顷。生产和释放椰心叶甲寄生蜂约32 779万头，完成15万株疫树挂药包防治任务。强化海口码头检疫执法检查，全年共依法检查外来调运车辆2327车次、复检除害处理817车次、查获无证车辆163车次、海口市林业执法支队处理19车次。开展松木及其制品检疫监管工作，严禁从松材线虫病疫区调运松木及其制品入省，开展动态监测和追溯管理，对于已施工完毕且无用的松木及其制品，要求进行就地烧毁，开展"双随机一公开"监管工作，加强产地检疫和调运检疫检查监管。

【林业行政审批】 全面推行信用承诺制和"证照分离"改革，建立健全"互联网+监管"风险防控工作机制。完成《国家重点保护野生植物采集证》等6类证照数据推送，确立林业电子证照库信息资源共享目录。推广博鳌乐城国际医疗旅游先行区等重点园区"极简审批"模式，推进"五网"建设项目"以区域一次性林地审核审批取代单个项目审核审批"制度改革。完成行政审批事项"一网通办""一窗通办"改革任务，将海南省林业局行政许可等依申请6类权力清单事项全部纳入综合受理窗口办理，明确各事项材料清单、审批程序、办理时限等相关信息，持续更新办事指南内容。将贴近基层和群众的"林业植物检疫证书核发"事项纳入智慧海南政务便民服务站管理；将"陆生野生动植物进出口行政许可"和"陆生野生动植物允许进出口证明书行政许可"统一落户国家林业和草原局广州专员办海口办证点，审批时限由原来的25个工作日调整为12个工作日。

【集体林权制度改革】 推进森林保险工作，2020年底全省共完成森林保险投保总面积77.36万公顷，总保费3753.84万元，其中：公益林参保面积71.06万公顷，保费2110.42万元；橡胶树公益林参保面积1.96万公顷，保费1293.64万元；商品林参保面积4.34万公顷，保费349.78万元。全年森林灾害理赔立案12起，理赔受灾面积373.33公顷，完成理赔7起，赔付金额99.65万元；未决理赔5起，未决赔款约27.3万元。

积极培育包括农民林业专业合作社、专业大户在内的新型林业经营主体，引导林农开展林业适度规模经营。按照省农民合作社发展厅际联席会议的部署要求，积极加强对全省林业专业合作社示范社的培育建设和监测管理，协同做好2020年海南省国家农民合作社示范社和省级农民合作社示范社的评审考察监测工作。

【林业脱贫攻坚】 全省正常生产经营的木材加工企业数量为603家，年平均产值约110亿元，提供了约1.5万个稳定的就业岗位和1万个临时性就业岗位。木材加工从业人员以农民工居多，每年海南省木材加工产业安排贫困户就业约700人。落实选聘建档立卡贫困人口生态护林员4000人，精准带动全省4000户建档立卡贫困户增收脱贫。推动两个帮扶村发展百香果和兰花产业项目，深入开展结对帮扶，帮助贫困户学习铁皮石斛林下仿野生栽培技术、槟榔和百香果的栽培及病虫害防治等专业实用技术。

【林业会展】 精心组织并圆满完成第四届中国绿化博览会海南展园建设和展览工作，荣获博览会银奖和最佳生态材料应用奖两大奖项，受到了中央电视台等多家知名媒体的持续跟踪报道。

（海南省林业由王瑞琦供稿）

重庆市林业

【概　述】 2020年，重庆市林业工作深化落实习近平总书记对重庆提出的重要指示批示要求，认真落实市委、市政府工作部署，缙云山生态环境问题整治取得决定性进展，国土绿化提升三年行动任务超额完成，"两岸青山·千里林带"建设规划实施方案正式印发，林长制试点达到预期目标，横向生态补偿等重大林业改革稳步推进，重庆市森林面积、森林覆盖率和森林蓄积量分别提升至432.93万公顷、52.5%和2.41亿立方米，较2015年底的374.07万公顷、45.4%和2.05亿立方米分别增加58.87万公顷、7.1个百分点和0.36亿立方米，实现"十三五"规划圆满收官。

【国土绿化】 2020年，市林业局超额完成重庆市国土绿化提升三年行动任务。2018~2020年3年累计营造林114.47万公顷、超额完成3年113.33万公顷任务，为到2022年重庆市森林覆盖率达到55%打下了坚实基础。认真落实《重庆市国土绿化提升行动实施方案（2018~2020年）》，依托新一轮退耕还林、森林质量精准提升、国家储备林等重点工程开展大规模国土绿化，完成年度营造林任务43.94万公顷，其中退耕还林3.6万公顷、疏林地及未成林地培育3.13万公顷、农村"四旁"植树0.53万公顷、农田林网和特色经济林新造3.1万公顷、农田林网和特色经济林改造13.81万公顷、森林抚育9.97万公顷、特定灌木林培育4.27万公顷、幼林抚育5.53万公顷。扎实开展全民义务植树活动，公布重庆市义务植树点52个，参加义务植树1069万人次，累计义务植树4935万余株。完成广阳岛生态修复及造林绿化的技术指导服务、林业资源本底调查和生物多样性监测工作，指导开展岛上林业有害生物防治和生态修复"营林""丰草"项目实施编制。指导垫江县正式向国家林草局提出申请创建国家森林城市备案。完成第四届中国绿化博览会重庆展园建设及参展工作，获得博览会金奖、最佳设计奖和优秀组织奖。

【"两岸青山·千里林带"建设】 2020年，重庆市"两岸青山·千里林带"21万公顷规划任务"上图落地"。市林业局认真落实《成渝地区双城经济圈建设规划纲要》，提请市委、市政府审定《长江重庆段"两岸青山·千里林带"规划建设实施方案（2020~2030年）》，先期0.67万公顷试点示范任务已在6个县（区）全面展开。

【成渝地区双城经济圈建设】 与四川省林草局签署《筑牢长江上游重要生态屏障助推成渝地区双城经济圈建设合作协议》，围绕筑牢长江上游重要生态屏障总目标，在协同推进"一江五路六山"生态综合治理、开展毗邻地区林草资源联防联控、共同打造林草开放合作高地等方面明确16项具体合作内容，合力为成渝地区双城经济圈建设筑牢绿色生态本底。

【国家储备林建设】 2020年，重庆市国家储备林项目签约落地14万公顷。市林业局认真落实市政府与国家林草局、国家开发银行、中国林业集团签订的战略合作协议，发挥"政府主导、银行主推、企业主体、农民主力"四个作用，已在6个县（区）签约落地14万公顷，占重庆国家储备林一期22万公顷任务的2/3。其中指导城口县以改革的办法探索国家储备林流转集体林地、农民就近就业、林木采伐分红3种收益模式，得到国家林草局和国家开发银行充分肯定，2020年流转集体林地1.33万公顷，带动6000多林农年增收2000余万元。

【林地审批】 2020年，市林业局争取国家林地定额服务重庆市经济社会发展大局。市政府分管领导带队、市林业局抓落实，争取国家林草局批准重庆市重点项目、民生工程使用林地定额9342公顷，为"十三五"时期年度定额的5倍。首获国家林草局支持备用林地定额2391公顷，专项用于解决重庆市林地使用历史遗留问题。积极服务复工复产，探索先行使用林地"备案"制，支持办理重点项目先行使用林地183宗、2805公顷。帮助涉林企业融资纾困，指导申报贴息项目35个，落实贴息1470万元。创新涉林审批方法，按"渝快办"要求，在重庆市领先实现"网上办"，林业审批全程网办率达96.88%，群众办事跑动次数压缩至0.03次/件。千方百计打赢疫情防控阻击战，禁食野生动物后续处置重庆市存栏养殖野生动物处置率100%、养殖户转产转型和退出率99.7%、补偿补助资金兑付率100%。

【林长制改革试点】 2020年，重庆市林长制改革试点达到预期目标。以"林长制"促"林长治"，重庆市委书记陈敏尔、市长唐良智任重庆市"总林长"，落实各级林长4885人、网格护林员8246人。15个试点县（区）围绕"林长"抓改革，通过"顶层设计+基层探索"相结合，初步建立起市、县（区）、乡镇（街道）、村（社区）"四级林长+网格护林员"责任体系。设立林长公示牌2349块，落实网格护林员8246人。完成国土绿化22.39万公顷，开展违建整治9432处、拆除违建面积581.3万平方米，其中主城都市区中心城区"四山"（缙云山、中梁山、铜锣山、明月山）生态环境问题整改效果明显，完成违建整治4628处、拆除违建面积336.58万平方米。运用"智慧林长"云平台提升管山护林效能，发现并处置各类问题1345起。试点工作得到国家林草局充分肯定，社会各界广泛关注，《人民日报》、新华社等主流媒体多次报道。

【林业改革创新】 2020年，市林业局探索生态价值实现路径取得实效。全国首创横向生态补偿提高森林覆盖率改革试点获自然资源部、国家林草局肯定，2020年组织、见证南岸区、石柱县签订协议，购买森林面积指标 0.61 万公顷，成交金额 2.3 亿元。累计成交森林面积指标 1.27 万公顷、4.8 亿元，全部投向国家重点生态功能县（也是重点扶贫县）。林业"三变"（资源变股权、资金变股金、农民变股民）改革新增林地入股面积 1.33 万公顷、1.66 万户，户均增收 652 元。完成非国有林生态赎买 666.9 公顷，让生态得保护、林农权益得保障。进一步探索林业"三权"（所有权、承包权、经营权）分置改革，放活林地经营权，重庆市累计盘活集体林地 58.6 万公顷，流转金额累计达 40.7 亿元，培育专业合作社、家庭林场、林业大户等新型林业经营主体累计达到 1.2 万余家。

【自然保护地人类活动问题整改】 2020 年，重庆市自然保护地人类活动问题整改完成率 96%。市林业局提请市委、市政府印发《关于科学建立自然保护地体系的实施意见》，编制实施自然保护地整合优化预案，稳步推进自然保护地体系建设试点。强力整改中央环保督察反馈等涉林问题，缙云山保护区内 190 宗"四个交办"问题累计完成整改 187 宗，自查发现 150 宗问题，完成整改 146 宗，剩余 7 宗问题已应拆尽拆、应改尽改，待缙云山总体规划获国家批复后依法完善销号手续，缙云山生态环道建设顺利推进。重庆市自然保护地人类活动问题大检查大整治持续深化，3029 个问题完成整治 2921 个，其余均完成阶段性整改目标。173 个涉自然保护地"两不愁三保障"突出问题完成整改。重庆市国家级自然保护区管理体制进一步理顺。配合落实长江"十年禁渔"工作部署。重庆市湿地保护率达到 60.2%，比全国湿地保护率高 10 个百分点。云阳恐龙国家地质公园获国家林草局批复同意，巫山五里坡申报世界自然遗产取得阶段性效果。

【林业扶贫】 2020 年，重庆市林业扶贫政策举措惠及重庆市 96% 以上贫困户。市林业局牵头实施生态扶贫专项行动取得明显成效，下达 18 个深度贫困乡镇 2020 年林业扶持项目 66 个，投入资金 8147.4 万元，8 个方面共 23 项林业扶贫政策覆盖近 46 万户建卡贫困户，135 万多贫困人口参与林业生态建设。新发展特色经济林 16.33 万公顷，新增国家森林康养基地 4 处、森林乡村（绿色示范村）500 个、森林人家 350 多家，支持深度贫困乡镇林业项目 66 个、8147.4 万元。积极支持中国西部木材贸易港建设，重庆佛耳岩港二期工程开港并投入使用。指导县（区）依托各类电商平台，推进"互联网+林产品"出村进城，推荐 10 多家企业 50 多个品种走上"西部林特产品展示服务平台"，推荐多个林业特色产业基地进入"全国采摘果园一张图"。完善扶贫带贫机制，引导 46 家市级林业龙头企业带动 10 816 名贫困人员增收。推进政策兜底，在建档立卡贫困户中选聘生态护林员 26 037 人、天保护林员 2646 名。坚持扶贫扶智相结合，"千名专家进千村"活动落实 1016 名林业科技专家进村帮扶约 2500 余场次，培训林农 6.2 万余人次。中央脱贫攻坚专项巡视"回头看"10 项、国家 2020 年脱贫成效考核 14 项和国家脱贫攻坚督查反馈意见 11 项涉林整改任务全面完成。

【森林草原资源保护管理】 2020 年，重庆市森林火灾数量、面积实现双下降。市林业局严格林地保护管理，组织开展 2020 年森林督查工作，国家林草局森林资源监督反馈 2018 年问题整改完成率 100%、2019 年问题整改完成率 98%。严格执行"十三五"期间年森林采伐限额，提请市政府印发重庆市"十四五"期间年森林采伐限额。落实新修订《森林法》要求，编制印发《重庆市林木采伐技术规程》（试行）。启动完成 2020 年森林资源管理"一张图"年度更新、公益林监测等工作，制订《重庆市草地资源监测技术方案》，印发《关于开展草地资源监测工作的通知》，安排部署重庆市草原资源监测工作。组织开展以"依法保护草原 建设美丽中国"为主题的重庆市 2020 年"草原普法宣传月"活动。提请市政府印发《重庆市天然林保护修复制度实施方案》，落实森林资源管护面积 338 万公顷，森林资源保护管理全面加强。全面完成 2020 年公益林数据库年度更新，制定印发《关于规范重庆市公益林调整与纠错工作的通知》，依法依规加强公益林调整与纠错管理，全年完成 5 个县（区）上报的公益林调整与纠错审核审批。建立完善森林草原防火"一图一表一库"，设置防火检查站（卡）3000 余个，落实巡山守卡人员 3 万余人，在全国率先开展扫码出入山林，建成国有林场森林消防专业队 27 支 625 人。松材线虫病等重大林业有害生物防控扎实推进，病死松树数量较 2019 年同期减少 1/3。全年查破森林和野生动物案件 3660 起，处罚 3677 人。

【林业科技】 2020 年，市林业局狠抓林业科技水平的提升。启动编制《重庆市"十四五"林草科技创新规划》，完善林业科研项目管理信息平台、专家智库管理平台模块更新建设。加强林业工程技术研究，重庆黔江蚕桑生物产业基地和重庆江津花椒生物产业基地正式成立。持续推进油茶、油橄榄研发中心建设，支持核桃、竹子研发中心建设，油橄榄研发中心建成生产基地 37.33 公顷。成立市林业标准化技术委员会，来自西南大学、重庆师范大学等涉林高校以及万州区、黔江区、荣昌区和涉林相关企业等的 30 名专家成为第一届林标委委员。配合国家林草局在酉阳县、梁平县、荣昌区开展食用林产品及产地环境风险抽检工作。开展重庆市 2020 年食用林产品质量监测工作，落实专项经费 60 万元，在城口县、巫溪县、巫山县、云阳县、荣昌区等 15 个县（区）监测核桃、花椒、笋竹、油茶和油橄榄等食用林产品及产地土壤 1000 批次。完成"林下名贵中药材淫羊藿种苗繁育及示范栽培"等科技兴林项目立项 15 项，"南川杉木 2 代无性种子园良种推广与示范"等科技推广项目立项 12 项，"渝城 1 号高换及高效栽培管理技术示范与推广"等科技推广项目入库 18 项。2020 年度"油橄榄丰产栽培技术推广"等 22 个林业科技项目进展顺利、资金使用合规、项目管理规范。"轻型基质工厂化育苗技术应用与推广"等 22 个项目通过专家验收。

【森林火灾事故】 2020 年，重庆市发生一般森林火灾 9 起、过火面积 2.79 公顷，分别较 2019 年减少 10% 和 96%，未发生重大森林火灾和扑救人员伤亡事故。

【林地、森林、湿地生态保护和修复】 2020年末，重庆市森林面积、森林覆盖率和森林蓄积量分别提升至432.93万公顷、52.5%和2.41亿立方米，较2015年底的374.07万公顷、45.4%和2.05亿立方米分别增加58.87万公顷、7.1个百分点和0.36亿立方米，重庆市森林覆盖率位居全国第十一、西部第四位。重庆市有各类自然保护区58个（其中国家级7个、市级18个、县级33个），分布在30个县（区），面积80.4万公顷，占重庆市面积的9.76%；市级以上森林公园（含生态公园）85个（其中国家级27个、市级58个），面积18.79万公顷，占重庆市面积的2.28%；湿地公园26个（其中国家级22个、市级4个）。国有林场69个。

【野生动植物保护】 2020年末，重庆市市域内分布有高等植物6000余种。其中国家一级重点保护野生植物9种，主要有珙桐、银杉、红豆杉、伯乐树、水杉等；国家二级重点保护野生植物40种，主要有楠木、香樟、鹅掌楸、连香树等。国家一级重点保护野生动物11种，主要有豹、云豹、黑叶猴、林麝、金雕等；国家二级重点保护野生动物54种，主要有红腹锦鸡、长耳鸮、斑羚、大灵猫、小灵猫等。市林业局以"世界野生动植物日""重庆市野生动物保护宣传月"等时间节点为契机，利用公众号、小程序等新媒体，通过发起倡议、互动答题、保护成果展等形式，线上、线下同步开展宣传教育，重庆发布、《重庆日报》等媒介发布新闻报道30余篇，宣传受众400余万人。新实施崖柏、银杉林业极小种群拯救保护项目4个，中华秋沙鸭监测保护项目2个。

【风景名胜区和世界自然遗产】 2020年末，重庆市有风景名胜区36处，分布在31个县（区）（其中，主城区6处），面积4526.91平方千米，占重庆市面积的5.49%。其中，国家级风景名胜区7处，面积2147.30平方千米，占重庆市面积的2.60%；市级风景名胜区29处，面积2379.61平方千米，占重庆市面积的2.89%。武隆喀斯特世界自然遗产地核心区面积60平方千米，缓冲区面积320平方千米，金佛山喀斯特世界自然遗产地核心区面积67平方千米、缓冲区面积106平方千米。

【大事记】

1月22日 成立重庆市林业局新型冠状病毒感染疫情防控工作组，安排部署防控新型冠状病毒感染引发肺炎疫情工作，加强全市陆生野生动物管控应急处置。

3月9日 重庆市人民政府印发《关于全面禁止非法交易、食用野生动物的决定》，在重庆市全面禁止和惩治非法野生动物交易行为，坚决革除滥食野生动物的陋习，维护全市生物安全和生态安全。

3月12日 重庆市委书记陈敏尔，市委副书记、市长唐良智在广阳岛调研生态环保工程项目复工并参加义务植树。

3月12日 重庆市林业局召开全市林业工作电视电话会议，认真贯彻落实习近平总书记关于统筹推进疫情防控和经济社会发展决战决胜全面小康社会的重要指示精神，回顾总结2019年全市林业工作，部署加快推进2020年林业改革发展各项重点工作。

4月28日 重庆市林业局印发《重庆市市级湿地公园管理暂行办法》，进一步加强市级湿地公园建设和管理，有效保护全市湿地资源。

5月22日 重庆市人民政府副市长陆克华、四川省人民政府副省长尧斯丹在重庆雾都宾馆出席川渝两地规划自然资源及林业草原工作座谈会。会上，四川省林业和草原局局长刘宏葆与重庆市林业局局长沈晓钟共同签署《四川省林业和草原局 重庆市林业局筑牢长江上游重要生态屏障助推成渝地区双城经济圈建设合作协议》。

6月3日 重庆市委书记、市总林长陈敏尔前往北碚区缙云山调研巡林，听取关于林长制试点以来推进情况的汇报，了解林长制责任体系落实、问题排查整改、林长制运行机制建立等情况，对林长制试点工作取得的成果给予肯定，对加快推进林长制工作提出了明确要求。

9月1日 重庆市人民政府召开全市野生动物养殖后续处置工作电视电话推进会议，通报全市野生动物养殖后续处置工作进展情况，传达国家林草局和市政府关于推进禁食野生动物后续处置工作要求，市政府副秘书长游贤勇讲话并安排部署重点工作，市林业局约谈野生动物后续处置工作滞后县（区）。

10月12日 重庆市林业局召开贯彻落实中央生态环境保护督察整改部署暨全市生态环境保护建设推进会议精神工作会议，推进中央生态环保督察反馈涉林问题整改。

10月22日 政协重庆市第五届委员会主席会召开"关注森林·筑牢长江上游重要生态屏障"专题协商会议，听取重庆市林业局关于全市林业生态建设情况汇报。

10月28日 重庆市政协副主席陈贵云一行前往缙云山国家级自然保护区调研缙云山生态环境问题整治情况，在北碚区政府召开市政协民主评议市林业局提案办理工作会。

11月10日 重庆市林业局举办2020年处级领导干部综合能力提升培训班。

11月12日 国家开发银行在重庆市雾都宾馆召开国开行支持林业生态建设现场推进会议。

（重庆市林业由何龙供稿）

四川省林草业

【概　述】　2020年，四川林草系统坚持以习近平新时代中国特色社会主义思想和习近平总书记对四川工作系列重要指示精神为指导，深入贯彻党中央、国务院和省委、省政府决策部署，积极应对新冠肺炎疫情带来的不利影响，抢抓成渝地区双城经济圈建设机遇，各项工作取得新成绩。全年落实省级以上财政资金93.6亿元，完成营造林55.33万公顷，森林覆盖率提高0.4个百分点、达到40%，森林蓄积量增加1600万立方米、达到19亿立方米，实施草原生态修复60.13万公顷，草原综合植被盖度提高0.2个百分点、达到85.8%，林草总产值突破4000亿元；森林火灾受害率0.08‰、林业有害生物成灾率0.05‰，均远低于国家控制指标。

【美丽四川建设】　建成翠竹长廊(竹林大道)24条、480千米，竹林面积达120.8万公顷。世行贷款项目完成营造林2.86万公顷。实施退耕还林还草1.83万公顷、退牧还草12.07万公顷。龙泉山义务植树活动完成植树40公顷。实施古树名木保护三年行动，发布70 868株古树名木名录，建设古树名木信息管理系统。人工种草生态修复13万公顷。治理沙化土地0.39万公顷，石漠化综合治理4万公顷。修复退化湿地0.32万公顷。实施川西高原生态脆弱区综合治理0.78万公顷。与重庆签订《筑牢长江上游重要生态屏障助推成渝地区双城经济圈建设合作协议》，共同实施"两岸青山·千里林带"工程，长江干流域营造林16.67万公顷。

【保护地体系建设】　大熊猫国家公园体制试点顺利通过国家评估验收。7个管理分局全面运转；恢复大熊猫栖息地28平方千米，创建自然教育基地128处，设立片区法庭7个，设置界碑界桩436个；举办首届数字国际熊猫节，吸引全球1.5亿"猫粉"，招商签约项目38个、193亿元。省委办公厅、省政府办公厅印发《四川省建立以国家公园为主体的自然保护地体系实施方案》。科学编制《四川省自然保护地整合优化预案》并上报国家林草局审批。全面完成保护地内环保督察问题整改。若尔盖国家公园纳入国家公园总体布局和黄河流域生态保护与高质量发展规划纲要等国家战略规划。巴塘县格木草原、理塘县藏坝草原、红原县瓦切草原纳入国家草原自然公园首批创建试点。

【林草产业】　出台《促进林草生态旅游产业高质量发展的指导意见》，全省举办花卉(果类)、红叶等生态旅游节会50余场，以大熊猫为核心的生态旅游业接待游客3.5亿人次，实现直接收入1690亿元。竹产业综合产值突破720亿元。新增现代林业产业基地8.33万公顷，现代草牧业示范基地4万公顷。深入实施现代林草园区"521"工程，全省园区产品初加工率达60%，吸引各类林业企业1058户进驻园区，全省园区综合产值超330亿元，园区内林农人均收入近1万元。

【林草生态扶贫】　扩大护林员、草管员等公益岗位规模，培育以林草专业合作社、森林人家、竹林人家为主的新型经营主体，支持深度参与天然林保护、退耕还林、荒漠化防治等重点生态工程，促进生态就业。全省组建脱贫攻坚造林专业合作社1317个，吸纳社员4.42万人，带动人均增收近2000元；选聘生态护林员8.18万名，落实补助资金5亿余元，人均增收6100元，带动33.5万名贫困人口稳定脱贫。大熊猫国家公园入口社区设立公益岗位9324个，当地居民参与人数占87.89%。

【森林草原防火】　全年发生森林草原火灾111起，同比下降20%，森林火灾受害率0.08‰。西昌"3·30"森林火灾后，围绕习近平总书记"四问"抓反思，全力以赴抓森林草原防灭火专项整治。牵头制订《森林草原防灭火标本兼治总体方案》，修订《四川省森林草原火灾应急预案》。牵头制订3个、配合制订7个专项整治方案，170项整治任务有序实施。"责任制+清单制""拉网式+地毯式"整治风险隐患，累计排查隐患7.1万余个，完成整治6.1万余个。116个高危区、高风险区县中已有100个完成了地方专业扑火队伍组建，队员总数9268人，购置队伍和单兵装备3.5万余套、各类车辆173辆。广泛开展"开学第一课"，发放读本186.6万册。指导"三州一市"开展地方森林防灭火立法工作。

【禁食野生动物】　新冠肺炎疫情发生以来，全省迅速落实全国人大常委会关于禁食野生动物的决定，第一时间封控隔离2919处人工繁育场所，阻断疫情可能由野生动物传播的途径。牵头制定《关于稳妥做好禁食野生动物有关工作指导意见》《四川省禁食陆生野生动物人工繁育主体退出补偿及动物处置工作方案》《四川省禁食陆生野生动物退出补偿指导标准》，综合施策，最大限度减少养殖主体损失。全省1425家移交农业农村主管部门管理，429家转为科研、药用、展示等非食用性用途，确需退出的禁食类仅1065家，累计处置禁食类存栏野生动物250余万头(条、只)，兑付补偿资金2.68亿元，实现全退全补。

【林草资源保护】　全面完成国家移交四川省的3.6万个森林督查遥感图斑判读、现地核实、举证调查及成果上报，更新林地图斑1400余万个，形成全省最新森林资源"一张图"。持续推进川西北木材替代行动。省委深改委通过《四川省天然林保护修复制度实施方案》。天保工程管护国有林1220万公顷。全省主要林业有害生物发生面积66.75万公顷，发生率2.69%，成灾率0.05‰，远低于国家控制标准。实施草原鼠害防治

22.67万公顷、虫害防治12.33万公顷。编制全省"十四五"期间年森林采伐限额，国家林草局批复1797.45万立方米，较"十三五"期间增加10.3%。率先出台疫情防控期间林草地征占用政策，优先保障疫情防控建设、国省重点工程、脱贫攻坚等建设项目。完成国省重点项目先行使用林草地备案74个、3800公顷；依法批准生猪养殖使用林地项目804个、1600公顷；受理依申请类办件3271件，征收植被恢复费15亿余元。

【林草科技】 印发《四川林草"天空地人"一体化监测系统技术指南》，启动实施大熊猫国家公园"天空地人"一体化监测体系建设。培育41项林草重大科技成果，82项成果进入国家林业科技推广成果库。实施林草科技推广示范项目98个，推广技术130项，建立科技示范基地146个，建立（改建）生产线35条。全省林草科技成果推广转化率达到63%、科技进步贡献率达55.1%。印发《全省林木良种目录清单》，审（认）定林木良种23个；建设林草繁育基地1万公顷。全省42个种苗质检室建设项目全面完成并通过验收。完成3个国家林木种质资源库建设。林草种业纳入全省现代农业"10+3"产业（川粮油、川猪等10个优势特色产业，现代农业种业等3个先导性支撑产业）发展体系。

【林草重点改革】 全面完成国有林场改革，全省158个国有林场中，公益事业单位155个，公益性企业单位3个；基本完成国有林区改革，全省91个国有林保护机构中7个确定为公益性事业单位，其余为公益性企业单位，"保生态、保民生"改革目标如期实现。做好森林公安机构职能划转，指导各地全面承接行政执法。查处林草行政案件4594起，处罚1349人、行政罚款1亿余元。印发《林权抵押贷款办法》，建立承包经营权纠纷调处考核机制。建立"园区+公司+合作社+农户"等利益联结机制，引导社会资本适度参与经营集体林业。与农牧民签订减畜责任书，引导将草原禁牧休牧和草畜平衡制度推行纳入村规民约，强化放牧巡查核查和草原执法监督。

【支撑保障】 科学编制"十四五"林草改革发展相关规划，向国家申报2021年中央预算内投资项目42个、31.69亿元。发行林草行业地方政府专项债券项目58个、51.8亿元。基本完成九寨沟灾后重建，累计恢复震损林地4600公顷、草地7800公顷。对163个县（市、区、单位）中省财政项目开展全面稽查和绩效评价，对"十三五"期间森林草原防火中省项目开展专项稽查，资金总量达16亿元。在新华社、《四川日报》等重点媒体主要版面发表（播出）四川林草新闻165篇（条）。国家林草局网站发布四川省林草信息3500余条，居全国省级林草部门第一位。

【自身建设】 开展"学深悟透习近平总书记重要指示批示精神做深做细做实森林草原防灭火工作"学习教育活动，领导干部带头撰写心得体会200余篇。局领导带头讲党课20余次，带动各级党员领导干部、支部书记讲党课400余次。推荐完成局机关总规划师和3名二级巡视员提任工作，选拔处级干部58人，统筹轮岗交流处级领导干部29人次，推荐3名干部到大熊猫国家公园分局任副局长。从地方党政班子、基层一线、知名高等院校选拔109名年轻优秀干部，充实到局机关和直属单位。全年举办各类培训班22期，培训2500余人次。印发《廉政风险点及防控措施清单》，开展"守纪律、讲规矩"警示教育月活动。启动并完成第一轮2家单位巡察工作。指导11个直属单位纪委配备专职纪委副书记。

【首届数字熊猫节】 11月3~9日在眉山市青神县举办"首届数字熊猫节"，节会采取"线上为主、线下为辅"的方式。国家林业和草原局、省委、省政府和省政协领导10人次，国际竹藤组织总干事、喀麦隆及塞浦路斯大使等8国驻华使节13人，司厅局级领导70余人次，院士和中外学者专家500余人次，五大洲10个国家和地区、20余个省（市）310家参展商、1000家采购商及省内21个市（州）代表，总计3000余人次参加线下实体活动。4.5万人线上观看开幕直播、当日总播放量13.4万次。

【大事记】

1月7日 省委、省政府在眉山组织召开全省竹林风景线建设现场推进会。省委副书记、省委农村工作领导小组组长邓小刚，省委常委、省直机关工委书记曲木史哈出席会议并讲话，省政府副省长尧斯丹宣读四川省绿化委员会关于表扬竹林风景线建设先进单位的通报。

1月21日 省委深改委召开第六次会议，审议通过《四川省天然林保护修复制度实施方案》。

1月21日 省委机构编制委员会《关于行业公安机关管理体制调整等事项的批复》明确，全省森林公安机关按照属地化原则调整为同级公安机关内设机构，按照队建制分别设置为森林警察总队、支队、大队，全省森林公安机关在编在职民警连人带编整建制划转同级公安机关。

2月10日 省政府与世界银行签署世界银行贷款长江上游森林生态系统恢复项目《项目协议》，世行将提供1.5亿美元贷款支持四川省实施大规模绿化全川行动。该项目是世行和中国在林业领域合作的第一个P for R（结果导向型规划贷款）项目，也是四川省历年来最大的单项林业外资项目。

3月19日 2020年全省林草工作暨党风廉政建设工作会议在成都召开。

3月30日 15时许，凉山彝族自治州西昌市经久乡和安哈镇交界的皮家山山脊处因电力故障引发森林火灾，致使参与火灾扑救的19人牺牲、3人受伤，过火总面积3047.78公顷，直接经济损失9731.12万元。习近平总书记、李克强总理等中央领导和省委书记彭清华、省长尹力等省领导相继作出批示指示，要求妥善处理遇难人员和善后工作，科学扑救森林火灾。

4月8日 2020年四川省和成都市党政领导义务植树活动在成都市天府新区举行。省委书记、省人大常委会主任彭清华，省政协主席柯尊平等参加植树活动。

5月6日 省委办公厅、省政府办公厅印发《四川省森林草原防灭火专项整治实施方案》。

5月22日　省林草局与重庆市林业局在重庆签订《筑牢长江上游重要生态屏障助推成渝地区双城经济圈建设合作协议》，双方协议约定围绕筑牢长江上游重要生态屏障，加强统一谋划、一体部署和相互协作。

5月22日　四川省、重庆市在重庆市召开川渝两地规划自然资源及林业草原工作座谈会，分别签订自然资源、林草领域深化合作相关协议。重庆市副市长陆克华、四川省副省长尧斯丹出席会议并讲话。重庆市政府副秘书长岳顺主持座谈会和签约仪式。

川渝两地规划自然资源及林业草原部门合作协议签约仪式

6月4日　省林草局联合省发改委、财政厅、自然资源厅印发《四川省天然林保护修复制度实施方案》。

6月13日　省委办公厅、省政府办公厅印发《四川省建立以国家公园为主体的自然保护地体系实施方案》。

8月11日　全省草原生态保护和现代草原畜牧业高质量发展现场会在若尔盖县召开，副省长尧斯丹讲话。

8月15~17日　卧龙持续强降雨，区内多处发生山洪泥石流灾害，交通、水利、电力、通讯、耕地等重要基础设施损毁严重。灾害发生后，省委、省政府领导对卧龙抢险救灾工作作出指示，省林草局领导率队到一线指挥。通过协调，省财政厅下达卧龙抢险救灾专项资金300万元，并落实恢复重建项目9个、总投资7882万元。

9月11日　省委农村工作领导小组公布第一批省级竹产业高质量发展县、省级现代竹产业园区和省级竹林小镇名单。

9月27日　四川林草科技成果获省政府科技进步奖二等奖3项，三等奖6项。

11月30日至12月1日　全省竹林风景线暨林业园区建设现场会在宜宾召开。省委副书记邓小刚，省委常委、省直机关工委书记曲木史哈，省政府副省长尧斯丹出席会议并讲话。

12月3日　省绿化委员会面向全社会发布全省古树名木名录。全省古树及名木共70 868株，其中名木91株、一级古树10 720株、二级古树6289株、三级古树53 768株。

12月11日　省政府办公厅印发《四川省森林草原防灭火标本兼治总体方案（2020~2025）》。

12月20日　全省12个市（州）、省长江造林局、省大渡河造林局完成国有林区改革省级验收工作，标志四川省国有林区改革基本结束。

12月22日　省林草局联合人社厅印发《关于表彰四川省大熊猫保护突出贡献奖先进集体和先进个人的决定》。

12月31日　省政府办公厅印发《四川省森林草原火灾应急预案》。将森林草原防灭火指挥部办公室从省林草局调整到应急厅。

（四川省林草业由黄泽亮供稿）

贵州省林业

【概　述】　2020年，贵州省完成林业投资320.13亿元，其中，争取中央财政资金77.59亿元，落实省级财政资金39.06亿元，国储林项目融资放款203.48亿元；全省完成营造林28万公顷，森林覆盖率达到61.51%，森林蓄积量6.09亿立方米；新建造林业特色产业基地13.19万公顷，发展林下经济146.86万公顷，实现林业总产值3378亿元；生态护林员总数增加到18.28万名，全省新增林业劳务就业岗位4.63万个；人工养殖野生动物退出补偿工作全面完成，举办第四届中国绿化博览会，《关于全面实行林长制的意见》正式出台。

林业脱贫攻坚　争取新增2020年中央建档立卡贫困人口生态护林员指标7265名，新增省级生态护林员3000名，将全省生态护林员规模扩大到18.28万名。通过开发生态护林员岗位、推进特色林业产业、发展林下经济、实施国储林项目等促进就业，全省林业共计新增提供就业岗位4.63万个。加大对贵州省林业局帮扶的册亨县支持力度，安排林业建设资金1.67亿元，助推册亨县脱贫出列。

国土绿化　开展全省省级干部义务植树活动。通过实施退耕还林、长江珠江防护林等林业重点工程和特色林业产业基地建设，全省完成营造林28万公顷、退化草原生态修复382.26公顷。完成2019年退耕还林任务21.86万公顷，争取到2020年退耕还林计划19.99万公顷。完成国储林授信面积42.56万公顷，融资409.64亿元，建设面积13.41万公顷。抓好种苗保供，可出圃合格苗木9.75亿株，其中油茶4602万株，花椒10 595万株，竹5444万株，皂角4544万株，刺梨5412万株。在都匀市举办第四届中国绿化博览会。

林业产业　下达特色林业产业专项资金34 842万元。完成特色林业基地建设总面积13.18万公顷，其中新造面积7.02万公顷，改培面积6.16万公顷。印发《贵州省特色林业产业发展三年行动方案（2020~2022

年)》《贵州省核桃产业发展指导意见》《贵州省核桃栽培提质增效实施方案(2021~2023)》。组织参加上海第三届"森林食品博览会",举行2020年贵州特色林业(北京)招商引资暨"黔货出山风行天下"林特产品产销对接会,加大招商力度,现场签约项目9个,总投资135.8亿元。与中林集团、中民国控集团、亚洲中农供应链管理(北京)公司、山东菏泽上善水务公司、正大集团等实力企业建立合作关系。建成并运营贵州特色林产品体验中心及信息发布平台,聚合线下展销、宣传展示、现场品鉴、直播带货等功能,入驻企业150家,产品600余种。

生态保护 完成全省自然保护地现状和问题调查评估、地方级自然保护地整合优化规则制定、各类地方级自然保护地保护价值科学评价等工作,统筹安排全省自然保护地的补划、矿业权处置、整合优化成果的部门审查,与贵州省自然资源厅联合上报《全省自然保护地整合优化预案》。全面完成全省农村"组组通"硬化路森林植被恢复费追缴任务,完成年森林资源管理"一张图"年度更新工作。持续抓好森林保护"六个严禁"、"绿盾"、自然保护地执法专项行动等突出问题整改,特别是抓好中央环保督察赤水问题整改。推进食用野生动物养殖退出处置,全省核实养殖主体1706家全部完成退出,存栏动物216.3万只(条)全部处置,兑现补偿资金17 670万元,兑现率达100%。扎实推进森林防灭火安全专项整治三年行动,全省未发生重特大森林火灾和人员伤亡,森林火灾受害率为0.0059‰。持续抓好林业有害生物防控,做好松材线虫病等重大林业有害生物除治,除治任务超额完成,林业有害生物成灾率为0.167‰。

体制机制改革 9月17日,中共贵州省委办公厅、贵州省政府办公厅正式印发实施《关于全面实行林长制的意见》。地方公益林优化调整试点、林权类不动产登记试点工作相继启动。成立贵州林草发展有限公司,对贵州森林国际旅行社有限公司进行增资扩股,为全省林业经济发展提供省级国有平台。优化行政审批流程,与贵州省电网公司、超高压输电公司联合开展优化贵州电网项目审批服务,与贵州省交通运输厅、贵州省水利厅、贵州省能源局加强沟通,积极推进服务端口前移,进一步简政放权、完成"一网通办"事项清理,不断优化贵州省营商环境。

基础保障 出台《贵州省林业局关于加强科技工作促进林业高质量发展的若干意见(试行)》,建成省级林业科技示范基地376.47公顷。从贵州省林业科学院抽选40余名科研人员开展对口国有林场帮扶。组建草原管理专家、风景名胜区评审专家、古树名木大树专家、建设项目使用林地审查专家、经济林咨询专家等各类专家库,成立林业决策咨询专家委员会,提升科学决策水平。动工建设贵州生态职业技术学院。加强林业宣传工作,出版《贵州省践行习近平生态文明思想典型案例》,在国家级媒体上首发宣传报道86篇,省级以上媒体宣传报道贵州林业457篇,专版31版,各大媒体转载省级以上媒体宣传报道贵州林业达3000余次。组织编制"十四五"林业发展规划。

【**2020年省级领导义务植树活动**】 3月12日,2020年省级领导义务植树活动在贵阳举行。贵州省委书记、省人大常委会主任孙志刚,省委副书记、省长谌贻琴,省政协主席刘晓凯等前往贵阳市双龙航空港经济区小碧乡小碧村开展义务植树。在植树活动前,孙志刚、谌贻琴、刘晓凯等观看了全省植树造林情况展板,了解贵州省林业及林下经济发展情况。贵州省委常委,省人大常委会、省政府、省政协领导班子成员和党组成员,省军区、武警贵州省总队主要负责人,省高级人民法院院长、省检察院检察长参加活动。

【**第四届中国绿化博览会**】 10月18日,第四届中国绿化博览会开幕式在黔南布依族苗族自治州都匀市举行,国家林草局副局长刘东生,全国绿化委员会专职副主任胡章翠,贵州省委副书记蓝绍敏,省委常委、省委秘书长吴强,副省长陶长海,省政协副主席罗宁等领导出席开幕式。蓝绍敏宣布开幕,刘东生、陶长海分别作了讲话,胡章翠主持开幕式。11月18日,绿博会顺利闭幕。该届博览会围绕"以人为本,共建绿色家园"的永久主题和"绿圆中国梦色,携手进小康"副主题,以"绿水青山新画卷、生态文明新标杆"为总体定位,以"贵山贵水、绿博黔南"为形象定位,园区规划总面积1959公顷,其中核心区面积399公顷,为历届绿博园之最,总投资约30亿元。绿博会共邀请到57个单位,建设56个室外展园,先后举办大小活动1200余场次。自8月13日压力测试到11月18日闭幕期间,入园参观游客共52万人次。

【**全面推行林长制**】 9月17日,中共贵州省委办公厅、贵州省人民政府办公厅印发《关于全面实行林长制的意见》(以下简称《意见》),标志着贵州省林长制工作初步完成省级顶层设计,正式进入组织实施阶段。《意见》明确在全省范围内全面实行省、市、县、乡、村五级林长制,建立健全以党政领导负责制为核心的责任体系,各级党委、政府是全面实行林长制的责任主体,各级林长是责任区域森林资源保护管理的第一责任人。建立省、市、县、乡四级林长联席会议制度,负责研究解决森林保护发展中的重大问题,制定林业改革发展重大决策,搭建起了部门联动平台,明确定期开展五级林长植树活动、各级林长"巡山护林"活动及设立林长制公示牌等新机制。明确要建设智慧林长系统,构建贵州林业遥感数据应用平台,实现森林资源网格化管理;要建以森林、草原监管系统为主体的林草数据监管平台,结合卫星遥感影像、无人机技术,创新森林资源监督管理方式,实现全省森林资源动态监测管理,提升贵州省林业数字化管理创新水平。

【**林下经济**】 全省林下经济使用林地面积146.86万公顷,产值400亿元,同比增长21.2%。发展林下经济的企业、专业合作社等实施实体达1.7万个,带动285万农村人口增收。林下种植使用林地面积21.2万公顷,其中食用菌0.84万公顷、中药材6.72万公顷、其他13.61万公顷;林下养殖使用林地面积22.38万公顷,养殖林下鸡2560万羽、蜂61.9万箱、家畜64.9万头;林产品采集加工面积46.44万公顷,其中野生菌7533

吨、松脂5907吨、竹笋25万吨；森林景观利用面积56.83万公顷。2020年，生态旅游、森林康养（含休闲服务）实现旅游综合产值约1875亿元。

【特色林业产业】 2020年，全省特色林业产业（竹、油茶、花椒、皂角）新造和改培13.19万公顷，其中新造面积7.02万公顷，改培面积6.16万公顷，特色林业产值达160亿元。竹基地面积31.66万公顷，其中方竹面积全国第一，竹笋省内加工10万吨，加工率达40%；竹材省内加工率达80%以上。油茶基地面积20.8万公顷，产油茶籽8万吨，省内加工油茶籽4.4万吨，加工率达55%，同比提高17个百分点。花椒基地面积7.93万公顷，产鲜花椒5.38万吨，鲜花椒初加工率达100%。皂角基地面积4.6万公顷，其中面积最大的织金县达2万公顷，是全国最大的皂角精加工集散地。皂荚原料省内加工率达100%。

【国家储备林建设】 省林业局联合国开行贵州省分行、农发行贵州省分行及贵州省金控集团积极探索，形成了国储林项目"投、贷、保"一体化融资模式。"投"，是指贵州省绿色产业扶贫投资基金以股权投资的形式支持国储林项目，发挥绿产基金的撬动作用。"贷"，是指国开行、农发行等金融机构以中长期贷款的形式支持国储林项目，发挥政策性银行融资主体作用。"保"，是指省融资担保公司向银行贷款提供担保增信的方式，发挥政策性担保保障作用。截至2020年底，全省项目可研通过行业专家审查192个，获银行授信项目87个，授信面积42.03万公顷，累计融资401.64亿元。完成建设面积14.01万公顷，已实施面积位列全国第二，融资放款金额全国排名第一。全省国储林项目建设已流转林地面积15.05万公顷，收储林木7.97万公顷，实施面积14.01万公顷，带动20.46万户、71.53万贫困人口实现增收，户均增收1.8万元左右。新增开发就业岗位1.56万个，超额完成省政府下达的1.5万个就业岗位目标。

【中央环保督察赤水问题整改】 针对中央生态环境保护督察组下沉走访发现的赤水市天鹅堡和天岛湖项目违法违规使用林地问题，及时制订整改方案，下发《关于抓紧督促赤水市限期落实中央环保督察相关问题整改的通知》。14起历史行政案件完成行政处罚，2起刑事案件与后期案件并案，赤水市公安局对两起案件立案侦查。两个项目可原地复绿的23.86公顷和需异地复绿的9.11公顷全面完成补植复绿。对占用的国家公益林，按"占一补一"原则，经请示国家林草局和省人民政府同意后，批复同意赤水市补进公益林101.02公顷。对相关责任人提出问责建议。

【食用野生动物养殖退出补偿全面完成】 为贯彻落实《全国人民代表大会常务委员会关于全面禁止非法野生动物交易、革除滥食野生动物陋习、切实保障人民群众生命健康安全的决定》，贵州省人民政府印发通知，成立了由省林业局局长张美钧为召集人，贵州省农业农村厅、贵州省财政厅、贵州省扶贫办等13家单位负责人组成的省食用野生动物养殖退出（转产）厅际联席会议制度。联席会议先后召开两次工作推进会，并对全省9个市（州），16个县（市、区）食用野生动物养殖退出转产工作进行督导。截至12月31日，全省食用野生动物退出转产工作全面完成，全省核实养殖主体1706家全部完成退出，存栏动物216.3万只（条）全部处置，兑现补偿资金17 670万元，兑现率达100%。

【森林督查和森林保护"六个严禁"执法专项行动】 结合国家林草局部署开展的森林督查，常态化推进贵州省森林保护"六个严禁"执法专项行动开展。完成对20 565条涉林案件线索的现场调查核实，涉林案件线索核实率为100%；完成对3735起涉林行政案件的行政处罚，全省2020年度涉林行政案件查结率为99.28%；完成对2087起达到刑事立案标准的涉林案件向公安机关移送，2020年涉林刑事案件移送率为99.62%；完成对2404起往年度涉林行政案件罚款收缴、补植复绿执行工作，往年度涉林行政案件处罚执行率为99.34%。

【大事记】

1月17日 省林业局通报表扬了贵州省退耕还林工程建设20周年表现突出集体和表现突出个人。其中表现突出集体40个，表现突出个人199人。

2月1日 《贵州省古树名木大树保护条例》正式施行。

2月1日 《贵州省省级森林城市建设标准》《贵州省森林乡镇建设标准》《贵州省森林村寨建设标准》《贵州省森林人家建设标准》4个地方标准发布实施。

2月17日 省卫健委、省发改委、省财政厅、省教育厅和省林业局等15家单位联合印发《关于加快推进医疗健康服务和养老服务融合发展的实施方案》，将森林康养基地合规性治疗项目纳入医保报销范围，为全国首家。

3月12日 2020年贵州省级领导义务植树活动举行。

3月20日 贵州省林业工作电视电话会议召开，主会场设在省林业局，各市（州）、各县（市、区）、特区林业主管部门及各直属单位分别设立分会场。

4月2日 省政府办公厅印发通知，建立省食用野生动物养殖转产（退出）工作厅际联系会议制度。

4月27日 国家发展改革委、国家林草局公布全国国有林场改革现场抽查验收结果，贵州省进入第一方阵，成绩为"优"。

5月12日 省委书记、省人大常委会主任孙志刚主持召开会议，专题研究特色林业、中药材产业、生态渔业、辣椒产业发展。省委常委、常务副省长、省特色林业产业发展领导小组组长李再勇，副省长、省中药材产业发展领导小组组长王世杰，副省长、省生态渔业产业发展领导小组组长郭瑞民，副省长、省辣椒产业发展领导小组组长吴强分别作了汇报发言。

6月4日 根据《关于省林业局增设内设机构等事项的批复》，贵州省林业局设置森林草原防火处。

6月5~7日 全国人大常委会副委员长丁仲礼率全国人大常委会执法检查组在贵州省检查《全国人民代表

大会常务委员会关于全面禁止非法野生动物交易、革除滥食野生动物陋习、切实保障人民群众生命健康安全的决定》和《中华人民共和国野生动物保护法》实施情况，听取有关情况汇报，并与人大代表、专家学者、执法人员等开展座谈。

6月17日 经贵州省人民政府同意，贵州省林业局印发《贵州省突发重大陆生野生动物疫情防控应急预案》，进一步加强贵州省陆生野生动物疫情防控应急预案制度建设，为科学处置突发重大陆生野生动物疫情提供有力保障。

6月24日 贵州省人民政府省长谌贻琴主持召开省政府专题会议，专题研究全省生态保护红线评估调整和自然保护地整合优化工作。

6月24日 贵州省人民政府副省长、省公安厅党委书记、厅长郭瑞民主持召开全省森林公安管理体制调整实施工作视频会议，明确全省森林公安划归地方公安机关。

9月1~2日 贵州省委书记、省人大常委会主任孙志刚到黔东南苗族侗族自治州从江县调研指导林下经济工作，贵州省林业局局长张美钧陪同调研。

9月17日 贵州省委办公厅、贵州省人民政府办公厅印发《关于全面实行林长制的意见》。

9月25日 贵州省第十三届人民代表大会常务委员会第十九次会议决定，对《贵州省林地管理条例》部分条款进行修订，其中将临时使用林地的审批权限由按林地类型、面积分为省、市、县三级倒金字塔形设置，修改为"临时使用林地的，由县级人民政府林业主管部门审批""临时使用国有林场林地的，由国有林场所属同级人民政府林业主管部门审批"；将国有森林经营单位在所经营的林地范围内修筑直接为林业生产服务的工程设施占用林地的审批权限由"由省人民政府林业行政部门批准"修改为"由国有林场所属同级人民政府林业主管部门批准"，从法制上保障了"放管服"要求的落实。

9月27日 根据《关于贵州省森林公安局机构改革112名同志划转的批复》，原贵州省森林公安局93名政法专项编制、112名人员统一划转到贵州省公安厅和有关市（州）所属县（区）公安局。

10月18日 第四届中国绿化博览会开幕式在黔南布依族苗族自治州都匀市举行，国家林草局副局长刘东生，全国绿化委员会专职副主任胡章翠，贵州省委副书记蓝绍敏，省委常委、省委秘书长吴强，副省长陶长海，省政协副主席罗宁等领导出席开幕式。

10月18~19日 全国绿化委员会办公室专职副主任胡章翠一行到荔波县调研林业生态扶贫，省林业局副局长张富杰参加调研。

10月21~23日 国家林业和草原局副局长李春良一行在贵州省独山县和荔波县开展林业扶贫调研，国家林草局贵阳专员办专员李天送及省林业局局长张美钧、副局长向守都参加调研。

10月30日 经贵州省人民政府同意，省林业局印发《关于加强林草种苗工作 促进林业高质量发展的意见》。

11月18日 第四届中国绿化博览会闭幕式在都匀市举行。全国绿化委员会办公室专职副主任胡章翠等领导出席闭幕式。省林业局局长张美钧主持闭幕式并宣布闭幕。

11月24日 全国劳动模范和先进工作者表彰大会在北京举行。全国林草行业的24人获表彰，其中贵州省天柱县林业局林业产业发展办公室工作员、高级工程师袁昌选，贵州省国有扎佐林场人事教育科科长、工程师朱鑫获"全国先进工作者"称号。

12月18日 贵州省林业局林下经济创新做法获2020年度省直机关目标绩效管理创新项目一等奖。

12月31日 经贵州省人民政府同意，出台《贵州省草原植被恢复费收费标准》和《贵州省草原植被恢复费征收使用管理办法》，于2021年1月1日起施行。

（贵州省林业由吴晓悦供稿）

云南省林草业

【概　述】 2020年，云南林草系统坚持以习近平新时代中国特色社会主义思想为指导，深入贯彻落实习近平生态文明思想和习近平总书记考察云南重要讲话精神，聚焦全国生态文明建设排头兵战略定位，认真贯彻落实中央和省委、省政府部署安排，努力克服疫情影响，全力推进林草事业高质量发展。全省林地面积2829.44万公顷，森林蓄积量20.67亿立方米，森林覆盖率65.04%，乔木林单位蓄积量每公顷99.1立方米，湿地面积61.83万公顷，湿地保护率55.27%，全省林草资源总量大幅增加，质量明显提升。落实中央和省级投资115.96亿元，连续三年突破百亿元大关。林草产业总产值达2770亿元，同比增长7%。努力保障重点工程，共审核审批使用林地申请2000余件，保障了约5750亿元的固定资产投资顺利落地。

国土绿化 推动国土绿化向提升"生态服务、生态质量、生态景观"转变。深入实施重点生态工程，2020年完成营造林40.52万公顷，石漠化综合治理林业任务5.36万公顷，草原生态修复治理15万公顷，退牧还草4.33万公顷，义务植树1.07亿株。积极统筹资金8亿元，着力推进昆明至丽江、昆明至西双版纳高速公路绿化美化，完成公路产权内绿化景观提升改造主体工程，实施产权外绿色廊道工程建设4600公顷（占计划任务104%），打造国土山川大绿化示范工程。持续提升城乡生态质量，全省已建成国家森林城市6个，国家森林乡村235个，省级森林乡村1081个。

自然保护地和野生动植物保护 以打造"动物王国""植物王国""世界花园"和《生物多样性公约》第十五次缔约方大会（COP15）举办为契机，大力推进动植物保护和自然保护地工作。持续开展珍稀濒危和极小种群物种拯救保护，认真实施亚洲象栖息地恢复改造、监测预警体系建设和人象隔离主动防范三大工程，最大限度缓减人象冲突。坚决落实全面禁食野生动物决定，处置野生动物74.6万头（只），兑现补偿资金2.14亿元，处置率、兑现率均为100%。推动省委、省政府出台《关于建立以国家公园为主体的自然保护地体系的实施意见》，普达措国家公园体制试点任务全面完成，新增2处国家级自然公园，持续推进全省自然保护地整合优化，自然保护地管理日趋规范。

资源保护 深入开展种茶毁林等破坏森林资源违法违规问题专项整治工作，持续开展2019年森林督查问题整改"回头看"和2020年全省森林督查，完成森林资源"一张图"更新和湿地资源监测评估。出台《贯彻落实天然林保护修复制度方案的意见》和《云南省护林员管理办法》，对2173.33万公顷森林实施有效管护。认真组织实施湿地生态效益补偿、退耕还湿等项目，加强湿地保护小区建设。

灾害防控 筑牢"防火网"。省委、省政府多次专题部署防火工作，分两批给省林草局增加了21名省级行政编制，投入8200万元防火经费。上轮防期共发生森林火灾54起，受害森林面积993.33公顷，同比分别下降47.1%、2.6%，森林火灾受害率仅为0.038‰，远低于0.9‰的国家控制指标，未发生重特大森林火灾和人员伤亡事故。绷紧"防虫网"。推行联防联治、标本兼治，全省特别是水富松材线虫病疫区春、秋季2次普查无疫情，成功阻击境外迁入黄脊竹蝗，无公害防治率达98.4%，成灾率仅为0.37‰。

林草产业和生态扶贫 全省林草产业总产值达2770.83亿元，同比增长7.45%。制订出台核桃产业体系建设、林下经济高质量发展、森林康养产业发展、省级龙头企业认定管理等多个政策文件，推进木本油料、林下经济、森林康养持续健康发展。统筹发展林草产品会展经济，在北上广深等发达城市举办森林生态产品专题展会7场，招商引资近90亿元。新争取国家生态护林员指标1.2万名，居全国第一。至2020年底，全省实聘生态护林员18.3万名，平均每人每年可获9000多元管护收入，带动78万贫困人口稳定增收。全面完成《云南省林业生态脱贫攻坚实施方案（2018~2020年）》各项目标任务，为全省打赢脱贫攻坚战贡献了林草力量。

改革发展 组织开展林长制改革试点，顺利完成森林公安转隶、防火机构设立等机构改革事项，持续推进行政审批制度、国有林场、集体林权制度、林草自然资源资产产权制度等改革。推进林业"双中心"建设，配齐了领导班子，编制印发《云南省数字林业总体建设方案》，汇聚云南18类1500TB的林草基础数据，建成了林草卫星影像云平台。林业"双中心"已初步具备面向全省提供数据服务的能力。强化科技支撑，以云南10个重要树种和10个重要生态系统为重点，实施林草科技"双十"行动，62项科研成果被纳入国家林草局成果库。获国家林草局授予植物新品种权的品种11个，国内首个澳洲坚果工程技术研究中心落户云南临沧。强化国际合作，全面开展与亚太森林组织的合作，开展联合国森林文书示范单位建设，积极推进与缅甸曼德勒省的林业合作。强化宣传发动，联合省委宣传部完成了生物多样性保护、全面禁食野生动物、生态扶贫等13场新闻发布会，组织开展了国土绿化、森林资源保护、亚洲象保护等10次大型集中采访活动，刊播林草新闻4800篇。

【**2020年全省林业和草原工作会议**】 于1月13日在昆明召开。会议回顾了新中国成立70年来云南林草工作取得的历史性成就和2019年工作，谋划部署2020年和此后一个时期林业和草原工作，推进全省林草治理体系和治理能力现代化，为云南打赢脱贫攻坚战、决胜全面建成小康社会作出新的更大贡献。省林草局党组书记、局长任治忠出席会议并讲话。省林草局领导，国家林草局驻云南专员办、省自然资源厅、省纪委省监委驻省自然资源厅纪检监察组、西南林业大学、国家林草局昆明勘察设计院、中国林科院资昆所、云南林业职业技术学院有关领导，各市（州）林草局局长，云南境内国家级自然保护区、国家级风景名胜区主要负责人，省林草局机关各处室主要负责人、局属各单位党政主要领导及在局机关办公的全体干部职工参加会议。

【**印发新冠肺炎疫情防控工作方案**】 1月23日，根据省政府疫情防控工作会议精神，省林草局印发了《云南省林草局新型冠状病毒感染肺炎疫情防控工作方案》，成立了以局主要领导为组长的工作领导小组，组建了综合协调、野生动物疫情监测、打击野生动物非法贸易、技术指导和舆情应对5个工作组，分工落实加强野生动物疫源疫病监测、野生动物管理、科普宣传和健康教育、值班值守和应急准备4项主要措施，在局网站及时发布疫情防控工作动态，普及防控知识，再次要求全体职工做好个人及家人的安全防护。

【**野生动物疫源疫病监测防控**】 1月31日，为严防新型冠状病毒感染的肺炎疫情，省林草局印发《云南省野生动物疫源疫病监测防控工作方案》，要求各市（州）林草局在疫情期间，切实落实全面加强野生动物管控、禁止野生动物交易活动的措施，坚决阻断野生动物可能的疫情传染源。

【**边境野生动物资源保护管理**】 2月25日，省林草局、国家林草局驻云南省森林资源监督专员办事处紧急印发《关于加强边境野生动物资源保护管理的通知》，要求各有关市（州）林草局要进一步强化边境保护意识，坚决遏制非法猎杀、走私和食用野生动物等行为，守护好来之不易的保护成果，维护云南乃至全国在野生动物保护领域建立的良好国际形象和声誉。

【**阮成发签发2020年森林草原防火命令**】 2月26日，为有效预防和控制森林草原火灾发生，确保人民群众生命财产和国土生态安全，根据《云南省森林防火条例》规定，省长阮成发签发云南省人民政府2020年森林草原防火命令。

【徐彬到省林草局调研】 3月19日，全国政协委员、省政协副主席徐彬，省政协委员、省政协教科卫体委员会副主任黄玲带队到省林草局开展野生动物疫源疫病监测工作专项调研并召开座谈会议。省林草局党组书记、局长任治忠主持座谈会。

【全省森林草原防灭火工作电视电话会议】 于4月1日在昆明召开。省长阮成发强调，要以务实作风和扎实工作抓好森林草原防灭火工作，坚决遏制森林草原火灾多发态势，全力保障人民群众生命和财产安全。副省长王显刚主持会议，省政府秘书长杨杰出席。

【云南启动整治种茶毁林违法违规行为专项行动】 4月24日，省林草局召开全省集中打击整治种茶毁林违法违规行为专项行动电视电话会议，对即将在全省范围内开展的为期6个月的专项行动进行动员安排，要求全省16个市(州)129个县以"零容忍"的态度和决心，重拳打击整治种茶毁林及破坏森林资源违法行为，切实保护好云南生态建设成果，探索走出一条"林茶共生"之路，为云茶产业绿色发展提供生态保障。

【全省黄脊竹蝗现有发生面积清零】 截至8月26日，全省共发生黄脊竹蝗10 680.21公顷，全省累计防治面积40 157.15公顷，共开展飞防作业26 937架次，投入喷雾器20 260台次，出动115 309人次。全省各竹蝗发生区按照"严密监测、及时定位、快速除治"的思路和"阻截、打点、控面"的策略，加强组织领导，落实属地管理责任。严密监测蝗群动态，守住边境一线蝗虫主要迁入线路；加强防控工作指导，强化联防联控、群防群治，不断完善除治措施，提高处置能力和水平，确保粮食作物安全。实现现有发生面积清零。

【2020云南森林生态产品助力脱贫攻坚上海专场推介会】 10月16日，为期5天的上海对口支援地区特色商品展销会在上海光大会展中心开幕。省林草局携47家云南林草企业，搭建线上、线下营销平台，核桃、澳洲坚果、野生菌、石斛、花椒、滇皂角、蒜头果等400多个优质森林生态产品亮相展销会。同时，作为上海对口支援地区之一，云南通过展销会平台举办"2020云南森林生态产品助力脱贫攻坚上海专场推介会"。此次推介会的主题为"助力云南脱贫攻坚 共享森林生态产品"，旨在依托上海大市场专业渠道搭建合作平台，完善合作机制，拓展合作内容，展示云南省独特优良的森林自然环境所孕育的优质森林生态产品，宣传云南前景广阔、优势明显的林草项目。并整合森林生态产品生产、流通、消费、服务等上下游资源，构建降本增效的产品流通渠道，增强云南森林生态产品的影响力，进一步增进沪滇合作和交流，实现丰富上海优质市场和助力云南脱贫攻坚的双赢目标。

【全省国土绿化暨退耕还林现场培训】 10月28~30日，省林草局在昆明市宜良县和红河哈尼族彝族自治州弥勒市举办2020年全省国土绿化暨退耕还林现场培训。云南在创新生态修复机制，扎实推进退耕还林还草、天然林保护、石漠化综合治理、防护林建设等重要生态系统保护和修复重大工程中取得的成绩令人瞩目。省林草局党组成员、副局长夏留常参加并主持培训会。省林草局有关处室负责人，各市(州)林草局局长、生态保护修复、退耕还林科室主要负责人，宜良县、弥勒市林草局局长参加会议。

【七彩云南上海物产节】 12月2日，首届"七彩云南上海物产节"在上海市静安区久光百货开幕。云南17家龙头企业的87个优质特色产品参加为期13天的推介展示。此次物产节由云南省林草局、云南省商务厅主办，上海市云南商会协办，久光百货承办，主题为"共享云南山珍 铸就健康生活"。旨在依托上海大市场、大流通优势，充分展示云南省独特优良的森林自然环境所孕育的优质森林生态产品，让上海消费者充分感受到云南森林生态产品的独特魅力，助力森林生态产品出滇，努力实现增績增效，打响云南高原特色森林生态产品知名度。云南省林草局党组书记、局长任治忠，局党组成员、副局长高峻参加开幕式。

【"保护野生动物·构建美丽云南·助力COP15暨2020年云南省野生动物保护和秋冬季候鸟护飞接力宣传活动"】 12月16日，省委宣传部、省林草局在昆明动物园联合启动为期半年的"保护野生动物·构建美丽云南·助力COP15暨2020年云南省野生动物保护和秋冬季候鸟护飞接力宣传活动"。昆明、昭通、普洱、西双版纳、德宏、迪庆6个市(州)依次展示和介绍红嘴鸥、黑颈鹤、西黑冠长臂猿、亚洲象、双角犀鸟和滇金丝猴等旗舰明星物种。省林草局党组书记、局长任治忠宣布接力宣传活动正式启动。

【云南坚果原产地宣传推介与产销对接会】 于12月18~19日在中国核桃之乡凤庆县举办。此次对接会由省打造世界一流"绿色食品牌"工作领导小组办公室、省林草局、临沧市人民政府主办，凤庆县人民政府、东方环球(昆明)国际会展运营公司承办。对接会以"创响云南优果优品，促进产销融合发展"为主题，邀请中国食品土畜进出口商会坚果分会、中国果品流通协会等多家全国知名坚果协会和42家国内坚果行业领军企业以及30家果品知名经销商携带200多个优质坚果产品参加。

【大事记】
1月3日 全省草原保护建设项目安排布置座谈会在昆明召开，主要任务是推动2020年草原保护建设项目任务顺利实施。省林草局和16个市(州)有关人员共计60余人参加会议。

1月10日 省林草局党组成员、副局长王卫斌出席云南省2020年度森林草原火灾应急处置联合实战演练并作动员讲话。省森林消防总队、昆明航空救援支队、地方专业扑火队员共800余人参与实战演练。

1月13日 省林草局印发《云南省美丽河湖建设林业和草原行动计划(2020~2023年)》，启动实施全省美丽河湖建设林业和草原行动计划，全面推进美丽河湖建设。

1月14日 省林草局与亚太森林组织、西南林业大学签署战略合作框架协议，三方就共同推进与亚太地区、特别是南亚、东南亚各国在林业教育合作、退化森林恢复、森林可持续经营、森林资源保护与利用方面的长期战略合作达成一致。

1月30日 省林草局根据《云南省重大突发公共卫生事件一级响应20条措施》出台15条工作措施，全面贯彻习近平总书记关于新型冠状病毒感染的肺炎疫情防控重要指示精神，落实党中央、国务院和省委、省政府关于疫情防控工作的决策部署，坚决打赢林草系统疫情防控阻击战。

2月4日 省林草局印发《关于在疫情防控期间做好野生动物及其制品应急处置的紧急通知》，指导各市（州）及时收容或规范处置逸散、弃养的野生动物，防范野生动物逸散带来的疫病传播风险。

2月10日 省林草局印发《云南省新冠肺炎疫情防控期间野生动物饲养场所消毒指南》，指导全省2351个野生动物养殖场所和单位规范开展日常消毒和防疫，提升防疫能力，严防新冠肺炎疫情蔓延，阻断可能的传播途径。

2月21日 省林草局印发《云南疫情防控期间野生动物管控摘引》，规范指导全省各级野生动物保护部门、从业机构、从业人员科学开展新冠肺炎疫情防控期间野生动物管控，阻断可能的传染源和传播途径。

2月23日 省野生动植物救护繁育中心配合中国疾控中心和省疾控中心，采集猕猴、果子狸等8种野生动物咽拭子和肛拭子样本14个。经省疾控中心"新冠病毒"检测，所有样本均为阴性。

2月28日 省林草局印发全面加强鸟类保护的通知，要求各地加强候鸟保护管理工作，严厉打击破坏鸟类资源违法犯罪活动。

3月2日 省林草局印发《关于做好疫情防控期间重点项目用地保障工作的通知》，要求各级林草部门坚持集约节约使用林草地原则，做好有关重点项目建设林草用地保障。

3月4日 省林草局印发《关于切实做好2020年沙漠蝗相关防控工作的紧急通知》，要求各地林草主管部门做好相关工作。

3月9日 省林草局出台的云南省应对新型冠状病毒感染肺炎疫情暨革除滥食野生动物陋习群众举报奖励办法（试行）开始实施。针对野生动物非法食用、猎捕、杀害、交易、进出口、展示展演等行为，群众举报或提供线索的予以奖励。

3月11日 全省森林草原防灭火工作电视电话会议在昆明召开。省应急管理厅党组成员、副厅长文彬主持会议，省森林草原防灭火指挥部副指挥长、办公室主任，省林草局党组成员、副局长王卫斌参加会议并对全省春防工作进行安排部署。全省各州、市、县、区设分会场。

3月17日 省应急管理厅、省林草局、云南森林消防总队、应急管理部南方航空护林总站四方联席会议在昆明召开。会议由省应急管理厅副厅长文彬主持。省林草局副局长王卫斌、南航总站总站长吴灵等参加会议并发言。

3月26日 省林草局发布关于鼓励公众共同参与世界自然遗产保护工作的倡议书，鼓励社会公众积极参与到世界自然遗产保护工作中来，共建生态文明。

4月1日 省林草局派出16个工作组，分赴各市（州）开展森林草原防灭火专项督查。清明小长假期间，工作组驻守16个市（州），对各市（州）森林防火重点区域、关键环节、重点对象进行专项督查。

5月9日 省林草局召开重大有害生物防治领导小组第一次会议，研究部署松材线虫病、沙漠蝗等重大有害生物防控工作。

5月16日 普洱市思茅区万掌山林场启动实施亚太森林组织森林可持续经营示范暨培训基地项目。

7月9日 "中日合作宫胁造林植被恢复项目"在昆明市西山林场正式启动，云南省杨善洲绿化基金会、云南省林草局、昆明市林草局代表参加了启动仪式。

8月25日 省林草局公布云南省第一批省级"森林乡村"名单，全省16个市（州）共1081个社区居委会（村委会）获此称号。

8月26~28日 省林草局在玉溪市澄江市组织举办云南省世界自然遗产地管理人员业务培训班，涉及云南省世界自然遗产的8个市（州）、14个县（市）负责世界自然遗产工作的负责人、工作人员及遗产管理机构工作人员共60人参加了培训。

9月1~5日 全国政协民族宗教委员会主任王伟光率调研组赴云南省开展"草原生态环境保护"专题调研。全国政协民宗委副主任、云南省政协原主席罗正富，全国政协民宗委驻会副主任杨小波参加调研，省林草局副局长王卫斌陪同调研。

9月10日 香格里拉普达措国家公园体制试点评估验收座谈会在昆明召开。国家林草局启动对香格里拉普达措国家公园体制试点评估验收。副省长王显刚出席会议并讲话。省林草局党组书记、局长任治忠汇报云南省国家公园体制试点工作情况。国家公园管理局公园办副主任杨冬、国家公园体制试点第三评估验收组组长欧阳志云分别对评估验收提出要求，作出具体安排。省政府副秘书长马文亮主持会议。省国家公园体制试点工作领导小组成员单位有关负责人参加会议。

9月14日 云南省保护野生植物联席会议第一次会议召开。省林草局党组成员、副局长王卫斌主持会议并讲话。会议分别通报了《云南省保护野生植物联席会议制度》《云南省打击整治破坏野生植物资源专项行动方案》，听取各成员单位意见建议。

11月13日 建设完成"亚太森林组织青年学者交流中心"，有效地支持、协调和管理以亚太地区青年林业学者为对象的访问学者工作站，促进亚太各经济体青年学者间的林业科技合作与交流。

11月17日 省林草局出台《云南林草巩固脱贫攻坚成果十项措施》，对资金支持、生态护林员队伍建设、生态产业发展等方面提出指导性意见，旨在进一步巩固脱贫成果、防止返贫，打赢脱贫攻坚战。

11月25~27日 省林草局在昆明举办2020年全省林草执法业务工作培训班，旨在科学谋划"十四五"发展，进一步加强全省林草系统宣传队伍建设，提高行政执法人员业务水平和执法能力，促进行政执法制度化、

西藏自治区林草业

【概　述】　2020年，西藏林草系统坚持以习近平新时代中国特色社会主义思想为指导，深入贯彻落实习近平生态文明思想，围绕生态林业和民生林业两条主线，严格保护和修复森林、草原、湿地、荒漠生态系统和维护生物多样性，大力推进重点生态保护和修复工程建设，积极发展林草产业，深化体制机制改革，推进生态文明和美丽西藏建设，筑牢国家重要的生态安全屏障。"十三五"时期共到位林草生态保护与建设资金202.30亿元（其中2020年为43.11亿元），是"十二五"时期96.75亿元的2.09倍，为西藏林草改革发展提供了资金保障。重点实施了森林草原防火及有害生物防治、防护林、防沙治沙、重要湿地保护与恢复、退牧还草、新一轮退耕还林还草、自然保护区建设等十大重点工程；提高了公益林和天保工程管护标准，扩大了公益林管护面积86.67万公顷，建立了天然林停伐补助机制；落实了森林、草原、湿地、沙化土地等重大生态保护修复政策，对西藏林草资源保护发挥了重要作用。

【林草资源】

森林资源　全国第九次森林资源连续清查结果显示，西藏林地面积1798.19万公顷，森林面积为1491万公顷，森林蓄积量22.83亿立方米，森林覆盖率12.14%。森林资源总量居我国前列，森林面积居全国第5位，活立木蓄积量、人均森林面积、人均森林蓄积量、人均天然林蓄积量和乔木林单位面积蓄积量5项指标居全国第一。

草原资源　西藏自治区第二次全国国土调查结果显示，西藏天然草原面积8893.33万公顷，可利用草原面积7526.67万公顷，累计完成草原承包面积6826.67万公顷，截至2020年底，全区草原植被综合盖度为47.14%。

野生动物资源　根据西藏自治区第二次陆生野生动物资源调查结果，西藏自治区有陆生脊椎动物1072种，其中：哺乳动物197种，鸟类700种，爬行动物107种，两栖动物68种。被列为国家重点保护的野生动物有147种，其中：国家一级重点保护野生动物59种，国家二级重点保护野生动物88种；自治区重点保护野生动物16种。"三有"动物352种，被列入《濒危野生动植物种国际贸易公约》（CITES）附录的动物种达140余种。截至2020年底，西藏野生动物二调团队在全国第二次陆生野生动物资源调查期间，已正式发表新物种5个（白颊猕猴、陈塘湍蛙、喜山原矛头蝮、察隅湍蛙、林芝湍蛙）、中国新记录物种5个（东歌林莺、简氏红鞭蛇、棕额啄木鸟、戴帽叶猴、波普拟髭蟾）、西藏自治区新记录物种23种（北极鸥、灰喉山椒鸟、长尾阔嘴鸟、豆雁、灰头麦鸡、水鹿、黑腹滨鹬、绿鹭、家八哥、林八哥、白领凤鹛、小鸦、黑颈鸬鹚、鸦嘴卷尾、红脚隼、白鹭、噪鹃、印度寿带、靴隼雕、马来熊、坎氏锦蛇、白链蛇、王锦蛇）。

野生植物资源　全区共有植物9600余种，其中：维管束植物7489多种，苔藓植物700多种；有国家重点保护的珍稀植物38种，自治区重点保护植物40种，另有214种珍稀濒危野生植物被列入《濒危野生动植物种国际贸易公约》附录内。

湿地资源　西藏湿地面积大、分布广，是世界上特殊的高原湿地分布区，素有"中华水塔"和"亚洲水塔"之美誉，是中国水资源安全战略基地和水能资源接续基地，著名的雅鲁藏布江、怒江、澜沧江、长江都发源或流经西藏。全国湿地资源第二次调查结果显示，西藏有各类湿地总面积为652.90万公顷，占全区国土面积的5.3%，占全国湿地面积的12.18%，居全国第2位；共有河流湿地、湖泊湿地、沼泽湿地和人工湿地等4类17型，是我国湿地类型齐全、数量最为丰富的省份之一。

荒漠资源　根据全区第五次荒漠化与沙化监测结果，全区荒漠化土地面积4325.62万公顷，主要分布在阿里地区、那曲市和日喀则市；各类沙化土地面积2158.36万公顷，主要分布在日喀则市、那曲和阿里地区。

【国土绿化】　全区国土绿化行动，采取"先上水、后绿化"的思路，坚持"一手抓疫情，一手抓建设"，突出重点、集中治理，以拉萨、山南、日喀则3市的国、省道

南迦巴瓦峰下的原始森林景观（西藏林规院　供图）

和机场高速沿线及沿江一线为重点,开展集中连片规模化造林,统筹安排部署,着力推进全区国土绿化工作,完成营造林9.70万公顷,其中,人工造林3.85万公顷、封山育林和防沙治沙4.40万公顷、飞播造林1.45万公顷。实施退牧还草工程开展退化草原生态修复治理45万公顷。新建国家沙化土地封禁保护区1处,封禁面积达0.8万公顷。

位于那曲市尼玛县的当惹雍错国家湿地公园(宗嘎供图)

【林草资源监管】 开展林草资源监管服务分级巡查,冬虫夏草采集管理实现"零事件、零事故"。珠穆朗玛峰、羌塘和三江源国家公园(西藏片区)"两公园一挂牌"取得实质性突破,自然保护地整合优化成果上报国家林草局后通过自然资源部、生态环境部、国家林草局联合会审,并根据自然资源部、国家林草局相关补偿通知修改完善。积极推进色林错网围栏、珠峰垃圾等重点问题整改工作,认真开展"绿盾2020"专项行动。拉萨那孜、山南哲古和那曲凯玛3处草原入选全国首批国家草原自然公园试点建设。扎日南木错成功申报国际重要湿地。《西藏自治区天然林保护修复制度实施意见》《西藏自治区关于建立以国家公园为主体的自然保护地体系的实施意见》经自治区党委办公厅、政府办公厅联合印发执行,天然林保护修复和自然保护地体系建设等重要制度加快落地生根,为西藏生态文明建设提供重要支撑。

【维护生物多样性】 完成珠峰保护区保护管理长效机制改革,组建19支156人的专业管护队伍。实施察隅慈巴沟和珠峰保护区工程2个投资5848万元,羌塘国家级自然保护区专业管理站能力提升项目资金770万元,落实中央财政资金国家级自然保护区补助资金项目10个投资6482万元,完成全区自然保护地整合优化预案编制并上报国家封库,积极推进羌塘、珠峰和三江源(西藏片区)申建国家公园工作。全区80%以上的珍稀濒危野生动植物物种和典型生态系统得到有效保护。申建国家湿地公园试点8处、国际重要湿地2处。建立湿地类型自然保护区15处、国家湿地公园22处(含试点),4处湿地列入国际重要湿地名录。全区在各级各类保护地内湿地面积达448.87万公顷,占全区湿地面积的68.75%。落实资金50 636万元实施各类湿地保护与恢复、湿地保护补助等工程项目85项,60多万公顷湿地得到了管护,10多万公顷湿地得到保护恢复。

羌塘国家级自然保护区

【疫情灾害防控】 贯彻落实全国人大等有关部门关于全面禁止非法野生动物交易、革除滥食野生动物陋习、切实保障人民群众生命健康安全的决定和意见精神,积极引导公众自觉摒弃、抵制滥食野生动物等陋习,全面完成以食用为目的的在养陆生野生动物处置工作,联合森林公安出动执法13 300余人次,排查餐饮酒店10 607家(次),排查农贸市场3274个(次),非法加工、经营野生动物制品场所201处,野生动物驯养繁育场所156次,野生动物活动区域3685处,巡查栖息繁衍地、迁徙停歇地、迁徙通道等1750次。有效处置日喀则市聂拉木、吉隆等地沙漠蝗和阿里地区噶尔、日土等地西藏飞蝗灾害,统筹抓好候鸟禽流感、野猪非洲猪瘟、藏羚羊传染性胸膜肺炎等野生动物疫源疫病监测防控工作。开展植物检疫执法专项行动,检疫苗圃207家,苗木441余万株、花卉228批次,检查涉苗企业336家,开展矮槲寄生等病虫害专项防治2100公顷。投入资金563.36万元,开展了20个县林业有害生物普查工作。林芝市"4·14"森林火灾发生后,抽调专人连夜将2049件防火救援物资运往林芝市,并协调各地(市)调拨油锯224把,用于火场救援工作。

【林草精准扶贫】 努力增加农牧民收入,印发了《关于营造林工程优先使用扶贫苗圃和农牧民群众苗圃苗木的通知》和《关于转发〈在防疫条件下积极有序推进春季造林绿化工作的通知〉通知》等,大力推广乡土树种和良种壮苗,指导各地将政府投资400万元以下的项目交由农牧民施工队、专业合作组织实施,组织动员当地农牧民群众特别是建档立卡贫困人口、低收入人口和边缘贫困人口更多地承担造林绿化任务。通过落实森林生态效益补偿、湿地生态补偿试点、天然林资源保护等林草生态补偿政策,组织农牧民参与防护林、防沙治沙、湿地生态保护与恢复、退耕还林还草等林草工程项目建设,带动农牧民增收约20亿元。按照自治区党委政府的工作部署,充分发挥自治区极高海拔生态搬迁工作领导小组办公室协调各方的作用,统筹资源,加快推进森布日安置点各县建设任务,为搬迁群众"搬得出、稳得住、能致富"奠定良好基础。

【生态文化建设】 结合"世界湿地日""世界森林日""植树节""世界野生动植物日""世界防治荒漠化和干旱

日""扶贫工作宣传日""法治宣传日"等，开展宣传活动8次。首次引入无人机，协助中央电视台完成《我们与藏羚羊》大型科考纪录片，全面展现西藏羌塘国家级自然保护区建立20多年来取得的成果；对进入羌塘、色林错和珠峰保护区手机用户进行短信提醒和警示，累计发放短信1000余万条。通过西藏林业信息网发布信息1280余条，图片800余幅，点击量达30万次。通过微信公众平台发布相关新闻200余条，点击量达10万人次。各大媒体播出和刊登西藏林业新闻3000余条。

【林草高质量发展】 创新营造林建设模式，实施营造林工程先造后补，印发了《西藏自治区营造林先造后补实施办法（试行）》，引导各方面社会力量和资金投入国土绿化，提升营造林质量，加快国土绿化步伐，在拉萨、山南、日喀则推行先造后补6000余公顷；开展飞播造林试验，首次启动飞播造林试验野外播种工作，在拉萨市和山南市共完成飞播造林试验1.45万公顷。积极开展引种试种，推动白刺果引种育苗、"中科羊草"引种试验和造林试验工作，逐步加大白刺果造林、防沙治沙等应用，有力助推全区经济发展和脱贫增收。试验推广"江水上山"水能提灌技术，组织开展的"江水上山"水能提灌技术智能化试验取得进一步突破，在重点区域生态公益林建设、防沙治沙、退化沙化草原生态修复等工程区域，大力推广"江水上山"技术，带动营造林、防沙治沙、草原修复工程建设，努力降低林草工程建设成本。创新林草资源管理模式，为探索建立林长制，深入研究《关于全面推行林长制的意见（征求意见稿）》，在全国林长制改革示范区开展调研，策划推进西藏林（草）长制建立。组织开展砂生槐资源本底调查。全区在湿地资源保护情况全面自查的基础上开展了湿地保护情况调研，积极开展麦地卡、玛旁雍错体制机制改革试点方案和自治区湿地生态效益补偿试点方案等的编制工作。

【党建工作】 持续深化理论武装，始终把学懂弄通做实习近平新时代中国特色社会主义思想和党的十九大精神以及中央第七次西藏工作座谈会精神作为首要政治任务。全年党组理论学习中心组共学习18次、专题研讨12次、交流发言40人次，邀请区党委讲师团专题辅导5次，党员干部撰写心得体会500余篇，制作宣传展板20块、发放党建读物1000余册、发布学习信息350余条。按照区党委总体部署，结合区直工委2019年度党建工作述职评议考核发现问题进行整改要求和整顿软弱涣散基层党组织问题，局党组召开7次党组会、1次专题会研究部署党建工作。高度重视意识形态管理，把意识形态管理融入党员干部思想、工作、生活、作风和纪律等，列入党支部"三会一课"、组织生活会、民主评议党员、谈心谈话等方面，全力维护林草系统意识形态安全。全年召开意识形态工作党组专题会议和党建工作部署会各1次，党组理论学习中心组专题研讨1次、传达学习相关文件精神2次。

【大事记】
3月26日 自治区林草局、发展和改革委员会、财政厅、自然资源厅印发《西藏自治区营造林先造后补实施办法（试行）》。

4月16日 自治区人民政府办公厅印发《关于全面禁止非法野生动物交易、革除滥食野生动物陋习、切实保障人民群众生命健康安全的通知》。

4~5月 组织开展的"江水上山"水能提灌技术智能化试验示范推广取得进一步突破，在重点区域生态公益林建设、防沙治沙、退化沙化草原生态修复等工程区域，大力推广"江水上山"技术，带动营造林、防沙治沙、草原修复工程建设，努力降低林草工程建设成本。

6月9日 西藏首次开展飞播造林试验，对西藏自治区拉萨市城关区、达孜区、柳梧新区和山南市贡嘎县、扎囊县2市5县（区）11个乡镇9个播区，飞播作用面积1.45万公顷，宜播面积率93.01%。此次播种成果将对加快西藏自治区国土绿化进程，具有非常重要的意义。

10月14日 西藏第二次陆生野生动物资源调查成果顺利通过评审，并获得权威专家高度评价。

11月24日 中共西藏自治区委员会办公厅、西藏自治区人民政府办公厅印发《西藏自治区关于建立以国家公园为主体的自然保护地体系的实施意见》。

11月26日 中共西藏自治区委员会办公厅、西藏自治区人民政府办公厅印发《西藏自治区天然林保护修复制度实施意见》。

（西藏自治区林草业由仁增朗加供稿）

陕西省林业

【概　述】 2020年，陕西林业始终坚守"国之大者"，践行习近平总书记到陕考察重要讲话精神，贯彻陕西省委、省政府部署，落实国家林草局要求，团结一心、攻坚克难、奋力奔跑，谱写追赶超越新篇章，圆满收官"十三五"，为启航"十四五"打下坚实基础。

【国土绿化】 实施退耕还林还草、天然林保护、重点防护林建设、京津风沙源治理等生态空间治理工程，完成营造林48.96万公顷。加快推动关中森林城市群建设，推进"国家森林乡村"创建工作，创建省级森林城市9个，完成"三化一片林"绿色家园建设项目任务150个行政村。联合陕西省发改委、财政厅等七部门印发《关于实施沿黄防护林提质增效和高质量发展工程的意见》，加快提升沿黄防护林质量，着力构筑沿黄森林生态廊道。落实国家开发银行政策性贷款3.8亿元，国家储备林基地建设启动实施。全民义务植树线上线下"两翼"协同发展，参加义务植树活动1310万人次，义务植树8010万株；通过"互联网+全民义务植树"，网络尽责7.9万余人次，募集资金166万元。

【生态富民】 落实生态脱贫各项举措，倾斜安排贫困地区各类林业投资30.23亿元，惠及贫困人口58.25万户、194.25万人，户均增收1256元；下达退耕还林补助资金8.29亿元，惠及贫困人口32.19万人，户均增收1376元；完成2020年生态护林员续聘工作，兑现3.12亿元生态护林员劳务补助，生态脱贫成绩进一步提高。新建核桃、红枣、花椒等经济林2.73万公顷、提升改造8.67万公顷，新增森林体验和森林康养基地4处，林业产业总产值1463亿元。落实生态效益补偿资金10.11亿元。认定省级林业龙头企业23个、林下经济示范基地30个、苗木花卉示范园26个，创建中国特色农产品优势区1个、国家级林业专业示范合作社4个、省级苗木花卉示范县4个。

【资源保护】 依法依规审核审批建设项目使用林(草)地929宗，做好陕西省森林资源管理"一张图"年度更新发布工作。珍稀野生动物繁育成绩喜人，人工繁育大熊猫4只，秦岭北麓成功放飞朱鹮20只，秦岭红豆杉迁地保护顺利推进。组织各地开展火源隐患排查和森林草原防火专项督导检查，未发生重大、特大森林草原火灾和扑火人员伤亡。重大林业有害生物防控成效显著，成灾率3.2‰。松材线虫病1个疫区和14个疫点年内无疫情，美国白蛾虫口数量大幅下降。完成林产品质量和土壤安全监测任务，涉林食品安全考核获A级等次。严厉打击整治破坏秦岭野生动物资源行为，破获涉及野生动物违法犯罪案件26起，织密野生动物保护网络。认真贯彻落实全国人大《关于全面禁止非法野生动物交易、革除滥食野生动物陋习、切实保障人民群众生命健康安全的决定》，全面完成禁食野生动物退出处置工作。

【保护地建设】 国家公园建立取得突破性进展，大熊猫国家公园陕西秦岭区体制试点和机构组建进展顺利，已接受国家林草局验收和实地核查，秦岭国家公园前期工作加快推进，编制《秦岭国家公园设立方案》，秦岭国家公园建设进入实质推进阶段。完成《陕西省自然保护地整合优化预案》，陕西省各类自然保护地270处，其中212处整合优化为202处、约183.1万公顷，增加了22.4万公顷，新建省级地质公园2处、省级森林公园1处，初步形成了体系更加健全完善、保护更为科学完整的省级预案阶段性成果。全面启动省级重要湿地认定工作，推进国家湿地公园试点验收工作，3个试点国家湿地公园通过验收，正式挂牌。

【生态修复】 制订实施《关于贯彻落实〈天然林保护修复制度方案〉的实施意见》，天然林保护修复体系日渐完善。完成封山育林8.27万公顷，退化林修复7.07万公顷，森林抚育24.4万公顷。修订《陕西省草原资源与生态监测实施方案》，开展草原资源与生态监测，启动草原修复试点，完成种草改良1.33万公顷。制订实施《秦岭湿地保护恢复示范建设项目实施方案》，完成省级重要湿地调查认定。

【生态服务】 制订实施《省级森林旅游示范市县申报命名管理办法》，商洛市、宜君县等7个市(县)成为首批省级森林旅游示范市(县)。创建国家森林康养基地4处、森林养生基地2处。新建自然体验基地7处、国家森林公园生态科普馆9处，接待中小学生6000余人次。第四届中国绿化博览会"陕西园"获"金奖"和"最具文化特色奖"。

【支持保障机制】 制订《行政执法改革方案》，《陕西省实施〈中华人民共和国野生动物保护法〉办法》《陕西省天然林保护条例》等法律法规已经省委、省人大常委会确定为立法项目，实施《陕西省林业有害生物防治检疫条例》，填补了生物安全地方立法空白。制订实施《陕西省生态空间治理十大创新行动》，启动课题研究46项，《林木品种审定规范》等9项地方标准获立项批复，"西农无刺花椒"等5个品种被审(认)定为林木良种。开展林业科技推广示范项目19项，新建科技示范县10个、示范点229个，示范推广7.71万公顷，生态空间治理科技服务能力进一步增强。与省社科联、西北农林科大、中国铁塔公司陕西分公司加强科技合作，与凤凰网联合推出《生态空间治理大家谈》。举办"祖脉秦岭·和美朱鹮""陕西本土植物科普一分钟""新生秦岭大熊猫宝宝云庆生"等活动引起广泛关注，新闻发布工作被评为"好"。《陕西省秦岭生态空间治理十大行动》《陕西省黄河流域生态空间治理十大行动》《陕西省生态空间治理十大创新行动》和正在编制的《陕西省长江流域生态空间治理十大行动》，四个"十大行动"，标志陕西省生态空间治理机制基本形成。

【生态文化】 举办首届"祖脉秦岭·和美朱鹮"朱鹮文化宣传活动，发布的《朱鹮保护成就》备受社会各界关注。首次在秦岭北麓举办朱鹮野化放飞活动，举办"爱鸟周""世界野生动植物日"等纪念日活动，营造浓厚生态文化氛围，野生动植物保护观念不断深入人心。6个陕西生态卫士教育培训基地授牌。推动"秦岭讲坛""处站长上讲台"等活动常态化、长效化运行。组织"2019年陕西林业十大亮点工作"和"最美生态卫士"评选活动。全年16处生态文明教育基地接待人数140万余人次。与凤凰网陕西频道合作推出《生态空间治理大家谈》栏目，局网站、微信、微博全年发布信息2300余条，阅读量超120万人次，陕西林业工作影响力持续扩大。

【从严治党】 认真学习贯彻习近平总书记到陕考察重要讲话精神，组织赵正永严重违纪违法案以案促改专题民主生活会。重新修订《中共陕西省林业局党组工作规则》，进一步明确局领导班子、党组书记和班子成员的全面从严治党责任。坚持党组示范引领，提升党建工作质量，涌现4个党支部党建工作示范点，16个党支部被评为"五星级党支部"。持续加强干部队伍建设，完善专项教育培训、干部选拔培养等机制，进一步提升生态绿军凝聚力、战斗力。

【陕西省黄河流域生态空间治理十大行动】 2020年6月18日《陕西省黄河流域生态空间治理十大行动》公开发布：总体布局是"三屏三区一廊一带"，即毛乌素沙地生态防护屏障、黄龙山桥山生态保护屏障、秦岭北坡生态安全屏障，黄土丘陵沟壑生态修复区、白于山生态治理区、关中北山生态重建区，渭河谷地园林景观绿廊和陕西黄河沿线生态重建带。立足"森林、湿地、草原、荒地荒漠、自然景观"五大阵地，围绕"生态保护、生态恢复、生态重建、生态富民、生态服务、生态安全"六条战线，以生态空间山清水秀为总目标，以生态系统提质增效为抓手，坚持"宜林则林、宜灌则灌、宜草则草"，持续实施退耕还林还草、三北防护林、天然林保护、京津风沙源治理、湿地保护恢复等生态空间治理工程，加快推进黄河流域生态空间治理体系和治理能力现代化。陕西省黄河流域生态空间治理十大行动分别是：自然保护地体系建设行动，自然生态资源保护行动，生物多样性保护行动，生态空间提质增效行动，生态空间增绿行动，生态产业富民行动，生态服务体系建设行动，生态安全体系建设行动，生态空间治理科技创新行动，支撑保障体系行动。

【沿黄防护林提质增效和高质量发展工程】 2020年7月31日，陕西省林业局、陕西省发展和改革委员会、陕西省财政厅、陕西省自然资源厅、陕西省生态环境厅、陕西省水利厅、陕西省农业农村厅共同制定印发了《关于实施沿黄防护林提质增效和高质量发展工程的意见》。加快提升沿黄防护林质量，着力构筑沿黄森林生态廊道。

以建设连续完整、结构稳定、功能完备的沿黄防护林体系为目标，以增加黄河干流西岸及其主要支流两岸林草植被盖度、提升森林质量为主攻方向，以机制创新和科技创新为动力，全面提升沿黄防护林防风固沙、保持水土、涵养水源能力，显著改善沿黄防护林森林景观和生态功能，着力推进陕西省黄河流域生态保护和高质量发展。

实施沿黄防护林提质增效和高质量发展工程，是构筑陕西省黄河流域重要生态屏障的重大举措，是建设黄河流域高质量防护林体系的根本要求，是巩固脱贫成果、促进乡村振兴的有力抓手，也是促进区域经济高质量发展的重要保障。

提出六大建设任务，一是沿线裸露坡面植被恢复工程，二是沿线堤岸防护林恢复提升工程，三是沿线退化防护林修复工程，四是沿线村镇森林乡村防护林建设工程，五是沿线低效经济防护林提升改造工程，六是沿线道路防护林绿化美化工程。

【生态空间治理十大创新行动】 2020年9月16日，以推动陕西省生态空间山清水秀为目标，解决生态空间治理领域突出问题，着力提升生态空间综合治理、源头治理和依法治理能力，为建设美丽中国贡献陕西力量，为建设美丽陕西提供科学指南，陕西省林业局发布了《陕西省生态空间治理十大创新行动》，详尽规定了陕西生态空间治理的范围和目标，科学指导陕西生态空间治理工作。十大创新行动包括：生态空间理论创新行动，生态保护创新行动，生态修复创新行动，生态重建创新行动，生态富民创新行动，生态服务创新行动，生态安全创新行动，生态空间法治行动，生态空间治理能力建设行动，生态空间治理战略行动。

【大事记】
1月9日 《延安市退耕还林成果保护条例》颁布，自2020年4月1日起施行。

1月12~13日 陕西省三北防护林提质增效暨退化林分修复培训会在咸阳市礼泉县举办。

1月22日 陕西省林业局下发《关于加强竹鼠和獾等野生动物人工繁育场所进行封控隔离的紧急通知》。

2月2日 陕西省森工医院援鄂医疗队首批3名队员随陕西省援鄂医疗队驰援武汉。

2月27日 陕西省春季森林草原防灭火工作电视电话会议在西安召开。

3月5日 陕西省林业局印发《关于做好森林质量提升工作的指导意见》。

3月25日 《陕西省实施〈中华人民共和国种子法〉办法》颁布，自2020年5月1日起施行。

4月1日 "秦岭林区2020年森林火灾扑救演练"活动在宁陕县皇冠镇皇冠林场举办。

4月20日 习近平总书记到陕西牛背梁国家级自然保护区考察调研，了解秦岭生态环境保护情况，并对做好秦岭生态保护做出重要指示。

4月21日 习近平总书记在陕西省安康市平利县老县镇蒋家坪村考察苏陕扶贫协作项目——依托退耕还林建成的女娲凤凰茶业现代示范园区。

4月21日 陕西省森工医院援鄂医疗队11名队员圆满完成任务返回陕西。

4月27日 陕西省委书记胡和平在洋县华阳镇朱鹮野化放飞种源基地、长青自然保护区调研。

5月20日 陕西省苗木繁育中心国家"互联网+全民义务植树"基地揭牌仪式在宝鸡市眉县举行。

6月18日 《陕西省黄河流域生态空间治理十大行动》公开发布。

6月22日 陕西"祖脉秦岭·和美朱鹮"首届朱鹮文化宣传活动在陕西省美术馆开幕。

7月30日 陕西省全省范围内启动打击整治破坏野生植物资源专项行动。

7月31日 陕西省林业局等7个部门联合制定印发《关于实施沿黄防护林提质增效和高质量发展工程的意见》。

7月31日 陕西省林业标准化技术委员会成立大会暨第一次委员会议在西安举行。

9月7日 陕西省宝鸡市凤县留凤关林场榆林铺管护站护林员张彦明被授予全国"最美护林员"称号。

9月18日 陕西省沿黄防护林提质增效和高质量发展工程启动会在西安召开。

9月26日 陕西秦岭北麓朱鹮放飞活动在秦岭国家植物园举行，放飞朱鹮20只。

9月29日 《陕西省林业有害生物防治检疫条例》颁布，自2020年12月1日起施行。

9月30日 陕西省林业局发布《陕西省生态空间治

理十大创新行动》，并与陕西省社科联签署《陕西生态空间治理研究战略协议》。

10月22~26日 陕西省林业局在第27届中国杨凌农业高新科技成果博览会上，荣获农高会组委会颁发的"优秀组织奖""优秀展示奖"。

10月23日 陕西省森工医院援鄂抗疫事迹入选国家林草局践行习近平生态文明思想案例。

10月28日 陕西省国家储备林基地建设项目在延长县启动实施。

11月4~7日 陕西省林业局"首届生态卫士职业技能比赛"在周至县楼观台举办。

11月11日 陕西召开2020年秋冬季全省森林草原防火暨生态安全工作电视电话会议。

11月16日 陕西省林业局公布"首届最美生态卫士"50名，"首届最美生态卫士班组"20个。

11月23日 陕西省人民政府与国家林草局签订了《2020年度退耕还林责任书》。

11月30日 陕西省人大常委会召开《陕西省林业有害生物防治检疫条例》新闻发布会，于2020年12月1日起正式实施。

12月7日 陕西省全面完成禁食野生动物处置补偿工作，处置禁食野生动物262 940只（头、条），处置率100%。兑付补偿资金16 287.68万元，兑付率100%。

12月21~22日 陕西省退耕还林还草工作会议在延安召开。

12月24日 陕西牛背梁国家级自然保护区广货街保护站站长解振锋入选第二届"扎根基层工作 献身林草事业"林草学科优秀毕业生名单。

（陕西省林业由郭霆供稿）

甘肃省林草业

【概　述】 2020年，面对新冠肺炎疫情，按照中央和省委、省政府部署要求，甘肃省各级林业和草原部门统筹疫情防控和林草事业发展，认真践行习近平总书记对甘肃重要讲话和指示精神，认真履行全省森林、草原、湿地、荒漠生态系统保护修复和野生动植物保护职责，加快推进大规模国土绿化和自然保护地体系建设，全面完成"十三五"收官任务，积极构筑国家西部重要的生态安全屏障，各项工作取得新进展新突破、新成效。

大规模国土绿化 贯彻省委、省政府《关于加快推进大规模国土绿化的实施意见》精神，依托天然林保护、三北防护林建设、新一轮退耕还林还草等重点生态工程，坚持因地制宜，科学规划，生态工程造林、社会造林和义务植树相结合，突出抓好城乡绿化、铁路、公路及河湖库区、旅游景区等造林绿化，组织动员全社会力量推进大规模国土绿化行动。全年争取落实各类林草项目资金93.19亿元，较2019年净增24.91亿元，完成造林面积34.19万公顷，占年度目标任务的146.55%；参与义务植树人数1279.09万人次，义务植树8698.23万株，新建义务植树基地929个，平凉、金昌、武威、白银、嘉峪关、酒泉等市率先在全省开通市、县两级"全民义务植树网"；完成退化草原生态修复治理和生态种草24.26万公顷；新增沙化土地治理面积15.34万公顷。2020年底，全省森林覆盖率11.33%，村庄绿化覆盖率16.31%，草原植被盖度53.02%，国土绿化成效逐年凸显，绿色空间不断扩大。

林草资源保护 推进森林督查发现问题整改和森林资源管理"一张图"年度更新，通过发函督办、重点约谈等方式对违规占用林地面积较大的县区进行督促整改，全年办结各类涉林资源案件1390件，办结率94%。报请国家林草局审核、省政府批复"十四五"期间年森林采伐限额。实施中央财政森林抚育项目，落实森林生态效益补偿823.54万公顷、草原禁牧补助666.67万公顷、草畜平衡奖励940万公顷。制订出台《甘肃省省级重要湿地保护管理办法》等文件，组织开展泥炭沼泽碳库调查。贯彻全国人大常委会和省人大常委会禁食野生动物的有关决定精神，局党组提出"四个管好、四个严禁"的野生动物管控措施，督促指导各地按期完成野生动物后续处置，妥善处理养殖户信访诉求，引导养殖户有序转产转业。做好林区禁种铲毒，开展扫黑除恶，推进平安林区、无毒林区建设。

保护地体系建设 贯彻落实中办、国办《关于建立以国家公园为主体的自然保护地体系的指导意见》，甘肃省林草局起草并报请省委办公厅、省政府办公厅印发实施《甘肃省关于建立以国家公园为主体的自然保护地体系的实施意见》。大熊猫、祁连山两个国家公园体制试点83项任务全面完成，通过评估验收。新组建大熊猫祁连山国家公园甘肃省管理局裕河分局，依托祁连山、盐池湾、白水江3个森林公安分局组建3个综合执法局。开展若尔盖国家公园建设前期工作。根据自然资源部、国家林草局《关于做好自然保护区范围及功能分区优化调整有关工作的函》要求，开展自然保护地整合优化预案编制工作，预案经省政府常务会议审议并上报国家审定。对中央第二轮环保督察反馈问题，制订整改方案，安排局领导分片包抓，跟踪抓好整改。累计完成自然保护区"绿盾"专项行动发现问题整改1824项，整改完成率98.86%。

林草改革发展 巩固和拓展国有林场改革成果，252个国有林场全部定性为公益性事业单位，国有林场办社会职能彻底分离，4500多名富余职工得到妥善安置，社会保障实现全覆盖。制订出台《甘肃省国有林场管理办法（试行）》和《甘肃省国有林场中长期发展规划（2019~2035年）》等文件，全省国有林场长远发展制度体系基本形成。累计争取实施国有林场林区道路建设2038.48千米，补助资金12.74亿元。推进林权流转和林权抵押贷款，加快培育林业合作社、家庭林场、林业龙头企业和专业大户等新型经营主体，不断完善集体林权制度。累计办理林权抵押贷款 99.6 亿元，组建林业合作社 3785 个，认定登记家庭林场 1276 家，11 家林业企业被评定为国家林业重点龙头企业，林下经济年产值超过 70 亿元。栽植经济林果 150 万公顷，培育苗木 4.35 万公顷，种植花卉 1.6 万公顷。持续推进生态护林员、退耕还林还草、林果产业、生态效益补偿、帮扶力量精准到户和林草项目资金精准倾斜的"五个精准到户、一个精准倾斜"林草扶贫举措，全年兑现 6 类助力脱贫攻坚的林草项目资金 32.24 亿元，其中生态护林员项目资金 52 829 万元，选聘生态护林员 66 339 人，精准带动 29.21 万建档立卡贫困人口脱贫。

服务能力建设 贯彻落实"六稳""六保"要求，建立疫情期间错峰上下班制度，常态化开展局机关公共场所消毒、进出人员测体温等工作，有效降低新冠肺炎疫情影响。面对陇东南百年不遇的暴洪泥石流灾害，积极组织受灾市县和白水江保护局全力应对灾情，编制灾后恢复重建规划，将灾害损失降到最低。加强森林草原火灾和有害生物防治工作，全年未发生重大森林草原火灾和行业安全生产事故，未发现松材线虫病和草原鼠虫害扩大蔓延现象。林草办公自动化系统正式上线运行。办结省委、省政府督办件 190 件，人大建议 34 件，政协提案 46 件，群众信访件 194 件。在"政务公开"工作考评中，甘肃省林草局位列省直部门第一；政务信息工作受到省政府办公厅表彰；机要保密工作被评为甘肃省先进。深化"放管服"改革，在省直部门率先印发《全省林草系统 29 项"最多跑一次"事项目录》，率先实施第一批"证明事项告知承诺制"，全年办理林草行政许可事项 728 件，派驻省政府政务大厅办事窗口被评为"优秀服务窗口"。弘扬八步沙林场"六老汉"三代人治沙造林精神，宣传林业和草原"十三五"改革发展成效，讲好甘肃林草故事。

【森林城市和森林乡村创建】 贯彻落实习近平总书记关于开展森林城市建设搞好城市内绿化等重要指示和甘肃省委、省政府《关于加快推进大规模国土绿化的实施意见》精神，先后修订完善《甘肃省省级森林城市森林小镇创建和评定管理办法（试行）》《甘肃省省级森林城市评定指标（试行）》和《甘肃省省级森林小镇评定指标（试行）》，开展森林城市和森林小镇创建工作。2020 年，平凉市成功创建为省级森林城市并申报创建国家森林城市；庆阳、陇南、武威、天水 4 市及康县、两当、麦积、清水、秦州 5 县（区）申报创建省级森林城市；宁县盘克镇等 19 个乡镇已成功创建省级森林小镇，秦州区娘娘坝镇等 15 个乡镇申报创建省级森林小镇，皋兰县什川镇上车村等 159 个村被国家林草局评定为"国家森林乡村"，全省村庄绿化覆盖率达到 16.31%。

【森林资源管理】 依法保护管理林地，不断规范林地审批程序，严格执行建设项目使用林地审核审批制度和限时办结制度，做好林地审核审批，保障各类建设项目依法依规使用林地。推进 2020 年森林督查暨森林资源管理"一张图"年度更新，全省违法违规项目数、面积较上年下降 77%，违法违规采伐蓄积量下降 82%。推进森林督查发现问题整改，对违法违规使用林地问题严重的 5 个县（区）进行通报，并约谈相关负责人。编制"十四五"期间年森林采伐限额建议指标 81.1 万立方米，报国家林草局审核同意后，由省政府印发执行。组织实施中央财政森林抚育项目 13.09 万公顷，补助资金 22 342 万元。全面推行林长制工作，起草了《关于全面推行林长制的实施意见》以及相关配套制度，待省委省政府审定后印发实施。稳步推进森林保险，全省森林保险面积增加到 54.81 万公顷，全年 13 家局直属单位 51 起森林灾害通过定损获赔近 2000 万元。会同有关部门制订《甘肃省林草行政执法与刑事司法衔接工作办法》，建立林草行政执法与刑事司法的有效衔接机制，有效保护森林资源。

【湿地保护修复】 以甘肃省林草局文件印发《2020 年湿地保护管理工作要点》，对 2020 年湿地保护与管理工作进行全面安排。组织落实《甘肃省湿地保护修复制度实施方案》，编制印发 12 个技术规范、标准或办法。按照国家林草局《全国湿地保护"十四五"实施规划》编制要求，筛选上报甘肃省"十四五"重点建设项目。制订印发《关于开展湿地生态监测工作的通知》，对 13 处湿地类型保护区和 13 处湿地公园开展生态监测。根据国家林草局湿地司《关于开展 2020 年泥炭沼泽碳库调查的通知》，制订《甘肃省泥炭沼泽碳库调查工作方案》和《甘肃省泥炭沼泽碳库调查实施细则》，并上报国家林草局。截至 2020 年底，已完成黄河上游、河西走廊、祁连山、敦煌片区、兰州白银片区的泥炭沼泽炭库调查，调查定点共计 10 349 个，调查斑块数约 2900 个，调查面积 17.38 万公顷，占总任务量的 99.9%。

【野生动植物保护】 贯彻落实《全国人民代表大会常务委员会关于全面禁止非法野生动物交易、革除滥食野生动物陋习、切实保障人民群众生命健康安全的决定》（以下简称《决定》）精神，印发关于疫源疫病监测和疫情防控 1 个《倡议书》、1 个《告知书》和 11 个通知，周密安排疫情期间野生动物管控和疫情防控。代拟起草省人大常委会禁食野生动物的《决定》，配合省人大常委会办公厅开展《中华人民共和国野生动物保护法》等专项执法情况检查，联合省公安厅、省市场监管局加大对重点地区、重点部位野生动物管控的执法力度。严厉打击乱捕滥猎野生动物行为，全年开展野外巡护监测 6077 次，出动车辆 2982 台次，出动人员 40 122 人次。开展禁食野生动物分类清查，对取得人工繁育许可证、以食用为目的的野生动物养殖主体，分三批撤销甘肃省林草局核发的许可证或文书 49 份，对列入《畜禽遗传资源目录》等范围的野生动物，致函省农业农村厅纳入监管范围，对属于禁食范围但具有科研、药用、展示等非食用性合法用途的，由原发证部门依法做好许可证和文书的变更、换发，对属于禁食范围但其设施可用作养殖其他动物的，引导养殖场（户）调整养殖结构，按期全面完成禁食野生动物后续处置工作。

【退耕还林还草工程】 组织相关市县全面完成 2019 年度 1.94 万公顷退耕还林还草任务。将国家下达的 2020 年度 7.78 万公顷退耕还林还草任务分解下达到具体市县。甘肃省林草局代表省政府与市(州)政府和省属有关单位签订《退耕还林责任书》,落实退耕还林项目责任。组派3个调研组分赴10个重点贫困县(区)开展专题调研,了解掌握退耕还林中存在的主要问题,提出建议措施。对2019年耕地保护督查反馈占用基本农田退耕还林还草的问题,与省自然资源厅积极沟通整改,先后联合印发《关于对甘肃省耕地保护督察发现将永久基本农田纳入退耕范围有关问题的整改通知》和《关于加快将永久基本农田纳入退耕范围问题整改的通知》,督促县级林草部门完善退耕还林矢量数据,有序推进永久基本农田补划等整改。配合国家林草局西北调查规划设计院开展2020年度退耕还林国家级核查验收,赴17个工程县对2016年退耕还林面积1.46万公顷开展核查验收。监测数据显示,2020年全省草原植被盖度53.02%。退耕还草县区草产业发展迅速,饲草供给能力有效提升,解决了草原禁牧、草畜平衡区农牧户饲草料短缺问题,加快了传统畜牧业向现代畜牧业转型。

【天然林保护工程】 天保工程全年完成投资14.24亿元,其中:中央投资12.92亿元、省级财政投资1.32亿元。完成公益林建设任务1.73万公顷,其中:人工造林0.73万公顷,封山育林1万公顷;完成国有中幼龄林抚育任务9.03万公顷。以省天保工程领导小组文件印发《甘肃省贯彻落实〈天然林保护修复制度方案〉意见的通知》,组织开展县级实施单位全覆盖的省级复查,全面完成双审计整改相关工作任务。争取全球环境基金(GEF)第七增资期项目,并在小陇山林业实验局实施。完成天保工程人员机构和社会保障管理子系统、核查信息报送子系统、统计分析报表子系统的数据更新和应用,开展天保工程生态效益监测工作。

【三北防护林建设工程】 甘肃省林草局全面完成2019年度三北工程建设任务8.06万公顷,其中乔木造林1.25万公顷,灌木造林0.05万公顷,封育5.29万公顷,退化林修复1.47万公顷。组织开展三北工程总体规划修编及六期规划编制工作,按时向国家林草局调查规划设计院上报规划各项基础数据、规划文本初稿。开展三北五期工程评估,组织三北工程范围内的林草部门对三北五期工程建设、百万亩防护林基地建设、黄土高原综合治理林业示范项目、退化林修复、精准治沙等重点项目的建设管理、建设实效、建设政策与机制、建设技术等方面进行全面评估,形成工程总体评估报告和重点项目分项报告,为提升后续工程决策管理水平提供合理化建议。组织三北工程范围内的市县及时编报反映工程建设的动态信息,通过国家三北防护林建设网等门户网站累计发布信息384条,获得"三北防护林体系建设信息工作一等奖"。

【退牧还草工程】 国家2020年下达甘肃省退牧还草工程草原围栏建设任务3.66万公顷,退化草原改良6.6万公顷,人工种草2.66万公顷,黑土滩治理2.32万公顷,毒害草治理2.33万公顷。工程建设任务重点向国家贫困县、"三区三州"深度贫困县、插花型贫困县和藏区实施,对58个贫困县安排资金23 738万元。通过围栏封育、补播改良等措施,工程区草原植被和草地生产力明显提高。根据退牧还草工程实施县遥感监测,退牧还草工程实施后鲜草产量比实施前提高10.9%,工程区内平均植被盖度55.1%,比非工程区提高2个百分点,高度和鲜草产量分别为20.9厘米、3130千克/公顷,比非工程区分别提高4.5%、7.3%。围绕实施退牧还草工程,各地不断加快工程区草原围栏、人工饲草地等基础设施建设,开展良种引进、畜群结构调整及舍饲半舍饲养殖,加大后续产业培育,推进草原畜牧业向规模化、集约化方向发展。

【防沙治沙】 2020年完成沙化土地综合治理任务15.34万公顷,是年度目标责任的168.5%。国家投入规模化防沙治沙试点财政资金2亿元,省级财政配套3500万元,在4个市(州)的7个县进行先行试点。项目实施过程中,甘肃省林草局与省财政厅联合制订印发项目管理办法,建立定期报告制度,遴选建立项目专家库,联合印发项目进展通报。吸引社会资本参与防沙治沙,全年完成蚂蚁森林项目造林1.67万公顷2313.3万穴(株)。争取2021年蚂蚁森林项目造林计划10批17个项目,结合市县2021年"蚂蚁森林"项目需求计划和近年来项目实施情况,共落实任务3685万穴(株),预计造林近2.37万公顷,将在6个市(州)12个县(市、区)开展项目建设。发展沙产业企业、基地1000多家,形成中药材、沙地林果、沙区产品加工、沙区特色种养殖、沙区生态旅游5个特色优势产业,开发出药品、保健品、食品、饮料、果品等一大批沙产品。利用沙区风光热资源,新建风光热等清洁能源项目16处。

【祁连山国家公园体制试点】 在2018~2019年试点工作基础上,依托省森林公安局祁连山分局、盐池湾分局组建张掖、酒泉两个综合执法局。在张掖、酒泉2个分局增设国家公园管理相关科室,增加科级干部职数,挂牌设立基层保护站,构建国家公园省级管理局、分局、保护站的三级管理模式。编制33个祁连山国家公园甘肃省片区相关规划、办法和方案,配合编制15个相关规划、办法和方案。2020年中央和省级财政共下达项目建设资金2.36亿元,用于自然资源智慧监测与管理物联网系统建设、森林草原植被恢复、国家公园保护站点建设与升级改造等相关建设项目。策划拍摄大型纪录片《祁连山国家公园》,在中央电视台播出。按照省政府印发的《祁连山国家公园体制试点甘肃省片区重点工作任务清单》,全面完成省政府、祁连山国家公园管理局安排的44项试点任务。根据国家公园体制试点第三方评估验收结果,祁连山国家公园体制试点成效明显,各项试点任务落实到位,整体上符合设立国家公园的条件。

【大熊猫国家公园体制试点】 经省委编委批准,设立大熊猫祁连山国家公园甘肃省管理局裕河分局,增设专职副局长1名,依托省森林公安局白水江分局组建白水江综合执法局。在白水江分局增设国家公园管理相关科室,增加科级干部职数,挂牌设立基层保护站,构建国家公园省级管理局、分局、保护站的三级管理模式。编制 29 个大熊猫国家公园白水江片区相关规划、办法和方案，配合编制 15 个相关规划、办法和方案。2020 年中央及省级财政共下达项目建设资金 9258 万元，用于自然资源智慧监测与管理物联网系统建设、森林草原植被恢复、国家公园保护站点建设与升级改造等相关建设项目。按照省政府印发的《大熊猫国家公园体制试点白水江片区重点工作任务清单》，全面完成省政府、大熊猫国家公园管理局安排的 39 项试点任务。根据国家公园体制试点第三方评估验收结果，大熊猫国家公园体制试点成效明显，各项试点任务落实到位，整体上符合设立国家公园的条件。

【完善集体林权制度】 贯彻落实省政府办公厅《关于完善集体林权制度的实施意见》精神，推进林权流转和抵押贷款，大力培育新型经营主体，深化集体林权制度改革。组织各级林草部门进一步完善集体林权制度改革电子文件档案，加快林权证登记信息数字化入库，推进集体林权管理与林权类不动产登记信息共享。对国家林草局 2017 年认定的 4 家国家林业重点龙头企业进行监测并及时报送监测结果。会同省委农工办等 11 个省直部门制订印发《关于开展农民合作社规范发展和质量提升行动的实施意见》，推动林业合作社高质量发展。上报 5 家林业合作社为国家级农民合作社示范社。通过不懈努力，全省集体林业发展活力持续增强，改革综合效益不断显现。截至 2020 年底，全省实现林下经济年产值 70 多亿元，累计办理林权抵押贷款 99.6 亿元，组建林业合作社 3785 个，认定登记家庭林场 1276 家，11 家林业企业被国家林业和草原局认定为国家级林业重点龙头企业。

【国有林场改革】 制订印发《甘肃省国有林场改革 2020 年工作要点》和《关于进一步巩固和提升国有林场改革成效的通知》，巩固和拓展国有林场改革成果。配合省人大常委会开展国有林场改革与发展工作调研，调研报告提交省十三届人大常委会第十九次会议审议，并向省委、省政府报送，督促相关部门落实解决存在的问题。争取国家下达 2020 年林区道路建设项目 341 个 1833.33 千米，补助资金 11 亿元。争取落实国有贫困林场扶贫资金 2953 万元，依据《国有贫困林场界定指标与方法》对 252 个国有林场进行调查摸底，建立国有林场扶贫资金项目库。

【林果产业】 采取示范项目带动、培育新型经营主体、创建特色品牌、优化产业布局、促进一、二、三产业融合发展等举措，推进林果产业发展。截至 2020 年底，全省经济林果和木本油料栽植面积达 157.33 万公顷，实现产值 490 多亿元。协调省财政厅下达林果产业发展资金 1000 万元，为文县、武都区等 9 个深度贫困县（区）倾斜安排项目资金 700 万元。组织市县林草部门开展"全国采摘果园一张图"入图工作。向国家林草局推荐全国经济林咨询专家 61 名、林业产业重点投融资项目 5 个。组织相关林业企业入驻中国林业产业联合会西部特色林产品展示中心甘肃馆，打造甘肃特色林草产品展示窗口。组织起草核桃、花椒、油橄榄产业三年倍增计划。开展"首批中国林草产业关爱健康品牌"申报推荐和林草健康产业国家创新联盟征集成员单位工作，3 家企业林产品荣获"首批中国林草产业关爱健康品牌"称号，13 家林业企业被认定为"中国林草产业 5A 级诚信企业"。

【林下经济】 将加快林下经济发展作为巩固拓展集体林权制度改革成果，实现生态美、百姓富的重要举措，因地制宜，科学规划，典型引领，强化服务，推动林下经济高效快速发展。坚持以政策措施为引领，鼓励和引导各地在保护好生态环境的前提下，充分挖掘林地林木资源潜力，大力发展林下种植、林下养殖、林产品采集加工和森林景观利用等为主的林下经济。坚持以创新模式为抓手，探索走出了林药、林菌、林禽、林畜、林蜂、林特、林果等多种模式共同发展的路子。坚持以深化改革为动力，推进林权流转、林权抵押贷款和果树经济林权属抵押贷款，把发展林下经济的贷款纳入林业贷款财政贴息范围，降低林农群众发展林下经济的融资成本。2020 年全省实现林下经济产值超过 70 亿元，参与农户 160 多万人，取得了良好的经济、生态和社会效益。

【草产业】 甘肃发展草产业历史悠久，是全国草产业大省，有牧草种类 154 科 716 属 2129 种，国家级草品种区域试验站 6 处，省级区域试验站 13 处。按照保护生态、绿色发展、产业带动的思路，坚持把发展草产业同保护草原生态有机结合，出台一系列推进草产业发展的政策措施，组织实施草产业相关项目，成立"甘肃省草产业技术创新战略联盟""甘肃省草产业协会""甘肃省草业标准化技术委员会"等技术创新平台，开辟草产品运输绿色通道，推广牧草良种、良法配套应用，着力推进草产业持续较快发展。全省人工种草面积稳定在 160 万公顷左右，形成了以河西为主的高端苜蓿商品草、定西为主的裹包青贮商品草、山丹为主的高端燕麦商品草三大草产业商品草生产基地，苜蓿、燕麦草以高产、优质享誉全国。

【森林旅游】 甘肃省有森林公园 91 处，其中国家级森林公园 22 处，省级森林公园 69 处。2020 年，全省投入森林公园建设资金 24 122.92 万元，其中国家投资 8985.72 万元、自筹资金 15 076.8 万元、招商引资 60.4 万元，完成植树造林 1254.64 公顷，林相改造 692.27 公顷。督促指导全省 91 个森林公园开展勘界工作，及时上报整合优化预案。对国家林草局确定的 16 个生态旅游游客量数据采集样本单位及时督促统计和填报数据，受到国家林草局肯定。谋划秦岭国家森林公园步道和两个基地建设，挖掘甘肃省森林资源丰富多元的独特优势，集中优势资源，打造特色旅游品牌。截至 2020 年底，全省有旅游步道 1166.87 千米、车船 234 辆（艘）、床位 3939 张、餐位 8701 个，职工和导游总数分别为 2130 人和 120 人，社会从业人员 3601 人。全年共接待国内外游客 542.32 万人次，森林公园总收入 2.6 亿元。

【种苗培育】 对全省 11 个国家重点林木良种基地补贴

和12个在建种苗工程项目进行督查考核，对天水、陇南、张掖、酒泉4市11个县(区)进行复查抽查，共抽查苗木生产和使用单位42个。调整省林木良种审定委员会组成人员，召开省第十届林木良种审定会议，审(认)定通过8个品种。组织修订《甘肃省草品种审定委员会章程》《甘肃省草品种区域试验站管理办法》，制订《甘肃省草品种审定办法》。组织召开甘肃省草品种审定委员会年度工作会议，建立区域试验站专家技术负责制度以及委员分工协作机制。依托省草品种审定委员会专家平台，组织完成省级草品种区域试验站考核评价，对兰州大洼山等7个符合建设标准的省级区域试验站进行挂牌。深化"放管服"改革，精简草种行政许可事项和条件，优化审批程序，提高草种行政审批效率。2020年共办理草种生产许可证30个，草种经营许可证54个，草种进口审批97批(次)。

【林草生态扶贫】 贯彻落实中央和省委、省政府关于打赢打好脱贫攻坚战的决策部署，将生态扶贫作为"绿水青山就是金山银山"理念的具体实践，作为实现生态美、百姓富的有效途径，周密部署，精心组织。制订印发甘肃省林草局《2020年脱贫攻坚工作要点》和《2020年支持深度贫困地区脱贫攻坚工作方案》，稳步有序推进林草生态扶贫。全年共落实生态护林员等6类林草行业扶贫重点项目资金32.24亿元，其中生态护林员项目落实资金52 829万元，选聘生态护林员66 339名，精准带动29.21万贫困人口脱贫；新一轮退耕还林工程下达建设任务6.41万公顷，落实项目资金154 480.1万元；新一轮退耕还草工程下达建设任务1.08万公顷，落实资金16 280万元；森林生态效益补偿补助项目补偿面积400.79万公顷，补偿资金72 509万元；天保工程区国家级公益林补助面积86.1万公顷，地方公益林补助面积42.21万公顷，补助资金26 343万元；省级财政林果产业发展项目资金1000万元。全年协调争取东西部扶贫协助资金4671.21万元，较2019年增加83.91%，助力全省脱贫攻坚。

【秦安县帮扶】 甘肃省林草局认真履行帮扶秦安县省直组长单位职责，全力推进秦安县脱贫攻坚帮扶工作。持续培育增收致富产业，筹措资金1200余万元，建成标准化花椒示范园6个，花椒品种园1处，无刺花椒示范园1处，栽植花椒2266公顷以上，引导群众在椒园间作套种万寿菊、冬花等各类经济作物1700多公顷。加大林草项目资金倾斜力度，帮扶工作开展以来，累计为秦安县倾斜安排林草建设资金1.03亿元，每年落实生态护林员项目资金724万元，选聘生态护林员905人，贫困户年增收8000元。2020年3月，经省政府批准，秦安县实现整县脱贫摘帽。甘肃省林草局帮扶的秦安县13个贫困村于2020年底全部按计划脱贫退出，在2020年省直和中央在甘单位帮扶工作考核中，被综合评价为"好"等次。甘肃省林草局帮扶秦安县"发挥优势点金果、林果产业富乡亲"的产业扶贫案例被国务院扶贫办在中国扶贫网报道，入选全国100个产业扶贫典型案例，并在全国产业扶贫现场会上进行交流。

【林草科技创新】 组织各级林草科研院所、推广单位和高校申报国家、省级科技计划项目120项，获得立项80余项，落实经费3098万元。发挥大熊猫祁连山国家公园(甘肃片区)科技创新联盟科技资源聚集优势，落实300万元经费，对国家公园建设中的难点和问题开展科技攻关。向国家林业科技推广科技成果管理系统推荐90余项科技成果，依托中央、省级科技推广项目转化推广科技成果60余项。甘肃兴隆山森林生态系统国家定位观测研究站等2个生态站通过竣工验收，甘肃白龙江森林生态系统国家定位观测研究站建设进展顺利。选聘林业和草原科技特派员75名，全年举办各类技术培训班300场次，培训技术人员3000人次，林农5万人次，发放资料10多万份，3人入选国家林草局选聘乡土专家。评审出省林业科技进步奖31项，获得甘肃省科技进步奖二等奖1项，梁希科学技术奖三等奖2项，全国科普讲解大赛三等奖2项，1人获全国科普讲解大赛三等奖，获第二届全国林草行业创新创业大赛"优秀组织奖"。

【林草宣传】 在甘肃林业网、《甘肃林业》杂志开设专栏，通过微信、微博公众号及时向甘肃省林草局系统发布抗击新冠肺炎疫情动态。组织媒体宣传八步沙林场取得的新成效，八步沙林场第二代治沙带头人郭万刚获评2020年"全国劳动模范"。开展第三届"甘肃最美护林员(草管员)"评选活动，评选出最美护林员(草管员)10名。举办"讲林草高质量发展新故事"征文比赛、"生态陇原——野生动物摄影比赛"等生态文化活动，组织参加国家林业和草原局"绿水青山美丽中国"首届"原山杯"全国短视频大赛，甘肃省林草局获优秀组织奖，2项作品获优秀奖。开展"甘肃黄河流域生态保护和高质量发展""甘肃草原生态保护""省直部门落实脱贫攻坚专项责任纪实""走向我们的小康生活"等系列宣传活动。面向全社会开展"植树节""世界防治荒漠化与干旱日""爱鸟周""草原普法宣传月"和新修订《森林法》、文明单位创建等专题宣传活动，拍摄《绿色相伴文明同行》纪实片。全年累计在国家级媒体上刊发宣传稿件561篇，在省级媒体刊发308篇，在各种新媒体发布2388条，在甘肃林业网发布信息6283条，出版《甘肃林业》杂志6期，发布舆情简报42期。

【林草信息化建设】 甘肃省林草局自动化办公系统和移动办公应用软件正式启用。推进局机关安可替代工程建设。强化局系统信息化应用的整合与集约化，开展林草信息化建设情况摸底调研，组织编制《全省林草管理云平台建设方案》，启动实施省局管理云平台建设。完成嘉峪关市林草局、三北局与省局视频会议系统对接，截至2020年底，全省已有13个市(州)和27个局直属单位接入省局视频会议系统，全年保障音视频会议117场次。完善网上办事服务功能，改版政府信息公开栏目，落实省政府办公厅关于全省政府网站集约化建设工作的部署要求，梳理迁移网站数据，将甘肃林业网纳入省政府集约化平台统一管理。在省政府办公厅关于每季度全省政府网站抽查情况的通报中全年零问题，全年未发生网络安全事故。

【林草外事合作】 甘肃省林草局与世界自然基金会北京代表处签署战略合作框架协议，双方将在大熊猫、雪豹和生物多样性保护等方面开展合作与交流，2021年WWF计划支持项目资金393万元。严格落实国家和甘肃省关于外事管理各项规定，疫情期间随时了解掌握国家和甘肃省最新规定，确保外事工作有序开展。争取实施UNDP-GEF"增强甘肃省保护地系统，加强保护具有全球重要意义的生物多样性项目"，向省财政厅申请610万元配套资金获得批准，项目管理队伍组建完成，并召开第一次工作会议，采购第一批办公设备，项目微网站和公众号建设完成并正式投入运行。亚行贷款丝绸之路沿线生态恢复和保护项目（亚行二期项目）启动项目业务技术援助，国内可研、社评、环评专家与亚行技援团专家已开展项目前期调研合作。欧投行黄河流域沙化土地可持续治理项目正式立项，拟申请欧投行贷款9000万欧元，国家发改委、财政部将项目列入2020～2022年备选项目规划。

【林草"放管服"改革】 依托甘肃省一体化政务服务平台建设，对甘肃省林草局16项行政许可事项名称及办理条件、编码、依据、类型等基本要素进行动态修改，实现"一网通办"和全省无差别化办理。根据疫情防控需要，推行不见面审批，依照"减时间、减要件、减环节"的原则，推出甘肃省林草局第一批"零跑动"事项，通过网上提交、邮寄、快递等方式实现"非接触式"服务，不见面审批，方便企业和群众办事。落实证明事项告知承诺制，在省直各厅局率先推出"第一批告知承诺制证明事项"，并将告知承诺与事中核查、事后监管有机结合。及时取消下放行政许可事项。对"林木种子质量检验机构资质认定"等6项取消的行政许可事项及时下放，并制订事中事后监管细则，帮助指导基层林草部门接得住、管得好。规范行政审批内部流程，将行政审核审批纳入局自动化办公系统，理顺行政审批内部流程不规范的问题，实现无纸化审核审批。

【林草法治建设】 学习贯彻习近平法治思想和中央、省委全面依法治国、依法治省战略部署，推进林草法治建设。废止《甘肃省林地保护条例》《甘肃安西极旱荒漠国家级自然保护区管理条例》2部地方性法规。开展涉及野生动物保护领域、生态环境、自然资源资产领域、民法典和营商运营环境领域的法规、规章专项清理工作。报备规范性文件8件，报备率100%。加强行政审批管理，2020年审核办理行政许可事项728件。制订《甘肃省林草行政执法与刑事司法衔接工作办法》，建立线索通报、案件移送、信息共享、信息发布等工作机制，形成分工协作、衔接紧密、齐抓共管林草违法犯罪行为的工作格局。强化行政执法监督，全面推行行政执法公示制度、执法全过程记录制度和重大执法决定法制审核制度。严格落实"谁执法谁普法"的普法责任制度，组织开展"法律八进"（进机关、进单位、进企业、进乡村、进社区、进校园、进军营、进监所）活动，营造良好法治氛围。举办全省基层林草行政执法培训班1期，培训行政执法业务骨干110人次，组织甘肃省林草局系统干部职工参加网上学法用法480人次。

【森林草原防火】 甘肃省林草局党组2020年先后召开8次专题研究会议和4次全省视频会议，部署推进森林草原防火工作。通过三大通信运营商向全省用户发送森林草原防火公益短信，在甘肃卫视黄金时段播放森林草原防火宣传片，加强森林草原防火宣传。组织全省林草系统330余人参加森林草原防火、防灾减灾和安全生产培训班。开展防火督查11次，在局系统开展野外火源治理专项行动和打击森林草原违法用火行为专项行动，共出动森林公安等执法人员6548人次，派出检查组754个，参与人数6043人次，制止和劝阻农事用火及祭祀用火483起。衔接推进林草系统和中国铁塔公司甘肃分公司在防灾减灾、安全生产和森林草原防火方面的合作，已经安排在小陇山林业实验局开展试点。推进"互联网+防火督查系统""防火码"微信小程序并取得"防火码"卡口启用率和扫码量居全国第一的好成绩。成立风险普查领导小组办公室并印发试点方案，组织试点县（区）和单位100余人参加培训，稳步推进森林草原火灾风险普查。2020年全省未发生重特大森林草原火灾，维护了林草资源安全和林区和谐稳定。

【林业草原有害生物防治】 以松材线虫病、草原鼠虫害等林业草原有害生物防治为重点，健全防控体系，夯实防控基础，提升防治能力和水平。特别是甘肃省作为松材线虫病预防区，及时制订印发《关于做好2020年松材线虫病防控工作的通知》和《关于切实做好松材线虫病春季专项普查工作的通知》，建立健全松材线虫病防控工作推进落实机制，确保松材线虫病疫情"零发生"。全年林业有害生物发生面积39.98万公顷，完成防治面积32.71万公顷、无公害防治面积31.31万公顷、防治作业面积42.32万公顷，成灾率控制在1.84‰，无公害防治率、测报准确率、种苗产地检疫率分别达到95.72%、96.62%、100%，全面完成国家林业和草原局下达的林业有害生物防治"四率"目标管理指标，保护了森林草原资源安全。

【干部队伍建设】 贯彻落实新时代党的组织路线，树立注重基层、注重群众公认的用人导向，培养选拔优秀年轻干部和"三方面"干部。全年提交局党组会议研究讨论干部15批次75人，选拔使用干部18人、职级晋升28人、交流轮岗4人，干部结构比例、能力素质得到优化。选优配强局直单位领导班子，对10个局直属单位领导班子进行调整，优化班子结构，提升班子凝聚力和向心力。加强干部教育培训，举办各类培训班9期，培训干部996人（次），组织局系统42名干部参加省委组织部、国家林草局管理干部学院举办的各类培训班20期，424人参加2020年度全省公务员网络培训和脱贫攻坚专题培训。强化人才服务保障，先后召开高级、中级职务任职资格评审会3次，333人获得正高级、高级、工程师任职资格，按计划为29家局直单位招聘工作人员154人。利用3个月时间，在局系统开展"切实转变作风，坚决纠正工作不严不实"专项整治行动，持续改进干部工作作风。

【规划资金管理】 组织编制《甘肃省林业草原"十四五"

发展规划》，修订完善后将于2021年印发实施。配合编制《甘肃省黄河流域生态保护和高质量发展规划》，完成《全省林地与草原保护修复专题研究》，提供林草方面的理论库、政策库、技术库和项目库。全年落实中央和省级财政项目资金93.19亿元，其中中央财政87.02亿元，省级财政6.17亿元。筛选399个中央和省级财政2021年项目纳入省级项目库管理，入库项目申请补助资金26.6亿元，同比增加87%，积极向财政部和国家林草局申报资金支持。协调省财政厅批复同意甘肃省林草局系统新增追加资产配置预算4.2亿元。落实国有林场改革相关政策，请示省机关事务管理局批复同意局直属3家单位1.09亿元国有资产划转申请。完成局属事业单位48辆取消车辆处置工作，其中拍卖22辆、报废26辆，实现非税收入24万元，为局直属21个单位购置消防泵浦车28辆。会同省财政厅修订《甘肃省森林植被恢复费征收使用管理办法》，配套制订《甘肃省省级森林植被恢复费使用管理实施细则》，扩大资金使用范围，提升资金使用效率。加快资金支出进度，推动局系统财政存量资金由2.55亿元减少到0.16亿元。

【表彰奖励】 根据甘肃省委、省政府《关于表彰甘肃省劳动模范和先进工作者的决定》，甘肃省林草局2名工作人员受到表彰。

【大事记】
3月4日 甘肃省林业和草原工作会议在兰州召开，省林草局党组书记、局长宋尚有作工作报告。

3月25日 甘肃省林草局召开局系统干部人事工作会议，总结回顾十九大以来局系统干部人事工作经验成效，对做好新时期干部人事工作进行安排部署。

4月3日 甘肃省绿委办等9部门联合印发《关于积极应对疫情保障全省生态扶贫和造林绿化工作有序发展若干政策措施的通知》，推动造林绿化企业复工复产。

4月10日 甘肃省委书记林铎、省政协主席欧阳坚、省委副书记孙伟等省党政军领导与兰州市四大班子领导在榆中生态创新城参加兰州地区省党政军领导义务植树活动。

4月29日 甘肃省花卉协会第六届理事会换届大会暨第一次会员大会在兰州召开，选举产生省花卉协会第六届理事会理事，举行甘肃省花卉协会交牌仪式。

5月8日 甘肃省绿委办在金昌市举办"甘肃全民义务植树(金昌)网"开通暨"祁连山生态修复义务植树周"系列活动启动仪式。

6月22日 甘肃省林草局在陇南市举办全省集体林权制度改革业务培训班，交流集体林业改革发展工作好经验、好做法，对深化集体林权制度改革工作进行安排部署。

6月24日 甘肃省林草局联合省发改委、省财政厅、省农业农村厅、省审计厅、省市场监管局、省扶贫办、省银保监局印发《关于大力促进脱贫攻坚造林专业合作社发展的意见》。

6月30日 甘肃省林草局在兰州市民公园广场开展新修订实施的《森林法》大型现场宣传咨询活动。

8月28日 甘肃省林草局举办2020年科技活动周林草科技成果展示活动，以"加快林草科技创新，推动林草事业高质量发展"为主题，宣传展示林草科技在全省林草建设中的突出作用。

9月28日 甘肃省政府第105次常务会审议甘肃省自然保护地整合优化预案，经审核后上报国家林草局审定。

10月18日 以"绿圆中国梦携手进小康"为主题的第四届中国绿化博览会在贵州黔南布依族苗族自治州都匀市开幕，甘肃园以"飞天逐梦、绿色家园"为设计主题，通过天马迎宾、锦绣丝路、绿道展廊、大漠绿梦4个区域，呈现绿色、生态的魅力新甘肃。

10月27日 甘肃省林草局在兰州举办全省林草行政执法培训班，110名来自林业草原基层一线的执法人员参加培训。

10月29~31日 国家林草局国际司副司长戴广翠调研甘肃林草"一带一路"国际合作工作。

12月6~10日 甘肃省林草局在陇南市宕昌县举办全省退耕还林高质量发展培训班，传达全国退耕还林高质量发展培训班精神，总结交流典型经验做法，组织观摩退耕还林现场，市县林草部门负责人及技术骨干共127人参加培训。

12月11日 甘肃省林草局组织相关领域专家对《甘肃省主要乡土树种名录》进行评审。

12月23~25日 甘肃省林草局组织召开高级、中级职务任职资格评审会3次，78人获得基层有效正高级、高级工程师任职资格，54人获得全省有效正高级、高级工程师任职资格，201人获得全省有效工程师任职资格。

12月24~25日 甘肃省林草局组织对执行到期的2017~2018年度中央财政林业科技推广示范资金项目进行验收评审，参加验收的32个项目全部通过验收。

(甘肃省林草业由甘在福供稿)

青海省林草业

【概述】 2020年，青海省林草战线深入学习贯彻习近平生态文明思想，按照省委、省政府"一优两高"(坚持生态保护优先，推动高质量发展，创造高品质生活)战略部署，以国家公园示范省建设为引领，突出重点，狠抓落实，夺取了新冠肺炎疫情防控和林草事业高质量发展"双胜利"，全面完成各项工作任务。

【国家公园建设】
国家公园示范省建设 召开学习贯彻习近平总书记致第一届国家公园论坛贺信精神一周年座谈会，启动示范省建设三年行动(2020~2022年)，组织开展8个方面42项重大行动，发布示范省建设白皮书，编制完成《青海省自然保护地整合优化办法》等18项制度办法、4项技术标准，进一步凝聚了力量共识，完善了目标路线。全面完成三江源国家公园31项试点任务，正式启动设园工作，祁连山国家公园体制试点通过国家评估验收，在全国10个国家公园体制试点综合评估中名列前茅，省林草局被评为国家公园建设全国先进单位。有序推进青海湖、昆仑山国家公园申报，编制完成论证报告和总体规划基本稿。新创建4个国家草原自然公园，经批准设立同德石藏丹霞为国家地质公园，坎布拉国家地质公园入选世界地质公园备选名单。

祁连山国家公园试点 祁连山国家公园体制试点规划体系建设、管理机构组建、资源本底调查、生态环境监测等基础任务基本完成，40个标准化管护站、大数据中心、展陈中心等重大设施陆续投用，矿业权退出、移民搬迁、"一地两证"等历史遗留问题解决稳步推进，为正式设立祁连山国家公园奠定了基础。

【国土绿化】

大规模国土绿化 召开全省国家公园示范省建设三年行动暨国土绿化动员表彰大会和全省国土绿化现场会。全面推进国家公园示范省建设三年行动建设任务及国土绿化巩固提升三年行动任务，大力推进三江源二期、祁连山综合治理、三北、天保、退耕还林、退牧还草等重点生态保护建设工程。对全省营造林工作准备及进度、质量进行督查，规范营造林工程项目文件材料归档范围和保管期限，各地国土绿化工作有序推进。举办"全省飞播造林工程现场观摩会"，首次在青海实施飞播造林30万亩。组织第四届绿博会参展工作，获得优秀展园金奖和最佳设计奖。创建7个"森林城镇"、15个"森林乡村"，持续推进防沙治沙，全年完成国土绿化844万亩，其中营造林327万亩、草原修复治理517万亩，为年计划任务量的1.9倍，国土绿化规模速度均创历史新高。

全民义务植树 创新活动形式，将义务植树与推进大规模国土绿化、实施乡村振兴战略、农村人居环境整治、创建森林城镇和森林村庄紧密结合起来，不断提高义务植树尽责率。组织开展春秋两季植树造林"大会战"和"一单位一片区""一企一园""一人一树"全民义务植树活动。完成义务植树1500万株。全省共建成2处国家"互联网+全民义务植树"基地，14处青海"互联网+全民义务植树"基地和19处市级义务植树接待点，实现了义务植树线上线下双轨并行。

【重点生态工程】

防沙治沙工程 落实144万亩治理任务，完成全省第六次荒漠化和沙化土地监测区划调整和100%的外业调查。启动编制《青海省防沙治沙规划(2021~2035年)》，开展了封禁保护区和沙漠公园违法建设、违规经营排查。完成了投资3200万元的海西蒙古族藏族自治州冷湖行委、玛沁县昌麻河、乌兰县灶火3个国家沙化土地封禁保护区年度建设任务。完成2020年规模化防沙治沙项目前期外业调查和实施方案编制工作，落实各地集中治沙任务0.83万公顷，下达切块资金1.5亿元。

草原生态建设 实施退牧还草、退化草原生态修复等重大草原生态保护工程项目，治理黑土滩11万公顷，中度退化草地补播24.33万公顷，沙化草地治理2.43万公顷，荒山荒坡治理0.33万公顷，人工种草3.66万公顷，废弃定居点及周边环境整治0.11万公顷。探索草原修复治理新途径，在全国率先开展退化草地综合治理试点，在贵南县建成666.67公顷飞播种草示范区。首次举行草原虫害应急防控演练活动，在海晏县利用直升机、无人机、大型机械、人工背负式喷雾器等现代装备开展灭虫防治演练。强化草原依法治理，将《青海省禁牧管理办法》《青海省草畜平衡管理办法》列入省政府立法计划。

天然林保护工程 全面完成全省天然林年度管护任务，落实营造林任务4.05万公顷，投资6.57亿元。制订实施《青海省天然林保护修复制度实施方案》，从总体目标、主要任务、保障措施等方面通过采取17项措施加强天然林资源的全面保护、系统恢复、用途管控，建立了青海特色的天然林保护修复制度体系。部署了天然林重点区域区划确定、天然林保护修复中长期规划、天然林大数据库建设、天然林保护修复相关体系标准研究等工作，为全省建立全面保护、系统恢复、用途管控、权责明确的天然林保护修复制度体系奠定了基础。

【资源保护与管理】

林草资源管护 强化用途管制，编制完成"十四五"森林采伐限额，核批使用林地、草地、湿地项目322件，在严守生态安全底线的同时，保障了全省重大建设项目。严格落实草原禁牧休牧、草畜平衡制度和森林资源"一张图"管理制度，完成第二次陆生野生动物资源野外调查，开展新一轮退耕还林生态效益监测、全省首次古树名木保护复壮管护。实行省局干部"双包五联"抓防火工作机制，森林草原火灾大幅下降，组织开展"绿卫""绿剑""绿盾"专项行动，有力维护了生态安全。

湿地保护 强化湿地保护与恢复，落实各类湿地补助资金1.3亿多元，较上年度增加了84.3个百分点。实施湿地生态效益补偿、退耕(牧)还湿、湿地保护与恢复、小微湿地试点建设等项目42个，全面完成青海湖、扎陵湖、鄂陵湖3处国际重要湿地保护与恢复工程，进一步提高了高原高寒湿地、江河源头水源涵养能力，改善了部分重要湿地的生态状况，湿地保护面积达523.79万公顷。编制印发了《小微湿地建设规范(试行)》和《小微湿地保护与建设规范(试行)》，泽库泽曲、天峻布哈河2处国家湿地公园通过国家验收。强化科技支撑和自然教育，在6个国家湿地公园开展湿地生态系统监测评估，新建湿地学校6处，开展自然教育活动40余次。

专项整治 切实加强木里地区生态保护治理，对照省委、省政府三年行动方案，逐一梳理林草任务，研究制定落实计划、方案、规划，完成矿区草原、湿地、野生动物栖息地等受损情况调查核实，积极准备储备调运生态恢复治理所需草籽、有机肥、无纺布、封育围栏等物资，编制完成矿区草地湿地修复规划、实施方案、技术规程标准，为顺利推进矿区生态治理修复奠定了坚实基础。完成第一轮中央环保督察问题整改现场检查验收，科学有序推进第二轮督察反馈意见整改落实，针对涉及的12个问题制定21项整改措施，做到分工明确、责任到人。扎实推进"绿盾""绿剑"行动问题整改，完成验收销号。

有害生物防治 修订有害生物防治目标考核办法和重大生物灾害应急预案，完成防控草原有害生物150.33万公顷、林业有害生物19.87万公顷。在28个国家级中心测报点的基础上，将孟达自然保护区管理局、互助县北山林场、门源县仙米林场、河南蒙古族自治县、泽库县、玛沁县、班玛县、玉树藏族自治州江西林场、玉树市、天峻县10个地理区位重要、森林资源丰富的地区设置为省级林业有害生物中心测报点，依据国家级林业有害生物中心测报点管理办法统一管理，按程序开展区域内监测工作和上报相关数据，从而扫除监测盲区，逐步形成分布均匀、布局合理的监测预警网络，有效提高青海省林业有害生物监测覆盖面和准确性。

森林草原防火 针对森林公安转隶新形势，创新推行"双包五联"抓防火工作机制，形成了局班子成员包市(州)、处级干部包县(区)，省、市(州)、县、乡、村五级联动抓防火的链条式监管责任体系。积极发挥14万个生态管护公益岗位优势，把全省森林草原防火区域划分为1200多个网格管理区和130多个重点区，推行点线面相结合的网格化管理，形成了大区域联动、小网格联合，区域成片联管、网格落点值守，线面监测、总体监控的工作格局，做到责任落实全覆盖，无盲点、无盲线、无盲区、无盲时。以"双包五联"为抓手，4～6月开展安全隐患大排查大整治专项行动，整改消除安全隐患5743个，全面提升了全省森林草原防火整体水平。全省森林草原火灾发生次数和受害面积较2019年大幅下降，连续33年未发生重大火灾和人员伤亡事故。

行政执法 完成行政审批事项和服务事项目录清单、实施清单、流程图和办事指南编制及系统录入，林草行政许可审批和监管效能显著提升，侦办各类违法违规案件185起，形成有力震慑。

专项行动 严厉打击滥捕乱猎等违法犯罪活动。先后组织开展了"昆仑2020""飓风2020""打击长江流域非法捕捞"等各类执法保护专项行动。多部门联合开展野生动植物交易市场检查，累计出动人员920 549人次、检查经营场所237 059处、停业整顿经营场所19家、查封经营场所6个，对全省111处野生动物养殖企业、360家农贸市场以及956家网络平台等进行了全面检查。各市(州)林草部门全年常态化组织全省14.5万名生态管护员在野生动物重点分布区、自然保护区和国家公园野生动物重要栖息地开展了"清山、清套、清夹、清网"活动。全年共查处涉野生动物类行政案件24起、刑事案件49起，抓获涉案人员79人，查获国家一、二级保护野生动物及其制品3495件，涉案价值241万余元，严厉打击了各类破坏野生动物资源的违法犯罪活动，确保了野生动物资源的安全。

【**林草改革**】

湟水规模化林场建设试点 湟水规模化林场建设试点加快推进，实施三北防护林五期工程人工造林1.47万公顷，在2019年全国首发1亿元基础上，再发行2亿元政府专项债券并开展相关项目建设。新实施0.54万公顷900万穴"蚂蚁森林"公益造林项目。省林草局、省发改委、省财政厅、省自然资源厅联合印发《青海省湟水规模化林场建设管理办法(试行)》。

碳汇项目 完成西部地区首笔25.4万吨林业碳汇交易，拓宽了林草生态价值实现途径和投融资渠道。

【**林草产业发展**】 省委深改委第九次会议专题研究推进枸杞产业高质量发展工作，出台《关于推进枸杞产业高质量发展的若干措施》，理顺了海西蒙古族藏族自治州枸杞产业管理体制机制。实施生态旅游、枸杞综合利用等11个项目，新建道地中藏药材种源基地2个，完成青海枸杞、柴达木枸杞集体商标申报，林草产业加快特色化、规模化、品牌化发展。展会经济取得突破，在广州举办中国冬虫夏草及养生健康品博览会，在黄南举办首届青海冬虫夏草鲜草节，交易额超30亿元，第四届绿博会青海展园获得金奖、优秀设计奖。全省林草产业产值达364亿元，同比增长14%。

【**林草保障能力**】

疫情防控 新冠肺炎疫情发生后，按照省委、省政府和省防控指挥部决策部署，迅速行动、及时安排，制订实施全省野生动物疫源疫病防控方案，全面落实人员防控措施，坚持开展常态化防控工作，年末制订实施了今冬明春疫情常态防控方案，进一步压实防控责任和措施，全省未发生野生动物疫源疫病，林草系统干部职工也未出现疑似或确诊病例。

投资项目 全年落实林草生态建设投资60.95亿元，同比增长14.5%。不断强化战略引领，编制完成《绿水青山工程规划》《黄河流域林草生态保护与建设规划》，基本完成林草发展"十四五"规划，谋划了一系列重大项目、重大工程、重大举措，为推进新时期林草事业高质量发展提供了坚实支撑。

科技支撑 完成19项科技推广项目结题验收，新实施9个推广项目，国家高原林草野外观测场和科研试验研究基地建设项目、青藏高原林木种质资源国家长期科研基地、青藏高原道地药材开发与利用国家科技创新联盟获得国家林草局批准实施，启动63项林草地方标准制修订工作。

林草种苗 完成《2020年全省种苗供需分析预测报告》，印发《关于发布2020年春季和秋季主要造林绿化苗木及种子市场指导价的通知》。依法开展林木种苗行政执法检查和种苗质量监督检查，及时查处假劣、无证无签和超范围生产经营林木种苗等违法行为。组织开展青海省林木种质资源的补充调查，基本摸清青海林木种质资源的种类及多样性等基本信息，获得《青海西宁野生植物及区系成分研究》《大通县林木种质资源调查与研究》《海西州林木种质资源调查与区系研究》等10项科技成果，为全省林木种质资源保护和开发利用奠定了基础。不断推进种质资源库建设项目，收集各类丁香种

(品种)26个、不同种源云杉19种，各类优良杨树15个品种(系)。成立了青海省乡土树种选育研究工作委员会和专家委员会。评选出乡土树种选育研究示范基地10个，修订发布了《育苗技术规程(DB 63/T 299—2020)》。为大规模国土绿化行动提供"品质优良、品种多样、数量充足、结构合理"的林木乡土种苗奠定基础。审(认)定良种3个。

【生态扶贫】 开展脱贫攻坚"补针点睛"专项行动，进一步加大工程带动力度，贫困人口占生态工程总用工比例达到30%。巩固优化贫困人口生态管护岗位，发挥稳定增收脱贫的主力军作用。加大生态效益补偿力度，落实森林、草原、湿地、管护岗位等生态惠民政策，直补农牧民各类资金18.75亿元。实施45个贫困林场扶贫项目，选派83名林草专家进村入户结对帮扶，6个联点扶贫村全部脱贫出列。海南藏族自治州林草局林业站高级工程师程伟、三江源国家公园治多管理处生态环境和自然资源管理局局长玉成荣获全国脱贫攻坚先进个人。省林草局荣获全省脱贫攻坚先进单位。

【队伍建设】 全面贯彻落实新时代党的建设总要求，持续深入学习习近平新时代中国特色社会主义思想，严格执行中央八项规定及其实施细则精神和省委、省政府若干措施，扎实开展作风突出问题集中专项整治行动，积极配合中央和省委巡视。加强和改进人才工作，引进高端人才29名。开展"组织体系建设三年行动"，基层党组织规范化标准化建设深入推进，各级党组织更加坚强有力。精神文明建设、意识形态建设、群团工作、民族团结进步创建等工作全面提升，锻造了一支担当作为的林草队伍。

【林草宣传】 全年完成各类新闻报道1500余条，牢牢把握树立典型这一重点，深入挖掘基层林业草原先进事迹和先进人物，对生态文明建设中涌现出的158名各级先进个人和75个集体开展了持续宣传。青海林草微信公众号全年共刊发林草信息2000余条，共召开6场新闻发布会，新闻发布会举办场次在全省各厅局中排名靠前。成功举办祁连山国家公园第一届自然观察节暨野生动物宣传月活动。积极组织参加第56届世界野生生物摄影师年赛、第20届平遥国际摄影大展、青海国家公园示范省农牧民生态摄影成果展、篆书篆刻汇报展等各类生态文化展。在第八届亚洲微电影艺术节年度盛典上，描写青海省三江源国家公园建设的微电影《卓玛加》荣获好作品奖。

【大事记】
1月10日 2020年全省林业和草原工作暨祁连山国家公园体制试点推进会提出努力提升林草治理效能，推进国家公园省建设，为推动全省生态保护建设事业高质量发展作出不懈努力。

1月23日 省林草局召开党组扩大会议，传达学习省委常委会会议和国家林草局党组会议关于新型冠状病毒感染的肺炎疫情防控工作要求，安排部署全省野生动物疫源疫病防控工作。

2月24日 省林草局首次推行"双包五联"制度，即，局班子成员包市(州)、处级干部包县(区)，省、市(州)、县、乡、村五级联动抓防火的链条式监管责任体系。

3月19日 《青海以国家公园为主体的自然保护地体系示范省建设白皮书(2019)》新闻发布会召开。

4月3日 青海国家公园示范省建设三年行动暨全省国土绿化动员表彰大会总结全省国土绿化工作并表彰先进单位和先进个人，安排部署青海国家公园示范省建设重点任务。

5月9日 青海省政府、国家林草局出台《青海建立以国家公园为主体的自然保护地体系示范省建设三年行动计划(2020~2022年)》。

5月9日 首届青海冬虫夏草鲜草节在黄南藏族自治州同仁县举办。

5月11日 青海首笔林业碳汇交易成果新闻发布会召开。

6月12日 省林草局首次在贵南县开展了无人机飞播种草技术治理退化草原试验。

6月13日 中共青海省委办公厅、青海省人民政府办公厅出台《青海省天然林保护修复制度实施方案》。

6月23日 《青海省天然林保护修复制度实施方案》新闻发布会召开。《实施方案》在全面巩固天然林保护工程成效基础上，建立全面保护、系统修复、用途管控、权责明确的天然林保护修复制度体系。

7月27日 青海省委书记、省委全面深化改革委员会主任王建军主持召开省委深改委第九次会议，传达学习中央全面深化改革委员会第十四次会议精神，审议有关改革方案，研究枸杞产业高质量发展工作。

8月18日 学习贯彻习近平总书记致第一届国家公园论坛贺信精神一周年座谈会，总结一年来贯彻落实贺信精神的实践成果，推动以国家公园为主体的自然保护地体系建设行稳致远。

8月20日 中国太保三江源生态公益林揭碑仪式在海南藏族自治州共和县举行，这是中国太保建司以来参与面最广、员工基础最扎实、影响最深远的社会责任活动。

8月29日 国家林草局启动首批39处国家草原自然公园试点建设，青海省门源回族自治县苏吉湾、河南蒙旗阿木赫、泽库县措日更、班玛县红军沟获批成为首批国家草原自然公园建设试点项目。

9月1日 省林草局制定的《枸杞有机栽培基地建设技术规程》《黑果枸杞有机栽培基地建设技术规程》正式发布，改变了青海省无有机枸杞地方标准体系的历史。

9月7日 玛可河林业局职工鄂全林荣获"全国最美护林员"荣誉称号。

9月21日 祁连山国家公园第一届自然观察节在青海门源举行。

9月21日 青海省参展的"羽族炫翎·青海国家公园示范省鸟类摄影展"获得平遥国际摄影大赛"优秀团队奖"和"组织策划奖"两项殊荣。

9月24日 省林草局获评青海省2019年度脱贫攻坚行业扶贫先进单位。

11月2日 青海省公安厅森林警察总队（国家公园警察总队）揭牌，是中国第一个国家公园警察总队。

11月18日 国家公园示范省——青海展园获第四届中国绿化博览会"展园金奖""优秀设计奖"殊荣。

11月21日 《青海木里矿区生态恢复总体方案》通过专家审查。

11月24日 青海省林业草原规划院规划部主任党晓鹏获"全国先进工作者"荣誉称号。

12月28日 局党组书记、局长李晓南在国家林草局自然保护地整合优化工作总结交流电视电话会上作典型发言，为全国建立以国家公园为主体的自然保护地体系贡献"青海方案"和"青海智慧"。

（青海省林草业由宋晓英供稿）

宁夏回族自治区林草业

【概　述】 2020年，全区完成造林面积5.54万公顷，其中人工造林2.34万公顷，封山育林0.22万公顷，退化林分改造1.52万公顷，未成林补植1.46万公顷。义务植树819万余株，退化草原人工种草生态修复0.98万公顷，退牧还草补播改良0.6万公顷、治理0.13万公顷。

【林业草原改革】 完成森林公安局转隶公安厅、南华山国家级自然保护区管理处转隶自治区林草局。开展了全区62个自然保护地边界及功能区调研，形成了自然保护地生态保护红线评估调整方案和全区自然保护地优化整合预案初步成果，7月13日，自治区政府召开专题会议研究原则通过，结合贯彻落实自治区十二届十一次全会精神，充分吸纳各方意见建议，进一步修订完善。《宁夏天然林保护修复制度实施意见》经自治区党委和政府审定，并印发执行。起草了推进林长制改革工作方案。西华山、香山草原列入国家草原自然公园试点。集体林权制度改革持续深化，指导试点县发放《集体林地经营权流转证》5本，流转林地经营权58.87公顷，涉及林业专业合作社5家，流出林地户44户；全区实有集体林地经营权流转面积0.98万公顷。

【资金规划】 2020年共争取中央和自治区项目资金计划22.88亿元，较上年增加1.83亿元，增长8%。其中：争取中央资金14.83亿元，较上年增长3.5%，争取自治区财政资金8.05亿元。尤其是在疫情影响下，争取规模化防沙治沙试点项目1亿元，银川都市圈重点项目奖补资金0.86亿元，2020年给西吉县、同心县、原州区、海原县4个国定贫困县下达资金共计7.07亿元，占全区林业投资22.88亿元的31%。

【森林资源管理】

林地定额管理 出台了《自治区林草局关于疫情防控期间加快林草行业行政审批工作的通知》，全流程网上办理，启动了批次用地审批和先行用地审批。截至2020年底，共审核批准建设项目永久、临时使用林地403宗，面积2498.42公顷，收缴森林植被恢复费29 100.93万元。其中：审核永久占用征收林地281宗，面积1847.74公顷，收取森林植被恢复费22 029.90万元；审批临时占用林地115宗，面积643.05公顷，收取森林植被恢复费7071.03万元；审批直接为林业生产服务占用林地7宗，面积7.63公顷。

推行林长制 根据《自治区党委全面深化改革委员会2020年工作要点》要求，2020年8月18日，起草完成《宁夏回族自治区关于全面推行林（草）长制的意见》，组织相关单位赴安徽、江西等兄弟省份进行调研，编制完成《宁夏全面推行林长制的意见》并征求意见，报自治区人民政府审核。

"放管服"改革 编制《自治区林业和草原系统政务服务事项目录》，明确政务服务事项55项，办理项67项，在政务服务系统修改完善200项要素数据，完成近13 400条要素的录入工作。审批材料由336项减少为234项，材料精简率达30.4%，办理时限整体压减为10个工作日，承诺办结时限比法定办结时限整体压缩50%。推进"证照分离"改革。为落实"证照分离"全覆盖试点改革要求，将11项行政职权列为"证照分离"改革事项，编制了《自治区林业和草原系统证照分离改革清单目录》。

【生态修复】

林草"四大工程"任务 六盘山重点生态功能区400毫米降水线以上区域造林绿化工程完成4.15万公顷，占计划任务4.15万公顷的100%；引黄灌区平原绿网工程完成0.70万公顷，占计划任务0.70万公顷的100%；南华山外围水源涵养林工程完成0.67万公顷，占计划任务0.67万公顷的100%；同心红寺堡生态经济林种植工程完成0.55万公顷，占计划任务0.533万公顷的103%。

荒漠化治理 根据自治区人民政府副主席刘可为在国家林草局办公室"关于反馈防沙治沙目标责任中期督促检查意见的函"上的批示意见，认真总结，针对反馈意见逐项制订了整改措施并抓紧落实。按照国家林草局要求，认真分析总结了《宁夏防沙治沙规划（2011~2020年）》实施情况，在"6·17"世界防治荒漠化与干旱日成功组织"携手防沙止漠 共建绿水青山"主题宣传活动，在新华社、《宁夏日报》等多个媒体刊登发表专题文章进行宣传。

【自然保护地建设】

自然保护地体系建设 2020年，自治区党委办公室、政府办公室印发了《宁夏建立以国家公园为主体的自然保护地体系工作实施意见》，并将此项工作纳入自治区党委、政府重大工作。经与各市、县（区）和自然资源厅多轮沟通对接，完成了《宁夏回族自治区自然保护地整合优化预案（征求意见稿）》，经2020年12月11日自治区人民政府常务会议审议通过。

野生动物保护 印发《关于进一步强化应急期间陆生野生动物管理工作的紧急通知》，完成了全区陆生野生动物人工繁育场所摸底调查，建立了按区域、按种类区分的人工繁育陆生野生动物工作台账，研究制定并印发了《疫情防控期间加强陆生野生动物人工繁育场所管控九项要求》，并建立了野生动物人工繁育工作日报制度。2020年2~4月，自治区林草局、市场监管厅、农业农村厅等部门先后两次调查核实各县（区）陆生野生动物人工繁育相关情况，统计全区在养陆生野生动物48种，存栏数量约66 450只，其中合法养殖存栏量52 231只。2020年5月，根据《国家畜禽遗传资源目录》（以下简称《目录》），区分处置全区在养陆生野生动物合法养殖与非法养殖、以食用为目的和非食用性利用，对纳入《目录》的畜禽，及时撤回或注销行政许可证件（文书）；124家陆生野生动物人工繁育主体中，转为畜禽养殖范围80家，保留7家展演展示类，取缔或引导产业转移37家。12家陆生野生动物及其制品出售单位（个人），除1家为药用保留外，其他全部取缔。8月5日，经自治区政府同意，林草、公安、财政、农业农村、市场监管等部门联合印发《宁夏禁食陆生野生动物人工繁育主体退出补偿及动物处置方案》。全区涉及12个县（区）的24家养殖户约17 000只（纳入自治区补偿范围约14 000只）在养陆生野生动物，通过放归自然、转作他用、保护收容、代养调配、无害化处理等方式全部清零，比国家的时限要求提前了1个月。全区纳入禁食陆生野生动物退出补偿的20户人工繁育主体全部补偿到位，兑现金额总计335万元。

【森林草原防火】 印发《关于进一步做好清明、"五一"期间森林草原防火工作的紧急通知》，自治区森林草原防灭火指挥部下发了《关于做好全区秋冬季森林草原防灭火工作暨开展打击森林草原违法用火行为专项行动的通知》；3次组织召开全区森林草原防火工作电视电话会议和秋冬季防火工作会议，安排部署全区森林草原防火工作，压紧压实防火责任；制作防火宣传片、公益广告和《哈嘻嘻》森林防火专题剧在电视、广播循环播放，全面推广使用"防火码"和"互联网+森林草原防火督查"系统，防火码卡口启用率、场景应用率、全区森林草原防火重点区域注册率和数据填报率均位居全国前列。组织实施《宁夏石嘴山市、吴忠市、中卫市森林火灾高风险区综合治理项目》。核增防火行政编制共55名；全区共发生森林火灾8起，均为一般森林火灾，过火面积13.59公顷，受害森林面积13.33公顷，森林草原火灾数量、过火面积和受害森林面积"三下降"，森林火灾受害率低于0.9‰的预期指标；开展了安全生产专项整治三年行动。

【科学技术】

标准化编制 完成8项2020年立项标准的征求意见稿和2项标准报批稿。征集并向市场监管厅推荐35个2021年林草标准立项建议。对推荐性国家标准计划《治沙造林技术规程》等4个项目组织开展了再评估工作，对《紫丁香育苗及绿化种植技术规程》地方标准进行了复审。

科技推广 启动实施2020年度11个中央财政科技项目和6个自治区财政项目，投入中央及自治区财政资金2294万元；向国家林草局推荐全国经济林咨询专家库专家16人、最美科技推广员6人，国家林草局聘任全国林草乡土专家10人。

【林业宣传】 先后开展植树节网络专题宣传、大规模国土绿化行动专题宣传、森林草原防火专题宣传等。编辑出版《宁夏林业》期刊6期，架起了林草系统工作联系、技术交流、信息沟通的桥梁。协调《中国绿色时报》、宁夏广播电视台、《宁夏日报》、宁夏新闻网、中国新闻社、《华兴时报》等第三方媒体，宣传报道林草系统贯彻习近平总书记指示精神，宁夏林草局具体安排和复工复产情况、开展林草业务工作的生动实践。共发布林草宣传信息8811条次，其中国家级媒体发布2434条次，关注森林网发布信息776条，融媒体指数全国排名第4名。

【天保工程】 争取中央和自治区天保工程、森林生态效益补偿、森林抚育资金2.34亿元，督促市、县（区）层层签订管护责任书和管护合同，落实管护责任，确保全区102.05万公顷天保工程森林管护任务和51.24万公顷国家级公益林得到有效保护。安排资金80万元，开展西吉等8个县（区）公益林效益监测评价工作。

【退耕还林】 向国家共争取退耕还林任务700公顷。配合国家林草局顺利完成2016年度新一轮退耕还林国家级检查验收工作。组织对2018年退耕还林开展省级复查，指导相关县（区）做好2017年和2019年县级自查工作。协调自治区财政厅下发《关于收回退耕还林工程补助结余资金的通知》。配合国家林草局退耕中心编写完成《退耕还林还草发展战略研究》，总结提炼4类宁夏退耕还林还草实用模式，在全国退耕还林工程省区推广示范；配合开展"退耕还林高质量发展大讨论"网络征文、"退耕还林还草标识征集"、"退耕还林看中国——退耕还林还草新闻及文学作品选"等活动，退耕还林与三北工作站《新时期退耕还林发展瓶颈的分析及政策建议》征文荣获全国"退耕还林高质量发展大讨论"网络征文二等奖。

【三北防护林工程】 争取三北防护林建设任务4.8万公顷，中央投资2.15亿元，比2019年分别增长3%和13%，实现任务、资金持续"双增长"。完成三北工程建设任务4.75万公顷，占全年总任务的98.9%。申报2020年度综合示范区项目，开展三北五期工程评估工作及重点项目建设评估，组织开展2020年三北工程国家重点项目检查。组织编制《宁夏三北工程总体修编规划》和《宁夏三北六期工程规划》，并指导各工程县（区）同步开展相关工作。2020年11月，国家三北防护林体系工程管理服务平台率先在宁夏试点运行，配合国家林草局三北局和北京林研院对27个工程市、县（区）安装了信息平台。

【草原建设】

草原保护制度　修订《宁夏回族自治区草原管理条例》，起草了《宁夏基本草原保护管理办法》和《进一步加强禁牧封育的意见》，经与自治区人大常委会农业与农村工作委员会沟通，自治区人大将《自治区草原管理条例》修改列入了《2020年~2024年5年立法规划》，计划2022年进入该条例修改程序。

草原生态修复工程　2020年完成草原生态修复0.67万公顷，草原改良面积累计达57.70万公顷，草原综合植被盖度56.23%。

草原自然保护区补助　开展14个县（市、区）和符合政策的国有农牧场、天然草原自然保护区补助资金19 492万元，项目涉及兴庆区、平罗县、盐池县、青铜峡市、同心县、红寺堡区、沙坡头区、中宁县、海原县、原州区、西吉县、彭阳县、隆德县、泾源县39万农牧户。共办理草原征占用审核审批16件，征占用草原0.61万公顷，收取植被恢复费123.52万元；办理草种生产经营许可8件。

【湿地保护】

湿地保护项目资金　通过积极协调，共争取资金7691万元，其中：中央财政湿地补助资金5841万元、自治区财政湿地补助资金1350万元、自治区发改委项目资金500万元。

湿地公园体系建设　实行"一市一县一区一园"的目标，推动通过湿地公园建设示范，带动各市、县抓好一般湿地的保护管理。认真落实《国家林业和草原局关于进一步做好湿地监督管理工作的通知》；编制《宁夏沿黄湿地保护修复规划》《湿地"十四五"专项规划》等规划，向国家林草局申报了星海湖、黄沙古渡两个国家湿地公园调查规划报告。

湿地科研宣教　制作宁夏湿地保护公益广告片，安排在宁夏电视台黄金时段播放，拍摄制作遗鸥科教宣传片；购置鸟类识别智能化监测管理系统，积极筹措资金，在吴忠市、固原市、中卫市3个市购置、安装鸟类识别智能化监测管理系统，有力提高了鸟类监测水平和能力；下发《宁夏湿地保护管理中心关于开展2020年湿地动态监测工作的通知》文件；对宁东海子井迁徙生活的濒危国家一级重点保护鸟类遗鸥，开展持续监测，研究遗鸥迁徙生活习性，为保护遗鸥提供科学依据；利用"世界湿地宣传日"和"野生动物保护日""爱鸟周""生物多样性日"组织开展宣传活动，发放湿地宣传资料，制作湿地宣传主题美篇3部，宣传湿地保护理念；在宁夏林业信息网刊载各类工作信息26条，在各类报刊媒体上刊载有关宁夏湿地保护的信息30条。

【产业发展】

特色经济林产业　全区新增经济林基地2206.67公顷，其中：苹果466.67公顷、红枣26.67公顷、鲜食葡萄46.67公顷，设施果树及花卉533.33公顷、小杂果1133.33公顷。大力支持经果林良种繁育基地建设，新建灵武长枣、红梅杏良种繁育基地33.33公顷。

林下经济示范基地　全区林下经济经营和利用面积11.37万公顷，实现产值5.7亿元；更新完善了《自治区林业专业合作社示范社名录》《自治区示范家庭林场名录》，起草了《自治区林业和草原局　中国邮政宁夏分公司共同促进农民林业专业合作社质量提升实施方案（修改稿）》；积极与自治区不动产登记机构沟通，推进林权类不动产登记与林业管理工作有序开展，扶持培育示范基地64个（其中新增38个），巩固提升示范基地13个。

【枸杞产业】

枸杞产业标准化体系　新立项枸杞栽培地方标准2部，枸杞气象地方标准1部，枸杞原浆团体标准1部。制订《2020年宁夏枸杞病虫害绿色防控工作实施方案》，推广《国家禁用限用农药清单》《农作物病虫害防治条例》《宁夏枸杞生产第一批推荐农药品种指导目录》《第二批宁夏枸杞生产推荐农药品种使用剂量及稀释品倍数指导目录》。全区枸杞病虫害监测预报队伍达71人、测报样点达797个、监测基地面积0.47万公顷。印发《关于切实加强枸杞木虱绿色防控的通知》《关于切实加强枸杞采果前期病虫害绿色防控的通知》，制订全区及中宁县、红寺堡区、同心县等7个县（区）《枸杞木虱信息化专项监测预报及防控建议》和《枸杞采果前期病虫害信息化监测预报及防控建议》。

全区枸杞基地建设　新建设枸杞基地0.2万公顷，制订印发了《枸杞绿色丰产综合技术应用示范点建设方案》，制订了《宁杞1号种源保护及提纯选优实施方案》，建立宁杞1号种源保护3.33余公顷，保护宁杞1号原种1万余株，建立宁杞1号优系标准化示范园6.66公顷；成立自治区枸杞良种繁育体系建设工作领导小组和专家委员会，确立枸杞良种繁育基地示范县1个，国家级种质资源圃2个，自治区级种源基地1个，自治区级枸杞良种繁育示范企业3个；在惠农区、泾源县、原州区、贺兰县等8个县（区）建立了9个叶用枸杞实验示范点，新建叶用枸杞基地6.66公顷，引进叶用枸杞品种1个，实验叶用枸杞品种达到3个；鼓励食品企业积极研发叶用枸杞新产品、新工艺，截至2020年年底，已研发叶用枸杞新产品10余个、批量投入生产的6个。

【林业调查规划】

三北总规修编和六期工程规划编制　编制并下发了《宁夏三北工程总体规划修编和六期规划编制工作方案》《宁夏三北工程总体规划修编技术方案》《宁夏三北工程六期规划编制技术方案》。

黄河流域生态保护与高质量发展　编制《黄河流域生态保护与高质量发展相关规划》、完成了《宁夏国土绿化和湿地建设规划》（2020~2025年）。配合自然资源厅完成《"三山"生态环境保护治理规划》，配合生态环境厅完成《守好改善生态环境生命线　建设美丽新宁夏实施方案》，配合水利厅完成《黄河宁夏生态保护综合治理规划》等林草部分的规划及修改。

森林督查与森林资源管理"一张图"年度更新　编制宁夏2020森林督查及森林资源管理"一张图"年度更

新的《技术细则》和《工作方案》；举办全区2020年森林督查与森林资源管理"一张图"年度更新启动会暨技术培训班，制定了《森林资源规划设计调查数据质量检查要点》，并对成果数据进行质量检查。

全国陆生野生动物绿色指标体系调查 将22个县（区）及六盘山国家级自然保护区的数据汇总，并录入森林合理年伐量测算系统，限编基础数据初步完成；完成了六盘山地理单元调查成果验收并上报备案。通过向专家寄递成果报告、回收专家意见的方式完成了鄂尔多斯台地和陕北陇东切割塬两个地理单元调查报告中期检查验收。

【林业技术推广】

项目跟踪管理 对2019年度13个林业优新树种引种驯化繁育项目进行跟踪管理，组织各项目实施单位对所承担的项目开展越冬情况调查、支出绩效自评；组织实施2019年自治区财政科技推广林业优新树种造林示范项目，开展春季补植造林任务，进行项目中期绩效评估，通过自治区专家评估绩效检查；完成《宁夏核桃遗传资源调查编目》科技成果申报、评价，《杂交构树引种试验示范项目》科技成果评价工作。对近10年宁夏引进驯化的林业优新树种及适用基本情况开展统计、汇总、分类、调查，形成《宁夏优新树种引种应用情况汇总表》。

乡镇林业站基础建设 新建标准化基层林业站10个，投资200万元，新建科技推广站6个。同步实现六大职能规范整理；对涉及2018年标准化林业站建设的10个乡镇，林业站人员基本信息、两图两表三制度、林业站六大职能档案收集整理及项目资金使用情况全部改为电子版进行网上打分验收。

【林业有害生物防治】

林业有害生物监测防治 与五市签订《2020~2022年重大林业有害生物防治目标责任书》，认真落实防控责任；分解下达2020年度林业有害生物监测防治任务和"四率"治标，积极指导全区按时完成年度防治任务；汇总上报了全区全年林业有害生物发生防治、发生趋势和应急工作情况，发布预警通报6期。

林业有害生物检疫除治 指导各地做好植物检疫工作，确保全年造林绿化用苗安全；全面完成松材线虫病普查工作，全区未发生松材线虫病；指导基层单位做好外来有害生物黄花刺茄调查除治工作，有效遏制外来有害生物蔓延扩散；完成了审计署反馈宁夏161家涉木企业检疫监管不到位问题的整改。

野生动物疫源疫病监测防控 协调全区42个监测单位及时上报监测信息，积极推广并指导手机移动端采集系统应用；成功处置了贺兰山野生岩羊小反刍兽疫疫情和盐池县人为投毒致野鸟死亡事件2起，共无害化处置250余只野生动物尸体；在平罗、青铜峡、长山头和银川等地，开展候鸟禽流感病毒主动预警工作，共采集、送检样品3000余份；在宁夏电视台报道了宁夏野生候鸟的疫情监测情况，取得了良好的社会效果；利用举办培训班、联合基层单位开展培训应急演练等形式，加强野生动物疫源疫病监测防控技术培训工作，提升队伍整体业务素质。全年共培训各级监测人员500余人次。

【外援项目管理】

世行项目 上半年共组织提款报账6次1.1亿元，协调项目专家、咨询专家完成了项目竣工报告、财务报告、技术总结报告、终期社会经济报告、终期生态监测报告，并通过世行审查。配合自治区审计厅对项目2019年财务报账和项目执行情况进行了年度审计。

欧洲投资银行贷款项目 欧洲投资银行贷款项目是国家林草局组织宁夏等4省（区）实施的改善黄河流域生态环境，保障黄河流域生态安全的可持续沙化治理项目，贷款由中央统借统还。宁夏林草局协调相关部门拟定了申报项目，并积极协调国家林草局增加了贷款额度。项目方案经自治区发改委、财政厅审核后，报自治区人民政府相关领导审议同意。项目规划治理荒漠化土地面积4.20万公顷，总投资1.1亿欧元，其中争取欧投行贷款5500万欧元、地方配套5500万欧元。

第四届绿博会 第四届绿博会于2020年8月在贵州省都匀市举办，"宁夏园"荣获"第四届中国绿化博览会金奖"和"最佳植物配置奖"，宁夏林草局获"优秀组织奖"。

【国有林场和林木种苗管理】

国有林场发展 组织全区96个国有林场和随机抽取的19个国有林场的20名职工完成国家林草局林场种苗司国有林场改革满意度测评填报工作；推进国有贫困林场扶贫资金项目实施。深入调研全区2017~2019年中央财政国有贫困林场扶贫资金项目实施情况，组织开展2019年中央财政国有林场扶贫资金绩效评估，组织实施2020年中央财政2400万元国有林场扶贫资金项目；利用2019年争取的4000万元中央财政资金建设国有林场道路63.4千米，2020年争取到交通部补贴国有林场道路专项资金5000万元，建设国有林场道路83千米；先后两次协助完成自然保护区与国有林场林地重叠情况调查，持续推进国有林场林地确权登记。

种质资源保护利用 印发《关于做好当前林木种苗生产和供应的通知》《自治区林草局关于使用泾源县樟子松苗木推进全区国土绿化工作的通知》，着力解决泾源县樟子松苗木滞销问题；完善林木种质资源普查数据信息管理库，督促各资源普查单位做好林木种质资源普查补充调查工作；组织开展第三批自治区级林木种质资源保护库申报工作，新增5处自治区级林木种质资源库；争取2020年中央财政林木良种补贴资金508万元和自治区财政林木良种补贴资金90万元，用于补贴国家重点林木良种基地、自治区级林木种质资源库、苗木培育和林木种质资源普查单位。完成2019年中央财政635万元，涉及12个项目和自治区财政182.6万元，涉及42个项目林木良种补贴资金的绩效评价；积极申报自治区科技厅重点研发项目，获得项目资金60万元；主持的"宁夏林木种质资源收集保存评价利用技术研究与示范"项目已启动实施。

森林公园和森林旅游管理 完成全区国家级森林公园基本情况及保护利用报告，配合开展全区国家级和省级森林公园整合优化工作，初步完成全区省级森林公园总体规划资料搜集整理；指导2019年度贺兰山国家森林公园林相改造项目实施，完成年度绩效评价，起草完成全区森林康养产业发展情况报告，组织开展"2020年全国森林康养基地试点建设单位"和"中国养生基地""中国森林体验基地""中国慢生活休闲体验区、村（镇）"申报工作。

【全区国土绿化工作电视电话会议】 于4月2日召开，总结2019年国土绿化工作，安排部署2020年全区国土绿化工作。自治区副主席刘可为出席会议并讲话。国家林草局三北防护林建设局、自治区自然资源厅、自治区林草局、自治区绿化委员会成员单位和农垦集团负责人在银川主会场参加会议。各市、县（区）人民政府负责人，有关部门负责人以及六盘山、白芨滩、南华山国家级自然保护区管理局，银川市园林局、中宁县枸杞产业发展局、重点国有林场主要负责人在分会场参加会议，固原市、同心县、西夏区主要负责人作交流表态发言。自治区林草局党组书记局长徐庆林安排部署2020年全区国土绿化工作重点工作任务。

【义务植树宣传活动】 4月13日上午，自治区党委书记、人大常委会主任陈润儿，自治区党委副书记、区人民政府主席咸辉，自治区政协主席崔波等党政军领导到西夏区大连路参加义务植树活动，与广大干部群众合力推进美丽新宁夏建设。自治区林草局局长徐庆林向自治区领导详细介绍了宁夏2020年重点林草工程和黄河流域宁夏段"十四五"期间重大生态修复项目规划。

【组织完成《宁夏林业和草原发展"十四五"规划》】 深入贯彻落实自治区党委、政府"守好改善生态环境生命线、努力建设黄河流域生态保护和高质量发展先行区"的安排部署，自治区林草局组织编制完成《宁夏林业和草原发展"十四五"规划》《黄河流域宁夏段国土绿化和湿地保护修复规划（2020~2025年）》《宁夏现代枸杞产业高质量发展"十四五"规划（2021~2025年）》，以及《三北工程总体规划修编及六期工程规划（宁夏部分）》，国家林草局出台《关于支持宁夏建设黄河流域生态保护和高质量发展先行区意见》。

【统筹疫情防控和林草产业发展】 2020年初新冠肺炎疫情发生后，自治区林草局坚决贯彻党中央和自治区党委、政府有关疫情防控要求，第一时间成立疫情防控工作领导小组，强化野生动物疫源疫病监测防控，对全区人工繁育野生动物单位（个人）和野生动物制品出售单位（个人）进行全面摸排；出台《关于做好疫情防控期间有序复工复产的通知》；与自治区供销合作社联合社签订战略协议，为林业经营主体提供农资供给，努力统筹疫情防控和林草产业发展。

【建立现代枸杞产业高质量发展包抓工作机制】 按照自治区建立省级领导包抓现代枸杞等9个重点特色产业高质量发展工作机制的要求，现代枸杞产业设立种苗及种植、龙头企业培育及招商引资、市场与品牌、科技攻关、文化活杞、财政金融6个工作组，多次深入基层调研并召开产业发展推进会及联席会。

【关注森林活动组委会成立】 2020年9月10日，宁夏回族自治区关注森林活动组织委员会成立并召开第一次工作会议，审议通过了《宁夏回族自治区关注森林活动工作规则》《宁夏回族自治区关注森林活动三年工作规划（2020~2022）》《宁夏回族自治区关注森林活动2020~2021年工作方案》。在前期调研和征求意见的基础上，起草制定了《宁夏关于全面推行林（草）长制的意见（送审稿）》。

【宁夏林草系统助力打赢脱贫攻坚战】 2020年，自治区林草局下达林草资金22.9亿元，重点实施造林扶贫，开展退耕还林扶贫，推进草原生态保护扶贫；安排枸杞产业发展资金2650万元，争取中国绿化基金会扶贫资金770万元，大力发展特色经济林产业；累计选聘生态护林员1.13万名，发放补助资金1.13亿元；鼓励生态护林员累计发展庭院经济林293.33公顷。

【山水林田湖草沙综合治理】 2020年，全面完成世界银行贷款宁夏黄河东岸防沙治沙项目，该项目总投资5.54亿元，共治理荒漠化土地面积5.18万公顷，被世界银行专家组评为"令人满意项目"。争取欧洲投资银行贷款项目，经国务院批准后，落实项目资金4000万欧元（约合人民币3.2亿元）。依托兰州大学草业生态系统研究优势，自治区林草局与兰州大学签署科技战略合作协议。

【《宁夏建立以国家公园为主体的自然保护地体系实施意见》印发】 《宁夏建立以国家公园为主体的自然保护地体系实施意见》印发，自治区林草局编制完成《宁夏自然保护地整合优化预案（送审稿）》。整合优化预调出保护地范围内永久基本农田8123.85公顷、城镇建成区1252.85公顷、村庄873.89公顷。贺兰山国家公园已列入"十四五"国家公园设立计划，六盘山已纳入全国国家公园总体布局方案，宁夏2处草原自然公园入选首批国家草原自然公园建设试点，6处湿地公园纳入国家首批重要湿地。

【《宁夏天然林保护修复制度实施方案》印发实施】 《方案》将天然林保护和修复目标任务纳入全区经济社会发展规划，全面加强天然林保护修复，努力构筑黄河上游较为稳定的森林生态屏障，推动黄河流域生态保护和高质量发展先行区建设。

【林草信息化建设】 加强全区林草资源信息化管理，以国土三调数据为基础，集成现有的森林、湿地资源调查、草原资源清查等最新数据成果，形成林草资源监管"一张图"。"防火码"全面推广，宁夏森林草原防火工作被国务院考核组评定为优秀。

【大事记】

1月15日 全国三北工程总规修编暨站（局）长会

议在银川召开，宁夏作了大会交流发言。

1月20日　全区自然资源（林业和草原）工作会议在宁夏银川召开，会议传达学习了全国自然资源工作会议、全国林业和草原工作会议和自治区"两会"精神，总结2019年工作，部署2020年重点任务。自治区林草局党组书记、局长徐庆林安排部署林业和草原工作，自然资源厅党组书记、厅长马波讲话。

2月1日　国家林草局驻西安专员办专员王洪波一行来到宁夏，深入到固原地区六盘山管理局、乡村及野生动物养殖企业等地，实地调研野生动物养殖场管理等工作。

3月3日　自治区人民政府副主席刘可为到中宁县就枸杞产业疫情防控和复工复产情况进行调研。政府副秘书长范锐君，自治区自然资源厅党组书记、厅长马波，自治区林草局党组书记、局长徐庆林等陪同调研。

4月3日　自治区人民政府主席咸辉到宁夏哈巴湖国家级自然保护区调研春季森林草原防火工作。自治区人民政府副主席刘可为、政府秘书长房全忠、自治区应急管理厅厅长张吉胜、自治区林草局局长徐庆林等陪同调研。

4月17日　自治区党委书记、人大常委会主任陈润儿调研贺兰山自然保护区生态保护情况。

6月8日　国家林草局发布《2020年国家重要湿地名录》，宁夏吴忠市黄河国家重要湿地、盐池县哈巴湖国家重要湿地、兴庆区黄河外滩国家重要湿地、固原市原州区清水河国家重要湿地、中宁县天湖国家重要湿地5处湿地录入国家重要湿地。

6月23日　自治区党委书记、人大常委会主任陈润儿调研枸杞产业发展情况并召开座谈会。

6月30日　由自治区林草局、中卫市人民政府主办，中宁县委、中宁县人民政府、宁夏枸杞产业发展中心、宁夏枸杞协会共同承办的第三届枸杞产业（云）博览会暨全球网红大赛颁奖盛典在"中国枸杞之乡"——宁夏中卫市中宁县拉开帷幕。

7月10日　全国政协委员、民盟宁夏区委会主委冀永强，副主委田华带领区委会机关干部、民盟宁夏青年工作委员会等60余人，赴兴庆区塔桥村、鲜花港和贺兰县金贵镇调研设施冬枣、花卉产业和牡丹园田园综合体建设情况。自治区林草局党组成员、副局长王自新陪同调研。

7月22日　自治区人民政府第71次常委会审议通过《宁夏天然林保护修复制度实施方案》。自治区林草局局长徐庆林参加会议并汇报。

8月3日　自治区政协主席崔波、自治区人大常委会副主任董玲、自治区政协副主席李泽峰、自治区政协农业农村委员会党组书记许兴一行4人，赴自治区林草局，围绕枸杞产业高质量发展进行调研座谈。

8月7日　自治区党委办公厅、人民政府办公厅印发《宁夏天然林保护修复制度实施方案》。

8月24日　由国家林草局三北局组织中央电视台等媒体、专家学者一行到灵武市白芨滩自然保护区进行调研采访。邀请"人民楷模"国家荣誉称号获得者王有德介绍防沙治沙经验，讲述退休后"二次创业"从事生态公益事业的个人情怀。

9月22~23日　自治区人大常委会副主任彭友东调研督办泾源县森林草原防火基础设施建设。自治区应急管理厅厅长张吉胜，自治区林草局党组书记、局长徐庆林陪同调研。

10月10日　由自治区政协主席崔波主持，召开全区枸杞产业及高质量发展推进会。自治区人大常委会副主任董玲就具体推进工作进行了部署，自治区林草局等6位对标工作组负责人参加，自治区林草局局长徐庆林发言。

（宁夏回族自治区林草业由马永福供稿）

新疆维吾尔自治区林草业

【概　述】　2020年是全面建成小康社会和打赢脱贫攻坚战、"十三五"规划收官之年。新疆林草局积极贯彻新时代党的治疆方略，牢牢扭住社会稳定和长治久安总目标，紧扣自治区党委"1+3"工作部署，坚持新发展理念，认真落实疫情防控常态化各项工作要求，扎实做好"六稳"工作，全面落实"六保"任务，扎实推进国土绿化、林果业提质增效、生态保护和修复，持续开展"以案促改、净化政治生态"专项整治，有力推动了改革发展稳定各项工作取得新进步、新成效。

【生态建设】　研究制订《自治区农田防护林建设技术规程》《自治区村庄绿化美化建设技术标准》，重点加强路渠两旁、村庄周边、房前屋后以及村委会、学校等公共场所的造林绿化工作，更新修复农田林网，加大补植补造，提高农田防护林生态效益，保障农牧业稳产增收。2020年，完成造林17.80万公顷，森林抚育8.70万公顷，完成沙化土地治理24.73万公顷。抓好退耕还林工程，2016年度退耕还林工程整体通过国家级检查验收。组织开展30个工程县（市）退耕还林调查核查、绩效评价，完成4个工程县（市）退耕还林效益监测和评估工作，完成退耕还林6.16万公顷，落实到23个县（市）、205个乡（镇）、55 217户。贯彻落实中共中央办公厅、国务院办公厅《天然林保护修复制度方案》，研究制订《自治区天然林保护修复实施方案》，完成管护任务513.13万公顷。将塔城地区、伊犁哈萨克自治州纳入国家级草原生态保护试点项目，下达退化草原修复治理任务4.13万公顷，草原有害生物防治141.33万公顷、围栏建设5.56万公顷，草原边境防火隔离带955千米。下达退牧还草工程围栏33.59万公顷、退化草原改良6万公顷、人工种草修复治理1.33万公顷、毒害草治理4.93万公顷。

【生态保护】 依法开展221个自然保护地整合优化，解决交叉重叠、保护与发展矛盾尖锐等问题，得到自然资源部、国家林草局和各地（州、市）的一致认可。启动《新疆重要湿地名录评估报告》编制工作，开展5处国家湿地公园省级初验。完成森林公园界限范围矢量化工作。卡山自然保护区整改效果明显，保护区内旅游开发、建设经营活动已全部停止；新增野生动物饮水点81处，拆除围栏620千米，栖息地生境恢复良好，目标种群数量明显提升。深入实施塔里木河流域胡杨林拯救行动，2020年投入资金4380万元，在4个地（州）13个县（市）30个乡（镇）和1个国家级自然保护区，完成老河道疏浚317.2千米，修建引洪渠415.9千米、拦洪坝约64.1千米、涵管涵洞25个、新建闸口6个，完成引洪灌溉15.37万公顷，超额完成0.77万公顷，项目区生态环境得到明显改善，胡杨林重新焕发勃勃生机。抓好林草有害生物防治，加强苗木调运检疫、产地检疫和复检，做到了病苗不出圃、病树不出园、区域不交叉。完成松材线虫病普查168.89万公顷，防治林草有害生物265.76万公顷，防治草原虫害44.54万公顷，鼠害80.65万公顷，防除毒害草17.76万公顷，严密防范沙漠蝗入侵。

【资源管理】 组建森林草原消防应急分队104支，火灾发生次数、过火面积、受害面积较上年分别下降43.75%、44.43%、42.45%。积极开展国土三调与森林资源管理"一张图"对接工作。持续做好林草系统违建别墅清查整治。组织专门力量对全区14个地（州、市）、96个县（市、区）国土三调成果与2017年林地"一张图"成果有差异的林地、与第一次草地资源调查成果有差异的草地及与2019年林果业统计年报数据有差异的林果资源情况进行对接核实，理清地类、摸清家底。迅速妥善处置野生天鹅高致病性禽流感疫情，未发生扩散和家禽、人员感染。联合自治区公安厅、农业农村厅、市场监督管理局，深入开展打击非法野生动物交易行为和涉及野生动物违法犯罪、革除滥食野生动物陋习专项行动，累计检查野生动物活动区域11 958处、重点市场15 939个、人工繁育场所4522个、餐饮场所125 870个，查处破案件953起，打击、抓获违法人员997人，收缴猎捕工具1119件，收缴野生动物10 730头（只）。积极应对疫情影响，制订支持重大项目使用林地草地手续备案制（先开工、半年内补办）等12条绿色通道措施，落实行政审批"最多跑一次"、线上线下受理、全部进大厅等"放管服"改革要求，网上公开报件程序、环节、内容、形式，急事急办、特事特办，共审批件1624件，全年未收到任何意见反映，为自治区完成固定资产投资同比增长16.2%作出积极贡献。狠抓林草重大项目建设，每周日常调度，每月视频调度，督促完成投资62.4亿元。

【产业发展】 2020年，全区林业和草原总产值达到686.75亿元，其中：第一产业产值524.46亿元，占总产值的76.37%；第二产业产值69.71亿元，占总产值的10.2%；第三产业产值47.88亿元，占总产值的6.97%；草原产业总产值44.70亿元，占总产值的6.51%。主要林产工业产品产量48.08万立方米，主要经济林产品生产量847.7万吨。全区林草种苗花卉产业快速发展，苗木年总产量达11.81亿株，产值达49.11亿元，主要造林树种良种使用率达93.97%。林草种质资源库二期项目、特克斯县野生果树国家级林木种质资源库项目建设顺利推进，完成了英吉沙县杏国家级林木种质资源库项目建设。成功举办了第九届新疆苗木花卉博览会，开幕式期间举行了"云上"签约仪式，签约总金额达5.07亿元。积极同中国果品流通协会沟通对接，协调帮助销售阿克苏苹果1400吨，并签订9000吨销售协议。与北京京东世纪贸易有限公司签订加快林果业现代化建设《战略合作框架协议》。组织84家林果企业、合作社参加第13届中国义乌国际森林产品博览会，果品销售额133.3万元，签约22个项目涉及金额3364万元，自治区林草局荣获最佳组织奖，10个金奖和14个优质奖。

【林草改革】 组织编制权责清单，其中行政许可38项、行政处罚95项、行政强制9项、行政检查10项、行政征收2项、行政给付3项、行政奖励10项、行政确认5项、其他行政权力9项。完成与《民法典》《优化营商环境条例》、深化"放管服"改革等规定和精神不一致的地方性法规、政府规章和规范性文件的清理工作。完成《自治区实施〈野生动物保护法〉办法》立法后评估工作。"七五"普法工作通过自治区验收。探索推进林长制，组织研究制定相关制度。开展集体林权颁证查漏补缺。与自然资源厅联合印发《关于做好林权类不动产登记颁证工作的通知》，全面落实林权类不动产登记。实施林区视频监控联网平台一期、林草规划财务信息管理系统、智慧林草数据交换与共享平台项目建设。发挥林草网站、微信、微博平台作用，转发推送各类信息1万余条。造林绿化、林业业提质增效、脱贫攻坚、野生动植物保护等报道广泛转发转载，引起广泛关注。

【林草科技】 落实2020年中央财政林草科技推广项目23项，转化推广林草科技成果33个，与农民脱贫密切相关的林果类项目16项，占比69.6%。梳理全区现行使用的林果业技术标准523项，制定发布了核桃、红枣、苹果、香梨、葡萄、杏6种果品质量分级标准。着力推进林果质量体系建设，开展核桃、红枣、苹果等7类主产果品安全质量监测800余批次。进一步加大9个生态系统国家定位观测研究站建设验收、运行管理、业务考核等工作的指导、督促，促进工作规范运转。推荐伊犁哈萨克自治州林科院申报国家林业和草原长期科研基地，推荐新疆林果树种选育与栽培重点实验室申报自治区科研创新平台建设奖补资金。

【林草扶贫】 牢固树立脱贫攻坚全疆"一盘棋"的思想，林草项目资金继续向南疆四地（州）倾斜。投入资金29.59亿元，投资占比达到46%，统筹整合各类林草资金7.25亿元，用于支持32个贫困县脱贫攻坚工作。落实生态护林员指标6132名，均通过"三级审核机制"落实到建档立卡贫困人口。全区共选聘生态护林员、草原管护员49 332名（生态护林员44 332名、草原管护员

5000名），其中落实到南疆四地（州）44 787名，占90.7%，覆盖10个地（州）53个县（市）511个乡（镇）4992个村，带动49 332户、9.87万贫困人口稳定脱贫，并通过紧盯实名制进行动态管理，严格"一卡通"发放补助，落实管护地界、面积、职责和工作要求，强化国语和技能培训，既做到脱贫、管护"两不误"，又为农村培养了一批留得住、用得上的乡土人才。落实贫困人口林果业提质增效面积5.17万公顷，带动21个深度贫困县1605个行政村的52.2万贫困人口受益，各类林果经营主体共吸纳13.9万农民（其中贫困人口5.6万人）就近就地稳定就业，人均月收入1500元左右，自治区林草局定点帮扶的38个村6291户26 681人建档立卡户全部高质量脱贫，年人均收入由建档立卡时的2116元提高到2020年的9468.25元，增长347%；村集体年平均收入由建档立卡时的5.14万元提高到2020年的25.28万元，增长392%。班子成员实行AB岗，多次前往帮扶村开展挂牌督战、包联督导，对10个县38个村的督战、包联、帮扶"三位一体"做到全覆盖。设立帮扶村农副产品销售点，消费扶贫99.59万元。编制林草生态扶贫"十四五"规划，国家林草局西北调查规划设计院对2017年以来自治区林草生态扶贫工作进行全面评估，认为新疆坚持"绿水青山"与脱贫攻坚有机结合，切实做到了经济效益、社会效益、生态效益同步提升，实现了百姓富、生态美有机统一。

【林草援疆】 贯彻落实第三次中央新疆工作座谈会特别是习近平总书记的重要讲话精神，12月4日，自治区分管领导在北京同国家林草局领导会谈商定就2021年召开全国林业援疆工作会议，并起草《关于进一步做好新时代林草援疆工作的意见》。依据《双重规划》，聘请国家林草局经济发展研究中心、北京林业大学、西北农林科技大学42人，分赴南北疆，历时15个月，形成《新疆林草发展"十四五"规划前期研究报告》。通过全国公开招标，委托国家林草局调查规划设计院编制了《新疆林业和草原保护发展"十四五"规划》，坚持以水定绿，宜乔则乔、宜灌则灌、宜草则草、宜湿则湿、宜荒则荒，指导各地谋划布局了以防沙治沙为重点的10个"百万亩生态保护修复工程"，在南疆沿塔克拉玛干沙漠，构建起丝绸之路经济带南疆的生态屏障；在北疆，构筑环古尔班通古特沙漠丝绸之路北疆的生态屏障，以及中哈、中蒙边界的绿色屏障。落实各项林草投资64.69亿元，较2019年增加5.85亿元，其中支持南疆四地（州）29.59亿元，占总投资的42.68%。

【林草宣传】 在国家、自治区等各级各类媒体、网站刊播林草宣传报道1072条，较上年增加7%，充分发挥林草网站、微信、微博的作用，共转发推送各类信息1万余条，日浏览量达1.5万人次，较上年增加10%。其中造林绿化、林果业提质增效、脱贫攻坚等报道，引起社会广泛关注。与国家林草局乌鲁木齐专员办开展"禁止非法野生动物交易，革除滥食野生动物陋习"宣传。在网站开设"脱贫攻坚"专栏，不间断地发布核桃、红枣、苹果、杏等栽培管理技术宣传册。在中央、自治区主流媒体刊发林草系统林果业提质增效、脱贫攻坚稿件371篇。在世界湿地日、植树节、世界森林日、爱鸟周、国际生物多样性日、世界防治荒漠化与干旱日等主题日及森林防火高发期，大力营造保护生态的良好氛围。制作微视频5部，配合新疆广播电视台开展特色林果"直播带货销售"活动6次，当日浏览量达110万人次。新疆林业政务微博被评为2019年全国"林业十佳微博"，组织的2019年"绿水青山看中国"主题摄影大赛获全国优秀组织奖，"天然林保护工程信息管理平台"被评为全国"林业信息化全面推进十周年优秀案例"，"新疆林业执法能力信息（智慧林草）管理平台"被评为全国"2019中国地理信息产业优秀工程铜奖"，《新疆生态经济林（特色林果）资源大数据建设及应用》作品荣获全国生态大数据创新应用大赛一等奖。

【"访惠聚"驻村】 坚持"队员当代表、单位做后盾、一把手负总责"，深入推进"访惠聚"驻村工作、深度贫困村第一书记和南疆学前双语干部支教工作。共派出159名干部驻村，其中，选派119名干部职工（含11名工勤人员）组成13个"访惠聚"驻村工作队，分别深入阿克苏地区乌什县（6个）、阿克苏市阿依库勒镇（6个）、喀什地区巴楚县（1个）开展"访惠聚"驻村工作，选派25名处级以上干部担任深度贫困村第一书记（和田墨玉县17名，阿克苏市乌什县5名，喀什巴楚县2名，伽师县1名）和15名助手深入南疆深度贫困村开展工作。选派32名干部开展南疆学前双语支教工作。共投入"访惠聚"驻村工作、深度贫困村第一书记所在村项目资金4076万元。发挥行业优势，在"访惠聚"驻村工作队和深度贫困村第一书记所在村建设低产田改造示范园533.33公顷，把深度贫困村建成林果提质增效科技示范村。依托自治区林果科技"百千万"培训行动计划、"冬季攻势"实施计划，精心组织林果技术、惠民政策、种植养殖技术、建筑技能、纺织技能等培训9794场次，邀请自治区林果专家来村进行现场授课，受益93.4万人次。坚持常态化访民情和"两个全覆盖"入户住户工作，深入开展"去极端化"，积极推进村级组织"星级化"创建，实施惠民项目393项，组织宣讲1400余场次，受教育群众60.7万人次。

【民族团结】 深入开展"民族团结一家亲"和民族团结联谊活动，自治区林草系统1091名干部职工结对认亲，共结对1099户，组织4轮39批3655人次开展结亲走访，线上联系6410人次，累计捐款22.23万元，办实事办好事6479件，惠及群众10 538户，做到"四同四送"和"两个全覆盖"。举办民族团结联谊活动合计5410场次，共邀请结对亲戚5批134人到乌鲁木齐做客，组织参加自治区"石榴花开，我与亲戚共战疫"线上"民族团结一家亲"活动3743人次。组织召开座谈报告会69场、联欢会43场、文体活动246场，双语学习3944次，参观学习14次，党组织生活221次，主题班会、队会164次，实际参加干部17 198人次，覆盖群众3万余人次。先后在各大网络和纸质媒体刊发了《齐欢聚迎新年》《丝丝真情筑牢民族团结生命线》等文章50余篇，广泛宣传林草系统干部职工用真情、结真亲、办真事的先进事迹。

【自身建设】 坚持把讲政治放在最高位置，严格履行抓党建第一责任，带头讲党课、调查研究、联系基层党组织，推动贯彻"十二个走在前列"45项措施落到实处。坚持第一时间传达学习、深刻领习习近平总书记的最新重要讲话精神，自觉坚持民主集中制原则，召开自治区林草局党委会议50次、党委理论中心组学习会议22次、党建工作领导小组会议7次，听取研究机关党建工作45次。持续巩固"不忘初心、牢记使命"主题教育成果，扎实推进"8+2"专项整治，梳理问题175条，立行立改156条，制定完善制度19项，建立强化理论武装、加强党的政治建设等7个方面长效机制。加强党对意识形态工作的领导，强化意识形态领域反分裂斗争，理直气壮宣传治疆方略的英明科学、反恐维稳组合拳的有效管用，持续肃清双泛思想（泛突厥主义、泛伊斯兰主义）；制订《党委班子成员、厅级领导干部党建工作联系点制度》，建立党建工作联系点8个，带领班子成员坚持每年实地调研指导不少于2次、讲党课1次，形成调研报告15份。制订《党支部建设质量提升三年攻坚行动（2019～2021年）工作方案》《党建工作考核办法》《党内定期谈心谈话实施细则》，压紧压实管党治党政治责任。规范基层党组织建设，撤销党委1个、党总支1个、党支部9个；新设立党总支1个、党支部30个，届中调整19个，换届选举27个，接收预备党员41名，在疫情防控第一线接收预备党员1名。加强纪检队伍建设，设置处级纪检干部编制39个，配齐配强13个直属单位25个国有林管理分局纪检书记，配备各级纪检干部84名。梳理权力清单5052条，健全完善各类制度1607项。对自治区党委常委会议定林草事项3件、自治区领导批示309件，建立台账、定期梳理、滚动督办、实时反馈，做到了件件有着落、事事有回音。

【大事记】
1月22日 召开自治区林草局系统安全生产暨森林草原防火工作电视电话会议。

3月10日 组织专家对新疆呼图壁大海子、阜康特纳格尔、哈巴河阿克齐、温泉博尔塔拉河、巴楚邦克尔5个国家湿地公园进行省级初验。

3月11日 制订《自治区林草局支持重大项目提档速十二条措施》，由自治区疫情防控指挥部转发全疆执行。

3月13日 启动自治区十七个宪法法律宣传月活动暨"防控疫情 法治同行"专项法治宣传行动。

3月24日 召开自治区春季森林草原防灭火工作电视电话会议，自治区党委常委、自治区副主席艾尔肯·吐尼亚孜出席会议并讲话。

3月27日 在巴音郭楞蒙古自治州召开自治区苹果枝枯病防控工作现场会，自治区党委常委、自治区副主席艾尔肯·吐尼亚孜出席会议并讲话。

3月29日 自治区党委常委、自治区副主席艾尔肯·吐尼亚孜到自治区林草局调研林业和草原重点项目建设工作。

3月30日 召开2020年自治区林草局工作会议、党风廉政建设工作会议。

4月17日 联合自治区公安厅、农业农村厅、市场监督管理局，全面启动打击非法野生动物交易行为和涉及野生动物违法犯罪、革除滥食野生动物陋习专项行动。

5月14日 启动《新疆重要湿地名录评估报告》编制工作。

7月12日 自治区党委推进经济高质量发展现场会在和田市召开，自治区党委书记陈全国出席会议并讲话。其间，重点观摩了阿克苏百万亩生态园和柯柯牙绿化工程。

7月27日 编制完成《自治区自然保护地整合优化预案》，该预案得到自然资源部和国家林草局的一致认可，在全国生态保护红线评估调整和自然保护地整合优化工作电视电话会议上通报表扬。

9月15日 与北京京东世纪贸易有限公司签订加快林果业现代化建设《战略合作框架协议》。

9月28日 举办第九届新疆苗木花卉（线上）博览会，云上签约总金额达5.07亿元。

9月29日 2016年度退耕还林工程整体通过国家级检查验收。

10月22日 召开自治区林草重点项目推进工作视频调度会，自治区党委常委、自治区副主席艾尔肯·吐尼亚孜主持并讲话。

10月25～29日 国家林草局党组成员、副局长彭有冬一行5人到疆调研生态保护修复、公益林管护、脱贫攻坚等工作。

11月1～4日 组织84家林果企业、合作社参加第13届中国义乌国际森林产品博览会，果品销售额133.3万元，签约22个项目涉及金额3364万元，自治区林草局荣获最佳组织奖、10个金奖和14个优质奖。

（新疆维吾尔自治区林草业由唐俊煜供稿）

新疆生产建设兵团林草业

【概　述】 2020年，兵团林地资源总面积162.67万公顷，森林覆盖率19.16%，蓄积量3511万立方米。累计实施退耕还林工程27.15万公顷，其中退耕地还林14.37万公顷。实施天然林保护工程10万公顷。开展国家级公益林保护管理98.11万公顷。

兵团天然草地资源195.72万公顷，按植被组成大类划分，荒漠类草地占41.3%，草原类草地占40%，草甸类草地占18.6%，沼泽类草地占0.1%，兵团天然草地植被总体质量较好，但单位生物产量偏低，草原综合植被盖度42.6%，每个羊单位平均占有草地1.05公顷，有年可利用饲草储量131万吨，年理论载畜量199万个羊单位。

兵团有22处自然保护地，总面积168 607.98公顷，其中省级自然保护区4处，面积100 345.09公顷，国家湿地公园6处，面积30 240.64公顷；国家沙漠公园9处，面积12 655.85公顷；国家草原公园1处，面积500公顷；省级风景名胜区1处，面积23 000公顷；省级森林公园1处，面积1866.4公顷。湿地面积26.55万公顷，自然湿地面积3.43万公顷。通过设立自然保护区、湿地公园等方式保护，兵团湿地保护率达49.2%。

【林业草原承包管理改革】 按照深化兵团团场综合配套改革要求，全面完成兵团新一轮林业草原承包管理改革工作。落实草原承包管理156.13万公顷，其中：完成职工身份草地划分面积63万公顷、颁发农牧职工草原承包经营权证4805个，落实以签订草原承包合同方式管理面积77.67万公顷、签订草原承包合同17 528个（其中职工13 124人，非职工4404人），落实公共使用草原实施集体民主管理面积15.47万公顷。落实人工防护林承包管理11.87万公顷，其中3.13万公顷防风固沙林采取政府购买服务进行营造和管护，1.31万公顷县道以上道路林由各级交通部门负责营造和管护，连队范围内7.43万公顷农田防护林及道路林由连队行使所有者权利，实行民主自治管理。　　（张新田　杨志刚）

【林业草原机构改革】 5月，中央编办专项下达新增42名兵团森林草原防灭火机构行政编制，兵团林业和草原局增设森林草原防火处（草原管理处），核定行政编制6名，13个师（市）林业和草原局分配编制33名，完善兵团森林草原防火机构设置和职能配置，加强兵团森林草原防火工作力量。7月27日，兵团党委编办批复完成兵团本级林草事业单位的转隶整合，批复组建兵团林业和草原工作总站（兵团林业和草原有害生物防治检疫中心）和兵团林业和草原资源监测中心（兵团自然保护地中心、兵团湿地保护中心、兵团陆生野生动植物保护中心、兵团林业和草原调查规划院），核定总编制53名，新增编制15名，为兵团林草工作开展提供技术支撑和服务保障。　　　　　　　　　　　　（杨　阳）

【行政事项承接】 年内，承接自治区行政授权兵团林草系统行政职能和行政执法权48项，截至2020年底，兵团林草系统已累计承接自治区行政职能和行政执法权授权事项共计174项。全部梳理完成电子化政务办公系统，实行政务服务窗口和网上办理。年内为承接好林业植物检疫证书核发行政许可事项，组织兵师两级共计90名专业人员开展线上林业检疫执法上岗资格培训，并颁发林业植物检疫资格证，目前兵团辖区内林业检疫工作已全面开展。　　　　　　　　（郑春燕）

【苗木生产情况】 兵团育苗总面积0.48万公顷，有苗圃数256处，其中国有苗圃23处。生产用于营造防护林和城镇居民区绿化合格苗木5437万株，主要树种有杨树、榆树、复叶槭、柳树、海棠、大叶白蜡、胡杨、四翅滨藜、沙棘、梭梭、紫叶稠李、杏树等。全年全兵团实际用苗量为2463万株，其中良种苗644万株，使用容器育苗4万株。　　　　　　　　　（葛廷进）

【森林草原防火】 全年兵团共发生5起森林草原火灾，其中3起境外入侵火、1起自然火、1起人为火，过火面积共为87.78公顷。较2019年人为火灾次数下降66.67%，火灾受损面积下降24.94%，无重大经济损失和人员伤亡。年内完成森林草原防火基础设施建设投入1240万元，开展森林草原防火检查15次，排查火灾隐患355处，检查调式灭火机具500台次。开展森林草原防火应急演练20次，持续强化森林草原防火队伍火灾扑救能力。组织开展形式多样的森林草原防火宣传活动，森林草原防火宣传视频播放1万余次，发放宣传单5000余份，制作宣传碑100余座，悬挂宣传横幅2000余份。充分利用展板、宣传单、电视手机等载体，深入学校、连队广泛开展森林草原防火知识宣传教育，提高全社会森林草原火灾防范意识。　　（邱议文）

【野生动植物保护】 兵团各级相关部门共查处各类破坏森林及野生动植物资源案件355起，其中刑事案件92起、行政案件263起。8月29日，兵团审议通过印发《兵团在养野生动物处置工作方案》，协调九师稳妥推进1家以食用为目的豪猪养殖户后续处置工作，落实补偿资金49.95万元。办理采集（收购）草原野生药用植物审批3批次。　　　　　（田志明　张新田）

【自然保护地和湿地管理】 根据中央环境保护督查反馈意见，兵团4个省级自然保护区存在采砂挖石、渔业养殖、旅游开发等117个违法违规项目，全部列入整改方案并完成整改。开展兵团21个自然保护地整合优化，通过摸底调查、分析评估、整合优化，妥善解决矛盾冲突，优化自然保护地边界区划，编制《兵团自然保护地整合优化预案》，已报国家林草局待批。启动实施兵团重点湿地调查，委托专业队伍，充分与国土空间规划、生态保护红线和基本农田控制线相衔接，对兵团范围内湿地资源进行全面调查。　　　　　　　（田志明）

【林业草原有害生物防治】 兵团森林病虫害发生总面积11.33万公顷，采取各种措施防治面积5.83万公顷，累计无公害防治面积4.48万公顷，无公害防治率达到95%以上，成灾率低于3.6‰；草原有害生物发生总面积59.4万公顷，其中虫害发生面积38万公顷，鼠害发生面积21.07万公顷，毒害草重度发生3333.33公顷。采用生物制剂等绿色防控措施，实施完成草原鼠虫害绿色防治36.67万公顷，其中鼠害防治14.87万公顷、虫害防治21.8万公顷。采取人工挖除和化学喷涂等措施，治理毒害草面积2033.33公顷。有效控制林业草原有害生物发生危害程度，减少灾害损失，维护森林草原生态平衡。　　　　　　　　　（朱文诚　姜　莉）

【林业草原生态保护修复】 完成新增造林绿化1.53万公顷，其中人工造林7033.33公顷、封沙育林8220公顷；全民义务植树2161.07万株，尽责率94.7%；下拨专项资金1689.48万元，开展30个示范团场的37个连队绿化美化建设，新增连队绿化1833.33公顷；完成沙化土地治理面积5.59万公顷，退化草原补播修复2.52万公顷，人工种草6066.67公顷，退化草原封禁保护

17.33万公顷。 （侯　亮　姜　莉）

【林业草原征占用审批】 疫情期间为保障重点项目复工复产，对列入国家、自治区和兵团重点建设项目目录的公路、铁路等基础设施项目、民生项目和纳入自治区和兵团扶贫项目目录的脱贫攻坚项目，因疫情防控原因无法及时办理使用林地手续的，实行备案制，由建设项目主管单位在开工前向兵团林业和草原局报备，开工后6个月内及时办理使用林地审核审批手续，共计受理先行使用林地项目36宗，审核审批建设项目使用林地项目共379宗，面积1108.8公顷；审核建设项目使用草地项目共61宗，面积841.57公顷，保障兵团经济社会发展对林地和草地的使用需求。 （张新田　沈弋铄）

【中国绿化博览会参展】 10月18日，兵团参加在贵州省黔南布依族苗族自治州都匀市举行的主题为"绿圆中国梦，携手进小康"的第四届中国绿化博览会，荣获银奖，兵团林业和草原局获优秀组织奖。 （滕晓宁）

林业(和草原)人事劳动

25

国家林业和草原局(国家公园管理局)领导成员

局长、党组书记：张建龙(2020年5月免职)
　　　　　　　　　关志鸥(2020年5月任职)
副局长、党组成员：张永利
副局长：刘东生
副局长、党组成员：彭有冬　李树铭　李春良
党组成员：谭光明
全国绿化委员会办公室专职副主任：胡章翠
总工程师：苏春雨(2020年10月免职)
总经济师：杨　超
森林草原防火督查专员：王海忠

(陈峥嵘)

新任局长

关志鸥　男，满族，1969年12月生，辽宁沈阳人，1993年12月加入中国共产党，研究生学历，中国科学院在职博士。1995年7月在沈阳农业大学农学系生态学专业硕士研究生毕业后在辽宁省沈阳市计委参加工作，历任市计委农经处干部、副主任科员，市花卉研究所副所长，市计委农经处副处长、处长等职务，2001年7月获中国科学院沈阳应用生态研究所生态学专业博士学位；2002年4月任沈阳农业高新技术开发区管委会副主任；2005年8月起分别任沈阳市对外贸易经济合作局副局长、党组副书记，局长、党组书记；2007年10月起历任沈阳市法库县委副书记、代县长，县委副书记、县长，县委书记；2010年10月任沈阳市规划和国土资源局局长、党组书记；2013年1月任沈阳市副市长；2015年7月任辽宁省农委主任、党组书记兼省粮食局局长；2016年1月任辽宁省政府党组成员、秘书长；2016年12月起历任辽宁省委常委、省总工会主席候选人、省总工会主席；2018年3月任山东省委常委；2018年4月任山东省委常委、宣传部部长兼省委教育工委书记，2019年2月兼任山东第一医科大学党委书记；2020年5月起任国家林业和草原局(国家公园管理局)局长、党组书记、自然资源部党组成员。

(陈峥嵘)

国家林业和草原局机关各司(局)负责人

办公室
　主任：李金华
　一级巡视员：刘树人
　副主任：王福东　刘雄鹰
　二级巡视员：李淑新　邹亚萍　李岭宏(2020年7月任职)
生态保护修复司(全国绿化委员会办公室)
　司长：张　炜
　副司长：黄正秋　陈建武　吴秀丽　马大轶
森林资源管理司
　司长：徐济德
　副司长：冯树清　丁晓华
　一级巡视员：李志宏
　二级巡视员：李　达
草原管理司
　司长：唐芳林
　副司长：刘加文　徐百志　宋中山
湿地管理司(中华人民共和国国际湿地公约履约办公室)
　司长：吴志民
　一级巡视员：程　良
　副司长：鲍达明　李　琰
　二级巡视员：杨锋伟
荒漠化防治司(中华人民共和国联合国防治荒漠化公约履约办公室)
　司长：孙国吉
　副司长：胡培兴　屠志方　张德平
野生动植物保护司(中华人民共和国濒危物种进出口管理办公室)
　司长(常务副主任)：张志忠
　一级巡视员、副主任：贾建生
　副司长(副主任)：王维胜　刘德望(2020年3月免职、退休)　周志华(2020年11月任职)　万自明(2020年11月任职)
自然保护地管理司
　司长：王志高
　一级巡视员：柳　源　杨　冬
　副司长：严承高　周志华(2020年11月免职)

林业和草原改革发展司
　　司长：刘　拓（2020年1月免职、退休）
　　　　　杨　超（2020年3月兼任）
　　一级巡视员：杜纪山
　　副司长：李玉印　王俊中
国有林场和种苗管理司
　　司长：程　红
　　副司长：张健民　杨连清
　　二级巡视员：邹连顺
森林草原防火司
　　司长：周鸿升
　　副司长：陈雪峰　许传德
　　二级巡视员：李冬生
规划财务司
　　司长：闫　振
　　副司长：马爱国　刘克勇　陈嘉文
　　　　　　傅　强（2020年6月挂任）
　　二级巡视员：郝雁玲　郝学峰　刘韶辉
科学技术司
　　司长：郝育军
　　一级巡视员：厉建祝
　　副司长：王连志　黄发强
国际合作司（港澳台办公室）
　　司长：孟宪林
　　副司长：戴广翠　胡元辉

人事司
　　司长、局党校副校长：谭光明（兼）
　　副司长：丁立新
　　副司长、局党校副校长：王　浩（2020年9月免职）
　　二级巡视员：王常青（2020年7月任职）
机关党委（机关纪委、工会）
　　书记、党校校长：张永利（兼）
　　常务副书记：高红电
　　副书记、纪委书记：王希玲
　　副书记、巡视办专职副主任：樊喜斌（2020年11月任巡视办专职副主任）
　　工会主席：孟庆芳（2020年4月免职、退休）
　　二级巡视员：张亚玲
离退休干部局
　　局长、党委书记：薛全福
　　常务副书记、纪委书记：朱新飞（2020年12月免职、退休）
　　副局长：郑　飞
　　一级巡视员：黄建华（2020年5月免职、退休）
　　　　　　　孟庆芳（2020年4月免职、退休）
　　二级巡视员：宋云民
援派、外派等干部
　　一级巡视员：刘家顺　郭青俊（出国随任）
　　二级巡视员：贾晓霞（国际组织任职）

（陈峥嵘）

国家林业和草原局派出机构负责人

国家林业和草原局驻内蒙古自治区森林资源监督专员办事处（中华人民共和国濒危物种进出口管理办公室内蒙古自治区办事处）
　　专员（主任）、党组书记：李国臣
　　一级巡视员、党组成员：高广文（2020年1月免职）
　　副专员（副主任）、党组成员：董　冶、王玉山
国家林业和草原局驻长春森林资源监督专员办事处（中华人民共和国濒危物种进出口管理办公室长春办事处、东北虎豹国家公园管理局）
　　专员（主任、局长）、党组书记：赵　利
　　常务副局长、党组副书记：刘春延（2020年3月免职）
　　党组副书记、副局长：井东文
　　副局长、党组成员：张陕宁
　　二级巡视员、党组成员：王百成
国家林业和草原局驻黑龙江省森林资源监督专员办事处（中华人民共和国濒危物种进出口管理办公室黑龙江省办事处）
　　专员（主任）、党组书记：袁少青
　　一级巡视员、党组成员：杜晓明
　　副专员（副主任）、党组成员：左焕玉　沈庆宇
国家林业和草原局驻大兴安岭林业集团公司森林资源监督专员办事处
　　专员、党组书记：陈　彤

　　副专员、党组成员：周光达　王秀国
　　二级巡视员、党组成员：艾先亢
国家林业和草原局驻福州森林资源监督专员办事处（中华人民共和国濒危物种进出口管理办公室福州办事处）
　　专员（主任）、党组书记：王剑波
　　一级巡视员、党组成员：李彦华
　　副专员（副主任）、党组成员：吴满元　宋师兰
国家林业和草原局驻成都森林资源监督专员办事处（中华人民共和国濒危物种进出口管理办公室成都办事处、大熊猫国家公园管理局）
　　专员（主任、局长）、党组书记：向可文
　　副专员（副主任、副局长）、党组成员：刘跃祥
　　　　　龚继恩
　　二级巡视员、党组成员：曹　蜀
　　副局长：段兆刚
国家林业和草原局驻云南省森林资源监督专员办事处（中华人民共和国濒危物种进出口管理办公室云南省办事处）
　　专员（主任）、党组书记：史永林
　　二级巡视员、党组成员：李　鹏
　　副专员（副主任）：陈学群
国家林业和草原局驻合肥森林资源监督专员办事处（中华人民共和国濒危物种进出口管理办公室合肥办事处）

专员(主任)、党组书记：李　军
副专员(副主任)、党组成员：潘　虹　张　旗
一级巡视员、党组成员：江机生

国家林业和草原局驻武汉森林资源监督专员办事处(中华人民共和国濒危物种进出口管理办公室武汉办事处)
专员(主任)、党组书记：周少舟
副专员(副主任)、党组成员：孟广芹　马志华

国家林业和草原局驻广州森林资源监督专员办事处(中华人民共和国濒危物种进出口管理办公室广州办事处)
专员(主任)、党组书记：关进敏
副专员(副主任)、党组成员：贾培峰　刘　义
　　(2020年6月起挂任吉林省林草局副局长)
二级巡视员、党组成员：王琴芳

国家林业和草原局驻贵阳森林资源监督专员办事处(中华人民共和国濒危物种进出口管理办公室贵阳办事处)
专员(主任)、党组书记：李天送
副专员(副主任)、党组成员：龚立民　谢守鑫
二级巡视员、党组成员：钟黔春

国家林业和草原局驻西安森林资源监督专员办事处(中华人民共和国濒危物种进出口管理办公室西安办事处、祁连山国家公园管理局)
专员(主任、局长)、党组书记：王洪波

一级巡视员、党组成员：王彦龙
二级巡视员、党组成员：何　熙
副专员(副主任、副局长)、党组成员：贾永毅　潘自力

国家林业和草原局驻乌鲁木齐森林资源监督专员办事处(中华人民共和国濒危物种进出口管理办公室乌鲁木齐办事处)
副专员(副主任)、党组副书记：郑　重
副专员(副主任)、党组成员：刘　斌
二级巡视员、党组成员：肖新艳

国家林业和草原局驻上海森林资源监督专员办事处(中华人民共和国濒危物种进出口管理办公室上海办事处)
专员(主任)、党组书记：苏宗海
副专员(副主任)、党组成员：万自明(2020年11月免职)　高尚仁

国家林业和草原局驻北京森林资源监督专员办事处(中华人民共和国濒危物种进出口管理办公室北京办事处)
专员(主任)、党组书记：苏祖云
副专员(副主任)、党组成员：钱能志　闫春丽
二级巡视员、党组成员：武明录

(陈峥嵘)

国家林业和草原局直属单位负责人

国家林业和草原局机关服务局
局长、党委书记：周　瑄
副局长：王欲飞　姚志斌　张志刚

国家林业和草原局信息中心
主任：刘树人(兼)
副主任：杨新民　吕光辉　梁永伟

国家林业和草原局林业工作站管理总站
总站长：潘世学
一级巡视员：汤晓文
副总站长：周　洪　董　原　高静芳(2020年4月任职)
二级巡视员：侯　艳

国家林业和草原局林业和草原基金管理总站
总站长：张艳红
总会计师：刘文萍
副总站长：孙德宝　吴　今

国家林业和草原局宣传中心
主任：黄采艺
副主任：杨　波　王　振　缪　宏

国家林业和草原局天然林保护工程管理中心
主任：金　旻
一级巡视员：文海忠
副主任：陈学军、李拥军　赵新泉
总工程师：闫光锋
二级巡视员：张　瑞

国家林业和草原局退耕还林(草)工程管理中心
主任：李世东
副主任：李青松　吴礼军　敖安强
一级巡视员：张秀斌
总工程师：刘再清

国家林业和草原局世界银行贷款项目管理中心
主任：马国青
副主任：李　忠　石　敏　杜　荣　刘玉英

国家林业和草原局对外合作项目中心
主任：孟宪林(兼)
常务副主任：王春峰
副主任：许强兴　刘　昕

国家林业和草原局科技发展中心(国家林业和草原局植物新品种保护办公室)
主任：王永海
一级巡视员：祁　宏
副主任：龙三群　龚玉梅

国家林业和草原局经济发展研究中心
主任：李　冰
党委书记：李　冰(2020年4月免职)
　　　　王　浩(2020年4月任职)
副主任：王月华
党委副书记：菅宁红
党委副书记、纪委书记：周　戡

国家林业和草原局人才开发交流中心
主任：樊　华

副主任：文世峰　吴友苗

中国林业科学研究院
　　分党组书记、副院长、京区党委书记：叶　智
　　院长、分党组副书记：刘世荣
　　纪检组长、副院长、分党组成员：李岩泉（2020年2月免职、退休）
　　副院长、分党组成员：储富祥　孟　平
　　　　　　　　　　　　黄　坚　肖文发
　　副院长：崔丽娟

国家林业和草原局调查规划设计院
　　院长、党委副书记：刘国强
　　党委书记、副院长：张全洲
　　副院长：蒋云安　唐小平　张　剑
　　副书记、纪委书记：严晓凌
　　副院长、总工程师：唐景全

国家林业和草原局林产工业规划设计院
　　院长、党委副书记：周　岩
　　党委书记、副院长：张煜星
　　副院长：齐　联　沈和定
　　纪委书记：籍永刚
　　副院长、总工程师：李春昶

国家林业和草原局管理干部学院
　　院长：张建龙
　　党委书记、党校副校长：张利明
　　常务副院长、党委副书记：陈道东
　　副院长：方怀龙（2020年4月免职、退休）
　　　　　　梁宝君（2020年12月免职）
　　党委副书记、纪委书记：彭华福
　　副院长、党校专职副校长：严　剑

中国绿色时报社
　　党委书记、副社长：陈绍志
　　社长、总编辑：张连友
　　常务副书记、纪委书记：邵权熙
　　副社长：刘　宁　段　华

中国林业出版社有限公司
　　党委书记、董事长、法定代表人：刘东黎
　　总经理、副董事长、董事、党委副书记：成　吉
　　党委副书记、纪委书记、监事：王佳会
　　副总编辑：徐小英（2020年8月免职、退休）
　　副总经理：纪　亮

国际竹藤中心
　　主任：江泽慧
　　常务副主任：费本华
　　党委书记、副主任：尹刚强
　　副主任：李凤波、陈瑞国
　　党委副书记：李晓华

国家林业和草原局亚太森林网络管理中心
　　主任：鲁　德
　　副主任：夏　军　张忠田

中国林学会
　　秘书长：陈幸良
　　副秘书长：刘合胜　沈瑾兰

中国野生动物保护协会
　　秘书长：李青文
　　副秘书长：郭立新　王晓婷　斯　萍

中国花卉协会
　　秘书长：张引潮
　　副秘书长：杨淑艳（2020年11月免职、退休）
　　　　　　　陆文明

中国绿化基金会
　　副秘书长兼办公室主任：陈　蓬
　　办公室副主任：许新桥　缪光平

中国林业产业联合会
　　秘书长：王　满
　　副秘书长：陈圣林

中国绿色碳汇基金会
　　秘书长：刘家顺

国家林业和草原局西北华北东北防护林建设局
　　党组书记、副局长：冯德乾
　　一级巡视员、党组成员：武爱民
　　副局长、党组成员：刘　冰　岳太青
　　纪检组长、党组成员：程　伟
　　二级巡视员、党组成员：姚　源

国家林业和草原局林业和草原病虫害防治总站
　　党委书记、副总站长：张克江
　　副总站长：闫　峻　郭文辉　吴长江
　　党委副书记、纪委书记：曲　苏

国家林业和草原局华东调查规划设计院
　　院长、党委副书记：于　辉（2020年3月免职）
　　党委书记、副院长：吴海平
　　党委副书记、副院长：刘春延（2020年3月任职）
　　副院长、总工程师：何时珍
　　副院长：刘道平　马鸿伟
　　党委副书记、纪委书记：刘　强

国家林业和草原局中南调查规划设计院
　　院长、党委副书记：彭长清
　　党委书记、副院长：刘金富
　　常务副院长：尹发权
　　副院长、党委副书记、纪委书记：周学武
　　副院长、总工程师：贺东北
　　副院长：杨　宁
　　正司局级干部：洪家宜

国家林业和草原局西北调查规划设计院
　　院长、党委副书记：李谭宝
　　党委书记、副院长：许　辉
　　副院长：连文海　周欢水　张凤臣（挂任贵州黔东南苗族侗族自治州副州长）
　　副院长、总工程师：王吉斌
　　党委副书记、纪委书记：王福田

国家林业和草原局昆明勘察设计院
　　党委书记、副院长：周红斌
　　副院长：张光元
　　副院长、总工程师：汪秀根
　　副院长、纪委书记：杨　菁
　　副书记、副院长：田勇臣（2020年3月任职）
　　副院长：殷海琼

中国大熊猫保护研究中心
　　党委书记、副主任：路永斌

常务副主任：张和民
党委副书记：段兆刚（兼）
副主任、纪委书记：朱 涛
副主任：张海清 巴连柱 刘苇萍

大兴安岭林业集团公司
党委书记、总经理：于 辉（2020年3月任职、12月免总经理）
总经理、党委副书记：李 军（2020年3月任副总经理、党委副书记，12月任总经理）
纪委书记、党委常委：张 平（2020年3月任职）
副总经理、党委常委：于志浩（2020年3月任职）
　　　　　　　　　袁卫国（2020年3月任职）
　　　　　　　　　陈 昱（2020年3月任职）
工会主席：徐 淬（2020年12月任职）

（陈峥嵘）

各省（区、市）林业（和草原）主管部门负责人

北京市园林绿化局（首都绿化办）
党组书记、局长（主任）：邓乃平
党组成员，市公园管理中心党委书记、主任：张 勇
一级巡视员：高士武
党组成员、副局长：戴明超
党组成员、驻局纪检监察组组长、一级巡视员：洪 波
党组成员、副局长：高大伟
党组成员、一级巡视员、副局长：朱国城
党组成员（副主任）：廉国钊
党组成员、副局长：蔡宝军
二级巡视员：贾权民 周庆生 王小平 刘 强

天津市规划和自然资源局
党委书记、局长：陈 勇
党委委员、一级巡视员：路 红
一级巡视员：霍 兵
党委委员、驻局纪检监察组组长：付滨中
党委委员、副局长：杨 健 张志强
党委委员、副局长，滨海新区分局党组书记、局长：罗 平（2020年8月任职）
海博馆筹建办主任（保留副局级）：黄克力
总规划师（保留副局级）：刘 荣
总经济师（保留副局级）：岳玉贵
总规划师（保留副局级）：师武军（2020年8月任职）
二级巡视员：高明兴

河北省林业和草原局
省自然资源厅党组副书记、副厅长、一级巡视员，省林业和草原局分党组书记（1~10月）、党组书记（10~12月）、局长：刘凤庭
省自然资源厅党组成员，省林业和草原局分党组成员（1~10月）、党组成员（10~12月）、副局长：王 忠
省自然资源厅党组成员，省林业和草原局分党组成员、副局长：王绍军（8月免职、调离）
省林业和草原局分党组成员（1~10月）、党组成员（10~11月）、副局长：刘振河（11月免职、退休）
省林业和草原局分党组成员（1~10月）、党组成员（10~12月）、副局长：张立安
省林业和草原局分党组成员（1~10月）、党组成员（10~12月）、副局长：吴 京

山西省林业和草原局
党组书记、局长、一级巡视员：张云龙
党组成员、副局长、一级巡视员：尹福建（2020年2月退休）
党组成员、副局长：黄守孝 岳奎庆 杨俊志
二级巡视员：宋河山 李振龙 陈俊飞
山西省森林公安局局长（副厅长级）：赵 富

内蒙古林业和草原局
党组书记、局长：郝 影（2020年11月任职）
党组成员、副局长：阿勇嘎
副局长：娄伯君
党组成员（副厅长级）：王才旺
党组成员、副局长：陈永泉（2020年11月任职）

辽宁省林业和草原局
党组书记、局长：金东海
党组成员、副局长：陈 杰 杨宝斌 孙义忠
二级巡视员：李宝德 胡崇富
总工程师：李利国
总经济师：孙柏义（2020年1月退休）

吉林省林业和草原局
党组书记、局长：金喜双
副局长：孙光芝
党组成员、副局长：郭石林（2020年12月退休）
　　　　　　　　王 伟 季 宁（2020年9月退休）
驻局纪检监察组组长：王志刚（2020年8月退休）
党组成员、副局长：段永刚 刘 义（2020年6月任职） 刘 明（2020年9月任职）

黑龙江省林业和草原局
　　党组书记、局长：王东旭
　　党组成员、副局长：郑怀玉（2020年6月免职）
　　　　　　　　　　时永录　朱良坤　侯绪珉
　　　　　　　　　　陈建伟（2020年6月任职）
　　一级巡视员：郑怀玉（2020年6月任职）
　　二级巡视员：陶　金

上海市绿化和市容管理局（上海市林业局）
　　党组书记、局长：邓建平
　　副局长、一级巡视员、党组成员：方　岩
　　副局长、党组成员：顾晓君　汤臣栋　唐家富
　　总工程师、党组成员：朱心军
　　一级巡视员、党组成员：崔丽萍
　　二级巡视员：缪　钧

江苏省林业局
　　党组书记、局长：沈建辉
　　党组成员、副局长：卢兆庆　王德平　钟伟宏
　　二级巡视员：葛明宏
　　党组成员、机关党委书记：仲志勤

浙江省林业局
　　党组书记、局长：胡　侠（正厅级）
　　党组成员、副局长：王章明（副厅级）
　　　　　　　　　　诸葛承志（副厅级）
　　　　　　　　　　陆献峰　李永胜
　　党组成员、总工程师：李荣勋
　　一级巡视员：吴　鸿　杨幼平
　　二级巡视员：骆文坚

安徽省林业局
　　党组书记、局长：牛向阳
　　一级巡视员：吴建国（2020年8月任职）
　　党组成员、副局长：齐　新　邱　辉
　　　　　　　　　　张令峰（2020年11月任职）
　　党组成员、总工程师：李拥军

福建省林业局
　　党组书记、局长：陈照瑜
　　党组成员、副局长：刘亚圣　王宜美　林旭东
　　　　　　　　　　郑　健
　　党组成员、纪检监察组组长：郭　延
　　党组成员、副局长、武夷山国家公园管理局局长：
　　　　林雅秋
　　一级巡视员：谢再钟（2020年7月任职）
　　二级巡视员：唐　忠
　　总工程师、二级巡视员：王梅松

江西省林业局
　　党组书记、局长：邱水文（兼任江西省自然资源厅党组成员）
　　党组成员、副局长：黄小春
　　一级巡视员：罗　勤（女）

　　党组成员、副局长：严　成
　　党组成员、省森林公安局局长：辛卫平（2020年4月免去省林业局党组成员职务，改任省公安厅森林公安局局长）
　　党组成员、副局长：刘　宾（2020年9月任党组成员，10月任副局长）
　　二级巡视员：余小发（2020年2月免职、退休）

山东省自然资源厅（山东省林业局）
　　山东省自然资源厅党组书记、厅长，山东省委海洋发展委员会办公室主任，山东省林业局局长，省自然资源总督察（兼）：宇向东
　　山东省自然资源厅党组副书记、副厅长、省自然资源副总督察（兼）、一级巡视员：刘　鲁
　　山东省自然资源厅一级巡视员：宋守军
　　山东省自然资源厅党组成员、副厅长：李树民
　　山东省自然资源厅党组成员、副厅长，省林业局副局长：马福义
　　山东省自然资源厅党组成员、副厅长：王太明　王少瑾
　　山东省自然资源厅党组成员，省海洋局党组书记、局长：张建东
　　山东省自然资源厅二级巡视员：李克强
　　山东省自然资源厅副厅级干部：赵培金
　　专职山东省自然资源副总督察（副厅级）：王光信
　　山东省自然资源厅二级巡视员：李成金
　　山东省自然资源厅二级巡视员，省协作重庆挂职干部领队：董瑞忠

河南省林业局
　　党组书记、局长（正厅级）：原永胜
　　党组成员、副局长：师永全
　　党组成员、森林公安局局长：朱延林
　　党组成员、副局长：李志锋　王　伟
　　副巡视员：李灵军

湖北省林业局
　　党组书记、局长：刘新池
　　党组成员、副局长：王昌友　蔡静峰　陈毓安
　　　　　　　　　　夏志成
　　副局长：黄德华
　　党组成员、总工程师：宋丛文（2020年7月任职）

湖南省林业局
　　党组书记、局长：胡长清
　　党组成员、副局长：严志辉　彭顺喜　吴剑波
　　　　　　　　　　李林山
　　党组成员、驻局纪检组组长：梁志强
　　总工程师：王明旭（2020年9月任职）
　　一级巡视员：吴彦承
　　二级巡视员：张凯锋　李志勇
　　　　　　　　欧阳叙回（2020年4月任职）
　　　　　　　　蒋红星（2020年7月任职）

广东省林业局
  党组书记、局长：陈俊光（兼广东省自然资源厅党组副书记，正厅级）
  党组成员、副局长：吴晓谋（副厅级）
        廖庆祥（副厅级，2020年10月免职）
        彭尚德（副厅级）
        王华接（2020年8月任职）
  党组成员、总工程师：郑永光（2020年8月任职）
  二级巡视员：林俊钦　谢伟忠（2020年6月任职）
  一级调研员（省管）：魏　冰

广西壮族自治区林业局
  局长、党组书记：黄显阳
  副局长、党组成员、一级巡视员：邓建华（2020年4月任一级巡视员）
  副局长、党组成员：黄政康　陆志星
  广西林业科学研究院院长、党组成员：安家成
  总工程师、党组成员：李巧玉
  二级巡视员：蒋桂雄　丁允辉（2020年4月任职）
       黄周玲（2020年4月任职）
       罗基同（2020年12月任职）

海南省林业局（海南热带雨林国家公园管理局）
  党组书记、局长：夏　斐（2020年7月免去局长职务）
  局长：刘艳玲（2020年7月任职）
  党组成员、副局长：李新民　高述超
        刘　强（2020年10月任职）
  党组成员：周绪梅
  总工程师：周亚东

重庆市林业局
  党组书记、局长：沈晓钟
  副局长：张　洪（2020年6月离任）
  党组成员、副局长：王声斌
  党组成员、副局长：唐　军
  党组成员、二级巡视员：谢志刚（2020年4月免职）
  一级巡视员：谢志刚（2020年4月任职、9月退休）
  党组成员、副局长：王定富（2020年7月任副局长）
  二级巡视员：陈　祥　熊忠武

四川省林业和草原局（大熊猫国家公园四川省管理局）
  党组书记、局长：刘宏葆
  党组成员、副局长：宾军宜　王　平　包建华
        唐代旭
  党组成员、机关党委书记：李　剑
  党组成员、总工程师：白史且（2020年8月任职）
  大熊猫国家公园四川省管理局专职副局长：张绍军　陈宗迁
  大熊猫国家公园四川省管理局总规划师：王鸿加
  一级巡视员：刘　兵　骆建国（2020年11月退休）
  二级巡视员：万洪云　罗语国　王玉琳
      余蜀峰（2020年11月任职）
      童　伟（2020年11月任职）
      郝永成（2020年11月任职）

贵州省林业局
  党组书记、局长：张美钧
  党组成员、副局长：向守都　傅　强
        缪　杰　张富杰
  二级巡视员：葛木兰（女）

云南省林业和草原局
  党组书记、局长：任治忠（兼任云南省自然资源厅党组成员）
  党组成员、副局长：夏留常　李文才（2020年12月离任）　王卫斌　高　峻
  党组成员，省公安厅森林警察总队党委书记、总队长：周福昌
  党组成员，省应急厅副厅长、党委委员：文　彬
  二级巡视员：王　哲（2020年8月免职、退休）
     陆诗雷（2020年7月任职）
     邓云升（2020年3月任职）

西藏自治区林业和草原局
  党组书记、副局长：次成甲措
  党组副书记、局长：吴　维
  党组成员、一级巡视员：田建文
  党组成员、副局长：季新贵　宗　嘎　刘学庆
  二级巡视员：胡志广　伦珠次仁（机关党委书记）

陕西省林业局
  党组书记、局长：党双忍
  党组成员、副局长：刘保华
  党组成员、秦岭国家植物园园长：张秦岭
  党组成员、副局长：范民康
  副局长：昝林森
  党组成员、副局长：薛恩东　张卫东（2020年4月任职）
  党组成员、森林资源管理局局长：杨　林（2020年9月调离）　田　瑞（2020年12月任职）
  一级巡视员：唐周怀　王建阳（2020年1月免职、退休）　崔　汎（2020年9月任职）
  二级巡视员：王季民（2020年6月免职、退休）

甘肃省林业和草原局
  党组书记、局长：宋尚有
  党组成员、副局长：张世虎（藏族）
  党组成员、驻局纪检监察组组长：崔福祥（2020年6月任职）
  党组成员、副局长：郑克贤　田葆华
        侯永强（2020年3月任职）
  大熊猫国家公园甘肃省管理局专职副局长：高建玉
  一级巡视员：苏克俭　张肃斌（2020年6月免职、退休）
     王建设（2020年4月免职、退休）
  二级巡视员：王小平（2020年8月免职、退休）
  驻局纪检监察组二级巡视员：董文武

二级巡视员：谢忱义（2020年8月免职、退休）
　　　　　　连雪斌　刘晓春
驻局纪检监察组二级巡视员：梅建波（2020年3月任职）
二级巡视员：吴克明（2020年3月任职，10月退休）

青海省林业和草原局
党组书记、局长：李晓南
党组成员、副局长：邓尔平（2020年1月任青海省林业和草原局一级巡视员）
　　　　　　　　　高静宇（2020年4月兼任青海湖景区保护利用管理局党组副书记、副局长）
　　　　　　　　　王恩光
　　　　　　　　　赵海平（2020年6月任职）
党组成员：张德辉
二级巡视员：张　奎
　　　　　　徐生旺（2020年8月任职）
　　　　　　王孝发（2020年5月免职、退休）
　　　　　　童成云（2020年8月免职、退休）

宁夏回族自治区林业和草原局
党组书记、局长：徐庆林（兼任宁夏回族自治区自然资源厅党组成员）
党组成员、副局长：王东平　王自新
副局长：郭红玲
党组成员、总工程师：徐　忠

新疆维吾尔自治区林业和草原局
党委书记、副局长：姜晓龙
党委副书记、局长：阿合买提江·米那木
党委委员、副局长：李东升　徐洪星　李　江
　　　　　　　　　燕　伟　朱立东
　　　　　　　　　王常青（2020年9月挂职结束）
副厅级干部：阿布都·克力木
二级巡视员：李晓明（2020年1月免职、退休）
　　　　　　高志强（2020年9月免职、退休）
总经济师：赵性运
总工程师、二级巡视员：刘克新（2020年9月任总工程师，12月任二级巡视员）
二级巡视员：崔卫东（2020年4月任职）
　　　　　　姜银基（2020年12月任职）
　　　　　　徐培志（2020年12月任职）

（各省份林草主管部门特约编辑）

干部人事工作

【综　述】　2020年，国家林草局人事司认真贯彻落实习近平总书记重要讲话指示批示精神，积极践行新时代党的组织路线，统筹疫情防控和主责主业，切实加强机关自身建设，机构编制、干部管理、教育培训和人才劳资等各项工作均取得了新成效，为林业草原事业高质量发展提供了组织保证。

党的建设　一是加强理论学习。认真学习习近平新时代中国特色社会主义思想，研读《习近平谈治国理政》第三卷，读原著、学原文、悟原理，自觉用习近平新时代中国特色社会主义思想武装头脑、指导实践，真正树牢"四个意识"，坚定"四个自信"，做到"两个维护"，当好"三个表率"，自觉在思想上政治上行动上同党中央保持高度一致。二是强化政治建设。组织全体党员深入学习习近平总书记关于加强党的政治建设和强化政治机关意识的重要论述，深刻领会国家机关加强政治建设和强化政治机关意识的极端重要性。班子成员和有关人员讲专题党课，筑牢国家机关首先是政治机关、政治属性是第一属性、讲政治是第一要求的思想基础。严格落实"讲政治、重公道、业务精、作风好"的要求，自觉做到对党忠诚、公道正派，打造忠诚干净担当的组工干部队伍。三是夯实党建基础。认真做好党建工作总体计划与专项工作安排，着力创建模范机关。制定支部工作计划和"三会一课"专项方案，开展"不忘初心，弘扬优良家风"主题党日活动，观看《平语近人——习近平总书记用典》《国之本在家》，进一步激发爱国热情，升华党性修养。开展"厉行勤俭节约、反对铺张浪费"活动，切实树立勤俭节约的良好风尚。四是抓好廉政建设。制定廉政风险防控手册，明确权力清单和风险防控措施，深入排查廉政风险点。专题通报违反中央八项规定精神典型案例，以案释纪。围绕违规"吃喝"问题召开专题组织生活会，不断强化廉洁从政意识。

中央巡视反馈问题整改工作　一是积极配合中央巡视和选人用人专项检查工作。根据中央第六巡视组和中组部选人用人专项检查组要求，按时按需提供材料，实事求是汇报工作。坚持边查边改、即知即改，针对党组主动检视发现的问题，制订整改方案和台账，积极主动整改。二是切实加强对巡视整改工作组织领导。中央巡视和选人用人专项检查反馈意见后，人事司把巡视整改作为是否做到"两个维护"的标尺，按照"四个融入"要求，扎实推进整改工作。成立了由司领导任组长、各处室负责人为成员的工作组，制订整改工作方案，建立整改工作台账，形成问题清单、任务清单、责任清单。坚持对整改进展情况每周调度研究，确保整改到位。三是坚决做好巡视整改工作。针对巡视指出的问题，真改实改、动真碰硬、一改到底。截至年底，中央巡视、选人用人专项检查、巡视专项检查反馈涉及人事司的问题已基本整改到位，需长期坚持的均已取得阶段性进展，整改落实情况已报送中组部干部监督局。召开中央巡视整改选人用人专题民主生活会，深刻剖析问题根源，严肃开展批评和自我批评。

机构职能体系建设 一是扎实推进事业单位改革。按照中央编办要求和局党组部署，聚焦机构改革后新职能新定位，优化事业单位结构布局，研究提出了国家林草局事业单位改革实施方案。二是积极开展权责清单编制。按照中办、国办和中央编办要求，牵头组织开展国家林草局权责清单编制工作，成立了工作领导小组和5个工作组，建立了联动机制和定期调度机制，积极推进工作开展。梳理完成国家林草局权责清单初稿，并进行合法性审查。三是主动参与相关重大改革。认真落实党中央关于重点国有林区改革的部署和局党组要求，在摸清机构人员底数的基础上，配合做好大兴安岭林业集团公司管理体制调整工作，组建了新的集团公司领导班子，批复了公司本部机构设置方案；配合中央编办印发统一规范国家公园管理机构设置的指导意见等。四是不断优化调整机构设置。积极协调中央编办，在荒漠化防治司加挂中华人民共和国联合国防治荒漠化公约履约办公室牌子，在机关党委加挂党组巡视工作领导小组办公室牌子；根据工作需要，增加动植物司、机关党委行政编制和司局级领导职数；组建局政务服务中心，对信息中心、中国林科院等单位内设机构进行了优化调整。

干部管理监督 一是树立正确选人用人导向。针对中央巡视反馈的问题，不断改进选人用人工作，修订了国家林草局《领导干部选拔任用工作实施细则》，严把政治关，突出德才兼备，坚持事业为上、以事择人、人事相宜，进一步树立重实干、重实绩、重担当的选人用人导向。二是加强统筹谋划。强化对领导班子和领导干部的综合分析研判，统筹考虑干部交流、年轻干部培养、各年龄段干部使用等，有针对性地对领导班子的年龄结构、专业结构等进行优化调整并分步实施，调整充实了动植物司、机关党委、大兴安岭林业集团公司等单位领导班子，启动了二级巡视员职级晋升工作，开展了28家单位、76名处级领导干部选任工作。三是积极做好年轻干部培养使用工作。开展了优秀年轻干部前期摸底调研，制订了优秀年轻干部培养使用工作方案。选派2名优秀年轻干部参加中组部"中青班"学习，选派2名干部到东北老工业基地、革命老区挂职，2名干部到海南挂职，2名博士服务团成员到青海、西藏服务锻炼，1名干部挂任驻村第一书记。四是激励干部担当作为。修订了国家林草局《挂职援派工作和基层学习锻炼管理办法》，落实干部待遇保障制度，关心关爱基层干部人才。制定了《进一步加强领导班子和领导干部考核工作的意见》，优化年度考核方案，突出重大工作成果考核，强化考核结果运用。五是严格干部监督。修订了国家林草局《干部选拔任用工作监督检查办法》《干部交流工作办法》《直属事业单位公开招聘人员办法》，下发了《关于进一步规范公务员调任和干部交流工作的通知》，进一步严把进人关口。严格履行相关程序，通过公务员招录、毕业生招聘、军转安置等接收新进人员220人。完成了2020年领导干部个人有关事项集中填报和核查工作，开展了领导干部个人有关事项专项整治，建立了问题台账，提出了处理意见；认真开展档案专审工作，对882名干部的档案专审情况进行了认真梳理，建立问题清单和进度台账；有序推进无干部管理权限单位处级以下干部档案专项审核工作。六是认真做好干部培养锻炼。推荐13名司、处级干部参加中组部"一校五院"学习；按照中组部要求，完成了第九批援疆干部、第20批"博士服务团"成员考核和第10批援疆干部、第21批"博士服务团"成员选派工作；接收4名三部委挂职干部到国家林草局工作，接收10名新疆林草局选派的科技骨干访学研修，接收2名"西部之光"访问学者研修访问。

林草干部培训 一是坚持政治引领。始终把学习贯彻习近平新时代中国特色社会主义思想作为干部培训首要任务，实现主体培训班次全覆盖。编印《习近平总书记关于培训工作重要论述摘编》，强化以习近平新时代中国特色社会主义思想指导林草教育培训工作。加强相关课程开发，扩大培训课程比例，强化培训师资的优选培养。二是做好培训管理。统筹全局各单位培训工作，制定2020年局培训计划并加强对培训计划实施的跟踪督导评估，做到全过程管理。三是创新培训方式。按照疫情防控常态化要求，依托中网院、中国林业教育培训网、林业教育培训微信公众号等在线培训资源，整合完善各类在线学习平台。首次在初任培训班中探索开展"线上+线下"互动式教学模式，满足干部的实时化、多样化学习需求。加强对林干院等单位疫情安全指导监督等工作，确保培训安全。四是夯实培训保障。大力推进培训教材、课程、师资等方面建设，出版系列林草干部学习培训教材，推出系列优秀课程课件。2020年，组织面向国家林草局本级干部开展公务员法定培训7期、425人；面向林草行业组织示范培训9期、699人；承办中组部对口培训、人社部高级研修班等重点培训班2期，培训学员110人；组织24名司局级干部参加中央和国家机关司局级干部专题研修班。

引导林草教育特色发展 一是积极推进林草教育改革创新。在院校共建框架下，指导组织第四届林业院校校长论坛，探索林草高等教育改革与发展的新路径、新模式。积极向人社部争取将林草行业纳入"三支一扶"计划，探索引导林草大学生基层就业新路径。在2019年出台《关于深化共建西北农林科技大学的意见》基础上，提出国家林草局关于持续支持西北农林科技大学建设的任务分工方案。二是深化林草学科专业发展。召开专家研讨会，有序推动局重点学科建设评估研究。配合教育部推动全国职业教育专业目录动态调整调研论证，新增4个高职专业，首批设置智慧林业等3个职教本科专业，打通了林草职教专业目录全链条。三是打造林草教育品牌。开展了第二届"扎根基层工作、献身林草事业"林草学科优秀毕业生学习宣传活动，从县以下林草基层单位推出优秀毕业生代表30名。组织第一届、第二届共60名全国林草教学名师参加"深入基层体验陕西林改"活动，引导林草教育服务林草行业发展。四是强化林草教育组织建设。组织实施林业职业教育教学指导委员会换届工作。持续强化对中国林业教育学会、中国（南方、北方）教育集团的组织引导。组建了局院校教材建设专家委员会和专家库，制订了重点规划教材建设方案。

林草人才队伍建设 一是加强行业人才队伍建设指导。研究起草《国家林业和草原局关于加强林业和草原人才队伍建设的指导意见》，开展林草系统人才统计。

组织开展首届全国林业有害生物防治员职业技能竞赛，编制林草职业标准。二是积极开展国家林草局高层次人才选拔。组织开展国家百千万人才工程人选推荐和国家林草局第七批省部级人选选拔工作，选拔省部级人选20名，2名入选国家百千万人才工程。开展国家林草局2020年享受政府特殊津贴人员选拔工作，共有9名专家享受政府特殊津贴。三是全力做好人才引进、评价和激励工作。从国外大学引进1名高端科技人才。制定国家林草局关于完善事业单位高层次人才工资分配激励机制实施办法。进一步完善人才评价制度，修订了林业工程系列专业技术资格评审条件。四是严格岗位设置管理制度。严格审核无干部管理权限单位人员岗位变动。组织局属单位开展专业技术二、三级岗位聘任工作，共聘任45名专家到专业技术二、三级岗位。其中，2名专家直聘到专业技术二级岗位，并通过特设岗位聘用2名高层次人才。

劳动工资和表彰奖励工作 一是抓好机关事业单位劳动工资日常管理。完成中管干部、机关工作人员、局管干部和无干部管理权限单位人员的工资调整、审批、上报等工作。二是抓好企业收入分配工作。完成了中国林业出版社负责人2019年薪酬核定、2019年企业工资总额预算执行情况清算、2020年企业工资总额预算核准等工作。指导大兴安岭林业集团做好收入分配管理工作。三是抓好养老保险改革工作。完成了机关养老保险缴费基数核定申报、机构改革撤销单位人员分流情况统计、在京单位参保缴费基数审核、机关在职人员统筹外养老保险参保情况梳理等工作。四是抓好表彰奖励工作。组织开展全国抗击新冠肺炎疫情表彰和全国创新争先奖及第十五届高技能人才评选候选对象推荐等工作。1人荣获"全国抗击新冠肺炎疫情先进个人"称号，1人获"全国技术能手"称号，1人获"国家技能人才培育突出贡献个人"称号，1个单位获"国家技能人才培育突出贡献单位"称号。完成了国家林草局24名抗美援朝出国作战70周年纪念章颁发对象统计和发放工作。组织开展了国家林草局创建示范活动清理规范工作，协调国家表彰奖励办公室争取国家林草局上报的10个项目可继续开展相关工作。牵头完成了国家林草局行政奖励权责清单梳理工作。

规范社会组织管理 一是持续加大社会组织监管力度。根据中央巡视指出的问题和驻部纪检监察组反馈的意见，会同有关单位对相关社会组织进行问题排查和清理整顿。按照驻部纪检监察组要求，配合机关纪委开展违规兼职取酬专项检查。二是推进社会组织布局优化调整。根据局党组部署，积极与民政部协调沟通，形成社会组织撤并整合方案。完成花协、中产联等7家社会组织脱钩任务。三是加强社会组织管理制度建设。研究起草了《国家林业和草原局关于进一步规范社会组织管理的意见》并经国家林草局党组会审议通过后印发。开展国家林草局领导干部社会组织兼职清理确认工作，进一步完善领导干部社会组织兼职管理动态台账。四是扎实做好社会组织日常管理。稳妥推进国家林草局业务主管和挂靠的7家社会组织换届和领导人推荐相关工作，组织开展第四次"全国先进社会组织"评选表彰活动推荐工作。

（干部人事工作由焦巍供稿）

人才劳资

【**第七批"百千万人才工程"省部级人选**】 按照《国家林业局"百千万人才工程"省部级人选选拔实施方案》，2020年国家林业和草原局开展了第七批"百千万人才工程"省部级人选选拔工作，经个人申报、单位推荐、专家评审、公示公告，并报局领导审定，确定了20名人员为国家林业和草原局第七批"百千万人才工程"省部级人选，名单如下：

经研中心刘浩；林科院王奎、王梅、许涵、吴统贵、周海宾、郭娟、符利勇、褚建民；规划院马炜；设计院杨晓春；林干院曾端香；出版社于界芬；竹藤中心官凤英；林草防治总站于海英；华东院肖舜祯；中南院刘扬晶；西北院石小华；昆明院付元祥；熊猫中心李才武。

【**2020年国家百千万人才工程人选**】 根据《人力资源社会保障部关于确定2020年国家百千万人才工程入选人员名单的通知》，按照《国家百千万人才工程实施方案》规定，经国家林业和草原局推荐人选、人社部遴选确定，中国林业科学研究院张怀清、段爱国入选2020年国家百千万人才工程，授予"有突出贡献中青年专家"荣誉称号。

【**2020年享受政府特殊津贴人员**】 根据《人力资源社会保障部关于公布2020年享受政府特殊津贴人员名单的通知》精神，2020年享受政府特殊津贴人员名单经国务院批准，国家林业和草原局9人入选，名单如下：

林科院王军辉、张会儒、房桂干；规划院李云；设计院彭蓉；报社张连友；出版社刘东黎；竹藤中心王戈；林草防治总站初冬。

【**印发《国家林业和草原局人事司关于完善事业单位高层次人才工资分配激励机制实施办法的通知》**】 为激发局属事业单位高层次人才创新创造活力，充分发挥工资分配激励导向作用，国家林业和草原局人事司于2020年12月印发《国家林业和草原局人事司关于完善事业单位高层次人才工资分配激励机制实施办法的通知》（简称《通知》）。《通知》提出加大高层次人才的绩效工资倾斜力度、科学确定高层次人才标准范围、简化高层次人才工资审批、落实人才科技成果转化现金奖励政策、保障高层次人才兼职或创业待遇、做好高层次人才工资分配管理6个方面主要措施。

（人才劳资由胡耀升供稿）

国家林业和草原局直属单位

国家林业和草原局机关服务局

【综述】 2020年,机关服务局全面贯彻落实国家林草局党组重要工作部署,筑牢政治信仰"压舱石",运用政治思维研判形势,站在发展角度思考问题,着眼统筹疫情防控和业务开展"两手抓、两不误",在推动后勤工作改革发展中取得了新进展。

党的建设 一是深入传达学习十九届五中全会精神和全国"两会"精神,国家林草局全面从严治党工作会议等会议精神。二是启动了新一届党委、纪委换届工作,完成了3个任期届满党支部的换届选举,1个党支部完成支委补选,不断推进党支部工作规范化和制度化。三是持续开展"后勤服务讲习堂",推进"两学一做"学习教育常态化、制度化。四是按程序做好4名预备党员转正工作;组织5名入党积极分子参加直属机关入党积极分子培训班。五是严格执行中央八项规定,强化党内监督,扎实抓好中央巡视组移交问题立行立改工作的传达学习和贯彻落实、支部学习教育工作台账和"灯下黑"问题清查收及督导、处级干部岗位廉政风险排查等工作。六是组织推荐报送机关服务局党委、社区物业党支部、幼儿园党支部3个党建创新品牌。七是加强工青妇建设工作。修订了《机关服务局职工福利费管理办法》,制定了《2020年机关服务局共青团和青年工作要点》;成立机关处室和附属单位2个青年理论学习小组;积极开展各类文娱和困难帮扶活动,落实职工福利制度。

疫情防控 新冠肺炎疫情爆发后,服务局第一时间启动疫情防控应急响应机制,建立了定期会商、干部下沉一线、值班值守、疫情日报告零报告、互联互通和应急处突等机制。在疫情初期,克服困难开辟多个渠道联系协调,采购了33万只医用口罩等防疫物资。严格机关院区出入管理,对来访人员、车辆进行严格的测量、验证和登记报备。加大了公共区域、会议室以及公务用车的清洁消毒频率,机关食堂实行分散就餐,最大限度降低传染风险。协调专业医疗机构为机关院区近2000名职工进行了全员核酸检测。坚持对幼儿园教职工和儿童进行每日健康情况监测。与机关驻地政府相关职能部门建立群联互通合作机制,实现了信息共享、联防联控。

重点工程 一是先后完成了安园10号楼部分房屋改造、行政审批受理处和信访接待处业务用房以及设备设施改造、机关院区西侧停车场改造、3号办公楼周边道路修复等共计13项工程,为机关高效运行提供了有力基础保障。二是清理腾退职工单身宿舍,对单身宿舍和单身公寓进行维修改造并配备家具。三是持续推进自管老旧小区改造项目。将自管的尚未改造的3栋独立产权居民楼、6栋混合产权居民楼打包向国管局申报了新一轮老旧小区改造项目。国管局已批复同意实施花家地3栋独立产权居民楼的老旧小区改造项目。

内部管理 一是强化了职工住房管理、机关公务用车管理、就餐管理、集体户口管理,制订出台了7个《办法》,编制印发了《规章制度汇编(二)》,在机关事务管理和服务保障方面基本形成了用制度管人管事的机制。二是承担了中央巡视组和环保督察组进驻国家林草局期间的后勤保障工作,先后完成了巡视组和环保督察组驻地和来局工作期间的疫情防控,物资配备,交通、医疗、会议保障以及安全保卫等工作任务。三是提高了机关食堂伙食供应标准,增加工作日晚餐和周六日餐食供应,并全部采取自助餐供应模式。四是通过提升幼儿园教学科研能力,加强教师梯队建设,有序做好延期开学各项工作。五是承担了绿色时报社、绿化基金会和规划院维修改造期间的物业服务工作。六是首次开展了居民住宅楼消防与电气安全监测和消防设备维修保养工作。七是通过适当减免租赁中心车费、更换老旧车辆和承诺服务质量不降低等措施,方便各类租赁业务工作开展和职工出行。

创收挖潜 一是响应国家发改委、国管局关于疫情期间为小微企业和个体工商户减免租金的政策,对各经营性国有资产和机关服务局所办企业下属的中小微企业减免了租金,纾解了实际困难,推动了各企业有序复工复产。二是通过与各单位签订《房屋租赁合同》和《经营目标责任书》,压实经营创收责任,加快资产接收,缩短资产空置期,提高经营质量。

【贯彻落实习近平总书记对制止餐饮浪费行为作出的重要指示精神】 2020年8月初,习近平总书记对制止餐饮浪费行为做出重要指示后,服务局召开专题会议传达学习,迅速组织贯彻落实。通过在机关食堂制作张贴习近平总书记关于制止餐饮浪费重要批示宣传专栏,起草印发《关于认真贯彻落实习近平总书记重要指示精神坚决制止餐饮浪费行为的通知》和《"坚决制止餐饮浪费、切实培养节约习惯"倡议书》,组织制作《节约粮食 从我做起》微视频,教育引导机关职工提高杜绝餐饮浪费的自觉性。通过在机关食堂设立文明用餐监督员、提高食材边角料利用率等措施,将厉行节约的理念纳入食堂管理各个环节。

【政务服务中心组建完成并正式运转】 2020年3月,国家林草局党组会研究决定,依托服务局现有人员编制成立政务服务中心,承担政务公开、行政审批事项受理和信访接待等工作职能。中心成立后,成立工作专班,制定应急预案,配合国家林草局办公室和动植物司稳妥做好全面禁食野生动物后续信访工作,妥善处理了各类集体访事件。按照国家林草局局长关志鸥关于深入推进"放管服"改革的指示要求,对行政审批大厅进行了改造,扩大了场地面积,实现了审批事项"一站式"受理,探索优化整合工作机制和服务流程,提高审批事项流转效率。

【基础设施维修改造】 相继完成安园10号楼部分房屋改造、行政审批受理处和信访接待处业务用房以及设备设施改造、机关院区西侧停车场改造、3号办公楼周边道路修复和机关院区自行车停车棚维修等13项工程。

【改善机关职工住房条件】 清理腾退出职工单身宿舍30间，单身公寓19间，对单身宿舍和单身公寓进行维修改造并配备家具。并为机关司局、参公事业单位符合条件的青年干部分配了宿舍和公寓。

【推进招待所改革】 了解咨询招待所改革的有关政策规定，配合国家林草局人事司编制了招待所经营类事业单位改革方案，有序推进招待所固定资产的登记、清理、报废、资金清算、注销以及人员移交等相关工作。

【对口扶贫】 研究制订《机关服务局2020年定点扶贫工作实施方案》。与广西罗城龙岸镇中心幼儿园的拉手帮扶成效显著。联系开通服务局"贫困地区农副产品网络销售平台"账号并组织开展扶贫采购。2020年，共采购贫困地区农产品87.51万元，提前超额完成扶贫办下达的购买指标。

【建立完善机关事务管理制度】 先后修订印发了《国家林业和草原局公共机构节能管理办法》《国家林业和草原局机关公务用车管理办法》《国家林业和草原局机关食堂就餐管理办法》等规章制度，对相关服务管理内容等进行明确，规范了标准内容和工作流程；编制印发了《规章制度汇编（二）》，内容涉及国家林草局机关职工住房管理、集体户口管理、机关物业管理、办公用品领用以及餐卡管理等内容；协助国家林草局办公室修订了《国家林业和草原局办公用房管理办法》等规章制度。

【节约型机关建设】 制订了《机关服务局关于"过紧日子"八条规定的分解落实工作方案和措施》，坚持保基本、保运行、保工资，加强与规财司沟通协调力度，加快资金到位速度，确保各项业务工作正常开展。压缩各类经费开支，切实把中央和国家林草局党组"过紧日子"的要求落到实处。梳理完善《国家林业和草原局公共机构节能管理办法》，强化目标管理，加大节能宣传力度，完善节能监管系统建设，做好日常节能监管工作，对各项计划指标完成情况继续进行监测分析，及时改进和调整。

【争创模范机关建设】 有序推进机关及在京直属单位垃圾分类工作，开展食堂食品安全及病毒防控专项检查和控烟工作自查自控工作，国家林草局机关顺利通过"无烟党政机关样板"创建验收工作。组织机关职工开展了"幸福工程——救助贫困母亲行动"捐款活动。2020年，服务局被评为国家林业和草原局创建"让党中央放心、让人民群众满意的模范机关"先进单位。

【安全生产工作】 按照"党政同责、一岗双责"和"管行业必须管安全、管业务必须管安全、管生产经营必须管安全"的原则，着眼加强疫情防控常态化条件下安全生产、专项整治三年行动排查整治工作和"安全生产万里行"活动，扎实推进机关平安建设，深入排查机关院区、自管居民区的安全风险隐患，全力抓好疫情防控、消防和防汛、治安保卫、施工安全、车辆管理、食品安全、保密安全管理、节假日安全管理和其他重点安全服务保障工作。

【资产清查和所办企业股权清理】 一是对房屋、车辆、办公设备及家具等固定资产账目进行分类统计、管理，对服务局和国家林草局本级固定资产系统登记的资产全面实行条码管理，做到账账相符、账实相符、账卡相符。二是将服务局所办股份制企业的股权由双股出资变更为单股出资，理清了出资关系。

（服务局由郭露平供稿）

国家林业和草原局经济发展研究中心

【综　述】 2020年，国家林业和草原局经济发展研究中心（以下简称经研中心）围绕打造林草核心智库的中长期发展目标，以破解林草改革发展难题为主线，主动担当、积极作为，全力服务林草决策，各项工作取得了明显成效。全年共实施各类林草问题研究项目104项，组织召开和参加各类专业学术会议29次，赴基层开展实地调研100余人次，形成各类调研报告近百份，国内外发表论文23篇，出版《全国"十四五"期间木材供给与需求研究》《民营经济参与林草业发展国家政策摘编》等专著10余部。刊发《决策参考》22期、《动态参考》16期，提出政策建议上百条，各类成果获上级领导批示50余次。中心科研团队荣获全国林草科技创新人才计划创新团队称号和第十一届梁希林业科学技术进步三等奖。

【国家林草局重点工作支撑保障】
　　中央环保督察工作　承担中央生态环境保护督察进驻国家林草局的组织协调和自查工作任务。对接全局66个司局、直属单位，实施"四上三下"、相向而行的工作机制，起草形成国家林草局环保督察自查报告。工作得到有关局领导的肯定，获得了环保督察组的充分认可。

　　重要政策文件起草　参加《林长制度方案》《草原保护修复意见》《草原承包经营制度的意见》《全民所有自然资源资产有偿使用制度改革的指导意见》《生态补偿资金管理办法》等10余项林草重要政策性文件起草工作，完成分工任务。抽调人员参与2021年林草工作会议主报告和局领导讲话起草工作。

　　局重点工作专班　组织人员参加林草宣传及舆情处

置、林草产业工作等5个局重点工作专班。参与完成"双重规划中自然保护地发展子规划"等4个规划和林业企业促进农民工就业产业调查等工作。

林草主要法律法规修订制定 参与《草原法》《野生动物保护法》修订，开展《生态补偿条例》《国家公园法》制定工作。开展林草主要法律制度梳理、世界主要国家草原立法、林草法治保障及生物安全立法等研究。

"十四五"林草改革发展问题研究 参与林业草原发展"十四五"规划纲要编制，参加规划起草，承担并完成林业草原"十四五"体制机制等专题研究任务。为局"十四五"规划编制专班提交规划基本思路建议稿。积极参与《全国国有林场中长期发展规划（2020～2035年）》《全国经济林发展规划（2021～2030）》《黄河流域保护发展规划》《涉及林业和草原领域生态环境损害责任认定标准》等行业规划、标准制定。有序实施"国家公园体制试点"验收、国有林场改革成果调查等。参与局督办的《以生态资产和生态服务价值为核心的考核评估指标体系》制定工作，完成关于落实"自然保护地指导意见"三项督办工作。

生态扶贫 2020年是脱贫攻坚的收官之年，作为局扶贫办成员单位，经研中心围绕贯彻落实局扶贫领导小组关于林草生态扶贫决策部署这条工作主线，有序推进各项工作开展，助力国家林草局4个定点扶贫县全部脱贫摘帽。参加国务院扶贫督察组，赴青海省开展脱贫攻坚专项巡视"回头看"、成效考核、"不忘初心、牢记使命"主题教育检视问题、问题排查等督查调研。配合局扶贫办对贵州省独山县的生态护林员选聘管理工作进行督查调研，形成生态护林员管理督查调研报告。参加水利部、国家林草局牵头的滇桂黔石漠化片区区域发展与脱贫攻坚调研。协助局扶贫办为工信部、国家卫健委、农业部等相关部委提供生态扶贫情况材料。

生态安全协调 组织编报国家林草局生态安全"十四五"工作规划，做好2020年工作总结，撰写年度评估报告。按照中央国安委要求，对"十三五"相关规划林草重点任务进行评价。积极配合国家林草局发改司，落实中央巡视关于生态安全的整改任务。按局办公室要求，撰写《加快构建国家生物安全保障体系，全面提升林草生物安全治理能力》研究报告。开展特大、超大城市生态用地问题研究，撰写提交《解决特、超大城市生态绿化用地问题的政策建议》。完成《经济、技术政策生态环境影响分析技术指南（征求意见稿）》《国家林业和草原局创建全国防沙治沙综合示范区实施方案（征求意见稿）》等多份文件的征求意见。

【重大理论与政策问题研究】

林草重大问题研究 围绕林草中心工作，聚焦主业主责，认真组织开展2020年局重大问题调研，积极主动服务局党组决策，扎实推进服务地方林草发展，努力服务中心林草核心智库建设。一是深入贯彻全国林草工作会议精神，继续组织开展局重大问题调查研究工作，坚持问题导向，针对林草重大改革、林草业与国家重大发展战略、生态保护修复制度与政策、国家公园体制研究、林草业高质量发展、野生动植物保护六大领域开展了22项专题调研。调研题目针对现实政策问题，有很强的针对性和前瞻性。二是积极参加局党组"建言献策"活动，提出《林业、草原和国家公园融合发展的对策建议》材料。三是发挥专业优势，积极承接地方林草重大问题研究，助力地方林草行业发展。继续实施林木资源资产负债表编制与应用研究，完成相关行业标准的研究制定工作，填补国家和省一级应用上的空白。组织开展秦皇岛市国有森林资源价值核算研究，为河北省开展国家自然资源资产报告制度试点提供支撑。完成了秦皇岛市国有林场林地和林木资源核算和资产负债表编制工作，完成了秦皇岛市古树名木价值评价工作。项目通过了专家评审和专家组验收。四是坚持开门做研究，开放搭平台。联合北京林业大学、中南林业科技大学、东北师范大学、兰州大学、中国农科院草原所等高校和科研院所开展调研，增加了许多新的研究力量，为补齐相关工作短板提供了重要支撑。

林草改革发展战略研究 有序实施健全完善中国林草制度体系研究、绿水青山转化为金山银山有效途径研究、国有林场发展战略研究、国有林场改革满意度研究、国家公园体制机制研究、禁养禁食野生动物对林业产业扶贫脱贫攻坚影响研究、2020年后林草生态扶贫接续政策研究、"十四五"全国木材供需研究、草原保护修复和监测评价专项研究以及宁夏、青海、新疆三省（区）林草发展"十四五"规划战略研究等林草战略研究30余项。

生态安全研究 撰写《绿水青山转化为金山银山有效途径研究报告》《典型案例汇编》。开展森林生态安全跟踪研究项目，分别与南京林业大学和浙江农林大学合作，开展"林草生态安全评价及治理对策"和"浙江省生态林生态化管理模式"两项专题研究。开展生态安全指数研究项目，针对黄河流域、长江流域的生态安全指数测算以及粤港澳大湾区的生态安全评估指标体系，分别与北京林业大学经管学院和理学院合作研究。继续推进生态司委托的"新时期林草生态保护修复战略研究"课题，完成研究报告初稿和专家咨询。出版《三北防护林体系建设维护北方生态安全问题研究》。围绕退耕还林工程对农户生产要素配置、收入、消费及其不平等的影响，发表学术论文3篇。

林草扶贫研究 扎实推动生态扶贫信息管理系统建设。完成了2018年832个县的数据整理、分析、容错、迁移工作；完成林业生态扶贫信息管理系统数据库方案编写，业务表、代码表、管理表等的设计，基本校验设计工作；开发县级、省级数据报送，行业主管部门查阅、统计、下载等核心任务；各省通过该系统上报2020年6月前的生态扶贫数据，为全面总结生态扶贫成效提供基础数据支撑。围绕脱贫攻坚一线林业和草原干部职工，开展完善扶贫干部激励机制，巩固脱贫攻坚成果研究。与河北农业大学联合开展后扶贫时代生态扶贫防返贫机制研究重大问题调研。中心主任李冰带队到罗城进行调研，指导项目为巩固和稳定脱贫成效，有效防止返贫现象发生，做好与乡村振兴衔接工作打好基础。开展禁养禁食野生动物对林业产业扶贫脱贫攻坚影响研究。与西北农林科技大学合作，开展草原生态补偿与减贫长效机制研究。承担局科技中心林业植物新品种保护制度研究工作。参与"幸福工程——救助贫困母亲行动"捐款活动和"恒爱行动——百万家庭亲情一线牵"援疆公益活动。完成"脱贫攻坚有你有我，小康路上携手同行"思想文集和"我们所经历的脱贫攻坚"宣传视频。

草原保护研究 实地调研国有草场建设相关情况，进村入户与基层干部、农牧民群众进行了座谈交流。参与草原司组织的草原"十四五"发展规划座谈会，积极建言献策。参与了健全完善中国林草制度体系研究工作、草原生态保护修复重大制度政策创新研究和退化草原生态恢复技术和政策选择研究等研究工作。组织《国有草原有偿使用制度改革指导意见》专家评审会，完成相关政策评估工作。参加行业科技重大项目"草原保护修复和监测评价专项研究"。组织开展国有草场建设试点调研、草原生态工程社会经济效益评估和草原生态补奖政策调研等工作。

国家公园研究 作为牵头单位，组织中科院等4家协作单位完成国家公园管理的体制机制研究、国家公园传统产业转型发展研究、国家公园多元化资金保障机制研究、国家公园建设负面清单制定与应用研究、国家公园自然资源资产所有权委托代理机制研究等5个专题研究，相关政策建议以多种形式提供相关部门。深度参与国家公园体制试点验收。参与传统产业转型发展等国家公园专题研究。起草了国家公园考核评价规范中"阶段评价"等相关内容。完成了自然保护地特许经营管理办法的制定。成功申请了海南热带雨林国家公园历史遗留问题研究课题。

监测体系建设 继续加强针对林草"重大政策、重大工程、重大改革"的监测评估工作。持续推进林业重点工程社会经济效益监测、重点国有林区改革监测、集体林改监测、林业补助政策效益监测与评价、森林质量精准提升工程监测、中国林草产业及生态扶贫效益监测、林业生态安全指数评价和资源环境承载力评价等工作，筹备中国林业草原重大生态保护修复工程效益监测平台建设。完成《全国集中连片特困地区退耕还林工程社会经济效益监测报告》，出版《2018年集体林权制度改革监测报告》《扩大退耕还林可行性分析研究报告》等系列专题报告，掌握并为决策部门提供连续性监测数据和相关问题应对策略。

农村发展研究 继续开展集体林权制度改革对森林资源和农民生计影响的政策调研、中国相关部门政策对农村林业发展的影响分析两个调研项目，赴12省份、24县、72乡镇和216个行政村开展调研，完成农户调研3100多户，新型经营主体调研520个。顺利开展2020年森林保险发展报告编写工作。与发改司开展合作研究，完成2019年集体林权制度改革统计分析报告，协助发改司推进集体林权制度改革情况统计信息化工作，完成集体林业综合改革试验示范区改革成效评估工作，撰写完成改革成效评估报告。承担黄河流域林草高质量增长与政策选择，针对黄河流域的林草发展现状、外部环境、存在问题和现有政策体系，提出促进黄河流域林草高质量增长的政策建议。国家林草局林业公益项目子课题"退耕还林工程效益监测、评估与优化技术"和西北农林科技大学西部发展研究院委托项目"我国林业重点工程成本效益分析及其政策模拟研究"顺利结题。依托农村林草政策创新研究基地，继续推进国家自然科学基金两个在研项目相关工作，完成2019年结题项目的后评估工作。多次在《Forest Policy and Economics》《中国农村经济》《改革》《南京林业大学学报（自科版）》《林业经济》等发表学术论文。

林草产业研究 完成"十四五"全国木材供需研究，为制定"十四五"全国采伐限额提供决策支撑。有序实施国有林场改革成果调查。开展了疫情对林业企业生产经营影响的在线调查工作，为政府制定相关政策提供对策建议，为国家林草局研判林业企业复工进度，及时出台复工复产建议发挥了重要作用。参与林业产业发展会商。完成林业企业促进农民工就业产业调查，为局产业专班提供决策参考。完成《全国"十四五"期间木材供给与需求研究》《全国出入库台账建设研究报告》《中国林业产业与林产品年鉴2018》《全国竹藤培育与产业发展报告2019》《2019年中国经济林发展报告》编写和2020年全国林业采购经理指数编制等。

国际合作研究 继续做好中德林业合作平台项目建设，重点围绕中德林业项目在华顺利开展发挥研究协调作用。持续开展联合国粮农组织研究项目，完成《林业社会保障和绿色就业》项目研究的收尾工作，并在联合国粮农组织总部介绍中国的成效与经验。承担"一带一路"林草业跨境合作，参与"一带一路"亚太林业国际合作会议、中缅林业工作组第一次工作会议。参与CITES第十八次公约大会，负责牵头战略愿景、公约语言战略、社区生计和农村议题。参与中缅林业工作组第一次工作会议，了解中缅合作的重点和方向，跨境保护合作作为未来的合作重点之一，继续跟进相关研究，为今后的双边合作提供决策建议。参加2021年《湿地公约》COP14武汉会议筹办。

【成果运用与品牌建设】

决策支撑 2020年，中心通过《林草局专报》将3篇政策建议报送中办、国办。同时，紧密围绕林草改革发展焦点热点开展研究工作，形成专题报告10余篇。有序实施绿水青山转化为金山银山有效途径、国有林场发展战略、国家公园体制机制、禁养禁食野生动物对林业产业扶贫脱贫攻坚影响、2020年后林草生态扶贫接续政策、"十四五"全国木材供需研究等专项研究30余项。

两份内刊 坚持办好《决策参考》《动态参考》，积极向国家林草局党组建言献策。全年编发《决策参考》22期，将《疫情对林业企业生产经营影响调查报告》等多份涉及复工复产、林草改革的政策建议报送局领导和有关单位阅研参考，获局领导批示27次，其中局长关志鸥批示9次。全年刊发《动态参考》16期，聚焦生物安全、全球森林火灾、黄河流域生态保护、国家公园等热点问题，获局领导批示20次，其中局长关志鸥批示5次。

一本杂志 《林业经济》期刊2020年收稿588篇。根据《中国学术期刊影响因子年报》（人文社会科学2020版）的统计数据，《林业经济》期刊的影响力指数在农业经济类学术期刊中的排名由2019版的第17（47种期刊中排名第17位）上升到第13（51种期刊中排名第13位），期刊综合影响因子由0.746（指标统计年2018）上升到1.045（指标统计年2019），增加40.08%，期刊质量和影响都得到很大的提升。

学会发展　2020年，林业经济学会秘书处办公室紧紧围绕年初确定的工作计划，深入学习国家关于社团管理的文件规定，积极开展林业经济学会管理工作和活动。相继召开了中国林业经济学会八届二次和三次常务理事会、野生动物保护网络研讨会以及林业经济学会年会暨第十八届林业经济论坛等多项活动。继续围绕国家林草业建设需要，开展林业理论和政策研究。

【党建与机关建设】

全面从严治党　一是抓紧抓实思想政治工作。坚持党委会学习制度，将政治理论学习作为党委会议的必选动作。落实意识形态工作责任制，成立中心意识形态工作领导小组，制订阵地管理及应急处置办法，筑牢干部职工政治机关意识。通过理论学习中心组、书记讲党课等多种形式，组织全体党员干部学习十九届五中全会精神和习近平新时代中国特色社会主义思想，筑牢理论基础。二是认真开展巡视发现问题整改。及时、全面、真实地向巡视组提交各类调查材料，认真检视存在问题，深刻剖析形成原因，出台了有关全面从严治党的制度规范，及时主动加强整改落实。同时，根据局党组检视问题整改台账，积极会同局办公室落实局领导和各单位调研成果汇编要求，主动配合发改司启动绿水青山转换金山银山有效途径重大课题研究。另外，以此次中央巡视为契机，坚持做好全面从严治党系列工作，细化任务，明确和压实主体责任。三是大力推进党组织建设。创新形式推进支部标准化建设，通过组织过政治生日、参观学习交流等，创新支部工作形式。创新党建工作品牌，科研一支部、二支部积极探索充分发挥林草业核心智库作用党建路径，联合支部打造联学共建党支部，管理支部侧重服务保障党支部。四是切实加强党风廉政建设。开展警示教育，持续整治"四风"工作，紧盯节假日等关键时点，提醒党员干部谨防"四风"反弹，严格执行中央八项规定，强化纪律规矩意识，杜绝违纪案件。成立廉政风险排查和防控工作领导小组，明确职责和岗位风险等级，制定有效防控措施，提升内部控制管理系统和防控廉政风险水平。压实压紧责任，逐项排查"灯下黑"问题、中央巡视问题，推进全面从严治党高质量发展。

机构、队伍建设　提高人才队伍建设和管理水平。有序开展优秀年轻干部队伍情况调查工作，认真组织学习《回避制度》，积极组织实施百千万人才工程人选和全国创新争先奖评选推荐工作。加强教育培训和轮岗交流，强化实践锻炼。组织参加各类专题和业务能力培训，选派年轻干部到部委机关关键岗位、实践锻炼，参加专项工作抽调等纵向交流活动。组织干部职工学习贯彻中央疫情防控精神，落实局党组各项部署，树立起打赢防疫阻击战的坚定信心。成立经研中心疫情防控工作领导小组，建立协同高效的工作机制和保障机制。做好疫情期间值班值守，合理安排好各项工作、调研事项，克服居家办公对工作秩序的影响，保证按既定计划完成工作任务。积极配合地方政府开展防疫，派遣5名干部参加到社区防疫一线开展疫情管控。

内部控制建设　2020年，进一步完善中心内部规范体系，完成《会议（议事）管理办法》《公务出差管理办法》《信息管理办法》等制度修订工作，正式编印经研中心《规章制度汇编》。顺利推进内部控制信息系统平台建设，有效提高中心内部控制管理水平和效能。切实做好预算编制与绩效评价工作，2019年度部门预算试点单位整体支出绩效评价结果显示中心整体支出绩效评价得到92分，在2019年3家试点单位中排名第一。

（经研中心由王亚明供稿）

国家林业和草原局人才开发交流中心

【综述】　2020年，人才中心领导班子带领全体干部职工在认真做好疫情防控的同时，坚持以"支持机关、服务行业"为主线，推动创新发展，圆满完成了各项任务。

一是支持机关，有力推进人事工作。深化职称改革。在对征求的专家修订意见进行汇总梳理和分析研究的基础上，按照程序组织召开专家审定会，修订林业工程专业技术资格评审条件，调整评审组织机构，理顺委托评审渠道，做好改革前后的政策衔接。职称评定。2020年申报职称系列为工程系列，其他系列委托外单位评审。共完成40个单位531人工程系列评审的资格审核、论文送审、意见反馈、材料完善等环节的工作。加强招聘管理。制订了《2020年公开招聘高校毕业生实施方案》和《公开招聘线上考试方案》，完成国家林草局集中组织的公开招聘高校毕业生的工作，并办理了后续相关录用手续。加强毕业生接收的指导和监督。共下达13个单位118个毕业生接收计划。完成京内外直属单位岗位与计划对接及毕业生人选审核批复工作。京内外单位共接收毕业生207名，办理了在京单位接收京外生源落户手续。组织局属京内外单位申报2021年毕业生计划；组织核查了局属在京单位2017~2019年接收毕业生的留存情况。强化干部档案管理。制订了《局干部人事档案专项审核工作检查验收方案》，完成200余名司局级干部人事档案材料补充和整理。完成了转隶公安部干部档案的准备工作。完成2020年度高层次留学人才回国资助试点项目和海外赤子为国服务行动计划项目申报，为局属单位39人进行公派出国留学项目申请，16人获得留学资格。完成局属单位2019年度7套人事人才报表的统计上报；将新一批百千万人才信息录入高层次人才库，与基金总站配合制订了《局审计稽查专家库管理办法》。

二是示范引领，精准发力开展人才培训。配合人事司完成培训质量督导任务；组织制订了《国家林业和草原局培训班质量督导管理办法》，撰写《2019年度国家林业和草原局培训质量评估报告》。组织编写了《新时代林业和草原知识读本》和《自然教育指导师手册》通用培训教材。承办司局专项业务培训26期，培训2100多人次。落实局扶贫工作部署，组织举办了1期市县林草局长培训班，培训60多名市县林草局长。

三是规范管理，努力提升技能鉴定水平。制定了木地板制造工等3个国家职业技能标准；组织编制了林业有害生物防治员职业鉴定（技能等级认定）试题库和职业技能培训教材。部署筹备林业有害生物防治员、森林抚育工等职业技能竞赛。开展了第十五届全国技术能手和国家技能人才培育突出贡献候选单位、候选个人评选推荐工作。组织开展行业技能鉴定工作，为1万多人次发放了职业资格鉴定证书；制订《关于加强森林消防员人才队伍职业技能评价工作的建议方案》，与中国林学会森林与草原防火专委会合作开展森林消防员职业技能培训；积极推进第三方评价机构承担"放管服"改革后林草行业技能等级认定工作。提出了申报新职业的工作计划，编制了森林康养师、竹藤编艺师、湿地保护工程技术人员、花镜师等4个新职业申报工作方案；推进"互联网+"，实现年度鉴定合格人员的证书数据网上查询。

四是搭建平台，助推涉林草大学生就业创业。以视频会议平台开展"云比赛"，完成第二届全国林业草原创新创业4个组别的大赛总决赛。启动了第二批"扎根基层工作 献身林草事业"优秀毕业生遴选工作。举办了第十届全国林科十佳毕业生评选活动；与中国绿化基金会、国域发（北京）县域经济发展信息中心共同筹建了总额不低于200万元的就业创业专项基金。举办了全国三亿青少年进森林研学教育活动研讨会暨首期研学教育导师培训开班仪式，并开展了研学导师培训大纲及教材开发工作。

（姜 嫄）

【新时代林草系统人才服务体系与服务能力建设研究】 人才中心与中国人事科学研究院合作开展了"新时代林草系统人才服务体系与服务能力建设研究"的课题。研究课题组在深入了解和把握林草系统人才服务体系和服务现状以及发展趋势的基础上，综合运用文献研究、比较研究、问卷调查、现场访谈、实地调研、案例研究等方法，全面盘点了已有各类人才服务资源，探索服务能力建设的重要路径，提出了优化林草人才服务体系和切实提升林草系统人才服务水平的对策建议。并于2020年12月完成结题报告，取得了阶段性成果。

（姜 嫄）

【林业工程专业技术资格评审条件修订】 5月对上年征求的专家修订意见进行汇总梳理和分析研究。同时，根据人社部、工信部《工程技术人才职称评价基本标准条件》对学历、资历的要求，调整国家林草局林业工程评审条件中申报条件要求，总体保持与国家标准基本一致。8月组织召开专家审定会，工程系列高、中级评委会主任、副主任及相关专业专家共14人参加，对条件送审稿进行研究讨论、审核把关。经履行程序后正式公布。

（李 伟）

【职称评定】 2020年申报职称系列为工程系列，其他系列委托外单位评审。共有40个单位531人申报（局属19个单位468人、局外21个单位63人），其中申报正高职称63人，副高职称158人，中级职称110人，初级职称200人。完成了受理材料、资格审核、论文送审、意见反馈、材料完善等环节的工作。 （李 伟）

林业工程专业技术资格评审条件修订审定会议

【公开招聘毕业生】 组织各单位拟定岗位需求，发布8个在京直属单位36个岗位招聘公告，1111名毕业生报名，经审核，符合条件的778人，经各单位再次确认参加考试224人。笔试前积极应对新冠肺炎疫情影响，落实疫情防控措施，掌握学生的来源地、旅居史、健康状况等疫情防控关键信息，制订防疫工作预案，成功组织完成笔试并协助各单位完成复试、体检和公示等环节的工作。

（李 伟）

公开招聘考试

【毕业生接收】 根据人社部批复2020年毕业生接收计划下达13个单位118个毕业生接收计划；完成京内外直属单位岗位与计划对接及毕业生人选审核批复工作。协助在京单位履行接收程序，办理接收手续。京内外单位共接收毕业生207名（在京单位88名、京外单位119名）。办理在京单位接收京外生源落户手续，严格审核在京单位接收的京外生源毕业生学历学位、报到证、户口迁移等落户材料，统一办理落户手续。组织局属京内外单位申报2021年毕业生计划；组织核查了局属在京单位2017~2019年接收毕业生的留存情况。

(李 伟)

【干部档案管理】 根据中组部有关规定和要求，制订了国家林草局干部人事档案专项审核工作检查验收方案。对验收的范围、时间、内容、接收方式及验收工作组织保障等环节进行了部署。制定了验收评分标准，列举了12个大项47个小项的评分项目。制定评判流程，实行验收工作组分工负责制，采取分工评判和综合评判相结合的方式进行评判。同时完成了档案的转入转出、查借阅，档案材料的收集、登记、整理、归档。共借阅档案626卷，查阅744卷，归档材料4237份，转入84卷，转出61卷。

(李 伟)

【人事代理】 完成局属4个参公单位98人统发工资工作，局属7个单位薪级工资变动、职务晋升、新调入人员工资核定；完成局属单位2019年度奖励性绩效工资核算；完成局属12个单位2014~2018年准备期养老保险、职业年金资金需求测算；完成局属12个单位2020年缴费基数的测算和报送；完成局属12个单位日常社保经办工作；完成局属9个单位2019年度人事人才统计；办理18个局属单位2019年度法人年检、社会团体年检；办理4个局属单位法人变更及3个专员办原事业单位注销；完成社团动态监测及季度年度报告；完成代理单位2020年毕业生接收计划申报、下达和接收工作。在核查毕业生劳动关系材料和在岗情况的基础上，完成2019年代理接收毕业生落户；完成代理企业社会保险、公积金等工作。

(李 伟)

【第五期市县林草局长培训示范班】 10月20~24日，在昆明组织举办第五期市县林草局长培训班。来自全国15个省(区)市县林草主管部门的61位局长参加培训。培训班在课程安排上做了精心设计，涉及政策解读以及森林、草原、湿地、有害生物防治、荒漠化治理等多个林草重点建设领域，邀请了相关司局的领导和科研院所权威专家为培训班授课。组织学员到昆明市海口林场、晋宁县南滇池国家森林公园及古滇王国湿地公园进行现场教学。实现了专题讲座、交流互动、现场教学相融合，达到了培训的预期效果。

(范俊峰)

【2020年国家公派出国留学选派】 按照国家留学基金委员会和局人事司工作安排，人才中心组织开展国家留学基金资助出国留学申请受理工作，共有39人申报国家公派留学项目，其中24人获得国家公派留学资格。

(赵佳音)

【林草行业职业技能鉴定】 2020年林草行业职业技能鉴定工作平稳有序开展，全年鉴定合格10 701人次。其中初级技能1394人次，中级技能5358人次，高级技能3920人次，技师29人次。涉及林业有害生物防治员、森林消防员两个职业工种。

(图星哲)

【第十五届高技能人才评选推荐申报】 5月，根据人力资源和社会保障部关于组织开展第十五届高技能人才评选表彰活动的相关要求，结合林草系统实际情况，组织完成了国家林草局全国技术能手候选人、国家技能人才培育突出贡献候选单位和候选个人的推荐工作。推荐2人为全国技术能手候选人，1人为国家技能人才培育突出贡献候选个人，1所林业和草原干部学校为国家技能人才培育突出贡献候选单位。

(图星哲)

中国林业科学研究院

【综　述】 2020年是"十三五"收官之年，中国林业科学研究院(以下简称中国林科院)锐意改革、积极进取，扎实推进改革发展和林草科技创新，各项工作取得新进展。

学习习近平新时代中国特色社会主义思想 全年围绕22项重点内容，组织10次集中学习；举办青年科技人员学习习近平新时代中国特色社会主义思想交流会；开设"林科讲坛"，每季度邀请1名权威专家到中国林科院作专题辅导，坚持重要党课"一课两讲"、重要会议"一会两开"、重要活动"一活动两组织"；召开全院党支部书记工作经验交流会，开展第五届"十佳党群活动"和首届"十佳党课"评选。

科技创新和科技支撑能力 牵头或参与一系列林业和草原发展、林草科技创新、陆地生态系统定位观测研究网络、林草科技推广等"十四五"或中长期规划编制工作。持续推进"山水林田湖草系统治理""绿水青山就是金山银山实现途径"等重大战略规划和"以水定绿"等重点领域研究，牵头承担"松材线虫病防控技术"国家林草局"揭榜挂帅"应急重大项目。成立中国林科院对接国家林草局重点工作专班领导小组，加强支撑服务。新增纵向项目268项，总经费1.85亿元，其中，国家重点研发计划专项项目2项。主持国家林草局行业科技重大项目2项。"南方典型森林生态系统多功能经营关键技术与应用"荣获2020年度国家科学技术进步奖二等奖。获梁希奖18项，其中，自然科学二等奖1项，技术发明二等奖4项，科技进步一等奖2项、二等奖7项。

成果推广和科技服务 组织专家提出的应对疫情对科研生产影响的技术措施建议被国家林草局采纳并向社会公开发布；23项成果纳入科技部与国家林草局共同发布的抗击疫情支撑春季生产技术50项成果汇编。入选国家林草局重点推广林草科技成果26项，16个林木品种通过国家林草局良种审定。统筹安排院基本科研业务费200万元设立科技扶贫专项5项；组织36名专家参加局科技司林草科技扶贫服务团，派出41人次赴定点扶贫县开展科技服务，全院完成各类扶贫捐助400多万元，确保按时按质完成"脱贫摘帽"任务。组织召开国际林联特别工作组3次协调员在线工作会谈。获批各类国合项目7项，启动国合项目14项。林业所获批2020年度国家引才引智基地。援助卢旺达项目被列为联合国南南合作优秀案例。

条件平台保障服务能力 成立黄河生态研究院，召开首届黄河流域生态保护修复战略研讨会，现场直播观看量超400万。林木遗传育种国家重点实验室顺利通过科技部核查，获批2个科技协同创新中心。2个生态站纳入国家野外科学观测研究站。

人才培养 制订进一步优化人才成长环境多项举措。强化评选高级专业技术资格绿色通道，重点向40岁以下青年科技人才倾斜，8位青年评为正高职称。2020年底，全院有40岁以下正高22人，45岁以下正高55人，科技骨干青黄不接的问题得到有效缓解。制订处级干部选拔任用方案。2人入选国家"百千万人才工程"，并获得"有突出贡献中青年专家"荣誉称号；入选国家"万人计划"青年拔尖人才1人；入选科技部创新人才推进计划重点领域创新团队1个。柔性引进草业研究高端人才2人，聘任南志标院士为国家林草局草原研究中心学术委员会主任、李春杰教授为草原研究中心执行副主任。探索线上培养模式，开展研究生线上教学、就业和招生工作，强化研究生教育工作。被北京市教委评为学位授予信息报送工作先进单位。

领导班子建设 严格贯彻民主集中制，推进修改完善院所两级议事规则，制订院分党组工作规则。完善领导班子年度测评考核体系，切实增强干事创业的积极性和创造性。

党风廉政建设 开展警示教育，自上而下全方位进行廉政风险排查，不断完善各项制度。主动开展全面从严治党巡察，全年巡察5个单位，累计完成13个。完成全院内部审计工作全覆盖。全面启动院本级内控体系建设，促进管理科学化。组织召开全面从严治党工作视频推进会，举办贯彻落实中央八项规定及其实施细则精神培训班。坚持专项整治，组织召开意识形态工作领导小组会议，切实强化意识形态工作和筑牢意识形态阵地。

院所文化和精神文明建设 把"林科精神"作为每年新职工入职培训、研究生入学教育的重要内容，成为全体林科人的精神追求和价值取向。成立院科研诚信与学术道德委员会，建立院科研失信行为数据库，坚持无禁区、全覆盖、零容忍。采取线上线下相结合的形式，丰富文化生活，活跃内部氛围。继续保持首都文明单位标兵和全国文明单位称号。

疫情防控和后勤管理 成立由院党政主要领导任总指挥的院疫情防控指挥部，成立十多个共产党员先锋队（岗），加强分布在全国的50多个独立院落的管控，确保全院7000多名职工、研究生零感染。认真落实离休人员的"两项待遇"以及退休人员的相关政策，完成幼儿园改造项目。院区安全消防二期工程建成使用。全面落实局党组和所在地政府对安全稳定和安全生产的一系列部署，进一步提升后勤保障力度。实行森林防火督查常态化，全院6.67万公顷试验林未发生森林火灾和人员伤亡事故。

【2020年工作会议】 于1月15日在北京召开。会议主要任务是深入学习贯彻习近平新时代中国特色社会主义思想和党的十九大、十九届四中全会精神，传达贯彻全国科技工作会议、全国林业和草原工作会议精神，系统总结2019年工作，提出未来一段时期工作思路，谋划部署2020年重点任务。国家林草局党组成员、副局长彭有冬出席会议并在讲话中肯定中国林科院2019年工作，对2020年提出五点要求。中国林科院分党组书记叶智作《深入学习贯彻习近平新时代中国特色社会主义思想，为院所改革发展提供坚强思想组织保障》的工作报告，院长刘世荣作《全面增强科技创新实力，支撑林业草原事业高质量发展和现代化建设》的工作报告。会议表彰2019年度国家科技进步二等奖获奖项目、2项中国林科院重大科技成果奖和14位科技扶贫先进工作者。中国林科院分党组纪检组组长、副院长李岩泉，中国林科院分党组成员、副院长储富祥、孟平、黄坚、肖文发，副院长崔丽娟，中国林科院各所（中心）、各部门党政主要负责人以及京区副处级以上干部、有关专家和获奖代表等100余人参加会议，京外各所（中心）副处级以上干部通过视频会议同步收看会议。

【森林草原防火电视电话会议】 于3月17日在北京举行。中国林科院副院长、森林防火指挥部指挥长崔丽娟出席会议并讲话。中国林科院各实验中心汇报交流当前本单位森林草原防火工作。会议提出，要深入学习贯彻习近平总书记在统筹推进新冠肺炎疫情防控和经济社会发展工作部署会议上的重要讲话精神，认真落实全国森林草原防灭火工作电视电话会议精神，特别是李克强总理对森林草原防灭火工作的重要批示精神，统筹抓好疫情防控和森林草原火灾防范工作。中国林科院属实验中心主要负责人和有关职能部门、实验林场负责人参加会议。

【江西省副省长陈小平到中国林科院亚林中心调研】 4月1日，江西省人民政府党组成员、副省长陈小平一行实地调研国家油茶优良无性系繁育基地和江西省林木良种（创制）工程研究中心，听取中国林科院亚林中心40多年来在高产油茶产业发展方面取得的成绩、林下经济发展情况以及创制工程研究中心基本情况汇报，高度肯定了亚林中心为地方绿色经济发展、助力地方脱贫攻坚作出的贡献，并对"十四五"工作和发展提出了希望。江西省新余市、分宜县以及亚林中心等有关单位负责人参加活动。

【2020年意识形态工作领导小组会】 于4月2日在中国林科院召开。会议传达贯彻国家林草局意识形态工作领导小组会议精神，研究部署2020年中国林科院意识形态工作，发布《中国林科院2020年意识形态工作方案》审议稿。中国林科院分党组书记、院意识形态领导小组组长叶智主持会议。中国林科院意识形态领导小组成员出席会议，各所、中心综合办公室负责人列席会议。

【新技术所与竹子中心签署战略合作框架协议】 于4月20日通过视频会议签署。中国林科院副院长崔丽娟出席签约仪式并讲话。林业新技术研究所、国家林草局竹子研究开发中心负责人分别代表双方签署协议，并一致表示，将本着"资源共享、优势互补、互利双赢、共同发展"的原则，多方位开展深入合作，切实形成"1+1>2"的效应，努力成为中国林科院"所-中心"联合共建的典范。

【林木遗传育种国家重点实验室管理咨询委员会会议】 于5月21日在中国林科院召开。国家林草局科技司司长郝育军出席会议，与会人员听取实验室整改报告汇报。中国林科院院长刘世荣、东北林业大学校长李斌表示，将从政策保障、条件建设、人才引进等多方面支持并推动实验室的建设和发展。中国林科院副院长储富祥主持会议。国家林草局科技司创新处、东北林业大学、中国林科院有关单位负责人和专家参加会议。

【大型科研仪器开放共享评估考核推进会】 于6月4日在中国林科院召开，旨在推进大型科研仪器向全社会开放共享，有效提升科技资源利用效率和社会服务水平。科技部基础司条件平台处、国家科技资源共享服务工程技术研究中心负责人以及中国林科院院长刘世荣出席会议并讲话。中国林科院副院长储富祥主持会议。会议讲解重大科研基础设施和大型科研仪器开放共享评价考核要求、开放共享政策，演示仪器开放共享在线服务平台系统，部署全院下一步加强大型科研仪器开放共享工作。中国林科院各所（中心）、有关部门负责人，重大仪器设备责任人等70余人参加现场会议和视频会议。

【"一带一路"生态互联互惠和长江经济带生态保护科技协同创新中心工作座谈会】 于6月5日在中国林科院召开。国家林草局科技司副司长黄发强、中国林科院院长刘世荣出席会议并讲话，中国林科院副院长储富祥出席会议。两个科技协同创新中心汇报2019年度主要工作进展及2020年度主要工作计划。科技协同创新中心领导小组成员和秘书处成员参加会议。

【安全生产工作专题部署会】 于6月11日在中国林科院召开。中国林科院副院长黄坚出席会议，副院长崔丽娟主持会议。会议传达开展全国"安全生产月""安全生产万里行"活动的精神和"国家林业和草原局安全生产专项整治三年行动实施方案"的精神，并从明确领导责任、抓好护林防火、加强日常检查、规范实验室管理、加强宣传引导5个方面安排和部署全院安全生产工作。中国林科院有关职能处室、各所（中心）分管安全生产工作负责人参加现场和视频同步会议。

【粤港澳大湾区、长三角2个生态保护修复科技协同创新中心】 于6月24日由国家林草局发函批准成立。粤港澳大湾区生态保护修复科技协同创新中心由中国林科院牵头，以"建设美丽湾区"为引领，联合粤港澳大湾区从事林业和生态保护相关研究的科研、教学、企业、协会等单位，针对区域内生态系统保护修复的重大科技问题开展研究，突破关键技术瓶颈，为粤港澳大湾区生态保护修复提供科技支撑与决策咨询。长三角生态保护修复科技协同创新中心由中国林科院牵头，以"建设绿色美丽长三角"为引领，以"协同创新、绿色共保、交叉融合、同频共振"为原则，联合长三角区域从事林业和生态保护相关研究的科研、教学、企业、协会等单位，搭建跨区划、跨部门、跨行业的生态保护修复协同创新平台，支撑长三角地区绿色高质量一体化发展。

【林产化学工业研究所建所60周年纪念活动】 于7月2日在江苏南京举行。中国林科院分党组书记叶智代表院分党组通过视频致辞，充分肯定了林化所60年取得的成就，并提出希望。活动由林化所党委书记黄立新主持，所长周永红发表讲话，新老职工代表发言。所班子成员和全所职工参加纪念活动。经过60年的不断壮大，林化所现已拥有在职职工195人，其中中国工程院院士2人、国际木材科学院院士4人、国家杰出青年科学基金获得者1人、国家自然科学基金优秀青年科学基金获得者3人，正高级职称26人，副高级职称50人，形成了14个科技创新团队。先后承担国家、部、省级课题1043项，成果鉴定（验收）706项。获国家级奖励32项、省部级奖励92项，专利授权608项。发表论文4392篇。累计培养毕业研究生436人，其中博士148人、硕士288人；科技成果推广到全世界20多个国家的1000多个企业。

【国家林草种质资源设施保存库（主库）建设项目建议书专家论证会】 于7月2日在中国林科院召开。国家林草局林草种质资源工作领导小组办公室主任程红主持会议。专家组听取项目建议书编制情况汇报，并进行质询讨论。专家组认为，国家主库项目建设对保障国家生态安全、生物安全和资源安全具有重大意义，同意项目建议书在修改完善后报送上级审批。国家林草局林场种苗司、规财司、科技司以及中国林科院林业所、华林中心、科技处等有关单位负责人和专家参加会议。

【各实验中心"十四五"期间年森林采伐限额编制成果】 7月17日，"十四五"期间年森林采伐限额编制成果专家评审会在中国林科院举行，副院长崔丽娟出席并讲话。专家组听取4个实验中心的视频汇报，审阅编限成果资料，分别对各实验中心的编制成果进行讨论、综合评审，一致认为，各实验中心"十四五"期间年森林采伐限额编制成果均符合国家林草局编制方案和技术规定的要求，编制程序规范，编限成果资料翔实完整，采用的森林资源基础数据可靠，技术参数、测算方法科学合理，确定的森林采伐限额符合森林分类经营、天然林保护修复、森林质量精准提升要求，满足"十四五"期间科学实验的需求，同意通过评审。评审专家组由国家林草局、北京市园林绿化局、中国林科院等单位的专家组成。

【2020年国际合作工作会议】 于7月29日在北京召开。国家林草局国际合作司副司长胡元辉出席会议并作专题报告，中国林科院分党组书记叶智讲话，中国林科院副院长崔丽娟主持会议。会议部署新形势下中国林科院国际合作工作，要求切实增强国际合作工作的责任

感、使命感，必须坚定贯彻习近平外交思想，提高国际合作工作水平，努力建设世界一流林草科研院所。中国林科院各所（中心）、各部门相关负责人和外事管理人员参加会议。

【对外开放系列科普活动】 8月24日，参与承办2020年全国林业和草原科技活动周，组织"走进林木遗传育种国家重点实验室"视频播放、"榫卯结构——皇宫圈椅那些事儿"互动活动演示、"浅析林产化学之今昔"院士报告、"十三五"荣获国家科技进步二等奖项目参展。9月3~7日承办2020年林草科技参加列车怀化行活动，中国林科院与怀化市政府签署全面战略合作协议，十多位专家开展现场指导、专题讲座等科技服务活动。完成全国林草科普基地申报。中国林科院华林中心、木材工业国家工程研究中心中试基地获批"自然教育学校（基地）"。新技术所李伟《北京湿地中常见植物知多少》获第九届梁希科普奖（作品类）三等奖，院办公室王秋丽获第九届梁希科普奖（人物类）。全年京内外单位分别在北京、广西凭祥、浙江富阳、江西分宜、海南尖峰岭等地开展自然教育、林业有害生物防灾减灾宣传、保护生物多样性、走进植物王国探索森林奥秘、探秘热带雨林体验美好生活、探索自然未知——我是小小昆虫观察员、丛林励志夏令营等十余项主题活动，直接参与人数达700人以上。

【乌兰布和沙漠综合治理国家长期科研基地揭牌仪式】 于9月5日在中国林科院沙林中心举行。国家林草局科技司司长郝育军、内蒙古专员办专员李国臣、三北局纪检组组长程伟，中国林科院副院长储富祥为基地揭牌，实地考察沙林中心实验场和科技条件平台建设情况，充分肯定沙林中心取得的成就，并提出了希望。该基地依托沙林中心建立，位于内蒙古自治区巴彦淖尔市磴口县境内。国家林草局科技司推广处、西北调查规划设计院、中国林科院、中国治沙暨沙业学会等单位专家参加揭牌仪式。

【与荔波县人民政府签署战略合作协议】 9月8日，战略合作洽谈会在北京举行。国家林草局科技司副司长王连志（正司级）、中国林科院院长刘世荣、贵州省荔波县人民政府县长叶霖出席会议并讲话。中国林科院副院长储富祥主持会议，并与荔波县人民政府副县长何彦超代表双方签署《林业科技战略合作框架协议》。根据协议，双方依托各自优势，围绕林业生态经济建设工作，充分发挥林业科技对脱贫攻坚和乡村振兴的支撑作用，在新品种研发、新技术推广应用、生态建设规划、科技兴林等方面进行合作，推动荔波林业生态经济建设健康可持续发展。荔波县政府办、林业、投资等部门负责人，中国林科院木工所、科信所、亚林中心负责人参加会议。

【竹子中心援卢旺达项目成功入选联合国南南合作优秀案例】 9月11日，联合国南南合作办公室在美国纽约发布的《南南合作和三方合作促进可持续发展优秀案例》向全球推广，国家林草局竹子研究开发中心申报的《通过发展竹产业促进非洲农业产业包容性发展——发展绿色竹产业促进卢旺达减贫和生态保护》入选。竹子中心2009~2019年承担商务部"中国援助卢旺达竹子种植加工利用项目"，2015年被商务部评选为中国援外唯一典型案例，在中央电视台播出。2019年被授予"浙江省援卢竹业国际合作示范基地"。

【国家林草局粤港澳大湾区生态保护修复科技协同创新中心成立暨工作推进会】 于9月18日在广州举行。中国林科院院长刘世荣、广东省林业局二级巡视员林俊钦、广州市林业和园林局总工程师粟娟出席并讲话。会议宣读国家林草局关于粤港澳大湾区生态保护修复科技协同创新中心成立批文，介绍创新中心成立背景及建设方案，通过《粤港澳大湾区生态保护修复科技协同创新中心章程》，选举产生10家副理事长单位、15家理事单位。刘世荣为选举产生的副理事长、理事单位代表授牌。随后，召开创新中心第一届理事会，安排部署近期拟开展的工作、活动及项目。中国林科院、中山大学、中科院华南植物园等高校、中央直属、省市属科研院所以及知名企业代表60余人参加大会。

【计划财务管理实务培训班】 于10月14~15日在中国林科院举行。中国林科院副院长肖文发作开班讲话。培训班采用现场培训和视频培训方式，邀请行业专家和有经验的专职管理工作人员，讲解基本建设项目过程管理、档案管理，财务核算与管理，内部控制体系及信息化建设实务，行政事业单位财务人员专业能力提升、会计电子档案政策解读和个人所得税清缴疑难点，申报实务、增值税减税降费实务，风险防范6个专题。会议要求，确保在"十三五"期间完成内控全覆盖，严格按照基本建设程序执行本单位项目建设。中国林科院院属各单位计划财务分管领导和工作人员以及部门负责人共172人参加培训。

【2019~2020年度森林防火经验交流会暨业务培训班】 于10月29日在中国林科院召开。会议旨在贯彻落实国家林草局秋冬季森林草原防火工作电视电话会议精神和有关文件要求，适应新形势、新体制下的森林草原防火工作。国家林草局防火司、内蒙古大兴安岭航空护林局、北京林业大学和中国林科院专家授课。中国林科院副院长、院森林防火指挥部指挥长崔丽娟讲话。会议要求，各有林单位要进一步完善森林防火体制机制，进一步加强森林防火条件建设，进一步提升森林防火科技水平，努力打造森林防火示范样板和教育培训基地。中国林科院各有林单位森林防火分管领导和部门负责人，森林防火管理人员、扑火队员、护林员以及下属实验林场（基地、站）管理人员约200人参加线上线下相结合的培训。

【国家林草局草原研究中心创新与发展研讨会】 于11月4日在中国林科院召开。国家林草局科技司司长郝育军、草原司司长唐芳林、人事司二级巡视员王常青，兰州大学副校长沙勇忠，中国林科院院长刘世荣、副院长储富祥等出席会议并讲话。会议举行聘任南志标院士为国家林草局草原研究中心学术委员会主任、聘任李春杰教授为草原研究中心执行副主任仪式。与会人员听取草原研究中心建设方案汇报，研讨草原研究中心未来工作要点。会议提出，将围绕国家产业重大需求聚焦转变，以高起点、高标准建好草原研究中心，加速林草战略研究和创新融合发展。兰州大学，中国林科院有关所、部门负责人和专家30余人参加活动。

【与福建农林大学签署深化院校合作 服务林业高质量发展框架协议】 11月11日，框架协议签约仪式在福建农林大学举行。中国林科院院长刘世荣、福建农林大学校长兰思仁讲话，中国林科院副院长储富祥，福建农林大学副校长郑宝东分别代表双方签署协议。签约仪式后，中国林科院与会人员考察国家林草局兰科植物保护和利用重点实验室、福建农林大学海峡联合研究院等，并到福建省林科院（中国林科院海西分院）交流项目合作、人才培养等。福建农林大学、福建省林科院、中国林科院有关单位负责人参加活动。

【林木遗传育种国家重点实验室第二届学术委员会第三次会议】 于12月8日在中国林科院以线上线下相结合的方式召开。中国林科院院长刘世荣出席会议并表态发言。学术委员会主任、副主任和委员出席会议。会议先后由中国林科院副院长储富祥，学术委员会主任、中国工程院院士万建民主持。会议总结实验室2016~2020年整改成效，4位科研人员汇报年度代表性学术成果。学术委员会充分肯定实验室近年来取得的科研成果，并提出建议和要求。中国林科院、东北林业大学、重点实验室负责人和各研究组组长等40余人参加会议。

【与大兴安岭林业集团公司签署全面科技合作协议】 12月10日，协议签署仪式在大兴安岭加格达奇举行。中国林科院分党组书记叶智和大兴安岭林业集团公司党委书记、总经理于辉出席会议并讲话，中国林科院副院长储富祥和大兴安岭林业集团公司副总经理刘志代表双方签署协议。根据协议，双方将在森林资源和森林火灾监测、森林病虫害监测与防治、森林经营、生态系统服务功能价值评估、林下资源开发、木结构研发、国际合作交流和人才培养等方面开展合作。仪式后，双方相关团队负责人就开展合作进行对接。大兴安岭林业集团公司、中国林科院相关单位负责人和专家参加签约仪式。

【黄河流域生态保护修复战略研讨会】 于12月14日在中国林科院召开。国家林草局副局长彭有冬、国家发展和改革委地区经济司副司长曹元猛、中国林科院院长刘世荣出席会议并讲话。彭有冬和刘世荣为中国林科院黄河生态研究院揭牌。中国林科院副院长、中国林科院黄河生态研究院主任崔丽娟主持开幕式。3位院士分别作《区域发展战略研究中需要注意的关键问题》《黄河流域水资源动态变化趋势》《气候变化对黄河流域降水、洪涝和生态系统的影响》报告。清华大学、中国科学院、中国农业大学以及中国林科院等国内知名专家系统解读黄河流域生物多样性保护、湖泊治理、草原治理和湿地治理等。国家林草局科技司、规财司负责人等出席会议，北京林业大学、中国水利水电科学研究院、中国气象局国家气候中心、中国治沙暨沙业学会、中国林科院等单位代表共50余人参加线下研讨会。

【第五期青年科技骨干暨青年教师培训班】 于12月25日在北京召开。中国林科院分党组书记叶智出席开班式，副院长肖文发主持开班式。中国工程院院士、国际宇航科学院院士戚发轫，中国林科院和北京林业大学专家，分别讲授中国航天与航天精神、林草科技创新实现路径和导师师德师风建设等。培训班采用京内单位学员现场参会、京外单位学员视频参会的方式，全院青年科技骨干和近三年参与研究生授课的教师参加培训。

【国家林草局"一带一路"生态互联互惠科技协同创新中心2020年度工作交流会】 于12月30日在北京召开。国家林草局科技司司长郝育军、中国林科院院长刘世荣等出席会议。来自北京林业大学、甘肃省治沙研究所、国家林草局调查规划设计院、兰州大学、西南林业大学、陕西师范大学、中国科学院新疆生态地理研究所等11个单位的代表分别汇报工作进展，并交流2021年重点工作。会议采取线上线下相结合的形式举行，来自33家理事单位的80多位代表参加会议。

【宝天曼、小浪底2个生态站列入国家野外站择优建设名单】 中国林科院河南宝天曼森林生态系统国家野外科学观测研究站，地处河南省南阳市内乡县境内的秦岭东段伏牛山南麓。此地属于汉江源头和南阳平原的重要水源涵养区，拥有原生栎类不同演替序列、垂直分布带谱和保存较为完好、超过400年的锐齿槲栎顶极天然群落。研究站主要研究全球变化与森林植被响应/适应等重大科学问题。河南黄河小浪底地球关键带与地表通量野外科学观测研究站，地处暖温带亚湿润气候区，位于黄河中游与太行山交错带，紧连小浪底水利枢纽区（库区）及太行山，生态系统类型多样。该站重点围绕人工林物质能量通量变化过程及影响机制等重要科学课题开展观测研究，有效支撑国家应对全球气候变化行动及黄河小浪底水利枢纽工程等重点工程和国家战略。

【16个林木品种通过局林木良种审定】 分别是由中国林科院选育的1个相思引种驯化品种（'中研73号'马大相思）、2个西南桦种源（西南桦广西凭祥种源、西南桦云南腾冲种源）、2个楸树无性系（'中林1号''中林5号'）、1个核桃品种（'中宁异'）、10个杜仲品种（'华仲5号''华仲6号''华仲7号''华仲8号''华仲9号''华仲10号''华仲11号''华仲12号''华仲13号''华仲14号'）。

【26项成果入选国家林草局2020年重点推广林业和草原科技成果100项】 其中，林业所5项、亚林所5项、木材所3项、资昆所3项、泡桐中心3项、热林所2项、林化所2项、热林中心2项、哈尔机所1项，涉及领域为林木良种领域10项，良种选育及高效栽培领域1项，森林培育与经营领域3项，生态修复与病虫害防治领域1项，经济林林下经济领域5项，木竹材加工与林

产化学加工利用领域5项,信息监测与智能装备领域1项。

【18项成果获第11届梁希林业科学技术奖】 分别是张建国主持完成的"杨属植物的起源和进化"荣获自然科学奖二等奖。黄荣凤主持完成的"实木层状压缩及其定型处理技术"、舒立福主持完成的"无人机森林草原火灾风险监测与预警关键技术"、汪来发主持完成的"生物杀线虫菌剂制备关键技术"、张华新主持完成的"盐生灌木白刺及其植物盐提取技术"共4项成果荣获技术发明奖二等奖。储富祥主持完成的"新型豆粕胶黏剂创制及无醛人造板制造关键技术"、张伟主持完成的"木质建筑结构材分等装备关键技术与应用"2项成果荣获科技进步一等奖。张会儒主持完成的"森林健康经营关键技术"、杨忠岐主持完成的"松褐天牛综合防控技术"、张旭东主持完成的"长江经济带生态退化区植被修复与低效林提质增效技术"、卢琦主持完成的"荒漠生态系统功能评估和服务价值核算"、丁兴萃主持完成的"竹笋食味和安全品质提升关键技术及应用"、钱永强主持完成的"野牛草高效育制种技术及其产业化"、吕斌主持完成的"木质制品有毒有害挥发物检测关键技术与应用"共7项成果荣获科技进步二等奖。王利兵主持完成的"山杏现有林高效利用技术创新与推广应用"、康晓明主持完成的"极端干旱事件对草原生态系统碳收支的影响机制"共2项成果荣获科技进步三等奖。推荐的日本原森林综合研究所木材化工部长志水一允(Kazumasa Shimizu)教授、德国弗莱堡大学海因里希·施皮克尔(Heinrich Spiecker)教授2人荣获国际科技合作奖。

(中国林科院由王秋丽、白登建供稿)

国家林业和草原局调查规划设计院

【综 述】 2020年,规划院全力服务保障局各项重点工作推进,抽调业务骨干参加专班,在感知系统建设、"双重"规划编制、局"十四五"规划编制、自然保护地整合优化等工作中发挥积极作用。承担完成84项指令性工作任务,承揽市场创收项目559项。认真谋划发展,编制完成《规划院"十四五"发展规划》《规划院人才发展规划(2021—2025)》。3项成果荣获国家级奖项,11项成果荣获省部级奖项。

专班工作 林草"十四五"规划纲要专班牵头完成规划纲要中区域性山水林田湖草沙系统治理示范项目布局和落地,完成《林草保护发展"十四五"规划纲要》修改完善。双重规划专班牵头完成东北森林带、北方防沙带、南方丘陵山地带、国家公园等自然保护地建设及野生动植物保护4个"双重"专项规划编制,完成青藏高原、黄河重点生态区、长江重点生态区、海岸带、生态保护和修复支撑体系5个"双重"专项规划编制。国家公园专班完成国家公园旗舰物种监测和感知系统建设技术方案,形成《国家公园体制试点区范围优化建议报告》,形成国家公园候选范围的初步边界范围预案,提交国家公园一张图矢量数据和边界范围区划预案成果报告,完成国家公园试点区设立方案的编制工作。自然保护地整合优化专班制订省级预案审核工作手册,结合高分卫星影像判读和现场考察,对31个省(区、市)和新疆生产建设兵团省级预案成果从规范性、真实性、合规性等方面进行初步审查、联合会审、专家评议和持续完善四轮全过程逐图斑的审核,处理数据4亿多条,编制《初步审核报告》《省级预案审核报告》(两次)、《预案技术审核意见》《全国自然保护地整合优化预案总结报告》《再调整审核意见》《全国自然保护地整合优化预案》。感知专班编写完成感知系统建设思路框架,编制3年实施方案和建设方案并通过评审,建设国家林业和草原北斗综合应用服务平台,开发林业草原典型业务应用系统,推动国土空间、林草防火、沙尘气象等数据共享接入,整合国家林草局金林和信创工程,完成国家林草局113会议室改造。

森林资源和草原监测 完善优化国家森林资源智慧管理平台,编制完成《全国森林资源年度监测评价方案》《"十四五"期间年森林采伐限额审核工作方案》。全面完成全国森林督查技术支持和森林资源管理"一张图"年度更新工作,完成监测区国家级公益林监测评价、森林督查林地变化遥感判读以及北京市森林资源年度监测评价试点工作。完成《2019年全国草原监测报告》和《草原生态保护补助奖励政策研究》,在全国率先开展草原监测评价试点工作。继续开展基于MODIS卫星数据的草原植被长势监测,在内蒙古赤峰市、呼伦贝尔市、重庆市武隆区完成8个草原定位监测站建设工作。

野生动植物和湿地调查 完成第二次全国重点保护野生植物资源数据汇总分析,组织开展野生动物调查项目验收,编制完成《全国秋冬季水鸟同步调查报告》和《全国陆生野生动物资源调查监测体系构建总体方案》,参与松材线虫等重大林业有害生物防控调研和督查。修订完善国际重要湿地年度生态监测方案,继续开展全国重点省份泥炭沼泽碳库调查工作。

荒漠化和沙化监测 完成2020年春季沙尘暴监测和灾情评估工作,编报《沙尘暴监测与灾情评估简报》15期,完善《重大沙尘暴灾害应急预案》,完成第六次全国荒漠化和沙化监测技术培训2期,开展荒漠化和沙化监测年度监测技术研究与试点。

生态监测 完成全国空气负氧离子浓度数据管理平台建设,对42个空气负氧离子监测站数据进行实时监测和评估发布。完善国家森林城市业务管理平台,做好全国森林城市验收和复查技术支撑。

林业碳汇计量监测 开展第二次全国林业碳汇计量监测数据核实查验和数据建库工作,编制完成《第二次全国土地利用变化与林业碳汇计量监测汇总分析方案》,启动第三次全国林业碳汇计量监测工作。

自然资源资产评价评估　编制完成全民所有自然资源（森林、草原、湿地、国家公园）资产清查工作方案，参与全国资产清查试点工作。组织开展 2020 年全国林业产业发展监测和林产品市场监测预警会商工作。

重大生态保护和修复规划　承担《全国国家公园及自然保护地发展规划》《全国天然林保护修复中长期规划》《全国"十四五"湿地保护规划》《全国"十四五"草原防火规划》《全国国有林场中长期发展规划》《全国经济林发展规划》《三北防护林体系建设六期规划》等重大规划编制任务。

卫星林业应用　开展陆地碳卫星"星-机-地"在福建武夷山和海南热带雨林的综合实验，形成大光斑和多角度多光谱相机载荷林业反演产品算法，编制完成高（超）光谱数据处理标准和产品生产规程。以东北虎豹公园"星-机-地"调查的激光点云数据和地面样地数据为基础，开展落叶松等近 10 个主要树种建模和林分航空材积表建设。

基建项目统筹管理　组织申报基建项目 4 项，正在实施 2 项，国林宾馆改造等重点项目建设已基本完成。

信息化服务和生态传媒　运维国家林业和草原局政府网站、内部办公网络，各司局、各直属单位信息系统与网站，国家自然资源和地理空间基础信息库林业分中心系统。完成国家林草局重要会议、活动的宣传报道，开展在线访谈、直播 22 次，制作《林草信息化互联网要情专刊》75 期，制播《党员干部现代远程教育林业教材》52 期，完成央视频《林草中国》每周 5 期专栏制作，协助完成局政府网站和中国林草网络电视栏目改版。

国内市场开发　全年承揽市场创收项目 559 项，分别与黑龙江省林业和草原局、中铁二十三局集团有限公司签订战略合作框架协议。

生态扶贫　向广西罗城捐赠年度扶贫资金 200 万元、采购农副产品 50 万元，开展党建扶贫捐资助学活动，职工自愿捐款 20 万元，帮扶 50 名贫困家庭学生，编制完成云南怒江州《林草"十四五"发展规划》《乡村振兴规划》等，技术助力云南怒江生态扶贫。

创先争优　组织开展 2020 年度院优秀成果奖评选，对外推荐的项目成果获全国优秀工程咨询成果奖一等奖 1 项、二等奖 1 项、三等奖 1 项。获第十一届梁希林业科学技术奖科技进步奖二等奖 1 项、三等奖 1 项，中国测绘学会裴秀奖金奖 1 项，测绘科技进步奖一等奖 1 项，2018—2019 年度林业行业优秀工程勘察设计奖一等奖 4 项、二等奖 2 项、三等奖 1 项。

人才培养　编制完成《规划院人才发展规划（2021—2025）》。完成国务院政府特殊津贴专家、"百千万人才工程"省级人选、全国创新争先先进单位和个人、全国生态保护先进个人等推荐工作。全年干部职工参加政治类培训 319 人次，业务技术类培训 883 人次。

科技创新　首次设立规划院自主研发项目，组织召开 5 个国家创新联盟成立大会和各联盟工作会，完成联盟组织机构建设。"海南三亚热带湿地生态系统国家长期科研基地"获批。获批筹建国家林业和草原局生态旅游标准化技术委员会，协助开展森林资源、防火标委会重组。

【2020 年春季沙尘天气趋势会商】　于 1 月 6 日由中国气象局和国家林草局在国家气候中心联合召开。与会专家对 2020 年春季中国北方地区沙尘天气趋势进行分析预测。对 2019 年北方地区植被生长状况、降水量、土壤墒情等影响沙尘天气的下垫面因子的特点及规律进行分析，为 2020 年春季沙尘天气趋势分析提供重要的数据资料。

【首届全国生态大数据创新应用大赛】　于 1 月 14 日，由国家林草局信息中心在北京举办。规划院与电子科技大学联合组成的定量遥感与时空大数据团队完成的"森林草原防火预警监测大数据平台"作品荣获三等奖。该作品突破了时空关联规则挖掘、可燃物含水率遥感反演、耦合辐射传输模型、火势蔓延实时模拟、火灾风险大数据挖掘、灾后燃烧烈度评估六大核心科学问题。

【四项百山祖国家公园设立标准试验成果通过专家评审】　4 月 8 日，由规划院主持编制完成的《百山祖国家公园科考考察及符合性认定报告》《百山祖国家公园设立方案》《设立百山祖国家公园社会影响评估报告》等国家公园符合性认定材料和参与完成的《百山祖国家公园总体规划》通过专家评审。专家评审会由浙江省林业局组织召开。该项目对百山祖国家公园进行符合性评估，提出国家公园范围和管控分区方案，评估设立国家公园的社会影响。

【东北监测区 2020 年森林督查暨森林资源管理"一张图"年度更新培训】　4 月 8~14 日，在辽宁、吉林、黑龙江、内蒙古 4 个省（区）开展。培训对 2020 年森林督查暨森林资源管理"一张图"年度更新的工作要求、工作方案、技术方案等进行详细讲解，结合往年案例提出针对性的建议。对 2019 年的工作结果进行总结，对出现的问题进行剖析。

【草原调查监测体系构建研讨视频会议】　于 5 月 9 日由国家林业和草原局草原管理司组织召开。规划院从自身技术优势、草原调查监测总体构思和统筹协调与技术支撑三个方面进行汇报。提出由"资源调查、年度监测、综合评估、定位观测"四部分组成的草原资源调查监测体系，以草原管理需求为落脚点，按照一张监测网、一个大数据中心、一个智慧平台"三个一"的总体思路实现从数字化到信息化的突破，并提出发挥规划院优势，依托自主研发项目，构建集草原、森林、湿地、荒漠化监测一体化数据平台的建议。

【防灾减灾科普宣传】　5 月 12 日，国家林业和草原局荒漠化防治司、荒漠化监测中心制作《沙尘暴应急科普》宣传短片，普及沙尘暴防灾减灾知识、防范应对沙尘暴基本技能，提高防灾减灾参与度和认知度，营造参与防沙治沙和沙尘暴灾害防治的良好社会氛围。

【黄河流域平凉市林草生态扶贫建设项目】　5 月 28 日，"黄河流域平凉市林草生态扶贫项目"在甘肃省平凉市龙隐湿地建设现场正式启动。该项目启动，标志着中国西北地区的首个林草生态扶贫建设项目正式在甘肃省平凉市落地实施。

【《全国种苗"十四五"发展规划》专家咨询会】 于5月29日在北京召开。规划院就《全国种苗"十四五"发展规划》编制工作情况进行汇报。《发展规划》是种苗工作今后5年工作努力的目标,是整个种苗战线统一行动的指导。

【"国家森林资源智慧管理信息支撑平台关键技术与应用"项目科技成果评价会】 于5月29日由中国林学会在北京组织召开。会议对规划院主持完成的"国家森林资源智慧管理信息支撑平台关键技术与应用"项目进行科技成果评价。该项目实现涵盖2.5亿个图斑的森林资源"一张图"集成管理,森林资源变化的快速检测和"一张图"年度更新,全国森林资源数据汇聚融合、业务数化、数据挖掘、专题制图和协同服务,有力支撑林业生态建设的业务应用。

【草原标准初审会议】 于6月9日在兰州召开。会上,各位专家对2019年立项的《草原术语及分类》《草畜平衡评价标准》等6个草原标准初稿进行初审,提出进一步完善的意见,为标准高质量、按进度完成提供技术保障。

【"草地资源质量监测及专项调查技术标准研究"项目实施方案专家评审会】 于6月11日由中国国土勘测规划院组织召开。规划院从项目背景、主要工作内容和方法、预期成果和保障三个方面对实施方案进行汇报。该项目主要目标是通过系统研究和监测试点,建立一套满足新时期自然资源统一调查和草原生态保护需求的草原质量监测评价技术体系,完成草地资源质量监测及专项调查技术规范。专家组一致同意通过实施方案论证。

【2020年春季沙尘天气总结分析会】 于6月12日在北京召开。国家林草局与中国气象局对2020年春季中国北方地区沙尘天气特征及成因进行总结分析。规划院作了题为《2020年春季北方沙尘天气灾情监测与评估》《2020年春季我国北方地区地表状况分析》的报告。会议总结2020年春季沙尘情况,分析2020年北方地区植被生长状况、降水量、土壤墒情等影响沙尘天气的下垫面因子的特点及规律。

【国内首次AisaIBIS超光谱仪机载系统挂飞综合试验】 6月,规划院在海南热带雨林国家公园区域开展试验。试验中获取了超光谱数据、激光雷达数据、热红外数据、航空影像数据等。为在陆地生态系统碳监测卫星发射前,更好地了解植被叶绿素荧光的特性,实现从原始数据获取、处理到SIF产品的完整的数据处理链路,规划院通过林业资源监测机载系统建设项目,建设了1套AisaIBIS超光谱仪机载系统。系统具备在航空平台上直接探测植被叶绿素荧光的能力,具有较高的前沿性和创新性。

【欧洲投资银行贷款"内蒙古通辽市科尔沁沙地综合治理"项目可行性研究报告获批复】 6月18日,规划院承担的欧洲投资银行贷款"内蒙古通辽市科尔沁沙地综合治理"项目可行性研究报告(以下简称国内可研报告)获得内蒙古自治区发展和改革委批复。同日,规划院按照欧投行要求编制的项目可行性研究报告40条(中英文版)(以下简称40条可研报告)也获得欧投行董事会批准通过。该项目是欧投行在中国投资金额最高的贷款项目。项目总投资49.99亿元,其中拟申请欧投行贷款3亿欧元(约合人民币22.8亿元)。规划院作为项目重要技术支撑单位,结合欧投行对项目宗旨、造林地选择、树种选择、模型设计、造林成本、农药使用、森林认证、温室气体排放等要求,同时兼顾森林结构稳定性、森林功能多元化、生物多样性、栖息地保护、节水灌溉等特点,编制完成项目国内可研报告、40条可研报告、项目森林认证培训推广技术手册、项目资金申请报告,建立2020年项目造林地块数据库和项目电子地图。其中,国内可研报告通过通辽市政府组织的专家论证会以及内蒙古自治区发改委组织的专家评审会。40条可研报告通过欧投行组织的项目预评估和正式评估。

【《全国森林资源年度监测评价方案》专家论证会】 于6月由国家林草局资源司组织召开。《方案》针对森林资源管理现代化的需求,将国家森林资源连续清查与全国森林资源管理"一张图"有机结合起来,通过优化抽样设计、调整调查时序、改进调查方法,构建点面结合、上下衔接、数图一致的全国森林资源年度监测评价体系。与会专家一致同意《方案》通过论证。

【"森林和草原火灾风险普查"工作汇报会】 于7月7日在北京召开。规划院项目组对项目的背景、前期工作、建设方案、工作进度和取得的初步成果进行介绍。森林和草原火灾风险普查工作项目成果既是向补齐林草防灾减灾救灾工作短板提供有力支撑,同时也是下一个森林防火十年规划编制的重要依据。

【《宁夏回族自治区自然保护地整合优化预案》审议会议】 于7月13日由宁夏回族自治区人民政府组织召开。规划院从自然保护地整合优化工作的政治站位、工作流程的合规性、整合优化结果、解决的主要问题等几个方面对《整合优化预案》进行介绍。《整合优化预案》系统地梳理了宁夏自然保护地体系建设存在的问题,有效填补全区保护空缺,提高生态系统服务功能,优化全区生态保护格局,妥善处置自然保护地存在的部分矛盾冲突,满足地方政府的合理诉求。《整合优化预案》通过审议。

【《全国"十四五"珍稀林木培育项目建设规划》和《全国珍稀树种培育指南(试行)》提纲专家咨询会】 于7月22日由国家林草局生态司主持召开。规划院从项目建设必要性和可行性、总体思路和目标任务、建设布局和重点项目、建设内容和技术措施、投资估算和效益评价、保障措施、珍稀林木培育、生境保护、作业设计等方面对《建设规划》和《培育指南》提纲进行汇报。

【《2019年全国草原监测报告》会商会】 于7月27日由国家林草局草原资源监测中心在北京组织召开。规划院就2019年全国草原监测工作的组织开展情况、数据分析测算情况、报告起草编制过程、报告主要内容和结果等进行综合汇报。《监测报告》全面客观地反映了2019年全国草原长势动态、生态质量、保护修复、生物灾害和执法监督等情况，对草原保护管理具有较强的指导作用。专家组一致同意通过。

【全国省级自然保护地整合优化预案审核工作全面启动】 7月29日，全国省级自然保护地整合优化工作专班在北京集中进行省级预案审核技术培训。会议对工作专班分组分工情况、安全生产、工作纪律作出要求，对省级预案审核要点进行技术说明，详细介绍初步审核要点、数据真实性、预案合理性审核要求及相关数据提取的具体要求。

【与中铁二十三局集团有限公司签署战略合作框架协议】 8月18日，中铁二十三局集团有限公司到规划院就生态、建筑等领域合作进行交流沟通，双方代表签署战略合作框架协议。

【《钱江源国家公园综合监测体系专项规划》专家评审会】 于8月23日在北京召开。规划院对《监测专规》进行汇报并展示监测平台构想。专家组一致同意通过评审。

【《全国森林防火规划（2016～2025年）》中期评估工作启动会】 于9月4日在国家林草局召开。会议通报规划组织实施及中期评估工作前期准备情况，各有关单位就规划中期评估工作方案及相关材料提出意见建议。

【国家创新联盟成立大会】 9月11日，在北京召开自然资源调查监测、国家公园、林草规划评估设计、林草时空大数据采集和应用、空气负氧离子监测5个国家创新联盟成立大会。5个国家创新联盟由国家林草局批准成立，牵头单位为规划院。会上，对5个联盟分别进行授牌，5个联盟理事长分别介绍各联盟基本情况。各联盟召开第一次全体成员会议。

【《林业应对气候变化长期目标和对策研究》专家评审会】 于9月在北京召开。规划院项目组从全球及中国应对气候变化目标设置和实现进展、中国应对气候变化中长期目标的测算依据、数据来源、目标构成、测算方法、测算结果、实现途径和对策措施等方面进行汇报，提出林业应对气候变化中长期目标建议、实现途径和对策措施。专家组一致同意《研究》通过评审。

【获2020年国际风景园林师联合会亚非中东地区杰出奖】 10月12日，规划院成果"乡村小微湿地的再生密码——面向自然教育的管湾陂塘湿地传承与更新"荣获国际风景园林师联合会亚非中东地区奖（IFLA AAPME）规划分析类杰出奖。

【规划院与广西罗城教育党工委党建助学签约仪式】 于10月20日在广西罗城举行。规划院党委在生态扶贫和消费扶贫的基础上，将党建扶贫与脱贫攻坚相结合，实现"扶贫先扶智、助力先助教"。规划院100多名干部职工自愿采取"一对一"结对帮扶的形式，对自治县的50名贫困学生每人每年捐助2000元助学资金，用于解决贫困学生学习和生活困难。签约仪式后，规划院与罗城自治县教育党工委就党建助学、结对帮扶活动进行座谈，走访东门镇中学和龙岸小学等5所中小学校，将干部职工的助学资金逐一送到50名贫困学生手中。

【《中国森林可持续管理提高森林应对气候变化能力项目》监测评价系统建设验收会】 于10月26日由国家林草局世行中心组织召开。规划院项目组从原则、思路、进展、方法等方面介绍系统的研发设计过程，从数据采集精准化、项目活动流程化、业务管理动态化、成果数据可视化等方面汇报系统建设的成果，对项目监测评价系统的子系统和功能模块进行在线演示和实际操作。

【《重点林区"十四五"期间年采伐限额编制成果》专家论证会】 于10月27日在北京召开。规划院编制组对重点林区"十四五"期间采伐限额编制情况及主要内容进行汇报。专家组一致同意通过论证。

【2020年测绘科学技术一等奖】 10月28日，在中国测绘学会2020年学术年会上，《国家森林资源智慧管理信息支撑平台关键技术与应用》获得2020年测绘科学技术一等奖。

【2020年度优秀地图作品裴秀奖金奖】 10月28日，在中国测绘学会2020年学术年会上，由规划院主要编制的《中国沙漠图集》荣获中国地图类最高奖项裴秀奖金奖。《中国沙漠图集》是迄今为止正式出版的第一部全景展示中国沙漠的大型科学参考图集。

【全国营造林标准化技术委员会2020年年会暨标准审定会】 于11月在海口召开。会议听取《2019—2020年工作任务和2021年工作计划》《营造林标准体系构建与标准复审的原则和要求》的汇报，对9项标准进行审定，对委员更替、9项标准审定结论、2021年工作计划等多项议题进行表决。会议讨论通过《2021年全国营造林标准化技术委员会工作计划》，明确营造林标委会2021年度工作方向和重点，并审定通过2020年营造林标准体系和标准体系表。

【与黑龙江省林草局签署战略合作框架协议】 11月6日，规划院与黑龙江省林草局战略合作框架协议签约仪式在哈尔滨举行。

【四项国家森林城市建设总体规划通过评审】 11月，由规划院承担的铜鼓县、奉新县、德兴市、淅川县4个县级城市的国家森林城市建设总体规划在北京通过专家评审。各评审认为四项《规划》，按照《国家森林城市评价指标》要求，深入分析各城市的区位特征、资源特色、现状条件，以及森林城市的建设现状、指标达标情况，提出的指导思想、原则及目标符合各城市森林城市建设实际，以改善城乡生态环境、增进居民生态福祉为重点，设置的工程任务内容全面、布局合理、措施有力，具有较强的可操作性。

【自然保护地整合优化省级预案审核成果第一轮会商】 于11月11日在北京召开第五次会审会。会审会上，生态保护红线评估调整、自然保护地整合优化省级预案审核工作专班分别就地方提交的审核情况进行汇报，各部门相关人员和专家提出意见和建议，地方相关部门进行说明。全国自然保护地整合优化省级预案审核工作专班对全国31个省（市、区）及新疆兵团的自然保护地整合优化预案进行系统审核，按时保质保量提交整合优化省级预案初步审核成果，顺利完成阶段性工作任务。

【第二届全国湿地保护标准化技术委员会成立大会暨2020年年会】 于11月13日在北京召开。会议听取《第一届全国湿地保护标准化技术委员会工作总结》，审议通过《全国湿地保护标准化技术委员会章程》《全国湿地保护标准化技术委员会秘书处工作细则》，研究讨论《湿地标准体系表》《2021年全国湿地保护标准化技术委员会工作计划》，宣读国家标准化管理委员会关于批准湿地保护标委会换届的公告和第二届湿地保护标委会组成方案，为第二届湿地保护标委会主任委员、副主任委员和秘书长等颁发聘书。

【《百山祖园区生态保护与修复专项规划（2020~2025年）》专家评审会】 于11月21日召开。《专项规划》系统分析园区基础条件以及生态系统所面临的主要问题，从保护管理体系、森林生态系统保护修复、湿地生态系统保护修复、生物多样性保护、地质灾害和水土流失治理、文化遗产保护六个方面进行详细规划。《专项规划》通过专家评审。

【获"我所经历的脱贫攻坚故事"二等奖】 12月，在国务院扶贫开发领导小组办公室组织开展的"我所经历的脱贫攻坚故事"优秀作品评选中，规划院制作的《春风不负治沙人》获得视频类二等奖。

【《三北工程总体规划（修编）》和《三北六期工程规划（2021~2035年）》专家咨询会】 于12月2日在北京召开。项目组从规划编制背景、工程建设成效、指导思想、建设方针、基本原则、建设布局、战略目标、建设任务、建设重点、投资估算、效益分析和保障措施等方面进行汇报。专家一致认为，两个《规划》与现行的三北工程总体规划、全国重要生态系统保护和修复重大工程总体规划等相衔接，吸纳生态保护和修复最新研究成果和实践经验，基础工作扎实，内容系统全面，技术路线合理，政策措施可行，具有针对性、科学性和可操作性。

【草原标准化技术委员会2020年度工作会议暨草原标准审查会】 于12月7日在成都召开。草原标委会秘书处作2020年工作报告。会议采取分组评议与集中投票表决相结合的方式，审议通过《草原征占用审核现场查验技术规范》《草原生态价值评估技术规范》《草原资源承载力监测与评价技术规范》等6个标准。

【国家公园与自然遗产保护国际研讨会】 于12月12日在北京召开。会上，来自中国地质大学自然资源战略发展研究院、国家林草局国家公园管理办公室、清华大学国家公园研究院的3位专家发表主旨演讲，分别从自然资源治理、自然资源资产管理框架下的国家公园体制改革，以及生态文明制度下国家公园的文化营建三个方面展开了深入探讨。来自国家林草局国家公园管理办公室、三江源国家公园管理局以及国家林草局规划院等单位的12位国家公园与自然遗产管理和研究领域的专家学者，从建立国家公园体制、自然保护地体系、自然资源保护与监测、保护地役权、国家公园特许经营制度、生态体验与环境解说、标准体系构建等方面作了主题报告，交流讨论了相关理论研究成果及实践经验总结。

【新时代三北工程发展战略专家座谈会】 于12月15~16日在北京召开。会议对深入贯彻十九届五中全会精神，全面落实习近平总书记关于三北工程建设的重要指示精神作出重要部署，并对新时代三北工程建设提出总体要求。会议宣布成立第二届三北工程专家咨询委员会，并对三北工程建设面临的机遇和挑战进行深入分析，强调科技创新的重要性。与会专家及各省主要负责同志对由规划院承担的三北工程总体规划修编和六期工程规划成果给予充分肯定，并提出进一步完善的意见和建议。

【中国林业工程建设协会工程标准化专业委员会年度工作会议暨团体标准研讨会】 于12月16~18日在深圳召开。会议由中国林业工程建设协会主办，国家林草局调查规划设计院、广东森霖造绿有限公司承办。会议对专委会2020年工作内容进行总结，对2021年工作计划进行部署，并提名增补专委会委员。与会代表结合《中国林业工程建设协会团体标准管理办法》现场考察学习团体标准建设案例。在会议学习交流活动中，规划院相关技术人员对《中国林业工程建设协会团体标准管理办法》进行介绍。中国林业产业联合会专家到会对团标典型案例和管理经验进行讲解。

【全国自然保护地整合优化前期工作总结交流会】 于12月28日由国家林草局组织召开。会上，北京、黑龙江、广东、青海等省（区、市）林草部门主要负责人就本省自然保护地整合优化工作的主要做法、成果和下一步自然保护地相关管理工作打算进行交流。规划院作为技术支撑牵头单位作了工作汇报。通过整合优化前期工作，全面摸清全国自然保护地底数，优化保护地空间格局，掌握自然保护地内各类矛盾冲突的具体情况，为实现2025年全面完成自然保护地整合优化工作目标奠定坚实基础。

（规划院由李青供稿）

国家林业和草原局林产工业规划设计院

【综　述】　2020年是国家林草局林产工业规划设计院（以下简称设计院）的"高质量建设年"，是设计院奋力实现富院强院新征程总目标的攻坚之年。设计院以党的政治建设为统领，以经济建设为中心，坚决打赢新冠肺炎疫情阻击战，助力脱贫攻坚全面收官，坚持稳中求进工作总基调，努力探索服务林草中心工作新业态，生产经营实现"减脂增肌"，创新提出建设"五个一流"模范设计院，各项工作平稳推进。

【打赢新冠肺炎疫情阻击战】　设计院班子和设计院疫情防控领导小组，认真落实疫情防控工作具体要求，坚决贯彻习近平总书记"人民至上、生命至上"的重要指示精神，在疫情防控工作面临人数多、辖区大、防控点分散的巨大压力下，各级领导干部、党员、青年同志冲锋在前，先后200多人次下沉社区参与一线防疫工作。在防疫工作中，设计院始终坚持制度建设、防疫措施、流向监测、后勤保障齐头并进。在疫情防控允许的前提下，院领导班子一手抓疫情防控，一手抓复工复产，确保特殊时期减少对生产工作的影响。设计院紧盯北京新冠肺炎疫情发展，第一时间调整防疫措施，升级防疫手段，坚决打赢新冠肺炎疫情阻击战。

【经营业绩发展】　设计院2020年财务总收入2.95亿元，设计院本部的年度经营收入较2019同比增长16.37%，实现"减脂增肌"健康发展的良好态势。其中，林业工程收入占比89%，在2020年上半年受疫情影响几乎没有收入的情况下，下半年实现了收入大幅增加，切实体现了设计院服务林业、草原和国家公园三位一体大局，保持高质量发展的正确方向和良好趋势。

【服务林业草原中心工作】　设计院已能较好地完成天津、山东两地的资源监测任务。同时，金融创新中心、造价站在国家林草局2020年度绩效评价、林业基建项目竣工验收等方面的工作也取得了不俗的业绩。2020年设计院承揽"呼伦贝尔国家公园"总体规划项目，标志着设计院依托"国家公园建设咨询研究中心"向服务林业、草原、国家公园三位一体中心工作，又迈出了坚实的一步；设计院在地方影响力日渐提升，先后与河北承德市、黑龙江省林草局、广西河池等市政府签订战略合作框架协议。由设计院主打的现代木材加工产业园区已建设成为广西千亿元产值产业；结合《林业产业发展"十四五"规划》《全国林下经济发展布局规划（2021—2030）》等一批"十四五"规划和产业类大型咨询规划业务，设计院以"林业工程"为龙头，林业工程、风景园林、林产工业、民用建筑四大板块互相支撑的业务格局愈加成熟，技术优势不断凸显，行业影响力稳步提升。此外，设计院承接有关司局与国家体育总局联合委托，完成《自然保护地户外运动项目研究》大纲和调研计划安排；与生态环境部合作，继续推进人造板排污许可证核发技术支持，提交《人造板工业污染物排放标准（征求意见稿）》，完成《重污染天气重点行业应急减排措施制定技术指南（2020年修订版征求意见稿）》编制工作，进一步横向拓展了设计院的业务领域与合作范围。

【创新咨询设计成果评优模式】　咨询设计成果评优是检验院咨询设计产品质量、树立标杆示范的有效方式，充分发挥评优工作的展示与交流作用，对提高产品质量起到了重要的作用。在基本评优制度的基础上，设计院每年均要对评优办法进行微调，如"保密制度""主审回避制度""分设权重制度"等，制订本年度评优方案，总结上一年度评优工作得失，扬长避短，逐步完善评优方案。在每一年的评优工作总结会上，专家委主任作全面评优工作总结，专业组组长作小组评优工作总结，总结好的评优办法，总结申报成果的优点与不足，提出对下一年评优工作的建议。专家代表、所长代表、申报成果负责人均从各自不同的角度总结一年来项目成果的得失，对未来提高产品质量有着积极的指导意义。

【助力巩固脱贫成果】　在全面脱贫的收官之年，设计院积极响应党中央和国家林草局党组号召，开展党建扶贫、产业扶贫、采购扶贫、资金扶贫、宣传扶贫。5月，设计院主要负责同志带队赴贵州省荔波县开展扶贫调研，和甲良镇丙花村党支部签订党建共建协议。设计院依托专业设计优势，捐出自有资金15万元，援建荔波县丙花村拉甲组村民文化广场。当地把广场的木长廊和凉亭分别命名为"林兴廊"和"草盛亭"，寓意"林草兴盛"，目前该项目已临近竣工；连续两年，设计院采购扶贫产品110万元；设计院管理的公众号"林业精准扶贫""中国油茶"已有5万人关注；设计院精确瞄准14个集中连片特困地区的片区县、片区开拓生态扶贫相关业务，根据贫困地区的特点有针对性地制订生态扶贫举措，承接国家储备林及包括油茶产业在内的林业产业扶贫、生态旅游扶贫和扶贫展示推介等咨询设计项目，截至2020年12月，承担的扶贫项目共撬动各类投资382亿元。

【设计院2019年度院领导班子年度考核大会】　于1月7日举行，对设计院2019年度党建工作、领导班子和班子成员进行年度考核。国家林草局第四考核组、院领导班子全体成员、全体中层干部及管理部门全体成员参会。

【设计院2020年度工作会议暨全面从严治党会议】　于3月13日召开。会议总结回顾2019年度工作，研究部署2020年度重点工作，动员全院广大干部职工在抗击疫情的同时，统筹推进事业发展各项工作。会议严格按照疫情防控有关要求，优化会议流程、精简参会人员，采取现场和视频相结合的方式进行。

【《山西太宽河国家级自然保护区总体规划(2019~2028年)》获国家林草局批复】 设计院编制的《山西太宽河国家级自然保护区总体规划（2019—2028年）》项目于3月得到国家林草局批复，总体规划对保护区未来十年的发展起到了提纲挈领的作用，同时对于全国自然保护区总体规划的编制具有借鉴作用。

【2020年森林督查暨森林资源管理"一张图"年度更新工作线上技术培训】 4月17日，为做好2020年森林督查暨森林资源管理"一张图"年度更新工作，设计院监测中心通过线上会议的形式组织开展天津市、山东省技术培训工作。天津市、山东省各级自然资源及林业主管部门主管领导及技术人员，北京专员办、合肥专员办负责督查的主管领导和处室负责人共171个单位1100余人在各个分会场参加培训。

通过培训，实现监测区省、市、县的贯通联系，同时，使监测区参与2020年森林督查暨森林资源管理"一张图"年度更新工作的人员对森林督查、森林资源管理"一张图"年度更新、国家级公益林成效监测等业务的工作方案、技术规定有了更深入的理解和认识，为设计院监测区各单位做好本年度工作打下了坚实的基础。

【国家林业和草原局国家公园建设咨询研究中心正式获批成立】 4月20日，经国家林草局党组研究同意，在设计院加挂"国家林业和草原局国家公园建设咨询研究中心"牌子。成立国家公园建设咨询研究中心，对于统筹开展国家公园建设前期咨询决策的政策研究和进行国家公园建设领域的研究意义重大，通过搭建国家公园科研平台，构建科学研究和技术支撑体系，能够更好发挥设计院的核心业务领域、资源监测和造价审查等职能业务优势、技术优势和人才队伍优势，为国家林业和草原局开展全国国家公园咨询研究工作，提升国家公园科技支撑水平提供支撑。

【参与编写的两部电子证照标准通过专家评审】 5月19日，由设计院信息中心参与编写的全国一体化在线政务服务平台标准《全国一体化在线政务服务平台电子证照林草种子生产经营许可证》《全国一体化在线政务服务平台电子证照允许进出口证明书》通过专家评审。

【设计院2020年保密工作会议】 于5月22日召开，会议传达学习相关文件精神，集体观看保密教育宣传片，对下一步工作进行部署。设计院院长、院保密委员会主任，保密委员会全体成员，各部门负责保密工作的人员参加会议。

【国家级风景名胜区详规评审会】 国家林草局保护地司主办，设计院承办的国家级风景名胜区详细规划评审会在设计院召开。保护地司副司长严承高出席会议，规划编制单位通过视频形式参会。

会议对规划项目进行集中审查。规划编制单位对参加评审项目详细规划的概要、与总规符合性及专家函审意见采纳情况作出说明汇报。专家组根据项目审查情况提出修改完善意见，并形成评审结论。

【设计院院长带队赴贵州荔波开展扶贫调研】 5月26日，设计院积极响应国家林业和草原局扶贫工作要求，助力决战决胜脱贫攻坚，院长带队赴贵州省黔南布依族苗族自治州荔波县开展党建共建扶贫调研。了解政府帮扶政策，并与当地企业代表现场签订农产品采购协议。

【《林业产业发展"十四五"规划》编制情况汇报】 5月28日，国家林草局发改司在北京组织召开《林业产业发展"十四五"规划》（以下简称《规划》）编制情况汇报会。设计院院长率编制组就设计院承担的《规划》编制情况进行交流汇报。国家林业和草原局总经济师、发改司司长杨超，发改司有关领导及相关处室相关负责人参会。

会上，设计院院长介绍了设计院的基本情况，工业一所所长张忠涛就《规划》编制工作过程、工作方案、规划大纲（草案）及初步思路、下一步工作计划等方面进行了详细汇报，并与发改司相关领导进行深入的沟通和交流。

【通过2020年度"三标"管理体系审核】 6月8~10日，中质协质量保证中心审核组一行4人对设计院进行"三标"管理体系审核，审核组专家对设计院"三标"管理体系工作给予充分肯定，认为设计院"三标"管理工作符合国家标准的相关要求，顺利通过"三标"管理体系的年度审核及2020版"三标"管理体系的再认证工作。

【2020年度设计院优秀工程咨询设计成果评选】 6月11日，设计院2020年度优秀工程咨询设计成果评选结果公布，最终评选出40个咨询设计成果获得院优秀工程咨询设计成果奖。其中林业组奖项项目23项，园林组奖项8个，建筑组奖项3个，工业组奖项6个。

【中国园林工程公司与高地建筑装饰工程公司完成合并】 6月15日，设计院所属的中国园林工程公司与高地建筑装饰工程公司完成合并，合并后新公司名称将沿用中国园林工程公司。

通过整合，公司将整合原有经营领域并形成完整体系，并以此为依托，实现更加多元化的经营结构，有利于增强公司在市政工程设计施工及装潢领域的综合实力和市场影响，提升业务覆盖面，持续不断地提高公司在行业内的竞争力。

【2020年设计院新一轮退耕还林工程国家级检查验收工作启动会暨工作培训会】 于6月29日举办，按照国家林业和草原局退耕办有关要求举办。副院长、院总工程师李春昶出席会议，会议由院副总工程师彭蓉主持，监测中心、园林二所负责人和院相关部门共50余人参会。

【呼伦贝尔国家公园阶段性工作总结会】 于7月1日召开，对前期工作进行总结，并部署下一阶段工作任务。院领导及相关处室负责人，北京林业大学国家公园研究中心主任张玉均教授团队及设计院园林一所项目组参加会议。

【信息化协同管理平台建设沟通交流会】 7月20日，为加强设计院项目协同管理，进一步提升项目和办公管理信息化平台建设水平，设计院经营开发部会同办公室、技术质量部组织召开信息化协同平台建设沟通交流会议。院总工程师、副院长李春昶主持会议，办公室、技术质量部、人力资源部和经营开发部全体职工、软件公司技术人员参加会议。

【设计院2020年上半年经营分析通报会】 于7月22日召开。院长作总结讲话并就下半年工作进行部署。会议由党委书记张煜星主持，全体院领导班子成员出席会议，副经理以上中层干部参会。

【宪法宣誓仪式】 7月29日，根据《中华人民共和国宪法》和《国务院及其各部门任命的国家工作人员宪法宣誓组织办法》要求，设计院领导班子和17名处级干部依法进行宪法宣誓。

【赴西藏开展藏羚羊研究保护中心项目推进工作】 7月29日，设计院工业二所项目组赴西藏拉萨开展藏羚羊研究保护中心项目推进工作。会上，项目组与施工单位西藏广晋建设工程有限公司就优化设计、施工方案、节约成本、文化特色等方面进行深入探讨，双方表示要力争把藏羚羊研究保护中心项目做成西藏当地的标杆项目。

【中国林业工程建设协会专业委员会职务调整】 8月4日，经中国林业工程建设协会召开四届八次常务理事会表决通过，同意设计院副院长齐联担任信息技术与卫星应用专业委员会副主任，副院长、总工程师李春昶担任工程设计专业委员会主任，院副总工程师彭蓉担任风景园林专业委员会主任，监测中心负责人许等平担任调查监测专业委员会副主任。

【与绥化市人民政府签订战略合作协议】 8月11日，设计院与绥化市人民政府在黑龙江绥化签署战略合作协议，双方将在林草事业发展领域开展深入合作。设计院院长，绥化市市委副书记、市长张子林分别讲话，绥化市副市长单伟红主持签约仪式。绥化市直相关部门、北林区政府主要负责同志参加签约仪式。

【青年员工在2020年全国林业和草原科普讲解大赛中获奖】 8月24日，设计院青年员工徐子然和王雯在2020年全国林业和草原科普讲解大赛中分别荣获二、三等奖。此次比赛由国家林业和草原局主办，旨在弘扬习近平生态文明思想，向公众普及林草科学知识，提高全民生态环保意识。

【喜获4项软件著作权证书】 8月24日，设计院森林资源调查监测中心聚焦国家森林资源监测评价、森林督查以及新一轮退耕还林工程国家级检查等重大需求，开发《森林资源管理更新与督查成果质检软件V1.0》《森林资源管理更新与督查内业区划软件V1.0》《森林资源管理更新与督查现地核实软件软件V1.0》《智慧造林管理软件软件V1.0》4项工具软件，获得国家版权局颁发的软件登记证书。

【与中化明达控股集团有限公司签订战略合作协议】 8月27日，设计院与中化明达控股集团有限公司签订战略合作协议，并就加强生态修复等领域合作进行交流沟通。中化明达控股集团有限公司（中化地质矿山总局）董事长尚红林，设计院党委书记张煜星出席仪式。中化地质矿山总局副局长刘兴旺和设计院副院长齐联分别代表双方签署战略合作协议。双方签署战略合作协议是践行"绿水青山就是金山银山"理念的重要举措，依托双方各自优势，共同为谋划和推动生态文明建设作出贡献。

【参加国家草原自然公园试点建设工作研讨会】 8月29日，设计院参加由国家林草局主办，设计院、北京林业大学、内蒙古自治区林草局等单位联合承办的国家草原自然公园试点建设工作启动会。

国家林草局副局长李树铭、内蒙古自治区人民政府副主席李秉荣出席会议并共同为敕勒川国家草原自然公园（试点）揭牌，标志着以敕勒川国家草原自然公园等为代表的首批39个国家草原自然公园正式开展试点建设。

【与蒙树生态建设集团有限公司签订战略合作协议】 9月8日，设计院与蒙树生态建设集团有限公司签订战略合作协议，并就加强生态修复战略等领域合作进行交流沟通。蒙树生态建设集团有限公司董事长赵全生，设计院副院长、总工程师李春昶出席仪式。蒙树生态建设集团有限公司副总裁马黎明和设计院副院长李春昶分别代表双方签署战略合作协议。

【参加林草改革发展政策培训班产业组研讨会】 9月9日，设计院《林业和草原产业发展"十四五"规划》编制组受邀参加林草改革发展政策培训班产业组研讨会，会议由国家林草局总经济师、发改司司长杨超主持。设计院党委委员、工业一所所长张忠涛等相关人员参会。

【赴大兴安岭林业集团公司开展调研】 9月21日，设计院院长带队赴大兴安岭林业集团公司就"十四五"林业建设项目相关工作进行调研。调研组详细了解大兴安岭林业集团公司的基本情况、发展思路、林业建设中存在的需求等问题。

【编制的《国家公园监测指标与监测技术体系（试行）》正式发布】 9月29日，由设计院城市规划设计一所编制完成的《国家公园监测指标与监测体系（试行）》，正式以国家林业和草原局办公室发文形式下发各省（区、市）林业和草原主管部门以及各国家公园管理局。

《国家公园监测指标与监测技术体系》的编制，对推动中国国家公园监测体系的建设完善具有十分积极的作用，也是设计院对以国家公园为主体的自然保护地体系构建提供的重要技术支撑。

【与成都市公园城市建设管理局召开合作座谈会】 10月16日，成都市公园城市建设管理局局长杨小广一行到设计院就双方在成都市生态建设领域开展深入合作相关问题进行座谈。设计院作为技术支撑单位，将围绕林业和草原中心工作，坚持生态优先、绿色发展，根据成都市生态建设实际情况，为成都市公园城市建设等林草工作提供技术支撑。

【拉甲文化广场建设项目开工】 10月19日，设计院与贵州荔波甲良镇丙花村支部共建帮扶项目——拉甲文化广场建设项目开工仪式顺利举行，荔波县委常委、副县长唐伟，荔波县林业局副局长姚甲宝，丙花村全体攻坚队员、村支两委全体成员、拉甲组群众共50余人参加开工仪式。设计院随即派出专业设计团队实地勘察，并结合当地群众的生产生活、民族习惯精心设计概念图、施工设计图等，帮助推进各项落地施工等后续工作。

【2020年前三季度经营分析会】 10月20日，设计院组织召开2020年三季度经营分析会，对2020年前三季度生产经营数据和经营情况进行通报和分析，安排部署第四季度工作。全体院领导班子成员参加会议，副院长、总工程师李春昶主持会议。

【与中国绿化基金会召开合作座谈会】 10月21日，中国绿化基金会副主席、秘书长陈蓬一行到设计院就双方业务合作和党建工作进行座谈交流。此次座谈，设计院将作为技术支撑单位，进一步加强与中国绿化基金会的合作交流，发挥各自优势，保持高位推进，促进深度融合。在原有合作基础上，从造林核查验收、提供项目管理技术支持、参与募资平台建设、规划设计运营绿化公益项目四个方面进一步加强合作，不断拓展和加强其他业务对接工作，丰富合作形式和内容，扩宽工作的广度和深度，共同为推动中国林草事业发展作出贡献。

【与河北承德市人民政府签订战略合作协议】 10月22日，设计院与承德市人民政府在签署战略合作协议，双方将在林草发展领域开展深入合作。设计院院长、承德市委书记周仲明分别讲话，承德市市长常丽虹主持签约仪式。承德市人民政府、市林草局、市财政局、市自然资源和规划局、市生态环境局、市旅文局、市卫健委、承德林草规划设计院、承德塞罕坝生态开发集团主要负责同志，设计院有关部门负责同志参加签约仪式。

【与北交所召开合作座谈会】 10月22日，设计院与中国林业产权交易所有限公司（简称林交所）进行交流座谈，会议介绍林交所的发展历程和现状，就未来发展方向进行了展望，并深入沟通探讨林交所目前的经营情况、财务状况、投资回报及股权处置方案等相关事宜。

【《林产工业》期刊影响力提高】 中国科学评价研究中心（RCCSE）完成《中国学术期刊评价研究报告（第六版）》评价结果的研制工作，并通过中国科教评价网正式对外开放评价结果查询。设计院期刊《林产工业》首次成功入选RCCSE《中国学术期刊评价研究报告（第六版）》核心期刊。

11月5日，期刊申请国际期刊CODEN码获批准，期刊《林产工业》CODEN码的获得，使此刊在国际范围内的交流、检索和引用又增加了一个重要标识，为进一步申请相关学术数据库和检索系统收录奠定了基础，同时也将对提高刊物知名度，迈向期刊国际化具有重要的推动作用。

【2018~2019年度全国林业优秀工程勘察设计成果评审会】 于11月10日在北京召开。此次会议由中国林业工程建设协会主办，设计院、中国林业工程建设协会工程设计专业委员会协办。中国林业工程建设协会理事长李忠平、设计院院长出席会议并讲话，来自全国林业调查规划和勘察设计单位的30位专家领导参加会议。

【与黑龙江林草局签订战略合作协议】 11月13日，设计院与黑龙江林草局在哈尔滨签署战略合作协议，双方将在林草事业发展领域开展深入合作，共同推动黑龙江林业草原事业高质量发展。

设计院将以此次签约为契机，深入挖掘龙江潜力，认真落实战略协议，为深入贯彻习近平新时代中国特色社会主义思想，共同促进龙江林业草原现代化建设作出积极贡献。

【中国林产工业协会香精香料分会成立大会暨第一届香精香料产业链高峰论坛】 于11月29日在南宁举办。论坛由中国林产工业协会、设计院和广西壮族自治区林业局联合主办。

论坛提出，认真贯彻落实十九届五中全会精神，深刻把握新一轮科技革命、产业变革、国际形势和产业格局变化，为香精香料产业发展带来重大基础的新机遇，乘势而上，把中国香精香料产业做大、做强、做精、做深、做优、做好，实现高质量发展。

【赴内蒙古二连浩特市开展林草工作调研】 12月1日，设计院院长带队赴二连浩特市开展林草工作调研。双方就"十四五"期间在林草战略发展、自然保护地体系建设、生物多样性保护、草原生态旅游、自然资源保护管理等方面的项目合作进行深入探讨。

【《林草产业发展"十四五"规划》项目专家咨询会】 12月7日，为进一步推进《林草产业发展"十四五"规划》（以下简称《规划》）编制工作，国家林草局总经济师、发改司司长杨超主持召开专家咨询会，广泛征询意见。会议邀请中国林产工业协会、中国林学会、中国林科院、国际竹藤中心、北京林业大学、北京林业机械研究所等单位专家，对《规划》内容进行充分讨论。发改司副司长李玉印、王俊忠，设计院副院长齐联及发改司相关处室人员参加会议。会议明确了中国新的经济形势和发展环境下林草产业面临的新机遇和新问题，制订了"十四五"期间林草产业发展的主要指标。

【与新疆生产建设兵团第十三师签订战略合作协议】
12月13日，设计院与新疆生产建设兵团第十三师在新疆维吾尔自治区哈密市签署战略合作协议，双方将在生态文明建设和林草事业发展领域开展深入合作。就深入贯彻落实习近平生态文明思想，共同筑牢全疆东大门重要生态安全屏障，推动兵团第十三师宜居生态环境建设和林草事业高质量发展进行深入交流。

【2020年第三届中国（沭阳）无醛人造板及其制品产业发展高峰论坛】 于12月8日在江苏省沭阳县顺利召开，此次论坛由中国林产工业协会、设计院、无醛人造板国家创新联盟、宿迁市工业和信息化局、沭阳县人民政府主办。设计院副院长、总工程师李春昶致开幕词。

中国无醛人造板及其制品产业发展高峰论坛已经由设计院连续举办三届，此届论坛在疫情常态化防控和"十四五"谋划关键之年，汇聚行业内智慧为推动中国无醛人造板及其制品产业快速健康发展建言建策，为沭阳县木材加工产业转型升级、绿色发展提供优质平台。

【赴河池开展林业发展"十四五"规划调研工作】 12月9日，设计院赴广西壮族自治区河池市对世界白裤瑶（南丹）大健康旅游扶贫产业园、南丹县生态木板材项目、南丹县山口林场、九龙沟国家森林公园、天峨县林下种植天麻基地、林下养猪基地、环江县大沙坡油茶示范基地、伍香源油茶加工企业、环江佳和木业有限责任公司等地进行实地调研。为进一步做好河池市林业发展"十四五"规划奠定基础。

【与广西河池市人民政府签订战略合作框架协议】 12月22日，设计院与广西壮族自治区河池市人民政府战略合作协议签约仪式在北京举行。双方就深入贯彻落实习近平生态文明思想，加大生态环境建设和森林资源保护及利用等方面加强合作，推动河池市生态环境建设和林草事业高质量发展进行深入交流。

【汇报监测区2020年森林督查暨森林资源管理"一张图"年度更新成果】 12月24~25日，国家林业和草原局森林资源管理司组织召开2020年全国森林督查暨森林资源管理"一张图"年度更新成果汇总电视电话会议，设计院党委书记张煜星带领监测中心负责人许等平及相关技术人员参加会议。

会上，设计院汇报监测区2020年森林督查、森林资源管理"一张图"年度更新、国家级公益林监测三项指令性任务的成果，介绍山东省将森林资源管理"一张图"与国土三调数据全面融合的主要思路与经验，为其他省（市）今后开展两套数据衔接提供参考。

【编制的《森林洛阳生态建设规划（2018~2027年）》正式印发】 12月25日，设计院编制的《森林洛阳生态建设规划（2018—2027年）》（以下简称《规划》）由洛阳市人民政府正式印发。《规划》的印发，对推进洛阳市林业高质量发展，引领洛阳林业"十四五"规划，践行黄河流域生态保护和高质量发展重大战略具有重要意义。

【大事记】

2月26日　设计院编制的《广西桂中现代林业科技产业园三期总体规划（2026—2030）》顺利通过专家评审。

3月21日　设计院设计的《淅川县丹阳湖湿地公园方案设计和施工图设计项目》中的科普馆建成。

4月25日　设计院编制的《六安市林长制改革总体规划（2019—2025）年》项目通过专家评审。

5月4日　设计院王拓荣获2018~2019年度"自然资源部直属机关团委优秀共青团干部"称号。

5月19日　设计院信息中心参与编写的两部电子证照标准顺利通过专家评审。

6月4日　设计院向"林业草原生态扶贫专项基金"捐款100万元人民币。

6月11日　设计院2020年度优秀工程咨询设计成果评选结果出炉，林业组、园林组、建筑组及工业组共有40个成果获奖。

6月11日　设计院产业中心编制的首例省域北斗巡护系统及海西州草原防火建设可行性研究报告顺利通过青海省森林草原防火预警监测中心组织的专家评审。

7月31日　设计院召开固定资产清查专项工作启动会。

8月16日　设计院编制的《河北省卢龙县国家森林城市建设总体规划》和《河北省遵化市国家森林城市建设总体规划》通过专家评审。

9月11日　设计院杨晓春入选第七批"百千万人才工程"省部级人选。

9月28日　设计院设计的《呼伦贝尔国家公园设立方案》顺利通过专家咨询会。

10月18日　设计院设计的河南展园参展第四届中国绿化博览会。

11月17日　设计院编制的《河池市陆生野生动物资源调查成果》通过评审。

11月18日　设计院设计的《第四届中国绿化博览会河南展区设计》项目获得第四届中国绿化博览会银奖和文化奖。

12月9日　设计院产业中心赴广西河池开展林业发展"十四五"规划调研工作。

12月23日　设计院编制的《梵净山保护规划（2020—2035年）》顺利通过市级审查。

12月28日　设计院编制的《河南省清丰县省级森林城市建设总体规划》《河南省新密市省级森林城市建设总体规划》通过专家评审。

（设计院由孙靖供稿）

国家林业和草原局管理干部学院

【综 述】 2020年，国家林业和草原局管理干部学院（以下简称学院）进一步打造模范政治院校，统筹做好新冠肺炎疫情防控和干部教育培训工作，根据防控需要8月以前暂停面授培训，加大网络培训力度，持续提供教育培训服务，9月开始复学复训，在有效防控前提下共举办培训班130期，培训干部1.44万人，各类培训班满意率平均达98.52%。

【干部教育培训工作】
培训实施 组织开展司级和处级领导干部任职培训，市县林业局局长、国有林场场长、年轻干部等各类主体班次。举办基层行政执法、资源保护管理和高新技术应用等特色培训项目，培训品牌效应进一步增强。面向林草涉外工作人员，举办林草国际合作能力培训，助力林草事业"走出去"。制定学院《关于做好培训班新冠肺炎疫情常态化防控工作的指导意见》《院内培训学员防疫须知手册》等4项制度，规范学员手册，确保培训工作安全开展。

培训质量 强化政治属性，突出主业主课，理论教育和党性教育在重点班次课程中占比达到50%，有力推动新理念新思想新战略进课堂、进教材、进头脑。重点围绕林草工作核心职能策划班次、设计课程，通过培训工作审查制度，逐月逐班次审核培训方案和教学内容，严把培训政治关、内容关、师资关。严格实施ISO9001培训服务质量体系运行管理，持续加强培训工作规范化、标准化、精细化。优化管理手段和效率，推进培训质量评估电子化，实现了所有班次电子评估全覆盖，为培训工作高效高质开展提供了有力保障。

网络培训 开发《森林法》修订解读、林草防火、国家公园等系列微课，围绕资源管护、产业发展、精准扶贫等主题开设网络直播课程，开展国有林场场长等林草关键岗位干部网络培训。成立工作专班，整合升级线上培训平台开通"林草网络学堂"，推动线上线下培训融合发展，网络培训注册人数达到11万人，新增60余门网络课程。

【党校教育】 中共国家林业和草原局党校举办第五十六期党员干部进修班，着力加强年轻干部教育培养，45名中青年处级干部参加学习。进修班突出理论教育和党性教育，以习近平新时代中国特色社会主义思想为核心内容，完善教学布局，用活多种教学方式，打造具象化"实境课堂"，加强建章立制，强化学员管理，树立优良学风。进修班开展课题研究，形成《大力实施标准化战略助推乡村振兴高质量发展》《中国森林和草原生态系统外来入侵有害生物调查报告》《深刻学习和领会习近平生态文明思想内涵认真履职尽责做好林政案件督查工作》《强化机关党建推动中心工作高质量发展》4个研究报告，并赴四川调研形成《四川省党性教育现场教学和林草资源保护管理调研报告》。

【研究咨询】 2020年立项院外科研项目4项，完成"2019~2025年林草国际人才发展规划研究""林草行业主要管理干部培训大纲研究"，开展"国有林区人才队伍建设研究"。编印《林业科技知识读本》《林业草原干部教育培训文件汇编》。按照中组部要求，开展《干部教育培训工作条例》《2018~2022年全国干部教育培训规划》实施情况中期评估，起草国家林业和草原局干部培训数据统计分析报告。协助人事司起草《关于加强林草人才队伍建设的指导意见》《国家林业和草原局干部教育培训师资库管理办法》《林业和草原干部教育培训兼职教授聘任管理办法》等文件。

【精准扶贫】 学院开展精准扶智培训，面向定点扶贫县开展油茶改造技术、ArcGIS林业应用关键技术等系列线上线下培训，服务当地水苔、无患子、刺梨等产业发展。学院消费扶贫35万元，并向"林业草原生态扶贫专项基金"捐赠30万元。学院第八党支部与贵州省独山县紫林山村党总支开展"扶贫扶智 服务基层"支部共建活动。

【合作办学】 按照疫情防控要求，加强学生管理，落实落细疫情防控措施，全面掌握学生健康状况；合理调整教学计划，停课不停教、不停学，进行线上教学和测试考核；开展线上咨询、云招聘，为毕业生搭建就业服务平台，输送毕业生535人，一次就业率70.9%。

【人才队伍建设】 制订培训师和培训班主任聘用管理办法，提出分阶晋级条件，明确考核标准和激励措施，形成培训队伍持续成长制度。加强院内培训师资培养，推进结构化研讨、案例教学和现场教学创新团队建设，开展专题内训、集中备课和实战演练，20多名教职工走上培训讲台，承担深度现场教学、结构化研讨、专题讲座等教学任务。

优化调整内设机构和人员队伍配置，办公室与安全保卫处、教研部与教务处分别实行一体化管理，选任5名干部充实到处级岗位，6人晋升专业技术岗位高级职称，1人入选"百千万人才工程"。

【2020年学院工作会议】 于1月15日召开，总结2019年工作，部署2020年工作。会议强调，要进一步提升办学治院能力和水平，坚持正确导向，突出政治建设和政治引领；坚持量质同升，不断提升办学水平；坚持强化管理，着力打造优良学风院风校风；坚持改革创新，积极营造干事创业氛围；聚焦主责主业，深化需求调研，改进教学方式方法。会议提出，要紧扣林业草原中心工作，进一步聚焦主责主业，扩大培训规模，提升培

训质量，全面深化改革创新，全力推进干部教育培训现代化。一是以政治建设为统领，深入推进全面从严治党。建立不忘初心、牢记使命长效机制，抓好党支部标准化建设，建立健全作风建设与廉政监督长效工作机制。二是继续推进干部教育培训上档次上水平。精心策划安排培训班次，深化培训方式方法创新，加强网络培训开发。三是着力强化支撑保障能力建设。建设覆盖全面、科学有效的培训制度，规范有序、务实高效的管理制度，符合政策、体现特点的激励分配制度。持续加强干部队伍建设和人才培养，加强科研咨询成果转化应用。四是深化院地合作，稳步推进合作办学。服务地方林业草原事业发展，新设一批培训现场教学基地。会上，学院对年度先进集体和先进工作者进行了表彰。

【学院新冠肺炎疫情防控工作领导小组】 于1月26日成立，党委书记任组长、常务副院长和党委副书记任副组长，疫情防控主要部门负责人任领导小组成员，当日发布《学院关于做好新型冠状病毒感染预防工作的通知》，出台各项防控措施，同时开展疫情排查工作。

【学院新冠肺炎疫情常态化防控工作方案】 于5月29日发布，要求学院各部门切实提高政治站位，充分认识防疫形势，高度重视疫情常态化防控工作，筑牢常态化防控屏障，保障干部职工生命健康，保障学院各项工作在落实防控措施前提下有序开展。方案对落实防控工作责任、强化日常预防措施、严格加强人员管理、妥善做好应急处置作出详细规定。

【学院干部职工大会】 于9月25日召开，会议对疫情防控作阶段性总结，学院通过上下共同努力，全力以赴抓好疫情防控，实现疫情防控"零事故"。会议要求，要树立长期战斗意识，把疫情防控和公共卫生安全作为重大举措纳入学院事业发展全过程和方方面面，与培训教学同步谋划同步安排，并长期坚持下去。会议对强化政治机关意识，深入推进全面从严治党，加快实施培训计划，推进院区文化和条件建设，提升管理、教学的现代化水平等工作作出部署。

【国家林草局意识形态工作专题培训班】 于9月28~29日在学院举办，各司局、派出机构、直属单位有关负责人近100人参加培训。中央党校（国家行政学院）、中国社会科学院、全国宣传干部学院专家讲授中国意识形态安全面临的挑战与应对、舆情引导与媒体应对策略、党的宣传工作条例解读等课程，并结合工作开展了深入交流研讨。

【干部职工代表建言献策座谈会】 于10月10日召开，30名处级干部和青年代表围绕"怎样认识林草局核心职能""怎样促进部局系统集成、协同高效""怎样推进林业、草原、国家公园三位一体融合发展""怎样理解山水林田湖草系统治理""怎样转变工作作风"五个主题，结合工作实际畅所欲言、集思广益、献计献策。此外，学院以党支部为单位征集建言献策文字材料，座谈和文字材料共汇总提炼出5个方面17条意见和建议。

【国家林草局2020年公务员在职培训班】 10月9~20日，由国家林业和草原局人事司主办的2020年公务员在职培训班在学院举办，46名学员参加培训。培训班开设习近平谈治国理政第三卷解读辅导、习近平生态文明思想及林业草原战略思维、全球抗疫背景下的国家秩序演变等专题讲座。培训班开设提高林草治理体系和治理能力现代化专题课程，中央党校（国家行政学院）专家深入讲解推进国家治理体系和治理能力现代化的背景和重大意义，阐述坚持和完善中国特色社会主义制度和国家治理体系的路径和方法，学员前往中关村科学城城市大脑展示体验中心考察城市治理感知网络，深入了解大数据和信息技术在治理能力现代化中的巨大作用。开展学员论坛，学员立足本职工作研讨交流对林草治理体系和治理能力现代化的思考。

【国家林草局2020年年轻干部培训班】 于11月1~30日在学院举办，国家林业和草原局各司局、派出机构、直属单位36人参加培训。培训班包含党性教育、理论教育、知识培训和能力培训四个教学模块，综合运用专题讲座、案例分析、情景模拟、结构化研讨、现场教学等教学方式，并组织学员自主开展交流研讨，每日分享学习体会。

【学院宪法宣誓仪式】 于11月4日举行，国家林业和草原局分管学院工作领导监誓，2018年以来新任职处级干部进行庄严宣誓。现场国徽高悬、国旗鲜艳，宣誓台上摆放《中华人民共和国宪法》，宣誓仪式开始时，奏唱中华人民共和国国歌。领誓人左手抚按宪法，右手举拳，宣读誓词，其他宣誓人整齐列队，举起右拳，跟诵誓词。

【十九届五中全会精神专题辅导报告会】 于11月17日举行，中共中央党校（国家行政学院）科学社会主义教研部专家作题为《开启全面建设社会主义现代化国家新征程》的辅导报告，院领导班子成员、处级干部、支部委员和第五十六期党校学员参加学习。辅导报告从中国发展的新阶段与新目标、新理念与新部署、新变化与新格局三个部分，深入解读了党的十九届五中全会精神，重点阐述了创新、协调、绿色、开放、共享新发展理念，新发展格局的依据和内涵。

【国家林草局第十一期司局级干部任职培训班】 于11月22~28日举办，开设全球抗疫背景下的国际秩序演变及国家安全、新修订《森林法》解读、领导者的幸福管理、落实全面从严治党强化党员干部纪律要求、强化法治思维增强执政本领、学习理解《习近平谈治国理政》第三卷、心理压力调适与健康管理等专题讲座和区块链助力社会经济发展前沿讲座，进行突发事件的舆论引导与媒体应对策略情景模拟教学，开展"想干事能干事干成事——如何在林业草原国家公园融合发展中发挥自己的作用"结构化研讨，并组织学员研读自修十九届五中全会精神、习近平在深圳经济特区建立40周年庆祝大会上的讲话。46名局机关、派出机构、直属单位的司局级干部参加培训。

【"生态文明大讲堂"第十七讲】 于11月24日举办，中央机构编制委员会办公室派员作《党和国家机构改革及林草核心职能》专题报告，讲解党和国家机构改革的主要特点、做法，改革进展情况，改革中关于生态文明领域的总体考虑和框架设计，国家林草局"三定"工作有关情况、职能特点、国家公园管理体制改革进展，并就实际工作中的有关问题与学员作了交流。中共国家林业和草原局党校第五十六期处级领导干部进修班全体学员、局年轻干部培训班全体学员，学院领导和处级干部参加学习。

【与黑龙江省林业和草原局签署战略合作协议】 12月3日，学院与黑龙江省林业和草原局续签5年干部教育培训战略合作协议。双方自2018年签订干部教育培训战略合作协议以来，围绕专业知识更新、ArcGIS应用等主题合作举办6期培训班，培训黑龙江林草干部609人次，培训综合满意率均达到95%以上。双方此后5年将围绕黑龙江林草"十四五"发展规划，以林草人力资源建设与开发需求为主导，以推动林草供给侧结构性改革为重点，开展紧密型、深层次的人才培养战略合作。

【自然资源部司局级干部学习贯彻十九届五中全会精神培训班（两期）】 于12月9～16日在学院举办，部机关、派出机构、直属单位近300名司局级干部参加培训。自然资源部领导为培训班作党的十九届五中全会精神宣讲，并就推动绿色发展，促进人与自然和谐共生等主题授课。中央党校（国家行政学院）专家作"开启中国特色社会主义现代化建设新征程"专题讲座。培训班还开展了分组研讨。

【全国森林草原防火规划和项目建设培训班】 12月14～17日，由国家林业和草原局森林草原防火司主办，学院承办的全国森林草原防火规划和项目建设培训班在贵州省贵阳市举办，各省（区、市）林业和草原主管部门的122名防火工作人员参加培训。局森林草原防火司、调查规划设计院、中国林业科学研究院等单位专家就《全国森林防火规划（2016～2020年）》中期评估、《"十四五"全国草原防火规划》编制、森林草原火灾风险普查工作、局森林草原防火管理信息系统研发与应用、森林草原防火项目组织管理、防火规划编制与对接等内容作专题培训。

【国家林草原局党组第三巡视组巡视管理干部学院党委工作动员会】 于12月21日召开，会议强调，学院党委要切实增强责任感、紧迫感、使命感，加强与巡视组协作配合，为巡视组开展工作提供必要保障。巡视组将按照局党组工作部署，坚决落实政治巡视要求，紧扣学院党委职能责任，深入检查落实党的理论和路线方针政策以及党中央重大决策部署情况，落实全面从严治党战略部署情况，落实新时代党的组织路线情况，落实中央和内部巡视、审计等监督发现问题和"不忘初心、牢记使命"主题教育检视问题整改情况。

学院党委表示坚决服从局党组关于巡视工作的安排部署，以高度的政治自觉和严肃的政治态度，以良好的精神状态和扎实的工作作风，严谨细致做好配合保障工作，积极主动接受监督检查。学院领导班子成员、近三年退休的领导班子成员、处级干部、在职党支部党员参加会议。

【学院警示教育大会】 于12月28日召开，会议通报了学院有关同志违纪违法案件，播放了警示教育片《警钟》。会议强调，要用身边事教育身边人，警示全体党员干部进一步筑牢思想防线，绷紧纪律之弦，勇于自我革命，远离腐败危险。要做到以案为鉴、深刻剖析，充分吸取教训。要把政治理论学习作为首要的政治任务，时刻高标准要求自己，树立正确的政绩观，绷紧廉洁自律这根弦，牢固树立权力就是服务、权力就是责任的理念，顶住歪风、经住诱惑、管住自己。会议宣布，学院开展为期1个月的警示教育活动。

（管理干部学院由李米龙、邓严、张鋆萍供稿）

国际竹藤中心

【综　述】 2020年，国际竹藤中心紧紧围绕林草改革发展大局和国家林业和草原局党组的总体部署，紧密结合中心2020年度重点工作，凝心聚力、攻坚克难、真抓实干，各方面工作取得了显著进展和成效。

疫情防控 疫情发生后，中心于1月26日第一时间成立领导小组，并先后召开20多次会议研究部署防控措施；针对京内大院单位多、人员构成复杂，并且是两个国际机构驻地的特殊性，制定并不断完善防控指南，组织实施了一整套防控措施，实现了国际竹藤组织和亚太森林组织以及中心职工和在读研究生无一人感染、京区大院和京外3个基地全部平安；努力筹集并对口捐赠疫区湖北武汉市黄陂区李家集街道新冠肺炎定点收治点和国际竹藤组织一批防护用品。同时，为配合复工复产，成立两个技术攻关小组编写《竹林生产经营问答手册》和《应对疫情竹材实用技术》。相关成果在《中国绿色时报》、网站、微信公众号等进行报道，对指导疫区竹产业复工复产发挥了重要作用。恢复生产后，科技人员深入生产一线指导相关竹企业复工复产。

科技创新 根据科技部"十四五"科技规划部署，中心认真研究提出了先进竹质建筑工程材料等6个主题的关键核心技术重大研发需求。为实现竹藤产业技术的集成突破，向国家发改委组织申报了国家重大科技基础设施项目"竹基生物质材料成型模拟与实验装置建造综合研究设施"。成功将竹藤花卉林木种质材料通过新一代载人飞船试验舱和长征五号B运载火箭送入太空，首次开展航天诱变育种研究与试验。"十二五"国家科技支撑计划项目"竹藤种质资源创新利用研究"顺利验收、"十三五"国家重点研发计划项目"竹资源全产业链增值增效技术集成与示范""竹材高值化加工关键技术创新研究""竹资源高效培育关键技术研究"积极总结凝练成果。2020年，申报科研项目48项，其中获得国家自然科学基金项目6项，立项15项，结题/验收5项；发表科技论文129篇，其中SCI收录52篇；申请专利16件，授权11件；申请软件著作权3项；申报新品种4个；"植物细胞壁力学表征技术体系构建及应用"研究成果获得国家科技进步奖二等奖、"毛竹基因组学研究"成果获梁希林业科学技术奖自然科学奖一等奖；获茅以升木材科学技术奖1项、林草科技创新团队称号1个、梁希科普活动奖2项；申报北京市科技进步奖通过初评并推荐为一等奖候选项目。

人才培育 在进一步优化机构设置和明确部门职责的基础上，人才队伍建设不断加强。优化干部队伍结构，组织开展新一轮处级干部选拔工作，选优配强中层领导干部力量，锻炼培养综合能力较强的复合型人才。加强科技创新人才团队建设，进一步加大国家级科技创新领军人才、青年拔尖人才和优秀中青年骨干人才的培养力度，优化学科结构和人才梯队。2020年，新提拔处级干部9人，明确任职2人，平级交流处级干部3人和一般干部8人，组织选派学习锻炼干部7人，接收应届毕业生4人，博士后进站3人，引进高端人才1人，获百千万人才工程省部级人选1人。新评选上研究员3名、副研究员8名，认定助理研究员1名。完成48名研究生招生、44名研究生论文开题、26名毕业论文答辩等工作，申报获批研究生指导教师5人。与青神县共建竹产业工作站项目稳步推进，增强研究生实践能力水平。

国际合作交流 持续推进国家林草局第一个成套援外项目，即中非合作论坛成果——中非竹子中心项目实施进程，帮助非洲开发竹藤产业。中荷东非竹子发展项目在东非三国埃塞俄比亚、肯尼亚和乌干达实施，项目一期于2019年9月30日完成验收，二期于2020年10月正式启动。中国-加拿大竹藤科学与技术联合实验室正式成立，召开了首届线上学术交流会。国际标准化组织竹藤技术委员会(ISO/TC 296)发布了第一个由中国主导的ISO竹子国际标准《竹和竹产品术语》。2020年发布国际标准4项，对6项国际标准进行修订，在研国际标准进展顺利。

服务产业发展和脱贫攻坚 规范横向技术服务管理，与四川、福建、浙江等地方政府和企业广泛开展竹藤产业技术服务和项目合作。在四川眉山、福建永安、江西资溪等地联合举办竹产业发展高峰论坛等活动，获得良好成效。积极筹备"竹藤产业国家创新联盟"等3个林业和草原国家创新联盟成立大会。完成国家和行业标准的申报和报批38项，推进行业标准征求意见21项，配合国家林草局发改司起草、修改和完善《关于加快全国竹产业发展的指导意见》。与央视发现之旅频道合作拍摄竹产业专题纪录片并在央视播出。为国家林草局4个定点扶贫县及贵州、广西举办6期技术培训班，培训贫困群众、基层技术人员等410余人次，专项支持广西龙胜开展竹林下经济种植示范和竹质工程材料成果推广，并开展党支部共建。

竹藤科研条件平台建设 2020年，竹藤科学与技术重点实验室首次设立开放基金，收到国内15家高校和研究所的20项申请，其中17项获得立项。竹林生态站修订了观测指标并完成上一年度观测数据汇交；2个生态站建设可研报告获批复，2个生态站入选长期科研基地，国家林草植物新品种太平测试站批复成立。竹藤基础科学数据平台建设项目获批并完成初步设计，图书馆建成使用；国家竹藤工程中心以及安徽太平、海南三亚、山东青岛3个基地的基本建设工作进展顺利。

全面从严治党 2020年，中心组织实施"五大行动"，明确18项党建重点任务，推进全面从严治党主体责任层层落实。深入组织学习十九届五中全会精神，做好迎接国家林草局专项巡视相关准备工作。召开中心党委会议31次，研究"三重一大"等重要事项90余项。组织党委理论学习中心组学习12次，青年干部学习研讨8次，领导班子带头讲党课10次。完成7个党支部重组和换届，增设1个党总支，培养入党积极分子18名，发展预备党员5名，5名预备党员按期转正。完成制修订规章制度34项，主动梳理认领并扎实推进19项整改任务63个具体内容的整改工作。成立纪检审计处，强化日常监督，创新工作方法，开展内部专项检查，务实开展监督执纪，深入推进全面从严治党向纵深发展。2020年被中央和国家机关文明办推荐参加2018~2020年度首都文明单位和全国文明单位评选，通过北京市精神文明办公室核查并公示，同时，在国家林草局开展的模范机关创建先进单位评选中，中心位列前十位，并被国家林草局推荐为中央和国家机关模范机关创建先进单位。

【**发布《竹林生产经营问答手册》《应对疫情竹材使用技术》**】 3月4~11日，国际竹藤中心根据中央关于在抗击新冠肺炎疫情中有序推进复工复产的部署及国家林草局党组的要求，在国际竹藤中心主任江泽慧带领和指挥下，成立两个技术攻关小组，研究制订相关技术指导方案，积极应对疫情给林农和企业带来的影响。竹材实用技术攻关小组编撰了《应对疫情竹材实用技术》，汇编了10项成熟技术，对于科学防治疫情具有实用价值，可作为竹产业复工复产、研发高质量产品的技术指南；竹资源培育攻关小组组织编撰了《竹林生产经营问答手册(v1.0)》(以下简称《手册》)。《手册》以问答的形式，针对疫情防控期间竹笋生产管理、竹林抚育经营、竹林林下经济发展等急需解决的问题，有针对性地给出了科学指导与合理建议，旨在科学指导竹林健康经营、有序推进竹区复工复产。

【**竹藤花卉航天育种试验顺利完成**】 5月5日，中心竹藤花卉种质材料搭载中国新一代载人飞船试验船由长征五号B运载火箭送入太空。

5月29日，国际竹藤组织董事会联合主席、中国花卉协会会长、国际竹藤中心主任江泽慧，国际竹藤中心常务副主任费本华一行出席新一代载人飞船试验船返回舱开舱仪式。中国载人航天工程副总设计师杨利伟向江泽慧移交搭载试验材料(竹类、牡丹、水仙、兰花等)，

江泽慧出席新一代载人飞船试验船返回舱开舱仪式

这是中心首次在竹藤花卉领域开展航天诱变育种研究与试验。竹类植物种子系世界首次航天搭载,以期利用空间诱变和航天育种技术培育更加高产、优质、抗逆的竹子新品种,为提升竹材产量和品质提供有力支撑。此次试验还搭载了牡丹、水仙和兰花等栽培历史悠久的中国传统花卉种质,探索通过航天育种这一传统育种与转基因育种之外的创新性育种途径,利用太空综合诱变效应实现具有中国自主知识产权、花色纯正、观赏期长、花型特异的观赏花卉新种质(品种)创制。

12月23日,常务副主任费本华出席国家航天局移交嫦娥五号搭载航天育种实验材料交接仪式。嫦娥五号探测器在圆满完成月球采样返回主任务的同时,搭载中国科学家遴选的农作物、林木、牧草、花卉和模式植物等30余种实验材料进行航天育种搭载实验。这是自1987年以来,中国首次进行的深空航天育种搭载实验。参加单位有国际竹藤中心、中国农业大学、华南农业大学、北京林业大学等75家单位。探月工程副总指挥、国家航天局探月与航天工程中心主任刘继忠,探月工程三期副总设计师、探月与航天工程中心副主任裴照宇等出席交接和座谈活动。

费本华出席国家航天局移交航天育种实验材料交接仪式

【竹产业专题纪录片《绿竹神气》《竹海金山》《竹林新语》开播】 5月25~28日,国际竹藤中心与中央电视台发现之旅频道《记录东方》栏目合作拍摄的竹产业专题纪录片完成制作并进行首播。纪录片《绿竹神气》《竹海金山》《竹林新语》,以"绿水青山就是金山银山"理念为制作背景,以中国竹产业发展为主线,把竹文化、竹藤资源、技术创新等情况,以及竹产业在国家战略、脱贫致富、推动绿色发展和生态文明建设等方面的作用以纪录片的形式进行展开报道。

【"竹资源高效培育关键技术"项目获得国家科技进步奖二等奖】 7~8月,国际竹藤中心牵头的"竹资源高效培育关键技术"项目顺利通过全部评审环节,荣获国家科技进步奖二等奖。项目成果构建了包括竹资源精准培育、生态培育、健康保护和高效监测技术4个方面内容的竹资源培育关键技术体系。该项目从行业发展对高效培育技术的巨大需求出发,依托长期试验示范基地和竹林生态定位观测研究站,通过国家科技支撑、国家自然科学基金、林业科技成果推广等30多个项目的持续攻关,20多年的系统研究与集成创新,构建了竹资源高效培育关键技术体系,为中国竹资源质与量的提升提供了同步科技支撑。项目研究覆盖了中国竹资源核心分布区的福建、浙江、四川、江西、湖南、云南等重要省份,涉及中国主要经济竹种和生态竹种20余个。

【江泽慧实地调研2021年扬州世园会筹建工作】 9月27日,中国花卉协会会长、扬州世园会组委会主任委员、国际竹藤中心主任江泽慧带领国家林草局对外合作项目中心、中国花卉协会、国际竹藤中心、国际竹藤组织等相关人员赴江苏省扬州市调研世园会筹建工作以及竹藤馆规划设计布局情况,并听取扬州世园会筹备情况工作汇报。扬州市副市长赵庆红介绍了筹备工作进展情况。扬州市委常委、仪征市委书记王炳松汇报了仪征市筹备世园会的工作进展。江泽慧对扬州世园会下一步筹备工作提出要求。中国花卉协会副会长赵良平,国际竹藤中心常务副主任费本华,国家林草局对外合作项目中心副主任许强兴,中国花卉协会秘书长张引潮等参加调研并出席筹备工作汇报会。

江泽慧实地调研2021年扬州世园会筹建工作及竹藤馆规划设计布局

【科学研究与学术交流】

《竹缠绕复合材料的研发、应用及产业化现状与前景》刊发 5月6日,由国际竹藤组织(INBAR)董事会联合主席、国际竹藤中心主任江泽慧以及国家林业和草原局竹缠绕复合材料工程技术研究中心主任叶柃、国际竹藤中心常务副主任费本华撰写的论文《竹缠绕复合材料的研发、应用及产业化现状与前景》在《世界竹藤通讯》2020年第二期刊发。文章指出,竹缠绕复合材料是中国自主研发、具有独立完整知识产权的新型生物基材料，利用竹缠绕复合材料已开发出竹缠绕复合管、竹缠绕管廊、竹缠绕整体组合式房屋、竹缠绕整体式公厕、竹缠绕军工产品、竹缠绕高铁车厢等产品，其中竹缠绕复合管、竹缠绕管廊、竹缠绕整体组合式房屋已进入推广应用和产业化阶段。

"十三五"国家重点研发计划项目经费推进会 7月21日，国际竹藤中心召开"十三五"国家重点研发计划项目经费推进会，会议采取线上、线下相结合的方式。科技部农村中心专项主管董文研究员、中国农业科学研究院农业信息研究所财务专家王义明高级会计师、国际竹藤中心常务副主任费本华研究员及科技处、计财处有关人员和项目、课题负责人、骨干等60余人参加会议。会上，董文肯定了新冠肺炎疫情下竹藤中心承担的"竹资源全产业链增值增效技术集成与示范""竹材高值化加工关键技术创新研究""竹资源高效培育关键技术研究"3个项目为支持复工复产等所做的工作，介绍了林业专项管理有关政策要求，强调了国家重点研发计划项目综合绩效评价指标。王义明介绍了国家重点研发计划项目财务绩效评价相关管理要求，指出了项目（课题）结题审计过程中容易出现的问题。国际竹藤中心"十三五"项目财务助理田晓梅汇报了各项目经费使用情况及执行计划。汇报结束后，项目及课题负责人向财务专家咨询了财务绩效评价的相关问题。

2020年中国(上海)竹产业发展学术研讨会与"十三五"国家重点研发计划项目竹子成果推介会 10月10~12日，由中国林学会竹子分会、国际竹藤中心、浙江省竹产业协会主办的2020年中国(上海)竹产业发展学术研讨会举行，同期召开"十三五"国家重点研发计划项目竹子成果推介会。"十三五"项目专家作了"金佛山方竹种苗繁育、低产林改造与高效培育技术"等11项科技成果的专题报告。会议由国际竹藤中心科技处处长覃道春主持，江西省林业局巡视员魏运华、中国林学会学术部主任曾祥谓以及"十三五"项目组长、课题组长、骨干和相关企业代表出席会议。

"圆竹分级展平及展平复合规格材制造技术与装备"和"连续竹纤维的制造关键技术与成套设备"2项研究成果通过科技成果评价 10月16日，来自中国林学会、中国林业科学研究院木材工业研究所等8家单位从事林业经济、木/竹材加工、林业机械等相关专业的专家，对国际竹藤中心主持完成的"十三五"国家重点研发计划"圆竹分级展平及展平复合规格材制造技术与装备"和"连续竹纤维的制造关键技术与成套设备"2项研究成果进行科技成果评价。程海涛研究员、刘焕荣副研究员分别作成果汇报。专家组一致认为2项成果整体达到同类技术国际先进水平，部分处于国际领先水平。所取得的成果拓展了竹纤维高值化利用的领域和方向，实现了原材料的科学化、合理化利用及机械化、连续化制备，具有广阔的应用和发展前景。

中国森林价值核算项目交流研讨会 11月25日，国际竹藤中心组织召开中国森林价值核算项目交流研讨会。重点研究该项目各个课题所采用的计算方法和参数选择的科学性以及主要成果的权威性。会议由竹藤中心科技处处长覃道春主持，国际竹藤中心常务副主任费本华、国家统计局核算司二级巡视员施发启以及各课题负责人参加会议。中国生态文化协会专家指导委员会委员汪绚等分别汇报了森林文化价值评估、林地林木价值核算、林业绿色经济评价指标体系和森林生态服务价值核算的研究进展和主要成果。参会人员与各课题负责人进行了深入的交流研讨，并提出建议。

【**中加竹藤科学与技术联合实验室首届学术交流会**】 9月15日，国际竹藤中心与加拿大不列颠哥伦比亚大学（以下简称"UBC"）林学院共同组建的中加竹藤科学与技术联合实验室召开首届学术交流会。此次会议在线上、线下同时举行。国际竹藤中心博士后刘嵘、UBC林学院助理研究员Kate Semple、博士后陈美玲及中国林科院木材工业研究所博士生黎静围绕竹藤材料学研究进行深入交流和探讨。会议由中加联合实验室中方主任方长华研究员主持，中心常务副主任费本华研究员、中加联合实验室加方主任戴春平教授等中加双方共40余名科研人员和研究生参加此次学术交流。

【**产业发展**】

国际竹藤中心与福建省政和县人民政府签订战略合作协议 1月13日，国际竹藤中心与福建省政和县人民政府签订战略合作协议，国际竹藤中心常务副主任费本华、党委书记尹刚强以及政和县县长张行书出席签约仪式，国际竹藤中心副主任李凤波主持仪式。双方明确，要互为竹产业可持续发展的战略合作伙伴、建立长期战略合作关系，围绕产学研实践基地建设、竹产业技术指导与人才培育等方面开展深度合作，充分发挥国际竹藤中心在科研技术人才、国内外影响力和科研成果转化等方面的综合实力和优势，全方位助推政和县的竹产业建设与发展，推进政和县竹文化品牌的传播与推广。国际竹藤中心相关处室与研究所负责人、政和县人民政府及南平市林业局有关领导共20余人参加活动。

国际竹藤中心专家组调研福建省政和县竹产业发展情况 10月16~18日，国际竹藤中心专家组赴福建省政和县调研竹产业发展情况。调研组深入工厂，与当地政府、林业主管部门、竹加工企业、技术人员等进行深入交流，先后考察了政和县广发竹业有限公司、福建政和博弈工贸有限公司、福建品匠茶居科技有限公司等8家公司，并参观"政和杯"国际竹产品设计大赛作品展示馆。国际竹藤中心副主任李凤波肯定了政和在竹产业方面的明显优势并针对竹产业发展提出建议。

中国竹产业发展指导意见专家论证会 12月10日，中心召开中国竹产业发展指导意见专家论证会。会议邀请中国林学会竹子分会理事长蓝晓光、四川农业大学风景园林学院院长陈其兵等作为评审专家，就《中国竹产业发展指导意见》（以下简称《意见》）编写建言献策。专家们听取汇报后，对《意见》内容进行认真审议和讨论，并提出修改完善的意见建议，大家一致认为，《意见（讨论稿）》主动对接和服务国家重大战略，立意高远、求真务实，指导原则特色鲜明，任务部署指向明确，为加快竹产业发展指明了前进方向、提供了重要遵循。会议由国家林业和草原局发改司副司长李玉印主持，国家林业和草原局总经济师杨超，中心常务副主任费本华、副主任陈瑞国以及项目编写组成员北京林业大学经管学院余吉安、中国林科院科信所陈勇等参加会议。

竹藤产业等4个国家创新联盟成立大会 12月16日,竹藤产业国家创新联盟、竹炭产业国家创新联盟、竹类种质资源保护与利用国家创新联盟、竹质结构材料产业国家创新联盟成立大会在江西省资溪县顺利召开。国际竹藤组织副总干事、中国竹产业协会副会长陆文明,国际竹藤中心副主任李凤波,南京林业大学副校长张金池出席会议,来自各联盟成员单位代表共160人参加会议。陆文明宣读了国家林草局科技司关于4家联盟成立的贺信。李凤波和张金池分别代表联盟牵头单位作交流发言,并对各联盟下一步工作进行展望。4家联盟分别召开第一次代表大会,联盟成员共同审议联盟章程,并商讨联盟2021年工作计划和发展规划。

【扶贫工作】

国际竹藤中心研究部署2020年扶贫工作 3月11日,国际竹藤中心召开党委会议,传达学习习近平总书记在决战决胜脱贫攻坚座谈会上的重要讲话精神和3月10日国家林草局党组扩大会暨2020年局扶贫工作领导小组第一次会议精神,并研究部署中心2020年扶贫工作。中心党委书记尹刚强主持会议,中心常务副主任费本华等各位党委委员出席会议。会议围绕有关部署和要求,并结合国家林草局2020年扶贫工作要点和竹藤中心的工作实际,就进一步做好中心2020年扶贫各项工作进行了深入研究,审议通过了中心2020年扶贫工作计划方案。2020年中心将重点从强化组织领导、推进科技项目帮扶、开展扶贫技术培训、发挥党建引领多方位扶贫、统筹推进扶贫和疫情防控、做好扶贫宣传6个方面,抓好10项扶贫工作。

国际竹藤中心专家团赴广西龙胜开展林草科技扶贫工作 5月18~21日,国际竹藤中心蔡春菊研究员、冯云高工参加国家林草局科技司林草科技扶贫专家服务团(第二团),赴广西龙胜开展林草科技扶贫工作。第二科技扶贫专家服务团由11家科研机构和企事业单位的17名专家组成,涵盖10个扶贫项目,团长由中国林科院热林所所长、研究员徐大平担任。专家服务团深入田间地头,分别到油茶种植示范基地、林下食用菌种植生产基地、扶贫车间油茶生产线和竹材加工企业进行调研和技术咨询指导。国际竹藤中心负责对接的广西龙胜扶贫科技服务项目进展顺利。已完成0.33公顷竹林林下大球盖菇种植、采收和销售,完成0.2公顷林下黑皮鸡枞菌食用菌的种植,开展林下菌药栽培技术示范;建立了笋用毛竹林示范基地0.53公顷并完成示范林的立竹结构调整,同时制订竹质板材步道和太阳能路灯的初步设计实施方案。

林业定点扶贫培训班 5月25日至6月10日,国际竹藤中心与国家林草局扶贫办为广西壮族自治区龙胜各族自治县、罗城仫佬族自治县、贵州省荔波县、独山县4个局定点扶贫县,先后举办4期技术扶贫培训班,共计培训贫困林农群众、种植大户、致富带头人、林业基层技术人员等320多人。此次培训因地制宜挑选了对当地农户增收带动作用明显的林草特色产业,安排了油茶、刺梨、茶叶、无患子、草珊瑚、七叶一枝花、灵芝、大叶百合等丰产栽培和管理技术,以及林业扶贫政策、经济林木有害生物防治、珍贵树种培育、林下食用菌种植、竹编工艺等培训课程。邀请中国林科院、广西林科院、广西药用植物园、贵州省林科院、贵州大学等具有丰富经验的高水平专家、企业负责人、乡土专家、竹编工艺者等为培训班授课,并安排现场教学、实操示范和交流研讨,为助力脱贫攻坚和生态改善双赢做出积极贡献。

贵州赤水竹编技术培训班 9月23日,国际竹藤中心和中国竹产业协会主办的竹编技术培训班在贵州赤水市顺利结业。来自广西和贵州的学员圆满完成为期30天的培训,并制作6类160多件竹编产品。国际竹藤中心培训处处长王刚、赤水市林业局副局长黄仕平等出席结业式并致辞。

贵州赤水第二期竹编技术培训班 10月22日,由国际竹藤中心和贵州省林业局主办、贵州省赤水市林业局协办的2020年第二期竹编技术培训班在贵州赤水市开班。此次培训为期30天,主要内容为竹编家居用品制作、瓷胎竹编等实用技术,来自贵州赤水的竹业从业人员和林农群众60余人参加。国际竹藤中心培训处副处长董杰、贵州省赤水市林业局竹产业发展中心主任钟佐彬、贵州省赤水市大同镇书记袁春平等出席开班式。

【竹藤标准化】

《竹和竹产品术语》国际标准正式发布 7月9日,国际标准化组织正式发布国际竹藤中心制定的《竹和竹产品术语》(ISO21625:2020)国际标准。该标准规定了竹子生产和贸易中的加工单元、半成品、成品等各类83条术语,由国际竹藤中心刘贤森副研究员担任起草人,陈绪和研究员、王戈研究员、覃道春研究员等多位高级专家参与制定。在ISO工作机制下,中国方面由国际竹藤中心牵头,联合印度尼西亚、荷兰、埃塞俄比亚、乌干达、哥伦比亚、牙买加、法国、尼泊尔、菲律宾、加纳和肯尼亚等国家共同制定,从首次提案至发布经历了4年,通过规范的标准草案制定流程,多国专家广泛研讨最终完善,并经ISO成员国投票通过后正式发布。这是ISO/TC 296成立后正式发布的第一个国际标准,也是由中国全面主导制定的首个竹子国际标准,标志着中国竹子标准化的重大国际突破,极大地提升了中国竹业在国际标准方面的影响力和话语权。《竹和竹产品术语》国际标准发布对于规范竹和竹产品的定义和内涵、完善世界竹子标准体系、高效利用世界竹类资源、有效突破技术壁垒和贸易壁垒及促进竹子产品国际贸易快速发展等各方面具有重要和深远的意义。

竹藤国际标准化技术指导委员会第三次会议 于8月31日在国际竹藤中心召开。会议由国际竹藤中心常务副主任费本华主持,全国绿化委员会办公室专职副主任胡章翠,中国林业科学研究院院长刘世荣,国家林业和草原局国际合作司司长孟宪林、科学技术司司长郝育军、对外项目合作中心常务副主任王春峰,国家市场监督管理总局标准创新管理司副司长李玉冰,国际竹藤组织副总干事陆文明等参加会议。此外,还有中国林科院木材所、国家林草局竹子研究开发中心、中南林业科技大学、西南林业大学、四川省林科院、浙江省林科院等科研院所和高校的多名专家通过线上方式参会。

国际标准化组织竹藤技术委员会 2020 年线上全体会议 于 9 月 29 日召开。此次会议由 ISO/TC 296 主席费本华研究员主持，来自中国、哥伦比亚、埃塞俄比亚、法国、印度尼西亚、马来西亚、肯尼亚、乌干达、荷兰、尼日利亚、俄罗斯、菲律宾等 13 个成员国及国际竹藤组织（INBAR）、国际标准化组织纸浆技术委员会（ISO/TC 6）2 个联络组织的近 50 名代表参加会议。秘书处经理方长华博士汇报了秘书处过去一年的工作情况，项目技术经理 Anna Rossi 对 ISO 中央秘书处政策及 ISO 工作导则变更进行了报告，竹地板、竹炭、藤等 4 名工作组召集人分别对工作进展进行了汇报，《竹制集装箱底板》《竹质活性炭》等 3 项新标准项目提案人分别介绍了提案具体内容。大会共通过 10 项决议，包括与国际标准化组织固体生物燃料技术委员会（ISO/TC 238）建立联络、将《竹制集装箱底板》等新工作提案注册为 ISO/TC 296 预研标准项目等。

国际标准化组织正式发布 3 项《竹炭》系列国际标准 12 月 4 日，国际标准化组织（ISO）正式发布《通用竹炭 ISO 21626-1：2020》《燃料用竹炭 ISO 21626-2：2020》《净化用竹炭 ISO 21626-3：2020》国际标准，分别规定了竹炭产品的术语和定义、规格/分类、理化指标要求、检测方法，以及标志、包装、运输和储存。《竹炭》系列标准由浙江农林大学张文标教授担任项目负责人，组织团队负责了系列标准的起草工作，遂昌文照、浙江佶竹、安吉华森等 10 多家竹炭企业和检测机构参与了该系列标准的制定，提供了相关试验样品和检测数据。在 ISO 工作机制下，ISO/TC 296 第三工作组由中国组织牵头，DULCE PUNZALAN 女士（菲律宾）为召集人，从 2016 年首次提案历经四年，先后在中国（北京）、印度尼西亚、埃塞俄比亚、中国（杭州）、菲律宾召开线下工作组会议，联合哥伦比亚、埃塞俄比亚、荷兰、印度、印度尼西亚、牙买加、肯尼亚、尼泊尔、尼日利亚、菲律宾、乌干达等国家专家代表共同研讨标准草案，各国专家和代表遵从标准制定程序，历经多次线上、线下广泛研讨，并形成最终竹炭系列国际标准草案，经 ISO/TC 296 各成员国投票通过后正式发布。该系列国际标准的正式发布，对于完善世界竹子标准化体系、规范竹炭及其产品的定义和内涵、有效突破技术壁垒和贸易壁垒、高效利用世界竹类资源、促进竹炭产品国际贸易快速发展等各方面具有重要而深远的意义。

【创新平台建设】

中国品牌建设联席会第二届一次会议 于 9 月 15 日在北京召开。国际竹藤组织（INBAR）董事会联合主席、国际竹藤中心主任、国际标准化组织竹藤技术委员会（ISO/TC 296）技术指导委员会主任、中国竹藤品牌集群主席江泽慧，第十二届全国政协副主席、丝路规划研究中心理事长、中国品牌建设联席会主席陈元出席会议。江泽慧指出了下一步的工作重点并介绍了中国竹藤品牌集群积极响应党中央的号召组织竹藤企业抗击新冠肺炎疫情，践行社会责任的情况。出席此次会议的还有两院院士王越，黑龙江省原省长张左己，中国品牌建设促进会理事长刘平均、宁波市人民政府副市长陈炳荣等近百位领导。

2020 中国品牌年会暨中国品牌创刊 15 年系列活动 12 月 20 日，主题为"品牌动力中国"的 2020 中国品牌年会暨中国品牌创刊 15 年系列活动在北京举办。国际竹藤组织（INBAR）董事会联合主席、国际标准化组织竹藤技术委员会（ISO/TC 296）技术指导委员会主任、中国竹藤品牌集群主席、国际木材科学院院士江泽慧出席会议并致辞。国际竹藤中心副主任李凤波等陪同出席。出席此次会议的还有十三届全国政协提案委员会副主任、原国家质检总局局长支树平，原国家质检总局副局长葛志荣等相关部门领导。

【研究生教育】

2020 年硕士、博士研究生招生考核 7 月 2 日，国际竹藤中心顺利完成 2020 年硕、博士研究生的招生考核工作，最终确定拟录取硕士研究生 31 人，博士研究生 12 人（不含硕博连读生）。根据要求，国际竹藤中心研究制订了本年度硕、博士研究生招生考核工作的实施方案、实施细则和应急预案，明确了具体的组织形式、考核内容和程序，成立了招生考核工作领导小组和"生物质新材料和化学利用组""资源环境与基因科学组"两个考核小组。受疫情影响，此次考核采用远程视频方式开展，严格按照"考生材料网络远程校验+考生身份在线校验+在线（初）复试+在线专家独立判分、成绩合成、确定复试结果"的"四步曲"过程。国际竹藤中心根据实施方案，对各个环节进行了周密部署和严格把关，确保招生工作规范、高效。

2020 年硕士、博士研究生毕业答辩 2020 年，国际竹藤中心共有 26 名研究生申请毕业，其中硕士生 16 名，博士生 10 名。受疫情影响，毕业论文答辩等相关工作均在线进行。4 月初起，毕业生学位申请、科研成果审核、论文格式审查、预评审、匿名评阅等程序陆续启动，为切实做好疫情背景下毕业生论文答辩工作，国际竹藤中心认真解读了中国林科院相关文件精神和规定要求，对相关工作进行科学部署，制订了中心 2020 年毕业生答辩工作具体安排，从组织方式、答辩程序、技术指导、材料审核等方面作了详细说明。7 月 8 日，竹藤生物质新材料研究所和竹藤资源资源与环境研究所率先组织了 5 名博士生和 5 名硕士生的答辩会，拉开了中心研究生答辩工作的序幕。7 月底，中心 26 名研究生全部顺利完成答辩。

2020 级新生入学教育培训会 10 月 15 日，国际竹藤中心在综合楼六层报告厅为 2020 级新生举办了入学教育培训会。会议由研究生部副处长苏文会研究员主持，国际竹藤中心副主任李凤波出席会议并讲话。综合办公室、科学技术处、计划财务处等与研究生教育相关的职能处室与部门出席会议。此次入学教育培训会期一天，分相关内容讲解、科研心得交流及参观考察三部分。李凤波结合自己的成长历程，勉励同学们并对同学们提出要求和期望。

竹产业博士工作站项目推进研讨会 11 月 4 日，国际竹藤中心与青神县竹编管委会联合组织了"2020 中国国际竹产业交易博览会暨首届数字国际熊猫节"边会——竹产业博士工作站项目推进研讨会。研讨会由青神县林业和园林局副局长邓德军主持，国际竹藤中心副主任李凤波、博士工作站项目课题负责人及研究骨干、青神县人民政府有关人员及竹编、竹纸和竹板材加工企业代表等30余人出席会议。李凤波作特邀报告。

【重要会议和活动】

国际竹藤组织（INBAR）中方协调领导小组第二十三次会议 于1月10日在北京召开。来自外交部、国家发改委、科技部、财政部、商务部、国家国合署、国家林草局、海关总署、国家税务总局、国际竹藤中心等成员单位的50余位代表出席。会议由INBAR董事会联合主席、INBAR中方协调领导小组组长江泽慧主持。会议听取了INBAR中方协调领导小组办公室作的INBAR 2019年主要工作和2020年工作要点的报告。与会代表对INBAR 2019年取得的成绩表示肯定，并围绕INBAR今后发展和2020年工作要点提出了建设性的意见和建议。江泽慧对INBAR中方协调领导小组成员单位多年来关心支持INBAR各项事业发展表示感谢，并对INBAR今后工作重点作出具体部署。

首届北京国际花园节启动活动 4月28日，在2019北京世园会开幕一周年之际，以"春华·缤纷世园"为主题的北京世园公园揭牌暨首届北京国际花园节启动活动在北京世园会园区举行。国际竹藤组织董事会联合主席、中国花卉协会会长、国际竹藤中心主任江泽慧，中国风景园林学会理事长陈重，北京市副市长王红，中国花卉协会秘书长张引潮、副秘书长彭红明，中国对外文化集团书记、董事长李金生，北京世园局常务副局长周剑平等出席活动。江泽慧、王红等为北京世园公园揭牌。周剑平致辞并宣布首届北京国际花园节启动。

【大事记】

1月26日 中心成立防控疫情领导小组。高度重视，及时响应，紧急制定防控指南，指导防控工作有序开展。

2月3日 中心再次召开会议落实应对新型冠状病毒防控措施。

4月11~12日 国家林草局驻合肥专员办专员李军和副专员潘虹、张旗及综合处、监督处负责人一行5人到安徽太平试验中心调研指导工作。

4月27日 中心常务副主任费本华获全国创新争先个人奖，生物质新材料创新团队获全国创新争先团体奖。

5月9日 竹藤生物质新材料研究所研究员王戈参加中国竹产业公益大讲堂，作题为"我国竹材加工产业发展与技术创新"报告，从中国竹材加工产业现状、竹材特性与初加工情况等方面作详细介绍。

5月15日 中心竹藤资源与环境研究所官凤英入选第七批"百千万人才工程"省部级人选。

5月25日 四川省眉山市市长胡元坤一行到访中心。双方就开启新一轮全方位、多层次、宽领域的务实合作进行交流探讨，以期共同推进眉山竹产业高质量发展战略合作。常务副主任费本华、副主任李凤波等接待来访。

5月27日 应中国园项目中方建设领导小组邀请，中国驻美大使馆参赞刘小燕（中国园联络员）、外交部美大司司长陆慷派有关人员访问国际竹藤中心，与中国园项目中方有关人员就项目进展及未来前景进行座谈与交流。国际竹藤中心主任、中国园项目中方总执行人江泽慧接待，国际竹藤中心常务副主任、中国园项目中方建设领导小组办公室主任费本华等有关人员出席会议。

7月22日 中心举办"竹藤学堂"新修订《森林法》专题讲座。新修订的《森林法》中，有5条直接涉及林业科技，其中一条涉及竹林资源的培育、保护与利用等，为中心开展竹藤科技创新提供根本依据。

7月29日 2020届毕业生论文答辩工作圆满完成。16名硕士生，10名博士生均顺利完成答辩。

8月3日 江泽慧到北京市大东流苗圃考察，参观大东流苗圃北场生产基地、资源圃、标本馆、温室等。双方就中国北方竹子种植和种苗基地建设等问题进行交流研讨。北京市园林绿化局局长邓乃平、二级巡视员王小平，北京市大东流苗圃主任贺国鑫等领导参加会议。

8月3~5日 中心竹产业博士工作站开展项目调研。重点考察青神县竹纸、竹编、竹桶三大特色竹产业及竹资源状况。

8月24日 2020年全国林草科技活动周启动仪式在北京举行。竹藤中心通过林草科普云展演平台展示竹藤展厅、重点实验室扫描电子显微镜实验、竹藤抗疫实用手册等，并推荐"植物细胞壁力学表征技术体系构建及应用"参展"十三五"国家林草科技成果展。

9月9日 中心举办"草原的地位、作用和布局"专题讲座。特邀专家包晓峰全面系统介绍草原概况、草原事业发展历史和草原自然公园等专业知识，以及中国草原面积、分区、类型、功能，草原管理机构发展演变的历程及其职责职能。

10月12日 中心生态站召开自评估会议。通过自评估，各站充分认识到应加强生态站顶层设计，优化竹林生态站布局，大尺度构建竹林生态站观测研究网络，充分发挥生态站基础科研平台作用。

10月15~29日 中心举办2016~2020年入职人员培训。

11月13日 黄山市人民政府孙勇市长一行调研安徽太平试验中心。

11月5日 海外高端引进人才钟土华博士作专题学术报告会。从生物基聚多糖纳米材料背景、制备、应用以及未来的展望4个方面进行介绍，并拓展介绍了清洁能源的生产和生物基塑料及复合材料的研究状况。

（国际竹藤中心由邵丹供稿）

国家林业和草原局森林和草原病虫害防治总站

【综述】 2020年，国家林业和草原局森林和草原病虫害防治总站（以下简称"林草防治总站"）深入学习贯彻党的十九大精神和习近平新时代中国特色社会主义思想，全面落实全国林业和草原工作会议精神及国家林草局党组的决策部署，紧紧围绕林业草原改革发展大局，以保护林草资源和野生动物、维护生态安全为主线，以深化改革创新为动力，统筹推进业务工作和党的建设融合，协调推进业务管理与技术进步，积极发扬"厚德、敬业、务实、担当"的总站精神，勇于担当，锐意进取，扎实推进林业草原有害生物防治、野生动物疫源疫病监测和机关党建工作，多项工作取得突破性成果。

党建工作 一是加强政治建设。开展政治机关、模范机关创建。推进党支部标准化规范化建设实现全覆盖。扎实做好中央巡视整改任务落实。二是严格党的组织生活。深化党委理论中心组学习制度，开展中心组集中学习13次，组织学习研讨4次、讲专题党课18次。抓实抓细青年理论学习小组学习活动。三是推进全面从严治党。组织召开全面从严治党工作会议，印发全面从严治党工作要点和主体责任清单。强化经常性纪律教育和警示教育，组织召开廉政工作会议。建立管理工作台账，逐一明确责任处室和责任人，全面抓好意识形态工作。

机构队伍建设 完成7名提职干部试用期满考核工作，完成2名副处级干部的选拔聘用工作和3名处级干部岗位交流工作。接收4名高校毕业生，引进2名高层次人才。继续组织开展青年干部下基层培养锻炼活动，先后选派8名青年赴宁夏、安徽等地基层林业部门开展学习锻炼。组织推荐相关人员参加处级干部培训班、公务员培训班、林业和草原知识培训班、年轻干部培训班、第十一期司局级任职培训班等专题培训。2020年，林草防治总站被评为国家林草局2019年度党建考核优秀单位，领导班子被评为优秀班子，张克江、闫峻被评为先进个人。获得国家林草局2020年林草政务信息工作先进单位称号，程相称被评为政务信息工作先进个人，柴守权、孙贺廷、周艳涛被评为政务信息优秀信息员。获得2017~2019年度省直机关文明单位称号。获得2020年度辽宁省定点扶贫先进单位称号。初冬入选2020年享受政府特殊津贴人员名单。于海英入选第七批"百千万人才工程"省部级人选名单。白鸿岩分别获得国家林草局2020年度青年理论学习优秀主题征文奖和2020年辽宁省直机关职工技能比赛一等奖。

科学技术成果 获得各类科技奖励10项。其中：梁希林业科学技术奖二等奖2项、三等奖1项；辽宁林业科学技术奖一等奖1项、二等奖1项、三等奖3项。

技术标准化建设 作为全国植物检疫标准化技术委员会林业检疫技术分委会秘书处、全国林业有害生物防治标准化技术委员会秘书处，分别筹备换届工作；修订的行业标准《林业植物产地检疫技术规程》，于2020年10月1日起实施；按标准制定计划有序推进《棕榈科植物害虫检疫技术通则》《林业植物及其产品调运检疫技术规程》《烟雾载药施药技术规程》3项标准的制修订。

信息化工作 结合编制"十四五"林业有害生物防治发展规划，开展林业有害生物防治信息化工作调研，了解各地林业有害生物防治信息化人员机构基本情况及信息技术应用情况、存在问题及下一步发展方向，总结信息化技术应用情况、分析林业有害生物防治信息化建设及信息新技术防治生产应用中存在的主要问题及制约因素，研究提出"十四五"防治信息化工作的思路和措施。

行业宣传培训 开展2020年防灾减灾等宣传活动，在《人民日报》《中国绿色时报》刊发报道4篇。通过"中国林草防治网"发布信息2469条。举办培训班4期，为基层培训人员267人次。编发《中国森林病虫》6期、《林草防治工作简报》26期。制作松材线虫病防治动画宣传片1部。

【林业有害生物发生】 2020年，全国主要林业有害生物持续高发频发，偏重发生。据统计，全年发生1278.45万公顷，同比上升3.37%。其中：虫害发生790.62万公顷，同比下降2.56%；病害发生25.14万公顷，同比上升28.61%；林业鼠（兔）害发生174.00万公顷，同比下降2.70%；有害植物发生18.68万公顷，同比上升5.30%。

成因分析 一是松材线虫病发生扩散形势复杂，当前技术措施不能满足防控需求。二是林业生物灾害孕灾环境客观条件总体有利于病虫害发生和扩散。三是强化监测信息数据管理，疫情报告数据更趋于真实。四是技术突破和瓶颈并存造就干部害虫重、叶部害虫轻的显著特点。五是气候条件整体有利于林业生物灾害突发和危害。

松材线虫病 发生144.92万公顷，同比上升71.67%。病死松树1947.03万株，同比持平。疫情仍呈快速扩散蔓延，新增60个县级发生区，共有18个省（区、市）、726个县级行政区发生疫情。三峡库区、秦岭山区等重点生态区疫情发生严重；山东泰山、福建武夷山周边出现新疫情；江西三清山和贵州梵净山"病临城下"，生态安全受到严重威胁。

美国白蛾 发生74.64万公顷，同比下降2.91%，发生面积连续3年持续下降，中度以下发生面积占比达99.53%。新增11个县级行政区。整体轻度发生，第3代在山东中部和西部、上海西南部等局部地区发生偏重，局地出现点、片状成灾现象。

林业鼠（兔）害 发生174万公顷，同比下降2.70%，但危害依然严重，在东北和西北局部地区荒漠地和新植林地造成偏重危害。其中：鼢鼠类发生40.13万公顷，同比下降2.36%，在黄土高原沟壑区局部地区危害偏重；鼷鼠类发生33.52万公顷，在东北地区整体中度以下发生，但在内蒙古森工局地偏重危害；沙鼠类发生63.38万公顷，整体危害偏轻，但在新疆北疆、内蒙古西部等局部地区偏重危害。

有害植物 发生18.61万公顷，同比上升5.34%。其中：薇甘菊发生8.28万公顷，同比上升23.64%，在华南沿海地区危害严重，扩散蔓延形势持续加剧；葛藤、金钟藤、紫茎泽兰等主要种类发生面积同比均有所下降，在湖北、云南、贵州和江苏等地以轻度发生为主，局部地区零星偏重危害。

松树钻蛀害虫 发生140.81万公顷，同比上升12.23%，发生面积仍居高位，危害严重。松褐天牛在长江以南多个省份，松蠹虫在东北、西北和西南局部，松梢螟类在东北等地危害严重，局部地区造成大量松树死亡。

松毛虫 发生98.85万公顷，同比下降6.56%，总体呈现北重南轻。其中：落叶松毛虫仍处于高发周期，东北多地偏重成灾；马尾松毛虫等其他种类发生整体偏轻，局地偏重发生。

杨树蛀干害虫 发生27.57万公顷，以轻度发生为主，但局部地区危害偏重。其中：光肩星天牛危害有所减轻，但局部常发地区危害偏重；杨干象整体发生平稳，但局部地区危害有所加重。

杨树食叶害虫 发生117.81万公顷，同比持平，轻度发生，局地危害偏重。其中：春尺蠖危害区域性增长，西北、华北局部地区危害偏重；杨树舟蛾整体控制良好，局地危害偏重。

林木病害(不含松材线虫病) 发生114.22万公顷，整体平稳流行，但在"三北"地区局地发生偏重。其中：杨树病害整体危害减轻，局部地区危害偏重；松树病害在东北和西北多地偏重发生。

竹类及经济林病虫 发生157.47万公顷，危害整体减轻，但局部地区偏重发生。其中：竹类病虫整体发生平稳，局地突发成灾；鲜果类病虫整体轻度发生，但在西北局部地区危害偏重；核桃、板栗、枣树、枸杞等干果类病虫整体危害减轻，但局部地区偏重发生。

突发生物灾害 林业生物灾害事件频发，应急防控压力较大。其中：境外黄脊竹蝗种群于2020年7月底从老挝迁飞入境中国云南普洱市江城县，发生区域涉及云南普洱、西双版纳、红河、玉溪4个市(州)11个县62个乡镇和4个自然保护区；栎黄二星舟蛾在河南南阳、平顶山和驻马店3市7县突发灾害，危害面积0.46万公顷，灾情严重区域大部分栎树树叶被吃光，呈现"夏树冬景"现象；日本松干蚧在山东中部和东部山区造成2400余株松树枯死；中华松针蚧在甘肃南部的小陇山和白龙江林区局地暴发成灾，成灾面积0.08万公顷；黄褐天幕毛虫在内蒙古东部、吉林北部等地危害严重，在内蒙古兴安盟、赤峰两地成灾0.21万公顷；内蒙古呼伦贝尔市红花尔基林业局发生樟子松枯萎综合症，0.58万公顷松林受灾，造成3.5万余株樟子松死亡；柚木肖弄蝶夜蛾在广西北海合浦县突发危害，对广西沿海红树林生态系统造成影响。

【**林业有害生物防治**】 2020年，全国防治主要林业有害生物995.22万公顷，防治作业面积1674.50万公顷次，无公害防治率达96.35%，林业有害生物成灾率控制在4‰以下，较好完成年度防治减灾任务指标。

防治督导 完成9个省38个县(区)的松材线虫病蹲点暗访和9个省23个县(区)松材线虫病专项督查。关注热点问题，全面强化突发灾情应急防控，第一时间跟进和指导完成西藏沙漠蝗、云南黄脊竹蝗、内蒙古鼠间鼠疫等突发灾情应急处置，以及上海、浙江美国白蛾和内蒙古红脂大小蠹新发疫情处置，均圆满完成任务。协调推进辽吉蒙黑四省(区)松材线虫病联防联治和冀蒙辽红脂大小蠹联防联治工作。进一步做实松材线虫病普查工作，全面把握疫情动态。全面推进卫星遥感监测技术在松材线虫病疫情监管核查方面的应用，完成湖南省新发疫情和江西等7个省疫情严重区域卫星遥感疫情监测核查。为7个省15个县提供卫星遥感监测服务，改变以往完全依靠地方安排的被动局面，提高核查检查的针对性、准确性。

监测预报 强化监测预报信息服务，注重生产性预报，促进趋势会商常态化、专业化和监测预报精细化、生产化，为领导决策和生产防治提供依据。组织开展半年、全年全国林草有害生物发生趋势会商，对中长期发生趋势进行了宏观研判。强化短期生产性预报，组织开展沙漠蝗、春尺蠖、马尾松毛虫、杨树食叶害虫、美国白蛾、草原蝗虫等重点有害生物发生短期趋势研判，服务生产实际。发布2020年全国林草有害生物发生趋势预测信息，被中办单篇采用。编发《病虫快讯》6期、《林草防治工作简报·病虫情应急专报》14期，通过中央电视台播报马尾松毛虫、美国白蛾预警信息2期。报送林草应急周报54份、月报20份、季报6份。

检疫监管 拟定2020年全国松材线虫病疫区和疫区撤销公告，分别以国家林草局第4号和1号公告发布。拟定2020年全国美国白蛾疫区和疫区撤销公告，分别以国家林草局第3号和2号公告发布。修订《植物检疫条例实施细则(林业部分)》，印刷出版《植物检疫证书办证手册》。

试点示范 围绕重大林业有害生物关键技术瓶颈问题，强化科研工作。参与国家林草局松材线虫病重大防控技术"揭榜挂帅"，在项目需求确定、揭榜挂帅方案制订、项目组织协调等方面提供支撑，具体承担2项重大研究项目。松材线虫病新型药剂药械研究取得重要进展。完成松树异常监测终端APP功能研发，并上线应用于全国松材线虫病疫情秋季普查。完成7项管理和技术规范制修订及6个技术标准制定。

【**草原有害生物防治**】 草原有害生物防治工作是国家机构改革后，国家林草局党组于2018年赋予林草防治总站的新职能，成为三大核心职能之一。

顶层设计 研究提出关于做好草原有害生物防治工作的建议并付诸实施。梳理全国重大草原有害生物防治工程治理规划的基本思路和初步框架。开展草原有害生物防治行业工作管理现状调查，初步摸清草原有害生物防治行业工作管理现状。通过深入内蒙古等草原集中分布区调研，初步清全国草原有害生物防治行业发展现状，全面分析当前工作存在的主要问题和实际需求，研究提出了下一步加强草原有害生物防治工作的对策建议。

监测预报 组织开展半年和全年发生趋势会商，以及蝗虫和鼠害等单种类短期趋势研判，通过中央电视台播报预警信息2期，《中国绿色时报》刊发5期，编发《草原虫情简报》26期，相关信息被局办采纳。在6～8月防治关键时期，严格执行应急值守制度，报送应急周报26份。

制度建设 启动主要有害生物防治技术标准及监测预报体系构建方案、管理办法、技术规范等的制修订，编制完成《草原生物灾害监测预报技术规范》等技术标准、规范5个。建立和实行草原有害生物联系报告、趋势会商、防治关键时期的24小时值班和零报告等制度。配合编制《国家林业和草原局草原有害生物灾害应急预案》。

基础普查 编制完成全国草原有害生物普查工作方案及普查信息化、卫星遥感监测、雷达监测、虫害、鼠害、病害、毒害草7个专题技术方案和相关标准。

【疫源疫病监测】 林草防治总站（监测总站）以高度的政治敏感性，聚焦局党组关注点，全力配合做好疫情防控工作。

疫情防控 全面加强野生动物疫源疫病监测，严格实行24小时全天候值守制度，加大对国家级监测站应急值守工作的督查力度，确保由5074个基层机构组成的监测防控网络正常运转。

监测预警 初步建成具备信息网络直报、风险智能分析、远程指挥调度、大数据监测预警等功能的突发野生动物疫情感知平台，形成的趋势预测和风险研判信息，多次被中办、国办等采用。起草并报国务院"疫情防控工作信息"日报告90余份、周报告36份。报送月度、季度、半年野生动物疫病趋势预测报告6份。

趋势研判 代拟《2019年野猪非洲猪瘟主动预警实施方案》并以国家林草局文件形式印发，全国14个省（区、森工企业）共猎捕野猪87头，采集野猪血液和组织样品590份、野猪体表寄生虫媒139只，其中在湖南省常德市采集的2头野猪血液样品中检出非洲猪瘟病毒核酸阳性，为国内首次。密切跟踪国内外疫情动态，深入开展野猪非洲猪瘟、野鸟禽流感、小反刍兽疫等重点疫病的预测预报和风险研判，报送月报8份、季报4份、年报1份、专报3份。

应急处置 按"第一时间发现、第一现场处置"的要求，指导处置470余起野生动物病死情况，成功防控新疆野鸟禽流感、宁夏岩羊小反刍兽疫、内蒙古沙狐狂犬病以及湖北神农架、黑龙江帽儿山野猪非洲猪瘟等突发疫情在内的427起涉及76种44 887只野生动物的异常情况。

制度体系 健全野生动物疫病监控制度体系。推动颁布实施《国家林业和草原局突发野生动物疫情应急预案》，拟定野鸟高致病性禽流感、野猪非洲猪瘟等4项配套应急方案。成立野生动物疫源疫病监控国家创新联盟。

【大事记】

1月10日 召开2020年工作会议暨先优表彰大会。

1月17日 国家林草局生态司、林草防治总站联席会议在北京召开，国家林草局副局长刘东生出席会议并讲话。

4月28～29日 国家林草局草原司、林草防治总站以视频连线方式组织召开全国草原有害生物普查工作研讨暨2020年发生趋势会商会。

5月12日 国家林草局生态司、林草防治总站和辽宁省林草防治检疫站在辽宁抚顺市清原县北三家林场联合举行防灾减灾日宣传活动。

10月13～17日 在辽宁大连市举办草原有害生物防治技术培训班。

11月29～30日 在云南普洱市组织召开2020年全国林业有害生物防治科长会。

11月25～26日 国家林草局动植司、监测总站在广东深圳市召开2020年重点野生动物疫病主动预警工作总结会暨2021年野生动物疫病发生趋势会商会。

12月26～27日 在海南澄迈县召开全国主要林业有害生物2021年发生趋势会商会暨防控工作部署会。

（林草防治总站由赵瑞兴、程相称供稿）

国家林业和草原局华东调查规划设计院

【综 述】 2020年，华东院按照全国林业和草原工作会议安排部署，围绕国家林业和草原建设需要，认真履行资源监测职责，扎实推进各项工作开展，顺利完成国家林业和草原局各项指令性任务。

【资源监测】 组织开展国家林业和草原局相关司局和有关单位各项指令性任务26项。

森林督查暨森林资源管理"一张图"年度更新 完成监测区6个省（市）、650个县135 673个林地和森林变化图斑遥感判读工作；审核各省（市）工作方案与技术细则；实地技术指导59个县8774个图斑；内业复核643个县，现地复核70个县；认真做好成果汇总，编制监测区和省级报告共8个。

完成监测区各省（市）森林资源管理"一张图"年度更新工作方案和实施细则审核；检查监测区全部县级单位遥感影像数据整理情况、经营资料收集情况、数据成果完成情况等；外业复核验证共抽取70个县，核查图斑数3746个；对监测区各省市数据进行检查验收，检查图斑11 089万个，在线提交数据入库4355.9万个图斑；汇总统计，生成统计报表，编制完成《2020年森林资源管理"一张图"年度更新华东监测区成果报告》。

《森林资源保护和发展目标责任制考核评价办法》

编制 年初形成《办法（初稿）》，并连续2次召开视频研讨会征求意见；经院内多次技术研讨、会审，反复修改完善后，完成办法第13稿的修改工作，形成《办法》《指标体系及评分方案》《编制说明》《评分表》4项文档成果。

国家级生态公益林监测 完成江苏、浙江、安徽、福建、江西、河南6个省的国家级公益林监测任务，共对21个县级单位、458个小班或图斑进行核实验证。内业检查，叠加分析前后期矢量数据，核实国家级公益林动态变化情况。上报6个省国家级公益林矢量数据，编制省报告6个，完成监测区报告1个。

退耕还林国家级检查验收 完成安徽、湖北、湖南、重庆和宁夏5个省（区、市）2016年度新一轮退耕还林国家级检查验收任务，共抽查完成退耕还林面积10 048公顷，涉及31个县级单位、52个乡镇、11 058个小班，按时提交5个省级检查验收报告和31个县级检查验收报告。

全国森林资源调查 根据自然资源部和国家林草局统一部署，承接上海、江苏、浙江、安徽、福建、江西、河南7个省（市）森林资源调查的技术指导与培训、后期检查验收等工作，并完成各省技术指导工作。

湿地监测评估 认真履行中国林业工程建设协会湿地保护和恢复专业委员会主任委员单位职责。做好国家重要湿地认定技术支撑工作，协助局湿地管理司发布首批29处国家重要湿地名录，完成国家重要湿地审核工作规范。开展9处国际重要湿地生态监测并形成报告。进行杭州西溪国际重要湿地资源专项调查研究与示范，提出《湿地资源专项调查监测总体构想》，编制6个成果报告。同时，完成《湿地生态状况评定规范》起草，《退化湿地评估规范》国家标准立项申请，《湿地分级管理和名录制度立法研究报告》《湿地生态效益补偿制度立法研究报告》2个专题调研报告。

完成云南、贵州、甘肃、四川、江苏、天津6个省（市）的19个湿地自然保护区、国家湿地公园2018年度、2019年度中央财政湿地补助项目抽样摸底外业工作，调研相关单位"十三五"期间中央财政湿地补助项目实施情况的资金安排情况，完成6个省级报告，并编制2个全国项目汇总报告、4个专报报告；完成《湿地管理司关于全国中央财政湿地补助项目调度表》《中央财政林业草原项目（湿地保护修复项目）库》设计，并输入入库项目1722个。

森林资源年度监测评价浙江省试点工作 牵头负责浙江省森林资源年度监测评价试点工作，完成固定样地国家级质量检查47个，校验样地判读4252个，现地核实校样地130个。

天然林保护工程核查 完成天然林档案管理系统、信息上报系统、核查汇总3个软件平台的开发研建并负责浙江、安徽、江苏、福建、江西、山东、河南、河北8个省的天然林保护书面核查技术指导工作。

国家储备林工程培育珍稀树种资源调查 完成广西5家国有林场、福建省4家省属国有林场和3个县级单位的珍稀树种资源调查，编制完成广西、福建国家储备林工程培育珍稀树种资源调查报告。

松材线虫病疫情防治 完成《松材线虫病疫情防治工作成效监测评估技术方案》编制；派员参加江西、安徽、山东、广东4个省松材线虫监测暗访调查工作。

重点规划和方案编制 完成《新一轮全国林地保护利用规划》工作方案、技术方案；完成《海岸带生态保护和修复重大工程林草建设规划（初稿）》；完成提交《长三角森林城市群规划（征求意见稿）》，并以此为依托，在杭州协办全国森林城市群建设工作推进会；完成《全国古树名木保护总体规划（2021—2035年）（送审稿）》。

其他工作 开展全国自然公园管理制度与标准体系建设、自然保护地差别化管控政策研究、林业碳汇计量监测体系技术指导等工作。参加自然保护地整合优化预案审核、黄河流域林草资源综合监测工作。完成国家储备林造林模式精准提升调研、天然林资源保护工程省级自评估前期工作。

【特色业务品牌】
激光雷达应用 自主研发基于激光雷达的森林资源监测新技术，实现大区域森林面积和蓄积量快速、精准、同步出数，成果经专家认定达到国内领先水平，为安徽省林长制考核提供数据支撑，为创建全国林长制改革示范区提供有力保障。

现代林草防灭火体系 完成应急管理部《森林草原防灭火综合指挥平台项目建设可行性研究报告和初步设计》。协助大兴安岭林业集团公司完成《林草生态网络感知系统森林防火实施方案》，共同研发打造国内领先的"天、空、塔、地、网"森林防火监测预警体系。

自然保护地监测 挂牌成立"国家林业和草原局自然保护地评价中心"，承担自然保护地整合优化检查指导、技术支撑、海洋类型自然保护区研究等工作。牵头录制海洋类型自然保护区培训视频18集。累计在全国十余个省份开展保护地相关工作200余项。

《自然保护地》期刊建设 华东院积极响应国家自然保护地体系建设发展战略，紧抓国家培育打造高质量科技期刊发展契机，依托"国家林业和草原局自然保护地评价中心"，推动《华东森林经理》期刊成功更名《自然保护地》，新刊定位为全国自然保护地领域第一份自然科学类综合性学术期刊，聚焦自然保护地建设发展进程，紧跟国家政策动态和基础研究前沿，传播技术开发最新成果，构建学术交流、信息沟通和技术推广应用新型平台，致力于集结国内外自然保护地领域众多知名专家学者、联合各大自然保护地权威研究机构，打造国家自然保护地体系建设高端智库，为全球提供自然保护地的中国智慧和中国方案。

【落实全面从严治党】 坚持民主集中制原则，严格执行"三重一大"决策制度，全年召开16次党委会。理论中心组集中学习研讨15次，撰写学习体会文章35篇。召开党支部建设提升工程展示会，初步形成一支部一品牌；党支部开展党日活动165次，撰写学习体会文章40余篇。

【创建省级文明单位】 2020年，华东院获得浙江省级文明单位称号。同时以此为契机，积极开展院史修撰工作，系统梳理华东院近70年的发展历程，凝聚形成华东院特色文化；大力开展志愿活动，组织参与客运中心"微笑亭"、社区"垃圾分类"、植物园"绿马甲"、校园系列公益自然教育活动，民工子弟学校认领学生"微心愿"等志愿活动，形成自身亮点品牌。截至2020年底，华东院的注册志愿者占全院职工的95%。

【廉政作风建设】 严格落实中央八项规定及实施细则精神，持之以恒纠正"四风"。开展全院廉政风险排查防控工作，切实强化制度意识，建立全院干部廉政档案。实行廉政信息跟踪反馈制度和《华东院森林资源监测工作人员廉政纪律规定》，着力加强日常监督。

【疫情防控】 第一时间成立疫情防控领导小组，制订《疫情防控应急预案》，设立专项疫情防控基金。办公室、党办、后勤处通力协作，坚持每日一报制度，落实疫情防控措施，精准施策，有力保证全院有序推进复工复产。全院广大职工积极为疫情防控捐款，共筹集爱心捐款13万余元。

【定点扶贫】 以有力措施、务实作风做好定点扶贫工作。全年完成广西罗城县生态扶贫专项资金200万元，定向采购扶贫农产品45万余元。

【内控管理制度】 全年修订和完善管理制度19项；系统梳理、科学设计单位经费支出及事项结构，确保经费支出合法合规；完善合同管理和资产模板在OA系统上的运用，建立资产二维码管理，实现一物一码；研建项目(档案)管理系统，将信息化技术手段融入内部控制建设过程中。华东院连续两年成为国家林草局内部控制制度建设典型单位。

【人才队伍建设】 完成2020年度高校毕业生公开招聘工作，招录硕士研究生15名；选派4名年轻专业技术人员赴国家林草局相关司局开展学习锻炼；1人入选国家林草局"百千万人才工程"；全年干部职工参加教育培训776人次，培训总学时17 869学时；完成专业技术人员职称评审(认定)申报工作；完成23名中层领导干部2019年度个人有关事项报告填报及抽查比对工作；进一步加强和规范人事档案的收集、甄别、归档、立卷、查阅、复印等相关工作，归档人事资料700多份，新立档案卷宗16卷。

【对外合作】 加强与各司局、直属院、林科院等有关单位，监测区专员办、各省林草主管部门的交流联系。与大兴安岭林业集团公司、监测区各省份林业主管部门等有关单位，自然资源部海洋二所、浙江农林大学等科研院所，北京正和恒基、浙江大华等高新企业共签订15项合作协议，充分发挥各自优势，开拓合作领域，形成发展新格局。

【成果资质管理】 全年共审查出院成果286项；获得城乡规划丙级资质证书；华东院下属华林公司在2020年正式实体化运作，并成功收购上海成事林业规划设计有限公司。

【后勤群团工作】 推进美丽院区建设，实施院展室、职工食堂、南北楼网络、大数据中心、消防设备设施等升级改造工程。完善金华院区基础设施，落实离退休干部各项保障。成功组织创建"省级先进职工之家"。组织各文体协会积极开展活动，进一步增强团队凝聚力和向心力。

【大事记】

3月6日 国家林业和草原局党组决定于辉不再担任国家林业和草原局华东调查规划设计院院长、党委副书记职务，另有任用；国家林业和草原局华东调查规划设计院党委书记、副院长吴海平主持工作。

3月6日 国家林业和草原局党组任命刘春延为国家林业和草原局华东调查规划设计院党委副书记、副院长(正司局级)。根据中组部选派挂职干部部署安排，国家林业和草原局党组选派华东院党委副书记、纪委书记刘强赴海南省挂职。

9月29日 海南省委任命刘强任省林业局党组成员(挂职两年)。

10月16日 海南省人民政府任命刘强任省林业局副局长、海南热带雨林国家公园管理局副局长(挂职两年)。

10月16日 国家林业和草原局党组成员、副局长李树铭到院调研指导工作，听取华东院工作开展情况专题汇报，并对下一步工作提出要求。

(华东院由王涛供稿)

国家林业和草原局中南调查规划设计院

【综　述】 2020年，国家林草局中南调查规划设计院(以下简称中南院)紧紧围绕院中心工作，努力克服新冠肺炎疫情带来的不利影响，认真履行国家林草资源监测等职能，积极服务地方林草生态建设，坚持新发展理念，坚定不移推进事业改革与发展，优质高效完成了年度各项工作目标任务。

【资源监测】 完成国家林草局资源司及相关司(局、办)安排部署的森林督查暨森林资源管理"一张图"年度更新、广西森林资源监测与评价试点、2020年度全国森林资源调查等共17项工作任务，其中指令性任务6项，国家林草局相关司(局、办)委托任务11项。

森林督查 中南院业务处室共119人参加森林督查暨森林资源管理"一张图"年度更新工作(以下简称督查

"一张图"更新工作），包括森林督查、森林资源管理"一张图"年度更新、国家级公益林监测3项任务协同开展。制订中南院工作方案，对中南监测区7个省（区）督查"一张图"更新工作方案、操作细则进行审核修改上报。应用国家森林资源智慧管理平台完成线上遥感判读，向中南监测区7个省（区）和专员办移交17.9万个图斑。面对新冠肺炎疫情的影响，创新工作方式，组织专家团队研究录制《2020年森林督查暨森林资源管理"一张图"年度更新技术讲座》系列视频教程，并在林业教育培训网推广应用，对全国森林督查暨森林资源管理"一张图"年度更新工作起到了技术指导作用。对7个省（区）督查"一张图"更新工作成果进行全面审核，现地复核抽查70个县级单位、2296个图斑。国家级公益林年度监测成效抽查26个县级单位、491个图斑。内业工作严格按照国家林草局工作要求进行汇总分析，提交7个省（区）督查"一张图"更新工作成果。推进森林资源管理"一张图"与全国第三次国土调查数据衔接试点工作，会同地方林草主管部门，在湖南攸县、广西容县、贵州观山湖区、西藏贡嘎县、海南海口市等地开展试点。制订森林资源管理"一张图"与全国第三次国土调查对接融合技术方案草案。

森林资源监测评价 中南院与广西壮族自治区林业局共同组织推进森林资源年度监测评价广西试点工作。制订试点工作实施方案，组建36个调查工组，完成775个固定样地外业调查、500个校验样地无人机核实、90个激光雷达样地样木数据采集工作，推进模型研建、数据分析等内业工作。

森林资源调查 组织专业技术人员开展2020年度全国森林资源调查工作技术指导，参与中南监测区7个省（区）技术方案与操作细则的审及外业调查人员培训，为5个自然资源综合调查中心提供技术支撑，对湖北、湖南等省开展前期指导性检查。

林地保护利用规划 按照资源司新一轮全国林地保护利用规划工作部署，开展典型县国土三调数据对接、公益林与天然林管理情况调研等工作，编写并提交新一轮全国林地保护利用规划研究报告。

森林资源智慧管理平台 积极推进国家森林资源智慧管理平台应用，完成国家森林资源智慧管理平台中南数据分中心建设，实现中南监测区各省（区）督查"一张图"更新工作在中南数据分中心森林资源智慧平台线上完成。协助湖南、广西等省（区）部署省级节点和定制智慧平台调查核实移动端APP。

荒漠化、石漠化监测 积极推进西藏自治区第六次荒漠化和沙化监测工作，完成74个县与国土三调数据初步对接。启动岩溶地区第四次石漠化监测技术规定修订和试点工作。

国家森林城市 完成国家森林城市建设情况调查，编制《国家森林城市建设总体规划编制导则》通过专家评审。

生态保护 开展重大林业有害生物疫情调查等工作。

自然保护地 承担完成全国自然保护地整合优化省级预案审查及自然保护区网络"大讲堂"专家视频制作。中南院自主开发的自然保护地数据质检与统计分析软件为全国自然保护地数据审核工作开展提供技术支撑。

退耕还林 作为技术支撑单位，完成退耕还林国家级检查验收技术保障工作。完成贵州省新一轮退耕还林国家级检查验收工作。

天然林保护 完成湖北、湖南、广东、海南、西藏、辽宁6个省（区）2020年天然林保护实施情况书面核查任务。

【**服务地方林草建设**】 全年对外承揽技术服务项目200余项，涵盖自然保护地整合优化、森林资源调查规划设计、区域性林业中长期发展规划、生态公益林落界、各类林业专项规划、国家森林公园、国家湿地公园总体规划等。

【**技术创新与科技成果**】 投入1045万元经费购置无人机、计算机硬件、软件设备；选定6个院自主立项的科技创新项目，投入自有资金500余万元推进科研项目实施；实现院协同办公系统正式运行；完成国家森林资源智慧管理平台中南分中心建设；推进激光雷达样地样木数据采集等新技术的探索应用；在全院范围组织举办遥感影像判读区划技术竞赛暨中南院第二届劳动技能竞赛。2020年，中南院承担完成项目荣获省部级工程咨询成果奖12项，其中一等奖2项、二等奖2项、三等奖8项。1名同志入选第七批"百千万人才工程"省部级人选。

【**政治思想和党风廉政建设**】 2020年，中南院落实全面从严治党要求，切实抓好党建各项工作。组织召开院2020年度全面从严治党工作会议，制订印发《中南院2020年全面从严治党要点》，成立加强党的政治建设和正风肃纪工作领导小组，层层落实全面从严治党管党责任目标。全年组织院党委理论学习中心组学习13次，继续坚持院领导班子成员党建工作联系点制度。持续抓好意识形态建设，组织46名党务干部在湖南浏阳市委党校开展为期4天的党建知识培训，院领导围绕"坚定理想信念，强化政治机关意识"主题讲专题党课7次。对全院18个党支部工作台账开展自查，深入开展"灯下黑"问题专项整治工作。抓好中央巡视、局党组专项巡视反馈问题的整改落实工作。组织召开2020年度院党风廉政建设和反腐败工作会议，以处室为单位开展廉政风险排查，外业收回廉政反馈卡146份，对14个外业项目进行现场廉政监督检查。修订印发《中南院贯彻落实中央八项规定实施细则精神的实施办法》，制订28条具体措施。6月24日，中南院在国家林业和草原局创建"让党中央放心、让人民群众满意的模范机关"工作推进会议上作典型发言。

【**精神文明建设**】 举办七届七次职工代表大会审议通过院2020年度目标大纲。积极为职工办实事办好事10项。组织举办业务技术竞赛、2020年迎春游艺会，职工乒乓球、羽毛球团体赛及职工健步走和气排球团体赛等工会活动。继续推进文明创建工作，举办弘扬优良家风和弘扬雷锋精神道德讲堂，积极开展义务植树、文明交通、技术服务、青春战疫、"爱心妈妈"等志愿服务活动。为贵州独山和广西罗城攻坚扶贫、湖北武汉抗疫救灾共捐资226万元，购买扶贫和疫情灾区物资53万元。为独山县贫困学生捐赠800册书籍；党员领导干部继续对独山县3个村的40多名少数民族学生进行"一对一"结对帮扶，每年为每名学生自费资助2000元。

【深化改革和人才队伍建设】 认真落实领导干部报告个人有关事项；选拔5名处级领导干部，完成2名司局级干部和18名处级干部试用期满考核测评及4人次援派干部选拔、考核；招录高校毕业生9名；加快推进院环发新技术公司深化改革工作；举办森林资源监测评价督查技术培训、国家级公益林监测岗前技术培训、湖南省自然保护地整合优化技术培训等，培训400余人次。

【对外交流与合作】 分别在广东省、重庆市组织召开中南监测区森林资源管理与监测研讨会、中国治沙暨沙业学会石漠化防治专业委员会会议暨石漠化防治论坛，加强区域人员培训和技术合作。

【内部管理和基础建设】 制订、修订20项院规章制度；正式印发院内控手册；上报局政务信息253条；落实保密工作责任制，组织保密知识培训，全年未发生泄密事件；认真做好疫情防控管理工作，严格落实国家林业和草原局值班制度，加强用印安全、交通安全、餐饮安全、园区安全管理，定期对消防器材进行检查登记，全年安全生产率为100%，被评为"湖南省综合治理合格单位"；全面加强院区环境治理和基础设施维修改造，做好院区绿化美化亮化净化工程。

【抗击新冠肺炎疫情】 1月25日，中南院成立新型冠状病毒感染的肺炎疫情防控工作领导小组。印发《关于新型冠状病毒感染的肺炎疫情防控工作部署的通知》《国家林业和草原局中南调查规划设计院疫情防控工作方案》《关于扎实抓好院新冠肺炎疫情防控期间职工安全上班工作的通知》等文件，召开疫情防控工作部署会。中南院组织全体干部职工开展"携手同心抗疫情、爱心捐赠暖人心"爱心捐款活动，全院职工共捐款14.69万元（其中在职党员捐款9.05万元），该笔捐款与单位捐款共24.69万元一同汇至湖北省林业局用于抗疫一线。此外，中南院离退休党员捐款1.52万元，汇入湖南省直工委账户，用于抗击疫情。

【大事记】
1月6日 国家林草局科技司巡视员厉建祝一行到中南院考察调研石漠化、森林城市、红树林等方面的科技创新工作情况。
1月10~13日 在长沙举办三亚市山体保护规划成果及信息系统应用培训班。
1月19日 举办2019年度全国森林蓄积量调查质量检查业务培训班。
3月16日 《海南热带雨林国家公园基础设施建设专项规划（2019~2025年）》通过专家评审。
3月25日 举办自然保护地调查、评估及整合优化技术培训班。
3月27日 《湖南省自然保护地评估论证技术规范》《湖南省自然保护地整合优化技术指南》通过湖南省林业局印发实施。
4月15~16日 中南院院长彭长清带领有关处室负责人赴贵州省独山县影山镇紫林山村开展扶贫工作。
8月25日 《海南热带雨林国家公园建设指标体系（工程项目建设规范）》通过专家评审。
9月26~29日 在广西南宁举办了广西壮族自治区森林资源年度监测评价试点技术培训。
9月3日 《湖南南洞庭湖国际重要湿地及周边区域湿地保护与修复工程建设项目可行性研究报告》通过专家评审。
11月16日 受湖南省林业局委托，由中南院牵头完成的《湖南省森林和草原火灾风险普查实施方案》等3个方案（细则）通过国家林草局批复。
12月3日 "广东省乳源西京古道国家石漠公园项目"通过专家评审。
12月18日 在长沙组织召开广西壮族自治区森林资源年度监测评价试点工作技术研讨会。
12月21日 《海南热带雨林国家公园森林分类经营规划（2021~2035年）》通过专家评审。
12月25日 《娄底市国家森林城市建设总体规划（2020~2030年）》通过专家评审。
12月 《长江经济带林草资源及生态状况综合监测方案》通过国家林草局批复。

（中南院由肖微供稿）

国家林业和草原局西北调查规划设计院

【综　述】 2020年，在国家林业和草原局党组的坚强领导下，西北院认真学习习近平新时代中国特色社会主义思想和有关林业草原工作重要指示批示精神，深入贯彻党的十九大及十九届二中、三中、四中全会精神，坚持党建与业务生产深度融合，实现疫情防控与业务生产两不误，精神文明建设与技术服务双丰收，文化建设软实力和科研设备硬实力双增长。

【资源监测】 完成国家林业和草原局资源司及相关司（局、办）安排部署的指令性任务33项，截至2020年底，所有任务均按计划完成。

全国森林资源管理与检查 完成西北监测区森林督查暨森林资源管理"一张图"年度更新工作，完成森林督查图斑判读8.6万个，通过"现场+视频"的形式开展两批技术培训850人次，组织完成11个县级单位的联合技术指导。完成西北监测区及全国森林督查报告及数据汇总统计。

森林资源年度监测重庆试点工作 与国家林草局昆明院、重庆市林业规划院共同实施森林资源年度监测重庆试点工作。其中西北院完成3683块大样地判读校验和553块样地现地校验复核；完成1107块乔木林固定样地外业调查；外业质量检查52块样地；开发数据采集软件和两类样地的数据入库检查软件；完成抽样体系优化设计等。

森林资源连续清查 全面完成第九次全国森林资源连续清查各项收尾工作。按期高质量完成青海省森林资源连续清查成果的统计分析和报告编制；选派技术骨干参与完成全国第九次全国森林资源清查汇总工作；按时提交西北监测区宏观监测数据库和总结报告等调查成果。

全国森林资源动态监测 牵头完成国家级公益林建设成效监测评价、13个全国典型沙化地区生态定位站的年度监测成果分析评价、全国天保工程国家级核查成果汇总等工作。

全国森林资源蓄积量调查工作 按照自然资源部和国家林草局统一部署，与中国地质调查局自然资源综合调查指挥中心共同开展全国森林资源蓄积量调查工作；为西安、乌鲁木齐、西宁、成都和呼和浩特5个地质调查中心开展内业技术培训和考核；在西北监测区7个省（区、市）跟班指导完成12块固定样地外业调查；完成外业质量检查。

黄河流域林草资源综合监测 参加国家林草局组织的黄河流域林草资源综合监测工作专班，编制完成黄河流域林草生态资源综合监测方案和监测成果报告、黄河流域湿地保护修复工作方案，为黄河流域生态保护和高质量发展等规划提供重要支撑。

林地违法案件督办工作 参加陕西、山西、重庆等6个省（区、市）林地违法案件督办和违建别墅第九次督导清理工作，参与2020年天然林保护工程社保政策研建，完成甘肃省华池、庄浪两县国家林业重点工程建设落地重叠情况调研。

湿地保护、监测、评估工作 组织编写天保二期2020年工程核查建议方案、全国森林资源年度监测评价重庆试点实施方案、"十三五"省级政府防沙治沙目标责任期末综合考核工作方案和实施细则、全国生态定位站建设实施方案、全国草原监测体系构建研究、全国湿地保护"十三五"规划总结报告、三北防护林退化林分修复技术方案、甘肃省新一轮退耕还林国家核查工作方案，修订湿地生态系统服务评估技术规程等。

【服务地方林草建设】 西北院在加强自身能力建设的同时，充分发挥技术和人才优势，积极为监测区生态建设提供技术保障和支撑服务，技术和咨询服务合同数量、产值和全口径收入再创新高。服务内容包括自然保护地体系整合优化、国家公园建设、生态工程绩效评价、林草业"十四五"发展规划、国家储备林建设、生态旅游、森林康养、森林城市规划、大数据建设、智慧林草、新一轮退耕还林中期效益评估体系研究、天空地一体化资源监测等多个领域，成果质量不断提升，服务能力不断增强。

【党风廉政建设】 抓好组织建设，圆满完成院党委、纪委和团委换届工作，完成19个党支部换届选举。压实主体责任，分层分级制订院党委、支部落实全面从严治党主体责任清单。强化学习教育，院党委理论学习中心组集中学习8次，各支部书记讲党课38次，实现171名党员学习教育全覆盖，开展4次政治理论测试。抓好意识形态工作，制订《国家林业和草原局西北院党委意识形态工作实施方案》，成立西北院意识形态工作领导小组，院长和党委书记担任双组长，抓好组织协调和监督落实，守住守好意识形态阵地。抓好融合工作，制订落实《西北院党建创新品牌培育提升工作实施细则》，培育党建创新品牌13个，承担黄河流域林草资源综合监测等重大任务的工作专班成立临时党支部或党小组。抓实问题整改，及时安排部署中央巡视组反馈问题立行立改工作，推动陕西省直机关工委关于"灯下黑"问题专项整治工作，建立问题台账，明确具体措施，取得阶段成果。抓实调查研究，积极开展"建言献策"活动，先后向国家林草局提交5批次建言献策成果，院班子成员多次到生产一线开展调查研究，了解真实情况，破解发展难题，服务地方发展。强化执纪监督。集中开展专题警示教育，排查廉政风险点，制订防控措施。组织相关审查会议20余次，加强设备物资采购、科研项目、基建项目、对外协作项目、资金管理使用、选人用人进人等重点领域监督。反馈信息表明，全院干部职工在监督检查工作中严格遵守廉政纪律要求，无任何不廉洁行为。

【扶贫工作】 西北院坚决落实党中央和局党组关于脱贫攻坚决策部署，贯彻乡村振兴战略和生态扶贫要求，扎实抓好扶贫工作。除200万专项扶贫资金外，签订消费扶贫合同累计55万元，资助贵州紫林山村党建经费10万元，帮扶陕西韩家村25万元，定点扶贫和结对帮扶两个贫困村已顺利脱贫，西北院被国家林草局推荐为全国脱贫攻坚先进集体。

此外，西北院发挥技术优势，编制贵州省罗甸县《麻怀村乡村振兴概念方案设计》《独山县水苔产业旅游发展规划纲要》《延长县张家滩镇老沟湾移民搬迁工程建设项目使用林地可行性研究报告》《延长县张家滩镇垃圾填埋场使用林地可行性研究报告》等。

【人才培养和队伍建设】 建立部门选择、多层审核、党委确定的用人招聘机制，活化人才引进机制，共招聘引进25名专业人才，优化人才年龄和知识结构，有效缓解人才紧缺的局面；完善人才引进、职称晋升、岗位聘用和考核评价等制度和机制，修订管理部门和业务部门目标任务考核管理办法；加强对年轻干部的选拔培养，提出分类储备、重点培养、挂职锻炼等措施，按程序选拔任用11名处级干部。石小华荣获国家林草局第七批"百千万人才工程省部级人选"，范琳荣获西安市劳动模范荣誉，胡绪垚获得陕西省优秀青年荣誉称号；加强干部交流，向国家林草局派出学习交流干部5名，外派挂职干部13名，扶贫干部2名，接收陕西、青海、新疆等省（区）9名青年科技英才并安排到相关处室学习锻炼；实施处级干部参加陕西省委党校学习计划，人才交流更加广泛。

【获奖成果】 西北院参与完成的基于森林资源清查优化体系的生态体系监测技术、黄土区林草-土壤系统修复机理与自然经营关键技术、中国沙漠地图集3个项目分获梁希林业科技进步二等奖、陕西省科技进步二等奖和中国测绘学会科学技术奖金奖。6项工程设计成果分别获中国林业工程设计一、二、三等奖。

【科技创新】 开展18个科技创新课题研究，其中16项上报局科技司纳入局级林草科研项目；旱区生态水文与灾害防治国家林草局重点实验室已顺利通过科技司现场评估，达到重点实验室建设标准。"守望林草云平台"获全国首届生态大数据创新应用大赛优秀奖。"智慧黑茶林草云平台"系统开发与基础设施建设已经完成，进入系统调试阶段。自主研建的"陕西省自然保护地整合优化管理平台"为全国自然保护地整合优化省级预案审核提供重要技术支撑，用户达2000人；建成全国森林资源管理"一张图"公共数据前置西北分中心并上线运行，具备了优于2米遥感数据的实时传输共享及存储能力。西北林草生态大数据平台建设取得实质性进展；成立西北地区特色林业产业国家创新联盟，搭建技术创新交流平台，促进创新与生产紧密衔接，破解林业产业发展存在的技术难题。依托创新联盟成立西部特色林产品展示服务中心，搭建网络销售和线下体验平台，共塑电商、农户、新媒体、新社群收益增长链，助力脱贫攻坚和乡村振兴；完成3项科技成果登记，获得科技成果证书。进一步完善科技创新激励机制，完成部分科技成果转化试点工作，有力地调动了科技创新的积极性。

【大事记】
1月14日 首届全国生态大数据创新应用大赛决赛在北京举行，西北院"守望林草云平台——让大数据守护绿水青山"项目参加比赛，以总分第10名的成绩获得优秀奖。

1月15日 延安市委、市政府专门发感谢信，对西北院和扶贫干部近年来为延安市脱贫攻坚作出的贡献表示衷心感谢。

2月18日 西北院自主开发的疫情防控监测平台正式上线使用。

2月24~25日 中央电视台《发现之旅》栏目连续播出上、下两集题为《青海自然保护地探索实践》的纪录片，聚焦西北院自然保护地体系建设的青海实践，记录西北院克服困难、大胆探索、先行先试，为全面调查和规划青海省以国家公园为主体的自然保护地体系进行的努力探索。

3月10日 西北院主持研发的"守望林草云平台V1.0"经中国版权保护中心监督审核，获中华人民共和国国家版权局计算机软件著作权登记证书，标志着"守望林草云平台V1.0"版权将受到中国版权保护中心的有效保护。

4月13~16日 西北院党委书记许辉带领院有关部门人员一行5人赴贵州省独山县紫林山村开展扶贫工作。

4月24日 西北院与重庆市涪陵区林业局在西安签订生态建设战略合作框架协议。

5月11日 国家林业和草原局公布第七批"百千万人才工程"省部级人选名单，西北院石小华名列其中。

5月12日 为认真贯彻落实习近平总书记在黄河流域生态保护和高质量发展座谈会上的重要讲话精神，西北院受国家林草局湿地司委托，奔赴青海省就黄河流域湿地保护与修复项目开展调查工作。

6月3日 西北院与新疆巴音郭楞蒙古自治州林草局在西安签订生态建设合作框架协议。

6月8日 西北院主持完成的"守望林草云平台研发及在林草资源管理与督查中的应用"成果通过评审。

6月13日 西北院和国家沙化土地封禁保护区专业委员会、荒漠化沙化监测和生态工程治理专业委员会、陕西省林业局在陕西省大荔县共同举办主题为"携手防沙止漠 共护绿水青山"的宣传活动。

6月23日 西北院与中天引控科技股份有限公司签订战略框架合作协议，按照协议约定，双方将在技术档案信息化、林草生态大数据架构设计和资源监测卫星研制及应用等方面开展广泛合作。

6月29日 西北院召开中国共产党国家林业和草原局西北调查规划设计院第六次代表大会。

7月1日 西安绿环林业技术服务公司获西安市碑林区"2019年首次成为规模以上文化企业"奖项。

7月10日 西北院与青海湖景区保护利用管理局签订战略框架合作协议，并召开青海湖流域自然资源和经济社会本底调查启动仪式。

7月16日 西北院与延安市桥山国有林管理局开展党建共建交流，并签订党建共建协议书。

7月24日 西北院在重庆市举办2020年全国森林资源暨草地资源年度监测评价重庆试点工作启动和技术培训会。

7月31日 西北院与中国绿色时报社在北京签订战略合作协议。

8月14日 西北院通过视频会议的方式召开西北监测区2020年森林督查暨森林资源管理"一张图"年度更新工作推进会。

9月7~8日 中国治沙暨沙业学会旱区灌木造林及产业开发专业委员会成立大会暨学术交流会在内蒙古磴口隆重举行。副院长周欢水被推选为旱区灌木造林及产业开发专业委员会副主任委员。

9月9日 西北院与中咨集团生态研究所(北京)有限公司在西安签署战略框架合作协议。

9月11日 西北院与三北局在西安签署战略框架合作协议。

同日 自然资源调查监测国家创新联盟、国家公园国家创新联盟等5个国家创新联盟成立大会在国家林业和草原局召开。西北院应邀参加成立大会，作为副理事长单位，分别加入自然资源调查监测国家创新联盟、林草规划评估设计国家创新联盟、林草时空大数据采集和应用国家创新联盟。

9月22日 中国林业工程建设协会草原生态专业委员会成立大会在兰州召开。专业委员会挂靠在国家林业和草原局西北调查规划设计院。来自全国相关高等院校、科研院所、调查监测、规划设计等单位，汇集全国草原生态保护、监测、修复、治理、监管、利用等领域有影响力的专家学者70余人参会，会议审议通过《中国林业工程建设协会草原生态专业委员会工作条例》。

10月13日 西北院与山西省晋中市规划和自然资源局、寿阳县人民政府签订共建绿水青山新寿阳战略合作协议。

10月17日 国家林草局科技司与西北院在西安签订关于强化科技创新支撑的战略合作协议。

同日 西北院与西安理工大学、西北大学共建的"旱区生态水文与灾害防治国家林业局重点实验室"通过专家评估验收。

同日 由西北院发起的西北地区特色林业产业国家创新联盟在西安成立，联盟挂靠在西北院。

10月23日 西北院与新疆阿勒泰地区林业和草原局签署生态建设合作框架协议。

10月30日 西北院与安徽天立泰科技股份有限公司签署战略合作协议。

11月20日 陕西省安康市岚皋县四季镇森林康养基地、南宫山镇森林康养基地、岚皋县宏大农业森林康养人家、杨家院子森林康养人家、岚皋县旅游集团森林康养基地在第五届中国森林康养产业发展大会上获第六批全国森林康养基地试点建设单位称号。5个基地专项规划均由西北院编制完成。

12月1日 西北院被陕西省勘察设计协会评为陕西省勘察设计行业"十三五"期间实施信息化建设先进单位。

12月11日 西北院与延安市桥北国有林管理局在西安签订生态建设战略合作框架协议。

12月23日 2020年西安市劳动模范和先进集体表彰大会在西安国际会议中心举行，西北院职工范琳荣获"西安市劳动模范"荣誉称号。

12月30日 西北院举办首届岗位技能大赛，此次比赛由业务知识大赛、守望林草云平台应用大赛和成果展示大赛3个环节组成。全院14个业务处室的67位业务能手参赛。资源监测二处、工程咨询处、科技处分别获得前三名。

（西北院由赵彬汀供稿）

国家林业和草原局昆明勘察设计院

【**综 述**】 2020年，昆明院履行"一院五中心"职能，服务于林草事业高质量发展，完成森林资源管理、监测等指令性任务，为新时代生态文明建设提供服务和技术支撑，在国家公园建设、自然保护地整合优化、生态保护与修复、国家储备林建设等方面，发挥了林草生态保护建设主力军的作用。

【**森林资源管理**】 在国家林草局资源司的指导和云南省、四川省的密切配合下，昆明院完成监测区云南、四川两省森林督查、森林资源管理"一张图"年度更新及公益林监测等工作。

【**森林资源监测（调查、验收、核查、检查）**】 按照《国家林业和草原局办公室关于开展森林资源年度监测评价试点工作的通知》要求，昆明院与国家林业和草原局西北调查规划设计院共同开展重庆市的试点任务。其中，昆明院负责完成8个县（市、区）的试点任务，并与国家林草局西北调查规划设计院共同完成重庆市质量检查验收工作；按照《自然资源部办公厅、国家林业和草原局办公室关于开展2020年度全国森林资源调查工作的通知》要求，完成监测区云南、四川两省2020年度全国森林资源调查技术支撑、人员培训、质量管理、成果检查验收等工作。昆明院完成第二次陆生野生动物资源调查、自然保护地综合考察及野生动植物调查监测，完成2020年度新一轮退耕还林工程云南省国家级检查验收工作。受新冠肺炎疫情的影响，一年一度的天然林保护核检查由现地核查改为书面核查，受国家林业和草原局天然林保护工程管理中心委托，昆明院承担广西、重庆、贵州、云南、四川5个省级单位91个县的书面核查任务。

【**国家公园规划与研究**】 在国家公园理论研究、规划设计领域继续提供理论和技术支撑，承担《国家公园管理机构、编制、级别研究》《国家公园地役权制度研究》《国家公园科普设施生态化技术研发》《云南省生态安全屏障体系构建研究》等9个各级（局、院、省委政研室）研究课题，编制《国家公园绿色营建》培训教材，发表15篇极具影响力的科技论文，开展海南热带雨林、大熊猫、广东南岭、山东黄河口、西藏羌塘、三江源国家公园（西藏片区）、普达措等国家公园设立申报、科考、规划以及制度编写等工作。

11月25日，昆明院国家公园规划研究中心一行在广东南岭开展外业调研（刘志伟 摄）

【亚洲象研究】 亚洲象研究中心积极为国家林草局提供亚洲象保护管理决策支持。承担《大象非法猎杀监测（MIKE）研究项目》《人象冲突机制研究及应对处置（含栖息地改造技术研究）》《澜湄合作跨境亚洲象种群调查与监测》《基于亚洲象及其栖息地监测的天空地一体化大数据应用技术研究》《勐海亚洲象隔离种群转移安置方案编制及相关论证》等课题；全面支撑、配合中央环保督察组、国家林草局、中国野生动物保护协会、云南林草局等部门开展亚洲象保护、人象冲突等调研和现场指导；开展2020年"澜湄周"活动；开展脉冲电围栏等防象设施设备研发工作，为野象分布区群众生命财产安全提供保障；自主建成亚洲象科研监测平台，对管控野象实时监测，实现远程24小时远程"看得见象"，保存原始视频和音频资料，为亚洲象行为学研究提供基础数据与支持。

【草原监测体系构建及自然公园建设管理研究】 成立专门的草原监测部门。完成《国家草原自然保护地建设管理体系研究》《草原调查监测体系研究》《林下草资源调查和利用政策研究》《南方草资源生态监测方法研究》等课题；发表论文12篇，研究成果服务于新时期草原管理、保护修复和监测评价，全面支撑国家草原自然公园试点创建工作和草原基况监测。昆明院全面参与新时期草原监测体系研究并推进试点，编制国家草原试点相关文件；开展云南省广南县草原基况监测试点、重庆市林草融合背景下的林下草资源监测试点及云南、四川、内蒙古等省（区）的首批试点国家草原自然公园规划设计；参与国家草原自然公园试点建设启动会，并作专题报告；出版专著《蝗虫综合预警与防治技术》并获得中宣部丝路书香工程资助。

【湿地监测与审核】 昆明院完成国家林草局湿地司布置的云南、四川、吉林、广西4个省（区）10个国际重要湿地监测任务；承担云南、四川、贵州、广西4个省（区）晋升国家重要湿地审核及现地考察工作。

【林业工程标准编制】 昆明院主编的《国家公园资源调查与评价规范》《国家公园总体规划技术规范》2项行业标准正式颁布实施；承担《林业与草原工程术语标准》《森林消防专业队设施设备建设标准》2项国标及《游览步道设计规范》等3项行标的编制工作；还完成《自然保护地资源调查评价指南》《国家林下经济示范基地建设标准》等4项行标的大纲和草案编制工作。

【《林业建设》期刊编辑出版发行】 完成《林业建设》全年6期期刊的编辑和出版发行工作。

【服务林业生态建设】 充分发挥昆明院多专业、多资质综合设计院的特色和优势，注重工程与生态、林业工作相融合，在国家公园建设、自然保护地整合优化、生态保护与修复、湿地保护规划、国家储备林建设等方面提供多元化、全方位的技术服务。

做好国家公园领域相关技术服务工作。承担国家公园领域研究课题、标准规范编制等技术服务工作；研究并撰写多篇国家公园方面的论文；开展多个国家公园总体规划工作。

做好自然保护地整合优化工作。承担山东省济南市、烟台市，广东清远市、韶关市、连南县，西藏日喀则市、那曲市、阿里地区等多个自然保护地整合优化工作。派专业技术人员参加西藏自治区自然保护地整合优化的技术指导工作，加入国家林业和草原局自然保护地整合优化专班，参加全国自然保护地整合优化预案成果审核工作。

生态保护与修复项目成绩突出。完成多个生态环境修复治理、荒漠化石漠化防治等工程规划咨询和勘察设计。承担《抚仙湖流域径流区植被恢复设计》《迪庆州纳帕海流域综合治理规划》《青藏高原生态屏障区生态保护和修复重大工程建设规划（2021—2035年）》《东川区生态修复示范区规划》等生态保护修复项目。

湿地保护规划设计成效显著。承担《新疆察布查尔县伊犁河国家湿地公园宣教系统规划》《贵州黄果树国家湿地公园宣教系统规划》《广州市海珠区湿地保护利用与修复专项规划》等工作。

服务国家木材安全战略，为国家储备林建设做好技术支撑。开展国家储备林等林业政策性贷款项目咨询服务，成为国开行、农发行和云南建投等不可或缺的合作伙伴，完成云南、贵州等省数十个林业政策性贷款项目咨询和勘察设计，其中《毕节市国家储备林项目建设方案和可行性研究报告》得到了有关院士、专家的充分肯定，成为全国的范本。12月25日，国家林业和草原局将该项目列为"十三五"期间全国基层林业亮点工作，印发简报全国推广"贵州省毕节市探索国家储备林建设模式"，并报送中央及国家机关有关部门。

【服务社会】 在积极为林业服务的同时，发挥专业优势，跨行业积极开拓业务，在农业、交通、建筑、市政、水利等行业承担大量的咨询、勘察设计、监理业务，多元化、全方位服务社会。全年新签合同429个，合同产值2.81亿元，生产形势持续向好。

【职工队伍建设】 加强人才队伍建设，充分发挥专业技术优势。在队伍建设上，坚持"干部能上能下、人员能进能出、收入能多能少"的管理模式，并形成昆明院独有的特色，坚持给优秀年轻人提供更多的平台和施展的空间。根据国家林业和草原局下达计划，依照严格的程序，公开招聘人员9人，其中博士1名、硕士8名，涉及9个专业、7个院校，截至2020年底全院在职职工321人，其中博士研究生25人，硕士研究生180人，98%左右的职工具有大学本科以上学历，享受国务院特殊津贴的专家1人，教授级高级工程师11人（在职），高级工程师108人，各类注册执业资格人员198人，涵盖27个专业。昆明院通过选派技术干部援藏和到国家林业和草原局学习锻炼的方式，为年轻干部成长搭建平台，全年援藏干部5人，在国家林业和草原局学习锻炼8人。

【质量技术管理】 根据ISO9001：2015质量管理体系，对各类项目进行全面的质量控制及管理，做好事前指导，实行全过程管理，及时解决规划设计中遇到的技术问题，抓好质量监督与检查指导工作，全年质量管理安全运行，成果质量稳步提升。

【学术交流及科研】 积极开展专业技术培训与学术交流，提高技术人员业务水平。组织员工参加黄河流域林草资源综合监测专班工作成果交流、国土空间规划方案编制及双评价、山东省自然保护地整合优化工作、林草科技创新百人论坛等培训。

昆明院国家公园理论与实践创新团队开展"国家公园保护管理体制机制构建""国家公园可持续利用体制机制构建""国家公园的设立、功能区划和规划审批管理研究"，同时开展"云南省西南生态安全屏障体系构建研究""澜湄合作跨境亚洲象种群调查与监测人象冲突机制研究及应对处置（含栖息地改造技术研究）""南方草原生态监测方法研究"等科研项目工作。技术人员还发现夹竹桃科球兰属植物新种——高黎贡球兰，已被证实并在国际知名植物分类学期刊《Phytotaxa》上发表。

【思想政治工作】 坚持以习近平新时代中国特色社会主义思想为指导，全面贯彻党的十九大及十九届二中、三中、四中、五中全会精神，落实新时代党的建设总要求，全面推进党的思想建设、组织建设、作风建设、党风廉政建设和制度建设，落实领导干部个人有关事项报告制度，领导班子带头遵守《廉政准则》和院各项制度规定，凡涉及重大决策、重大项目安排、重要干部任免和大额度资金使用均坚持集体讨论决定。

【精神文明建设】 昆明院坚持以党建引领，不断深化单位精神文明建设，巩固和提升省级文明单位成果，展现示范引领作用，以精神文明的"向心力"汇聚为建设美丽中国强大力量。昆明院全体在职党员均为注册志愿者，常态化开展党员进社区活动，积极组织参加志愿服务，服务项目涵盖文明城市创建宣传、疫情防控值守、社区卫生清洁、文明交通宣传等。

【大事记】
3月30日 昆明院主编的《国家公园总体规划技术规范》（LY/T 3188—2020）《国家公园资源调查与评价规范》（LY/T 3189—2020）两个林业行业标准正式颁布实施。

5月 昆明院申报的"云南大理洱海东部面山生态修复国家长期科研基地"获得国家林业和草原局科技司批准。

5月 昆明院付元祥入选国家林业和草原局第七批"百千万人才工程"省部级人选。

9月 昆明院办公大楼改造完成，院址从昆明市盘龙区昙华路399号搬迁至昆明市五华区一二一大街71号。

9月 昆明院技术人员发现夹竹桃科球兰属植物新种——高黎贡球兰，已被证实并在国际知名植物分类学期刊《Phytotaxa》上发表。

12月7日 昆明院承担的"青海省自然保护地制度标准体系建立"项目顺利通过审查。

（昆明院由佘丽华供稿）

中国大熊猫保护研究中心

【综　述】 2020年，熊猫中心在国家林草局党组的坚强领导下，担当作为、锐意进取，紧扣职责，圆满完成了既定重点工作任务，大熊猫保护研究工作取得较好成效，为推动林业和草原事业高质量发展作出了积极贡献。

新冠肺炎疫情防控工作 加强组织领导。成立疫情防控领导小组和5个专项工作组，落实落细措施，强化督察督办。强化防控管理。建立信息登记制度，及时了解职工健康情况。开展全面巡查，严格消毒，构建饲养员、兽医、科研人员联防联动防控体系，及时掌握员工、游客以及大熊猫等饲养动物的健康状况，及时闭园、适时开园，保证人员和大熊猫等饲养动物的安全。加大指导力度。及时向境内外合作单位提供有效应对措施和经验，为在外大熊猫的健康提供科学指导。全力支持抗疫。组织全体党员为支持新冠肺炎疫情防控工作捐款，精选视频资料为援助湖北的医护人员幼儿开设"熊猫滚滚课堂"网络课程，为一线工作者排忧解难。通过多措并举，全面筑牢防线，确保全体职工及本部和国内外合作单位大熊猫的安全。

完成繁育任务 强化"爱心饲养"理念，针对老、中、青大熊猫个体需求，科学规范饲养管理，不断提升圈养大熊猫种群活力。坚持"质量第一"繁育理念，完成28只适龄雌性大熊猫的配种工作，成功培训具有自然交配能力的雄性大熊猫3只。2020年，熊猫中心共繁育存活大熊猫25仔，圆满完成大熊猫饲养、繁育任务，拥有全世界最大、最具活力大熊猫圈养种群，持续推进圈养种群的高质量发展。

大熊猫野外生态及种群动态研究 持续开展大熊猫栖息地、大熊猫伴生动物监测等6项科研项目研究，构建大熊猫生态廊道和生物多样性保护网络。充分利用大熊猫国家公园重点实验室等平台，开展29个开放基金项目研究。全年发表论文37篇，获授权专利13项。

助力大熊猫重返自然 全年开展8只大熊猫野化培训工作，4只通过专家论证。优化圈养大熊猫遗传多样性，开展3只雌性大熊猫野外引种，产下并成活1只大熊猫幼仔。推进大熊猫历史分布区开展重引入科学实验，先后完成浙江、江西、贵州等地大熊猫重引入前期考察工作。

大熊猫疾病研究 坚持"预防为主、防治结合"，开展疫苗接种、定期消毒等工作，全年治疗大熊猫及伴生动物病例近 100 例。负责国家重点研发项目"畜禽重大疫病防控与高效安全养殖综合技术研发"项目的子课题研究，牵头开展"大熊猫输血基础研究"等项目，提升疾病防控能力，在大熊猫犬瘟热疫苗研究、血库建设和应急输血救治等方面取得重要进展。

大熊猫国内外合作交流　线上指导完成 9 家境外合作单位大熊猫繁育工作，境外大熊猫成功产下 4 胎 4 仔，创历史新高。加强线上线下交流，顺利推进与境外 16 个国家和地区的 18 家动物园以及 39 家国内合作单位的饲养管理、科学研究和公众教育合作。圆满完成大熊猫精液出口英国和引进香港海洋公园大熊猫精液等工作，持续推动大熊猫繁育合作。

大熊猫文旅和公益事业发展　组织开展 2019 级大熊猫集体亮相贺新春等大型、专题宣传活动，主导或协助配合拍摄纪录片专题新闻片 10 余部，发布高质量图文、视频 383 篇（部），吸引粉丝 300 余万人，构建立体宣传格局。积极开展公众教育，全年接待游客超过 44 万人次。编制大熊猫公众教育课件，走进四川凉山州、阿坝州等大熊猫分布区域，向中小学生宣讲"开学第一课"。开展公益宣传活动，募集大熊猫公益资金 560 余万元。持续推进《大熊猫行为图谱》等 5 部图书编撰，不断丰富大熊猫文化内涵。

【干部大会】　1 月 10 日，熊猫中心在都江堰召开干部大会，宣布局党组关于路永斌、张志忠职务任免的通知。国家林草局党组成员、副局长李春良出席并讲话。

【各基地疫情期间限流开放】　根据四川省疫情防控要求，结合熊猫中心实际，熊猫中心都江堰青城山基地、雅安碧峰峡基地于 2020 年 3 月 20 日限流有序开放。

【香港海洋公园两只大熊猫首次成功自然交配】　4 月 6 日，赠港大熊猫"盈盈"和"乐乐"成功完成自然交配，这是两只大熊猫自 2010 年开始尝试自然交配以来首次成功。

【旅荷大熊猫"武雯"产仔】　熊猫中心旅居荷兰的大熊猫"武雯"于当地时间 5 月 1 日诞下一只熊猫幼仔，这是熊猫中心 2020 年诞下的第一只熊猫幼仔，也是当年首只在国外出生的大熊猫宝宝。6 月，国家主席习近平和夫人彭丽媛同荷兰国王威廉·亚历山大和王后马克西玛就此互致贺信。

【荣　誉】　5 月 11 日，国家林业和草原局公布第七批"百千万人才工程"省部级人选名单，熊猫中心李才武入选。5 月，熊猫中心妇委会被四川省妇女联合会授予 2019 年度"四川省三八红旗集体"荣誉称号。

12 月，第五届中国青年志愿服务项目大赛举行全国赛终评，中国大熊猫保护研究中心申报的"伞护生命你我同行——大熊猫保护志愿服务项目"荣获银奖。

【岷山濒危野生动植物保护生物学国家长期科研基地挂牌】　5 月 7 日，国家林业和草原局公布第二批长期科研基地名单，熊猫中心申报的"岷山濒危野生动植物保护生物学国家长期科研基地"获批设立。这是继 2019 年"邛崃山濒危野生动植物保护生物学国家长期科研基地"后，熊猫中心再次获批的国家长期科研基地。5 月 27 日，岷山濒危野生动植物保护生物学国家长期科研基地在四川小寨子沟国家级自然保护区挂牌。该基地旨在通过对岷山区域的濒危野生动植物种群和栖息地监测、保护、救护繁育、重点疫源疫病监测和防控等方面进行长期研究，从而加强区域内以大熊猫为代表的珍稀野生动植物的保护工作。

【"大熊猫野化放归突破关键技术"入选 2019 年度中国生态环境十大科技进展】　经过遴选、汇报答辩、专家投票等环节，熊猫中心"大熊猫野化放归突破关键技术"项目成功入选 2019 年度中国生态环境十大科技进展。该项目的入选肯定了大熊猫野化放归实现了技术上的创新突破，表明了大熊猫野化放归研究及其成果对生态环境及物种保护具有重要意义。

【与阿坝州人民政府签订战略合作协议】　6 月 16 日，熊猫中心与阿坝州人民政府在九寨沟县签订战略合作协议。双方将在大熊猫科研保护、大熊猫品牌建设、大熊猫宣传教育和大熊猫保护人才交流等方面深度合作，进一步提升阿坝州大熊猫等野生动植物保护水平，助力阿坝州经济社会发展，携手推进大熊猫保护再上新台阶。

【2020 年国内第一只熊猫幼仔诞生】　6 月 23 日，大熊猫"鑫鑫"在熊猫中心卧龙神树坪基地顺利产下一只熊猫幼仔，这是熊猫中心 2020 年在国内出生的首只大熊猫宝宝。

【庆祝建党 99 周年系列活动】　7 月 1 日，熊猫中心在都江堰隆重举行庆祝建党 99 周年系列活动。活动由党委书记讲党课、新党员入党宣誓、"熊猫党建"——"一支部一品牌"创建活动第一批授牌和"熊猫党建"——"熊猫创客"活动表彰、"中国大熊猫保护研究中心党员志愿者服务队"成立 4 项内容组成。

【第十四届大熊猫"团团""圆圆"故乡行启动仪式暨两岸粉丝共庆"圆仔"生日系列活动】　7 月 6 日，熊猫中心、四川省海峡两岸交流促进会共同在都江堰举行第十四届大熊猫"团团""圆圆"故乡行启动仪式暨两岸粉丝共庆"圆仔"生日系列活动。在川台胞家庭代表、台资幼儿园儿童家庭代表、熊猫中心相关专家和在宝岛的熊猫粉丝采用"线上+线下"相结合方式，共同庆祝"圆仔"生日。

【旅韩大熊猫初产仔】　7 月 20 日，熊猫中心旅居韩国爱宝乐园的雌性大熊猫"华妮"（韩国呼名：爱宝）产下一只雌性幼仔，这是历史上在韩国诞生的首只大熊猫幼仔。

【抗击"8·17"山洪泥石流自然灾害】　8 月 17 日，四川省多地持续强降雨引发洪灾。熊猫中心卧龙核桃坪基地损毁严重，其余 3 个基地均有不同程度的损毁。灾情发生后，熊猫中心高度重视，立即启动应急响应，密切关注汛情变化，做好应急值守，积极稳妥应对，保证人员、大熊猫及伴生物安全。

【"熊猫课堂·开学第一课"开讲】 9月1日，熊猫中心"生态中国 熊猫e家"科普教育项目"熊猫课堂·开学第一课"分赴四川省凉山州、阿坝州和甘孜州3地同时开展3场大熊猫科普宣讲。活动主要走进大熊猫栖息地分布区的小学，以青少年为主要宣讲对象，通过多层次、立体化、深入浅出的方式，普及大熊猫的相关知识，传播保护濒危珍稀野生动物的重要意义，传递"保护大熊猫，我们在行动"的公益理念，3所学校共计200名学生参加科普宣讲活动。

熊猫中心2020年熊猫宝宝集体亮相

【2019级熊猫宝宝集体生日会】 9月16日，熊猫中心卧龙神树坪基地大熊猫幼儿园的十余只熊猫宝宝集体过生日。活动现场，十多只2019级的熊猫宝宝集体亮相幼儿园。

【赴广西罗城县开展定点帮扶活动】 10月下旬，熊猫中心志愿者服务队代表前往国家林业和草原局定点帮扶贫困县广西罗城县开展帮扶活动。活动以大熊猫科普知识进课堂和向学校、学生捐赠爱心物品为主要形式，在罗城县东门镇4所小学开展，为700多名师生送去"熊猫人"的关心与问候，受到广泛欢迎。

【健全制度建设】 为了深入贯彻党的十九届四中全会精神，推进治理体系和治理能力现代化，熊猫中心于2020年初全面启动规章制度清理工作。在广泛征求意见的基础上，各部门（处室）对现行规章制度进行细致的梳理，明确每一项的"留""废""改""立"，并作进一步完善。经清理小组初审和党委会审议，全年共发布新立规章制度7项，修订规章制度21项，废止规章制度3项。

【大熊猫"钢镚儿""田田"通过野化放归专家论证】 12月5日，国家林业和草原局动植物司在都江堰主持召开2020年大熊猫野化放归专家论证会。经浙江大学、东北林业大学、西华师范大学等单位专家评估，熊猫中心大熊猫"钢镚儿""田田"通过历时2年的野化培训，已达到放归个体标准，建议择期放归。

（熊猫中心由赵燕供稿）

四川卧龙国家级自然保护区管理局

【综　述】 卧龙自然条件独特，生物多样性丰富。拥有完整的大熊猫栖息地，2016年通过DNA技术检测，野生大熊猫数量149只。耿达中华大熊猫苑（中国大熊猫保护研究中心神树坪基地）有人工圈养大熊猫80多只。全球大熊猫科研源于1978年，由中外科学家在卧龙起步，被誉为"熊猫王国"。

经卧龙人多年努力，已形成以管理局为主体，以两镇六村为辅助，以周边县市护林联防体系为护卫的多元化保护格局，保护和管理成效较为显著。孕育壮大了中国大熊猫保护研究中心（1981年成立于卧龙管理局），成功攻克了大熊猫科研领域"配种难、受孕难、存活难"三大难题，创造了多项世界纪录，建立了世界上数量最多、遗传结构最合理、最具活力的圈养大熊猫种群，并开创了大熊猫从圈养向野化放归的新阶段。随着野外科研不断取得新成绩，正在向"大熊猫+雪豹"双旗舰物种保护区努力。社会民生发展持续进步，两个贫困村、33户110名贫困人口已脱贫退出，以生态保护产业为基础、生态旅游森林康养为龙头、生态种养殖业为辅助的"三生产业"经济发展体系呈现良好发展态势。

【生态建设】 签订《天然林协议管护责任书》1661份，兑现农户天然林管护费420.76万元，91只大熊猫固定样线野外监测28天1276人次。继续开展春季反盗猎、清山清套、禁笋、禁挖药及冬季反盗猎、清山清套、高远山巡护等专项行动。完成卧龙大熊猫国家公园基础设施统计、社区统计、生态保护红线划分等工作。完成卧龙大熊猫国家公园自然资源确权登记，划分国有资源权属与集体权属界限。协助大熊猫国家公园管理局、四川管理局、阿坝分局完成评估验收。

【科学研究】 开展全区雪豹行为生态学与种群保护研究，拍摄到雪豹照片864张，视频208段约2980秒，有效探测316次。出版《四川卧龙国家级自然保护区综合科学考察报告》《卧龙鸟类原色图谱》《卧龙被子植物原色图谱》《卧龙特区林业有害生物普查图册》等调查成果文本3000本。开展森林资源二类调查和林地"一张图"调查，形成全省林地"一张图"。开展大熊猫、雪豹、川金丝猴、雉类、高海拔野生观赏花卉等科研项目，发表《卧龙国家级自然保护区邓生保护站开展森林康养活动的探讨》《利用红外相机研究卧龙国家级自然保护区绿尾红雉的研究》《卧龙自然保护区野生绞股蓝的资源分布调查》《卧龙国家级自然保护区水鹿种群密度及分布调查》等论文数十篇。

红外线相机镜头下的雪豹（卧龙保护区管理局　供图）

【生态旅游】　卧龙旅游公共服务配套基础设施建设项目完工并投入使用。对巴朗山、干海子、邓生沟、神树坪、黄草坪等重点区域及国道350沿线开展旅游环境整顿和安全检查42次，检查涉旅企业168家。申报自然教育基地、研学基地，参加"dou游阿坝培训"及"大美甘阿凉　风情藏羌彝""天府三九大，安逸走四川"——阿坝州投资合作推介会，协助完成大熊猫国家公园汶川（卧龙）入口社区主题晚会及中国大熊猫保护研究中心、阿坝师范学院、四川卧龙国家级自然保护区管理局、汶川县人民政府《共同推动大熊猫文化产业高质量发展战略合作协议》签订工作。全年接待游客50万人次，旅游收入3425.2万元。

【疫情防控】　切实提高思想认识，深化组织领导，按照分片包区方式，进一步落实领导责任，完善防控方案，强化防控措施，做到责任到人、工作到岗，履职必严、失职必究。严格登记排查常住人口、外来人口和返乡人员信息。通过悬挂宣传标语、发放宣传单、入户宣传及村村响广播、流动宣传车等方式广泛宣传，巡回播放防疫知识3000余次，做到宣传全覆盖、无死角。组建6支党员宣传自愿队，深入辖区入户亲切慰问群众。大力开展爱国卫生运动，着力整治城乡环境卫生，加强公共场所清洁卫生，普及健康知识。常态化开展动物防疫工作，持续巩固无疫区建设成果。新冠肺炎防疫上门服务10 252人次，免费HIV筛查731人次，消杀面积14 205平方米，定期跟踪随访32人次，实现全区新冠肺炎无病例、无反弹，顺利复工复产。

【宣传交流】　策划审核新闻通稿等十余篇，海内外媒体单次转发最高达400多家。参与策划《看春天·硬核隐士》《看春天雪豹大龙》，在央视一套、四套、九套播出。在央视一套《秘境之眼》策划呈现3期节目，分别为白马鸡、川金丝猴、四川羚牛。策划争取央视熊猫频道出资拍摄公园系列纪录片待播出。筹备《熊猫之舟》编印，策划版权页、栏目、主题等内容。在《中国绿色时报》登载整版文章3篇，为《光明日报》整版撰写基础资料。协助拍摄亚洲黑熊科普，在央视一套《正大综艺·动物来了》节目播出；协助湖南卫视拍摄"雪山"精灵，在国际生物多样性日播出；参与明星做公益策划，联手WWF在雪豹日推出，其中井柏然找寻雪豹活动，推出相关纪录片、微信游戏小程序，该活动海报投放至深圳、上海的高铁站、公交站、机场。撰写文章4篇，分别为《大自然》2020年第二期《西河考察散记》、《森林与人类》2020年第三期《卧龙：熊猫王国雪豹活跃》、《地球》2020年第9期《熊猫王国幽深处兰花多彩呈现》、《四川画报》2020年第10期《野性卧龙：与大熊猫为邻的野生动物》。

【脱贫攻坚】　全年全区农村经济总收入10 252.71万元，人均纯收入14 009.38元。深入贯彻落实党的十九大精神和习近平总书记关于"防止返贫和继续攻坚同等重要"指示精神，按照脱贫攻坚"四个不摘"（摘帽不摘责任、摘帽不摘政策、摘帽不摘帮扶、摘帽不摘监管）要求，通过开展挂牌督战、"回头看"整改销号和"脱贫攻坚纪律作风保障年"工作，不断巩固提升脱贫成果、夯实经济社会发展基础，于7月顺利通过国家普查验收，实现高标准脱贫目标。对标《阿坝州实施乡村振兴战略示范村考评标准》，通过创建"四好村"（住上好房子、过上好日子、养成好习惯、形成好风气），大力开展环境治理、基层党建、培育壮大生态农业和生态旅游等工作，有序推进乡村振兴建设。整合财政专项扶贫资金732万元，涉及项目18个。已完工16个，在建2个，竣工率88.9%。加强宣传农业农村发展和惠农政策，引导农户转变观念，引领农户发展适销对路及"短、平、快"农业项目。大力开展种养殖技术培训，提高农户种养殖水平，为农业产前、产中、产后提供优质服务。全区种植茵红李154.07公顷，重楼、白及等中药材种植面积达11.67公顷，生猪存栏1400头、畜禽3048只、牛羊1776只，蜂蜜产量2.72吨。

【抗洪救灾】　8月17日，卧龙区内发生特大山洪泥石流灾害。根据龙潭电站监测显示此次洪峰为90年一遇，卧龙镇交通、耕地、水利设施、地质灾害防护设施损毁近80%，所造成的灾害堪比"5·12"汶川大地震。民房、圈舍、耕地、林地及基础设施被淹或冲毁；全区断水、断电、断通讯，形成多处孤岛。全区直接经济损失约5.1亿元，无人员伤亡。灾情发生的第一时间，管理局成立卧龙特区山洪泥石流灾害抢险救灾指挥部，启动防汛应急预案和二级防汛应急响应，印发《卧龙山洪泥石流灾害抢险救灾工作方案》，分为耿达和卧龙两个抗洪抢险工作片区，全力以赴开展应急抢险工作。紧急转移被困头道桥组过境人员400余名和160名当地群众。并对风险区人员实行应转尽转，全区共安全转移2680余人。在保障安全的情况下，全力抢修道路和水电线路，进行隐患全面排查。委托402地质队对区内地质灾害隐患点进行全面排查。排查结果显示，全区有地质灾害隐患点149处。加强对人员安置点、受灾区域的消杀，对死亡牲畜进行无害化处理，全面加强卫生监督，做好防疫工作，确保灾后无大疫。组织人员到商家进行宣传和咨询，维持良好有序的市场秩序，严禁商家趁灾哄抬物价。安抚疏导群众情绪，参与群众生产自救，切实维护好区内社会稳定。全区投入抢险队伍22支/天，累计投入人员4919人次、机具600台次、警力286人次、警车73台次。

【森林草原防灭火】 持续开展森林草原防灭火工作，实现连续47年无森林火灾。健全完善组织领导，压紧压实两镇党委和人民政府属地管理责任、行业部门监管责任、经营单位主体责任、群防群控、联防联控。结合天保工程，将保护区山头地块划片包干给农户、村、镇、保护站管理，并层层签订各类防火目标责任书3212份，基本构建了"横向到边、纵向到底"的森林草原防灭火工作组织指挥保障体系。以卧龙为中心的邛崃山系十县（市）一区、十二乡镇（局）护林联防委员会，以森林防火为重点任务，每年定期召开会议，互通信息、开展联合巡查，共同做好森林草原防灭火工作。加大宣传力度。调剂49.7万元专门用于森林草原防灭火专项整治宣传教育及林下林缘易燃物清理等工作。印制发放习近平总书记等领导防灾减灾及森林草原防灭火重要论述及批示指示600册、宣传手册3000册、宣传年画3000张、台历200本、《文明祭祀倡议书》等宣传单6000份、标识标牌30余个。发送资源保护、防火信息4000余条，微信防火专题7期。严格火源管控。严管清明节等传统节日祭祀和农耕时节用火，安排专人负责巴朗山、边远牧场等重点区域防火巡查和火源管理。坚持巡护检查。3个保护站、2个林管站和资源管理局70余名工作人员、148名巡山护林员、30名生态护林员、7名草管员坚持开展日常巡护、91条样线巡护、边远草场巡查。提升综合防范能力。完善应急预案和制度建设。成立以基干民兵、巡山护林队员为主的森林草原地方扑火队共计70人，并加强培训演练。制订扑火队管理办法，明确指挥体系、工作职责、管理和奖惩制度。完成防火基础设施建设项目申报经费1905.4万元，增购风力灭火机、油锯等防火物资，增加航空灭火停机坪和取水点位置设定等内容。坚持领导带班24小时防火值班制度，看守防火监测系统，监测防火情况，开展巡护检查等。

【大事记】
1月7日 卧龙特区、保护区管理局召开2019~2020年度资源保护工作会议。区、局在家领导班子成员，两镇、机关各部门等共计70余人参加会议。

2月11日 阿坝州委副书记、州长杨克宁，州委常委、副州长范继跃一行到卧龙检查指导新冠肺炎疫情联防联控工作，卧龙特区主任陈林强、保护区管理局局长何小平、特区副主任柯仲辉及党群、行办、社发局、卧龙镇负责人参与检查。

3月24~27日 在大熊猫国家公园管理局的统一领导和安排下，以四川卧龙国家级自然保护区管理局局长何小平为组长的四川省管理局阿坝州工作组，依次到汶川、茂县、松潘和九寨沟四县开展春季森林草原防火工作督查检查。

3月31日 召开2020年度全区雪豹调查工作部署会。木江坪保护站、邓生保护站、三江保护站抽调的雪豹野外调查队员参加会议。

3月31日 召开卧龙2020年第一季度保护工作会议。保护区管理局局长何小平、副局长何廷美及党群工作部、资源局、旅游局、邓生保护站、三江保护站、木江坪保护站、卧龙镇、耿达镇共计62人参加会议。

4月28日 副省长尧斯丹带领省政府副秘书长及省政府办公厅、省水利厅、省自然资源厅、省林草局相关负责同志一行到卧龙检查防灾减灾救灾工作，并调研指导脱贫攻坚成效巩固提升工作。

4月 卧龙特区纪委组织签订《2020年度党风廉政建设责任书》，此次共与全区局实职副处级及以上领导干部、23个职能部门及职能部门主要负责人签订《四川省林业和草原局2020年度党风廉政建设责任书》《卧龙特区、保护区管理局2020年度党风廉政建设责任书》共计112份。

5~11月 国家林草局组织开展了第二届"扎根基层工作，献身林草事业"优秀毕业生推荐遴选活动。经过逐级推荐、资格审查、专家初审和综合评审，唐卓入选第二届"扎根基层工作，献身林草事业"优秀毕业生，四川省仅2人入选。

5月21日 省委宣传部副部长、文化和旅游厅党组书记、厅长戴允康一行赴卧龙中华大熊猫苑调研。中国大熊猫保护研究中心副主任张海清等参与调研。

5月28日 省林草局党组书记、局长刘宏葆到卧龙督导调研防火防汛工作，大熊猫国家公园四川省管理局总规划师王鸿加参与督导，卧龙特区、保护区管理局党委书记段兆刚等参与调研。

5月30日 阿坝藏族羌族自治州公安局卧龙分局正式挂牌成立，标志着卧龙森林公安改革向前迈出了坚实的一步。

6月9日 大熊猫国家公园四川省管理局专职副局长陈宗迁代表四川省林草局到国家能源集团四川能源卧龙公司督查防汛防灾工作。

6月10~12日 由四川卧龙国家级自然保护区与世界自然基金会（WWF）、一个地球自然基金会（OPF）联合主办的"野生大熊猫及雪豹栖息地有效保护经验交流会"在卧龙召开。来自四川、甘肃、陕西三省6个保护区近50位专家参加会议。

6月29日 卧龙组织召开林业、环保法律法规及森林草原防灭火知识培训暨第二季度资源保护工作例会。卧龙保护区管理局局长何小平，副局长何廷美等60余人参加会议。

7月1日 四川省林草局副局长王平、大熊猫国家公园四川省管理局专职副局长陈宗迁一行到耿达镇调研督导防汛减灾工作。卧龙特区主任陈林强、副主任柯仲辉及行办、耿达镇、经发局主要负责人参与调研。

7月30日 四川省汶川卧龙特别行政区、四川卧龙国家级自然保护区管理局党委书记段兆刚带领管理局局长何小平等领导和有关部门负责人一行到驻地的卧龙特别行政区森林消防中队，看望坚守岗位的森林消防指战员。

8月3日 由卧龙特区人事与劳动保障局推送的卧龙藏小二食品加工有限公司参加阿坝州第四届"中国创翼"创业创新大赛参赛项目，荣获阿坝赛区创业组优秀奖，卧龙人事与劳动保障局获得组织奖。

9月5日 根据省自然资源厅安排,由地质灾害防治处处长胡涛、办公室主任金圣杰及2名地灾专家组成的第二调研工作组到卧龙专题调研灾后重建地质灾害防治工作。阿坝州自然资源局总工石强、汶川县自然资源局局长陈代军、卧龙特区资源管理局局长杨晓军以及耿达镇、卧龙镇相关负责人参与调研。

10月12日 云南白马雪山国家级自然保护区管护局副局长毛炜一行11人到卧龙进行实地交流学习。卧龙保护区管理局局长何小平、副局长何廷美及旅游局、邓生保护站、三江保护站相关人员参加交流学习。

10月17日 按照阿坝州森林草原防灭火专项整治工作领导小组的安排,第七督导组组长李建军一行3人到卧龙开展防灭火工作督导,卧龙特区资源管理局负责人参加。

10月24日 国家林草局成都专员办副专员、大熊猫国家公园管理局副局长刘跃祥一行4人到卧龙督导检查森林草原防火工作。卧龙保护区管理局局长何小平、资源管理局局长杨晓军、防火办等人陪同督导检查。

10月28日 卧龙特区、保护区管理局召开今冬明春森林草原防灭火工作会。区、局领导班子成员及两镇、区局各部门等共计80人参加会议。

11月13日 邛崃山系十县(市)一区第三十六届护林联防会议在崇州市召开。省林业和草原局二级调研员刘波、卧龙自然保护区管理局党委书记段兆刚以及成都市、雅安市、十县(市)一区护林联防单位防灭火指挥部领导、林业(林草、自然资源局等)负责人、防火办主任以及工作人员共计70余人参加会议。

11月18~19日 中央编办副主任牛占华,国家林草局党组成员、人事司司长谭光明一行到卧龙调研指导森林草原防灭火和大熊猫国家公园体制试点等工作。中央编办二局局长黄路,大熊猫国家公园管理局局长向可文,省委编办主任陈忠义,省林草局、大熊猫国家公园四川省管理局局长刘宏葆陪同调研。

11月23日 卧龙邓生、木江坪、三江保护站在邓生沟口实地开展今冬明春防灭火演练,卧龙特区副主任何明武及资源管理局、州公安局卧龙分局、派出所、交警队相关负责人参与演练。

11月27日 邛崃山系十二乡镇(局)第三十三届护林联防宣教暨培训会议在卧龙特区耿达镇召开。大熊猫国家公园管理局副局长、卧龙特区、保护区管理局党委书记段兆刚等共计60余人参加会议。

(卧龙保护区管理局由明杰供稿)

国家林业和草原局驻各地森林资源监督专员办事处工作

内蒙古专员办（濒管办）工作

【综　述】 2020年，国家林草局驻内蒙古自治区森林资源监督专员办事处（中华人民共和国濒危物种进出口管理办公室内蒙古自治区办事处）（以下简称内蒙古专员办）紧紧围绕全国林业改革发展大局，立足内蒙古自治区实际，坚持问题、目标、结果导向，着力推动保护草原、森林这一内蒙古生态系统保护首要任务和要求落实，依法解决林草事业发展中的问题，努力建设北方重要生态安全屏障。

【林草重点工作摸底调查】 对内蒙古自治区12个盟（市）、2个计划单列市和内蒙古大兴安岭重点国有林区开展林草重点工作全覆盖摸底调查。经查，内蒙古自治区林草重点工作综合评价为"好"。12个盟（市）、2个计划单列市中，9个综合评价为"好"，4个综合评价为"较好"，1个综合评价为"一般"。

【重点区域专项整治】 抓住重点区域专项整治不放松。跟踪督办兴安盟科尔沁右翼前旗私开滥垦草原、湿地（林地）案件，非法开垦的1011.11公顷全部退耕还草；呼伦贝尔市红花尔基林业局完成已垦林地退耕还林1 378.91公顷；跟踪督办通辽市科尔沁区、开鲁县森林资源破坏后整改工作，全面整改到位。

【案件督查督办】 全年督查督办涉林案件5868起，打击处理5854人，清收林地0.99万公顷。其中，森林督查案件5819起，国家林草局批转案件47起，信访举报案件2起。督查督办草原违法案件35起，督促当地退耕还草0.43万公顷。

【督办中央环保督察转交案件】 接到国家林草局转办中央环保督察涉内蒙古林草信访件30起。其中，涉林17起，涉草12起，涉国家级保护区1起，对每起信访件进行了现场督查督办。约谈了问题比较严重的赤峰市红山区、敖汉旗、林西县、翁牛特旗人民政府及林草主管部门主要负责人。

【森林督查】 建立了森林督查整改政府主体责任制，森林督查整改监督台账销号制度。内蒙古自治区各级党委政府积极开展整改工作，形成了各级书记抓整改的局面。对2019年森林督查4503个违法图斑全部整改到位，恢复修复林地0.99万公顷。2020年森林督查检查全面完成了2033个疑似图斑的核查任务，立案查处违法图斑965个。森林督查效果显现，违法图斑较2019年减少了55%。

【保护发展森林资源目标责任制建设和执行情况检查】 按照国家林草局工作安排，对内蒙古自治区通辽市科尔沁左翼后旗、乌兰察布市兴和县、包头市土默特右旗、呼和浩特市赛罕区、呼伦贝尔市牙克石市开展保护发展森林资源目标责任制情况检查。经查，通辽市科尔沁左翼中旗、乌兰察布市兴和县、包头市土默特右旗、呼和浩特市赛罕区评定等级均为合格，呼伦贝尔市牙克石市评定等级为良好。

【林地监管】 统筹推进新冠肺炎疫情期间建设项目使用林地工作，与内蒙古自治区林草局、内蒙古森工集团召开联席会议，商定疫情期间，内蒙古大兴安岭重点国有林区报自治区林草局审批的工程建设项目使用林地暂由内蒙古专员办组织现场查验，出具《使用林地现场查验表》，作为自治区林草局审批使用林地和专员办核发林木采伐许可证的依据。共审查查验占用林地审批项目132个，总面积1200.87公顷，林木蓄积量33 017.08立方米。

【林木采伐监管】 审查调查设计小班17 862个，现地检查小班312个，检查合格率为94.5%。审核作业小班21 280个，现地抽查作业小班250个，检查合格率为94.40%。依法核发林木采伐许可证19 948份，发证合格率100%。

【森林经营方案试点监管】 对内蒙古乌尔旗汉林业局森林经营试点工作进行全过程监督和指导，审核发放林木采伐许可证101份，面积614.28公顷，蓄积量15 240.83立方米。实际完成作业小班63个，面积380.14公顷，采伐蓄积量9251.88立方米。向国家林业和草原局上报《关于乌尔旗汉林业局森林经营方案试点实施情况的监督检查报告》。

【退耕还林还草还湿试点工作监管】 对大兴安岭及周边已垦林地草原退耕还林还草试点工作进行全过程督导。内蒙古自治区人民政府办公厅印发了《我区大兴安岭及周边已垦林地草原退耕还林还草试点方案》，财政下达50 258万元在呼伦贝尔市、兴安盟、大兴安岭重点国有林区开展试点工作，安排已垦林地草原退耕还林还草任务4万公顷。各试点单位均全部完成退耕还林还草还湿试点任务。

【重点国有林区造林质量监管】 通过召开联席会议和通报等方式，加大对内蒙古大兴安岭重点国有林区人工造林监督力度，提出整改意见。内蒙古森工集团、各林业局公司高度重视，从制度建设、财务预算、检查验收、考核评价、责任追究等方面采取综合措施，加强人工造林各环节管理，实行造林责任目标考核一票否决制，提高了造林质量，全面完成了3.49万公顷造林任务。

【参与"十四五"采伐限额编制】 全面了解和掌握内蒙古大兴安岭重点国有林区"十四五"森林采伐限额编制情况，对编制工作情况进行深入系统研究，结合森林资源监督工作和林区实际，提出相关意见，及时向国家林草局上报《关于内蒙古大兴安岭重点国有林区"十四五"森林限额编制的审核意见》。

【野生动植物监管】 对自治区范围内各盟（市）野生动物管控情况和禁食野生动物后续工作进行全覆盖督导，全区饲养野生动物处置和补偿工作全部完成。加强野生动植物进出口管理和履约工作，核发各类进出口证明书19份，总金额283.03万元。

【草原监管】 开展草原卫片执法监督试点，选取锡林郭勒盟镶黄旗进行确权草原保护管理情况卫片全覆盖判读，探索落实保护草原地方政府主体责任，建立"天空地"立体草原保护监督管理体系。

【自然保护地监管】 完成内蒙古贺兰山国家级自然保护区、内蒙古大青山国家级自然保护区乌兰察布辖区和包头辖区"绿剑行动"整改检查验收，核实自然保护地疑似问题图斑27处；跟踪督办内蒙古图牧吉国家级自然保护区的整改工作，按照国家林业和草原局《内蒙古图牧吉国家级自然保护区有关整改工作落实方案》要求，对该保护区进行全面核验，形成专题报告上报国家林业和草原局。

【湿地监管】 加强与内蒙古自治区湿地管理部门沟通，在基本摸清自治区范围内湿地基本情况的基础上，结合自然保护地优化整合督查，开展湿地保护管理情况监督，督促恢复湿地0.4万公顷。

【森林草原防火督查】 先后5次对内蒙古自治区各地森林草原防火工作进行监督检查，代表国家森林草原防灭火指挥部对内蒙古大兴安岭重点国有林区17个单位开展森林防灭火督导检查。

【大事记】

2月7日 与内蒙古大兴安岭重点国有林管理局、内蒙古大兴安岭森林公安局组成联合领导小组，督导落实野生动物疫情防控措施，加强对内蒙古大兴安岭重点国有林区疫情防控的领导，强化野生动物防控措施的贯彻落实。

2月27日 向内蒙古自治区人民政府提交《关于内蒙古自治区2019年度林草资源监督情况的通报》。

2月27日 向国家林业和草原局提交《关于内蒙古自治区2019年度森林资源监督情况的报告》。

3月3日 联合内蒙古自治区林业和草原局、内蒙古自治区自然资源厅、内蒙古自然博物馆、内蒙古自治区农牧厅等单位开展以"维护全球生命共同体"为主题的宣传活动。

4月15日 与内蒙古自治区林草局、内蒙古大兴安岭重点国有林管理局召开视频联席会议，研究新冠肺炎疫情期间内蒙古大兴安岭重点国有林区报自治区林草局审批的工程项目使用林地有关事宜。

4月16日 中共内蒙古自治区党委副书记、政法委书记林少春主持农牧领导小组会议。会议要求，切实解决森林资源监督通报中指出的问题，真正把保护草原、森林这个首要任务落实到位。

4月21日 与内蒙古自治区林业和草原局召开联席会议，总结分析2019年森林督查工作，研究部署2020年森林督查有关工作。

4月28日 《内蒙古自治区党委 自治区人民政府关于命名表彰第五届内蒙古自治区文明城市、第六届文明村镇、第九届文明单位标兵及文明单位的决定》，授予内蒙古专员办"内蒙古自治区文明单位"称号。

6月11日至7月1日 开展建设项目使用林地行政许可检查及在国家级自然保护区建设行政许可监督检查。

6月11日至9月7日 对10个项目开展征占用草原行政许可监督检查。

7月12日至8月5日 对全区12个盟（市）及满洲里市、二连浩特市禁食野生动物后续处置和补偿工作情况进行全覆盖督导。与内蒙古森工集团组成禁食野生动物后续处置和补偿工作联合领导小组，采取电话督导、网络督导、联合督导等方式对森工集团范围内7个林业局进行督导。

7月12日至8月26日 对内蒙古大兴安岭重点国有林区各林业局开展森林督查检查。

7月24日至8月6日 对呼伦贝尔市、兴安盟、内蒙古重点国有林区开展已垦林地退耕还林还草还湿试点工作进行监督检查。

8月27日至9月18日 开展地方县级人民政府保护发展森林资源目标责任制检查和森林督查。

9月18日至10月27日 对内蒙古重点国有林区得耳布尔等4个林业局开展人工造林、补植补造检查。

10月13~19日 对图牧吉国家级自然保护区开展整改核验工作。

11月1日至12月9日 对内蒙古大兴安岭重点国有林区各林业局开展森林抚育调查设计和伐区作业质量检查。

11月12~15日 开展草原卫片执法监督试点工作，探索构建"天上看、地下查"的草原天空地监督管理体系。

（内蒙古专员办由董琪供稿）

长春专员办（濒管办）工作

【综　述】　2020年，国家林草局驻长春森林资源监督专员办事处（东北虎豹国家公园管理局）（以下简称长春专员办、虎豹管理局），全面履行林草资源监督职责，全年审批发放林木采伐许可证6534份，督查查办案件129起，督促相关部门依法依纪问责277人，罚款374.84万元，收回林地280.53公顷。加强濒危物种进出口管理，全年受理进出行政许可申请934件，核发野生动植物进出口证书1303份。东北虎豹国家公园体制试点改革和东北虎豹国家公园国有自然资源资产体制试点改革（以下简称"两项试点"）顺利通过国家林草局组织的第三方评估验收。开展清山清套打击野生动植物违法行为专项行动，引入第三方核查机制，挂牌成立野生动物救护中心，提升野生动物疫病监测防控能力。健全完善政务服务办理流程，全年受理审核民生、国防工程等各类事项47项，其中办结45项、驳回2项。

【两项试点评估验收】　长春专员办虎豹管理（局）党组制订《迎接两项试点评估验收工作分工方案》，对全局"两项试点"评估验收工作任务进行统筹安排，成立专班负责评估验收工作，形成了《东北虎豹国家公园体制试点自评估工作总结报告》《东北虎豹国家公园两项试点工作总结报告》和10个亮点创新经验材料，通过国家林草局组织的第三方评估验收。

【健全完善工作机制】　健全完善政务服务办理流程，印发《东北虎豹国家公园管理局政务服务工作办理流程》，制订政务服务审核相关材料明细单，明确各相关业务处室审核职责，推动政务服务管理高效规范。推动审核权限下放，明确将扶贫、民生等类项目纳入下放范围，统一规范下放方式、工作程序、运行机制，提高政务服务审核效率。全年受理审核民生、国防工程等各类事项47项，其中办结45项、驳回2项。畅通工作衔接机制，加强与自然资源部和国家林草局相关司局工作衔接频次，采取实地对接、座谈研讨、请示报告等方式，稳妥推进自然资源资产确权登记、东宁市11处煤矿采矿证延续、风倒冰冻灾害木处理等重大事项。

【自然资源资产摸底调查】　及时跟进了解确权登记相关工作进度，与自然资源部登记局、国家林草局公园办、两省自然资源厅密切沟通，召开2次协调会和1次现场会，取得确权登记相关数据资料，补充完善本底数据调查表，制作东北虎豹国家公园综合要素电子分布图。完善监测指标体系，定期对国家公园开展监测，编制《东北虎豹国家公园监测指标体系（试行）》。按照自然资源与生态监测体系建设要求，与东北林业大学合作在东北虎豹国家公园黑龙江片区选定红松天然更新阔叶混交林、旱生蒙古栎阔叶混交林2处25公顷大型森林动态监测样地，推进东北虎豹国家公园生态监测体系建设样地监测工作。积极推进自然资源资产负债表编制工作。

【有偿使用和特许经营】　夯实有偿使用工作基础，修改完善《东北虎豹国家公园国有自然资源资产有偿使用管理办法（试行）》。重新编制水资源、土地资源有偿使用排查表，对公园内国有自然资源资产有偿使用情况进行排查。开展管理（经营）基础信息统计调查和沟系承包经营情况调研。完善《东北虎豹国家公园经营性项目特许经营管理办法》《东北虎豹国家公园国有自然资源资产有偿使用办法（试行）》，为正式开展有偿使用和特许经营改造奠定制度基础。推动集体林地生态补偿，编制《东北虎豹国家公园体制试点区集体林地开展生态补偿方案》，妥善处理集体林地经营、林木采伐等相关诉求，指导地方政府主动化解保护与发展矛盾。探索集体土地流转，制订《东北虎豹国家公园体制试点区集体耕地租赁试点方案》。开展红松管理试点，支持虎豹管理局珲春分局通过试点方式对红松果林进行集中统一管理，加强自然资源及其衍生品监管，进一步保证过渡期生态安全。

【生态系统保护】　开展清山清套打击野生动植物违法行为专项行动，引入第三方核查机制，提升清山清套效能。探索建立野生动物损害补偿等制度。开展野外人虎冲突防范工作，举办人虎冲突防范宣传培训，妥善处理应急突发事件，不断完善野生动物救护体系。挂牌成立野生动物救护中心，提升野生动物疫病监测防控能力。与中国林科院等单位合作，加强虎豹廊道建设研究，提出廊道恢复方案。

【项目资金监管和规划编制】　采取督导约谈等方式加快推进2017~2018年项目竣工，全面启动2019年项目建设，开展2020年项目报批工作，加强项目储备，提前谋划2021年文化旅游提升工程项目，提出未来五年项目和资金需求。争取2020年中央投资12 297万元，重点用于国家公园勘界、自然资源调查监测、生态保护补偿与修复等方面建设。加强项目资金监管，聘请第三方机构开展项目检查和资金审计工作，对项目建设进行现场督导，提高工程项目建设管理水平。制定《东北虎豹国家公园文化旅游提升工程建设项目竣工验收实施细则（试行）》《东北虎豹国家公园文化旅游提升工程项目资金报账实施办法（试行）》《东北虎豹国家公园文化旅游提升工程项目资金报账内部管理流程》《东北虎豹国家公园项目资金管理会商工作流程》，进一步规范项目验收、报账、内部管理等流程。

【宣传交流】　与俄罗斯豹地国家公园开展监测数据交流，与中国人民大学等科研院校开展生态友好型社区共建研讨，与WWF、WCS等国际组织开展东北虎豹及其栖息地保护研究并签订2021年项目计划书。举办以"众志成城抗击疫情，全民行动保护野生动物"为主题的微视频大赛。联合举办"第五届东北虎栖息地巡护员竞技赛""第十届世界老虎日"，加强国际巡护员之间的交流。制作虎豹公园纪录片和《虎豹新观察》保护专刊，宣传三年试点保护成效。在《人民日报》、中央电视台、中央人民广播电台等国家级主流媒体、各种报纸杂志宣传野生动物管控及虎豹公园建设成果。开展舆情监控，印发网络舆情专报56期，营造保护良好舆论氛围。

【林草资源监督】 对吉林、辽宁两省开展年度森林督查、行政许可检查、国家级自然保护区专项检查、保护发展森林资源目标责任制建立和执行情况监督检查等。全年共检查国有森工局16个、地方县市29个、自然保护区8个，下发整改通知44份，提出整改意见115条，督促被检单位依法依纪问责137人。与应急管理部吉林森林消防总队组成联合督查组，对吉林省森林草原防灭火工作进行督查检查，累计检查8个市（州）、13个县（市、区）、14个乡镇、11个林场。加大跟踪督办力度，督查查办案件129起，其中国家林草局批转交办案件23起，群众来访督办案件5起，监督检查中发现案件101起。督促相关部门依法依纪问责277人，罚款374.84万元，收回林地280.53公顷。成立中央环保督查交办案件督办工作领导小组，抽调骨干力量成立专班，由办领导带队现场督办，接办环保督查案件17起，依法回收林地0.65公顷，罚款2.46万元。加强林木采伐监管，严格把关中幼林抚育、征占用林地、灾害木清理、绿化树木采挖、参地采伐等采伐许可证核发工作，全年审核发放林木采伐许可证6534份。按照"双随机一公开"的要求，开展2020年度吉林省重点国有林区林木采伐管理检查工作。加强疫情期间野生动物疫源疫病监控，建立日报告制度和排查机制，疫情期间累计报送日报告176篇。督导落实禁食野生动物后续处置工作，班子成员带队深入各养殖区和养殖户，对禁食野生动物后续处置补偿工作重点地市开展督导检查。

【濒危物种进出口管理】 发挥窗口服务作用，全年累计接受各类咨询1000余次，受理进出口行政许可申请934件，核发野生动植物进出口证书1303份。开展2019年度进出口行政许可随机抽查检查工作，对辖区内6家野生动植物来源进口企业进行实地核查，与吉林省林草局组成联合检查组对吉林省森林公安打击破获滥捕乱猎野生动物案件情况进行督导检查。开展履约执法宣传培训工作，与辽宁省林草局联合举办辽宁省暨沈阳市第39届"爱鸟周"宣传活动，与长春、大连海关联合举办"CITES履约执法及濒危物种进出口管理"培训班。

【大事记】
1月14～15日 虎豹管理局副局长张陕宁带队，对珲春局、珲春市局、汪清局、汪清县局、天桥岭局、大兴沟局6个分局的野生动物保护和森林防火工作开展督导检查。

1月14～16日 由虎豹管理局、世界自然基金会（WWF）等单位联合主办的"第五届东北虎栖息地巡护员竞技赛"在吉林省珲春市开赛，来自中国、俄罗斯两国的18支队伍参加比赛。国家林草局副局长李春良、吉林省副省长侯淅珉、虎豹管理局局长赵利等出席颁奖仪式，虎豹管理局副局长张陕宁致开幕词和闭幕词。

1月17日 东北虎豹生物多样性科学与监测研究基地在珲春市揭牌成立，国家林草局副局长李春良、虎豹管理局局长赵利、吉林省林草局局长金喜双、黑龙江省林草局副局长侯绪珉、长白山森工集团董事长王连弟等出席揭牌仪式。

1月17日 东北虎豹国家公园工作进展情况座谈会暨天地空一体化监测中试工程开通仪式在珲春市举行，国家林草局副局长李春良、虎豹管理局局长赵利、吉林省林草局局长金喜双、黑龙江省林草局副局长侯绪珉、长白山森工集团董事长王连弟等出席会议，国家公园办副主任周少舟主持会议。

1月31日 长春专员办（虎豹管理局）成立野生动物管控措施贯彻落实情况督导检查组，加强对吉林、辽宁两省和东北虎豹国家公园试点区野生动物巡护看守、隔离封控人工繁育场所、禁止野生动物交易、疫源疫病监测、宣传教育等工作的督导检查。

2月3日 长春专员办召开野生动物管控督导检查工作动员会，专员赵利作工作部署。

2月27日 长春专员办专员赵利带队赴辽宁省铁岭市，对新冠肺炎疫情防控及野生动物管控措施贯彻落实情况开展督导检查。

2月28日 长春专员办派员赴吉林省吉林市，对新冠肺炎疫情防控及野生动物管控措施贯彻落实情况开展督导检查。

3月3日 国家林草局党组决定免去刘春延党组副书记、常务副局长职务，另有任用。

3月10日 虎豹管理局二级巡视员王百成带队赴辽宁省清原满族自治县，对野生动物管控措施贯彻落实情况开展督导检查。

3月25～27日 虎豹管理局副局长张陕宁带队赴珲春市、汪清县，对珲春局、珲春市局、汪清局、汪清县局、天桥岭局、大兴沟局6个分局贯彻落实全国人大禁食野生动物决定情况进行督导检查。

3月26日 长春专员办督导检查组赴沈阳市浑南区，对春季森林草原防灭火工作开展督导检查。

3月31日至4月3日 长春专员办（虎豹管理局）督查检查组对珲春市政府、汪清县政府、珲春林业局、汪清林业局、天桥岭林业局、大兴沟林业局野生动物管控和森林草原防灭火工作开展督查检查。

4月13～16日 长春专员办督查组赴白山市江源区、露水河林业局、松江河林业局、湾沟林业局、临江林业局，对春季森林草原防灭火和鸟类等野生动物保护工作进行督查。

4月14日 虎豹管理局、吉林省林草局、延边朝鲜族自治州政府在汪清县联合举办"保护野生动物暨打击非法捕杀贩卖食用野生动物专项行动"启动仪式。

4月13～16日 长春专员办督导检查组赴辽宁省朝阳市建平县、阜新市阜蒙县、营口市鲅鱼圈区，对森林草原防灭火工作开展督导检查。

4月14日　虎豹管理局副局长张陕宁一行赴珲春市，与吉林省林草局、珲春局、珲春市局召开座谈会，协调解决分局反映的防灭火和保护工作中存在的突出问题。

4月24日　长春专员办督导组赴辽宁省丹东市东港市开展春季候鸟集群迁徙保护督导检查。

4月25日　长春专员办、辽宁省林草局在沈阳市鸟岛联合举办辽宁省暨沈阳市第三十九届"爱鸟周"宣传活动启动仪式。

4月30日至5月11日　长春专员办和应急管理部吉林森林消防总队联合组成国家森防指吉林督查组，对九台区、永吉县、白河林业局等13个县（市、区、局）的森林草原防灭火工作情况进行督导检查。

6月2日　虎豹管理局与国家公园办召开东北虎豹国家公园体制试点第一次挂点联络视频会议，研究推进重点难点任务进度。

5月12日　虎豹管理局野外红外线相机监测发现野生白化狍子，这是东北虎豹国家公园范围内首次发现罕见的野生白狍，也是中国39年来在野外再次发现白狍。

5月20日　虎豹管理局以"众志成城　抗击疫情，全民行动保护野生动物"为主题，举办微视频大赛。18部微视频作品累计公众投票45万余票，访问次数42万余次。

6月9～12日　长春专员办检查组赴辽宁省瓦房店市、西丰县对2019年度保护发展森林资源目标责任制存在问题整改情况开展"回头看"检查。

6月12日　虎豹管理局面向社会发布《人虎冲突应对社区指南》视频教程，指导公众正确应对人虎相遇，提高公众生态保护和安全防范意识，为野生动物保护营造良好氛围。

6月12日　东北虎豹国家公园协调工作领导小组办公室主任会议在长春市召开，会议研究推进东北虎豹国家公园体制试点任务进度，虎豹管理局局长赵利、吉林省林草局副局长王伟、黑龙江省林草局二级巡视员陶金等出席会议。

6月15～16日　长春专员办督查组赴辽宁省抚顺市清原县对破坏森林资源案件情况进行督查。

6月15～19日　虎豹管理局二级巡视员王百成带队赴珲春局、珲春市局、汪清局、汪清县局、大兴沟局、天桥岭局督导检查项目建设情况。

6月16～19日　长春专员办检查组赴吉林省镇赉县、双辽市对2019年度保护发展森林资源目标责任制等督查检查存在问题整改情况进行"回头看"。

6月28日至7月2日　虎豹管理局二级巡视员王百成带队赴珲春局、珲春市局、汪清县局、汪清局、大兴沟局、天桥岭局，就机构设置、人员编制和沟系承包、占用林地等工作进行调研。

7月9～14日　虎豹管理局张陕宁副局长带队深入珲春、珲春市、汪清、天桥岭和汪清县分局，就森林草原防火、林业有害生物防治、野生动物保护等工作进行摸底调研，并与延边朝鲜族自治州政府领导进行了座谈交流。

7月29日　虎豹管理局黑龙江野生动物救护中心在黑龙江中国横道河子猫科动物饲养繁育中心挂牌成立。虎豹管理局局长赵利、国家林草局驻黑龙江省专员办专员袁少青、黑龙江省林草局局长王东旭出席挂牌仪式并揭牌。

8月11～14日　长春专员办对葫芦岛市虹螺山国家级自然保护区、朝阳市努鲁尔虎山国家级自然保护区、北票市大黑山国家级自然保护区、北票市鸟化石国家级自然保护区、阜新蒙古族自治县海棠山国家级自然保护区进行现地核查。

8月21日　东北虎豹国家公园协调工作领导小组办公室主任（扩大）会议在长春市召开，会议深入学习习近平总书记致第一届国家公园论坛贺信精神，通报东北虎豹国家公园体制试点自评估总结进展情况，安排迎接国家公园评估验收工作。虎豹管理局局长赵利主持会议，虎豹管理局、吉林省林草局、珲春市政府、汪清县政府等单位出席会议。

8月17～20日　虎豹管理局副局长张陕宁带队赴绥阳局、穆棱局、东京城局，就森林防火、林业有害生物防治、野生动物保护、2020～2022年项目入库等工作进行督导。

9月4日　虎豹管理局在黑龙江省东京城局召开东北虎豹国家公园2020年度保护工作会议，虎豹管理局局长赵利出席会议并代表虎豹管理局与10个分局签订2020年今冬明春保护工作责任状。吉林省林草局、牡丹江市政府、长白山森工集团、龙江森工集团、黑龙江省林草局、牡丹江市林草局、吉林省野生动物繁育救助中心、黑龙江省动物饲养繁育中心、虎豹管理局及10个分局等相关单位参加会议。

9月8～29日　长春专员办对辽宁省盘山县、宽甸县、开原市、新宾县、庄河市开展森林督查暨保护发展森林资源保护目标责任制检查。

9月9～15日　国家林草局组织国家公园体制试点第三方评估组对东北虎豹国家公园体制试点开展实地验收。

10月25～28日　全国政协副主席、农工党中央常务副主席何维一行到东北虎豹国家公园，就体制试点建设情况开展考察。吉林省政协副主席兰宏良、省政协秘书长肖模文、虎豹管理局局长赵利、吉林省林草局局长金喜双等参加了有关活动。

11月5～6日　长春专员办赴吉林省珲春市对森林督查存在问题整改情况进行督查督办。

11月18～20日　虎豹管理局分别在吉林片区的汪清县局、黑龙江片区的绥阳局举办了"2020年今冬明春清山清套·打击乱捕滥猎违法行为"专项行动启动仪式。虎豹管理局副局长张陕宁和国家林草局动植物保护司、国际合作司及吉林省林草局、黑龙江林草局相关人员出席启动仪式。

12月9～11日　虎豹管理局在吉林长春举办2020年综合管理培训班，虎豹管理局副局长张陕宁出席开班仪式并作动员讲话，来自虎豹管理局及10个分局的100余名业务骨干参加培训。

（长春专员办由聂冠供稿）

黑龙江专员办（濒管办）工作

【综　述】　2020年，黑龙江专员办聚焦林草中心工作和监督重点任务，以党的政治建设为统领，以改革创新为动力，以创建模范机关为载体，以强化执行力建设为抓手，突出依法监督、科学监督、精准监督、实效监督理念，创新监督机制、健全监督体系、加大监督力度、紧盯监督重点，为推动林业和草原事业高质量发展作出积极贡献。

【督查督办毁林案件】　把督查督办破坏森林资源案件作为第一职责，将检查核查发现的问题，一体化全部纳入案件督办范畴，落实案件督查督办领导、部门和具体责任人，受理案件全部建立问题清单、整改清单和责任清单，实行"交账制"和"销号制"，进一步提升了督查督办破坏森林资源案件的效率和质量。全年共督查督办各类破坏森林资源案件473起，其中：国家林草局批转案件22起（中央环保督察转办案件18起），督办处理相关责任人813人，约谈市、县政府、林业局领导15场次。

【森林资源监管】　注重打造森林督查品牌亮点，建立森林资源监管数据室，实时监控森林督查问题整改和森林资源管理"一张图"年度更新情况，由过去的事后查处、"人海战术"转变为现在的综合运用新技术新手段，构建起"天上看、图上查、地上巡"的全区域、全方位、全覆盖的森林监督体系。持续加大对2018年、2019年森林督查发现问题的督办整改力度，下达《整改通知书》，全力进行督办整改，并进行整改"回头看"。不论是重点国有林区还是地方林业，疑似图斑和问题图斑都在大幅度减少，森林督查成效十分显著。

【目标责任制监管】　对黑龙江省9个地级市所属11个县（市、区）开展保护发展森林资源目标责任制执行情况检查。对被检县（市、区）进行综合评定，评定为不合格1家、合格6家、良好4家。

【依法履约行政许可】　围绕开展创建"让党中央放心、让人民群众满意的模范机关"和深化"放管服"改革，在转变职能、转变作风、服务大局、服务基层方面下真功夫，不断提高行政许可的质量和效率，努力实现营商环境更优、审批速度更快、法治建设更实、机关服务更佳的目标。全年核发重点国有林区林木采伐许可证2428份，网上核发濒危野生动植物种国际贸易公约允许进出口证明书和非《进出口野生动植物种商品目录》物种证明11 975份，为履约监管和服务监管区经济发展发挥了积极作用。

【机关作风建设】　持续深化"四风"整治。严格落实中央八项规定精神，集中开展领导干部利用名贵特产类特殊资源谋取私利问题专项整治，紧盯"五一""中秋""国庆""春节"等重要时间节点，防止公款吃喝、公车私用等情况发生。结合"不忘初心、牢记使命"主题教育，持续巩固深化作风建设成果，认真开展形式主义、官僚主义问题集中整治活动，坚决防止"四风"问题反弹回潮。大力解决和防止"灯下黑"问题。落实党组全面从严治党主体责任、党组书记第一责任、党组成员"一岗双责"，进一步增强履行全面从严治党责任的政治自觉和行动自觉，强化政治担当、狠抓整改落实。认真组织开展了廉政警示教育、专项整治立行立改、落实全面从严治党主体责任调研、巡视整改工作，对发现的问题全部建立问题清单和整改落实台账。对能立行立改的问题，立即整改到位；对需长期坚持整治的问题，建立长效化管理机制。坚持执行"五书一卡"制度。在开展各项核查检查和督查督办涉林违法案件工作中，全办干部必须携带"五书一卡"，坚决做到"四个严禁"和"两个不许"，自觉接受被检单位和社会群众的监督。

【机关党的建设】　充分利用党组会议、党组理论学习中心组（扩大）学习会议、党员大会、支委会、"龙江监督学研讲坛""绿色党建"等学习平台，大兴学习之风。全年党员干部集体理论学习20次以上，其中党组理论学习中心组（扩大）学习会议12次，党支部春秋两次学习培训和专题研讨10个工作日。以"党内重要法规小课堂"为载体，以党小组为单位，集中2个月时间学习党章党规7部；深入学习宣传《习近平谈治国理政》第三卷、党的十九届五中全会精神，在全办党员干部中迅速掀起理论学习热潮。大力开展强化政治机关意识教育，自觉对标对表，旗帜鲜明讲政治，严明政治纪律和政治规矩。

【大事记】

2月1日　黑龙江专员办同省林草局、哈尔滨市林草局、哈尔滨森林公安局组成督导组，深入哈尔滨市花鸟鱼市场、鸟语林动物园对新型冠状病毒感染的肺炎疫情防控和野生动物管控措施落实情况进行督导检查。

4月2~3日　黑龙江专员办赴宾县、尚志国有林场及双城区政府和林草部门及永胜林场、水泉乡、乐群乡等重点区域对春季森林草原防火工作进行督查。

4月13日　黑龙江专员办赴扎龙国家级自然保护区就丹顶鹤保护问题开展现地督查。

4月14日　黑龙江专员办对龙江森工集团海林林业局有限公司人工红松林大径材培育试点调研。

4月16日　黑龙江专员办统一安排龙江森工集团、伊春森工集团所属46个单位分别上报2019年度涉林案件、项目占地、林木采伐等矢量化数据。

5月25~28日　黑龙江专员办赴三环泡国家级自然保护区、扎龙国家级自然保护区等11个自然保护区和经国家林业和草原局审批的14个建设项目使用林地行政许可进行专项检查。

7月10~25日 黑龙江专员办赴哈尔滨五常市、巴彦县，绥化绥棱县、大庆肇州县和龙江森工集团山河屯等24个单位开展林草重点工作落实情况摸底调查。

8月3~4日 黑龙江专员办分别对龙江森工集团所属16个驻林业局有限公司专员办和伊春森工集团所属13个林业局有限责任公司，开展了2020年重点国有林区森林督查暨森林资源管理"一张图"年度更新核实任务培训。

8月18~26日 黑龙江专员办检查组对亚布力、绥阳、林口和桦南林业有限公司等8个单位开展了2020年重点国有林区森林督查暨森林资源管理"一张图"年度更新检查工作，对森林督查判读图斑、"一张图"判读变化图斑、整改"回头看"、项目占地使用林地情况等内容进行内外业检查核实。

8月25日 国家林草局党组成员、副局长李树铭到黑龙江专员办调研指导森林资源监督和全面从严治党工作并召开座谈会。

9月8~9日 黑龙江专员办联合黑龙江省林草局成立工作组，赴哈尔滨市依兰县、通河县及黑河市对禁食野生动物后续工作开展督导工作。

9月10日 黑龙江专员办完成了对监督区14个国家林草局审核同意或批准建设项目使用林地行政许可监督检查现地核查工作。

9月15~16日 黑龙江专员办联合黑龙江省林草局赴齐齐哈尔市依安、甘南、富裕县对禁食野生动物后续工作开展督导工作。

9月21日至10月14日 黑龙江专员办赴东宁市、延寿县、嘉荫县、尚志市、宾县等11个县（市、区）开展森林督查及目标责任制情况检查。

10月21日 黑龙江专员办与大兴安岭专员办就监督范围调整工作进行对接。

10月18~26日 黑龙江专员办参加国家林草局秋冬季防火紧要期专项督查。

11月16日 黑龙江专员办主要领导出席黑龙江省政府召开的全省森林督查问题整改暨毁林种参专项打击行动工作会议并讲话。

11月12~24日 黑龙江专员办完成了伊春森工集团所属的带岭、南岔林业局有限公司和龙江森工集团所属的鹤北、迎春林业局有限公司2019年下半年至2020年上半年森林抚育伐区作业质量及2020年调查设计作业质量的检查工作。

11月14日 黑龙江专员办开始对龙江森工集团所属的亚布力、苇河林业局有限公司和伊春森工集团所属的友好、上甘岭林业局有限责任公司4个单位2019年下半年至2020年上半年森林抚育及伐区作业质量和2020年度调查设计质量开展检查工作。

12月2日 黑龙江专员办完成对龙江森工所属大海林、海林林业局有限公司及伊春森工双丰、桃山林业局有限公司的2019~2020年度伐区、森林抚育作业质量和调查设计质量检查工作。

（黑龙江专员办由杨东霖供稿）

大兴安岭专员办工作

【综　述】　2020年，大兴安岭专员办紧紧围绕林草中心工作，坚持新冠肺炎疫情常态化防控和监督工作两不误，严格监督大兴安岭林区森林和野生动植物资源保护、自然保护地管理、森林防火和生态建设情况，充分运用网格监督、约谈、联合办案等机制强化案件督查督办，圆满完成国家林草局党组交办的各项工作任务。

【林业案件督办】　全面梳理2013~2020年案件，共梳理出案件地块4440个，及时掌握监督区内各林业局林政案件查处管理动态。全年督查督办涉林案件246起，涉案林地57.71公顷，收回林地56.06公顷，问责相关人员107人，下发监督通知书5份，约谈呼中林业局主要领导和分管资源领导。

【林地利用监管】　强化林地许可检查，严格规范林地使用。组织对大兴安岭林业集团公司2017~2019年，国家林草局（原国家林业局）批准的6个使用林地建设项目开展行政许可检查，对检查发现的0.12公顷擅自改变林地用途行为进行跟踪督办。加强项目占地前期监管，全年查验占用林地建设项目159个、现地查验调查设计小班275个。

【森林资源督查】　按时完成森林督查自检自查材料梳理上报工作。对国家林草局提供的286个疑似图斑，分类抽取118个图斑进行现地复核，查出4个违法占地案件，涉案林地面积0.46公顷。对2019年森林督查发现的13起案件进行"回头看"，同时对林业局自检自查的案件进行督查，下发监督通报，提出具体督办整改意见，要求集团公司按时上报案件查办结果。

【禁食野生动物督查】　认真落实习近平总书记关于野生动物保护的重要批示精神和全国人大决定，对大兴安岭林业集团公司禁食野生动物及后续工作开展督查，组织督导检查15次，检查管护站、集贸市场等场所117处，野生动物人工繁育场所25家，召开情况通报会2次，向大兴安岭林业集团公司下发督导检查意见1份。

【森林防火督查】　按照国家森林草原防灭火指挥部的统一部署，派出督导组，对大兴安岭地区和黑河、伊春两市森林防火工作进行督导检查，发现大兴安岭地区森林防火和应急准备方面问题隐患53条，黑河、伊春两地问题隐患77条，下达整改通知书36份，提出督查意见和建议，督促相关单位落实整改措施，消除火险隐患。

【森林培育监督】 加强对森林经营抚育的监督，开展森林抚育设计和作业质量现地查验，共计现地查验森林抚育设计小班54个，合格53个、不合格1个。森林抚育作业质量共计查验小班52个，及时纠正不合理设计和违法采伐行为。开展森林可持续试点督导检查工作，促进森林经营水平提高。

【保护地监督】 完成8个国家级自然保护区的全覆盖专项检查，清查出473处人工构筑物。对中央环保督查、"绿盾"行动中2017~2018年核实的13处问题整改进行督办。下发《加强地方级自然保护区经营活动监管有关问题的通知》，组织集团公司相关单位将自然保护区、森林公园、湿地公园、地质公园、风景名胜区、种质资源保护区等统一建立矢量数据库并区界落图，为今后全面加强各类保护地监管打牢了基础。

【林木采伐许可】 严格执行林木采伐许可证核发程序，加强调查设计和伐区作业质量现地查验，核发125个占用林地建设项目2789份林木采伐许可证，为森林经营抚育核发林木采伐许可证4270份。

【摸底调查】 深入监督区10个林业局、8个国家级自然保护区、28个林场（管护区），对天然林保护，林地、湿地、自然保护地建设管理，森林防火，野生动植物保护，国有林区改革，林业安全生产等12项重点工作进行全面调查摸底，针对23个问题提出相应意见建议。

【调查研究】 先后组织开展了林区林业执法工作现状、涉农林地管理、自然保护地建设管理、林长制改革、林政防火检查站改革、直接为林业生产服务用地管理、韩家园林业局外河家庭林场管护承包经营工作等情况调研，对产生问题的原因进行了分析，提出了建议和对策。

【建言献策】 开展推进林草事业高质量发展建言献策活动，从"发挥核心职能作用，推动主体责任落实""加强工作协调配合，发挥系统合力作用""科学规划合理布局，健全自然保护体系""坚持目标结果导向，统筹兼顾系统治理""传承优良传统作风，保障事业健康发展"等方面提出14项建议。

【普法宣传】 派专人为大兴安岭林业集团公司所属各林业局举办的《森林法》培训班进行授课，教育培训局、场两级领导和相关国家级自然保护区、驻局监督办等700余人次。举办森林资源监督管理培训班，培训大兴安岭林业集团公司相关部门主要负责人和业务人员56人。在林区营造了学法、懂法、用法和依法经营保护森林资源的良好舆论氛围。

【监督范围调整】 严格落实《国家林业和草原局关于调整黑龙江专员办和大兴安岭专员办监督范围的通知》精神，积极与国家林草局驻黑龙江省专员办，黑龙江省林草局和大兴安岭行署召开工作对接会，研究对大兴安岭地区地方林业监督工作开展和沟通机制，建立联系渠道。

【新冠肺炎疫情防控】 严格落实各项疫情防控措施，组织制订疫情防控工作方案，下发《大兴安岭专员办疫情防控制度》《大兴安岭专员办返乡返岗隔离观察暂行管理办法》等疫情防控制度。积极参加疫情防控志愿服务，踊跃捐款、献血。同时，做好宣传教育、防疫物资储备、疫情防控排查和返岗职工隔离，积极配合属地疫情防控排查整改工作，组织开展疫情防控排查115次。

【监督报告和通报】 向国家林草局提交了《黑龙江大兴安岭2020年度森林资源监督报告》，向黑龙江省政府、大兴安岭行署和大兴安岭林业集团公司提交了《关于黑龙江大兴安岭2020年度森林资源监督情况的通报》，指出林草管理和执法体系不健全、改革后续问题亟待解决、自然保护管理机构不健全等7个问题，并有针对性地提出8个方面建议。

【大事记】

2月2日　大兴安岭专员办开展野生动物管控措施贯彻落实情况督导检查。

4月10日　大兴安岭林业集团公司党委书记于辉率领班子成员到专员办对接工作。

4月25日　大兴安岭专员办会同大兴安岭防火办、森林消防支队组成黑龙江森林防灭火督查组，对黑龙江省和大兴安岭林区开展防火督查。

6月9日　专员陈彤陪同国家林草局防火督查专员王海忠一行到呼中督导检查防火工作。

7月18日　专员陈彤陪同国家林草局副局长李树铭一行到漠河、塔河调研专业防扑火队伍建设及国有林区改革后人员机构变化情况。

7月18日　副专员周光达陪同参与国家林草局资源司副司长李志宏一行调研国有林区改革。

9月5~18日　大兴安岭专员办应用卫星遥感技术对大兴安岭林业集团公司开展全覆盖森林督查。

9月18~20日　专员陈彤陪同国家林草局防火督查专员王海忠到十八站、塔河开展秋季森林防火督查。

10月14~16日　专员陈彤陪同国家林草局局长关志鸥调研大兴安岭林业集团公司发展情况。

10月21日　专员陈彤、副专员王秀国带领相关处室人员赴黑龙江专员办、黑龙江省林草局就落实《国家林业和草原局关于调整黑龙江专员办和大兴安岭专员办监督范围的通知》精神开展对接。

10月28日　中央纪委国家监委驻自然资源部纪检组组长罗志军一行到大兴安岭专员办调研并开展座谈。

12月8日　大兴安岭专员办与大兴安岭行署就地方林业监督事项开展对接。

（大兴安岭专员办由胡军供稿）

成都专员办（濒管办）工作

【综　述】　2020年，成都专员办深入贯彻落实习近平生态文明思想，齐心协力，开拓创新，团结奋进，圆满完成了各项工作。

【森林资源监督】　贯彻落实全国林草工作会议精神，依法履行森林资源监督职责，加大监督检查和督查督办破坏森林资源案件力度。结合监督区实际，不断完善监督机制，拓展监督职能，创新监督工作方式方法，拓宽监督渠道、手段，不断提高监督效果。

编写监督报告　编写完成川渝藏三省（区、市）2019年度森林资源监督报告，四川省副省长尧斯丹、重庆市市长唐良智、西藏自治区主席齐扎拉分别作出批示。

督办涉林案件　督查督办涉林案件165起，涉案林地面积1692.51公顷，涉案林木蓄积12 774.68立方米。行政罚款9438.15万元，收回林地429.43公顷，问责追责1243人。对2019年约谈的营山、达川、平昌、渠县开展回头看，全面检查四县发现问题的整改和长效机制建设情况。以督办攀枝花市仁和区黄桷桠风电场违法使用林地案件为契机，督促仁和区委、区政府召开警示教育大会。以查处巴中市9个违法案件为契机，督促巴中市委、市政府制作警示教育片供各级党委政府学习。

森林督查　一是督促三省（区、市）林草局认真抓好2019年森林督查发现问题的查处整改工作，至2020年底，四川、重庆、西藏查处率分别为56%、99.6%、26.9%。会同西藏自治区政府召开重点地区、重点部门、重点单位参加的森林督查查处整改工作座谈会，帮助自治区林草局推动查处整改工作。二是督促三省（区、市）林草局认真开展2020年森林督查工作，加强对重点县的督导指导，确保按序时进度完成自查任务，提高自查质量。认真分析研究三省（区、市）自查结果，形成分析报告，指导其查处整改和森林资源保护发展工作。三是开展森林巡查及目标责任制检查。选取四川邻水县、重庆巴南区、西藏日喀则市桑珠孜区开展2020年森林巡查，及时向三省（区、市）林业（和草原）局移交巡查中发现的问题。对监督辖区6个县（区）开展保护发展森林资源目标责任情况检查。

各类专项检查　一是完成林业草原重点工作贯彻落实情况摸底调查。按照国家林草局的统一部署要求，对监督辖区13个县（区）开展摸底调查，了解重点任务完成情况，科学评价三省（区、市）林草工作。二是开展森林草原防火检查。对四川省甘孜藏族自治州、攀枝花市、凉山彝族自治州、雅安市开展清明节期间森林草原防灭火督查，对大熊猫国家公园四川片区20个县开展春季森林草原防火督查检查，对监督辖区12个县（区）开展秋冬季森林草原防火督查。三是完成对重庆市松材线虫病蹲点暗访工作。历时21天，深入武隆、丰都、云阳3个疫区县16个乡镇开展调查，了解各地疫情监测及上报情况、山场除治工作达标情况、检疫检查站和检疫办证点履职情况等，及时按要求向国家林草局分管领导作了专题汇报。四是开展建设项目使用林地行政许可检查。检查13个国家林草局审核的建设项目使用林地情况，涉嫌违法使用林地面积1.03公顷。开展国家级自然保护区专项检查，检查7个国家级自然保护区，发现35个违法违规问题。督促三省（区、市）林业（和草原）局核实国家林草局下发自然保护区人类活动点位195处。

监督与服务并重　开展林业行政执法调研，立足于森林公安体制划转的新变化，通过调查研究，摸清监督区林业行政执法的现状、存在的困难和问题，提出意见建议供监督区党委和政府参考。会同重庆市林业局合力推动全市林业行政执法队伍建设，得到各级党委和政府的重视支持。重庆市已建立33支林业行政执法队伍，有效解决森林公安体制改革后林业行政执法的问题。在安徽黄山市举办林长制培训班，监督区100余人参加培训，收到较好的培训效果，助力监督区积极开展林长制改革工作。

【濒危物种进出口管理】　认真做好濒危物种进出口证书核发工作，2020年共核发各类证书617份。积极开展濒危物种履约执法宣传教育，开展"维护全球生命共同体""世界野生动植物日"等主题活动。认真贯彻落实中央领导关于加强野生植物保护的批示精神，督查四川省乱采滥挖、销售兰花等情况，督促四川省林草局加强对野生植物的管理。

【贯彻落实全国人大决定】　认真贯彻落实全国人大《决定》精神和国家林草局有关要求，通过电话、实地督导等方式，对辖区50余个县（市、区）进行督导，确保有关决策部署落地落实。

【大熊猫国家公园体制试点建设】　认真落实党中央决策部署，按照《建立国家公园总体方案》《大熊猫国家公园体制试点方案》等文件要求，不断开拓创新，凝聚各方共识，积极推动大熊猫国家公园体制试点各项任务，大熊猫国家公园顺利通过国家公园体制试点评估验收。

中期评估发现问题整改　对照国家林草局印发的《大熊猫国家公园体制试点评估意见》及公园办有关要求，制订《大熊猫国家公园体制试点评估意见整改方案》《大熊猫国家公园体制试点重点工作任务》，提出6类35个问题的整改要求，至2020年8月底，整改工作全部完成，有力地推动大熊猫国家公园体制试点工作。

建立健全各级管理机构　开展分局组建及自然保护地整合情况督导调研工作，向三省（区、市）人民政府提交督导调研报告，得到三省（区、市）领导的高度重视，推动机构组建和自然保护地管理机构的整合。至2020年8月，82个自然保护地管理机构的整合工作全部完成，组建了14个管理分局、20个保护总站、142个保护站，明确各级管理机构的职能职责，基本建成统一分级的管理架构。

建立健全管理制度体系　正式颁布《大熊猫国家公园管理办法》，配套出台《大熊猫国家公园自然资源管理办法》《大熊猫国家公园特许经营管理办法》《大熊猫国家公园重大事项报告制度》等28项制度、办法，为大熊猫国家公园保护、管理、建设等各方面提供基本遵循。

建立健全科学决策机制　成立大熊猫国家公园专家委员会和专家库，为大熊猫国家公园规划、建设、管理提供决策咨询。印发《关于成立大熊猫国家公园共管事会的通知》，在绵阳、佛坪、白水江3个分局开展试点，吸纳地方党政领导、人大代表、政协委员等力量参与体制试点工作，3个分局分别成立大熊猫国家公园共管理事会，审议审定建设管理中的重大事项。

建立健全规划体系　印发贯彻落实《大熊猫国家公园总体规划》的通知，提出确保总体规划落地落实的工作要求。向大熊猫国家公园所涉县、市政府报送总体规划，促进国家公园总体规划与所在县、市重大规划相衔接。举办了大熊猫国家公园规划培训班，为加强规划管理和空间管理打下基础。完成《大熊猫国家公园生态保护与修复专项规划》《大熊猫国家公园监测系统建设专项规划》《大熊猫国家公园（荥经、宝兴）生态产业发展概念性规划》等的编制工作，启动《大熊猫国家公园空间利用规划》《大熊猫国家公园自然教育与生态体验体系建设规划》《大熊猫国家公园野生动物救护体系建设规划》的编制工作。成立大熊猫国家公园管理局规划委员会，夯实规划管理决策基础。

攻克体制试点难关　创新国家公园集体土地协议保护模式，通过设立公益岗位、特许经营优先权等，调动原住民和村集体经济组织保护生态积极性，全园签订合作保护协议481份，把5717平方千米的集体土地纳入公园统一管理。在白水江、佛坪、唐家河开展编制自然资源资产负债表的试点工作，积极探索自然资源价值管理新制度。在雅安、白水江等分局开展国家公园资源环境综合行政执法试点，大熊猫国家公园形成依托森林公安和管理机构开展行政执法两种模式，加强与检察院、法院的执法协作，与四川省高院、高检印发《关于建立大熊猫国家公园生态环境资源保护协作机制的意见（试行）》，建立7个大熊猫国家公园专门法庭。紧紧抓住环保督察契机，动员各地政府清理整顿公园内工矿企业，开展生态移民搬迁。至2020年底，完成矿山关闭274家，退出142家。清理水电站321座，关闭水电站35座。编制《大熊猫国家公园行政权力清单》《大熊猫国家公园行政执法项目清单》，进一步厘清了公园管理机构与地方政府的行政管理、行政执法边界。

宣传活动　正式开通大熊猫国家公园官方网站和微信公众号，编印《熊猫之舟》杂志和大熊猫国家公园简报。组织开展"寻找大熊猫守护者征文活动"，共收到来自全国20个省（区、市）投稿200余篇。与央视网等媒体签订战略合作协议，制作《走进大熊猫国家公园》纪录片和大熊猫国家公园宣传片，《野生大熊猫独立探测次数达873次》等新闻登上央视新闻联播。

通过体制试点评估验收　全面系统总结大熊猫国家公园体制试点开展的各项工作，高质量完成《大熊猫国家公园体制试点自评报告》等有关评估验收材料，顺利通过评估验收检查。

【大事记】

5月13日　大熊猫国家公园协调工作领导小组办公室主任第二次会议在绵竹市召开，研究大熊猫国家公园体制试点工作接受验收事宜，大熊猫国家公园管理局局长向可文出席会议并讲话。

8月7日　大熊猫国家公园管理局与世界自然基金会在成都签署战略合作协议，大熊猫国家公园管理局副局长龚继恩、世界自然基金会北京代表处总干事卢思骋代表双方签署协议。

9月15日　大熊猫国家公园体制试点评估验收汇报会在四川成都召开，评估验收专家组、大熊猫国家公园管理局全体局领导及各处室负责人参加汇报会。

10月29日　成都专员办和西藏自治区人民政府在拉萨召开西藏森林督查整改工作座谈会，成都专员办专员向可文、成都专员办副专员刘跃祥、成都专员办二级巡视员曹蜀参加。

11月10~12日　办党组书记、专员向可文带队调查网上舆情反映四川省阿坝藏族羌族自治州金川县独松沟存在毁林建设水电站问题，二级巡视员曹蜀参加。

11月24日　大熊猫国家公园管理局在成都都江堰举办大熊猫国家公园高质量建设工作培训班。大熊猫国家公园管理局副局长龚继恩、段兆刚出席开班仪式，段兆刚作动员讲话。大熊猫国家公园四川、陕西、甘肃三省各级管理机构100余人参加培训。

12月8~11日　成都专员办在安徽省黄山市举办川渝藏三省（区、市）推行林长制建立培训班。

（成都专员办由周赞辉供稿）

云南专员办（濒管办）工作

【综　述】　2020年，云南专员办围绕国家林业和草原局中心工作，结合云南省森林资源监督和濒危物种进出口管理工作实际，突出机关党的建设和案件督办的第一职责，认真完成各项工作任务。

【督查督办涉林案件】　为切实推进2019年森林督查案件查处工作，先后两次与云南省林草局联合发文通报案件查处进展情况，开展全覆盖式督导，并专题向云南省人民政府分管副省长王显刚汇报，争取省政府的重视和支持，王显刚在报告上作出批示，极大地推进了森林督查案件查处工作，查处率从4月1日的28.7%提高到5月底的94.91%。与云南省林业和草原局共同挂牌督办10起比较典型的破坏森林资源案件。对中央环境保护督察转交云南省的3起涉林案件进行督办。全年共督办涉林案件106起，结案80起。违法案件涉及林地75.89公顷，活立木蓄积量61立方米。共计罚款127.46万元，91人受到不同程度的处理。

【完成森林资源监督报告】 按照监督职责，完成并向国家林业和草原局及云南省委、省人民政府报送《2019年森林资源监督工作报告》，对云南省各级人民政府、林业和草原主管部门履行森林资源保护管理职责的情况进行客观评价，指出森林资源管理中的主要问题，引起云南省委、省人民政府领导的重视，省委书记陈豪对报告作出批示，要求云南省林业和草原局对监督报告所涉问题认真整改。

【占用征收林地行政许可检查】 积极与国家林草局昆明勘察设计院、云南省林草局协调，利用国家林草局昆明勘察设计院的技术优势，对随机抽中的11个项目开展事前判读，发现可能存在违法使用林地的重点区域，抽调国家林草局昆明勘察设计院和云南省林业调查规划院专业技术人员组成检查组，开展检查和督办并上报检查报告。

【保护地检查】 对云南省6个国家级自然保护区开展检查，重点检查"绿剑"行动及中央环保督察所发现问题整改、保护地内违法占地、破坏生态环境等情况，按要求上报检查报告并督促保护区管理机构加快整改工作。

【森林草原防灭火督查】 积极参加国家应急管理部组织的春季森林防火专项督查工作。按照国家林草局的安排，开展云南省秋冬季森林草原防火专项督查。到发生森林火灾的昆明市安宁市、楚雄彝族自治州禄丰县、玉溪市红塔区现场，协调指挥森林火灾扑救工作。

【与检察机关密切配合】 与云南省人民检察院共同督办大理白族自治州弥渡县光伏电站违法使用林地案件查处整改工作，在云南省首次成功通过公益磋商推进森林植被修复工作。

【野生动物管控检查及禁食野生动物后续工作】 先后12次派出25个督导组，完成了对云南省16个市（州）、60多个县（市、区）100多家野生动物养殖单位（户）的督查，督导地方人民政府及林业和草原主管部门积极处置禁养野生动物和落实补偿工作，全省已100%完成在养禁食类野生动物处置任务，共退出禁食野生动物人工繁育主体1770个，收容、野化后放归和无害化处理数量达74.65万头（只），兑现补偿资金21 383.25万元，兑付率100%。

【候鸟迁徙安全防控检查】 到普洱市、德宏傣族景颇族自治州等地，对春季候鸟集群迁徙时期鸟类等野生动物主要分布区、迁飞停歇地、迁飞通道及集群活动区的监管监测和巡查巡护等情况开展督导检查工作，重点督查打击乱捕滥猎滥食鸟类等野生动物违法行为，督促各级林草主管部门加强监管监测和巡查巡护。

【履行进出口行政许可职责】 严格依照公约和有关法律法规要求开展行政许可工作，实施受理、办证、审签三级分离、相互监督的办证制度，在申请受理、审查决定、证书核发和监督检查等各个环节认真履行职责，确保野生动植物进出口企业合法贸易活动正常进行。2020年共办理有效证书693份，其中公约证394份，非公约证188份，物种证明111份。总贸易额62 897.16万元。

【进口种源野生动物检查】 对云南省相关企业进口亚洲象及海洋馆免税进口海洋动物的野生动物种源单位开展实地核查工作，逐项核实种用动物种源的用途、去向、人工繁殖等内容，查阅相关档案资料，清点动物数量，听取种源进口管理情况汇报以及工作建议，认真讲解国家相关政策，并对关注的问题进行答复。

2020年6月10日，云南专员办党组书记、专员史永林带队到云南省西双版纳傣族自治州对种用野生动物进口单位开展实地核查工作

【国际履约宣传】 积极向国家林草局野生动植物保护司申请专项宣传经费，对昆明长水国际机场国际履约实物展柜进行升级改造。3月3日，联合昆明长水国际机场、勐腊海关、昆明动物博物馆、普洱茶马古道旅游景区等开展主题为"维护全球生命共同体"的"世界野生动植物日"宣传活动，通过LED屏滚动播放视频或公众号发送图文等线上线下相结合的形式，向旅客、游客、企业等开展宣传，呼吁保护野生动植物，维护全球生命共同体。

【督办猎捕野生动物和乱采滥挖炫耀销售兰花案件】 2月18日，央视《晚间新闻》"云南施甸破获特大非法猎捕珍贵、濒危野生动物案"播出后，云南专员办召开紧急会议，研究措施方案，做出安排部署，派督查组赴现地开展督办工作，督促地方人民政府严格落实整改措施，尽快补齐管理短板。6月19日，接到国家林草局要求对媒体报道云南省乱采滥挖、销售兰花等野生植物的《督办通知》后，及时与云南省林草局、省森林公安局梳理确定一起发生在文山壮族苗族自治州马关县的案件，并派督查组赴马关县对当事人进行调查核实，要求州林业和草原局及马关县人民政府对乱采滥挖野生植物的行为依法严肃查处。同时，与云南省林业和草原局联合发文，要求16个市（州）林业和草原主管部门联合相关单位，对全省非法采挖、出售珍贵濒危野生植物等行为开展排查和专项打击行动，杜绝类似案件的再次发生，进一步强化和规范野生植物保护工作。

【配合云南省人民政府召开生物多样性日新闻发布会】 为迎接2021年在昆明召开的《生物多样性公约》第十五次缔约方大会，积极配合相关部门协调协商前期工作，并应邀参加云南省人民政府新闻办公室召开的云南省2020年"5·22"国际生物多样性日新闻发布会，联合发布《云南的生物多样性》白皮书，发出生物多样性保护倡议。

【新冠肺炎疫情常态化防控】 把抗击新冠肺炎疫情作为一项重点工作来抓，加强组织领导，成立防控工作领导小组，强化责任担当，制订防控疫情工作方案，先后下发《关于报送野生动物管控工作情况的通知》《关于开展野生动物疫情管控检查工作的通知》等文件，对防控工作进行部署，要求强化保护野生动物宣传，宣传严禁转运、贩卖、食用、交易野生动物的政策，认真做好疫情防控上报、信息报送、宣传报道、舆情监测、工作协调、督导检查等相关日常工作。抓实疫情防控工作，做好日常防护措施，建立异常情况报告制度，采购配发口罩、消毒液等防护物资，进行日常体温检测，对办公室、会议室、楼道等进行消毒管理，确保各项防控措施落实到位。

【基层党建和机关建设】 认真学习领会习近平新时代中国特色社会主义思想，深入贯彻落实党的十九大和十九届二中、三中、四中、五中全会精神，精心组织"万名党员进党校"和处级干部轮训工作，逐步推进"智慧党建"工作，认真组织"寻标对标达标创标"活动，周密安排"模范机关"创建活动，扎实开展机关党建"灯下黑"和"两张皮"整治行动。加强脱贫攻坚帮扶工作，持续开展普法学法活动，加强精神文明建设，开展"书香机关·书香支部"活动、志愿服务和文明单位创建活动，坚决制止餐饮浪费。全面落实党风廉政建设主体责任和监督责任，贯彻落实国家安全保密工作。

【大事记】
2月4~5日 专员史永林、二级巡视员李鹏等到云南省野生动物园、昆明市野生动物拯救中心、昆明亚灵科技有限公司开展督导检查。

2月10~12日 专员史永林、二级巡视员李鹏、副专员陈学群分别带队到红河哈尼族彝族自治州弥勒市、楚雄彝族自治州武定县、玉溪市澄江市开展野生动物管控和疫源疫病监测防控现地督导检查。

2月20日 与云南省林草局组成联合督查组，赴施甸县对央视曝光非法猎捕野生动物案件进行现场督办。

2月25~27日 与云南省林草局组成联合督导检查组，赴曲靖市马龙区、沾益区和玉溪市易门县开展疫情防控、候鸟迁飞安全保障督导检查。

3月3日 携手云南省有关部门共同开展主题为"维护全球生命共同体"的2020年"世界野生动植物日"宣传活动。

3月2~4日 派工作组赴迪庆藏族自治州、丽江市、临沧市督导2019年森林督查案件查处和整改工作。

3月17~20日 专员史永林带队到德宏傣族景颇族自治州、二级巡视员李鹏带队到西双版纳傣族自治州和普洱市对新冠肺炎疫情与鸟类迁徙安全防控及2019年森林督查案件查处和整改工作进行督导检查。

4月15日 云南省人民政府副省长王显刚对云南专员办报送的森林督查进展报告作出批示，要求各市（州）人民政府与林草局加快进度完成2019年森林督查案件查处工作。

4月22~27日 联合云南省林草局到昆明等五市（州）督查2019年森林督查案件查处整改情况。

5月10~11日 专员史永林陪同国家林草副局长李春良调研云南省禁食野生动物工作开展情况。

5月22日 应邀派二级巡视员李鹏参加云南省"5·22"国际生物多样性日新闻发布会。

6月9~12日 专员史永林和二级巡视员李鹏分别带队到西双版纳傣族自治州、大理白族自治州开展森林督查案件督办和利用野生动植物种源进口检查。

6月22~24日 二级巡视员李鹏带队到文山壮族苗族自治州督办乱采滥挖野生植物违法情况。

7月27~31日 同云南省林草局等多个部门组成4个工作组赴各市（州）督导全面禁食野生动物后续补偿工作。

8月4日 专员史永林和二级巡视员李鹏带队到昆明市官渡区对破坏森林资源问题进行现场督办。

8月11日 应邀派员参加大理白族自治州弥渡县光伏电站违法使用林地案件公益磋商会议。

9月1~3日 配合国家林草局督查组，派出4个工作组开展主要禁食物种处置补偿情况实地抽查。

9月10日 二级巡视员李鹏一行督查昆明市呈贡区城管局垃圾处理项目造成林地林木毁坏督办情况。

9月22~25日 专员史永林参加中央生态环境保护督察组对云南部分举报案件的核查督查工作。

10月21~22日 专员史永林陪同国家林草局督导调研组到建水县开展禁食野生动物补偿阶段督导调研。

10月24日 国家林草局副局长张永利到云南专员办调研指导工作。

11月25日 二级巡视员李鹏等陪同国家林草局森林资源管理司副司长丁晓华带队的检查组对昆明市官渡区涉林违法案件进行检查督办。

11月24日至12月2日 派员配合生态环境部参加"绿盾2020"统筹强化监督巡察。

12月15日 国家林草局副局长李树铭一行到云南专员办调研指导工作。

12月16~18日 专员史永林陪同国家林草局副局长李树铭一行到大理白族自治州调研指导森林资源管理情况。

（云南专员办由王子义供稿）

福州专员办（濒管办）工作

【综　述】　2020年，国家林草局福州专员办（濒管办）实行重点工作专班制，各方面工作均取得新进展。全年共督查督办案件405起，办结314起，涉案林地732.3公顷，涉案林木21 404立方米。闽赣两省2019年森林督查发现问题图斑查处率分别达到88.8%和86.9%。完成闽赣两省13个建设项目使用林地行政许可执行情况检查；完成17个国家级自然保护区违法违规问题整改情况和5个县（市、区）森林资源管理情况重点剖析检查；完成全国占用征收林地行政许可检查结果汇总，按期提交汇总分析报告。完成闽赣两省重点工作摸底调查和重点区域松材线虫病蹲点暗访工作。服从抗疫大局，迅速开展闽赣两省野生动物管控督导和禁食野生动物后续工作督导。共办理进出口公约证书、野生动植物进出口证明书1274份，物种证明585份，涉及企业125家，野生动植物进出口贸易额2.45亿元；举办履约执法培训班3个，共培训履约协调小组成员单位骨干、企业申报员139人次。

【督查督办涉林违法案件】　强化与闽赣两省林业主管部门联合工作机制，采取电话督办、发函督办、现地督办等措施，全方位加大案件督办力度。全年共督查督办案件405起，结案314起，涉案林地732.3公顷，涉案林木21 404立方米，其中：刑事案件127起，行政案件187起。罚款559万元，收回林地99.2公顷。

【中央环保督察组转交信访件的核实和督办】　福州专员办按照国家林草局党组要求，组成工作专班，扎实开展中央生态环境保护督查组转交信访件督办工作。共核实督办信访件36件（含6件重复件），及时派出36人次到现地核实督办28次。信访件反映问题属实或部分属实20件，共发现案件47起，涉案林地面积26.5公顷，涉案林木蓄积量98立方米，办结35起，待结12起。

【建设项目使用林地行政许可监督检查】　对国家林草局审核审批的闽赣两省13个建设项目使用林地行政许可执行情况进行检查，发现其中8个项目有违法行为，及时向两省林业局通报，并共同督促基层限期依法查处和整改到位。检查共发现非法占用林地面积8.8公顷，到2020年底大部分违法占用问题已处理到位。

【森林督查重点剖析检查】　认真制订《国家林业和草原局福州专员办2020年森林督查重点检查工作方案》，抽调技术骨干20人组成5个工作组，深入福建省建瓯市、尤溪县、长乐区和江西省袁州区、瑞昌市5个县（市、区）开展现地调查，共抽查图斑198个，面积1173.1公顷。经核实，其中违法违规问题图斑105个，涉及面积331.5公顷。检查组紧盯重点问题，深刻剖析产生问题的原因，针对性提出意见建议。同时对县级人民政府保护发展森林资源目标任务和责任落实情况进行评价，对林地"一张图"年度更新及公益林监测管理工作开展情况进行重点检查，并将检查结果及时报告国家林草局。

【监督区重点工作摸底调查】　按照国家林草局党组决策部署，从7月开始，集中一个月时间，对福建、江西两省重点工作贯彻落实情况进行摸底调查。为做好调查工作，成立工作专班，认真梳理研究国家林草局以及有关司局2020年工作要点，结合福建、江西实际，列出需要摸底调查的重点工作清单。同时，发挥驻地优势，与闽赣两省林业局负责人和相关处室负责人面对面详细交流，并采取下乡、上山、进村、入户的方式对涉及的重点工作落实情况深入两省15个县进行细致的调查核实，形成调研报告，掌握第一手情况。

【重点区域松材线虫病蹲点暗访工作】　9月，福州专员办领导带队赴江西省九江市、景德镇市的15个乡镇开展为期近20天的松材线虫病防控蹲点暗访工作，暗访涉及48个松林小班，松林面积327.26公顷，调查伐桩187个，取样15处；查访农户房前屋后等130处堆放疫木及枝丫材场所，4家疫木加工企业和7所检疫检查站，走访德安等4个县（区）行政服务中心。对督导地方政府加强松材病防控起到良好作用。

【破解公益林保护与林农利益关系的矛盾】　针对森林督查中发现人工种植的桉树被划为公益林，造成生态保护与经营者处置权的矛盾问题，积极协调国家林草局有关司局和福建省林业局，省林业局于4月26日出台《关于印发省级公益林中桉树采伐改造方案的通知》，调整公益林桉树采伐政策，从而缓解桉树公益林保护与利用的关系，较好解决了长期困扰林农因政策因素导致亏损经营和局部地区严重盗砍滥伐的问题。该政策出台得到了福建省漳州、泉州、莆田等沿海市、县林业主管部门和林农的赞赏和肯定。

【野生动物管控督导】　服从抗击新冠肺炎疫情大局，及时成立野生动物管控督导领导小组，开展督导工作，与闽赣两省林业局共商督办202次，电话、微信督导两省市、县林业局等单位238次，抽查疫源疫病监测站54次，派出5个督导组实地督导野生动物养殖场等8个场所，有效促进闽赣两省管控措施的落实。疫情防控期间，督导相关部门快速侦破福建平和县、江西德兴市非法破坏野生动物案件，及时平息舆情。

【禁食野生动物后续工作督导】　深入贯彻落实习近平总书记关于坚决革除滥食野生动物陋习的重要指示精神和全国人大常委会《关于全面禁止非法野生动物交易、革除滥食野生动物陋习、切实保护人民群众生命健康安全的决定》精神，及时与闽赣两省林业主管部门成立联合督导组，研究制订督导方案，将野生动物退养任务重、退养工作进展缓慢、地方政府有畏难情绪的作为督导重点。6月到年底，深入福建、江西共16个设区市54个县(区)开展实地督导，召开35场座谈会，指导推进退养转产工作。督导组每周召开调度会，了解整体工作推进情况，每天形成日报上报国家林草局。11月，福建、江西两省全面完成存栏动物处置并兑现全部补偿资金，积极开展转产转岗指导扶持工作。

【服务地方进出口企业和产业复工复产】 克服疫情影响，濒管处坚持全员在岗，通过线上咨询、网上审批等形式开展履约办证业务，最大限度地降低企业行政许可审批环节成本。全年共办理进出口公约证书、野生动植物进出口证明书1274份，物种证明585份，涉及企业125家，野生动植物进出口贸易额2.45亿元；认真履行行政许可监管职责，赴福建省福州市、三明市明溪县、漳州市等地开展行政许可实地监督检查工作；为闽赣50多家野生动植物进出口企业举办培训班。

【口岸安全风险联合防控工作】 加强与福州、厦门、南昌海关等相关部门合作，落实对濒危野生动植物种进出口履约监管、重点关注物种、联合开展风险防控、联合培训、联合宣传等工作。

【宣传培训工作】 结合闽赣两省野生动物管控和禁食野生动物后续督导工作，联合福建省林业局等部门开展世界野生动植物日、"爱鸟周"和野生动物宣传月等宣传活动，仅新华网的日点击量就超过1000万次；福建电视台3次播出福州专员办督导工作内容的电视节目。举办闽赣CITES履约执法培训研讨班，培训协调小组成员40余人；举办福州、厦门、南昌海关濒危物种进出口管理培训班，培训海关关员40余人；举办闽赣野生动植物进出口企业申报员培训班，培训企业50多家；派员为厦门海关等开展濒危物种保护培训；组织开展闽赣两省2020年森林督查、责任制检查培训工作。

【完善制度建设】 新制订《中共国家林业和草原局福州专员办党组落实全面从严治党主体责任清单》等制度5项，对《福州专员办党组工作规则》等9项制度进行修订，并在出差派遣函中明确公务接待工作纪律要求和注意事项，坚持将纪律和规矩挺在前面。

【大事记】
1月9日 为加大福州专员办与国家林草局华东院协作力度，强化福建、江西两省森林资源监测与监督管理，共同维护两省生态安全，由专员王剑波带队，一级巡视员李彦华和副专员吴满元、宋师兰及相关业务处负责人赴杭州出席与华东院签署强化合作框架协议仪式。

2月5日 福州专员办专员王剑波、副专员宋师兰和福建省林业局局长陈照瑜带领有关人员，赴福建省越冬水鸟最集中分布的闽江河口湿地督导检查候鸟保护和疫源疫病监测防控工作。

3月23日 福建省副省长李德金会见福州专员办专员王剑波一行，并听取工作汇报。省政府办公厅副主任陈起东、省林业局局长陈照瑜等参加汇报座谈会。

3月25日 福建省委、省人大常委会、省政府、省政协领导到福州市闽侯县上街镇明德路南侧旗山湖工程项目绿化地块，参加全民义务植树活动。福州专员办领导班子全体成员共同参加植树活动。

3月29日 福州专员办(濒管办)联合福建省林业局、福建省野生动植物保护协会共同在福州国家森林公园举办福建省第38届"爱鸟周"现场宣传活动。专员王剑波、副专员宋师兰、福建省林业局局长陈照瑜、副局长林旭东，省野生动植物保护协会会长林少霖以及有关社团组织代表、志愿者、市民、新闻媒体记者和群众参加活动。

4月10日 福州专员办与福州海关风险防控分局及福建省林业局召开工作座谈会，沟通交流福建省内濒危野生动植物基本情况、进出口履约监管、重点关注物种情况及宣传培训等相关信息，就进一步联合开展风险防控、联合培训、联合宣传等事项进行了探讨。

4月21~24日 为督促地方政府有效落实中央和国家林业和草原局的有关指示精神和具体部署，扎实做好春季森林草原防火工作和2019年度森林督查发现有关问题的整改工作，福州专员办一级巡视员李彦华带队，赴福建省漳州市漳浦县、古雷港经济开发区和东山县等地开展督查检查。

5月7~13日 为综合了解闽赣两省执行《野生动物保护法》及各地禁食野生动物后续工作开展情况，分析野生动物保护管理和执法监管等方面存在的主要问题，征求地方对《野生动物保护法》修订的意见和建议，福州专员办副专员宋师兰带队赴福建省闽清县、泉州市洛江区、德化县和南平市延平区、松溪县开展调研督查工作。

5月12~13日 根据国家林草局要求及福州专员办2020年工作计划，副专员吴满元与江西省林业局总工程师倪修平带领督导组，赴江西省黎川县、九江市濂溪区开展2019年森林督查整改情况、2020年森林督查自查和森林防火督导工作。

5月14日 江西省副省长陈小平会见福州专员办专员王剑波一行，并听取工作汇报。江西省林业局局长邱水文和总工程师倪修平，以及福州专员办副专员吴满元和相关处室负责人参加汇报。

5月14日 福州专员办与江西省林业局召开联席会议，交流2020年森林资源监管、森林防火部署、野生动植物保护等工作。

5月28~29日 为监督各地贯彻落实党的十九大关于"强化湿地保护和恢复"的要求，落实《国务院办公厅关于印发湿地保护修复制度方案的通知》精神，按照原国家林业局、国家发改委等八部委印发的《贯彻落实〈湿地保护修复制度方案〉的实施意见》以及国家林业和草原局总体工作部署，为全面了解福建省湿地保护管理工作开展情况，福州专员办一级巡视员李彦华等会同福建省林业局相关人员赴宁德市开展湿地保护管理情况专题调研。

6月2~5日 为督促地方做好森林督查工作，了解福建省三明市林票制度改革情况，福州专员办专员王剑波带领相关处室人员，赴三明市及沙县、泰宁、三元、永安等县（市、区）开展督查调研。

6月3日 根据《国家林业和草原局关于推进禁食野生动物后续工作的督导方案》要求，福州专员办成立福建省督导组，制订《福建督导组关于推进禁食野生动物后续工作的督导方案》，启动督导工作。

6月9日 为进一步督促县级人民政府建立、完善并落实保护发展森林资源目标责任制，建立健全保护发展森林资源长效机制，福州专员办会同江西省林业局召开乐平市2019年森林资源保护管理重点剖析检查整改落实工作督办会议。

6月10日 福州专员办副专员吴满元带队赴江西省浮梁县开展林长制工作调研。

6月10~12日 为督促地方做好森林督查工作，了解福建省湿地保护管理情况，福州专员办一级巡视员李彦华带领相关处室人员赴漳州市云霄县和诏安县开展督导调研。

7月7日 福建省副省长崔永辉到福州专员办调研指导，省政府办公厅副主任陈起东、省林业局局长陈照瑜等参加调研。专员王剑波以及班子成员和各处室负责人参加调研座谈会。

10月18日 福州专员办联合福建省林业局、省野生动植物保护协会在晋江市共同举办"福建省第30届保护野生动物宣传月"启动仪式。这次宣传月主题为"保护野生动植物，养成文明卫生饮食习惯"。中国野生动物保护协会副秘书长郭立新、福州专员办副专员宋师兰、福建省林业局一级巡视员谢再钟参加启动仪式并讲话。数百名社会各界代表、市民、学生、志愿者和新闻媒体记者等参加启动仪式。

11月15~19日 福州专员办（濒管办）参与并积极配合国家林草局动植物司第四检查组，对福州办事处开展业务检查并对辖区2019年度野生动植物进出口企业行政许可进行随机抽查检查。

11月26日 经对闽赣两省禁食野生动物后续工作的有力督导，闽赣两省全部完成存栏动物处置并兑现补偿资金。

12月9~11日 福州专员办（濒管办）在江西新余举办2020年闽赣CITES履约执法培训研讨班。专员王剑波和副专员宋师兰及相关处室人员，闽赣两省林业、渔业、市场监督管理、海关和公安等履约执法协调小组成员及业务骨干人员和江西省各市林业局分管领导共40余人参加培训研讨。

12月29日 福州专员办与福建省林业局召开森林资源保护管理工作联席会议，专员办领导和省林业局在家领导及双方有关处室负责人参加会议。专员办党组书记、专员王剑波和省林业局党组书记、局长陈照瑜分别讲话。

（福州专员办由罗春茂供稿）

西安专员办（濒管办）工作

【综　述】 2020年，国家林草局驻西安专员办认真贯彻落实习近平总书记重要讲话指示批示、中央及国家林草局党组决策部署，扎实推进祁连山国家公园政策标准、资源数据监测、基础设施等建设，基本完成体制机制试点任务。创新监督方式，以森林督查、自然保护专项检查、行政许可检查、督办案件等手段为抓手，突出热点区域、重点生态区，全面强化林草资源保护和管理。全面落实全国人大常委会关于全面禁食野生动物的决定，集中一切力量，加强驻地野生动物防控措施督导，督促完成禁食野生动物处置和补偿及转型转产工作。规范内部管理，认真执行党中央及国家林草局政务公开、保密工作、预算执行、勤俭节约等相关规定，优化机关办公环境，较好地全面完成了年度各项工作任务。

【祁连山国家公园试点】 制订《祁连山国家公园条例（代拟稿）》《祁连山国家公园产业准入清单》《祁连山国家公园建设项目监督管理办法》等政策标准13项。主编《国家公园勘界立标规范（LY/T 3190—2020）》并由国家林业和草原局发布执行。根据甘肃草原调查结果，建立基于国土三调数据的自然资源数据库。组织完成了青海片区草地资源调查。向甘肃自然资源厅提出公园内国土三调数据校正建议并得到认可。组织完成管护站点标识更换。组织完成《祁连山国家公园区划》。督促落实共牧区禁牧政策。开展卫片执法检查，严格建设项目前置审核，对4个项目提出不同意建设意见。督导甘肃、青海两省基本完成试点工作并接受国家第三方评估验收，成绩名列前茅。制作宣传片和画册，组织开展业务培训。

【林草资源监督】 创新监督方式，对森林、草原、湿地、荒漠、自然保护地实施全方位监督，积极推进林业、草原、国家公园三位一体融合发展。完成12县（区）森林督查、60个整改项目"回头看"，发现未整改到位项目25个。完成15项占用征收林地行政许可检查。督办涉林案件30起，结案26起，收缴罚款112.5万元，收回林地9.86公顷。对4个国家级自然保护区"绿剑行动"406个整改地块进行验收检查。对7个国家级自然保护区开展专项检查。完成2个湿地公园检查、1项国家沙化土地封禁保护区建设检查。对四省（区）16个国家级自然保护区进行了全域两期卫星影像判读监测。

【森林资源监督报告】 向陕甘青宁四省（区）人民政府报送了2019年度森林资源监督意见，监督意见得到四省（区）人民政府高度重视，相关领导均作批示，要求抓好整改落实。省级林草主管部门制订具体落实方案，积极推进整改。

【野生动植物监管】 全面落实野生动物疫情防控措施，在新冠肺炎疫情防控期间，先后对四省（区）开展了十多次现地督导工作。全国人大常委会关于全面禁食野生动物的决定出台后，对四省（区）45个县102个人工繁殖场所（单位）禁食野生动物管控措施落实情况开展了督查，认真落实中央决策部署。督促甘宁青三省（区）8月底完成禁食野生动物处置工作。向陕西省政府发监督建议书，建议其尽快研究出台处置方案。督导四省（区）补偿和转产工作基本完成。办理进出口许可证书600余份，督办涉野生动植物重点案件3起。

【林草防灭火督查】 清明节期间，西安专员办主要负责人带队对陕西3市6县20个单位春季森林草原防灭火工作进行督导检查。配合国家林草局对陕西5市6县秋冬季森林草原防火工作开展调研。对甘青宁三省（区）16个市、县及省直林草经营单位秋冬季森林草原防火工作开展调研。

【松材线虫病监测】 历时25天，对陕西省商洛、安康和汉中等3市4县（区）秦岭松材线虫病防控工作进行了蹲点暗访，向国家林草局提交报告。

【重点工作调研】 西安专员办领导带队分4个调研组对四省（区）11市（州）15县（区）林草机构职能运行和落实林草重点工作情况开展摸底调查，提出4类16项意见建议，总体评价：宁夏"好"、其他三省"较好"。积极参与建言献策活动，提出建议21条。全力配合中央第六巡视组、第二批中央生态环保督察工作，从严从速从实提供材料，确保各项工作落实落地。

【疫情防控】 加强疫情防控，购置发放防控用品，落实防控措施，严格执行驻地疫情防控有关规定，全办人员身体健康状况良好，确保疫情防控和工作两不误、两保障。贯彻落实六保六稳政策，协调解决了国家重点项目黄藏寺水库建设的道路改线和国家公园管护站搬迁事项。

【脱贫攻坚】 对西安专员办承担的陕西山阳县户家塬镇西沟村帮扶任务，办领导带队多次深入西沟村了解情况，研究帮扶措施，再次协调到位98万元产业发展资金，助力壮大集体经济。2020年，西沟村实现了整村脱贫目标，14名党员领导干部帮扶的18户贫困户也实现了全面脱贫，持续巩固和提高脱贫成果。

【大事记】
  2月 办领导带队对四省（区）野生动物疫情防控情况进行督导检查。
  3月 向国家林业和草原局及陕西、宁夏、甘肃、青海四省（区）人民政府提交2019年度森林资源监督报告（意见）。
  4月 首次承担并对陕西省清明期间林草防火工作进行督查。
  4月 完成"绿剑行动"对6个自然保护区406个整改项目的检查验收。
  5月15日 召开祁连山国家公园协调工作领导小组办公室主任2020年度第一次会议。
  5月26日 召开祁连山国家公园自然资源本底调查甘肃片区（草地）资源补充调查评审会。
  6月 开展中央巡视移交立行立改问题自查和专项整改工作。
  7月 向陕西省人民政府发出关于建议加快推进禁食野生动物处置和补偿工作监督建议书。
  8月4日 在青海省祁连县举办祁连山国家公园建设能力培训班。
  8月 向国家林草局上报陕甘宁青四省（区）林业和草原重点工作落实情况摸底调查报告。
  8月 制作祁连山国家公园宣传片和画册。
  8~9月 首次参与国家林草局对秦岭松材线虫病开展的蹲点暗访工作。
  9月 配合完成祁连山国家公园试点国家第三方评估验收。
  12月16日 在西安市举办祁连山国家公园管理能力和森林资源监督能力培训班。

（西安专员办由朱志文供稿）

武汉专员办（濒管办）工作

【综　述】 2020年，国家林草局武汉专员办坚持全面从严治党，认真贯彻落实习近平生态文明思想，认真履行监管职责，林草资源监督和濒危物种履约管理工作成效明显。

【疫情防控】 新冠肺炎疫情发生后，武汉专员办成立疫情防控领导小组，制订工作预案，做好应急处置，确保有序运转。在汉党员干部，坚守岗位，10名党员干部下沉社区参与防控，15名党员干部捐款8800元，向单位所在社区捐献口罩1200个。3月下旬，实现全员复工，中国林业网、《中国绿色时报》等采用信息20多条，传递武汉专员办抗疫声音。

【案件督查督办】 坚持案件督办第一职责，全年共调查督办涉林违法案件465起，结案率96.55%。一是派出15个工作组（次）实地调查处理中央环保信访转办案16起。二是督办长江经济带5县（市、区）即时监测图斑二期254个（其中5公顷以上图斑29个），一期自查一致率达100%。三是完成长江经济带生态环境警示片涉自然保护地案件督办，调查督办问题线索6个。

【森林资源监督网格化管理】 2020年，深化网格化管理工作，拓展监管内涵，从森林资源扩大到全资源监管，延伸网格架构，发展基层网格员，实现上下联动。疫情期间，武汉专员办开展野生动物监管和森林防火督查网格化监督，与基层网格员充分配合，行动迅速，彰显出极大的优越性和生命力。

【专项检查】 2020年，完成鄂豫两省9个建设项目使用林地行政许可专项监督检查。对豫鄂两省5个国家级自然保护区开展专项检查，实地核实河南伏牛山、湖北九宫山保护区"绿剑"行动发现问题整改并通过验收。派员参加生态环境部"绿盾2020"统筹强化监督全国巡查。对十八大以来中央领导批示的两个重点案件再次开展回访调查。

【专题调研】 按照国家林草局统一部署，武汉专员办派出4个调研组赴两省32个县(市、区)开展林业重点工作落实情况摸底调研，提交《建好大生态 服务大战略》调研报告。

【森林督查】 跟踪推进2019年森林督查整改情况，解决历史积案问题，结合专项检查，对豫鄂两省16个县(市、区)开展2019年森林督查"回头看"。督办2019年森林督查案件308起，综合查处率86%以上。抽选两省11个县(市、区)开展2020年森林督查。

【编制森林资源监督报告】 全面总结监督区林业生态建设和资源管理成效问题，向豫鄂两省政府递交《2019年度森林资源管理工作的监督通报》，河南省常务副省长、湖北省分管副省长分别作出批示。

【濒危物种管理工作】 2020年，组织开展野生动物管控、野生动植物保护等督导检查。办进出口行政许可113份，总贸易额6709万元。完成两省2019年度进出口行政许可执行情况、近3年引进野生动植物种用种源及繁殖情况的监督检查。开展系列野生动物保护、履约宣传活动。

【森林防火督查】 一是建立森林防火督查工作机制。成立武汉专员办森林防火专项督查领导小组及办公室，组建两个督查组，制订《森林防火专项督查方案》，明确濒管处负责森林防火监督工作。二是组织开展森林防火督查。对鄂豫两省森林火灾高风险地区开展现场督查。武汉专员办全体网格员也通过电话、微信、短信等方式对网格区进行网络督查，做到了对监管区防火督查全覆盖，确保两省森林防火安全。三是参加国家林草局组织的对湖南省的森林防火督查工作。

【督导禁食野生动物】 一是成立领导小组和督导组，制订督导方案，下发《督导通知》，全面启动豫鄂两省禁食退养工作调度和督导。二是建立工作调度督导和精准督导的日报告、周统计表制度，及时报送禁食野生动物后续工作动态、进度和任务完成情况，累计报送两省日报告152期、周统计表42份(次)，上报专题汇报材料12份(次)。三是组织参加禁食野生动物后续工作精准督导、调查核实等活动，对湖北省武汉、宜昌等4市进行精准督导，对孝感、荆门等7市(州)12个县(市、区)的6个重点物种的处置补偿情况开展调查核实。四是在河南省林业局召开禁食野生动物后续工作座谈会，推进加快出台指导意见和在养野生动物分类处置，对工作进展较慢市县进行督导。

【有害生物防治】 与国家林草局林草防治总站、中南院组成暗访组，由办领导带队对鄂豫两省6县(市)松材线虫防治情况进行蹲点暗访，历时19天，行程5000多千米，提交报告并赴国家林草局专题汇报。

【宣传教育】 3~4月，利用"世界动植物日""爱鸟周"等时间节点，通过宣传图片、易拉宝、自媒体、手机微信等开展主题宣传活动。10~11月，武汉专员办联合河南省林业局、三门峡市人民政府举办"河南省候鸟保护宣传暨三门峡市第七届保护白天鹅宣传日"活动启动仪式。参加河南省水生野生动物科普宣传月和湖北省陆生野生动物保护宣传月活动。

【从严治党】 一是加强党建领导。办党组认真履行党建工作主体责任。坚持党建工作与林草监管工作深度融合。成立全面从严治党工作、意识形态工作等领导小组。二是加强政治建设。制订《武汉办加强政治机关建设实施方案》。认真开展"让党中央放心、让人民群众满意"模范机关创建工作，被国家林草局评为"模范机关"创建先进单位。三是加强理论学习。采取多种形式深入学习贯彻习近平新时代中国特色社会主义思想、党的十九大精神和十九届四中、五中全会精神等，强化理论武装。四是夯实党建基础。选举产生新一届支部委员。严格落实"三会一课"制度，新冠肺炎疫情期间，落实主体责任和一岗双责。办党支部被上级党组织授予"先进基层党支部"，领导班子年度考核被评为优秀。五是加强作风建设，按照国家林草局中央巡视反馈问题整改工作要求，深入开展自查整改工作。开展"灯下黑"问题专项整治。认真做好经济责任审计问题整改落实工作。六是加强纪律建设。办领导与各处负责人签订《党风廉政建设责任书》。开展警示教育和廉政风险防控排查工作。修改完善58项规章制度，强化制度执行，做到规范管理。

【大事记】
1月14日 武汉专员办应邀参加长江珍稀濒危水生生物保护工作研讨会议。
2月2日 武汉专员办派出两个督查组深入豫鄂两省野生动物养殖场所实地开展督查。
4月5日 副专员孟广芹带队对武汉市江夏区森林防火工作开展暗访和随机检查工作。
4月9日 武汉专员办与河南省林业局在郑州召开办局森林资源监管座谈会，副专员马志华参加会议并讲话。
6月15日 武汉专员办与湖北省林业局开展部门间座谈会议，副专员马志华主持会议并讲话。
6月16日 湖北省林业局召开全省禁食陆生野生

动物退出处置工作推进会，副专员孟广芹参加会议并讲话。

7月8日　副专员孟广芹带队赴河南省就禁食野生动物后续处置工作进行督导。

7月18日　副专员马志华带队赴河南省就国家林草局2018年森林督查违法占用林地挂牌督办案件整改情况进行复查验收。

7月27日　副专员马志华在郑州主持召开2020年河南省建设项目使用林地检查反馈会。

8月3日　副专员孟广芹率调研组，赴湖北荆州市开展林业重点工作贯彻落实情况摸底调查和禁食退养后续工作精准督导。

8月27日　副专员孟广芹率暗访组对鄂豫两省6县(市)松材线虫防治情况进行蹲点暗访。

9月1日　副专员孟广芹带队赴湖北省开展禁食野生动物重点物种处置和补偿情况调查核实活动。

11月22日　副专员孟广芹参加"河南省候鸟保护宣传月暨三门峡市第七届'保护白天鹅宣传日'活动"启动仪式。

(武汉专员办由胡进供稿)

贵阳专员办(濒管办)工作

【综　述】　2020年，国家林草局驻贵阳森林资源监督专员办事处(中华人民共和国濒危物种进出口管理办公室贵阳办事处)(以下简称贵阳专员办)在抗击新冠肺炎疫情的同时，积极推进党建和业务工作深度融合发展，全力配合中央巡视、中央环保督察等工作，切实履行督查督办涉林案件第一职责，全年督办案件134起，追究刑事责任59人、行政处罚165人(单位)、追责问责93人；核发野生动植物进出口行政许可(含公约证书和物种证明)358份。

【完成国家林业和草原局部署的重大工作事项】　开展湘黔两省(以下简称两省)林草重点工作摸底调查和建言献策等重要工作。一是在摸底调研工作中，成立4个组分赴两省10余县实地调研，点面结合，把脉国家公园体制试点、禁食野生动物后续工作、自然保护地整合优化、退耕还林还草任务落实落地等领域的问题和不足，提出建议，于8月初提交专题报告。二是在建言献策活动中，聚焦促进部局(自然资源部、国家林业和草原局)系统集成、协同高效和转变工作作风等主题，汇总梳理形成3个方面11条意见建议，10月上报国家林业和草原局。三是根据国家林草局办公室要求，围绕部局工作融合主题，就推进自然资源督察督办和执法工作融合，提出"出台支持自然资源督察局和专员办联合开展工作的制度措施"等3条建议。与自然资源部武汉督察局相互走访、共享信息，共同开展"一案双查"，形成监督合力，取得较好的起步效果。

【2019年度森林资源监督报告和专报】　年初，分别向两省人民政府提交《2019年度森林资源监督报告》，并通过专报向中共贵州省委提出工作建议。两省领导高度重视，作出批示，特别是贵州省委书记和省长对专报及省委办公厅起草的落实意见多次作出圈批。贵阳专员办积极跟踪督促，经过与两省林业局等部门的共同努力，取得很好的工作成果。一是湖南省人民政府废止对林地保护造成影响的湘发改农〔2017〕93号文件，印发《关于进一步加强森林资源监督管理工作的通知》(湘政办函〔2020〕54号)。二是贵州省全面解决"组组通"硬化路森林植被恢复费欠缴问题。到10月中旬，所欠5亿多元全部缴清，大大减少涉林违法案件存量，有效维护贵州省作为国家生态文明试验区的形象。同时，贵州省委、省政府同意在省林业局设置防灭火机构，为下一步强化森林资源保护管理创造良好条件。

【案件督查督办】　采取现场督办、电话催办、发督办函、会议约谈督办等方式，开展涉林案件督查督办。先后赴两省20个市(州)、40余个县(市、区)现地开展工作，共督查督办案件134起，涉及林地面积827.33公顷、林木蓄积量2266立方米。追究刑事责任59人，实施行政处罚165人(单位)、行政罚款5203万元，追责问责93人，补收森林植被恢复费3670万元。此外，与两省林业局共同赴现地，完成中央环保督察转办的生态环保问题线索核实12件，涉及8个市(州)9个县，及时反馈核实处理结果。

【森林督查】　一是3月中旬，分别向两省10个县通报2019年度县级人民政府保护发展森林资源目标责任制建立和执行情况检查结果，对存在的问题提出整改要求并抄送省人民政府。贵州省人民政府分管副省长作出批示，要求认真整改，提高管理水平。二是3~5月，赴湖南省宁乡市、衡东县，贵州省余庆县等6县(市)，对上年森林督查发现问题整改落实情况开展"回头看"，对发现的重大案件实行挂牌督办，有力推进一批久查不决案件的查处整改。三是全面完成年度森林督查工作，共检查两省9个县(市、区)，重点检查2020年森林督查工作情况和2019年度保护发展森林资源目标责任制落实情况。四是12月中旬，召开湘黔两省森林资源监督工作会议，两省省、市两级林业主管部门和国家林草局中南院等29个单位参会。会议就进一步做好森林督查、完善保护发展森林资源目标责任制、查办破坏森林资源案件和推行林长制作出部署、提出要求。

【专项督查检查】　一是森林防火工作督查。赴两省7个市(州)、12个县(区)，重点对县乡村三级行政单位、国有林场、自然保护区等落实森林防火责任情况进行专项督查，督促各级各相关部门落实森林防火责任。二是建设项目使用林地行政许可检查。检查两省16个建设项目并上报检查成果。三是完成国家级自然保护区专项检查。抽查两省5处保护区，重点对保护区内存在的未批先建、滥伐林木、乱捕滥猎等违法违规问题进行监督检查，按时上报检查报告。四是湿地公园管理情况检查。对贵州省黎平县八舟河和安顺市邢江河国家湿地公园建设管理情况开展监督检查，针对发现的问题，提出整改意见。

【野生动物封控和退出转产后续工作】 一是做细疫情防控工作，确保全办干部职工包括1名回湖北探亲的人员平安；按要求做好疫情日报工作，先后向国家林草局办公室、动植物司，中共贵州省直机关工委等报送日（周）报300余次（份）。二是单独或联合两省林业局，对40多家（处）野生动物驯养繁殖户（企业）、保护地、农贸市场等开展现地督导和明察暗访。三是积极推进监督区禁食野生动物后续工作，上接省级层面大力推动两省及时出台退出补偿转产有关文件，下赴10个市（州）、30余个县（市、区）调研督导，座谈交流，宣传政策，督导市、县两级落实落细补偿等工作。通过不懈努力，促进两省补偿资金按照国家林草局规定的时限全额到位。

2月1日，贵阳专员办在贵阳市黔灵山公园检查野生动物封控情况（贵阳专员办 供图）

【改进物种管理工作】 一是优化内部审批管理流程，统一两省企业办证程序和企业行政许可申请要件，合理调配内部办证人员。二是核发野生动植物进出口行政许可（含公约证书和物种证明）358份，其中允许进出口证明书70份、物种证明288份，涉及贸易额4129万元。三是坚持管理与服务并重，开启"绿色通道"，加急办理证书审批，减轻企业经济负担，助力"六稳""六保"；积极提供野生动植物保护、物种进出口政策和人工繁育野生动物转产退出等咨询服务200余次，帮助企业排忧解难。四是举办湘黔两省CITES（濒危野生动植物种国际贸易公约）履约执法和进出口证书管理系统培训班。两省林业局、市场监督管理局、海关等部门一线工作人员以及30余家进出口企业代表共90余人参加培训。五是配合国家濒危物种进出口管理办公室完成两省2019年度野生动植物进出口行政许可检查工作，共检查6家企业。参加对国家林草局福州专员办、云南专员办的相关检查工作。

【野生动植物保护监督】 一是完成种用野生动植物种源进口检查，对相关企业进行监督检查。二是调查督导黔灵山公园猕猴管理问题。根据国家林草局动植物司要求，于5月对群众举报反映的贵州省贵阳市黔灵山公园猕猴保护管理问题，联合贵州省林业局等6家相关单位，开展现地调查督导，按时反馈调查结果。10月，联合贵州省林业局成立专项督导组，对中央生态环境保护督察组转办的关于黔灵山公园猕猴问题等信访件进行现场监督检查，通过现地检查、座谈、查阅资料等形式，调查核实信访反映的问题，提出整改意见和建议并跟踪督促落实。三是按照国家林草局动植物司要求，于6月针对"下山兰"问题开展重点督导，全力推进摸排调查，按时上报情况报告。

【资源保护宣传】 一是3~4月，联合中国绿色时报社和两省林业局制作海报，对接两省人民政府机关、博物馆、机场海关、宾馆饭店等单位，广泛开展"革除滥食野生动物陋习"宣传。二是联合贵阳海关在贵州广播电视平台投放"严厉打击野生动物及其产品走私违法犯罪"公益广告，获得4100多万点击量。与国家林草局宣传中心共同制作的公益宣传视频在贵州省贵阳市重要街区十字路口电子屏上展播，反响良好。三是分别在两省开展"世界野生植物日""爱鸟周"和水生野生动物保护科普宣传月等活动。四是参加贵州省2020年湖泊湿地保护修复技术培训班暨湿地宣传周启动仪式，倡议进一步加大宣传湿地保护修复，切实提高公众保护湿地、爱护湿地意识。

【连续6年被贵州省表彰为森林保护"六个严禁"执法专项行动优秀集体】 8月，贵阳专员办获贵州省森林保护"六个严禁"执法专项行动联席会议办公室表彰为2019年全省森林保护"六个严禁"执法专项行动优秀集体。这是贵阳专员办连续第6年获此荣誉。为严厉打击各类破坏森林资源违法犯罪活动，坚决制止和惩处破坏生态环境行为，2014年，中共贵州省委、省人民政府决定在全省开展森林保护"六个严禁"执法专项行动，即严禁盗伐林木、严禁掘根剥皮等毁林活动、严禁非法采集野生植物、严禁烧荒野炊等容易引发林区火灾行为、严禁擅自破坏植被从事采石采砂取土等活动、严禁擅自改变林地用途造成生态系统逆向演替。贵州省人民政府建立"专项行动"联席会议制度。从2015年起，贵州省委、省政府决定将"专项行动"作为保护发展森林资源的一项常态化工作长期开展，持续严厉打击各类破坏森林资源的违法犯罪活动，保护森林资源，守住生态底线，守好绿水青山。6年间，贵阳专员办按照"专项行动"联席会议职责分工，对各地"专项行动"开展情况进行督查和指导，协助司法部门对破坏森林资源案件进行查处，以督查督办违法使用林地案件为工作重点，积极履职，共督查督办破坏森林资源案件765起（林地案件700起），涉及违法使用林地面积3676.7公顷、违法采伐林木79 059.8立方米；累计行政或刑事处罚人数（单位）765人（个）、处罚款21 430.9万元、追究刑事责任166人、党纪政纪问责处理187人，挽回经济损失（补交森林植被恢复费）22 600.5万元。

【大事记】

2月1日 根据国家林草局等部门关于新冠肺炎疫情防控和野生动物封控的紧急部署,贵阳专员办专员李天送带队,联合贵州省林业局赴贵州森林野生动物园、贵阳市黔灵山公园等地实地检查督导。并派员对长沙市红星生鲜市场、西长街农贸市场、友谊路农贸市场进行暗访督查。

2月25日 贵阳专员办迅速贯彻全国人大常委会2月24日发布的《关于全面禁止非法野生动物交易、革除滥食野生动物陋习、切实保障人民群众生命健康安全的决定》,联合中国绿色时报社、贵州省林业局、湖南省林业局,精心设计发布2幅"革除滥食野生动物陋习"主题海报,开展集中宣传。

3月23日 贵阳专员办和贵州省林业局召开专题会议,研究落实全国人大常委会《关于全面禁止非法野生动物交易、革除滥食野生动物陋习、切实保障人民群众生命健康安全的决定》,积极稳妥推进以食用为目的的野生动物养殖企业、养殖户转产(退出)工作。

6月11日 专员李天送带队,贵阳专员办会同贵州省林业局等部门,到贵州省六盘水市所辖盘州市淤泥乡岩博村学习调研林业生态建设和产业发展,现场回复有关问题。

7月23日 专员李天送带队到湖南南山国家公园(试点)调研督导体制试点工作,要求湖南省有关部门抓好工作,确保南山国家公园体制试点如期通过验收。

8月25日 贵阳专员办与湖南省林业局组成工作组,进驻湖南省浏阳市对2019年森林督查发现的重点问题进行现地督查督办。

9月24日 副专员谢守鑫和自然资源部武汉自然资源督察局副专员江福秀一同到贵州省开阳县开展自然资源督察。这是贵阳专员办作为国家林草局派出监督机构,首次和自然资源部派出督察机构联合开展实地监督检查。

9月24日,贵阳专员办与自然资源部武汉督察局联合在开阳县开展检查

10月17日 专员李天送陪同国家林草局副局长刘东生赴贵州省黔南布依族苗族自治州都匀市,出席第四届中国绿化博览会开幕式,并陪同到龙里县开展国有林场改革情况调研。

10月21日 专员李天送陪同国家林草局副局长李春良赴贵州省黔南布依族苗族自治州独山县、荔波县开展生态扶贫调研。

12月17日 贵阳专员办在湖南省长沙市召开湘黔两省森林资源监督工作会议。

(贵阳专员办由陈学锋供稿)

广州专员办(濒管办)工作

【综述】 2020年,广州专员办奋力开创各项工作新局面,为推进监督区生态文明建设做出了积极贡献,全年共督查督办涉林案件332宗,涉案林木30 945.8立方米,涉案林地1595.63公顷,共处理违法违规人员233人,收回林地2648.89公顷。全年共核发进出口证书6879份,贸易额约达27.9亿元。

【机关党建工作】 充分发挥办领导班子的领学促学作用,加强办党组理论学习中心组学习,带头研讨交流,当好"头雁",以"关键少数"带动绝大多数。创新青年干部理论武装形式,坚持"理论学习+实践锻炼""线下学+线上学"相结合,积极探索"新媒体+"学习模式,用好"学习强国"平台,增强学习的感染力和吸引力。通过以理论学习中心组为龙头,以党支部学习为基础,突出建强青年理论学习小组,在学懂弄通做实上下功夫。共组织开展党组理论学习中心组学习7次,党员大会8次,支委会13次,党小组会30余次,办领导为全办党员干部讲党课3次。

【野生动植物保护管理监督检查】 自全国人大关于禁食野生动物的决定出台后,广州专员办高度重视、集中全办力量,针对重点市县突出问题,坚持问题导向、因地制宜、分类施策,实施精准督导,持续跟进,对广东、广西、海南三省(区)处置工作实行一天一调度、进展一天一报送的工作机制,全面督办三省(区)工作进度,及时掌握禁食野生动物处置工作进展情况和社会舆情,向国家林草局如实报告处置情况。实行明查与暗访结合、治标与治本结合、处置与转产结合的督导方式,先后对三省(区)的30个地级市64个县的156处场所进行了现地督导检查。派出办领导和工作人员共计142人次。向省级政府和市、县级政府发出督办函共21份,使三省(区)退出处置工作科学、安全、平稳、有序、高效地推进。截至12月,三省(区)累计退出禁食野生动物养殖所场26 861户(占全国的63.3%),发放补偿资金30亿元(占全国的42%)。

【森林督查】 探索创新监督方式方法,实施"检查、反馈、整改、督办、约谈、曝光""十二字工作法",形成全链条、全方位的立体式监督,为三省(区)筑牢生态安全屏障。统筹谋划、靠前指挥监督工作,实行巡查(暗访)、专项检查、发督办函、"点穴式"督查、督查"回头看"的森林资源监督五步工作法,切实发挥"督政"作用,做到监督触角横向到边、纵向到底,构建"天上看、地下查"的"天空地"监管全覆盖体系,打出森林资源监督"组合拳",守护监督区域的绿水青山。一是对广东、广西31个县(市、区)、广东新丰江林业管理局2019年森林督查存在问题整改情况进行专项督查,对海南10个市(县)2019年森林督查存在问题整改情况和中央环保督察反馈涉林违法违规建设问题整改情况进行督查督办。二是自主开展重点地区重点案件督查督办,抽取湛江市徐闻县等7个重点县(市)进行检查。共抽查图斑191个,存在违法问题的图斑111个,其中违法使用林地图斑41个,违法使用林地面积70.45公顷,违法采伐林木图斑70个,违法采伐面积122.75公顷,蓄积量7806.2立方米。三是利用无人机等技术手段,完成了13个项目涉及37个县(区)、1个省直林场和1个国家级保护区的建设项目使用林地及在国家级自然保护区建设行政许可抽查工作,检查使用林地总面积2660.1公顷,检查发现69处87.9公顷临时用地涉嫌违法使用林地。四是对三省(区)4个地级市、12个县(市、区)的清明节期间森林防灭火工作落实情况进行了督导检查。对三省(区)13个县(市、区)开展秋冬季森林防火督查工作。五是对三省(区)17个市(区、县)开展2020年森林督查工作。针对监督检查工作中发现的突出问题,广州专员办通过向三省(区)政府提交监督报告、监督建议书等措施,促进地方政府正视问题,加强整改,建立健全保护发展森林资源长效机制。六是抽取三省(区)共12个国家级自然保护区开展专项检查。对"绿剑行动"广东南岭、广东象头山、广西千家洞国家级自然保护区的整改情况进行跟踪督办和验收。七是对广东省惠东港口海龟国家级自然保护区、惠州好招楼等3个湿地公园开展实地调研。

【涉林违法案件督查督办】 全年共督查督办涉林案件332宗,立案198宗,涉案林木30 945.8立方米,涉案林地1595.63公顷,结案132宗,共处理违法违纪人员233人。罚款和罚金共计8468.93万元,收回林地2648.89公顷。2020年6月,在广西钦州市、北海市检查发现两地红树林遭严重破坏后,广州专员办及时形成了有关情况报告报国家林草局,并分别向钦州市、北海市人民政府发限期整改函进行了集体约谈。通过一系列督办措施,案件均查处到位、整改到位、复绿到位、问责到位。通过严格督查,倒逼地方党委、政府加强林业机构和队伍建设。广东省清远市清城区、佛冈县,梅州市梅县区和惠州市博罗县分别重新组建了林业局或在农业农村局加挂林业局牌子;广西玉林市除两个城区外的5个县市全部恢复林业局。9~10月,中央生态环境保护督察组进驻国家林草局后,广州专员办共接到中央环保督察转办信访举报事项18宗,办理18宗,办结11宗。派出工作组19次,派出办领导和工作人员共计30人次。

【濒危物种进出口行政许可证书核发】 强化服务意识,不断提升濒危物种进出口管理能力水平。不断强化行政许可和履约管理工作,不断完善体制机制建设,用制度规范行政许可全过程。实行由办领导、处长、科长三级办证审批流程,做到受理审核、签发分离,层层签订责任状,明确了权责、提高了效率,确保行政许可各环节的安全运行。一是严格核发进出口证书。全年共办理野生动植物进出口行政许可证书6879份,贸易额约达27.9亿元。办理海南自贸区陆生野生动植物进出口批文31份。二是提升服务群众理念。编定便民办证指南,试行无纸化审批。积极与海关风控中心等相关部门沟通,协助解决货物入境通关问题。三是积极配合国家濒管办开展业务检查、行政许可随机抽查和证明书核发专项核查、种用野生动植物种源进口检查。四是完善履约协作体系。粤桂琼都将广州专员办纳入了省级打私领导小组成员单位。五是积极开展履约宣传培训。充分利用各种网络媒体开展线上线下宣传活动。六是为广州海关缉私局和广州市森林公安局等提供案件执法协助。

【创新工作机制】 积极探索创新,与三省(区)检察机关、公安机关、林业部门建立协作配合工作机制。为了解决涉林案件不立、不捕、不诉问题,广州专员办多次与三省(区)人民检察院、公安机关、林业部门沟通协商建立协作配合工作机制事宜。广州专员办与三省(区)签订了《关于建立协作配合工作机制的意见》。三省(区)协作配合工作机制的建立,为进一步强化监督区检察机关与林业主管部门、森林草原资源监督机构的工作衔接,形成保护林草资源的强大工作合力,加大严厉打击涉林违法活动的震慑力度,提供了新思路、新手段、新力量。

【工作调研】 深入基层一线,对三省(区)林业重点工作落实情况开展摸底调查。根据国家林草局党组的统一部署,广州专员办成立3个调研组,由3位办领导分别带队,对三省(区)省级林业主管部门、12个市级林业主管部门、21个市县级林业主管部门、3个自然保护区、1个地质公园、3个省属国有林场、1个市属国有林场进行实地调研,通过座谈交流、查阅资料、现场查看等方式,全面了解情况,顺利完成了摸底调查任务,对三省(区)林业重点工作完成情况进行了客观评价,分别提交了三省(区)的调研报告。

【大事记】

2月19日 与海关总署广东分署缉私局就进一步加强打击野生动植物走私犯罪合作开展座谈交流。

3月3日 专员关进敏带队赴海南三亚市、乐东黎族自治县、陵水黎族自治县开展野生动物管控措施落实情况督导检查。

3月6日 副专员贾培峰带队到广东省河源市督导检查野生动物养殖及新型冠状病毒肺炎疫情防控工作。

3月31日至4月6日 派出两个督查组,分别由副专员贾培峰和二级巡视员王琴芳带队,对广东5市8县(市、区)森林防灭火工作落实情况进行督导检查。

4月21~22日 副专员刘义带队赴韶关市对野生

动物管控措施落实情况、森林防火工作进行了督导检查。

5月14~16日　副专员贾培峰带队赴广西梧州市龙圩区、岑溪市，对2019年森林督查存在问题整改情况开展督查。

5月18日至6月10日　由二级巡视员王琴芳带队，对海南10个市（县）2019年度森林督查发现问题整改落实情况和中央第三生态环境保护督察组反馈涉林违法违规建设问题的整改情况进行督查督办。

6月14日至7月10日　由副专员贾培峰带队，对新柳南公路、南崇铁路等6个由国家林草局审核审批的征占用林地项目进行了监督检查。

7月6日　专员关进敏一行赴海南与海南省冯忠华副省长会谈，就海南省存在严重破坏森林资源问题和推进禁食陆生野生动物后续工作提出督办建议。

7月14~17日　对广东省9家野生动物种源进口单位开展种用野生动植物种源进口检查工作。

7月15~21日　副专员贾培峰带队，对广西境内国家级自然保护区开展检查。

10月12~31日　由二级巡视员王琴芳带队，对海南省3县（市）2020年度森林督查自查整改和秋冬季森林防火工作落实情况进行了监督检查。

11月27~30日　第17届中国–东盟博览会在广西南宁市举办，广州专员办作为博览会保知打假联合执法工作组成员单位，全程参与监管巡查工作。

（广州专员办由李金鑫供稿）

合肥专员办（濒管办）工作

【综　述】　2020年，国家林草局驻合肥专员办坚持以习近平新时代中国特色社会主义思想为指导，深入学习贯彻习近平生态文明思想，认真贯彻落实党中央、国务院和国家林草局决策部署，发挥党建统领作用，统筹做好新冠肺炎疫情防控、皖鲁两省森林资源监督、濒危物种进出口履约管理、全面从严治党各项工作，取得明显成效。

【新冠肺炎疫情防控】

疫情防控　成立办疫情防控工作领导小组，严格遵守国家和驻地要求，建立疫情防控"日报告""零报告"制度。参与驻地社区疫情防控，向驻地楼宇党建共建社区捐赠防疫物资。开展"助力战'疫'爱心捐款"活动，15名党员共计捐款14 500元。

禁食野生动物督导　制订加强野生动物管控措施贯彻落实情况督导检查方案，赴皖鲁两省督导检查20余次；制订加强禁食野生动物后续工作督导方案，成立工作专班，办领导带队赴皖鲁两省20余市开展实地督导40余次，督促指导制订处置方案，做好后续处置、政策宣传、舆论引导工作。

【森林资源监督管理】

监督报告　按时向皖鲁两省政府提交2019年度森林资源监督报告，报告直击问题并提出建议。山东省委书记、分管省领导均作出批示，两省林草主管部门对报告反映的问题积极整改落实。

案件督查督办　赴皖鲁两省15个县（市、区）对重点案件进行现地督办。全年共督查督办各类涉林重点案件82起，办结70起，刑事处罚6人、纪律（政务）处分4人。

森林督查"回头看"　每月调度皖鲁两省2019年森林督查问题整改进度，对2019年森林督查中重点地区和问题，对零报告县、案件多发县、市和重点生态区位县进行系统梳理，开展"回头看"。分赴两省9个地级市开展督查，指导并督促整改。

自然保护区检查　抽取皖鲁两省4个国家级自然保护区开展专项检查，对发现问题要求主管部门认真整改，并及时递交专项检查报告。

林地行政许可检查　抽取皖鲁两省8个建设项目开展建设项目使用林地行政许可监督检查。涉及两省10个县（市、区），检查林地面积698.4公顷，发现问题4起，违法使用林地面积3.6公顷，行政罚款64万元，行政问责和纪律处分2人。对检查中发现的问题及时督促地方政府和项目建设单位依法整改，并向国家林草局提交了检查报告。

森林督查暨目标责任制检查　抽取皖鲁两省7个县（市、区）开展2020年森林督查暨县级人民政府保护发展森林资源目标责任制检查。共抽查疑似图斑119个。检查结束后，及时向被检查单位反馈检查情况，督促地方政府对存在的问题及时整改。

防灭火督查　根据国家森林草原防灭火指挥部办公室、应急管理部、国家林业和草原局《关于开展清明节期间森林草原防灭火督查工作的通知》要求，组成三个督查小组分赴安徽省六安、安庆、池州、黄山4市8个县（市）森林防火重点单位开展清明节期间防灭火工作督查，对检查中发现的问题及时向地方政府及相关单位予以反馈并递交督查报告。

松材线虫病检查　根据国家林草局生态司安排，办分管领导带队赴安徽省黟县、徽州区、休宁县、石台县对松材线虫病发生及防治情况进行蹲点暗访检查，及时递交暗访蹲点检查报告。

调查研究　赴皖鲁两省9市9县（市、区）对国家林草局重点工作贯彻落实情况开展专项摸底调查，按时递交调查报告。赴安徽芜湖等地调研进一步推深做实林长制的思路举措。赴安徽马鞍山等地调研督导长江沿线生态保护修复，推动长三角一体化发展、共抓大保护取得新成效。赴山东济宁市调研尼山圣境周边山体绿化提升工程，助推孔子故里森林生态环境改善。赴山东东营市调研督导黄河三角洲生态保护修复和资源保护监管，助力助推黄河口国家公园建设。

协作机制 与安徽省纪检监察机关建立沟通协作机制，强化对破坏林草资源负有责任的党政领导干部、国家公职人员的责任追究，联合印发《监督执纪执法工作协作配合办法》，创新监督工作协作机制。

【濒危物种进出口管理】

行政许可管理 全年共审核发放各类野生动植物进出口证书1003份，完成进出口贸易总额155亿多元。赴北京专员办、黑龙江专员办参加国家濒管办组织的行政许可检查。组织开展"十三五"种用野生动物免税进口检查。对涉及皖鲁两省的18家进口企业开展自查，联合两省农业、林业主管部门，对全部实施进口的单位进行实地检查，进一步强化进口后续监管。及时协调海关缉私、动植物检验检疫、风险防控部门及市场管理部门等单位处理进出口业务问题，接受企业及相关职能部门咨询1000多人次。

履约宣传培训 举办皖鲁两省"世界野生动植物日""爱鸟周"系列宣传活动，联合山东省自然资源厅（省林业局）在社区设立保护野生动物"党员先锋岗"。建立部门间协作机制，召开皖鲁两省CITES履约执法与宣传协调小组成员单位联络员会议，通过广播、电视、报刊等向社会联合发出"保护鸟类拒食野生动物"倡议。赴皖鲁两省6市9县(市、区)开展鸟类等野生动物保护实地督导。严厉打击贩卖野生动物违法犯罪3起。

【机关两建】

全面从严治党 印发《2020年全面从严治党工作要点》《2020年纪检工作要点》，将全面从严治党各项工作落到实处。持续推动中央八项规定精神、安徽省委和国家林草局30条实施意见的贯彻落实。继续巩固深化制度执行专项整治工作成果，从严抓实现有制度的执行。制订《合肥专员办廉政风险排查防控工作实施方案》，加强关键岗位、关键环节廉政风险防控。定期开展警示教育和经常性纪律教育。

学习教育培训 全年共开展党组理论中心组学习14次、专题党课8次、青年理论学习e家集体学习研讨4次。安排不同层次干部参加国家林草局和安徽省组织的各类党建和业务知识培训，参加国家林草局绿色大讲堂、安徽省直机关大讲堂等各类报告会、讲座全年累计95人次1652学时。

干部队伍建设 增设机关党总支副书记和宣传、青年委员3人，优化调整第二党支部班子配备，兼职党务干部增至8人，占全办在职党员干部的60%左右。积极向国家林草局人事司争取支持，3名年轻干部提拔至处级领导岗位，1名晋升职级为四级调研员，让事业薪火相传、后继有人。

党建考核评比 2020年，合肥专员办在安徽省直机关工委2019年度中央驻皖单位效能建设考核中获"先进单位"称号。全办党务政务信息工作在全局位居前列。

【大事记】

1月30日 根据《合肥专员办关于加强野生动物管控措施贯彻落实情况督导检查工作方案》的部署、要求，办党组书记、专员李军，党组成员、副专员潘虹、张旗等会同安徽省林业局有关负责人，赴合肥野生动物园等地开展野生动物管控督导检查。

4月19日 由合肥专员办（濒管办）、山东省自然资源厅主办，山东省CITES执法宣传协调小组倡议，济南野生动物世界协办的山东省第39届"爱鸟周"活动启动仪式在济南野生动物世界开展。

4月21日 合肥专员办与安徽省公安厅森林公安局就森林公安转隶后进一步加强合作打击涉林违法犯罪，建立协作机制等问题进行了交流座谈。专员办党组书记、专员李军，办党组成员、副专员潘虹，省公安厅森林公安局局长王小明及有关人员参加座谈。

4月23~29日 合肥专员办协同山东省委网信办、山东省自然资源厅、山东省农业农村厅、山东省公安厅、山东省市场监督管理局、青岛海关、济南海关，联合开展"爱鸟周"系列宣传活动，向社会发出"爱鸟护鸟，保护野生动物，拒食野味"倡议书。

5月19日 合肥专员办（濒管办）举办皖鲁两省CITES履约执法与宣传协调小组联络员会议。办党组书记、专员(主任)李军，党组成员、副专员(副主任)潘虹、张旗和有关处负责人参加会议。

5月20日 合肥专员办专员李军、副专员潘虹一行赴安徽黟县调研督导推深做实林长制改革。

5月20日 合肥专员办专员李军在泾县双坑片区主场参加安徽省2020年扬子鳄野外放归活动。安徽省副省长周喜安出席放归活动。

5月20~22日 合肥专员办在安徽省黟县举办森林资源保护监督法律法规培训班。

6月4日 合肥专员办召开安徽省禁食野生动物后续工作督导汇报会，听取安徽省禁食野生动物后续工作开展情况，沟通交流下一步具体督导工作。办党组书记、专员李军主持会议，办党组成员、副专员张旗及综合处有关人员，安徽省林业局党组成员、副局长吴建国和保护处有关人员参加会议。

7月30~31日 合肥专员办专员李军带领全体班子成员和有关人员赴山东曲阜市调研督导尼山圣境周边山体绿化提升工程项目。山东省自然资源厅副厅长(省林业局副局长)马福义和督察办负责人参加调研督导。

8月5~7日 合肥专员办党组书记、专员李军带队赴山东东营市调研黄河口国家公园创建工作。山东省自然资源厅（省林业局）专职副总督察王光信和自然保护地负责人参加调研。

8月27日 合肥专员办与安徽省纪委监委召开工作对接会。会议研究讨论了《中共安徽省纪律检查委员会、安徽省监察委员会与国家林草局驻合肥森林资源监督专员办事处监督执纪监察工作协作配合办法(讨论稿)》，进一步加强党政领导干部、国家公职人员在生态环境和森林资源领域的监督执纪监察工作力度。安徽省纪委常委监委委员沈厚富，合肥专员办党组书记、专员李军，党组成员、副专员潘虹、张旗等参加了对接会。

9月22日 中共安徽省纪委办公厅、安徽省监察委员会办公厅、国家林草局驻合肥专员办联合印发《安徽省纪委监委机关与国家林草局驻合肥森林资源监督专员办事处监督执纪执法工作协作配合办法(试行)》。

10月20日 合肥专员办在安徽省2019年度中央驻皖单位及金融服务机构效能建设考核中获优秀等次。

10月23日 合肥专员办党组书记、专员李军带领有关人员与山东省自然资源厅（省林业局）新任党组书记、厅长（局长）宇向东等召开工作对接会。

11月11~13日 合肥专员办党组书记、专员李军带领班子成员一行赴安徽郎溪、广德调研督导林业生态建设和长三角一体化发展。

11月23日 合肥专员办参加在安徽省广德市召开的沪苏浙皖林业部门扎实推进长三角一体化高质量发展联席会议。

11月30日至12月2日 合肥专员办在山东淄博原山林场举办了林草基础数据相关知识业务培训班。

12月7~9日 合肥专员办在安徽省金寨县举办森林资源监督检查能力建设及检查情况汇总研讨培训班。

（合肥专员办由夏倩供稿）

乌鲁木齐专员办（濒管办）工作

【综 述】 2020年，乌鲁木齐专员办按照局党组"1+N"行动计划，全面加强党的建设，强化林草资源监督，规范濒危物种进出口管理。不断健全完善工作机制，加强队伍建设，提高能力水平，较好完成各项工作任务。

【机关党建】

全面从严治党 把政治建设放在首位，认真学习贯彻党的十九届五中全会精神和第三次中央新疆工作座谈会精神。全面加强党的建设，履行主体责任。坚持党组理论学习中心组学习制度，坚持重大问题请示报告和外出请假制度。落实意识形态工作责任制，加强意识形态工作和反分裂斗争。落实"三会一课"制度。强化党建引领，持续推动党建与业务深度融合。以中央巡视和国家林草局审计反馈问题整改为契机，开展警示教育。落实党风廉政建设"两个责任"，签订全面从严治党责任书。

加强组织建设 完成党支部换届选举，配强支委班子。办主要领导任支部书记、分管党组成员任副书记，增加了年轻干部的比例。

党支部标准化规范化建设 贯彻落实支部工作条例，对照机关党支部质量提升三年行动计划，建立党建工作台账和责任清单。推行以"忠诚、干净、担当、公正、奉献、团结"为核心的支部工作法，营造风清气正的政治生态。开展"灯下黑"整治，创建"加强政治文化建设，推动全面从严治党"党建品牌。开展庆祝中国共产党成立99周年"党旗映天山"等主题党日活动，重温入党誓词，设立集中交纳党费日，强化党员意识。

能力与作风建设 制订干部培训计划，着力提升干部理论和业务水平。加强遥感、无人机等新技术在监督工作中的应用，加强涉林草法律法规学习，牢固树立山水林田湖草沙生命共同体理念。打破处室界限，成立工作专班，集中力量完成局党组部署的重点工作。转变工作作风，整合检查事项，减少重复检查，减轻基层负担。注重中青年干部培养锻炼，教育引导干部做到"讲政治、守纪律、负责任、有效率"。

【林草资源监督】

林草案件督办 以森林督查为抓手，坚持问题导向，按照"查处、整改、问责三到位"原则，制订整改台账，实行挂图作战。2020年督办661个案件，其中直接挂牌督办136个重点案件，办结销号117个，国家森林督查通报发现问题同比下降33%。挂牌督办8起草原违法案件，处理3项中央环保督查和2起国家林草局批转案件。用好约谈监督利剑，共约谈、面谈41批次73名县处级以上领导干部。

森林草原防火督查 制订《督查方案》，召开推进会，开展实地检查，推动建立网格化管理，层层压实责任。2020年新疆（含兵团）发生森林草原火灾火情23起，24小时扑灭率100%，无人员伤亡。与上年同期相比，森林火灾数量下降65%，过火面积下降36%。

5月20日，乌鲁木齐专员办党组副书记、副专员郑重带队赴昌吉回族自治州开展森林防火督查，现场检查防火设备维护情况

林草专项检查 完成2020年度7个项目征占用林地行政许可检查及1个地级市保护发展森林资源目标责任制检查、国家级自然保护区专项检查、国家级自然保护区"绿剑"行动违法违规问题整改销号验收、工程建设占用沙漠封禁区现场核验等工作，对新疆22个国家湿地公园试点建设情况进行督查。

林草资源监督报告 在总结2020年林草资源监督工作的基础上，结合森林督查、森林草原防火督查、国家级自然保护区专项检查、征收占用林地行政许可检查、国家湿地公园整改核查等工作，深入分析监督区森林、草原、自然保护地、湿地资源管理存在的问题，提出意见建议，形成监督报告分别报送新疆维吾尔自治区人民政府和新疆生产建设兵团。

【野生动植物保护与履约】

野生动物管控及禁食处置督导 办领导带队，分赴乌鲁木齐市、克拉玛依市、伊犁哈萨克自治州等7个地（州、市）和天山西部、阿尔泰山、天山东部三大国有林管理局，对全国人大常委会关于禁食野生动物的决定和野生动物管控各项措施落实情况以及禁食野生动物后续处置、赔偿工作进行督导，要求按照一户一策出台养殖户补助帮扶政策，群众满意度较高。对县级野生动物主管部门主体责任落实、野生动物管控、疫源疫病（禽流感）监测和值班值守等情况进行电话调度，野生天鹅H5N6型禽流感疫情得到有效控制。

濒危物种进出口管理 根据国家林草局要求，对监管区野生动物种源进口情况进行实地核查，提交了检查报告。重新修订濒危物种进出口管理行政许可审批和监督程序，实行分级审批制度，确保濒危物种进出口监管工作公开、透明。与乌鲁木齐海关对接，做好口岸野生动物进出口管控工作。

公益宣传 组织开展宣传全国人大《决定》精神、第七个"世界野生动植物日"、野生动物保护宣传月暨第三十九届"爱鸟周"系列活动，会同新疆林草局、新疆广播电视台，牵头制作了《尊重自然 敬畏自然 保护野生动物》纪录片，会同兵团林草局、兵团广播电视台，牵头制作了《维护全球生命共同体》纪录片，分别在新疆卫视12个频道和兵团卫视滚动播放。制作21张海报在人民网微博、平安天山公安信息平台、新疆野生动植物保护协会信息平台等发布，多平台多形式进行宣传。

【**新冠肺炎疫情防控**】 按照国家林草局党组和驻地党委政府部署，成立领导小组，制订疫情防控方案，做好后勤保障。主要负责人带头值班值守，靠前指挥。发挥党员先锋模范作用，4名党员干部参加社区志愿服务工作，全体党员干部向疫情一线人员捐款4100元。统筹推进疫情防控和经济社会发展，落实国家林草局关于疫情期间办理林地手续政策，与自治区林草局联合给地（州、市）政府、行署去函，明确和规范相关政策和要求，提前做好服务，确保疫情期间各类工程项目依法依规办理林地审批手续。

【**驻村与民族团结**】 认真落实第三次中央新疆工作座谈会精神，按照自治区党委统一部署，下派干部到南疆驻村。积极开展"民族团结一家亲"工作，全办干部与不同民族困难群众结对认亲，宣传党的方针政策，帮助解决实际困难。组织开展"同植一棵树，共筑民族情"民族团结联谊、国家林草局情系新疆献爱心等活动，用实际行动增进民族感情。

【**大事记**】

1月19～20日 党组副书记、副专员郑重带队赴阿克苏地区，现地督办近年来林草资源管理中存在的问题，并赴阿克苏地区阿克苏市阿依库勒镇托万克提根村慰问驻村工作队和驻村队员。

1月19日 乌鲁木齐专员办分别向监督区相关地（州、市）、师（市）下发《关于2019年森林督查发现破坏森林资源问题进行整改的函》。建立整改问题台账，挂图作战，销号管理。

1月21日 党组成员、副专员刘斌约谈乌鲁木齐市副市长一行，商讨森林督查案件查处与整改工作。

1月31日 按照国家林草局视频会议部署，成立乌鲁木齐专员办野生动物管控措施督导工作领导小组，制订工作方案，组织开展现地督导工作。

2月2日 召开党组会，专题研究新型肺炎疫情防控工作，审议通过《乌鲁木齐专员办新型冠状病毒感染的肺炎疫情防控工作方案》等。

3月25～27日 受国家林草局荒漠化防治司委托，党组副书记、副专员郑重带队赴和田，对公路建设项目占用沙化土地封禁保护区情况进行现地核实。

3月29日 新疆维吾尔自治区党委常委、政府副主席艾尔肯·吐尼亚孜到乌鲁木齐专员办调研指导工作。

4月1日 党组副书记、副专员郑重与自治区公安厅森林公安局主要负责人召开联席工作会议，双方商定了工作机制。

4月1日至5月20日 联合自治区林草局、自治区公安厅森林公安局召开2020年度春季森林草原防火督导工作会议，制订《春季森林草原防火督查工作方案》，成立联合督查组。办党组成员带队，分赴天山、阿尔泰山重点国有林区和伊犁、阿勒泰、昌吉、克拉玛依、兵团第四师等地对森林草原防火工作进行督导。制作森林草原防火公益宣传片，在新疆电视台10余个频道滚动播放。

5月5日 会同自治区林草局、兵团林草局、自治区公安厅森林公安局、新疆野生动植物保护协会5家单位，通过微信、微博、QQ等网络媒介，开展野生动物保护宣传月暨第三十九届"爱鸟周"活动。

5月12日 在"防灾减灾日"，会同自治区林草局在乌鲁木齐南山国有林区，举行森林草原防火宣传活动，邀请新疆电视台等6家媒体进行现场报道。

6月2～3日 党组成员、副专员刘斌带队，赴卡拉麦里自然保护区，对保护区整改情况进行监督检查。

6月17～18日 对阿克苏托木尔峰国家级自然保护区是否存在乱批乱建、乱搭乱占、非法占用林地及滥捕乱猎现象和中央环保督察问题整改落实情况现地督查检查。

7月13～17日 办党组成员分赴自治区各地（州、市）、兵团各师（市）开展林草重点工程落实情况摸底调查。

7～10月 对新疆维吾尔自治区和新疆兵团2020年度7个使用林地行政许可项目进行现地检查，形成专题报告报国家林草局资源司。

9月5～6日 赴博尔塔拉蒙古自治州艾比湖国家级自然保护区，对中央生态环境保护督察组转办信访问题进行核实督办。

11月11～20日 办领导带队分别赴伊犁等4个自治州及兵团八师等地，对秋冬季候鸟迁徙等野生动物保护、天鹅禽流感监测防范工作开展情况进行督导检查。

11月11日 赴巴音布鲁克天鹅湖国家级自然保护区，对G217国道提升改扩建工程未批先建观景台和停车场问题进行督办。

11月25～27日 对吐鲁番市落实保护发展森林资

源目标责任制情况和森林资源保护管理情况进行调研。

12月3日 邀请全疆科研、高校和职能部门相关领域19名权威专家,召开专家顾问组座谈会,成立国家林草局乌鲁木齐专员办专家顾问组。

12月29日 对新疆维吾尔自治区和新疆兵团2020年度森林督查问题整改情况进行督导,印发监督意见函,指出存在的问题并提出意见建议。

(乌鲁木齐专员办由祁金山供稿)

上海专员办(濒管办)工作

【综 述】 2020年,上海专员办以政治建设为统领,全面贯彻落实国家林草局党组的各项决策部署,履职尽责、担当作为,圆满完成了全年目标任务。

【机关党的建设】

建设政治机关 坚持党的全面领导,不折不扣贯彻落实局党组决策部署。强化意识形态工作,开展政治机关意识教育,争做"三个表率",创建模范机关。开展第二十届上海市市级机关系统文明单位创建活动。

强化理论武装 开展"四史"学习教育。开展"把初心落在行动上,把使命担在肩膀上"、纪念建党99周年、学习《习近平谈治国理政(第三卷)》、国家宪法日等主题党日活动。组织开展党组中心组理论学习9次,"绿色视角"6次,党总支集中政治学习12次。班子成员带头到基层调研6次,为全办党员干部上党课4次。

夯实基层组织基础 建设"四强"党支部,创建"绿色视角"党建品牌。修订完善专员办《工作规则及相关制度》,严格"三会一课"等组织生活制度执行。完成专员办党总支、党支部换届选举、党员年报统计等工作。按时足额收缴党费。加强干部教育培训,学习先进典型事迹,岗位创先争优。注重发挥群团组织桥梁纽带作用。

党风廉政建设 党组成员兼党总支纪检委员,抓党风廉政建设工作。办党组和各处签订落实全面从严治党责任书。开展经常性纪律教育和警示教育,通报典型违纪案件,观看上海市级机关"以案释纪——机关党员干部违纪违法典型案例警示教育展板"。开展形式主义、官僚主义问题集中整治。抓好中央巡视反馈问题的整改落实,清理"灯下黑",开展廉政风险排查、领导干部利用名贵特产类特殊资源谋取私利问题整治。

【森林资源监督管理】

督查督办破坏林业资源案件 2020年共督查督办案件142起(包含挂牌督办案件12件、中央生态环保督察转交信访案件8件),其中,违法使用林地案件84起,滥伐林木案件50起,非法猎捕、出售野生动物案件8起。涉案林地面积62.1公顷,林木蓄积量1549立方米。追究刑事责任12人,行政处罚127人,行政罚款1048.7万元。向国家林草局党组报送森林等资源监督报告,向沪苏浙三省(市)人民政府提交2020年度森林等资源监督情况通报,有力推动存在问题的整改落实。

专项督查 开展了2019森林督查"回头看"检查,完成了2020年森林督查、森林资源管理"一张图"年度更新和目标责任制检查工作。对上海市、江苏省、浙江省11个县(市、区)开展督(检)查,其中对溧阳市、临海市开展全覆盖检查。对7个建设项目使用林地、9个国家级自然保护区进行了专项检查。重要时间节点赴现地开展森林防火专项督查。对监督区林业重点工作贯彻落实情况开展摸底调查,并及时上报。与国家林草局华东院合作,将其作为技术支撑单位。召开沪苏浙三省(市)林业资源监督管理联席会议。

野生动物及疫源疫病监测防控 成立新冠肺炎疫情防控工作领导小组,制订实施方案,对沪苏浙三省(市)122个县(市、区)野生动物管控情况进行督查指导。组织3个督查组到沪苏浙36个县(市、区)进行现地督导检查。向江苏省连云港市,上海市金山区、松江区、青浦区发出加强野生动物保护管理督办函,取得明显成效。上海市金山等3个区已将全区范围列入野生动物"禁猎区"。强化春秋两季野生动物疫源疫病监测防控督导,开展禽流感、松材线虫和美国白蛾等高发类疫源疫病监测防控工作。

【濒危物种进出口管理】

行政许可 2020年共核发证书19 152份,其中允许进出口证明书12 198份,物种证明6895份,海峡两岸证56份,非公约证3份,相关商品贸易额85.2亿元。上海专员办办证量占全国的1/3。全力服务保障第三届进博会,积极争取进出口审批权限,提高审批效率;开展现地巡查,及时处置违规展商和展品,上海市委、市政府和中国进口博览局对此充分肯定并发来感谢信。

履约宣传培训 开展第39届"爱鸟周""世界野生动植物日"主题宣传活动。继续利用五大国际机场濒危物种实物宣传展柜和两处宣教中心开展履约宣传。举办2020年进出口企业业务培训班和化妆品专类办证申报培训班,累计培训企业近300家;举办濒危木材监管专题培训班,培训海关一线人员40名。继续开展"濒危物种宣传进校园"主题活动。

履约执法 参与沪苏浙皖林业部门扎实推进长三角一体化高质量发展联席会议。联合上海林业、公安、市场监管、海关等部门,建立上海口岸濒危物种及野生动物专项风险联合研判机制。继续牵头开展上海口岸查没动植物品的鉴定工作,共协助海关完成物种鉴定316份。

【大事记】

1月6日和17日 向上海市金山区、松江区、青浦区,江苏省连云港市人民政府发出加强野生动物保护管理工作督办函。

1月底至3月初 督导检查沪苏浙三省(市)疫源疫病监测防控及禁食野生动物处置工作。

2月1日 赴上海市普陀区"岚灵花鸟古玩市场"和闵行区的"龙上农副产品批发市场"暗访禁止野生动物交易落实情况。

2月18日、28日 赴上海市崇明区高家庄园、种鹿场和东平国家森林公园、浦东新区督导检查疫源疫病监测防控情况及禁食野生动物处置工作。

3月17日 分别向上海市、江苏省、浙江省人民政府发出2019年度森林资源管理情况报告。

4月4～5日 赴杭州西山国家森林公园、德清县莫干山督查森林防火工作。

4月11～17日 联合上海市绿化和市容管理局(市林业局)、生态环境局举办第39届"爱鸟周"宣传活动。

4月30日 赴上海市松江林场检查森林防火工作。

5月8～13日 赴衢州市常山县、温州市瓯海区、丽水市缙云县督办挂牌案件并开展林业生态建设调研。

5月18～29日 赴江苏省南京市江宁区、淮安市盱眙县、镇江市丹阳区、无锡市宜兴市,浙江省绍兴市越城区、金华市永康市、舟山市岱山县和嵊泗县开展2019年森林督查回头看及案件督办。

6月3日 赴上海市嘉定区、奉贤区督办破坏森林资源案件。

6月8～10日 协助国家林草局湿地司实地调查上海南汇东滩"退湿造林"问题。

6月9日、24日 赴浙江省丽水市龙泉市、杭州市临安区开展建设项目使用林地情况督查。

6月11～12日 赴浙江省丽水市龙泉市凤阳山国家级自然保护区、庆元县百山祖国家级自然保护区开展专项检查。

6月23日 赴上海市浦东新区督办禁食野生动物后续工作。

7月2～3日 在江苏省无锡市举办2020年沪苏浙湿地管理培训班。

7月6日至8月7日 赴上海市、江苏省、浙江省开展林业重点工作贯彻落实情况摸底调查。

7月7～14日 赴浙江省古田山、大盘山、九龙山国家级自然保护区开展执法检查。

7月13～16日 赴上海崇明东滩鸟类国家级自然保护区、九段沙湿地国家级自然保护区开展专项检查。

7月15～16日 赴浙江省丽水市景宁畲族自治县开展建设项目使用林地行政许可检查。

7月7～10日 赴江苏省泗洪洪泽湖湿地、盐城湿地珍禽、大丰麋鹿3个国家级自然保护区开展专项检查工作,开展落实国家林草局重点工作情况调研。

7月28日 赴上海市林业局调研落实国家林草局重点工作情况。

8月21日 在上海市外高桥保税区CITES履约宣教中心举办上海地区化妆品企业濒危物种管理专题培训班。

8月27～28日 在浙江省金华市举办2020沪苏浙森林资源监督员暨林草资源监管执法培训班。

9～10月 赴上海市松江区,江苏省徐州市、淮安市、扬州市、盐城市、常州市,浙江省温州市、金华市、台州市、湖州市、宁波市开展2020年度森林督查暨森林资源管理"一张图"年度更新工作、建设项目使用林地检查、督导禁食野生动物后续工作。

9月23～25日 在江苏省张家港市举办濒危木材监管专题培训班。

10月11日 赴江苏省连云港市云台山风景区现地核实督办信访问题。

11月2～10日 派员进驻第三届进博会展馆开展现场巡查。

11月中旬 督办浙江省桐庐县、诸暨市、奉化区、缙云县、嵊州市6个县(市、区)违法毁林开垦问题。

11月11日 赴上海浦东新区临港新片区督办毁湿造林整改进展。

11月20日 在上海市尊木汇木文化博物馆举办2020年沪苏浙野生动植物进出口企业培训班。

11月20日 协同国家林草局动植物司赴上海市崇明东滩鸟类国家级自然保护区检查H5N8禽流感疫情防控情况。

11月22～23日 赴安徽省广德县参加沪苏浙皖林业部门扎实推进长三角一体化高质量发展联席会议。

12月1～4日 赴浙江省磐安县、诸暨市督办毁林开垦及整改情况。

12月15～16日 在上海市嘉定区召开2020年沪苏浙森林资源管理工作交流暨检查结果汇总培训班。

12月17～18日 在上海市嘉定区召开2020年沪苏浙林业资源监督管理联席会议。

12月23日 赴江苏省连云港市督查森林防火和野生动物疫源疫病监测防控情况。

12月25～26日 赴江苏省洪泽湖湿地国家级自然保护区、盐城湿地珍禽国家级自然保护区、金湖县和盱眙县,核查破坏生态环境案件。

(上海专员办由沈影峰供稿)

北京专员办(濒管办)工作

【综 述】 2020年,北京专员办(濒管办)落实国家林草局党组部署,克服新冠肺炎疫情带来的不利影响,攻坚克难,真抓实干,切实履行林草资源监督和濒危物种进出口管理职责,各项工作取得明显成效。

【督查督办林业案件】 坚持"发现一起、查处一起"的原则,对上级移交、领导批示、检查发现、信访举报、媒体曝光的案件线索,坚决做到"不查清不放过、不处理不放过、不整改不放过",做到敢较真、敢碰硬、敢担当。同时,注重问题研究,通过督查督办,发现并纠正以罚代刑、以罚代批、建而未批、林地恢复不到位等一系列突出问题。一是国家林草局挂牌督办、中央环保督查转办、舆论关注的案件,全部要现地核实,真实准确提出督查意见。挂牌督办山西省交口、孝义2个县(市)严重破坏林草资源案件;在督办山西吕梁案件中,责令吕梁市政府废止出台的违法文件;对负有领导责任的市(县)相关负责人进行了组织处理。二是首次以"专班统筹+督查"模式,全程跟进督办河北省曲阳、涞源、宣化,山西省娄烦、保德、平顺6个县(市)严重破坏林草资源案件,强力推动整改。

全年督查督办各类案件232件。其中,国家林草局司局批转案件7件、中央环保督查移交案件15件、媒体曝光和群众反映5件、森林督查94件、重点挂牌督办111件。收回林地625.45公顷,罚款685.38万元,追责问责181人,约谈部门和单位9个。

【探索监督贯通协调机制】 向监督区北京、天津、河北、山西四省(市)人民政府通报2019年森林资源保护管理情况,提出针对性监督建议。四省(市)人民政府负责人均批示按要求整改。在建立联席会议、联合查办、线索移交、明察暗访、约谈督办等机制的基础上,与国家林草局宣传中心新闻处加强沟通,通过《舆情快报》信息共享,及时掌握监督区资源保护管理的最新动态,做到提前介入、及时跟进。落实《自然资源行政监督与纪检监察监督贯通协调工作机制清单》,研究起草了北京专员办具体实施细则,明确了贯通机制的内部流程,形成初步方案。

【约谈问责】 为督促涉案地区和单位整改落实到位、提升督办质效,聚焦监督重点,实行"靶向问责"。一是针对破坏林草资源、违法侵占林地突出问题,加大对中央企业、国企约谈力度,先后约谈了中铝集团、三峡新能源公司、冀东水泥股份有限公司3家国有企业负责人。二是针对违法经营、违法猎捕候鸟,约谈了承德市双桥区人民政府、高新区管委会、承德市林草局负责人。三是针对地方政府土地整理违法问题,约谈了河北省徐水、曲阳,山西省交口、孝义4个县(市)相关部门负责人,压实属地监管责任、规范企业合法经营。

【野生动物保护监督】 在新冠肺炎疫情暴发后,先后组织8次专项督查,10多名党员发挥先锋模范作用,逆行督导督办禁食野生动物的落实工作,现地查看、了解监督区野生动物的巡护、监测、日报告等执行情况。按照国家林草局党组部署,举全办之力抓好野生动物禁食后续工作,采取电话微信、视频会议、现地督导等方式督查督办20余次,推进四省(市)于9月底前全部完成在养野生动物处置清退工作,11月底前全部完成了禁食野生动物后续补偿工作。

【濒危物种进出口管理】 在防控新冠肺炎疫情期间,贯彻落实习近平总书记重要指示和党中央、国务院决策部署,执行国家林草局党组的批示要求,从分管领导到办证人员克服困难,履职尽责,采取人员轮流值班、网上受理审核、微信电话解疑、证书寄达等多种方式,全力做好野生动植物进出口行政许可审批工作,为企业排忧解难、便捷周到服务。全年核发野生动植物及其制品进出口许可证明书2310份,贸易额17.41亿元。其中,公约及非公约证书1306份,贸易额4.88亿元;物种证明1004份,贸易额12.53亿元。

【森林资源专项督查】 开展对北京市门头沟区、河北省保定市、山西省长治市、天津市蓟州区等专项督查。采取组建联合工作组,资源云平台数据分析,集中会商等创新措施,完善检查方式,形成监督工作合力。以河北省保定市为单元,首次对监督区地市开展督查专项行动,得到了河北省政府相关领导的高度评价。同时,还完成6处国家级自然保护区监督检查、8个建设项目使用林地行政许可专项检查、8个企业进出口许可执行情况检查。

【森林资源摸底调查】 按照局党组统一部署,办领导分别带队深入监督区,开展森林资源摸底调查。累计调查21个县(市、区)、9个国有林场、7个自然保护区、14个保护地、42个基层林业单位,组织召开58次座谈会,形成专题调研报告,为后续开展监督奠定了坚实基础。

【林长制试点】 落实"林长制"工作要求,推动在河北省平山县开展"林长制"试点,成为河北省首个落实"林长制"县。

【机关党的建设】 坚决贯彻落实习近平总书记关于林草工作重要讲话、批示指示精神和党中央、国家林草局党组的决策部署,办党组书记认真履行主体责任,班子成员严格落实"一岗双责",努力建设"讲政治、守纪律、负责任、有效率"模范机关。严格执行"三重一大"制度,按照"集体领导、民主集中、个别酝酿、会议决定"的原则,研究重大事项、重要人事、重大项目、大额资金,班子内部形成了共解难题、共创业绩、共谋发展的工作合力。

按照党支部标准化规范化建设要求,完成3个党支部换届选举工作;坚持"三会一课",全年开展党组理论中心组学习12次,办领导讲党课4次,集中学习25次,专题研讨2次;创新讲党课形式,让党支部书记和新走上领导岗位的处长宣讲党的知识理论,着力破解党建与业务"两张皮"、党建活动形式单一等问题,创新探索"三个同步"党建工作法和"抓党建、读好书、促改革"主题活动,提升党建工作质量。落实国家林草局党组"1+N"学习部署,每周五下午集中学习中央和国家林草局党组重大决策部署及林草重要会议精神。办公区专设学习展区,宣传党政方针和工作动态。结合创建良好家风活动,制作10块家风家训展板,汇集革命先辈思想格言,以文明家风推动党风政风清正。

【制度建设】 年初梳理完善各项制度,编制了《北京专员办制度汇编》,涵盖党建、廉政、业务、保密、财务等33项内容,作为全办人员的工作遵循和行动指南。稳步推进内部建设,规范办文办会流程,加强车辆使用、财务报销管理和预算执行审核。针对审计反馈意见做到立行立改。

【干部队伍建设】 按照干部管理权限规定，严格按照《干部任用条例》和国家林草局干部选拔任用有关要求，提拔、晋升职务职级4人；落实党员教育管理条例，增强教育培训的针对性、实效性，全年组织党员干部参加各类教育培训49人次，人均60学时。建立青年理论学习小组，集中开展理论学习，加强对年轻干部的思想淬炼、政治历练、实践锻炼、专业训练。

【大事记】

1月25日 成立加强野生动物管控措施落实情况督查工作领导小组，办党组书记、专员苏祖云为组长，党组成员、副专员钱能志、闫春丽为副组长，办公室设在濒管处，负责日常协调管理工作。

1月31日 按照国家林业和草原局《关于加强野生动物管控措施贯彻落实情况督导检查工作方案》等文件要求，制订《北京专员办关于加强野生动物管控措施落实情况督导检查工作实施方案》，组成3个检查组对北京、天津、河北、山西开展相关工作督导。副专员闫春丽带队到北京市昌平区两个农贸市场督导检查野生动物管控工作。派员参加天津市新冠肺炎疫情督导组联系人会议。

2月1日 派出检查组到河北省石家庄动物园督导检查野生动物管控工作。

2月3日 副专员闫春丽带队督导调研北京市野生动物救护中心疫情监测防控工作。

2月3~4日 派出检查组督导检查天津市和平区宝鸡道花鸟鱼虫市场、沈阳道市场等。

3月20日 向北京市、天津市、河北省和山西省政府提交《2019年度森林资源监督通报》。

4月21日 专员苏祖云陪同国家林草局副局长李春良实地考察河北省张家口市赤城县大海坨国家级自然保护区。

4月27日 派出检查组督查河北省沧州市违规贩卖野鸟行为。

5月14日 专员苏祖云参加天津市森林资源管理工作会议。

6月9~11日 专员苏祖云带队到承德市进行森林资源督查。

7月7~8日 派出检查组督导河北省张家口尚义县察汗淖湿地保护工作。

7月12~21日 副专员闫春丽带队核查天津市破坏鸟类资源情况。实地检查北辰区、宁河区、武清区、蓟州区，包括八仙山、武清大黄堡、永定河故道、七里海、州河、九龙山等保护地。暗访北辰区中环花鸟鱼虫市场。

7月13~28日 副专员钱能志带队对河北省林草重点工作贯彻落实情况开展摸底调查。

7月25日 专员苏祖云一行深入山西省吕梁市离石森林公园、吴城林场、信义镇等地调研林业生态建设。

8月20~27日 对山西省开展2020年度建设项目使用林地行政许可开展监督检查。

8月26日 联合北京市园林绿化局对北京市密云区2019年森林督查发现的主要问题进行专项督导。

8月27日 专员苏祖云、副专员闫春丽与北京市园林绿化局有关人员就北京市禁食野生动物后续工作进行座谈研究。

9月1~5日 副专员钱能志带队会同广州专员办，督导调研海南省禁食野生动物处置工作开展情况。

9月2~3日 派出检查组对山西省禁食野生动物后续工作进行实地督导。

9月7~18日 会同河北省林草局对保定市保护发展森林资源目标责任和森林督查整改情况进行专项督查。

9月9日 国家林草局副局长刘东生到北京专员办考察，专员苏祖云汇报相关工作。

9月14日 党组书记、专员苏祖云带队就非法侵占林地问题约谈中国铝业股份有限公司负责人。

9月21~24日 副专员钱能志带队与河北省林草局联合召开保定市森林资源专项督查情况反馈会。

9月24日 联合河北省林草局对河北省雄安新区、安新县白洋淀鸟类秋季迁徙情况进行现场调查核实。

9月25日 在保定市召开禁食陆生野生动物处置补偿工作督导工作会，对新乐、临漳、顺平、阳原和南皮5个重点市(县)进行调度督导。

9月28日 党组书记、专员苏祖云主持召开森林督查工作专题研讨会。

10月19~22日 副专员闫春丽带队会同广州专员办，督导调研海南省禁食野生动物补偿阶段工作。

10月28~30日 专员苏祖云带队对河北省唐山市曹妃甸候鸟湿地保护区、秦皇岛市卢龙县凉水泉村及3个集贸市场进行暗访检查。

11月2日 专员苏祖云带队与河北省林草局约谈承德市林草局、承德市双桥区政府、高新区管委会主要负责人。

11月6日 听取保定市自然资源规划局关于森林资源督查有关问题整改情况的汇报。

11月9日 党组书记、专员苏祖云、副专员钱能志及有关处室负责人约谈曲阳金隅水泥有限公司、山峡新能源公司负责人。

11月10~13日 副专员钱能志带队赴北京市门头沟区开展森林资源督查，对采空棚户区改造和环境整治城子A地块项目进行行政许可检查。

11月16~20日 副专员闫春丽陪同国家林草局野生动植物保护司2020年业务检查和行政许可随机抽查第十工作组，对北京市、天津市和河北省野生动植物进出口管理工作进行检查。

11月16~20日 派员参加国家林草局野生动植物保护司2020年业务检查和行政许可随机抽查第九工作组，对上海办事处所辖区野生动植物进出口管理工作进行检查。

11月18~19日 副专员闫春丽带队现场督导天津市宁河区东方白鹳保护工作。

12月11日 国家林草局副局长李树铭一行考察北京专员办，听取专员苏祖云工作汇报，提出今后工作要求和希望。

（北京专员办由于伯康供稿）

林草社会团体

28

中国绿化基金会

【综　述】　2020年，中国绿化基金会以习近平生态文明思想为指导，在国家林草局正确领导下，在社会各界和广大公众关心支持下，坚持疫情防控和业务发展双轮驱动，努力克服疫情期间经济下行的压力和困难，积极探索网络募资新路子，从单一性向综合性拓展，强党建、提素质、严管理、有效率，实现募集资金规模和绿化造林规模稳定增长。全年筹集到账资金3.62亿元，较上年增长17.6%；完成植树造林7528.69万株，较上年增长29.86%；造林面积5.07万公顷，较上年增长21.25%。生态扶贫、物种保护、自然教育等各项工作全面推进，取得可喜成效。

【募集医用物资】　2020年初，新冠肺炎疫情让湖北省陷入困境。中国绿化基金会发挥自身优势，第一时间组织动员企业、公众等各方社会力量，开展公益救援，紧急筹措医用口罩、消毒液、隔离防护服、医用丁腈检查手套、抑菌垫等多种救援物资，价值103.79万元，先后7批次捐赠至湖北省武汉市及其他抗疫一线地区，为打赢前线疫情防控阻击战贡献力量。

【"生态中国湿地保护示范单位"活动】　为积极配合国家湿地保护与建设，在全社会树立湿地保护建设示范样板，号召全社会积极关注、参与、支持全国湿地保护建设公益事业，1月，中国绿化基金会联合国家林业和草原局湿地司举办2019年"生态中国湿地保护示范单位"活动，并举办专家评审会，邀请北京师范大学、北京林业大学、中国科学院生态环境研究中心、国家林业和草原局调查规划设计院等单位湿地行业专家综合评审，评选出2019年"生态中国湿地保护示范单位"6家，分别为北京野鸭湖国家湿地公园管理处、江苏省苏州市湿地保护管理站、山东黄河三角洲国家级自然保护区管理委员会、湖南省常德市林业局、广东内伶仃福田国家级自然保护区管理局、新疆玛纳斯国家湿地公园管理局。

【"一带一路"生态修复罗云熙基金专项】　3月，"一带一路"生态修复罗云熙基金专项开展"温暖护林路"活动，向"一带一路"沿线新疆地区节点城市巴音郭楞蒙古自治州、乌鲁木齐市、阿克苏市、和田市等54个公益护林站，共计504位公益林护林员发放公益防寒用品，为护林员日常工作提供便利和防护。7月28日，在新浪微公益平台发起"熙心守护栖息地"活动，通过在内蒙古阿拉善右旗天鹅湖湿地附近种植沙枣、沙拐枣等植物，搭建鸟类救助站，为栖息在天鹅湖湿地附近的鸟类提供籽类食物，保护鸟类栖息地不受干扰。

【公益直播】

抖音平台　4月22日世界地球日，中国绿化基金会首次开启公益直播，也是抖音平台首次公益直播，创新宣传形式，为中国绿化基金会网络筹款和宣传注入新鲜活力，邀请罗云熙、许凯等14位明星艺人，联合九大保护区开启直播活动，当天话题讨论量突破1.2亿次，直播观看人数超过50万人次。

支付宝平台　5月31日，中国绿化基金会与支付宝公益联合开展"走进神农架自然保护区"公益直播，邀请金丝猴研究中心副院长姚辉作为主播，近距离为观众带来一场金丝猴科普盛宴，吸引70多万粉丝在线观看。

腾讯微视平台　6月5日世界环境日，中国绿化基金会与腾讯微视合作开展线上直播，邀请陈立农等7位明星艺人在微信上发起直播预热，并开展线上生态知识科普互动问答。直播在线观看累计83万人次，争取王府井商街户外大屏广告资源位展示本次活动及基金会LOGO，共计曝光200万人次，活动线上、线下累计曝光3.5亿次。

【"中国绿色版图工程"雄安公益植树活动】　6月5日，中国绿化基金会携手大自然家居走进河北省雄安新区，开展大自然家居第十四届"中国绿色版图工程"公益植树活动启动仪式。国家林草局副局长刘东生、中国绿化基金会主席陈述贤、中国绿化基金会副主席兼秘书长陈蓬、中国绿化基金会理事与监事、大自然家居消费者代表等领导嘉宾，以及全国主流媒体记者、环保志愿者共同参与公益植树活动，现场栽植白皮松、侧柏、丁香树共计280株。

第十四届"中国绿色版图工程"公益植树活动启动仪式（孙阁　摄）

【两岸共种同根树活动】　8月16日，由中华全国台湾同胞联谊会、中国绿化基金会、甘肃省林业和草原局共同主办的"两岸共种同根树"海峡两岸青年交流活动在兰州南北两山举行。中华全国台湾同胞联谊会联络部副部长任辉，中国绿化基金会副秘书长付新桥，大熊猫祁连山国家公园甘肃省管理局专职副局长高建玉等领导和嘉宾出席活动。23名台湾青年和大陆志愿者代表在兰州长寿山下开展植树交流活动，一起种下青海云杉、祁连圆柏等常青树，寓意同根同源小树在每个人心里扎根，在中华大地上茁壮生长，表达两岸青年同根同源的民族情怀。

【中国绿化基金会成立35周年活动】 9月27日，正值中国绿化基金会成立35周年，中国绿化基金会联合喜马拉雅、一点资讯、抖音、微博、微信、南方周末等媒体平台发起系列周年庆典活动，展现中国绿化基金会三十五载风雨路上初心不改、勤克勤勉的公益事业奋斗精神。以"绿色公民行动""幸福家园""百万森林""自然中国"四大品牌项目为依托，邀请刘劲、罗云熙、陈立农等35位明星艺人作为生态公益传播官，开展涵盖中国自然观察节、倾听大自然等多维度全民生态公益倡导行动。同时在人民政协、国际在线、光明网、央广传媒、千龙、中国网、中华网等50家央媒、权威财经类、地方都市报和新闻门户等媒体上发布活动报道，百度搜录相关信息92.8万条，传播覆盖达6.5亿人次，参与用户达到150万人次以上。

【幸福家园项目】 受新型冠状病毒肺炎疫情影响，幸福家园项目以"线下有限，线上活跃"为突破口，积极开展网络植树，募捐金额1100万元，新开拓明星粉丝团23家，带动粉丝团30万人次捐款45万元以上。组织开展幸福家园宁夏项目实施，援助中卫市中宁县建档立卡贫困户931户，种植枸杞树434.07公顷，共计144.55万株，帮助建档立卡贫困户增加收入，平均每户增收2800元以上，为项目区脱贫增收起到重要的支撑作用，并为促进乡村振兴奠定良好基础。联合兴业银行参加腾讯公益"99公益日"活动，发起企业加倍金活动。参与新浪微博人人公益节活动，联动摄影"大V"，加大项目宣传力度，微博阅读量破百万。9月，举办2020年幸福家园项目地探访活动，邀请爱心企业代表、明星代表、粉丝团代表及其他爱心人士，一同前往项目地，亲眼见证项目成果。

【"百万森林计划"项目】 中国绿化基金会携手联合国环境规划署、气候组织共同发起"百万森林计划"项目。"百万森林计划"项目包括"沙漠生态锁边林""中国未来林行动"等多个子项目，经过十多年发展，从原来单纯植树造林逐步转向植树造林、自然教育、社区参与三大综合板块协同发展。其中"沙漠生态锁边林"创新防沙治沙理念和模式，通过在沙漠边缘人工种植锁边灌木林，营造绿色防护堤，阻止沙漠扩张和侵蚀，防止植被退化和土地沙化，有效促进区域生态自我恢复。近几年锁边林造林治沙效果显现，项目区植被固沙效果越来越好，沙区林草植被恢复初显成效。2020年，在内蒙古阿拉善左旗和甘肃省民勤县项目区，合计造林1681.67公顷。新增"中国未来林行动"子项目，共计10所小学和幼儿园参加，培养生态保护意识，吸引百万公众参与生态保护。

【自然中国项目】 8～9月，举办两期"中国自然观察节"，共带领100余位社会公众体验自然观察活动，在北京市密云区锥峰山林场，围绕观察体验、物种认知、自然手作等方面进行自然教育，向全社会传递生态保护价值，积极倡导与环境友好相处的绿色生活方式。"熊猫守护者"项目加大企业参与力度，创新募资渠道，联合新浪市场广告部门开展合作，通过网络募捐筹集红外相机140台，举办地球守护者系列环保活动。"与虎豹同行"项目多次入选腾讯精选进展报道，并获首页推荐。围绕新闻热点和节日节点，进行"保护野生东北虎豹"话题运营，在微博社交平台多次上榜热门公益，其中单条转发量最高达4.2万，话题阅读量累计达3900万；联合酷我音乐，举办《国家公园里的生物课(虎豹篇)》明星公益科普栏目。"雪豹守护行动"项目积极守护藏东及祁连山地区雪豹，研究保护云南省哈巴雪山内野生动植物栖息地和生存环境。"湿地守护计划"项目注重鸟类、鱼类等物种多样性栖息地保护，推进保护濒危物种青头潜鸭，通过建立监测站、安装监测设备等措施改善其生存环境。6月5日世界环境日，在北京、广州地铁投放东北虎、小熊猫、滇金丝猴、羚牛、水獭、金钱豹形象地铁大幅广告305块，覆盖客流近2000万人次。

8月22日，在北京市密云区锥峰山林场举办中国自然观察节活动(中国绿化基金会 供图)

【"蚂蚁森林"公益造林项目】 2020年，中国绿化基金会"蚂蚁森林"项目完成造林7100多万穴(株)，造林面积近4.67万公顷，较2019年增幅21.2%，项目在内蒙古、甘肃、青海3个省(区)、15个盟(市)、35个旗(县)实施造林，造林树种涉及梭梭、柠条、红柳、沙棘、樟子松、胡杨6个树种。3～5月植树造林期间，中国绿化基金会结合疫情防控情况，积极做好春季造林动员、造林调度、造林督导等工作，保障2020年春季造林任务如期、保质、保量完成，种植养护工作有序进行，历年项目补植补种顺利完成，切实巩固春季造林成果。春季造林结束后7～9月，各省(区)林草主管部门统一指导项目区内旗(县)林草主管部门对造林结果进行自查验收，自查结果与往年比较，完成率逐年提高。9月，顺利启动独立第三方核查验收工作，充分提高验收效率和质量，保障独立第三方验收工作顺利完成。

【全民义务植树"蚂蚁森林"合作造林项目】 为深入贯彻习近平生态文明思想，推动黄河流域生态保护和高质量发展，改善区域生态环境，2021年全民义务植树"蚂蚁森林"合作造林项目实施地拓展至内蒙古、青海、甘肃、宁夏、陕西、山西6个省(区)。为明确项目管理要求、确保项目有序推进以及规范编制实施方案，10月21日，在北京组织召开2021年全民义务植树"蚂蚁森林"合作造林项目实施方案编制推进沟通会；12月1日，组织召开2021年全民义务植树"蚂蚁森林"合作造林项目实施方案专家评审会。

【"互联网+全民义务植树"】 各地积极通过网上动员，开展"云植树""云认养"等活动，号召公众由线下转为线上踊跃参与"互联网+全民义务植树"，"全民义务植树网"访问量达2412万人次，参与网络捐资企事业单位达641家，参与个人达22万人次。网站发布网络捐款项目31个，实体参与项目32个，募集资金达1015.9万元，发放尽责证书16.1万余张，荣誉证书2.9万余张，蚂蚁森林兑换证书846万余张。通过这种方式创新了义务植树的实现形式和发展机制。

【"一带一路"胡杨林生态修复计划】 "一带一路"胡杨林生态修复计划公益项目在"一带一路"沿线新疆维库尔勒市、内蒙古额济纳旗等地开展植树造林项目，共计植树105 306株，造林面积53.34公顷。"99公益日"期间，"一带一路"胡杨林生态修复计划小胡杨项目通过设计项目专属动画形象，开发微信表情包、微信小游戏、制作绘本、盲盒、公仔、香芬等一系列时下最受青年群体欢迎的传播形式与载体，开展一系列宣传推广活动，累计曝光量达近3.5亿人次。

【为生命呐喊——亚洲象保护行动】 为生命呐喊——亚洲象保护行动，由联合国环境规划署携手中国绿化基金会共同发起，是"为生命呐喊"倡导在中国的落地项目，旨在通过开展亚洲象生境恢复保护，为其他国家亚洲象及野生动植物保护树立实践样本。2020年，在云南省西双版纳国家级自然保护区勐养片区草坝箐开展5.33公顷亚洲象栖息地修复，云南种源繁育及救助中心项目区支持12头救助象食物补给和建设破旧象舍维修。

【自然教育探访活动】 "百万森林计划"在内蒙古自治区和甘肃省两个项目区域共接待各类公益探访超过1000人次。9月和10月，分别组织两批次爱心捐赠者探访活动，开展沙漠生态系统自然教育活动。

【武汉抗疫纪念林植树活动】 为弘扬伟大的抗疫精神，积极参与长江大保护，3月12日植树节期间，中国绿化基金会联合蚂蚁集团，在支付宝"蚂蚁森林"平台发起"蚂蚁森林武汉希望林"公益活动，活动期间吸引超过4000万爱心网民通过低碳生活汇集绿色能量，累计给武汉希望林"浇水"613.90千克，种植池杉、栾树共计43 540株。12月18日，由中国绿化基金会、湖北省绿化委员会主办，武汉市园林和林业局、黄陂区人民政府承办，蚂蚁科技集团股份有限公司特别支持的"武汉抗疫纪念林"暨蚂蚁森林武汉希望林植树活动在武汉市黄陂区举行。中国绿化基金会主席陈述贤、中国绿化基金会副主席兼秘书长陈蓬等领导和嘉宾参加植树活动。

【参加联合国人权理事会"社会组织对国际发展事业的贡献"网络视频边会】 9月16日，由中国民间组织国际交流促进会主办的联合国人权理事会"社会组织对国际发展事业的贡献"网络视频边会顺利举行，中国绿化基金会和联合国等国际机构代表参会。中国绿化基金会副主席兼秘书长陈蓬受邀参加并作主题发言，阐述中国绿化基金会多年来种植生态经济林、促进项目区贫困家庭增收致富成效、推广社会组织关于生态扶贫的中国经验。

【国际合作——多哥生态校园项目】 中国绿化基金会启动首个"一带一路"境外援助项目，在西非国家多哥10所校园开展绿化项目，支持非洲实施联合国可持续发展目标SDGs（Sustainable Development Goals），特别是良好的健康与福祉（SDG3）、优质教育（SDG4）、性别平等（SDG5）、清洁饮水与卫生设施（SDG6）和气候行动（SDG13），通过在多哥植树，为项目区学校提供清洁用水，应对气候变化带来的挑战。

（中国绿化基金会由张桂梅供稿）

中国绿色碳汇基金会

【综 述】 2020年，在国家林草局党组关心关怀下，在局办公室、生态司、人事司等司局单位的指导支持下，碳汇基金会在严格落实国家林草局疫情防控工作统一部署、支援一线抗疫、做好自身防护的同时，狠抓资金筹集、项目谋划和项目实施工作，努力控制疫情的不利影响，各项工作取得了新的进展。

【疫情防控】 根据局办疫情防控工作统一部署，严格落实各项防控要求，配备防护物资，服从上级指挥，加强自身防护，确保秘书处全体员工身体健康。积极响应民政部和国家林草局扶贫办号召，向武汉市慈善总会捐赠50万元自有资金，支持一线抗击新冠肺炎疫情。采购湖北特色农产品，组织全体职工捐款1500元，为抗击疫情增添一份力量。参与中国基金会行业应对疫情防控常态化共同倡议。

【筹资与项目实施】 2020年碳汇基金会在面对疫情对筹资工作不利影响的同时，深挖内外部筹资潜力，全年实现捐赠收入达3000万元。

林草生态扶贫专项基金管理 督促林草生态扶贫基金2019年资助的罗城木兰屯生态旅游民俗村建设、龙胜食用菌种植基地建设等4个定点县项目实施，协调各县完成项目中期评估。落实2020年度国家林草局10家直属单位扶贫捐款1580万元。在局扶贫办指导下，完成广西、贵州4个定点扶贫县2020年度项目申报立项和合同签署工作，安排新建项目预算1000万元。

蚂蚁森林项目 组织召开2020年春季蚂蚁森林项目专家评审会。利用蚂蚁森林捐赠公益资金,在河北省邯郸市涉县、磁县实施2020年春季蚂蚁森林中国绿色碳汇基金会太行山荒山修复项目,预计种植242.47公顷、40万株侧柏和121.2公顷、20万株油松。利用中金公益基金会捐赠资金,在河北省承德市丰宁满族自治县实施蚂蚁森林公益开放计划项目——中金公益生态保护修复项目,预计种植22.2公顷36 667棵樟子松。启动实施吉林省汪清县大东沟公益保护地项目。组织召开2020年秋季蚂蚁森林项目专家评审会,新增6个项目,新增规划造林面积2282.91公顷、376.67万株,其中河北邯郸项目3个、邢台项目2个、陕西铜川项目1个,预计新造油松517.05公顷85.31万株、侧柏876.88公顷144.69万株、山杏888.91公顷146.67万株。

冬奥碳中和专项基金启动前期准备 争取河北省人民政府参与发起,配合冬奥组委研究制订专项基金管理办法,研究拟订专项基金发布仪式工作方案,支持和参与有关APP开发工作。

募资与项目 积极推动与欧莱雅(中国)公司、上坤集团、顺丰集团、保护国际基金会(美国)、中海油、奔驰汽车等企业和机构的合作,开辟募资渠道,继续开展网络公开募捐。接洽大众中国公司,为其编制碳中和计划VCS森林保护碳汇项目开发实施方案,组织参与大众项目竞标。持续推动既往项目、储备项目的宣传与拓展工作。

碳中和项目 完成组织实施欧莱雅、中国基金会发展论坛、中国绿公司、长三角地区主要领导座谈会、杭州马拉松等活动碳中和项目的落地实施。

【宣传与传播】 一是在世界动植物日会同中动协等单位发布《保护野生动植物 维护全球生命共同体》宣传海报,响应和支持全国人大常委会的有关决定。二是受邀出席2020中国国际低碳科技在线博览会暨首届碳标签节并致辞。三是在全国低碳日期间会同国家林草局生态司等在《中国绿色时报》发布专刊《应对气候变化林草行业展现大国担当》。四是在6月17日世界防治荒漠化与干旱日,通过官网刊发《防治荒漠化,期待与您共同续写新篇章》,号召社会各界人士继续支持荒漠化防治事业。五是基金会秘书长刘家顺随同全国绿化委员会办公室副主任胡章翠出席第九届中国国际生态竞争力峰会,在内蒙古绿色产业洽谈会作了题为《科学经营生态系统、做大做强绿色银行》的致辞。六是出席由环境资助者网络(CEGA)举办的"探讨基于自然的解决方案"专场沙龙活动,刘家顺以《制度建设夯实NBS基础》为题,与上线的近130位观众开展了深入探讨和对话讨论。七是联合中国野生动物保护协会与野生生物保护学会(WCS)共同举行"2020野生动植物卫士行动暨第七届野生动植物卫士奖"颁奖典礼,本次活动采取线上线下结合的方式,线上活动通过凤凰网全程直播。

积极参与绿色中国行活动。作为承办方会同主办单位在浙江龙游县举办"绿色中国行——走进美丽龙游暨中国绿色碳汇基金会10周年主题公益活动",国家林草局副局长刘东生受邀出席此次活动并致辞。与会嘉宾共同栽植了"中国绿色碳汇基金会成立10周年纪念林暨绿色中国行——走进美丽龙游碳中和林"。生态司现场发布了国家林业和草原局"应对气候变化林业草原在行动"微信公众号。基金会理事长杜永胜出席大型电视访谈节目《绿色中国十人谈:两山路上看变迁(龙游篇)》,与专家学者共同探讨两山理念的龙游实践和生态建设、低碳发展的重要作用。在此次公益活动中,碳汇基金会为中国石油天然气集团有限公司和内蒙古老牛慈善基金会2名"杰出贡献者",蚂蚁集团、春秋航空股份有限公司、香港赛马会等10名"十佳捐赠方",世界自然基金会(瑞士)、大自然保护协会(美国)北京代表处等29名"优秀合作伙伴"分别颁发了纪念奖牌和荣誉证书。

【党建及其他】 加强党的建设,落实局党组和直属机关党委决策部署,开展党支部规范化标准化建设,加强两会精神、习近平总书记重要讲话、关于林业草原工作重要指示批示的学习,学习习近平总书记关于应对气候变化的重要论述,党的十九届五中全会精神,学习公益组织相关知识和法律法规,学习《林业和草原应对气候变化文件汇编》。配合完成2019年度财务审计和年度工作报告,取得无保留意见审计结论,合规完成2020年度财务预算。组织召开第二届理事会第八次会议,增补4名理事,成立投资咨询委员会。根据规财司安排配合完成有关专项审计工作。研究制定《基金会"十四五"发展战略》并经理事会审定。

(中国绿色碳汇基金会由何宇供稿)

中国生态文化协会

【综 述】 2020年,中国生态文化协会以服务林业草原事业高质量发展、服务国家生态文明建设作为主要任务,大力弘扬生态文明理念,广泛传播生态文化知识,努力提高社会生态文化素养,为建设生态文明和美丽中国作出了积极贡献。

【理论研究】

生态文化体系研究系列丛书编撰工作 在过去工作的基础上,生态文化系列丛书的研究和编撰工作继续深入推进,《中国草原生态文化》进入最后统稿阶段,《中国沙漠生态文化》《中华茶生态文化》等完成编撰,进入定稿阶段。

"森林的文化价值评估研究"项目 《中国森林文化价值评估研究》形成研究成果,在北京组织召开了项目交流研讨会,重点研究本项目各个课题所采用的计算方法和参数选择的科学性以及主要成果的权威性。项目组提出"人与森林共生时间"核心理论，创建了森林文化物理量和价值量的评估方法。为具象评估边界，构建了包括8项一级指标、22项二级指标、53项指标因子的森林文化价值评估指标体系，对中国森林的文化价值进行了首次评估。评估结果为：全国森林提供的文化价值约为3.10万亿元。构建森林文化价值评估指标体系，创新性地提出了森林的文化物理量和价值量的价值评估法，并以此对全国森林的文化价值首次开展了计量评估。研究成果对传承与弘扬中华优秀传统生态文化，增强文化自信、文化自觉等具有重大意义；同时，可以应用于区域森林的文化价值和政府生态文明建设政绩评估、完善森林生态系统生产总值测算。研究成果已形成《中国森林文化价值评估研究》专著，将由人民出版社出版。

【品牌创建】

"生态文化村"建设经验总结推广活动 协会积极响应中央关于实施乡村振兴战略的总体部署和相关要求，为充分发挥全国生态文化村先进建设经验的典型示范作用，在总结过去开展相关工作经验的基础上，坚持以社会主义核心价值观引领生态文化建设，着手在全国范围组织开展生态文化村先进建设经验宣传推广活动，累计收到27个省（区、市）推荐的157个行政村的推荐材料。下一步，将按照"生态文化繁荣、生态环境良好、生态产业兴旺、人与自然和谐、示范作用突出"的条件，组织专家研究梳理出生态文化村的先进建设经验予以宣传推广。

"战疫情，助脱贫"生态文化进校园活动 面对突如其来的新冠疫情，中国生态文化协会强化生态文化科普，助力脱贫攻坚，先后两次组织开展"战疫情，助脱贫"生态文化进校园活动，分别走进国家级贫困县——广西罗城仫佬族自治县的四把镇思民小学和宁夏固原市泾源县香水镇沙南村小学开展系列生态文化科普教育活动。一是向学校捐赠生态文化科普图书、多媒体教学设备、教师办公桌椅、食堂蒸饭柜、儿童护眼灯和体育用品等；二是组织开展"生态文化小标兵"评选活动，在两所小学共评选"生态文化小标兵"42名，获得"生态文化小标兵"称号的同学提出倡议，号召全体同学从身边的点滴小事做起，珍爱自然，保护环境和野生动物，为赖以生存的地球家园编织绿色的外衣，创造人与自然和谐的美好生活；三是开展"我心目中的动物朋友"主题绘画比赛和"童趣生态、变废为宝"儿童手工制作比赛，绘画比赛评选出一等奖7名、二等奖14名，手工制作比赛评选出一等奖6名、二等奖12名；四是协会秘书长尹刚强为同学们作生态文化科普讲座和互动交流，用浅显易懂的语言、生动具体的事例和数据，并以互动的方式给学生们普及什么叫生态文化，什么是绿色生活，以及如何节约资源、保护环境、实现人与自然和谐共处等相关生态文化知识。

协会从2012年开始，以教育扶贫、爱心扶贫为重点，定期组织实施结对帮扶行动，并根据国家林草局党组的扶贫工作和局科技司科普工作的总体安排，每年在全国各地特别是贫困地区选择1~2所小学，通过开展"生态文化小标兵"评选、生态文化知识专题讲座、作文或手工制作比赛以及捐赠教学设施设备、图书资料、文体用品等方式，大力开展生态文化宣传，累计评选"生态文化小标兵"697名，捐赠教学设备和图书资料、文体用品等价值110多万元。有力促进了生态文明理念和生态文化知识的普及与传播。

生态文化进校园——走进广西罗城县四把镇思民小学

2020年全国林业和草原科技活动周 8月，2020年全国林业和草原科技活动周启动仪式在北京举行。此次活动周主题为"人与自然和谐共生·携手建设美丽中国"，协会以生态文化引领绿色生活——云端生态文化科普馆为主题，通过视频、图片介绍和《生态文明世界》杂志电子在线阅览及在线视频播放，图文并茂地展示协会科普工作情况和生态文化科普知识，切实提升公众生态文化意识和科学素养。

第九届梁希科普奖评选工作和国家林草局科普工作先进集体申报工作 协会以2019年生态文化进校园——走进广西龙胜县泗水小学活动和"新中国70年·我家乡的变化"大学生征文比赛活动为内容申报第九届梁希科普活动奖。经形式审查、专家初评和第九届梁希科普奖评审委员会评审等程序，中国生态文化协会申报的生态文化进校园活动获得第九届梁希科普活动奖。同时，在局科技司组织开展的科普工作先进集体和先进个人评选活动中，协会申报的科普先进集体获得评审通过，中国生态文化协会被确定为国家林草局科普先进集体。

"保护野生动物，共建和谐家园"生态文化主题征文活动 为深入贯彻全国人大常委会《关于全面禁止非法野生动物交易、革除滥食野生动物陋习、切实保障人民群众生命健康安全的决定》，加强生态文明建设，维护生物安全和生态安全，有效防范重大公共卫生风险，促进人与自然和谐共生，协会面向全国高校在校大学生开展以"保护野生动物，共建和谐家园"为主题的生态文化征文活动，共收到16所大学120篇征文作品。经对参赛资格和文章内容、题材等进行审核、查重，确定有效征文103篇。协会邀请6位专家采取盲审的方式，对有效征文进行评审和打分，最终评出一等奖5个、二等奖10个、三等奖20个，并且按照标准，给予获奖作品以奖励。

第17届国际青少年林业比赛 应俄罗斯林务局邀请，10月15日，中国生态文化协会和国家林草局对外合作项目中心联合开展了第17届国际青少年林业比赛国内选拔赛。受疫情影响，本次选拔赛全程在线上进行。经过各相关高校积极推荐、参赛选手认真演讲、评委会严格评审，确定南京林业大学魏逸苏和吴撼两位同学代表中国参赛。12月1~4日，两位同学通过视频分别以题为《基于高光谱数据采集技术的濒危物种麋鹿种群承载能力评估》和《黄山药用冬青属植物质体介导的系统发育和形态变异》的报告参加第17届国际青少年林业比赛，受到评委好评，促进了生态文化国际交流互鉴。

《生态文明世界》期刊编辑出版　编辑部围绕抗击疫情、脱贫攻坚、华夏古村镇、贺兰山岩画文化、森林文化价值等主题内容，共编辑出版4期正刊、1期增刊。9月，入选第二十七届北京国际图书博览会2020中国精品期刊展"防疫抗疫"主题精品期刊，获得专家的高度认可和读者的广泛好评。同时，期刊还继续加大宣传和征订力度，推进邮局、报刊零售、中国知网等发行工作，刊物订阅量始终保持在1.2万册以上，社会影响力不断扩大。

生态文化科普图书宣传推广活动　为强化社会大众生态文化意识，扩大协会的影响力，使广大生态文化科普爱好者能够阅读到协会生态文化图书，协会将已出版的《中国生态文化体系研究总论》《中国海洋生态文化》《华夏古村镇生态文化纪实》等部分专著赠送600所国内相关高校、50多家科研院所及约100家地方图书馆。捐赠活动受到广大高校师生的关注，受众群体反馈良好，取得了预期的社会效果，截至2020年底，协会共收到来自复旦大学、武汉大学、中山大学等27所高校图书馆的受赠证书27份，重庆、成都、南京、苏州等地方图书馆的受赠证书22份。

【自身建设】

党建工作　协会始终把加强政治理论学习、强化理论武装作为首要任务来抓，以习近平新时代中国特色社会主义思想为主线，深入学习党的十九大及十九届二中、三中、四中、五中全会精神，认真贯彻习近平总书记关于党的建设、党风廉政建设、意识形态工作、生态文明建设等一系列重要论述，及时传达学习贯彻上级党组织的各项法规制度、文件和会议精神。秘书处全体党员依托联合党支部并以党小组学习为主课堂，通过参加支部全体学习和开展个人自学相结合，并充分运用"学习强国""绿色大讲堂""竹藤学堂"、青年理论学习小组等平台，做到认认真真学，原原本本学，不断增强树牢"四个意识"、坚定"四个自信"、做到"两个维护"的思想自觉和行动自觉。秘书处有2名同志分别被评为"国际竹藤中心优秀青年"和"国际竹藤中心优秀党务工作者"，协会秘书处所在第一党小组荣获"国际竹藤中心先进基层党组织"荣誉称号。

2019年年检工作　按照民政部年检要求，认真准备相关材料，积极做好汇报工作，顺利完成2019年协会年检工作，并取得合格的结果。

年度审计工作　根据国家林草局规财司《关于开展内部审计全覆盖工作的通知》要求，协会积极配合审计部门，对协会的2019年度财务情况进行了审计。

宣传工作　通过协会网站和微信公众号以及局网站、竹藤中心网站等媒介及时宣传报道协会开展的重大活动，扩大了生态文化知识和生态文明理念的宣传，提高了协会的影响力和知名度。

【其他工作】

支持举办2020中国(长沙)自然公园博览会　作为2020中国(长沙)自然公园博览会支持单位，协会积极促进中国生态文明和自然教育工作，助力脱贫攻坚和乡村振兴。

森林康养情况调研　为落实国家林草局、民政部、国家卫生健康委员会、国家中医药管理局联合印发的《关于促进森林康养产业发展的意见》(林改发〔2019〕20号)，协会会同中国医药卫生文化协会组织联合调研组赴广东省开展森林康养情况调研，共同组织召开由林业、医药卫生、自然资源等部门参加的森林康养座谈会，形成《从广东省的实践看森林康养发展前景——关于广东省森林康养情况的调研报告》。

(中国生态文化协会由付佳琳供稿)

中国治沙暨沙业学会

【综　述】　中国治沙暨沙业学会(以下简称"学会")是由中国著名科学家钱学森、原林业部部长高德占等倡议，于1992年由民政部批准设立的国家一级学术性、公益性、非营利性社会组织。业务主管单位是国家林草局，学会自成立以来严格按照国家有关规定开展工作，自觉接受民政部与国家林草局的指导、管理和监督。2018年度，民政部对学会开展了社会组织评估工作，确定中国治沙暨沙业学会为3A级社会组织。

【学会建设】　建立和完善了办公、办事、办会和技术服务等制度，修订了《中国治沙暨沙业学会分支机构管理办法》。同时，强化内部档案管理，将所有活动建立档案。2020年9月14~20日，召开了通讯理事会，研究了增补任免事宜和专业委员会设立事宜。积极推进分支机构成立建设工作，提高业务能力。2020年学会于9月10日成立旱区灌木造林及产业开发专业委员会，9月26日完成沙棘产业专业委员会第二届换届会，11月27日成立草原生态修复与草业专业委员会。为充分提高服务质量及管理水平，建设了学会会员和会议系统，更新了学会宣传册。

【学术交流】　学会每年在世界防治荒漠化与干旱日(6月17日)都举办纪念活动，2020年第26个世界防治荒漠化与干旱日前学会面向全社会征集中国宣传主题，并通过网站、公众号等多种形式,宣传中国治沙模式和治沙技术,并在社区张贴"6·17"宣传画,使荒漠化防治宣传进社区。9月5~6日,学会与宁夏石嘴山市人民政府、石嘴山军分区、国家菌草工程技术研究中心在宁夏石嘴山市主办了"菌草产业发展及黄河生态安全屏障建设研讨会"。

【技术推广】 学会筛选的低覆盖度治沙、菌草技术等多项新技术在京津风沙源治理工程和"三北"防护林建设工程中广泛应用,显著提升了新技术的推广速度。2020年9月10日,学会组织鉴定了"安固里淖干涸盐湖资源综合利用技术集成示范暨合作开发生态治理的技术成果",完成单位为盐城绿苑盐土农业科技有限公司。学会通过全国团体标准信息平台申请了制定和发布团体标准的资质,11月2日学会正式开始向各行业品牌企业、会员单位征集2020年和2021年度团体标准立项报工作。

【科普宣传】 2020年9月正式出版了《精准治沙思路研究》,11月正式出版了《沙漠化防治传统知识与技术》。组织专家编撰《科尔沁沙地及其治理概论》《毛乌素沙地及其治理概论》《浑善达克沙地及其治理概论》和《呼伦贝尔沙地及其治理概论》四大沙地治理概论系列丛书。4月面向全国下发了征集荒漠化防治与沙产业模式的通知,截至12月底,共收到50多个模式,学会进行了整理筛选,计划组织编撰《荒漠化防治与沙产业模式汇编》。

【抗击新冠肺炎疫情】 面对突如其来的疫情,学会凝心聚力积极宣传会员单位、个人以及荒漠化防治从业者在抗击新型冠状病毒过程中的典型事迹。同时积极响应国家号召,全力配合政府疫情防控部署。

(中国治沙暨沙业学会由邹慧供稿)

中国林业文学艺术工作者联合会

【综 述】 中国林业文学艺术工作者协会(以下简称中国林业文联)于2019年12月召开第五届会员代表大会,顺利完成换届工作。2020年,新一届中国林业文联积极克服新冠疫情影响,稳步推进各项工作,各方面工作取得了新进展。

【制度建设】 一是制订了中国林业文联工作规则、财务管理办法、固定资产管理办法、公务出差管理办法、聘用人员管理办法、绩效管理办法、专业委员会管理办法、会费收缴管理办法8项规章制度,并经中国林业文联主席办公会议研究决议后执行,为林业文联规范运作,增强活力提供了制度保障。二是完成了中国林业文联法人变更审计、社团审计和民政部注册备案及财务变更等一系列手续,保障了中国林业文联的正常运行。三是筹备认定组建中国林业文联文学、书法、美术、摄影、航空摄影、音乐、木文化、影视与生态教育、生态文化产业9个专业委员会,发挥了中国林业文联的专业优势。

【创作推出精品】 一是为落实中央脱贫攻坚宣传部署和国家林草局局长关志鸥关于讲好生态扶贫故事的要求,组织文学、摄影等艺术家和网络媒体记者到贵州独山、荔波县和广西龙胜、罗成县4个国家林草局定点扶贫县进行采风采访,创作了反映生态扶贫感人事迹和典型的文学艺术作品和网络视频节目,并出版了《山水如画小康路——国家林业和草原局定点扶贫县生态扶贫采风散记》一书和四期网络视频节目在中国经济网上线播出,宣传国家林草局生态扶贫成果。二是为宣传新时代林业英雄孙建博,组织知名作家赴山东省原山林场采风25天,创作反映孙建博在国有林场改革中,开拓进取的长篇纪实报告文学《原山放歌》。三是开展了"羡林杯"生态文学征文活动。中国林业文联所属《生态文化》杂志社,与中国散文家网、东方旅游文化网、北京羡林国际文化艺术交流中心、羡林文学院共同举办了首届"羡林杯"生态文学征文活动。收到来自全国各地的作家和文学爱好者的作品近千篇,经过专家评委们的遴选,最终选出一等奖3名,二等奖10名,三等奖30名,优秀奖若干名,并于12月26日在北京举行了颁奖仪式,获奖作品陆续在《生态文化》上刊登,促进了生态文学的创作,扩大了《生态文化》杂志的知名度,取得了良好的宣传效果。四是全国人大常委会出台《关于全面禁止非法野生动物交易,革除滥食野生动物陋习,切实保障人民群众生命健康安全的决定》,社会上出现了一些质疑林草部门的声音。为潜移默化地从正面引导舆论,加大保护野生动物宣传,我们邀请著名词曲作家创作了以弘扬人与野生动物和谐相处为主题的歌曲《万物共生》。同时,邀请作家以普通市民的视角创作生态文学作品在媒体上发表,发出基层声音。

首届羡林杯生态散文大赛颁奖典礼

【开办网络栏目】 为履行林草部门生态文化宣传职责,中国林业文联与中国经济网联合主办了《绿水青山就是金山银山——生态文化产业进行时》栏目，通过媒体记者走进国家林草局定点扶贫县、国有林场改革示范点、林下经济示范基地等典型示范区，聚焦各地林草部门在践行"绿水青山就是金山银山"发展理念、生态扶贫、推动社会经济协调发展中的重要作用。这档网络视频栏目于2020年12月在中国经济网上线，收到社会上良好反响。同时，努力办好"中国林业文联"和"新《生态文化》"两个公众号，每周上新一期，扩大了中国林业文联的社会影响力。

《绿水青山就是金山银山——生态文化产业进行时》栏目

【争创文化品牌】 为把生态保护、生态文化繁荣和生态产业发展紧密结合，探索并践行习近平总书记"绿水青山就是金山银山"的理念，策划了"生态文化产业园"活动，并得到了地方相关部门的积极反响。2020年底，"生态文化产业园评价指标"已由专家拟定完成发布，并在广东省佛山市开展了试点工作。通过生态文化产业工作的推进，打造生态文化品牌。

【提高《生态文化》杂志质量效益】 《生态文化》是生态文化宣传的重要平台和阵地。新一届中国林业文联接手杂志后，充实了编辑队伍，对版面和栏目进行了改版，聚焦习近平生态文明思想、国家林草高质量发展和生态文化繁荣宣传，提高了内容质量，得到了各方面领导和读者的肯定。

【中国林业生态作家协会文学创作成果】 2020年，中国林业生态作家协会紧扣疫情防控、脱贫攻坚和林草生态等重大主题，充分调动广大会员和生态文学爱好者的积极性，深入生活，感受自然，讴歌新时代，创作出一批在思想上、艺术上都很成功的作品。一是紧紧围绕时代主题开展创作。2020年新冠疫情来势汹汹，举国上下，投入驰援武汉的抗疫之中。中国林业生态作家协会号召广大会员用手中的笔讴歌抗疫精神和脱贫攻坚力量。林业作协作家王宏波的诗歌《致武汉的诗句》被黑龙江省作家协会"黑龙江作家网"发表在"以笔为剑——抗击疫情优秀文学作品选"；小说《风中的寂静》发表于《天津文学》；小说《万里一天风》发表于《黑龙江日报》"天鹅"副刊，并在黑龙江省委宣传部组织的"抗击疫情优秀文艺作品"征集中，获得文学类三等奖；散文《与楚争得樱花红》《相信吧，快乐的日子将会来临!》，报告文学《在严寒中，守盼春天》，特写《疫情中，那飘逸的墨香》《为防疫，他一天走一万步》等，分别发表在《中国绿色时报》《铁人文学》《奋斗》等媒体。林业作协作家罗大佺先后在《人民文学》《人民日报》《光明日报》《文艺报》《北京文学》《生态文化》等发表散文、诗歌、报告文学、小说等作品30余篇，创作题材主要集中于新冠疫情防控阻击和精准扶贫工作以及乡土散文；报告文学《石头开花的故事》在《人民文学》2020年8期刊载后，在读者中引起了反响；报告文学《格桑花开满希望——雅安年轻扶贫干部情暖康藏高原》被《香港文汇报》免费整版发表后，受到了雅安当地党委、政府的称赞；纪念抗美援朝70周年，《文艺报》刊发了罗大佺的散文《抗美援朝父子兵》；此外，罗大佺的散文《拾柴火的日子》入选语文出版社小学四年级下册《语文同步读本》教科书，小说《忏悔的水冬瓜梨》被纳入北京市顺义区2019～2020学年中考语文试题。林业作协作家鲁微创作的诗歌《追逐光明》《生命的天空》被黑龙江省委宣传部、文化和旅游厅、广播电视局、文联作协分别授予二、三等奖；诗集《极地漫步》由上海文艺出版社出版；诗歌《兴安岭的故事》，刊发在"兴安万里 阅读有你"元旦特辑；散文《大山里的精灵》分别在《中国自然资源报》《香港文汇报》上刊登；组诗《极地漫步》刊发于《北方文学》第10期头题；由鲁微担任编剧、总顾问的《鹿鼎山下》电影获国家电影局核发公映许可证。林业作协作家尹善普创作的诗歌《春天——种下中国人的梦想》在《城市文学》发表，《年是什么?》在《吉林文学》发表；他的散文《难忘林业厅》《道歉》《端午情思》在《城市文学》和《东北作家》发表，《大熊猫》《中国的森林城》在《城市文学》发表，《难以忘"槐"》《树泣》《岳父也是父亲》在《当代名人》发表，《爱情+爱情》在《当代文坛》发表；2020年他还完成47万字的长篇小说《森林之子》，目前正在出版中。林业作协作家邓士君在《绿叶》第十期发表散文《大沽河》；在中国诗歌网发表《那条长椅》《回忆》《白雪伴春花》《十里春风不如你》4首诗歌；在《北极光》发表抗疫诗歌两首。

（中国林业文学艺术工作者联合会由侯克勤供稿）

中国林业职工思想政治工作研究会

【综　述】 2020年，中国林业职工思想政治工作研究会围绕党的中心工作和林草改革发展大局，团结引领会员单位和广大政工干部战疫情、研对策、扬正气、聚力量，充分发挥联系职工、疏导思想、凝聚力量、助力发展的作用。

思想政治工作研究 学习贯彻落实党的十九届四中、五中全会精神，以推动社会主义意识形态建设、助力林业改革发展为主题，组织会员单位和特约研究员开展思想政治工作研究，完成课题研究成果180项，同时，按照局宣传中心的委托，完成《坚持融合发展 为林区改革凝聚强大精神力量——大兴安岭林区改革发展中的思想政治工作调查和建议》研究报告，为推动大兴安岭林业体制改革提供参考。出版《林业思想政治工作研究优秀成果文集》3种，为会员单位交流思想政治工作经验和研究成果提供服务。积极推动前哨林场、宁波市林场、南宁树木园思想政治工作研究实践基地建设，深入开展思想政治工作案例研究。

意识形态宣传教育 与北京林业大学合作，开展加强社会主义意识形态建设研究，完成《贯彻党的十九届四中全会精神 加强林草业社会主义意识形态建设》研究成果报告。与国家林业和草原局、中国农林水利气象工会、中国林学会联合开展"林业英雄林建设"活动，宣传林业英雄精神，在原山林场落成第二处"全国林业英雄林"，召开建设林业英雄林研讨会和林业英雄事迹报告会。编辑出版《为绿水青山奉献——最美务林人故事丛书》2种，与中国农林水利气象工会、上海市林业局、原山林场、沙头角林场共同创作《林业英雄之歌》和《务林人之歌》，进一步宣传林业英雄精神和"艰苦奋斗、爱国敬业、坚守奉献、改革创新"的林业精神，引导和推动行业社会主义意识形态建设。

宣传平台建设 完成"中国林业政研会网站"改版设计工作，增加网站栏目；注册"中国林业政研会"微信公众号和"钉钉会议群"，拓宽宣传平台；提高内刊《林业政工研究》编辑质量；设计印制中国林业政研会宣传册和宣传台历各1000册，向会员单位免费发放；召开思想政治工作经验交流视频会议。全年发布网站信息达1200余条，关注人数达5万人次。

疫情防控 积极贯彻落实党中央、国务院关于坚决打赢疫情防控阻击战的部署，研究并下发《做好疫情防控工作实施方案》和《为打赢疫情防控阻击战做贡献倡议书》，号召会员单位积极配合地方党组织，投入打赢疫情防控阻击战之中。全国275个会员单位组织31 000多名党员干部担当前行，坚守在防疫防火第一线，为保证单位和地方人民群众健康和复工复产作出了积极贡献。秘书处及时总结打赢疫情防控阻击战典型事迹，2~4月在民政部新闻发言人群、中国林业政研会网站等连续发表5篇《中国林业政研会会员单位抗"疫"战场报道》。6月18日，组织召开打赢疫情防控阻击战思想政治工作经验交流视频会议，相关会员单位介绍在打赢疫情防控阻击战中加强思想政治工作、做好防火防疫、护林复产的工作经验。

参与脱贫攻坚 积极响应国家关于社会组织参与脱贫攻坚的号召，探索知识智力扶贫思路，号召会员单位开展生态价值转化研究，探索以生态价值转化扶贫途径。与东北林业大学、西南林业大学合作，开展生态价值转化理论研究，与甘肃洮河生态建设局等16个会员单位合作，开展生态价值转化研究实践。16个生态价值转化研究基地完成研究报告24篇，为林业贫困地区脱贫提供研究成果帮助。洮河局冶力关林场在会员单位的帮助下实施"基地+森林旅游+农家乐+贫困户"生态价值转化助力脱贫模式，带动200余名贫困群众就业，实现了脱贫增收。11月，中国林业政研会在广西国有高峰林场组织召开全国林业生态价值转化研究实践研讨会，78个会员单位参加会议，与会人员现场观摩学习高峰林场生态价值转化和生态文明建设成果，交流生态价值转化研究振兴林场乡村经济的经验。

自身建设管理 按照登记机关和主管单位规范社会组织管理的要求，积极整改建设管理上不规范的问题，设计制作中国林业政研会标识和简介宣传册，完善中国林业政研会工作管理制度和管理办法30项，从严规范各项工作管理责任制度，规范秘书处财务管理和档案管理，认真做好会员服务和日常管理工作，提高政研会建设管理的规范性。9月，接受国家林草局财务审计和民政部社会组织管理局社团建设等级检查评估认证，受到评估组好评，促进政研会建设管理水平提高。

（中国林业职工思想政治工作研究会由赵荣生供稿）

中国林学会

【综 述】 2020年，学会坚持围绕中心、服务大局，坚持疫情防控和学会活动两手抓，不断创新活动方式，积极应对疫情冲击，适时应变，创新工作方法，服务能力和水平有了新的提升。世界一流建设项目顺利通过考核评估，荣获"优秀扶贫学会""全国科普工作优秀单位""全国科技助力精准扶贫工作先进团队"等称号，《林业科学》社会效益评价考核获评为优秀，梁希林业科学技术奖影响力持续提升。

学会建设 学会严格贯彻落实新冠疫情防控要求，在疫情扩散和北京突发疫情期间，严格执行弹性上班制，鼓励居家办公，发放防疫物资，实行疫情防控情况报告制。制订《中国林学会新冠肺炎疫情常态化防控工作方案》，在疫情常态化防控形势下，严格离京报告审批，确保学会干部职工及家庭全员健康。组织专项宣传，向社会公众普及疫情防控科学知识。组织"守护抗疫天使"公益活动，为医护人员提供针对性森林疗养课程，助其恢复身心健康。

成立抗疫情促发展林业产业科技服务团，组建甬黔延林业科技经济联合体，打造《乡人乡品·品味乡土》全新视频栏目，出版《主要林木及林下资源产业化栽培及利用》。成功申报并完成2020年中国科协创新驱动助力工程示范项目《中国林学会科技服务团助力疫情防控与重大战略》。举办第四届中国（上海）国际竹产业博览会，吸引3万余名观众。

以线上线下相结合方式召开全体理事会，研究学会重大问题。在线召开全国林学会秘书长会议，部署全年工作。

加强服务站与林草乡土专家队伍建设。进一步强化宁波、吉林、四川等服务站建设，新建中国林学会南浔、山西碧秀农林公司服务站，依托宁波服务站举办林下经济高质量发展技术培训班，打通服务基层最后一公里。在定点扶贫县以及全国有关深度贫困县市评选认定149名中国林学会乡土专家，会同国家林草局科技司开展国家林草局林草乡土专家遴选。

开展科技成果评价与团体标准建设工作。按照学会科技成果评价管理办法和团体标准管理办法，评价《松褐天牛综合防控技术》等一批在国际、国内成果领先项目，制定公布《规格材产品认证规则》等5项团体标准。

助力脱贫攻坚。围绕广西罗城、贵州荔波、山西临县等国家林草局、中国科协定点扶贫县和深度贫困地区开展科技扶贫。承担中国科协决战决胜科技助力精准扶贫宣传项目及文冠果新品种高效栽培绿色脱贫示范项目。开展经济林等林业特色产业在巩固脱贫成效中的战略问题研究并提交调研报告。

党建强会 强化政治统领。强化理论中心组学习，坚持用习近平新时代中国特色社会主思想，武装头脑，指导工作。学会始终把政治建设放在首位，认真进行理论学习。

落实全面从严治党，推动党建质量全面提升。认真履行学会理事会党委和秘书处党总支班子抓党建工作和党风廉政建设的"主体责任"，完善从严治党"一岗双责"责任制。以"党建强会""学习与实践"等平台为载体，深化"两个全覆盖"，提升社团党建成效，成为中国科协党校5家全国学会分校之一。

认真开展"强化政治机关意识、走好第一方阵"教育，引导学会党员干部锤炼忠诚干净担当的政治品格，以工作的实际成效体现"两个维护"，做到讲政治、守纪律、负责任、有效率，做到让党中央放心、让人民群众满意。

不断加强作风、能力、制度、纪律、廉政等建设。制订落实全面从严治党责任清单等十多项制度性文件。激励干部新作为新担当，增强干部队伍凝聚力、战斗力。严格执行民主集中制，坚持重大问题集体研究。坚持运用"四种形态"，强化监督执纪。从严从实开展"灯下黑"问题专项整治，认真开展廉政风险防控工作。认真配合国家林草局党组对学会的巡视工作。

国内主要学术会议 学会积极应对疫情冲击，学会及分支机构通过线上、线下、线上线下相结合的方式开展了百余次学术交流活动，累计线上观看100万人次，线下参会人员1万余人次。

4月25日，学会组织召开林下经济助力脱贫攻坚公益大讲堂网络直播活动。活动主题为"让绿水青山赢来源源不断的金山银山"，吸引近6000人次网友收看。活动还连线观摩了贵州、江西、河北等林下经济示范基地和生产车间，解读实际案例，分享成功经验。

7月2日，学会通过网络直播形式举办自然与文化遗产学术研讨会。会议围绕"林业遗产保护与乡村振兴"主题开展交流互动。

9月19~20日，学会以线上线下相结合的方式举办首届全国森林保护青年学术论坛。论坛以"新锐青年，创新未来——中国森林保护学的新挑战与新机遇"为主题，设6个线下会场，860余人参加论坛。论坛获线上点赞2万余次，互动交流5000余条，提问200余条。

10月13日，学会在杭州召开新时代林草科技治理学术研讨会，30余人参加会议。会议期间还组织召开《中国林业优秀学术报告2019》评审会和定点扶贫县及深度贫困地区乡土专家评审会。

10月27~30日，学会在长江大学召开全国林木遗传育种研究生学术研讨会，中国林科院、东北林业大学、北京林业大学、安徽农业大学、长江大学等50余家单位280余名研究生和青年科研工作者参加会议。

11月27日，学会在安徽省旌德县召开华东六省一市林学会学术年会。会议主题为"加强松材线虫病防控 维护森林生态安全"，近100人参加会议。

12月7~9日，学会在海口召开第六届中国珍贵树种学术研讨会，珍贵树种相关领域专家、学者150余人参加会议。

12月9~11日，学会在贵州省锦屏县召开第七届全国林下经济发展学术研讨会暨林下经济分会换届大会，近200人参加本次大会。会议选举李文华院士继续担任分会第二届委员会主任委员，陈幸良任常务副主任委员，曾祥谓为秘书长。

12月13~15日，学会在广州召开第五届全国杉木学术研讨会暨杉木专业委员会换届大会。会议主题为"科技创新引领杉木产业高质量发展"，188位代表参加会议。会议选举福建农林大学马祥庆教授为第二届主任委员，曹光球为秘书长。

12月19日，学会在北京召开首届中国林草计算机应用大会。中国工程院院士陈军、国家林草局科技司司长郝育军、中国林学会副理事长兼秘书长陈幸良、国家林草局信息化管理办公室副主任杨新民等领导和专家出席会议。会议主题为"智慧引领林草未来"，全国24个省（区、市）78家科研单位和相关企业170余人参会。

国际学术会议与交往 积极与国际社会沟通中国疫情及防控举措。IUCN主席章新胜专门致函赞赏中国抗击疫情的努力，呼吁全球科技界携手应对疫情挑战。

两岸交流 成功申报两岸林业基层人员交流项目，被列入国台办2020年对台交流重点项目。因新冠肺炎疫情影响，延至2021年开展。

自然教育 10月1日，学会开通运营"中国自然教育"微信公众号，截至2020年12月31日，共刊发稿件140篇。推进自然教育理论研究，对各地开展自然教育情况进行摸底调查。先后组织赴上海、四川、江西等地广泛调研，推进自然教育工作。编撰完成《中国自然教育发展报告2019》。审议通过第三批自然教育学校（基地）名单。开展《湿地类自然教育基地建设导则》等多项团体标准研制工作。与中国绿色时报社合作开展自然教育宣传推介活动。启动中国（长沙）自然公园博览会。筹备开展自然教育师培训，完成自然教育线上培训课程录制工作。

科普活动 精心谋划行业公益品牌赛事活动。开展全国林业和草原科普微视频大赛、全国林业和草原科普讲解大赛、全国林草科普基地评选工作和"憧憬·美丽中国"艺术设计大赛等活动，打造林业和草原行业品牌赛事。

积极推进林业科普信息化建设，不断丰富"林业科

2020年全国科普讲解大赛——国家林草局获优秀组织奖

学传播公众服务平台"科普资源，科普写作栏目新增373篇科普文章。举办"深度影响中国的树木传奇"大型公益宣传活动，推出《海岸线绿色卫士》等90篇高质量科普文章。

决策咨询积极开展建言献策。举办中国科协峰会——京津冀生态环境建设和科技创新高层论坛，并提交政策建议。修订《〈林业专家建议〉专刊管理办法》，编辑出版《林业专家建议汇编Ⅱ》，刊发的8篇专家建议获国家林草局领导8次批示，其中《关于自然教育的调研报告》《粤港澳大湾区生态环境保护与生态系统修复的建议》《经济林果产业亟待提质增效》3篇建议获上级单位采用，信息综合采用情况在国家林草局直属单位中排名第七。

学术期刊　主办期刊《林业科学》全年收稿1046篇，发稿252篇；影响因子1.097，总被引频次4560，综合评价总分列全国2068种核心期刊第38位、林学期刊第1位。期刊影响力、办刊队伍建设和数字化水平进一步提升。第18次被评为"百种中国杰出学术期刊"，连续9年入选"中国国际影响力优秀学术期刊"，继续保持EI收录。2019年度社会效益评价考核为优秀。完成农林领域高质量科技期刊分级目录林业科技期刊推荐及评选工作。1篇论文入选第五届中国科协优秀科技论文遴选计划，3篇论文入选农林集群优秀论文，9篇论文获得F5000入选提名。2020年起在中国网络植树"e-tree"建立《林业科学》主题林。

学科发展研究　继续推进《2018—2019林业科学学科发展报告》和《林业科学学科方向预测及技术路线图研究》两项2019年度中国科协学科发展项目，正式出版《中国林业优秀学术报告2017—2018》。编辑出版《中国林业优秀学术报告2019》，广泛征集《中国林业优秀学术报告2020》内容。

人才奖励　国家林业和草原局首次举行科技奖励仪式，对获2019年度国家科技进步奖二等奖的2个局属团队和梁希林业科学技术奖一等奖的6个团队进行表彰，各奖励20万元。有序推进梁希奖评审工作。完成第十一届梁希林业科学技术奖、第八届梁希青年论文奖、第九届梁希优秀学子奖和第九届梁希科普奖评选。其中第十一届梁希林业科学技术奖获奖项目103项，包括自然科学奖9项，技术发明奖5项，科技进步奖获奖项目89项，另有3名国际友人获国际科技合作奖；第八届梁希青年论文奖获奖论文41篇；第八届梁希优秀学子奖获奖学生45名；第九届梁希科普奖获奖作品13项，获奖活动18项，获奖人物2名。

推选冯仲科、张国防荣获第二届全国创新争先奖；推荐上报费本华和杨传平为最美科技工作者候选人；推荐尹伟伦院士为2019年度北京市科学技术奖突出贡献中关村奖。

会同国家林草局科技司联合开展林草科技管理优秀论文评选。共收到申报论文372篇，最终评选出获奖论文50篇，其中一等奖6篇、二等奖16篇、三等奖28篇。

会员服务　完善会员发展与服务系统建设工作，会员数量持续增长。学会累计注册缴费会员4115人，比2019年增长19.2%。8月25日，学会承办中国科协2020年学会能力建设论坛，探讨新形势下全国学会开展会员发展与服务工作的变革与创新。继续完善中国林学会会员发展与服务系统建设工作，建设会员系统微信平台，大力发展会员。制订《关于加快会员发展强化会员服务的暂行规定》，探索开展多元会员服务活动。完成中国林学会首批终身会员认定工作。

【**第十六届中国竹业学术大会**】　9月17~19日，第十六届中国竹业学术大会暨首届遵义农民方竹丰收节在贵州省遵义市桐梓县举办。大会主题为"践行'两山'理念，推动绿色发展——竹产业助力精准扶贫与乡村振兴"。中国林学会理事长、原国家林业局局长赵树丛，贵州省人大常委会原副主任傅传耀等领导出席开幕式。来自全国各地的专家学者、企业代表、采购商及经销商等600余人参加活动。

活动设中国大娄山方竹产业发展研讨会主会场和中国竹业青年学术研讨会、全国中小径竹笋产业发展研讨会和全国竹子林下经济与森林康养产业发展研讨会3个分会场。大会发布《"大娄山方竹笋"检验报告》。

【**2020年全国桉树产业发展暨学术研讨会**】　于11月11~13日在江西赣州召开。会议的主题为"桉树产业未来发展新方向"。国家林草局副局长彭有冬，中国林学会理事长赵树丛等领导在开幕式上分别致辞。中国林学会副理事长、国家林草局科技司司长郝育军，国家林草局改革发展司一级巡视员杜纪山等出席会议开幕式，来自全国10个省(区、市)共74个单位的217名代表参加会议。开幕式由中国林学会副理事长兼秘书长陈幸良主持。

2020年全国桉树产业发展暨学术研讨会

(中国林学会由林昆仑供稿)

中国野生动物保护协会

【综　述】　2020年，中国野生动物保护协会（以下简称"协会"）紧紧围绕国家生态文明建设的总体部署和要求，以野生动物保护为中心任务来谋划和开展工作，切实发挥好联系政府和社会的桥梁和纽带作用，深入开展野生动物保护科普宣传教育，广泛动员社会各界参与支持野生动物保护工作，为中国野生动物保护事业作出了应有的贡献，树立了良好的社会公益形象。

协会建设　制订完善协会《会员管理办法》《志愿者管理办法》《分支机构管理办法》等7个管理办法，《协会公务用车管理台账》《协会固定资产管理台账》《协会合同协议台账》等7个台账。

编辑印刷《社会团体管理规定汇编》，内容包括中共中央、国务院、民政部、中国科协等多部门现行的社团管理相关文件及政策法规。

出版《中国陆生野生动物保护管理法律法规文件汇编（2020年版）》，内容包括行政法规、国务院文件、常用法律法规解释、部门规章与规范性文件、野生动物保护名录、地方性法律规章。

国内主要学术会议　9月19日，在长白山池北区召开2020长白山国际生态会议，会议主题为：自然保护地的历史与未来。由长白山管委会、吉林省林草局、国际动物学会、中国野生动物保护协会国家公园及自然保护地委员会共同主办。

国际交往　积极与协会加入的国际组织保持沟通，主动致信国际狩猎和野生动物保护理事会（CIC）主席、野生动物保护联盟特别工作组主席，介绍中国在抗疫方面的举措和成效，强调进一步加强野生动物保护合作。

科普活动　与国家开放大学合作举办野生动物保护知识系列直播间（第一季）3期直播课程，分别讲授《现代野生动物管理的理论与实践》《灵长类中的攀岩冠军——白头叶猴》《野生动物疫病和人类健康》课程。

邀请科技委专家撰写野生动物保护科普文章，在协会微信公众号连载，同时在《中国绿色时报》"生态话题"栏目进行刊载，截至2020年底已发布8篇。

党建强会　组织全体干部职工学习研讨习近平总书记在中央和国家机关党的建设工作会议上的重要讲话，理论中心组十余次集中组织学习研讨习近平总书记关于林草工作的重要论述和指示批示精神以及五中全会精神；开展以"讲政治、守纪律、负责任、有效率"为主题的讲党课活动；制订班子与支委、处室负责人责任清单，党员领导干部认真履行"一岗双责"，全面从严治党；开展"灯下黑"问题专项整治和廉政风险排查防控工作；推进党支部标准化规范化建设。

加强意识形态工作，开展"书香中动协"活动，创建党建品牌。开展两次读书交流活动和一次"我爱我的祖国"主题党日演讲活动。

会员服务　组织开展主题为"革除滥食野生动物陋习，从你我做起"的2020年会员日活动。以各地有关自然博物馆、动植物园、自然保护区等为依托，面向会员开展有奖知识问答，举办科普讲座、主题摄影展、书画展、文化演出等活动。

在海南省海口市组织开展全国野生动物救助技术研究与经验交流培训班，就野生动物收容救护及疫源疫病监测管理的经验展开交流，来自全国18个省（区、市）的野生动物救助研究机构及野生动物保护管理部门共计60多人参加此次培训。

建立并完善通讯员制度，发展第一批通讯员25名，按规定进行信息报送。编印完成两期《中国野生动植物保护通讯》，分发给协会理事、各省协会理事及资深会员。协会官网共设栏目27个，全年累计新闻发布数量132条；微信公众平台发布186期，发文523篇，文章累计阅读次数400余万。

完成协会门户网站升级及会员发展系统开发。完善门户网站的功能、栏目设置、布局，提升用户体验。健全会员管理系统的管理和服务功能，开发专家库申报和建设系统。

【疫情防控工作】　1月，新冠肺炎疫情暴发后，第一时间在微信公众号发布宣传落实《全国人大常委会关于全面禁止非法野生动物交易、革除滥食野生动物陋习、切实保障人民群众生命健康安全的决定》的贯彻意见，并将其内容融入到野生动物保护科普宣传活动中；在协会官网、微信公众号转发国家林草局和中国科协相关通知，动员各省级协会党组织、各分支机构党建工作小组和广大党员干部积极投身到疫情防控斗争中；先后发出4份倡议书，强化公众保护野生动物意识和公共卫生安全意识。

支援湖北省野生动植物保护工作人员、志愿者在疫情期间开展野生动植物野外监测、巡护、救护等工作，向湖北省林业系统捐赠100万元人民币和2.12万只口罩。同时，积极联系中国光华科技基金会，向湖北省林业系统捐赠价值48.44万元的防护面罩17 300个。

做好疫情期间的科普宣传工作，协会先后在官网、微信公众号发布"拒绝滥食野生动物，做文明公民""抗击新型冠状病毒，对滥食野生动物说不"、《穿山甲科普知识系列漫画》等多张公益海报，倡导公众保护野生动物，树立健康饮食新风尚；6月5日，协会联合野生救援WildAid发布《野生动物保护，需要您的参与》动画视频，呼吁公众不要非法猎杀、交易和食用野生动物，该视频在协会微信公众号、央视动物世界微博等新媒体播出；9月11日，协会联合国家林草局宣传中心推出"革除滥食野生动物陋习"公益广告，在北京地铁1号线、2号线、5号线、13号线及二环沿线公交站点投放。

【积极参与林业草原生态扶贫】　按照国家林草局扶贫工作的总体安排，协会自2019年捐款200万元后，

2020年再次捐款200万元，被国家林草局扶贫办、中国绿色碳汇基金会授予"优秀合作伙伴"荣誉称号。

【2019~2020年全国越冬鹤类种群同步调查工作】 1月5~15日，协会联合全国有越冬鹤类分布的22个省（区、市）76个单位和组织，超过500余人，开展全国越冬鹤类种群同步调查工作。经统计分析、专家评审，形成了《2019—2020冬季全国越冬鹤类同步调查报告》。

【"世界野生动植物日"系列公益宣传活动】 3月3日，通过线上线下相结合的方式开展主题为"维护全球生命共同体"的"世界野生动植物日"系列活动。制作主题宣传视频和主题海报，主题海报被CITES秘书处选作2020年"世界野生动植物日"全球官方海报之一。与国内外NGO、互联网企业、快递物流公司合作，发布"拒绝食用野生动物"公益海报。

与阿里巴巴口碑平台合作，制作"拒绝食用野生动物，从我做起"公益海报和短视频，被多家线上媒体转载，活动话题最高达到新浪微博公益类话题榜热搜排名第一名，访问量3269万人次；邀请歌手创作的以野生动物保护为主题的歌曲《2050》被人民网、中国公益之声、CCTV公益之声、光明公益等多家媒体平台转载。

【出版《让孩子体验自然之美——自然教育活动手册》】 3月，组织人员编写并出版《让孩子体验自然之美——自然教育活动手册》。该书内容涵盖了生态道德教育和自然教育的基本理论概念及发展、自然教育培训师的培训和教学、可借鉴的自然教育活动案例、学校和自然保护区如何开展自然教育等方面。

【全国"爱鸟周"系列宣传活动】 4月2日，启动以"爱鸟新时代，共建好生态"为主题的2020年全国"爱鸟周"主题宣传活动。设计并印制2020年"爱鸟周"主题公益宣传海报，发布"爱鸟周"主题LOGO。

联合国家林草局野生动植物保护司、宣传中心，在绿色中国网络电视开播10期大型系列主题公益直播访谈节目《新闻2+1》"爱鸟周"系列节目，向公众宣传鸟类保护理念，提高鸟类保护意识。

在北京地铁2号线、5号线和13号线及二环沿线公交站点投放歌手李健"爱鸟周"公益海报；发布歌手李健《候鸟保护》公益视频，在自然资源部和国家林草局微博、微信公众号等新媒体播放量达到317万次。

【2020年保护候鸟志愿者"护飞行动"】 在春秋两季，协会结合鸟类迁徙情况，在条件适宜和疫情安稳地带，组织开展保护候鸟志愿者"护飞行动"，并在网络平台开展培训，宣传《野生动物保护法》和《全国人大常委会关于全面禁止非法野生动物交易革除滥食野生动物陋习、切实保障人民群众生命健康安全的决定》精神，调查举报违法行为。

此次"护飞行动"累计开展活动约3300次，直接参加的志愿者超过2.2万人次，巡护村屯4336多个，救助放飞鸟类约2.2万多只，协助执法部门拆除鸟网、鸟笼等捕鸟工具2.03万余件，开展科普、普法讲座及展览155余场，影响受众达4万余人，与196个村屯和社区等单位签订《共建爱鸟护鸟文明乡村协约》，回访已签约乡村70余个，志愿委编发61期志愿者简报，新华网、中新网、央广网、《人民日报》、光明网、央视新闻直播间等100余家媒体报道转发护飞行动新闻361条。

全年新发展注册志愿者232人，注册志愿者总数达到5206人，发展志愿者包括机关企事业单位工作人员、野生动植物相关领域专家及鸟类迁徙通道周边的农民、牧民、社会人士、各地中小学生及高校师生等。

【中国野生动物保护专题展】 4月22日是第51个"世界地球日"，在自然资源部中国地质博物馆参与举办珍爱地球 人与自然和谐共生——中国野生动物保护专题展，展示了大量珍贵的野生动物图片，协会官网、微信公众号及中国地质博物馆同步推出线上展览，展览在自然资源部官网进行了报道。

【播出《天是鹤家乡——中国九种鹤的影像志》】 5月22日是"国际生物多样性日"，在央视及其他媒体播出协会和国家林草局联合制作的鹤类纪录片的第一部《天是鹤家乡——中国九种鹤的影像志》，《天是鹤家乡》是国内第一部以影像形式集中记录生活在中国的九种鹤的纪录片。其余四集《飞越苍穹》《生命如歌》《生生不息》和《休戚与共》，预计在2021年底完成制作。

【野生动物生物安全科普宣教活动】 5月26日至12月31日，在全国30个省（区、市）的中小学校、保护区、疫源疫病监测站共计282家单位开展野生动物生物安全科普宣教活动，将野生动物疫源疫病知识普及到基层公众；组织专家编写并出版《蝙蝠的那些事儿》《探秘野生动物与病原体》两本科普书籍；制作5部野生动物生物安全科普系列动画（蝙蝠篇、猕猴篇、鹦鹉篇、旱獭篇、刺猬篇），向公众普及野生动物与疫源疫病的关系；与百度百科合作制作蝙蝠和野生动物与病原体科普专题，并制作宣传长图50条，在百度百科、微博、百家号进行宣传，曝光量达300余万。

【麋鹿、普氏野马野化放归专项】 6~10月，协会多次组织专家赴麋鹿、普氏野马拟放归地考察调研并召开现场座谈会和专家论证会，听取专家和实施单位意见，拟定《内蒙古大青山国家级自然保护区放归普氏野马和麋鹿的可行性及实施方案》和《内蒙古大青山国家级自然保护区就麋鹿、野马放归区域本底调查报告》。11月6日，在江苏大丰麋鹿国家级自然保护区参与举办25只麋鹿放归自然活动。中央电视台财经频道、中央电视台新闻频道、《人民日报》、人民网、新华网、央视网、环球网、《中国绿色时报》、中国林业网、《环球时报》《中国日报》等40多家国内外媒体或网站转载报道，其中人民日报新浪微博阅读量7500余万次。

【出版《美丽家乡——黄河口》和《我爱我家——白头叶猴在崇左》】 7月出版《美丽家乡——黄河口》，10月出版《我爱我家——白头叶猴在崇左》，内容包括当地生态和物种的特色及相关的生态知识。目前该系列教材已出版 11 本，在全国 12 个省（区、市）的基层学校作为五年级综合实践课程的必修教材推广使用。自 2013 年起，协会联合各地教育、自然资源等相关部门，组织编写《全国未成年人生态道德教育系列教材》，将生态保护、生态道德教育融入中小学综合实践活动课程，帮助未成年人科学认识人与自然的关系。

【旅美大熊猫产仔】 8 月 21 日，协会与美国史密桑宁国家动物园开展的大熊猫保护研究合作的旅美雌性大熊猫"美香"再次成功诞下幼崽，被命名为"小奇迹"，此为"美香"诞下的第四个幼崽，创造了中美合作保护和繁育大熊猫的新里程碑，"美香"成为在中国境外年龄最大的大熊猫"产妇"。

【勐海亚洲象隔离种群转移安置专项】 8~9 月，多次组织专家赴云南亚洲象肇事、受灾村镇及拟安置转移区域进行实地考察调研，搜集信息、数据等资料，听取专家、地方有关部门和受灾群众的意见和建议，拟订《勐海亚洲象隔离种群转移安置项目实施方案》和《勐海亚洲象转移安置项目公众宣传和舆论引导预案》，解决勐海亚洲象隔离种群致害和种群质量退化问题。现阶段，利用无人机、红外热感、地方专业人员巡护等手段，正在对拟转移安置的 18 头象的活动轨迹和行为方式进行监测，截至 2020 年底，已有 2 头象通过食物招引进入勐海临时管控区域。

【"2020 年全国科普日"系列活动】 9 月 19~25 日，在北京、安徽、吉林等地举办"2020 年全国科普日"系列科普活动，通过举办野生动物摄影展、知识进校园等形式，弘扬科学精神，普及科学知识。

【自然体验培训师培训班】 9 月 22~24 日，在浙江省杭州市举办 2020 年全国林业和草原科技活动周暨中国野生动物保护协会第 20 期自然体验培训师培训班，来自全国 12 个省（区、市）保护区、自然教育机构的 70 余名工作人员参加了本次培训。截至 2020 年 10 月底，协会共举办 20 期自然体验培训师培训班，共培养来自学校和自然保护地的工作人员 1120 人。

【2020 年中国鹤类及栖息地保护学术研讨会】 9 月 26~28 日，在黑龙江省富裕县龙安桥国家湿地公园举行 2020 年中国鹤类及栖息地保护学术研讨会暨中国野生动物保护协会鹤类联合保护委员会年度工作会议，来自全国各地科研院所、国际鹤类基金会、鹤类保护区等机构的 160 多人参加会议，其中有 60 多人线上参会。会议共安排 5 个大会报告和 16 个分会场报告，就鹤类的取食、迁徙、生境利用、肠道微生物等生态学研究以及种群现状调查评估、鹤类保护区的保护管理等内容开展分享交流。

【万类霜天竞自由——中国野生动物保护摄影展】 10 月 16~25 日，在北京王府井步行街举办万类霜天竞自由——中国野生动物保护摄影展，展出近 80 个物种、100 余幅野生动物摄影作品，涉及野生动物栖息地保护、科学研究、科普宣传、国际合作及保护管理等内容，展览面向社会大众，受众面广，观众反响热烈，展期内 100 余万人次观展，国家林草局抖音公号、中国科协官网、新华社、《中国绿色时报》、光明网、腾讯、网易、今日头条等网站或媒体平台进行了报道。

【打击网络野生动植物非法贸易互联网企业联盟 2020 交流活动】 10 月 20 日，协会联合中国野生植物保护协会、国际爱护动物基金会（IFAW）、国际野生物贸易研究组织（TRAFFIC）、世界自然基金会（WWF）和腾讯公司在北京共同举办打击网络野生动植物非法贸易互联网企业联盟 2020 交流活动。发布《网络平台非法野生动植物交易控制要求》团体标准，为中国互联网企业打击网络非法野生动植物交易提供执行标准和参考规范。

【"国际雪豹日"宣传活动】 10 月 23 日是第 8 个"国际雪豹日"，协会参与组织了公益宣传活动。通过现场沙龙、视频连线科研工作者、共同倡议等活动向全社会普及雪豹保护的相关知识，提升公众对雪豹及其赖以生存的山地生态系统保护的关注度，进一步推动中国乃至全世界的雪豹保护工作，IUCN 官网对此进行了报道。

【协会科学考察委员会第二届委员代表大会】 10 月 24 日，在河北省秦皇岛市召开中国野生动物保护协会科学考察委员会第二届委员代表大会，来自全国各地的委员代表共 50 余人出席会议。会上表决通过科考委《工作规则》和《第二届委员会组成人员建议名单》，就科考委 2021 年珍稀、濒危野生动植物科学考察，开展自然生态保护宣传教育等重点工作进行了讨论。

【"保护野生动物宣传月"活动】 11 月 17 日，在广东省广州市长隆野生动物世界启动由协会、广东省林业局、国家林草局驻广州专员办主办的以"万物和谐 美丽家园"为主题的 2020 年全国暨广东省"保护野生动物宣传月"。来自国家林草局、广东省林业局、澳门特区市政署等多家单位的领导和野生动植物保护青年志愿者、游客共千余人参加了活动。启动仪式上，发布 5 集《生物安全科普系列动画》，同时对野生动物法律法规进行了宣讲。

【"2020 野生动植物卫士行动暨第七届野生动植物卫士奖"颁奖典礼】 11 月 18 日，协会与中国绿色碳汇基金会、野生生物保护学会（WCS）在北京壹空间联合主办"2020 野生动植物卫士行动暨第七届野生动植物卫士奖"颁奖典礼。来自海关总署缉私总局、公安部食品药品犯罪侦查局、国家林草局相关司局领导、获奖代表、媒体、企业等 50 余人出席此次活动，协会会长陈凤学出席活动并致辞。此次活动到 2020 年 1 月底为申报截止期，共有公安、边防、森林公安、海警、海关、出入境检验检疫、渔政、林业、自然保护区等 290 家单位和个人提交了申请。经过专家评审，共有 26 家单位和 15 个人获奖。活动采取线上线下结合的方式，线上活动通过凤凰网全程直播。

【麝类保护繁育与利用国家创新联盟】 12月，麝类保护繁育与利用国家创新联盟被国家林草局评选为"2020年高活跃度林业和草原国家创新联盟"。麝类保护繁育与利用国家创新联盟致力于野生麝类资源保护与饲养麝类繁育及相关领域科技支撑，通过开展技术培训、科技助农、实地踏查、座谈研讨等形式，在延伸林药产业链、推动地方经济转型、构建健康监测体系、研发颗粒饲料、防控寄生虫疾病等方面开展工作。

【与美国史密桑宁国家动物园及日本东京都开展大熊猫保护研究延期合作】 12月，协会主动研究部署，完成与美国史密桑宁国家动物园、日本东京都政府大熊猫合作项目到期总结评估工作。经批准，分别于7日、10日与上述两家合作单位签署大熊猫保护研究合作的延期协议。

【协会国家公园及自然保护地委员会2020年年会】 于12月13~15日，在云南省昆明市举办，来自国家林草局相关司局、国家公园及自然年保护地委员会委员、全国各省（区、市）林草局和自然保护地管理机构共150余位代表参加会议。会议期间邀请专家解读《国家公园资源调查与评价规范》和《国家公园总体规划技术规范》，就青海省保护地、江苏省大丰麋鹿国家级自然保护区、石林世界地质公园的保护管理经验等内容开展分享交流，明确2021年工作重点。

（中国野生动物保护协会由李雅迪供稿）

中国林业教育学会

【综述】 2020年，中国林业教育学会紧密围绕林草教育开展各项工作，召开五届七次常务理事会、秘书长工作研讨会；承担8项学术研究项目，累计经费92.15万元；组织召开第四届全国林业院校校长论坛、"科技装扮绿水青山　创新助力乡村振兴"十校两院大学生科技调研活动、在线教学互学互鉴活动、"共读生态好书　同护绿水青山"大学生线上读书月活动双创教育及特色活动。分会各项工作有序进行。截至2020年底，中国林业教育学会共有理事172人，常务理事50人。

【组织工作】 学会以通讯形式召开五届七次常务理事会议，全面总结2019年工作，部署推进2020年重点工作。会后下发学会2021年工作安排，要求学会秘书处联动各分会严格遵守疫情防控要求，采取线上线下结合的形式，因时因势开展活动。8月，学会在内蒙古召开工作研讨会，学会秘书长与各分会交流工作推进情况，部署推进2020年下半年重点工作，组织专题学习规范化办会政策规章制度，各分会加强协同合作，稳步开展线上线下结合的特色活动。学会认真落实社会组织规范化建设要求，谋划学会第六次会员代表大会筹备工作。11月，学会理事长彭有冬主持召开学会理事长办公会，推动换届筹备相关工作。12月，向110余个团体会员单位发函，开展第六届理事会人选推荐工作。

【学术研究】 学会组织专家学者积极申报林业教育重点课题、专项委托项目1项，成功获得国家林业和草原局人事司专项委托项目、2020年林业和草原软科学研究项目资助1项、国家林业和草原局科技司科普研究项目1项、教育部新农科研究与改革实践项目2项、北京市园林绿化局委托项目1项，累计获得经费92.15万元。受联合国粮农组织世界林业教育调研项目委托，组织撰写《中国林业教育发展分析报告（中英文）》报告，多维度总结展示中国林业教育发展概况和亮点。受中国高教学会立项委托，编撰发布《建强涉林涉草学科，构建林科人才培养体系》专题报告。完成《大学生生态文明教育的实践与展望》专题报告，并被收录于《生态林业蓝皮书：中国特色生态文明建设与林业发展报告（2019—2020）》一书。

【第四届全国林业院校校长论坛】 结合谋划"十四五"林草教育高质量发展新举措，学会以"后疫情时代的林业高等教育改革发展"为主题，于10月20~21日在西北农林科技大学召开第四届全国林业院校校长论坛。来自北京林业大学、中国林科院等30所涉林涉草院校、科研院所的院校长和专家学者共计110余名代表深入研讨推动"十四五"林草高等教育改革发展的新思路、新举措。理事长彭有冬发表书面讲话，国家林草局人事司等有关司局、直属单位及陕西省林业局等单位有关负责同志出席论坛。国家林草局科技司负责人、学会秘书长作主题报告，9位大学校长作交流报告，论坛形成深化改革创新、推动林草高等教育高质量发展等论坛共识。学会组织归纳论坛中专家学者的主要观点和意见建议，编写《后疫情时代林草高等教育改革与发展——第四届全国林业院校校长论坛工作汇报》，提交林草教育主管部门，提出深化"十四五"林草教育改革发展的政策建议。

【"科技装扮绿水青山　创新助力乡村振兴"十校两院大学生科技调研活动】 结合全国林草科技周活动，学会于7~9月开展大学生科技调研活动。共有全国12所林草高校、科研院所的大学生组建60支调研团队，采取线上线下结合方式，调研所在高校、所在学院、所在学科承担国家级、省部级林草科研项目的成果产出和推广现状等，形成政策建议。活动共收到120篇调研报告，学会组织专家对调研报告进行评审，评选出40篇优秀调研报告，分为一、二、三等奖和优秀奖。

【在线教学互学互鉴活动】 2~5月，在广大高校响应落实"两不停"工作期间，学会积极主动作为，发挥桥梁纽带作用，组织在线教学互学互鉴主题活动，收集涉林涉草高校在线教学典型做法和特色经验，通过学会微信公众号、网站等平台，向会员单位进行推送分享。共推送北京林业大学、西北农林科技大学、东北林业大学等十余所林草高校的经验做法，为林草高校加强教育教学与信息化深度融合的互学互促搭建了交流平台，产生了良好的反响。

【"共读生态好书 同护绿水青山"大学生线上读书月活动】 4~5月，学会聘任8名阅读导师，指导北京林业大学等5所高校共计123名同学分为13个线上读书小组，开展为期一个月的大学生线上读书月活动，引导林科大学生阅读生态文明优秀著作，主动养成守护绿水青山、建设生态文明的行为自觉。学会组织专家遴选10本生态好书向在校大学生推荐阅读，并向参与活动的师生累计赠送相关图书150余册。各读书小组在"五一"劳动节、"五四"青年节、世界候鸟日、国际生物多样性日等纪念日开展主题线上读书感悟交流分享活动。活动征集优秀心得体会30余篇，表彰20余名积极分子。

【出版刊物】 学会编辑出版《中国林业教育》正刊6期。

【分会特色工作】

高教分会 强化学术研究，推动新林科建设。完成中国高教分会专题研究课题，与林学类专业教指委、林业专业学位教指委联合开展学术交流活动，推动一流专业建设，提升专业学位教育质量。

成教分会 出版完成《林业科技知识读本》，完成《林业和草原应对气候变化知识读本》《造林绿化知识读本》教材终稿审定。配合国家林草局人事司进行全国林草人才发展、教育培训"十四五"规划前期研究，拟定规划编制工作方案，积极参与《林业草原干部教育培训文件汇编》《关于加强林草人才队伍建设的指导意见》等文件起草编写。完成国家林草局国合司委托课题《2019~2025年林草国际人才发展规划研究》，完成国家林草局科技司委托课题《林草行业主要管理干部培训大纲研究》，举办林业和草原教育培训信息化系统应用培训班，各会员单位代表共40人参加。

职业教育分会 完成职业院校中职、高职、本科涉林涉草专业目录的调研论证。结合对21个省份46所职业院校、本科院校的调查，对现有中职11个专业、高职13个林业类专业、2个涉草专业分别提出保留、更名、合并的建议并进行论证，提出新增5个高职专业、4个职教本科专业，分别予以论证和专业说明。指导林业职业教育集团完善领导组织机构，开展有关活动。指导并参与中国（北方）现代林业职业教育集团2020年年会、中国（南方）现代林业职业教育集团2020年年会暨校长联席会，指导完成中国（南方）现代林业职业教育集团理事长、秘书长的人事变更；协助中国南方现代林业职业教育集团举办首届教师教学能力大赛；协助教育部组织全国职业院校技能大赛2020年试点赛（高职园艺、花艺）相关工作。

教育信息化研究分会 参与涉林涉草高校在线教学互学互鉴活动组织，推动涉林涉草高校开展优质在线教育资源开放共享。

毕业生就业创业促进分会 举办第二届全国林业和草原创新创业大赛，54支参赛团队通过视频会议平台开展"云"决赛，角逐金奖项目4项、银奖8项、铜奖12项、优胜奖30项。完成第二届"扎根基层工作、献身林草事业"林草学科优秀毕业生遴选与宣传活动，发布30名优秀毕业生名单和先进事迹，通过《中国绿色时报》进行整版宣传报道。

自然教育分会 11月，进行第二届理事会换届选举，中南林业科技大学廖小平教授当选为中国林业教育学会自然教育分会主任委员，会议审议增选部分常务委员和副主任委员。同月，与中国林学会国家公园分会合作，共同主办2020自然保护与高质量发展论坛，来自全国各地100多位自然教育方面的专家、学者参与论坛，围绕国家公园建设的发展趋势、发展体系和发展思路，中国自然教育探索与实践、科学普及以及课程设计等内容开展学术讨论交流。

（中国林业教育学会由康娟、田阳供稿）

中国花卉协会

【综 述】 2020年，中国花卉协会以习近平新时代中国特色社会主义思想为指导，认真贯彻党的十九大、十九届五中全会精神，以推进生态文明和美丽中国建设为目标，服务国家战略和花卉业发展大局，围绕国家林草局中心任务，积极推动全国花卉业发展。

【《全国花卉业发展规划（2021—2035年）》编制基本完成】 经过近一年时间努力，多次组织专家组讨论研究，组织各省（区、市）花卉协会和中国花卉协会各分支机构提报《全国花卉业发展规划（2021—2035年）》编写支撑材料，基本完成编写任务。

【"中国花卉创新发展中心"正式成立】 由中国花卉协会会长江泽慧亲自审定并题写的"竹藤花卉大厦"于2020年8月19日在北京延庆挂牌成立。标志着"中国花卉创新发展中心"和"竹藤花卉航天育种研发中心"启动运行。两个中心的创立旨在打造科技创新、产业促进、信息培训等平台建设，加快中国花卉科技创新发展。

【公布第二批国家花卉种质资源库名单】 组织召开第二批国家花卉种质资源库专家评审会议，评选出第二批国家花卉种质资源库33个。10月10日，国家林草局正式公布第二批国家花卉种质资源库名单。

【完成《2020全国花卉产销形势分析报告》编写工作】 通过开展2020年花卉市场情况调查，对全国花店零售业和花卉市场全方位调研分析；组织召开2020全国花卉产销形势分析会视频会议，对盆栽植物、鲜切花、绿化观赏苗木的产销形势进行研判，指出存在问题，提出发展趋势与对策建议，形成《2020全国花卉产销形势分析报告》，对指导全国主要花卉生产和销售发挥了积极作用。

【完成《2019中国花卉产业发展报告》编制】 《中国花卉产业发展报告》成为全国花卉行业的白皮书，为行政部门、社团组织、科研院校、重点产区、龙头企业等提供借鉴。

【完成《2019年我国花卉进出口数据分析报告》编制】 对海关总署提供的2019年中国花卉进出口数据，进行统计分析，经归纳总结后形成《2019年我国花卉进出口数据分析报告》，该《报告》为科学指导全国花卉生产和贸易提供重要参考依据。

【开展2019年全国花卉产业数据统计】 受国家林草局生态司委托，开展2019年全国花卉产业数据统计工作，对指导全国花卉业高质量发展提供决策参考。

【出版《2019世界花艺大赛专辑》】 该专辑记录了33个国家和地区的优秀花艺选手的比赛过程和精心力作，准确、全面、艺术地再现了大赛盛况和比赛水平。

【助力脱贫攻坚】 组织专家赴贵州赫章县和广西龙胜县进行花卉扶贫调研，组织南召县参加第22届中国国际花卉园艺展览会，免费提供展位并推介当地玉兰苗木及生产应用情况。在河南省南召县举办花卉扶贫管理技术培训班，来自南召县、赫章县，以及南阳市林业局和其他区县的190多人参加培训。

【推进花卉标准工作】 积极筹备全国花卉标准技术委员会重组工作，完成重组材料的申报；完成东方百合、香石竹、月季3个切花等级国家标准函审工作；组织专家完善全国花卉标准体系；报送2021年花卉行业标准制修订立项计划，组织推荐林业行业标准8项。

【树立典型示范】 中国花卉协会组织推荐的杭州花之韵农业投资有限公司、苗夫控股有限公司分别荣获国际园艺生产者协会（AIPH）组织的2020国际种植者评选成品花木类金奖和银奖。

【筹备第十届中国花卉博览会】 第十届中国花卉博览会将于2021年5月21日至7月2日在上海市崇明区举行，适逢中国共产党成立100周年，具有特别重大的意义。举行倒计时一周年、200天等宣传活动；组织召开两次全国性筹备工作会议，组织专家完成室内外设计方案评审工作，全力推进各省（区、市）室外展园施工建设等。

【筹备2021年扬州世界园艺博览会（B类）】 2021年扬州世界园艺博览会由国家林草局、中国花卉协会和江苏省人民政府共同主办，将于2021年4月8日至10月8日在扬州举行。2020年7月10日，召开扬州世界园艺博览会组委会第一次会议，审议通过总体规划方案、会徽和吉祥物设计方案。9月7日正式对外发布扬州世园会会徽和吉祥物，同时召开扬州世园会江苏省筹备工作领导小组（扩大）会议。9月27日，协会会长江泽慧专门赴扬州实地考察世园会筹备进展情况，召开2021扬州世园会筹备工作汇报会，研究部署下一阶段筹备工作。12月29日，举行扬州世园会倒计时100天活动，进一步扩大宣传推进工作。

【成功申办2024成都世界园艺博览会（B类）】 9月30日，在AIPH第72届年会上，由中国花卉协会和成都市人民政府组成申办代表团，成功获得2024年成都世园会（B类）举办权。12月22日，AIPH通过视频方式进行线上考察，对中国花协及成都世园会前期工作给予充分肯定，为加快推进筹备工作创造了条件。此前，协会会长江泽慧协调国家林草局，特别致函AIPH主席伯纳德，积极争取AIPH支持指导，还赴成都调研世园会筹备情况，实地考察世园会选址，听取筹备工作汇报，研究部署下一步重点工作。

【筹备中国参展2022年荷兰阿尔梅勒世园会（A1类）】 2022年荷兰阿尔梅勒世界园艺博览会是经过国际园艺生产者协会（AIPH）批准和国际展览局认可的A1类世界园艺博览会，将于2022年4月14日至10月9日举办。经国务院批准，由国家林草局代表中国参展2022阿尔梅勒世园会，中国花卉协会负责组织实施。为做好参展工作，5月14日正式向社会公开征集中国展园设计方案，经过专家评审，初步确定"中国竹园"参展方案。

【举办第22届中国国际花卉园艺展览会】 第22届国际花卉园艺展览会于9月16~18日在北京中国国际展览中心（新馆）举行。有10个国家和地区近400家单位参展，展出面积达3万平方米，吸引观众3万多人次，举办了中荷园艺发展论坛等十多项专业活动。

【分支机构举办多项全国性专业展会】 梅花蜡梅分会举办第17届中国梅花展览会，花卉景观分会举办2020上海（崇明）国际新优花卉展，盆景分会举办2020全国精品盆景展暨盆景创作大赛，荷花分会举办第7届中国荷花品种展，月季分会举办第10届中国月季展，绿化观赏苗木分会举办第18届金华花卉苗木交易会，盆栽植物分会举办第20届中国（青州）花卉博览交易会等活动。

【信息化建设】 协会网站更新信息119条，网站点击量达923.71万人次；参与维护国家林草局官网《林草产业》栏目点击量达1228.76万人次，微信公众号关注人数9930人，发布推文105篇；协会会员发展与服务系统正式运行，发展会员1362个；出版《中国花卉园艺》杂志24期，组织开展"2020花卉园艺短视频大赛"等，不断加大花卉行业宣传力度。

【野生植物保护宣传工作】 根据国家林草局关于中央领导对网络电商直播交易平台涉及濒危野生植物交易问题作出重要批示的工作部署，协会秘书处组织兰花分会进行调查并协调有关单位整改，向国家林草局提交野生兰花资源保护情况报告；组织花卉专家撰写文章，在《中国花卉园艺》杂志、协会微信公众号和网站等平台开展关于保护野生兰花资源的系列宣传；协会与中国野生植物保护协会、中国野生动物保护协会等9家单位联合发起成立抵制野生动植物非法交易自律联盟，制定行业规范，以实际行动共同抵制野生动植物乱捕滥采非法交易等行为。

【国际交流合作】 推动英国曼彻斯特桥水公园"中国园"建设项目。桥水公园位于英国曼彻斯特以西索尔福德市，计划2021年春季正式对外开放。国家林草局将该项目列入局重点外事工作加以推进，明确由中国花卉协会和局对外合作项目中心负责推动。克服疫情影响，中英双方专家通过视频交流方式，积极推进"中国园"假山瀑布景观设计施工，"中国园"项目取得阶段性成果，新华社专门报道。协会通过英国皇家园艺学会向索尔福德市捐赠20多万元防疫物资，得到外交部、中国驻英国曼彻斯特总领馆、国家林草局领导的充分肯定，为推进扬州与索尔福德建立友好城市打下坚实基础。

组织参加第72届AIPH年会，成功申办2024年成都世园会，汇报2021扬州世园会筹备情况，推荐中国代表在AIPH组织的"新冠肺炎疫情与花卉行业发展未来"专题会议上作报告。

【党建工作】 深入学习贯彻习近平新时代中国特色社会主义思想，组织党员干部集中学习《习近平谈治国理政》第三卷和党的十九届五中全会精神，通过国家林草局绿色大讲堂、网络专题讲座，组织党员参加党的知识应知应会考试等多种方式，及时向全体党员干部传达党中央和上级党委决策部署及指示精神。

加强意识形态工作责任制。按照《中共国家林业和草原局党组关于加强意识形态工作的意见》，严格落实秘书处班子成员和干部职工意识形态工作责任制，并纳入2020年党支部工作内容。

加强廉政建设，层层落实责任。通过制订《中国花卉协会党支部落实全面从严治党责任清单》《中国花卉协会党支部委员分工及主要职责》，观看反腐倡廉警示教育片，重温入党誓词，开展批评与自我批评等形式，加强党风廉政建设，凝聚协会正能量。

增加并配齐党支部委员会成员，调整党小组，制订支部委员会职责分工，进一步加强党支部自身建设。

【推进协会脱钩】 根据《中国花卉协会与国家林业和草原局脱钩方案》，按照"五分离、五规范"（机构分离，规范综合监管关系；职能分离，规范行政委托和职责分工关系；资产财务分离，规范财产关系；人员分离，规范用人关系；党建、外事等事项分离，规范管理关系）要求，认真开展协会机构职能、资产财务、人员管理、党建外事等脱钩工作，妥善解决好在编人员安置问题。按照民政部要求，已通过协会年检，更换新的社团登记证，基本完成协会脱钩任务。

【加快会员发展进度】 2020年协会会员发展与服务系统上线运行，组织现有会员进行系统在线注册登记，同时大力发展新会员，加强信息资源共享，会员服务和管理工作明显加强，完成会员注册登记1362个，是协会发展会员最多的一年。

【完成分会换届工作】 召开盆景分会第二届会员代表大会和茶花分会第七次会员代表大会，完成2个分会换届工作，分支机构管理进一步规范。

(中国花卉协会由马虹供稿)

中国林业产业联合会

【综　述】 2020年，一场突如其来的新冠肺炎疫情席卷全国，面对来势汹汹的疫情，中国林业产业联合会紧紧围绕局党组安排的中心任务和林业产业发展大局，一手抓实疫情防控，一手推动复工复产，克服种种困难，不断开拓新的工作局面。

投入疫情防控、捐款捐物活动 高度重视新冠疫情防控工作，坚决贯彻党中央战略部署和国家林草局党组的具体安排，及时向各分支机构、各会员单位及各创新联盟成员单位传达党中央、国务院关于疫情防控工作的各项要求，组织引导各分支机构、各会员单位及各创新联盟积极投入并认真做好疫情防控工作。

充分发挥社会团体的优势，广泛动员会员单位力量，积极参与抗击疫情工作。第一时间对康欣集团等联合会在湖北省的副会长及会员单位进行电话慰问，并积极联络湖北、浙江、广东等地方会员单位与各创新联盟单位，联合号召有能力有意向的会员企业积极募捐，承担社会责任。与中国林产工业协会联合发文《中国林业产业联合会、中国林产工业协会关于进一步动员有关单位开展新型冠状病毒感染的肺炎疫情防控工作的通知》，号召企业紧急动员起来，为湖北及武汉抗疫捐款捐物，适时适当逐步复工复产。《中国绿色时报》《中国林业产业》杂志、中国林业产业网等媒体开辟专栏或以专题报道等形式，对各相关单位疫情防控、捐款捐物行动进行宣传报道，以及疫情对林业企业的相关影响和诉求进行部署和安排。据统计了解，中国林业产业联合会发起的元宝枫产业国家创新联盟、森林康养国家创新联盟、冻干果品产业国家创新联盟、木竹材料装饰应用国家创新联盟、生态中医药健康产业国家创新联盟、集装箱地板国家创新联盟、林浆纸国家创新联盟、山桐子国家创新联盟、野生动物基因保护科技创新联盟、森林自驾游产业国家创新联盟等多家企业表现出了无疆大爱，充分发挥自身优势作用，主动承担社会责任，采取多种形式积极参与助力打赢疫情防控阻击战。

完成社团脱钩工作　11月27日，民政部正式下文批准中国林业产业联合会法人变更，社会团体法人登记证书更换完毕，完成社团脱钩程序。及时向国家林草局人事司报送《中国林业产业联合会（含中国林产工业协会）脱钩实施方案》《全国性行业协会商会脱钩基本情况表》并回复关于脱钩实施方案（征求意见稿）的意见、《中国林业产业联合会人事工作脱钩具体方案》，起草了《关于中国林业产业联合会脱钩工作亟待解决重点事宜的汇报》，按人事司要求对有关公务员在社会团体兼职情况进行梳理并报送，提供联合会章程、在任领导名单（包括负责人、常务理事、理事等）及人员分离情况，开展领导干部社会组织兼职情况摸底调查并报送《国家林业和草原局现职领导干部社会组织兼职情况表》《国家林业和草原局退（离）休领导干部社会组织兼职情况表》等，社团脱钩工作顺利平稳完成。

强化分支机构，发掘新兴产业业态　专题研究调整会费收取工作，为支持会员企业全力投入疫情防控，决定暂缓收取企业年费，减轻企业负担。原计划春节后进行的会费收取工作适当推迟至疫情得到有效控制后再行安排，拟对部分疫情严重地区进行会费减免，加强促进林业产业社团履行社会责任调研。

依据前期筹备进程，批准设立生态保护修复分会、绿色发展分会、治沙产业分会、银杏产业分会、红木制品溯源保真分会、三北工程生态产业分会、名山文化与自然教育分会7家分支机构；正式成立生态文化产业分会，审议生态文化产业分会组织机构名单和工作规则；正式成立绿色发展分会，审议绿色发展组织机构名单和工作规则；召开生态旅居与露营分会、生态文化产业分会、绿色发展分会、银杏产业分会、名山文化与自然教育分会、生态保护修复分会、风景园林分会、薄壳山核桃产业分会、林下经济产业分会、林业产业园区10家分支机构成立大会；继续筹备组建治沙产业分会、红木制品溯源保真分会、三北工程生态产业分会、木耳分会4家分支机构。

森林康养分会召开2020年通讯理事会议，更换分会理事长，发出《关于征集抗疫一线医务人员森林康养定点服务基地的通知》；银杏产业分会进行第一届会员征集工作；打造"中国茶油"公用品牌，支持油茶分会制订"中国茶油"和"油茶籽"团体标准；天麻产业分会召开第五次理事会，支持天麻产业分会与黎平县人民政府筹备组织"2020中国天麻产业年暨第二届全国天麻技术交流会"；共享经济分会与海南农业交流协会在推进全国林业和草原产品的市场共享机制上深度合作等。

森林生态标志产品建设工程　根据局领导对联合会于1月10日呈报的《关于森林生态标志产品建设工程试点工作的报告》批示精神，扎实推进森标工程建设的各项工作。起草试点工作验收方案，做好面向全国正式启动森标工程的各项准备工作；发布《国家森林生态标志产品　森林生态食品总则》《国家森林生态标志产品　森林生态道地药材总则》和《生态庄园茶》3个团体标准及《国家森林生态标志产品认定管理质量手册》和系列认定作业操作子文件；面向全国启动首批森林生态标志产品认定审核和认定检测两类合作机构征选工作；完成16类"森林生态标志产品"证明商标注册工作，并取得注册证；陆续开通京东商城"中国特产·国家森林生态标志产品馆"等森标产品销售渠道，社会反响良好；受新冠肺炎疫情影响，全年仅对部分条件合适的地区开展认定工作，经材料初审、文件评审、现场审核、综合评审和认定公示，共有大兴安岭绿健现代农业科技有限公司等9家申请组织的12款产品成为第二批通过认定的森标产品；在联合会推动下，森标工程运营机构与中林集团签署投资协议，发动社会力量合力推进森标工程。

创新联盟相关工作　为进一步发挥联盟区域服务、行业服务的优势，帮助各联盟成员单位适时复工复产，创新部以中国林业产业联合会国家创新联盟管理委员会名义给各个联盟秘书处下发通知，安排五项工作：一是各联盟秘书处制订工作计划，未召开成立大会的联盟应将成立大会列入议事日程；二是递交行业发展报告，为编制《中国林业产业创新发展报告》做好准备工作；三是开展诚信建设工作，由联盟管委会牵头，各联盟秘书处组织各成员单位开展诚信经营的林草企业推评工作；四是根据中国林业产业联合会标准化技术委员会《关于征集2020年度团体标准研制项目的通知》相关要求，面向各创新联盟成员单位征集2020年度团体标准研制项目；五是部署各联盟开展中国林业产业创新网供稿工作，开设中国林业产业创新网服务平台，为每个联盟开设一个栏目及端口。请各联盟秘书处确定通讯员，负责将本联盟及成员单位科研成果、特色林产品、创新技术、创新成果等进行发布。另外，为联盟在科技司打造绿色通道，帮助生态中医药健康产业国家创新联盟组建林下药用蟾蜍生态养殖工程技术中心，协助森林康养联盟、山桐子联盟、杜仲联盟等报送优秀科技创新成果和科研项目等工作。

奖项评定工作　联系对接退役军人事务部，就《退役军人事务部就业创业司关于征求〈关于改革推进退役军人就业创业工作的若干建议（讨论稿）〉意见的函》进行认真研究，同意退役军人事务部就业创业司在《关于改革推进退役军人就业创业工作的若干建议》中，将中国林业产业突出贡献奖、中国林业产业创新奖评比表彰事宜列入，对扶持退役军人就业的企业和法人，同等条件下优先。发布《关于进一步规范中国林业产业突出贡献奖、创新奖评比表彰工作的通知》，对奖项评定工作进行进一步规范。

3月，中国林业产业联合会积极组织复工复产，严把质量关，保证产品都能够保质保量地推向市场，并且主动承担社会责任，投身公益，在疫情期间，服务社会，回馈社会，向大众充分展现林草企业积极向上、勇于担当的优秀形象。同时，为了促进林草行业更好适应数字影像传播转型的时代，提高林草行业数字影像传播的能力，充分挖掘数字影像传播时代的行业发展潜力，开展首届"中国林草产业关爱健康"影视频优秀作品推优工作，并与卫健委、健康报社合作，将优秀作品推送2020全国卫生健康影视作品大赛。

团体标准线上模式 2020年度新立项团体标准19项，通过评审发布的团体标准有《国家森林生态标志产品 森林生态食品总则》《国家森林生态标志产品 森林生态道地药材总则》《杜仲雄花代用茶》《优特级竹笋罐头》等8项（其中发布2018年及以前立项项目6项），已通过评审项目5项。

5月30日，中国林业产业联合会组织举办团体标准网上培训会，邀请科技司、中标协、林科院专家授课，邀请各分支机构负责人分享经验，并由标委会相关负责同志介绍联合会标准化工作情况和计划要求。据不完全统计，参加培训的各级林业部门和相关企业代表超过300人。

宣传工作 《中国林业产业》杂志列入中央网信办新闻信息稿源单位白名单，相关稿件被中央级权威媒体摘录和转发。杂志按照工作安排，开展"国家森林生态标志产品和林产工业创新""红木产业发展""干果产业""林草战疫"和"家居产业"等多个专题宣传，为企业服务，为行业助力，为政府提供最新的全面林业产业资讯。与浙江东阳市和广东省中山市全面合作，全面推进中国东阳家具研究院、全国红木产品溯源保真平台，依托科研力量开展红木木材干燥、木性研究和处理等研究，取得很好的社会反响。开展"2020中国的椅子——聚艺·东阳原创作品征集"活动和红木产业品牌宣传等工作，进一步服务红木产业、服务红木企业，打响中国红木品牌。

《中国林业产业》杂志开辟元宝枫、山桐子和杜仲专栏，介绍特色产业优势，让更多人了解和熟悉产业发展情况。6月，组织吉林省辽源市人民政府、中国化学建设投资集团、中国投资担保有限公司、辽源市林业局、东辽县人民政府、中国农业发展银行吉林省分行和辽源市分行、东北再担保有限公司、辽源绿色生态投资建设集团有限公司等机构参加元宝枫产业精细化加工调研，持续推动元宝枫产业一、二、三产业融合发展。

《林业产业重大问题调研报告》和《林业产业发展指南》根据工作流程持续推进，同时对接科技司、林学会、承接元宝枫产业发展项目、国家储备林建设项目和林业产业重点产业调研、绿色产品体系建设等多个国家级项目，促进产、学、研深层次对接，为产业把脉，为政府提供政策咨询。

中国林业产业融媒体工作持续推进，在以往微信公众号等发布平台的基础上，组建林草价值网链，设置专门专题对接相关产业资源，为全行业提供宣传、策划和组织的全面解决方案，优秀文章点击率达到10万以上。

其他工作 协调局发改司、人事司及民政部社会组织管理局完成民政部2019年社团组织年检工作。起草向中央巡视组上报的《关于支持企业抗疫及复工复产的情况汇报》。制订《中国林业产业联合会秘书处开展经营性业务活动管理办法》《中国林业产业联合会秘书处长期股权投资管理办法》等规定并通过实施。以通讯方式召开2020年理事会，向全体理事单位发出《关于召开2020年中国林业产业联合会第一次通讯会议的通知》，审议联合会2019年工作报告和2020年工作计划；新发展会员企业5家。按照2月5日民政部社会组织管理局《关于全国性行业协会商会进一步做好新型冠状病毒肺炎防控工作的指导意见》，因在疫情期间无法召开会议不能按期换届的，可以书面申请延期换届，向民政部社会组织管理局提交《关于中国林业产业联合会申请延期换届的专题汇报》。10月16日，由全椒县委、县政府与中国林业产业联合会共同发起"中国（全椒）薄壳山核桃产业发展大会暨碧根果采摘节"活动，该活动纳入农民丰收节经济农节庆活动。受江西省万年县委托，组织开展红豆杉产业发展咨询宣传策划服务推广活动；推荐并参与制作万年县健康产业宣传视频"健康呼吸，新鲜生活"参加2020全国卫生健康影视大赛。12月18~19日在北京组织举办首届全国林草健康产业高峰论坛，此次论坛若干家林草骨干企业联合发起编制《林草健康产业发展规划（2020~2030）》倡议、林草产业关爱健康品牌建设行动计划，并联合启动《无醛健康木竹制品》《"四无"健康果品食品饮品》《健康木本油料》《健康功能性林草产品》《健康林草生态旅游康养基地建设规范》等团体标准编制行动，为社会提供健康合格产品，提升人民群众对健康林草产品的信任度、美誉度。举办第三届中国森林食品交易博览会、中国森林食品产业高峰论坛、中国定州苗木花卉园林博览会、第十六届海峡两岸（三明）林业博览会暨投资贸易洽谈会；会同中国林产工业协会组织举办第四季度重点展会活动新闻发布会；协助中国林产工业协会组织举办首届中国（上海）活性炭产业链展览会。完成国际合作司委托的中国-中东欧国家林业合作产学研创新发展研究课题，组织编写了《中国-中东欧国家林业产业投资机遇报告》。回应木材进口口岸（满洲里）请求，协调中国海关总署就中国进口木材入境环节检验检疫要求作说明，解决了停滞将近两个月的中俄木材贸易问题。在企业间开展中俄贸易问卷调查活动，进一步了解和掌握中方企业对中俄贸易的需求（不限于林产品领域），并拟与俄罗斯远东展览公司合作组织中俄网上经贸研讨会。在会员企业中发布白俄罗斯林业机械展、俄罗斯木材信息及中东欧国家木材信息等。对接四川省泸州市纳溪区人民政府，帮扶纳溪区进行招商引资工作。

【**第13届中国义乌国际森林产品博览会**】 于11月1日在义乌国际博览中心举办。本届森博会以"绿色富民健康生活"为主题，线上线下联动办展，致力打造"永不落幕"的林业盛会。国家林草局总经济师杨超，浙江省林业局局长胡侠，义乌市委常委、市委书记林毅分别代表森博会主办方和东道主致辞。浙江省副省长彭佳学宣布展会开幕，国家林草局产业领导小组办公室副主任、林业和草原改革发展司副司长李玉印，国家林草局驻上海森林资源监督专员办事处专员苏宗海，中国林业产业联合会副会长兼秘书长王满等出席。在疫情防控常态化下，本届森博会对线下展会规模进行了适当压缩，吸引了境内外1236家企业参展，设国际标准展位2152个，展览面积5万平方米。浙江扶贫结对展区、林下道地药材精品展区、台湾农林精品展区等十大展区，展出了木竹工艺品、森林食品、茶产品等八大类近10万种主打"绿色品牌"的森林产品，全面展现中国农林产业绿色健康、低碳环保的独特魅力。此外，本届展会进一步强化线上线下双轨驱动，超过1000家企业参与"云展会+

网红直播"，"零距离"联通国内和国际市场。展会同期还举办林业产业跨境电商高峰论坛、跨国采购商贸易洽谈会等活动，促成更多实质性的贸易与合作，为"双循环"注入林业能量。

【第二届红木家具产业发展论坛】 于11月1日在东阳举行。中国林业产业联合会副会长兼秘书长、中国林产工业协会执行会长王满在论坛上指出，林业产业是绿色产业的主题，在绿色发展中处于核心地位。改革开放40多年来，中国林业产业已从世界上最落后的国家跃升为世界林产品生产、贸易、消费第一大国。林业产业总产值已超过8万亿元，形成了经济林、木竹材加工、森林旅游行业、林下经济、木质家具制造、制浆造纸六大支柱性产业。红木家具产业是林业产业的重要组成部分，红木家具文化是中华文化的瑰宝，兼有历史性、艺术性和丰富的文化内涵，承载着中华民族热爱生活、探索自然、追求创新、坚韧不拔的精神，展现出中国劳动人民的才能与智慧。东阳，作为举世闻名的建筑之乡和工艺美术之乡，是红木家具产业发展的引领者。多年来，中国林业产业联合会和东阳市政府建立了友好合作关系，共同推进红木产业向纵深发展。

【第三届中国(东阳)香文化论坛】 由中国林业产业联合会和东阳市人民政府联合主办，东阳市林业局、东阳家具研究院承办，东阳中国木雕城、浙江省红木研究会香文化研究中心(东阳居木堂)执行承办的"第三届中国(东阳)香文化论坛"11月2日在木雕城会展中心举行。本届香文化论坛以"香遇东阳、共享美好"为主题，旨在通过研讨、交流、体验等创新运作模式，不断弘扬中华传统文化，增强文化在城市品牌提升中的综合实力，促进产业创新发展。在本次论坛上，东阳市又一次荣获国家级研究中心的落户。中国林业产业联合会香文化研究中心的正式授牌，标志着东阳市在文化赋能、创新引领产业发展、加快构建"文化+""+文化"发展通道中又迈出了崭新的一步。

【第四届海南国际健康产业博览会暨第五届中国森林康养产业发展大会】 于11月13日在海口市海南国际会议展览中心开幕。本次博览会由中国农工民主党中央委员会、海南省人民政府指导，博览会上同期举办了第四届中国国际医疗健康产业高峰论坛和第五届中国森林康养产业发展大会。论坛由中国林业产业联合会、中国医院协会、海南省卫生健康委员会、中国农工民主党海南省委员会、海南国际经济发展局、海南广播电视总台(集团)联合主办。第十三届全国政协副主席、农工党中央常务副主席何维，中国林业产业联合会会长、第十二届全国政协人口资源环境委员会主任、原国家林业局局长贾治邦，全国政协副秘书长、农工党中央专职副主席兼秘书长曲凤宏，农工民主党中央副主席、海南省副省长王路，海南省政协副主席、民革海南省委会主委陈马林，中国科学院院士、中国疾控中心主任高福；中国科学院院士、中国中医科学院首席研究员仝小林等领导嘉宾出席大会，国家林草局、国家开发银行等相关部门、机构领导、专家、行业代表近2000人参会。中国科学院院士、中国疾控中心主任高福，中国科学院院士、国家中医医疗救治专家组组长仝小林，生态与健康研究院执行院长、北京林业大学原校长宋维明，世界自然医学联盟副主席、美国伊尼诺大学医学院教授陈厚琦等专家在会上分别作主旨发言。13日下午，第五届中国森林康养产业发展大会举办，中国林业产业联合会会长、第十二届全国政协环资委主任、原国家林业局局长贾治邦出席会议并为2020年第六批全国森林康养基地试点建设单位授牌。会上，发布《国家级森林康养基地标准》《国家级森林康养基地认定实施规则》《国家级森林康养基地认定办法》《森林康养基地命名办法》4项国家团体标准；中国林业产业联合会森林康养分会与景宁县人民政府、汝州市人民政府签署战略合作协议，在发展全域森林康养、加强森林康养基础研究、建设森林康养博览馆等方面进行深度合作。会上启动"森林康养关爱女性健康行动""森林康养关爱青少年健康成长行动"，并发布《森林康养海口共识》。

【中国林业产业联合会林下经济产业分会成立】 12月12~14日，中国林业产业联合会林下经济产业分会成立大会暨第一届第一次会员代表大会和林下经济产业发展研讨会在广东省广州市召开。会议由中国林学会主办，中国林业产业联合会林下经济产业分会(筹备)、广东省林学会共同承办。中国林业产业联合会副会长兼秘书长王满，中国林学会副理事长兼秘书长陈幸良，广东省林学会理事长、广东生态工程职业学院党委书记张方秋，江西省林学会理事长魏运华出席会议。陈幸良当选中国林业产业联合会林下经济产业分会理事长，中国林学会学术部主任曾祥谓在开幕式上作《林下经济产业分会筹备工作报告》，并当选为副理事长，杨智贤当选为秘书长，谢锦忠等5位同志当选副秘书长，王祝年等24位同志当选常务理事，马明等133位同志当选理事。会议期间同时召开林下经济产业发展研讨会，中国林学会副理事长兼秘书长陈幸良研究员，中国林科院亚热带林业研究所谢锦忠研究员、广西师范大学产业经济与人才发展战略研究所研究员陈乔柏分别作特邀报告。

【首届全国林草健康产业高峰论坛】 于12月19日在北京召开，此次会议由中国林业产业联合会主办，江西省万年县人民政府特别协办，林草健康产业国家创新联盟承办，红木家具产业国家创新联盟、生态中医药健康产业国家创新联盟、集装箱底板国家创新联盟、木竹材料装饰应用国家创新联盟、杜仲产业国家创新联盟、森林康养国家创新联盟、紫荆国家创新联盟、森林自驾游产业国家创新联盟协助承办。国家林业和草原局科技司司长郝育军，中国林业产业联合会副会长兼秘书长王满，中国林业产业联合会副会长、北京林业大学原校长宋维明，中国中医药大学原校长、国家食品药品监督管理局保健食品安全专家委员会主任委员高思华，国家林业和草原局资源司原正司级副司长张松丹等领导、专家受邀出席活动。

全国政协人口资源环境委员会原主任、原国家林业局局长、中国林业产业联合会会长贾治邦部长为大会发来贺信。中国林业产业联合会副会长兼秘书长王满代表中国林业产业联合会为大会致辞。会上，中国林业产业联合会授予江西省万年县"中国红豆杉之都"称号，并为万年县人民政府授牌。为促进携手发展，中国林业产业联合副秘书长李志伟与中国中医科学院中药研究所、万年县三方签署"健康产业发展战略合作协议"。中国林业产业联合会副会长兼秘书长王满为浙江世友木业有限公司授"中国林业产业诚信万里行"大旗。

【中国林产工业协会第五届理事会第六次会议暨第四届中国林产工业创新大会】 于12月28日在北京召开。会议听取中国林产工业协会2020年度工作报告和财务报告，提出下一步重点工作建议，通报了中国林产工业协会近期重大行业活动。中国林产工业协会按照年初确立的《中国林产工业协会2020年工作要点》计划，全力推进"抗疫情、谋发展"，协助国家有关部门开展政策研究与拟定，为企业搭建经贸交流平台等7个方面36项重点工作，实现了预期工作目标。在第四届中国林产工业创新大会上，协会举行新产品鉴定授牌和团体标准编制证书颁发仪式。中国林产工业协会与《人民日报》"人民好品"项目组签署战略合作协议。中国工程院院士蒋剑春作主旨报告。宁丰集团股份有限公司集团研究院院长吴方ське、肇庆力合技术发展有限公司总经理齐振宇、齐峰新材料股份有限公司欧木分公司副经理尚永强、天格地板有限公司市场部部长金涛分别作主题报告。在嘉宾访谈环节，金隅天坛（唐山）木业科技有限公司王志君等6位业内重点企业负责人就创新话题进行了分享和讨论。

（中国林业产业联合会由白会学供稿）

中国林业工程建设协会

【综　述】 2020年，协会会员单位从2019年的539家增加到631家。全年工作主要包括以下几个方面：按照上级党组织的部署开展党建工作，林业调查规划设计资质管理工作，林业调查规划设计资质单位管理人员和技术人员培训工作，专业委员会的工作等。

【党建工作】 一是组织协会全体党员及干部职工集中学习《习近平谈治国理政》第三卷；二是组织开展"不忘初心、牢记使命，巩固主题教育成果，清正廉洁做表率"专题活动；三是协会党支部把进一步巩固"不忘初心、牢记使命"主题教育成果作为全年的工作重点落地见效；四是向全体职工传达党的十九届五中全会精神和习近平总书记有关高质量发展的最新论述。

【抗击疫情】 疫情期间，协会积极响应党中央号召，及时落实中央和国家机关工委的防控部署，一手抓疫情防控，一手抓复工复产，为打赢疫情防控阻击战发挥了行业社团的组织作用。一是及时了解行业调查规划、勘察设计会员单位的疫情防控情况，特别是关心行业一些野外作业多、出差任务重的大院以及湖北武汉地区会员单位疫情防控的困难和需求，对奋斗在一线的干部职工送去温暖和问候；二是组织全体党员和职工自愿捐款，慰问湖北武汉地区的一线医务工作者；三是积极响应民政部的号召，针对会员企业的困难，提出了湖北地区会员会费减免和其他地区企业会员会费减半的措施，帮助大家共渡难关；四是积极发挥职能作用，联合国家林业和草原局管理干部学院，面向资质单位开展"携手抗击疫情，网络课程免费学"活动，教学内容除专业知识外，还包括宣传新冠肺炎疫情防控的基本知识、复工复产的注意事项等，给会员企业提供帮扶。

【资质管理】 林业调查规划设计资质管理工作是协会行业管理的重要环节，是关系到持证单位事业发展的一件大事。自从改变资质认证管理方式后，协会重视观念转变，制订出台《林业调查规划设计单位资质申报工作管理制度》，强化服务意识，去除权力思想，减少办事环节，提高工作效率，努力为持证单位保驾护航。截至2020年底，在林业调查规划设计资质管理工作中，共有171个单位完成资质换证、76个单位完成资质升级、179个单位首次获得资质证书。

【提高行业工程建设质量，宣传行业优秀成果】 高质量发展是当前和今后一个时期国家发展的新思路，协会深刻领会，认真遵循，积极引导行业树立质量意识，鼓励勘察设计人员把好设计质量关，争先创优、铸造精品，把高质量发展理念贯穿于工程建设的全过程，为建设高质量的林草工程项目筑牢基础。协会组织编印《全国林业优秀工程咨询及勘察设计成果汇编（四）》，收录45个会员单位的161项成果，其中包括近年来在林业调查规划、工程咨询和勘察设计市场上崭露头角的民营企业的优秀成果，汇编的覆盖范围更加全面，宣传面更加广泛，同时也为中小企业的发展提供了帮扶支持。

【管理人员和技术人员培训】 为做好行业技术培训，稳步推进继续教育工作，在疫情期间协会克服困难，通过网上办公、微信沟通等方式，总结培训经验和不足，制订培训工作计划及多种应急预案，周密部署，查缺补漏，使继续教育培训工作在疫情平稳后第一时间得以恢复。一是尝试推进继续教育基地建设，充分保障培训工作顺利开展。二是联合管理干部学院，充分利用网上学习平台，面向持证单位开展"携手抗击疫情，网络课程免费学"活动，共有179家持证单位、2274名技术人员和高级管理人员成功报名。在两个半月的时间内，平台总登录次数达4.5万次，累计2万多学时。在此基础上，协会于6月和9月正式恢复网络培训报名工作，总计87家单位、314名学员成功报名学习。截至2020年底，网络平台累计登陆21万人次，完成5.6万学时。三是积极做好营造林工程监理培训工作。在广泛调研和充分论证的基础上,先后出台《营造林监理培训工作指导意见》《营造林工程监理培训大纲》《营造林工程监理培训教师管理办法》和《营造林工程监理培训考试管理办法》等一系列营造林工程监理培训工作规范性文件,确保营造林工程监理培训项目如期进行。截至2020年底,共举办6期营造林工程监理培训班,培训学员1000余人。

【专业委员会作用】 9月,协会在兰州召开草原生态专业委员会成立大会及专委会年度工作会议,15个专委会的相关负责人参加会议,并对2020年的工作进行全面总结。11月19日,石漠化监测与综合治理专业委员会在重庆召开年会暨学术研讨会。12月17日,工程标准化专业委员会在深圳召开年度工作会议暨团体标准研讨会。

(中国林业工程建设协会由周奇供稿)

中国水土保持学会

【综 述】 中国水土保持学会(Chinese Society of Soil and Water Conservation)是由全国水土保持科技工作者自愿组成依法登记的全国性、学术性、科普性的非营利性社会法人团体。1985年3月由国家体改委批准成立,为中国科学技术协会团体会员。中国水土保持学会(以下简称学会)已召开五次全国会员代表大会,陆桂华任第五届理事会理事长。中国水土保持学会下设15个专业委员会,全国共有29个省级水土保持学会。2020年学会以习近平新时代中国特色社会主义思想为指导,深入贯彻党的十九大和十九届二中、三中、四中全会精神,聚焦增强政治性、先进性、群众性,立足"四服务"职责定位,扎实推动学会各项工作协调发展,在学会建设、国内外学术交流、科学普及、评优表彰与举荐人才、社会服务、会员服务等各方面都开展了大量工作,团结引领广大会员和水土保持科技工作者为决胜全面建成小康社会、建设世界科技强国作出积极贡献。

【党建工作】
把党的政治建设摆在首位 学会党委、秘书处党支部党员参加中国科协举办的学习宣传贯彻党的十九届五中全会精神报告会、党务培训等辅导报告会和培训,严格落实意识形态工作责任制,加强对学会的刊物、网站、微信及年会、论坛等意识形态阵地的建设和管理。

学会党委建设 按照《关于进一步加强中国科协所属学会党委建设的指导意见》,加强学会党委建设,召开党委会议,前置审议学会"三重一大"事项。

党的基层组织建设 按照《中国水土保持学会党委关于推进分支机构党建工作的指导意见》,指导水土保持规划设计专业委员会完成党的工作小组换届,督促有条件的分支机构成立党的工作小组。逐步推进由学会理事会、秘书处、分支机构组成的学会党建工作三层组织架构。

党风廉政建设 认真履行从严治党主体责任,学会党委举办廉政教育专题讲座,深入开展党风廉政教育。严格贯彻执行中央八项规定精神和《中国水土保持学会党委贯彻落实中央八项规定精神实施细则》。

脱贫攻坚政治责任 动员和组织会员以及广大水土保持科技工作者积极投身脱贫攻坚,定点帮扶重庆市城口县的贫困学生。

疫情防控工作 号召会员和广大水土保持科技工作者深入学习贯彻习近平总书记关于疫情防控的重要讲话、重要指示精神,全面落实疫情防控工作要求,动员单位会员勇担社会责任,科学普及疫情防控知识,积极参与支援和捐助等活动。

【学会建设】 2020年,学会改革向基层延伸,构建系统完备、科学规范、运行有效的制度体系,强化制度意识,增强制度执行力,推进治理体系和治理能力现代化。

分支机构改革 完善分支机构动态调整机制,筹备成立科技产业工作委员会,指导水土保持规划设计专业委员会按时完成换届,组织分支机构负责人向理事长办公会述职。

制度建设 围绕中国科协和学会改革重点工作,梳理已有制度,修订与学会改革发展不适应的制度,制定和完善新制度。在学会章程中载入"坚持党的全面领导、习近平新时代中国特色社会主义思想和社会主义核心价值观"等相关内容。制订《中国水土保持学会科技成果评价办法(试行)》《中国水土保持学会项目管理办法》,修订学会科技奖励制度。

议事规则和决策程序 按照学会章程和《中国水土保持学会议事规则》,召开理事会会议1次、常务理事会会议1次和理事长办公会2次。

落实各工作委员会工作职责 召开学术交流、期刊与科技奖励工作委员会会议1次,科普工作委员会会议1次,组织、宣传工作委员会会议2次,咨询与评价工作委员会会议3次。

信息公开 编写《工作简报》4期,报送主管部门和理事会,印发各工作委员会、分支机构和省级学会。公开发布学会2020年年报。

中国科协综合统计调查工作优秀单位 2020年,在中国科协对全国学会综合统计调查工作考核中,学会获评"中国科协综合统计调查工作优秀单位"。

【国际学术交流】 10月26日,土壤侵蚀专业委员会承办土地退化、水土保持与可持续发展视频会议,来自国内外的300余位专家学者参加会议。会议邀请美国人文与科学院院士、密歇根州立大学刘建国教授作了可持续发展方面的主旨报告,意大利水土保持专家Paolo Tarolli、Vito Ferro、Federico Preti分别作了关于水土保持专题的报告。

【国内学术交流】

高效水土保持植物学术交流会 10月29日，水土保持植物专业委员会在陕西西安召开主题为"加快高效水土保持植物资源建设与开发利用，支撑服务黄河流域生态保护和高质量发展"的高效水土保持植物学术交流会，来自全国的近50名水土保持科技工作者参会。会议邀请9位专家作交流报告，参会代表赴渭河西安段生态治理区现场进行考察。会议共征集到论文32篇。

科技协作工作委员会2020年年会暨学术交流会议 12月5日，科技协作工作委员会在北京举办2020年年会暨学术交流会议，来自全国的近200名水土保持科技工作者参会。会议以线上和线下相结合的形式举办，特邀6位专家作交流报告。

水土保持规划设计专业委员会2020年年会暨学术研讨会 12月13~15日，水土保持规划设计专业委员会以"新形势水土保持规划设计实践与发展"为主题，在陕西西安举办2020年年会暨学术研讨会，来自全国的200余名水土保持规划设计科技工作者参会。研讨会设主会场和青年论坛，会议共征集到论文80篇。

指导省级学会开展学术活动 指导山东省水土保持学会作为牵头单位成立"智慧水安全保障"协同创新中心。

【学术期刊】

第四届编委会2020年主编会议 11月8日，在北京召开《中国水土保持科学》第四届编委会2020年主编会议。

组稿出版 2020年6期期刊共发表文章108篇，其中水保黄河专栏22篇、基础研究26篇、应用研究34篇、开发研究3篇、工程技术2篇、学术论坛11篇、研究综述9篇、水保人物1篇。

期刊学术影响力 10月，期刊推荐的论文《无人机遥感技术在生产建设项目水土保持监测中的应用——方法构建》被评为第五届中国科协优秀科技论文农林集群三等奖。12月，《中国水土保持科学》被全球最大的同行评审期刊文摘和引文数据库——Scopus数据库收录。

期刊优秀论文 根据《中国水土保持科学优秀论文评选办法（试行）》，开展第九届《中国水土保持科学》优秀论文评选工作，评选出《不同水土保持措施对石漠化区水土流失的影响》等5篇论文为第九届《中国水土保持科学》优秀论文。

【科普工作】

国际合作 联合世界水土保持学会、西班牙土壤学会、西班牙科学研究委员会加利西亚农业生物研究所，将西班牙加利西亚文化理事会编写出版的《生活在土壤里》科普漫画翻译成中文，在世界土壤日当天发布。

信息化工程 以互联网思维创新科普工作模式，制作并推出10集水土保持科普微视频"水土保持这些事儿"；推出"水土保持谱大地，绿水青山惠民生"电子摄影画册。

全国水土保持科普教育基地 制订科普教育基地室外和室内评选标准，授予北京市房山区云居寺水土保持科技示范园、江西省兴国县塘背水土保持科技示范园、湖南省邵阳市水土保持科技示范园、广西木棉麓水土保持科技示范园被评定为中国水土保持学会第四批"全国水土保持科普教育基地"。

科普活动 学会山地灾害学科科学传播专家团队以及学会11家科普教育基地依托各自的科普资源优势，通过线上线下等形式，开展形式多样的科普活动，科普受众达到100万余人次。

【服务创新型国家和社会建设】 按照行业自律管理思路，规范和优化生产建设项目水土保持技术服务单位水平评价程序，加强事中事后监督管理。

年内，988家生产建设项目水土保持方案编制单位和监测单位提出水平评价申请，方案编制单位水平评价评审结果：373家水土保持方案编制单位通过专家评审，其中11家单位为5星级、25家单位为4星级、68家单位为3星级、81家单位为2星级、188家单位为1星级；监测单位水平评价评审结果：535家水土保持监测单位通过专家评审，其中16家单位为5星级、40家单位为4星级、63家单位为3星级、159家单位为2星级、257家单位为1星级。

完成2批次生产建设项目水土保持方案编制单位和监测单位水平评价证书变更工作。

根据《生产建设项目水土保持技术服务单位水平评价专家库管理办法》规定，建立由254位专家组成的生产建设项目水土保持技术服务单位水平评价专家库。

【评优表彰与举荐人才】

评选学会奖项 按照《中国水土保持学会科学技术奖奖励办法》，共评选出第十二届中国水土保持学会科学技术奖11项，其中一等奖3项、二等奖4项、三等奖4项；第十二届中国水土保持学会青年科技奖13名。

举荐行业人才和成果 按照《中国科协关于开展2020年度国家科学技术奖提名工作的通知》，提名"三峡库区防护林结构优化及功能调控技术"项目为2020年度水土保持学科领域的国家科学技术奖候选项目。按照《中国科协关于开展第十七届中国青年女科学家奖候选人推荐工作的通知》，推荐中国科学院水利部成都山地灾害与环境研究所潘华利、中国科学院青藏高原研究所张凡为第十七届中国青年女科学家奖候选人。

托举水土保持青年科技人才 按照《中国科协办公厅关于开展第五届中国科协青年人才托举工程项目申报工作通知》要求，推荐的北京林业大学王平、中国科学院水利部水土保持研究所韩剑桥获得第五届中国科协青年人才托举工程专项资助。

【会员服务】 新增个人会员1053人、单位会员145家，个人会员达到10 770人，单位会员达到710家；为个人会员提供优先或优惠参加学会举办的学术交流、培训等活动，为单位会员订阅《中国水土保持》杂志。

【继续教育培训】 加强从业人员业务能力培训，提高技术服务单位和从业人员业务能力。学会共举办2期"生产建设项目水土保持设施验收报告编制技术人员"

线上培训班，培训学员500余人次。编写出版《高校水土保持植物资源开发利用》《生产建设项目水土保持措施设计》2种培训教材。

（中国水土保持学会由宋如华供稿）

中国林场协会

【综　述】　2020年，协会结合协会职能，全面落实林草治理体系和治理能力现代化的工作要求，努力当好国有林场改革发展的助推器。

【抗击新冠肺炎疫情】　2020年新冠肺炎疫情突发，协会积极倡导各会员单位以实际行动支援疫情防控工作。协会在官网向全体会员单位发出慰问信，鼓励各会员单位携手抗击疫情，共渡难关。了解到湖北省国有赤壁市官塘驿林场两名职工家属外出返乡后确诊感染新冠肺炎，其所在社区属于疫情高风险预警社区，协会第一时间捐赠价值2万元的医用防护口罩、消毒液等防疫物资。同时，协会还向各会员林场发出倡议，开展爱心帮扶活动，83家会员单位共为重点疫区捐款279万余元，捐赠物资价值约32万元。

【2020年理事会】　结合疫情防控形势，采用信函方式召开中国林场协会2020年理事会。下发《关于召开中国林场协会2020理事会的通知》，各会员单位按要求对会议提交的各项报告、议案及相关工作安排等内容进行审议。经审议，全体会员单位一致同意《中国林场协会关于2019年度工作总结及2020年工作初步安排》《中国林场协会森林康养专业委员会等4个专业委员会工作报告》《2019年度全国十佳林场推选工作情况说明》《中国林场协会森林经营专业委员会组建方案》和《关于任免部分中国林场协会副会长、常务理事、理事、副秘书长的议案》。

【全国十佳林场推选】　2020年共收到27个省（区、市）推荐上报的37家国有林场2019年度全国十佳林场申报材料，经理事会表决，授予37家国有林场"全国十佳林场"称号。同时在《中国绿色时报》《林场信息》和协会网站上进行集中宣传报道。

【全国国有林场信息员培训班】　于9月在山东原山林场举办，来自全国25个省（市、区）的国有林场主管部门信息员和会员单位信息员350余人参加培训。培训会上，原山林场发展战略委员会主任孙建博作了《深入践行"两山"理念　以担当实干推进原山改革发展始终走在前列》的主题报告，相关教授、学者就信息员文学素养养成、新闻报道实务、林业改革发展等与学员进行研讨交流。结合培训，协会建立拥有420名国有林场信息员的信息宣传队伍，颁发中国林场协会信息员证。

【片区年会】　围绕"交流国有林场改革做法和经验，研讨面向未来的发展"的主题，分两次成功召开2020国有林场部分省区国有林场年会，全国25个省（区、市）国有林场主管部门和部分会员林场代表参会。会上，8个省（区）及14个国有林场就实施国有林场改革、森林经营、林业产业、生态扶贫、科技创新、林场职工队伍建设等方面作典型经验交流。

【林场宣传】　编印发行《林场信息》14期。在中国林场协会网站对当前林业发展动向、国有林场改革、疫情防控、复工复产、会员动态信息等进行广泛宣传。与中国绿色时报社联合开展"走进国有林场"宣传活动，利用绿报新媒体"游森林"公众微信平台，全方位图文并茂地宣传全国十佳林场以及具有引领和代表性会员单位。

【场级干部异地挂职锻炼】　全年安排挂职锻炼场长18人，其中派出单位中人数最多的是吉林和甘肃各5人，山西派出4人。接收林场中江苏省虞山林场接收5人，四川洪雅林场接收4人。

【协会脱钩】　根据《国家林业和草原局行业协会与行政机关脱钩改革工作方案》的总体要求，严格按照"五分离、五规范"的要求，推进协会脱钩工作。完成机构分离、人员管理分离备案及核准手续，并按照协会章程规定和程序调整补充任免决策层及部分协会副会长、常务理事和理事。按照国家林草局里对协会审计的要求，聘用具有专业资质的财务人员专职负责协会财务管理工作。

（中国林场协会由余斌供稿）

林草大事记

29

2020年中国林草大事记

1月

1月8日 国家林草局印发《突发陆生野生动物疫情应急预案》。预案要求，县级以上人民政府陆生野生动物保护主管部门要加强组织领导，制订本辖区疫情应急预案和实施方案，建立陆生野生动物疫源疫病监测防控经费分级投入机制和应急物资储备。

1月10日 6项涉林科技成果获2019年度国家科学技术奖。其中，"混合材高得率清洁制浆关键技术及产业化"等5项获国家科学技术进步奖二等奖，"大熊猫适应性演化与濒危机制研究"获国家自然科学奖二等奖。1月19日，国家林草局对获奖团队进行奖励。

1月15日 三北工程总体规划修编和六期规划编制工作正式启动。

1月16日 国家林草局召开全国森林草原防火暨安全生产工作电视电话会议，传达学习李克强总理关于安全生产工作的重要批示，部署当前和春节、全国两会期间的森林草原防火工作，并派出3个工作组，赴西南重点省份检查督导。

1月21~26日 国家林草局先后印发和联合发布《关于加强野生动物市场监管积极做好疫情防控工作的紧急通知》《关于进一步加强野生动物管控的紧急通知》《关于禁止野生动物交易的公告》，要求各地围绕野生动物人工繁育、市场经营、网络销售等各个环节，实施最严厉的野生动物管控措施，全面禁止野生动物交易。

1月28日 国家林草局印发《关于加强野生动物管控措施贯彻落实情况督导检查工作方案》，要求各派出机构认真排查问题和隐患，严格执行督查情况日报告制度。

1月30日 国家林草局召开党组扩大会议，传达习近平总书记、李克强总理对新型冠状病毒感染的肺炎疫情防控工作的最新指示批示和国务院有关会议的精神要求，对林草系统防控新型冠状病毒感染的肺炎疫情工作进行再部署再安排。会议强调，全国林草系统要切实把思想和行动统一到习近平总书记的重要指示精神上来，把疫情防控当作当前最大的政治任务，认真贯彻落实党中央、国务院关于疫情防控的各项措施，切实履行好林草部门职责，严格执行林草系统野生动物管控督导报告制度，及时全面掌握各项防控部署的进展情况。新冠肺炎疫情发生后，国家林业和草原局始终将防控工作摆在首要位置，多次研究部署加强野生动物管控和疫源疫病监测防控等系列措施。

1月31日 国家林草局召开电视电话会议，强化野生动物管控措施的贯彻落实情况督导。

2月

2月6日 为深入贯彻落实党中央、国务院领导重要批示精神和要求，坚决取缔和严厉打击疫情期间野生动物违规交易行为，市场监管总局、公安部、农业农村部、海关总署、国家林业和草原局决定2月6日起联合开展打击野生动物违规交易专项执法行动。

2月19日 国家林草局发布紧急通知，严厉打击破坏鸟类资源违法犯罪活动，压实监督管理责任，确保候鸟迁飞安全。

2月20日 中国林科院发布"抗疫情·稳生产"系列技术指南，为林农在防疫同时恢复生产提供技术指导。

2月21日 国家林草局召开局党组会议，研究部署非洲蝗入侵中国草原的风险应对措施，成立局草原蝗灾防治指挥部，并派出专家赴巴基斯坦指导灭蝗。

2月24日 为全面禁止和惩治非法野生动物交易行为，革除滥食野生动物的陋习，维护生物安全和生态安全，有效防范重大公共卫生风险，切实保障人民群众生命健康安全，加强生态文明建设，促进人与自然和谐共生，十三届全国人大常委会第十六次会议表决通过了《全国人民代表大会常务委员会关于全面禁止非法野生动物交易、革除滥食野生动物陋习、切实保障人民群众生命健康安全的决定》。决定自公布之日起施行。

2月26日 国家林草局召开党组会议，学习贯彻落实全国人大常委会决定，提出全国各级林草部门要认真学习领会《决定》精神，统一思想认识，提高政治站位，从防范重大公共卫生风险、维护人民群众生命健康安全的高度，全面准确把握《决定》精神，坚决贯彻落实《决定》各项规定。

2月27日 国家林草局出台贯彻落实全国人大常委会《决定》的7项措施。

2月28日 国家林草局印发《关于积极应对新冠肺炎疫情有序推进2020年国土绿化工作的通知》，要求各地各单位认真落实中央关于统筹推进新冠肺炎疫情防控和经济社会发展工作的决策部署，一手抓疫情防控，一手抓国土绿化，有序推进2020年国土绿化工作。

3月

3月3日 以"维护全球生命共同体"为主题的"世界野生动植物日"宣传活动在全国各地开展。宣传活动线上活动发布主题公益宣传海报和宣传片，倡导人与自然是生命共同体，呼吁全社会保护野生动植物，维护全球生命共同体。

3月5日 国家林草局办公室印发《关于做好当前种苗生产和供应的通知》，要求各地、各单位做好种苗生产单位复工复产，切实保障春季造林绿化种苗供应。

同日 国家林业和草原局、科学技术部联合印发《关于加强林业和草原科普工作的意见》。

3月6日 农业农村部、海关总署、国家林业和草原局印发《沙漠蝗及国内蝗虫监测防控预案》，按照"御蝗于境外、备战于境内"的防范策略，严防境外沙漠蝗入侵，继续做好国内蝗虫防治。

3月10日 国务院召开全国森林草原防灭火工作电视电话会议，李克强总理对森林草原防灭火工作作出重要批示，国务委员王勇出席会议并讲话。会议要求深入贯彻习近平总书记关于统筹推进疫情防控和经济社会发展的重要讲话精神，认真落实李克强总理批示要求，扎实做好森林草原防灭火工作，坚决防范遏制各类重特大灾害事故发生，为打赢疫情防控阻击战、决胜全面建成小康社会营造安全稳定环境。

同日 国家林草局召开党组扩大会暨2020年局扶贫工作领导小组第一次会议，对林草生态扶贫工作进行再动员再部署再推动，提出全面加大对深度贫困地区和52个未摘帽县的扶持力度，抓好定点县脱贫摘帽和巩固脱贫成果工作，6月底前完成定点帮扶责任书确定的各项指标任务。

3月11日 国家林草局召开2020年春季造林绿化和森林草原防火电视电话会议，落实全国森林草原防灭火工作电视电话会议精神，部署如何克服疫情影响做好春季造林绿化和森林草原防火工作。

3月13日 国家林草局启动野生动物携带病原体本底调查及传播风险研究、草原保护修复和监测评价专项研究项目。

3月16日 自然资源部、国家林业和草原局联合召开全国自然保护地整合优化和生态保护红线评估调整推进工作电视电话会议，部署推进2020年自然保护地整合优化和生态保护红线评估调整工作。

3月20日 十三届全国政协第33次双周协商座谈会在北京召开。中共中央政治局常委、全国政协主席汪洋主持会议并讲话。他强调，要深入学习领会习近平总书记关于坚决革除滥食野生动物陋习的重要指示精神，坚持宣传教育和依法打击并重，推动形成革除滥食野生动物陋习的思想自觉，创造人人有责的良好社会氛围，切实维护好生态安全和人民群众生命健康安全。广大政协委员要从我做起，自觉抵制滥食野生动物行为，多做建言资政和凝聚共识工作，为革除滥食野生动物陋习汇聚正能量。政协委员和专家学者围绕革除滥食野生动物陋习建言资政。

3月22日 国务院办公厅印发《关于在疫情条件下积极有序推进春季造林绿化工作的通知》。通知要求，各地、各部门充分认识积极有序推进春季造林绿化工作的重要意义，抢抓时机积极有序推进春季造林，统筹谋划造林季节安排，灵活开展义务植树和部门绿化，全面提高造林绿化质量，着力保护好造林绿化成果，确保全面完成全年目标任务。

3月30日 四川凉山州西昌市经久乡和安哈镇交界的皮家山山脊处发生森林火灾，在救援过程中因瞬间风向突变、风力陡增，扑火人员避让不及，造成19人牺牲、3人受伤。灾害发生后，习近平总书记高度重视并作出重要指示，李克强总理作出批示。3月31日，国家林草局派出工作组赶赴四川西昌森林火灾现场，配合当地开展火灾扑救和伤亡人员善后处理工作，并再次向四川调拨价值200万元的防火物资，全力支持四川林草部门做好火灾扑救工作。4月2日中午，火场明火全部扑灭，转入清烟点、守余火、严防死灰复燃的阶段。这起森林火灾过火面积3047.78公顷，造成791.6公顷森林受害，直接经济损失9731.12万元。

4月

4月2日 国家林草局启动以"爱鸟新时代 共建好生态"为主题的2020年全国"爱鸟周"主题宣传活动。此届爱鸟周活动发布《2020年全国冬季鹤类资源同步调查结果》，启动中国鹤年宣传活动。

同日 国家林草局重大有害生物防治领导小组召开第一次会议，研究部署松材线虫病等重大有害生物防治工作。会议指出，要用改革的思维、创新的举措，落实好中央部署要求，推动松材线虫病等重大有害生物防治取得新进展新成效。

同日 国家林草局举行大兴安岭林业集团公司揭牌仪式并召开视频会议，组建集团公司新班子，标志着大兴安岭重点国有林区改革取得重要成果。

4月3日 党和国家领导人习近平、李克强、栗战书、汪洋、王沪宁、赵乐际、韩正、王岐山等到北京市大兴区旧宫镇参加首都义务植树活动。习近平总书记强调，在全国疫情防控形势持续向好、复工复产不断推进的时刻，我们一起参加义务植树，既是以实际行动促进经济社会发展和生产生活秩序加快恢复，又是倡导尊重自然、爱护自然的生态文明理念，促进人与自然和谐共生。要牢固树立绿水青山就是金山银山的理念，加强生态保护和修复，扩大城乡绿色空间，为人民群众植树造林，努力打造青山常在、绿水长流、空气常新的美丽中国。

4月9日 为进一步贯彻落实《全国人民代表大会常务委员会关于全面禁止非法野生动物交易、革除滥食野生动物陋习、切实保障人民群众生命健康安全的决定》，国家林草局印发通知，要求稳妥做好禁食野生动物后续工作。

4月11日 全国绿化委办公室组织开展"履行植树义务，共建美丽中国"为主题的2020年共和国部长义务植树活动。128名部级领导干部在北京城市副中心"城市绿心"地块参加植树活动。

4月20日 国家林业和草原局、财政部、生态环境部、水利部联合发布《支持引导黄河全流域建立横向生态补偿机制试点实施方案》。

4月26日 国家林草局召开党组扩大会，传达学习习近平总书记在陕西考察时的重要讲话精神，研究贯彻落实措施。会议强调，要不折不扣落实好习近平总书记的重要讲话精神，切实加强秦岭等自然保护地生态保护修复，整合优化各类自然保护地，推进自然保护地法治建设，加快构建以国家公园为主体的自然保护地体系，为维护国家生态安全、建设美丽中国作出应有贡献。

5月

5月6日 国家林业和草原局、财政部联合发布《林业草原生态保护恢复资金管理办法》。《办法》明确了林业草原生态保护恢复资金的使用范围，并要求各省在资金分配上，向革命老区、民族地区、边疆地区、贫困地区倾斜，脱贫攻坚有关政策实施期内，向深度贫困地区及贫困人口倾斜。

5月8日 国家林草局召开全面从严治党工作会议。会议提出，要更加紧密地团结在以习近平同志为核心的党中央周围，坚持以习近平新时代中国特色社会主义思想为根本遵循，按照新时代党的建设总要求，不断压实管党治党政治责任，努力实现全面从严治党和林业草原事业高质量发展。

5月8日 滇桂黔石漠化片区区域发展与脱贫攻坚视频推进会在北京召开。会议要求，要深入学习贯彻习近平总书记在决战决胜脱贫攻坚座谈会上的重要讲话精神和关于扶贫工作的重要论述，坚决贯彻党中央、国务院关于打赢脱贫攻坚战的决策部署，凝心聚力、一鼓作气，推进片区全面完成脱贫攻坚目标任务。国家林业和草原局、水利部主要负责人出席会议并讲话。

5月10~11日 国家林草局有关负责同志率队到云南，就全国人大常委会《关于全面禁止非法野生动物交易、革除滥食野生动物陋习、切实保障人民群众生命健康安全的决定》出台后，云南禁食野生动物工作情况开展调研。调研组指出，要充分考虑养殖企业和养殖户的实际困难，稳妥推进禁食野生动物工作，对建档立卡贫困户做到"一户一策"帮助建档立卡贫困户补偿及转产转型帮扶，科学稳妥处置在养野生动物，避免次生灾害发生。积极回应社会关切，加大禁食政策宣传解读，确保有畅通的渠道让养殖户反映诉求。

5月12日 国家林业和草原局与中国铁塔股份有限公司签署战略合作协议。双方将在林草管理信息化、5G网络建设方面深化合作，建立"天空地"一体化的全国林业和草原防灾减灾网络体系，提升森林草原资源保护及防灾减灾治理能力。

5月13日 国家林草局召开会议，研究部署林草系统贯彻落实"六稳""六保"工作。会议提出，要立足林草行业特点，紧扣"六稳""六保"要求，发挥林草优势，科学精准施策，加大力度推进国土绿化等各项重点生态工程的实施，确保完成全年建设任务。深化林草"放管服"改革，简化行政审批，提高服务效能。

5月15日 国家林草局召开干部大会，中央组织部副部长曾一春出席会议并宣布中央决定：关志鸥同志任国家林业和草原局（国家公园管理局）党组书记、自然资源部党组成员，张建龙同志不再担任国家林业和草原局（国家公园管理局）党组书记、自然资源部党组成员职务。

5月28日 国家林草局召开全国自然保护地整合优化工作推进电视电话会。

5月30日 中共中央政治局常委、全国人大常委会委员长栗战书在北京主持召开全国人大常委有关决定和野生动物保护法执法检查组第一次全体会议。会议指出要侧重五个方面内容开展执法检查：一是革除滥食野生动物陋习的落实情况，推动禁食野生动物的红线落到实处、深入人心。二是依法取缔和打击非法野生动物市场和贸易的情况，推动有关部门加强监督检查和责任追究，斩断非法利益链。三是非食用性利用野生动物的管理情况，确保在法治轨道上有序发展。四是野生动物栖息地的保护情况，为野生动物生存繁衍创造良好的自然生态环境。五是加强法制建设、增强法治意识的情况，推动政府、组织、公众共同行动，养成文明健康的生活方式。执法检查由栗战书委员长任组长，分为4个小组赴8个省份进行实地检查，同时委托其他省级人大常委会开展检查，实现31个省（区、市）"全覆盖"。

同日 国务院办公厅印发《生态环境领域中央与地方财政事权和支出责任划分改革方案》。

6月

6月1日 国家林草局召开党组扩大会议，传达学习习近平总书记在全国两会期间的重要讲话精神和全国两会精神，研究贯彻落实措施。会议要求，要进一步增强"四个意识"，坚定"四个自信"，做到"两个维护"，把思想和行动统一到习近平总书记重要讲话精神上来，贯彻落实全国两会精神和政府工作报告确定的目标任务，高质量完成年度各项重点任务。要进一步改进工作作风，创造性开展工作，建立专班工作机制，集中力量攻坚克难。要坚决克服形式主义、官僚主义，坚持开短会、说短话、发短文。对重大科研攻关项目，要探索实行揭榜挂帅制，吸引顶尖专家团队参与科技创新。要注重宣传报道、政策解读和舆情应对处置工作，提高和媒体打交道的能力。要严明纪律规矩，认真落实全面从严治党责任，严格执行中央八项规定精神及其实施细则，坚决守住底线、不碰红线，营造风清气正的良好政治生态。要按要求精打细算，过紧日子，把钱花到刀刃上，严格控制不必要的支出。

6月2日 国家林业和草原局、民政部、国家卫生健康委员会、国家中医药管理局公布第一批国家森林康养基地名单。四部门要求，要进一步推进基地建设，加大政策保障，优化森林康养环境，强化生态环境保护与监测，完善配套基础设施，促进服务质量提升，为人民群众提供更加优质的森林康养产品。

6月3日 经中央全面深化改革委员会第十三次会议审议通过，国家发展和改革委员会、自然资源部印发《全国重要生态系统保护和修复重大工程总体规划（2021—2035年）》。《规划》提出以青藏高原生态屏障区、黄河重点生态区（含黄土高原生态屏障）、长江重点生态区（含川滇生态屏障）、东北森林带、北方防沙带、南方丘陵山地带、海岸带等"三区四带"为核心的全国重要生态系统保护和修复重大工程总体布局，是当前和今后一段时期推进全国重要生态系统保护和修复重大工程的指导性文件，是编制和实施有关重大工程建设规划的主要依据。

同日 自然资源部办公厅、国家林业和草原局办公室联合发布《关于进一步规范林权类不动产登记做好林权登记与林业管理衔接的通知》，进一步规范林权登记，全面履行不动产登记职责。《通知》明确，自然资源部负责国务院确定的国家重点林区不动产登记，并与自然资源确权登记做好衔接。国务院林业主管部门颁发的重点林区原林权证继续有效，已明确的权属边界不得擅自调整。

6月5日 国家林草局宣布将穿山甲属所有种由国家二级重点保护野生动物提升至一级。这标志着当前在中国自然分布的中华穿山甲，以及据文献记载中国曾有分布的马来穿山甲和印度穿山甲将受到严格保护。

6月24日 国家林草局发布通知，进一步加强穿山甲保护管理，对穿山甲及其集中分布区域实施高强度保护，开展穿山甲全面清查行动，依法严厉打击违法犯罪行为。

6月17日 国家林草局举行"中华人民共和国联合国防治荒漠化公约履约办公室"挂牌仪式。中国于1996

年12月30日加入该公约。根据有关规定，由国家林草局负责监督管理全国荒漠化防治并承担防治荒漠化公约履约工作。

6月19日 国家林草局召开春季森林草原防火总结部署会议。会议强调，采取有力措施坚决贯彻落实习近平总书记的重要批示指示精神，毫不懈怠抓好森林草原防火工作，努力维护好国家林草资源安全和人民群众生命安全。会议要求各级林草部门要反思四川省凉山州"3·30"森林火灾伤亡事故的深刻教训，在国家森防指的统一领导下，认真履行林草系统的防灭火职责，积极构建防灭火一体化的体制机制，理顺工作体制，理清责任边界，推进森防指实体化运行。

同日 国家林草局召开禁食野生动物后续工作推进电视电话会议。会议强调，禁食野生动物后续工作将重点推动补偿帮扶措施落实落地，妥善科学处置在养野生动物，争取到9月底前基本完成禁食野生动物各项后续工作。

同日 国家林业和草原局、农业农村部向社会公开征求《国家重点保护野生动物名录》修改意见。

同日 国家林业和草原局印发《草原征占用审核审批管理规范》，《规范》明确严格控制草原转为其他用地。

6月23日 国家林草局召开会议组织学习新修订的森林法。新森林法于7月1日起施行。

6月24日 国家林草局召开创建"让党中央放心、让人民群众满意的模范机关"工作推进会议。会议指出，模范机关创建是一项长期性、常态化工作，各级党组织要以钉钉子精神抓好落实。

同日 国家林草局防灾减灾工作领导小组会议在北京召开，安排部署林草行业防灾减灾重点工作任务。

6月30日 国家林业和草原局发布《中国退耕还林还草二十年（1999—2019）》白皮书。白皮书指出，退耕还林显著改善了生态环境，是中国生态文明建设史上的标志性工程。工程实施20年以来，在25个省（区、市）和新疆生产建设兵团的2435个县（市、区）实施退耕还林还草3433.33万公顷，工程区森林覆盖率平均提高4个多百分点，其成林面积占全球增绿面积的比重在4%以上。

同日 国务院办公厅印发《自然资源领域中央与地方财政事权和支出责任划分改革方案》，明确从自然资源调查监测、自然资源产权管理、国土空间规划和用途管制、生态保护修复、自然资源安全、自然资源领域灾害防治等方面划分自然资源领域中央与地方财政事权和支出责任。适当加强中央在中央政府直接行使所有权的全民所有自然资源资产管理、对维护国家生态安全屏障具有重要意义的生态保护修复等方面的事权。

7月

7月4日 国务院办公厅印发《关于切实做好长江流域禁捕有关工作的通知》。

7月7日 联合国教科文组织执行局第209次会议批准湖南湘西、甘肃张掖两处地质公园获得联合国教科文组织"世界地质公园"称号。中国世界地质公园数量增至41处，居世界首位。

7月9日 国家林业和草原局、农业农村部向社会公开征集《国家重点保护野生植物名录》修改意见。此番调整突出"预防性"原则、"最有利于保护"和代表性、珍贵性原则，力求实现应保尽保。

7月14日 国家林草局印发通知，要求长江流域各林业草原主管部门全面加强自然保护地管理，落实好长江流域332个自然保护区和水产种质资源保护区自2020年1月1日起全面禁止生产性捕捞任务，配合当地农业农村等部门完成好为期10年的长江流域重点水域禁捕任务。

7月21日 国家林草局召开新闻发布会，宣布将联合相关部门开展破坏野生植物资源专项打击整治行动，清理整顿全链条交易，严厉打击乱采滥挖野生植物、破坏野生植物生存环境、违法经营利用野生植物行为，引导网上交易平台和网下交易场所严格管控经营利用野生植物行为。

7月23日 国家林草局印发《森林草原防火督查工作管理办法（试行）》，规范督查工作程序，督促地方严格落实责任制。计划在每年4~5月春季防火期和9~10月秋季防火期对各地森林草原防火情况进行督查。对督查中发现的问题，国家林草局将公开通报、问责追责。

7月29日 国家林草局召开全国松材线虫病防治电视电话会议。会议贯彻落实中央领导同志重要批示精神，总结研判当前疫情形势，研究部署"十四五"时期松材线虫病防控工作。会议明确到"十四五"期末，彻底根除黄山、泰山等重点风景名胜区疫情，全国松材线虫病发生面积和疫点数量实现双下降，县级疫区存量控制在2020年水平以下，坚决遏制松材线虫病快速扩散蔓延势头，切实维护生态安全、生物安全。"十四五"期间在全国范围内组织实施松材线虫病防控5年攻坚行动，以县域为单位持续推进，精准发力。

7月30日 打击野生动植物非法贸易部际联席会议第三次会议在北京召开，27个成员单位共同商讨打击野生动植物非法贸易，6个部门联合启动打击整治破坏野生植物资源专项行动。下一阶段，各成员单位将推动35项重点任务。

8月

8月11~13日 以"品牌建设、产销对接、精准扶贫、乡村振兴"为主题的第三届中国森林食品交易博览会在上海光大会展中心举办。此届森交会采取市场化运作，展示森林果蔬、粮油、坚果、油茶、茶叶、石斛、药材、蜂产品等上千种特色产品，近300家企业参展。

8月14日 自然资源部、国家林业和草原局印发《红树林保护修复专项行动计划（2020—2025年）》，按照整体保护、系统修复、综合治理的思路，营造和修复红树林18 800公顷，其中营造红树林9050公顷、修复现有红树林9750公顷。同时，要求将现有红树林、经科学评估确定的红树林适宜恢复区域划入生态保护红线。严格红树林地用途管制，除国家重大项目外，禁止占用红树林地。

8月19日 国家林草局召开国家公园建设座谈会，提出年底前基本完成国家公园体制试点任务，按照成熟一个设立一个的原则，研究提出第一批正式设立的国家公园建议名单和储备名单，并将"两屏三带"等国家生态安全屏障区的重要自然生态系统，优先纳入国家公园储备库。

8月24日 主题为"人与自然和谐共生 携手建设美丽中国"的2020年全国林业和草原科技活动周在北京启动。

8月27日 国家林草局召开禁食野生动物后续工作视频调度会，督导各地推进禁食野生动物后续工作，要求9月底前全面完成禁食野生动物后续工作。截至8月26日，25个省(区、市)出台了省级处置办法，19个省(区、市)制订了省级补偿方案。江西、青海两省已全面完成在养野生动物处置。会议要求，各级林草部门要提高政治站位，坚决贯彻实施"一决定""一法"，加快推进工作进度，加强沟通协调，尽快落实补偿资金，切实维护群众利益。对建档立卡贫困户做到"一户一策、因户施策"，防止返贫、致贫现象。加强分类指导，克服转型转产困难。

8月29日 国家林草局公布内蒙古敕勒川等39处全国首批国家草原自然公园试点建设名单，标志着中国国家草原自然公园建设正式开启。

8月31日 中共中央政治局召开会议，审议《黄河流域生态保护和高质量发展规划纲要》和《关于十九届中央第五轮巡视情况的综合报告》。中共中央总书记习近平主持会议。会议指出，黄河是中华民族的母亲河，要把黄河流域生态保护和高质量发展作为事关中华民族伟大复兴的千秋大计，贯彻新发展理念，遵循自然规律和客观规律，统筹推进山水林田湖草沙综合治理、系统治理、源头治理，改善黄河流域生态环境，优化水资源配置，促进全流域高质量发展，改善人民群众生活，保护传承弘扬黄河文化，让黄河成为造福人民的幸福河。

同日 中央第七生态环境保护督察组进驻国家林草局开展生态环境保护督察。

9月

9月3日 生态环境部、自然资源部、国家林业和草原局等11个部门联合下发《关于推进生态环境损害赔偿制度改革若干具体问题的意见》，从损害调查、赔偿磋商、生态环境修复及修复效果评估等多方面给出意见，推动解决地方在试行工作中发现的问题。

9月16日 国家林草局召开专家咨询会，围绕学习贯彻习近平生态文明思想，统筹推进山水林田湖草沙综合治理、系统治理、源头治理，科学谋划"十四五"全国防沙治沙规划开门问策，集思广益，听取专家意见和建议。与会院士专家从观念思路、体制机制、科技支撑、技术配套等不同角度，就推进黄河流域生态保护和高质量发展、推进全国防沙治沙工作提出意见建议。

9月18日 中共中央政治局常委、国务院总理李克强对森林草原防灭火工作作出重要批示。批示指出：做好森林草原防灭火工作，对于保障人民群众生命财产安全和国家生态安全十分重要。各地区各相关部门要坚持以习近平新时代中国特色社会主义思想为指导，认真贯彻党中央、国务院决策部署，扎实做好秋冬季森林草原防灭火工作各项准备，压紧压实属地管理责任，健全统筹协调、相互配合的机制，整合各方资源，形成工作合力。要强化科技手段，加快防灭火相关基础设施建设，深入排查消除风险隐患，及时科学处置突发火情。加强基层监管执法和防火意识教育，严厉查处违法违规野外用火行为，加快构建群防群治、扑灭及时的工作格局。要建强专业队伍，完善应急预案，加强日常演练，提高防灭能力水平，坚决防范重特大火灾发生。国务委员、国家森林草原防灭火指挥部总指挥王勇出席全国森林草原防灭火工作电视电话会议，强调要深入贯彻习近平总书记关于防灾减灾救灾工作的一系列重要指示精神，落实李克强总理批示要求，坚持生命至上、安全第一，层层压实责任，紧密协作配合，全面排查整治风险隐患，坚决防范遏制森林草原重特大火灾发生，为决胜全面建成小康社会、决战脱贫攻坚营造安全稳定环境。

9月21日 国家林草局启动松材线虫病防控应急科技攻关项目，组织6个课题对松材线虫病监测、检疫、防治等关键技术进行应急攻关。

9月21日 国家林草局召开局长专题会议，研究部署《国务院办公厅关于坚决制止耕地"非农化"行为的通知》贯彻落实工作。会议指出，采取有效措施，强化监督管理，坚决制止违规占用耕地绿化造林等"非农化"行为，妥善处理好林草生态建设与严格保护耕地的关系。指导和规范各地林草部门，在认真落实最严格的耕地保护制度的前提下，统筹安排好造林绿化用地，科学规范开展农田防护林建设、通道绿化、退耕还林还草、城乡绿化、经济林和苗木生产等各项工作。对已经出现的"非农化"问题，要落实《通知》要求，坚持实事求是、妥善处理，不搞"一刀切"。根据土地资源禀赋条件和生态建设实际需要，因地制宜、实事求是、科学合理设定绿化目标，从顶层设计上避免出现违规占用耕地绿化造林情况。

9月27日 全国绿化委员会办公室在北京召开2020年部门绿化工作座谈会，深入学习贯彻习近平总书记关于国土绿化工作重要指示批示精神，总结交流《全国绿化委员会深入推进造林绿化工作方案》落实情况，研究讨论《国土绿化督导落实制度》。全绿委成员单位及有关部门共28个单位绿化工作负责同志参加会议并发言。

9月28日 国家林业和草原局与中国气象局在北京签订战略合作框架协议，协同推进森林草原防火、沙尘暴监测预报预测预警及影响评估、林草气象服务和效益评估、自然保护地建设和保护、林草有害生物防治、野生动物疫病评估以及相关气候变化影响评估和科研合作等工作。

9月29日 国家森林草原防灭火指挥部办公室、公安部、应急管理部、国家林业和草原局联合下发通知，决定即日起至12月20日在全国范围组织开展打击森林草原违法用火行为专项行动。

9月30日 国家主席习近平在联合国生物多样性峰会上通过视频发表重要讲话。习近平指出，要同心协力，抓紧行动，在发展中保护，在保护中发展，共建万物和谐的美丽家园。倡议各国坚持生态文明、坚持多边主义、保持绿色发展、增强责任心，强调中国努力建设人与自然和谐共生的现代化，将秉持人类命运共同体理念，为加强生物多样性保护和推进全球环境治理贡献力量。

10月

10月14日 国家林草局召开行业科技重大项目

"草原保护修复和监测评价专项研究"推进会。项目由中国工程院院士南志标牵头，主要围绕草原政策体系、基础科学、应用技术、技术体系等方面开展，以期加快提高草原保护修复科技支撑能力，推进草原可持续发展战略研究，完善草原重大制度和政策。会议提出，要坚持需求导向，边研究边示范，加强协同创新，形成科研与成果转化的良性循环，为草原生态保护修复提供有效科技支撑。

10月18日 第四届中国绿化博览会在贵州省黔南布依族苗族自治州都匀市开幕。此届绿博会按照"绿水青山新画卷、生态文明新标杆"的总体定位和"贵山贵水、绿博黔南"的形象定位，致力于筑牢绿色屏障、发展绿色经济、营造绿色家园、培育绿色文化、促进人与自然和谐共生。共建设56个参展展园，规划总面积1959公顷，森林覆盖率69%，核心区面积399公顷，为历届最大。

10月23日 国家林业和草原局与中国建设银行总行善融商务合作开设的线上扶贫馆上线试运营，支持广西罗城、龙胜和贵州荔波、独山4个国家林草局定点帮扶县的优质农林产品线上销售，并免除开馆和企业入驻等相关费用，打造"生态美、百姓富"实现通道。

同日 国家林草局下发通知，公布全国"林业英雄"孙建博国有林场改革发展事迹等12个2020年践行习近平生态文明思想先进事迹，号召全国林草系统广泛开展学习宣传活动，大力弘扬忠诚事业、勇于担当、不畏艰难、接续奋斗、久久为功的崇高精神。

10月25日 中国林学会公布第11届梁希林业科学技术奖评选结果。此届梁希林业科学技术奖共评出获奖项目103项。自然科学奖9项，其中一等奖2项、二等奖7项；技术发明奖5项，其中一等奖1项、二等奖4项；科技进步奖89项，其中一等奖6项、二等奖57项、三等奖26项。3名国际友人获国际科技合作奖。

10月27日 2020中国教科文组织世界地质公园年会在四川巴中召开。中国新增湖南湘西、甘肃张掖两处世界地质公园，中国世界地质公园数量升至41处，超过全球161处的1/4，居世界首位。

10月28日 自然资源部、国家林业和草原局启动2020年度全国森林资源调查。调查采用抽样方式，在全国乔木林布约2.2万个样地，开展样地外业实地调查。同时，增加15%的随机样地，确保全国及各省(区、市)的调查精度。调查计划于2021年5月底前完成。

11月

11月6日 国家林草局召开全国林草标准化和食用林产品质量安全监管工作电视电话会。会议指出，"十三五"期间，全国初步形成科学完善的林业标准体系，食用林产品质量安全监管迈向正规化。

11月9~12日 全国自然公园管理能力培训班在广东汕头举办。这是机构改革后，国家林草局自然保护地管理司举办的首个国家级自然公园综合管理培训班，重点围绕风景名胜区、地质公园、海洋公园、世界自然遗产、世界地质公园的规划、发展管理等内容进行交流和解读。

11月16日 第十二次全国油茶产业发展现场会在河南省信阳市光山县举行。全国油茶种植面积已达到453.33万公顷，其中高产油茶林93.33万公顷，茶油产量62.7万吨，总产值1160亿元，有效带动近200万贫困人口脱贫增收。

同日 中国自主建造并成功运行的首颗高光谱业务卫星——5米光学业务卫星正式在轨交付自然资源部，将用于林业和草原、自然资源、生态环境等领域。

11月18日 国家发展改革委、国家林草局、科技部、财政部、自然资源部、农业农村部、中国人民银行、市场监管总局、银保监会和证监会10个部门联合印发意见，提出要科学规划产业布局、加大政策引导力度，全面推动木本粮油和林下经济产业高质量发展。到2025年，新增或改造木本粮油经济林333.33万公顷，总面积保持在2000万公顷以上，每年初级产品产量达2500万吨，木本食用油年产量达250万吨，林下经济年产值达1万亿元。

11月24日 全国劳动模范和先进工作者表彰大会在北京举行。林草行业有24人获得表彰。其中，14人获"全国劳动模范"称号，10人获"全国先进工作者"称号。

12月

12月12日 国家主席习近平在气候雄心峰会上通过视频发表题为《继往开来，开启全球应对气候变化新征程》的重要讲话，宣布中国国家自主贡献一系列新举措。习近平主席宣布：到2030年，中国单位国内生产总值二氧化碳排放将比2005年下降65%以上，非化石能源占一次能源消费比重将达到25%左右，森林蓄积量将比2005年增加60亿立方米，风电、太阳能发电总装机容量将达到12亿千瓦以上。中国历来重信守诺，将以新发展理念为引领，在推动高质量发展中促进经济社会发展全面绿色转型，脚踏实地落实上述目标，为全球应对气候变化作出更大贡献。

12月14日 中国林业科学研究院黄河生态研究院举行揭牌仪式，并召开首届黄河流域生态保护修复战略研讨会。沈国舫、丁一汇、胡春宏、张守攻等40余名院士专家围绕黄河流域生态状况与发展战略、生态保护与建设、生态演变与治理等主题展开研讨。

12月16日 国家林草局党组召开巡视动员部署会议，启动十九届中央任期内林草局第二轮巡视工作。会议指出，要盯住权力和责任，盯住领导班子和关键少数，督促推动党组织和党员干部以担当作为的实际行动践行"两个维护"。

12月17日 国务院新闻办公室举行新闻发布会，介绍中国生态修复有关情况。"十三五"以来，中国完成国土绿化面积4593.33万公顷，完成森林抚育4260万公顷，落实草原禁牧面积8000万公顷，草畜平衡面积17333.33万公顷。全国森林覆盖率达到23.04%，森林蓄积量超过175亿立方米，草原综合植被盖度达到56%。如期完成国土绿化"十三五"规划任务。

12月19日 主题为"健康中国行动赋能林草产业升级"的首届全国林草健康产业高峰论坛在北京举办。宣布成立林草健康产业国家创新联盟等8家联盟，林草企业发布《共同推进林草关爱健康品牌建设与发展倡议书》。

12月19~20日 首届林草计算机应用大会在北京

召开，主题为"智慧引领林草未来"。大会集中展示计算机应用技术在林草领域取得的科研成果，并就应用实践展开交流，研讨进一步促进产学研用深度融合。

12月24日 国务院新闻办公室举行新闻发布会，国家森林草原防灭火指挥部办公室、应急管理部、国家林业和草原局、公安部等部门介绍《国家森林草原火灾应急预案》，部署2020年冬季森林草原防灭火工作。

同日 最高人民法院、最高人民检察院、公安部、司法部联合制定公布《关于依法惩治非法野生动物交易犯罪的指导意见》，提出依法严厉打击以食用或者其他目的非法购买野生动物的犯罪行为，坚决革除滥食野生动物的陋习。

（林草大事记由韩建伟供稿）

附　　录

国家林业和草原局各司(局)和直属单位等全称简称对照

1. 国家林业和草原局办公室（办公室）
2. 生态保护修复司（生态司）
3. 森林资源管理司（资源司）
4. 草原管理司（草原司）
5. 湿地管理司（湿地司）
6. 荒漠化防治司（荒漠司）
7. 野生动植物保护司（动植物司）
   中华人民共和国濒危物种进出口管理办公室（濒管办）
8. 自然保护地管理司（保护地司）
9. 林业和草原改革发展司（发改司）
10. 国有林场和种苗管理司（林场种苗司）
11. 森林草原防火司（防火司）
12. 规划财务司（规财司）
13. 科学技术司（科技司）
14. 国际合作司（国际司）
15. 人事司（人事司）
16. 机关党委（机关党委）
17. 离退休干部局（老干部局）
18. 国家公园管理办公室（公园办）
19. 机关服务中心（服务局）
20. 信息中心（信息中心）
21. 林业工作站管理总站（工作总站）
22. 林业和草原基金管理总站（基金总站）
23. 宣传中心（宣传中心）
24. 天然林保护工程管理中心（天保办）
25. 西北华北东北防护林建设局（三北局）
26. 退耕还林(草)工程管理中心（退耕办）
27. 世界银行贷款项目管理中心（世行中心）
28. 科技发展中心（科技中心）
    植物新品种保护办公室（新品办）
29. 经济发展研究中心（经研中心）
30. 人才开发交流中心（人才中心）
31. 对外合作项目中心（合作中心）
32. 中国林业科学研究院（林科院）
33. 调查规划设计院（规划院）
34. 林产工业规划设计院（设计院）
35. 管理干部学院（林干院）
36. 中国绿色时报社（报社）
37. 中国林业出版社（出版社）
38. 国际竹藤中心（竹藤中心）
39. 亚太森林网络管理中心（亚太中心）
40. 中国林学会（林学会）
41. 中国野生动物保护协会（中动协）
    中国植物保护协会（中植协）
42. 中国花卉协会（花协）
43. 中国绿化基金会（中绿基）
44. 中国林业产业联合会（中产联）
45. 中国绿色碳汇基金会（中碳基）
46. 驻内蒙古自治区森林资源监督专员办事处（内蒙古专员办）
47. 驻长春森林资源监督专员办事处（长春专员办）
48. 驻黑龙江省森林资源监督专员办事处（黑龙江专员办）
49. 驻大兴安岭森林资源监督专员办事处（大兴安岭专员办）
50. 驻成都森林资源监督专员办事处（成都专员办）
51. 驻云南省森林资源监督专员办事处（云南专员办）
52. 驻福州森林资源监督专员办事处（福州专员办）
53. 驻西安森林资源监督专员办事处（西安专员办）
54. 驻武汉森林资源监督专员办事处（武汉专员办）
55. 驻贵阳森林资源监督专员办事处（贵阳专员办）
56. 驻广州森林资源监督专员办事处（广州专员办）
57. 驻合肥森林资源监督专员办事处（合肥专员办）
58. 驻乌鲁木齐森林资源监督专员办事处（乌鲁木齐专员办）
59. 驻上海森林资源监督专员办事处（上海专员办）
60. 驻北京森林资源监督专员办事处（北京专员办）
61. 森林和草原病虫害防治总站（林草防治总站）
62. 华东调查规划设计院（华东院）
63. 中南调查规划设计院（中南院）
64. 西北调查规划设计院（西北院）
65. 昆明勘察设计院（昆明院）
66. 中国大熊猫保护研究中心（熊猫中心）

书中部分单位、词汇全称简称对照

北京林业大学(北林大)
长江流域防护林(长防林)
东北林业大学(东北林大)
国家发展和改革委员会(国家发展改革委)
国家市场监督管理总局(国家市场监管总局)
国家开发银行(国开行)
国家森林防火指挥部(国家森防指)
国务院法制办公室(国务院法制办)
国有资产监督管理委员会(国资委)
林业工作站(林业站)
南京林业大学(南林大)
全国绿化委员会(全国绿委)
全国绿化委员会办公室(全国绿委办)
全国人大常委会法制工作委员会(全国人大常委会法工委)
全国人大环境与资源保护委员会(全国人大环资委)
全国人大农业与农村委员会(全国人大农委)
全国普及法律常识办公室(全国普法办)
全国政协人口资源环境委员会(全国政协人资环委)
森林病虫害防治(森防)
森林病虫害防治检疫站(森防站)
森林防火指挥部(森防指)
森林工业(森工)
世界银行(世行)
速生丰产林(速丰林)
天然林资源保护工程(天保工程)
西北、华北北部、东北西部风沙危害和水土流失严重地区防护林建设(三北防护林建设)
亚洲开发银行(亚行)
自然资源部(自然资源部)
中国吉林森林工业集团有限责任公司(吉林森工集团)
中国科学院(中科院)
中国龙江森林工业集团有限公司(龙江森工集团)
中国农业发展银行(中国农发行)
中国农业科学院(中国农科院)
中国银行保险监督管理委员会(中国银保监会)
中国证券监督管理委员会(中国证监会)
中央机构编制委员会办公室(中央编办)
珠江流域防护林(珠防林)

书中部分国际组织中英文对照

濒危野生动植物种国际贸易公约(CITES, Convention on International Trade in Endangered Species of Wild Fauna and Flora)
大自然保护协会(TNC, The Nature Conservancy)
泛欧森林认证体系(PEFC, Pan European Forest Certification)
国际热带木材组织(ITTO, International Tropical Timber Organization)
国际野生生物保护学会(WCS, Wildlife Conservation Society)
国际植物新品种保护联盟(UPOV, International Union For The Protection of New Varieties of Plants)
联合国防治荒漠化公约(UNCCD, United Nations Convention to Combat Desertification)
联合国粮食及农业组织(FAO, Food and Agriculture Organization of the United Nations)
欧洲投资银行(EIB, European Investment Bank)
全球环境基金(GEF, Global Environment Facility)
森林管理委员会(FSC, Forest Stewardship Council)
森林认证认可计划委员会(PEFC, Programme for the Endorsement of Forest Certification)
湿地国际(WI, Wetlands International)
世界自然保护联盟(IUCN, International Union for Conservation of Nature)
世界自然基金会(WWF, 旧称 World Wildlife Fund——世界野生动植物基金会, 现在更名 World Wide Fund for Nature)
亚太经济合作组织(APEC, Asia-Pacific Economic Cooperation)
亚太森林恢复与可持续管理组织(APFNet, Asia-Pacific Network for Sustainable Forest Management and Rehabilitation)
亚洲开发银行(ADB, Asian Development Bank)

附表索引

表号	名称	页码
表 5-1	2020 年度国家林业和草原局审核建设项目使用林地情况统计表	99
表 5-2	2020 年度各省（区、市）和新疆生产建设兵团审核审批建设项目使用林地情况统计表	100
表 16-1	荣获 2020 年度国家科学技术进步奖项目	162
表 16-2	第二批 60 个国家林业和草原长期科研基地名单	162
表 16-3	第二批林业和草原科技创新青年拔尖人才名单	164
表 16-4	第二批林业和草原科技创新领军人才名单	164
表 16-5	第二批林业和草原科技创新团队名单	165
表 16-6	2020 年新建国家陆地生态系统定位观测研究站名单	165
表 16-7	2020 年度联盟优秀创新成果名单	166
表 16-8	林草国家创新联盟首批自筹研发项目	166
表 16-9	2020 年新建国家林业和草原局重点实验室	168
表 16-10	2020 年度批复的林草科技成果转化平台	169
表 16-11	2020 年发布的国家标准	170
表 16-12	2020 年发布的行业标准	171
表 16-13	2020 年林草知识产权转化运用项目	175
表 16-14	2020 年通过验收的林业知识产权转化运用和试点示范项目	176
表 16-15	1999~2020 年林草植物新品种申请量和授权量统计	177
表 19-1	全国营造林生产情况	204
表 19-2	各地区营造林生产情况	205
表 19-3	全国历年营造林面积	206
表 19-4	林业重点生态工程建设情况	207
表 19-5	各地区林业重点生态工程造林面积	208
表 19-6	全国历年林业重点生态工程完成造林面积	209
表 19-7	林草产业总产值（按现行价格计算）	210
表 19-8	2020 年各地区林草产业产值（按现行价格计算）	211
表 19-9	全国主要林产工业产品产量 2020 年与 2019 年比较	213
表 19-10	2020 年各地区主要林产工业产品产量	214
表 19-11	全国主要木材、竹材产品产量	215
表 19-12	全国主要林产工业产品产量	215
表 19-13	全国主要经济林产品生产情况	216
表 19-14	油茶产业发展情况	216
表 19-15	核桃产业发展情况	217
表 19-16	林业草原投资完成情况	217
表 19-17	各地区林草投资完成情况	218
表 19-18	全国历年林草投资完成情况	219
表 19-19	全国历年林业重点生态工程实际完成投资及国家投资情况	220
表 19-20	林草固定资产投资完成情况	224
表 19-21	林草利用外资基本情况	225
表 19-22	林业草原系统从业人员和劳动报酬情况	225
表 22-1	2020~2021 学年初林草学科专业及高、中等林业院校其他学科专业基本情况汇总表	237
表 22-2	2020~2021 学年初普通高等林业院校和其他高等院校、科研院所林科研究生分学科情况	238
表 22-3	2020~2021 学年初普通高等林业院校和其他高等院校林科本科学生分专业情况	239
表 22-4	2020~2021 学年高等林业（生态）职业技术学院和其他高等职业学院分专业情况	244
表 22-5	2020~2021 学年初普通中等林业（园林）职业学校和其他中等职业学校分专业学生情况	249
表 24-1	2020 年上海绿化林业基本情况表	324
表 24-2	2020 年上海市林荫道名录	325
表 24-3	2020 年上海市绿化特色道路名录	325
表 24-4	2020 年上海市落叶景观道路名录	326
表 24-5	安徽省 2020 年主要经济林和草产品产量情况	339
表 24-6	安徽省 2020 年主要木竹加工产品产量	340
表 24-7	安徽省 2020 年主要林产化工产品产量	340

索 引

A

爱鸟周 107，230，287，305，532

B

濒危物种 44，431，493，498，506，512，515，517

C

草原保护 11，17，73，116，136，143，159，290，419，445，491
草原旅游 149，291，304，368，556
长江经济带 74，76，82，116，186，373，450，505
长江流域等防护林 82

D

大熊猫 8，106，107，109，184，185，393，405，409，410，482，484，485，486，499，533
地质公园 8，72，127，128，301，346，357，414，551

F

风景名胜区 124，127，280，357，392，459

G

公益林 6，76，95，96，275，285，294，330，333，349，352，356，356，359，364，375，380，387，391，475
古树名木 9，133，134，277，287，327，333，379
国际交流 152，253，262，522，525，537
国际林联 448
国家储备林基地 82，370，387，404，407
国家公园 3，8，72，125，128，136，158，200，268，272，306，321，335，343，365，373，386，393，405，407，409，416，445，454
国土绿化 5，10，88，132，133，285，294，333，337，345，355，363，379，390，398，402，414，421
国有林场 9，73，141，142，143，192，292，306，307，333，341，343，349，355，367，377，380，407，410，420，444，544

H

海洋保护地 124，125，375
花卉产业 149，279，343，381，387，536
荒漠化 8，120，137，182，270，286，402，417，453，454，523，526，548

J

集体林权制度改革 33，73，143，278，355，367，389，410，445
京津风沙源治理 8，11，79，120，277，279，285，299，526

K

科普 80，107，121，170，268，282，338，340

L

梁希林业科技进步奖 350，480
林草扶贫 202，230，408，423，444
林草教材 237
林草教育 236，237，269，438，534
林草科技 9，74，162，168，169，258，259，295，350，394，411，423，448，471，534
林草信息化 230，231，232，411，421
林草种苗 86，87，88，309，415，423
林长制 92，93，192，275，296，305，330，338
林地"一张图" 303，310
林下经济 146，147，202，278，295，342，346，348，356，368，371，381，388，396，410，419，540
林业产业 73，74，146，198，306，323，330，333，339，342，351，356，359，368，377，381，384，397
林业工作站 74，192，193，194，195，310，356，366
林业生物质能源 89
林业血防 83，207，209，222，364
林业应对气候变化 135，136，137，182，456
林业有害生物 9，19，104，274，280，286，295，306，322，330，339，349，360，377，383，389，396，415，420，472，473
林业知识产权 175，176，177，378

M

蚂蚁森林 6，409，415，521，522，523

S

塞罕坝 268，269，290，292，293，461
三北防护林 81，88，409，418，444，454
森林城市 7，72，135，277，289，290，294，338，352，363，372，377，387，408，456，477
森林法 9，96，98，102，140，158，307，374，463，471，549
森林防火 152，154，199，280，287，316，322，330，339，346，350，

356，364，377，383，389，451，456，496，506，516

森林经营 93，96，140，278，303，310，352，388，490

森林康养 11，12，13，14，147，295，298，319，334，343，344，345，370，377，388，481，540，548

森林旅游 8，134，148，149，198，343，368，371，377，381，388，410

森林认证 69，173，180，189，455

森林特色小镇 359，360

森林乡村 7，294，352，355，359，360，372，398，408

森林资源监督 101，301，431，432，491，497，498，500，504，506，511，515

生态安全 3，290，291，406，414，444，547，549

生态扶贫 201，202，203，228，268，294，309，314，340，359，371，399，411，444，454，522，526

生态护林员 8，193，195，196，201，202，300，314，340，368，371，395，411，423，444

生态文明 2，3，132，252，259，268，284，290，322，344，359，523，551

湿地保护 7，74，116，117，136，158，200，308，328，335，350，356，365，370，374，408，414，419，457，503，520

"十三五" 76，89，97，116，120，127，135，174，222，269，327，394，468，479，551

"十四五" 78，87，93，98，174，199，257，288，311，366，369，421，444，453，461，462，534，549

世界花艺大赛 536

世界牡丹大会 8

世界野生动植物日 107，287，333，351，357，532，546

T

太行山绿化 6，82，207，209，221，223，277，280

天然林保护 6，76，77，180，305，319，333，352，364，380，405，414，416，421

退耕还林 78，79，135，220，278，294，302，364，393，400，406，408，418，477，490

退牧还草 11，83，200，409，414，417，422

脱贫攻坚 16，73，146，202，257，281，297，340，400，411，416，423，444，457，486，542，548

Y

野生动物保护 107，158，184，272，279，287，329，376，418，503，531，532

一带一路 186，445，452，520，522

义务植树 5，132，274，281，283，294，306，312，330，338，345，348，353，363，372，390，414，522

Z

造林绿化 6，10，86，88，135，153，275，279，285，290，341，355，363，547

植物新品种 23，34，51，52，86，172，175，177，178，188，334，378，383

中国林产品交易会 8

中国森林旅游节 8，148，149

中国义乌国际森林产品博览会 8，146，334，377，423，425，539

竹藤 149，162，174，465，466，467，468，469，470，471，525

自然保护地 2，9，72，124，136，183，280，288，290，298，302，308，320，328，335，339，345，352，357，365，373，387，407，426，457，475，482，547

自然保护区 46，49，50，51，87，94，99，124，126，158，286，288，296，308，320，331，336，342，353，354，375，403，422，475，485，491，516，532

自然公园 14，15，127，149，298，301，460，482，525，550，551

自然教育 73，134，269，313，329，378，388，414，451，522，532，535

自然遗产 8，126，128，337，392，401，457，551